HANDBUCH DER BODENLEHRE

HERAUSGEGEBEN VON

DR. E. BLANCK

O. Ö. PROFESSOR UND DIREKTOR DES AGRIKULTURCHEMISCHEN UND BODENKUNDLICHEN INSTITUTS DER UNIVERSITÄT GÖTTINGEN

NEUNTER BAND

SPRINGER-VERLAG BERLIN HEIDELBERG GMBH

DIE MASSNAHMEN ZUR KULTIVIERUNG DES BODENS

BEARBEITET VON

PROFESSOR DR. **HERM. FISCHER** - MÜNCHEN
PROFESSOR **W. FRECKMANN** - BERLIN · DR. **G. HAGER** - BONN a. RH.
PROFESSOR DR. **W.** GRAF **ZU LEININGEN-WESTERBURG** - WIEN
PROFESSOR DR. **E. A. MITSCHERLICH** - KÖNIGSBERG i. PR. · PROFESSOR
DR. **M. POPP** - OLDENBURG i. O. · PROFESSOR DR. **A. RIPPEL** - GÖTTINGEN
PROFESSOR DR. **O. TORNAU** - GÖTTINGEN

MIT 83 ABBILDUNGEN

SPRINGER-VERLAG BERLIN HEIDELBERG GMBH

ISBN 978-3-662-01883-5 ISBN 978-3-662-02178-1 (eBook)
DOI 10.1007/978-3-662-02178-1

URSPRUNGLICH ERSCHIENEN BEI JULIUS SPRINGER IN BERLIN 1931
SOFTCOVER REPRINT OF THE HARDCOVER 1ST EDITION 1931

Vorwort.

Auch der vorliegende Band, der dem 8. Bande des Handbuches unmittelbar folgen sollte, hat in seiner Herausgabe infolge unvorhergesehener Umstände eine etwas unliebsame Verzögerung erlitten. Dennoch gelang es auch diesmal durch tätiges Eingreifen des Verlages eine wesentliche Verzögerung des Erscheinens zu verhüten. Hinsichtlich des Inhaltes des vorliegenden Bandes gilt ähnliches wie für Band 8. Auch hier konnte als Folge der Mitarbeit einer größeren Anzahl von Autoren eine scharfe Umgrenzung der einzelnen Kapitel aus gleichen Gründen nicht immer erreicht werden.

Dem Verlage, den Herren Dr. F. GIESECKE und Dr. F. KLANDER sowie Fräulein Dr. E. v. OLDERSHAUSEN und Fräulein M. SCHÄFER schuldet der Herausgeber auch diesmal, und zwar letzteren insbesondere für ihre aufopfernde Mitarbeit beim Lesen der Korrekturen und bei der Herstellung des Autoren- und Sachregisters gleich großen Dank.

Göttingen, im Dezember 1931.

E. BLANCK.

Inhaltsverzeichnis.

C. Die Maßnahmen zur Kultivierung des Bodens.

D. Der Boden als Vegetationsfaktor (Pflanzenphysiologische Bodenkunde).

C. Die Maßnahmen zur Kultivierung des Bodens.

1. Meliorationsmaßnahmen.

Von W. FRECKMANN, Berlin.

Mit 16 Abbildungen.

Allgemeines.

Als Meliorationen oder Bodenverbesserungen bezeichnet man diejenigen Maßnahmen, die den Wert des genutzten Bodens bleibend erhöhen. Richtige Unterhaltung der einmal getroffenen Einrichtungen ist dafür naturgemäß Bedingung. Die Bestrebungen des Menschen, den zur Erzeugung von Pflanzenmasse aller Art benutzten Boden als das hierbei wichtigste Betriebsmittel in jeder nur möglichen Weise zu verbessern und damit seinen Nutzwert zu erhöhen, sind so alt wie die Geschichte der Menschheit selbst. Soweit sie zurückreicht, bringt sie Beweise für die Durchführung derartiger Maßnahmen, deren Ziele letzten Endes bei dem Einzelnen verbesserte Lebenshaltung, bei der Gesamtheit eines Volkes Reichtum und Ansehen waren. In der Tat sind sie auch fast immer der Anlaß zu letzteren gewesen, wie die Geschichte der Völker des grauen Altertums zeigt. Die größte Bedeutung hatte dabei zunächst die zielbewußte Beherrschung und zweckmäßige Ausnutzung des Wassers, dessen Wert als wichtigen Wachstumsfaktor man bereits damals auch voll erkannt hatte. Insbesondere tritt diese Tatsache in den wärmeren Ländern in Erscheinung, in denen neben der Abfuhr überschüssiger Wassermengen naturgemäß die Bewässerung die wesentlichste Rolle zu spielen berufen war.

Den ersten Anlagen zur Beherrschung des Wassers begegnet man um 4500 v. Chr. in Zentralasien. Den damaligen Verhältnissen gemäß waren sie meist außerordentlich primitiv, wie es heute noch in den Ländern der Fall ist, in denen menschliche Arbeitskräfte in genügendem Maße und wenig kostspielig zur Verfügung stehen. Ziehbrunnen einfachster Art, wie sie zur Zeit z. B. noch in einzelnen Teilen Afrikas allgemein im Gebrauch sind, und durch Mensch oder Tier betriebene Wasserräder, die in China bei der Bewässerung der Reisfelder noch heute eine Rolle spielen, bei der Förderung geringer Wassermengen aber auch in Europa noch bestehen, waren die vornehmlichsten Einrichtungen für die Wasserhebung. Die Grundlage der Entnahme größerer Wassermassen bildeten neben den Flüssen zahlreiche das Land durchziehende Kanäle, die zum Teil aus Bassins riesigen Ausmaßes gespeist, vielfach gleichzeitig Schiffahrtszwecken dienten. Daneben sieht man aber auch schon Entwässerungsanlagen, Flußregulierungen und Deichbauten zum Schutze gegen Überschwemmungen. Welche Bedeutung man damals diesen vielfach großartigen kulturtechnischen Einrichtungen beilegte, wird schon allein durch die Tatsache bewiesen, daß einzelne Könige die unter ihrer Herrschaft ausgeführten Maßnahmen zu ihren hervorragendsten Verdiensten um Land und Volk rechneten. Vielfache Überlieferungen geben ebenso wie zahlreiche Ausgrabungen deutliche Belege der hohen Kultur und des ungeheuren Reichtums der damaligen Völker; daß sie zum größten Teil auf die genannten Meliorationen zurückzuführen waren, wird durch nichts schlagender als durch ihre Verarmung und ihren Untergang bewiesen, die mit dem Verfall der Be- und Entwässerungsanlagen einsetzten.

Die später weniger beachtete Bedeutung des Wassers für den Pflanzenwuchs hat in neuester Zeit seit einer Reihe von Jahrzehnten wieder um so nachdrücklicher eingesetzt, so daß man zuerst vornehmlich in den regenarmen Ländern und jenen mit ungünstiger Niederschlagsverteilung, heute aber auch in denen der gemäßigten Zone mit an sich ausreichenden Regenmengen überall großzügige Meliorationsmaßnahmen entstehen sieht. Vor allem, nachdem der die Gemüter so vieler Völker bewegende Weltkrieg beendet worden ist und wieder friedlichen Arbeiten Platz zu greifen erlaubt hat, mehren sich in der mit Rücksicht auf die ständige Bevölkerungszunahme immer wachsenden Erkenntnis der Bedeutung einer gesteigerten Bodenproduktion die Nachrichten über derartige Arbeiten aus fast allen Ländern[1].

Die Regelung der Wasserverhältnisse im Boden.

Ohne auf die an anderer Stelle behandelten Zusammenhänge von Boden und Wasser hier näher einzugehen, sei nur kurz darauf hingewiesen, daß die Pflanze 300—800 Teile Wasser — bei Futterpflanzen werden nach den Untersuchungen einiger Forscher auch bis 1000 Teile erreicht[2] — zur Erzeugung einer Gewichtseinheit Erntetrockensubstanz verbraucht, d. s. also erhebliche Mengen, die zu der jeweilig benötigten Jahreszeit verfügbar gehalten werden müssen, um unbehinderte Wuchsfreudigkeit und damit befriedigende Erträge zu erzielen. So wenig die Kulturpflanzen ohne dieselben auskommen und gedeihen können, ebenso wenig vertragen sie aber auch einen zu großen Wasservorrat im Boden, der sich in der verschiedensten Weise ungünstig auswirkt. Das Streben muß also sein, für die Pflanzenwelt in dieser Hinsicht optimale Verhältnisse zu schaffen; man kann das bei zu großem Wasservorrat im Boden, indem man durch Entwässerung den Überschuß beseitigt, bei Mangel an Wasser, indem man ihm durch Zuführung des fehlenden Wassers oder Bewässerung abzuhelfen sucht. Das Optimum des Wasserhaushaltes im Boden liegt für die Kulturpflanzen zwischen 60—80 % seiner Wasserkapazität. Überschreitet der Anteil an Wasser diese Menge, so treten Nachteile auf, die in ihrer Zusammenwirkung das Gedeihen der Pflanzenwelt nachdrücklichst beeinflussen. An erster Stelle steht die zu niedrige Luftkapazität in dem mit Wasser gesättigten Erdboden. Die Pflanzenwurzeln brauchen zum Atmen ein Luftvolumen, das je nach ihrem Tiefgange zwischen 6 und 20 % schwankt und durchschnittlich etwa 14 % beträgt. Niedrigere Luftkapazität vertragen nur die durch besondere Durchlüftungsvorrichtungen ausgezeichneten Sumpfpflanzen, wie Seggen, Binsen, Sumpfdotterblume u. a. m. Der genannte Luftgehalt des Bodens ist aber nicht nur für das Gedeihen der Kulturpflanzen Bedingung, er wird auch von den Mikroorganismen, insbesondere von den die Stickstoffsammlung im Boden bewirkenden Bakterien verlangt, die, als fast sämtlich aerob, ihre Lebensfähigkeit nicht ohne Sauerstoff entfalten können, dessen Zufuhr aber lediglich von dem Zutritt aus der Luft abhängig ist. Da sie zudem ebenso wie die Pflanzenwurzeln Kohlensäure ausscheiden, so tritt bei nicht genügendem Zutritt von Luftsauerstoff eine Anreicherung von Kohlendioxyd im Boden ein, die stark hemmend, ja schließlich vergiftend auf die Pflanzen- und Bakterienwelt einwirken muß. Nach STOKLASA[3] beträgt die Kohlensäure-

---

[1] HIRTH, P.: Die künstliche Bewässerung. Tropenpflanzer 1928; Kulturtechniker 1921—1930, versch. Einzelangaben.

[2] Vgl. E OTTEN: De waterbehoefte, watervoorgiening en ontwatering van grasland. Grünlandn. Landboiwkundig Tijdschr. 1928, 149—166.

[3] STOKLASA, J. u. A. ERNERT: Über den Ursprung, die Menge und die Bedeutung des Kohlendioxydes im Boden. Cbl. Bakter. II, 14, 735, (1905).

erzeugung im Boden durch Weizenwurzeln 60 kg, durch die Bodenorganismen sogar 75 kg je Tag und Hektar.

Wenn man mit Rücksicht auf das Gedeihen der Pflanzenbestände sowie das der Bakterienflora einerseits eine Anhäufung von Kohlensäure im Boden zu vermeiden und durch ständigen Zutritt von Luftsauerstoff auszugleichen anstreben muß, so ist es andererseits auch wieder an dem nicht zu geringen Vorhandensein von Kohlensäure gelegen, weil diese in Zusammenwirkung mit dem Wasser den Aufschluß der im Boden vorhandenen Pflanzennährstoffe besorgt. Je reger also Kohlensäureentwicklung und Erneuerung der Bodenluft durch Sauerstoffzutritt von außen sind, um so gründlicher wird dieser Aufschluß bewirkt; der Boden wird damit „tätiger", die Umsetzungen in ihm gehen also schneller vor sich, als wenn diese Bedingungen nicht erfüllt sind. Wie verschieden stark die Kohlensäurebildung bei annähernd gleichem Kohlenstoffgehalt des Bodens auf verschiedenen Bodenarten mit verschiedenen Pflanzenbeständen sein kann, möge das Ergebnis einiger Untersuchungen STOKLASAS[1] bestätigen; danach wurden bei gleichem Feuchtigkeitsgehalt in 24 Stunden an Kohlensäure gebildet:

	Tonboden	Weideland	Lehmboden	Kleefeld	Alluviallehm	Rübenfeld
Kohlenstoffgehalt	1,68 %	1,98 %	2,12 %	2,04 %	1,73 %	2,33 %
Luftkapazität	0,6 %	5,8 %	7,3 %	10,3 %	18,2 %	23,7 %
Gebildete Kohlensäure .	8,2 mg	16,5 mg	14,6 mg	38,6 mg	36,6 mg	47,5 mg

Stauende Nässe und damit Mangel an Sauerstoff können auch zum Entstehen von schädlichen Verbindungen und saurer Reaktion des Bodens führen, die zu Erscheinungen der bekannten Bodensäure oder zum mindesten ihr ähnlichen Auswirkungen Anlaß geben; ausreichende Durchlüftung und in Verbindung damit Belebung der Kleinlebewelt bedingen sehr häufig allein schon völlige Gesundung derartiger Verhältnisse, ohne daß die Anwendung unmittelbar entsäuernder Mittel notwendig wird[2].

Auch die Anwesenheit von Tieren, die für den Aufschluß und die Lockerung des Bodens von nicht zu unterschätzendem Einfluß sind, ist in einem mit Wasser gesättigten Boden unmöglich. Es sei in dieser Hinsicht nur z. B. an die Regenwürmer erinnert, die nach verschiedenen Feststellungen an der Bildung der Ackerkrume durch ihre Ausscheidungen und ihre Tätigkeit in hohem Maße beteiligt sind[3].

Im Zusammenhang mit der mangelnden Durchlüftung steht die Temperatur des zu nassen Bodens. Da Wasser zum Erreichen derselben Temperatur bekanntlich die fünffache Wärmemenge der für einen Mineralboden erforderlichen braucht, ist wasserreicher Boden immer wesentlich kälter als solcher, in den mit jedem Tropfen Niederschlagswasser auch Luft und mit ihr Wärme eindringen kann. So hat man in England auf durch Dränung entwässertem Boden im Durchschnitt der Jahre eine um 5,5° C höhere Temperatur festgestellt[4]. Ähnliche Beobachtungen liegen aus anderen Ländern vor; so fand z. B. LAGEMANN[5]

	in dräniertem	in undräniertem Boden
in 0,25 m Tiefe . . .	8,9—16,2° C	6,2° C
in 0,40 m Tiefe . . .	7,5—12,4° C	5,6° C[2]

[1] STOKLASA, J. u. A. ERNNRT: Über den Ursprung, die Menge und die Bedeutung des Kohlendioxydes im Boden. Cbl. Bakter. II, 14, 723 ff. (1905).
[2] LÖHNIS, F.: Bodenbakterien und Bodenfruchtbarkeit, S. 39. Berlin: Bornträger 1904.
[3] s. Bd. 7 d. Hdb. S. 396ff.
[4] KRÜGER, E.: Kulturtechnischer Wasserbau, S. 80. Berlin 1921.
[5] Vgl. J. KÖNIG: Die Pflege der Wiesen und Weiden, S. 56. Berlin 1906.

Der nasse Boden ist also tot, er arbeitet nicht, die Umsetzungen in ihm gehen zu langsam vor sich oder sind überhaupt unterbrochen; infolgedessen werden auch die ihm zugeführten Nährstoffe nicht oder nur bedingt für die Pflanzenwelt nutzbar. Die Pflanzen selbst hingegen entwickeln sich auf einem nassen und kalten Boden nicht freudig, oder mit der langsam zunehmenden Erwärmung erst allmählich, kränkeln also anfangs oder dauernd und sind damit pflanzlichen und tierischen Schädigern (z. B. Rost, Fritfliege u. a.) sehr preisgegeben. Daß die Bodentemperatur aber nicht nur für die Anfangsentwicklung der Gewächse von Bedeutung ist, sondern auch in hohem Maße ihren Ertrag beeinflußt, zeigen bereits Versuche Hellriegels[1], der von Gerste bei 10° C einen Ertrag von 7638 g, bei 20° C einen Ertrag von 8221 g erzielte. Gleichzeitig ist eine Pflege der Kulturpflanzen durch Eggen und Hacken auf zu nassem Boden nicht möglich, wodurch die Gefahr der Verunkrautung erhöht und die Unterdrückung jener noch wesentlich erschwert wird. Dazu kommt als weiterer Nachteil eines unzureichend entwässerten Bodens seine sehr viel kostspieligere und unsicherere Bewirtschaftung, die einmal in dem erhöhten Aufwand bei der Bearbeitung liegt und weiter daran, daß sie sich infolge erst später möglichen Beginns sehr viel mehr zusammendrängt. Schließlich verzögert überschüssiger Wasservorrat die Reife der Früchte, gestaltet sie außerdem ungleichmäßiger (Zweiwüchsigkeit) und beeinflußt damit zugleich ihre Beschaffenheit. Die Fülle dieser Erscheinungen sollte allein schon bestimmend sein, die Regelung des Wasserhaushaltes im Boden so gut wie nur irgend möglich vorzunehmen.

Die Nachteile einer unzureichenden Bodenentwässerung sind damit aber noch nicht erschöpft. Z. B. wird der Anbau anspruchsvollerer und damit auch meist wertvollerer und leistungsfähigerer Früchte oder Saaten auf solchen schlecht entwässerten Flächen unmöglich oder zum mindesten sehr viel unsicherer. Letzteres trifft besonders für alle Winterung zu; wasserreicher Boden wird durch die Einwirkung des Frostes stärker ausgedehnt, hebt sich und damit die auf ihm stehende Pflanzendecke mehr als auf einem weniger nassen Boden, wobei eine wesentliche Lockerung eintritt und meist ein Abreißen der Pflanzenwurzeln unvermeidbar ist. Die stark humosen Böden mit ihrer großen Wasserkapazität sind dafür das beste Beispiel. Die Ausnutzung der Eigenschaften des Bodens wird demnach durch unzureichende Wasserregelung erheblich beeinträchtigt, die damit alle übrigen Aufwendungen bis zum gewissen Grade zwecklos macht. Zu große Nässe, bedingt durch hohen Grundwasserstand, behindert auch den Tiefgang der Wurzeln und, abgesehen von der wachstumsfreudigen Entwicklung der Pflanzen, zugleich die Ausnutzung der Nährstoffe des Bodens. Endlich verschlämmt und verkrustet nasser Boden leichter, macht so den Luftzutritt unmöglich und verteuert durch häufige Bearbeitungsmaßnahmen, soweit solche überhaupt anwendbar sind, seine Bewirtschaftung.

Besonders zu Zeiten, in denen es darauf ankommen muß, mit möglichst geringem Aufwand an Arbeit, Düngung und Saatgut dem Boden höchstmögliche Erträge bester Beschaffenheit bei tunlichster Sicherheit abzugewinnen, sollte die Regelung des Wasserhaushaltes vor allen sonstigen Arbeiten an erster Stelle stehen.

Die Ursachen zu großen Wasservorrates im Boden können sehr verschiedene sein, infolgedessen sind auch die Maßnahmen zu ihrer Beseitigung stark verschieden. An erster Stelle steht in dieser Hinsicht ein zu hoher Grundwasserstand, jene Erscheinung also, die in der überwiegenden Zahl der Fälle die Vornahme einer Entwässerung notwendig macht. Er kann durch verschiedene Umstände bedingt sein, von denen nicht genügende Abzugsmöglichkeit des über-

[1] Hellriegel, H.: Beiträge zu der naturwissenschaftlichen Grundlage des Ackerbaus, S. 319—320. 1883.

schüssigen Wassers der häufigste ist. Handelt es sich um darunter leidende Flächen, so ist zunächst die Beschaffung einer ausreichenden Vorflut das Wichtigste. Je nach der Lage der Flächen wird man sie auf natürlichem oder künstlichem Wege zu regeln und das abzuführende Wasser damit einem geeigneten Rezipienten zuzuleiten haben. Liegt dieser im Vergleich zu dem zu entwässernden Gelände tief genug, so handelt es sich lediglich darum, die an sich vorhandene Vorflut auszunutzen. Als solche in Frage kommende Gräben, Bäche oder Flüsse bedürfen der zur unbehinderten Aufnahme der abzuführenden Wassermengen erforderlichen Instandsetzung, Räumung oder des weiteren Ausbaues durch Vertiefung, Verbreiterung oder Gradlegung, während als solche auszunutzende Teiche oder Seen nicht selten die dauernde Senkung ihres Wasserspiegels verlangen. Wenn auch jeder Wasserlauf im Sinne des Preuß. Wassergesetzes ohne weiteres als Vorfluter benutzt werden kann, soweit es sich um eine „gewöhnliche Bodenentwässerung" handelt, die also zur wirtschaftlichen Ausnutzung eines Grundstücks nach den örtlichen Verhältnissen nötig ist, so empfiehlt es sich, doch vorerst völlige Klarheit in dieser Hinsicht zu schaffen, insbesondere bei der Entwässerung größerer Flächen und vor allem dann, wenn dabei Maßnahmen wie die Veränderung des Wasserspiegels eines Sees oder Teiches mit mehreren Anliegern in Frage kommen, deren Einverständnis zum mindesten vorher einzuholen ist.

Auch Brücken, Eisenbahnen-, Straßen- und Wegedurchlässe sind nicht selten Vorfluthindernisse, weil sie einmal für den Durchfluß größerer Wassermengen zu klein sind oder zu hoch liegen, um auch der Entwässerung tiefer liegender Grundstücke dienen zu können. Wenn auch ihre Eigentümer als Unterlieger des zu entwässernden Geländes dem Gesetz nach in den meisten Fällen gezwungen werden können, für die nötige Vorflut zu sorgen, so geht das doch oft nicht ohne besondere Schwierigkeiten, die am ehesten durch Einigung aus dem Wege geräumt werden.

Ist die Schaffung des Wasserabflusses in dieser oder jener Weise auf natürlichem Wege nicht möglich, so bleibt nur die fast immer sehr viel kostspieligere künstliche Vorflut übrig, bei der das abzuführende Wasser mittels Pumpen oder Schnecken über ein vorhandenes bzw. zu dem Zweck geschaffenes Hindernis hinweggehoben wird. Insbesondere trifft das für tief gelegene, nur durch Deiche vor dem dauernden oder zeitweisen Zufluß von Wasser von außerhalb her zu schützende Flächen zu.

Näher auf die Beschaffung der Vorflut hier einzugehen, erübrigt sich, zumal sie in einfachen Fällen auf Grund eines Nivellements meist ohne besondere Schwierigkeit durchführbar ist. Bei weniger einfacher Regelung, großen Entwässerungsprojekten und insbesondere notwendiger Beschaffung der Vorflut auf künstlichem Wege haben der sicheren Lösung dieser Frage besonders sorgfältige Vorarbeiten voranzugehen.

Tief gelegene Flächen, für die sich kostspielige Vorflutbeschaffungsanlagen, so z. B. ihrer geringen Ausdehnung wegen, nicht lohnen, können aufgehöht und damit in für die darauf zu schaffenden Pflanzenbestände ausreichendem Maße über den Grundwasserstand gebracht werden. Das ist einmal durch unmittelbare Aufbringung von Boden möglich, dies ist jedoch eine in der Regel ziemlich kostspielige und daher nur in Ausnahmefällen angewandte Maßnahme. Weiter kann die Erhöhung durch Aufspülen von Boden mittels Spülbagger geschehen, was ein bei der Vertiefung von Flußläufen und Kanälen häufig übliches Verfahren darstellt. Ferner kommt bei vorhandenem Wasser mit genügendem Gehalt an Sinkstoffen schließlich die Kolmation dafür in Frage, die darin besteht, daß die Fläche so lange und häufig überstaut wird, bis durch genügendes Absetzen der Sinkstoffe die erwünschte Aufhöhung erreicht ist. Unter bestimmten Verhältnissen (vornehmlich z. B. Forstkulturen oder Korbweidenbau) kann man dann endlich zu dem einfachen Verfahren der Beetkultur greifen, bei dem in je nach Bedarf mehr oder weniger großer Entfernung Gräben gezogen und der daraus genommene Aushub zum Aufhöhen der dabei entstehenden Beete verwendet wird.

Zu große Nässe des Bodens kann aber auch in anderen Ursachen begründet sein; das ist z. B. der Fall, wenn die Flächen außer den auf ihr niedergehenden Niederschlägen von außen her Zuflüsse ober- oder unterirdischer Art erhalten. Sie abzufangen, muß in solchen Fällen vor Beginn der Entwässerung die erste Aufgabe sein. Deiche, Fanggräben oder bei geringen Mengen auch nur Fangdräns leisten hierbei die erforderliche Abhilfe.

Weiter ist die Ansammlung von Feuchtigkeit im Boden zu nennen, die in dem Vorhandensein undurchlässiger Schichten ihren Grund hat. Ton- oder Letten, Ort- und Raseneisensteinschichten können der Anlaß zu stauender Nässe dadurch werden, daß sie die unbehinderte Versickerung des Niederschlagswassers unterbrechen und zum mindesten zeitweise Ansammlung von solchem im Boden hervorrufen. Sie bedürfen daher der Zerstörung oder wenigstens der Durchbrechung, die möglichst mit einer systematischen Dränage Hand in Hand zu gehen hat. Die Zerstörung erfolgt am besten durch entsprechend tiefgehende Bodenbearbeitungsgeräte (Dampfpflug und Untergrundlockerer) oder bei einer dafür zu großen Tiefenlage als Unterbrechung durch Sprengungen, deren Anwendung sich auf größeren Flächen ihrer Kosten wegen aber nur zu oft verbietet. Auf Flächen geringerer Ausdehnung und bei aus Eisenverbindungen bestehenden Schichten, die unter dem Einfluß des Luftsauerstoffs bald zerfallen (Ortstein), kann auch ein Ziehen vorläufiger Gräben (Grüppen) in Frage kommen, die je nach Bedarf längere Zeit — ein Jahr genügt dafür in der Regel — offenbleiben, um dann wieder zugeworfen oder mit Dräns ausgelegt zu werden.

Auch zu Tage tretende Quellen können die Ansammlung zu großer Bodenfeuchtigkeit bedingen. Sie sind abzufangen und ihre Wässer abzuleiten. Es kann das durch Kopf- oder Fangdräns geschehen, oder ist bei Vorhandensein genügend durchlässiger Schichten im Untergrunde aber auch durch Anbohren dieser und Verbinden mit ihnen durch Sickerschächte möglich, eine Maßnahme, die aber nur dann Aussicht auf Erfolg hat, wenn einmal die zur Ableitung herangezogenen durchlässigen Schichten dauernd die Mengen überschüssigen Wassers sicher aufnehmen können oder diese nur beschränkt sind. In Anbetracht der schwierigen Beurteilung dieser Frage ist das Verfahren nur mit größter Vorsicht anzuwenden.

Schließlich, und zwar nicht zuletzt, kann die vorhandene Nässe des Bodens auf seine zu starke wasserhaltende Kraft zurückzuführen sein, die in zu dichter Lagerung oder in einem besonders hohen Gehalt an abschlämmbaren Teilen begründet ist. Hiergegen anzuwendende Mittel sind zunächst alle diejenigen, welche die Bodenstruktur wesentlich zu verändern imstande sind. Systematische Dränung und damit erhöhte Einwirkung der Atmosphärilien, allmählicher Übergang zur Tiefkultur möglichst unter Einbeziehung der Untergrundlockerung, Veränderung der physikalischen Eigenschaften des Bodens durch Zuführung von Kalk, vermehrte Anwendung von Stall- und Gründüngung sowie der häufigere Anbau von Tiefwurzlern (besonders Luzerne und Zuckerrüben) vermögen hier wirksame Abhilfe zu schaffen.

Letzten Endes muß für alle genannten Maßnahmen und deren Ausführung die Wirtschaftlichkeit bestimmend sein. Ist sie nicht ohne besondere Schwierigkeiten und Kosten für eine bestimmte Kulturart sicherzustellen, so bleibt nichts anderes übrig, als die Flächen anderweitig zu nutzen, sie also dem Anbau von Pflanzen zuzuweisen, die in Rücksicht auf die Regelung des Wasserhaushalts weniger anspruchsvoll sind. Das Grünland mit seinem größeren Bedürfnis an

Wasser oder die Forstkultur mit ihren sehr verschieden anspruchsvollen Holzarten bieten sehr häufig eine wertvolle Handhabe hierzu.

Grundregel jeder Entwässerung muß sein, das Wasser nach Möglichkeit wenigstens insoweit zu beherrschen, als es erforderlich ist, um auch in nicht vorherzusehenden Fällen einen Mangel ausgleichen und damit Fehlerträgen vorbeugen zu können. Das ist um so notwendiger, je größer der Wasserbedarf der in Frage stehenden Kulturarten ist, die naturgemäß gegen größere Schwankungen im Wasserhaushalt des Bodens empfindlicher sind als weniger anspruchsvolle. Ebenso ist das unter Verhältnissen mit wenig günstiger Niederschlagsverteilung und in Gegenden, die während der Wachstumszeit häufigen Trockenzeiten ausgesetzt sind, der Fall. Es ergibt sich daraus schon, daß für das Maß der Wassersenkung einmal die anzubauenden Kulturpflanzen und ferner das Klima und ganz besonders die Niederschläge ihrer Menge und Verteilung nach bestimmend sind. Endlich ist dafür die Beschaffenheit des Bodens ausschlaggebend, wie man in Verbindung hiermit gleich erkennen wird. Da die Zusammenwirkung dieser drei Faktoren in enger Beziehung steht, so sollen sie hier gemeinsam behandelt werden.

Je optimalere Grundwasserverhältnisse man den Pflanzenbeständen schafft, um so höher und vor allem auch um so sicherer wird ihr Gedeihen und damit ihr Ertrag sein. Die durch die Niederschläge dem Boden zugeführten Wassermengen reichen sehr häufig nicht aus, um den zur Erzeugung einer Jahresernte erforderlichen Wasserbedarf zu decken. Es sei in dieser Hinsicht nur an die Lysimeterversuche zu Bromberg erinnert, bei deren Durchführung im Jahre 1909 KRÜGER[1] folgende Feststellung machte; auf 1 ha umgerechnet betrug bei Hafer:

	Der Wasserverbrauch m^3	Der Regenfall m^3	+ bzw. − m^3
Im April	168	510	+ 342
Im Mai	726	50	— 676
Im Juni	2058	430	—1628
Im Juli	1619	650	— 969
Zusammen . . .	4571	1640	—2931

Die Zahlen geben immerhin einen Anhalt und beweisen, in wie starkem Maße die Pflanze außer den Niederschlägen auch auf den Wasservorrat im Boden angewiesen ist. Als Versorgungsquelle kommt dafür bei weitem in erster Linie das Grundwasser in Frage, das der kapillaren Leitungsfähigkeit des Bodens entsprechend mehr oder weniger hoch in ihm aufsteigt und so für die Pflanzenwurzeln erreichbar wird. Je feiner die Kapillarröhren des Bodens sind, um so höher ist der Aufstieg des Wassers. Die kapillare Hubhöhe in Diluvialsandböden beträgt nicht über $^1/_3$ m, in feinkörnigeren Sanden nicht über $^1/_2$ m, während in schweren Böden höchstens eine solche von 1—$1^1/_2$ m in Frage kommt[2]. MITSCHERLICH[3] stellte auf Grund statistischer Erhebungen in verschiedenen Gegenden Deutschlands für die besten Ackerböden fest, daß sie in trockenen Jahren Höchsterträge bei einem Grundwasserstand von weniger als 4 m, in niederschlagsreichen bei einem solchen von mehr als 4 m lieferten. Er nimmt daher an, was sich durchaus mit den praktischen Erfahrungen deckt, daß im allgemeinen für landwirtschaftliche Kulturpflanzen mit einem durchschnittlichen Wurzeltiefgang von 1,5—2,5 m ein mehr als 4 m unter der Oberfläche liegender Grundwasserspiegel ohne Einfluß auf ihr Gedeihen

[1] KRÜGER, E.: Wasserhaushalt im Boden und künstliche Bewässerung. In: F. EDLER VON BRAUN u. H. DADE: Arbeitsziele der deutschen Landwirtschaft nach dem Kriege, S. 916. Berlin 1918.

[2] Sie richtet sich nicht zuletzt nach dem Reibungswiderstand, der dem aufsteigenden Wasser entgegentritt.

[3] MITSCHERLICH, E. A.: Bodenkunde, 4. Aufl., S. 238. Berlin: Parey.

ist. Eine Ausnahme machen hierin nur die ausgesprochenen Tiefwurzler, die auch einen noch tieferen Grundwasserstand auszunutzen vermögen.

Eines besonderen Hinweises bezüglich des kapillaren Wasseranstiegs bedürfen schließlich noch die Moorböden, in denen dieser an sich gering ist und nur so lange stattfindet, als sie genügend durchfeuchtet sind. Ganz oder zum Teil ausgetrockneter Torf ist bekanntlich schwer benetzbar für Wasser, eine Erscheinung, die nach neueren Forschungen darauf zurückgeführt wird, daß die ausgetrockneten Humusstoffe an ihrer Oberfläche mit einer Lufthülle umgeben sind, die sich der Benetzbarkeit mit Wasser widersetzt; die in die Haarröhrchen des Bodens eingedrungene Luft verhindert daher die Wasseraufnahme[1]. Benetzungsfähigkeit und kapillares Ansteigen des Wassers treten nach längeren Feuchtigkeitsperioden zwar langsam, aber doch allmählich wieder ein. Man läßt infolgedessen in dieser Hinsicht stark veränderte Moorböden am besten während des Winters unbestellt liegen und sorgt nach Möglichkeit im Frühjahr für die schnelle Schaffung eines beschattenden Pflanzenbestandes unter gleichzeitiger Anwendung von den Boden fest zusammendrückenden Geräten, wie z. B. Untergrundpacker, schweren Walzen[2]. Erst wenn hiermit keine sichere Abhilfe zu schaffen oder die Wiederholung einer solchen Austrocknung und des damit gefürchteten Zustandes der Vermullung des Moorbodens zu erwarten ist, wird zweckmäßig die kostspielige, aber sicher wirkende Maßnahme der Aufbringung einer Mineralbodenschicht zu erwägen sein, durch welche einmal die Wasserverdunstung wesentlich herabgesetzt und ferner der Boden zusammengedrückt und so kapillar besser geschlossen gehalten wird.

Die Wasserhebung durch Haarröhrchenkraft ist gesichert, wenn die Hälfte der Bodenhohlräume mit Wasser angefüllt ist; da Torf ein sehr großes Porenvolumen hat, ergibt sich daraus, wie wichtig es ist, hier mit der Absenkung des Grundwassers besonders vorsichtig zu sein. PUCHNER hält daher schon eine solche von unter 0,70 m für Feldfrüchte und 0,40—0,50 m für Wiesen für bedenklich[3]. Für Wiese, Weide und Acker auf verschiedenen Böden werden von ROTHE[4] folgende Grundwassertiefen als erstrebenswert angegeben:

	Wiese	Weide	Acker
Leichter Mineralboden	0,50 m	0,60 m	1,00—1,30 m
Schwerer Mineralboden	0,70 m	0,90 m	
Moorboden	0,50—0,60 m	0,60—0,80 m	0,75—1,00 m

Die Zahlen bezeichnen den durchschnittlichen Grundwasserstand während der Vegetationszeit. Sinkt er insbesondere in den Zeiten des Hauptwasserverbrauchs bei Wiese und Weide mit ihren hohen Ansprüchen wesentlich unter diesen Durchschnitt, so treten Ertragsverminderungen ein, deren Höhe je nach Bodenart und Niederschlagsmenge während dieser Zeit verschieden ist. Den Einfluß verschieden hoher Grundwasserstände auf Heuertrag, Eiweißgehalt und Eiweißertrag mögen einige, mehrjährigen Versuchen des Verfassers entnommene Angaben zeigen[5]. Im Durchschnitt von 4 Jahren und 6 verschiedenen Böden (Ton, Lehm, lehmiger, fein- und grobkörniger Sand und Niederungsmoor) wurden geerntet:

[1] TACKE, BR.: Die naturwissenschaftlichen Grundlagen der Moorkultur, S. 35. Berlin 1929.
[2] FRECKMANN, W.: Besondere Erfahrungen auf dem Gebiete der Niederungsmoorkultur. Mitt. Ver. Förd. Moorkultur **34**, 171 (1916).
[3] PUCHNER, H.: Bodenkunde, 2. Aufl., S. 359. Stuttgart: Enke 1926.
[4] ROTHE, J.: Meliorationen. Handbuch der Landwirtschaft von AEREBOE, HANSEN, ROEMER, S. 138.
[5] FRECKMANN, W.: Ber. üb. d. Tätigkeit d. Inst. f. Meliorationswes., Landsberg a. d. W. **1925/26, 1926/27, 1927/28**.

Höhe des Grundwasserstandes	Heu dz/ha	Rohprotein %	Rohprotein dz/ha
0,40 m	**163**	9,24	**13,95**
0,70 m	138	9,96	12,63
1,00 m	125	10,37	11,82
1,30 m	106	**10,51**	10,22

Mit zunehmender Tiefe des Grundwasserstandes tritt hier also eine deutliche Abnahme des Heu- und Eiweißertrages, dagegen eine Zunahme des prozentischen Rohproteingehaltes, der aber praktisch weniger von Bedeutung, als die Erzielung eines möglichst hohen Rohproteinertrages je Flächeneinheit ist, ein.

Die Zusammenwirkung von Grundwasserstand und Bodenart lassen folgende Zahlen deutlich erkennen:

Grundwasserstand	0,40 m	0,70 m	1,00 m	1,30 m
Bodenart	Heu dz/ha	Heu dz/ha	Heu dz/ha	Heu dz/ha
Ton	102	115	121	135
Lehmiger Sand	137	134	130	117
Grobkörniger Sand	81	58	51	45

Mit zunehmender Kapillarität des Bodens fällt demnach bei ansteigendem Grundwasser der Heuertrag in nicht zu verkennender Weise; stärkere Absenkung ist also hier ratsam. Endlich geben diese Versuche mit den sehr wechselnden Regenmengen während der einzelnen Jahre auch noch einen Anhalt für die bekannte Tatsache der notwendigen tieferen Entwässerung bei stärkeren Niederschlägen während der Vegetationszeit.

Grundwasserstand	Regenmenge von April bis Oktober			
	1. Jahr	2. Jahr	3. Jahr	4. Jahr
m	298 mm	423 mm	460 mm	205 mm
0,40	188	131	117	155
0,70	146	125	119	136
1,00	121	125	124	131
1,30	99	111	126	124

In der Natur liegen die Verhältnisse dort, wo man das Wasser nicht ganz beherrscht, allerdings vielfach derartig, daß mit dem starken Wasserverbrauch in der Hauptbedarfszeit der Grundwasserspiegel fällt, in der Zeit der Vegetationsruhe aber steigt. Wenn das auf Dauerpflanzenbestände, wie Wiesen und Weiden, denen bekanntlich nicht zu lange Winterüberflutungen im allgemeinen wenig oder gar nicht schaden, an sich auch nicht nachteilig einwirkt, so ist es für die Wachstumsfreudigkeit der Gräser und Kleearten aber doch unter allen Umständen am besten, in dieser Jahreszeit das Grundwasser tief zu halten. Durchlüftung und Entsäuerung des Bodens sowie in Verbindung damit der Aufschluß der Nährstoffe in ihm können so am gründlichsten vor sich gehen. Um u. a. zu zeigen, wie wichtig zum Anstreben dieses Zustandes nicht zuletzt auch die ordnungsgemäße Unterhaltung und Wiederinstandsetzung der Entwässerungsvorrichtungen vor dem Winter ist, hat der Verfasser 4 Jahre lang einen Versuch auf lehmigem Sandboden durchgeführt, bei dem die Wirkung eines das ganze Jahr über gleich hohen Grundwasserstandes mit der eines im Winter hohen und im Sommer über niedrigen und umgekehrt im Winter niedrigen und im Sommer hohen Standes verglichen wurde. Das Ergebnis war im Durchschnitt von 4 Jahren folgendes[1]:

[1] FRECKMANN, W.: Ber. üb. d. Tätigkeit d. Inst. f. Meliorationswes. Landsberg a. d. W. 1925/26, 1926/27, 1927/28.

Grundwasserstand:	Winter und Sommer gleich (i. D. von 0,40, 0,70 u. 1,00 m)	159 dz/ha Heu
,,	Winter hoch (0,40, 0,70 u. 1,00 m)	127 dz/ha Heu
,,	Sommer tief	
,,	Sommer hoch (0,40 0,70 u. 1,00 m)	182 dz/ha Heu
,,	Winter tief	

Die Zahlen beweisen die Bedeutung der Vorherrschaft des Wassers in überzeugender Weise.

Entwässerung.

Nach der Regelung der Abführungsmöglichkeit des überschüssigen Wassers, die nach dem vorhin Gesagten sich meist auf größere Flächen erstreckt und daher vielfach durch Zusammenschluß einer mehr oder minder großen Anzahl von Interessenten gemeinsam durchgeführt wird, hat die Einzel- oder Binnenentwässerung zu erfolgen, d. h. der Ausbau der Entwässerungseinrichtungen für die einzelne Fläche. Sie kann oberirdisch durch offene Gräben und unterirdisch durch Dräns der verschiedensten Art geschehen. Beide haben ihre Vor- und Nachteile, die sie bald für diesen, bald für jenen Fall geeigneter machen. Die Vorzüge der Grabenentwässerung bestehen zunächst darin, daß Gräben infolge ihres größeren Querschnittes weniger Gefälle benötigen als Dräns; sie werden also überall dort angewandt werden müssen, wo das für Dräns erforderliche Mindestgefälle von 0,15 bis 0,20 % nicht zu erzielen ist. Insbesondere trifft das auch für solche Flächen zu, die im häufiger sich wiederholenden Rückstau des Vorfluters liegen und von diesem nicht unabhängig gemacht werden können (z. B. flache Randgebiete von Seen mit zeitweise ansteigendem Wasserstand). Nicht in einem gegen den Rückstau geschützten Sammler zusammenzufassende Einzeldräns sind, wenn sie dabei häufiger unter Wasser zu liegen kommen, leicht Verstopfungsgefahren ausgesetzt; zudem erfolgt der Wasserabfluß und damit das Abtrocknen der Flächen mit dem Zurücktreten des Seewasserstandes hier durch offene Gräben schneller, d. i. eine Tatsache, die für die Pflanzenbestände während der Vegetationszeit — die Ausnutzung solcher Flächen wird sich fast ausschließlich auf Wiesen oder Weiden beschränken — unter Umständen von wesentlicher Bedeutung sein kann. Die Anwendung von Gräben kommt weiter vorzugsweise in sehr niederschlagsreichen Gegenden in Frage, in denen die schnelle Abfuhr großer Tagewassermengen wichtig ist, insbesondere, wenn es sich außerdem um schwer durchlässige Böden handelt, bei denen die Versickerung bis zu den Dräns zu lange dauert. Ein weiterer Vorzug der oberirdischen Wasserabführung liegt sodann in ihrer steten Übersichtlichkeit, die es jederzeit gestattet, Abflußhindernisse zu beseitigen. Dort, wo solche auftreten, wie es bei der Abführung von Abwässern zu gewärtigen ist, sieht man daher besser von der Anwendung von Dräns ab. Auch unter Verhältnissen, die das endgültige Maß der Wasserabführung aus irgendwelchen Gründen nicht sicher vorher bestimmen lassen, sowie auf sehr weichen Böden, wie Schwemmsand und noch schwimmenden Mooren, die zu Unklarheiten über die schließliche Sackung Anlaß geben, auf denen also erst ein allmählicher Ausbau und daher eine häufigere Tieferlegung der Entwässerungsvorrichtungen unvermeidbar ist, und die ohnehin die Anwendung von Röhren, Kastendräns oder Faschinen verbieten, kann man der Anlage offener Gräben nicht entraten. Endlich kann sie noch bei der Aufhöhung tief gelegener und daher über schlechte Vorflut verfügender Flächen wichtig sein, wo Aufhöhung mit dem gewonnenen Aushubmaterial von Bedeutung ist. Das kommt aber nur in Frage, wenn keine andere Maßnahme zu einem Erfolge führt, zumal Entfernung und Tiefe der Gräben alsdann so bemessen sein müssen, daß mit Hilfe des gewonnenen Bodens auch eine wirklich ausreichende

Aufhöhung über den Grundwasserstand möglich ist. Allein der Enge des so entstehenden Grabennetzes und seiner Schwierigkeiten für die Bewirtschaftung der Flächen wegen wird man nur im äußersten Notfall dazu greifen. Auch in der leichteren und ungefährlicheren Anstauungsmöglichkeit des Wassers der offenen Gräben sieht man schließlich vielfach noch einen ihrer besonderen Vorteile, der zweifellos auch hier und da eine Rolle spielen kann; vor ihrer Anwendung allein aus diesem Grunde wird man aber gut tun, gründlich zu prüfen, ob sich die Wasserhaltung — denn lediglich um eine solche handelt es sich meist dabei — nicht unter Vermeidung eines Grabensystems auch auf andere Weise erreichen läßt.

Den keineswegs zu unterschätzenden Vorteilen der Grabenentwässerung stehen eine ganze Anzahl von Nachteilen gegenüber, die überall zur Dränung greifen lassen, wo sie nur irgendwie anwendbar ist. An erster Stelle ist der durch die Gräben bedingte Flächenverlust zu nennen, der bis 20 und mehr Prozent betragen kann. Er ist, wie u. a. KRÜGER[1] sehr richtig betont, nicht nur durch die Breite von Böschungen und Sohle, sondern vornehmlich auch noch durch das Liegenlassen eines Landstreifens am Böschungsrande (Hufschlag, Stellwanne) bedingt, der einmal für die Unterhaltung der Gräben in der Zeit, wenn die Nutzflächen mit Früchten bestanden sind, zum Begehen notwendig und ferner nicht zu entbehren ist, weil sich eine Bearbeitung bis unmittelbar an die Böschung verbietet. In besonders nachteiliger Weise trifft das naturgemäß für Ackerkulturen zu, obwohl es auch bei Mähewiesen eine Rolle spielen kann, wenn nicht Böschungen und Hufschlag in die Bewirtschaftung der Nutzflächen mit einbezogen werden, wie es nach Möglichkeit überall geschehen sollte. Als noch nachteiliger sind aber die durch die Gräben bedingte Erschwerung der Bewirtschaftung und die ständigen Kosten ihrer Unterhaltung anzusehen. Erstere macht sich besonders unangenehm bei der Bearbeitung der Flächen mit Maschinen bemerkbar, und zwar um so mehr, wenn Kraftgeräte dabei in Frage kommen, die nur auf geschlossenen größeren Flächen Verwendung finden können (z. B. Dampfpflug). Die Verbindung der durch die Gräben gebildeten Beete erfordert zudem Brücken und Durchlässe, deren Anlage und stete Unterhaltung ebenfalls nicht unerhebliche Kosten verursachen. Wenn sich diese Mängel auch durch sachgemäße und der geplanten Bewirtschaftung tunlichst angepaßte Grabenführung auf ein Mindestmaß beschränken lassen, so treten sie bei einer veränderten Bewirtschaftungsweise doch unter Umständen wieder um so deutlicher hervor. Besonders hinderlich sind Gräben in Weideflächen; können sie aus irgendwelchen Gründen nicht vermieden werden, so bleibt nichts weiter übrig, als sie entweder durch Zäune einfachster Art vor der Beschädigung durch die Tiere zu schützen oder die Flächen durch „getüdertes" Vieh beweiden zu lassen. — Auch die ständig notwendige Unterhaltung und deren Kosten wurden bereits genannt; es ist dies ein vielfach vorher nicht genügend beachteter Nachteil, der sich bei dem Vorhandensein längerer Grabenstrecken meist außerordentlich unangenehm bemerkbar macht. Die Folge ist dann sehr oft eine nicht rechtzeitige oder unregelmäßige Wiederinstandsetzung und daher nicht ausreichende Wirkung der Entwässerung. Mit der nicht ordnungsgemäßen Unterhaltung der Gräben verbindet sich einer ihrer weiteren Nachteile, die Ansiedlung von Unkräutern sowie tierischen und pflanzlichen Schädlingen, die sich von hier aus auf die Kulturpflanzenbestände verbreiten und nicht unerheblichen Schaden darin anzurichten vermögen. Vorschläge, die dahin gehen, die Pflanzenbestände der Böschungen kurz zu halten oder beim Auftreten von Schädigern durch Anwendung von chemischen Mitteln plötzlich

[1] KRÜGER, E.: Kulturtechnischer Wasserbau, S. 113. Berlin 1921.

zum Absterben zu bringen, sind praktisch undurchführbar und erfordern außerdem weitere Kosten. Ferner ist der bei Grabenentwässerung im Frühjahr sehr viel langsamer als bei Dränungen in Wirkung tretende Wasserabfluß zu bemängeln, das ist eine Erscheinung, die in dem Eindringen des Bodenfrostes vornehmlich in die Böschungen, z. T. aber auch unter die Grabensohle ihre Ursache hat. Die so entstehende Mulde an gefrorenem Boden verhindert naturgemäß den Zutritt des Wassers aus dem angrenzenden Erdreich in die Gräben und verzögert so die Abtrocknung der Nutzflächen und damit ihre Bewirtschaftungsmöglichkeit oft sehr wesentlich. Praktisch kann solches Zeitunterschiede von 8 und mehr Tagen ausmachen, so daß die gedränten Flächen eher als die durch Gräben entwässerten bestellt werden können. Schließlich kommt noch die ungünstigere Wasserverteilung im Boden bei der Entwässerung durch Gräben gegenüber der durch Dräns in Frage, die sich in weniger gleichmäßiger Pflanzenentwicklung, verschiedener Reife und damit in einer Wert- und Ertragsverminderung der Ernteprodukte auswirken kann. Insbesondere trifft dieses auf in dieser Hinsicht sehr empfindlichen Bodenarten wie den Moorböden zu; der starke Wasserentzug aus dem an die Böschungen grenzenden Boden zeichnet sich in niederschlagsreichen Jahren durch günstigere, in trockenen Zeiten durch ungünstigere Pflanzenentwicklung aus. Daß dieser Einfluß auf den Gesamtertrag nicht unbedeutend sein kann, hat der Verfasser[1] durch Versuche auf Niederungsmoor nachgewiesen, nach denen bei Getreidearten die Gesamternte von gedränten und durch offene Gräben entwässerten Flächen = 100:72 war. Auch die Durchlüftung des gedränten Bodens ist eine bessere, als sie Gräben zu bewirken vermögen, was eine früher vielfach angezweifelte Tatsache war, die durch die Untersuchungen von Bodenluft auf Moordammkulturen[2] eindeutig erwiesen ist. Darnach waren in 40 cm Tiefe vorhanden:

	An Kohlensäure %	An Sauerstoff %
Bei Grabenentwässerung . .	2,4	15,8
Bei Dränung	2,7	16,4

Alle diese Vorteile der unterirdischen Entwässerung sprechen in überlegener Weise gegen die Anwendung von Gräben; trotzdem lassen sie sich als Sammler und besonders als Vorfluter auch in vorwiegend gedränten Gebieten in der Regel nicht ganz entbehren. In der den Verhältnissen weitgehendst angepaßten Verbindung von ober- und unterirdischer Wasserabführung ist auch hier das anzustrebende Ziel zu erblicken.

Offene Gräben. Ihren Zwecken gemäß unterscheidet man zwischen Hauptgräben, Neben-, Seiten-, Zug- oder Sammelgräben und Beet- oder Dammgräben, die auch als Gräben 1., 2. und 3. Ordnung bezeichnet werden. Die parallel angelegten Beet- oder Dammgräben nehmen das aus den angrenzenden Flächen ihnen zufließende Wasser auf und führen es den Zug- oder Sammelgräben zu, von denen es weiter in den Hauptgraben gelangt, der in der Regel zugleich als Vorfluter dient. Er wird an die tiefste Stelle des Geländes gelegt und erhält das stärkste Gefälle, damit er die in ihm vereinigten Wassermassen stets schnell und unbehindert abführen kann; Beet- oder Dammgräben weisen das geringste Gefälle auf. Daneben sind noch Rand- oder Fang- und Kopfgräben zu nennen, die dem Abfangen von Grundwasser höher gelegener Grenzflächen dienen; sie unterscheiden sich lediglich ihrer Länge und Führung nach. Der zu wählende Grabenquerschnitt wird durch das Gefälle und die im Höchstfall abzuführende

[1] Freckmann, W.: Erschließung und Bewirtschaftung des Niederungsmoores, S. 70. Berlin 1921.

[2] Brüne, Fr.: Grundsätze für die Regelung des Wasserhaushaltes in landwirtschaftlich genutzten Moorböden, S. 41. Berlin 1929.

Wassermenge bestimmt, die wiederum von der Größe des Niederschlagsgebietes und der auf dasselbe entfallenden Niederschläge abhängig ist. ROTHE[1] gibt dafür je Quadratkilometer folgende Zahlen an:

	Flachland sec/l	Hügelland sec/l	Mittelgebirge sec/l
Mittleres Niedrigwasser	0,5—3,0	1—2	3—4
Mittelwasser	4—8	5—12	6—16
Mittleres Hochwasser	20—80	80—250	300 u. m.

KRÜGER[2] legt für norddeutsche Verhältnisse folgende Abflußeinheiten der Berechnung für Entwässerungsgräben zugrunde:

Niedrigwasser	0,5—1,0 sec/l
Sommer-Mittelwasser	2—4 ,,
Winter-Mittelwasser	5—7 ,,
Mittleres Sommer-Hochwasser	12—20 ,,
Höchstes Winter-Hochwasser	30—60 ,,

Die Sohlenbreite soll auch bei Beet- oder Dammgräben tunlichst nicht unter 0,40 m, bei Grabentiefen von über 1,0 m nicht unter 0,70 m betragen, weil die Gefahr der Abflußbehinderung bei geringeren Breiten sonst zu groß ist; nur in quelligem Boden weicher Beschaffenheit, wie Schwemmsand oder Moorboden, bei dem ein Sohlenauftrieb zu befürchten ist, kann es insbesondere bei breiteren Gräben zweckmäßig sein, das Sohlenmaß zu verringern. Auf Moor hat sich in solchen Fällen die Anlage von Bermen (Absätzen in der Böschung) als zweckmäßig erwiesen, die, je nach Bedarf ein- oder besser beiderseitig angewendet, den Druck auf den Böschungsfuß nicht unwesentlich vermindern. Sie erschweren naturgemäß die Unterhaltung der Gräben, doch ist das im allgemeinen nicht so erheblich, wie häufig angenommen wird, zumal der Sohlenauftrieb meist bald nachläßt, so daß auf die Erhaltung dieses Profils bei späteren Räumungsarbeiten in der Regel kein Wert gelegt zu werden braucht. Auch die Aufbringung einer Schicht von grobem Sand oder besser noch Kies zur Belastung der Sohle an in dieser Hinsicht gefährdeten Stellen bildet eine sehr wirksame Abhilfe und vermag besonders als vorbeugende Maßnahme gute Dienste zu leisten. Ihrer Kosten wegen wird man natürlich nur in Ausnahmefällen zu ihrer Anwendung schreiten.

Die zu wählende Böschungsneigung ist lediglich von der Beschaffenheit des Bodens und seiner Standfestigkeit abhängig; man spricht daher auch von einem natürlichen Böschungswinkel der verschiedenen Bodenarten. KRÜGER[2] gibt als zweckmäßiges Böschungsverhältnis (Böschungsbreite : Grabentiefe) folgendes an:

Ton oder strenger Lehm	1 : 1—1 : 1¼
Sandiger Lehm und lehmiger Sand	1 : 1½
Humoser Sand	1 : 2
Lockerer Sand	1 : 2½—1 : 3
Niederungsmoor	1 : ½—1 : 1
Hochmoor	1 : 0,1—1 : 0,2.

Auch auf Niederungsmoor sollte man nicht unter 1:1 heruntergehen; die breitere Böschung, die zudem leichter mit genutzt werden kann, ist auch hier sehr viel sicherer. Im allgemeinen neigt man der geringeren Kosten wegen in der Praxis zu steileren Böschungen, ohne sich ihre Nachteile genügend klar zu machen. Vornehmlich sind bei Mähewiesen mehr flache Böschungen zu bevorzugen, an denen

[1] ROTHE, J.: Meliorationen. In F. AEREBOE, J. HANSEN, TH. ROEMER: Handbuch der Landwirtschaft, S. 144. Berlin 1929.

[2] KRÜGER, E.: Kulturtechnischer Wasserbau, S. 90. Berlin 1921.

sich eher ein guter Grasbestand schaffen und unterhalten läßt, dessen regelrechte Mitnutzung keine Schwierigkeiten macht; zudem wird der durch die Gräben bedingte Verlust an Nutzfläche damit lediglich auf die Sohlenbreite beschränkt.

Die Anlage einfacher Gräben zu Ent- und Bewässerungszwecken geschieht vorerst noch meist mit der Hand; Versuche, dieses mehr als bisher durch geeignete Maschinen zu bewirken, sind als zur Zeit noch nicht abgeschlossen zu betrachten, obwohl schon die verschiedensten Vorschläge dafür gemacht sind. Mit Recht weist KRÜGER[1] auf die allgemein bekannte, aber trotzdem häufig nicht genügend beobachtete Notwendigkeit hin, dabei für sofortige Verteilung oder anderweitige Beseitigung des Grabenaushubs Sorge zu tragen. Geschieht das nicht, so besteht einmal die Gefahr, insbesondere bei sehr losem Boden, daß er z. T. wieder in den Graben hineinrutscht und somit Nachräumungsarbeiten erforderlich macht oder bei längerem Liegenbleiben der Ansiedlung von Unkräutern Gelegenheit gibt, die sich von hier aus weiter verbreiten. Ein anderer, ebenso wesentlicher Nachteil

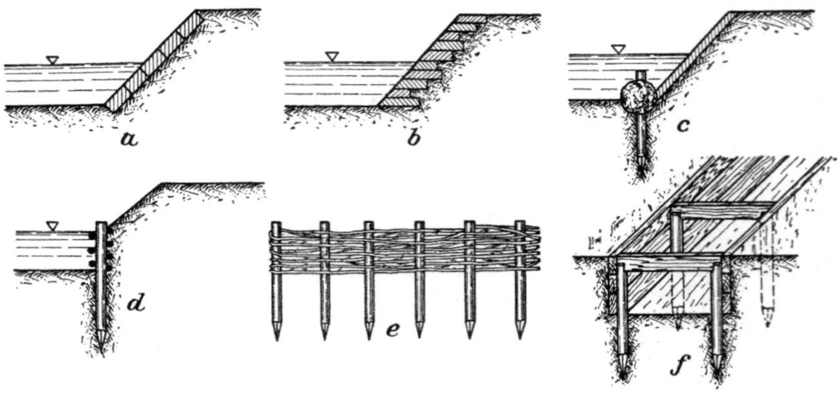

Abb. 1. Böschungsbefestigung.

a = durch Flachrasen; b = durch Kopfrasen; c = durch Strauchfaschine; d u. e = durch Flechtzaun; f = durch Bretterwand mit Versteifung über Wasser.

wird dabei aber allzu oft gänzlich übersehen, der in dem Druck der Aushubmassen auf die Grabenböschungen und das ihnen angrenzende Erdreich besteht. Einmal können auf weichen Böden die Böschungen dadurch herausgedrückt und das Profil des Grabens so nachteilig verändert werden, und zum zweiten erfährt das angrenzende Erdreich dabei eine Zusammenpressung, die das Eindringen des Wassers in die Gräben stark behindert. Die so herbeigeführte feste Lagerung des Bodens an den Gräben macht sich nicht selten auch im späteren Pflanzenbestande jahrelang bemerkbar, wie zahlreiche Beobachtungen, insbesondere auf Moorböden, eindeutig gezeigt haben.

Daneben ist eine schnelle Befestigung der Böschungen (Abb. 1) in allen Fällen anzustreben. Sie geschieht durch Berasung, die bei Niedrigwasser am besten auf dem Wege der Ansaat mit Boden- und Wasserverhältnissen angepaßten Dauergräsern erzielt wird. Man rauht zu dem Zweck die Böschungen mittels Harke auf, säet breitwürfig an und klopft den Samen mit Schaufel oder Rasenklatsche, das ist ein an einem Stiel befestigtes Brett, an. Auch das Ziehen von Rillen in 15—20 cm Abstand mit einem Harkenstiele, in welche die Saat erfolgt, hat sich gut bewährt; die Gefahr des Verwehens der Sämereien wird dadurch wesentlich verringert. An

[1] KRÜGER, E.: Kulturtechnischer Wasserbau, S. 91. Berlin 1921.

Gräsern kommen in erster Linie stark Ausläufer treibende in Frage, unter denen das Rohrglanzgras den besonderen Vorzug verdient, zumal es wechselnde Wasserstände sehr gut verträgt und auch gegen zeitweises Stehen unter Wasser unempfindlich ist. Ihm werden zur Erzielung eines dichten Rasens Untergräser, wie Wiesenrispengras, gemeines Rispengras und weißes Straußgras oder unter trockenen Verhältnissen Ausläufer treibender Rotschwingel beigemischt. Da sich die genannten mit Ausnahme des letzteren ziemlich langsam entwickeln, empfiehlt sich für das schnelle Einwachsen außerdem ein Zusatz von etwas Lieschgras und deutschem Weidelgras. Die in Verbindung hiermit häufig gestellte Frage nach der Verwendung der Quecke bei Böschungsbefestigungen ist dahin zu beantworten, daß vor einer solchen Maßnahme gewarnt werden muß. Abgesehen davon, daß gut keimfähiger Same selten ist, und auch die Beschaffung ausreichender Mengen von Wurzelausläufern vielfach auf Schwierigkeiten stößt, bildet sie später eine Gefahr für die angrenzenden Kulturflächen, in die leicht Wurzelstücke hineinkommen und sich von hier aus weiter verbreiten. Aus dem gleichen Grunde ist auch das für sandige Böschungen seiner starken Ausläufer wegen an sich sehr geeignete wollige Honiggras gefährlich und daher besser nicht zu verwenden.

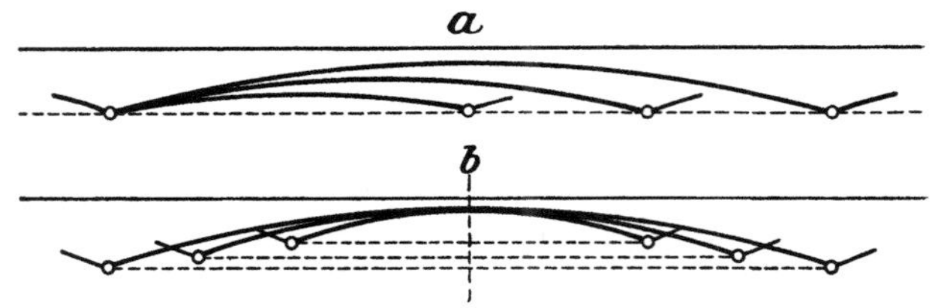

Abb. 2. Einstellung des Grundwasserstandes zwischen zwei Dräns.
a bei gleicher Tiefe und verschiedener Entfernung;
b bei verschiedener Tiefe und verschiedener Entfernung.

Ist der Boden der Böschungen nicht genügend standfest, neigt er also zu Rutschungen oder droht dem Böschungsfuße Beschädigung durch Ausspülung, so muß eine anderweitige Befestigung vorgenommen werden, die aber wesentlich verteuernd wirkt und daher naturgemäß auf das Mindestmaß beschränkt bleibt. Sie geschieht am besten durch eine oder mehrere Faschinenwürste, Flechtzäune oder Flach- und Kopfrasenauflage, die entweder allein oder gemeinsam Verwendung finden. In besonderen Fällen können auch Holzschwartenwände dabei notwendig werden, die durch eingetriebene Pfähle gehalten oder über Geländehöhe durch solche gegenseitig versteift werden; letzteres ist häufig an sehr weichen Stellen im Moore notwendig. Steinpflaster und Betonbefestigungen finden ihrer Kosten wegen höchstens bei größeren Vorflutern Anwendung, für welche die anderen Befestigungsarten nicht in Frage kommen. Wird Holz in irgendwelcher Form dazu herangezogen, so ist darauf zu achten, daß es in Rücksicht auf seine Haltbarkeit ständig mit dem Wasser in Berührung bleibt. Trotzdem ist seine Dauer beschränkt, und es ist infolgedessen immer ratsam, möglichst schnell einen sicheren Schutz der Böschungen durch zweckentsprechende Berasung anzustreben.

Jede Entwässerung, einerlei ob durch Gräben oder Dräns, wirkt sich in einer gewölbten, gegen die Entwässerer abfallenden Einstellung des Grundwasserspiegels aus; das abzuführende Wasser bewegt sich also bei ebenen Flächen von der Mitte her gegen Graben oder Drän hin (Abb. 2). Die Kurve ist um so flacher, je geringer der Widerstand, je durchlässiger also der Boden ist. Tiefe und Entfernung der Dräns oder Gräben bestimmen damit die Scheitelhöhe der Grundwasserkurve in der durch jene entwässerten Fläche. Soll sie genügend tief liegen, ist es erforderlich, auch die Entwässerungsvorrichtungen auf eine entsprechende Tiefe unter diese Grundwasserkurve zu bringen und sie in dieser nun auch dauernd wirksam zu erhalten. Dazu ist bei den Gräben die ständige Wiederherstellung ihres ursprünglichen Profils nötig, eine Arbeit, die meist allgemein als Räumung bezeichnet wird. Mit Recht ist immer wieder vorgeschlagen, diesen außerordentlich dehnbaren und in praxi oft sehr verschieden ausgelegten Begriff verschwinden zu lassen und durch die sehr viel bestimmtere Bezeichnung der Wiederherstellung zu ersetzen. Die Schwierigkeit dieser als Handleistung wenig angenehmen Arbeit der Wiederherstellung, die zudem vorwiegend im Herbst, also zu einer Zeit mit schon kälterer Witterung, vorgenommen werden soll, veranlaßt meist eine wenig einwandfreie Durchführung, unter welcher der Erfolg mancher Entwässerungsanlage nicht zuletzt leidet. Die Benutzung von Blechstiefeln vermag immerhin etwas Schutz gegen die Unannehmlichkeit des Imwasserstehens zu bieten. Als Geräte dienen zur Beseitigung des Krautwuchses Sensen und Sägen verschiedener Form, sowie die Krauthacke, während der zu entfernende Boden mit Hilfe von Baggerschaufel (Schlothaue), Sackbagger oder Baggerkasten auf den Grabenrand befördert wird. Neuerdings hat man mehrfach Maschinen dafür konstruiert, die nicht nur bequemer, sondern vor allem auch billiger als durch Handarbeit die Instandsetzung durchzuführen ermöglichen. Für kleine Gräben (Grüppen), wie sie in den Marschen vielfach vorkommen, ist da zunächst ein Grabenpflug „Friesland" für Pferdebespannung zu nennen, der, in zwei Größen im Handel, für Gräben bis zu einer Sohlenbreite von 0,28 bzw. 0,35 m ausreicht. Ihm ähnlich ist der „Medaus-Grübbler" für Schlepperzug, der Gräben bis zu 0,45 m Tiefe bei 0,40 m Sohlen- und 0,90 m oberer Breite räumt. Diesen deutschen Konstruktionen stehen verschiedene ihnen ähnliche des Auslandes gegenüber, die sich bei den Prüfungen aber als nicht so gut bewährt haben. Während diese Geräte die von ihnen losgelöste Grabenmasse krautiger und erdiger Beschaffenheit auf der Grabenkante ablegen, wo sie noch verteilt oder fortgeschafft werden muß, wird sie von der für diesen Zweck konstruierten Grabenreinigungsmaschine gleichzeitig bis zu 4 m Breite verteilt. Zum Unterschied von den erstgenannten, pflugähnlichen Geräten, die nur bei möglichst niedrigem Wasserstande zu arbeiten vermögen, verlangt diese aus einer mit einem Hanomag WD-Radschlepper verbundenen Frässchnecke bestehende Maschine wenigstens so viel Wasser, daß der mit ihm vermischte Aushub als Schlamm gefördert und verteilt werden kann. Einseitig arbeitend, befriedigt die Arbeit dieser Grabenreinigungsmaschine nicht nur durchaus, sondern sie wird gegenüber der Handleistung auch sehr wesentlich verbilligt. Dencker und Wriede[1] rechnen bei 2500 m Tagesleistung mit 2,8 Pf. je laufendes Meter gegenüber 15—20 Pf. bei Handarbeit. Erwägt man, daß nach den Erfahrungen von Wriede[2] in Deutschland rund 2 Millionen km Gräben zu unterhalten sind, so bedeutet die Schaffung einer solchen Maschine einen wesentlichen Fortschritt dieser vielfach nur wenig befriedigend ausgeführten wichtigen Maßnahme der Unterhaltung offener Gräben. In mit Holz befestigten ist die Anwendung der genannten Geräte naturgemäß nicht möglich; ebenso darf sie nur mit besonderer Vorsicht geschehen, wenn Dränausmündungen in ihnen vorhanden sind. Sohlschwellen, deren Einbau die Wiederherstellung der ursprünglichen Tiefe erleichtert und sichert und daher nur empfohlen werden kann, sind den Geräten naturgemäß hinderlich. Sie können bei ihrer Anwendung aber auch eher entbehrt werden, als wenn die Unterhaltung lediglich von Hand aus geschieht, bei der das notwendige Profil sehr viel weniger sicher gewährleistet ist. Zäune und Bäume längs der Gräben machen den Gebrauch der genannten Grabenräumungsmaschine unmöglich, die man im übrigen versuchsweise auch bereits zur Herstellung neuer Gräben benutzt

[1] Dencker, C., u. H. Wriede: Die M.-T.-W.-Grabenmaschine S. Heumann. Kulturtechniker 1928, 519.

[2] Wriede, H.: Maschinelle Grabenreinigung. Schriften des R.K.T.L. Berlin 1928, S. 28.

und daran gedacht hat, ihre Anwendung gegebenenfalls weiter auf die Herstellung von Drängräben auszudehnen. Die Vorarbeiten dazu sind noch nicht abgeschlossen.

Dränung. ,,Dränung nennt man jede Entwässerung mit unterirdischen Abzügen, einerlei, welcher Art diese sind[1]''; man darf also nicht nur jene aus unterirdisch verlegten Rohrleitungen bestehenden als solche bezeichnen, wie es häufiger geschieht. Von to drain (drainer) abgeleitet, heißt Drainage oder Dränierung, aus dem dann das verdeutschte Dränung geworden ist, Feuchtigkeitsabführung oder Trockenlegung und ist in diesem Sinne auch bekanntlich in der Medizin angewandt als Bezeichnung des Einlegens von durchlöcherten Gummiröhren zur Ableitung von Wundsekreten. Die Dränung ist eine uralte, bereits im Altertum bekannte Maßnahme, die durch Einbringung von Tonröhren schon vor der Zeit des nordbabylonischen Königs CHAMMU-RAGUS (1900 v. Chr.) zur Trockenhaltung der Grabkammern gebräuchlich war. Auch bei den ältesten Entwässerungswerken der Römer (um 300 v. Chr.) fand man Reste uralter Dränleitungen, die aus konischen, ineinander geschobenen, schwach gebrannten Tonröhren von 430 mm Lichtweite oder aus dachförmig aufgestellten Tonziegeln bestanden. Um 100 n. Chr. berichtet sodann der bedeutendste landwirtschaftliche Schriftsteller jener Zeit, COLUMELLA, in seinem zwölfbändigen Werke ,,de re rustica'' über Dräns verschiedener Art. ,,Er unterscheidet zwischen verdeckten (caecae) und offenen (patentes) Gräben, von denen die verdeckten in die offenen münden, und spricht weiter von dem Einlegen kleiner Steine oder nackten Kieses (nuda glare) und in Ermangelung dessen eines wie ein Strick (focut finis) hergestellten, mit Nadeln oder Laub bedeckten Rutengeflechtes in die 3 Fuß tiefen Gräben, welche nachher mit dem ausgegrabenen Boden bis zur Erdoberfläche wieder zugefüllt werden[2]''. Im Mittelalter, aus dem auch großartige Entwässerungsarbeiten in verschiedenen Ländern Europas bekannt geworden sind, ist es vor allem England, das sich besonders der unterirdischen Wasserabführung zuwandte. Als erster empfiehlt hier BLIGH, wahrscheinlich angeregt durch die römischen Überlieferungen (in the English Improver 1652) Leitungen aus Reisig und Steinen in der Richtung des stärksten Gefälles anzulegen. 1764 hat dann ELKINGTON die erste Entwässerung landwirtschaftlich genutzter Grundstücke durch von Hand gefertigte Tonröhren ausgeführt, für die er von der britischen Regierung ein Ehrengeschenk von 1000 Pfund Sterling erhielt. Den größten Aufschwung nahm die Dränung aber erst mit der Erfindung der Röhrenpresse durch PARKES im Jahre 1843, in deren weiterem Gefolge die Aufhebung der englischen Kornzölle und die dadurch bewirkte Intensivierung der Landwirtschaft die Anwendung der Rohrdränung stark verbreitend beeinflußte. In der Erkenntnis der Bedeutung dieser Maßnahme ging die Regierung daran, die Durchführung von Dränanlagen gesetzlich zu regeln und zu fördern. So wurde ,,durch die Dränageakte vom 28. August 1846 die Staatsverwaltung ermächtigt, den Grundbesitzern, welche Dränagen anlegen wollten, Vorschüsse zu geben, und zwar in England im Betrage von 2 Millionen, in Irland von 1 Million Pfund Sterling. Die Vorschüsse wurden 22 Jahre mit $6^1/_2$% verzinst, in welchem Zeitraum auch das Darlehn getilgt wird[3].'' Das Gesetz erfuhr in den nächsten Jahren verschiedentliche Ergänzungen, mit denen gleichzeitig weitere Mittel für die Dränung bereitgestellt wurden. In Deutschland wandte man 1846 in Isterbies die Röhrenentwässerung zum ersten Male an, und 1847 berichtete Baron CRAMM aus Holstein über die in England geübte Art, Grundstücke mit gedeckten Abzügen zu entwässern, sowie über eine

[1] KRÜGER, E.: Kulturtechnischer Wasserbau, S. 115.
[2] ZINK, F.: Die Entwicklung der Entwässerungen, S. 16ff. Selbstverlag.
[3] Ebenda.

von ihm mit englischen Pressen eingerichtete Röhrenfabrik. Auch die erste Weltausstellung in London 1851 trug weiter zum schnellen Bekanntwerden des Verfahrens bei. Nicht uninteressant ist es, wie hier nur nebenbei bemerkt sein möge, daß verschiedenen Nachrichten nach auch die jetzt wieder viel erörterte Maulwurfsdränung bereits im 18. Jahrhundert in England im Gebrauch war.

Die unterirdische Entwässerung ist gegenüber der mittels offener Gräben durch eine ganze Reihe von Vorteilen gekennzeichnet, die bei der Besprechung der Nachteile der Gräben schon Erwähnung fanden; hier sei zunächst die Wirkung der Dränung selbst erörtert. Bereits bei der Grabenentwässerung ist darauf hingewiesen, daß mit der Anlage eines Grabens oder eines Dräns das frei im Boden bewegliche Wasser diesen zuströmt, sich darin sammelt und durch sie abgeführt wird. Je leichter und schneller es die Entwässerungsvorrichtungen erreichen kann, um so gründlicher ist deren Wirkung. Mit dem schnellen Durchfluß des Wassers durch den Boden steigt auch die mit ihm verbundene Luftzufuhr und ändert sich sein Wassergehalt. Daß auf schwerem, sehr dicht gelagertem Boden selbst in einem trockenen Jahr, in dem die Dräns kein Wasser abgeben, die Dränung allein durch die Durchlüftung einen nicht unerheblichen Einfluß auf den Früchtebestand und ihren Ertrag haben kann, zeigt das Ergebnis eines Versuches, bei dem Kohlrüben ergaben

auf nicht gedräntem Boden	94 dz je 1/4 ha,
„ 1,05 m tief gedräntem Boden .	134 „ „ 1/4 „
„ 1,20 m „ „ „ .	170 „ „ 1/4 „
„ 1,50 m „ „ „ .	176 „ „ 1/4 „ [1].

Der Einfluß der Durchlüftung des Bodens durch Dränung geht auch aus einer Untersuchung RINNES[2] hervor, bei der sich das gleichzeitige Auftauen gedränten Niederungsmoorbodens von oben und in Dräntiefe von unten deutlich erkennbar herausstellte. MITSCHERLICH[3] hält es für ausgeschlossen, „daß die in den Dränagen zirkulierende Luft irgendwelchen Einfluß auf die darüber liegenden Erdschichten auszuüben vermag“; er lehnt infolgedessen auch die verschiedentlich angeregte „Durchlüftungsdränung“ ab, bei der mit Hilfe von senkrecht auf den Dräns errichteten Faschinen oder mit Steinen gefüllten Sickerschächten sowohl wie durch besondere über den Erdboden herausragende Gasrohrstutzen jenen direkt Luft zugeführt wird. Sichere Ergebnisse sind damit auch nicht erzielt worden, wenn an exakten Versuchen darüber auch nur solche in Gefäßen von TACKE[4] angestellte bekannt geworden sind, die jedenfalls keinen irgendwie besonders günstigen Einfluß der Luftzuführung zeigten. Im übrigen berichtet LUEDECKE[5] daß die Dränung mit Luftzufuhr bereits 1850 bekannt gewesen sei, aber keine Erfolge gezeitigt habe.

Die Veränderung der Wasserkapazität, die vornehmlich auf einer Strukturveränderung des Bodens beruht (Rißbildung, Lockerung u. a.), wird in ganz besonderem Maße auch durch das sehr nachhaltig wirkende Aufgraben des Bodens bei der Herstellung der Drängräben bewirkt, nach denen hin unter dem Einfluß der Atmosphärilien eine seitliche Ausdehnung stattfinden kann, die von keineswegs zu unterschätzender Bedeutung ist und daher besonders auf sehr schweren Böden für die unbedingte Beibehaltung der systematischen Dränung zum Unterschiede von der Bedarfs- oder Einzeldränung spricht. Die Frage der Beeinflussung

[1] KRÜGER, E.: Kulturtechnischer Wasserbau, a. a. O. S. 126.
[2] RINNE, L.: Jää tekkimise sügavusest ja tema sulamivest madalsors. Agronomia 1927.
[3] MITSCHERLICH, E. A.: Bodenkunde, 4. Aufl., S. 244.
[4] TACKE, BR.: Über den Einfluß der Durchlüftung auf die Erträge von Moorböden. Mitt. Ver. Förd. Moorkultur 1917, 2.
[5] LUEDECKE, C.: Über die sog. Luftdränungen. Kulturtechniker 1913, 296.

des Bodengefüges durch die Ausdehnungsmöglichkeit spielt auch bei der Wühlerde-Melioration in den Marschen eine nicht zu unterschätzende Rolle, wie noch später gezeigt werden wird.

Krüger[1] weist in Verbindung mit der Veränderung der Wasserkapazität auch mit Recht auf die hier und da mehrfach erörterte Benachteiligung von Unterliegern durch die Dränung größerer Gebiete und die damit häufig behauptete Zuführung wesentlich erhöhter Wassermengen gegen früher hin, was eine nach den vorliegenden Erfahrungen nicht zutreffende Annahme ist, da das durch die Dränung vermehrte Porenvolumen stark ausgleichend auf die Wasserabgabe wirkt. Bei der Erschließung von Ödländereien, die in erster Linie zu der Streitfrage Anlaß geben, kommt außerdem hinzu, daß der mit der Kultivierung erzielte, sehr viel stärkere Pflanzenwuchs weit mehr Wasser verbraucht und auch aus dem Grunde die auf die Dauer abzugebende Wassermenge gar nicht so sehr viel größer als vordem sein kann. Es ist höchstens anzunehmen, daß eine systematisch entwässerte Fläche nach besonders starken Niederschlägen das aufgenommene Wasser schneller abgibt als eine nicht von Entwässerungsvorrichtungen durchzogene. Die auf Veranlassung des Pr. Landwirtschaftsministeriums eingeleitete Untersuchung, von der je nach den Niederschlagsverhältnissen ein sicheres Ergebnis aber erst nach einigen Jahren zu erwarten ist, wird diese wichtige Frage hoffentlich endgültig klären.

Die Wirkung der Dräns ist in hohem Maße von ihrer Tiefenlage und ihrer Entfernung abhängig. Wie bei den Gräben kurz angedeutet wurde, richtet sich die durch die Dränung bewirkte Einstellung der Grundwasserkurve lediglich nach dem Widerstand, der sich dem gegen die Dräns der Schwerkraft gemäß hinbewegenden Wasser im Boden entgegenstellt. Bei weniger dicht gelagertem ist dieser geringer als bei dichtem und daher schwerem Boden, infolgedessen ist der durch die Entwässerung bewirkte Wasserstand bei jenem tiefer, bei diesem flacher. Zur Erzielung einer gleich tiefen Grundwasserkurve auf beiden Böden kann also auf dem leichten Boden entweder die Tiefe der Dräns geringer oder die Entfernung größer sein. Da Tiefe und Entfernung der Stränge in hohem Maße bestimmend für den Erfolg sowohl wie für die Kosten und damit für die Wirtschaftlichkeit der Dränung sind, ist es naturgemäß wichtig, sie beide bestmöglich zu wählen. Mit der Tiefe bezeichnet man den Abstand zwischen Erdoberfläche und Sohle der Dräns, einerlei, ob Rohr-, Kasten- oder Faschinendräns vorliegen; eine Einigung auf eine bestimmte Bezeichnung war notwendig, da bis vor kurzem noch häufig der Abstand zwischen Erdoberfläche und Oberkante der Dräns darunter verstanden wurde. Mit der Entfernung ist der Abstand von Mitte zu Mitte Drän festgelegt. Die Frage der zweckmäßigen Tiefenlage hat vielfach zu ernsten Meinungsverschiedenheiten Anlaß gegeben, die seiner Zeit die englischen Dräntechniker sogar in zwei Lager, die Flach- und Tiefdräners, teilte. Vincent[2] schlug um die Mitte des 19. Jahrhunderts in Deutschland vor, auf 8—9 Fuß = 2,56—2,88 m zu gehen, wenn ein Anschluß an wasserführende Schichten möglich sei. Mit dieser Ansicht stand er nach anfänglich erfolgreichem Arbeiten aber bald allein da; man erkannte die Tiefen von 1,25—1,50 m für Ackerkulturen als die zweckmäßigsten, über die man nur bei der Entwässerung von Hopfen- und Weingärten hinaus ging. Bei Wiesen und Weiden wurde die Dräntiefe nicht selten auf 0,80—0,60 m ermäßigt. Entscheidend für die ratsamste Tiefenlage sind die klimatischen, darunter insbesondere die Niederschlagsverhältnisse, die Kulturart, die Vorflut und in ganz besonderem Maße endlich die Bodenbeschaffenheit. Zunächst sei das Klima betrachtet. Ge-

[1] Krüger, E.: Kulturtechnischer Wasserbau, S. 117.

[2] Vincent, L.: Die Dränage, deren Theorie und Praxis, S. 32. Leipzig 1860.

genden in rauher Lage mit kurzer Vegetationszeit, in denen es sehr auf schnelle Abtrocknung und Erwärmung des Bodens ankommt, verlangen geringere Dräntiefen; dasselbe ist der Fall bei großen Niederschlagsmengen, deren Überschüsse von flach liegenden Dräns schneller abgeführt werden können als von tiefen; das trifft naturgemäß um so mehr zu, je schwerer der Boden ist. Sodann folgt die Kulturart. Tief wurzelnde Pflanzen mit größeren Ansprüchen an die Luftkapazität des Bodens verlangen tiefere Dränlage als solche, die sich mit der Hauptmasse ihres Wurzelsystems in geringerer Tiefe ausbreiten. Tiefwurzler werden den Dräns aber im allgemeinen auch leichter durch Hineinwachsen gefährlich, weshalb auch aus diesem Grunde eine größere Dräntiefe bei ihnen angezeigt ist. Dann bestimmt die vorhandene bzw. mögliche Vorflut natürlich die Dräntiefe. Ihre Regelung muß so tief erfolgen, daß die Lage der Dräns den zu stellenden Anforderungen entspricht. Dabei ist einmal zu berücksichtigen, daß, soweit es sich um vom Frost gefährdetes Material, wie z. B. Tonröhren, handelt, die Lage eine frostfreie ist. Da der Frost in normalen Wintern kaum über 1,20 m tief in den Boden eindringt, wären die Dräns in dieser Lage also genügend gesichert. Nun reicht aber sehr häufig die Vorflut für solche Tiefenlagen nicht aus, so daß man entweder zu nicht durch Frost zu beschädigenden Dräns greifen oder mit der flacheren Verlegung die Gefährdung durch ihn mit in Kauf nehmen muß. Zum mindesten muß aber die Tiefenlage so sein, daß darüber fahrende schwere Geräte oder Maschinen, wie Dampfpflug oder Wiesenwalze, auch in nassen Zeiten die Dränage nicht beschädigen, eine Befürchtung, die besonders auf weichen Moorböden nur zu berechtigt ist; unter 0,80 m sollte man daher z. B. Röhrendräns nie verlegen. Reicht bei nur unzureichender Vorflut das natürliche Gefälle für die Dränung nicht aus, so erhalten die einzelnen Stränge nach Möglichkeit künstliches, d. h. ihre Tiefe unter Erdoberfläche nimmt vom oberen Ende bis zur Ausmündung hin entsprechend zu.

Schließlich kommt in besonderem Maße noch die Bodenbeschaffenheit hinzu, auf die auch bereits bei den klimatischen Verhältnissen hingewiesen wurde. Schwere Böden dürfen danach nicht zu tief gedränt werden, weil sie sonst zu langsam abtrocknen. Auch auf Böden anderer Art mit hoher Wasserkapazität, wie den Moorböden und besonders bei Kulturarten, deren frühzeitiger Wachstumsbeginn von Bedeutung ist, kann das zweckmäßig sein; das trifft z. B. für Fettweiden zu, über deren Erfolg u. a. ein möglichst früher Austrieb der Weidetiere entscheidet. Andererseits muß die Tiefenlage der Dräns auf Moorboden auch so gewählt werden, daß in niederschlagsreichen Zeiten während der Vegetationszeit die Absenkung des Grundwassers ausreicht, um sie genügend fest und widerstandsfähig gegen den Tritt der Weidetiere zu erhalten. Vergleichende Versuche auf Hochmoor mit 0,75 und 1,50 m Dräntiefe ergaben nach BRÜNE[1] einen Grundwasserstand von 0,665 bzw. 1,162 m über dem Dränstrang und von 0,38 bzw. 0,62 m in der Beetmitte. Die Tiefe des Grundwasserscheitels war nach den dabei gesammelten Erfahrungen bei 0,75 m Strangtiefe nicht ausreichend, um die Pflanzendecke auch bei stärkeren Niederschlägen genügend tragfähig zu erhalten, so daß man als Normaltiefe für nicht abgetorftes tieferes Hochmoor ohne Rücksicht auf die spätere Nutzung als Acker oder Grünland nunmehr eine solche von 1,20 m ansieht. Bei den noch einer Sackung unterliegenden Moorböden bedarf sie bei der Dränung von vornherein der Berücksichtigung. In welchem Maße die Sackung erfolgt, hängt vornehmlich von dem Zersetzungsgrad und der Mächtigkeit des Moores ab. Sichere Zahlenangaben können bei den in dieser Hinsicht

---

[1] BRÜNE, FR.: Grundsätze für die Regelung des Wasserhaushaltes in landwirtschaftlich genutzten Moorböden, S. 47. Berlin 1929.

außerordentlich wechselnden Verhältnissen nicht gemacht werden, so daß man noch vorwiegend auf die gefühlsmäßige Beurteilung des Sackmaßes angewiesen ist. Wenn auch im allgemeinen feststeht, daß namentlich bei größerer Moortiefe die Dränstränge entsprechend mitsacken, so scheinen doch einige neuere Beobachtungen zu bestätigen, daß dies nicht im gleichen Maße wie bei der Oberfläche geschieht. Auf alle Fälle muß man daher bei der Verlegung der Dräns hierauf Rücksicht nehmen, um nicht der Gefahr einer späteren ungenügenden Wirkung ausgesetzt zu sein.

Flache Dränlage bedingt einen größeren Abgang an Pflanzennährstoffen im Sickerwasser als eine tiefere; so ergab sich bei den langjährigen Versuchen in Rothamsted[1] ein Verlust an Gesamtstickstoff des Bodens

von	11,5 %	bei	0,5 m	Dräntiefe,
,,	6,0 %	,,	1,0 m	,,
,,	5,3 %	,,	1,5 m	,,

das ist ein Ergebuis, das naturgemäß zu wichtig ist, um ganz übersehen zu werden.

Im allgemeinen neigt die landwirtschaftliche Praxis mehr zu flacher Dränung, weil sie billiger ist; dabei wird aber allzu häufig die Ersparnis, die bei tieferer Lage durch die größere Entfernung bedingt ist, nicht genügend beachtet. Zu einer geringen Tiefe kann auch noch das Vorhandensein undurchlässiger Bodenschichten zwingen. Sie nur an der Stelle der Dräns zu durchbrechen, um diesen die erwünschte Tiefe zu geben, ist zwecklos, weil das vom Boden nicht festgehaltene Wasser nur bis zu der undurchlässigen Schicht versickert, die unter ihr liegenden Dräns also nur zum beschränkten Teil erreichen würde. Das Durchbrechen der wasserundurchlässigen Schicht hat nur bei einer Beschaffenheit Erfolg, die infolge von Luftzufuhr im Laufe der Zeit mit Sicherheit einen Zerfall garantiert, wie es bei nicht zu starken Ortsteinschichten und genügend vorsichtigem Vorgehen erwartet werden kann. Wie schon erwähnt wurde, läßt man in solchen Fällen die Drängräben längere Zeit offen liegen, wählt die Strangentfernung etwas enger und verwendet ferner Rohre größeren Durchmessers, um so dem Boden in möglichst starkem Maße Luft zuzuführen.

In enger Beziehung zur Dräntiefe steht die Strangentfernung. Da sie in noch höherem Maße einmal für die Wirkung der Dränung und andererseits für deren Kosten bestimmend ist, bedürfen die sie entscheidenden Faktoren einer ganz besonders gründlichen Prüfung. Rothe[2] errechnet, daß 1 m Erweiterung oder Verminderung der Strangentfernung ein Mehr oder Minder von 30 M. je Hektar ausmacht, d. i. eine Summe, die beispielsweise bei der vor dem Kriege alljährlich in Ostpreußen neugedränten Fläche von 14000 ha 420000 M. entsprechen würde. An erster Stelle steht als ausschlaggebend die Beschaffenheit des Bodens, nach der man schon mit der allgemeinen Einführung der Dränung in England die Strangentfernung unterschiedlich zu bemessen begann. Vincent[3] schlug vor, für die Entfernung auf schwerem Boden weniger als das 12fache, auf gewöhnlichem Lehmboden das 14—16fache und auf leichtem Boden das 24fache der Tiefe zu wählen. Die von der Generalkommission für Schlesien herausgegebene Anweisung zur Aufstellung und Ausführung von Dränentwürfen[4], die, trotzdem sie veraltet ist, auch heute noch in der Praxis vielfach benutzt wird, unterschied schon wesentlich weitergehend und gab bei einer Normaltiefe von 1,25 m und einem Geländegefälle von höchsten 1:250 an:

---

[1] Vgl. E. Krüger: a. a. O. S. 125.

[2] Rothe, J.: Die Strangentfernung bei Dränungen im Mineralboden. Kulturtechniker 1929, 155.

[3] Vincent, L.: Die Dränage, deren Theorie und Praxis, 3. Aufl., S. 33. Leipzig 1860.

[4] Kgl. Generalkom. f. d. Prov. Schlesien. Berlin 1899; z. Z. in Neubearbeitung begr.

für milden Sandboden eine Entfernung von . . . . 24—30 m,
für lehmigen Sandboden eine Entfernung von . . . . 20—24 m,
für sandigen Lehmboden eine Entfernung von . . . . 16—20 m,
für gewöhnlichen Lehmboden (mit Steinen) eine Entfernung von 14—16 m,
für schweren Lehmboden eine Entfernung von . . . . 12—14 m,
für schwersten Tonboden eine Entfernung von . . . . 10—12 m.

Noch wesentlich feinere Unterschiede bei den verschiedenen Böden machte man in England[1] und empfahl für:

	Eine Entfernung von		Eine Tiefe von	
a) Sehr dichte oder schwere Böden:				
zähen kompakten Ton	4,57 m		0,76 m	
schweren Ton	5,03 m	5,37 m		0,80 m
lockeren Ton	5,49 m		0,84 m	
milden Ton	6,40 m			
b) Mittelböden:				
tonigen Lehm	6,71 m		0,92 m	
mergeligen Lehm	7,32 m	7,35 m		0,95 m
grandigen Lehm	8,23 m		0,99 m	
lockeren (leichten) Lehm	9,15 m			
c) Leichte Böden:				
grandigen leichten Lehm	10,06 m		1,10 m	
mergeligen leichten Lehm	10,98 m		1,14 m	
kieselerdehaltigen Lehm	11,89 m			
sehr leichten Lehm	12,81 m		1,22 m	
Sandboden	13,72 m	14,53 m		1,26 m
etwas grandigen Sand	15,10 m		1,30 m	
sehr grandigen Sand	16,78 m			
groben Sand	18,30 m		1,37 m	
sehr groben Sand	20,13 m			

Diese Angaben sind angeführt, um zu zeigen, in wie weit man es damals bereits als notwendig ansah, die Verschiedenheiten der Böden bei der Bemessung der Strangentfernung zu berücksichtigen. Daß man diese dabei nicht einmal auf volle Dezimeter abrundete, beweist, welchen Wert man diesen Bodenunterschieden beimaß. Zugleich lassen die Angaben aber auch erkennen, was außerdem aus anderen Nachrichten hervorgeht, daß man vornehmlich in England damals die Dränung auf alle Bodenarten, auch auf die reinen Sande, ausdehnte; „es soll nämlich dadurch dem trockenen Sandboden Feuchtigkeit zugeführt und hierdurch das Verbrennen der Früchte in der heißen Jahreszeit verhindert werden, während solches auf dem ungedrainten Boden häufig vorkommt. In Deutschland geht man mit Recht vorsichtiger zu Werke, man begnügt sich vorläufig mit der Entwässerung der torfigen und tonigen Bodenarten mit quelligem oder undurchlassendem Untergrunde"[2]. In der gefühlsmäßigen, rein subjektiven Beurteilung der Böden liegt naturgemäß eine starke Fehlerquelle, wie neuerdings besonders KOSTKA[3] und SCHILDKNECHT[4] auch zahlenmäßig zu beweisen suchten. Erstgenannter stellte fest, daß die Einschätzung der Bodenschwere nach Gefühl, bei welcher der jeweilige Feuchtigkeitszustand des Bodens eine ausschlaggebende Rolle spielt, selbst bei Vornahme durch erfahrene praktische Kulturtechniker Abweichungen bis zu 100% zeitigen

[1] Handschriftl. Notiz E. KRÜGERS.

[2] WOLFF, E.: Die naturwissenschaftlichen Grundlagen des Ackerbaues, 2. Aufl., S. 782. Leipzig 1854.

[3] KOSTKA, P.: Die Bestimmung der Dränentfernung, Technik Landw. **1921**, 41.

[4] SCHILDKNECHT, H.: Wie der Praktiker Dränentfernung schätzt. Kulturtechniker **1929**, 133.

kann. Eine Rundfrage des Committee on Drainage der American Society of Agricultural Engineers bei 257 praktischen Dränungsingenieuren nach der zweckmäßigsten Dränentfernung für verschiedene Bodentypen hatte nach SCHILDKNECHT[1] folgendes Ergebnis:

Bodenart	Dräntiefe m	Geschätzte Dränentfernung m	Unterschied zwischen Größt- u. Kleinstwert %
Ton	0,8	9—27	300
Lehmiger Ton . . .	0,8	12—41	342
Sand	1,2	33—48	46

Derselbe konnte ferner bei 39 schweizerischen, gefühlsmäßig durchgeführten Dränungen nachweisen, daß nur 7 zutreffende Strangentfernung hatten, während die meisten zu eng, und zwar um 1—12 m, nur 6 aber zu weit gedränt waren. SCHILDKNECHT betont mit Recht, daß letzteres gerade in Europa sehr häufig geschieht und damit Arbeit und Material vergeudet werden, was sich durchaus mit den Beobachtungen des Verfassers deckt, und auf die auch noch von anderer Seite (s. u.) hingewiesen ist. Zur Schaffung eines sicheren Vergleichsmaßstabes hat man deshalb die mechanische Bodenanalyse herangezogen. Vor allem war es KOPECKY[2], der die Ermittelung des Gehalts an feinsten abschlämmbaren Teilen (unter 0,01 mm) mit Hilfe der Schlämmanalyse der Strangentfernung zugrunde legte. Ihm schlossen sich CANZ und FAUSER[3] an, von denen letzterer die Anwendung einer Kurventafel (s. Abb. 3) mit den häufigsten Dräntiefen von 1,20—1,60 m in Württemberg einführte, die sich durchaus bewährt hat; auf ihr sind die Dränentfernungen als Abszissen, die abschlämmbaren Gehaltsanteile als Ordinaten aufgetragen. Die so ermittelten Werte gelten für Äcker, während Wiesen einen Entfernungszuschlag von 20—50% erfordern. FAUSER betont in seinen Ausführungen besonders, daß es darauf ankomme, die sich allein aus dem Gehalt an abschlämmbaren Teilen ergebenden Strangentfernungen nicht schablonenhaft anzuwenden, sondern auch die Anteile der übrigen Korngrößen sowie den Gehalt des Bodens an Kalk, Eisen und Humus neben den sonst zu beachtenden Faktoren zu berücksichtigen. So begünstigt erfahrungsgemäß der Anteil der Korngröße II (0,01—0,05 mm) die Durchlässigkeit des Bodens, erfordert also je nach seiner Größe eine weitere Strangentfernung; FAUSER hat darüber eine als Anhalt dienende Zusammenstellung gemacht. Ein Kalkgehalt von

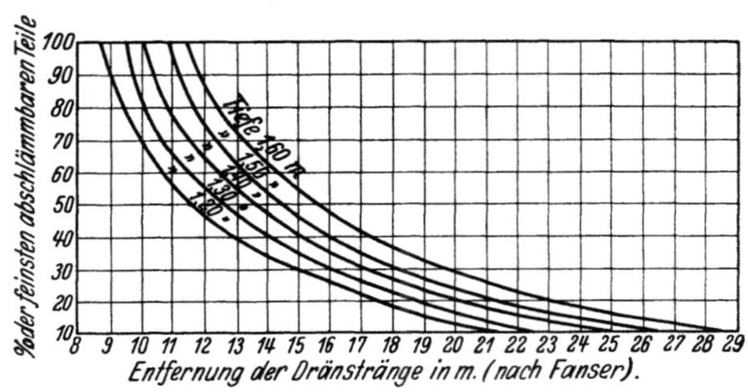

Abb. 3. Entfernung der Dränstränge in Meter. (Nach FAUSER.)

15 %	erhöht die	Strangentfernung	um	0,5 m,
30 %	,,	,,	,,	1,0 m,
50 %	,,	,,	,,	1,5 m,
70 %	,,	,,	,,	2,0 m,

[1] SCHILDKNECHT, H.: Zur gefühlsmäßigen Klassifikation der Böden. Kulturtechniker 1928, 275.

[2] KOPECKY, J.: Die physikalischen Eigenschaften des Bodens, S. 39. Wien 1914.

[3] CANZ u. FAUSER: vgl. E. KRÜGER: Kulturtechn. Wasserbau, S. 127.

dagegen verringert ein höherer Eisengehalt dieselbe um 1—2 m, wie es ebenso bei vermehrtem Humusvorrat im Boden der Fall sein kann.

Im Gegensatz zu KOPECKY ging MITSCHERLICH[1] daran, die Bodenoberfläche bzw. eine ihr proportionale Größe zu bestimmen, indem er die Hygroskopizität und damit jene für die Benetzung der Bodenoberfläche notwendige Wassermenge ermittelte, auf Grund deren dann BREITENBACH die Strangentfernung errechnete[2]. Auch die Bestimmung der Benetzungswärme wandten RODEWALD[3] und MITSCHERLICH zum gleichen Zweck an, ein Verfahren, das später durch JANERT[4] verbessert und zur Vornahme der kulturtechnischen Bodenuntersuchungen im Freistaat Sachsen, Mecklenburg, bei verschiedenen Landeskulturbehörden und Landwirtschaftskammern eingeführt wurde. Es hat für die Praxis den Vorteil, daß es schnell geht und daher gegen niedriges Entgelt durchgeführt werden kann.

Schließlich bestimmt ZUNKER[5] mit Hilfe des von ihm verbesserten WIEGNERschen Sedimentationsapparates die spezifische Oberfläche des Bodens und damit „die Zahl, die angibt, wieviel mal so groß die Oberfläche dieses Bodens ist, wie jene der gleichen Gewichtsmenge Boden von 1 mm Korndurchmesser". Das Verfahren ist insbesondere auch seiner langwierigen Berechnungen wegen in seiner jetzigen Form reichlich umständlich, um allgemeinere Anwendung, insbesondere bei Serienuntersuchungen für die kulturtechnische Praxis zu finden. Der Unterausschuß[6] für kulturtechnische Bodenuntersuchungen des Deutschen Ausschusses für Kulturbauwesen, der sich mehrere Jahre sehr eingehend mit der Prüfung der genannten Verfahren beschäftigte, ist zu dem Schluß gekommen, alle vier als zur Untersuchung für die kulturtechnische Praxis geeignet zu bezeichnen. Wenn sie z. T. auch noch Mängel oder Ungleichmäßigkeiten zeigen, so sind diese doch zu unerheblich, um die Wasserdurchlässigkeit des Bodens für die Dränung nicht genau genug damit bestimmen zu können. Für die Schlämmanalyse wird allgemein der nach KRAUSS[7] verbesserte KOPECKY-Apparat benutzt, für den nachträglich auch noch weitere Verbesserungen vorgeschlagen sind[8].

Es läßt sich nicht leugnen, daß die Feststellung der Durchlässigkeit am gewachsenen Boden allen noch so exakten Laboratoriumsmethoden gegenüber auf den ersten Blick ganz besondere Vorzüge zu haben scheint; leider haften ihr aber auch eine Reihe von Mängeln an, die sich nicht ganz ausschalten lassen. SETINSKY[9] und LAURI KESO[10] schlagen infolgedessen neue Methoden der Probeentnahme vor, bei der ihren Angaben gemäß der Boden in seiner natürlichen Struktur erhalten wird, in der er dann den verschiedensten Untersuchungsverfahren unterzogen werden kann. Selbst wenn diese sich bewähren sollten, ist damit aber die notwendige Entnahme von Bodenproben mit ihren Schwierigkeiten noch nicht

[1] MITSCHERLICH, E. A.: Untersuchungen über die physik. Bodeneigenschaften. L. Jahrb. **1901**, 380.

[2] BREITENBACH, R.: Die Bestimmung der Dränentfernung auf Grund der Hygroskopizität. Dissert. Königsberg 1911.

[3] RODEWALD, H.: Über Quellungs- u. Benetzungsversuche. Z. physik. Chem. **1900**, 593.

[4] JANERT, H.: Untersuchungen über die Benetzungswärme des Bodens. Ztschr. Pflanzenern. usw. **19**, 306 (1931).

[5] ZUNKER, F.: Die Bestimmung der spezifischen Oberfläche des Bodens. Land. Jahrb. **1923**, 159.

[6] ZUNKER, F.: Bericht über die 3. Tagung des deutschen Ausschusses für Kulturbewegung, Kulturtechniker **1928**, 412.

[7] KRAUSS, G.: Die Vervollkommnung des Spül- und Sud-Verfahrens. Kulturtechniker **1925**, 32.

[8] SUGIHARA, G.: Vorschläge zur Verbesserung des Spülapparates nach KOPECKY-KRAUSS. Kulturtechniker **1929**, 414.

[9] SETINSKY, V.: Neue Grundlagen der Lehre über Dränungen. Zagreb 1930.

[10] LAURI KESO, V.: Kultuuritekmillisiä maaperätutkimuksia erikoisesti ojaetäisyyttä silmällägitäen. Helsinki 1930.

beseitigt, in der stets die Quelle häufiger Fehler liegen wird. In der Erkenntnis dieser Tatsache kommt man mit Recht mehr und mehr zu der Überzeugung, daß die sicherste Ermittelung der idealen Strangentfernung auf jeden Fall nur mit Hilfe der Ertragsermittelung des auf dem Boden gewachsenen Pflanzenbestandes möglich ist; ROTHE und auf seine Veranlassung BONACKER[1] haben mit ihrer Anwendung den Anfang gemacht, dem hoffentlich möglichst viele Untersuchungen gleicher Art folgen werden. Am besten würde man dazu besondere, ständig beobachtete Dränungsversuchsfelder heranziehen, man kann in Ermangelung der zu einer größeren Anzahl benötigten Mittel aber auch in der von ROTHE angewendeten Weise vorgehen, indem man quer zu den Dräns liegende, möglichst nicht zu schmale Streifen herausschneidet und diese in 1—2 m breiten Stücken getrennt erntet. So umständlich das Verfahren zunächst auch erscheint, so sollte man es doch wenigstens eine Zeitlang neben der Laboratoriumsuntersuchung im großen anwenden, um sie durch den praktischen Erfolg endgültig zu bestätigen. Dabei ist es, wie LAURI KESO[2] mit Recht betont, notwendig und nur so möglich, den Einfluß der klimatischen Faktoren sowie der Anbauart der verschiedenen Kulturpflanzen, Fruchtfolge, Bearbeitung und Düngung des Bodens auf die Strangentfernung der Dräns genügend zu berücksichtigen und zu erforschen.

Die Frage der einwandfreien Probeentnahme stößt auf um so größere Schwierigkeiten, je ungleichmäßiger die Bodenverhältnisse sind; es wird in solchen Fällen daher oft kaum möglich sein, die Laboratoriumsuntersuchung mit viel größerer Sicherheit, als die allgemeine Erfahrung sie zu bieten vermag, bei der Projektaufstellung zugrunde zu legen. Mit Recht weist daher SCHRÖDER[3] empfehlend auf ein Vorgehen hin, daß auch früher von einigen Stellen in Zweifelsfällen bereits durchgeführt ist, nämlich das der schrittweisen Dränung, bei der im ersten Jahr nur die Regelung der Vorflut, die Anlage der Sammler und einzelner, besonders notwendig erscheinender Sauger erfolgt. Erst wenn ein sicherer Überblick über die Wirkung der so durchgeführten Dränung vorhanden ist, geschieht der weitere Ausbau durch die Ergänzung noch fehlender Sauger. Jedenfalls werden bei dem Vorgehen in dieser Art unter Umständen erhebliche Mittel gespart, wie die Erfahrung gezeigt hat, und es wird dabei die Gefahr der zu starken Entwässerung ausgeschaltet. Der noch vielfach eingenommene Standpunkt, lieber etwas zu stark als zu wenig zu entwässern, ist nur sehr bedingt richtig und hat nicht selten zu erheblichen Fehlschlägen geführt.

Abgesehen von den Faktoren, die außer der Bodenbeschaffenheit auch die Entfernung der Dräns entscheiden, sind dann noch die auch schon bei der Dräntiefe genannten klimatischen Verhältnisse, das Gefälle, die Richtung der Stränge, sowie das Material, aus dem sie hergestellt sind, und damit ihr mehr oder minder großer Reibungswiderstand bestimmend. Man kann sich darauf beschränken, hier nur die Richtung und die Art der Dräns kurz zu streifen. Wie man bei den Gräben zwischen Haupt-, Sammel- und Beetgräben unterscheidet, so hat man es hier vornehmlich mit Sammel- und Saugdräns zu tun, die sich im Gegensatz zu den Einzeldräns zu einem System vereinigen, soweit sie in einer Ausmündung in den Vorfluter zusammengefaßt sind. Liegen die Sauger in der Gefällrichtung, die Sammler dagegen im schwächsten Gefälle, so spricht man von Längsdränung im Gegensatz zur Querdränung, bei der die Sauger quer zum Geländegefälle und die Sammler in der Richtung desselben liegen. Beide haben ihre Vor- und Nachteile,

---

[1] BONACKER, W.: Beiträge zur Bodenuntersuchung für kulturtechnische Zwecke. Inaug.-Dissert., Königsberg 1929.

[2] LAURI KESO, V.: Kultuuritekmillisiä maaperätutkimuksia erikoisesti ojaetäisyyttä silmälläpitäen. Helsinki 1930.

[3] SCHRÖDER, G.: Schrittweise Dränung. Kulturtechniker **1928**, 463.

von denen erstere bei der Querdränung jedoch überwiegen, so daß man dieser heute im allgemeinen den Vorzug gibt. Die größte Zweckmäßigkeit stellt auch hier eine den Verhältnissen angepaßte Vereinigung beider Stranganordnungen dar. Wenn auch nach einigen Funden festzustehen scheint, daß die alten Römer bereits die Querdränung gekannt haben, so ist doch die in der Längsrichtung vorgenommene Verlegung wohl bis in die letzten Jahrzehnte des 19. Jahrhunderts die verbreitetere gewesen. Nicht unbegründet war dies, solange man noch vorwiegend leicht verschlämmende Steindräns anwandte, die naturgemäß eher der Gefahr von Abflußstörungen ausgesetzt waren. Auch VINCENT, der sich viele Verdienste um die Verbreitung der Dränung in Deutschland erworben hat, hielt unbedingt daran fest, daß „dieselben (die Dräns) mit dem größten Gefälle des Bodens angelegt werden müssen. Dennoch sieht man noch vielfach gegen diese Regel fehlen ...“[1]. Bei den dafür angeführten Gründen verkennt er die Vorteile der Querdränung vollkommen, die nicht zuletzt in einer nicht unerheblichen Verbilligung der Anlagekosten bestehen. Sie ist darauf zurückzuführen, daß die Querdräns einmal die verschiedenen Bodenschichten, dann vor allem aber die zum größten Teil in der Richtung des Hauptgefälles verlaufenden Wasseradern eher schneiden und sie damit sicherer und besser abfangen; infolgedessen ist eine Erweiterung der Strangentfernung dabei möglich, die z. B. in der schon erwähnten „Schlesischen Anweisung“ mit 20% angegeben wird. Mit der Verlegung der Sammler in das stärkste Gefälle kommt man mit geringeren Lichtweiten aus oder kann die Systeme größer wählen, wodurch weniger Ausmündungen erforderlich werden. Bei dem schnelleren Abfluß des Wassers mit stärkerem Gefälle sind auch die Verstopfungsgefahren im Sammler geringer, als wenn es aus den stark geneigten Saugern sich schnell in den Sammler ergießt, hier aber nur langsam weitergeleitet wird. Treten aus irgend einem Grunde Verstopfungen in dem einen oder anderen Sauger auf, so ist dies nicht in gleichem Maße gefährlich, als wenn es bei einem Sammler geschieht, von dem eine erheblich größere Fläche abhängig ist.

Neben der systematischen Dränung, die das ganze zu entwässernde Feld mit mehr oder minder gleichmäßig verteilten Strängen durchzieht, steht die Einzel- oder Bedarfsdränung, deren Einzelstränge sich auf die Trockenlegung bestimmter entwässerungsbedürftiger Stellen beschränken. Dabei kommt es darauf an, die die Nässe bewirkenden Wasseradern möglichst gründlich abzufangen; ihre Ermittelung geschieht praktisch am besten mit Hilfe von Probeeinschlägen. CLAUS[2] hat dabei zur Wünschelrute gegriffen, mit der er die Wasseradern aufsucht, um danach durch Querdräns ihr Wasser aufzunehmen. Er hat diese ausgesprochene Bedarfsentwässerung unter der Bezeichnung Wasseraderquerdränung (auch Wünschelrutendränung genannt) patentiert erhalten und nach den verschiedensten Angaben nicht nur auf hügeligem Gelände, sondern auch in der Ebene durchaus befriedigende Erfolge mit ihr erzielt. Dabei soll eine Strangersparnis bis zu 70% erreicht worden sein. CLAUS rechnet auch mit einer längeren Haltbarkeit der Dräns bei diesem Verfahren, weil mit der stärkeren Wasserführung auch eine bessere Reinhaltung derselben gewährleistet sei; er glaubt ferner die Einwände der nicht genügenden Durchlüftung des Bodens durch den Hinweis auf den schnelleren Wasserentzug infolge des direkten Anschneidens der Adern entkräften zu können. Bezüglich der Wirkung der Wünschelrute behauptet CLAUS, daß ihre Ausschläge nur senkrecht über den Wasseradern erfolgen, und zwar bei den flach liegenden, durch die Dränung zu erfassenden schwächer als bei den in größerer Tiefe fließenden. Zunächst ist es unzweifelhaft, daß die

[1] VINCENT, L.: Die Dränage, deren Theorie und Praxis, S. 28. Berlin 1860.
[2] CLAUS, H.: Dränung und Wünschelrute. Kulturtechniker **1925**, 38.

Wünschelrutenanwendung ein zu subjektives Verfahren ist, mit dem nicht jeder arbeiten kann und sich allgemein übereinstimmende Ergebnisse nicht erzielen lassen. Das haben neuerdings auch FAUSER[1] und F. ZUNKER[2] nachgewiesen, die über unter Mitwirkung von FABIAN angestellte Untersuchungen berichten, nach denen die Wünschelrutenausschläge zum großen Teil auf suggestive Wirkungen zurückzuführen sind und keinesfalls genügende Sicherheit bieten, um eine bestimmt Erfolg versprechende Bedarfsdränung nach ihnen durchführen zu können. Wenn sich auch vielleicht nicht leugnen läßt, daß vereinzelte Personen durchaus brauchbare Ergebnisse erzielen können, wie z. B. die Arbeiten von CLAUS zu bestätigen scheinen, so kommt die Anwendung der Wünschelrute für die Allgemeinheit darnach doch nicht in Frage. Abgesehen davon, daß die Bedarfsdränung, wie oben schon erwähnt wurde, unter allen jenen Verhältnissen die systematische nicht zu ersetzen vermag, bei denen auch die Beeinflussung der Bodenstruktur neben der entwässernden Wirkung von besonderer Bedeutung ist, muß darauf hingewiesen werden, daß die Kostenersparnis bei der Wasseraderquerdränung nicht so hoch ist, als es vielfach auf den ersten Blick erscheinen mag. SOERGEL[3] betont mit Recht, daß die Ersparnis sich lediglich auf die billigeren Sauger erstrecke, für die CLAUS nach Möglichkeit aber wenigstens 5-cm-Röhren und unter Umständen auch gelochte fordert und zudem bei besonders stark fließenden Wasseradern noch die Einbettung in Schlacken oder Sammelsteinen empfiehlt. Ferner wird darauf aufmerksam gemacht, daß die Wünschelrutendränung mehr Vorarbeiten erfordere und vielfach auch in höherem Maße das nachträgliche Einziehen von Ergänzungssträngen notwendig mache, welche Tatsachen nicht übersehen werden dürfen. Jedenfalls haben aber die Bestrebungen von CLAUS einmal wieder zum Suchen nach verbilligenden Maßnahmen der Dränung angeregt, die ihre weitere Verbreitung fördern können.

Endlich ist die Wirkung der Dräns noch von dem Material und der Art ihrer Herstellung abhängig. Röhren- und Kastendräns wirken infolge ihres geringeren Reibungswiderstandes für das sie durchfließende Wasser anders als solche aus Faschinen. Auf Niederungsmoor angestellte Versuche des Verfassers[4] geben einen Anhalt hierfür; bei ihnen wirkten Lattendräns um 13, Stangenbündel um 28% schwächer als Röhren. Man wird darnach im allgemeinen letztere um 20—25% weiter legen können als Stangen- und Strauchfaschinendräns.

Damit gelangt man zu den verschiedenen Bauarten, in denen Dränungen ausgeführt werden, und die z. T. neben der bei weitem am meisten verbreiteten aus Röhren auch heute noch unter besonderen Verhältnissen ihre Bedeutung nicht verloren haben. Dabei mögen auch einige kaum oder nur ausnahmsweise noch angewendete mit aufgeführt sein. Die einfachste Form bilden die Erddräns, bei denen die Gräben am Böschungsfuß mit Bermen versehen werden, auf die eine Rasensode verlegt wird; ihnen nahe stehen die Hohldräns, die angeblich früher vielfach in England angewendet und durch Auflegen eines hölzernen Formstückes auf die Grabensohle hergestellt wurden, um das man den dafür nur geeigneten schweren plastischen Boden herumstampfte und nach teilweisem Zufüllen des Grabens das Formholz weiter vorzog. Aus ihr ist dann vermutlich seiner Zeit die Maulwurfsdränung entstanden. Hohldräns ähnlicher Art hat man auf Moorboden noch in der Freistadter Klappdränung, bei der die Wände der etwa 0,20 m breiten Grüppe mittels Dränspaten oder Torfmesser gelöst und mit besonderen Brettern über

[1] FAUSER, O.: Zur Frage der Wünschelrutendränung. Kulturtechniker **1929**, 422ff.
[2] ZUNKER, F.: Über die Wünschelrutendränung. Kulturtechniker **1929**, 428.
[3] SOERGEL, W.: Beitrag zur Wünschelrutendränung. Kulturtechniker **1929**, 137.
[4] FRECKMANN, W.: Erschließung und Bewirtschaftung des Niederungsmoores, S. 73. Berlin 1921,

dem vorher eingelegten Formholz zusammengedrückt werden (Abb. 4 e u. f). Ihr nicht unähnlich ist die ostfriesische Klostermoordränung, bei welcher der etwa 0,80 bis 1,00 m breite Drängraben in der Sohle eine 0,20—0,25 × 0,12—0,15 m breite Vertiefung erhält, nachdem er mit Hilfe einer an der Seite gezogenen Rinne frei von Wasser ist. Dann wird die eine Seite der Grabenwand in 0,25—0,30 m langen Stücken

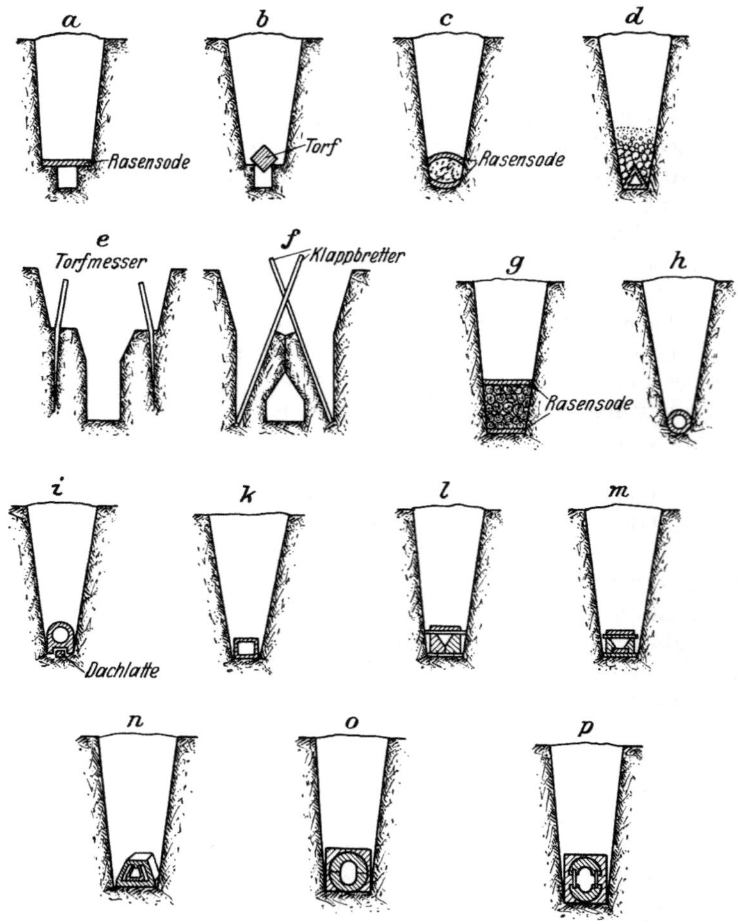

Abb. 4.

a u. b = Erddrän;
c = Strauchfaschinendrän;
d = Steindrän;
e u. f = Freistadter Klappdrän (im Hochmoor);
g = Stangendrän;
h = Tonröhrendrän;
i = Reiterdrän nach Nareyka;
k = Holzkastendrän nach Butz;
l u. m = Holzkastendrän nach Stahlschmidt;
n = Holzkastendrän nach Rogner mit Formstück aus gebr. Ton;
o = Rundholzdrän;
p = Rundholzkastendrän.

losgestochen und über die Rinne geklappt. Beide Bauarten können nur in noch völlig unzersetztem, genügend zusammenhängendem Hochmoortorf Anwendung finden, wo man bei sachgemäßer Ausführung befriedigende Erfahrungen mit ihnen gemacht hat. Trotzdem sind sie nur lokal beschränkt ausgeführt worden, zumal sie ebenso wie die Erddräns möglichst dauernd unter Wasser gehalten werden müssen, damit sich nicht Maulwürfe und Wühlmäuse in sie hinein ziehen und sie sehr bald zum Verstopfen bringen. Auch aus Torfsoden oder besonderen Formstücken aus Torf hergestellte Dräns haben sich aus dem gleichen Grunde nicht bewährt, abgesehen davon, daß sowohl Soden als auch ganz besonders Formstücke sich beim Trocknen zum nicht geringen Teil stark verziehen und dadurch unbrauchbar werden.

Die älteste Form liegt in den Steindräns vor, bei denen die Gräben in 0,30 bis 0,40 m Höhe mit Sammelsteinen ausgefüllt werden, über die man nach Möglichkeit eine Rasensode legt. Allein die Erwägung, daß auf 10 lfd. m 1 m^3 an Steinen dafür benötigt wird, läßt schon erkennen, daß sie nur beschränkt anwendbar sind. In holzreichen Ländern kam man dann auf die Verwendung von Holzdräns in der verschiedensten Form, wie sie auch heute noch vielfach üblich sind. Schwarten, Stangen und Latten sind dabei in sehr wechselnder Anordnung benutzt, die sich bei Einbettung in Heidekraut und Rasensoden auch durchaus bewährt und eine befriedigende Haltbarkeit gezeigt haben, wenn die notwendige Forderung dabei erfüllt wird, daß sie dauernd mit dem Grundwasser in Berührung und damit ständig feucht gehalten werden. Auf den Mooren sind sie, soweit Holz dafür genügend zur Verfügung steht, vornehmlich als Strauchfaschinen auch heute noch vielfach üblich. Sie bestehen aus 0,25—0,30 m starken, aus noch nicht ganz trockenem, laub- und nadelfreiem Strauch von genügender Sperrigkeit hergestellten, mit Weidenruten oder besser Draht zusammengebundenen Würsten, die zusammenhängend hergestellt und mittels einer groben Säge in 5—6 m lange Enden zerschnitten werden. Beim sorgfältigen Verlegen zwischen zwei Rasensoden, von denen die untere mit der Narbe nach oben, die obere mit ihr nach unten zu liegen kommt, sind sie fest in einander zu stoßen. Die oft an ihnen bemängelte geringe oder nicht lange genug vorhaltende Wirkung liegt meist daran, daß sie zu schwach und nicht genügend sperrig hergestellt und nicht sachgemäß verlegt werden. An ihre Stelle sind dann später vielfach Holzkastendräns getreten, die in bestimmter, auch seiner Zeit patentamtlich geschützter Form eingeführt wurden[1]. Sie bestanden aus 1—2 cm starken, 5—20 cm breiten Brettern, die in 4—5 m langen Enden kastenartig zusammengenagelt und ineinanderfassend verlegt wurden. Der Eintritt des Wassers erfolgt dabei durch Einschnitte im oberen Rande der Seitenbretter oder durch eine Fuge, die dadurch entsteht, daß vor dem Auflegen des Deckbrettes in die Seitenbretter dickköpfige Schusternägel geschlagen werden, auf die das Deckbrett zu liegen kommt. Als Nachteil dieser Form der Kastendränung hat sich bald die geringe Haltbarkeit der Eisennägel, insbesondere bei humussäurehaltigem Wasser, herausgestellt. Neuerliche Vorschläge, an Stelle derselben „Nirostanägel“ zu verwenden, scheinen an den Kosten für diese zu scheitern. Mit Erfolg hat man sich auch dadurch zu helfen gesucht, daß man einen Teil der Eisennägel durch solche aus Hartholz ersetzte, die nach dem Zerstören jener noch für den Zusammenhalt der Kästen ausreichten. In den letzten Jahren sind eine Reihe neuer Konstruktionen vorwiegend dreieckigen Querschnitts aufgetaucht, bei denen jede Nagelung vermieden wird. Die beachtenswertesten von ihnen, die auch bereits verschiedentlich Anwendung gefunden haben, sind die von ROGNER[2] und STAHLSCHMIDT[3]. Ersterer benutzt als Zusammenhalt Formstücke aus gebranntem Ton, in welche die Bretter aus noch grünem Holz eingeschoben werden; letzteres erscheint geboten, um von vornherein ein späteres Aufquellen und damit ein praktisch allerdings noch nicht nachgewiesenes Sprengen der Formstücke auszuschließen. Daneben hat derselbe eine zweite, etwas kostspieligere Form herausgebracht, bei der die auf einer Holzunterlage ruhenden Brettchen durch ein ebenfalls aus Hartholz hergestelltes Firststück im Dreiecksquerschnitt gehalten werden. Erfahrungen über ihr Bewähren sind nicht bekannt geworden. STAHLSCHMIDT verwendet, nachdem eine frühere Konstruktion von ihm nach den Beobachtungen

---

[1] Vgl.: Mitt. Ver. Förd. Moorkultur **1911**, 375.
[2] ROGNER: Kastendränage. Z. des Verb. dtsch. Kulturbautechniker **1928**, 130.
[3] STAHLSCHMIDT: Die zweckmäßigen Holzkastendräns für Moorböden. Ebenda S. 122.

aus einigen fiskalischen Mooren sich als nicht genügend druckfest und nicht hinreichend sicher gegen Zusammenklappen erwiesen hat, letzthin diagonal aufgetrennte Dachlatten, die er mittels Holzpflöcken auf einer Unterlage befestigt. Die Abdeckung bildet ein auf einer Fugenquerleiste ruhendes Deckbrett. Dieser Kastendrän macht einen durchaus stabilen Eindruck und dürfte sich sehr wohl bewähren, vorausgesetzt, daß seine Herstellung genügend billig möglich ist. Endlich ist in letzter Zeit noch ein Vorschlag zur Verwendung von Rundholz-, Doppelrundholz- und Rundholzkastendräns gemacht, über die Erfahrungen aus der Praxis heraus noch nicht vorliegen[1].

Alle Holzdräns haben gegenüber den noch zu besprechenden, aus Ton gebrannten Röhren den Vorteil, daß sie auch in weichen Böden anwendbar sind, in denen Röhren ohne weiteres sich kaum verlegen lassen oder auf die Dauer nicht sicher genug liegen, um einwandfrei wirken zu können. Die in langen Enden und fast alle mit mehr oder weniger gegenseitiger Verbindung verlegten Faschinen- und Kastendräns können sich kaum oder nur so wenig verlagern, daß ihr Wasserdurchfluß dadurch nicht gefährdet wird. Ihre bessere Haltbarkeit in den feuchten Böden, in denen sie möglichst ständig mit dem Grundwasser in Berührung sind, macht sie besonders für die Moore geeignet, auf denen vielfach das erforderliche Material für Stangen- und Faschinendräns zudem an Ort und Stelle vorhanden ist. Im übrigen ist es letzten Endes eine durch die örtlichen Verhältnisse bedingte Kostenfrage, für welche Art der Dränung man sich entscheidet. Der schwierigen Behebung von Abflußstörungen wegen muß man die Holzdräns überall dort vermeiden, wo solche besonders zu befürchten sind; in Schwemm- oder Triebsand sind sie daher ungeeignet. Nach Möglichkeit sollen auch die Kastendräns in Rasensoden, Heidekraut oder, wenn die Not es zwingt, auch nur Stroh oder Waldstreu von unten und oben gebettet werden, um sie vor dem Eindringen von feinen Bodenteilchen zu schützen; es erübrigt sich das höchstens in noch sehr unzersetztem Hochmoor, auf dem der vielfach vorhandene faserige Bleichmoostorf zudem ein sehr geeignetes Einbettungsmaterial darstellt. Auf alle Fälle ist es ratsam, die Dräns hierbei nur in beschränkter Länge — höchstens 150 m für die Sauger — anzulegen, insbesondere den Faschinen in Rücksicht auf den größeren Reibungswiderstand, den sie dem durchfließenden Wasser entgegensetzen, ein möglichst starkes Gefälle zu geben und sie nur als einzeln in offene Gräben ausmündende Stränge zu verwenden, also nicht zu Systemen zusammenzuschließen, zumal die Einmündung der Sauger in die Sammler hierbei durch Auflegen jener auf diese erfolgt, mit dem ein nicht überall tragbarer Gefällverlust verbunden ist.

Eine verbesserte Form der oben erwähnten Steindräns stellen die schon uralten Sickerdohlen dar, die auch heute noch bei Entwässerungen geringerer Ausdehnung in steinreichen Gegenden vorhanden sind. Sie bestehen in Steinplatten, die in drei- oder viereckiger Anordnung auf die Grabensohle gelegt und mit einer Schicht von Sammelsteinen überdeckt werden. Ihre Anlage ist bis auf das zur Verfügung stehende Material umständlich und kostspielig, so daß sie eine allgemeinere Bedeutung nicht mehr haben. Auch Dräns aus gebrannten Tonplatten und Ziegelsteinen sind seit alter Zeit bekannt, denen aber dieselben Nachteile bei der Anlage anhaften wie den Sickerdohlen, so daß sie heute kaum noch verwendet werden. Einen Übergang zu den vollrunden Tonröhren bilden die in der ersten Hälfte des 19. Jahrhunderts in England vielfach gebräuchlichen Hohlziegeldräns, die auf einer Platte gleichen Materials verlegt wurden. In letzter Zeit hat NEUMANN[2] wieder den Vorschlag gemacht, sie zur Entwässerung der

---

[1] KÖSTER, F.: Neue Wege in der Moordränung. Mitt. Ver. Förd. Moorkultur 1931, 14.

[2] BRÜNE, FR.: Grundsätze für die Regelung des Wasserhaushaltes in landwirtschaftlich genutzten Moorböden, S. 80. Berlin 1929.

Moore heranzuziehen und als Unterlage dafür Schalbretter zu verwenden; Versuche sind damit aber noch nicht gemacht worden. Der Benutzung einer für weiche Böden unter Umständen wichtigen zusammenhängenden Unterlage liegt die Konstruktion der sogen. Reiterdräns zugrunde, die sich auf Niederungsmooren in Sachsen nach den vorliegenden Angaben bereits bewährt haben. Sie bestehen aus vollen Tonröhren mit einer geradlinigen, etwas ausgeschnittenen Sohle, mit der sie auf 3,5 × 2 cm starke Holzlatten gelegt werden. Da sie einmal teuerer sind und die Unterlage in der genannten Breite für sehr weiche Moore kaum ausreichend erscheint, wie BRÜNE[1] mit Recht betont, wird ihre Verwendungsmöglichkeit in wirklich weichen Böden beschränkt sein (Abb. 4i).

Bei weitem die bedeutungsvollste und verbreitetste Dränung ist seit Einführung der Dränrohrpresse die aus vollrunden Röhren gebrannten Tons. Sie hat seit Mitte des vorigen Jahrhunderts ihren Siegeszug durch die ganze Welt gehalten, der ihr kaum durch irgendwelche anderen Verfahren streitig gemacht werden kann. Unter allen Verhältnissen und auf jeder Bodenart anwendbar, ist sie durch die größtmögliche Haltbarkeit ausgezeichnet, die ihr damit auch vor den übrigen Konstruktionen einen erheblichen Vorsprung gesichert hat. Verschiedentlich genommene Anläufe, die Tonrohre durch solche aus Zementbeton zu ersetzen, die, örtlich hergestellt, vielleicht etwas billiger werden, sind auch als gescheitert anzusehen. Ihre Nachteile bestehen einmal in dem mehrere Wochen dauernden Abbinden und Trocknen, dem meist höheren Gewicht, sowie vor allem darin, daß sie auf Böden mit Säuren irgendwelcher Art sehr bald angegriffen und zerstört werden. — Die Form der Röhren ist nicht immer die kreisrunde gewesen; neben rechteckigen und quadratischen hat man elliptische und birnenförmige hergestellt, die aber stets wieder zugunsten der runden verschwunden sind, und zwar weil sie den günstigsten Querschnitt und damit den besten, am wenigsten behinderten Wasserdurchfluß gewährleisten, bei dem die Gefahr des Festsetzens von Sinkstoffen zudem am geringsten ist. Naturgemäß tauchen von Zeit zu Zeit neue Verbesserungsvorschläge auf, die aber bisher meist stets ebenso schnell wieder verschwunden sind. Erst vor kurzem wurden wieder quadratisch geformte Rohre, mit deckelartig abnehmbarer Oberseite empfohlen mit der Begründung der so besser möglichen Beseitigung von Ablagerungen oder sonstigen Abflußhindernissen. An Stelle der geraden Stirnflächen wurden von einer pommerschen Ziegelei vor einigen Jahrzehnten wellenförmig geschnittene „Kuppelungsrohre" herausgebracht, deren Enden beim Verlegen ineinander faßten und so eine Sicherung gegen Verschiebung bildeten. Sie haben sich aber nur kurze Zeit auf dem Markt gehalten; ebenso wird ein Vorschlag nicht durchdringen, nach dem die Rohre an einem Ende schwalbenschwanzähnlich ausgeschnitten, am anderen dementsprechend spitz zulaufend zusammenpassen.

Das einwandfreie Dränrohr muß einer Reihe von Anforderungen genügen, auf die in der Praxis vielfach zu wenig geachtet wird. Es muß vor allem vollkommen gerade, von kreisrundem Querschnitt, glatt abgeschnitten, hart und gleichmäßig gebrannt sein und demgemäß beim Anschlagen mit einem Metallgegenstand hell klingen. Nach 24stündigem Einlegen und einstündigem Kochen im Wasser soll es nicht mehr als 15% Gewichtszunahme zeigen und darf schließlich nicht Steine oder Kalkstücke von über 2 mm Größe aufweisen. Die Innenfläche muß möglichst glatt und die Wandstärke nicht zu groß sein. Der Deutsche Ausschuß für Kulturbauwesen ist auf Grund seiner umfangreichen Unter-

---

[1] BRÜNE, FR.: Grundsätze für die Regelung des Wasserhaushaltes in landwirtschaftlich genutzten Moorböden, S. 80/81. Berlin 1929.

suchungen von Rohren unter Hinzuziehung von Landwirten und Vertretern der Dränrohrindustrie mit der Durchführung einer Normung beschäftigt, um so eine Vereinheitlichung und eine allen zu stellenden Ansprüchen genügende Verbesserung des angebotenen Materials zu erreichen; sie soll sich auf 9 verschiedene Lichtweiten zwischen 40 und 200 mm erstrecken. Neben einfachen sind Formröhren, wie End-, Ast-, Loch-, Haken-, Kragen-, Übergangs- und Ausflußröhren im Handel, die bis auf die End- und Ausflußröhren zur Verbindung der einzelnen Stränge dienen. Trotzdem sie etwas höher im Preise als die einfachen sind, ist ihre Anwendung dringend empfehlenswert. Sie erleichtern einmal die Überleitung von einem Strang in den anderen, sichern sie und vermeiden gleichzeitig den bei dem sonst üblichen Aufeinanderlegen der Röhren an den Verbindungsstellen unvermeidlichen Gefällverlust.

Das Verlegen der Rohre in den möglichst schmal hergestellten Drängraben erfolgt auf die mittels Sohlenschaufel und gegebenenfalls auch Sohlenstampfer, einem an einem Stiel befestigten halbrunden Querholz, vorbereitete, der Rohrweite angepaßte Sohle mit Hilfe des Legehakens, wobei die einzelnen Röhren so fest als möglich aneinander gereiht werden. Dabei wird meist von oben her begonnen; eine Ausnahme in dieser Hinsicht ist nur hier und da auf sehr wasserreichem Moorboden gemacht, in dem die Herstellung der Grabensohle erst unmittelbar vor dem Verlegen der Röhren möglich ist. Ein solches von unten nach oben hat sich hier auch deshalb als vorteilhafter erwiesen, weil dabei der Abfluß des dauernd zuströmenden Wassers durch die bereits liegenden Rohre ungehemmter vor sich geht, und die Ansammlung von Moorschlamm so besser verhütet wird. Ist der Boden an sich nicht genügend fest, um den Rohren ein ausreichend sicheres Lager zu bieten, so erhalten sie eine feste Unterlage auf der Grabensohle, auf die das Verlegen erfolgt. Als dafür geeignetes Material haben sich vor allem zwei in der der Rohrweite entsprechenden Entfernung neben einander liegende Holzlatten bewährt, die nach Bedarf alle 1—2 m durch Querhölzer verbunden sind; Beschaffung und Transport derselben sind im allgemeinen leichter als die von Kies oder Kohlenasche, die an sich auch brauchbar dafür sind. In ganz besonderem Maße hat sich die Einbettung in Heidekraut als empfehlenswert erwiesen, bei der die Verlegung der Röhren dem seinerzeit von MENKHAUS[1] gemachten Vorschlage gemäß geschieht; 10 Rohre werden zu dem Zweck auf ein altes Gasrohr aufgereiht und mittels an den Enden eingehakter Stiele zugleich auf die in dem Drängraben vorbereitete Unterlage von Heidekraut gelegt. Nachdem noch eine ebensolche Schicht auf die Röhren gebracht und angedrückt ist, erfolgt das Herausziehen des Gasrohres, um darnach mit dem Zufüllen des Grabens zu beginnen. Das Verfahren hat sich auf den heidekrautwüchsigen Hochmooren ausgezeichnet bewährt, ist aber auch bei der unter Umständen erwünscht erscheinenden Einbettung der Röhren in anderes Material anwendbar. Sie kann z. B. bei Schwemmsand ebenso dringend erforderlich sein wie auf Moorboden. Abgesehen von der Verwendung von Muffenrohren, die den Nachteil der langsameren Wasseraufnahme haben, kommen dafür Dachpappemuffen, Rasensoden, Stroh, Häcksel, Spreu, Waldstreu, Torfmull und Hochofenschlacke in Frage. SCHEWIOR[2] schlägt in solchen Fällen vor, die Röhren in Sackleinen einzunähen und darin zu verlegen. Versuche des Verfassers[3] zeitigten nach vierjähriger feldmäßiger Durchführung folgendes Ergebnis:

---

[1] Vgl. FR. BRÜNE: Grundsätze für die Regelung des Wasserhaushaltes in landwirtschaftlich genutzten Moorböden, S. 80/81. Berlin 1929.

[2] SCHEWIOR, G.: Die Bodenmelioration, 2, 62. Leipzig 1910.

[3] FRECKMANN, W.: Versuche mit verschiedenen Vorbeugungsmaßnahmen gegen das Versanden von Dränagen. Mitt. Ver. Förd. Moorkultur 44, 166 (1926).

Einbettung	Keine	In Langstroh	Hochofenschlacke (Seiten u. oben)	Hochofenschlacke ringsherum	Torfmull (Seiten u. oben)	Torfmull ringsherum
Mittlere Höhe der Versandung in den Rohren in mm	15	10	2	1	2	0,6
Mitgeführte Bodenmenge je Rohr in g	825	629	52	42	69	12

Auf jeden Fall erfordern derartige Verhältnisse ganz besondere Vorsicht bei der Dränung; nicht zu enge Röhren und reichliches Gefälle sind dabei möglichst zu berücksichtigen, damit die Geschwindigkeit der Wasserbewegung in ihnen so groß ist, daß Ablagerungen tunlichst ausgeschlossen sind. Nach GERHARDT[1] wird die erforderliche Wasserbewegung von 0,16—0,20 m, bei Triebsand 0,30 m je Sekunde, bei einem Gefälle erreicht von:

Röhrenlichtweite		4 cm %	5 cm %	6,5 cm %	8 cm %	10 cm %	12 cm %	16 cm %
In gewöhnlichen Bodenarten	mindestens . . .	0,4	0,28	0,18	0,15	0,15	0,15	0,15
	besser	0,6	0,45	0,28	0,20	0,15	0,15	0,15
In Triebsand		1,4	1,0	0,60	0,45	0,30	0,20	0,15

Die erforderliche Rohrweite ist demnach nicht zuletzt von dem verfügbaren Gefälle abhängig. Für ihre Ermittelung gibt es fast in jedem kulturtechnischen Werk Zahlentabellen oder zeichnerische Tafeln, auf denen sie ohne weiteres für jeden Fall abgelesen werden kann. So lassen sich z. B. nach ROTHE[2] bei 0,65 sl/ha Abfluß folgende Flächen in Hektar entwässern:

Bei einem Gefälle auf 100 m von	Bei Dränrohrweiten im Durchmesser in cm von							
	4 cm	5 cm	6,5 cm	8 cm	10 cm	13 cm	16 cm	18 cm
m	ha	ha	ha	ha	ha	ha	ha	ha
0,10	—	—	—	1,38	2,48	4,92	8,41	11,49
	—	0,29	0,62	1,13	2,10	4,43	7,93	11,06
0,20	—	0,57	1,13	1,95	3,51	6,96	11,88	16,25
	—	0,41	0,88	1,58	2,96	6,24	11,16	15,55
0,30	0,38	0,69	1,39	2,38	4,30	8,52	14,56	19,90
	0,27	0,51	1,07	1,93	3,61	7,62	13,63	19,01
0,40	0,44	0,80	1,60	2,75	4,97	9,85	16,81	22,98
	0,30	0,58	1,22	2,22	4,14	8,73	15,62	21,77
0,50	0,49	0,90	1,79	3,08	5,55	11,00	18,80	25,69
	0,34	0,65	1,38	2,50	4,67	9,84	17,60	24,54
0,60	0,53	0,98	1,96	3,37	6,08	12,06	20,59	28,14
	0,37	0,71	1,51	2,73	5,09	10,74	19,21	26,78
0,70	0,58	1,06	2,12	3,65	6,57	13,03	22,24	30,39
	0,41	0,77	1,64	2,95	5,52	11,64	20,82	29,03
0,80	0,63	1,13	2,27	3,90	7,02	13,92	23,77	32,49
	0,43	0,82	1,73	3,13	5,85	12,33	22,06	30,76
0,90	0,66	1,20	2,40	4,13	7,45	14,76	25,22	34,46
	0,46	0,88	1,85	3,34	6,24	13,16	23,55	32,83
1,00	0,69	1,27	2,54	4,36	7,85	15,57	26,58	36,33
	0,48	0,92	1,95	3,52	6,57	13,86	24,79	34,56

[1] GERHARDT, P.: Kulturtechnik, 5. Aufl., S. 98. Berlin 1913.

[2] ROTHE, J.: Meliorationen. In F. AEREBOE, J. HANSEN, TH. ROEMER: Handbuch der Landwirtschaft, S. 159. Berlin 1929.

Fortsetzung der Tabelle von S. 33.

Bei einem Gefälle auf 100 m von	Bei Dränrohrweiten im Durchmesser in cm von							
	4 cm	5 cm	6,5 cm	8 cm	10 cm	13 cm	16 cm	18 cm
m	ha	ha	ha	ha	ha	ha	ha	ha
1,50	0,85 0,59	1,55 1,12	3,11 2,38	5,33 4,29	9,62 8,01	19,07 16,90	32,56 30,24	44,50 42,16
2,00	0,98 0,68	1,80 1,30	3,59 2,75	6,16 4,96	11,10 9,27	22,02 19,54	37,59 34,95	51,38 48,73
4,00	1,38 0,97	2,54 1,84	5,07 3,92	8,71 7,04	15,70 13,14	31,13 27,71	53,17 49,58	72,65 69,12

Die Abflußmenge von 0,65 sl/ha ist die der erwähnten „Schlesischen Anweisung" zugrunde gelegte, die auch für die durchschnittlichen Niederschlagsverhältnisse Deutschlands als zutreffend anzusehen ist.

Das Eindringen des Wassers in die Dräns geschieht lediglich durch die Fugen zwischen den einzelnen Rohren; die früher vielfach bestehende Annahme, daß dieses auch durch die porösen Wandungen, die aber sehr bald durch die vom Wasser mitgeführten Stoffe geschlossen werden, geschehe, ist irrig. Die durch die Fugen gebildete Eintrittsöffnung ist auf jeden Fall ausreichend; Krüger[1] errechnet bei durchschnittlich nur 0,5 mm Weite, die praktisch durchweg größer ist, und Verwendung der für Sauger meist üblichen 4-cm-Röhren eine so entstehende quadratische Gesamtöffnung von 36 cm Seitenlänge je Hektar.

Jede Dränung kann naturgemäß nur ihren Zweck voll und ganz erfüllen, wenn sie in durchaus einwandfreiem Zustande erhalten wird. Die beste Sicherheit gegen irgendwelche Schäden bietet zunächst die in jeder Hinsicht einwandfreie Projektierung und Ausführung, bei der auf gegebenenfalls eintretende Gefahren von vornherein weitgehendst Rücksicht zu nehmen ist. Einige davon, wie die Verlagerung der Röhren in weichen Böden und die Einspülung von Bodenmassen in die Dräns aller Art, wie sie z. B. bei Triebsand zu gewärtigen sind, haben bereits Erwähnung gefunden; weitere bestehen in dem Ablagern von Kalk- und Eisenverbindungen, der Entwicklung von Schwefelbakterien, dem Hineinwachsen von Pflanzenwurzeln und endlich dem Hineinkriechen von Tieren. Ablagerungen jeglicher Beschaffenheit werden am besten durch ausreichend starkes Gefälle der Dräns vermieden, bei dem die Fließgeschwindigkeit des Wassers so groß ist, daß alle in ihm enthaltenen Sinkstoffe mitgerissen werden. Eisen- und Schwefelablagerungen sind auf die Tätigkeit von Bakterien zurückzuführen, deren Lebensweise durch die Untersuchungen von Cholodny näher geklärt ist[2]. Da es sich dabei weniger um chemische als um biologische Vorgänge handelt, ist von dem bisher vielfach gemachten Vorschlage, den Luftsauerstoffzutritt durch Ausmündung der Dräns unter Wasser zu vermindern, nicht allzuviel zu erwarten. Zur Unschädlichmachung der am häufigsten auftretenden sog. Ockerbakterien (Leptotrix) schlägt Langisch[3] vor, durch irgendwelches Anbringen von Kupferteilen an den Stoßfugen der Röhren (etwa als Ring, vielleicht genügt es auch, einen Kupferdraht auf den Röhrenstrang zu legen) dem Dränwasser einen geringen Kupfergehalt zu verleihen, der den Bakterien jegliche Lebensmöglichkeit nehme. In wie weit bereits praktische Versuche mit dem Verfahren gemacht sind, entzieht sich der Kenntnis des Verfassers. Die Tätigkeit der Schwefelbakterien (Beggiatoa) besteht

[1] Krüger, E.: Kulturtechnischer Wasserbau, S. 116. Berlin 1921.

[2] Cholodny, N.: Die Eisenbakterien. Pflanzenforschung. Jena 1926, vgl. dieses Hdb. 7, 333.

[3] Langisch, E.: Neues Dränverfahren in eisenschüssigem Boden. Z. Verb. dtsch. Kulturtechniker 1931, 71.

darin, den Schwefelwasserstoff des Bodens zu elementarem Schwefel zu oxydieren und in Form algenähnlicher Ausscheidungen als lange Zöpfe in den Dräns abzulagern[1]. Am meisten ist das auf rohen, unzersetzten Mooren der Fall, auf denen sich das Vorhandensein von Schwefelwasserstoff bereits durch den Geruch bemerkbar macht; man tut alsdann gut, die Drängräben vor dem Ausbau bis zur endgültigen Tiefe eine Zeitlang offen liegen zu lassen, bis durch die voranschreitende Entwässerung und Durchlüftung die Bildung von Schwefelwasserstoff nachläßt.

Zu einer sehr ernsten Gefahr können Pflanzenwurzeln werden, die in die Dränstränge hineinwachsen und sie häufig in kurzer Zeit vollkommen ausfüllen. Als gefährlichste Pflanze in dieser Hinsicht ist der Schachtelhalm zu nennen, dessen unterirdische Rhizome oft auf lange Strecken die Dräns durchziehen. An Bäumen sind es besonders Weiden, deren Wurzeln sich gern zu den Dräns hingezogen fühlen und sie verstopfen; innerhalb von wenigen Jahren völlig zugewachsene Röhren bis zu 20 cm Lichtweite kommen nicht selten vor. In allen solchen Fällen heißt es vorbeugen und Vorsichtsmaßnahmen anwenden, die das Hineinwachsen von Wurzeln mehr oder minder unmöglich machen. Das einfachste ist das Eintauchen der Rohrenden in Karbolineum; wenn es auch nur für einige Jahre als sicher wirksam gelten kann, so hält es doch zum mindesten für die erste und gefährlichste Zeit die Wurzeln aus der Nähe der Dräns fern. Die Anwendung von Muffenröhren ist ebenfalls empfehlenswert, aber naturgemäß auch verteuernd und deshalb nur dort angebracht, wo sie nicht zu umgehen ist. Über die Rohrenden geschobene Muffen von Dachpappe genügen schließlich auch, sind aber nur von beschränkter Dauer. Auch pflanzenschädliche Industrieabfallstoffe hat man hier und da zum Einbetten der Dräns angeboten; allein abgesehen davon, daß sie nur in den seltensten Fällen zur Verfügung stehen und womöglich einen mehr oder weniger weiten Transport erfordern, können sie natürlich auch auf Boden und Wasser schädlich einwirken und damit unter Umständen Gefahren für Pflanzen- und Tierwelt mit sich bringen. Früher ist vielfach die Verlegung von zwei Röhrendräns übereinander empfohlen worden, in der Annahme, daß dann einer wenigstens immer sicher frei von einwachsenden Wurzeln oder Bodeneinspülungen bleibe; da hierfür aber keinerlei Gewähr geboten, ist das Verfahren zwecklos. Am besten hält man sich von Stellen, die durch Baumwurzeln gefährdet sind, vornehmlich mit Sammlern wenigstens 20 m fern; müssen sie unbedingt gedränt werden, so ziehe man zu dem Zweck einige besondere kurze Sauger. Das Hineinkriechen von Tieren, namentlich Fröschen, wird durch Drahtgitter an den Ausmündungen leicht vermieden. Damit gelangt man zu einem sehr wesentlichen Teil der Dränung, der bei der Anlage besondere Sorgfalt erfordert, den Ausmündungen; sie sind es, auf die sich später in erster Linie die Unterhaltung der ganzen Anlage erstreckt. Deshalb müssen sie so eingerichtet sein, daß das Wasser aus ihnen ständig unbehinderten Ausfluß hat, sie sich leicht übersehen lassen und nicht zu sehr durch Beschädigungen gefährdet sind. Die Unterkante der Ausmündung soll etwas über Mittelwasser des Vorfluters oder bei sehr wechselndem Stande desselben wenigstens 20 cm über dessen Sohle liegen. Um genügend übersichtlich zu sein, muß sie weit genug aus der Böschung hervorragen, so daß ihr Ausfluß leicht beobachtet werden kann; es ist das eine in der Praxis viel zu wenig beachtete Vorsicht, welche die Unterhaltung der Ausmündungen wesentlich erleichtert. Schneiden sie eben mit der Böschung ab, so fallen sie leicht von losgelösten Bodenteilen zu oder werden von der Rasennarbe bald überwachsen; außerdem sind sie so schwerer auffindbar, und ihr Versagen entgeht dem Beobachter eher. Beschädigungen beim Wiederherstellen der Gräben und denen

[1] Vgl. dieses Hdb. **8**, 649.

durch wechselnde Einflüsse der Witterung sind vornehmlich als Ausmünder verwandte Tonrohre ausgesetzt, die zudem sehr bald ihre ursprüngliche Lage verlieren, wenn sie ohne besondere Sicherung verlegt sind. Um derartige Gefahren auszuschalten, werden entweder wetterfeste lasierte Ton- oder Zementrohre benutzt, die, als besonders für den Zweck hergestellt, im Handel sind; gewöhnliche Tonrohre können mit einem Holzkasten von wenigstens 1 m Länge umgeben werden, der auf zwei durch ein Querholz verbundenen Pfählen ruht und damit vor dem Versacken geschützt ist. Zur Erhöhung der Haltbarkeit ist vorheriges Imprägnieren des Holzes ratsam. Ausmündungsrohre oder Kästen mit selbsttätigen Rückstauklappen aus Eisenblech zu verwenden, kann unter Umständen zweckmäßig sein, nur müssen sie besonders sorgsam unterhalten, und es muß auch dafür gesorgt werden, daß sie gut und dicht schließen. Die Kontrolle jedes Ausflusses wird durch das Setzen von Merkpfählen oder Steinen auf dem Grabenrande, die auch in dem unbedingt aufzustellenden endgültigen Dränungsplane zu verzeichnen und am besten mit Nummern zu versehen sind, wesentlich erleichtert.

Trotz aller dieser Vorsichtsmaßnahmen können natürlich doch hier und da Abflußstörungen eintreten, deren rechtzeitiges Erkennen und schnelles Beseitigen sehr wichtig ist. Längeres Hinausschieben verschlimmert die Verstopfung und erschwert damit die Behebung unter Umständen erheblich. Derartige Störungen zeigen sich als vornehmlich im Frühjahr deutlich wahrnehmbare nasse Stellen. Man beginnt mit dem Aufsuchen des Dräns mit Hilfe eines zugespitzten Rundeisenstabes, dem ein Aufgraben und Ermitteln der schadhaften Stelle folgt. Die Herausnahme einiger Röhren läßt bald die Art des Hindernisses erkennen. Bei Wurzelverstopfungen wird man zunächst versuchen, die zopfartigen Gebilde herauszuziehen; sind die Röhren bereits ganz davon eingenommen, so bleibt nichts anderes übrig, als sie aufzunehmen, zu reinigen und unter Beobachtung der obengenannten Vorsichtsmaßnahmen wieder zu verlegen oder durch neue zu ersetzen. Niederschlag von Kalk- oder Eisenverbindungen und Sandeinspülungen werden im allgemeinen mit Hilfe eines durchzuziehenden Drahtes, an dem wenigstens beim letzten Male des Durchziehens ein Stück Sackleinen befestigt ist, zu beseitigen sein; Aufgraben mehrerer Stellen und stückweises Vorgehen ist dabei in der Regel unerläßlich. Seit einiger Zeit wird auch eine von VAN LEESEN konstruierte Dränrohrspülpumpe empfohlen, mit Hilfe deren es möglich sein soll, durch Ablagerungen verstopfte Dräns durch Hineinpumpen von Wasser vollkommen zu reinigen. Das für Handbetrieb eingerichtete Gerät reicht den vorliegenden Erfahrungen nach aber nur für die Durchspülung kürzerer Strecken aus, so daß bei durchgehenden Verstopfungen auch mindestens häufigere Unterbrechung des Stranges durch Freilegen notwendig ist. Ob die Wirkung der Pumpe in allen Fällen zur Reinigung der Dränstränge genügt, erscheint zweifelhaft. Völlig unwirksame ältere Dränungen werden, zumal sie sehr oft aus zu engen Rohren bestehen, am besten ohne Rücksicht auf diese durch neue ersetzt. Sehr viel umständlicher als bei Röhrendräns ist die Beseitigung von Abflußstörungen bei Faschinen- und Kastendränungen; infolgedessen sei hier nochmals auf die unbedingte Notwendigkeit hingewiesen, sie von vornherein so vorsichtig und sorgfältig anzulegen, als nur irgendwie möglich ist.

Einer kurzen Beantwortung bedarf schließlich noch die oftmals gestellte Frage nach der Wirkung des Anstauens von Dränungen. Diese darf nicht überschätzt und die entgegenstehenden Bedenken auch nicht verkannt werden. Auf Stauventile, die für den Einbau in die einzelnen Dräns früher vielfach empfohlen wurden, ist bereits hingewiesen. Jedes Festhalten von Wasser im Boden hat nur Zweck, solange noch genügend davon in ihm vorhanden ist; mit Hilfe des Anstaues von Gräben oder Dräns ihn wieder anzufeuchten, ist in Anbetracht der außerordentlich langsamen horizontalen Bewegung des Wassers im Boden sehr langwierig. Weniger kostspielig und mindestens ebenso erfolgsicher kann das Anstauen eines oder mehrerer Dränagesysteme vom Sammler oder noch besser vom Vorfluter aus geschehen, von denen aus mit einer Stauvorrichtung das Wasser einer sehr viel größeren Fläche gehalten werden kann. Wieweit der Anstau hierbei hinaufreicht, hängt wieder ganz von den Gefällverhältnissen der einzelnen Dräns ab. Jedes längere Zeit andauernde Halten des Wassers in Dränungen aller Art bringt unverkennbare Gefahren für diese mit sich; dem Eindringen von Bodenteilchen und der Ablagerung von Sinkstoffen ist dadurch ebenso Vorschub geleistet wie bei Dränungen mit mangelnder Vorflut. KRÜGER[1] erklärt diese Erscheinung folgendermaßen: „Solange ein Drän freie Vorflut hat, kann Wasser nur in der einen Richtung, nämlich von außen nach innen durch die Fugen treten. Dabei spannen sich die Bodenkörner gewölbeartig über die Fuge und werden durch diese Spannung daran verhindert, durch die Fugen einzutreten. Anders, wenn ein Drän bei mangelnder Vorflut unter Rückstau steht. Dann ist der Außendruck des Wassers aufgehoben oder wenigstens vermindert, die Spannung zwischen den Bodenkörnern läßt nach, und sie gelangen leicht in den Drän." Staut man Dränungen, welcher Bauart sie auch sein mögen, an, so tue man es grundsätzlich nicht länger als höchstens 8 Tage; danach ist das Wasser ganz abzulassen, wodurch den Röhren Gelegenheit gegeben wird, sich wieder vollkommen zu entleeren, um den Boden aufnahmefähig für neue Sickerwassermengen und mit ihnen erneute Luftzufuhr zu machen. Besteht die Möglichkeit der zeitweisen völligen Entleerung der Dräns nicht, so ist große Vorsicht beim Anstau derselben geboten.

Je einwandfreier die Unterhaltung jeder unterirdischen Entwässerung geschieht, um so länger ist naturgemäß ihre Ausdauer. Faschinen- und Holzkastendräns können, wenn sie in jeder Weise vorschriftsmäßig angelegt und ordnungsgemäß behandelt werden, je nach Holzart und Stärke des verwendeten Materials 20—30 Jahre wirksam bleiben, während aus guten Tonröhren bestehende mindestens die doppelte Haltbarkeit aufweisen. Daraus ersieht man allein schon die große Wirtschaftlichkeit der Dränung, wenn man erwägt, daß die dadurch bedingte Ertragssteigerung bei Halmfrüchten bis 50%, bei Hackfrüchten und Futterpflanzen bis 100% beträgt. Dazu kommen die oben genannten durch eine geregelte Entwässerung bewirkten Vorteile, die sich nicht in gleichem Maße zahlenmäßig festlegen lassen; unter ihnen steht die Erhöhung der Ertragssicherheit an erster Stelle, die auch für alle anderen regelmäßig nötigen Aufwendungen, wie z. B. Saatgut, Dünger, Arbeit u. dgl., erst eine entsprechende Wirtschaftlichkeit gewährleistet. In der Tat stellt so die Regelung des Wasserhaushaltes im Boden durch Dränung noch immer die wichtigste Meliorationsmaßnahme dar. Trotzdem die Erkenntnis dieser Tatsache so ziemlich in alle Kreise gedrungen ist, schreitet ihre Anwendung nur langsam vor. Die Kosten der Dränung je Hektar Ackerland betragen 400—600 M. Es ist daher nur zu begründet, wenn sich die Wissenschaft nach der Suche von Verbilligungsmöglichkeiten der Dränung seit einigen Jahren wieder in besonderem Maße angenommen hat und dabei vor allem auf die schon erwähnte Maulwurfsdränung in erster Linie zurückgekommen ist, der man vornehmlich in Deutschland jahrzehntelang vollkommen ablehnend gegenüberstand, während sie in England seit Einführung der Dränung überhaupt nie ganz in Vergessenheit geraten ist. Der Grund dafür lag lediglich in den Boden- und Geländeverhältnissen, die beide für die Anwendung dieser Maßnahme in England besonders günstige sind, so zunächst der schwere, plastische Boden, der jede andere Entwässerungsart außerordentlich erschwert und z. B.

[1] KRÜGER, E.: Kulturtechnischer Wasserbau, S. 147, Berlin 1921.

die Kosten für Röhrendränung auf bis zu 1000 M. je Hektar ansteigen läßt. Er bietet gleichzeitig die sicherste Gewähr, daß sich die vom Maulwurfspflug gezogenen Gänge in ihm längere Zeit wirksam erhalten; von Sybel[1] berichtet auf Grund seiner in England angestellten Untersuchungen von 40 und 50 Jahre alten Zügen, die vollkommen unversehrt ihren Zweck noch durchaus einwandfrei erfüllen. Des weiteren unterstützt und erleichtert die vorwiegend wellige Geländebeschaffenheit, die überall ausreichendes natürliches Gefälle ergibt, die Anwendung dieser Entwässerungsform sehr; infolgedessen sind die englischen Pflugkonstruktionen auch durchweg ohne Tiefeneinstellung. Die in erster Linie mit dieser Dränung angestrebte schnelle Oberflächenwasserabführung veranlaßte auch nur eine fast ausschließlich höchstens 0,50—0,60 m tiefe Herstellung der Maulwurfsgänge. Die Übertragung der Maßnahme auch auf weniger schwere Böden zeigte sehr bald eine wesentlich unbefriedigendere Haltbarkeit und veranlaßte zu versuchen, die Gänge nach ihrer Fertigstellung mit Röhren zu versehen. Zu dem Zweck ist eine Hebelpresse herausgebracht worden, mit der bis zu 50 m lange Stränge durch Hineindrücken von Röhren hergestellt werden konnten. Das Verfahren hat sich aber nicht verbreitet, insbesondere, weil leicht Beschädigungen der Röhren und nicht genügende Fugendichte dabei eintraten.

Die neuen großen Eindeichungsarbeiten Hollands haben seit einer Reihe von Jahren auch in diesem Lande die Aufmerksamkeit stark auf die Maulwurfsdränung gelenkt. Die ganz anderen Boden- und vor allem die mangelnden Gefällverhältnisse stellten hier naturgemäß andere Bedingungen insbesondere an die Pflüge, die nach Vissers Vorschlägen[2] dann auch allgemein mit Tiefeneinstellungsvorrichtung versehen wurden. Man ging bei ihrer Anwendung vielfach derart vor, daß man mit der Hand verlegte Röhrenstränge mit Maulwurfsdräns abwechselnd zog, um einmal eine bessere Durchlüftung des Bodens und ferner den möglichst schnellen Abzug des Tagewassers sicher zu stellen. Die sehr weiche Bodenbeschaffenheit der neu eingepolderten Flächen ließ ein nicht genügend langes Offenbleiben der Maulwurfsgänge erwarten und veranlaßte Visser zu Versuchen, auf Latten liegende Röhren gleich bei der Herstellung einzuziehen, ein Verfahren, daß auf schon genügend trockenen Böden auch bis zur Länge von 50 m gelang und zur Vervollkommnung dieses Vorgehens durchaus ermutigte. Als nicht anwendbar zeigte es sich auf mehr feuchtem Boden, bei dem der Gang hinter dem Maulwurf sich zu schnell wieder schloß und so das Einziehen der Röhren unmöglich machte. Die Druckempfindlichkeit der weichen Böden, auf denen sich z. B. Wagenspuren deutlich längere Zeit im Pflanzenbestande markieren und daher nach Möglichkeit von den Landwirten vermieden werden, gab den Anlaß zur Verwendung des Schleppers mit Seilwinde und damit eine Lösung der dabei nicht minder wichtigen Zugkraftfrage, die so für die Durchführung der Maulwurfsdränung als endgültig beantwortet angesehen werden kann.

Neben Holland hat sich Frankreich dieser Art der Entwässerung angenommen und eine ganze Reihe von Pflügen herausgebracht, von denen einige Typen bemerkenswert sind. Das Bestreben nach einer guten, möglichst selbsttätigen Tiefenstelleinrichtung zur sicheren Gefällerzeugung tritt hier stark hervor. Besonders fällt ein Pflug auf, der über dem eigentlichen Maulwurfsgang noch einen zweiten kleineren zieht, um so das Tagewasser noch schneller abzuleiten. Über die Wirkung dieser Maßnahme liegen nähere Mitteilungen nicht vor; wenn sie auch zum mindesten nicht ungünstig sein können, fragt es sich doch, ob an ihre

[1] Sybel, H. v.: Der gegenwärtige Stand der Maulwurfsdränung in England, Holland und Frankreich. Techn. Landw. **1929**, 49.

[2] Visser: Ebenda S. 53.

Stelle nicht eine noch weitere Verbesserung treten kann, auf die unten hingewiesen werden soll.

In Deutschland hat man nach vielfachem Bedenken gegen die Anwendbarkeit der Maulwurfsdränung unter den hier herrschenden Bodenverhältnissen ihre Prüfung doch von verschiedenen Seiten aufgenommen und mit mehr oder minder großem Erfolge auf Lehm, Ton und sogar auf Niederungsmoor damit gearbeitet. Mehrere Pflüge erschienen neben den englischen, holländischen und französischen auf dem Markt, die auch eine keineswegs unbefriedigende Arbeit leisteten. Die weniger gleichmäßigen, nicht selten von Sandadern oder leichteren Schichten durchzogenen Böden verlangten mit besonderem Nachdruck Versuche, hinter dem Pfluge Röhren in den Maulwurfsgang einzuziehen. Das sich für die weitere Förderung der ganzen Angelegenheit besonders einsetzende Landmaschineninstitut Bonn-Poppelsdorf[1] hat neben dem eingehenden Studium aller bestehenden Pflugformen auch gerade dieser Frage mit besonderem Erfolg seine Aufmerksamkeit zugewandt. Wenn auch die Versuche selbst von seinen Vertretern als noch nicht ganz abgeschlossen bezeichnet werden, so sind sie doch bereits so weit gediehen, daß sie zu Hoffnungen berechtigen, die über die ursprüngliche Annahme der Anwendbarkeit der Maulwurfsdränung besonders auch in Deutschland weit hinausgehen. Im Gegensatz zu VISSER zogen VORMFELDE[2] und seine Mitarbeiter zunächst die Röhren mit Hilfe eines Hanfseiles in den Boden hinein; zu dem Zweck wurden z. B. solche von 4 cm Lichtweite in sehr einfacher Weise auf ein Seil von 3,5 cm Stärke gereiht. In Längen von je 30 m leicht und sicher verbunden, ermöglicht es das Einziehen von 120—150 m Stranglänge in einer Stunde. Das von dem bei dieser Rohrweite 12 cm an Durchmesser aufweisenden Maulwurf gelöste Seil wird von einem kräftigen Pferd aus dem Strang herausgezogen, ohne die Röhren in ihrer Lage zu verändern; sie liegen, wie die verschiedensten Untersuchungen ergeben haben, so einwandfrei aneinander, daß sie auch den bei Handverlegung zu stellenden Ansprüchen durchaus entsprechen. Die Verwendung an einem Ende konisch verlaufender, ineinander fassender Rohre, hat sich als nicht notwendig erwiesen; dagegen muß auf bestes, in jeder Hinsicht gleichmäßiges und genügend hart gebranntes Röhrenmaterial unbedingt Wert gelegt werden, das irgendwelche Beschädigungen beim Einziehen ausschließt. Das naturgemäß bei Feuchtigkeit leicht aufquellende Hanfseil ist letzthin durch ein Drahtseil mit aufgereihten Blecheiern ersetzt worden, das mit Hilfe einer einfachen Winde aus dem fertig verlegten Strang wieder herausgezogen und dabei gleichzeitig aufgewickelt wird.

Wenn man in Frankreich daran gedacht hat, über den eigentlichen Maulwurfsgang einen zweiten, flacheren zu legen, um durch ihn das Tagewasser schneller abzuleiten, so muß eine Erwägung des Institutes für Landmaschinenkunde Bonn-Poppelsdorf als noch zweckmäßiger angesehen werden, die dahin geht, den Boden über dem mit Röhren ausgelegten Gang gleichzeitig durchzufräsen. Abgesehen von der damit erreichten schnelleren Niederschlagswasserabführung, wird so der Boden gründlichst durchlüftet und ihm in dem gleichen Maße Gelegenheit gegeben, sich unter dem Einfluß der Atmosphärilien auszudehnen, wie es bei den Grabenstellen der mit der Hand verlegten Paralleldränung der Fall ist. Gelingt die Schaffung eines so arbeitenden Maulwurfspfluges, dessen Anwendbarkeit auch auf etwas steinhaltige Böden und holzfreie Moore ausgedehnt werden kann, so würde das einen wesentlichen Fortschritt in der ganzen Dränungsfrage be-

---

[1] SYBEL, H. v.: Der gegenwärtige Stand der Maulwurfsdränung in England, Holland und Frankreich. Techn. Landw. **1929**, 59.

[2] VORMFELDE, K.: Der Dränbau vor einer Umwälzung. Z. d. Verb. dtsch. Kulturbautechniker **1930**, 70.

deuten, weil die Kosten gegenüber der durch Handarbeit ausgeführten wesentlich vermindert werden[1]. Von verschiedenen Seiten hat man mit einer größeren Verbilligung der Maulwurfsdränung gegenüber der bisherigen Form mit Röhren gerechnet; dabei ist aber meist nicht genügend berücksichtigt, daß sie auf allen nicht über ein ausreichendes natürliches Gefälle verfügenden Flächen sehr viel gründlichere Vorarbeiten verlangt, damit jeder Strang mit Sicherheit genügend Gefälle erhält und die Bildung von Wassersäcken ausgeschlos-

a

b

Abb. 5a u. b. Maulwurfspflug „Ridro".
a) Beim Dränen eines mit Weizen bestandenen Feldes. b) Beim Einsetzen vom Vorflutgraben aus, die auf ein Seil gereihten Röhren einziehend.

sen ist. Gelingt es, die Maulwurfsdränung in der begonnenen Weise weiter zu entwickeln, so ist zum mindesten mit ihrer Anwendbarkeit auf $^1/_8$ des noch zu dränenden Teiles der landwirtschaftlich genutzten Fläche Deutschlands zu rechnen, der mit 30% im ganzen rund 8,5 Millionen Hektar ausmacht.

Ein besonderer Vorteil der Maulwurfsdränung mit dem gleichzeitigen Einziehen von Röhren besteht gegenüber der mit der Hand verlegten weiterhin auch darin, daß sie noch ausgeführt werden kann, wenn die Felder bereits bestellt sind, die Früchte aber noch keinen Schaden erleiden; die Zeit ihrer Anlage wird damit um mehrere Wochen im Herbst und bei nicht zu großer Bodennässe auch im Frühjahr verlängert (Abb. 5a).

Bewässerung.

Auf den erheblichen Wasserbedarf der Kulturgewächse bei der Erzeugung großer Pflanzenmassen ist bereits hingewiesen. Wo er nicht in ausreichendem Maße aus den Niederschlägen und von ihnen im Boden angesammelten, für die Wurzeln erreichbaren Wassermengen gedeckt ist, muß der Pflanzenwelt durch Anwendung jener Maßnahmen zu Hilfe gekommen werden, die unter dem Begriff der Bewässerung zusammenzufassen sind. In erster Linie handelt es sich dabei um die unmittelbare Wasserzuführung, deren Zweck wiederum ein verschiedener sein kann; darin einbezogen ist auch die Wasserhaltung im Boden, soweit sie irgendwelcher besonderer Vorrichtungen bedarf und nicht in den Rahmen der bloßen Bodenbearbeitung fällt; diese, deren typisches Beispiel in der ameri-

---

[1] Vgl. G. Schröder: Ist das Dränieren unserer Äcker auch heute noch wirtschaftlich? Dtsch. landw. Presse 1930, S. 55. — J. Rothe: Die Maulswurfsdränung. Ebenda S. 62.

kanischen Trockenwirtschaft entgegentritt, rechnet man der Bewässerung also nicht zu.

Die künstliche Wasserzuführung steht in enger Beziehung zu den vorherrschenden klimatischen Bedingungen, und zwar insbesondere zu dem Verhältnis von Wärme und natürlicher Feuchtigkeit. Im allgemeinen ist das Bedürfnis nach einer solchen um so größer, je weiter dieses Verhältnis ist; je größer also die Jahressumme an Sonnenwärme und je geringer die den Pflanzen verfügbaren Wassermengen sind, um so nutzbringender muß sich die Bewässerung auswirken. ZÖRNER[1] unterscheidet demnach auf der nördlichen Hälfte der Erdkugel folgende natürliche Bewässerungszonen: 1. die der Bewässerung nur in Ausnahmefällen vom Pol bis ungefähr zum 55. Breitengrade, 2. die der ergänzenden Bewässerung vom 55. bis etwa 40. Breitengrade und 3. die der notwendigen Bewässerung vom 40. Breitengrade bis zum Äquator.

Überblickt man die Verbreitung der künstlichen Bewässerung auf der Erde, so ist festzustellen, daß keine absolute klimatische Grenze für sie zu finden ist, „außer dem Beginn des nivalen Klimas, in dem sie selbstverständlich unmöglich ist. Im übrigen aber ist sie an sich z. B. ebensogut in dem regen- und wasserreichen Bengalen wie in dem wüstenhaften Westen des nördlichen Indien vorhanden. Gegensätze in der Niederschlagsmenge sind also nicht ausschlaggebend, aber auch nicht solche der Temperatur. Denn von der Glut der afrikanischen Wüsten bis hinauf nach Norwegen ist Irrigation als solche bekannt und gebraucht. Zu unterscheiden sind lediglich Abstufungen nach der klimatischen Notwendigkeit und den aus dem klimatischen Charakter der verschiedenen Länder entspringenden Zwecken der Irrigation. An einer Stelle wird durch sie eine Bodenkultur überhaupt erst ermöglicht, an anderer dient sie nur zur Sicherung der Erträge oder zur Verbesserung der Ernten, wo eine dichte Bevölkerung höchste Bodenausnutzung verlangt, und schließlich zum Anbau ganz besonders anspruchsvoller Pflanzen ... [2]".

Die landwirtschaftlich genutzte Fläche Deutschlands weist eine jährliche Niederschlagshöhe von rund 600 mm auf und damit eine Menge, die bei einer für den Pflanzenwuchs idealen Verteilung in Verbindung mit den im Boden festgehaltenen Wassermengen im allgemeinen ausreicht, um von den meisten unserer Kulturgewächse den besonders früher üblichen Ansprüchen entsprechende Erträge zu erzielen. Infolgedessen ist auch die Erkenntnis einer notwendigen oder zum mindesten zweckmäßigen Bewässerung in der deutschen Landwirtschaft sehr viel weniger verbreitet als die der erforderlichen Entwässerung. Eine große Anzahl von Betriebsleitern steht selbst heute noch der Frage der Wasserhaltung oder gar der Zuführung von solchem ziemlich ablehnend gegenüber. Sie übersehen einmal dabei, daß, abgesehen von besonderen Trockengebieten mit einer geringeren Niederschlagshöhe als der durchschnittlichen, die Verteilung der Regenmengen auf die Vegetationszeit vielfach eine keineswegs günstige und andererseits mit den ständig zunehmenden Ansprüchen an die Erträge auch der Wasserverbrauch der Kulturpflanzen dauernd im Ansteigen begriffen ist. Es reichen auf einem großen Flächenanteil die in den Wachstumsmonaten verfügbaren Niederschläge keineswegs aus, um dabei mit genügender Sicherheit Höchsternten zu erzielen. Legt man die zur Zeit von WOHLTMANN[3] ermittelten optimalen Regenmengen zugrunde, so gelangt man zu dem Ergebnis, daß sie nur auf drei Vierteln der als Acker und nur auf einem Viertel der als Wiesen und Weiden

[1] ZÖRNER, H.: Die Bewässerungswirtschaft im Lichte der landwirtschaftlichen Betriebslehre unter besonderer Berücksichtigung der deutschen Verhältnisse. Landw. Jb. **1922**, 605.

[2] HIRTH, P.: Die künstliche Bewässerung. Tropenpflanzer **1926**, 11.

[3] WOHLTMANN, F.: vgl. E. KRÜGER: Kulturtechnischer Wasserbau. S. 192. Berlin 1921.

genutzten Fläche erreicht werden. Demnach sind z. B. in Deutschland 5 Millionen Hektar Acker und 6 Millionen Hektar Dauerfutterflächen bewässerungsbedürftig. Einer dränungsbedürftigen Fläche von 8,5 Millionen Hektar steht also eine solche von 11 Millionen Hektar gegenüber, auf der zur Schaffung idealer Wasserverhältnisse eine Bewässerung erforderlich ist. Daraus erhellt am besten die Bedeutung dieser Maßnahme auch für die deutsche Landwirtschaft. Folgende Darstellung zeigt das Ausdehnungsverhältnis der bewässerungsbedürftigen Fläche zu der noch der Dränung harrenden und gleichzeitig des noch meliorationsfähigen Ödlandes in Deutschland[1]. In anderen Ländern mit noch ungünstigerer Niederschlagsverteilung und vielfach sehr viel größeren Verdunstungshöhen liegen die Verhältnisse für die Bewässerung noch wesentlich günstiger. Zur sicheren und bestmöglichen Ausnutzung aller sonstigen Aufwendungen verdient daher in Landwirtschaft und Gartenbau diese Maßnahme in der Zukunft weit mehr Bedeutung, als sie bisher gefunden hat.

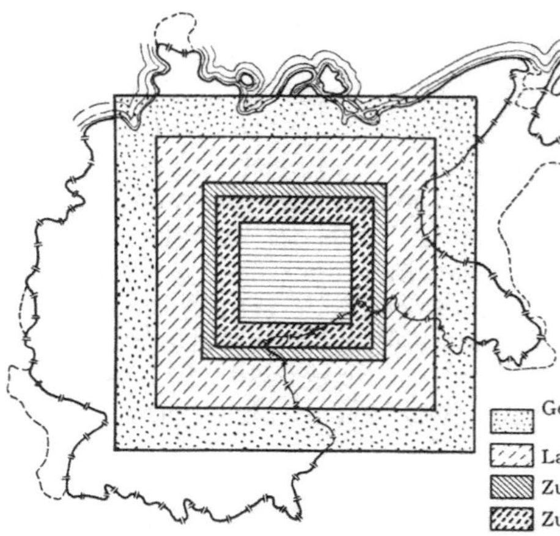

Abb. 6.

Zeichenerklärung:
- Gesamtfläche des Deutschen Reiches ausschl. Saargebiet 46 855 000 ha
- Landw. genutzte Fläche 29 400 000 ha
- Zu bewässernde Fläche 11 000 000 ha
- Zu entwässernde Fläche 8 5000 000 ha
- Zu kultivierende Ödländereien 4 300 000 ha

Die bei der Bewässerung verfolgten Ziele können sehr verschiedene sein. Als früher am meisten dabei angestrebtes Ziel steht die Düngung des Bodens mit den im Wasser enthaltenen Nährstoffen an erster Stelle, die ihre Berechtigung auch heute noch hat, wo ein an Nährstoffen reiches Wasser in genügender Menge zur Verfügung steht. An Bedeutung erheblich verloren hat sie aber, nachdem man die Pflanzennährstoffe als künstliche Düngemittel in sehr viel bequemerer und den jeweiligen Verhältnissen genau angepaßter Menge dem Boden zuzuführen vermag. Die düngende Bewässerung ist heute daher mit Recht erheblich eingeschränkt, zumal ihr eine Reihe von Nachteilen anhaften, die man früher weniger erkannte bzw. eher mit in Kauf nehmen konnte, solange es an anderen Möglichkeiten der Düngerzufuhr fehlte. Einer derselben wurde schon genannt, nämlich die je nach dem Gehalt des Wassers an den einzelnen völlig ungleiche Zufuhr an Nährstoffen. Um das zu erkennen, braucht man nur einen Blick auf die Zusammensetzung der städtischen Abwässer oder jener der landwirtschaftlich technischen Nebengewerbe zu werfen; während Stickstoff und Kali meist ziemlich reichlich in ihnen enthalten sind, ist ihre Menge an Phosphorsäure in der Regel gering. Will man also den Pflanzenbedarf hieran decken, so gibt man an den beiden erstgenannten Nährstoffen unnötig große Mengen, die entsprechend unausgenutzt

[1] Vgl. R. STADERMANN: Zusammenhang zwischen Wasserwirtschaft und Landeskultur. Dtsch. landw. Presse 1930, Nr. 5.

bleiben. Die weitere Folge eines derartigen Vorgehens würde sein, daß damit dem Boden ganz unnötig große Wassermengen zugeführt werden, die ihm nur nachteilig sein müssen. In der Tat hat man denn auch mit dem Fortschritt der Forschung festgestellt, daß darin ein nicht zu unterschätzender Nachteil für den Boden liegt; einmal besteht damit die Gefahr, daß gelöste Nährstoffe in stärkerem Maße mit ausgewaschen werden, und daß ferner das Bakterienleben leidet, wozu nicht zuletzt das sog. Totrieseln des Bodens Anlaß gibt. Sodann werden die ohnehin nicht immer ausreichend verfügbaren Wassermengen wesentlich erhöht und mit ihrer Zufuhr die ganze Maßnahme erheblich verteuert, da die Aufbringung großer Wassermengen kostspieligere Einrichtungen erfordert, als wenn nur geringere zu befördern sind. Solange man die Möglichkeit der Zugabe der fehlenden Nährstoffe nicht hatte, ist die ziemlich wahllose Bewässerung entstanden, zu der auch die um die Mitte des 19. Jahrhunderts in Deutschland viel verbreitete Berieselung der Wiesen gehörte, die heute bis auf wenige Ausnahmen fast gänzlich verschwunden ist. Man sah in dem Wasser eben das Allheilmittel und wandte es daher auch auf ihrer Bodenbeschaffenheit nach völlig ungeeigneten Flächen an, wie es z. B. die vielfach auf selbst reichlich nassem Moorboden liegenden Rieselwiesen am besten bewiesen haben. Da man außerdem die hier unbedingt notwendige Entwässerung in keineswegs ausreichender Weise vorsah, waren sehr bald eintretende Versumpfungserscheinungen unausbleiblich, die auf die Zusammensetzung des Pflanzenbestandes naturgemäß von stark nachteiliger Folge sein mußten. In Anbetracht aller dieser Umstände hat sich daher seit drei Jahrzehnten ein völliger Umschwung der Verhältnisse herausgebildet, der in dem Verlassen der düngenden Bewässerung und ihrem Übergang zur Anfeuchtung mit gleichzeitig zweckentsprechender Nährstoffzufuhr in mineralischer Form führte. Als rein düngende Maßnahmen begegnen wir ihr heute eigentlich nur noch dort, wo sehr nährstoffreiche Abwässer in größerer Menge zur Verfügung stehen, auf deren Beseitigung es mehr ankommt als auf ihre bestmögliche Ausnutzung; hier spielen die oben genannten Nachteile naturgemäß eine untergeordnete Rolle. Das ist in erster Linie bei der Verwertung oder, richtiger gesagt, Beseitigung der Abwässer der großen Städte der Fall, denen zumeist zur Bewässerung geeignete oder überhaupt dazu verwertbare Flächen nur in beschränkter Ausdehnung zur Verfügung stehen.

Mit der zunehmenden Erkenntnis des Wassers als Vegetationsfaktor hat somit die anfeuchtende Bewässerung heute bei weitem die größte Bedeutung und Verbreitung. Dafür kommen auch die z. B. in Deutschland zur Verfügung stehenden Wassermengen sehr viel eher in Frage, die in den meisten Fällen für eine düngende Bewässerung viel zu gering sind. Besonders trifft das zu, nachdem in der modernsten Form der Bewässerung, der künstlichen Beregnung, ein Verfahren vorliegt, das die Zuführung der zur Anfeuchtung erforderlichen Wassermenge auf das notwendigste Maß zu beschränken gestattet. Das Ziel der anfeuchtenden Bewässerung ist also nur, der Pflanzenwelt jeweilig so viel an Wasser zuzuführen, als ihr den sonstigen bestehenden Wachstumsbedingungen nach zu einer freudigen Entwickelung und damit befriedigenden Ertragsfähigkeit notwendig ist. In besonderen Fällen läßt sie sich auch mit einer gleichzeitigen Nährstoffzufuhr verbinden.

Die Bewässerung kann ferner mit der Absicht geschehen, den Boden zu erwärmen, um so im Frühjahr das Pflanzenwachstum früher anzuregen und es im Herbst zu verlängern. Dieser Zweck wird naturgemäß nur dann erreicht, wenn das Wasser eine höhere Temperatur als der Erdboden hat; infolgedessen kommen dafür meist nur Abwässer von Fabrikanlagen in Frage, deren Menge aber meist so gering ist, daß sie nur für sehr beschränkte Flächen ausreicht. Auch Quell- und Dränwasser sind nicht selten im Frühjahr und Herbst wärmer als der Boden und dann ebenfalls zum gleichen Zwecke verwendbar; ebenso kommt auch artesischen Brunnen entnommenes Wasser sehr wohl für diese Zwecke in Betracht. Wenn eine Erwärmung des Bodens dabei nicht erreicht werden kann, so ist es doch zum mindesten nicht selten möglich, die auf ihm stehenden Pflanzen vor den Einwirkungen zeitweise kälterer Temperaturen zu schützen. Die Gefahren von Nachtfrösten können auf diese Weise gut durch eine zweckmäßig gehandhabte Bewässerung ausgeschaltet werden. In Gegenden mit starken Temperaturunterschieden zwischen Tag und Nacht werden diese durch die Bewässerung in durchaus wirksamer Weise bis zu einem gewissen Grade ausgeglichen.

Auch die Zuführung von Luft und damit Sauerstoff durch das Bewässerungswasser kann sehr günstig auf den Boden und seine Pflanzenbestände einwirken. Inwieweit die Feldberegnung auch die von einzelnen Seiten in dieser Hinsicht auf sie gesetzten Hoffnungen zu erfüllen imstande ist, muß erst noch geklärt werden. Daß mit der Bewässerung auch eine sehr wirksame Erneuerung der Bodenluft stattfinden kann, hat bereits KÖNIG[1] nachgewiesen, der

im Bewässerungswasser 121,0 mg Kohlen- und 58,5 mg Schwefelsäure,
im Abfallwasser . . . 272,9 mg Kohlen- und 127,7 mg Schwefelsäure

fand. Damit gelangt man zu einer weiteren Absicht, die der Bewässerung zugrunde liegen kann, nämlich der bodenreinigenden. Im Boden vorhandene pflanzenschädliche Stoffe, insbesondere Salze, können auf die Weise ausgewaschen und damit der Anbau von vorher nicht gedeihenden Pflanzen ermöglicht werden, wie es die vornehmlich in Nordamerika, Asien und Afrika gemachten Erfahrungen eindeutig bewiesen haben. Auch tierische Schädiger, wie Mäuse, Engerlinge und die auf Waldwiesen hier und da sehr unangenehmen Ameisen, lassen sich durch die Bewässerung in durchaus zweckmäßiger Weise bekämpfen. Endlich kann der Pflanzenbestand von Wiesen (Moose, Blattunkräuter) durch eine zielbewußte Bewässerung wieder eine bessere Zusammensetzung erfahren.

Man sieht also, daß die Ziele der Wasserzufuhr außerordentlich verschieden sein können, die aber nur erreicht werden, wenn sich die Bewässerung diesen soweit als möglich anpaßt. Wenn die Erfolge z. B. der Rieselwiesenwirtschaft häufig nicht befriedigen, so liegt das nicht zuletzt daran, daß sie mit zu wenig Überlegung betrieben wird.

Die erste Bedingung jeder Bewässerung ist naturgemäß das Vorhandensein eines dafür geeigneten Wassers, das stets in ausreichender Menge zur Verfügung steht, wenn es gebraucht wird. Insbesondere ist das der Fall, wenn es sich um eine düngende Absicht bei der Wasserzufuhr handelt. Eine genaue Analyse der in ihm vorhandenen Nährstoffe sollte daher stets vorher gehen, um daraus vor allem auch zu ersehen, welche Nährstoffe fehlen und gegebenenfalls durch eine dem Pflanzenbedarf angepaßte mineralische Düngung ergänzt werden müssen. Es sei in dieser Hinsicht nur an die außerordentlich verschiedene Zusammensetzung der städtischen Abwässer und jener der landwirtschaftlich-technischen Nebengewerbe erinnert, die meist besonders große Schwankungen zeigt, so enthalten[2]:

	N g/m³	K_2O g/m³	P_2O_5 g/m³
Städtisches Kanalwasser	90—120	70—100	25—40
Abwasser von Zuckerfabriken	26	79	15
„ „ Stärkefabriken	330	900	190
„ „ Brauereien	50	110	40
„ „ Molkereien	60	70	40

[1] KÖNIG, J.: vgl. E. KRÜGER: Kulturtechnischer Wasserbau, S. 181. Berlin 1921.
[2] Vgl. E. KRÜGER: Kulturtechn. Wasserbau, S. 187, Berlin 1921.

Die Unterschiede der Zusammensetzung von Wasser aus Dränungen von Böden verschiedener Beschaffenheit werden durch die Untersuchungen GERLACHS[1] bewiesen, nach denen durchschnittlich in 3 Jahren je Hektar abflossen:

	cbm Wasser mit	N kg	K_2O kg	CaO kg
Von Niederungsmoor	525	25,8	25,5	320
Von schwach humosem, lehm. Sand mit Mergel	875	54,3	24,5	285
Von schwach humosem Sand	1485	53,5	55,5	315
Von humusarmem lehm. Sand, Untergrund lehm. Sand	408	20,3	19,8	73
Von humusarmem Lehm, Untergrund sand. Lehm	518	46,3	13,8	328

Die Untersuchung liefert auch am sichersten den Nachweis etwa vorhandener pflanzenschädlicher Stoffe, die das Wasser für Bewässerungszwecke ungeeignet machen. Einen Anhalt geben dafür die in ihm lebenden Tiere und Pflanzen; so kann man die Anwesenheit von Fischen und Fröschen unbedingt als Kennzeichen nicht schädlichen Wassers ansehen. Ebenso charakterisieren z. B. Süßgräser, Brunnenkresse, Wasserliesch, Bachbunge, Froschlöffel und schließlich auch die See- und Wasserrosen ein gesundes Wasser im Gegensatz zu Binsen, Simsen und Riedgräsern, die zum mindesten den Verdacht nicht ganz einwandfreier und vor allem nährstoffarmer Wasserbeschaffenheit erregen. Gegen die Verwendung der aus Mooren kommenden Wässer bestehende Bedenken sind höchstens insofern gerechtfertigt, als solches Wasser arm an Sauerstoff ist. Soll es daher zur Bewässerung Verwendung finden, so macht es zweckmäßig nach Möglichkeit vorher eine längere Berührung mit der Luft durch, für die in der Regel das Durchfließen eines einige Kilometer langen offenen Grabens genügt.

Auf die Menge des benötigten Wassers wird nach der Besprechung der verschiedenen Bewässerungssysteme zurückzukommen sein; hier möge nur noch daran erinnert werden, daß auch die rechtliche Seite der Wasserentnahme vorher zu prüfen ist, damit sich nicht, wie es häufig genug geschieht, nach Ausbau der Bewässerungseinrichtungen Schwierigkeiten in dieser Hinsicht einstellen. Das ist um so wichtiger, je größer die z. B. einem Fluß oder Teich zu entnehmende Wassermenge ist.

Der Erfolg jeder Bewässerung und damit auch ihre Wirtschaftlichkeit hängt in hohem Maße von dem richtig gewählten Bewässerungssystem ab, das in erster Linie durch die verfügbare Wassermenge und dann durch die Boden- und dabei vor allem die Gefällverhältnisse bestimmt wird. Weiter ist natürlich auch noch die Nutzungsart der zu bewässernden Fläche dabei entscheidend. Das einfachste System tritt uns in dem Grabenan- und -einstau entgegen. Der Bezeichnung gemäß erstreckt sich der Grabenanstau lediglich auf ein Festhalten des Wassers in den Entwässerungsgräben, also eine Unterbrechung des Abflusses; er ist damit an sich keine Bewässerung im eigentlichen Sinne. In seinen Einrichtungen beschränkt er sich auf eine Anzahl von Staue, die entweder fest eingebaut sind und nach Bedarf geschlossen gehalten werden, oder auch nur auf ausnahmsweise anzuwendende Maßnahmen einfachster Art, die leicht überall anwendbar sind, wie z. B. Erdstaue, Sandsäcke u. a. m. Die Wasserhaltung durch Grabenanstau hat nur Zweck, wenn damit die Absenkung des Grundwassers auf eine dem Pflanzenwuchs ungünstige Tiefe eine Zeitlang verhindert werden kann; sie muß daher einsetzen, solange der Grundwasserstand noch eine ausreichende Höhe hat. Die Beobachtung desselben ist also Bedingung für die Ausnutzung des richtigen Augenblicks der Vornahme des Anstaues. Wenn auch naturgemäß mit dem

[1] GERLACH, M.: Mitt. Kais.-Wilh.-Inst. Landw. Bromberg **1909** u. **1910**, 351.

Wasserverbrauch des Pflanzenbestandes der Grundwasserstand sich allmählich weiter vertieft, so vermag dieses sehr einfache und wenig kostspielige Verfahren doch in Gegenden mit häufigen Frühjahrstrockenperioden, wie sie z. B. in Ostdeutschland häufig sind, doch unter Umständen zur Abschwächung der ungünstigen Wirkung jener wertvolle Dienste zu leisten. Insbesondere trifft das für Wiesen zu, deren Vorschnitt so nicht unwesentlich gesteigert oder mindestens gesichert werden kann. Während der Grabenanstau im allgemeinen keiner besonderen Bewässerungsgräben bedarf, werden beim Grabeneinstau die der Entwässerung dienenden zweckmäßig durch einige dazwischen gelegte Gräben ergänzt. Man hat es hier bereits mit einer Wasserzufuhr zu tun, die in die vorhandenen Gräben durch Zuleitung oder Einstau erfolgt. Ist der Boden sehr durchlässig und stehen sehr reichliche Wassermengen zur Verfügung, so können gegebenenfalls dafür auch die der Entwässerung dienenden Gräben ausreichen. Im allgemeinen sind sie aber zu weit voneinander entfernt, um bei dem sehr langsamen Durchdringen des Bodens vom Wasser eine genügende Verteilung sicher zu stellen. Ist der Boden bereits sehr stark ausgetrocknet, so sind die Wasserverluste in den Gräben und ihrer Nähe, insbesondere auf leichten Böden, durch Versickerung meist sehr groß. Beide Verfahren setzen ein ebenes Gelände voraus, haben aber den Vorteil, daß sie bis auf die höchstens empfehlenswerte Schaffung einiger, zwischen den lediglich die Entwässerung bewirkenden Gräben liegender Einstaugräben und eines Zuleiters keine besondere Oberflächenveränderung erfordern.

Dem Grabeneinstau steht die Furchenbewässerung oder Furchenberieselung nahe. Ihrer Bezeichnung gemäß geschieht die Wasserzuführung hier durch flache, meist mit dem Pfluge gezogene Furchen, denen aus einem Zuleiter das Bewässerungswasser zugeführt wird. Es verteilt sich von hier aus in beschränkter Ausdehnung nach den Seiten und versickert im übrigen, ohne zum großen Teil von den Pflanzen entsprechend ausgenutzt zu werden. Die seitliche Wasserverteilung erstreckt sich erfahrungsgemäß auf höchstens 1,0 m, so daß eine weitere Furchenentfernung als 2,0 m unzweckmäßig ist. Am besten ist die Wasserausnutzung bei Pflanzen mit größerer seitlicher Wurzelentwickelung, wie z. B. Obstbäumen. Infolgedessen findet man die Furchenbewässerung in einigen Ländern gerade auch in Obstkulturen mit dazwischen betriebenem Gemüse- oder Beerenobstbau häufiger. Ihre besonderen Nachteile bestehen neben dem Flächenverlust vornehmlich in dem starken Wasserverbrauch infolge Versickerung; nur wo große Wassermengen zur Verfügung stehen, wie es z. B. auf städtischen Rieselfeldern der Fall ist, begegnet uns daher seine häufigere Anwendung. Wo diese Bedingungen erfüllt sind, lassen sich insbesondere im Gartenbau damit ausgezeichnete Erfolge erzielen, zumal hier eine Erschwerung der Bewirtschaftung durch die vielen Furchen weniger ins Gewicht fällt.

Eine in erster Linie düngende Wirkung hat die Überstauung, bei der die zu bewässernde Fläche zeitweise ganz unter Wasser gesetzt wird, das eine Zeitlang auf ihr stehen bleibt. Daraus geht bereits hervor, daß sie ein Verfahren darstellt, das nur während der Vegetationsruhe bzw. nur dann angewendet werden kann, wenn die Flächen nicht mit Pflanzen bestanden sind. Für Wiesen kommt dafür in erster Linie der Herbst in Frage, während es auf als Acker genutzten Flächen für die Verwertung nur im Herbst und Winter verfügbarer Abwässer, so der Stärke- und Zuckerfabriken, von Bedeutung sein kann. Die Überstauung setzt zur Erzielung einer überall gleichmäßig hohen Wasserschicht ein ebenes Gelände mit unter 2‰ Gefälle voraus, das je nach der verfügbaren Wassermenge in mehr oder minder große Quartiere eingeteilt wird, die durch 30—40 cm über Stauhöhe liegende, meist aus dem Aushub der Zuleitungs- und Entwässerungsgräben hergestellte Dämme begrenzt sind. Als zweckmäßige Durchschnittsstauhöhe sind

0,20—0,30 m anzusehen. Die Überstauung darf auf Wiesenflächen nur bei kühlem Wetter stattfinden und höchstens 8 Tage andauern; längeres Halten des Wassers auf der Fläche hat insbesondere bei höherer Lufttemperatur leicht ein Ausfaulen einzelner Gräser zur Folge. Das Überstauen darf ferner erst einsetzen, wenn die Schnittflächen der Bestandespflanzen erst wieder ausreichend vernarbt sind. Trotz dieser Vorsicht ist eine nachteilige Veränderung des Bestandes, die vornehmlich in dem Zurückgehen der Untergräser besteht, kaum vermeidbar. Der Überstauung muß eine gründliche Durchlüftung des Bodens folgen, die eine ausreichende Regelung der Entwässerung voraussetzt. Auch auf Ackerflächen soll das Unterwassersetzen nicht zu lange ausgedehnt werden; Versauerung des Bodens und ungünstige Beeinflussung seiner Bakterienwelt sind sonst zu befürchten, die den günstigen Einfluß der Bewässerung leicht beeinträchtigen.

Beim Vorhandensein von Sinkstoffen und besonders an Schlick sehr reichen Wassers kann die Überstauung in häufiger Wiederholung auch zur Aufhöhung der so bewässerten Flächen, der Kolmation, führen, die auf flachgründigen, armen Böden gleichzeitig eine wertvolle Anreicherung der Oberflächenschichten zu bewirken vermag.

Im Gegensatz zur Überstauung hat die Stauberieselung den Vorteil, daß das aufgeleitete Wasser bei ihr durch ständigen Zu- und Abfluß in Bewegung gehalten wird. Die nachteiligen Folgen der zeitweisen Unterbrechung der Sauerstoffzufuhr sind damit ausgeschaltet; wenn sie in Anbetracht einer Mindeststauhöhe von 10 cm auch im allgemeinen ebenfalls nur für die Zeit der Vegetationsruhe in Frage kommt, so ist sie in ihrer vornehmlich auf Wiesen üblichen Anwendung doch nicht so beschränkt wie die Überstauung. Wird die Wasseraufleitung auf wenige Tage beschränkt, so kann sie insbesondere bei nicht zu warmem Wetter z. B. auch einige Tage nach der Aberntung, also zwischen den einzelnen Schnitten, vorgenommen werden. In die Überstauung übergehend, spielt die Stauberieselung im Reisbau und bei der Bewirtschaftung der Oasen auch zu Getreide und Gartengewächsen eine Rolle; das Land ist hier zu dem Zweck in häufig nur 1 m^2 große, von 10—15 cm hohen Dämmen getrennte Quartiere eingeteilt, in denen sich das in dünner Schicht aufgeführte Wasser nur kurze Zeit hält und so den daraufstehenden Pflanzen nicht schadet. Flächenvorbereitung und Einteilung sowie Anordnung von Zuleitungs- und Entwässerungsgräben gleichen bei der Stauberieselung den bei der Überstauung üblichen. Ausreichende Entwässerung, insbesondere auf Boden mit hoher Wasserkapazität, wie z. B. auf Niederungsmoor und stark anmoorigem Sande, auf denen früher häufiger Stauberieselungsanlagen geschaffen sind, bedürfen auch hier der besonderen Berücksichtigung, wenn gute Erfolge mit dieser an sich sehr zweckmäßigen Form der Bewässerung erzielt werden sollen.

Sowohl düngenden als auch nur anfeuchtenden Zwecken dient die Berieselung, bei der das aufgeleitete Wasser die Flächen in ständig in Bewegung begriffener dünner Schicht überfließt. Als düngende und infolgedessen mit größeren Wassermengen ausgeführte Maßnahme, erfolgt sie in der Vegetationsruhe, als anfeuchtende und weniger Wasser bedürfende auch während des Pflanzenwachstums. Sie setzt ein Gefälle von wenigstens 2 % voraus, das, entweder von Natur aus vorhanden, entsprechend ausgenutzt wird oder durch Oberflächenveränderung künstlich geschaffen werden muß. Der auf nicht mit Pflanzen bestandenem Boden bestehenden Abschwemmungsgefahren wegen kann die Berieselung nur bei Wiesen zur Anwendung kommen. Das Wasser wird in besonderen Zuleitern auf die höchsten Stellen geführt und je nach Bedarf mittels besonderer Verteilerrinnen zur möglichst gleichmäßigen Verrieselung gebracht, um danach sich wieder in Abzugsrinnen zu sammeln und von hier aus abgeführt oder andern tiefer liegenden

Bewässerungsquartieren zugeleitet zu werden. Die einfachste Form der Rieselwiesenwirtschaft liegt in dem natürlichen Hangbau vor, bei dem von dem Zuleiter aus das Wasser ohne besondere Verteilerrinnen die Wiese überrieselt; es ist dies ein für nur schmale Flächen durchaus brauchbares Verfahren. Bei breiteren Flächen liegen in der gleichen Richtung quer zum Geländegefälle in Abständen von bis zu 30 m Sammelrinnen, von denen aus das in ihnen gesammelte Wasser durch Überschlag die tiefer gelegenen Tafeln überrieselt, bis schließlich der Rest, auf der untersten angekommen, in einer Entwässerungsrinne abgeführt wird. Wesentlich ist dabei, daß die Rieselrinnen ein sehr schwaches (höchstens 2‰), noch eben die Bewegung des Wassers gewährleistendes Gefälle und eine sorgfältig unterhaltene Überschlagkante aufweisen, die eine gleichmäßige Verteilung des Wassers sicherstellt. Ungleichmäßigkeiten des Gefälles und damit des Überschlages werden durch Rasensoden und nach Bedarf durch kleine, aus Holz oder besser noch aus Eisenblech bestehende Stechschütze ausgeglichen. Einen Schritt weiter bedeutet die bei breiteren Flächen notwendige Verbindung der Rieselrinnen mit in der Richtung des Geländegefälles verlaufenden und vom Zuleiter gespeisten Verteilerrinnen, von denen aus die Rieselrinnen abschnittweise unmittelbar aus dem Zuleiter mit Wasser versorgt werden. Gegenüber der erstgenannten einfacheren Form besteht hierbei der Vorteil, daß auch den unteren Tafeln noch nicht ausgenutztes Wasser zugeführt werden kann; lediglich für anfeuchtende Zwecke genügt also die einfachere Form. Noch vollkommener ist der Hangbau, bei dem bis auf die höchstgelegene, je nach Durchlässigkeit des Bodens in 0,50—1,0 m Entfernung oberhalb jeder Rieselrinne eine Abzugsrinne liegt, die, in einer der Gefällrichtung verlaufenden Sammelrinne vereinigt, das nicht versickerte Wasser dem unterhalb der tiefstgelegenen Tafel sich hinziehenden Ableiter zuführt. Diesem natürlichen steht der künstliche Hangbau gegenüber, bei dem die Bewässerungstafeln durch Auf- oder Abtrag an Boden ein in sich möglichst gleichmäßiges Gefälle von im allgemeinen 4% erhalten. Die Oberflächenveränderung muß dabei mit der nötigen Vorsicht geschehen; nach Abstechen der Rasennarbe ist besonders darauf zu achten, daß der Mutterboden immer wieder an die Oberfläche kommt und nicht durch tieferen Schichten entstammenden ergänzt oder ersetzt wird. An den Auftragsflächen ist eine tunlichst feste Lagerung des aufgebrachten Bodens anzustreben, damit hier nicht unnötig große Versickerungsverluste entstehen, die sich eine Zeitlang unter Umständen auch nachteilig im Pflanzenbestande bemerkbar machen. Verteiler, Riesel- und Abzugsrinne werden hierbei in gerader bzw. paralleler Linienführung angelegt. Die Entfernung der Rieselrinnen wechselt je nach dem Ziele der hauptsächlich düngenden oder nur anfeuchtenden Bewässerung zwischen 5 und 40 m; sie ist im ersten Fall geringer, im zweiten weiter. Soll der Kunstwiesenbau, als der diese Verfahren der Wiesenbewässerung zusammengefaßt werden, auf Flächen mit weniger als 2% Gefälle zur Anwendung kommen, so bleibt dafür nur der Rückenbau übrig, der vielfach wieder in natürlichen und künstlichen geteilt wird. Er unterscheidet sich vom Hangbau seiner Bezeichnung gemäß dadurch, daß die zu bewässernde Fläche in einzelne Rücken gebracht wird, die von der seine Höhe durchschneidenden Rieselrinne durch Überschlag des Wassers nach beiden Seiten gleichzeitig berieselt werden. Die Oberflächenveränderung ist hierbei also noch umständlicher und kostspieliger als beim Hangbau. Der natürliche oder auch als angedeuteter bezeichnete Rückenbau stellt keine besondere Form dieser Bewässerungsmethode dar, sondern ist eigentlich nur ein Übergangsstadium oder eine Vorstufe des künstlichen. Er besteht in einem erst allmählichen Ausbau der Rücken und erfordert daher weniger Anlagekosten. Zu dem Zweck werden zunächst nur flach geböschte Entwässerungsgräben ausgehoben und aus deren Aushub in der Mitte der späteren

Rücken eine Erhöhung mit der darin liegenden Rieselrinne hergestellt. Mit dem bei jeder Graben- und Rinnenräumung gewonnenen Boden werden alsdann die Rücken nach und nach weiter ausgebaut, bis sie die endgültige Gestaltung erreicht haben. Anordnung und Ausmaße der je nach Bodenbeschaffenheit 4—8 % Gefälle aufweisenden Rücken wechseln der Geländeneigung gemäß sehr; erstere bestimmt in ausschlaggebendem Maße die Ausnutzung und häufigere Verwendung des Rieselwassers, die daher bei der Projektaufstellung genaue Erwägung verlangt. Die Breite der Rücken, das ist die Entfernung von einer Rieselrinne zur anderen, schwankt zwischen 6 und 25 m, während ihre Länge bis zu derjenigen ausgedehnt werden kann, die die Schaffung gleich hoher Überschlagkanten noch sicher ermöglicht; im allgemeinen wird das höchstens bis zu 50 m der Fall sein. Können die Rücken im sog. Stockwerksrückenbau angelegt werden, bei dem sie in der Richtung des Gefälles von oben nach unten in gleicher Breite und Anordnung von einem in Firsthöhe durchgehenden Verteilergraben durchzogen werden, zu dessen Seiten die Rieselrinnen liegen, so wird dadurch die Bewirtschaftung der Wiese erleichtert. Das Gefälle des Verteilers und der Rieselrinnen ist mit etwa 2—3‰ ein sehr schwaches, demgegenüber das der Entwässerungsgräben in der Regel 5—10‰ beträgt. Die tunlichst gleichmäßige Wasserverteilung über die ganze Fläche ist Bedingung für die Erzielung eines einheitlichen und gleichmäßig entwickelten Pflanzenbestandes und damit für den Ertrag. Um jene mit Sicherheit zu erreichen, muß die Anzahl der Rieselrinnen namentlich bei breiteren Rücken oft beliebig vermehrt werden.

Aus dem Gesagten geht ohne weiteres hervor, daß nicht nur die Herrichtung der Flächen für den Kunstwiesenbau sehr umständlich und kostspielig ist, sondern vor allem auch die Bewirtschaftung derselben, auf denen naturgemäß eine Anwendung von Maschinen nicht möglich ist, außerordentlich erschwert und verteuert wird. Letzteres ist weiter der Fall durch die kostspieligen Unterhaltungsarbeiten von Gräben und Rinnen, von Überschlagkanten und Stauen, die einer ständigen Überwachung und Pflege bedürfen. In stark durchlässigem Boden erfordert schließlich der Ausbau und die Instandsetzung des Hauptzubringers des Berieselungswassers besondere Sorgfalt und notweise Anwendung von Vorsichtsmaßnahmen, wie u. a. Ausstampfen mit undurchlässigem Boden u. dgl., um die durch Versickerung entstehenden Verluste auf ein Mindestmaß zu beschränken. Wenn auch die auf für ihn geeigneten Flächen erzielten Erfolge (Erträge bis 100 dz und mehr an Heu je Hektar) sehr gute sind und der Kunstwiesenbau sich in einzelnen Gegenden mit ausschließlich Kleinbetrieben, wie im Siegerland[1], zu einer allgemein anerkannten Höhe entwickelt hat, so verdient er heute doch nur dort noch Berücksichtigung, wo entweder ein sehr nährstoffreiches Wasser zur Verfügung steht, oder es sich darum handelt, ihrer Bodenbeschaffenheit nach sehr wasserbedürftigen Flächen Erträge an Futter abzugewinnen.

Kaum oder höchstens auf kleinen Flächen noch ausnahmsweise angewendet, aber z. T. wenigstens geschichtlich beachtenswert sind endlich noch einige Formen der unterirdischen Bewässerung und Wasserhaltung, die Ventildränung, die Dränbewässerung und der PETERSENsche Wiesenbau. Veranlassung gab dazu in erster Linie die Erkenntnis der Notwendigkeit, die Bewässerung mit einer entsprechenden Entwässerung zu verbinden; daraus entwickelte sich das Bestreben, durch die Möglichkeit des unterirdischen Haltens des Wassers dieses noch besser auszunutzen und durch die vollkommene Beherrschung auch die Zuführung von Sauerstoff zum Boden noch reger zu gestalten. Man entwässerte also zunächst

[1] HEINEMANN, A.: Der Wiesenbau im Siegerlande. Berlin 1913.

die oberirdisch bewässerten Wiesen durch eine systematische Röhrendränung in meist 0,9—1,10 m Tiefe, ging dann dem damals vielbeachteten Beispiele des holsteinischen Landwirts PETERSEN in Witkiel (1861) gemäß dazu über, an einzelnen Einmündungen der quer zum Geländegefälle liegenden Sauger in die Sammler Stauventile einzubauen, durch deren Schließen das Wasser in den Dräns gehalten wurde. In je nach Bedarf bestimmten Unterbrechungen wurden die Ventile geöffnet und dem Wasser aus den Strängen Abflußmöglichkeit gegeben. Damit findet ein intensives Nachsaugen von Luft in den Boden statt, das von günstigstem Einfluß auf seine Tätigkeit und so auch für die auf ihm stehenden Pflanzen ist. Die Ausnutzung des zum Zwecke der Bewässerung aufgeleiteten Wassers ist dabei eine bestmögliche. Die Herstellung der erforderlichen Ventile geschah aus Holz, Ton und Zementbeton, wie sie dann auch zum Einbau und Halten des Wassers in einfachen Entwässerungsdräns Anwendung fanden. Die bewässernde Wirkung strebte man weiter dadurch zu erhöhen, daß man den meist in einem Kopfdrän vereinigten Einzelsträngen nach Bedarf Wasser zuführte, es mit Hilfe der Stauventile einige Zeit in ihnen hielt und mit Unterbrechungen von 1—3 Tagen wieder abließ. Endlich suchte man diese Dränbewässerung dadurch noch zu vervollkommnen, daß man zwischen die Entwässerungsdräns, und zwar flacher als diese, besondere Röhrenstränge für die Zuleitung von Wasser legte, von denen aus dasselbe den Boden bis zu den Entwässerungsdräns durchfeuchtete. Das Verfahren ist und wird auch heute noch besonders im Gartenbau angewendet und kann durchaus befriedigende Erfolge zeitigen, wenn die seine Anwendung voraussetzenden Bedingungen erfüllt sind; das ist einmal eine nicht zu weite Strangentfernung, die eine genügende Wasserverteilung im Boden sicher stellt, und ferner eine beschränkte Durchlässigkeit, bei der die Versickerungsverluste nicht zu hohe sind. Danach eignen sich vornehmlich schwere Böden für diese Art der Bewässerung, auf denen relativ geringe Mengen von Wasser Ertragsfähigkeit und Sicherheit wesentlich zu erhöhen vermögen. Die gegen die unterirdische Bewässerung bestehenden Bedenken des Eindringens von Bodenteilchen und Pflanzenwurzeln in die Dräns haben sie auf größeren landwirtschaftlich genutzten Flächen nur ausnahmsweise zur Anwendung kommen lassen.

Neben den genannten Systemen der Wasserzuführung steht als am meisten zeitgemäß die sich erst in den letzten Jahren mehr und mehr entwickelnde Feldberegnung, die jenen gegenüber durch eine ganze Reihe von Vorzügen ausgezeichnet ist, die ihr in Gartenbau und Landwirtschaft eine ständig zunehmende Bedeutung sichern. Sie unterscheidet sich von den bisher besprochenen Verfahren der Zuführung und Verteilung des Wassers dadurch, daß dieses, unter natürlichen oder künstlichen Druck gebracht, den zu bewässernden Flächen in ober- oder unterirdisch verlegten Röhren zugeleitet und hier regenartig verteilt wird. Die im Auslande gemachten Beobachtungen über die Erfolge vor allem der Ackerbewässerung und darüber in den neunziger Jahren des vorigen Jahrhunderts veröffentlichten Aufsätze in verschiedenen landwirtschaftlichen Zeitschriften veranlaßten vor allem MAX EYTH[1], den Ausschuß für Landeskultur der D. L. G. auf die Prüfung der Frage hinzuweisen, ob und in wie weit die Ackerbewässerung auch für die deutsche Landwirtschaft nutzbar gemacht werden könne. Obwohl man ihr anfangs ziemlich ablehnend gegenüber stand, gelang es doch, die notwendigen Mittel für die Durchführung mehrjähriger Versuche zu erlangen; dabei zeigte sich, daß die Schlauchberieselung allein für die Ackerbewässerung in Deutschland in Betracht kommen könne. Wenn auch ihre ersten Anfänge auf in den siebziger Jahren in England und Frankreich gemachte Versuche zurückgingen,

[1] EYTH, M., vgl. B. v. ARNIM: Die Feldberegnung, S. 5. Berlin 1930.

so veranlaßten doch vor allem die um 1900 in der Nähe von Posen[1] damit erzielten Erfolge diese Erkenntnis. Insbesondere waren es Magdeburg und Osterode (Ostpreußen), die ihre Abwässer auf die gleiche Weise zu verwenden suchten. Die mit dieser Art der Wasserverteilung gemachten Erfahrungen bestärkten die Überzeugung, daß sie auch als lediglich anfeuchtende Bewässerung mit Reinwasser aussichtsvoll sei, und regten so zu ihrer weiteren konstruktiven Verbesserung an[2]. Zunächst versah man die Anschlußstutzen in den Feldleitungen mit festen und später drehbaren Streudüsen, ähnlich den heute auf Rasenflächen noch vielfach angewendeten; dann baute man, um an Rohrzuleitung sparen zu können, Regnerwagen für Hand- oder Pferdezug mit z.T. verstellbaren Rädern, die sich der Reihenweite der Kulturpflanzen anzupassen gestatteten. Neben der Schwerfälligkeit und den dadurch bedingten, nicht unwesentlichen Flurschäden zeichneten sich diese Apparaturen vor allem durch die meist noch unvermeidbare Verwendung von Schläuchen und deren häufigen Verschleiß aus, die ihre Verbreitung stark beeinträchtigten. Nach weiteren Verbesserungen trat ein bemerkenswerter Umschwung in der Entwickelung der Beregnungsgeräte erst mit dem Erscheinen der Düsenflügelregner ein, die bis auf einige nachträgliche Veränderungen heute noch verwendet werden und z. T. eine weite Verbreitung gefunden haben. Die Düsenflügel setzen sich aus einzelnen Rohren von meist 6 m Länge zusammen, die, mit einer leicht löslichen Kupplung versehen, die Sprüh- oder Strahldüsen tragen. Von den nach Bedarf vorwärts bewegten oder an einer anderen Stelle wieder aufgestellten Rohren aus, die auch u. a. des geringeren Gewichtes wegen aus Aluminium bestehen, bewässern die Düsenflügelregner lange schmale Flächen, während die in der letzten Zeit sehr in Aufnahme gekommenen Einzelregner das Wasser auf kreisförmige oder quadratische Flächen ziemlich großen Inhalts verteilen. Ist von dem meist das Wasser als Drehstrahl abgebenden Einzelregner eine Fläche beregnet, so wird er an einer anderen Stelle wieder in das Rohrleitungs-

Abb. 7. Hydor-Landregen (mit Schwenkmotor).

Abb. 8. Hydor-Weitstrahlregner bei Abwässerverregnung.

[1] VOGLER, H.: Grundlehren der Kulturtechnik, S. 603ff. Berlin 1909.

[2] KRÜGER, E.: Hauptprüfung von Beregnungsapparaten. Dtsch. Landw. Ges. Berlin 1915, Heft 276.

netz eingeschaltet. Der Vorteil der Einzel- oder Weitstrahlregner, bei denen der Wasserstrahl sich staubförmig in der Luft auflöst, liegt vornehmlich in der größeren, von einer Stelle aus beregneten Fläche, die den häufigen Umbau der Rohrleitung erübrigt. Der Betrieb ist damit verbilligt und die erforderliche Bedienung auf ein Minimum beschränkt, wenn alle Leitungen als ortsfeste im Erdboden verlegt sind, an deren Anschlußstutzen nun nur die Regner aufgesetzt zu werden brauchen. Auch die Erschwerung der Bewirtschaftung so beregneter Flächen ist durch den Fortfall jeglicher oberirdisch verlegter Rohre dabei ausgeschaltet. Diesen Vorteilen der ortsfesten stehen den nur z. T. festverlegten Anlagen mit beweglichen Feldleitungen die sehr viel höheren Kosten gegenüber, die vorläufig noch die damit erreichte Verbilligung des Betriebes nicht auszugleichen vermögen; infolgedessen sind die ortsfesten zunächst noch weniger verbreitet.

Abb. 9. Großquadratdüse auf fliegender Leitung.

Bezüglich der verschiedenen Konstruktionen sei auf die beigegebenen Abbildungen sowie auf die ausführlichen Angaben von VICTOR[1] verwiesen. Notwendig ist es, an dieser Stelle noch etwas über die Bedeutung der Feldberegnung an sich und ihre Unterschiede gegenüber den vorher erwähnten Bewässerungsmethoden auszuführen. Es wurde bereits gesagt, daß die künstliche Beregnung ihnen gegenüber durch eine Reihe von Vorteilen ausgezeichnet ist, die sie auch unter Verhältnissen anwendbar machen, unter denen jene unmöglich sind. An erster Stelle steht da der erheblich geringere Wasserbedarf, der sie auch gerade für wasserärmere Länder so wertvoll macht. Das benötigte Wasser, das hier fast stets nur der Anfeuchtung dient, kann fast überall Wasserläufen und sogar dem Grundwasser unbeschadet entnommen werden, vorausgesetzt, daß die Entnahme in diesem Fall nicht zu teuer und damit die Wirtschaftlichkeit der Maßnahme von vornherein ungünstig beeinflußt wird. Um den Wasserbedarf bei den verschiedenen Bewässerungsmethoden vergleichen zu können, muß man nur die

[1] VICTOR, B.: Die Feldberegnung, S. 72. Berlin: Parey 1930.

gleichen Zwecken wie die Beregnung dienende, also die anfeuchtende, wählen. Für sie werden während 3 Sommermonaten bei Berieselung als Ergänzung der natürlichen Niederschläge benötigt:

auf schwerem Boden . . . . 2800 m^3/ha = 0,35 sl/ha,
auf mittlerem Boden . . . . 4800 m^3/ha = 0,6 sl/ha,
auf leichtem Boden . . . . . 6400—8000 m^3/ha = 0,8—1,0 sl/ha

Die künstliche Beregnung kommt dagegen in der gleichen Zeit mit 1500 m^3/ha = 0,18 sl/ha an Wasser aus. Ungleich größere Wassermengen erfordert die düngende Bewässerung von Wiesen; hier werden z. B. bei Stauberieselung 14—19, bei natürlichem Hangbau 22, bei künstlichem Hang- und Rückenbau je nach Bodenbeschaffenheit 50—150 sl je Hektar zugeführt. Der geringere Wasserbedarf der Beregnung erklärt sich nicht zuletzt aus der feinen, gleichmäßigen Verteilung des aufgebrachten Wassers, die naturgemäß eine sehr viel bessere Ausnutzung desselben gewährleistet, zumal die Versickerungsverluste

Abb. 10. Regenkanone, feststehend, auch fahrbar zu liefern.

dabei relativ gering sind. Sie kommt der Zuführung von Wasser in Form natürlicher Niederschläge am nächsten und führt damit dem Boden auch vor allem Sauerstoff in sehr viel größerer Menge zu, als es die anderen Bewässerungsmethoden vermögen. Nach den Untersuchungen von OESTEN[1], die mit Wasser von 11° C angestellt wurden, betrug:

Bei einer Fallhöhe cm	Der Gehalt an Sauerstoff cm^3/l	Die Zunahme an Sauerstoff cm^3/l	Bei einer Fallhöhe cm	Der Gehalt an Sauerstoff cm^3/l	Die Zunahme an Sauerstoff cm^3/l
0	2,25	—	50	4,01	1,76
10	3,10	0,85	100	6,80	4,55
25	3,50	1,25	200	7,38	5,13

In dieser Tatsache liegt ein besonderer Vorteil der künstlichen Beregnung insofern, als sie auch die Verregnung an sich zur Bewässerung wenig oder gar nicht geeigneten Wassers gestattet. So benutzte z. B. ZUNKER[2] bei seinen Versuchen

[1] OESTEN: Der Sauerstoffgehalt fallender Wassertropfen. J. Gasbeleuchtg. u. Wasserversorgung **1902**.

[2] ZUNKER, F.: vgl. C. HEITZ: Die landwirtschaftliche Verwertung der Abwässer einer Flachsröste. Dissert., Breslau 1925.

u. a. die Abwässer einer Flachsröste mit durchaus günstigem Erfolge; FRECKMANN[1] verregnete u. a. Moorwasser, dessen Gehalt an Sauerstoff auf einem Luftwege von nur 2×5 m um 60% zunahm. Eisenhaltiges und Kalibergwerken entstammendes Wasser wurde in Sachsen ohne jede nachteiligen Folgen zur Beregnung benutzt[2]. Hiermit tritt auch, wo sie durchführbar ist, die Verwendung der städtischen Abwässer in ein anderes Stadium; eine wesentlich größere Fläche kann so mit ihnen bewässert werden, wobei die in ihnen enthaltenen Nährstoffe eine sehr viel bessere Ausnutzung erfahren. Erschwerend dabei ist in den meisten Fällen nur der sehr viel größere Flächenbedarf, der eine weitere Zuleitung erfordert, und der Nachteil, daß sie im Winter nicht anwendbar ist. Besonders vorteilhaft fällt den übrigen Bewässerungsmethoden gegenüber bei der Beregnung ins Gewicht, daß sie keinerlei Veränderung der Oberflächengestaltung des zu bewässernden Geländes erfordert, sowie daß sie zu allen Früchten, zu jeder Wachstumszeit und auf allen Bodenarten vorgenommen werden kann. Diese Vielseitigkeit der Anwendung sichert ihr nicht nur bei allen landwirtschaftlichen Kulturarten, sondern vornehmlich auch im Gartenbau die weiteste Verbreitung. Zu den genannten Vorzügen kommt weiter, daß die Wassergaben ganz und gar dem jeweiligen Bedarf der Pflanzen angepaßt werden können. Die künstliche Beregnung stellt damit die idealste Form der Bewässerung dar, deren vermehrte Erkenntnis nur mehr in alle Kreise getragen zu werden verdient, um Erfolge damit zu erzielen, welche die Anlagekosten in Höhe von 300—800 M./ha und Betriebsaufwand durchaus rechtfertigen. Bedingung dafür ist naturgemäß eine den Zielen weitgehendst angepaßte Anwendung, die aber jede Meliorationsmaßnahme voraussetzt. Sie steigert und sichert die Erträge der so bewässerten Flächen, macht

Abb. 11. Großfeldregner, feststehend.

Abb. 12. Großfeldregner, fahrbar.

[1] FRECKMANN, W.: Wasserbewegung und Gräserwuchs, Mitt. d. Dtsch. Landw. Ges. 1931, 738.

[2] Nach mündlicher Mitteilung.

sie unabhängig von der Menge und der Verteilung der natürlichen Niederschläge, ermöglicht den Anbau anspruchsvollerer und daher auch meist hochwertigerer Pflanzen und die Einfügung ohne sie nicht anwendbarer Kulturarten in den Wirtschaftsbetrieb, die sich unter Umständen in hohem Maße vorteilhaft auswirken und seine Wirtschaftlichkeit günstiger gestalten. Der Erfolg der künstlichen Beregnung für den Anbau der in Frage kommenden Pflanzenarten ist um so größer, je besser sie das Wasser ausnutzen. Von den landwirtschaftlichen Kulturpflanzen tun dies die wasseranspruchsvolleren Sommergetreidearten (Hafer), die Hackfrüchte (Rüben und Kartoffeln) und die Futterpflanzen (Gräser, Mais, Sonnenblume u. a.) am besten; die bei ihnen mit Beregnung erzielten Mehrerträge liegen schon nach den ersten Versuchen KRÜGERS in Bromberg zwischen 25 und 250%. Bei Erzielung von Höchsterfolgen kommt es aber nicht allein auf die richtige Wahl der Pflanzenarten, sondern vornehmlich auch auf die das Wasser am besten verwertenden Sorten derselben an. In dieser Hinsicht sei nur auf einige Zahlen der dreijährigen Beregnungsversuche des Verfassers mit verschiedenen Kartoffelsorten[1] verwiesen, die u. a. folgendes Ergebnis zeitigten:

	Unbewässert		Bewässert (i. D. versch. Wassermengen)			
	Knollen dz/ha	Stärke	Knollen dz/ha	+ in %	Stärke	+ in %
Pepo	261,1	35,7	422,6	61,9	56,1	57,3
Deodara	219,6	35,5	289,3	32,6	48,1	38,1
Jubel	207,0	30,6	270,2	34,1	41,8	36,5
Rheinland	293,1	43,8	342,3	16,7	50,5	13,4
Centifolia	200,1	28,9	228,3	14,8	33,3	15,0
Pirola	344,7	50,2	365,7	6,3	52,3	5,1

Sowohl bei den Versuchen in Schlagenthin als auch bei solchen des Verfassers haben hinter Wintergerste oder Frühkartoffeln z. B. noch Flachs (samenreif), Mais und Grünfuttergemenge (für Silage), Buschbohnen, Erbsen, Grünkohl und Turnips in jeder Weise befriedigende Erträge ergeben. Was unter günstigen Verhältnissen mit der Beregnung möglich ist, zeigt WEBER[2] an einem Beispiel, bei dem Frühkartoffeln

beregnet	unberegnet
408 Ztr./ha Speisekartoffeln und 42 Ztr. = 10,3 % Futterkartoffeln	226 Ztr./ha Speisekartoffeln bzw. 78 Ztr. = 34,5 % Futterkartoffeln

lieferten; darnach folgten im gleichen Jahr noch Buschbohnen, die unberegnet versagten, beregnet dagegen 84 Ztr. grüne Bohnen brachten; das ist durch Beregnung ein Bruttomehrertrag bei den erzielten Preisen von rund 2000 M./ha, die einem Anlagekapital von 600 M. gegenüberstehen. Wenn derartige Erfolge auch Ausnahmen und nur bei besonders günstigen Absatzverhältnissen möglich sind, so lassen sie doch erkennen, was unter Umständen erreicht werden kann. Bedingung zur Erzielung derartiger Ergebnisse ist aber nicht zuletzt, daß die Beregnung richtig in den Betrieb eingegliedert bzw. dieser dem Umfange ihrer Anwendung gemäß angepaßt wird. Welchen Einfluß sie auf die Gestaltung des Fruchtartenverhältnisses haben kann, zeigen z. B. die Untersuchungen MARTINYS[3] in einer Reihe von Wirtschaften Mitteldeutschlands; das Anbauverhältnis in Prozent der Nutzfläche war hier u. a. folgendes:

[1] FRECKMANN, W.: Jber. Pr. Versuchs- u. Forschungsanst. Landsberg a. d. W. **1923—27**.
[2] WEBER, J.: Erfahrungen mit der Feldberegnung im Großgartenbetrieb. Die Feldberegnung, S. 172. Berlin 1930.
[3] MARTINY, H.: Die Feldberegnung in Mitteldeutschland, S. 24. Berlin 1927.

Fruchtart	vor Einfügung der Beregnung	nach Einfügung der Beregnung
1. Roggen	36,9	9,1
Gerste, Hafer, Weizen	21,4	26,5
Erbsen	4,4	7,4
Futter	3,3	1,2
Gründüngung u. Brache	2,1	—
Rüben u. Rübensamen	—	19,0
Gemüse	—	24,3
Kartoffeln	31,9	12,5
	100,0	100,0
3. Getreide	60,5	46,0
Erbsen	1,1	1,1
Futter	9,8	9,7
Rüben	19,8	5,0
Kartoffeln	8,8	13,2
Gemüse	—	25,0
	100,0	100,0

Fruchtart	vor Einfügung der Beregnung	nach Einfügung der Beregnung
2. Roggen	20	—
Gerste, Hafer, Weizen	51	30
Erbsen (zum Pflücken)	20	25
Luzerne	—	15
Rüben	5	5
Kartoffeln	4	—
Gemüse	—	25
	100	100

„Bei allen drei Beispielen ist die Tendenz die gleiche: Verschwinden des Brachlandes, Einschränkung der Getreidearten, besonders des Roggens, zugunsten von Krautgewächsen (Luzerne, Pflückerbsen, Gemüse), innerhalb der Hackfrüchte Zurückdrängung der Knollen- und Wurzelfrüchte durch Feldgemüse, vorwiegend wohl Kohlarten. Gemüse, das ohne Beregnung anscheinend gar nicht anbauwürdig war, behauptet unter künstlichem Regen den vierten Teil der Kulturfläche[1].“ Über ein weiteres sehr typisches Beispiel, nämlich eine schlesische Wirtschaft von 142,5 ha Größe mit zur Hälfte Moor, zur anderen Sandboden, berichtet Schonnopp folgendes: „Besonders arme, unlohnende Teile der Gutsfläche wurden durch Abgabe und Aufforstung aus dem Landwirtschaftsbetriebe ausgeschaltet. Der Moorboden als typischer Grünlandboden wurde nach und nach in Koppeln gelegt, ein Teil der Wiesen und die neuen Koppeln wechselweise als Wiese und als Weide genutzt. Die Milchviehherde wurde ständig vermehrt und in ihrer Leistung verbessert. Die weitere Ausdehnung der Viehkoppeln auch auf anmoorigen Sandboden war unter Zuhilfenahme der Beregnungsanlage (ab 1925) möglich, hätte ohne diese Wasserreserve ein zu großes Risiko bedeutet. Andererseits mußte für die vergrößerte Herde die Ernte von dem nunmehr aufs äußerste verkleinerten Ackerlande, die ja die Futterbasis für die Winterfütterung bildete, unbedingt sicher gestellt, womöglich vermehrt werden. Hierfür war die Regenanlage — auf Sandboden — in Ansehung der geschilderten Niederschlagsbedingungen eine zwingende Notwendigkeit[2].“

Das folgende Beispiel belegt die Möglichkeit der tunlichst besten Flächenausnutzung mit Hilfe der Beregnung, die das Ziel aller mit diesem zeitgemäßen Wirtschaftshilfsmittel ausgerüsteten Betriebe sein muß. Es beweist ferner aber auch überzeugend die Möglichkeit der vermehrten Anlage von Dauerfutterflächen durch die Beregnung, die damit erreichbar gewordene Vermehrung der Nutzviehhaltung und ihrer Folge, die gesteigerte Stalldüngererzeugung, die sich auch wieder in einer Zunahme der Erträge auf den nunmehr stärker gedüngten Ackerflächen auswirkt, für die hier leider Zahlenangaben fehlen. Die zunehmende Erkenntnis dieser Tatsache macht sich am deutlichsten in der vermehrten Anlage von Beregnungsanlagen gerade auf Dauerweiden bemerkbar, bei denen neben der Erhöhung ihrer Erträge vornehmlich die Steigerung ihrer Sicherheit mit dem Unabhängigwerden von den natürlichen Niederschlägen besonders wichtig ist.

---

[1] Schonnopp, G.: Feldberegnung und Betriebsorganisation in der Landwirtschaft. Landw. Jb. 70, 845, **1929**.

[2] Schonnopp, G.: Ebenda 905.

	Kulturartenverhältnis		
	1913/14 (vor der Betriebsumstellung)	1923/24 (während der Betriebsumstellung, vor Einfügung der Beregnung)	1927/28 (nach vollzogener Betriebsumstellung mit eingefügter Beregnung)
Grünland	14 %	40,3 %	65 %
Acker	86 %	59,7 %	35 %
	Ackerfrüchte:		
Halmfrucht	77 %	71,3 %	41 %
Klee	6,5 %	—	—
Hackfrucht mit Stallmist abgedüngt	16,5 %	28,7 %	59 %
Großvieh	48 Stück	75 Stück	97 Stück (+ 30 St. Pensionsvieh auf der Weide)
Durchschnittliche Milchleistung je Kuh u. Jahr . .	2762 Liter	3454 Liter	4450 Liter

Beispiele dafür liegen bereits eine ganze Anzahl vor, die z. T. auch die durch die Beregnung erreichte Verlängerung des Weideganges erkennen lassen; es sei in dieser Hinsicht nur an die Versuche von FRÖLICH[1] erinnert, der im Durchschnitt von 6 Monaten Weidezeit, die sonst in der Provinz Sachsen nicht oder nur selten erreicht werden, auf seinem Versuchsgute Lettin eine Besatzstärke von 1546 kg/ha hatte, während alte Marschweiden nur auf eine solche von 1113 kg kommen.

Zur Erzielung befriedigender Erfolge ist notwendig, daß ein noch sehr häufig in der Praxis gemachter Fehler vermieden wird, die Beregnungsanlage während der Vegetationsperiode nicht dauernd betriebsfähig zu halten. Man glaubt nicht selten bei einigermaßen günstigen Niederschlagsverhältnissen auf ihre Benutzung aus Sparsamkeitsrücksichten verzichten zu können. Sicher und höchstmöglich rentieren kann sie sich aber nur, wenn sie in jeder Hinsicht voll und ganz ausgenutzt wird. Auch in an sich niederschlagsreichen Wachstumsmonaten treten in der Regel Trockenperioden von einigen Tagen auf, die sich bei den alsdann auf einen Luxuskonsum an Wasser eingestellten Pflanzen besonders nachteilig auswirken. Daß auch in derartigen Jahren die rechtzeitig einsetzende künstliche Beregnung noch sehr nennenswerte Ertragssteigerungen zu zeitigen vermag, beweisen am besten die durch den Verfasser feldmäßig durchgeführten Versuche auf Wiese und Weide, deren Ergebnis folgendes war[2]:

1926 natürliche Regenmenge während der Vegetationszeit 438 mm,
1927 natürliche Regenmenge während der Vegetationszeit 508 mm;

im Durchschnitt beider Jahre:

	Nur natürlicher Regen = 2,8 mm je Tag dz/ha	Natürlicher + künstlicher Regen = 3,35 mm je Tag dz/ha	Natürlicher + künstlicher Regen = 4,9 mm je Tag dz/ha
Wiese:			
Ertrag an Heu	109	145 (+ 33%)	176 (+ 59,6%)
Ertrag an Rohprotein .	15,6	22,4 (+ 43,5%)	27,3 (+ 75%)
Weide:			
Ertrag an Heu	74	94,5 (+ 23,6%)	113,5 (+ 53,4%)
Ertrag an Rohprotein .	13,8	17,2 (+ 24,6%)	24,0 (+ 73,9%)

[1] FRÖLICH, G.: Einfluß der Feldberegnung auf die Grünlandwirtschaft. Mitt. d. Dtsch. Landw. Ges. **1930**, 352.

[2] FRECKMANN, W.: Jber. Pr. Versuchs- u. Forschungsanst. Landsberg a. d. W. **1926** u. **27**, S. 36 bzw. 42.

Die bei Gartengewächsen durch Beregnung erzielten Mehrerträge gleichen denen der Ackerfrüchte; so erzielte man in Klingenberg a. N. im Durchschnitt von verschiedenen Kohlarten, gelben Rüben, grünen Erbsen und Tomaten Ertragssteigerungen, die zwischen 20 und 70% lagen und im Mittel 46% betrugen. Die Lehr- und Forschungsanstalt für Gartenbau Dahlem hatte bei beregnetem Sellerie, Kohlrabi und Zwiebeln ein Mehr von 40%, bei Erdbeeren ein solches von 63%; andere Stellen geben noch günstigere Erfolge an. Auch im Baumschulbetrieb spielen Beregnungsanlagen schon seit Jahren eine wichtige Rolle.

Zur Beantwortung der Frage, ob eine Regenanlage überhaupt angebracht ist, hat Krüger die Ermittelung der sog. Regenklemmen vorgeschlagen, also jener Monate während der Wachstumszeit, die weniger als 40 (April) bzw. 50 mm (Mai, Juni, Juli, August und September) aufweisen, nach deren Vorkommen in 100 Jahren er die Dürrehäufigkeitszahl einer Gegend feststellte. Für einige Provinzen sind inzwischen derartige Dürrehäufigkeitskarten[1] angefertigt. Wenn sie auch einen Anhalt für die notwendige Zugabe von künstlichem Regen geben, so ist damit noch nicht die Frage beantwortet, wie man in den einzelnen Monaten oder Wachstumsstadien der verschiedenen Kulturpflanzen die natürliche Niederschlagsmenge durch Regengaben zweckmäßig ergänzt. Hierfür hat man die seiner Zeit von Wohltmann[2] aufgestellten Zahlen über das Wasserbedürfnis der wichtigsten Kulturpflanzen auf mittleren Lehmböden zu Rate gezogen und das mit Recht, weil sie einen beachtenswerten Anhalt zu geben vermögen. Sie sind nach den Erfahrungen des Verfassers wie folgt ergänzt[3]:

	April	Mai	Juni	Juli	August	September
Winterroggen	40	70	70	40—50	—	—
Winterweizen	40	70	80	60	—	—
Wintergerste	40	70	70	40	—	—
Sommerroggen	50	80	80	60	—	—
Sommerweizen	50	80	80—90	70	—	—
Sommergerste	50	70—80	70	50	—	—
Hafer	50	70	70—80	60	—	—
Lupinen	40—50	70	70	60	—	—
Kartoffeln (mittelspät)	40	60	70	80—90	80—90	60
Rüben	50	50	70	80—90	90	70
Klee	60	90	80—90	90	80	—
Wiese	60	90—100	90—100	90—120	80—90	—
Weide	60	90—100	90—120	90—120	90—120	70—80

Die Mengen mögen besonders für Klee und Dauergrünland hoch erscheinen, sind es unter Berücksichtigung der künstlichen Beregnung aber nicht, bei der die Wasserverluste sehr viel größer als bei natürlichem Regen sind. Das liegt vornehmlich daran, daß sie in der überwiegenden Anzahl der Fälle tagsüber bei sonnigem Wetter vorgenommen wird, wenn also der Feuchtigkeitsgehalt der Luft gering und die durch Verdunstung entstehenden Verluste daher besonders hoch sind. Sie können vermindert werden, wenn die Beregnung auf die Nachtstunden verlegt wird, eine Vorsicht, welche nach den bisherigen Beobachtungen ihre Wirtschaftlichkeit in bis dahin viel zu wenig beachteter Weise zu beeinflussen vermag. Die Erfahrungen sprechen dafür, daß man auch mit geringeren Regen-

[1] Wussow, G.: Die Häufigkeit nasser und dürrer Sommermonate in Mitteldeutschland. Kulturtechniker **1931**.

[2] Vgl. E. Krüger: Kulturtechnischer Wasserbau, S. 192. Berlin 1921.

[3] Freckmann, W.: Die Feldberegnung und ihre Bedeutung für Landwirtschaft und Gartenbau, S. 8. Berlin 1930.

mengen auskommen und dadurch die Wirtschaftlichkeit der künstlichen Beregnung günstiger beeinflussen kann, sobald man die Wirkung der Zusatzregen in den verschiedenen Vegetationsstadien der einzelnen Kulturpflanzen besser zu beurteilen imstande ist, eine Tatsache, die auf Grund seiner Studien über den Witterungsverlauf und seinen Einfluß auf das Pflanzenwachstum BROUWER[1] mit Recht verschiedentlich betont hat. Solange man aber über alle die dabei in Frage kommenden Einzelheiten nicht ganz im klaren ist, können die obengenannten Zahlen der Praxis einen wesentlichen Anhalt geben und sie vor allem vor dem häufig gemachten Fehler schützen, die Zusatzregenmenge zu gering zu bemessen und damit den erzielbaren Höchsterfolg nicht zu erreichen, zumal sich der Preis je Kubikmeter verregneten Wassers mit dem Ansteigen der Menge ganz erheblich verringert. Es sei in dieser Hinsicht nur auf ein Beispiel von VICTOR[2] verwiesen, der unter bestimmten Voraussetzungen den Gesamtpreis (einschließlich Betriebskosten) für das verregnete Kubikmeter Wasser bei einer Regengabe von

20 mm auf 47 Pf.,
80 mm auf 16,6 Pf. und
200 mm auf 10,5 Pf. errechnet.

Wenn man auch daran festhalten muß, daß sich die Ausnutzung der künstlich gegebenen Regenmengen jener der natürlichen Niederschläge nicht an die Seite stellen kann, und noch eine ganze Reihe von Fragen der gründlichen Klärung bedarf, die sich vor allem auf die Anwendung der Beregnung auf den verschiedenen Bodenarten und zu den einzelnen Kulturpflanzen erstrecken, so sind die mit ihr zu erzielenden Erfolge doch bereits so gute, daß man sich unbedingt den Ausführungen VICTORS anschließen kann, wenn er sagt: „Über die Einschätzung der Regenanlage als Dürreversicherung sind wir hinaus; heutzutage ist die Regenanlage in der Hand des technisch gebildeten, rechnenden Landwirtes ein Betriebsmittel geworden, das sich dem Kraftpflug, dem Silo, der Dreschmaschine an die Seite stellen kann und insofern besonders von Bedeutung ist, als sie in der Form der Weideberegnung die Grundlage für die Viehhaltung besonders auf leichten Böden bildet und dadurch als Mittel der Hebung der Wirtschaftlichkeit des ganzen Betriebes dienen kann.“ Wenn die heute angebotenen Systeme, unter denen die deutschen bei weitem die erste Stelle einnehmen, auch in dieser oder jener Hinsicht noch kleiner Verbesserungen bedürfen, so können sie doch in Landwirtschaft und Gartenbau, insbesondere bei weiterer Verbilligung, schon auf eine Ausdehnung rechnen, die die ganze Bewässerung als ertragssteigernde und ertragssichernde Maßnahme auf eine sehr viel breitere Grundlage stellt.

Die Gewinnung von Kulturland.

Urbarmachung von Ödländereien.

Moore und Heiden

Nach der Regelung der Wasserverhältnisse, und zwar insbesondere der Entwässerung, ist auf den Mooren und Heiden die Beseitigung des natürlichen oder unwirtschaftlichen Pflanzenbestandes die der weiteren Bodenvorbereitung vorhergehende Maßnahme. Sie richtet sich auf den Mooren einmal nach ihrem Charakter und ferner nach ihrer bisherigen Nutzung, die naturgemäß entscheidend für den vorhandenen Pflanzenwuchs sind. Die infolge ihres natürlichen Nährstoffgehalts besonders graswüchsigen Niederungsmoore lenkten auch in früheren Zeiten die Auf-

---

[1] BROUWER, W.: Probleme der Feldberegnung. Z. Pflanzenbau **1931**, 266.

[2] VICTOR, B.: Die verschiedenen Systeme der Feldberegnungsanlagen. Die Feldberegnung und ihre Bedeutung für Landwirtschaft und Gartenbau, S. 69. Berlin 1930.

merksamkeit des Menschen zunächst auf sich und veranlaßten zu ihrer Erschließung, die sich in Ermangelung künstlicher Düngemittel zur Ergänzung der fehlenden Nährstoffe und der Kenntnis ihrer besonderen chemischen und physikalischen Eigenschaften auf die notwendigste Entwässerung und die Einebnung ihrer Oberfläche beschränken mußte. So sieht man denn die Bestrebungen früherer Jahrhunderte, unter denen die Friedrich Wilhelms I. und Friedrichs des Großen mit ihren genialen Mitarbeitern in der Geschichte der deutschen Ödlanderschließung bei weitem die erste Stelle einnehmen, besonders auf die weiten Moorflächen der Flußniederungen gerichtet. Unter dem Einfluß von Wasserentzug und Nutzung durch Mähen und Weiden entwickelte sich auf ihnen ein Bestand von vorwiegend Scheingräsern, der für die damalige Zeit durchaus befriedigende Erträge an Sommer- und Winterfutter sowie Streu lieferte. Die Erfolge dieser großzügigen Arbeiten zeitigten die Möglichkeit, dem bis dahin völlig nutzlosen Boden zunächst überhaupt erst einmal Erträge abzugewinnen und damit eine für die damalige Zeit beträchtliche Anzahl von Menschen auf ihm anzusiedeln. So hat Friedrich der Große 250000 ha Niederungsflächen vornehmlich mooriger Beschaffenheit der Kultur erschlossen, 900 Kolonistendörfer geschaffen und in ihnen 300000 Siedler eingesetzt, d. h. Arbeiten, für die in dem durch den Siebenjährigen Krieg geschwächten Preußen 40 Millionen oder jährlich 1,7 Millionen Taler aufgebracht wurden; es stellt das eine nicht nur für die damaligen Verhältnisse, sondern für alle Zeiten bewundernswerte Leistung dar. Wenn auch die Erträge der so geschaffenen Kulturflächen unter dem Einfluß der genannten Bedingungen im Vergleich zu den heute hier erzielten gering waren und sich auch nicht auf die Dauer auf dieser Höhe halten konnten, so haben die Arbeiten jener Zeit den großen Vorteil gebracht, daß einmal unter dem Einfluß der Entwässerung die Vererdung der Moore ständig gefördert und andererseits damit ebene, holzfreie Flächen geschaffen wurden, die der heutigen Erschließung nur geringe Schwierigkeiten bereiten. Insbesondere trifft das für die der ständigen Mähenutzung unterworfenen Moorflächen, denen der größte Anteil zufällt, zu. Weniger günstig mußte sich im Laufe der Zeit die Weidenutzung auf ihnen auswirken. Die bei der vielfach mangelnden Vorflut nur mäßige Grundwassersenkung, die durch Perioden reichlicher Niederschläge erhöht wurde, konnte ein Zertretenwerden der Bodenoberfläche durch die Weidetiere nicht aufhalten. So entstanden Unebenheiten, in deren Vertiefungen sich Niederschlagswasser ansammeln und die Entwickelung von Samenanflug sowie u. a. auch einiger Strauch- und Baumarten vor sich gehen konnte. Damit hat sich im Laufe der Zeit jener Zustand der Moorflächen entwickelt, der heute noch auf vielen von ihnen vorhanden ist. Kaupen oder Bülten, die vornehmlich von einigen Carexarten gebildet werden, entstanden, zwischen denen trotz häufiger Störung durch die dort weidenden Tiere ein mehr oder minder lückiger Holzbestand und damit eine Pflanzengemeinschaft heranwuchs, die in Verbindung mit der unebenen Oberflächenbeschaffenheit bei der Kultivierung zum mindesten besondere Vorarbeiten erforderlich macht, ehe die das Keimbeet herrichtenden Geräte zur unbehinderten Anwendung kommen können.

Auf den keinerlei Art der genannten Nutzung unterworfenen, meist weit vom Wirtschaftszentrum oder den Verkehrsverhältnissen abgelegenen Flächen verdichtete sich schließlich der Wuchs von Sträuchern und Bäumen, und die mehr oder minder lückigen Bestände bildeten sich insbesondere mit zunehmendem Hinauswachsen des Moores über den Grundwasserstand zu Wäldern von Schwarzerlen, Birken und Kiefern heran, die vornehmlich die Übergangsmoore charakterisieren. Da sie sich meist selbst überlassen waren, brach ein Teil der Bäume infolge der mangelnden Entwässerung und der Einwirkung von Krankheiten und Pilzen, so z. B. von Polyporus an Birken u. a., nieder; die Pflanzennarbe wuchs über die Bäume hinweg, und so trugen auch sie zur weiteren Moorbildung bei.

Neben den so beschaffenen Flächen kommen auf den Niederungsmooren weniger, auf den Hochmooren mehr, schließlich noch durch Brenntorfgewinnung früherer Zeiten ausgenutzte vor, die der Erschließung meist die größten Schwierigkeiten entgegensetzen. Wo es möglich ist, sie von der Melioration auszuschließen, geschieht das am besten, damit die sie erfordernden Kosten nicht die Kultur der besser beschaffenen unnötig belasten; der Aufwuchs der ausgetorften Stellen ist dabei tunlichst wenig zu stören und nur dafür zu sorgen, daß sie nicht zu Unkrautherden werden, welche die Nutzpflanzenbestände erzeugenden Flächen gefährden. Die Verteuerung der Melioration alter Torfstiche liegt vornehmlich in den meist erforderlichen Einebnungskosten der beim sog. wilden, also nicht planmäßigen Ausstechen stehengebliebenen Bänke, die zum Herausbringen und Trocknen des Torfes dienten. Nicht selten sind auch besonders holz- oder wurzelreiche Stellen dabei übergangen, deren Einebnen dann noch erhöhte Kosten verursacht. Von der Bearbeitung derartig beschaffener, ausschließlich durch Handarbeit in Kultur zu bringender Flächen soll daher hier abgesehen werden, zumal sie insbesondere heute meist unwirtschaftlich ist.

Während die bisher durch Mähen des Grasbestandes genutzten und die ohne Unebenheiten oder Gehölzwuchs gebliebenen, von Weidetieren begangenen Moore in der Regel sofort der Vorbereitung des Keimbeetes durch den Boden verwundende Geräte zugewiesen werden können, erfordern die mit Wald bestandenen oder mit hohen Seggenkaupen besetzten Moore zunächst die Beseitigung dieser. Eine sehr wirksame Hilfe leistet dabei das Feuer, das hohe Gras- und dichte Unterholzbestände beseitigt und damit die weitere Bearbeitung des Bodens wesentlich erleichtert. Seine Anwendung muß naturgemäß mit genügender Vorsicht geschehen, damit es nicht über die zu erschließenden Flächen hinaus um sich greift und vor allem auch nicht das Moor selbst erfaßt, in dem es einmal schwer zu löschen ist und ferner hier Vertiefungen ausbrennen kann, die nur kostspieliger Einebnungsarbeiten wieder bedürfen. Abgesehen von der notwendigen Aufsicht, schützt man sich vor dem Übergreifen des Feuers auf den Boden am besten dadurch, daß man das Abbrennen vornimmt, solange der Grundwasserstand im Moor noch ein entsprechend hoher ist; am sichersten wird dasselbe also vor der Entwässerung vorgenommen, zumal außerdem die dadurch geschaffene bessere Übersicht auch jene erleichtert. Sträucher und kleinere Bäume werden alsdann durch Umlegen einer Kette und Herausziehen durch ruhige Zugtiere beseitigt. Bei größeren Bäumen empfiehlt sich die Freilegung der meist flach liegenden Hauptwurzeln in einem Umkreis von 1—1,5 m um den Stamm, um sie mit Hilfe der Axt durchschlagen zu können. Alsdann wird der Baum, nach Bedarf auch unter Zuhilfenahme von Zugtieren, gefällt und nun erst der Stamm abgetrennt. Das Verfahren zeichnet sich gegenüber dem früher vielfach üblichen des vorherigen Abholzens und späteren Rodens der Stubben durch den Vorzug der billigeren Beseitigung des Waldbestandes aus. Die Benutzung von Baum- und Stubbenrodemaschinen hat sich auf Moor nicht in gleichem Maße bewährt wie auf Mineralboden, weil dabei in dem sehr viel loseren Moor große Unebenheiten entstehen, deren Beseitigung die Kultivierungskosten naturgemäß erhöht. Aus demselben Grunde ist auch das Herausbefördern der Stubben mit Hilfe von Sprengmitteln auf Moorboden weniger empfehlenswert. Die erst nach dem Abtrieb vorhandener Holzbestände vorzunehmende Regelung der Entwässerung gestattet auch, bei der Aufarbeitung des Holzvorrates besser darauf Rücksicht zu nehmen und Stangen und Strauchwerk für gegebenenfalls benötigte Faschinen zurückzulegen.

Bei der Beseitigung der Kaupen oder Bülten leistet zunächst die Palthacke, eine schwere, in der Regel halbrunde Hacke auf mäßig langem Stiel, die besten Dienste; mit ihr werden auch noch vorhandene alte Baumstubben und zu beseitigende stärkere Wurzeln aus dem Boden entfernt. Auch genügt sie zum Loshacken der hohen und zähen Seggenbülten in den meisten Fällen. Für sehr üppig entwickelte Bülten hat man hier und da ein besonderes Gerät in der sog. Bültensäge benutzt, mit der die Bülten von zwei die Säge führenden Leuten über dem Boden abgeschnitten werden. Man wird zu ihr nur in Ausnahmefällen greifen, in denen die Palthacke nicht mehr ausreicht, zumal die Leistung der Säge naturgemäß sehr gering ist. Im übrigen bedarf es dazu keiner besonderen Sägeform; eine alte Brett- oder Zimmermannssäge leistet dabei dieselben Dienste. Zum Loslösen besonders dicht stehender, mäßig hoher Kaupen ist schließlich, den früher häufigen Verhältnissen im Havelländischen Luch Rechnung tragend, vor etwa 15 Jahren ein Bültenschneider[1] auf den Markt gebracht, der aber nur eine ganz beschränkte Verbreitung gefunden hat und heute kaum noch angewendet wird. Er bestand aus zwei breiten horizontalen, vorn spitzwinklig verbundenen Messern mit nach außen gerichteter Schneide; von Gespanntieren gezogen und mit Hilfe von Pflugsterzen geführt, gleitet er über den Boden hin und schneidet die ihm entgegentretenden, nicht zu zähen Bülten ab. Stehen Kraftgeräte zur Verfügung, kann auch ein vorheriges Überfahren der Flächen mit der Scheibenegge ein unter Umständen sehr wirksames Durchschneiden der Bülten besorgen oder die schwere Walze sie so weit niederdrücken, daß damit dem nachfolgenden Pfluge die Arbeit wesentlich erleichtert wird.

Nach der Vorbereitung der Mooroberfläche in dieser oder jener Weise beginnt die Herrichtung des Keimbeetes mit dem Umbruch durch den Pflug, der auf den Niederungs- und Übergangsmooren auch heute noch die bei weitem wichtigste Rolle spielt. Bei der Durchführung des Umbruchs sind zwei Bedingungen zu erfüllen, die für das Gelingen der Melioration von ausschlaggebendem, leider noch immer vielfach unterschätztem Einfluß sind; das ist einmal die dabei zu beobachtende Sorgfalt und ferner die genügende Tiefe, soweit die Bodenverhältnisse eine solche zulassen. Beide Forderungen stehen in unmittelbarem Zusammenhang. Die Sorgfalt des Umbruchs hat sich vor allem auf die vollständige Vernichtung des vorhandenen Pflanzenbestandes zu erstrecken. Dazu ist zunächst erforderlich, daß die Umlegung der Pflugschollen um 180° erfolgt, damit ein Wiederausschlagen der alten Narbe, wie es bei nicht ganz umgelegten Schollen sehr bald und leicht eintritt, ausgeschlossen ist. Um aber auch ein Durchwachsen des früheren Pflanzenbestandes bei guter Umlegung zu vermeiden, muß der Umbruch gleichzeitig tief genug geschehen. Besondere Sorgfalt ist zur Erzielung eines von Anfang an guten Umbruchs auf die Antriebsfurchen zu legen. Sie sollen in der Weise vorbereitet werden, daß je ein Pflugstreifen nach einer Seite ausgepflügt und möglichst mit der Hand, notweise aber auch mit Hilfe der Scheiben- oder, bei entsprechenden Bodenverhältnissen, der Zinkenegge auseinander gebreitet wird. Der so geschaffene Graben nimmt dann den Boden der ersten Pflugfurchen auf und vermeidet damit gleichzeitig die sonst an dieser Stelle eintretende Bildung eines Rückens, der bei sorgfältigem Arbeiten einer späteren Einebnung bedarf, die in der Regel mindestens ebensoviel an Kosten erfordert wie die Herrichtung einer ordnungsgemäßen Antriebsfurche. Dabei ist auch von vornherein ein genügend tiefer Umbruch am besten gewährleistet, der sonst an den Antriebsstellen meist nicht erfolgt und dann ein Durchwachsen alter Bestandspflanzen eintreten läßt, die von hier aus sich auf die Umgebung ausbreiten und dem jungen Kulturpflanzenbestande

---

[1] FRECKMANN, W.: Die wichtigsten Moorkulturgeräte, S. 12. Leipzig 1912.

gefährlich werden können. Der hinreichend tiefe Umbruch, der als ein solcher von wenigstens 25 cm Tiefe zu bezeichnen ist, muß vor allem aber auch noch aus einem anderen Grunde unbedingt gefordert werden. Nur in einem genügend tief durchgearbeiteten Keimbeet können sich besonders die anfangs empfindlichen Klee- und Graspflanzen ungestört entwickeln und einen schnellen Wurzeltiefgang entfalten, der für ihren ungehemmten Wachstumsfortgang Bedingung ist. Dabei kommen sie über die insbesondere durch ungünstige Witterungsverhältnisse hervorgerufenen Gefahren der Jugend sicherer hinweg und liefern damit eher einen Ertrag, als wenn sie erst Schwierigkeiten irgendwelcher Art zu überwinden haben. Die geringen Mehrkosten des tiefen Umbruchs werden dadurch wieder vollkommen ausgeglichen. Aber auch für später entscheidet die Tiefe der Keimbeetherrichtung die Wuchsfreudigkeit und gleichmäßige Ertragsfähigkeit von Dauerfutterflächen. Zahlreiche Untersuchungen haben immer wieder bewiesen, daß die vornehmlich früher häufig beklagte Erscheinung des Zurückgehens der Erträge auf Moorwiesen nicht zuletzt auf die nicht genügend sorgfältige und vor allem nicht hinreichend tiefe Vorbereitung des Keimbeetes zurückzuführen war. Wenn die genannten Forderungen für den Umbruch auch in ganz besonderem Maße für diejenigen Flächen gelten, die sofort in Dauergrünland niedergelegt werden sollen, so haben sie doch auch für die vorübergehend oder dauernd als Acker genutzten Flächen aus dem schon beim Grünland genannten Grund der besseren Anfangsentwicklung und damit früheren und vor allem der sichereren Ertragsfähigkeit der Pflanzenbestände Bedeutung, und desgleichen, weil auf diese Weise die im Boden von Natur aus vorhandenen Pflanzennährstoffe eher zum Aufschluß und damit zur Ausnutzung gelangen. Dazu kommt, daß fehlende und daher zuzuführende schwer bewegliche Nährstoffe, deren möglichst gute Verteilung naturgemäß für die Entwicklung des Pflanzenwuchses von Bedeutung ist, dabei mit einer tieferen Bodenschicht innig vermischt werden können. Das beste Beispiel dafür ist der Kalk auf Hochmoor, worauf noch später zurückzukommen sein wird. Alle gegen einen tiefen Umbruch angeführten Bedenken, wie vor allem zu starke Unterbrechung der Kapillarität u. a. m., sind unzutreffend bzw. insofern unrichtig, als seine Vorteile die damit verknüpften Nachteile bei weitem überwiegen, die zudem durch die Anwendung ohnehin notwendiger Maßnahmen (schweres Walzen) wieder beseitigt werden können. Eine Einschränkung hat diese Forderung ebenso wie auf Mineralboden nur dort zu erfahren, wo mit ihm Schichten ausgesprochen ungünstiger Bodenbeschaffenheit erfaßt und an die Oberfläche gebracht werden. Auf den Niederungs- und Übergangsmooren können dies rohe, wenig zersetzte Schichtenbildungen oder auch Wiesenkalk sein, die eine Verschlechterung des Keimbeetes bewirken. In solchen Fällen beschränkt man sich auf eine flachere Pflugfurche und ergänzt sie durch eine gleichzeitig auszuführende, entsprechend tiefe Lockerung des Untergrundes, die sowohl für die Anfangsentwickelung wie für die dauernde Erhaltung der Ertragssicherheit von der gleichen Bedeutung ist. In ganz besonderem Maße trifft das auch für die Sandheiden zu, die fast stets über eine nur flache Humusschicht an der Oberfläche verfügen, der dann in mehr oder minder größerer Mächtigkeit nährstoff- und bakterienarme Bleisande oder gar feste eisenhaltige Schichtengebilde folgen.

Vielfach ist auch versucht worden, an Stelle des Pflugumbruchs die Fräse in dieser oder jener Form treten zu lassen. Eine besondere Rolle spielte dabei während und gleich nach dem Kriege der heute nicht mehr gebaute Landbaumotor von Lanz, Mannheim. Der Vorteil des Fräsens liegt in der sehr gründlichen Zerstörung der vorhandenen Narbe, die bei besonders zählebigen Pflanzen durchaus erwünscht ist; nachteilig wirkt dagegen die Verteilung der zerschlagenen Narbenteile auf die ganze bearbeitete Bodenschicht, die damit eine jahrelang anhaltende, auch durch die schwere Walze erst langsam wieder zu beseitigende Lockerung erfährt. Die Anwendung der Fräse kann auch noch einen anderen Nachteil zeitigen, der in der starken Verteilung von Wurzelstücken besonders zählebiger Pflanzen besteht, die so unter Umständen eine wenig willkommene Verbreitung vornehmlich auf Wiesen und Weiden erfahren, eine Erscheinung, die z. B. auf Hochmoor bei Eriophorum vaginatum, auf Niederungsmoor bei Aira caespitosa häufiger beobachtet werden konnte. Auf zunächst dauernd geackerten Flächen spielt das Auftreten derartig verbreiteter Pflanzen naturgemäß keine Rolle, da sie hier durch die regelmäßige Bodenbearbeitung wieder zerstört werden. Die idealste Vorbereitung würde darin bestehen, zunächst mit Hilfe der Fräse auf eine Tiefe von 10—12 cm die alte Narbe zu zerstören und danach einen Umbruch von 25—30 cm folgen zu lassen; das ist aber eine Maßnahme, die in den meisten Fällen an dem Fehlen einer Fräse und den dadurch vermehrten Kosten scheitert, zumal mit einer ordnungsgemäßen und hinreichend tiefen Pflugfurche der gleiche Erfolg erzielt werden kann. Vor dem Pfluge ist eine Zerstörung der Narbe nur notwendig, wenn sie von einer geschlossenen Decke schwer verrottender Pflanzen, wie z. B. von dichten Moospolstern, gebildet ist. Wird eine solche zusammenhängend untergepflügt, so bildet sie eine sowohl die Wurzelentwicklung vornehmlich der jungen Kleearten und Gräser wie die kapillare Leitfähigkeit des Wassers aus der Tiefe stark hemmende Schicht, die schon häufig Veranlassung zu wesentlichen Wachstumsstockungen geworden ist.

Die Zerkleinerung der Pflugschollen als weitere Vorbereitungsarbeit des Keimbeetes kann durch die Mitwirkung des Winterfrostes sehr erleichtert und verbilligt werden. Infolgedessen bevorzugt man, wenn es möglich ist, den Herbstumbruch, nach dem die Fläche in rauher Furche liegen bleibt. So zweckmäßig die Durchwinterung in dieser Weise besonders von Boden noch roher Beschaffenheit und hier unbedingt zu empfehlen ist, so gefährlich kann sie auf bereits völlig vererdeten Moorflächen vornehmlich in Gegenden werden, die der Gefahr häufiger Frühjahrstrockenperioden ausgesetzt sind. Frost und Trockenheit bewirken zusammen hier leicht eine starke kolloide Veränderung des Moorbodens und seinen Übergang in die Pulverkornstruktur mit ihren Gefahren der Vermullung, die ein keineswegs zu unterschätzendes Hindernis für die Anlage eines Pflanzenbestandes auf derartig beschaffenen Flächen bildet. Nur die nach dem Auftauen des Bodens frühzeitige Anwendung der schweren Walze, sowie die vorsichtige Bearbeitung unter weitgehendster Schonung des noch vorhandenen Wassergehalts und die Schaffung eines schnell beschattenden Bestandes und frühe Bestellung vertragender Pflanzen können unter solchen Verhältnissen das Eintreten der Einzelkornstruktur verhüten. Im übrigen leisten bei der weiteren Vorbereitung des Moorbodens für die Aufnahme der Saat die Scheibeneggen in verschiedener Form die beste Arbeit. Ob es ratsam ist, vor ihrer Anwendung erst noch mit Hilfe der schweren Walze, die bei Kraftpflügen nicht selten gleich hinter diese gehängt wird, die Pflugschollen herunter zu drücken und damit zugleich einen besseren kapillaren Schluß des Bodens herbeizuführen, muß von Fall zu Fall entschieden werden. Die Maßnahme empfiehlt sich besonders auf Flächen, die unmittelbar nach dem Umbruch saatfertig gemacht und dann sofort bestellt werden sollen; sie erübrigt sich unbedingt beim Herbstumbruch, zumal die zermürbende Wirkung des Winterfrostes auf nicht heruntergewalzte Pflugschollen eine stärkere ist.

Die Scheibenegge wird mit ganzen und ausgeschnittenen Tellern in der verschiedensten Größe und Schwere für Gespann- und Kraftzug verwendet. Am wirksamsten und beliebtesten sind insbesondere für Kraftzug die sog. Doppelscheibeneggen, bei denen die Scheiben in zwei Reihen hintereinander angeordnet sind, von denen die vordere aus ganzen, die hintere aus Sternradscheiben besteht.

Die Wirkung der Scheibenegge ist nicht zuletzt von ihrem Gewicht sowie der Größe und Schärfe der Scheiben abhängig, so daß darauf bei ihrer Anwendung besonders zu achten ist. Die Bearbeitung umgebrochener Flächen geschieht zuerst mit ziemlich gerade eingestellten Scheiben in der Richtung oder schräg zur Pflugfurche, wobei der Schnittwinkel je nach der beabsichtigten Wirkung mehr oder weniger verändert wird.

Die vor einigen Jahren noch häufiger anzutreffende Flügel- oder Spatenegge, bei der die Scheiben durch eine Anzahl gebogener Messer in scheibenähnlicher Anordnung ersetzt sind, ist heute fast ganz vom Markt verschwunden; dagegen taucht seit kurzer Zeit die finnische Rollspatenegge wieder mehr auf, die in genügend schwerer Form auch eine gute Arbeit bei der Zerkleinerung von Pflugschollen auf Moor- und Heideböden sowie bei der Verwundung dichter Pflanzennarben leistet. Bei sorgfältigem Umbruch auf stark durch Winterfrost zermürbtem Boden kann schließlich auch die Zinkenegge allein oder in Zusammenwirkung mit Scheiben- bzw. Rollspatenegge die erforderliche Keimbeetvorbereitung bewirken.

Vor der Bestellung mit Kulturpflanzen ist endlich noch die gegebenenfalls notwendige Einebnung der Meliorationsflächen zu beachten. Wenn die Planierungskosten die Wirtschaftlichkeit der Erschließungsarbeiten nicht zu sehr belasten, sollte man vornehmlich auf als Acker und Wiese zu nutzenden Flächen unter allen Umständen eine möglichst ebene Beschaffenheit anstreben, insbesondere, wenn der vorhandene Grundwasserstand so hoch ist, daß er eine Wirkung auf den Pflanzenbestand und seine Wuchsverhältnisse auszuüben vermag. Ungleichmäßige Entwickelung, vor allem verschiedene Reife, Ansiedlung von feuchtigkeitsliebenderen Pflanzen und Unkräutern an den tieferen Stellen und nicht zuletzt erschwerte Bearbeitung mit Geräten sind allzu häufig übersehene Nachteile nicht genügend ebener Flächen, die sich am wenigsten ungünstig auf Dauerweiden auswirken. Besondere Vorsicht erfordern die Einebnungsarbeiten auf den Moorböden, auf denen bei größeren Unebenheiten dem Vererdungsgrade des verwendeten Auffüllmaterials gemäß oft jahrelange Nachsackungen zu erwarten sind. Infolgedessen ist hier zunächst stets eine mehr oder minder starke Überhöhung notwendig; außerdem empfiehlt es sich, Flächen, die in dieser Hinsicht größere Bodenbewegungen erfordern und später in Dauergrünland niedergelegt werden sollen, zunächst einige Jahre durch Ackerbau zu nutzen, bis Nachsackungen nicht mehr zu befürchten sind. Ist das infolge ihrer geographischen Lage nicht möglich, so erhalten sie nach beendeter Bodenvorbereitung erst eine vorläufige Ansaat von Gräsern und Kleearten, um nach beendetem Setzen des Bodens nochmals umgebrochen und endgültig angesät zu werden. Ganz unabhängig von der Bodenbeschaffenheit ist bei allen Einebnungsarbeiten darauf zu achten, daß nicht Material aus tieferen Schichten an die Oberfläche kommt, das besonders auf Moor- und Heideböden infolge der Bakterienarmut der Schaffung eines Kulturpflanzenbestandes ernste Schwierigkeiten entgegensetzt. Ist dies unvermeidbar, so vermag nur eine kräftige Stalldünger- oder Kompostgabe die derartig entstandenen Ungleichmäßigkeiten wieder zu beseitigen. Bodenbewegungen bis zu einer Entfernung von 150 m werden am besten mit der von Zugtieren bespannten Erdschaufel (Muldbrett) vorgenommen.

Das als Schwarzkultur zu bewirtschaftende Niederungsmoor nimmt nach beendeter Keimbeetbereitung und Zufuhr der fehlenden Nährstoffe, Kali und Phosphorsäure, die Saat auf. Die Erschließung und Nutzung der Moore in dieser Weise ist seit langer Zeit bekannt und geübt; die Bodenvorbereitung geschah dabei neben dem Überbrennen in Ermangelung der dazu geeigneten Geräte ausschließlich mit Hacke und Spaten. Dem Moorbrennen lag, solange es an künstlichen

Düngemitteln aller Art fehlte, nicht zuletzt die Absicht zugrunde, in der Moorasche den Kulturpflanzen etwas an fehlenden Nährstoffen in aufgeschlossener Form zur Verfügung zu stellen bzw. der Saat auf Hochmoor (Buchweizen) damit ein gutes Keimbeet zu schaffen. Die vielfach vertretene Ansicht, daß das Moorbrennen nur auf die Hochmoore beschränkt gewesen sei, trifft nicht zu. Auf ihnen hat es sich allerdings am längsten — in Deutschland bis in die siebziger Jahre des vorigen Jahrhunderts — erhalten, bis zu einer Zeit also, wo man sich auf den Niederungsmooren bereits von ihm abgewandt hatte. Hier empfahl z. B. Sprengel[1] (um 1840) nach dem Überbrennen des Moores zunächst Futtergewächse, wie Rüben, Kohl oder Wicken, und danach Sommergetreide mit Kleegraseinsaat anzubauen, um schließlich die Flächen als Wiesen zu nutzen. Rimpau berichtet aus Cunrau in einem Jahre über einen Ertrag von über 12 Scheffel Raps je $^1/_4$ ha nach dem Brennen, „so daß für 20000 Thaler Sommerraps verkauft werden konnte". Das wiederholte Brennen des Moores stellte natürlich einen Raubbau schlimmster Art dar und zeitigte eine starke Abnahme der Erträge; der Boden war schließlich so bakterienarm, daß sich kaum noch ein wildwachsender Pflanzenbestand auf ihm ansiedeln konnte. In dieser Erkenntnis und aus der Erwägung heraus, den Standort für die Kulturpflanzen auf dem Moor zu verbessern, suchte man nach hierzu geeigneten Maßnahmen, unter denen die Aufbringung einer Mineralbodendecke auf die Niederungsmoore die wichtigste ist. Sie ist zur Erhöhung der Tragfähigkeit der früher meist nur dürftig entwässerten Moore seit jeher gewohnheitsgemäß vielfach angewendet worden, wie nicht selten in tieferen Moorschichten vorkommende und von einer im Laufe der Zeit hinunter gewaschenen Deckschicht herrührende mineralische Beimengungen deutlich erkennen lassen. Die damit verbundene Verbesserung des Standortes für die Kulturpflanzen scheint man in dem klimatisch ungünstigeren Skandinavien auch bereits dabei im Auge gehabt zu haben; wird doch die Moorbedeckung mit etwa 20 cm Mineralboden von hier schon gegen 1750 mitgeteilt. Das Verdienst, die Bedeutung dieser Maßnahme zuerst erkannt und sie auf Grund seiner Beobachtungen systematisch angewendet zu haben, gebührt Rimpau in Cunrau, der damit der eigentliche Vater der Deck- oder Moordammkultur geworden ist. Nachdem er festgestellt hatte, daß er „auf den Grabenborden, welche auf 2 Ruthen Breite mit 4 Zoll Sand bedeckt worden waren, ohne Dung 18 Scheffel Hafer erntete", ging er daran, seine ganzen als Acker genutzten Moorflächen mit einer Sanddecke von „5—6 Zoll" Höhe zu versehen, zu der das erforderliche Material den Entwässerungsgräben entnommen war. Die in diesem Teil des Drömlingsmoores vorherrschende Mächtigkeit von nur 0,80—1,20 m war dafür besonders günstig; dazu kam der bei dieser Tiefe ausgezeichnete Zersetzungsgrad des Moores. Rimpaus Erfolg, der sich nicht zuletzt in dem Einfluß der Moordammkulturen auf die Gesamtwirtschaft Cunraus ausdrückte, zog weite Kreise und regte sehr bald die Nachahmung seines Vorgehens an. In den siebziger und achtziger Jahren des 19. Jahrhunderts entstanden vornehmlich in dem an Niederungsmooren reichen Osten Deutschlands eine ganze Anzahl von Moordammkulturen, die aber vielfach nicht annähernd die gleichen Erfolge aufweisen konnten wie in Cunrau. Die physikalisch und chemisch noch völlig unerforschten Verhältnisse des Moorbodens ließen keine derartige Verallgemeinerung der Erfahrungen zu, insbesondere, da die Bedingungen, unter denen die Sandaufbringung in Cunrau stattgefunden hatte, außergewöhnlich günstige waren; man hatte es hier mit einem nur wenig mächtigen, seit langer Zeit bereits entwässerten und genutzten und

---

[1] Sprengel, C. u. T. H. Rimpau: vgl. C. v. Seelhorst, Acker- und Wiesenbau auf Moorboden, S. 36, 37. Berlin 1892.

infolgedessen vollkommen vererdeten Moor zu tun. Die vielfach eintretenden Fehlschläge und die Erkenntnis der großen Bedeutung der weitausgedehnten deutschen Moore überhaupt wirkten überzeugend auf die notwendige Erforschung des Moorbodens und seiner Verhältnisse hin. Der 1877 gegründeten Moorversuchsstation zu Bremen folgte 1899 die Errichtung der Moorversuchswirtschaft Neuhammerstein mit dem besonderen Auftrage der Klärung aller Niederungsmoorfragen. Die Schaffung der naturwissenschaftlichen Grundlagen der Moorkultur konnte den über dieser schwarzen Kunst ruhenden Schleier erst endgültig lüften; die bisher gemachten Fehler wurden damit nicht nur restlos geklärt, sondern auch neue Wege und Ziele gewiesen, unter denen die Einführung des deutschen Hochmoorkulturverfahrens mit die erste Stelle einnimmt. Für die erfolgreiche Anlage von Moordammkulturen zeigte sich vor allem als notwendig, daß das mit einer Deckschicht zu versehende Moor vorher zunächst gründlich entwässert und bereits einen genügenden Zersetzungsgrad erreicht haben mußte. Auf die Unkenntnis dieser Bedingungen waren in den meisten Fällen die erwähnten Mißerfolge zurückzuführen. Ist das Moor nicht genügend entwässert, so tritt unter der Mineralbodendecke und ihrem die Verdunstung herabsetzenden Einfluß naturgemäß stagnierende Nässe auf, die sich in dem späteren Kulturpflanzenbestande nachteilig auswirken muß. Auf so behandelten Wiesen ist die in dieser Hinsicht typische Erscheinung meist ein starker Binsenwuchs. Die Entwässerung muß ferner wenigstens $^1/_2$ Jahr vor Beginn der Aufbringung der Deckschicht beendet sein. Geschieht sie auf Moor, das noch zuviel an überschüssigem Wasser enthält, so tritt die Gefahr eines zu festen Zusammendrückens der oberen Moorschichten ein, eine ohnehin auch auf bereits genügend entwässerten Flächen später häufige Erscheinung, die nur durch eine zeitweise Lockerung des Moores unter der Sanddecke durch geeignete Geräte behoben werden kann.

Nach den in Neuhammerstein durchgeführten Versuchen erwies es sich noch als besonders empfehlenswert, das Moor vor Aufbringung der Deckschicht sorgfältig zu pflügen, damit die Wurzeln der Kulturpflanzen unbehindert in dasselbe eindringen und sich so von Anfang an freudig entwickeln können. Sie sind auf diese Weise in der Lage, gleich vom ersten Jahre an höhere Erträge zu bringen, als wenn nicht vorher gepflügt wird; die Umbruchkosten werden damit wieder ausgeglichen.

Die Aufbringung einer mineralischen Deckschicht auf das Moor, die entweder unvermischt erhalten bleibt oder mit der oberen Moorschicht durch Bearbeitung vermischt wird, hat den Zweck, den darauf angebauten Kulturpflanzen günstigere Standortsverhältnisse zu schaffen. Das wird zunächst durch eine sehr viel bessere Regelung der Feuchtigkeitsverhältnisse bewirkt. Nach den Untersuchungen der Moorversuchsstation Bremen[1] verlor von dem ursprünglichen Wasservorrat:

Moor mit Sand bedeckt %	Moor mit Sand gemischt %	Moor ohne Sand %
16,7	19,7	27,8

Die Sickerwasserabgabe des mit Sand bedeckten Moores war also geringer als die des mit Sand gemischten und vor allem als die des reinen Moores. Ebenso ermittelte man, daß während der an Niederschlägen ärmeren Jahreszeit von den aufgefallenen Niederschlagsmengen das besandete und mit Sand gemischte Moor wesentlich mehr Wasser, nämlich 87 bzw. 63%, abgibt als das unbedeckte Moor mit nur 59%; dagegen verdunstet solches ohne Deckschicht 30, mit einer Sanddecke versehenes nur 11% der erhaltenen Niederschläge.

[1] Vgl. Br. Tacke: Die naturwissenschaftlichen Grundlagen der Moorkultur, S. 38. Berlin 1929.

Ferner übt die mineralische Bodendecke einen günstigen Einfluß auf die Temperaturverhältnisse des Moorbodens aus, die damit insbesondere während der Vegetationszeit eine nicht unwesentliche Erhöhung erfahren. So stellte FLEISCHER[1] in 11 cm Tiefe eine Temperatur fest von:

	Im Jahresdurchschnitt	Während der Vegetationszeit
Auf unbesandetem Moor	7,92°	11,90°
Auf sandgemischtem Moor . . .	8,41° (+ 0,51°)	13,80° (+1,90°)
Auf sandbedecktem Moor	9,01° (+ 0,60°)	14,70° (+ 0,90°)

Außerdem werden durch die Aufbringung einer Mineralbodendecke auf das Moor einige seiner für die Bewirtschaftung als Acker unangenehmen Eigenschaften ausgeschaltet bzw. stark gemindert. Unter ihnen steht die Veränderung der physikalischen Beschaffenheit der Oberflächenschicht durch Einwirkung von Frost, Wärme und Wind, die sich in dem Eintreten der Einzelkornstruktur und damit dem Verlust der Quellfähigkeit der Bodenkolloide zeigt, an erster Stelle. Sie ist die mit Recht am meisten gefürchtete Klippe, an der die dauernde Ackernutzung von Schwarzkulturen auf Niederungsmoor am ehesten scheitert. Die Deckschicht, auf die sich die Bearbeitung bis auf die gegebenenfalls zeitweise notwendig werdende Lockerung des Moores unter derselben beschränkt, macht die Bewirtschaftung vollkommen der des Mineralbodens ähnlich; das Moor ist damit auch jederzeit für Gespanne und Maschinen befahrbar und schließlich der sonst besonders starken Verunkrautungsgefahr mehr enthoben.

Die Beschaffung und Aufbringung des Deckmaterials findet fast immer von der Seite her statt; die Entnahme aus dem Untergrunde, wie sie auf einem großen Teil der Cunrauer Kulturen geschah, ist infolge der meist größeren Mächtigkeit der Moorschicht nur eine seltene Ausnahme. Sie kommt außerdem auf unterirdisch entwässerten Flächen, die man heute naturgemäß stets anstrebt, nicht in Frage. Bei der Entnahme des Deckmaterials ist lediglich darauf zu achten, daß es keine pflanzenschädlichen Stoffe (Schwefelkies) und nicht Wurzeln besonders lästiger Unkräuter (Quecken) enthält, die sich später unter den günstigen Wachstumsbedingungen sehr schnell ausbreiten. Grobkörnige und möglichst etwas lehmhaltige Sande verdienen dabei bevorzugt zu werden. Feinkörnige Sande sind vornehmlich in den ersten Jahren eher Verwehungsgefahren ausgesetzt, und lehm- oder tonhaltige Böden, die im Frühjahr und nach starken Niederschlägen schwerer abtrocknen und dann zur Verkrustung und Bildung von Rissen neigen, durch die unter Umständen sehr viel Wasser verdunstet, erschweren die Bewirtschaftung. In wie weit die Wasserverdunstung des Moores durch die Beschaffenheit des Deckmaterials beeinflußt wird, zeigen u. a. einige weitere Untersuchungen FLEISCHERS[2]; danach verdunstete 1 m² Moor bei einer Körnung des Decksandes von:

> 0,5	0,5—0,35	0,35—0,25	0,25—0,20	0,20—0,15	<0,15 mm
4,0	4,7	5,0	6,5	7,1	8,3 kg Wasser.

Die so durch die Aufbringung einer Mineralbodendecke auf das Moor wesentlich begünstigten Standortsbedingungen ermöglichen den Anbau anspruchsvollerer Pflanzen, wie Weizen, Hafer, Gerste und Zuckerrüben, die auf Schwarzkulturen nur ausnahmsweise in klimatisch bevorzugten Lagen und dann auch nur unsicher gedeihen. Auf Moordammkulturen erreichen sie dagegen die Erträge der in guter Kultur befindlichen besten Mineralböden, weshalb jene diesen un-

[1] FLEISCHER, M.: Bodenkunde, S. 224. Berlin 1922.
[2] Ebenda, S. 424.

bedingt an die Seite zu stellen sind, solange die Bewirtschaftung in durchaus einwandfreier Weise gesichert ist.

Die Bearbeitung derartig beschaffener Flächen muß darauf hinzielen, die Mineralbodenschicht möglichst lange unvermischt zu erhalten und wenig mit Humus anzureichern. Infolgedessen vermied man früher auch die Zuführung von Stalldünger und beseitigte sogar Getreidestoppelreste möglichst peinlich auf ihnen, von welchen Maßnahmen man aber in neuerer Zeit vollkommen abgekommen ist, insbesondere nachdem man erkannt hat, daß eine mäßige Gabe möglichst verrotteten Stalldüngers das Gedeihen vornehmlich der Hackfrüchte ausgezeichnet zu fördern vermag.

Auch der Gemüse- und Beerenobstbau, der im Kleinbetrieb stellenweise auf unbesandetem Moor seit Jahren betrieben wird, erfährt durch die Aufbringung einer Deckschicht eine sehr viel größere Sicherheit. Bei ihm neigt man vielfach auch zur Mischkultur, bei der also durch die Bearbeitung von Anfang an oder mindestens im Laufe der Zeit eine Mischung von Mineralbodendecke und oberer Moorschicht herbeigeführt wird, obwohl damit die Vorteile der Deckschicht zum Teil wieder aufgehoben werden.

Der Druck der Mineralbodendecke äußert sich sehr häufig in einer so festen Lagerung der oberen Moorschicht, die schon bei der Besprechung der Aufbringung der Deckschicht Erwähnung fand, daß Wuchsfreudigkeit und Ertragsfähigkeit der Kulturpflanzen stark beeinflußt werden. Nach Beobachtungen des Verfassers können die Erträge dadurch auf $^1/_8$ ihrer Durchschnittshöhe herabgedrückt werden. Versuche, sie durch den zeitweisen Anbau von Tiefwurzlern wieder zu beseitigen oder überhaupt das Eintreten der Erscheinung zu verhüten, führen meist nicht zu dem gewünschten Erfolge, so daß die Anwendung besonderer Maßnahmen zur Lockerung des Moores unter der Mineralbodenschicht notwendig wird. Dazu kann entweder ein Zweischarpflug dienen, dessen Vorderschar durch einen 20—25 cm tiefer gehenden kräftigen Gänsefuß ersetzt wird, oder man verwendet dazu einen besonders konstruierten Pflug, der an dem verlängerten Grindel hinter dem Schar einen Untergrundlockerer trägt, wie ihn der Verfasser seinerzeit vorgeschlagen hat, und der später in den Handel gebracht ist[1]. Für den Erfolg der Untergrundlockerung ist entscheidend, daß sie sich auf die ganze Furchenbreite erstreckt und nicht nur schmale Rillen in der festgelagerten Grenzschicht zieht, wie es z. B. der Bodenmeißel tut. Die Lockerung ist im Herbst vorzunehmen, damit die auf diese Weise unterbrochene Kapillarität sich bis zur Bestellung im Frühjahr wieder genügend schließen kann; außerdem geschieht sie am besten zu Hackfrüchten, die dafür besonders dankbar sind und am ehesten den Aufwand durch entsprechende Mehrerträge lohnen. So brachte in Neuhammerstein eine einmalige Anwendung des Untergrundpfluges bei Kartoffeln ein Mehr von 74, bei Futter- und Mohrrüben von 329 bzw. 139 dz je Hektar. Nach den übereinstimmenden Beobachtungen von Bremen und Neuhammerstein hält die Wirkung einer ordnungsgemäß durchgeführten Untergrundlockerung im allgemeinen 4 Jahre vor. Ist das Moor vor Aufbringung der Deckschicht gepflügt, so ist die Entstehung einer festen Grenzschicht weniger zu befürchten bzw. ihr Auftreten wird um eine Reihe von Jahren hinausgeschoben, so daß sich auch aus diesem Grunde der vorherige Umbruch empfiehlt.

Die Anlage von Moordammkulturen gehört in der deutschen Landwirtschaft einmal ihrer Kosten wegen und ferner, weil die Ausnutzung der Niederungsmoore sich heute in erster Linie auf die Anlage von Wiesen und Weiden erstreckt, eigentlich nur mehr noch der Geschichte an. Auch von den vorhandenen Flächen dieser

---

[1] Freckmann, W.: Bericht über Zweck und Einrichtung der Versuchswirtschaft Neu-Hammerstein. Mitt. Ver. Förd. Moorkultur **25**, 68 (Abb.) (1907).

Art sind, leider vielfach etwas übereilt, eine ganze Reihe in Grünland niedergelegt, die als Acker insbesondere zur Ergänzung von leichtem Boden sehr viel wirtschaftlicher ausgenutzt werden könnten, als es jetzt geschieht. Trotzdem kann die Anlage von Moordammkulturen unter dafür geeigneten Verhältnissen auch heute noch insbesondere für durch Gartenbau zu nutzende Moore oder, wenn es sich darum handelt, sehr leichten Acker durch vornehmlich auch in trockenen Jahren ertragssichere Nutzflächen zu ergänzen, in Frage kommen. Eine Reihe von Betrieben haben so eine Erweiterung erfahren, die ihre Wirtschaftlichkeit in nicht zu unterschätzendem Maße sicher stellt.

Aber nicht nur auf Ackerkulturen, sondern auch auf Wiesen und vor allem auf Dauerweiden hat man früher die Aufbringung einer Mineralbodenschicht in einer Höhe von 5—6 cm zur Verbesserung der Standortsverhältnisse für Gräser und Leguminosen angewendet. Wenn die Vorteile dieser Maßnahme sich auch hier keineswegs verkennen lassen, die besonders auf Dauerweiden in der Sicherung der Narbe gegen Huftrittbeschädigungen und ihre Folgen in niederschlagsreichen Zeiten bestehen, so beeinträchtigen die erhöhten Kosten der Bedeckung doch die Wirtschaftlichkeit in nicht zu verkennender Weise. Das trat schon sehr deutlich bei den umfangreichen Meliorationen der preußischen Staatsforstverwaltung hervor, die bis 1909 rund 900 ha besandete und 6000 ha unbesandete Moorwiesen anlegte[1]. Eine Bedeckung von Grünlandflächen kommt heute nur noch für zu trocken gewordene Niederungsmoore in Frage, um damit eine Regulierung der Feuchtigkeitsverhältnisse zu erreichen. Für bis dahin als Acker genutzte und dementsprechend entwässerte Flächen ist damit nicht selten die einzige Möglichkeit der Umwandlung in Wiese oder Weide gegeben.

Die sehr viel ungünstigeren Standortsverhältnisse des nicht mit Mineralboden bedeckten Niederungsmoores beschränken die Auswahl der anzubauenden Früchte sehr. Zu den unbedingt sicheren gehören hier nur Roggen, und zwar besonders Sommerroggen, und Kartoffeln; daneben ist höchstens noch der Hanf zu nennen, dessen Anbau während des Krieges eine nicht unbedeutende Rolle zu spielen begann, heute aber nur noch ganz ausnahmsweise in Frage kommt. Hafer, Gerste, Sommerweizen und Leguminosen, wie Pferdebohnen und Erbsen (vornehmlich Peluschken), anzubauen, ist nur auf Moorböden mit hohem Mineralgehalt sowie in überschlickten Niederungsmooren ratsam, sonst aber auch selbst in an sich klimatisch günstigen Lagen meist als unsicher zu bezeichnen. Als zum Anbau geeignete Wurzelfrüchte sind in erster Linie Wasser- und Steckrüben sowie von den Futterrüben höchstens einige flaschenförmige Sorten zu nennen; letztere werden aber ebenso wie die sonst gut auf den Moorböden gedeihenden Mohrrüben meist zu sehr durch die Verunkrautung besonders in der Jugend gefährdet.

Die beste und sicherste Ausnutzung der von Natur graswüchsigen Niederungsmoore stellt entschieden diejenige als Wiese und Weide dar; sie hat daher auch heute die größte Ausdehnung auf den Niederungsmooren gewonnen. Die Anlage der Dauergrünlandflächen erfolgt in der Weise, daß das in jeder Hinsicht sorgfältig vorbereitete Keimbeet schließlich geringelt, nach einem Zusatz der vier bis fünffachen Menge mäßig feuchten Sandes zu der Kleegrassaat breitwürfig über Kreuz angesät und glatt abgewalzt wird.

Die Erschließung der Übergangsmoore ist dem der Niederungsmoore vollkommen gleich. Da sie in den oberen Schichten vielfach Bruchwaldtorf mit noch zahlreichen Holzresten aufweisen, so bilden sie in der Regel kein günstiges Keimbeet für Klee- und Grassaaten und werden deshalb meist zweckmäßig einer vorläufigen Ackernutzung unterzogen; bis sie genügend vererdet sind.

---

[1] FLEISCHER, M.: Die Versorgung Deutschlands mit Fleisch und die Kultivierung unserer Moor- und Heideböden (als Manuskript gedruckt), S. 8.

Den größten Wandel hat die Kultivierung der Hochmoore im Laufe der Zeit erfahren. Die älteste Form der Nutzung stellte die nachweislich gegen Ende des 16. Jahrhunderts, wahrscheinlich aber schon sehr viel früher angewandte Brandkultur dar; sie erstreckte sich vorwiegend auf die Moore Westdeutschlands und bestand darin, daß das notdürftig entwässerte Moor etwa 10 cm tief gehackt oder gepflügt und die so gelösten Bodenmassen in Haufen geworfen oder breit liegengelassen und angezündet wurden. Nach tunlichst gleichmäßiger Verteilung der noch warmen Asche geschah die Einsaat von Buchweizen, der in Anbetracht seiner Empfindlichkeit gegen Frost zwar nicht unbedingt sichere, aber doch bei günstigem Witterungsverlauf für die damaligen Ansprüche befriedigende Erträge brachte. Brennen und Nutzung in dieser Art wurden meist 5—6 Jahre oder wenigstens so lange fortgesetzt, bis die vorhandene Schicht an Heidehumus damit aufgezehrt war; das Brennen auf den dann folgenden Moostorf auszudehnen, erwies sich für das Gedeihen des Buchweizens als zwecklos. Nach den Untersuchungen von FLEISCHER[1] enthielten 100 Teile Trockensubstanz in:

	Nicht gebranntem Moor	Zweimal gebrannt	Viermal gebrannt	Sechsmal gebrannt
Verbrennliche Stoffe	93,09	88,54	86,35	84,85
Stickstoff	1,68	1,60	1,62	1,45
Mineralstoffe	6,91	11,46	13,65	15,15
In Salzsäure Unlösliches	5,14	9,13	11,17	12,18
Lösliche Aschenbestandteile	1,77	2,33	2,48	2,97
Kali	0,08	0,12	0,12	0,10
Natron	0,08	0,06	0,13	0,16
Kalk	0,22	0,28	0,29	0,40
Magnesia	0,19	0,23	0,19	0,28
Eisenoxyd und Tonerde	0,73	1,10	1,30	1,43
Phosphorsäure	0,14	0,16	0,12	0,15
In kohlensäurehaltigem Wasser lösliche Phosphorsäure	0,023	0,026	0,006	0,005
Schwefelsäure	0,26	0,23	0,30	0,34
Chlor	0,01	0,01	0,01	0,01

Die durch das Brennen bewirkte Veränderung des Moorbodens erstreckt sich also vorwiegend auf die Zunahme der Mineralstoffe und der in Salzsäure unlöslichen sowie der Gesamtmenge an löslichen Bestandteilen; erstere überwiegen dabei, weil die löslichen z. T. von den Pflanzen verbraucht, z. T. ausgewaschen werden. Ist das Moor in dieser Art ausgenutzt, so bedarf es in der Regel etwa 30 Jahre der Ruhe, bis sich wieder eine Heidehumusschicht von entsprechender Mächtigkeit gebildet hat. Das Verfahren stellte also einmal einen Raubbau schlimmster Art und ferner eine nur sehr beschränkte Ausnutzungsmöglichkeit der verfügbaren Flächen dar, wenngleich man auch versuchte, insbesondere in den letzten Jahren des Brennens, an Stelle von Buchweizen z. B. Roggen anzubauen, nach dem man ein schnelleres Wiederanwachsen der Heide und damit der Bildung von Heidehumus beobachtet haben wollte.

Das Moorbrennen machte aber auch gleichzeitig die Moorbewohner zu Feinden nicht nur der städtischen, sondern auch der übrigen Landbevölkerung, denn es erweckte den „Haß der Städter gegen den ihnen den Frühling verderbenden und der rheinisch-westfälischen und anderer Landwirte gegen den ihre Blüten bedrohenden Moorrauch". — „Am meisten leidet Hannover von dieser unleidlichen Erscheinung am deutschen Himmel, wenngleich nicht selten der Wind den garstigen Dunst bis an die Weichsel und an die Alpen treibt. „Zersetzte Ge-

[1] FLEISCHER, M.: vgl. auch C. v. SEELHORST: Handbuch der Moorkultur. 2. Aufl., S. 272. Berlin 1914.

witter", antwortete man früher, wenn nach der Herkunft der „Höhenraucher" gefragt wurde. Heutzutage wissen wir es besser. Nicht vom Himmel steigt er hernieder, sondern von der Erde hinauf. Sein Herd liegt hauptsächlich in den großen Mooren des Herzogthums Arenberg-Meppen, der Niedergrafschaft Bentheim, sowie eines Theils von Ostfriesland und dem Oldenburgischen ...[1]." Dem Kampfe gegen das Moorbrennen kam eine infolge Mißratens des Buchweizens entstandene Hungersnot zu Hilfe. „Die Noth und der Hunger der Jahre 1867 und 1868 haben aber viele zum Nachdenken gebracht, und mitten in dem Lande, das uns jährlich den Moorrauch sendet, hat sich ein Verein gebildet, der ernstlich für Abstellung des Moorbrennens arbeitet; ... die Gesellschaft für Moorbewirtschaftung und Abstellung des Moorbrennens im Kirchspiel bei Neu-Arenberg[2]." Dem Beispiel folgten ähnliche Gründungen in anderen Gegenden, so daß man sehr bald einen „Norddeutschen Zentralverein für Beseitigung des Moorrauchs" anstrebte. Daß man in dieser Hinsicht nicht untätig war, beweist ferner das Anlegen von Versuchsfeldern im Moor, auf denen man u. a. auf Anregung von A. FRANK vornehmlich die Wirkung der Kalisalze auf das Gedeihen der Kulturpflanzen prüfte. Die ausgezeichneten Erfolge regten zur starken Nachahmung an, so daß aus dem Amtsbezirk Hümling 1874 bereits 5000 und 1875 7300 Ztr. Kalisalze als auf Moorboden verwendet mitgeteilt werden[3]. Das Jahr 1875 brachte eine weitere entscheidende Wendung in der Entwicklung der deutschen Moorerschließung mit der Gründung des Vereins zur Förderung der Moorkultur im Deutschen Reiche. Sodann berief 1876 der preußische Landwirtschaftsminister FRIEDENTHAL mit seinem Ministerialdirektor MARCARD die Zentral-Moorkommission, als deren Organ 1877 die „Versuchsstation für Moor, Sumpf und Heide", die heutige Moorversuchsstation errichtet wurde. So ist die seinerzeit so gehaßte Brandkultur, die in ein- oder mehrmaligem Turnus über die meisten westdeutschen Moore hinweggegangen ist, nicht zuletzt die Einleitung zu der so erfolgreichen und zielbewußten Erschließung der deutschen Hochmoore überhaupt geworden.

Nebenher hatte die Fehnkultur Hollands ihre Anregung auf die deutschen Moorbewohner nicht verfehlt. Der Mangel an Brennholz veranlaßte hier eine großzügige Austorfung der Moore, die von den vorher von Industrieunternehmern ausgebauten Schiffahrtskanälen ihren Anfang nahm. Mit dem Voranschreiten des Abtorfens wurde das Moor weiter durch Seitenkanäle, die Hauptwieken, aufgeschlossen, von denen wieder Torfkanäle oder Inwieken ausgingen, an welche die Siedlungen gelegt wurden. Zunächst waren die Arbeiten nur auf die Torfgewinnung gerichtet; als sich dann aber die auf diese Weise ausgebeuteten Flächen mehrten, entwickelte sich die Fehnkultur, die „seit dem Anfang des 17. Jahrhunderts in den Hochmoorprovinzen Hollands weite Flächen ödesten Hochmoorbodens in blühendes Acker-, Wiesen- und Weideland und — was besonders charakteristisch für die holländischen Fehnkolonien — zu gedeihlichen Industriestätten"[4] umwandelte. Bei den hohen Kosten für die Kanalanlagen torfte man bis auf den mineralischen Untergrund aus, warf dabei den zu Brennzwecken weniger geeigneten jüngeren Moostorf auf den Untergrund zurück und suchte nunmehr diese sehr lockere und mit vielen Hohlräumen durchsetzte Schicht, die naturgemäß durch eine sehr schlechte Wasserführung ausgezeichnet war, durch Aufbringung einer etwa 10 cm starken, den Kanälen oder höheren Stellen entnommene Sandschicht zu verbessern; sie wurde durch mehrmaliges Pflügen auf 15—25 cm Tiefe

[1] Zusammenstellung einiger Erfahrungen und Ansichten über Beseitigung des Höhenrauchs, S. 3. Osnabrück 1870.

[2] Ebenda S. 27.

[3] Ebenda S. 30.

[4] FLEISCHER, M. u. BR. TACKE: Hochmoorkultur und Fehnkultur, S. 6. Berlin 1906.

mit dem Moor gemischt. So entstand eine an Nährstoffen absolut arme Kulturschicht, die man in sehr wirksamer Weise durch die Zuführung städtischen Kompostes verbesserte. Nach dem Beispiel Groningens hatte man auf seine Gewinnung in den Städten Hollands seit Jahrhunderten große Sorgfalt verwendet und damit gleichzeitig eine sehr zweckmäßige Ausnutzung der menschlichen Auswurfstoffe erreicht. Neben städtischem Kompost brachten die Kolonisten auch vielfach von dem an den Flußmündungen abgelagerten Schlick, Kehricht und Straßenschlamm als Rückfracht in ihren Kähnen mit, bis die vermehrte Erzeugung an tierischem Dünger und die Einführung der künstlichen Düngemittel für die spätere Bewirtschaftung der auf die genannte Weise erschlossenen Flächen ihren Bedarf mehr und mehr deckte. Daß die Erträge der Fehnäcker durchaus befriedigende waren, geht aus den Mitteilungen eines der besten Kenner dieses Kulturverfahrens, des Bürgermeisters BORGESIUS, hervor, nach denen in den Groninger Fehnkolonien um 1854 je Hektar an Roggen und Weizen 19,6 dz, an Gerste 24,0 dz, an Hafer 17,6 dz, an Buchweizen 15,0 dz, an Bohnen 21,2 dz, an Erbsen 14,4 dz, an Raps 18,8 dz und an Kartoffeln 202 dz geerntet wurden. BORGESIUS[1] bemerkt dazu, daß die Erträge von den Landleuten eher zu niedrig als zu hoch angegeben wurden.

Die in Holland gemachten günstigen Erfahrungen regten zur Nachahmung der Fehnkultur in Ostfriesland und den Emsmooren an. So schuf 1630 der Graf LANDSBERG-VELEN[2] bei der später darauf entstandenen Papenburg die erste Fehnkolonie, der auch ein durchaus befriedigendes Gedeihen beschieden war, solange Schiffahrt und Schiffsbau dort blühten. Die auf Ostfriesland gesetzten Hoffnungen, die hier auf Brandbuchweizen begründeten Bettler- und Diebskolonien durch die Fehnkultur zur Gesundung zu bringen, wurden auf die Dauer nicht erfüllt; hatte man doch u. a. mit einem ausgedehnten Brenntorfabsatz nach Holland gerechnet, das in der Ausbeute seiner Flächen inzwischen bereits erheblich vorangeschritten war; er blieb aber gänzlich aus. Daneben fehlte es an genügend Kapital zu einem gleich großzügigen Aufschluß der Moore durch den Bau von Kanälen sowie vor allem an einer gleich großen Bevölkerungsdichte und an einem für derartige Arbeiten so ausgezeichneten Menschenmaterial, wie es in Arbeitern und Unternehmern Holland durch seine Jahrhunderte alte Wasserwirtschaft zur Verfügung stand. Alle diese Erscheinungen drängten zur Suche nach einem auch für deutsche Verhältnisse geeigneten Verfahren der Hochmoorerschließung, das in Anbetracht der weiten Flächen insbesondere nach der Übergabe Hannovers an Preußen und deren damit gewonnenem größten Hochmoorgebiet, den linksemsischen Mooren, vor allem die Aussicht einer schnelleren Durchführungsmöglichkeit bot. Die erfolgreichen Arbeiten der Moorversuchsstation Bremen führten so zu der deutschen Hochmoorkultur, deren Ruf sich schnell über alle in dieser Hinsicht beteiligten Länder verbreitete.

Ehe hierauf näher eingegangen wird, mögen der Vollständigkeit wegen noch ein paar Meliorationsmaßnahmen genannt sein, die in ihrer Eigenart sich aber nur auf beschränkte Flächen ausdehnen konnten, sich jedoch z. T. im Kleinbetrieb auch bis heute noch vereinzelt gehalten haben (z. B. im Großen Moosbruch). Das eine war die sog. Dungkultur, die darin bestand, daß man das Moor in schmale, durch Gräben getrennte Beete legte, jährlich Stalldünger in anfangs ziemlich großen, später geringeren Mengen zuführte und darauf vornehmlich Kartoffeln (vielfach ausschließlich), Buchweizen, Roggen und zur Not auch etwas Hafer anbaute. Das Verfahren war also ganz und gar von dem vorhandenen Viehstapel

[1] Vgl. M. FLEISCHER und BR. TACKE: Hochmoorkultur und Fehnkultur, S. 9 u. f. Berlin 1906.

[2] Ebenda S. 6.

abhängig und damit auch wieder relativ langwierig; trotzdem entstanden um die Mitte des 18. Jahrhunderts bereits im heutigen Regierungsbezirk Stade hiernach angelegte Siedlungen, die sich gut entwickelten. In einigen Gegenden suchte man den Mangel an Stalldünger auch durch die auf Sandboden bewährte Anwendung von den den Entwässerungsgräben entnommenen Pflanzen, wie Elodea canadensis und Stratiotes aloides, zu ersetzen. Erträge von 200 dz je Hektar an Kartoffeln sollen dabei keine Seltenheit gewesen sein.

Die zweite zu nennende Maßnahme ist das Bekleien, das lediglich in einer Nachahmung der seit der ersten Hälfte des 18. Jahrhunderts in den Marschen angewandten Wühlerdemelioration bestand. Man torfte zu dem Zweck vielfach erst ab und brachte dort, wo Klei unter dem Moor stand, diesen auf das Leegmoor (abgetorftes Moor), um ihn mit der Bunkerde (Abraum von jüngerem Moostorf) zu mischen. Bestand kein genügender Absatz für Torf, so ging man auch wohl daran, durch Rajolen den Klei auf das Moor zu bringen, eine in Anbetracht der häufig mehrere Meter mächtigen Torfschicht ungeheure Arbeit, die man dann durch die Anwendung der angeblich in Pommern zuerst bei Wiesenkalk angewandten Kleipumpe zu erleichtern suchte. Schließlich traten Bagger an deren Stelle, bei denen der in den Boden gesenkte Eisenkasten das Moor zur Seite drängte und sich beim Aufstoßen auf die tiefliegende Wühlerdeschicht öffnete. Diese Art der Melioration erreichte in manchen Gegenden eine gewisse Bedeutung, war aber sehr schwierig und langwierig. Nach Mitteilungen aus der Praxis förderte ein solcher Bagger täglich 12—14 m^3, so daß bei Aufbringung von 300 m^3 je Hektar die Bodenverbesserung 20—25 Tage dauerte. Eine sehr viel größere Bedeutung erlangte das Überfahren von Geest- und Moorboden mit Marscherde und vornehmlich mit Seeschlick, der sich als Dollartschlick bei den holländischen Fehnkulturen bereits gut bewährt hatte. Nachdem 1830 ein Holländer, FITTEKA, das Gut Moorhausen im Jeverlande käuflich erworben und von Hockstief einen Kanal nach Moorhausen angelegt hatte, um mittels Schiff Schlick und Muscheln von der Hocksieler Platte nach seinem Gute zu bringen, gab 1853 die Schrift eines Arztes eine erneute Anregung. MEINECKE[1] schlug vor, den durch Bagger gehobenen Schlick mittels besonderer Eisenbahnen zu befördern und ihn in Depots zu lagern, von wo die Landwirte ihn abfahren und auf ihre Flächen bringen konnten. Seiner Ansicht nach sei es möglich, auf diese Weise in 14—21 Jahren 25000 ha Heide und Moor in Marschland zu verwandeln, wobei „ein Jück (altes oldenburgisches Joch = 45 a) mit 2 Zoll Schlick zu überfahren etwa 76 Thaler und 20 Groschen" kostete. Die Schrift erregte großes Aufsehen und gab nicht zuletzt den Anstoß zu den Jahrzehnte späteren Unternehmungen des ostfriesischen Hauptvereins, bei denen der beim Offenhalten der Fahrrinne nach Emden gewonnene Schlick, in besonderen Lagern vereinigt, 2—3 Monate liegen blieb, bis er genügend abgesteift („spittreif") war und versandt werden konnte. So wurden 1901 vom genannten Verein 28473 und 1902 32936 m^3 Schlick abgegeben, mit dessen Hilfe eine wesentliche Bodenverbesserung nicht unbeträchtlicher Moor- und Sandflächen erzielt wurde. Naturgemäß mußte sich auch die Moorversuchsstation Bremen der Erforschung und Förderung dieser Maßnahme annehmen; sie tat das neben der Anstellung umfangreicher Versuche u. a. durch die Bekanntgabe von Regeln über die Verwendung von Seeschlick und Marscherde. Mit ihr sind in den Jahren 1889—95 verschiedene private und domänenfiskalische Meliorationen durchgeführt, wobei die allein durch die

[1] MEINECKE: Die Neumarsch oder die Erzeugung eines neuen Marschbodens auf den unfruchtbaren Sand- und Heidegegenden der Oldenburger Geest mittels Schlick aus dem Jader Meerbusen. 1853.

Eisenbahn beförderten Mengen an Schlick und Warferde 300000 m^3 betragen haben sollen.

Die angewandten Schlickmengen wechselten sehr; während man anfangs etwa 350 m^3 je Hektar geben zu müssen glaubte, sah man allmählich ein, daß sehr viel geringere Mengen von etwa 80—100 m^3 höhere Reinerträge brachten. Nach einer solchen Schlickgabe rechnete man mit durchschnittlichen Ertragssteigerungen von

429 % bei Erbsen,	122 % bei Weizen und
115 % bei Roggen,	60 % bei Rüben.

Ein voller Erfolg trat nach den Untersuchungen FLEISCHERS aber erst ein, nachdem man außer dem Schlick Stall- und Kunstdünger, insbesondere Kali und Phosphorsäure, gleichzeitig zuführte, zumal die Nährstoffe im Schlick ziemlich schwer löslich waren. Seine Wirkung besteht also vornehmlich in der physikalischen Verbesserung des Bodens, die auf Sand länger anhält als auf Moorboden, auf dem er eher ausgewaschen wird, so daß hier eine häufigere Wiederholung der Beschlickung ratsam ist. Zunächst erschien es auffallend, daß nach seiner Anwendung nicht nur anspruchsvollere Früchte, wie Raps und Weizen, gediehen, sondern auch der Anbau von Leguminosen und darunter der von Klee möglich wurde. Es lag damit die Vermutung nahe, daß der Schlick auch Knöllchenbakterien enthielt, wie später[1] endgültig bestätigt worden ist; neben diesen sind noch eine Reihe von anderen Bakterien in ihm festgestellt worden, so daß seine ganze Wirkung 1. auf eine Verbesserung der physikalischen Beschaffenheit, 2. auf eine reichliche Nährstoffzufuhr und 3. auf eine Anreicherung mit spezifischen Bakterien zurückzuführen ist.

Alle genannten Verfahren der Hochmoorerschließung waren durch Unsicherheit, Umständlichkeit bzw. Beschränktheit ihrer Anwendung gekennzeichnet, die nur ein sehr langsames Vorankommen gestatteten. In der Erkenntnis dieser Tatsachen entwickelte auf Grund ihrer Forschungen die Moorversuchsstation Bremen die deutsche Hochmoorkultur, die ähnlich der Schwarzkultur der Niederungsmoore darin besteht, das nicht abgetorfte Hochmoor lediglich mit Hilfe von künstlichen Düngemitteln in einen Kulturzustand zu bringen, der es befähigt, die seinen Eigenschaften zusagenden wichtigsten Ackerfrüchte und Dauergrünland zu tragen. Der jüngere Moostorf ist also hier ebenso wie bei der Fehnkultur der eigentliche Nährboden für die Pflanzen, allein mit dem Unterschiede, daß er hier in seiner ursprünglichen Lagerung und damit in seiner natürlichen wasserleitenden Kraft erhalten bleibt, die ihm beim Verfehnen erst durch die Mischung mit Sand notdürftig wiedergegeben wurde. Nach der notwendigen Entwässerung folgt die Beseitigung des vorhandenen wilden Pflanzenbestandes und danach die mit Hilfe von Pflug und Scheibenegge ausgeführte Herrichtung des Keimbeetes, das nach einer entsprechenden Düngung die Saat der Kulturpflanzen aufnimmt. Die erste, den Meliorationskosten zuzurechnende Zufuhr der fehlenden Nährstoffe beschränkt sich beim Niederungsmoor bekanntlich auf Kali- und Phosphorsäure, die als Vorratsgabe zweckmäßig auf ungefähr die doppelte Menge der späteren Ersatzdüngungen bemessen wird. Auf den an freien Humussäuren reichen Hochmooren kommt als besondere Meliorationsmaßnahme und Bedingung für den Anbau aller Kulturpflanzen noch die Kalkung hinzu. Ihre Zufuhr und vor allem die Höhe ihrer Gabe zu den verschiedenen Kulturarten hat die Forschung noch bis in die heutige Zeit beschäftigt. Als unbedingt notwendig hat sich dabei gezeigt, daß sie auf die ganze bearbeitete Oberflächenschicht von genügender Tiefe

[1] ARNHOLD, FR.: Über die Bedeutung des Schlicks als Mittel zur Pflanzenernährung und Bodenverbesserung. Landw. Jb. 58, 205 (1923).

verteilt wird; geschieht das nicht, so tritt eine Verkümmerung der Wurzelentwickelung und damit naturgemäß eine Stockung des Pflanzenwachstums ein, sobald nicht ausreichend mit Kalk angereicherte Schichten erreicht werden. Um mit Sicherheit die notwendige Verteilung in der bearbeiteten Schicht zu erzielen, empfiehlt die Moorversuchsstation daher mit Recht, etwa $^2/_5$ der Kalkmenge auf das rohe Moor zu streuen und durch Scheibeneggen soweit als möglich in den Boden zu bringen; die Zugabe der zweiten gleich großen Menge geschieht nach dem Pflügen und wird bei der weiteren Bearbeitung im Boden verteilt, um schließlich den Rest auf das fertig bearbeitete Saatbeet zu geben und seine Einspülung den Niederschlägen zu überlassen. Als zweckmäßige Kalkdüngung bei der Kultivierung haben sich für Ackerflächen 20, für Wiesen und Weiden 40—50 dz kohlensaurer Kalk je Hektar erwiesen. Wird durch Zufuhr größerer Mengen das Moor annähernd oder ganz entsäuert, so treten Ertragsrückgänge ein, wie es TACKE[1] besonders deutlich durch Gefäßversuche nachweisen konnte. War die Säure des Bodens gebunden:

Durch kohlensauren Kalk je ha	0 —	1/4 27 dz	2/4 54 dz	3/4 81 dz	4/4 108 dz	5/4 135 dz
	so brachten an Gesamttrockenmasse					
Sommerroggen 1926 . .	12,8	44,2	73,4	99,8	82,7	56,9 g
1927 . .	52,1	87,4	94,6	77,8	30,4	21,5 g
Moorhafer 1926	43,4	81,1	88,7	104,6	74,6	36,3 g
1927	156,2	138,6	120,3	61,4	30,2	22,2 g
Weißklee 1926	0	11,3	45,3	51,3	54,2	34,0 g
1927	0	10,1	47,1	38,1	32,1	20,1 g

		Schwach gekalkt (40 dz/ha)		Stark gekalkt (80 dz/ha)	
Grünland geschnitten	1924	69,0	dz Heu je ha	65,0	dz Heu je ha
	1925	45,9		34,3	
Grünland geweidet	1926	2,18	kg Lebendgewicht Zunahme je Tag/ha	1,45	kg Lebendgewicht Zunahme je Tag/ha
	1927	1,93		1,23	
	1928	1,70		1,03	

,Die Ursache der ungünstigen Wirkungen starker Kalkungen auf Hochmoor ist, auch wenn die Verflachung der Ackerkrume vermieden wird, darin zu suchen, daß durch dieselben bakterielle, salpeterzersetzende Prozesse besonders begünstigt werden und dadurch die Ernährung stickstoffbedürftiger Pflanzen mit Stickstoff stark beeinträchtigt wird[2]." Auf sehr kalkreichen Niederungsmooren sucht man der ungünstigen Wirkung zu hoher Alkalität durch die Anwendung physikalisch saurer Phosphorsäure- und Kalidüngemittel mit Erfolg zu begegnen[3]; nach den Beobachtungen im Havelländischen Luch scheint auch eine Zugabe von elementarem feingepulvertem Schwefel den Ertrag von Getreidearten günstig zu beeinflussen.

Für den Anbau von Leguminosen insbesondere auf den meist an Bakterien armen Hochmooren hat SALFELD[4] seiner Zeit die Impfung mit kleinen Mengen

[1] TACKE, BR.: Die naturwissenschaftlichen Grundlagen der Moorkultur, S. 79. Berlin 1929.

[2] Ebenda S. 82 u. 83.

[3] WACHS, H.: Bericht über die Versuchsergebnissse 1927 der Versuchswirtschaft im Havelländischen Luch. Mitt. Ver. Förd. Moorkultur **1928**, 125.

[4] SALFELD, A.: Der Kleebau auf den Hochmooren und Mitwirkung von Mikro-Organismen. Mitt. Ver. Förd. Moorkultur **1899**, 277.

von Ackerstücken entnommener Erde (300—400 kg je Hektar), die kurz vorher die betreffenden Leguminosen getragen haben, vorgeschlagen; später sind an deren Stelle vielfach die Reinkulturpräparate getreten, deren Wirkung häufig aber nicht gleich günstige Erfolge zeitigen konnte[1]. Hier und da gemachte Vorschläge, die Impfung durch eine die Anfangsentwickelung der Schmetterlingsblütler begünstigende Stickstoffdüngung zu ersetzen, haben sich als nicht ratsam erwiesen.

Die Ackerfrüchte des Hochmoores sind in erster Linie Kartoffeln, Roggen und Hafer. Gegenüber der auf Niederungsmoor erzeugten, wenig schmackhaften Kartoffel ist die des Hochmoores als Speisekartoffel sehr beliebt. Neben den Wiesen mit durchaus befriedigender Ertragsfähigkeit haben sich aber vor allem die Weiden bewährt, die nach den jahrelangen Feststellungen[2] der Moorversuchsstation Bremen in ihren Erträgen die der besten Marschweiden nicht selten übertreffen. Die Ursache dafür ist in der bei sachgemäßer Bewirtschaftung vor allem außerordentlich günstig liegenden Wasserversorgung der Pflanzendecke zu suchen, die hier wie auf keiner anderen Bodenart auch in trockenen Zeiten als sichergestellt anzusehen ist.

Unter den Pflegemaßnahmen des Grünlandes auf allen Moorböden steht die häufigere Anwendung der genügend schweren Glattwalze an erster Stelle, die den Boden in einem befriedigend geschlossenen kapillaren Zustande erhält, bei dem die Oberflächenschicht stets mit ausreichenden Wassermengen versorgt ist. Untersuchungen der Moorversuchsstation ergaben in einem Kubikdezimeter nichtgewalzten Bodens 505 cm^3 und des gewalzten Bodens 649 cm^3 Wasser. Mit der Regelung der Feuchtigkeitsverhältnisse werden aber auch die Temperaturverhältnisse des Moores begünstigt. Gleichzeitig wird die Pflanzennarbe eben, geschlossen und damit auch in niederschlagsreichen Zeiten tragfähig erhalten; es ist dies zugleich das beste Mittel, um keine Unkräuter in ihr aufkommen zu lassen bzw. schon vorhandene in ihrem Umsichgreifen zu behindern. Im übrigen kann sich die Pflege der Kulturflächen auf die zweckmäßige Bewirtschaftung beschränken, die beim Acker wie beim Grünland in einem genügenden Ersatz der in den Ernten entzogenen Nährstoffe und bei letzterem noch in der für alle Bodenverhältnisse immer mehr als richtig erkannten wechselweisen bzw. zeitweise eingeschobenen Mähe- und Weidenutzung besteht. Die Fruchtfolge beim Anbau der Ackerfrüchte muß neben der Verunkrautungsgefahr namentlich die gegebenenfalls zu befürchtenden physikalischen Veränderungen berücksichtigen, denen gegenüber auf den stark vererdeten und daher besonders leicht zur Einzelkornstruktur neigenden Niederungsmooren die zeitweise Niederlegung in Grünland zu Mähe- oder Weidezwecken eine sehr zweckmäßige Maßnahme darstellt.

Die forstliche Nutzung der Moore ist überall dort erfolgreich möglich, wo die Entwässerung ausreichend geregelt, d. h. der Grundwasserstand wenigstens auf die für die Ackernutzung erforderliche Tiefe gesenkt ist. Wirtschaftlich vermag sie aber nur dann zu sein, wenn einmal die Kosten der Wasserregulierung nur beschränkt sind, und ferner nicht ein nennenswerter Aufwand für die Unterhaltung derselben notwendig wird. Da beide Voraussetzungen in der Regel nicht zutreffen, wird diese Nutzungsart meist nur für Ausnahmefälle in Frage kommen. Naturgemäß spielt der Anbau von Holzarten sehr oft eine Rolle bei der Besiedlung der Moore und der dabei notwendigen Anlage von Schutzpflanzungen und Gärten; hier sind bei ihrer geringeren Ausdehnung die genannten Bedingungen unschwer zu erfüllen. Unter den für diesen Zweck zu wählenden Laubhölzern nimmt

---

[1] Protokolle d. C. M. C. **1908** u. f.

[2] Vgl. BR. TACKE: Die naturwissenschaftlichen Grundlagen der Moorkultur, S. 77. Berlin 1929.

als schnellwüchsigste Baumart für die Niederungs- und Übergangsmoore die kanadische Pappel neben Rot- und Weißerlen, Ebereschen und Birken die erste Stelle ein: die letztgenannten sind auch für das Hochmoor geeignet. An Nadelhölzern kommen die härteren Piceaarten (excelsa, alba, orientalis, Omorika, pungens u. a.) in Frage, sowie für nicht zu rauhe Lagen auch die Picea sitcaensis, von der VON SCHWERIN[1] sagt, daß sie „fast eine Wasserpflanze" genannt zu werden verdiene. Als unbedingt geeignet sind ferner noch Thuja occidentalis, Chamaecyparis Lawsoniana und die meisten Pinusarten zu nennen. Geringe Zugaben von Phosphorsäure und Kali begünstigen und sichern den Wuchs der Holzarten sehr, so daß sie, wo irgendwie anwendbar, empfohlen werden können.

Neben der Erschließung der Moore ist die der Heiden — nach RAMANN „Formationen feuchterer Gebiete der gemäßigten Zone, bedeckt von zwerghaften Sträuchern, Halbsträuchern, Gräsern, Moosen und Flechten, ohne geschlossenen Hochwald, auf nährstoffarmen, sauer reagierenden Böden"[2] —, deren nutzfähige Fläche in Deutschland auf rund 1 Million Hektar geschätzt wird, eine besonders wichtige Aufgabe der deutschen Ödlandkultur. Unter den Bestandespflanzen nehmen ihrem Namen gemäß die Heidekräuter, die gemeine oder Besenheide (Calluna vulgaris) und die Doppheide (Erica Tetralix) die erste Stelle ein; daneben sind verschiedene Vacciniumarten (vornehmlich Myrtillus und Vitis idaea) flächenweise sehr verbreitet, deren Beerengewinnung für einzelne Heidegegenden eine nicht unwesentliche Einnahmequelle bildet. Sonst spielte in früheren Zeiten neben einer sehr dürftigen und beschränkten, vor allem auf die Zufuhr von Stalldünger angewiesenen Ackernutzung die Schafhaltung, und zwar die der anspruchslosen Heidschnucken, die das ganze Jahr hier auf Weide gingen und sich von den jungen Trieben der Heidekräuter ernährten, die ausschlaggebendste Rolle. Zur Erzeugung des Stalldüngers diente in Ermangelung anderen Streumaterials der Plaggenhieb; er bestand in dem flachen Abhacken der humusreichen Oberflächenschicht, das wie das Brennen der Hochmoore einige Jahre betrieben wurde und dann wieder einer Ruhepause zum Heranwachsen neuer Humusbildungen bedurfte. Seine jahrhundertelange Anwendung hat weite Flächen des deutschen Heidelandes außerordentlich ungünstig beeinflußt, so daß ihre Erschließung auch heute noch durch deren Nachwirkungen merklich beeinträchtigt wird. Daneben haben die Auswaschungen durch die Niederschläge auf die Dauer sehr nachteilige Wirkungen, insbesondere auf den Sandheiden, zur Folge gehabt, die die Humusbestandteile auslaugten und als „kolloidale Lösung" die Mineralien des Heidesandes lösten und deren Zerfallprodukte (Ton, Kali, Kalk-, Magnesia-, Eisensalze) in die Tiefe spülten. Die Folge ist eine unter der Humusschicht lagernde, meist aus dichtgelagerten Sanden bestehende, sehr nährstoffarme, zwischen 0,2 und 1,0 m wechselnde Schicht von Blei- oder Bleichsanden, die in der Farbe ihrer mehr oder minder großen Beimengung an Humusteilen entsprechend zwischen dunkel- bis hellgrau variiert. Darunter können sich die ausgelaugten Humussalze unter Umständen ansammeln, „daß sie die Kolloide zum Ausflocken bringen, das Kolloidsol in Kolloidgel umwandeln, welches dann die Sandkörner zu einem steinartigen Gebilde, dem Humussandstein oder Ortstein verkittet"[3]. Diese völlig undurchlässigen Schichtenbildungen erschweren die Erschließung der Flächen naturgemäß sehr und bedürfen daher besonderer Beachtung.

Das Vorkommen der in ihren Feuchtigkeitsansprüchen verschiedenen Heidekräuter gewährt einen nicht unwesentlichen Anhalt für die spätere Ausnutzung der

[1] SCHWERIN, VON: Mitt. Dendrolog. Ges., S. 3. 1905.
[2] RAMANN, E.: Bodenkunde. Vgl. M. FLEISCHER: Bodenkunde, S. 208. Berlin 1922.
[3] FLEISCHER, M.: Bodenkunde, S. 208.

Flächen. Calluna vulgaris bevorzugt mehr die höher gelegenen trockenen Stellen, während Erica Tetralix größere Bodenfeuchtigkeit anzeigt. Die von jener bestandenen kommen also in erster Linie für Acker- und Forstnutzung, die von dieser eingenommenen vorwiegend für Wiesen und Weiden in Frage.

Die erste Maßnahme muß auch hier die Regelung der Wasserverhältnisse sein; in Anbetracht der meist geringen wasserhaltenden Kraft des Bodens ist dabei größte Vorsicht geboten. Eine durchschnittliche Grundwassersenkung während der Vegetationszeit auf 0,4 m für Wiesen, 0,6 m für Weiden, 0,8—1,0 m für Acker und 1,0—1,25 m für Waldflächen ist als angemessen anzusehen. Beherrschung und Zufuhr von Wasser müssen zum mindesten beim Grünland weitgehendst Berücksichtigung finden, wenn ein voller Erfolg der Bodenausnutzung gesichert sein soll. Für die Abfuhr des überschüssigen Wassers ist heute lediglich die Dränung, und zwar die mit Tonröhren, die allgemein verbreitetste Art der Entwässerung; an deren Stelle können höchstens Kastendräns treten, wenn sie sorgfältig eingebettet und damit vor dem Einspülen von Sandteilen geschützt werden. Ist eine Ortsteinschicht vorhanden und liegt sie in einer Tiefe, in der sie nicht mehr mit Hilfe von Bodenbearbeitungsgeräten zu erreichen ist, so werden die Dräns auf dieselbe gelegt; sie nur hier zu durchbrechen und die Röhren in oder unter ihr zu verlegen, ist nicht angängig, weil die Oberkante der undurchlässigen Schicht stets die entwässernde Wirkung der Dräns bestimmt. Ortsand- und vornehmlich Ortsteinbildungen müssen durchbrochen werden, wenn sie flacher als 0,5 m liegen; man hat sich bei dieser Forderung häufig auf eine Tiefe von 0,35—0,4 m beschränkt, die aber höchstens für Wiesen und Weiden ausreicht. Das gegebene Gerät für diese Arbeiten ist der Dampfgrubber, dessen Anwendung meist von besonderen Unternehmern besorgt wird.

Nach der Beseitigung des vorhandenen wilden Pflanzenbestandes, die in der Regel durch Abbrennen erfolgt, beginnt die Vorbereitung des Keimbeetes. Von der früher allgemein bestehenden Ansicht, daß der Heideboden einer längeren Einwirkung der Atmosphärilien bedürfe und zu dem Zweck nach dem Umbruch zweckmäßig drei Jahre liegen und zeitweise mit Zinken- oder Scheibeneggen bearbeitet werden müsse, ist man in neuerer Zeit mehr und mehr abgekommen. Dänische Versuche[1], die sich auf eine Umbruchtiefe von 0,15—0,20 m und eine vergleichsweise Durchlüftungszeit von $^1/_2$, $1^1/_2$ und $2^1/_2$ Jahren erstreckten, haben bei Roggen, Kartoffeln und Hafer allerdings auch die höchsten Erträge bei der $2^1/_2$jährigen Durchlüftung ergeben. Dabei findet durch die humusverzehrende Einwirkung der Atmosphärilien eine ungünstige Beeinflussung der oberen Bodenschicht statt, die das häufig nach einer Reihe von Jahren beobachtete Auftreten einer Hungerperiode zur Folge hat; ihr kann durch die Zuführung ausreichender Mengen organischer Düngemittel erfolgreich entgegen gewirkt werden, unter denen dort, wo Stalldünger oder städtischer Fäkalkompost (Holland) nicht genügend verfügbar ist, die Gründüngung besondere Beachtung verdient. Sie ermöglicht auch, tief (0,30—0,40 m) umzubrechen und ihr Gedeihen mit Hilfe von mineralischer Düngung und Boden- bzw. Saatgutimpfung zu erreichen, um danach zuerst Kartoffeln und später Getreidearten folgen zu lassen. Als Gründüngungspflanzen haben sich Lupinen (je nach Bodenbeschaffenheit schmal- oder breitblätterige) und Serradella (besonders im Gemisch 100—120 kg Lupinen und 50 kg Serradella je Hektar) am besten bewährt. Die bei gutem Stande der genannten Pflanzen dem Boden zugeführte Stickstoffmenge beträgt 130 bis 150 kg Stickstoff je Hektar. Die Unterbringung der Gründüngung geschieht

[1] Basse, N.: Grundforbedrings Arbejder samt Mose- og Engkultur. 1925.

am zweckmäßigsten während des Winters; nach Versuchen der Moorversuchsstation Bremen[1] wurden bei einer solchen

am 25. November . . . 230,67 dz
am 25. Februar . . . . 247,47 dz
am 21. April . . . . . 225,87 dz

an Kartoffeln je Hektar geerntet. Da selbst beim Unterpflügen der Gründüngung während des Winters meist noch Verluste an Stickstoff durch Auswaschung und Denitrifikation entstehen, ist nach den Bremer Ermittelungen bei Kartoffeln außerdem eine Zugabe von mineralischem Stickstoff durchaus wirtschaftlich; betrugen doch nach den dort gemachten Feststellungen die Erträge:

Stärke der N-Düngung je ha kg N	+ an Knollen gegenuber ohne N dz	Mehrertrag RM.	Kosten der N-Düngung RM.	Überschuß durch N-Düngung RM.	1 kg N ist verwertet mit Mark[2]
20	8,48	61,88	20	41,88	2,09
40	26,66	186,62	40	146,62	3,67
60	34,14	238,98	60	178,98	2,98
80	50,02	350,14	80	270,14	3,28

Die nicht nur früher, sondern auch heute noch vielfach beobachtete Vorsicht, beim Umbrechen die Heidehumusschicht an der Oberfläche zu belassen und nicht Bleisand an deren Stelle zu bringen, hat für die Schaffung von Ackerflächen nicht die gleich große Bedeutung wie für die von Wiesen und Weiden, insbesondere wenn häufigere Gründüngungsanwendung die ganze bearbeitete Bodenschicht bald mit Humus anreichert. Handelt es sich aber um die Anlage von Grünlandflächen, so muß die Humusschicht an der Oberfläche zu erhalten angestrebt werden. Infolgedessen beschränkt man sich in solchen Fällen vielfach auf ein flaches Umbrechen der Heidehumusschicht und auf deren Bearbeitung mit einer Fräse oder sogar nur auf die Herrichtung des erforderlichen Keimbeetes durch die Verwundung jener mit Hilfe von Rollspaten- oder Scheibeneggen. Unbedingt zweckmäßig ist aber auch dann, gleichzeitig dem meist sehr dicht und fest gelagerten Bleisand eine Lockerung bis zu einer Tiefe von wenigstens 0,25 m unter der Pflugsohle zuteil werden zu lassen, die wie der tiefere Umbruch von Moorflächen nicht nur die Anfangsentwickelung der Gräser und Kleearten begünstigt, sondern auch deren spätere Wuchsfreudigkeit sichert. In Grünland niederzulegende Flächen werden am besten nach entsprechender Bodenvorbereitung ein oder mehrere Jahre mit Ackerfrüchten bestellt, als deren erste Roggen oder nach vorhergegangener Gründüngung Kartoffeln zu wählen sind.

Unter den erforderlichen Düngungsmaßnahmen steht, wie bei den Hochmooren, auch hier die Kalkung an erster Stelle. Für dieselbe gelten die bei jenen genannten Grundsätze; dem möglichst fein gemahlenen kohlensauren Kalk in den dort erwähnten Mengen gebührt hier gleichfalls der Vorzug, wenn nicht lehm- oder tonhaltiger Naturmergel in erreichbarer Nähe zur Verfügung steht, von dem bei einem Gehalt von 20% kohlensaurem Kalk für Wiesen und Weiden 40—50, für Ackerflächen 20—30 m^3 je Hektar gegeben werden. Zu starke Kalkung und damit vollkommene Beseitigung der sauren Reaktion des Bodens hat bei Getreide, und zwar vornehmlich bei Hafer, leicht das Auftreten der moorkolonialen Hafer- oder Dörrfleckenkrankheit zur Folge, an der nach den vorliegenden Beobachtungen der „oft stürmisch verlaufende Abbau der organischen

[1] BRÜNE, FR.: Wirtschaftlichkeit der mineralischen Stickstoffdüngung zu Kartoffeln in Gründüngung auf neukultiviertem Heidesandboden. Mitt. Dtsch. Landw. Ges. **1930**, 337.

[2] Der Berechnung ist ein Kartoffelpreis von 7 M. je Doppelzentner schmutzfreier Kartoffeln zugrunde gelegt.

Stoffe und die damit verbundene Bildung schädlicher, leicht löslicher Stickstoffverbindungen"[1] schuld ist. HUDIG[2], der sich mit diesen Erscheinungen verschiedentlich beschäftigt hat, steht in der Hinsicht auf einem anderen Standpunkt und lehnt die Bildung von Nitriten als Ursache der Pflanzenschädigung bei Überkalkung ab.

Bezüglich der Zuführung von Phosphorsäure und Kali empfiehlt sich namentlich bei Wiesen und Weiden ebenso wie auf Moorboden eine Vorratsgabe bei der Melioration. Solange der Boden noch genügend Humussäuren enthält, können dabei aus Ersparnisrücksichten die Rohphosphate eine teilweise Mitberücksichtigung finden; später kommen sie auch für die Heideböden nicht mehr in Frage.

Für die Bewirtschaftung als Acker gelten im übrigen die für die Sandböden maßgebenden Richtlinien. Bei der Anlage von Wiesen und Weiden hat sich die gleichzeitige Mitaussaat von 20 kg Serradella je Hektar als zweckmäßig erwiesen, die nicht nur den Ertrag des ersten Mäheschnittes wesentlich erhöht, sondern gleichzeitig den jungen Kleegraspflanzen den vielfach erwünschten Schutz einer Überfrucht gewährt. Soll eine solche Verwendung finden, so empfiehlt sich dafür eine bis zur Reife stehenbleibende schmalblätterige Lupine, die in 25—30 cm Reihenentfernung und einer Menge von 60—80 kg je Hektar gedrillt wird; gleich darauf folgt die Ringelwalze und danach die Ansaat des Kleegrasgemisches. In Rücksicht auf die Ersparnis bei späteren Stickstoffgaben finden dabei die Leguminosen eine stärkere Verwendung (30—40 %), als es sonst üblich ist; vor allem kommen von ihnen Weißklee und gehörnter Schotenklee in Frage.

Können aufzuforstende Flächen auch dem Umbruch im ganzen und einer vorherigen Ackernutzung oder zum mindesten dem Anbau einer Leguminose (Lupine) unterworfen werden, die entweder untergepflügt wird oder stehenbleibt, um später die jungen Forstpflanzen aufzunehmen, so werden Anfangsentwickelung und Dauererfolg damit besonders begünstigt. In ausgezeichneter Weise hat sich dafür auch gerade die leider meist in der Samenbeschaffung etwas schwierigere, perennierende Lupine bewährt. Unter den zu wählenden Gehölzarten stehen die gewöhnliche Kiefer und die härteren Piceaarten (excelsa, alba), sowie schließlich in Gegenden mit genügender Luftfeuchtigkeit die Douglastanne an erster Stelle; an gegebenenfalls dazwischen anzubauenden Laubhölzern sind Weißerle, Birke und Traubenkirsche zu nennen, die im Mischbestand mit den erwähnten Koniferen auch für die Schaffung von häufig mehr zu berücksichtigenden Windschutzanlagen zu empfehlen sind.

Urwald.

Unter Urwald hat man auf dem Wege natürlicher Verjüngung herangewachsene Waldbestände zu verstehen, in die der Mensch noch nicht gestaltungsverändernd eingegriffen hat; eine ausnahmsweise nicht planmäßige Nutzung schließt den Begriff nicht aus, wenn sein Charakter damit nicht grundlegend verändert wird. Die ungehemmte Entwickelung hat eine Reihe von meist untrennbar mit dem Urwaldcharakter verbundener Begleiterscheinungen zur Folge, die sich in einem vielseitigen Gemisch der verschiedensten Holzarten und sonstigen Gewächse, und soweit ihnen die herrschenden Wachstumsbedingungen günstig sind, sowohl in einer dichten Besetzung alles vorhandenen Standraumes als auch in ganz ungeregelten, lediglich individuellen Wachstumsverhältnissen ausprägen. Die Zusammenwirkung aller dieser pflanzlichen Lebensvorgänge ergibt eine, vorwiegend durch Bodenbeschaffenheit und Klima bestimmte, mehr oder minder

---

[1] KAPPEN, H.: Die Bodenazidität, S. 334 u. f. Berlin: Julius Springer 1929.

[2] HUDIG, J: Neuzeitliche Beurteilung des Kalkzustandes der Böden durch die Bodenuntersuchung, S. 25 ff. Berlin 1924.

charakteristische Unzugänglichkeit als die für den Urwald bezeichnende Erscheinung. Man trifft Urwälder überall, in den Tropen bis zu den nördlichen Regionen vorkommend an; in gemäßigten Klimaten findet man sie sowohl in den Hochgebirgswäldern der Alpen, den Mittelgebirgen und schließlich in den Erlenbrüchen der Moore, sowie in den sich selbst überlassenen Heidegebieten.

In wie weit eine Nutzung des von Urwald bestandenen Geländes für den Anbau von Kulturpflanzen geeignet ist, bestimmt neben der physikalischen und geographischen Lage der Flächen in erster Linie die Bodenbeschaffenheit, die zunächst einer sehr gründlichen Prüfung bedarf. Nur dort, wo sie unter allen Umständen einen sicheren Ertrag erwarten läßt, lohnt es sich, an die Erschließung des Urwaldes heranzugehen. Die größte Bedeutung hat die Nutzung noch in den klimatisch besonders bevorzugten Gebieten, in denen der Anbau von Tee, Kakao, Kaffee usw. eine Rolle zu spielen berufen ist. In weniger günstigen Klimaten dicht bevölkerter Länder kann schließlich noch die Niederlegung mit Urwald bestandener Flächen in Mähe- und Weideflächen in Frage kommen, von denen gerade die Schaffung letztgenannter allmählich entwickelt werden kann und daher in der Regel den geringsten Aufwand erfordert.

Die wichtigste und meist kostspieligste Maßnahme besteht in der Beseitigung des vorhandenen Pflanzenbestandes, wobei das Feuer im allgemeinen die wirksamste Hilfe ist. Nach Durchlegung von Gräben oder Feuerstreifen, die ein unliebsames Übergreifen des Feuers auf angrenzende Flächen verhindern, werden die Bestände angezündet, um damit den vorhandenen Pflanzenwuchs, das Unterholz und die die Undurchdringlichkeit vielfach bedingenden Schlingpflanzen zu beseitigen und zugleich möglichst auch den Baumwuchs zum Absterben zu bringen oder mindstens in seiner Weiterentwickelung zu hemmen. Größere und besonders zählebige Bäume sucht man auch durch kräftiges Ringeln oder Einkerben zum Saftfluß und damit zum Eingehen zu veranlassen[1]. Häufig ist es ratsam, bei der Urwalderschließung, den Verhältnissen entsprechend, mehr oder minder breite Streifen mit dem ursprünglichen Bestande zu belassen, die als Windschutz für die später angebauten Kulturpflanzen dienen.

Ob die endgültige Beseitigung des Baumbestandes sich nur auf die Herunternahme der Stämme oder auch auf die Entfernung der Stubben und Wurzelreste zu erstrecken hat, entscheiden einmal die besonderen Verhältnisse und ferner die spätere Absicht der Nutzung der Flächen. Sollen die Stubben nicht im Boden verbleiben, empfiehlt es sich, so vorzugehen, wie es bei der Beseitigung von Waldbeständen auf Moor angegeben worden ist. Der Stamm wird dabei auf einen Umkreis von 1,5 oder mehr Meter freigelegt, die starken Wurzeln mit der Axt durchgeschlagen und nun der Baum mit dem Stubben zusammen gefällt. Das Verfahren ist nur in solchen Fällen anzuwenden, in denen die im Boden belassenen Stubben die weitere Bearbeitung und vorläufige Nutzung der Flächen nicht ausschlaggebend erschweren. Das trifft zu, wenn die Keimbeetvorbereitung für die Kulturpflanzen durch ein Kraftgerät (meist Dampfpflug) und darauf folgende Ackernutzung geplant ist. Geschieht die Bodenbearbeitung mit der Handhacke und werden die Flächen mit Bäumen oder Sträuchern bepflanzt, so kann man gegebenenfalls auf die kostspielige Beseitigung wenigstens der größeren Stubben zunächst verzichten und sie dem natürlichen Zerfall überlassen. Dasselbe trifft auch für im kleineren Betrieb zunächst einige Jahre durch Hackfrüchte zu nutzende Flächen zu, wenn die Pflege jener lediglich durch Handarbeit geschieht. Endlich gilt sie auch für das in Weide niederzulegende Land,

---

[1] Vgl. W. Detmer: Die naturwissenschaftlichen Grundlagen der allgemeinen landwirtschaftlichen Bodenkunde, S. 144. 1876.

dessen vorläufige Verbesserung nur in der Einsaat sich schnell entwickelnder Gräser und Kleearten besteht, die allmählich in einen den Boden- und Nutzungsverhältnissen vollkommen angepaßten Bestand überführt werden. Für die Beschleunigung der Stubbenzerstörung ist in solchen Fällen auch das Anbohren und Füllen der Bohrlöcher mit stark angreifenden Säuren empfohlen, ein Verfahren, das sich im allgemeinen aber nur als Ausnahme bei besonders zählebigen Stubben oder für nur wenig ausgedehnte Flächen empfiehlt. Daß es nur mit Vorsicht und entsprechender Beschränkung angewendet werden darf, um den Boden nicht mit den Kulturpflanzen schädlichen Giften anzureichern, ist zu selbstverständlich, um der besonderen Betonung zu bedürfen.

Die Stubben und gröberen Wurzelreste können weiter durch die Anwendung von Rodemaschinen herausgerissen werden, das dort ein sehr zweckmäßiges Verfahren darstellt, wo sich eine Verwendungsmöglichkeit zu Heizzwecken für sie bietet und daher auch die weitere Verarbeitung (Zerkleinerung und Aufmetern) oder der Verkauf im ganzen lohnt. Endlich hat man als letzte, entschieden einfachste und schnellste Maßnahme, noch das Heraussprengen zur Verfügung, das leider seiner Kosten wegen nicht überall anwendbar ist. Weiter muß dafür vorausgesetzt werden, daß dabei nicht zu große Unebenheiten entstehen, die später wieder der Einebnung bedürfen und so die Melioration meist erheblich verteuern. Auf sehr festgelagerten oder schweren Böden wird dieser Nachteil bis zum gewissen Grade durch die gleichzeitig erreichte durchlüftende Wirkung und die damit unter Umständen veränderte Regelung der Feuchtigkeitsverhältnisse, d. h. bessere Versickerungsmöglichkeit von Niederschlagswasser, wieder ausgeglichen.

Die Zufuhr von erforderlichen Nährstoffen wird durch den natürlichen Vorrat an solchen im Boden und den Bedarf der anzubauenden Kulturpflanzen bestimmt; sie muß also von Fall zu Fall entschieden werden.

Die Erschließung von Urwald ist demnach eine sehr kostspielige Kulturmaßnahme, für deren Anwendung, abgesehen von der stets vorauszusetzenden einwandfreien Bodenbeschaffenheit, lediglich der Bedarf an Kulturland und der an sich zunächst geringe Bodenwert auschlaggebend sind.

Landgewinn an Küsten und Flußläufen.

Die Bildung von Land an den Meeresküsten, der die Seemarschen ihre Entstehung verdanken, beruht bekanntlich auf der Anspülung und Ablagerung von See- oder Marschschlick; er besteht nach Ramann[1] „zum größten Teil aus nicht mehr erkennbaren organischen Stoffen, aus Algen, Diatomeen, Krebsschalen, Kot von Schnecken und mineralischen tonigen Teilen und ist wohl ein Gemisch, das dem Plankton des Meeres und der einmündenden Flüsse, deren Flußtrübe, sowie von den Wellen in Bewegung gesetzten Organismenresten des Meeres entstammt". Der größten Ausdehnung der Seemarschen begegnet man im Mündungsgebiet der großen sedimentreichen Flüsse, wie z. B. in Deutschland an der Elbe, Weser, Rhein; die Nordsee bringt mit der Flut das schlickhaltige Wasser durch die großen Wattströme und die zahlreichen Priele, das sind die bei Ebbe hervortretenden Rinnen, in das Wattgebiet hinein und läßt den Schlick beim Zurückgehen dort zum Absetzen kommen, wo es infolge weniger starker Strömung möglich ist. Damit sind die Hauptbedingungen der Marschbildung gegeben, nämlich genügend schlickhaltiges Wasser und ausreichende Ruhe beim Abebben der Flut. Unter dem Einfluß von Sonne und Wind trocknen die abgesetzten dünnen Schlickschichten dann so weit ab, daß sie von der nächsten Flut nicht

[1] Ramann, E.: Bodenkunde. 3. Aufl., S. 190. 1911.

wieder abgeschwemmt werden. Während man bis vor wenigen Jahrzehnten die derartig vor sich gehende Landgewinnung vollkommen der Natur überließ und sich darauf beschränkte, „die im Wattenmeer vorhandenen oder neu entstandenen Inseln mit Dämmen zugänglich zu machen und allmählich durch Eindeichung an das Festland anzuschließen, so haben es die dabei gemachten Erfahrungen, die fortschreitende Erkenntnis über die Wirkung der Naturkräfte, Wind und Wasserbewegung, und die Errungenschaften der modernen Technik in neuerer Zeit ermöglicht, diesen Kräften nicht nur durch schützende Deiche in ihrem Zerstörungswerk Einhalt zu gebieten, sondern sie sogar in den Dienst des Menschen beim Wiederaufbau des ihrer Gewalt früher zum Opfer gefallenen Landes zu zwingen"[1]. Das Vorgehen besteht in der systematischen Beeinflussung des Flutwassers, das durch in das Wattenmeer hineingebaute Buhnen, Lahnungen oder

Abb. 13. Schlickfänger (Lahnung) und Queller-Wuchs.

Schlickfänger beruhigt und damit zum unbehinderten Absetzen der mitgeführten Sinkstoffe gebracht wird. Gleichzeitig schützen die senkrecht zur Flutströmung als Faschinen-, Stein- oder mit Rasen abgedeckte Erddämme aufgeführten Lahnungen vor dem Wiederfortspülen der einmal abgesetzten Schlickmassen. Die Bauart der Schlickfänger wird durch die Stärke der Flutströmung bestimmt; sie begrenzen meist Quadrate von etwa 400 m Seitenlänge, die an der Meeresseite eine Öffnung haben, durch die das Flutwasser ein- und auslaufen kann. Gleichzeitig mit dem Bau der Lahnungen muß für einen beschleunigten Wasserabfluß beim Zurückgehen der Flut gesorgt werden; zu dem Zweck wird in jedem von den Schlickfängern begrenzten Quartier ein möglichst breiter und tiefer Graben gezogen, der Abfluß in die tieferen Stellen des Watts hat. So höht sich der Schlickabsatz nach und nach auf, bis er eine Höhe erreicht hat, daß die ihn überspülende Flutwelle höchstens noch 0,50 m erreicht; damit ist der bei diesen Arbeiten ersehnte Augenblick gekommen, in dem die ersten Samenpflänzchen des Quellers

[1] Denkschrift d. Pr. Ministers f. Landw. Dom. u. Forst.: 10 Jahre Preußisches Landwirtschaftsministerium, S. 439f. Berlin 1930.

erscheinen, jener Pflanze, die mit ihren zahlreichen Stengelverästelungen den besten natürlichen Sand- und Schlickfänger bildet. Auch als Krückfuß oder Glasschmalz (Salicornia herbacea) bekannt, ist der 0,15—0,30 m hohe Queller die wirksamste Hilfe des Menschen bei der Landgewinnung (s. Abb. 13). Wenn er auch einmal verschwindet, so kommt er doch immer wieder, sobald die genannten Bedingungen für seine Ansiedlung erfüllt sind. Bleibt nicht das Meer endgültig Sieger, bleibt es der Queller. Neben seiner Wirkung als Sand- und Schlickfänger wirkt er zugleich als Humusbildner durch seine Rückstände. In den letzten Jahren hat man auf Grund von Nachrichten aus England und Holland auch in Deutschland Versuche mit der Anpflanzung von Besengras (Spartina Townsendii-Abart von Sp. alternifolia-Abart) angestellt, das einen Ersatz für den Queller abgeben soll; die erste 1928 östlich der Insel Trischen gemachte An-

Abb. 14. Sparina Townsendii als Schlickfänger angepflanzt.

pflanzung zeigt die Abb. 14. Bedingung seines Gedeihens ist ein reiner Schlick; Sandablagerungen verträgt das Besengras nicht. Gegenüber dem einjährigen, sich durch starken Samenausfall verbreitenden Queller zeichnet es sich durch Ausdauer und starke Ausläuferbildung aus. Man rühmt ihm auch nach, daß es bereits auf 1,0 m niedrigerem Watt gedeihe als jener; ein endgültiges Urteil über seine Geeignetheit als Schlickfänger kann noch nicht gefällt werden, wenn auch bereits feststeht, daß seine Verwendung infolge der notwendigen Anpflanzung erheblich kostspieliger wird, so daß sie unter Umständen ebenso gut und im Erfolge sicherer durch den Bau von Lahnungen ersetzt wird.

Je mehr sich das Watt aufhöht, um so langsamer geht die Aufschlickung vor sich. Zu ihrer Beschleunigung wird daher nach der Ausbreitung des Quellers mit der Begrüppelung begonnen, die in dem Ziehen von 1,0—2,0 m breiten und 0,25—0,50 m tiefen Gräben in 10 m Entfernung besteht; sie haben ihren Abfluß in die erwähnten Entwässerungsgräben der einzelnen Schlickfängerquartiere. Sind die Grüppen voll geschlickt, werden sie, in der Regel alle 2—3 Jahre, geräumt und der dabei gewonnene Boden nach der Mitte der Beete zu eingeebnet, so daß diese allmählich eine schwache Wölbung erhalten. Mit dem Höherwerden der aufgeschlickten Flächen tritt der Queller immer mehr zurück, und es stellen sich eine ganze Reihe anderer Pflanzen ein, von denen nur die Salzschuppenmiere (Spergularia salina, Arenaria marina), der Strandknebel (Sagina maritima), das Gänsefüßchen (Suaeda maritima, Chenopodium maritimum), das Stachelhaar (Echinopsilon hirsutus, Salsola hirsuta), der Strandwegerich oder Sude (Plantago maritima), der Strandbeifuß (Artemissia maritima), der Stranddreizack (Triglochin maritima) und das Milchkraut (Glaux maritima) hier genannt sein mögen. Endlich finden sich bei nicht mehr regelmäßiger Überflutung die ersten Gräser, unter denen der Strandschwingel oder Andel (Festuca thalassica, auch als maritima oder Poa bzw. Glyceria maritima bekannt) die größte Bedeutung hat; neben ihm kommt noch der Salzschwingel (Festuca bzw. Poa oder Glyceria distans) vor, bis das neu gebildete Land dem Einfluß des Meerwassers immer weiter entzogen wird und sich schließlich auch das Straußgras (Agrostis maritima, Abart von alba) dazwischen drängt. Sobald der Andel mit seinen gleich oberirdischen Ausläufern dicht am Boden liegenden Stengeln sich ausgebreitet hat, kann mit der ersten Nutzung als Weide für Schafe begonnen werden. Mit dem Erreichen einer Höhe von mindestens 0,30—0,40 m über dem höchsten Hochwasserstand ist der Augenblick gekommen, in dem mit dem Eindeichen begonnen werden kann; das Neuland ist damit „deichreif". Die Eindeichung mit Hilfe des von dem Vorlande entnommenen Bodens geschieht am zweckmäßigsten durch Winterdeiche, zumal sie in der Regel wirtschaftlicher ist. Das damit geschützte Land kann zur Beackerung und damit auch zur Besiedlung herangezogen werden. Flächen von höchster Ertragsfähigkeit — bis über 50 dz Getreide je Hektar ohne Stickstoffdüngung — mit blühenden Siedlungen sind auf diese Weise entstanden und werden hoffentlich noch weiter entstehen, wenn die erforderlichen Mittel dafür bereit gestellt werden können. Die preußische Domänenverwaltung hat bei diesen Arbeiten in besonders glücklicher Weise mitgewirkt; in den Jahren 1920—1927 konnten durch sie 5 Sommerpolder von 450 ha und 7 Winterpolder von 3516 ha Größe geschaffen werden.

In anderer Weise betreibt Holland seit Jahrhunderten die Landgewinnung aus dem Meere, indem es den einst von Sturmfluten verschlungenen Grund und Boden wieder zu erringen sucht; man baut Deiche in die noch vom Wasser bedeckten Flächen hinein, pumpt das vorhandene Wasser durch Schöpfwerke aus den geschaffenen Poldern heraus und regelt die Wasserverhältnisse des so trockengelegten Landes durch eine systematische Binnenentwässerung meist in Form von Dränagen. Der Trockenlegung der Beemster See im Jahre 1612 folgte 1622 die der Purmer und 1632 die der Schermer See. Der bereits 1641 von LEEGHWATER VAN DE RIJP[1] gemachte Vorschlag der Eindeichung des 17000 ha großen Haarlemer Meeres kam erst 1848—1852 zur Ausführung. Üppige Felder von Weizen, Hafer, Gerste, Zucker- und Futterrüben sowie Leguminosen bedecken heute die früher vom Meere beherrschten Flächen. Zur Zeit richten sich die Augen der ganzen Welt auf das in der Ausführung begriffene Projekt der Trockenlegung eines großen Teiles der Zuidersee, durch das von der Gesamtgröße von 550000 ha 224000 ha = 7% der gesamten und 10% der landwirtschaftlich genutzten Fläche Hollands der Nutzung zugeführt werden. Die erste Anregung dazu wurde schon 1667 durch HENDRIK STEVIN gegeben, doch gelang es erst im Jahre 1918 dem Minister der öffentlichen Arbeiten C. LELY das Gesetz zur „Abschlickung und Trockenlegung der Zuidersee" durchzubringen. Das

[1] SMEDING, S.: Die landwirtschaftliche Bedeutung der Abschließung und der teil weisen Trockenlegung der Zuidersee. Die Ern. d. Pflanze **26**, 13 (**1930**).

Projekt sieht den Bau eines 30 km langen Abschlußdeiches von Ewijksluis in Nordholland über die Insel Wieringen nach Zurig an der friesischen Küste und die Eindeichung von vier Poldern, des Nordwest- oder Wieringermeerpolders mit 20000 ha, des Südwestpolders mit 56000 ha, des Südostpolders mit 95000 ha und des Nordostpolders mit 53000 ha vor. Ihre Erschließung bietet die Möglichkeit der Schaffung von 18000 Wirtschaften von je $12^1/_2$ ha Größe.

Eine wesentliche Grundlage für die Vornahme dieser großzügigen Arbeiten bildete die Prüfung der Bodenverhältnisse, die durch die umfangreichen Untersuchungen VAN BEMMELENS[1] und AD. MAYERS[2] einwandfrei geschaffen wurde. Sie lieferten auch die Unterlage für die Aufstellung einer agro-geologischen Karte des zu entwässernden Gebietes, dessen Boden zu 70% aus schwerem und zu je 10% aus leichterem sandigem Ton und Sand bzw. Moor besteht. Das die Flächen heute bedeckende Wasser hat einen zwischen 0,75 und 2,00% wechselnden Salzgehalt, der naturgemäß da am geringsten ist, wo der Ausfluß der Yssel sich mit dem Seewasser mischt. Die hier gelegenen Polder sind also bezüglich des Salzgehaltes des Bodens günstiger daran als der zuerst (voraussichtlich 1931) vollendete Wieringerpolder.

Trotz der großen auf diesem Gebiet liegenden Erfahrungen Hollands hat man nicht versäumt, im Jahre 1927 noch einen Versuchspolder von 40 ha Ausdehnung bei Andijk, in der Nähe des Wieringermeerpolders, einzurichten, um in ihm noch eine Reihe von für die Nutzung der später verfügbaren großen Flächen wichtigen Vorfragen einwandfrei zu lösen. Die in Anbetracht des Salzgehaltes des Bodens wichtigsten davon sind die zweckmäßigste Form der Binnenentwässerung, die beste Art der Bearbeitung und die vorläufige Nutzung. Dem bereits im Herbst 1927 begonnenen Anbau von Raps, Wintergetreide und einer Kleegrasmischung folgte im Frühjahr 1925 die Bestellung von Sommerung und später auch von Rot- und Weißklee sowie von Luzerne. Die Erfolge waren bei allen Früchten zufriedenstellend; als besonders erfreulich begrüßt man dabei den gelungenen Anbau eines Kleegrasgemisches, weil der Boden unter ihm einige Jahre unberührt liegen bleiben und nach den vorliegenden Beobachtungen durch die Niederschläge so am besten in seinem Salzgehalt verringert werden kann. Holland vollbringt mit der Durchführung dieser Arbeiten ein gewaltiges Kulturwerk, das dem ganzen Lande zum Segen gereichen wird; an seinem Gelingen wie ebenso an seiner Wirtschaftlichkeit ist nicht zu zweifeln.

Weitere Möglichkeiten der Landgewinnung bestehen einmal in den Flußniederungen bzw. an den Mündungen der Flüsse sowie an den Rändern der Landseen. In den Flußniederungen, die das meist ebenfalls aufgeschlickte oder von Moorbildungen bedeckte Land darstellen, handelt es sich vornehmlich um den Schutz vor Überflutungen durch Bedeichung, für die je nach den Nutzungszwecken zwischen 0,30 m über höchstem Sommerhochwasser hohen Sommerdeichen oder 0,50 bis 0,70 m über höchstem Winterhochwasser hohen Winterdeichen zu wählen ist. Mit Recht tritt man in neuerer Zeit für die Anlage der letzteren Art besonders ein, weil sie die Nutzung der dadurch geschützten Flächen auch zum Ackerbau zulassen. Für den Antrieb der benötigten Schöpfwerke wird nach Möglichkeit der elektrische Strom gewählt, zumal die erforderlichen Bauten dabei sehr viel weniger umfangreich als bei der sonst benötigten Kohlenverfeuerung sind.

---

[1] BEMMELEN, J. M. VAN: Die Zusammensetzung des Meeresschlickes in den neuen Alluvien des Zuidersees (Niederlande). Landw. Vers.-Stat. **37**, 239 (1890). — Ders. Bydragen tot de Kenntnis van de Alleouvialen Boden in Nederland. Abh. Kgl. Akad. Wiss. Amsterdam 1886 nach Ref. Jahresber. Agr. Chemie **29**, 11 (1887).

[2] MAYER, A.: Beiträge zur Lehre von der Behandlung durch Seewasser verdorbener Ländereien, Journ. f. Landw. **27**, 389 (1879).

Ein typisches und besonders interessantes Beispiel der Gewinnung von aufgeschlicktem Land an der Flußmündung ist die im Gange befindliche Eindeichung der vordem schwimmenden Nogathaffkampen, durch die zwei Polder fruchtbarsten Bodens von 750 und 1018 ha Größe geschaffen werden. Die Deiche werden hierbei auf den festen sandigen Untergrund aufgeschüttet bzw. aufgespült.

An Seerändern kann Kulturland durch Senkung des Seewasserspiegels gewonnen werden, eine Maßnahme, die naturgemäß nur Aussicht auf wirtschaftlichen Erfolg hat, wenn der Boden ihre Durchführung sicher lohnt und die häufig nicht unbedeutenden Kosten der Vorflutbeschaffung und damit gegebenen Entwässerungsmöglichkeit in angemessenem Verhältnis zu dem dadurch erzielten Nutzen stehen. Die dabei erreichbaren Vorteile werden nicht selten erheblich überschätzt; da außerdem bei einer größeren Anzahl von Seeanliegern es in der Regel nicht ganz leicht ist, Einigkeit zu erzielen, tut man häufig gut, an diese Art der Landgewinnung nur mit größter Vorsicht heranzugehen.

Die Verbesserung des Marschbodens durch Kuhl- oder Wühlerde.

Die Verbesserung des Marschbodens durch Pütten, Kuhlen oder Wühlen, die zum ersten Male aus dem Anfang des 18. Jahrhunderts aus Oldenburg berichtet wird, verdankt einer Zufallsbeobachtung ihre Anwendung. Danach hatte 1717 eine Sturmflut die Ackerschicht der Marschböden, die Bauerde, auf weiten Flächen fortgeschwemmt, so daß der darunterliegende Knick zutage trat. Bei der infolge der Sturmflut notwendigen Anlage von Brunnen fiel die unter dem Knick lagernde Wühlerde und vor allem die Wuchsfreudigkeit der Pflanzen an den Stellen auf, an denen die Kuhlerde ausgebreitet war. Als erster soll im Jahre 1722 der Hausmann JOHANN LÜTERS in Langmähnen diese Art der Bodenverbesserung durchgeführt haben[1]. Seine Erfolge regten zur Nachahmung an, die aber nicht überall das gleich günstige Ergebnis zeitigte. Nachdem 1728 ALEXANDER WESSELS[2] aus Szuggewarden die Erträge seiner Felder durch die Maßnahme wesentlich zu steigern vermochte, fand sie in den Marschen allgemeinere Anwendung und Verbreitung, die sich bis in die heutige Zeit in mehr oder minder starkem Maße erhalten hat. Das Verfahren der damaligen Zeit, wie man es jetzt nur noch vereinzelt antrifft, bestand darin, daß man von einzelnen Kuhlen (daher die Bezeichnung Kuhlerde) oder von Gräben aus nach Abräumung der Bauerde und des Knicks die in einer Tiefe von 1,50—3 m lagernde Kuhlerde an die Oberfläche brachte und hier in einer

Abb. 15. Die Gewinnung von Kuhlerde durch Handarbeit.

[1] NEUMANN, K.: Die Entwicklung und Bedeutung der Wühlerdemelioration in den deutschen Nordseemarschen, S. 22. Berlin 1930.
[2] Ebenda, S. 23.

Schichtenstärke von bis zu 15 cm ausbreitete. Von der Kuhlerde wird gefordert: „sie soll sich schmierig anfühlen, nicht ‚hartklutricht' sein, in der Sonne getrocknet ‚mullicht' werden; ferner soll sie salzig von Geschmack und ganz schwarz oder von schwärzlicher Farbe sein. Je weniger sandig, je mehr schwarz, desto besser, je salzhaltiger, desto dauerhafter ist sie[1]". Stellenweise zeigte sie graublaue Färbung und mehr sandige Beschaffenheit, die zu ihrer heute nicht mehr gebräuchlichen Bezeichnung Blausand Anlaß gegeben haben.

Abb. 16. Durch die Jaegersche Maschine geförderte Kuhlerde.

Die Wirkung der Wühlerde führte man aus der Erkenntnis der Tatsache, die vor allem SCHUCHT nachweisen konnte, darauf zurück, daß die oberen Schichten der alten Marschen infolge starker Verwitterung und Auswaschung zum Unterschiede von den tieferen Schichten entkalkt waren und dem Gehalt an diesem Nährstoff in erster Linie der Erfolg der Melioration zugeschrieben wurde, denn enthielten doch nach SCHUCHT[2]:

Art der Probeentnahme	Alter des Bodens	Wichtige Pflanzennährstoffe	Acker %	Knick %	Wühlerde %
Feldmark Grothusen (Bl. Pewsum)	uralt, Eindeichung unbekannt	Stickstoff	0,26	0,12	0,23
		kohlens. Kalk	—	—	11,55
		Phosphorsäure	0,16	0,12	0,11
		Kali	0,70	0,58	0,83
Feldmark Upleward (Bl. Pewsum)	jung, eingedeicht im Jahre 1651	Stickstoff	0,15	0,03	0,04
		kohlens. Kalk	1,84	7,80	7,29
		Phosphorsäure	0,13	0,10	0,07
		Kali	0,54	0,22	0,15

Eine Bestätigung fand die Erscheinung darin, daß das Kuhlen nur auf den alten Marschböden wirksam war, auf den jüngeren aber versagte. Die Erforschung der weit verbreiteten Maßnahme und ihrer Wirkung fand auffallenderweise wenig Beachtung, was um so mehr wundernehmen muß, als sie ziemlich kostspielig (1200 RM. je Hektar) und daher die Klärung der Frage, in wie weit sie durch eine Kalkdüngung ersetzt werden könnte, von allgemeiner Bedeutung war. Allein CLAUSEN[3] in Heide war es, der sich durch Anstellung eines Gefäßversuches ihrer zu Beginn dieses Jahrhunderts annahm. Seine Untersuchungen zeitigten das Ergebnis, daß „weder Kalk an sich noch Sand an sich in der Lage ist, den Marschboden in gleich günstigem Sinne zu beeinflussen wie die Kuhlerde". Auf Grund von Beobachtungen aus der Praxis heraus kam man zu der Ansicht, daß die Bearbeitung durch Wühlerde verbesserten Bodens erheblich weniger Anspannung erfordere und ihr Einfluß also in erster Linie in einer physikalischen Verbesserung

---

[1] NEUMANN, K.: Die Entwicklung und Bedeutung der Wühlerdemelioration in den deutschen Nordseemarken, S. 24. Berlin 1930.
[2] SCHUCHT, F.: Grundzüge der Bodenkunde, S. 335. Berlin: Parey 1930.
[3] Vgl. K. NEUMANN: a. a. O., S. 52.

der oberen Bodenschicht bestehe. Daß die Annahme tatsächlich zutrifft, ist durch die Untersuchungen von NEUMANN[1] bestätigt, der folgendes feststellte:

	Kraftaufwand in kg	
Pflugtiefe in cm	unbewühlt	bewuhlt
15	250	150—200
10	300	200—250

In ein ganz neues Stadium trat die Wühlerdemelioration mit einer seit 1927 diesen Zwecken dienenden Maschine, die mittels einer Förderschnecke die Kuhlerde bis annähernd 4 m Tiefe aus dem Untergrund an die Oberfläche befördert. Sie hat den Vorzug, daß sie ohne besondere Vorbereitungen angesetzt werden kann und außer einer 60 cm breiten und nur etwa 30—40 cm tiefen Rinne, die leicht wieder zuzupflügen ist, keinerlei Unebenheiten hinterläßt (s. Abb. 16). Damit verbilligt sich das Verfahren naturgemäß erheblich; kostet bei ihrer Anwendung doch 1 m³ geförderte Kuhlerde nur 1,20 RM. gegenüber etwa 4 RM. bei Handarbeit. Dabei geht die Bekuhlung naturgemäß wesentlich schneller vor sich und kann ziemlich zu jeder Jahreszeit vorgenommen werden. Mit Hilfe eines Staatskredites ist die Wühlerdemelioration so geregelt, daß in den einzelnen Kreisen Zweckverbände gegründet werden. Die maschinelle Durchführung bedeutet also eine ganz ungeheure Erleichterung für den Landwirt, die der Anwendung des Verfahrens eigentlich von vornherein eine sehr starke Verbreitung hätte sichern müssen. Wenn das trotz der fast ausnahmslos günstigen Erfolge nicht ganz in dem erhofften Maße eingetreten ist — bis 1. Juli 1931 waren 6000 ha durch Aufbringung von 2 500 000 m³ Blausand melioriert —, so liegt das, abgesehen von dem Druck der wirtschaftlichen Verhältnisse, nicht zuletzt an der Schwerfälligkeit des holsteinischen Bauern, der Bedenken hat, sich für eine so lange Reihe von Jahren zu binden.

Mit dem Erscheinen der JAEGERschen Maschine hat sich auch die Wissenschaft der Frage wieder zugewandt und Licht in das Dunkel der Wirkung des Bekuhlens zu bringen versucht. WAGGERSHAUSER[2] hat zunächst sichere zahlenmäßige Unterlagen für die dadurch erzielten Ertragssteigerungen erbracht, an denen es bisher fehlte; er stellte 1929 in Dithmarschen und Hadeln fest:

Winterroggen, bekuhlt vor 25 Jahren,
mehr an Korn gegenüber nicht bekuhlt . . . . . . 10,22 dz Korn je ha = 54,7 %
Wintergerste, bekuhlt vor 9 Jahren,
mehr an Korn gegenüber nicht bekuhlt . . . . . . 7,5 dz Korn je ha = 25,4 %
Winterweizen, bekuhlt vor 3—8 Jahren,
mehr an Korn gegenüber nicht bekuhlt . . . . . . 12,5 dz Korn je ha = 55,1 %
Sommerweizen, bekuhlt vor 9 Jahren,
mehr an Korn gegenüber nicht bekuhlt . . . . . . 6,7 dz Korn je ha = 26,0 %
Sommerweizen, bekuhlt vor 17 Jahren,
mehr an Korn gegenüber nicht bekuhlt . . . . . . 7,53 dz Korn je ha = 29,2 %

[1] NEUMANN, K.: Die Entwicklung und Bedeutung der Wühlerdemelioration in den deutschen Nordseemarschen. Dissert., Berlin 1930, vgl. ferner C. CLAUSEN: Blausand- und Marschboden. Journ. f. Landw. 79. J. 3. 1931. — O. AUHAGEN, Zur Kenntnis der Marschwirtschaft. Landw. Jahrb. **25**, 629 (1896). — E. BLANCK und W. DÖRFELDT, Beiträge zur Kenntnis der Beschaffenheit der „Kuhlerde" sowie ihrer Wirkung auf den Marschboden. J. Landw., **78**, 9 (1930). — Außerdem sei verwiesen auf K. TANTZEN, Über die Bodenverhältnisse der alten Stadtländer Marsch. Diss. Berlin 1912. — B. TACKE, Über den Wert der Kuhlerde für die Kultur des Hochmoorbodens. Mttlg. Ver. Förd. Moorkultur **32**. 395. (1914). — F. SCHUCHT, Beitrag zur Geologie der Wesermarschen, Stuttgart 1903. — O. WAGGERSHAUSER, Das „Pütten" in den Nordseemarschen. Illustr. Landw. Ztg. **50**, 70 (1930).

[2] WAGGERSHAUSER, O.: Das Pütten in den Nordseemarschen. Illustr. landw. Ztg. **1930**.

Hafer, bekuhlt vor 6—10 Jahren, mehr an Korn gegenüber nicht bekuhlt	7,97 dz Korn je ha = 37,5 %
Hafer, bekuhlt vor 18 Jahren, mehr an Korn gegenüber nicht bekuhlt	6,36 dz Korn je ha = 24,0 %
Hafer, bekuhlt vor 26—29 Jahren, mehr an Korn gegenüber nicht bekuhlt	4,06 dz Korn je ha = 17,4 %
Hafer, bekuhlt vor 35 Jahren, mehr an Korn gegenüber nicht bekuhlt	4,05 dz Korn je ha = 15,3 %
Sommergerste, bekuhlt vor 2 Jahren, mehr an Korn gegenüber nicht bekuhlt	6,80 dz Korn je ha = 70,0 %

Vom bodenkundlichen Standpunkt aus hat sich BLANCK[1] mit der Erforschung der Wirkung der Wühlerde beschäftigt. Bezüglich der physikalischen Unterschiede von Bau- und Wühlerde stellt er fest, daß bei allen untersuchten Proben einheitlich nur der Gehalt an Feinsanden bei dieser höher ist als bei jener, „woraus auf eine physikalische Beeinflussung der schweren Marschböden durch die Kuhlerden geschlossen werden könnte". „Die Ermittelung der unterschiedlichen chemischen Beschaffenheit weist ein viel stärker zersetztes ‚Verwitterungssilikat' der Ackerschicht auf sowie zugleich, daß auch das ‚Verwitterungssilikat' der Kuhlerden noch mit Basen gesättigt ist und dieses Material sowohl neutrale Reaktion als auch ein erhöhtes Pufferungsvermögen besitzen muß ..." BLANCK führt die allmählich zunehmende ungünstige physikalische Beschaffenheit der Bauerde also lediglich auf den Einfluß ihrer Verwitterung zurück, der mit der Aufbringung einer Kuhlerdeschicht eine Zeitlang behoben wird. „Unsere Auffassung von der Wirkung und dem Einfluß der Kuhlerde auf den oberen Marschboden (Bauerde) geht also kurz zusammengefaßt dahin, daß wir die Ursache ihrer günstigen Wirkungsweise in zweierlei Umständen erblicken, und zwar erstens in dem durch die Verwitterung mit der Zeit hervorgerufenen ungünstigen Zustand der oberen Marschbodenschichten und zweitens in dem Vermögen der Kuhlerde, diesen Zustand wenigstens zeitweilig zu beheben."

Später hat WAGGERSHAUSER das Ergebnis seiner „Untersuchungen über die Blausandmelioration in den Nordseemarschen"[2] in seiner Dissertation veröffentlicht. Er zeigt darin, daß der Blausand arm an Phosphorsäure ist, dagegen einen starken Überschuß an aufnehmbarem Kali aufweist. Der Gehalt an kohlensaurem Kalk schwankt zwischen 5—9% und erreicht nach seinen Feststellungen im Mittel 7,39%, so daß bei 300 cm^3 je Hektar 332 dz hieran der Ackerkrume zugeführt werden. „Die Kalkwirkung ist in vielen Fällen einer der Faktoren, der zu den Ertragssteigerungen wesentlich beiträgt. Die zuletzt genannten Versuche weisen jedoch nahezu eindeutig darauf hin, daß größtenteils der Kalk im Blausande in seiner Bedeutung sehr stark zurücktritt und die durch die Blausandmelioration hervorgerufenen Ertragssteigerungen zum großen Teile auf andere Faktoren im Blausande zurückgeführt werden müssen. Dabei dürfte es sich z. T. um die durch die physikalischen und chemischen Untersuchungen erfaßten Faktoren handeln." Die Verbesserung der physikalischen Eigenschaften des Bodens ist ausschließlich auf die Wirkung des Sandes, also des Gehaltes an nicht abschlämmbaren Teilen im Blausand zurückzuführen, die bei der Maschinenförderung sehr viel deutlicher hervortritt als bei der Bekuhlung mit der Hand; betrug doch der Gehalt des Blausandes an nicht abschlämmbaren Teilen bei der Maschinenförderung 84,53% gegenüber nur 75,93% bei der Handgewinnung, eine Tatsache, die WAGGERSHAUSER zutreffend darauf zurückführt, daß die Gefahr, auch weniger gutes

[1] BLANCK, E. u. W. DÖRFELDT: Beiträge zur Kenntnis der Beschaffenheit der „Kuhlerde" sowie ihrer Wirkung auf den Marschboden. J. Landw., **78**, 9 (1930).

[2] WAGGERSHAUSER, O.: Untersuchungen über die Blausandmelioration in den Nordseemarschen. Arch. Landw. **1931**, 695.

Material aus flacheren Schichten bei letzterer zu erfassen, größer ist als bei Anwendung der Maschine. Die vorliegende Wirkung des Blausandes durch die Vermehrung des Gehaltes an nicht abschlämmbaren Teilen um im Mittel 2,98% wird auch durch die in der Mehrzahl der Untersuchungen festgestellte Zunahme der Durchlässigkeit und des Luftanteils der Ackerkrume belegt. Man kann daher WAGGERSHAUSER nur beipflichten, wenn er sagt: „Neben der Kalk- und teilweise auch der Kaliwirkung, die ohne Zweifel zur Steigerung der Erträge beitragen, muß die Zuführung des Sandes durch die Blausandmelioration als wesentliche Ursache der Verbesserung des Bodens und damit auch der Ertragssteigerung aufgefaßt werden. Hierbei dürfte die verbesserte Durchlüftung ausschlaggebend sein[1]."

Ein dem Kuhlen ähnliches Verfahren haben wir im übrigen in der in Ungarn seit 150 Jahren durchgeführten Verbesserung der Szikböden, unter denen in einer Tiefe von 0,60—1,50 m ein toniger Mergel, die „Digoerde", lagert. Ihre Zusammensetzung ist nach ZUCKER[2] folgende:

	Aus Pusztadees %	Aus Szarvas %		Aus Pusztadees %	Aus Szarvas %
Feuchtigkeit	3,290	4,240	Al_2O_3	10,798	12,050
Glühverlust	3,630	5,030	Fe_2O_3	1,132	2,190
Unlöslicher Rückstand	56,838	62,116	CaO	10,000	4,850
Lösl. SiO_2	3,968	4,722	MgO	2,554	2,179
CO_2	8,060	3,730	K_2O	0,787	1,549
SO_3	0,127	0,080	Na_2O	0,142	0,085

Die angeblich 1770 durch den Pfarrer SAMUEL THESSEDIK zum ersten Male angewandte Methode besteht in der Aufbringung einer 15—20 cm starken Schicht Digoerde auf die Szikböden; die Gewinnung jener geschieht in ähnlicher Weise wie beim Handkuhlen von Gräben aus. Die Wirkung der Bodenverbesserung schiebt man in erster Linie dem Kalk zu. „Der Kalk der aufgebrachten ‚Digoerde' wird durch das Bodenwasser in die Tiefe gespült, der überdeckte Szikboden mit der Zeit von Kalk gesättigt, die im Komplex vorwiegenden Na-Ionen verdrängt und durch das Ca ausgetauscht. Die physikalischen Eigenschaften werden dadurch günstig beeinflußt, und durch die Kultur entsteht alsbald eine neue, fruchtbare Oberkrume[2]."

Beide Arten der Bodenverbesserung erinnern an die während des 19. Jahrhunderts in einzelnen Gegenden, so z. B. in Hannover, Westfalen, Brandenburg, stark verbreitete, der steigenden Löhne wegen dann aber mehr und mehr verschwundene Aufbringung von Naturmergel (Geschiebemergel) auf die lehmigsandigen Verwitterungsböden, die nach den vorliegenden Berichten darüber zweifellos große Erfolge gezeitigt hat. Die Maßnahme ist mit dem in letzter Zeit gemachten Vorschlage, auch hierfür die JAEGERsche Blausandmaschine zu verwenden, wieder mehr in den Vordergrund gerückt, wenn auch die eingeleiteten Versuche ihre Wirtschaftlichkeit erst näher klären müssen.

[1] WAGGERSHAUSER, O.: a. a. O., S. 737. Nach noch nicht veröffentlichten weiteren Untersuchungen von E. BLANCK liegen die Verhältnisse jedoch etwas anders insofern, als sicher festgestellt werden konnte, daß von einer Nährstoff spendenden Einwirkung der Kuhlerde nicht die Rede sein kann. Der Herausgeber.

[2] ZUCKER, FR: Verh. zweiten Komm. u. d. Alkali-Subkomm. d. Internat. bodenkundl. Ges. Budapest 1929, 177.

2. Landwirtschaftliche Bodenbearbeitung.

Von O. TORNAU, Göttingen.

Mit 21 Abbildungen.

Das Ziel der Bodenbearbeitung.

Allgemeines.

Eine Darstellung der landwirtschaftlichen Bodenbearbeitung in einem Handbuch der Bodenkunde mag als ein verfrühtes Unternehmen erscheinen, ist doch die Art der Bodenbearbeitung viel mehr als andere landwirtschaftliche Maßnahmen vorwiegend ein Ergebnis reiner Erfahrungen. Die wissenschaftliche Durchdringung des Gebietes steht durchaus in ihren Anfängen. Zwar haben die Arbeiten der letzten Jahre wesentliche Fortschritte, insbesondere auf dem Gebiet der Methodenfrage, gebracht; aber selbst hier kann von einer allgemeinen Klärung nicht gesprochen werden. Das ist verständlich, wenn man überlegt, daß eine Theorie der Bodenbearbeitung sich erst entwickeln konnte, nachdem die reine Bodenkunde in der Erforschung der Bodenarten und Typen, der physikalischen, chemischen und biologischen Beschaffenheit der Böden einen gesicherten Wissensstand erreicht und Methoden ausgebildet hatte, die es gestatteten, damit auch den Fragen der angewandten Bodenkunde, in unserem Falle also der Bodenbearbeitung, näherzutreten. Das ist in umfassendem Maße aber erst in den letzten Jahrzehnten geschehen. Zwar sind die ersten und zugleich klassischen Untersuchungen über Fragen der Bodenbearbeitung von WOLLNY[1] und seinen Mitarbeitern bereits rund 50 Jahre alt. Es ist aber bezeichnend, daß diese rein physikalischen Arbeiten keineswegs nur der Bodenbearbeitung, sondern in gleicher Weise der reinen Bodenkunde dienten. Ältere Arbeiten und Darstellungen dagegen, wie vor allem die ausgezeichneten Untersuchungen von v. ROSENBERG-LIPINSKY[2], die richtung- und maßgebend für die ganze weitere Entwicklung geworden sind, beruhen vorwiegend auf erfahrungsmäßiger Erfassung der Tatsachen. Erst die Fortschritte der Bodenbiologie, insbesondere der Bakteriologie sowie der Chemie des Bodens mit ihrem Teilgebiet der Kolloidchemie, in der Anwendung auf die Bodenkunde durch EHRENBERG[3] und WIEGNER[4] haben den Weg für ein näheres Verständnis und eine wissenschaftliche Erklärung der Vorgänge, die bei der Bearbeitung im Boden sich abspielen, frei gemacht. Trotzdem erkennt man, daß die Neubelebung der wissenschaftlichen Arbeit auf dem Gebiet der Bodenbearbeitung dem Sinne nach, wenn auch mit anderen Methoden, wieder an WOLLNYS Untersuchungen anknüpft und das physikalische Geschehen im Boden zum Gegenstand experimenteller Erforschung macht. HOLLDACK[5] und NITZSCH[5] sowie ROEMER[6] und BLOHM[7] gebührt in erster Linie das Verdienst, neue Anregungen gegeben und grundlegende Beiträge zu diesen Fragen geliefert zu haben. Daß dabei die Bodenphysik im Mittelpunkt der Erörterungen steht, folgt allein schon aus der Tatsache, daß alle Bodenbearbeitung, sei es mit Pflug, Egge oder einem andern Gerät

---

1 WOLLNY, E.: Forschungen auf dem Gebiete der Agrikulturphysik I—XX, 1878—1898 Heidelberg.

2 ROSENBERG-LIPINSKY, A. v.: Der praktische Ackerbau in Bezug auf rationelle Bodenkultur, 2 Bde. Breslau: Trewendt 1862.

3 EHRENBERG, P.: Die Bodenkolloide. Dresden u. Leipzig: Th. Steinkopff 1915.

4 WIEGNER, G.: Boden und Bodenbildung in kolloidchemischer Betrachtung. Dresden u. Leipzig: Th. Steinkopff 1917.

5 HOLLDACK, H.: Veröff. Siemens-Konzerns. 1922—1929.

6 ROEMER, TH.: Handb. der Landwirtschaft 2. Berlin 1929.

7 BLOHM, G.; Der Einfluß der Bodenbearbeitung auf die Wasserführung des Bodens. Kühn Archiv 12 (1926).

physikalisches Geschehen ist, das die Struktur des Bodens, sein Verhalten gegen Wasser, Luft und Wärme grundlegend ändern kann und im Sinne der Schaffung optimaler Bedingungen für das Pflanzenwachstum ändern soll. Zwar werden damit auch die chemischen Vorgänge im Boden stark beeinflußt und mehr noch die kolloiden Bestandteile zu wesentlichen Zustandsänderungen veranlaßt. Auch das pflanzliche und tierische Leben, ganz besonders die Tätigkeit der Bodenbakterien erleidet tiefgehende Umwandlungen, die für das Gedeihen der Kulturpflanzen nicht weniger wichtig sind als der physikalische Bodenzustand. Aber diese chemischen und biologischen Wirkungen sind vorwiegend Folgeerscheinungen der physikalischen Veränderungen des Bodens, und die Bodenbearbeitung beeinflußt somit Chemie und Biologie der Ackererde erst mittelbar. Der forschende Landwirt wird deshalb den physikalischen Wirkungen der Bodenbearbeitung in erster Linie nachgehen und die Klärung der chemischen und biologischen Folgeerscheinungen dem Agrikulturchemiker und Bakteriologen überlassen müssen. An diesem Grundsatz soll auch die folgende Darstellung festhalten, wenn auch Hinweise auf bakterielle und kolloidchemische Vorgänge in vielen Fällen nötig sein werden. Das zu zeichnende Bild kann heute, wie betont, wissenschaftlich noch nicht befriedigen. Vielmehr müssen Erfahrungstatsachen vorwiegend die Grundlage bilden, und das Ziel der Darstellung muß vielfach darin liegen, zu weiteren Arbeiten anzuregen.

Alle Kulturböden befinden sich von Natur aus nicht in dem Zustande, den die Kulturpflanzen für ein gutes Gedeihen verlangen. Deshalb muß es der Zweck jeder Bodenbearbeitung sein, im Rahmen der gegebenen natürlichen und wirtschaftlichen Möglichkeiten den Bodenzustand zu verbessern und damit die Wachstumsbedingungen für die Pflanzen nicht nur so günstig wie möglich zu gestalten, sondern auch während der ganzen Vegetationszeit zu erhalten. Das ist von vornherein aber nur dort möglich, wo Boden und Klima an sich für das Wachstum der Pflanzen geeignet sind. In allen Fällen, in denen der Boden ausgesprochene Schäden zeigt, wie stauende Nässe, Überschwemmungsgefahr, verhärtete Schichten oder auch ungewöhnliche Trockenheit, wie z. B. die Heiden u. ä. m., ist die Melioration die Vorbedingung jeder weiteren Bodenbearbeitung. Trotzdem findet man in allen Teilen Deutschlands Böden, die trotz fehlender Melioration der landwirtschaftlichen Nutzung dienen, auf denen die Bodenbearbeitung also immer unvollkommen bleiben muß. Aber auch auf den besten Kulturböden sind der Erreichung des erstrebten Zieles verhältnismäßig enge Grenzen gezogen; denn durch alle Maßnahmen der Bodenbearbeitung ist man nicht imstande, die physikalischen Eigenschaften eines Bodens so weitgehend zu beeinflussen und zu ändern, wie das mit Hilfe der Düngung hinsichtlich der chemischen Eigenschaften der Fall ist. Dazu kommt, daß äußere Einflüsse wie das Klima für den Erfolg wesentlich mitbestimmend sind. Übermäßige Nässe infolge zu hoher Niederschläge und geringer Verdunstung hindert die Erzielung eines günstigen physikalischen Zustandes in gleicher Weise wie zu starke Trockenheit, ebenso wie ein erreichter Erfolg dadurch wieder zunichte gemacht werden kann. Andererseits ist jedem Landwirt die unterstützende Wirkung des Winterfrostes bekannt, die sich in mehr kontinentalen Gebieten wesentlich stärker auswirkt als im milden feuchten Seeklima. Daneben spielen Bodenart und Bodentyp eine wichtige Rolle und erleichtern im Zusammenhang mit dem Klima in einem Falle die Erreichung eines günstigen physikalischen Bodenzustandes wie auf den milden humosen steppenartigen Lößböden, während die extremen Böden, sei es Sand auf der einen oder Tonboden auf der anderen Seite, besonders wenn es sich um stark podsolierte Typen handelt, die Erzielung eines vollen Erfolges der Bearbeitung letzten Endes ausschließen oder doch ganz wesentlich erschweren können. Das zeigt sich um so mehr, wenn man nicht nur die rein physikalischen Eigenschaften der Wasserführung, Durchlüftung und Erwärmung betrachtet, sondern berücksichtigt, daß auch der Nährstoffumsatz im Boden, die Verwitterung und die Tätigkeit der Bakterien in gleicher Weise zu einem Optimum gebracht werden müssen, wenn die natürlichen Hilfsquellen des Bodens vollkommen zur Wirkung kommen sollen. Der Bodenzustand, in dem erfahrungsgemäß alle diese Vorgänge günstig verlaufen, ist jedem praktischen Landwirt unter der Bezeichnung Ackergare bekannt und vertraut. Man findet, daß solcher Boden durch eine gewisse Lockerheit und elastischen Zusammenhang sowie weitgehende Krümelstruktur gekennzeichnet ist und im Zusammenhang damit ein größeres Volumen, dunklere Färbung, mittleren Feuchtigkeitsgehalt und einen eigenartigen Erdgeruch aufweist[1]. Welche bakteriellen und physikalisch-chemischen Vorgänge im einzelnen bei der Bildung der Bodengare sich abspielen, steht hier nicht zur Erörterung[2]. Die Grundlage ist jedenfalls die Bildung der Krümelstruktur, die am günstigsten bei einem mittleren Gehalt an Feinerde und kolloiden Teilchen, insbesondere von Ton, Humus u. a., erfolgt, falls deren Ausflockung durch einen entsprechenden Gehalt an Elektrolyten, von denen praktisch in erster Linie der Kalk in Betracht kommt, ermöglicht wird. Deshalb erreicht man auch den Garezustand am ehesten auf humosen mittleren Lehmböden mit Steppencharakter, die ihn auch während der Vegetationszeit am leichtesten bewahren, während mit abnehmendem Humus- und zunehmendem Feinerdegehalt oder bei Mangel an beiden die Schwierigkeiten um so größer werden, je stärker die Böden podsoliert und je niederschlagsreicher und wechselnder das Klima ist. Daraus geht schon hervor, daß die Maßnahmen zur Erreichung der günstigsten Struktur je nach Bodenart, Bodentyp und Klima recht verschieden sein werden, daß vor allem auch das Ausmaß und die Art der Arbeit zur Erhaltung der Gare ganz außerordentlich wechseln muß. Die Bodenbearbeitung hat sich also in ihren Maßnahmen den gegebenen natürlichen Verhältnissen weitgehend anzupassen sowohl bei der Herstellung wie der Erhaltung der Gare. Der Rückgang vollzieht sich unter günstigen Bedingungen wie auf den Bördeböden der Magdeburger Gegend langsamer als z. B. auf schweren Gebirgsverwitterungsböden im niederschlagreichen Klima. Er geht aber unter den klimatischen Verhältnissen Deutschlands überall unaufhaltsam vonstatten, und ohne menschliche Eingriffe wird der Naturzustand in einem Falle früher, im anderen später wieder erreicht. „Je länger der Boden unbearbeitet liegt (Klee, Luzerne, Weide, Wiese), um so mehr wird er die wertvollen Eigenschaften eines gut bearbeiteten Bodens verlieren, um so größer werden Mühe, Arbeit und Sorgfalt sein müssen, um diesen Boden wiederum in beste Verfassung zu bringen[3].“ Daraus ergibt sich nicht nur die Zweckmäßigkeit einer Bearbeitung während der Vegetation der Kulturpflanzen, sondern auch die Notwendigkeit einer jährlichen gründlichen Bearbeitung zur Wiederherstellung der günstigsten Struktur.

Deutlich beeinflußt werden diese Verhältnisse durch die angebauten Kulturpflanzen selbst, die in gewissem Grade eine Isolierschicht zwischen dem Boden und der Atmosphäre bilden, deren Einwirkungen sie um so eher abzuschwächen imstande sind, je gleichmäßiger, dichter und länger sie den Boden bedecken. In der Regel beschränkt sich dieser Schutz allerdings auf die Vegetationszeit, während der Boden im Winter frei den atmosphärischen Einflüssen preisgegeben ist. Nur Wiesen und Weiden sowie gewisse Futterschläge genießen einen ganzjährig dauernden oder mehrere Jahre wirksamen Schutz einer Pflanzendecke.

---

[1] Vgl. A. v. ROSENBERG-LIPINSKY: a. a. O. 2, 9; desgleichen H. DROOP: Die Brache 1, 174.

[2] Vgl. die Erörterungen von A. RIPPEL auf S. 287 dieses Bandes.

[3] ROEMER, TH.: Bodenbearbeitung. Handbuch der Landwirtschaft 2, 211.

Eine völlige Erhaltung der Gare wird aber auch hier nicht gewährleistet, während bei den einjährigen Pflanzen der Garerückgang um so rascher eintritt, je schwächer die Bedeckung des Bodens ist. Es bestehen in dieser Hinsicht nicht nur Unterschiede zwischen Getreide, Hülsenfrüchten und Hackfrüchten, sondern auch innerhalb dieser Gruppen treten wesentliche Verschiedenheiten auf. Hier kann nur auf die Tatsache als solche hingewiesen werden. Man vergleiche aber insbesondere die Untersuchungen von v. SEELHORST[1], SPENNEMANN[2] u. a. Sie wird um so mehr Bedeutung gewinnen, je rascher im allgemeinen der Garerückgang eintritt. Im Einzelfall kann dadurch die Bodenbearbeitung wesentlich erleichtert bzw. erschwert werden. Trotzdem sind für die Fruchtfolge andere Gesichtspunkte wirtschaftlicher Art so viel maßgebender, daß die Rücksicht auf die Bodenbearbeitung nur innerhalb enger Grenzen möglich ist[3].

Andererseits ist aber zu berücksichtigen, daß die Pflanzen sich nicht nur hinsichtlich der Bewahrung des Garezustandes verschieden verhalten, sondern auch an den physikalischen Zustand des Bodens selbst verschiedene Ansprüche stellen. Selbst wenn man von den unterschiedlichen Anforderungen an Bodenart und Bodentyp absieht, verlangt die Zuckerrübe doch ein anderes Saatbett als der Weizen und der Roggen eine andere Bodenbearbeitung und -pflege als die Kartoffel. Diese Besonderheiten haben landwirtschaftlich eine große Bedeutung. Hier würde aber eine Behandlung dieser Fragen der speziellen Bodenbearbeitung zu weit führen. Es muß sich vielmehr darauf beschränkt werden, die allgemeinen Grundsätze zu besprechen, die für alle Pflanzen maßgebend sind, und die Maßnahmen zu erörtern, die es ermöglichen, einen Bodenzustand herbeizuführen, der oben als Zustand der Gare bezeichnet worden ist.

Dabei ist zu beachten, daß jede Maßnahme ein bestimmtes Gerät verlangt, und jedes Gerät unter wechselnden äußeren Bedingungen auch wechselnde Wirkung zeigt. „Jede einzelne Maßnahme der Bodenbearbeitung hat ihre technische und bodenkundliche Seite. Technische Gesichtspunkte sind für Form und Bauart des betreffenden Geräts maßgebend, während für die Wahl des geeigneten Gerätes, der geeigneten Bearbeitungsweise sowie der Aufeinanderfolge bestimmter Geräte die Berücksichtigung der Bodeneigenschaften im weitesten Sinne ausschlaggebend ist[4].“ Die Fragen des Baues und der konstruktiven Wertung der Geräte müssen hier ausscheiden. Es kommt nur die bodenkundliche Seite in Betracht und damit die Frage nach den Wirkungen, die man im Boden durch die Bearbeitung erzielen will. Das angestrebte Endergebnis haben wir als Garezustand kennengelernt. Diesen Zustand als solchen kann man durch die mechanischen Eingriffe nicht herstellen. Er ist ein Erzeugnis der Natur und wird bedingt durch das Zusammenwirken physikalischer, chemischer, insbesondere auch kolloidchemischer und bakterieller Vorgänge. Deshalb kann die Aufgabe der Bodenbearbeitung nur sein, solche Zustände im Boden zu schaffen, daß alle diese Vorgänge sich möglichst ungehindert vollziehen können. Entscheidend

---

[1] SEELHORST, C. v.: Untersuchungen über die Feuchtigkeitsverhältnisse eines Lehmbodens unter verschiedenen Früchten. J. Landw. **54**, 187 (1906). — Über den Wasserverbrauch von Roggen, Gerste, Weizen und Kartoffeln. Ebenda **54**, 316 (1906). — Über den Wasserverbrauch von Rüben, Roggen und Gerste auf einem Lehmboden im Jahre 1907. Ebenda **56**, 195 (1908). — Über den Einfluß der Beschattung auf die Wasserverdunstung des Bodens. Ebenda **58**, 221 (1910). — Untersuchungen über die Feuchtigkeitsverhältnisse eines Lehmbodens unter verschiedenen Früchten. Ebenda **63**, 51 (1915).

[2] SPENNEMANN, F.: Die Beeinflussung des Wassergehaltes und der Temperatur des „natürlich gelagerten“ Bodens durch die wichtigsten landwirtschaftlichen Kulturpflanzen. Pflanzenbau **5**, 129 (1928/29).

[3] ROEMER, Th.: Bodenbearbeitung. Im Handbuch der Landwirtschaft **2**, 212.

[4] HEUSER, O.: Einige Fragen der Bodenbearbeitung. v.-Rümker-Festschrift, S. 57. 1929.

ist letzten Endes die biologische Tätigkeit des Bodens. Deshalb werden alle Maßnahmen den Gesichtspunkt der Förderung des Bakterienlebens weitgehend zu berücksichtigen haben. Wenn nun auch die physikalischen Veränderungen, die durch die Bearbeitung erzielt werden, in erster Linie geeignet sind, die Lebensbedingungen der Bakterien günstig zu gestalten, so ist doch daneben ein gewisser Vorrat an Nährstoffen, insbesondere auch an organischer Substanz, für die Ernährung der Bakterien die Voraussetzung, daß die physikalische Verbesserung des Bodens zu voller Auswirkung kommt. Das gleiche gilt für einen befriedigenden Kalkzustand als eines der Mittel, die den Bakterien die Vorherrschaft vor den Pilzen sichern. Ist der Boden an sich arm an diesen Nährstoffen, so ist eine ausreichende Düngung die Grundlage eines guten Bearbeitungserfolges. Das gilt vor allem für die organische Substanz und den Kalk. Enthält der Boden dagegen ausreichende Vorräte, so erwächst der Bearbeitung die Aufgabe, durch Förderung der Bakterientätigkeit die organische Substanz zu höherer Verwertung zu bringen, zugleich auch die Verwitterung zu fördern, um die vorhandenen Nährstoffe den Kulturpflanzen in stärkerem Maße zugänglich zu machen und in gleicher Weise den Kalkumsatz zu steigern, um einen günstigen Reaktionszustand zu sichern. Alle diese Vorgänge greifen ineinander und beeinflussen sich mehr oder weniger gegenseitig. Bodenbearbeitung und Düngung sind also streng genommen nicht von einander zu trennen.

Physikalische Eigenschaften.

Physikalische, chemische und biologische Eigenschaften des Bodens haben in anderen Teilen des Handbuches ihre eingehende Darstellung gefunden[1]. Es bleibt deshalb nur übrig, zu erörtern, wie durch die Bodenbearbeitung die Strukturverhältnisse des Bodens so beeinflußt werden können, daß alle seine Eigenschaften so günstig gestaltet werden, daß ihr Zusammenwirken den Zustand der Gare entstehen und damit besonders günstige Wachstumsverhältnisse für die Kulturpflanzen hervorgehen läßt. Die Grundlage bildet immer die Beeinflussung der physikalischen Eigenschaften durch verschiedene Strukturverhältnisse, und zwar der Wasserführung, Durchlüftung und Erwärmungsfähigkeit. Auch sie stehen in engsten Wechselbeziehungen zu einander. Damit entsteht die Frage: Welches Ausmaß soll man für diese drei Eigenschaften als besonders günstig anstreben, und welchem Strukturzustand des Bodens entspricht dies?

Soweit dabei das Wasser allein in Betracht kommt, ist die Frage früher vorwiegend vom ernährungsphysiologischen Standpunkt aus betrachtet, wie es die Arbeiten von HELLRIEGEL, WOLLNY, v.SEELHORST, A. MAYER oder in neuerer Zeit von MITSCHERLICH zeigen. Daneben findet man eine rein ökologische Betrachtungsweise. Es sei nur auf die zusammenfassenden Darstellungen von KRAUS[2], LUNDEGÅRDH[3], WALTER[4] u. a. verwiesen. Gleichartige Gefäßversuche von WOLLNY[5], v. SEELHORST[6] und ADOLF MAYER[7] mit verschiedenen Pflanzen

[1] Vgl. dieses Handb. **6**, **7** u. **8**.

[2] KRAUS, E.: Boden und Klima auf kleinstem Raum. Jena 1911.

[3] LUNDEGÅRDH, H.: Klima und Boden in ihrer Wirkung auf das Pflanzenleben. Jena 1925.

[4] WALTER, H.: Der Wasserhaushalt der Pflanze in quantitativer Betrachtung. Naturwiss. u. Landw. **1925**, H. 6. Datterer & Co.

[5] WOLLNY, E.: Zur rationellen Kultur der Wiesen. Kulturtechniker **3**, H. 3 (1900).

[6] SEELHORST, C. v.: Der Einfluß des Wassergehaltes des Bodens auf die Ernten und die Ausbildung verschiedener Getreidevarietäten. J. Landw. **51**, 253 (1903).

[7] MAYER, A.: Wie kann die Ertragsfähigkeit unserer unter ständig wiederkehrendem Wassermangel leidenden Ländereien, insbesondere der leichten Böden der norddeutschen Tiefebene, durch geregelte Wasserwirtschaft geregelt und erhöht werden? Illustr. landw. Ztg. **1904**, Nr. 85.

zeigten das Optimum des Ertrages bei einer Feuchtigkeit, die 70—90% der vollen Wasserkapazität des betreffenden Bodens entsprach, dagegen einen deutlichen Ertragsabfall bei voller Wassersättigung, während MITSCHERLICH in zahlreichen Versuchen ein regelmäßiges Ansteigen des Ertrages bis zu voller Wassersättigung erhielt. Die Ursachen dafür sind klar. MITSCHERLICH verwendet Töpfe mit durchbrochenem Boden, so daß ein regelmäßiger Wasserdurchfluß möglich ist, während die ersten Forscher geschlossene Gefäße benutzten und daher mit Wasserstauung und mangelnder Durchlüftung zu rechnen haben. Das weist uns darauf hin, daß Wasser- und Luftgehalt des Bodens in enger Wechselbeziehung zu einander stehen und deshalb das Verhältnis von Bodenmasse zu Wasser und Luft von größter Bedeutung ist. Wenn nun die erwähnten Versuche auch für gleiche Pflanzen wechselnde Optima ergaben, so kommt darin der Einfluß der Textur des verwendeten Bodens zum Ausdruck. Sand, humoser Sand, sandiger Lehm und Lehm fanden hier Anwendung. Das günstigste Wasser-Luft-Verhältnis ist naturgemäß bei ihnen verschieden.

Für die Bodenbearbeitung sagen die Versuche verhältnismäßig wenig aus. Denn hierbei ist die Textur des Bodens auf jeden Fall das Gegebene, und es kommt nur darauf an, wie durch Änderung der Struktur die Wasserführung und Durchlüftung möglichst günstig gestaltet werden können. Diese beiden Faktoren müssen aber in erster Linie berücksichtigt werden, während die Erwärmungsfähigkeit weitgehend vom Wassergehalt des Bodens abhängig ist, und ihre Wirkungen auf die Ernte unter den in Deutschland gegebenen Bedingungen meist hinter dem Einfluß und der Bedeutung des Wassers zurückbleiben[1]. Dieses wird deshalb immer im Vordergrund stehen und die erste Grundlage für die Maßnahmen der Bodenkultur abgeben müssen.

Zur Charakterisierung der Wasserführung kommt die Wasserkapazität im oben erwähnten Sinne nicht in Betracht, da sie nur den Einfluß der Gemengteile wiedergibt, die den Boden zusammensetzen, der in künstlicher Aufschüttung unter Zerstörung der natürlichen Struktur verwendet ist. Die Bodenbearbeitung hat es aber mit natürlich gelagerten Böden zu tun und untersucht das Verhalten des gleichen Bodens bei verschiedenen Strukturverhältnissen. Diese sind aber nur durch eine entsprechende Probenahme an Ort und Stelle zu erfassen. Trotzdem man die Bedeutung der Strukturverhältnisse des Bodens schon seit langem erkannt hat, und z. B. BLOHM[2] erwähnt, daß schon SCHÜBLER[3] 1838 und TROMMER[4] 1857 auf ihre Wichtigkeit für das Pflanzenwachstum hinwiesen, ist doch eine befriedigende Versuchsmethodik zu ihrer Untersuchung erst in letzter Zeit ausgearbeitet worden. Als besonders wertvoll haben sich für die vorliegenden Zwecke die für kulturtechnische Untersuchungen ausgearbeitete Methode von KOPECKY[5] und die der forstlichen Bodenkunde dienende Arbeitsweise von BURGER[6] erwiesen[7], die zuerst von NITZSCH[8] und BLOHM[9] in einer Reihe von Arbeiten für Untersuchungen auf dem Gebiet der Bodenbearbeitung verwendet

[1] Vgl. dieses Handb. Bd. 6.

[2] BLOHM, G.: Der Einfluß der Bodenstruktur auf die physikalischen Eigenschaften des Bodens. Landw. Jb. **66**, 150 (1927).

[3] SCHÜBLER, G.: Grundsätze der Agrikulturchemie. Leipzig 1838.

[4] TROMMER, C.: Bodenkunde. Berlin 1857.

[5] KOPECKY, J.: Die physikalischen Eigenschaften des Bodens. Internat. Mitt. Bodenkde. **4**, 138—180 (1914).

[6] BURGER, H.: Physikalische Eigenschaften von Wald- und Freilandböden. Mitt. schweiz. Centralanst. forstl. Versuchswes. **13**, 1—219 (1924).

[7] Siehe dieses Handbuch **5**, 4.

[8] NITZSCH, W.: Wissenschaftliche Veröffentlichungen aus dem Siemens-Konzern. 1927.

[9] BLOHM, G.: Kühn-Arch. **1926**; Landw. Jb. **1927**.

und für die besonderen Zwecke weiter ausgestaltet sind. Sie gestatten die Struktur des Bodenraumes mit genügender Sicherheit zu erfassen und diesen nach Bodensubstanz, Wasser und Luft aufzuteilen.

Dazu sind die Methoden, die den Boden nur nach einer oder zwei Richtungen untersuchen, nicht imstande. Von den eindimensional arbeitenden Geräten verdient am ersten die v. MEYENBURGsche Bodensonde[1] Erwähnung, die es ermöglicht, den Lockerheitsgrad eines Bodens zu messen. Bei vergleichenden Untersuchungen desselben Bodens nach verschiedener Bearbeitung vermag sie recht gute Dienste zu leisten[2]. Ihre Anwendbarkeit bleibt aber hierauf beschränkt. Bessere Möglichkeiten der Beurteilung der Bodenstruktur bietet immerhin die flächenmäßige Betrachtung auf Grund von Bodenschnitten, wie sie PIGULEWSKY[3] nach Bindung des Bodens durch Fette und Öle, HOLLDACK und NITZSCH[4] nach Gefrierenlassen des wassergesättigten, aber in natür-

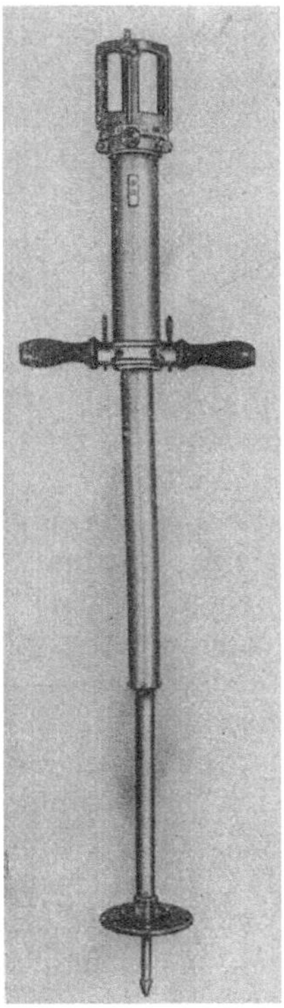

Abb. 17. Bodensonde nach v. MEYENBURG.

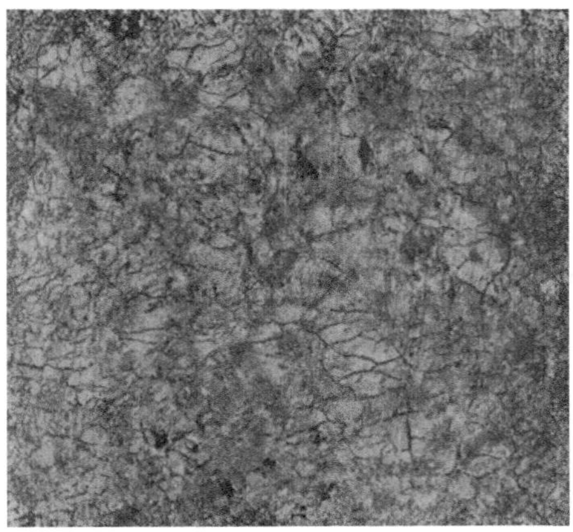

Abb. 18. Schnitt durch ein gefrorenes Bodenstück zur Beurteilung der Struktur. (Oderbruch-Tonboden, Untergrund von 40—50 cm Tiefe. Aus den Wissenschaftlichen Veröffentlichungen aus dem Siemens-Konzern 6, H. 1. Arbeit von WERNER NITZSCH.)

licher Lagerung gewonnenen Bodens herstellten. Wenn auch Größe und Anteil der verschiedenen Porensortimente an diesen Schnitten recht gut erkannt werden können, so ist ihre Herstellung doch viel zu kompliziert, um größere Anwendung und Verbreitung zu finden.

Alle neueren Arbeiten untersuchen deshalb den Bodenraum. Dabei besteht allerdings hinsichtlich der Maße, durch die die Struktur des Bodens beurteilt werden soll, noch keine Einheitlichkeit. Wenn man zuerst das Verhalten des Bodens zum Wasser betrachtet, so wählt NITZSCH[5] in Anlehnung an WOLLNY und seine Schule als Grundlage der Beurteilung die Wasserkapazität in Volum-

[1] MEYENBURG, K. v.: Eine registrierende Zug- und Druckfestigkeitssonde. Internat. Mitt. Bodenkde. 14, 1/2 (1924).

[2] DEUTSCHLÄNDER, W.: Untersuchungen über die Wirkung verschiedener Walzen. Dissert. Halle a. d. S. 1926.

[3] PIGULEWSKY: Eine Methode der Bodenbindung. Petrograd 1914.

[4] NITZSCH, W.: Die Beziehungen zwischen Bearbeitung, Struktur und Ertrag des Ackerbodens. Wiss. Veröff. Siemens-Konzern 6, 1—35 (1927).

[5] NITZSCH, W.: Die Gesetzmäßigkeiten in den Porositätsverhältnissen des Ackerbodens. Wiss. Veröff. Siemens-Konzern 5, H. 3, 104 (1927).

prozenten des Frischvolumens. Er findet dabei, daß diese bis zu einem bestimmten Grad der Lockerung des Bodens, gemessen nach der Größe des Porenvolumens, ansteigt, um bei weiterer Lockerung wieder zu fallen, da dann die Zahl der nicht kapillaren Hohlräume zu stark zunimmt. Die folgenden Darstellungen, die der genannten Arbeit entnommen sind, bringen das zum Ausdruck.

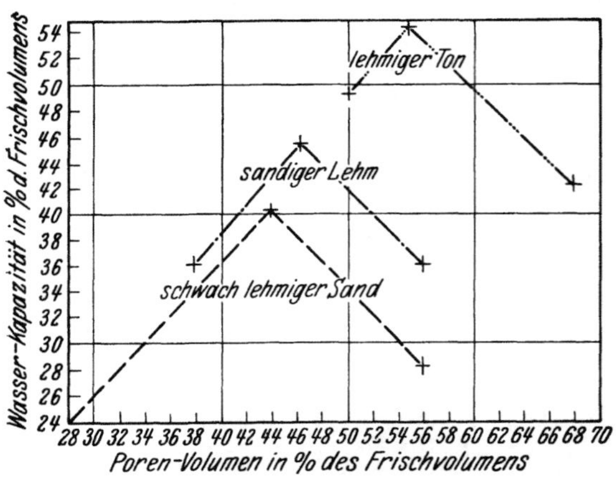

Abb. 19.

Im Gegensatz zu dieser Auffassung verwendet BLOHM[1] die gewichtsprozentische Wasserkapazität, da es ihm in erster Linie auf einen Vergleich des gleichen Bodens unter verschiedenen Strukturverhältnissen ankommt.

Die Beziehungen zwischen den beiden Maßen gehen aus vorstehender Zeichnung[2] hervor. Wichtig ist dabei, daß der deutliche Umschlagspunkt, wie er bei der volumprozentigen Wasserkapazität sich zeigt, bei der Messung nach Gewichtsprozenten nicht hervortritt. BLOHM gibt für seine Wahl folgende Begründung[3]: „Für die Wassermenge, die den Pflanzen zur Aufnahme geboten wird, kann nicht der Wassergehalt eines gewissen ausgehobenen Volumens maßgebend sein, sondern lediglich der Wassergehalt der gesamten Bodenschicht, die von den Wurzeln durchzogen wird."

In folgerichtiger Fortführung dieses Gedankens verwendet schließlich GADE[4] die Darstellung der Wasserkapazität in Prozent des Bodensubstanzvolumens, wobei er von der theoretischen Annahme eines vollständig trockenen und porenlosen Bodens ausgeht. Er kommt auf diese Weise zu sehr anschaulichen Zahlenverhältnissen, da „sich die auf die Bodensubstanzmenge bezogenen Prozentzahlen des Porenvolumens verhältnisgleich mit der Größe des Porenvolumens" ändern. Neuere Königsberger Arbeiten gehen von dem gleichen Grundsatz aus. So weist KLOEPPEL[5] nach, daß es von unerheblicher Bedeutung sei, „ob bei der Feuchtigkeitsbestimmung das Bodenwasser gewichtsprozentig oder volumprozentig ermittelt wird, wenn beides auf das Gewicht bzw. das Volumen der trockenen Bodensubstanz bezogen wird. Die Bezugnahme auf das Gesamtvolumen einer

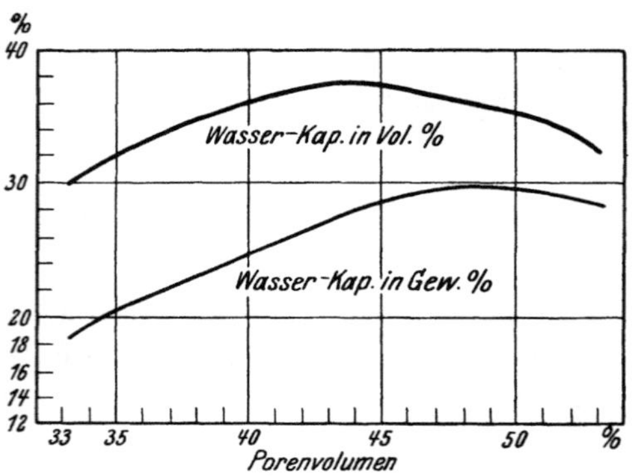

Abb. 20.

[1] BLOHM, G.: Einfluß der Bodenbearbeitung auf die Wasserführung des Bodens. Kühn-Arch. 12, 376 (1926).

[2] BLOHM, G.: Der Einfluß der Bodenstruktur auf die physikalischen Eigenschaften des Bodens. Landw. Jb. 66, 157 (1927).

[3] BLOHM, G.: a. a. O., S. 378.

[4] GADE, C.: Einfluß von Fräse und Pflug auf Bodenzustand und -ertrag. Landw. Jb. 70, 89 (1929).

[5] KLOEPPEL, R.: Untersuchungen über den Einfluß verschiedener Bearbeitung auf die Struktur und Wasserführung eines Ackerbodens. Wiss. Arch. Landw. A. 3, 402ff. (1930).

Probe (Boden + Wasser + Luft) gibt dagegen keinen sicheren Anhalt über die Feuchtigkeitsverhältnisse eines Bodens."

Rechnet man deshalb die Ergebnisse der Untersuchungen von NITZSCH und BLOHM in der angegebenen Weise um, so klären sich scheinbare Widersprüche ohne weiteres. Das ist im folgenden für die Tabellen geschehen, die den vorstehenden Kurvenbildern von NITZSCH[1] (S. 100) und BLOHM[2] (S. 100) zugrunde liegen.

NITZSCH weist also nach, daß durch weitgehende Auflockerung die Volumprozente Wasser am Gesamtvolumen sinken und die Wasserkapazität rasch abnimmt. Da mit zunehmender Auflockerung nur Luft zugeführt, die Bodensubstanzmenge im gleichen Volumen aber geringer wird, so ist das verständlich. Maßgebend ist aber, daß durch die gleiche Bodenmenge eine möglichst große Wassermenge festgehalten wird, und darüber gibt weder die Wasserkapazität in Volum- noch in Gewichtsprozenten des Gesamtvolumens Auskunft, wenn

Schwach lehmiger Sandboden nach NITZSCH.

% des Gesamtvolumens		% des trockenen Bodensubstanzvolumens		% des Gesamtvolumens		% des trockenen Bodensubstanzvolumens	
Wasserkapazität	Luftkapazität	Wasserkapazität	Luftkapazität	Wasserkapazität	Luftkapazität	Wasserkapazität	Luftkapazität
25,7	2,7	35,8	3,8	37,7	6,0	67,0	10,7
25,5	6,5	37,5	9,6	37,3	11,0	72,1	21,3
32,7	2,8	50,7	4,3	35,2	15,2	70,9	30,6
36,5	2,3	59,6	3,8	30,8	22,5	66,0	48,1
37,5	4,3	64,5	7,4	30,4	23,5	66,0	50,9

Sandiger Lehmboden nach NITZSCH.

% des Gesamtvolumens		% des trockenen Bodensubstanzvolumens		% des Gesamtvolumens		% des trockenen Bodensubstanzvolumens	
Wasserkapazität	Luftkapazität	Wasserkapazität	Luftkapazität	Wasserkapazität	Luftkapazität	Wasserkapazität	Luftkapazität
36,9	1,1	59,6	1,8	44,7	2,1	84,0	3,9
40,2	0,8	68,1	1,4	45,7	1,6	86,6	3,0
42,0	0,1	72,6	0,2	41,8	6,3	80,7	11,6
39,9	2,6	69,5	4,5	44,4	3,9	85,8	7,5
42,2	0,9	74,2	1,6	42,4	7,7	85,0	15,4
40,1	3,4	71,0	6,0	42,6	8,1	86,5	16,4
41,2	2,3	72,9	4,1	40,5	10,2	82,1	20,7
41,1	3,1	73,5	5,3	41,9	9,5	86,2	19,5
42,2	3,6	77,9	6,6	39,8	13,4	85,0	28,6
45,0	1,0	83,5	1,8				

Lehmiger Tonboden nach NITZSCH.

% des Gesamtvolumens		% des trockenen Bodensubstanzvolumens		% des Gesamtvolumens		% des trockenen Bodensubstanzvolumens	
Wasserkapazität	Luftkapazität	Wasserkapazität	Luftkapazität	Wasserkapazität	Luftkapazität	Wasserkapazität	Luftkapazität
49,6	1,0	100,1	2,0	49,5	9,9	121,8	24,3
49,0	2,3	100,1	4,7	48,3	12,9	124,5	33,3
53,5	0,8	117,0	1,7	48,7	13,5	128,8	35,7
49,5	5,9	110,8	13,2	48,0	15,2	130,3	41,3
53,5	3,6	124,9	8,4	44,1	22,4	131,8	66,9
51,8	7,0	126,0	17,0	40,7	28,5	132,1	92,5

[1] NITZSCH, W.: a. a. O., S. 103 u. 104. [2] BLOHM, G.: a. a. O., S. 156.

Humoser Lößlehm nach Blohm.

% des Gesamtvolumens			% des trockenen Bodensubstanzvolumens	
Wasserkapazität		Luftkapazität	Wasserkapazität	Luftkapazität
Gew.%	Vol.%			
18,6	30,3	2,8	45,2	4,0
20,8	32,6	3,0	50,6	4,6
26,6	37,2	4,8	64,2	8,2
28,1	37,7	7,2	67,7	12,1
29,12	37,4	9,4	70,2	17,4
29,9	37,0	11,6	72,1	22,6
28,6	31,8	21,9	68,7	47,3

auch die gewichtsprozentige Bestimmung immerhin einen etwas besseren Einblick in die tatsächlichen Verhältnisse gewährt. Sie steigt noch länger mit der Wasserkapazität der Bodentrockensubstanz an, um jedoch schließlich bei den höchsten Graden ebenfalls unsicher zu werden.

Die Zahlen für die Wasserkapazität der Bodentrockensubstanz zeigten dagegen mit zunehmender Lockerung eine regelmäßige Steigerung, die bei verschiedenen Böden auch zu verschiedenen Zeiten ihr Ende erreicht. Bei dem von Nitzsch untersuchten schwach lehmigen Sandboden ist anscheinend bei 72,1 % bereits das Höchstmaß erreicht. Eine weitere Auflockerung schafft zu große Hohlräume, die nicht mehr kapillar wirken und daher ein Absinken der Wasserkapazität bedingen. Bei dem sandigen Lehm liegt die Grenze anscheinend bei 86,5 %, während bei dem schweren lehmigen Ton auch bei 132,1 % Wasserkapazität trotz der bereits recht starken Lockerung auf 92,5 % Luftkapazität der Höchstwert noch nicht ganz erreicht erscheint. Die an sich sehr engen Kapillaren dieses Bodens haben somit offenbar noch keine so starke Erweiterung erfahren, daß die Kapillarwirkung beeinträchtigt wurde. Die Zahlen von Blohm zeigen in den letzten Werten so große Unterschiede in der Luftkapazität, daß man über den mutmaßlichen Höchstwert der Wasserkapazität nicht ohne weiteres ein Urteil haben kann. Jedenfalls geht aus den vorstehenden Zahlen hervor, daß die Bewertung der Wasserkapazität in Prozenten der Bodentrockensubstanz die klarsten Ergebnisse liefert.

Weiterhin dienen zur Charakterisierung der Strukturverhältnisse Wassergehalt, Luftkapazität und Luftgehalt, die jeweils auf die gleichen Größen bezogen werden. Gegen die Verwendung der Wasserkapazität zur Beurteilung der natürlichen Wasserführung des Bodens bei verschiedener Struktur werden von Blohm[1] begründete Bedenken erhoben. Er weist darauf hin, daß die so gefundenen Ergebnisse nur für flache Bodenschichten unmittelbar über dem Grundwasserspiegel Gültigkeit haben können, weil nur in diesem Falle die volle Kapillarwirkung zur Geltung kommt. Je höher aber die Ackerkrume über dem Grundwasserspiegel liegt, um so weniger kann von wirksamen Kapillaren, abgesehen von dem feinen Kapillarnetz der Bodenkrümel, die Rede sein. Blohm[2] findet deshalb auch bei seinen Untersuchungen, daß die natürliche Wasserführung der Ackerkrume durch Strukturänderungen nicht in gleichem Sinne beeinflußt wird wie die Wasserkapazität. Während die Wasserkapazität in Volumprozent noch eine Zunahme bis zu einem bestimmten Grad der Lockerung zeigt, wird die volumprozentige Wasserführung gerade durch Verringerung des Porenvolumens begünstigt. Die gewichtsprozentige Wasserführung nimmt dagegen mit stärkerer

[1] Blohm, G.: a. a. O., Landw. Jb. **66**, 160 (1927).
[2] Blohm, G.: a. a. O., S. 164.

Lockerung noch weiterhin zu, wenn auch in geringerem Maße als die gewichtsprozentige Wasserkapazität. Nachdem schon RAMANN[1] und KING[2] auf die Bedeutung dieser Verhältnisse hingewiesen hatten, haben in neuerer Zeit KOPECKY[3], HEINRICH[4] und BURGER[5] Methoden ausgearbeitet, die mit Absättigung des Bodens in natürlicher Lagerung vor der Probenahme arbeiten. Ackerböden sind besonders von BLOHM[6] und PIEPER[7] in jüngster Zeit auf diese Art untersucht. Auch für die gewichtsprozentige Wasserführung muß schließlich ein Optimum der Lockerung vorhanden sein, bei dessen Überschreiten die Wasserführung sinkt. Nähere Untersuchungen sind hier noch notwendig, um insbesondere die Verhältnisse bei verschiedenen Bodenarten zu klären. Als Hinweis sei ein Versuch von WOLLNY[8] erwähnt, der in seinen Lysimetern fand, daß Lehmboden bei lockerer Lagerung, Sand dagegen bei dichter Lagerung die größten Wassermengen zurückhält. Man darf deshalb annehmen, daß ein feinkörniger Boden die günstigste Wasserführung bei intensiver Lockerung zeigen wird, ein grobkörniger dagegen das Optimum der Lockerung bald überschreitet. Zu diesem Ergebnis kommt auch PIEPER[9] bei seinen Untersuchungen verschiedener Bodenarten.

Gleiche Gesichtspunkte gelten auch für die Beurteilung der Durchlüftung des Bodens, die für das Pflanzenwachstum nicht weniger wichtig als die Wasserführung ist. Da Wassergehalt und Luftgehalt zusammen das Porenvolumen ausmachen, so kann man die Durchlüftung sowohl durch Änderung des Gesamtporenvolumens wie des Wassergehaltes beeinflussen. Für gleichbleibenden gewichtsprozentigen Wassergehalt gibt BLOHM[10] bei steigendem Porenvolumen folgende theoretische Zahlen für die Durchlüftung:

	Wassergehalt		Volumen-Gewicht	Porenvolumen	Durchlüftung
	Gew. %	Vol. %		%	%
1.	14,0	23,7	1,690	30,0	6,3
2.	14,0	22,6	1,616	33,0	10,4
3.	14,0	21,6	1,542	36,0	14,4
4.	14,0	20,6	1,471	39,0	18,4
5.	14,0	19,6	1,400	42,0	22,4
6.	14,0	18,6	1,328	45,0	26,4

Jede Auflockerung des Bodens bedingt also eine wesentlich steigende Durchlüftung, wobei praktische Versuche zeigen, daß die Durchlüftung auch dann noch zunimmt, wenn gleichzeitig der gewichtsprozentige Wassergehalt steigt. Einen besseren Einblick in diese Verhältnisse erhält man noch, wenn man nach KLOEPPEL[11] berechnet, wieviel Vol.-% Wasser und Luft im Gesamtporenvolumen vor-

[1] RAMANN, E.: Untersuchungen über Waldböden. Forschgn. Geb. Agrikult-Phys. 11, 299 (1888).

[2] KING, F. H.: Rep. Agricult. Exp. Stat. Wisconsin 6, Rep., 296.

[3] KOPECKY, J.: Die physikalischen Eigenschaften des Bodens. Internat. Mitt. Bodenkde. 4, 138—180 (1914).

[4] HEINRICH, R.: Grundlagen zur Beurteilung der Ackerkrume. Wismar 1882.

[5] BURGER, H.: Physikalische Eigenschaften von Wald- und Freilandböden. Mitt. Schweiz. Centralanst. forstl. Versuchswes. 13, 1—219 (1924).

[6] BLOHM, G.: Einfluß der Bodenbearbeitung auf die Wasserführung des Bodens. Kühn-Arch. 12, 374 (1926).

[7] PIEPER, G.: Der Einfluß der Lockerung auf die Wasserführung verschiedener Böden. Wiss. Arch. Landw. A, 1, 161, (1929).

[8] WOLLNY, E.: Untersuchungen über die Sickerwassermengen von verschiedenen Bodenarten. Forschgn. Geb. Agrikult. Phys. 11, 19—23 (1888).

[9] PIEPER, G.: a. a. O., S. 200.

[10] BLOHM, G.: a. a. O., Landw. Jb. 66, 177 (1927).

[11] KLOEPPEL, R.: a. a. O., S. 487.

handen sind und wieviel Vol.-% Wasser jeweils einem Gew.-% Wasser entsprechen. Für die obige Tabelle erhält man dann umgerechnet folgende Werte:

	Anteil am Porenvol. in Vol. %		1 Gew. % Wasser entspricht wieviel Vol.-% Porenvolumen
	Wasser	Luft	
1	79,0	21,0	5,6
2	68,5	31,5	4,9
3	60,0	40,0	4,3
4	52,8	47,2	3,8
5	46,6	53,4	3,3
6	41,3	58,7	2,9

Die Zahlen der letzten Rubrik können insofern als Maß der Durchlüftung gelten, als um so weniger Raum für Luft bleibt, je mehr von dem vorhandenen Hohlraum bereits durch 1 Gew.-% Wasser in Anspruch genommen ist. Ein dicht gelagerter Boden muß also eine hohe, ein lockerer eine niedere Verhältniszahl ergeben. Wichtig zur Beurteilung der Struktur ist aber die Luftmenge, die der Boden bei völliger Wassersättigung noch enthält, die sog. Luftkapazität, die somit die Mindestluftmenge darstellt, die der Boden auf jeden Fall noch führt. KOPECKY[1] und BURGER[2] haben auf die Bedeutung der Luftkapazität für das Pflanzenleben eindringlich hingewiesen. Sie gehen ebenso wie NITZSCH[3] bei ihrer Bestimmung von der absoluten Wasserkapazität aus und kommen daher zu ziemlich niedrigen Werten. Doch weist schon BURGER[4] darauf hin, daß es theoretisch richtiger ist, von der maximalen Wasserführung auf Grund der Sättigung des Bodens an Ort und Stelle auszugehen. Bei Waldböden, die er untersuchte, besteht dabei allerdings die Schwierigkeit, daß das Wasser in den großen vorhandenen Hohlräumen versickert und eine Verschlämmung herbeiführt, so daß der wahre Zustand nicht erfaßt wird. Auf Ackerböden mit ihrer gleichmäßigeren Lagerung ist die Gefahr zweifellos geringer, worauf auch BLOHM[5] hinweist, der die natürliche Durchlüftung auf diesem Wege mit Erfolg ermittelt. Er[6] kommt dabei zu folgendem Schluß: „Auf feinkörnigen Böden wird durch die Erweiterung des Porenvolumens eine Steigerung der gewichtsprozentigen Wasserführung erreicht, doch diese ist im Vergleich zur Vergrößerung des Porenvolumens so gering, daß der volumprozentige Wassergehalt in der Ackerkrume durch jede Auflockerung herabgemindert wird, zum mindesten aber nicht mehr nennenswert gesteigert werden kann (im Gegensatz zur volumprozentigen Wasserkapazität). Somit wird in der natürlichen Ackerkrume schon durch jede geringfügige Erweiterung des Porenvolumens eine nennenswerte Besserung der Durchlüftung erzielt.“ Allerdings ist diese Methode der Wassersättigung an Ort und Stelle rein konventionell und mit gewissen Unsicherheiten und Schwierigkeiten behaftet, auf die HOLLDACK[7] und NITZSCH[8] hinweisen. Die große Bedeutung der ganzen Methodik liegt aber darin, daß sie es ermöglicht, einen zahlenmäßigen Ausdruck für die Bodenstruktur zu finden und Veränderungen der Struktur durch Bearbeitungsmaßnahmen zahlenmäßig nachzuweisen. Weiterer Arbeit muß es vorbehalten bleiben, noch vorhandene Widersprüche zu klären und Unzulänglichkeiten zu verbessern. Immerhin wird man dadurch in die Lage versetzt, in großen Umrissen ein Ziel hinsichtlich der Gestaltung der physika-

[1] KOPECKY, J.: a. a. O., S. 138—180. [2] BURGER, H.: a. a. O., S. 53.
[3] NITZSCH, W.: Fortschritte auf dem Gebiet der landwirtschaftlichen Bodenbearbeitung. Dtsch. landw. Presse 53, Nr. 9 (1926).
[4] BURGER, H.: a. a. O., S. 21.
[5] BLOHM, G.: a. a. O., Landw. Jb. 66, 178 (1927).
[6] BLOHM, G.: a. a. O., S. 180.
[7] HOLLDACK, H.: Die Beurteilung des Bearbeitungserfolges auf Ackerböden durch physikalische Bodenuntersuchungen. Fortschr. Landw. 4, 356 (1929).
[8] NITZSCH, W.: ebenda (s. Anmerkung 3).

lischen Bodenverhältnisse durch die Bearbeitung aufzustellen und den Erfolg der Bearbeitung zu prüfen.

Unter den Faktoren, die durch die Bodenbearbeitung beeinflußt werden sollen, steht zweifellos die Wasserführung an erster Stelle. Es kann dabei hinsichtlich des Verhaltens des Wassers zum Boden auf die Ausführungen von ZUNKER und HELBIG in Band 6 des vorliegenden Handbuches verwiesen werden. Man erkennt daraus, daß man die Wasserführung des Bodens nicht in der Hand hat, sondern vorwiegend von den Niederschlagsverhältnissen abhängig ist, die auch auf einem klimatisch beschränkten Gebiet, wie es Deutschland darstellt, erhebliche Verschiedenheiten zeigen. Es genügt darauf hinzuweisen, daß 45% der landwirtschaftlich genutzten Fläche jährlich weniger als 600 mm Niederschläge haben, 45% zwischen 600 und 800 mm und 10% über 800 mm. Da von diesen Mengen rund 40—50% in den Sommermonaten fallen, ist die Verteilung leidlich günstig. Andererseits ist der Wasserverbrauch der Kulturpflanzen sehr hoch, ermittelten doch HELLRIEGEL[1], v. SEELHORST[2] u. a. einen Wasserverbrauch von 200—900 kg zur Erzeugung von 1 kg Trockensubstanz, so daß man im großen Durchschnitt mit 300—400 Teilen Wasser auf 1 Teil Trockensubstanz rechnen kann. 300 mm Sommerniederschläge würden danach immerhin eine gute Ernte ermöglichen, falls sie voll zur Wirkung kommen. Das ist aber niemals der Fall. Vielmehr spielen Verdunstung und Versickerung eine sehr große Rolle. LUEDECKE[3] fand auf Grund englischer Versuche, daß die Höhe der Verdunstung am gleichen Ort in verschiedenen Jahren ziemlich gleichmäßig ist. Sie ist im Sommer wesentlich höher als im Winter, betrug aber im 25jährigen Durchschnitt auf einem gebrachten Lehmboden rund 50% der Niederschlagsmenge. Da man es jedoch in der Regel mit bestandenen Feldern zu tun hat, so wird die Verdunstung aus der Bodenoberfläche selbst wesentlich geringer sein und hinter dem Anteil, den die Pflanzen durch ihre Transpiration verbrauchen, wesentlich zurückstehen. Versuche, wie sie besonders v. SEELHORST[4] ausführte, um den produktiven von dem unproduktiven Anteil zu trennen, haben zu sicheren Ergebnissen nicht geführt, jedoch gezeigt, daß bereits durch abgestorbene Pflanzen als Beschattungsmaterial die Bodenverdunstung im günstigsten Falle rund um ein Drittel herabgesetzt werden konnte. Wenn man auch annehmen kann, daß lebende Pflanzen eine noch stärkere Beschattungswirkung ausüben als tote Pflanzen, so wird man doch mit wesentlichen Verdunstungsverlusten aus dem Boden rechnen müssen, und zwar um so mehr, als zu Beginn der Vegetation eine recht bedeutende Zeit vergeht, ehe die Beschattung durch stärkeres Pflanzenwachstum wirksam wird. Deshalb muß es also ein wesentliches Ziel der Bodenbearbeitung sein, das im Boden vorhandene Wasser vor Verdunstungsverlusten zu schützen und die Niederschläge somit zu möglichst hoher Produktion zu bringen.

---

[1] HELLRIEGEL, H.: Beiträge zu den naturwissenschaftlichen Grundlagen des Ackerbaus. 1883.

[2] SEELHORST, C. v.: Über den Wasserverbrauch von Roggen, Gerste, Weizen und Kartoffeln. J. Landw. 54, 316 (1906). — Über den Wasserverbrauch von Rüben, Roggen und Gerste auf einem Lehmboden im Jahre 1907. Ebenda 56, 195 (1908). — Über den Wasserverbrauch von Lupinen im Herbst 1906 und von Kartoffeln, Sommergerste und Roggen im Sommer 1907 auf einem Sandboden. Ebenda 56, 199 (1908). — SEELHORST, C. v., W. FRECKMANN u. R. KRZYMOWSKI, H. SÜCHTING u. J. BÜNGER: Der Wasserverbrauch verschiedener Hafervarietäten. Ebenda 56, 321 (1908). — SEELHORST, C. v.: Der Wasserverbrauch von Roggen auf Sandboden 1908/09. Ebenda 58, 89 (1910).

[3] LUEDECKE, C.: Das Verhältnis zwischen der Menge des Niederschlags und des Sickerwassers nach englischen Versuchen. Kulturtechniker 9, 105 (1906).

[4] SEELHORST, C. v.: Über den Einfluß der Beschattung auf die Wasserverdunstung des Bodens. J. Landw. 58, 221—227 (1910).

Wenn auch die Stärke der Verdunstung bis zu einem gewissen Grade von der Bodenart beeinflußt wird, wie schon ESER[1], v. SEELHORST[2] u. a. fanden, und besonders das Klima eine sehr wichtige Rolle spielt, so zeigt die Verdunstung doch nicht so große Unterschiede wie die zweite Verlustquelle, die Absickerung. Sie wird einmal weitgehend durch die Niederschlagshöhe bedingt[3]. Doch spielt die Zusammensetzung des Bodens eine weit stärkere Rolle, fand doch z. B. v. SEELHORST[4] bei seinen Lysimeterversuchen während der Sommermonate eine Versickerung aus gebrachten Kästen mit Heidesand von 76—78% der Niederschläge, während die Lehmkästen nur 12—37% abgaben. Selbst die mit Gerste bestandenen Sandkästen ließen noch 30% der Niederschläge versickern. Die Frage der Einschränkung der Versickerungsverluste spielt also eine wichtige Rolle. Dabei ist man weitgehend an die natürlich gegebenen Verhältnisse gebunden. Bodenart und Tiefgründigkeit des Bodens können nicht geändert werden. Ihre Bedeutung kommt in Berechnungen RAMANNS[5] zur Geltung, der für die Eberswalder Gegend fand, daß ein Sandboden von 7—8 m Mächtigkeit ebenso wie ein Lehmboden von 3—4 m Mächtigkeit imstande ist, eine Wassermenge zu speichern, die 600 mm Niederschlägen entspricht. Vergleicht man damit die vorerwähnten v. SEELHORSTschen Lysimeterversuche, so tritt die Bedeutung der Tiefgründigkeit deutlich hervor, wenn auch der Vergleich insofern nicht ganz zutreffend ist, als bei den Lysimeterversuchen der Einfluß des Grundwassers fehlt. Die Unterschiede, die durch die Wasserkapazität bedingt sind, kommen darin zum Ausdruck, daß zur Speicherung der gleichen Wassermenge beim Sandboden eine doppelt so starke Bodenschicht nötig ist wie beim Lehm.

Schließlich verdient auch der Fall Beachtung, in dem die Zusammensetzung des Bodens so feinkörnig, seine Lagerung so dicht ist, daß die Versickerung keine Rolle mehr spielt, im Gegenteil das Wasser in den oberen Schichten festgehalten wird, so daß der Boden unter stauender Nässe leidet und bei reichlichen Niederschlägen aufschlämmt.

Wenn somit weder die Höhe noch die Verteilung der Niederschläge während der Vegetationszeit für das Pflanzenwachstum optimal sind, andererseits zugleich mit erheblichen Verlusten durch Absickerung und Verdunstung gerechnet werden muß, so entsteht für die Bodenbearbeitung die Aufgabe, den Acker in einen Zustand zu bringen und ihn darin zu erhalten, in dem er die Niederschläge rasch aufnimmt, in möglichst großem Umfange festhält und sie vor Absickerung und Verdunstung schützt. Da aber diese Wassermenge nur in den wenigen Fällen sehr reichlicher Niederschläge ein üppiges Pflanzenwachstum ermöglicht, so kommt es weiterhin darauf an, auch die Niederschläge der vegetationslosen Zeit zu speichern, also die Winterfeuchtigkeit nach Möglichkeit zu erhalten. Man wird also aus diesem Grunde den Zustand der höchsten Wasserführung des Bodens anstreben, soweit dieser durch Kapillarwasser bedingt ist, während das zu stauender Nässe führende Sinkwasser auf jeden Fall zur Einsickerung in den Untergrund gebracht werden soll. Das erreicht man auf Sandboden um so mehr durch Herstellung einer festen Struktur, je grobkörniger er ist, durch leichte Auflockerung bei allen besseren Sandböden mit einem bestimmten

[1] ESER, C.: Untersuchungen über den Einfluß der physikalischen und chemischen Eigenschaften des Bodens auf dessen Verdunstungsvermögen. Forschgn. Geb. Agrikult.-Phys. **7**, 46 (1884).

[2] SEELHORST, C. v.: Die Wasserbilanz und die Nährstoffverluste eines gebrachten Lehm- und Sandbodens in den Jahren 1905—1912. J. Landw. **61**, 201 (1913).

[3] Vgl. C. LUEDECKE: a. a. O., S. 105.

[4] SEELHORST, C. v.: Der Verbleib des Gründüngungsstickstoffs im Sandboden. Arb. Dtsch. Landw. Ges. **1913**, H. 241.

[5] RAMANN, E.: Bodenkde., 3. Aufl., S. 358. 1920.

Feinerdegehalt. Je feinerdereicher die Böden werden, je mehr man es mit milden und schließlich schweren Lehmböden zu tun hat, um so wichtiger wird eine intensive und gleichmäßige Auflockerung der Böden für eine gute Wasserführung. Die Gleichmäßigkeit und Feinkrümeligkeit der Struktur spielt dabei eine um so größere Rolle, je toniger die Böden sind und je mehr sie bei Bearbeitung zu Grobscholligkeit neigen, die die Wasserführung sehr ungünstig beeinflußt, da die dadurch entstehenden großen Hohlräume für die Wasserhaltung nur sehr untergeordnete Bedeutung haben, teilweise ganz ausscheiden.

Diese Strukturverhältnisse sind zugleich für eine rasche Aufnahme der Niederschläge wichtig, während sie andererseits auch eine genügende Durchlässigkeit zur Absickerung des Senkwassers sichern. Der grobkörnige Sandboden ist auch in festem Zustande noch durchlässig genug, um ein oberflächliches Abfließen zu verhindern und das Wasser rasch aufzunehmen. Auf schwerem Boden sind dagegen bei dichter Lagerung die Kapillaren so eng, daß sie das aufgenommene Wasser sehr fest halten und nur langsam weiterleiten, daß die Niederschläge oberflächlich sich ansammeln bzw. abfließen und verdunsten. Eine starke Lockerung zur Bildung gleichmäßig verteilter, nicht kapillarer Hohlräume im Boden ist deshalb hier für eine rasche Aufnahme, Verteilung und Weiterleitung des Wassers besonders wichtig. Das gilt für alle feinerdereichen Böden des humiden Klimas, während die Steppenböden der Trockengebiete wesentlich günstiger gestellt sind. So weist MASSLOWA[1] darauf hin, daß im südrussischen Tschernosem die Porositätsverhältnisse durch die Bodenbearbeitung nicht wesentlich geändert und verbessert werden.

Die Bedeutung dieser Strukturverhältnisse für die Verdunstung werden wir bei Besprechung der Pflegemaßnahmen des Bodens während der Vegetationsperiode näher kennen lernen.

Die Bearbeitung muß sich nun notwendig auf die oberen Schichten des Bodens beschränken. 20 cm Tiefe werden dabei fast überall, über 50 cm nur selten erreicht. Die Wasserführung dieser Schichten kann aber allein auch bei günstigster Struktur nicht genügen, um eine ausreichende Wasserspeicherung zu sichern. Deshalb sind Untergrundsverhältnisse und Tiefgründigkeit von so großer Bedeutung, indem überschüssige Wassermengen, die die bearbeitete Krume trotz günstigster Struktur nicht festzuhalten vermag, in einem Falle vollkommen in tieferen Schichten gespeichert werden, im anderen Falle bei Flachgründigkeit abfließen und verloren gehen. Den Wirkungsmöglichkeiten der Bodenbearbeitung sind somit auf flachgründigen Böden viel engere Grenzen gesetzt.

Wie sehr der Wassergehalt tiefer Bodenschichten durch die Bearbeitung der Ackerkrume beeinflußt wird, mögen folgende Zahlen von BLOHM[2] andeuten, die sich auf den tiefgründigen Hallenser Lehmboden beziehen:

Tiefe cm	Bearbeitet % Wasser	Unbearbeitet, 4. Juni gegraben % Wasser	Fruhjahr gegraben gehackt % Wasser
15—20	10,79	11,19	11,66
	10,88	11,45	11,67
30—35	—	11,57	11,70
	10,76	11,72	11,74
75—80	11,17	11,61	12,26
	11,04	11,43	12,17

[1] MASSLOWA, A.: Zur Frage der Porösität und Durchlüftung des Tschernosembodens. Z. landw. Versuchswes. Charkow 5, 95 (1924).

[2] BLOHM, G.: a. a. O., S. 385.

Die Ergebnisse wurden am 4. Juli gewonnen, nachdem in den letzten 4 Wochen 29,3 mm Regen gefallen waren. Selbst die am 4. Juni gegrabenen Teilstücke zeigen infolge der Oberflächenlockerung eine deutliche Wasseranreicherung gegenüber den unbearbeiteten, die allerdings in den tieferen Schichten gering ist. Dagegen zeigt der Boden nach rechtzeitiger Frühjahrsbearbeitung auch in 75—80 cm Tiefe einen wesentlich besseren Wassergehalt. Der Unterschied von rund 1 % gegenüber „unbearbeitet" erscheint allerdings nicht so bedeutend. Geht man aber von einem mittleren Lehmboden aus, so entspricht 1 % Feuchtigkeit auf 75 cm Tiefe einer Wassermenge von rund 1000 dz je Hektar oder einer Regenhöhe von 18 mm, die der bearbeitete Boden mehr gesammelt hat als der unbearbeitete. Nach den erwähnten Untersuchungen von v. SEELHORST u. a.[1] würde diese Wassermenge ausreichen, um ungefähr 3 dz Trockensubstanz zu erzeugen. Die Bedeutung dieser Zahlen wird aber erst klar, wenn man überlegt, daß die Mehrzahl der Kulturpflanzen das Wasser noch aus 1—2 m Tiefe aufnehmen und der Unterschied im Feuchtigkeitsgehalt in normalen Jahren kein einmaliger ist, sondern sich nach jedem ergiebigen Regen wieder einstellt und so den Kulturpflanzen immer von neuem während der Vegetationszeit ein Mehr an Feuchtigkeit infolge der Bodenbearbeitung zur Verfügung steht, so daß wesentliche Ertragssteigerungen dadurch bedingt werden können.

BLOHM[2] erklärt die Erscheinung der höheren Wasserspeicherung tieferer Bodenschichten infolge Bearbeitung der Ackerkrume „durch die wirksame und wichtige kapillare Verbindung innerhalb der gesamten Bodensäule, auf Grund welcher auch die Bodenschichten unter der Ackerkrume um so mehr Wasser kapillar halten können, je höher das kapillare Fassungsvermögen der Ackerkrume ist. Der hohe Einfluß der Struktur und des Wassergehaltes der Ackerkrume auf die Wasserführung des Untergrundes beweist, daß in der richtigen Bearbeitung und Pflege dieser das beste Mittel zur Aufschließung der tieferen Bodenschichten liegt." ROEMER[3] spricht in diesem Zusammenhang von einer Fernwirkung der Bodenbearbeitung sowohl örtlich in bezug auf den Untergrund wie zeitlich im Hinblick auf die langanhaltende Wirksamkeit der verbesserten Strukturverhältnisse.

Das Wasser ist aber nur ein, wenn auch sehr wichtiger Faktor, der bei der Bodenbearbeitung Berücksichtigung verdient. Hat man einen völlig mit Wasser gesättigten Boden, in dem das Wasser das gesamte Porenvolumen erfüllt, so beobachtet man starke Schädigungen im Wachstum der Kulturpflanzen, die dadurch in ausgesprochener Weise unter Luft- und Sauerstoffmangel leiden. Bekannt ist die Erscheinung, daß ein überschwemmter Zuckerrübenbestand welkt, weil die Wurzeln infolge Sauerstoffmangel nicht mehr zu arbeiten vermögen. Es kann also weder der Wassergehalt noch das Porenvolumen allein als Maßstab für die Güte der Bodenstruktur dienen. Entscheidend wird vielmehr das Verhältnis von Luft zu Wasser im Porenvolumen sein, und es entsteht somit für die Bodenbearbeitung die wichtige Frage, wo das Optimum dieses Verhältnisses liegt, das anzustreben ist.

Zuvor muß man sich aber darüber klar sein, daß die Bodenluft ein sehr beweglicher Faktor ist und außerdem eine recht wechselnde Zusammensetzung zeigen kann[4]. Es genügt hier, einige Angaben von RUSSELL[5] auszugsweise wiederzugeben:

---

[1] Vgl. S. 105.
[2] BLOHM, G.: a. a. O., S. 386.
[3] ROEMER, TH.: Handbuch der Landwirtschaft **2**, 223. (1928).
[4] Vgl. dieses Handbuch **6**, 256—342.
[5] RUSSELL, E. J.: Boden und Pflanze, S. 141. 1914.

Gehalt der Bodenluft an CO_2 nach Volumprozenten.

Boden	Gew. Zusammensetzung	Beobachtete äußerste Grenzwerte
Weideland	0,5—1,5	0,5—11,5
	0,8	0,4—2,3
Unbestelltes Ackerland ohne Düngung:		
Sandboden	0,16	0,05—0,30
Lehmboden	0,23	0,07—0,55
Moorboden	0,65	0,28—1,40
Sandboden gedüngt und bestellt mit:		
Kartoffeln	0,61	0,09—0,94
Serradella	0,18	0,12—0,38

Danach schwankt der Gehalt der Bodenluft an Kohlensäure in verhältnismäßig weiten Grenzen, wenn auch Extremwerte, wie die angegebenen 11,5%, selten sind und nur bei Stauung der Kohlensäure im Boden oder in tieferen Schichten auftreten können. So fand FODOR[1] in 1—4 m Tiefe Kohlensäurekonzentrationen von 1—4 und selbst 8%. Wenn wir uns hier auf die Angabe des Kohlensäuregehalts beschränken, so ist das darin begründet, daß Sauerstoff- und Kohlensäurekonzentration meist umgekehrt variieren und die Kohlensäure bereits bei geringen Konzentrationen schädlich werden kann. LUNDEGÅRDH[2] bezeichnet 1% als untere Vergiftungsgrenze und gibt an, daß bei einem Kohlensäuregehalt von 1—2% Kopfkohl, Futterrüben und Hafer deutliche pathologische Erscheinungen zeigten und die Keimung und das Wachstum von Weizenkeimlingen nachließ, während andere Pflanzen weniger empfindlich sind. Bci 3—5% CO_2 im Boden beobachtete er aber allgemein starke Hemmungen des Wachstums. Nun fanden sowohl RUSSELL und APPLEYARD[3] wie LUNDEGÅRDH[4] u. a., daß besonders im Frühjahr und Herbst auch auf Kulturböden während Zeiten von 1—2 Wochen Kohlensäurekonzentrationen von 1,5—2,5% in der obersten Bodenschicht von 15 cm Tiefe auftreten können, die zweifellos wachstumshemmend zu wirken vermögen. Da nun aus verschiedenen Quellen im Boden dauernd Kohlensäure gebildet wird, so ist eine schädliche Konzentration im Boden nur zu vermeiden, wenn ein regelmäßiger Austausch zwischen Bodenluft und Atmosphäre stattfindet. Ob dieser Austausch ausschließlich oder doch vorwiegend auf dem Wege der Diffusion stattfindet, wie LUNDEGÅRDH[5], ROMELL[6], MAGERS[7] u. a. annehmen, oder ob Schwankungen des Luftdrucks, insbesondere kurzfristige Schwankungen, Temperaturunterschiede, Bewegungen des Grundwassers, eindringendes Regenwasser, Windwirkung usw. dabei eine wesentliche Rolle spielen wie RAMANN[8], MITSCHERLICH[9], KRANTZ[10], SCHMIDT und LEHMANN[11], DOJARENKO[12],

[1] FODOR, J. v.: Hygienische Untersuchungen über Luft, Boden und Wasser, S. 2. 1882.
[2] LUNDEGÅRDH, H.: Der Kreislauf der Kohlensäure in der Natur, S. 164. 1924.
[3] APPLEYARD, A.: The atmosphere of the soil, its composition and the causes of variation. J. agricult. Sci. 7, 1 (1915/16).
[4] LUNDEGÅRDH, H.: a. a. O., S. 166.
[5] LUNDEGÅRDH, H.: Klima und Boden, S. 297. 1930.
[6] ROMELL, L.: Die Bodenventilation als ökologischer Faktor. Dissert., Stockholm 1922.
[7] MAGERS, H.: Untersuchungen über die Produktion der Kohlensäure im Ackerboden und ihre Diffusion in die Atmosphäre. Wiss. Arch. Landw. A, 2, 472 (1930).
[8] RAMANN, E.: Bodenkunde, S. 386. 1911.
[9] MITSCHERLICH, E. A.: Bodenkunde, S. 172. 1920.
[10] KRANTZ, H.: Binnenversorgung durch Bodenkraftmehrung. 1924.
[11] SCHMIDT, W. u. P. LEHMANN: Versuche zur Bodenatmung. Sitzgsber. Akad. Wiss. Wien, 2a, 138, 823—852 (1929).
[12] DOJARENKO, A. G.: Die Faktoren des Bodenluftregimes. J. landw. Wiss. 2, 163 (1925).

BOUYOUCOS[1], bis zum gewissen Grad auch RUSSELL[2] meinen, ist vom Standpunkt der Bodenbearbeitung nur insofern wichtig, als im ersten Falle das Ziel der Bodenbearbeitung ein Bodenzustand sein muß, der den Diffusionsvorgang möglichst erleichtert, während im zweiten Falle die Durchlässigkeit für durchgepreßte Luft als Maßstab der Güte der Bearbeitung dienen kann. In beiden Fällen wird der Luftaustausch um so stärker sein, je größer die Porosität des Bodens ist. Besonders wird die Diffusion dann stark behindert werden, wenn die Diffusionswege enger werden als der freien Weglänge der Gasmoleküle entspricht, die ROMELL[3] bei gewöhnlichem Druck für CO_2 auf 0,06 μ, für O_2 auf 0,1 μ berechnet. Um sich über die Bedeutung dieser Zahlen klar zu werden, nimmt er an, daß bei Einzelstruktur und dichter Lagerung der Porendurchmesser ungefähr der Größe der Bodenteilchen gleichgesetzt werden kann. Demnach muß mit steigendem Gehalt an kolloiden Teilchen der Diffusionswiderstand erheblich zunehmen. Je schwerer im landwirtschaftlichen Sinne also die Böden sind, um so wichtiger wird eine Vergrößerung des Porenvolumens und Erweiterung der Poren durch Herstellung einer krümeligen Struktur, selbst wenn die Teilchen kolloider Größe nur einen beschränkten Anteil am Feinerdegehalt ausmachen. Weiterhin wird die Diffusion um so stärker herabgesetzt, je höher der Wassergehalt des Bodens ist und je mehr der Anteil der Bodenluft am gesamten Porenvolumen absinkt. In diesem Falle wird zugleich ein größerer Teil der Kohlensäure im Bodenwasser gelöst sein und somit praktisch für die Diffusion ausscheiden. Trotz dieser Zusammenhänge kann der Kohlensäuregehalt des Bodens an sich nicht als Maß der Durchlüftung dienen, wie LUNDEGÅRDH[4] des näheren ausführt, während die Diffusionszahl als diejenige Menge an CO_2, die in 1 Sekunde durch 1 cm^3 Boden hindurchgeht, wenn das Konzentrationsgefälle 1 Atm. beträgt, einen guten Anhalt für die Höhe der Durchlüftung gibt. Trotzdem ist die Diffusionszahl für unsere Zwecke nur beschränkt brauchbar, weil ihre Größe nicht nur vom Bodenzustand, sondern einer Anzahl anderer Faktoren abhängt.

Die Frage der Zusammensetzung der Bodenluft darf aber nicht einseitig vom Standpunkt der Kohlensäure aus betrachtet werden. Zwar ist die Frage nach der Höhe des Sauerstoffbedarfs der Wurzeln unserer Kulturpflanzen noch nicht eindeutig beantwortet (siehe MITSCHERLICH[5], STOKLASA[6], LUNDEGÅRDH[7], BORNEMANN[8] u. a.), während die Abhängigkeit der Bakterientätigkeit im Boden mit ihren günstigen Folgewirkungen von der Höhe der Sauerstoffversorgung und Durchlüftung allgemein anerkannt ist. Zugleich können aber nach LUNDEGÅRDH[9] gewisse Pilze und Bakterien auch sehr hohe CO_2-Konzentrationen schadlos vertragen. Sie sind also gegen Sauerstoffmangel empfindlicher als gegen CO_2-Überschuß. Ihr Ersatz durch anaerobe Bakterien und Pilze bei Luftmangel, die damit verbundene Einleitung von Fäulnisprozessen und Entstehung freier organischer Säuren bedeutet für die Kulturpflanzen aber eine starke Schädigung und Wachstumshemmung.

---

[1] BOUYOUCOS, G. J.: Beeinflussung der Bodendurchlüftung durch Änderung des äußeren Luftdruckes. Soil Sci. 18, 53 (1924).
[2] RUSSELL, E. J.: a. a. O., S. 140.
[3] ROMELL, L.: a. a. O. S. 60.
[4] LUNDEGÅRDH, H.: Der Kreislauf der Kohlensäure in der Natur, S. 156ff. 1924.
[5] MITSCHERLICH, E. A.: a. a. O., S. 168.
[6] STOKLASA, J. u. E. G. DOERELL: Handbuch der biophysikalischen und biochemischen Durchforschung des Bodens, S. 87. 1926.
[7] LUNDEGÅRDH, H.: a. a. O., S. 161.
[8] BORNEMANN, F.: Kohlensäure und Pflanzenwachstum. 1923.
[9] LUNDEGÅRDH, H.: a. a. O., S. 172.

Es ist deshalb nicht nur die Art der Zusammensetzung der Bodenluft wichtig, sondern auch ein ausreichender absoluter Luftgehalt des Bodens. Da aber die diesbezüglichen Vorgänge im Boden vorwiegend in der Richtung des Sauerstoffverbrauchs und der Kohlensäureerzeugung verlaufen, kann auch ein großer Luftgehalt nur dann seine günstige Zusammensetzung wahren, wenn ein genügend starker Austausch zwischen Bodenluft und Atmosphäre stattfindet. Beide Faktoren, Luftgehalt und Durchlüftung, sind also zur Beurteilung des Bodenzustandes wichtig. Wie SOYKA[1] feststellt, ist die Durchlässigkeit für Luft in erster Linie durch die Gestalt des Porenvolumens, erst in zweiter Linie durch dessen Größe bedingt. Die Gestaltung des Porenvolumens beeinflußt aber zugleich entscheidend den Wassergehalt und damit auch den Luftgehalt. Bei lockerer Lagerung nimmt die gleiche Wassermenge einen geringeren Volumanteil des Gesamthohlraumes ein als bei dichter Lagerung[2]. Der Luftgehalt nimmt somit bei lockerer Lagerung stärker zu als der Wassergehalt[3], bei verschiedenen Strukturverhältnissen allerdings in verschiedener Weise. Mit steigender Lockerung und Vergrößerung der Poren nimmt zugleich die Diffusion zu, so daß man also aus dem Luftgehalt auf die Durchlüftung bzw. aus der Luftkapazität als der Luftmenge bei voller Absättigung der Wasserkapazität oder der natürlichen Wasserführung auf die Durchlüftbarkeit des Bodens schließen kann.

So finden denn auch BURGER[4], KOPECKY[5], STOKLASA[6], VAGELER[7], HEINRICH[8] u. a., daß Luftkapazität und Durchlässigkeit für Luft enge Beziehungen zeigen und die Luftkapazität sehr wohl als Maß der Durchlüftung dienen kann. Dementsprechend bezeichnet KOPECKY[9] alle Böden mit einer Luftkapazität unter 6% als meliorationsbedürftig und nimmt als Mindestmaß für eine Wiese mit guten Gräsern 8—10%, für Ackerland 10—18% an. Die Zahl der Untersuchungen über diese Verhältnisse ist aber noch viel zu gering, als daß man sichere Folgerungen daraus ableiten könnte.

Für die Bodenbearbeitung ist es aber sehr wichtig, darüber unterrichtet zu sein, welches Maß der Durchlüftung angestrebt werden soll. Wenn deshalb die Größe der Luftkapazität als solche noch kein genügend sicheres Maß gibt, so muß versucht werden, auf anderem Wege zu einem Ergebnis zu kommen. Wir sahen, daß ein zu geringer Luftgehalt im Boden schädlich wirkt, ein steigender Luftgehalt dagegen den Ablauf der Umsetzungen und Vorgänge im Boden in einem für das Pflanzenwachstum günstigen Sinne beeinflußt, schließlich aber, wenn Luftgehalt und Durchlüftung extrem hohe Werte annehmen, die Umsetzungen so rasch und stark verlaufen, daß die Umsetzungsprodukte keine genügende Verwertung mehr finden. Eine stärkere Durchlüftung erzielt man durch Auflockerung des Bodens, wodurch das gesamte Porenvolumen ansteigt. Würde der Wassergehalt bei Auflockerung des Bodens durch Verdunstung oder Absickerung nicht beeinflußt werden, so müßte die gesamte Vergrößerung des Porenvolumens der Durchlüftung zugute kommen. Man darf aber bei dieser Betrachtung nicht vom augenblicklichen Wassergehalt ausgehen, sondern von

---

[1] SOYKA, J.: Beobachtungen über die Porösitätsverhältnisse des Bodens. Forschgn. Geb. Agrikult.-Phys. 8, 1—16 (1885).

[2] KLOEPPEL, R.: a. a. O., S. 487.

[3] BLOHM, G.: Der Einfluß der Bodenstruktur auf die physikalischen Eigenschaften des Bodens. Landw. Jb. 66, 177 (1927).

[4] BURGER, H.: a. a. O., S. 165. [5] KOPECKY, J.: a. a. O., S. 119.

[6] STOKLASA, J.: a. a. O., S. 87. [7] VAGELER, P.: Bodenkunde, S. 73. 1911.

[8] HEINRICH, R.: Grundlagen zur Beurteilung der Ackerkrume und Beziehung auf landwirtschaftliche Pflanzenproduktion, S. 123. 1882.

[9] KOPECKY, J.: a. a. O., S. 119.

der maximalen Wasserführung. Diese kann durch die Auflockerung ebenfalls ansteigen. Ob deshalb bei Auflockerung eine Verbesserung der Luftführung eintritt, wird davon abhängen, ob bei Auflockerung eines sehr dicht gelagerten Bodens die Zunahme der Wasserführung im gleichen oder geringeren Maße steigt als die Zunahme des gesamten Porenvolumens. Blohm[1] kommt auf Grund zahlreicher Untersuchungen zu dem Ergebnis: „Auf feinkörnigen Böden wird durch die Erweiterung des Porenvolumens eine Steigerung der gewichtsprozentigen Wasserführung erreicht, doch diese ist im Vergleich zur Vergrößerung des Porenvolumens so gering, daß der volumprozentige Wassergehalt in der Ackerkrume durch jede Auflockerung herabgemindert wird, zum mindesten aber nicht mehr nennenswert gesteigert werden kann (im Gegensatz zur volumprozentigen Wasserkapazität). Somit wird in der natürlichen Ackerkrume schon durch jede geringfügige Erweiterung des Porenvolumens eine nennenswerte Besserung der Durchlüftung erzielt.“ Blohm geht dabei von einem Lößlehm in gutem Kulturzustande aus und verwendet die Wasserführung in Prozenten des gesamten Volumens. Pieper[2] findet bei einem feinerdereichen, schweren Lehm, daß sich die Wasserkapazität bei der Erweiterung des Porenvolumens durch die Auflockerung verhältnismäßig stark erhöht, so daß die Durchlüftung anfangs nur wenig zunimmt. Dabei ist stets Voraussetzung, daß die Auflockerung völlig gleichmäßig erfolgt ohne Bildung großer Hohlräume. Geht die Auflockerung ungehemmt weiter, so muß schließlich das Maximum der Wasserführung überschritten werden. Es sinkt also dann bei weiterer Auflockerung der Wassergehalt, während das Porenvolumen zunimmt. Folglich nimmt die Durchlüftung jetzt stärker zu als das Porenvolumen und muß daher sehr groß werden.

Wo das Optimum der Durchlüftung, gemessen an der natürlichen Luftkapazität, also der Mindestdurchlüftung des an Ort und Stelle mit Wasser abgesättigten Bodens liegt, läßt sich nach den bisherigen Untersuchungen noch nicht sagen. Andererseits muß man berücksichtigen, daß die Auflockerung des Bodens zugleich der Erzielung einer möglichst hohen Wasserführung dienen soll, und die beiden Forderungen daher in Einklang gebracht werden müssen. Man kann daher mit Blohm[3] annehmen, „daß eine Erweiterung des Porenvolumens zugunsten der Durchlüftung noch so lange vorteilhaft wirkt, wie nicht das Optimum des Porenvolumens für die gewichtsprozentige Wasserführung überschritten wird“.

Diese theoretische Forderung wird sich auf verschiedene Bodenarten in verschiedener Weise auswirken. Die Sandböden sind an sich schon gut durchlüftet, während ihre Wasserführung infolge der groben Textur meist nur schwach ist. Die Tonböden auf der anderen Seite haben dagegen eine ebenso schlechte Durchlüftung, wie ihre Wasserführung hoch ist. Pieper[4] kommt deshalb bei seinen Untersuchungen verschiedener Bodenarten zu dem Ergebnis, daß auf den groben Sandböden bereits eine ganz geringe Auflockerung eine erhebliche Steigerung der Durchlüftung zur Folge hat, ohne daß dadurch ein Sinken der gewichtsprozentigen Wasserführung zu befürchten ist. Wird aber die Strukturauflockerung nicht sehr vorsichtig ausgeführt, so kann das Optimum der Wasserführung rasch überschritten werden. Je gröber somit die Böden sind, je geringer ihr Feinerdegehalt und ihre Wasserführung, um so geringer darf die Auflockerung durch die Bodenbearbeitung sein. Auf sehr feinerdereichen, schweren Lehmböden nahm dagegen die Durchlüftung bei schwachen Graden der Lockerung nur sehr wenig zu und erreichte erst bei intensiver Lockerung ausreichende

---

[1] Blohm, G.: a. a. O., S. 180.
[2] Pieper, G.: a. a. O., S. 209.
[3] Blohm, G.: a. a. O., S. 181.
[4] Pieper, G.: a. a. O., S. 211.

Maße. Dabei wurde zugleich auch die höchste gewichtsprozentige Wasserführung erzielt.

Übereinstimmend ergibt sich somit als Ziel der Bodenbearbeitung hinsichtlich Wasser- und Lufthaushalt des Bodens eine gleichmäßige Auflockerung, die um so geringer nur sein darf, je leichter der Boden im landwirtschaftlichen Sinne ist, um so intensiver sein muß, je schwerer die Böden sind. Aufgabe zukünftiger Untersuchungen muß es sein, für die einzelnen Bodenarten ein zuverlässiges Zahlenmaterial zu gewinnen.

Als dritter physikalischer Faktor des Bodens, dessen Beeinflussung in einem für das Pflanzenwachstum günstigen Sinne erstrebt werden muß, kommt die Wärme in Betracht. Hinsichtlich ihrer Wirkung auf die Wachstumsvorgänge genügt es festzustellen, daß bei niedriger Temperatur schon geringe Zunahmen eine ausgesprochene Wachstumssteigerung bedingen, während oberhalb bestimmter Temperaturen, die für einzelne Pflanzen verschieden liegen, das Wachstum nachläßt und schließlich ganz aufhört. Die Entstehung zu hoher Temperaturen im Boden wäre nur im Sommer möglich, wo jedoch im allgemeinen eine starke Pflanzendecke den Boden beschattet und vor unmittelbarer Einstrahlung schützt, so daß nur im heißen, trockenen Klima die Gefahr einer Überhitzung vorliegt. Anders liegen die Verhältnisse im Frühjahr. Hier befindet sich die Wärme meist im Minimum, der Boden ist kälter als die Luft, Keimung und Pflanzenwachstum werden verzögert und damit die Vegetationszeit verkürzt. Der Ertrag wird dadurch aber in ausgesprochener Weise beeinträchtigt, so daß die Erhöhung der Bodentemperatur im Frühjahr zur Ermöglichung einer zeitigen Bestellung und Entwicklung der Pflanzen eine wichtige Aufgabe der Bodenbearbeitung ist. Auch chemische Umsetzungen und bakterielle Vorgänge werden im Frühjahr wesentlich durch die Wärmeverhältnisse bestimmt, während das Wasser in dieser Zeit reichlich oder überreichlich vorhanden ist.

Wenn man nun nach Wegen sucht, um die Bodentemperatur durch die Bearbeitung zu beeinflussen, so zeigt sich, daß zwar eine reiche Literatur über das Verhalten des Bodens zur Wärme vorhanden ist[1], daß aber Untersuchungen über den Einfluß der Bearbeitung nur in ganz geringem Umfange vorliegen. Maßgebend ist für besagte Verhältnisse die Temperatur derjenigen Bodenschicht, in der sich die Hauptmasse der Wurzeln entwickelt. Das sind im allgemeinen die oberen 60 cm, die mehr oder weniger noch den Einwirkungen der täglichen Temperaturschwankungen der Luft unterliegen. Besonders gut zeigen die Untersuchungen von KEEN und RUSSELL[2], daß die Höchsttemperaturen in 15—20 cm Bodentiefe mit denen der Luft weitgehend übereinstimmen, während die Maximaltemperaturen der Erdoberfläche ebenso wie ihre Minimaltemperaturen während der warmen Jahreszeit weit höher liegen können als diejenigen der Luft. Die Temperaturkurve des Bodens in 15—20 cm Tiefe folgt allerdings derjenigen der Luft nur mit einer gewissen Verzögerung, so daß das Maximum nicht wie bei der Luft in den Mittagsstunden, sondern erst 2—3 Stunden später am Nachmittag erreicht wird. Gleiches gilt auch für die Mindesttemperaturen. Im Winter liegen die Verhältnisse, besonders bei gefrorenem Boden bei Schnee, wesentlich anders, so daß hier die täglichen Temperaturen von Luft und Boden nicht parallel gehen. Wenn man durch die Bodenbearbeitung einen Einfluß auf die Bodentemperatur ausüben will, so kann es sich vorwiegend nur um eine Änderung der Tageskurve der Temperatur im Sinne einer Verringerung der Amplitude handeln. Das würde vor allem im Frühjahr eine Rolle spielen, wo rascher Erwärmung tagsüber eine starke

[1] Vgl. dieses Handbuch **2**, 66 u. **6**, 342.

[2] KEEN, B. u. E. J. RUSSELL: The factors determining soil temperature. J. agricult. Sci. 11, 211—239 (1921).

Abkühlung nachts gegenüber steht, und die Nachtfröste erheblichen Schaden verursachen. Mit Recht weist aber BLOHM[1] darauf hin, daß die durch die Bodenbearbeitung erzielten Änderungen gegenüber den natürlichen, durch die Witterung bedingten Schwankungen der Temperaturkurve eines längeren Zeitabschnittes gering bleiben und völlig verdeckt werden müssen.

Eine Beeinflussung der Bodentemperatur erscheint möglich durch Veränderung der Einstrahlungsfläche, der Wärmekapazität oder der Wärmeleitungsfähigkeit des Bodens. Je größer die Oberfläche des Bodens wird, um so stärker muß die Wärmeaufnahme sein, die „unter sonst gleichen Umständen der Oberfläche der einzelnen Bodenpartikelchen proportional ist"[2]. Nach dem KIRCHHOFFschen Gesetz ist aber das Verhältnis zwischen Wärmeaufnahme und Wärmeabgabe gleich, so daß also kein Wärmegewinn für den rauheren Boden bleibt. Zwar weist MITSCHERLICH[3] darauf hin, daß die abgegebenen Wärmestrahlen eine andere Wellenlänge aufweisen als die aufgenommenen, und somit das KIRCHHOFFsche Gesetz für den Boden nicht gilt. Praktisch wirkt sich das aber so wenig aus, daß die Schaffung einer rauheren Oberfläche nur die Schwankungen der Temperatur gegenüber einem glatten Boden erhöht. Das ist aber, wie wir sahen, unerwünscht, um so mehr, als Ein- und Ausstrahlung nur so lange unmittelbar den Boden treffen, als er noch nicht von Pflanzen bestanden ist, also im Frühjahr, während im Sommer die Pflanzendecke die Ein- und Ausstrahlung übernimmt. Diese kurze Überlegung zeigt schon, daß eine Beeinflussung der Einstrahlung durch die Bodenbearbeitung nicht in Frage kommt.

Viel aussichtsreicher erscheint der zweite Weg einer Beeinflussung der Bodentemperatur durch Herabsetzung der Wärmekapazität des Bodens, die ja in erster Linie durch seinen Wassergehalt bestimmt ist. Allerdings wird diese Wirkung nur so lange einseitig in den Vordergrund treten, als der Boden noch völlig mit Wasser gesättigt ist, wie das im Winter und zeitigen Frühjahr der Fall ist[4]. Durch Wasserentzug wird man somit die Erwärmung im Frühjahr beschleunigen können. Das ist aber von größter Bedeutung. Der Wasserentzug kann stattfinden durch Verdunstung und Absickerung. Da die Verdunstung mit erheblicher Wärmebindung verbunden ist, wird sie im Frühjahr so lange eine rasche Erwärmung des Bodens verhindern, als dieser noch wassergesättigt und die Oberfläche gleichmäßig feucht gehalten ist. In diesem Zustande ist der Acker aber nicht bearbeitungsfähig, so daß eine Beeinflussung durch unmittelbare Bearbeitung nicht in Frage kommt. Wichtiger wird also die Begünstigung der Absickerung sein, die aber in diesem Falle durch Meliorationsmaßnahmen wie die Dränage viel eher erreicht wird als durch Bodenbearbeitung, die eine Auflockerung des Ackers herbeiführt. Aus der großen Zahl von Temperaturmessungen dränierter und nicht dränierter Böden seien hier nur die Zahlen von WOLLNY[5] angegeben, der im Mittel von 13 Versuchen im Frühjahr einen Temperaturunterschied von 7,1° C zugunsten des trockenen Bodens fand. Zu gleichen Ergebnissen kam KING[6] bei unmittelbaren Messungen am natürlichen Boden, wo er Ende April bei einer Lufttemperatur von 15,8—17,8° C Unterschiede von 7,0 und 6,7° C fand.

Die Auflockerung kann schließlich nur insofern auf die Wärmekapazität des Bodens einwirken, als ein lockerer Boden im gleichen Volumen weniger Boden-

---

[1] BLOHM, G.: Einfluß der Bodenbearbeitung auf die Bodentemperatur. Techn. Landw. 8, 48 (1927).
[2] MITSCHERLICH, E. A.: Bodenkunde, 3. Aufl., S. 28. 1920.
[3] MITSCHERLICH, E. A.: a. a. O., S. 37. [4] Vgl. dieses Handbuch 6.
[5] WOLLNY, E.: Untersuchungen über den Einfluß der Farbe des Bodens auf dessen Erwärmung. Forschgn. Geb. Agrikult.-Phys. 1, 43—69 (1878).
[6] KING, F. H.: The Soil. New York 1919.

teilchen und Wasser enthält, so daß die Wärmekapazität, die ja auf das Volumen bezogen wird, dadurch sich verringert. Ihre Bedeutung wird man aber nur richtig beurteilen können, wenn man gleichzeitig die Wärmeleitungsfähigkeit berücksichtigt, die in einem dicht gelagerten feuchten Boden wesentlich höher ist als in einem lockeren trockenen Boden, in dem die Luft mit ihrer geringen Leitfähigkeit gewissermaßen isolierende Schichten bildet. „Ohne Zweifel aber muß die Leitfähigkeit für die Erwärmung der tieferen Bodenschichten, die von der Einstrahlung direkt nicht getroffen werden, eine ausschlaggebende Rolle spielen[1]".

Im Hinblick auf die Bodenbearbeitung entsteht somit die Frage, wie sich ein Boden mit mittlerer Feuchtigkeit, der eine normale Bearbeitung ermöglicht, einmal im dichten unbearbeiteten, zum andern im gelockerten Zustande in bezug auf seine Temperatur verhält. Die ersten Untersuchungen darüber verdanken wir WOLLNY[2], der bei Beobachtungen vom 5. bis 13. Juni 1877 zu folgenden Ergebnissen kam:

°C	Humoser Kalksand		Reiner Kalksand		Quarzsand		Lehm	
	dicht	locker	dicht	locker	dicht	locker	dicht	locker
Tags	24,50	23,25	22,44	22,22	23,64	23,13	21,90	21,58
Nachts	21,98	21,95	19,79	19,97	19,73	19,93	20,38	20,23
Diff.	2,52	1,57	2,65	2,25	3,91	3,20	1,52	1,35

Durchweg ergibt sich, daß sich der dichte Boden tags stärker erwärmt, nachts tiefer abkühlt, so daß die Wärmeschwankungen größer sind als auf dem gelockerten Boden.

Zu ähnlichen Ergebnissen kam KING[3], der den mit einer Walze gedichteten Boden mit einem ungewalzten verglich und gleichfalls stärkere Wärmeschwankungen nach Walzenbearbeitung feststellte. Auch BOCKSCH[4] fand die größere Wärmeamplitude eines gewalzten gegenüber einem gehackten, also oberflächlich gelockerten Boden bei Messungen der Temperatur in 15 cm Tiefe. Die höheren Maximaltemperaturen eines festen unbearbeiteten Bodens konnte er sowohl in 15 wie 35 cm Tiefe von Mitte Juli bis 1. September verfolgen. NITZSCH[5], der sich eingehend mit den physikalischen Veränderungen des Bodens unter dem Einfluß der Bearbeitung beschäftigt hat, vergleicht die Temperaturen eines gefrästen und gepflügten Bodens vom 5. bis 9. August in Tiefen von 5, 25 und 45 cm und findet übereinstimmend für alle Tiefen stets höhere Temperaturgrade des gefrästen Bodens, während er am 13. März 1925 feststellt, daß der Frost auf dem Fräsland 101,5 mm, auf dem Pflugland 81,5 mm tief eingedrungen ist[6], das sind Ergebnisse, die durch entsprechende Messungen von BLOHM[7] bestätigt werden. Die Erklärung sucht NITZSCH in einer besseren Lockerung der gefrästen Teilstücke und damit stärkeren Herabsetzung des Volumgewichts und des auf das Volumen bezogenen Wassergehalts als beim Pflug. Der gefräste Boden muß somit eine

[1] BLOHM, G.: a. a. O., S. 48.
[2] WOLLNY, E.: Untersuchungen über die Temperatur des Bodens im dichten und im lockeren Zustande. Forschgn. Geb. Agrikult.-Phys. **2**, 133 (1879).
[3] KING, F. H.: Physics of Agriculture, S. 222. Madison 1910.
[4] BOCKSCH, F.: Systematische Untersuchungen des Einflusses der angebauten Pflanzenarten und der Bodenbearbeitung auf den Wassergehalt und die Temperatur des Bodens usw. Landw. Jb. **1929**, 705.
[5] NITZSCH, W.: Der Einfluß der Bodenbearbeitung auf den Flächenertrag der Kulturen. Illustr. landw. Ztg. **46**, Nr. 13 (1926).
[6] NITZSCH, W.: Bodenbearbeitung zur Frühjahrssaat. Techn. Landw. **6**, 236 (1925).
[7] BLOHM, G.: a. a. O., S. 75.

geringere Wärmekapazität haben, die Nitzsch als maßgebend für das tiefere Eindringen des Frostes wie die höhere Erwärmung im Sommer ansieht.

Nähere Untersuchungen, die sich über eine ganze Vegetationsperiode erstrecken, liegen schließlich von Blohm[1] vor. Er vergleicht einen festen unbearbeiteten Boden mit einem vor Winter gegrabenen Teilstück und findet beim Vergleich der Bodentemperaturen in 15 cm Tiefe, daß sich in der Zeit vom 28. Februar bis 3. März 1925 der unbearbeitete feste Boden durchweg schneller erwärmt hat als der bearbeitete lockere. Schon eine oberflächliche Lockerung durch flache Hackarbeit setzte die Temperatur des bisher unbearbeiteten Bodens herab. Andererseits folgt im Herbst die Temperatur des unbearbeiteten Bodens der sinkenden Lufttemperatur viel rascher als die des gegrabenen lockeren Bodens. Messungen vom 19. November bis 3. Dezember zeigten, daß sowohl in 15 wie 40 cm Tiefe der bearbeitete Boden wärmer war, sich also langsamer abkühlte. In Übereinstimmung mit den oben erwähnten Arbeiten von Wollny, King u. a. waren überall auf dem unbearbeiteten Boden die Temperaturschwankungen am höchsten. Das prägt sich im Sommer deutlicher aus als im Frühjahr und Herbst. Die im Juni festgestellten maximalen Schwankungen der Bodentemperatur in fünftägigen Durchschnitten für 15 cm Tiefe gibt folgende Tabelle wieder:

	Unbearbeitet	Bearbeitet
15.—19. Juni	3,62	2,89
20.—23. Juni	5,02	4,33
24.—29. Juni	5,06	5,21

Aus diesen Ergebnissen zieht Blohm[2] folgende Schlüsse: Wärmeaufnahme und -abgabe spielen in 15 cm Bodentiefe keine Rolle, denn sonst hätte der rauhe gegrabene Boden mit der größeren Oberfläche die größten Temperaturschwankungen aufweisen müssen. Die Wärmekapazität kann nicht die ausschlaggebende Bedeutung haben, die Nitzsch ihr zuschreibt. Andernfalls müßte der gelockerte Boden mit der geringeren Wärmekapazität die raschesten Temperaturänderungen zeigen, während tatsächlich im festen Boden die Temperaturamplitude am größten ist. Die Erklärung kann nur in der verschiedenen Wärmeleitungsfähigkeit der Böden liegen, ein Ergebnis, zu dem bereits Wollny[3] kam. Der feste Boden leitet die eingestrahlte Wärme schneller in die Tiefe und erwärmt sich somit rascher. Im Herbst kühlt er sich andererseits wegen der besseren Leitfähigkeit schneller ab und läßt daher auch im Winter den Frost tiefer eindringen. Wenn bei den Untersuchungen von Nitzsch[4] das Fräsland sich rascher erwärmt, zugleich auch den Frost tiefer eindringen läßt als das Pflugland, so muß die Erklärung in der gleichmäßigen gesetzten Struktur des Fräslandes liegen, die eine bessere Wärmeleitung bedingt. Je ungleichmäßiger und grobscholliger ein Boden bearbeitet ist, je größere Hohlräume er enthält, um so schlechter muß seine Wärmeleitung sein, um so langsamer wird er sich erwärmen. Je fester und dichter er dagegen gelagert ist, um so rascher erfolgt die Erwärmung, um so größer sind aber auch die Wärmeschwankungen. Beide Verhältnisse sind für ein gedeihliches Wachstum der Pflanzen unerwünscht. Als Ziel der Bodenbearbeitung kann man deshalb eine gleichmäßige Lockerung des Bodens ansehen, die zu starke Temperaturschwankungen verhindert, deren Wärmeleitungsfähigkeit aber infolge Gleichmäßigkeit und Geschlossenheit der Struktur doch noch so hoch ist, daß eine befriedigende Erwärmung des Bodens im Frühjahr erzielt wird. Im Sommer dagegen schützt die Lockerheit den Boden vor übermäßiger Erwärmung, ein Vorteil, auf den bei Besprechung der Hackkultur noch näher einzugehen sein wird.

[1] Blohm, G.: a. a. O., S. 47 u. 74. [2] Blohm, G.: a. a. O., S. 76.

[3] Wollny, E.: Untersuchungen über die Temperatur des Bodens im dichten und im lockeren Zustande. Forschgn. Geb. Agrikult.-Phys. **2**, 162 (1879).

[4] Siehe S. 115.

Zusammenfassend ergibt sich somit, daß man sehr wohl in der Lage ist, das physikalische Verhalten des Bodens zu Wasser, Luft und Wärme in einem für das Pflanzenwachstum günstigen Sinne zu beeinflussen. Als Ziel der Bodenbearbeitung in dieser Hinsicht kann man deshalb einen Zustand ansprechen, in dem der Boden so weit gelockert ist, daß er bei guter Durchlüftung die höchste Wasserführung und damit zugleich günstige Wärmeverhältnisse zeigt. Da die Kulturpflanzen an den physikalischen Bodenzustand weit höhere Ansprüche stellen als ein Teil der Wildflora, so kommt einer sorgfältigen Bodenbearbeitung zur Erzielung guter Feldbestände und hoher Ernten eine weit größere Bedeutung zu, als heute noch in der praktischen Landwirtschaft vielfach angenommen wird.

Chemische Eigenschaften.

Die Bodenbearbeitung soll alle natürlichen Hilfsquellen des Bodens zur bestmöglichen Ausnutzung und Entfaltung bringen. Dazu gehört auch eine möglichst weitgehende Ausnutzung des Nährstoffkapitals. „Der Zweck des Ackerbaus ist nicht etwa, das natürliche Nährstoffkapital zu erhalten, sondern es zu nutzen, in Umlauf zu setzen[1].“ Wie weit allerdings durch die Bodenbearbeitung eine Umwandlung unlöslicher in lösliche Nährstoffe stattfindet, darüber liegen besondere Untersuchungen kaum vor, soweit es sich um rein chemische Vorgänge handelt. Die zahlreichen Vegetations- und Feldversuche, bei denen die Höhe des Nährstoffentzuges festgestellt ist, geben kein Material zur Beurteilung dieser Frage, da nicht zu entscheiden ist, ob die Mehraufnahme an Nährstoffen allein eine Folge verbesserter Löslichkeitsverhältnisse oder der kräftigeren Entwicklung der Pflanzen auf dem physikalisch günstigen Boden ist. Andererseits ist diese bessere Entwicklung ja auch eine Folge der Bearbeitung und die von ihr ausgehenden Wirkungen müssen somit jedenfalls als mittelbare Folgen der Bearbeitung gewertet werden. Dahin gehört auch die kräftigere Kohlensäureausscheidung stärkerer Wurzelsysteme mit ihrer Bedeutung für den Chemismus des Bodens[2].

Zu den physikalischen Wirkungen, die unmittelbar auf die Löslichkeit der Nährstoffe einwirken, gehört die Austrocknung des Bodens. TACKE[3] ermittelte ihre lösende Wirkung auf den Phosphorsäure- und Kaligehalt von Marschböden und fand auch eine Erhöhung der Löslichkeit der Phosphorsäure auf verschiedenen Moorböden[4]. Er nimmt an, daß nur die an Humuskolloide gebundene Phosphorsäure infolge Herabminderns der kolloiden Eigenschaften leichter löslich wird[5]. Erinnert sei in diesem Zusammenhang an die Brandkultur der Hochmoore und das Brennen von Tonböden in der Eifel. Aus neuerer Zeit liegen besonders von russischen Forschern, wie LEBEDJANZEW[6], ACHROMEIKO[7] u. a., Untersuchungen

---

[1] ROEMER, TH.: Handbuch der Landwirtschaft **2**, 210 (1928).

[2] Siehe dieses Handbuch **7**, 378.

[3] TACKE, BR.: Über die Ergebnisse von Vegetationsversuchen mit Marschboden, ausgeführt an der Moorversuchsstation zu Bremen. Mitt. Dtsch. Landw. Ges. **17**, H. 18/19 (1902).

[4] TACKE, BR.: Über eine eigentümliche Eigenschaft der Phosphorsäure im Moorboden. Mitt. Ver. Förd. Moorkultur **12**, Nr. 21 (1894).

[5] TACKE, BR. u. H. IMMENDORFF: Untersuchungen über die Phosphorverbindungen des Moorbodens. Landw. Jb. **27**, Suppl. 4, 343 (1898).

[6] LEBEDJANZEW, A. H.: Das Trocknen des Bodens als einer der natürlichen Faktoren zur Aufrechterhaltung des Fruchtbarkeitszustandes desselben. Soil Sci. **18**, 419 (1924). — Die Beeinflussung der Ertragsfähigkeit eines Bodens durch vorherige Trocknung desselben. Z. Pflanzenern. usw. B, **7**, 199 (1928). — Das Austrocknen des Bodens als natürlicher Faktor bei der Entwicklung der Bodenfruchtbarkeit. Arb. landw. Versuchsstat. Schatilowo **21**, 60 (1928). — Über den Einfluß der Trocknung auf den Ertrag verschiedener Bodenarten in den Zonen der Tschernosem- und Podsolböden des europäischen Rußlands. Z. Pflanzenern. usw. A, **13**, 123 (1929).

[7] ACHROMEIKO, A.: Der Einfluß des Pulverisierens und Trocknens des Bodens auf dessen Fruchtbarkeit. Z. Pflanzenern. usw. A, **11**, 65 (1928).

an Steppen- und Podsolböden vor, die eine Bestätigung der TACKEschen Arbeiten bringen. Für deutsche Verhältnisse im semihumiden Klima ist diese Beobachtung immerhin nur von geringer Bedeutung; denn hier erstrebt man durch die Bearbeitung ja gerade eine Erhaltung der Feuchtigkeit und Verhinderung des Austrocknens. Wo dieses im Sommer auf abgeernteten Feldern einmal eintreten kann, macht der feuchte Herbst die Vorgänge wieder rückgängig.

Wenn somit hinsichtlich der Wirkung der physikalischen Bodenverbesserung auf den Nährstoffumsatz noch keine quantitativen Angaben gemacht werden können, so mag hinsichtlich des allgemeinen Verlaufs der Vorgänge auf die diesbezüglichen Abschnitte dieses Handbuches[1] verwiesen werden, aus denen hervorgeht, daß bei günstiger Regulierung des Wassergehaltes, steigender Durchlüftung und Wärme die Umsetzungen im Boden erhöht und die Löslichkeitsverhältnisse verbessert werden.

Biologische Eigenschaften.

Ein ganz wesentlicher Anteil an den Umsetzungen im Boden kommt aber den Kleinlebewesen und unter diesen den Bakterien zu. Ihr Verhalten und Tätigkeit im Boden, ihre Verbreitung und Lebensansprüche sind in diesem Handbuch so ausführlich erörtert, daß auf die betreffenden Abschnitte verwiesen werden kann[2]. Danach ist der feste, dicht gelagerte, unbearbeitete Boden nicht nur bakterienarm, die Tätigkeit der Bakterien ist auch gering. Mit zunehmender Durchlüftung und Wärme wird dagegen bei ausreichendem Wasservorrat das Bakterienleben ganz außerordentlich gefördert, soweit die notwendigen abbaufähigen Humussubstanzen im Boden vorhanden sind. Daß trotzdem das Optimum der Bakterientätigkeit im Boden kaum je erreicht wird, beweisen die Untersuchungen von RAHN[3], STEVENS und WITHERS[4] u. a., auf die hier nur kurz verwiesen sei. Sie zeigen, daß auf leichten Böden im allgemeinen der Wassergehalt, auf schweren die Durchlüftung zu gering ist. Die Bedeutung günstiger physikalischer Bodenbeschaffenheit für die aeroben Bakterien erhellt besonders aus den Unterschieden zwischen Ackerkrume und Untergrund. Je rascher in tieferen Schichten des Bodens die Durchlüftung zurückgeht, je mehr der Humusgehalt abnimmt, um so eher hört jede Bakterientätigkeit auf. Dementsprechend sind zwischen Steppen- und stark podsolierten Böden erhebliche Unterschiede vorhanden, die auch für die Aufwendungen und Art der Ausführung der Bodenbearbeitung von Bedeutung sind. Wenn so z. B. STOKLASA und ERNEST[5] in den oberen Schichten eines Bodens von 0—30 cm 1—8 Millionen Bakterien in 1 g Erde feststellen, in 60 cm Tiefe 300000 und in 80—100 cm 200000, so mag für die Besonderheit der Zahlen die betreffende Örtlichkeit eine besondere Rolle spielen, man mag außerdem den Bakterienzählungen an sich keinen allzu großen Wert für die wirklich vorhandenen Verhältnisse beimessen, der große Unterschied zwischen der regelmäßig beackerten und gelockerten Krumenschicht und dem nicht bearbeiteten dichten Untergrund ist doch deutlich.

---

[1] Dieses Handbuch, insbesondere **2**, 1 C.

[2] Dieses Handbuch **7**, 239 u. f., **8**, 599 u. f., **9**, 281 u. f.

[3] RAHN, O.: Die Bakterientätigkeit im Boden als Funktion von Korngröße und Wassergehalt. Cbl. Bakter. II **35**, 429 (1912).

[4] STEVENS, F. L. u. W. A. WITHERS: Nitrification in soils and in solutions. Cbl. Bakter. II **23**, 355 (1909). — Ammonification in soils and in solutions. Ebenda II **23**, 776 (1909). — Concerning methods for determination of nitrifying and ammonifying powers. Ebenda II **25**, 64 (1910). — The inhibition of nitrification by organic matter, compared in soils and solutions. Ebenda II **27**, 169 (1910).

[5] STOKLASA, J. u. A. ERNEST: Über den Ursprung, die Menge und die Bedeutung des Kohlendioxyds im Boden. Cbl. Bakter. II **14**, 728 (1905).

Von Einzelerscheinungen sei nur die Abhängigkeit von Azotobacter chroococcum von der Durchlüftung erwähnt, wie sie GERLACH und VOGEL[1] und vor ihnen BERTHELOT, SCHNEIDER, KOCH, REMY, LIPMANN, BROWN u. a. fanden. LÖHNIS[2] schätzt die Möglichkeit der Stickstoffbindung im Boden je nach der Güte des physikalischen Bodenzustandes auf 10—40 kg je Hektar und rückt damit die Bedeutung einer sorgfältigen Bodenlockerung ins rechte Licht, für die auch RIPPEL[3] wertvolle Belege gibt. Eine reiche Literatur, auf die hier nicht eingegangen werden kann, hat die Abhängigkeit der Nitrifikation von der Durchlüftung geklärt und gezeigt, daß Sauerstoffmangel unter bestimmten Voraussetzungen zur Denitrifikation führen kann und ganz allgemein dadurch die schädlichen Reduktionsvorgänge gegenüber den für das Pflanzenwachstum wichtigen Oxydationsvorgängen begünstigt werden. Man hat danach die Möglichkeit, mit Hilfe der Bodenbearbeitung die für das Pflanzenwachstum wertvollen Bakterienarten zu fördern, die ungünstigen Formen zu hemmen. Für die Zunahme der Salpeterbildung unter dem Einfluß sorgfältiger Bodenbearbeitung haben in letzter Zeit besonders russische Forscher sowie einige amerikanische Arbeiten[4] wertvolles Zahlenmaterial beigebracht.

Ganz besonders wichtig ist dies für die gesamten Vorgänge des Humusabbaues, deren günstiger Verlauf bis zur Kohlensäurebildung für die Fruchtbarkeit eines Bodens von größter Bedeutung ist. Es ist hier nicht der Ort, auf die Kohlensäurefrage an sich einzugehen. Daß aber ein fruchtbarer, in gutem physikalischem Zustand befindlicher Boden größere Kohlensäuremengen entwickelt als ein unfruchtbarer, dicht gelagerter Boden, ist nicht bestritten[5]. So fand STOKLASA[6] folgende Kohlensäurebildung je Hektar in einer Vegetationszeit von 200 Tagen:

Fruchtbarer Boden	Wenig fruchtbarer Boden	Unfruchtbarer Boden
120—160 dz CO_2	80—100 dz CO_2	40—60 dz CO_2

Am günstigsten sind gemeinhin die Strukturverhältnisse auf einem gebrachten Boden, dessen Untersuchung daher auch ein gutes Bild der gesteigerten Bakterientätigkeit gibt[7]. Schon WOLLNY[8] fand auf Brachland eine 5—10 mal so starke Kohlensäurebildung und 3—10 mal höhere Nitrifikation als auf Getreide- und Hülsenfruchtland. Besonders eingehend hat PFEIFFER[9] die stärkeren Umsetzungen auf gut bearbeitetem Brachland untersucht. In dem milden humosen Lößlehm von Lauchstädt fand HEINZE[10] als Folge intensiver Brachebearbeitung eine Salpeterstickstoffmenge von 85—97 kg je Hektar aus Humuszersetzung und freier Stickstoffbindung. Wenn diese Zahlen auch besonders hoch sind, so zeigen

[1] GERLACH, M. u. J. VOGEL: Stickstoffsammelnde Bakterien. Cbl. Bakter. II **8**, 673 (1902).

[2] LÖHNIS, F.: Die Bedeutung des Stickstoffs der Luft und des Bodens für die Pflanzenerzeugung auf dem Felde. Dtsch. landw. Presse **31**, 817 (1904). — Die Bedeutung der Stickstoffbindung in der Ackererde. Fühl. landw. Ztg. **58**, 425 (1909).

[3] RIPPEL, A.: Versuche aus dem Nachlaß von ALFRED KOCH. J. Landw. **72**, 30 (1924).

[4] Es seien hier nur die Namen A. A. KUDRIAWZEFF, A. W. SABASCHNIKOFF, F. SOBOLEW, S. DRATSCHEW, P. H. CARPENTER, A. K. BOSE, T. L. LYON deshalb genannt, weil sie ihren Versuchen unmittelbar verschiedene Bearbeitungsmaßnahmen zugrunde legen.

[5] LUNDEGÅRDH, H.: Kreislauf der Kohlensäure, S. 183ff.

[6] STOKLASA, J.: Neue Ausblicke auf dem Gebiet der Biochemie des Bodens und der Pflanze. Dtsch. landw. Presse **52**, 582 (1925).

[7] Siehe S. 287 u. f.

[8] WOLLNY, E.: Untersuchungen über den Einfluß der Pflanzendecke und der Beschattung auf den Kohlensäuregehalt der Bodenluft. Forschgn. Geb. Agrik. Phys. **3**, 8 (1880).

[9] PFEIFFER, TH.: Stickstoffsammelnde Bakterien, Brache und Raubbau. 1912.

[10] HEINZE, B.: Die Ergebnisse der Halleschen Untersuchungen über die Brache. Arb. Dtsch. Landw. Ges. **1928**, H. 364.

sie doch den hohen Wert der Bodenbearbeitung für die bakteriellen Vorgänge im Boden und geben ein gutes Bild, wie sehr man durch die Bodenbearbeitung nicht nur auf den physikalischen Zustand, sondern auch auf seine Fruchtbarkeit einwirken kann. „Der Landwirt neigt dazu, die Bodenbearbeitung allein nach dem physikalischen Zustand und Bedürfnis des Bodens durchzuführen, während die Auswirkung der Bodenbearbeitung auf die biologische Tätigkeit des Bodens mindestens gleich wichtig ist[1]."

Wirtschaftliche Aufgaben.

Die bisherigen Ausführungen gingen von der Annahme aus, daß zwar Zustands- und Lagerungsverhältnisse des Bodens sich ändern und daher durch die Bodenbearbeitung im landwirtschaftlichen Sinne günstig beeinflußt werden müssen, daß aber der Boden als solcher selbst unverändert bleibt. Das ist jedoch nicht der Fall. Die natürlichen Umweltbedingungen, insbesondere das Klima, bedingen ebenso wie die Kulturmaßnahmen des Menschen mit Hilfe der Düngung oder auch der Bearbeitung selbst Veränderungen, die sich teils rascher, teils auch sehr langsam vollziehen, schließlich aber doch von wesentlicher Wirkung sind. Die auffallendste Erscheinung in dieser Hinsicht ist die Untergrundbildung in humiden Gebieten[2], die schließlich zur Erscheinung des sog. „toten Bodens" führen kann. Sie hat landwirtschaftlich seit jeher starke Beachtung gefunden, wie die Ausführungen von v. ROSENBERG-LIPINSKY[3], WOLLNY[4], HABERLANDT[5], ORTH[6], THOMS[7] u. a. zeigen, während in neuerer Zeit die Erscheinung besonders von bodenkundlicher Seite bearbeitet wurde[8]. Auf die großen Unterschiede, die sich daraus für die Landwirtschaft humider und arider Gebiete ergeben, hat zuerst E. W. HILGARD[9] eindringlich hingewiesen. Man muß also im humiden Klima mit einem Hinabspülen feinster Bodenteilchen durch das salzarme Wasser der Niederschläge rechnen, um so mehr, als gerade im Winter bei reichlichen Niederschlägen der Boden der Hauptsache nach kahl ohne jede Pflanzendecke zu sein pflegt und sich in lockerer Aufschüttung befindet, so daß der Vorgang dadurch wesentlich erleichtert wird. Je nach der Menge der Feinerde, die der Boden enthält, dem Grad seiner Lockerheit, der Größe der Hohlräume und Poren sowie der Höhe der Niederschläge und vor allem auch nach der chemischen Zusammensetzung des Bodens wird sich der Vorgang stärker oder schwächer, rascher oder langsamer vollziehen. Ein Stück Weges wird aber zurückgelegt. Die Verarmung der Ackerkrume an diesen feinerdigen und kolloiden Bestandteilen widerspricht aber den Interessen der landwirtschaftlichen Kultur. Daraus erwächst der Bodenbearbeitung die Aufgabe, diesen Vorgang, soweit er nicht durch Maßnahmen anderer Art verhindert werden kann, aufzuhalten oder wieder rückgängig zu machen, worauf EHRENBERG[10] zuerst nachdrücklich hingewiesen hat. Das ist aber nur möglich, wenn der Boden bei der Bearbeitung nicht nur gelockert,

---

[1] ROEMER, TH.: Handbuch der Landwirtschaft 2, 219 (1928).
[2] Dieses Handbuch 5, 6.
[3] ROSENBERG-LIPINSKY, A. v.: Praktischer Ackerbau, 7. Aufl., 2, 133 (1890).
[4] WOLLNY, E.: Untersuchungen über das Verhalten der atmosphärischen Niederschläge zur Pflanze und zum Boden. Forschgn. Geb. Agrikult.-Phys. 18, 201 (1895).
[5] HABERLANDT, G.: Wissenschaftliche und praktische Untersuchungen auf dem Gebiet des Pflanzenbaus 1, 8 (1875).
[6] ORTH, A.: Abhandlungen zur geologischen Spezialkarte Preußens 2, H. 2, 106.
[7] THOMS, G.: Kurze Charakteristik der Ackererden Kurlands und Livlands. J. Landw. 44, 322 (1896).
[8] EHRENBERG, P.: Bodenkolloide, 3. Aufl., S. 179ff. 1922.
[9] HILGARD, E. W.: Soils, S. 98ff. u. 161ff. New York 1906.
[10] EHRENBERG, P.: a. a. O., S. 183.

sondern auch gewendet wird. Die Tiefe der Wendung hätte sich dabei nach der Stärke des Absinkens der feinsten Teile zu richten, die je nach den natürlichen und Kulturverhältnissen recht verschieden sein kann, ohne daß bisher von landwirtschaftlicher Seite Untersuchungen über diese Fragen vorlägen. Die bodenkundliche Seite des Vorgangs kann dagegen hier nicht erörtert werden. Unter gleichen Boden- und Kulturverhältnissen würde man aber zu der Annahme gelangen, daß die Wendung um so tiefer erfolgen muß, je stärker humid das Klima ist, während im ausgesprochen ariden Klima eine Wendung ganz erspart werden könnte, da hier ja der Auswaschungsvorgang fehlt. Demgegenüber gibt allerdings eine Angabe von KOSSOWITSCH[1] zu denken, der Untersuchungen von S. WEPSOTZKY erwähnt, nach denen auch in der russischen Schwarzerde mit zunehmender Tiefe eine Verminderung der Porosität eintritt. Es liegt der Gedanke nahe, daß auch hier ein Absinken feinster Teilchen vor sich geht, wenn dieser Schluß auch nicht bindend ist. Im humiden Klima wird andererseits von dem Vorgang nicht nur die Ackerkrume betroffen, sondern auch die oberen Schichten des Untergrundes, wie in Band 2 des Handbuches näher ausgeführt ist. Dementsprechend fand HALL[2] auf dem Brachfeld in Rothamsted folgenden Anteil an feinsten Teilchen unter 0,002 mm Durchmesser: 0—9 Zoll Tiefe 17,6%, 9—18 Zoll 28,7%, 18—27 Zoll 40,0%. Sollte somit der gesamte Auswaschungsvorgang rückgängig gemacht werden, so müßte die Wendung des Bodens in erheblicher Tiefe erfolgen und auf jeden Fall auch die oberste Untergrundschicht erfassen. Demgegenüber vertritt EHRENBERG[3] den Standpunkt, daß die unterhalb der Ackerkrume absinkenden feinsten Teilchen „nur ein außerordentlich geringer Bruchteil der durch die Niederschläge hinabgeführten" sind. Entscheidend wird also die Wendung der Ackerkrume sein. Immerhin nimmt man dann einen gewissen Verlust in Kauf. Würde sich die Wendung auch auf die von der Auswaschung betroffenen Teile des Untergrundes erstrecken, so wäre die Folge, daß sog. toter Boden des Untergrundes nicht nur mit der Ackerkrume vermengt, sondern sie auch in mehr oder weniger starker Schicht bedecken würde. Andererseits würde die Ackerkrume in tiefere Lagen als bisher kommen. Solche Fälle sind bei Einführung der Tiefkultur in die Landwirtschaft häufig beobachtet[4]. Je ausgesprochener dabei die Untergrundbildung ist, um so stärker ist die Anreicherung der Ackerkrume mit kolloiden Teilchen und die Verschlechterung der Struktur durch den in Einzelstruktur liegenden Untergrundboden, so daß erhebliche Kalkmengen nötig sind, um eine Absättigung der kolloiden Teilchen und eine Verbesserung der Struktur zu erreichen, die die Grundlage einer befriedigenden Ertragsfähigkeit ist[5]. Gleichzeitig werden die Humusstoffe und Bakterien der Ackerkrume auf eine größere Tiefe verteilt und damit verdünnt, ein Teil der Bakterien auch in Tiefen gebracht, wo der nötige Sauerstoff für eine befriedigende Entwicklung um so mehr fehlt, als durch den beigemengten und heraufgebrachten Untergrundboden die Durchlüftung an sich herabgesetzt wird. So nimmt ROEMER[6] an, daß auf schwerem, wenig durchlüfteten Boden bereits ein Einbringen in 20 cm Tiefe das Bakterienleben erheblich schädigt, während selbst auf am besten durchlüfteten Böden diese Grenze bei 35 cm Tiefe erreicht wird. Starke Stallmistgaben zur Humusanreicherung würden somit neben der Kalkung

[1] KOSSOWITSCH, P.: Schwarzerde, S. 107ff. u. 135. Berlin 1917.
[2] HALL, A. D.: Book Rothamsted Experiments, S. 26. London 1905.
[3] EHRENBERG, P.: a. a. O., S. 188.
[4] Vgl. A. v. ROSENBERG-LIPINSKY: Der praktische Ackerbau **2**, 139. Breslau 1879. — O. VIBRANS: Wie tief soll man pflügen? Mitt. Dtsch. Landw. Ges. **19**, 115 (1904).
[5] Vgl.: Gare, Brache, Gründüngung, S. 287, 295; ferner vgl. S. 131, 166.
[6] ROEMER, TH.: Handbuch der Landwirtschaft **2**, 217. Berlin 1928.

eine notwendige Maßnahme zur Beseitigung nachteiliger Folgen tiefer Wendung sein. Schließlich weist schon SCHUMACHER[1] darauf hin, daß daneben der Frost bestens geeignet ist, die geschädigte Bodenstruktur wieder zu verbessern. Der notwendige Schluß wäre also, die gesamte gewendete Schicht in den Zustand der Ackerkrume zu versetzen. Das ist aber bei sehr tiefen Schichten allein aus Gründen der Wirtschaftlichkeit nicht möglich, da die Mehrzahl der Betriebe weder in der Lage ist, die dafür nötigen Humusmengen aufzubringen, noch die Kosten einer solchen Tiefbearbeitung zu tragen. Auf die wirtschaftliche Seite der Betrachtung näher einzugehen, ist hier nicht möglich. Ist somit auch die Tiefe der Ackerkrume beschränkt, so wird trotzdem in vielen Fällen die Möglichkeit bestehen, bei fortschreitender Podsolierung von Zeit zu Zeit eine vorsichtige Einmischung von Untergrund in die Ackerkrume vorzunehmen, eine Forderung, die auch von HEUSER[2] vertreten wird.

Ein gleichmäßiges Absinken der feinsten Teilchen durch die oberen Bodenschichten hindurch kann aber nur stattfinden, wenn der Boden völlig gleichartig ist und sich keinerlei Schichtenbildung findet. Tatsächlich treten aber Schichtenbildungen sehr häufig auf. Der einfachste Fall, der besonders in der alten Landwirtschaft sehr häufig war, ist das Auftreten von Pflugsohlen, wie sie von älteren Schriftstellern schon HABERLANDT[3] und BLOMEYER[4] neben anderen Autoren erwähnen. Wenn HILGARD[5] ihre Häufigkeit besonders für tonige Böden hervorhebt, so weist EHRENBERG[6] darauf hin, daß auch lehmige sowie humose, schwach saure Sande sehr dazu neigen. Die Möglichkeit ihrer Entstehung ist überall dort gegeben, wo in humiden Gebieten ein Absinken der feinsten Teilchen nicht durch wendende Bearbeitung unterbrochen wird und andererseits die Bearbeitung und Lockerung des Bodens stets auf gleiche Tiefe erfolgt. Es entsteht so eine ausgesprochene Grenzschicht zwischen der lockeren Ackerkrume und dem festeren Untergrund, in dem die herabsinkenden Bodenteilchen Gelegenheit finden, fest hängen zu bleiben. „Jedes haften bleibende Bodenteilchen verengt wieder die vorhandenen Poren im Boden und bedingt, daß neuen Ankömmlingen noch weniger Gelegenheit gegeben ist, an dieser Grenze vorbei zu passieren[7]". Verstärkt wird die Erscheinung noch durch den Tritt der Zugtiere und unzweckmäßige Bauart des Pfluges, der beim Entlanggleiten auf der Furchensohle diese zusammendrückt oder bei nassem Wetter gar verschmiert. Die gut wendende Arbeit der neueren Pflugarten hat die Pflugsohle mehr oder weniger zum Verschwinden gebracht und damit für die humiden Gebiete den Wert einer wendenden Bodenbearbeitung erwiesen.

Die stärker verhärteten Schichten des Ortsteins, des Knicks der Marschen oder gar der Raseneisensteine und ähnlicher Bildungen können wegen der verschiedenen Tiefe, in der sie auftreten, nicht in gleicher Weise wie die Pflugsohle durch die Bodenbearbeitung erfaßt werden. Zudem ist die Bodenbearbeitung allein nicht in der Lage, das Auftreten dieser Schichtenbildungen zu verhindern. Wo diese deshalb in erreichbarer Tiefe anstehen, wird es darauf ankommen, sie durch die Bearbeitung zu zertrümmern und mit den übrigen Bodenschichten zu mischen. Wird dieser Mischvorgang jährlich oder im Verlauf von einigen Jahren

[1] SCHUMACHER, W.: Physik in Anwendung auf Agrikultur und Pflanzenphysiologie 1, 334 (1864).

[2] HEUSER, O.: Was können wir aus der neuen Bodenforschung für unsere Ackerkultur lernen? Illustr. landw. Ztg. **47**, 85 (1927).

[3] HABERLANDT, G.: Wissenschaftliche praktische Untersuchungen auf dem Gebiet des Pflanzenbaues 1, 22. Wien 1875.

[4] BLOMEYER, A.: Die mechanische Bearbeitung des Bodens, S. 100. Leipzig 1879.

[5] HILGARD, E. W.: a. a. O., S. 186. [6] EHRENBERG, P. a. a. O., S. 483.

[7] EHRENBERG, P.: a. a. O., S. 482.

wiederholt, so erscheint er immerhin geeignet, die Neubildung verhärteter Schichten zu erschweren, falls es gelingt, den Chemismus des Bodens in zweckmäßiger Weise zu gestalten.

Schließlich erwächst der Bodenbearbeitung die Aufgabe, alle diejenigen Stoffe in den Acker zu bringen, die in irgendeiner Weise seiner Verbesserung in physikalischer, chemischer oder bakterieller Hinsicht zu dienen haben. Die Einmischung der anorganischen Düngemittel sowie bestimmter Meliorationsmittel gehört hierher, wenn es sich dabei in der Regel auch nur um eine sehr flache, oberflächliche Vermischung mit dem Acker handelt und eine Vermischung auf größere Tiefe gemeinhin nur für bestimmte Meliorationsmittel in Frage kommt.

Schwieriger liegt die Frage hinsichtlich der Einbringung von organischer Substanz in den Boden, also von Stallmist, Gründüngung, Kompost, Wurzel- und Stoppelrückständen der Ernte usw. Die Mischung allein führt hier entweder gar nicht oder nur sehr unvollkommen zum Ziel und ergibt nur für den Kompost befriedigenden Erfolg. Es muß somit die wendende Bearbeitung hinzutreten, die zwar die organischen Massen gut mit Erde bedeckt und somit die Aufgabe der Unterbringung gut löst, allein jedoch keine genügend gleichmäßige Verteilung im Boden herbeiführt. Dadurch entsteht die Gefahr, daß die Humusmengen zusammenhängende, isolierende Schichten bilden, die einmal der Wasserzirkulation abträglich sind, zum anderen eine zu starke Lockerung der obersten Bodenschicht bedingen. Wenden und Mischen sind hier also gleich wichtig, wenn der erstrebte Erfolg erreicht werden soll. Im übrigen sei auf die diesbezüglichen Ausführungen im vorliegenden Bande verwiesen[1].

Werden durch Wendung der oberen Schicht der Ackerkrume die Ernterückstände in den Boden gebracht, so erfüllt damit die Bearbeitung zugleich noch einen letzten Zweck, nämlich den der Unkrautbekämpfung. Das Abschneiden der Unkrautwurzeln und das Vergraben der oberirdischen Unkrautsubstanz im Boden bei der Wendung durch den Pflug stellt zwar die energischste, aber nicht alleinige Maßnahme der Unkrautbekämpfung mit Hilfe der Bearbeitung dar. Erwähnt seien die Wirkungen der Schleppe und Egge im Frühjahr, sowie die Bearbeitung des Bodens während der Vegetationszeit mit Hilfe der Hackkultur. „Im Vergleich zu der chemischen Unkrautvertilgung besitzt die Bodenbearbeitung im Kampf gegen das Unkraut die weit größere Bedeutung[2].“ Trotzdem geht es über den Rahmen der vorliegenden Darstellung hinaus, sich näher mit den Maßnahmen der Bodenbearbeitung hinsichtlich der Unkrautbekämpfung sowie auch der Unterbringung von Stallmist und Gründüngung zu beschäftigen. Diese besonderen Maßnahmen müssen hier ausscheiden, da es sich hier nur um eine Darstellung der wichtigsten allgemeinen Vorgänge im Boden bei der Bearbeitung handelt. Überall erkennt man dabei, daß die Erreichung der verschiedenen besprochenen Ziele immer wieder durch drei Maßnahmen angestrebt wird, durch ein Auflockern bzw. Verdichten, durch Mischen oder Wenden des Bodens. Es sind das in der Tat die drei wichtigsten Vorgänge, mit deren Hilfe man den Boden in einen für das Pflanzenwachstum günstigen Zustand versetzt.

Bodenstruktur.

Aus allen Ausführungen geht hervor, daß die Grundlage aller Bearbeitungsmaßnahmen die Herstellung günstiger physikalischer Bodenverhältnisse ist, die ihrerseits wieder in chemischer und biologischer Hinsicht wertvolle Folgewirkungen nach sich ziehen. Trotzdem gaben die bisher besprochenen physikalischen Untersuchungen allein kein vollkommenes Bild des zu erstrebenden Bodenzustandes.

---

[1] Siehe S. 287 u. 295. [2] ROEMER, TH.: a. a. O., S. 217.

Vielmehr kann der gleiche Boden bei demselben Gesamtporenvolumen dadurch wechselnde Werte für die Wasser- und Luftkapazität ergeben, daß die Lagerung der Bodenteilchen, somit also die Struktur des Bodens, verschieden ist. Ein Beispiel, das den Untersuchungen PIEPERS[1] entnommen ist, mag das belegen:

Schwerer humoser Lehm (Hadmersleben).

Struktur		Fein	Grob
Poren-Volumen		49,28 ± 1,08	48,11 ± 1,07
Wasserkapazität	Gew. %	32,91 ± 1,89	25,90 ± 1,08
	Vol. %	41,88 ± 2,58	33,84 ± 0,92
Luftkapazität		7,40 ± 3,11	14,27 ± 1,98

Die angewandte Untersuchungsmethode vermag eben nur die Größe des Porenvolumens, nicht aber seine Gestalt zu erfassen. Die stillschweigende Voraussetzung, die wir deshalb bisher gemacht haben, war, daß die Lagerungsverhältnisse bei Änderung des Porenvolumens gleich bleiben, sich somit nur die Größe, nicht aber die Gestalt der Hohlräume ändert. Für eine einfache und klare Erkennung der besprochenen Gesetzmäßigkeiten war diese Annahme notwendig, trotzdem sie tatsächlich nicht zutrifft, und zwar um so weniger, je mehr man es mit feinerdereichen Böden zu tun hat. Bei ihnen spielt die Struktur, in der sie sich befinden, eine sehr wichtige Rolle. Ist der Boden zu großen, groben Krümeln oder gar zu Klumpen zusammengeballt, so wird ein großer Teil der entstehenden Hohlräume nicht kapillar wirken und damit die Wasserkapazität im Verhältnis zum gesamten Porenvolumen gering sein, wie es obiges Beispiel zeigt. Befindet sich der Boden dagegen in feinkrümeligem Zustande, in welchem er aus kleinen gleichmäßig verteilten Krümeln besteht, so wird die Anzahl kapillar wirkender Hohlräume viel größer, wodurch die Wasserkapazität steigt. Besonders charakteristisch sind dabei die Unterschiede zwischen Einzelkorn- und Krümelstruktur[2]. Sie beeinflussen die Bodeneigenschaften in grundlegender Weise. Man entnimmt den Ausführungen in Band 6 dieses Handbuches, daß der in Einzelstruktur liegende Boden mit zunehmendem Feinerdegehalt überwiegend kapillare Hohlräume und damit hohe und steigende Wasserkapazitäten aufweist, während das Gesamtporenvolumen gering bleibt und die Durchlüftung schließlich bis zu völlig ungenügenden Werten absinkt. Geringe Wasserdurchlässigkeit bei starker Verdunstung sowie Sauerstoffmangel schädigen nicht nur die chemischen und biologischen Vorgänge im Boden, sondern sind in gleicher Weise dem Pflanzenwachstum abträglich. Eine gleichmäßige gute Krümelstruktur dagegen durchsetzt den Boden mit Hohlräumen verschiedener Größe, so daß wasser- und luftführende Hohlräume um so günstiger verteilt sind, je vollkommener der Zustand der Krümelung erreicht ist. Dieser Bodenzustand entspricht deshalb durchaus den Forderungen, die wir hinsichtlich der physikalischen Eigenschaften aufgestellt haben und sichert auch einen günstigen Verlauf der chemischen Umsetzungen sowie der Lebensvorgänge der Mikroorganismen. Man könnte darnach also einen Boden in Einzelstruktur einem festen Boden, den in Krümelstruktur einem lockeren Boden gleichsetzen. Wenn man von den gröberen Sandböden absieht, so wird dies in der Tat für alle Böden mit einem gewissen Feinerdegehalt zutreffen, und man kann die früheren Ausführungen über fest und locker gelagerte Böden auf solche in Einzel- und Krümelstruktur übertragen. Eine besondere Untersuchung der physikalischen Eigenschaften verschieden strukturierter Böden, die

[1] PIEPER, G.: Der Einfluß der Lockerung auf die Wasserführung und Durchlüftung verschiedener Böden. Wiss. Arch. Landw. A 1, 177 (1929).

[2] Siehe dieses Handbuch 6, 126.

volle Aufklärung über ihr Verhalten brachte, ist von WOLLNY und seinen Mitarbeitern in mehreren Arbeiten durchgeführt. Sie lassen deutlich den günstigeren Wasserhaushalt[1], die bessere Durchlüftung[2] und die vorteilhafteren Wärmeverhältnisse des gekrümelten Bodens erkennen, insbesondere, wenn man nicht, wie WOLLNY es tat, das Gesamtvolumen, sondern das Volumen der trockenen Bodensubstanz der Beurteilung zugrunde legt. Da die Untersuchungen somit nur die früher an festen und lockeren Böden gewonnenen Ergebnisse bestätigen, so sei auf die Beibringung weiterer zahlenmäßiger Unterlagen verzichtet. Der gekrümelte Boden wird somit für das Pflanzenwachstum, insbesondere auch für eine kräftige Wurzelentwicklung besonders günstig sein, während ein Boden in Einzelstruktur nach Ansicht einiger Forscher auch rein mechanisch das Wurzelwachstum erschwert. So weist ATTERBERG[3] darauf hin, daß bei Einzelstruktur die Porengröße durch die Korngröße der Bodenteilchen bestimmt wird. Körner unter 0,002 mm Durchmesser bilden aber so enge Poren, daß die Wurzelhaare der Gramineen mit einem Durchmesser von etwa 0,01 mm nicht einzudringen vermögen. Je feiner somit die Korngrößen eines Bodens werden, um so größere Bedeutung gewinnt die Krümelung, durch die dann allein eine günstige Größe und Gestalt des Porenvolumens erreicht werden kann. Die physikalische Struktur gewinnt somit vor anderen Faktoren ausschlaggebende Bedeutung für das Pflanzenwachstum. Das sieht man in der Landwirtschaft an den Tonböden, deren Ertragsfähigkeit viel mehr durch eine gute Krümelung als durch ihren Nährstoffgehalt bestimmt wird. Je schwerer im landwirtschaftlichen Sinne somit die Böden sind, um so größere Bedeutung gewinnen alle Fragen und Maßnahmen der Bodenbearbeitung.

In Verfolg dieser Gedankengänge kommt MITSCHERLICH[4] zu der Annahme, daß bei völliger Dichtlagerung des Bodens das Eindringen der Wurzeln erschwert wird. Ein Beiseiteschieben der Bodenteilchen durch die wachsende Wurzel erscheint ja nicht möglich, so daß die ganze überlagernde Erdsäule gehoben werden muß, während in einem gekrümelten Boden die einzelnen Krümel dem Druck der wachsenden Wurzel in benachbarte Hohlräume nachgeben. MITSCHERLICH nimmt deshalb an, daß die Wurzel bei Krümelstruktur einen erheblich geringeren Energiebedarf hat und deshalb größere Energiemengen auf das Wachstum der oberirdischen Teile verwenden könne. Dieser Auffassung widersprechen allerdings TH. PFEIFFER[5], AD. MAYER[6], EHRENBERG[7] und BLANCK[8] auf Grund eigener

[1] WOLLNY, E.: Untersuchungen über die physikalischen Eigenschaften des Bodens im dichten und im lockeren Zustande. Forschgn. Geb. Agrikult.-Phys. 5, 1 (1882). — Untersuchungen über den Einfluß der Struktur des Bodens auf dessen Feuchtigkeits- und Wärmeverhältnisse. Ebenda 5, 145 (1882). — Untersuchungen über die kapillare Leitung des Wassers im Boden. Ebenda 7, 269 (1884). — Untersuchungen über die Sickerwassermengen in verschiedenen Bodenarten. Ebenda 11, 1 (1888). — Untersuchungen über den Einfluß der Struktur des Bodens und dessen Feuchtigkeitsverhältnisse. Ebenda 16, 381 (1893).

[2] WOLLNY, E.: Untersuchungen über die Permeabilität des Bodens für Luft. Forschgn. Geb. Agrikult.-Phys. 16, 193 (1893).

[3] ATTERBERG, A.: Studien auf dem Gebiet der Bodenkunde. Landw. Versuchsstat. 69, 136 (1908).

[4] MITSCHERLICH, E. A.: Der Boden und die Bodenbearbeitung. Fühlings landw. Ztg. 58, 385 (1909). — Über den Wachstumsfaktor Energie. Ebenda 59, 261 (1910).

[5] PFEIFFER, TH. u. W. SIMMERMACHER: Über den Einfluß der Steine im Boden auf das Wachstum der Pflanzen. Landw. Vers. Stat. 93. 49 (1919).

[6] MAYER, A.: Pflanzenenergie und Bodenbearbeitung. Fühlings landw. Ztg. 59, 270 (1910).

[7] EHRENBERG, P.: Spielt der Energieverbrauch durch die Arbeit der Wurzeln eine erhebliche Rolle für die Entwicklung der Pflanze? Fühlings landw. Ztg. 59, 12 (1910). — Energie als Wachstumsfaktor. Ebenda 59, 267 (1910).

[8] BLANCK, E.: Über den Einfluß der Steine im Boden auf das Wachstum der Pflanzen. J. Landw. 78. 1. (1930).

Untersuchungen und z.T. der Arbeiten von PFEFFER[1], nach denen der Mehraufwand an Energie in diesem Falle praktisch bedeutungslos ist. Insbesondere weist EHRENBERG darauf hin, daß bei der Förderung des Wachstums durch die Bodenbearbeitung die energetischen Momente hinter den ernährungsphysiologischen ganz zurücktreten.

Klarheit besteht aber über die Tatsache des günstigeren Wachstums auf gekrümelten Böden. Den exakten Nachweis einer höheren Ertragsfähigkeit hat auch hier wieder WOLLNY[2] erbracht. Aus seinen Ergebnissen sei hier ein kurzer Auszug in der prozentischen Umrechnung von MITSCHERLICH[3] wiedergegeben.

Einfluß der Krümelstruktur des Bodens auf den Pflanzenertrag.

Feldfrucht	Boden pulverförmig	Boden gekrümelt	Feldfrucht	Boden pulverförmig	Boden gekrümelt
Sommerweizen.	78,9	121,1	Ackerbohne . .	89,1	110 9
Sommerroggen.	68,2	131,8	Kartoffel . . .	83,2	116,8
Gerste	89,3	110,7	Runkelrübe . .	88,6	111,4
Hafer	80,7	119,3	Rotklee . . .	79,3	120,7
Erbse	86,4	113,6	Luzerne . . .	72,2	127,8

Geht aus diesen Zahlen ganz allgemein die Überlegenheit des gekrümelten Bodens gegenüber einem solchen in Einzelstruktur hervor, so zeigen weitere Untersuchungen, daß auch mit Krümelung tieferer Schichten der Ertrag steigt:

Tiefe der Krümelung	10 cm	20 cm	30 cm	40 cm
Relativer Ertrag	72	91	109	128

Zu ähnlichen Ergebnissen kam in neuerer Zeit HOLLDACK[4] bei Feldversuchen in der Praxis, bei denen die gut gekrümelten und gelockerten Böden Mehrerträge von 15—30% gegenüber schlecht gelockerten brachten, ohne daß diese doch in ausgesprochener Einzelstruktur gelegen hätten. Man kann darnach mit Recht sagen, daß die Herstellung der Krümelstruktur das wichtigste Ziel der Bodenbearbeitung ist.

Diese theoretische Forderung begegnet bei ihrer Ausführung aber doch einer Reihe von Schwierigkeiten. Die Bodenbearbeitung als solche kann nur mechanisch wirken. Eine mechanische Zertrümmerung des Bodens braucht aber nicht zu einer Krümelung zu führen und wird es in vielen Fällen auch nicht. Nur wenn die Krümel im Acker bereits vorgebildet sind, kann der mechanische Vorgang der Bearbeitung sie von einander trennen und zu lockerer Aufschüttung bringen. Für den Landwirt ist es also wichtig, „daß der Kulturboden zunächst so behandelt werden muß, daß sich in ihm die Anordnung der ‚Krümelstruktur‘ vorläufig aus jener der ‚Einzelstruktur‘ heraus entwickelt und dann mit den dazu geeignetsten Geräten die Bearbeitung vorgenommen wird, welche die vorbereitete ‚Krümelstruktur‘ zur vollen Auswertung bringt und dadurch den Boden in den ‚gekrümelten‘, ‚gelockerten‘ Zustand möglichst vollkommener Güte überführt[5]“. Da die Krümelungsvorgänge aber an einen gewissen Gehalt kolloider Teilchen-

[1] PFEFFER, W.: Studien zur Energetik der Pflanzen. Abh. math.-physik. Kl. Kgl. sächs. Ges. Wiss. **18**, 203 (1893); **20**, 344 (1903); Pflanzenphysiologie **2**, 145 (1904).

[2] WOLLNY, E.: Untersuchungen über den Einfluß der Wachstumsfaktoren auf das Produktionsvermögen der Kulturpflanzen. Forschgn. Geb. Agrikult.-Phys. **20**, 66 (1897/98). — Untersuchungen über den Einfluß der physikalischen Eigenschaften des Bodens auf das Produktionsvermögen der Nutzgewächse. Ebenda **20**, 306 (1897/98).

[3] MITSCHERLICH, E. A.: Bodenkunde, 3. Aufl., S. 123. 1928.

[4] HOLLDACK, H.: Die Technologie des Bodens in Forschung und Anwendung. Techn. Landw. **9**, 63 (1928).

[5] PUCHNER, H.: Bodenkunde, S. 432. 1923.

größen mineralischer oder humoser Natur geknüpft sind[1], so bleiben sie auf Böden, die frei davon sind, aus. Das gilt in erster Linie für grobkörnige Sande, die allerdings mehr forst- als landwirtschaftlich von Bedeutung sind. Immerhin bleiben auch auf manchen landwirtschaftlich genutzten humusarmen Bleichsanden der Heiden die Krümelungserscheinungen aus, so daß also die vorgenannte Forderung hier nicht verwirklicht werden kann. Je feinerdereicher dagegen die Böden werden, um so wichtiger wird sie, um so schwieriger wird allerdings auch ihre Verwirklichung. Nur kurz sei hier daran erinnert, daß die Schwierigkeiten mit zunehmend humidem Klima wachsen, im ariden Klima sehr viel geringer werden. Die milden Steppenböden der Magdeburger Börde, der Breslauer Platte, des Gebietes zwischen Mainz und Mannheim und anderer kleiner Vorkommen lassen viel eher eine Krümelbildung eintreten und erhalten als z. B. tonreiche, ältere Marschen der Nordseeküste, auf denen andererseits aber, wie man erkennt, die Krümelung von besonders ausschlaggebender Wichtigkeit wird[2]. Wir entnehmen daraus, daß auch bei vorgebildeter Krümelstruktur die einzelnen Krümel in sich und untereinander um so fester verbunden sind und haften, je höher neben dem entsprechenden Elektrolytgehalt die Menge an Feinerde und kolloiden Teilchen mineralischer Natur und je stärker der Boden ausgetrocknet ist. Dagegen wird mit steigendem Humusgehalt eine derartige Verhärtung immer mehr herabgesetzt, so daß schließlich reine Humusböden gerade bei Trockenheit besonders locker sind. Ebenso zeigen die mit Schwarzerde bedeckten Steppenböden niemals einen derartigen Grad der Verhärtung wie Lehm- und Tonböden humider Gebiete. Diese Ausführungen werden durch folgende Untersuchungen PUCHNERS[3] bestätigt:

Trennungswiderstand in g.

Lehm	Korndurchmesser	Relative Wasserkapazität					
		100 %	80 %	60 %	40 %	20 %	0 %
	mm	g	g	g	g	g	g
Pulverförmig . .	0,0—0,25	35	272	775	1408	8125	12358
Krümelig. . . .	0,5—1,0	75	165	178	675	958	2092
	1,0—2,0	65	155	198	1542	2258	4967
	2,0—4,0	60	142	268	858	1258	7792
	4,0—6,75	55	125	408	817	1433	9025
	6,75—9,0	50	98	418	877	1725	10182
	0,5—9,0	58	85	115	492	808	1342
Kaolin		114	2404	9537	11870	15037	20037
Quarz		167	2837	4237	5137	8370	2370
Humus		115	1404	1904	1804	870	487

Es liegt im Interesse des Landwirts, bei der Bodenbearbeitung mit einem möglichst geringen Kraftaufwand auszukommen. Je trockener aber die feinerdereichen Böden sind, um so größer wird ihr Trennungswiderstand und damit der Kraftbedarf bei der Bearbeitung. Dazu kommt, daß die Verfestigung der einzelnen Bodenteilchen untereinander so groß wird, daß ein Zerfall nur unvollkommen eintritt. Zwar werden verschiedene Geräte auch verschiedene Wirkungen zeigen. Im großen und ganzen wird aber der Erfolg doch nur in einem

[1] Vgl. G. WIEGNER: Boden und Bodenbildung, 2. Aufl., S. 16. 1921 und P. EHRENBERG: Bodenkolloide, 3. Aufl., S. 118ff., 376ff. 1922.

[2] Hinsichtlich der Einzelvorgänge im Boden bei der Krümelbildung sei auf die entsprechenden Teile des Handbuches, insbesondere auch auf den Beitrag über „Gare, Brache, Gründüngung" verwiesen, S. 287, 295; hierzu vgl. auch S. 131, 166.

[3] PUCHNER, H.: Untersuchungen über die Kohäreszenz der Bodenarten. Forschgn. Geb. Agrikult.-Phys. **12**, 216, 220 (1889).

Losbrechen von Schollen bestehen, die mehr oder weniger regellos unter Bildung großer Hohlräume übereinander geworfen werden. Das erstrebte Ziel einer lockeren feinkrümeligen Aufschüttung wird also nicht erreicht. Zwar besteht die

Abb. 21a. Gepflügter Lehmboden. (Zu trocken gepflügt.)
(Aus ROEMER, Bodenbearbeitung im Handb. d. Landw.)

Möglichkeit, daß die Schollen bei längerer Lagerung allmählich unter dem Einfluß von Regen, Sonne und Wind zerfallen[1]; aber einmal erfordert dieser Vorgang Zeit, zum andern ist er völlig vom Verlauf der Witterung abhängig und wird bei trockenem Wetter sich nur unvollkommen vollziehen. Der Landwirt wird also in erhöhtem Maße vom Witterungsverlauf abhängig, während sein Streben darauf gerichtet sein muß, sich im Gegenteil so weit wie möglich unabhängig davon zu machen.

Abb. 21b. Gepflügter Lehmboden. (Zu naß gepflugt.)
(Aus ROEMER, Bodenbearbeitung im Handb. d. Landw.)

Der Forderung geringen Kraftbedarfs würde nach den obigen Zahlen am besten ein nasser oder gar wassergesättigter Boden gerecht. Aber auch er gibt nicht die Möglichkeit der Krümelung. Vielmehr ist hier der Zusammenhalt der einzelnen Bodenteilchen so gering, daß der Druck der bearbeitenden Geräte ge-

[1] Vgl. P. EHRENBERG: Bodenkolloide, S. 496. 1922.

nügt, um die Krümel zu zerstören und den Boden in Einzelkornstruktur zu überführen. Der Praktiker spricht dabei von einem Verschmieren des Ackers. Die Folgen sind einleuchtend. Etwa vorhandene Hohlräume, Risse oder Wurzelröhren im Boden werden ausgefüllt, die einzelnen Bodenteilchen so dicht aneinander gepreßt, daß je nach Größe der Gemengteile enge Kapillaren entstehen, die das Wasser stark halten, aber eine Durchlüftung nicht ermöglichen. ROEMER[1] vergleicht den Vorgang mit der Arbeit des Maurers beim Verputzen einer Hauswand, „wenn er mit der Maurerkelle die aufgebrachte Zementmischung glattstreicht: ein möglichst dichtes Abbinden des Materials, ein weitgehendes Schließen der Poren". Die mangelhafte Durchlüftung in nassem Zustande verhindert sowohl einen günstigen Verlauf der chemischen Vorgänge, als auch das Bakterienleben aufs empfindlichste geschädigt wird. Auch bei Austrocknung des Bodens oder der verschmierten Schollen wird die Durchlüftung nicht verbessert, weil die einzelnen Teilchen eng verkleben und sich nicht in Krümel auflösen. Der Boden verhärtet und verkrustet, die einzelnen Schollen trocknen zu steinharten Klumpen zusammen. Dazu kommt, daß der Boden auch in tieferen Schichten durch die Huftritte der Zugtiere oder das Gewicht der Arbeitsmaschine zusammengedrückt wird und verhärtet. Mit Hilfe der Arbeitsgeräte ist ein solcher Schaden nicht wieder gut zu machen. Erst die folgende Frostperiode kann ihn mindern. So schreibt VON RÜMKER[2] auf Grund seiner praktischen Erfahrungen und Beobachtungen: „Wird ein feinerdereicher, schwerer Lehm- oder Tonboden im Frühjahr naß gepflügt, so ist er für lange Zeit verdorben. Der Boden wird dadurch zum Zusammenfließen und Verschließen geneigt gemacht, und wenn man ihn nachher im Herbst aufbricht, ist er nicht locker und porös, sondern hart und fest, oder wenn er feucht ist, liegen beim Schälen die blanken Schwarten da; er krümelt und schüttet nicht und ist nicht gar zu bekommen." Deshalb warnen auch schon die älteren Schriftsteller wie VON ROSENBERG-LIPINSKY[3], BLOMEYER[4] u. a. aufs eindringlichste vor jeder nassen Bearbeitung feinerdereicher Böden. So klar der Vorgang für die praktische Beobachtung liegt und so einleuchtend er sich auch auf Grund kolloidchemischer und physikalischer Vorgänge erklären läßt, so sehr fehlen doch heute noch die experimentellen Grundlagen für eine einwandfreie Beantwortung der Frage, wenn man von einigen kolloidchemischen Arbeiten rein theoretischer Natur absieht. Dieser Zustand gilt leider noch für manche Frage der Bodenbearbeitung trotz der in den letzten Jahren einsetzenden außerordentlich starken Tätigkeit auf diesem Gebiet. Immerhin ist heute die Einstellung überwunden, die PUCHNER[5] noch 1911 geißelt, wenn er sagt: „Es gibt ein Gebiet der landwirtschaftlichen Technik, auf welchem es bisher für überflüssig und aussichtslos galt, den Erfolg geleisteter Arbeit auf experimentellem Wege nachzuprüfen. Das ist die mechanische Bodenbearbeitung."

Wenn man somit das Ziel einer lockeren Aufschüttung des Bodens erreichen will, so muß man ihn in einem Feuchtigkeitszustande bearbeiten, bei dem der einzelne Krümel bzw. kleine Krümelaggregate noch den Zusammenhalt wahren, größere Krümelverbände dagegen nur noch so locker aneinanderhaften, daß sie durch die bei der Bearbeitung aufgewendete mechanische Kraft aus dem Verbande gelöst und getrennt und zu einem lockeren Haufwerk aufgeschüttet

[1] ROEMER, TH.: Handbuch der Landwirtschaft **2**, 225 (1928).

[2] RÜMKER, K. v.: Der Boden und seine Bearbeitung. Tagesfragen mod. Ackerbau H. 1, 45 (1913).

[3] ROSENBERG-LIPINSKY, A. v.: Der praktische Ackerbau, 7. Aufl., S. 82—86. 1890.

[4] BLOMEYER, A.: Die mechanische Bearbeitung des Bodens, S. 29. 1879.

[5] PUCHNER, H.: Die Schollenanalyse, ein Mittel zur Bestimmung der Bodenstruktur. Mitt. Dtsch. Landw. Ges. **26**, 38 (1911).

werden. Bei diesbezüglichen Untersuchungen fand PUCHNER[1], daß bei 60% der relativen Wasserkapazität bei Ton der Zerfall in einzelne Brocken in größerem Umfange einsetzte. Aber erst bei 40% der relativen Wasserkapazität kam es ebenso wie auf anderen schweren Bodenarten zu einem krümeligen Zerfall der ganzen Masse. PUCHNER bezeichnet deshalb diesen Feuchtigkeitsgrad als den gegebenen für die Bearbeitung schwerer Böden. Ein anderes Maß wählte MITSCHERLICH[2], der die beste Krümelung dann fand, wenn der Boden so viel Wasser enthielt, als zur Benetzung seiner Oberfläche erforderlich ist. Der erforderliche Kraftaufwand ist dann zwar wesentlich höher als bei voller Wasserkapazität, bleibt aber um so mehr hinter dem Kraftbedarf völlig trockener Böden zurück je feinerdereicher der Boden ist. Je sandiger die Böden werden, um so geringer werden die Unterschiede im Kraftbedarf bei der Bearbeitung im Zustande verschiedener Feuchtigkeit[3]. Hat man einen ausgesprochenen Sandboden, der weder krümelt noch verschmieren kann, weil ihm der nötige Gehalt an Feinerde und kolloiden Teilchen fehlt, so kann er praktisch in jedem Feuchtigkeitszustande bearbeitet werden, ohne dadurch Schaden zu leiden. Auch für lehmige Sandböden mit einem Feinerdegehalt bis zu 15% ist die Spanne der Feuchtigkeitsgehalte, innerhalb derer der Boden noch ohne Schaden bearbeitet werden kann, ziemlich groß. Aber schon bei Feinerdegehalten von 25% wird sich die Bearbeitungsfähigkeit auf die angegebenen Feuchtigkeitsgehalte von 40—60% der Wasserkapazität beschränken.

Abb. 22. Durch Bearbeitung zerkleinerter, vorzuglich garer Boden. (Aus PUCHNER, Bodenkunde fur Landwirte.)

Daraus ergeben sich für die Praxis bei der Bearbeitung schwerer Böden erhebliche Schwierigkeiten, weil der Landwirt jetzt immer mehr von der Witterung abhängig wird und die Zeit, in der schwere Lehm- und Tonböden erfolgreich bearbeitet werden können, oft nur nach Stunden zählt. Das muß aber zur Folge haben, daß in vielen Fällen der volle Erfolg praktisch nicht zu erreichen ist. Um die Möglichkeit zu schaffen, sich über den strukturellen Zustand eines bearbeiteten Ackers einigermaßen sicher zu unterrichten, hat PUCHNER[4] seine Schollenanalyse ausgearbeitet. Sie beruht auf einer sorgfältigen Probenahme durch eine be-

---

[1] PUCHNER, H.: Untersuchungen über die Kohäreszenz der Bodenarten. Forschgn Geb. Agrikult.-Phys. **12**, 239 (1889).

[2] MITSCHERLICH, E. A.: Bodenbearbeitungsversuche. Mitt. Dtsch. Landw. Ges. **40**, 922 (1925).

[3] Vgl. H. PUCHNER: a. a. O., S. 220. — A. J. VON SCHERMBECK: Die Bodensonde. Forstwissensch. Zbl. **1902**, 145ff. — A. ATTERBERG: Die Konsistenz und die Bindigkeit der Böden. Internat. Mitt. Bodenkde. **2**, 175 (1912).

[4] PUCHNER, H.: Methode der Schollenanalyse. Mitt. Kgl. Prüfungsanst. u. Auskunftsstelle f. landw. Masch. Kgl. Akad. Weihenstephan **1909**, Nr. 50; s. a. Mitt. Dtsch. Landw. Ges. **27**, 665 (1912); Fortschr. Landw. **3**, 241 (1928); die Kritiken von F. BORNEMANN: Mitt. Dtsch. Landw. Ges. **28**, 77 (1913) und K. v. MEYENBURG: Ebenda **28**, 237 (1913).

sondere Stechröhre und Trennung des Bodens in drei Größensortimente nach dem Durchmesser der vorhandenen Krümel. PUCHNER unterscheidet dabei Krümel unter 20 mm Durchmesser, Brocken von 20—40 mm und Klumpen über 40 mm Durchmesser. Durch Probenahme bis zu 60 cm Tiefe und Zerlegung der Proben in mehrere horizontale Schichten, die getrennt untersucht werden, kann das Strukturbild des Bodens noch vervollkommnet werden. Ein richtiges Urteil erhält man natürlich nur durch Untersuchung einer größeren Anzahl von Proben. Auch ist die Methode weniger dazu angetan, feinere Strukturunterschiede festzustellen, zumal sie ja die untere Grenze der zu trennenden Krümelgrößen auf 20 mm ansetzt. Dagegen eignet sie sich, wie PUCHNER[1] selbst sagt, „so recht für die Bedürfnisse der derben landwirtschaftlichen Praxis". Aber auch für eine genauere Untersuchung der Wirkung einzelner Geräte ist sie in neuerer Zeit mit Erfolg verwendet worden. In abgeänderter Form und unter Verwendung anderer Krümelgrößen hat sie sich bei den Arbeiten des Instituts für Pflanzenbau in Halle, wie sie von MANGELSDORF[2], HORTSCHANSKY[3] und MÄRCKER[4] ausgeführt sind, bewährt.

Ist der Boden nun unter günstigen Bedingungen in einen guten Krümelzustand versetzt, so ist trotzdem das in der Bodenbearbeitung zu erstrebende Ideal noch nicht erreicht. Die mechanische lockere Aufschüttung des Bodens wird in vielen Fällen zu locker sein; die Durchlüftung ist dann gut, aber das Optimum der Wasserhaltung nicht erreicht. Zudem bietet der lockere Boden den Pflanzen keinen geeigneten Standort, da die Wurzeln nicht den nötigen Halt finden und bei ihrem Wachstum immer wieder auf Hohlräume stoßen. Immerhin kann hier ein künstliches Verdichten des Bodens durch besondere Bearbeitungsmaßnahmen Abhilfe schaffen, wenn diese Hilfe auch in vielen Fällen unvollkommen bleiben wird, weil eine gleichmäßige Verdichtung des ganzen gelockerten Bodens zur Herstellung der sog. geschlossenen Struktur mit der Schwierigkeit zu kämpfen hat, daß durch die von oben erfolgende Einwirkung die oberen Schichten stärker als die unteren getroffen werden. Aber auch dann ist es notwendig, wenn der Boden zu einem vollkommenen Pflanzenstandort werden soll, daß die chemischen, insbesondere auch kolloidchemischen Umsetzungen, sowie die Lebenstätigkeit der Kleinlebewesen, vor allem der Bakterien, in vollem Umfange einsetzen und zu stärkster Entwicklung kommen. Der Landwirt kann durch die Bearbeitung nur die Vorbedingungen dieser Entwicklung schaffen, die schließlich in gewisser Abhängigkeit vom Witterungsverlauf dahin führt, daß nach einigen Wochen der erwünschte Zustand erreicht wird, den man als Ackergare bezeichnet. Die Gare wird also nicht unmittelbar durch die Bearbeitung erreicht. Diese schafft vielmehr nur die Vorbedingungen, die ihren Eintritt ermöglichen. Von diesem Gesichtspunkt aus ist VON RÜMKER[5] beizupflichten, wenn er schreibt: „Das Hauptziel der ganzen Bodenbearbeitung überhaupt ist die Herstellung der Bodengare." Da sie eine Folge der Bearbeitungsmaßnahmen ist, spricht man in diesem Falle von Bearbeitungsgare, um damit darzutun, daß auch noch auf anderem Wege Garebildung möglich ist.

Der Bodenzustand, der damit gekennzeichnet werden soll, hat seit jeher Praxis und Wissenschaft beschäftigt und bereits im Altertum praktische Land-

---

[1] PUCHNER, H.: Bodenkunde, S. 558. 1923.

[2] MANGELSDORF, P. C.: Experimentelle Beiträge zur Bodenbearbeitung. Landw. Jb. **69**, 485 (1929).

[3] HORTSCHANSKY, C.: Untersuchungen über die Einwirkung von Federzahnkultivatoren- und Eggenzinken auf den Boden. Dissert., Halle 1929.

[4] MÄRCKER, W.: Einwirkung von Eggen- und Kultivatorzinken auf die Struktur der Ackerkrume bei verschiedenem Feuchtigkeitsgehalt. Landw. Jb. **68**, 901 (1929).

[5] RÜMKER, K. v.: a. a. O., S. 37.

wirte und landwirtschaftliche Schriftsteller zu Überlegungen angeregt. Jedem Landwirt ist der Zustand bekannt, den zuerst von Rosenberg-Lipinsky[1] treffend charakterisiert hat, wenn er als besondere Kennzeichen angibt: Das größere Volumen gegenüber dem nicht garen Boden, ein Merkmal, das allerdings von Wollny[2] als nicht zutreffend bei einem Vergleich mit einem bearbeiteten, nicht garen Boden erkannt wurde; das elastische Nachgeben des Bodens unter dem Fuße, die dunklere Färbung, den gesunden Feuchtigkeitsgrad, das kräftige Entwickeln gewisser wilder Pflanzen. Solche Beschreibung ist aber keine Definition und noch weniger eine Erklärung, so daß die Ansicht Droops[3] zweifellos einen Fortschritt bedeutet. Er sieht die Gare als den Zustand des Bodens an, in welchem die Zugänglichkeit für Atmosphärilien infolge guter Durchlüftung am vollkommensten und die Bodentätigkeit bei Gegenwart vergärungsfähiger organischer Substanzen am lebhaftesten ist. Jedoch führt sie auch nicht wesentlich weiter als die Betrachtung auf Grund der rein physikalischen Erscheinungen. Deshalb sind die Erklärungsversuche sehr wichtig, die zuerst von v. Rosenberg-Lipinsky[4] und später von Mitscherlich[5] auf Grund der Tätigkeit der Mikroorganismen gegeben sind, während die Wollnysche[6] Erklärung von vorwiegend physikalischen Erscheinungen ausgeht und neuerdings Ehrenberg[7] und Wiegner[8] die Erfahrungen der Kolloidchemie nutzbar gemacht haben. Wegen ihrer Anschaulichkeit sei die Beschreibung Ehrenbergs[9] über die Vorgänge im Boden zwischen Bearbeitung in der warmen Jahreszeit und Gareeintritt wiedergegeben: „Die noch eintretenden Regengüsse finden, soweit sie nicht bei der hohen Luftwärme wieder verdunsten, durch die bereits weitgehend gekrümelte Erde schnellen Abfluß, die lebhafte Salpeterbildung und Zersetzung der Humusbestandteile des Bodens, wie auch neu untergebrachter Pflanzenteile sorgen für reichliches Vorhandensein von Kalk- und Magnesiumsalzen in der Bodenflüssigkeit, gelegentliche Feuchtigkeitsverluste haben zur Ausscheidung von kohlensaurem Kalk und damit zur Festigung und zu weiterer Bildung der Bodenkrümel geführt. Außerdem tritt nun noch durch den Einfluß der Niederschläge, des Druckes der Erdschicht — vielleicht kann auch einmal der Wind eine geringe Rolle spielen — im Laufe der Monate eine verhältnismäßig feste Aneinanderlagerung der Bodenkrümel ein. Der Boden senkt sich etwas. Aber wohlgemerkt, er schlämmt nicht zusammen, sondern nur die einzelnen Krümel lagern sich enger aneinander und vereinigen sich wohl auch jetzt wesentlich durch sich ausscheidendes Kalziumkarbonat zu größeren Anhäufungen. So gewinnt der Boden beim Stehenbleiben der Krümelbildungen, und dadurch lockerer Struktur, doch einen gewissen Schluß, einen Zusammenhang der einzelnen, nicht mehr lose aneinander gehäuften Bröckchen. Die ‚Gare' ist da." Puchner[10] erweitert schließlich die Ausführungen Ehrenbergs durch eine Betrachtung über die Natur der Bodenkrümel und kommt zu dem Schluß, daß die Krümel eines garen Bodens nicht durch regellose Ausflockung der Kolloide zustande kommen, sondern durch sog. rhythmische Fällungen, wodurch Zonen verschiede-

---

[1] Rosenberg-Lipinsky, A. v.: a. a. O., S. 9.

[2] Wollny, E.: Untersuchungen über den Einfluß der Pflanzendecke und der Beschattung auf die physikalischen Eigenschaften des Bodens. Forschgn. Geb. Agrikult.-Phys. **12**, 67 (1889).

[3] Droop, H.: Die Brache in der modernen Landwirtschaft **1**, 174 (1900).

[4] Rosenberg-Lipinsky, A. v.: a. a. O., S. 9.

[5] Mitscherlich, E. A.: Bodenkunde, S. 107. 1920.

[6] Wollny, E.: Untersuchungen über den Einfluß des Frostes auf die physikalischen Eigenschaften des Bodens. Forschgn. Geb. Agrikult.-Phys. **20**, 447 (1897/98).

[7] Ehrenberg, P.: Bodenkolloide, S. 494ff.

[8] Wiegner, G.: Boden und Bodenbildung, S. 25. 1921.

[9] Ehrenberg, P.: a. a. O., S. 508. [10] Puchner, H.: a. a. O., S. 442.

ner Dichtigkeit entstehen. Bei der Bearbeitung müssen deshalb die größeren Krümelaggregate an Stellen geringeren Widerstandes auseinander brechen, während dort, „wo sich die rhythmisch gehäuften Kolloide festgesetzt haben, der Zusammenhang der Bodenteilchen besser gewahrt bleibt". Er unterscheidet auch scharf die locker strukturierten Krümel eines garen Bodens von denen eines nicht garen Bodens, die allein durch mechanische Bearbeitung gewonnen werden, „sehr fest sind und sich außerordentlich lange erhalten, aber dabei, wie wohl angenommen werden darf, doch nicht dem Pflanzenwachstum so günstige Bedingungen bieten wie die noch von feinsten Trennungsflächen durchzogenen anderen Krümel[1]".

Ist somit in der Bearbeitungsgare das Ziel der Bodenbearbeitung erreicht, so ist doch darauf hinzuweisen, daß daneben andere Möglichkeiten der Garebildung bestehen, die für die Bodenbearbeitung nutzbar gemacht werden können. Das gilt einmal für die Schattengare[2], die, wie der Name sagt, auf Feldern sich einstellt, die von stark schattenden Pflanzen bestanden sind. Nach Beseitigung dieses Schutzes durch Aberntung der betreffenden Frucht ist der Boden allen Einflüssen von Wind, Sonne und Regen preisgegeben, die durch Austrocknung auf der einen, Verschlämmung auf der anderen Seite sehr bald eine Verschlechterung der physikalischen Eigenschaften und damit den Verlust der Gare herbeiführen. Es ist deshalb um so wichtiger, diesen günstigen Garezustand durch rasch folgende Bearbeitungsmaßnahmen zu erhalten, als diese Erhaltung wesentlich weniger Arbeitsaufwand erfordert als die erneute Herstellung, die noch dazu mit allen Schwierigkeiten der Witterung zu kämpfen hat.

Abb. 23a. Frostgare.
(Aus ROEMER, Bodenbearbeitung im Handbuch der Landwirtschaft.)

Die dritte Möglichkeit einer Garebildung ist schließlich durch den Frost gegeben. Gehen auch die Ansichten über den Vorgang selbst teilweise auseinander[3], so herrscht über die Bedeutung der Frostgare doch Einigkeit. Wie alle Garevorgänge, ist auch sie an den kolloidreichen Boden gebunden und erfordert eine lockere Aufschüttung des Bodens. Der lockere Acker vermag weit mehr Wasser aufzunehmen und festzuhalten als ein fest gelagerter, und nur bei genügender Feuchtigkeit vermag der Frost seine günstige Wirkung zu äußern[4]. Auch

[1] PUCHNER, H.: a. a. O., S. 446.
[2] WOLLNY, E.: Zersetzung organischer Stoffe, S. 292. 1897. — DROOP, H.: a. a. O., 1, 168. ROSENBERG-LIPINSKY, A. v.: a. a. O., 2, 12, 26, 438ff. — EHRENBERG, P.: a. a. O., S. 645.
[3] Vgl. E. A. MITSCHERLICH: a. a. O., S. 101 und P. EHRENBERG: a. a. O., S. 157.
[4] EHRENBERG, P.: a. a. O., S. 163.

ein Acker, der im Herbst nicht im richtigen Feuchtigkeitszustande bearbeitet wurde und daher keine vollkommene Krümelung, sondern Kloß- und Schollenbildung zeigt, kann durch den Frost in guten Garezustand überführt werden. ROEMER[1] bezeichnet deshalb die Tatsache, daß heute im weitaus größten Teile Deutschlands Acker, der im Frühjahr bestellt werden soll, im Herbst gepflügt wird, als einen der wichtigsten Fortschritte der letzten 30 Jahre. Er sagt: „Zwar hat die Frostwirkung auf den gepflügten Boden keine Bedeutung bei losem Sandboden, dagegen ist solche Frostwirkung unschätzbar und unersetzlich auf schwerem Boden. Je schwerer der Boden, desto stärker ist die Hilfe, welche der Winterfrost für die Bearbeitung bringt." Wenn trotzdem auch der Sandboden vor Winter bearbeitet wird, so sind hier andere Gesichtspunkte maßgebend, die vorwiegend die Wasserhaltung im Boden betreffen. Die Bedeutung der Frostwirkung wird auch nicht in allen Teilen Deutschlands gleich sein. So verneint HANSEN[2] ihre Bedeutung für das Rheinland und erklärt dies damit, daß einmal die Fröste dort ziemlich unbedeutend sind, zum andern aber etwaige günstige Frostwirkungen durch die starken Winterniederschläge wieder beseitigt werden. Auch EHRENBERG[3] weist darauf hin, daß die Frostgare durch reichliche Regenmengen im Frühjahr leicht wieder zerstört wird. Daneben ist aber doch die Beobachtung wichtig, der auch ROEMER[4] Ausdruck verleiht, daß zur Entstehung der Frostgare durchaus nicht sehr tiefe Frostgrade erforderlich sind, sondern selbst in milden Wintern mit nur wenigen Frosttagen eine ausreichende Garebildung erzielt wird. Zwar wird dann nur die oberste Bodenschicht davon betroffen. Für die Frühjahrsbestellung ist das aber das Maßgebende.

Abb. 23 b. Frostgare.
(Aus ROEMER, Bodenbearbeitung im Handbuch der Landwirtschaft.)

Erwähnt sei schließlich, daß eine Reihe von Beobachtungen vorliegen (SURINGER[5], CZERMAK[6], LEBEDJANZEW[7], KÁŠ[8] u. a.), nach denen ein Wechsel zwischen Austrocknen und leichtem Wiederanfeuchten des Bodens eine bestimmte Garebildung herbeizuführen vermag. Für deutsche Verhältnisse haben diese aus

[1] ROEMER, TH.: a. a. O., S. 222.
[2] HANSEN, J.: Erster und zweiter Bericht von Dikopshof. Landw. Jb. **37**, Ergbd. **8**, 134 (1908); **40**, Ergbd. **1**, 83 (1911).
[3] EHRENBERG, P.: a. a. O., S. 166.
[4] ROEMER, TH.: a. a. O., S. 223.
[5] Nach J. BEHRENS: Neuere Fortschritte der Bodenbakteriologie. Mitt. Dtsch. Landw. Ges. **19**, 181 (1904).
[6] CZERMAK, W.: Ein Beitrag zur Erkenntnis der Veränderungen der sogenannten physikalischen Bodeneigenschaften durch Frost, Hitze und Beigabe einiger Salze. Landw. Versuchsstat. **76**, 75—116 (1912).
[7] LEBEDJANZEW, A. H.: Das Trocknen des Bodens als einer der natürlichen Faktoren zur Aufrechterhaltung des Fruchtbarkeitszustandes desselben. Soil Sci. **18**, 419 (1924); s. a. C. r. **1924**, 178 u. 1091.
[8] KÁŠ, V.: Beitrag zur Erklärung des physiologisch abweichenden Verhaltens von feuchten, lufttrockenen und mehrmals ausgetrockneten Böden. Sbornik českoslov. zemědělsk Prag **1**, 89 (1926).

trockenen oder heißen Gebieten stammenden Beobachtungen jedoch nur geringeren Wert. Maßgebend für den Erfolg der Bodenbearbeitung wird hier immer die Erzielung des Garezustandes auf einem der drei vorgenannten Wege bleiben.

Die Wirkung der Bearbeitungsgeräte.

Pflugarbeit.

Zur Erreichung der Ziele, denen die Bodenbearbeitung nachstrebt, stehen sehr verschiedenartige Geräte zur Verfügung. Ihre Zahl und Konstruktionsverschiedenheiten haben in den letzten Jahrzehnten ganz außerordentlich zugenommen. Seit insbesondere die Bestrebungen zu verstärkter Motorisierung des landwirtschaftlichen Betriebes größere Bedeutung erlangt haben,

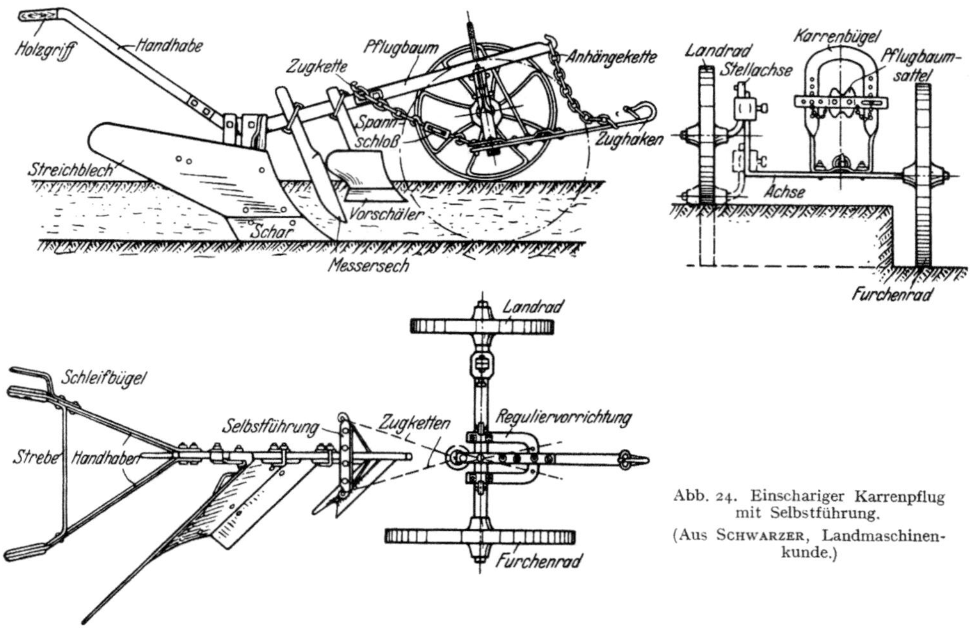

Abb. 24. Einschariger Karrenpflug mit Selbstführung.
(Aus SCHWARZER, Landmaschinenkunde.)

ist die Landmaschinenindustrie eifrig bemüht gewesen, auch die Bodenbearbeitungsgeräte immer mehr zu vervollkommnen und den verschiedenartigen Bedürfnissen anzupassen. So stehen der modernen Landwirtschaft weit mehr und bessere Geräte zur Erreichung eines vollkommenen Bodenzustandes zur Verfügung als früher. Und doch gehen alle diese Geräte auf nur wenige Grundformen mit bestimmter Arbeitsweise zurück. Hier kommt es ausschließlich darauf an, diese Arbeitsweise in ihrer Wirkung auf den Bodenzustand kennen zu lernen. Dagegen stehen die Geräte selbst und ihre Besonderheiten hier nicht zur Erörterung.

Das Kennzeichen der Landwirtschaft ist auch heute noch der Pflug, wenn auch Form und Arbeitsweise im Laufe der Zeiten tiefgehende Änderungen erfahren haben. Seine Wirkung auf den Boden wird in erster Linie bestimmt durch Schar und Streichbrett. Sie schneiden einen Streifen Erde sowohl am Grunde der Furchensohle wie seitlich ab, heben ihn mehr oder weniger an und legen ihn nach der Seite um. Die einzelnen Bodenteilchen und Schichten erleiden dadurch Lageveränderungen. Sie werden gemischt, der ganze Pflugstreifen gewendet und dabei in bestimmter Weise gelockert. Man findet also in der Pflugarbeit die drei Tätigkeiten, die wir als wesentlich für die Erreichung der Ziele der Bodenbearbeitung erkannt haben. Schon BLOMEYER[1] weist allerdings darauf hin, daß der Pflug die drei Vorgänge nicht mit gleicher Vollkommenheit ausführt und die Mischung der Erde in sich oder mit einzubringendem Stalldünger, Gründüngung oder ähnlichen Stoffen unvollkommen bleibt. Vor allem werden diese Stoffe, wie die Untersuchungen ROEMERS[2] zeigten, nicht gleichmäßig im Boden verteilt, sondern nesterweise als ganze Masse eingebracht. Daß damit ihre Wirksamkeit und Ausnutzung herabgesetzt wird, beobachtete bereits v. ROSENBERG-LIPINSKY[3], der deshalb mit Nachdruck dafür eintritt, den abgeschnittenen Erdstreifen, die Furchenbreite, möglichst schmal zu nehmen, um dadurch eine innigere Mischung zu erzielen. Wenn auch HEUSER[4], KRAUSE[5] u. a. auf Grund ihrer Erfahrungen gleiche Anschauungen vertreten, so fehlt doch eine eingehende Untersuchung, die den Vorgang des Mischens unter verschiedenen äußeren Bedingungen von Boden, Klima usw. klärt. Die Methode PUCHNERS[6], die Bodenoberfläche so zu färben, daß die einzelnen gefärbten Krümel später mit Sicherheit wiedergefunden werden, eröffnet zweifellos einen Weg, der für solche Arbeiten aussichtsreich erscheint. In gleicher Richtung liegen die Untersuchungen ROEMERS[7], der eingepflügten Kunstdünger physikalisch und chemisch in verschieden tiefen Schichten nachwies und dabei eine gute Verteilung bei sorgfältiger Pflugarbeit beobachtete.

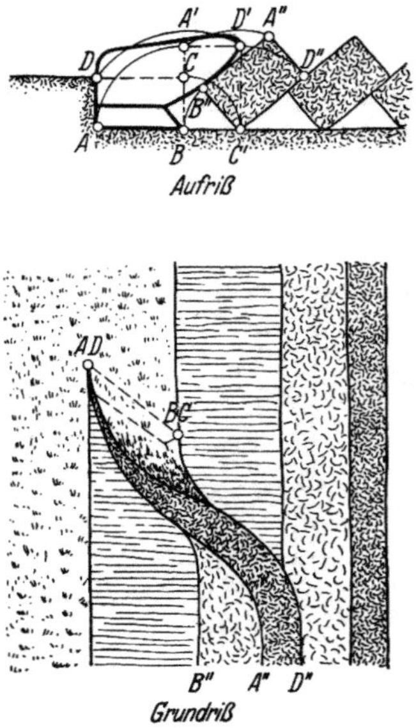

Abb. 25. Umlegen des Erdstreifens durch den Pflug. (Aus FISCHER, Landmaschinenkunde.)

Bedeutungsvoller erscheint aber auf jeden Fall der Lockerungsvorgang, von dem in erster Linie die Erzielung einer guten Krümelung abhängt. Da die Ansprüche der Böden in dieser Hinsicht sehr verschieden sind, versucht man die Pflugform ihnen anzupassen. An sich erfolgt die Lockerung dadurch, daß der am Streichbrett entlang gleitende Erdstreifen abgeworfen wird und dabei bereits in sich selbst krümelt oder mehr oder weniger stark überstürzt wird, zerbricht

Abb. 26. Verschiedene Pflugkörper.
a = Krümler-Streichblech; b = mittelsteiles Streichblech; c = gewundenes Streichblech.
(Aus FISCHER, Landmaschinenkunde.)

und zerfällt. Ist das Streichbrett lang, flach und wenig gewunden, so wird der Pflugstreifen zwar gut gewendet, aber wenig gelockert. Extreme Ausbildungen

[1] BLOMEYER, A.: Die mechanische Bearbeitung des Bodens, S. 23. 1879.
[2] ROEMER, TH.: a. a. O., S. 216 u. 235.
[3] ROSENBERG-LIPINSKY, A. v.: a. a. O., S. 135ff.
[4] HEUSER, O.: Grundzüge der praktischen Bodenbearbeitung, S. 84. Berlin 1928.
[5] KRAUSE, M.: Steigerung der Ernteerträge durch verbesserte Bodenbearbeitung, S. 103. Berlin 1928.
[6] PUCHNER, H.: Untersuchungen auf dem Gebiet des landwirtschaftlichen Maschinenwesens **2**, 131 (1909); s. a. Mitt. Dtsch. Landw. Ges. **26**, 38 (1911).
[7] ROEMER, TH.: Die Verteilung der aufnehmbaren Phosphor- und Kalimengen im Ackerboden. Superphosphat **6**, 18/19 (1930).

dieser Form bedingen eine völlige Umwendung des Bodens um 180°, wie sie heute nur in besonderen Fällen, z. B. beim Wiesenumbruch, angewendet wird. Dabei unterbleibt aber eine Lockerung so gut wie ganz. Erfolgt die Wendung dagegen nur um ungefähr 135°, so wird ein Furchenstreifen schräg an den anderen gelegt. Dadurch, daß die Streifen gewissermaßen auf die Kante gestellt werden und somit am Grunde der Furche ein Hohlraum bleibt, erfolgt ein stärkerer Zerfall, der sich durch Ausfüllen des Hohlraumes noch verstärkt. Auf diese Weise wird auch bei diesen Flachwendern eine gewisse Lockerung erzielt.

Sehr viel stärker wird aber der Erdstreifen gelockert und gekrümelt, wenn das Streichbrett steil und gewunden ist, so daß der Boden an ihm nach oben geführt, dabei bereits in sich zerbrochen und schließlich zum Sturz über sich selbst gezwungen wird[1]. Die lockere Aufschüttung zeigt sich hier in einer beträchtlichen Volumvermehrung, die ROEMER[2] im Durchschnitt auf 25—30 % annimmt. Er kommt damit zu ähnlichen Zahlen wie WOLLNY[3], der bei seinen Untersuchungen ansteigend von Sand zu Lehm, zu Humus Volumzunahmen von 15—40 % fand. Je stärker die Lockerung ist, um so besser wird der Boden gekrümelt, um so länger behält er seine gute Lockerung bei, um so günstiger wird bei schweren Böden der Wasserhaushalt gestaltet. Daß selbst an sich lockere Böden durch die Pflugarbeit günstig beeinflußt werden können, zeigen die Untersuchungen von v. WIENER[4] an russischen Böden. So stieg in einem schwach lehmigen Sand das Hohlraumvolumen von 46,05 % auf 52,88 %, somit um 6,83 %, in einer südrussischen Schwarzerde von 57 % auf 71,5 %, also um 14,5 %. Zugleich zeigte die Schwarzerde im April 1893 folgenden Wassergehalt in Prozent der vollen Wasserkapazität:

	Tiefe								
	10 cm %	15 cm %	20 cm %	25 cm %	30 cm %	35 cm %	40 cm %	45 cm %	50 cm %
Unbearbeitet	32,2	31,7	31,5	30,0	28,5	24,4	20,8	17,8	16,7
20 cm tief im Herbst gepflügt	49,7	53,7	45,3	32,2	28,8	27,4	26,4	24,8	22,2

Auch hier zeigt sich die Erscheinung, die bereits früher[5] erörtert ist, daß nicht nur der Wassergehalt der bearbeiteten Schicht, sondern auch tieferer Schichten zunimmt. Leider liegt statistisches Material, das die Wirkung der Furchenbreite an sich behandelt, nicht vor. Bei dieser Steigerung der Wasserkapazität durch die Bodenlockerung darf aber eins nicht vergessen werden, nämlich daß jede Pflugarbeit an sich mit einem Wasserverlust des Bodens verbunden ist, dessen Größe einmal vom Boden selbst, besonders aber von der Verdunstungskraft der Atmosphäre abhängt. Der bearbeitete Erdstreifen kommt während des Arbeitsvorganges in seinen einzelnen Teilen aufs intensivste mit der Luft in Berührung und wird dabei, je nach der Höhe des eigenen Feuchtigkeitsgehaltes und dem der Luft, entsprechende Wassermengen durch Verdunstung abgeben. Zudem schafft die kräftige Lockerung größere Hohlräume im Boden, die der Luft weitgehend Zutritt gestatten und dadurch eine weitere Austrocknung herbeiführen. Schließlich wird die Oberfläche des Bodens durch die Pflugarbeit

[1] QUEISNER, D.: Untersuchung der Arbeitswirkung verschiedener Pflugkörper. Wiss. Arch. Landw. A **4**, 674 (1930).

[2] ROEMER, TH.: a. a. O., S. 236.

[3] WOLLNY, E.: Untersuchungen über die Volumveränderungen der Bodenarten. Forschgn. Geb. Agrikult.-Phys. **20**, 13 (1897).

[4] WIENER, W. v.: Russische Forschungen auf dem Gebiet der Wasserfrage. Forschgn. Geb. Agrikult.-Phys. **18**, 439ff. (1895).

[5] Vgl. S. 107 u. 108.

wesentlich vergrößert und mehr oder weniger stark gewellt, so daß auch damit die Verdunstung zunimmt. Untersuchungen von ESER[1] zeigen das deutlich:

Verdunstung in g auf 1000 cm².

Kalksand			Humoser Kalksand		
gewellt	gewölbt	eben	gewellt	gewölbt	eben
2670	2420	2078	1790	1560	1410

Lehm.

Grundwasserstand	hoch		niedrig	
Oberfläche	rauh	glatt	rauh	glatt
	9202	8469	2244	2169

Ebenso fand BLOHM[2] bei seinen Untersuchungen auf dem Versuchsfeld in Halle, daß der Wassergehalt nach frischem Umgraben eines Feldstücks fiel, wie dies folgende Zahlen zeigen:

	13. September		16. September	
	%		%	
Gehackt	16,70	16,79	15,98	16,00
Frisch gegraben	16,40	16,29	15,81	15,53

Da durch die Lockerung die Kapillarität unterbrochen ist, wird diese Austrocknung die oberflächlichen Schichten besonders stark treffen und kann zu einer Verhärtung und Verschlechterung der Struktur an der Oberfläche führen.

Man sollte nun annehmen, daß über die Pflugarbeit als einer der ältesten ackerbaulichen Betätigungen reichliche Untersuchungen vorliegen müßten, die die Vorgänge in allen Einzelheiten klären. Das ist leider nicht der Fall. Zwar weist die Literatur zahlreiche Untersuchungen auf. Diese behandeln aber die Frage vorwiegend vom maschinentechnischen Standpunkt mit dem Endziel einer Verbesserung der Konstruktion des Pfluges im allgemeinen oder besserer Anpassung an besondere Verhältnisse des Bodens. Sie sind deshalb hier nur beschränkt verwertbar. Wie wichtig andererseits die ganze Frage ist, zeigen die verdienstvollen Untersuchungen von NITZSCH[3], der feststellte, daß Unterschiede im Bearbeitungszustand des Bodens sich während der ganzen Vegetationszeit verfolgen lassen und ihr Einfluß auf den Ertrag mit den heutigen Methoden der physikalischen Bodenuntersuchung deutlich erkannt werden kann.

Aus praktischen Erfahrungen weiß man, daß außer durch die Streichbrettformen der Pflüge, die heute in größter Mannigfaltigkeit zur Verfügung stehen, der Grad der erzielten Lockerung auch durch die Breite des Erdstreifens, den der Pflug abschneidet, bedingt wird. Wird der Pflugstreifen mit einer Neigung von 45° auf die Kante gestellt, so berechnet KRAFFT[4], daß die größte Oberfläche und der stärkste Zerfall dann erreicht werden, wenn Breite des Erdstreifens zu Tiefe sich verhalten wie 1,414:1. Diese Zahl hat aber vorwiegend theoretisches Interesse und gilt nur für einen in sich gut krümelnden Boden. Je feinerdereicher dagegen der Boden, je fester die Bindung der einzelnen Bodenteilchen und je

[1] ESER, C.: Untersuchungen über den Einfluß der physikalischen und chemischen Eigenschaften des Bodens auf dessen Verdunstungsvermögen. Forschgn. Geb. Agrikult.-Phys. **7**, 46 (1884).

[2] BLOHM, G.: Einfluß der Bodenbearbeitung auf die Wasserführung des Bodens. Kühn-Arch. **12**, 375 (1926).

[3] NITZSCH, W.: Beziehungen zwischen Bearbeitung, Struktur und Ertrag des Ackerbodens. Wiss. Veröff. Siemens-Konzern **6**, H. 1, 15ff. (1927).

[4] KRAFFT, G.: Lehrbuch der Landwirtschaft, 15. Aufl., 1, 151. 1927.

geringer die Krümelung ist, um so schmaler muß die Furchenbreite zwecks Erzielung einer guten Krümelung genommen werden. So schreibt schon v. ROSENBERG-LIPINSKY[1]: „Es liegt auf der Hand, daß, je schmäler man den Pflugstreifen greift, desto mehr die mechanische Bindung der Ackerkrume in der vollen Tiefe gestört und das innige Mischen der Bodenbestandteile, das Schütten und Bröckeln der Erdmasse hinter dem Pfluge gefördert wird, was insbesondere beim strengen Lande die höchste Beachtung verdient.“ Für dieses schlägt er deshalb Furchenbreiten von 10—12 cm vor. Dem schließen sich auf Grund praktischer Erfahrungen sowohl SCHUMACHER[2] wie STRECKER[3] und HOPPENSTEDT[4] an, auf Grund theoretischer Untersuchungen und Erwägungen WOLLNY[5], v. SEELHORST[6] und v. RÜMKER[7] mit der Maßgabe, daß je leichter und sandiger der Boden ist, um so breiter die Furche bis auf 20 und 30 cm gewählt werden kann, je toniger er dagegen ist, um so schmaler der Erdstreifen genommen werden muß. Man erfüllt damit die aufgestellte Forderung[8], den leichten Boden nur mäßig zu lockern, den schweren dagegen möglichst intensiv, weil auf diese Weise neben guter Durchlüftung die höchste Wasserkapazität erreicht wird.

Wenn die schmale Furche an sich den Boden besser lockert, so muß ihre Wirkung noch verstärkt werden, wenn der Furchenstreifen nicht als Ganzes abgeschnitten, sondern in sich in verschiedene Schichten zerlegt wird. Aus diesem Grunde tritt ROEMER[9] bei schwerem Boden für die Verwendung des Vorschars in der Weise ein, daß bei einer Gesamttiefe der Furche von 20 cm die oberen 10 cm vom Vorschar erfaßt und bearbeitet werden, so daß dem Hauptschar nur die unteren 10 cm bleiben, die dadurch vollkommener gekrümelt werden. Allerdings ist diese Arbeit an die Voraussetzung gebunden, daß wenigstens die oberen 5 cm des Bodens sich in lockerer und guter Struktur befinden. Ist dagegen die Oberfläche hart und fest, so muß das Vorschar die ganze 10 cm tiefe Schicht krümeln. „Dieses kann es infolge der geringen Größe im Vergleich zum Hauptschar nicht. In diesem Fall wird das Vorschar die oberen 10 cm abpflügen und in die Pflugfurche werfen, wo sie wenig gekrümelt als harter, scholliger Boden liegen bleiben und von den späteren Geräten nicht erfaßt werden können. Die Wurzeln der folgenden Frucht werden hier also nicht günstige Wachstumsbedingungen finden. Ist dagegen die obere Bodenschicht 5 cm tief durch Stoppelstürzen gelockert und wenn auch nicht in einem idealen Zustand, so doch in einem gänzlich anderen Zustand als die darunter liegende Schicht, so wird, falls der Feuchtigkeitszustand es gestattet, der 10 cm tief greifende Vorschäler die oberen 5 cm locker in die Pflugfurche abwerfen und die darunter liegende Schicht von 5—10 cm ebenfalls brechen uud krümeln, wenn sie auch nicht so locker werden wird als die obersten 5 cm.“ „Der Vorschäler ist ein typisches Gerät des schweren und schwersten Bodens[10]“. Die bessere Krümelung dieses Bodens durch den Vorschäler konnte QUEISNER[11] mit Zahlen belegen. Auf leichtem Boden soll dagegen ja gerade eine zu starke Lockerung vermieden werden. Wenn auch hier der Vorschäler ab und zu Verwendung findet, so will man seine Eigenschaft ausnutzen, die obere Boden-

---

[1] ROSENBERG-LIPINSKY, A. v.: a. a. O., S. 134.
[2] SCHUMACHER, W.: Der Ackerbau, S. 103. 1874.
[3] STRECKER, W.: Die Bodenbearbeitung, S. 168. Leipzig 1910.
[4] HOPPENSTEDT, TH.: Die Kultur des schweren Bodens. Landw. Jb. **24**, 687 (1895).
[5] WOLLNY, E.: Untersuchungen über den Einfluß der mechanischen Bearbeitung auf die Fruchtbarkeit des Bodens. Forschgn. Geb. Agrikult.-Phys. **20**, 46 (1897/98).
[6] SEELHORST, C. v.: Zeit- und Streitfragen der Landwirtschaft. Arb. Dtsch. Landw. Ges. H. 314, 17 (1921).
[7] RÜMKER, K. v.: a. a. O., S. 51.
[8] Vgl. S. 112. u. 113.
[9] ROEMER, TH.: a. a. O., S. 237.
[10] ROEMER, TH.: a. a. O., S. 237.
[11] QUEISNER, D.: a. a. O., S. 675.

schicht und damit auch Unkräuter, Stallmist usw., die sich auf ihr befinden, sicher mit dem Boden zu vermischen und zu bedecken.

Schließlich bleibt noch ein letzter Weg, um Krümelung und Lockerheit der Pflugfurche zu erhöhen; das ist die Steigerung der Geschwindigkeit der Pflugarbeit. Je höher die angesetzte Kraft ist, um so stärker wird der Pflugstreifen zerschlagen. Die bessere Krümelung, die Motorpflug und Dampfpflug erzielen, hat ihre Ursache in der annähernd doppelt so großen Geschwindigkeit gegenüber dem Gespannpflug. Mit der besseren Krümelung ist auch eine entsprechende Volumvermehrung und Auflockerung verbunden, wie folgende Ergebnisse von FANTONI[1] zeigen, der auf schwerem Boden mit flacher Pflugfurche von 16,5 cm Tiefe arbeitete:

Geschwindigkeit km/Std.	0,87	5,0	8,6
Aufschüttung des Bodens cm	26,0	29,0	31,5
Erhöht um %	57	75	91

Entscheidend wird der Lockerungserfolg beeinflußt durch den Feuchtigkeitsgehalt des Bodens. Wenn bei Besprechung der Krümelungserscheinungen 40 bis 60 % Wassergehalt als günstigster Zustand feinerdereicher Böden für die Bearbeitung angesehen wurde, so gilt das voll für den Pflug, wie neuerdings noch QUEISNER[2] feststellte. Zwar arbeitet er noch auf wesentlich trockenerem und reichlich nassem Boden. Der Arbeitserfolg ist aber im ersten Falle ein Losbrechen von Schollen, im zweiten Falle die Umwendung eines durch das Streichbrett verschmierten Erdstreifens ohne Lockerung. In keinem Falle wird der erstrebte Erfolg erreicht. Bei folgender Trockenheit gibt der in Schollen liegende Boden infolge seiner großen Oberfläche sehr rasch sein Wasser ab. Die Schollen des zu trocken gepflügten Bodens verhärten immer mehr, aber auch die naß gepflügte Furche bildet beim Trocknen harte feste Schollen, die regellos auf der Oberfläche liegen und die Bildung einer feinen Krume, wie sie als Saatbett für die auszusäende Frucht notwendig ist, völlig unmöglich machen. Die Schollen selbst zeigen geringstes Hohlraumvolumen und völlig mangelhafte Durchlüftung. Chemisches und biologisches Geschehen kann sich in ihnen nicht vollziehen. Die Struktur des Bodens ist somit verdorben. Folgt dagegen feuchtes niederschlagsreiches Wetter, so schwämmt der naß gepflügte Boden sehr rasch wieder zusammen. Sein Hohlraumvolumen ist gegenüber dem ungepflügten Boden kaum vergrößert, eine Krümelung nicht erreicht, der Aufwand der Pflugarbeit mehr oder weniger nutzlos vertan. Günstiger verhält sich in dieser Hinsicht der zu trocken gepflügte Boden. Falls die Niederschläge nicht zu stark sind, erfolgt eine Auflockerung der Schollen, die bei entsprechender Nachbearbeitung ihren Zerfall ermöglicht. Die Zeit, in der dies möglich ist, wird aber um so kürzer und ist um so schwieriger zu erfassen, je feinerdereicher die Böden sind. Das günstigste Maß der Auflockerung wird auch hier nicht erzielt. Geringer wird der Schaden, wenn eine nachfolgende Frostperiode in der Lage ist, die Schollen zu zermürben und eine oberflächliche Frostgare zu schaffen.

Die wechselnden Witterungsverhältnisse Deutschlands machen in vielen Jahren eine gute Pflugarbeit unmöglich. Als Beispiel, welche Schäden dadurch entstehen können, sei ein Versuch HOPPENSTEDTS[3] wiedergegeben:

---

[1] FANTONI, R.: Einfluß der Bewegungsgeschwindigkeit des Pfluges auf das Ackern. Fortschr. Landw. 2, 15 (1927).

[2] QUEISNER, D.: Untersuchungen der Arbeitswirkung verschiedener Pflugkörper. Wiss. Arch. Landw. A 4, 667 (1930).

[3] HOPPENSTEDT, TH.: a. a. O., S. 681.

	Winterweizenertrag in		
	dz/ha 1878	dz/ha 1879	dz/ha 1885
Trocken gepflügt	27,50	28,52	30,58
Naß gepflügt	20,34	21,66	23,94

In vielen Fällen wird dem Landwirt jedoch keine Wahl bleiben, wenn er überhaupt pflügen will, als mit einer weniger oder unvollkommenen Arbeit zufrieden zu sein.

Wesentlich einfacher liegen die Verhältnisse beim leichten Sandboden, der in jedem Feuchtigkeitszustande gepflügt werden kann. Einmal fehlen hier die starken Kolloidwirkungen, so daß eine Schollenbildung ausbleibt; zum anderen ist der Lockerungsbedarf sehr viel geringer. Nur in völlig trockenem Zustande leidet auch der Sandboden durch die Pflugarbeit, weil die durch Humus gebildeten Krümel bei Trockenheit sehr leicht zerfallen und der Sandboden damit völlig in Einzelstruktur übergeht. Die geeignete Pflugform für Sandboden trägt daher das wenig lockernde, mehr wendende Streichbrett, während auf schwerem Boden entsprechend steile und stark gewundene Streichbrettformen, die stark schütten und lockern, bevorzugt werden.

In jedem Falle leistet der Pflug eine gewisse Wendung[1] je nach Streichbrettform und Furchenbreite. Daß diese wendende Arbeit genügt, um den früher aufgestellten Forderungen nach Erhaltung der feinsten abschlämmbaren Teile der Ackerkrume gerecht zu werden, zeigt am besten die Erfahrung, daß seit Einführung der wendenden Pflüge die früher weit verbreitete Erscheinung der Pflugsohlen fast ganz verschwunden ist. Die Stärke der Wendung ist dabei bei verschiedenen Pflugformen, wie gezeigt wurde, recht verschieden. Der um 180^0 wendende Pflug findet nur bei ausgesprochener Flacharbeit auf höchstens 8—10 cm Tiefe Verwendung. Er legt also die Oberfläche des Ackers unmittelbar auf die Pflugsohle und erreicht damit, daß trotz völlig ungenügender Lockerung doch ein gewisser Luftzutritt zu den mit der Krume eingebrachten organischen Substanzen möglich ist. In Fällen sehr feinerdiger Böden wird dieser Luftzutritt allerdings oft erst durch eine Nachbearbeitung gesichert. Als Zeichen ausreichender Luftzufuhr ergibt sich eine normale Verwesung der untergebrachten organischen Substanz. Die bearbeitete Ackerkrume ist nun aber durchweg tiefer und dürfte zwischen 15 und 30 cm schwanken. Bei schwächerer Wendung um ungefähr 135^0 wird hier die oberste Schicht der Krume nicht auf die Pflugsohle gelegt, sondern seitlich an den vorhergehenden Pflugstreifen angeworfen oder angelehnt. Ein völliger Schichtenwechsel wird somit nicht erzielt. Nur bei falscher Anwendung des Vorschälers sahen wir, daß auch beim Pflügen zu voller Tiefe der Ackerkrume deren oberste Schicht auf die Furchensohle geworfen wird. Gegen die wendende Arbeit des Pfluges wird von verschiedenen Seiten, z. B. von GLANZ[2], ACHENBACH[3] u. a., eingewendet, daß durch den vorgenommenen Schichtwechsel die oberen bakterienreichen Schichten vergraben, die tieferen bakterienarmen an die Oberfläche gebracht würden. Der Erfolg sei eine starke Schädigung des ganzen Bakterienlebens. Für und wider diese Ansicht werden meist Zählungen von Bakterien und Mikroorganismen ganz allgemein[4] aus verschiedenen Boden-

[1] FÖPPEL, A.: Über die Mechanik des Pflügens. Landw. Jb. **22**, 719 (1893). — GRÖGOR, L.: Bewegungserscheinungen beim Pflügen. Mitt. Verb. landw. Masch.-Prüf.-Anst. **10**, 176 (1916). — VORMFELDE, K.: Das Streichbrett des Pfluges. Ebenda **3**, 90 (1909). — STEKETE, H.: Zur Theorie des Pfluges. Ebenda **4**, 12 (1910).

[2] GLANZ, F.: Die Wühlarbeit im Ackerboden, S. 8. Wien u. Leipzig 1926.

[3] ACHENBACH, F.: Ackerbau ohne Bodenwendung zur Sicherung der Ernteerträge. 1921.

[4] Vgl. S. 118.

schichten angeführt. Beweisend ist keine dieser Angaben, da fast durchweg Untersuchungen über den physikalischen Bodenzustand, seine Struktur und Humusgehalt fehlen. Wie bei Besprechung des biologischen Bodenzustandes gezeigt wurde[1], sind aber diese Eigenschaften des Ackers für die Entwicklung der Bakterien entscheidend. Werden also durch die ganze Ackerkrume hindurch bei der Pflugarbeit die physikalischen Verhältnisse günstig gestaltet und der Humusgehalt nicht geändert, so liegt auch kein Anlaß zu der Annahme vor, daß durch die Bodenwendung das Bakterienleben geschädigt würde. Einwandfreie Untersuchungen fehlen hier leider ebenso wie über die meisten Vorgänge der Pflugarbeit, die deshalb unter Außerachtlassung mancher hypothetischer Ansichten, die in der Literatur sich finden, nur nach praktischen Erfahrungen dargestellt wurde.

Fräsarbeit.

Die bei der Pflugarbeit auftretenden Schwierigkeiten, insbesondere die Schollenbildung auf schweren Böden und bei ungünstiger Witterung, sind die Veranlassung gewesen, motorisch betriebene Geräte zu konstruieren, die den Boden mit Hilfe einer rotierenden Hauenwelle bearbeiten. Praktische Bedeutung hat unter ihnen die v. MEYENBURGsche Bodenfräse[2] erlangt, bei der die rotierende Welle mit elastischen, gut federnden Haken aus Rundstahl besetzt ist. Dagegen ist der mit starren Hauen arbeitende LANZsche Landbaumotor[3] mehr oder weniger auf die Bearbeitung der Moore beschränkt geblieben. Die elastischen Hauen dringen mit großer Kraft in den Boden und schlagen dabei kleine Bodenbröckchen ab, die kräftig nach hinten und oben geschleudert werden. Sie werden von dem die Fräswelle bedeckenden Dach aufgefangen und sinken zu Boden. Dabei tritt eine Sortierung insofern ein, als die gröbsten Teile sich am raschesten, die feinsten am langsamsten absetzen. Deshalb ist ein im richtigen Zustand gefräster Boden mit einer Schicht feinster Teilchen, und zwar herunter bis zur Staubfeinheit bedeckt[4]. Die Folge einer derartigen Arbeit ist eine sehr starke Lockerung des Bodens. So fand BORNEMANN[5] beim Vergleich von Fräs- und Pflugland, daß das Volumgewicht eines gefrästen Lehmbodens um 0,7—17,0%,

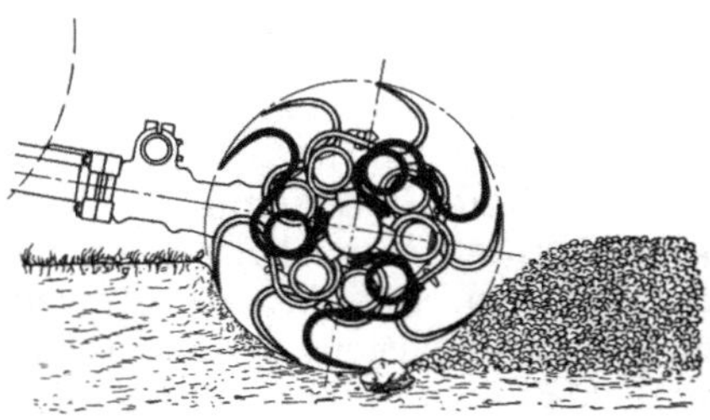

Abb. 27. Fräsarbeit (schematisch). (Aus SIEMENS-SCHUCKERT, Die Motorbodenfräsen und ihre Anwendung.)

[1] Vgl. F. LÖHNIS: Handbuch der Bakteriologie, S. 511. — C. SCHNEIDER: Die Lebewesen des Ackers im Dienst der Landwirtschaft, S. 39. 1925. — R. H. FRANCÉ: Das Edaphon, S. 77.

[2] Wiss. Veröff. Siemens-Konzern. 1—7, 1922—1929.

[3] BORNEMANN, F.: Die Motorkultur in Deutschland. Berlin 1913.

[4] MEYENBURG, K. v.: Bodenwendende Fräse. Techn. Landw. **1**, 624 (1919/20). — WARLICH, H.: Der Ackerfräser. Dtsch. landw. Presse **49**, 337 (1922). — HOLLDACK, H. u. RITGEN: Bodenfräsmaschinen und Bodenfräskultur. Mitt. Dtsch. Landw. Ges. **39**, 281 (1924). — PHILIPP, O.: Die Bodenfräserei. Illustr. landw. Ztg. **44**, 201ff. (1924). — KIND, W.: Über die Vorteile der Verwendung rotierender Bodenbearbeitungsgeräte. Techn. Landw. **5**, 68 (1924). — HERTEL, F.: Bodenfräse im Gartenbau. Dtsch. Erwerbsgartenbau **1925**, Nr. 33. — BIERMANN: Erfahrungen mit der Bodenfräskultur im Weinbau. Dtsch. Weinbau **5**, 9 (1925). — SCHILLING: Leistungsprüfung einer 8 PS Plantagenfräse im Weinbau. Ebenda. — REIER: Bodenbewirtschaftung mit der Fräse. Forstarch. **1925**, Nr. 8. — REUSCH: Die Motorbodenfräse im Walde. Dtsch. Forstwirt **30**, 9 (1925). — VOGEL, A.: Die Bodenfräse im Forstbetriebe. Ebenda **1927**, Nr. 1.

[5] BORNEMANN, F.: Die Arbeit des Landbaumotors 1911. Mitt. Dtsch. Landw. Ges. **27**, 614 (1912). — Die Beurteilung der Bodenstruktur auf experimenteller Grundlage. Ebenda **28**, 620 (1913).

das eines gefrästen Sandbodens um 1,6—4,0% geringer war als bei Pflugarbeit, während in einem anderen Falle folgende Gewichte für 1 l lufttrockenen Bodens sich ergaben:

Fräsland			Pflugland		
1	2	3	1	2	3
g	g	g	g	g	g
1323	1261	1342	1419	1438	1362

Wenn diese Zahlen auch mit einigen Unsicherheiten behaftet sind, so kommt die Tendenz zu stärkerer Lockerung doch deutlich zum Ausdruck. GADE[1] konnte die größere Lockerheit des Fräslandes bis zu ungefähr 100 Tagen nach der Bearbeitung verfolgen, während NOVÁK und ŠIMEK[2] auf verschiedenen Bodenarten in

Abb. 28. Im Herbst gefrästes bzw. gepflügtes Land im Frühjahr.
(Aus SIEMENS-SCHUCKERT, Die Motorbodenfräsen und ihre Anwendung.)

Böhmen nur eine mäßige Überlegenheit der Fräse gegenüber dem Pflug fanden. Das deutet darauf hin, daß der Feuchtigkeitszustand des Bodens während der Bearbeitung eine wichtige Rolle spielt und die Lockerung feuchten Bodens geringer bleibt. Anscheinend ist aber auch hier bis zu einer bestimmten Grenze, über die genauere Untersuchungen noch nicht vorliegen, die Fräse dem Pflug überlegen. Jedoch sind im ganzen die durch die Feuchtigkeit gezogenen Grenzen für die Arbeitsfähigkeit bei der Fräse enger als beim Pflug[3]. Zwar ist bei der Fräse jede Schollenbildung wie beim Pflug ausgeschlossen, die erzielte Bodenstruktur ist auch innerhalb der möglichen Feuchtigkeitsgrenze gleichmäßiger als beim Pflug[4].

[1] GADE, C.: Einfluß von Fräse und Pflug auf Bodenzustand und Ertrag. Landw. Jb. **70**, 140 (1929).

[2] NOVÁK, V. u. G. ŠIMEK: Der Einfluß der Bodenbearbeitung auf das Porenvolumen und die Struktur des Bodens. Mitt. tschech. Akad. Landw. **5**, 558 (1929).

[3] EHRENBERG, P.: Bodenwendung oder Wühl- bzw. Fräsarbeit. Illustr. landw. Ztg. **43**, 133 (1923).

[4] BORNEMANN, F.: Die Fräskultur und ihre Beziehungen zur Ernährung der Kulturpflanzen. Techn. Landw. **3**, 182 (1922).

Doch wird sehr trockener wie sehr feuchter Boden, die der Pflug noch meistert, nicht mehr bewältigt. Dies mag als Vorteil gelten, da damit jede unzweckmäßige Bearbeitung des Ackers von selbst verhindert wird. Die Praxis wird aber oft auch eine schlechte Pflugarbeit vorziehen müssen, wenn sie vor der Wahl, schlechte Arbeit oder gar keine steht.

Leistet die Fräse somit eine bessere Lockerung als der Pflug, so ist sie ihm in der Mischung des Bodens noch weit mehr überlegen. Bei dem Durcheinanderwirbeln der einzelnen Bodenteilchen beim Fräsvorgang werden deshalb auch Stallmist, Gründüngung, Unkraut usw. in gleicher Weise wie der Boden selbst zerschlagen und mit diesem aufs innigste gemischt[1]. Daher fanden sowohl KIND[2] wie PHILIPP[3], BORNEMANN[4] und HOLLDACK[5] eine gleichmäßigere und raschere Zersetzung der eingebrachten organischen Substanz und dementsprechend

Abb. 29 a. Schwerer Lehmboden, vor Winter gefräst.

Abb. 29 b. Schwerer Lehmboden gepflügt, und in rauher Furche überwintert.

(Aus Wissenschaftliche Veröffentlichungen aus dem Siemens-Konzern 6, Heft 1.) (Arbeit NITZSCH.)

bei Untersuchungen in Gieshof eine Erhöhung der Kohlensäureproduktion um 10%. Dagegen ist anzunehmen, daß eine Wendung des Bodens in geringerem Maße als beim Pflug eintritt. Trotzdem hält EHRENBERG[6] auf Grund der besonderen Struktur des Fräslandes die Gefahr des Durchschlämmens für geringer, als man auf Grund der geringen Wendearbeit annehmen sollte. Nähere Untersuchungen fehlen hier jedoch noch.

Wichtig erscheint aber vor allem die außerordentliche Gleichartigkeit der Krümelung durch die Fräse. Größere Schollen, die der Krümelung entgehen,

---

[1] MEYER ZU HARTLAGE: Erfahrungen mit Siemens-Schuckert-Fräsen Patent v. MEYENBURG. Illustr. landw. Ztg. **45**, 431 (1925). — RUOFF, F.: Neuzeitliche Bodenbearbeitung und Fräskultur. Blätter für Gutsreform 1922/23. — FISCHER, A.: Der Gegensatz zwischen Grubber und Fräse. Techn. Landw. **2**, 97 (1920/21). — SCHRÖDER-STRANTZ: Fortschritte auf dem Gebiete der Bodenbearbeitung mit Motorfräsen. Landmaschine **1927**, 200.

[2] KIND: a. a. O., S. 68. [3] PHILIPP, O.: a. a. O., S. 308.

[4] BORNEMANN, F.: a. a. O., S. 184.

[5] HOLLDACK, H.: Fortschritte auf dem Gebiete der Bodenbearbeitung mit Motorfräsen. Mitt. Dtsch. Landw. Ges. **42**, 296 (1927).

[6] EHRENBERG, P.: Bodenkolloide, S. 519. 1922.

und damit zugleich größere luftführende Hohlräume, wie der Pflug sie in vielen Fällen liefert, können bei der Fräsarbeit nicht entstehen. Die Untersuchungen von REINAU und KERTSCHER[1], die durch alle praktischen Beobachtungen bestätigt werden, zeigen, daß die größten losgeschlagenen Brocken 40 mm Durchmesser nicht übersteigen, rund 10% als Feinerde anzusprechen sind und die übrigen Korngrößen in der Häufigkeit ihres Auftretens von der Schwere des Bodens, seinem physikalischen Zustand, den Feuchtigkeitsverhältnissen, der chemischen Beschaffenheit usw. abhängen. Der Boden nimmt dadurch ein ganz besonders günstiges Gefüge an. „Die Zwischenräume zwischen den großen Krümeln sind durch kleinere und wieder kleinere angefüllt, und so findet jedes Erdbröckel so viel Berührungs- und Auflegepunkte an den benachbarten, daß der Widerstand gegen das Niedersinken sehr groß ist; der Boden hat große innere

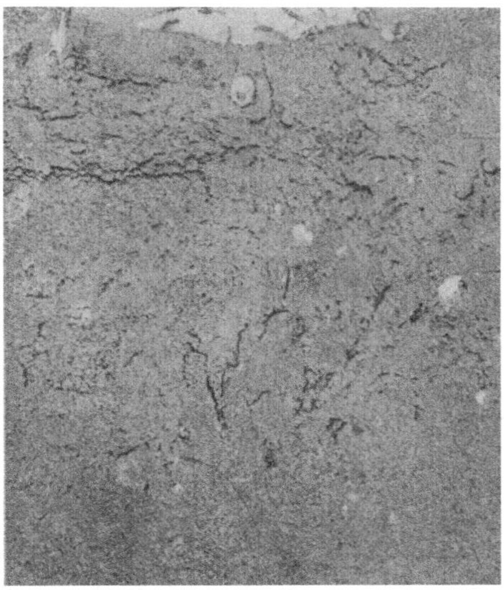

Abb. 29c. Sandboden, vor Winter gefräst und mit Winterroggen nach Pferdebohnen bestellt.

Abb. 29d. Sandboden, vor Winter gepflügt und mit Winterroggen bestellt.

(Aus den wissenschaftlichen Veröffentlichungen aus dem Siemens-Konzern 6, H. 1.) (Arbeit NITZSCH.)

Reibung"[2]. Die Gefahr einer zu starken Pulverung liegt nach den Untersuchungen BORNEMANNS[3] nicht vor. Selbst wenn die Hauptmasse des Bodens durch ein 1 mm Sieb hindurch ging, zeigte dieser noch die typischen Erscheinungen der Krümelstruktur. Allerdings gelten diese Untersuchungen vorwiegend für mittlere und schwere Böden, während für Sandböden, insbesondere humose Sande, die Gefahr einer Krümelzerstörung sehr wohl im Bereich der Möglichkeit liegt und für feinerdereiche Böden bei mehrfacher Fräsarbeit jedenfalls nicht ausgeschlossen ist. Befindet sich der Boden in ungünstiger Einzelstruktur bei der Bearbeitung, so kann die Fräse, wie GADE[4] fand, zwar auch tadellose Arbeit leisten. Trotzdem bleiben natürlich die einzelnen losgeschlagenen Bröckchen in Einzelstruktur und Vorgänge der Krümelung können erst allmählich einsetzen. Deshalb ist es verständlich, wenn GADE[4] nach derartiger Frühjahrsarbeit ein ungünstiges Wachstum des ausgesäten Bohnen-Gerstengemenges beobachtete.

---

[1] REINAU, E. H. u. F. KERTSCHER: Die Umwandlung der Sonnenenergie, des Wassers und des Kohlenstoffs in der Landwirtschaft. Wiss. Veröff. Siemens-Konzern 4, H. 1.

[2] EHRENBERG, P.: a. a. O., S. 520. [3] BORNEMANN, F.: a. a. O., S. 184.

[4] GADE, C.: a. a. O., S. 135.

Charakteristisch bleibt für die Fräsarbeit immer die große Gleichmäßigkeit der Bodenteilchen und ihrer Lagerung sowie die außerordentliche Lockerheit des Bodens, die sich überraschend lange erhält. So fanden REINAU und KERTSCHER[1] bei Untersuchungen mit der v. MEYENBURGschen Bodensonde, daß bis zu 15 cm Tiefe ein Widerstand gegen das Eindringen der Sonde fast gar nicht vorhanden war und bis zu 20 cm Tiefe die Widerstände nur schwach anwuchsen. Bei Pflugland dagegen begannen bereits bei 10 cm Tiefe erhebliche Widerstände sich geltend zu machen, die zugleich stark wechselten und zwischen 10 und 20 cm Tiefe Werte von 10—18 kg zeigten. Die vollkommene Homogenität des Fräslandes ist gegenüber der stark wechselnden Struktur des Pfluglandes hier besonders auffallend.

Sie legt den Gedanken nahe, ob nicht die feinerdige Deckschicht des Fräslandes, ebenso aber auch dieses selbst stark der Verschlämmung ausgesetzt ist. Demgegenüber fanden NOVÁK und ŠIMEK[2] eine Krustenbildung nur auf sehr schweren Böden. Ebenso zeigen die Untersuchungen von BORNEMANN[3] und HOLLDACK[4], daß normalerweise weder ein Verschlämmen noch Verkrusten der Oberfläche eintritt und die Widerstandsfähigkeit gegen derartige ungünstige Veränderungen bemerkenswert groß ist. Sie führen dies auf das „eigentümliche schwammartige Gefüge" des gefrästen Bodens zurück, wodurch er die Niederschläge sehr rasch aufnimmt und in tiefere Schichten absickern läßt. Das würde mit der Anschauung von STRECKER[5] übereinstimmen, der darauf hinweist, daß das Verschlämmen aufs engste mit der Fähigkeit des darunter liegenden Bodens, Wasser aufzunehmen, zusammenhängt. Eine Stütze erhalten diese Ansichten durch die Untersuchungen von NITZSCH[6], der bei seinen Versuchen fand, daß das Fräsland nach 150 mm künstlichem und 32 mm natürlichem Regen wesentlich lockerer als das Pflugland war, wie es nachfolgende Zahlen zeigen.

	Sandiger Lehm				Schwerer toniger Lehm			
	Pflugland		Fräsland		Pflugland		Fräsland	
	Luftkapazität	Porenvolumen	Luftkapazität	Porenvolumen	Luftkapazität	Porenvolumen	Luftkapazität	Porenvolumen
Vor dem Regen am 18. 2. 25.	7,3	56,7	8,4	55,2	6,5	59,7	9,7	62,2
Nach dem Regen am 26. 3. 25.	5,8	47,9	7,0	49,8	5,4	51,0	9,2	55,4
Prozentische Verringerung	30,0	15,0	16,5	9,5	18,0	14,5	0,5	11,0

Schließlich nimmt EHRENBERG[7] an, daß die gute Erhaltung der Struktur und das typische geringe Kleben des Fräslandes auch damit zusammenhängt, daß durch die vermehrte Kohlensäurebildung eine stärkere Lösung des Kalkes unter Entstehen von saurem kohlensaurem Kalzium eintritt, das seine günstigen Einwirkungen auf das Bodengefüge geltend macht. Damit würde übereinstimmen, daß GADE[8] in vielen Fällen durch das Fräsen gegenüber der Pflugarbeit eine geringe Erhöhung der p_H-Zahl fand.

[1] REINAU, E. H. u. F. KERTSCHER: a. a. O., **4**, H. 1.

[2] NOVÁK, V. u. J. SIMEK: Der Einfluß der verschiedenen Systeme der Bodenbearbeitung auf die Feuchtigkeitsverhältnisse des Bodens. Mitt. tschech. Akad. Landw. **3**, 231 (1927).

[3] BORNEMANN, F.: Die Arbeit des Landbaumotors. Mitt. Dtsch. Landw. Ges. **27**, 615 (1912).

[4] HOLLDACK, H.: a. a. O., S. 298.

[5] STRECKER, W.: Die mechanische Bearbeitung des schweren Bodens. Arb. Landw. Kammer Hannover **30**, 120 (1911).

[6] NITZSCH, W.: Bodenbearbeitung zur Frühjahrssaat. Techn. Landw. **6**, 238 (1925).

[7] EHRENBERG, P.: a. a. O., S. 521. [8] GADE, C.: a. a. O., S. 89.

Mit der vorteilhaften Struktur geht eine günstige Gestaltung der physikalischen Verhältnisse parallel. So stellen alle Untersucher eine höhere Wasserkapazität des Fräslandes gegenüber der Pflugfurche fest. Folgende Zahlen von NITZSCH[1] mögen als Beispiel dienen:

	Pflug				Fräse		
Tonboden . .	51,8	51,3	51,3	52,0	51,2	52,2	52,3
Sandboden . .	36,0	36,0	39,3	—	39,7	40,4	40,8

Während aber GADE[2] fand, daß sich nach Herbstbearbeitung die Unterschiede in der Wasserkapazität bald verwischten, konnte GIESECKE[3] beobachten, daß der Rückgang auf dem Fräsland sehr viel langsamer erfolgte und erst im März ein voller Ausgleich erreicht war. Dementsprechend zeigt der gefräste Boden stets einen höheren Wassergehalt als das Pflugland. Besonders lehrreich sind in dieser Hinsicht die Befunde von BLOHM[4], der den Wassergehalt eines im Herbst bearbeiteten Lehmbodens während der folgenden Vegetationsperiode fortlaufend untersuchte. Seine Ergebnisse seien hier auszugsweise wiedergegeben.

Wassergehalt in Gewichtsprozent des trockenen Bodens.

Tiefe cm	5. März	5. Mai	11. Juni	22. Juli	9. Oktober
Gefräst:					
15—20	13,51	14,71	12,60	12,07	14,10
	13,40	14,31	12,72	11,61	14,31
					14,39
30—35	14,50	14,09	12,41	11,70	16,00
	14,41	13,90	12,80	11,58	15,90
					15,52
75—80	—	—	12,45	12,00	14,91
			12,40	11,99	15,02
					14,76
Gegraben:					
15—20	12,11	13,49	12,40	11,60	14,09
	12,50	13,90	11,60	11,44	14,61
					14,61
30—35	13,30	13,42	12,20	11,20	15,90
	13,11	13,79	12,30	11,00	15,40
					15,70
75—80	—	—	12,39	11,35	14,09
			12,40	10,95	14,46
					14,19

Der Versuch ist deshalb so wertvoll, weil er die Überlegenheit selbst gegenüber gegrabenem Boden zeigt, den höheren Wassergehalt während der ganzen Vegetationsperiode nachweist, als die Bearbeitungszeit bereits dreiviertel Jahr zurücklag, und schließlich erkennen läßt, daß die Erhaltung eines guten Feuchtigkeitsgehalts in der Ackerkrume auch für die Wasserhaltung des Untergrundes von größter Wichtigkeit ist. Bei der großen Bedeutung des Wassers für das Pflanzenleben sahen wir aber schon früher, daß schon geringe prozentische Unter-

[1] NITZSCH, W.: Fortschritte auf dem Gebiet der landwirtschaftlichen Bodenbearbeitung. Dtsch. landw. Presse **53**, 107 (1926).

[2] GADE, C.: a. a. O., S. 124.

[3] GIESECKE, F.: Über den Einfluß äußerer Faktoren auf die Bodenstruktur. Z. Pflanzenernährg. usw. A **8**, 222 (1926).

[4] BLOHM, G.: Einfluß der Bodenbearbeitung auf die Wasserführung des Bodens. Kühn-Arch. **12**, 380 (1926).

schiede von großer Wichtigkeit sind. Als weiteres Beispiel einer langen Erhaltung der Strukturunterschiede führt BLOHM[1] die Untersuchung eines lehmigen Sandbodens an, der im Frühjahr 1924 bearbeitet wurde und im Frühjahr 1925 in 15—20 cm Tiefe nebenstehenden Wassergehalt aufwies, ohne daß inzwischen eine neue Bearbeitung stattgefunden hätte.

Unbearbeitet	Gegraben	Gefräst
10,72	10,99	11,73
10,39	11,10	11,41

Wenn die Verhältnisse auch in niederschlagsreicheren Gebieten nicht so günstig in dieser Hinsicht liegen wie in dem niederschlagsarmen Gebiet von Halle, so sind die Ergebnisse doch von grundsätzlicher Wichtigkeit.

Bei der sehr gleichmäßigen Gestaltung des Porenvolumens und der Kleinheit der Hohlräume im Fräsland liegt der Gedanke nahe, daß zwar eine gute Wasserhaltung erzielt wird, die Durchlüftung aber verhältnismäßig gering bleibt. Besonders die Untersuchungen von NITZSCH[2] haben aber gezeigt, daß trotz der kleinen Hohlräume das Gesamtporenvolumen und die Luftkapazität des gefrästen Bodens größer sind als im Pflugland.

	Abs. Porenvolumen							Luftkapazität						
	Pflug				Fräse			Pflug				Fräse		
Tonboden .	62,6	61,2	58,6	59,3	66,9	68,0	66,2	10,8	9,7	7,3	7,3	15,7	15,8	13,9
Sandboden .	46,6	42,0	49,5	—	53,8	51,7	53,7	10,6	6,0	10,2	—	14,1	11,3	12,9

GADE[3], GIESECKE[4], NOVÁK und ŠIMEK[5] kommen zu Ergebnissen, die in gleicher Richtung liegen und bestätigen die günstige Durchlüftung des Bodens durch die Fräsarbeit, die schließlich auf Sandboden zu einer übermäßigen Luftzufuhr und damit zu einem unwirtschaftlich raschen Abbau der Humussubstanzen führen kann. Der Fräsarbeit wird damit bei zunehmender Korngröße und abnehmendem Feinerdegehalt des Bodens eine wirtschaftliche Grenze gesetzt.

Schließlich hat der gefräste Boden infolge seiner gleichmäßigen Struktur eine bessere Wärmeleitung als der gepflügte Boden, der stets mehr oder weniger Schollen und Hohlräume zeigt, die einer guten Wärmeleitung hinderlich sind. Deshalb fanden sowohl BLOHM[6] wie NITZSCH[7] und HOLLDACK[8], GADE[9] u. a. im Frühjahr nach Abzug des Wassers eine raschere Erwärmung, während des Winters ein tieferes Eindringen des Frostes in Fräsland, dessen Tiefe von NITZSCH[10] nach einem Frost von — 13° C im März im Pflugland auf 8 cm, im Fräsland auf 10 cm bestimmt wurde.

Wenn so die Vorteile der Fräsarbeit vorwiegend auf mittleren und schweren Böden zur Geltung kommen, so liegt die Annahme nahe, daß die günstigere Bodenstruktur auch einen höheren Ertrag bedingen müßte. In der Tat sind eine große Zahl von Versuchen in dieser Hinsicht angestellt, die in der Mehrzahl der Fälle gleiche Erträge bei Pflug und Fräse brachten (MEYER ZU HARTLAGE[11] in Halle,

---

[1] BLOHM, G.: a. a. O., S. 382. [2] NITZSCH, W.: a. a. O., S. 107.
[3] GADE, C.: a. a. O., S. 125. [4] GIESECKE, F.: a. a. O., S. 222.
[5] NOVÁK, V. u. J. ŠIMEK: Der Einfluß der Bodenbearbeitung auf das Porenvolumen und die Struktur des Bodens. Mitt. tschech. Akad. Landw. 5, 558 (1929).
[6] BLOHM, G.: Einfluß der Bodenbearbeitung auf die Bodentemperatur. Techn. Landw. 8, 75 (1927).
[7] NITZSCH, W.: Bodenbearbeitung zur Frühjahrssaat. Techn. Landw. 6, 236 (1925).
[8] HOLLDACK, H.: Der Einfluß der Bodenbearbeitung auf den Flächenertrag der Kulturen. Illustr. landw. Ztg. 46, 163 (1926).
[9] GADE, C.: a. a. O., S. 140. [10] NITZSCH, W.: a. a. O., S. 238.
[11] MEYER zu HARTLAGE: Erfahrungen mit Siemens-Bodenfräsen. Illustr. landw. Ztg. 45, 431 (1925).

OPITZ und TAMM[1] in Dahlem, DENSCH und GROH[2] in Landsberg, GADE[3] in Mecklenburg usw.). Dagegen konnte HOLLDACK[4] bei 54 Versuchen in 85,2% der Fälle Mehrerträge, in 14,8% Mindererträge auf Fräsland feststellen. Allzu große Bedeutung darf man aber den Ertragsversuchen nicht zumessen. Vielfach werden die Witterungsverhältnisse während des Wachstums von so ausschlaggebender Bedeutung sein, daß die Einflüsse verschiedener Bodenbearbeitung völlig überdeckt werden. Schließlich erscheint es fraglich, ob die Erfahrungen in der Fräskultur heute bereits groß genug sind, um die Versuche technisch einwandfrei durchzuführen. Als bester Maßstab für die Güte der Bodenbearbeitung muß zur Zeit wohl noch die Untersuchung der physikalischen Bodeneigenschaften und der Krümelung des Ackers gelten. Schließlich entscheiden über den Wert der Fräskultur nicht allein die Güte der Arbeit, sondern in gleicher Weise betriebswirtschaftliche und maschinentechnische Gesichtspunkte, Fragen, die trotz ihrer Bedeutung hier nicht zur Erörterung stehen. Erwähnung verdient aber doch, daß die Fräse den Acker unmittelbar saatfertig herrichtet und einer längeren Nachbearbeitung, wie sie der Pflug verlangt, nicht bedarf. Hierin liegt nicht nur arbeitstechnisch, sondern auch wirtschaftlich ein großer Vorzug.

Krümmerarbeit.

Die Krümmer sind in ihrer allgemeinen Anwendung wesentlich jüngere Geräte als Pflug oder Egge. Wenn auch die äußere Form seit ihrer Einführung ziemlich gleichartig erhalten geblieben ist, so hat doch das eigentliche Arbeitsgerät, der mehr oder weniger tief in den Boden eindringende Zinken, mannigfaltige Umwandlungen erfahren. Die Bestrebungen zu seiner Verbesserung sind auch gerade heute wieder sehr stark und haben zur Konstruktion neuer Formen geführt, die zwar ihre Überlegenheit gegenüber älteren Arten bereits gezeigt, aber doch noch nicht dazu geführt haben, daß eine oder wenige Formen sich als die besten hätten allgemein durchsetzen können. Grundsätzlich kann man zwei Gruppen unterscheiden, wenn auch der Sprachgebrauch sie nicht scharf voneinander trennt. Die ältere Form der Grubber benutzt den starren Zinken, der heute nur noch in der Form der geraden Zinken mit kleinem Gänsefußschar an der Spitze Verwendung findet, während die alten Formen der Coleman-, Tennant- oder Regenwalder Grubber[5] mit gebogenen Zinken heute kaum noch dem Namen nach bekannt sind. Sie waren Tiefkulturgeräte. Der heutige Grubber dagegen arbeitet in der Regel auf halbe Pflugfurchentiefe, und nur der Dampfgrubber greift auch unter die Furchensohle. Als Nachteil des starren Grubbers hebt ROEMER[6] mit Recht hervor, daß sein Tiefgang nicht zu regeln ist, sondern einmal von der Schwere des Gerätes, zum anderen von der Lockerheit des Bodens abhängt. Die Folge ist, daß der Grubber gerade auf festen, schweren oder verschlämmten Böden, deren Lockerung besonders erwünscht ist, verhältnismäßig nur flach eindringt.

Die neuere, meist als Krümmer bezeichnete Form zeichnet sich einmal durch stark gebogene, federnde Zinken aus, zum anderen gewährt sie den Vorteil be-

---

[1] OPITZ, K. u. E. TAMM: Bodenbearbeitungsversuche auf dem Versuchsfelde in Dahlem. Mitt. Dtsch Landw. Ges. **41**, 906ff. (1926).

[2] DENSCH, A. u. A. GROH: Versuche über die Wirkung des Fräsens zu Roggen, Kartoffeln und Zuckerrüben. Illustr. landw. Ztg. **45**, 624 (1925).

[3] GADE, C.: a. a. O., S. 141.

[4] HOLLDACK, H.: Fortschritte auf dem Gebiete der Bodenbearbeitung mit Motorfräsen. Mitt. Dtsch. Landw. Ges. **42**, 296 (1927).

[5] BLOMEYER, A.: a. a. O., S. 129.

[6] ROEMER, TH.: a. a. O., S. 247.

liebiger Tiefeneinstellung. Allerdings weist KRAUSE[1] darauf hin, daß bei wechselndem Bodenwiderstand, mit dem man auf schwerem Boden immer rechnen muß, der Tiefgang nicht gleichmäßig bleibt, vielmehr bei größeren Widerständen der Federzinken zurückgebogen wird, wodurch neben dem Tiefgang auch der Schnittwinkel sich ändert, und die Arbeit unvollkommen wird[2]. Das gilt besonders für den breiten Federzinken, wie er mit den amerikanischen Kultivatoren übernommen worden ist. Günstiger verhalten sich die neueren Formen des Federzinkens, bei denen der eigentliche Arbeitsteil messerartig ausgebildet ist und ebenso wie der starre Grubberzinken ein kleines Gänsefußschar an der Spitze trägt.

Über den eigentlichen Arbeitsvorgang fehlten bisher alle Untersuchungen, so daß man nur auf die praktische Beobachtung angewiesen war. Es ist das Verdienst ROEMERS[3] und seiner Schüler[4], sichere theoretische Grundlagen für die Beurteilung der Krümmerarbeit geschaffen zu haben. Die Arbeiten sind laboratoriumsmäßig mit künstlichen Bodengemischen in einem von MIX[5] konstruierten Versuchskasten ausgeführt. Das muß zwar bei Übertragung der Verhältnisse auf das freie Land berücksichtigt werden. Andererseits treten die grundsätzlichen Erschei-

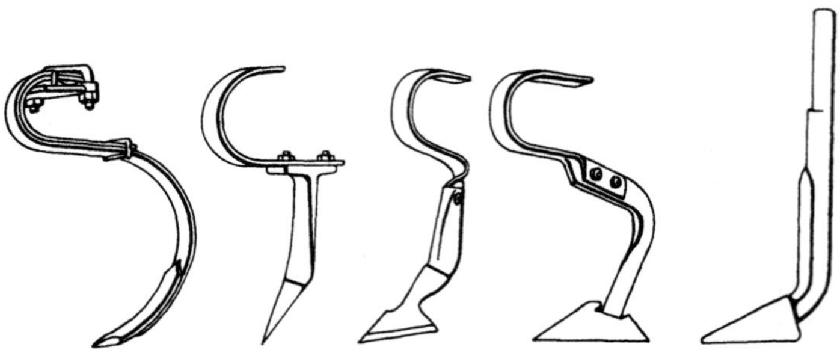

Abb. 30. a = Ventzkizinken. b = Helmstedter Zinken. c und d = Arndtscher Zinken. e = starrer Grubberzinken.
(Aus ROEMER, Bodenbearbeitung im Handbuch der Landwirtschaft.)

nungen schärfer hervor. Man hat es bei allen Krümmerarbeiten einmal mit einer Mischung und Umschichtung des Bodens, zum andern mit einer Zertrümmerung größerer Krümel und Klumpen zu tun. Hand in Hand damit geht eine Auflockerung des Bodens, da die einzelnen Bodenteile dem Druck des Krümmerzinkens nach der Oberfläche zu ausweichen. In einem kolloidfreien trockenen Boden findet dabei eine energische Umschichtung des Bodens statt, indem die größeren Bodenteile an die Oberfläche gehoben werden, die feinsten Teile um so stärker nach unten absinken, je kleiner sie sind und je ungehinderter sie ihren Weg verfolgen können[6]. Man erhält so eine Verdichtung der tieferen Schichten, eine Auflockerung und Vergröberung der Oberflächenzone des Bodens. Als Beispiel solcher Wirkung könnte man einen reinen Sandboden annehmen. In

[1] KRAUSE, M.: Steigerung der Ernteerträge durch verbesserte Bodenbearbeitung, S. 134. 1928.
[2] HEUSER, O.: a. a. O., S. 123.
[3] ROEMER, TH.: Einwirkung von Ackergeräten auf den Boden. Dtsch. landw. Presse **54**, 25 (1927).
[4] MIX, H.: Experimentelle Darstellung der Innenbodenarbeit von Grubber- und Eggezinken. Dissert., Halle 1927. — HORTSCHANSKY, C.: Untersuchungen über die Einwirkung von Federzahnkultivatoren- und Eggezinken auf den Boden. Dissert., Halle 1929. — MÄRCKER, W.: Einwirkung von Eggen- und Kultivatorenzinken auf die Struktur der Ackerkrume bei verschiedenem Feuchtigkeitsgehalt. Landw. Jb. **68**, 901 (1929).
[5] MIX, H.: a. a. O., S. 11. [6] ROEMER, TH.: a. a. O., S. 26.

allen anderen Fällen werden zwei Momente modifizierend wirken: der Kolloid- und Feinerdegehalt und der Feuchtigkeitsgrad des Bodens. Beide wirken einer Umschichtung des Bodens entgegen, indem Kohäsions- und Adhäsionskräfte bei Steigerung zunehmen und einem Absinken der feinsten Teilchen in die tieferen Schichten hinderlich sind. Die Bedeutung verschiedenen Feuchtigkeitsgehalts zeigen am besten folgende Zahlen von MÄRCKER[1]:

Umschichtungen von Erde des Hallenser Versuchsfeldes durch ARNS-Kultivatorzinken im Mittelteil 3 des Versuchskastens.

	Lufttrocken		20% d. max. Wass.-Kap.		40% d. max. Wass.-Kap.		60% d. max. Wass.-Kap.	
	M ‰	± ‰	M ‰	± ‰	M ‰	± ‰	M ‰	± ‰
Oberschicht . .	178,0	—125,9	222,2	—100,6	273,0	— 49,8	205,3	—117,5
Mittelschicht .	311,9	+ 1,2	297,8	— 3,2	273,0	— 28,0	245,2	— 55,8
Unterschicht .	423,5	+ 37,9	363,9	— 12,0	336,5	— 39,4	325,9	— 50,0
Summe:	913,4	— 86,8	883,9	—115,8	882,5	—117,2	776,4	—223,3

Die Werte geben die Veränderung gegenüber einem Blindversuch an, dessen Mittelwert für die Kastenfüllung = 1000 gesetzt ist. Es geht daraus hervor, daß in allen Fällen die Bearbeitung des Bodens eine Auflockerung zur Folge gehabt hat. Derselbe Raum wird nach der Bearbeitung von weniger Erdmasse eingenommen bzw. die gleiche Erdmasse nimmt ein größeres Volumen ein. Am geringsten ist die Auflockerung in dem lufttrockenen Boden, ein Fall, der praktisch keine Rolle spielt. Am stärksten wird der Boden mit 60% der maximalen Wasserkapazität gelockert, weil die durch die Bearbeitung emporgehobenen Bodenteilchen durch die stärkere Adhäsion am Absinken verhindert werden. Deshalb muß gerade auch die Unterschicht Boden verlieren, d. h. gelockert werden, wie aus dem Bodenverlust von 50,0‰ hervorgeht. Dagegen zeigt der lufttrockene Boden durch Zunahme der Unterschicht um 37,9‰ die stärkere Verdichtung am Grunde an. Das sog. „Setzen" des Bodens wird hier also besonders begünstigt. Neben diesen Umschichtungen findet zugleich eine Veränderung der Krümelgröße des Bodens statt. Die Zerschlagung größerer Klumpen und Schollen ist ja eine häufige Aufgabe des Krümmers. In den vorgenannten Versuchen sind nur Krümelgrößen von >8 mm, 4—8 mm, 2—4 mm und <2 mm untersucht. Über die Ergebnisse erhält man durch folgende Zahlen von MÄRCKER[2] ein Bild, die sich nicht nur auf den Mittelteil, sondern den ganzen Versuchskasten beziehen.

Veränderung der Krümelgrößen durch ARNS-Kultivatorzinken.

Korngröße	Lufttrocken		20% d. max. Wasserkapazität		40% d. max. Wasserkapazität		60% d. max. Wasserkapazität	
mm	M ‰	± ‰	M ‰	± ‰	M ‰	± ‰	M ‰	± ‰
>8	230,6	—14,0	219,5	—11,6	218,5	—12,7	279,4	+48,2
>4	240,8	— 5,3	237,9	— 3,0	231,9	— 9,0	244,5	+ 3,6
>2	242,1	— 2,7	235,9	— 3,9	232,3	— 9,5	209,9	— 29,9
<2	281,7	+17,2	301,2	+13,1	322,9	+34,8	264,5	—23,6
Summe	995,2	— 4,7	994,5	— 5,4	1005,6	+ 5,6	998,3	— 1,7

Aus diesen Zahlen geht hervor, daß mit zunehmender Feuchtigkeit die gröberen Bestandteile des Bodens infolge abnehmender Kohäsionskraft stärker zertrümmert werden, während die kleinsten Teile eine entsprechende Zunahme erfahren. Das Setzen des Bodens wird damit ebenso begünstigt wie durch das Absinken der

[1] MÄRCKER, W.: a. a. O., S. 952. [2] MÄRCKER, W.: a. a. O., S. 953.

feinsten Teile des lufttrockenen Bodens. Praktisch kommt noch hinzu, daß mit steigender Feuchtigkeit die größeren Krümel stärker aus den tieferen Schichten heraufgearbeitet werden als die feinen. Wie die letzte Spalte der Tabelle zeigt, ändern sich die Verhältnisse aber, wenn der Feuchtigkeitsgehalt mit 60% der vollen Wasserkapazität zu groß wird. Zwar läßt die Kohäsionskraft hier so nach, daß eine starke Zerstörung größerer Krümel stattfindet. Die zunehmende Menge der kleinen Teilchen ist aber hier durch die mechanische Wirkung des Krümmerzinkens bereits dem Verschmieren ausgesetzt, was bei folgender Abtrocknung zu starker Klumpenbildung führt. Der feuchteste Boden hat deshalb mit rund 26% die geringste Menge feinster Teile und mit 28% die größte Menge grober Krümel. Am günstigsten verhält sich der Boden bei 40% der vollen Wasserkapazität, der gerade die gegenteiligen Verhältnisse zeigt. Die größere Menge feinster Teile begünstigt das Setzen und eine Erhöhung der Kapillarkraft, während noch genügend gröbere Krümel vorhanden sind, die ein Verschlämmen verhüten.

Die Untersuchungen zeigen, daß die Krümmerarbeit in noch stärkerem Maße als die Pflugarbeit an einen bestimmten Feuchtigkeitszustand des Bodens gebunden ist. Sie bedingt bei richtiger Anwendung aber sowohl eine Verfeinerung wie ein Setzen des Bodens. Dabei wird die oberste Schicht stets gelockert, zugleich aber auch die gröberen Brocken nach oben gebracht, wo sie der Oberfläche lose aufliegen, der Gefahr des Austrocknens und damit der Verhärtung besonders stark ausgesetzt sind. Der Krümmer ist somit nicht imstande, ohne Nachbearbeitung ein Saatbeet zu liefern. Dabei verhalten sich die einzelnen Formen verschieden. Der federnde Krümmerzahn bedingt eine stärkere Umschichtung als der starre Grubberzinken[1]. Besonders arbeitet die breite Federzahnform der alten Ventzkizinken die tieferen Schichten stark nach oben und bedingt bei genügender Trockenheit zugleich ein starkes Absinken der feinen Krümel, so daß eine sehr energische Mischung des Bodens erfolgt[2]. Ist die Abtrocknung des Bodens aber noch nicht bis zur Arbeitstiefe fortgeschritten, so wird der feuchte Boden in verschmierten Schwarten nach oben gebracht und verhärtet dort zu den berüchtigten „Würsten", die bei unzweckmäßiger Arbeit in der Praxis immer wieder beobachtet werden. Die neueren messerartigen Zinken mit Gänsefußschar vermeiden diesen Fehler viel mehr und stellen im ganzen ein gleichmäßigeres Gefüge des Bodens durch die ganze bearbeitete Schicht her, lockern also die tieferen Schichten nicht stärker als die mittleren, wie es der breite Federzinken tut[3]. Bei zu hoher Feuchtigkeit wirkt aber das Gänsefußschar ebenfalls ungünstig, da es gleichfalls ein Verschmieren des Bodens herbeiführt. Nur tritt diese Wirkung äußerlich nicht in Erscheinung, da ein Heraufarbeiten der verschmierten Schicht unterbleibt[4]. HEUSER[5] weist deshalb darauf hin, daß der breite Federzinken aus den trockneren Gebieten Nordamerikas stammt, wo durchaus andere Arbeitsbedingungen herrschen als in Deutschland, so daß die Übernahme des Gerätes ohne jede wesentliche Veränderung zwecks Anpassung nicht die in Amerika erzielten Erfolge bringen kann.

Alle Krümmer hinterlassen aber das Feld nicht in glatter Oberfläche, sondern ziehen durch ihre Zinken Rillen, zwischen denen die Erde sich anhöht, so daß, wie ROEMER[6] sagt, eine wellblechartige Lagerung entsteht. In Verbindung mit den obenauf liegenden groben Bodenbrocken wird damit eine starke Vergrößerung der

---

[1] ROEMER, TH.: Bodenbearbeitung. Handbuch der Landwirtschaft **2**, 249 (1928).
[2] SIEVERS, W.: Einwirkung verschiedener Krümmerzinken auf die Struktur, Wasserführung und Durchlüftung des Bodens. Landw. Jb. **74**, 86 (1931).
[3] MÄRCKER, W.: a. a. O., S. 940.
[4] SIEVERS, W.: a. a. O., S. 89.
[5] HEUSER, O.: a. a. O., S. 124.
[6] ROEMER, TH.: a. a. O., S. 124.

Oberfläche bedingt, die zusammen mit der kräftigen Lockerung der Verdunstung und damit Austrocknung des Bodens außerordentlich günstig ist. Es können auf diese Weise durch Wasserverlust und Klumpenbildung erhebliche Schäden entstehen, wenn dem nicht durch Schluß der Oberfläche entgegengewirkt wird.

Ebenso wie der Krümmerarbeit durch zu hohe Feuchtigkeit eine feste Grenze der Anwendbarkeit gezogen ist, so auch durch zu große Trockenheit feinerdiger Böden, die dann so verhärten, daß eine Bearbeitung durch den Krümmer nicht mehr möglich wird, weil die Zinken nicht einzudringen vermögen. Zwar schafft der BIPPARTsche[1] Federzahn mit Stahlmeißelspitze wenigstens die technische Möglichkeit solcher Bearbeitung, wirtschaftliche Bedeutung hat er aber bisher nicht erlangt. So bleibt der Krümmer vorwiegend ein Gerät der Nachbearbeitung der Pflugfurche, deren Schollen er zerkleinert, und die er in gleichmäßige Struktur bringt. Ist die Pflugfurche verschlämmt oder fest gelagert wie im Frühjahr, so wird die nötige Lockerung wieder hergestellt, um dem Acker diejenige Struktur wiederzugeben, die für eine gute Wasserhaltung, Durchlüftung und Erwärmung notwendig ist.

Eggenarbeit.

Dem Krümmer in ihrer Arbeitsweise verwandt, jedoch hinsichtlich der Anwendung wesentlich verschieden, sind die Eggen, die nach Bauart, Schwere sowie Form der Eggenzinken eine außerordentliche Mannigfaltigkeit aufweisen. In ihrer Wirkung auf den Boden verhalten sie sich aber grundsätzlich gleich. Der ganzen Bauart nach sind sie Geräte der Oberflächenbearbeitung, die nur dann tiefer in den Boden eingreifen, wenn ihnen die Nacharbeit hinter Pflug oder Krümmer im lockeren Lande zufällt, um eine gleichmäßige Oberschicht als Krume zur Aufnahme des Saatgutes zu schaffen. Größere Tiefen als 6—7 cm werden aber auch dann nur von sehr schweren Eggen erreicht, deren Anwendung nicht die Regel ist. Andererseits halten sich die ganz leichten Eggen völlig an der Oberfläche, und zwar um so mehr, je größer die Zahl ihrer Zinken ist[2]. Sie dringen selbst in krümeligen, mürben Böden nicht tiefer als 2 cm ein.

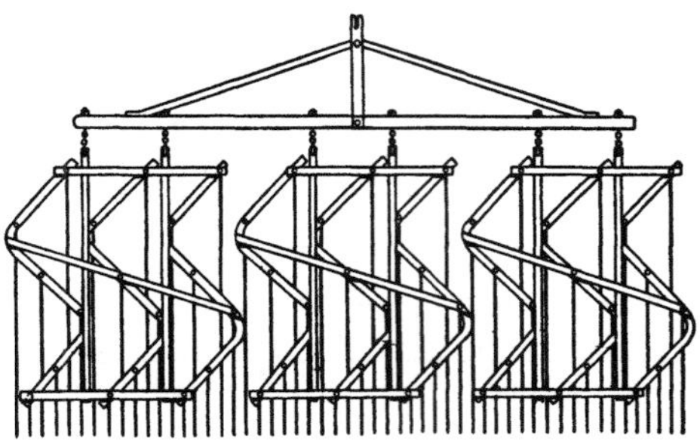

Abb. 31. Rohrmannsche Egge mit unregelmäßigem Zinkenabstand. (Aus HEUSER, Grundzüge der praktischen Bodenbearbeitung.)

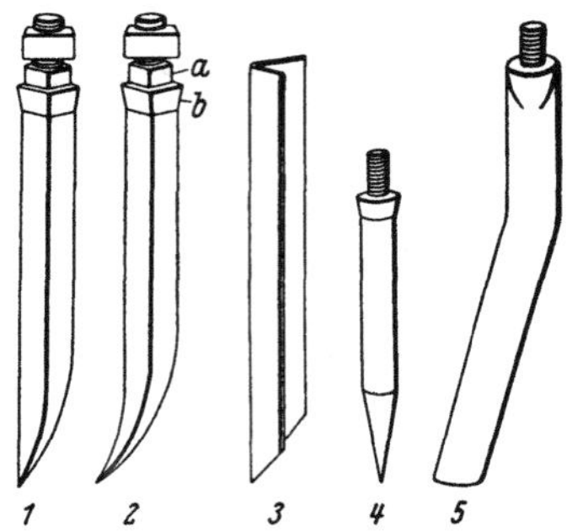

Abb. 32. Eggenzinken. (Aus FISCHER, Landmaschinenkunde.)

Die erste genaue Untersuchung der Arbeit des Eggenzinkens verdankt man der Hallenser Schule, die sie zusammen mit den oben erwähnten Untersuchungen über die Krümmerarbeit durchführte. Dabei ergab sich eine grundsätzliche Übereinstimmung in der Wirkungsweise beider Geräte. Im lufttrockenen Boden erfolgt auch hier ein starkes Absinken der feinsten, ein Heraufarbeiten der größten Teile.

---

[1] BIPPART, E.: BIPPARTS Bodenbreitmeißel. Fühlings landw. Ztg. **69**, 457 (1920).
[2] HEUSER, O.: a. a. O., S. 137.

Mit zunehmendem Feuchtigkeitsgehalt wird dagegen infolge der steigenden Adhäsionskraft das Absinken immer geringer, die unteren Schichten bleiben lockerer. Bei 40% der vollen Wasserkapazität ist der günstigste Zustand erreicht, wie die folgenden Zahlen von MÄRCKER[1] zeigen:

	Lufttrocken		20% d. max. Wass.-Kap.		40% d. max. Wass.-Kap.		60% d. max. Wass.-Kap.	
	M ‰	± ‰	M ‰	± ‰	M ‰	± ‰	M ‰	± ‰
Oberschicht	274,5	—29,4	341,7	+18,9	386,5	+63,7	381,6	+58,8
Mittelschicht . . .	320,2	+ 9,5	309,3	+ 8,3	284,7	—16,2	268,0	—33,0
Unterschicht . . .	409,8	+24,2	349,7	—26,2	336,9	—38,9	353,9	—21,9
Summe:	1004,5	+ 4,3	1000,7	— 1,0	1008,1	— 8,6	1003,5	+ 3,9

Es werden also auf trockenem Boden die größeren Krümel und Brocken auf der Oberfläche angesammelt, wo sie lose und ohne weitere Verbindung mit einander liegen. Je feuchter der Boden, um so weniger ist das der Fall. Nun übt die Egge noch eine zweite Wirkung aus, die Zerschlagung und Zerkleinerung größerer Brocken, durch den Anschlag der Zinken, deren Kraft durch den schlängelnden Gang der Egge noch verstärkt wird. Auf trockenem Boden fand MÄRCKER[2] die stärkste Zertrümmerung bei den größten Brocken, in seinem Fall von über 8 mm Größe. Mit zunehmendem Feuchtigkeitsgehalt und damit abnehmender Kohäsionskraft nimmt die Zerkleinerung zu und betrifft in stärkerem Maße die mittleren Korngrößen. Erreicht aber die Feuchtigkeit Werte von 60% der maximalen Wasserkapazität, so bedingt die steigende Adhäsion ein erneutes Zusammenballen feinerer Krümel zu großen Klumpen von 10 cm Durchmesser[3] und darüber, während vorher das Höchstmaß der Krümeldurchmesser 2 cm betrug. Ein Auszug aus Tabelle 6[4] der Arbeit mag diese Vorgänge zahlenmäßig belegen.

Korngroße	Lufttrocken		20% d. max. Wass.-Kap.		40% d. max. Wass.-Kap.		60% d. max. Wass.-Kap.	
mm	M ‰	± ‰	M ‰	± ‰	M ‰	± ‰	M ‰	± ‰
> 8	239,2	—5,3	228,9	— 2,2	223,5	— 7,7	286,1	+54,9
> 4	243,0	—3,1	237,2	— 3,8	225,8	—15,2	227,7	—13,2
> 2	246,1	+1,2	272,2	—12,5	230,0	— 9,8	215,8	—23,9
< 2	271,1	+6,7	298,8	+10,7	315,6	+27,5	272,2	—15,9
Summe:	999,4	—0,4	992,1	— 7,8	994,9	— 5,2	1001,8	+ 1,9

Daraus ergibt sich, daß die Egge bei 40% der vollen Wasserkapazität die beste Arbeit leistet. Ist der Boden dagegen sehr trocken, so erfolgt sehr bald durch das Absinken der feinsten Teile eine Verdichtung des Bodens, während die locker auf der Oberfläche liegenden Brocken infolge ihrer Verhärtung nur wenig zerschlagen werden, sich hin und herschieben und daher auch durch mehrere Eggenstriche, die die Absiebung nur verstärken, nicht erfaßt werden. ROEMER[5] weist darauf hin, daß nach dreimaligem Eggen in solchem Zustande die Absiebung beendet ist, weitere Eggenstriche nichts mehr ändern. Sie bedingen nur infolge der ständigen Lockerung und Durchmischung mit Luft eine intensive Austrocknung. Ein so behandelter Acker ist als Keimbett unbrauchbar, er ist „tot geeggt". Nur ein ausgiebiger Regen vermag dann Abhilfe zu schaffen. In dem durchfeuchteten Boden wird ein Eggenstrich jetzt die gröberen Krümel zerschlagen,

[1] MÄRCKER, W.: a. a. O., S. 944.
[2] MÄRCKER, W.: a. a. O., S. 922.
[3] MÄRCKER, W. a. a. O., S. 920.
[4] MÄRCKER, W.: a. a. O., S. 945.
[5] ROEMER, TH.: a. a. O., S. 256.

die feste Schicht lockern und damit ein brauchbares Saatbett herstellen. Diese Form des Toteggens spielt zweifellos auch heute noch eine Rolle, während ein Toteggen durch Pulverisieren wohl selten geworden ist. Früher war es als Folge des Rundeggens, bei dem die Eggen in sehr raschem Tempo bewegt wurden, vielfach gefürchtet. Schon SCHUMACHER[1] und PITSCH[2] erwähnen, daß durch den rascheren Gang der Egge die schlagende und stoßende Wirkung der Zinken sowie die Reibungen der Bodenkrümel aneinander wesentlich verstärkt werden, so daß eine sehr viel feinere Krümelung erzielt wird. Wird solche Arbeit zu häufig wiederholt, so kann es bei Trockenheit zu einem weitgehenden Pulverisieren der Bodenoberfläche kommen. Stärkere Regen bringen dann die Gefahr der Verschlämmung und Krustenbildung durch nachfolgendes Abtrocknen mit sich. EHRENBERG[3] weist darauf hin, wie sehr gerade Böden, die in Krümelstruktur liegen und eine gute Gare bereits erreicht hatten, auf diese Weise geschädigt werden. In der älteren Literatur[4] finden sich deshalb immer wieder Hinweise auf die Gefahren übertriebener Eggenarbeit. Auch für die südrussische Schwarzerde gibt KOSTYTSCHEFF[5] an, daß ihre Struktur durch übertriebene Bearbeitung so geschädigt werden kann, daß eine erhebliche Ernteschädigung die Folge ist.

Seltener sind Schäden durch Eggen zu feuchten Landes. Die auftretenden Schäden werden bei stärkerer Feuchtigkeit in dem Zusammenballen großer Klumpen sowie der Verschmierung des Bodens so bald erkannt, und der Erfolg widerspricht so sehr dem erstrebten Ziel der Feinkrümelung und Glättung der Oberfläche, daß solche Arbeit sehr bald eingestellt wird. Dagegen warnt schon v. ROSENBERG[6] vor einer Arbeit, bei der zwar die Oberfläche abgetrocknet, dagegen die Schicht, in der die Spitze der Eggenzinken arbeitet, noch feucht ist. Besonders im Frühjahr wird solcher Fall leicht eintreten. Es wird auch dann der Boden verschmiert, „die engen Hohlräume werden geschlossen durch feine, nasse Partikelchen; dieses führt beim Austrocknen zu einer Verhärtung, die man vielfach als Zementierung bezeichnet.“ „Allerdings läßt es sich nicht immer umgehen, vor allem nicht auf Schlägen, die ganz ungleichmäßigen Boden haben, wie ihn die Gletscherböden Norddeutschlands aufweisen[7].“

Der volle Erfolg der Eggenarbeit wird also nur bei mittlerer Feuchtigkeit von rund 40% der vollen Wasserkapazität erreicht. Je kolloid- und feinerdereicher der Boden ist, um so wichtiger ist, den richtigen Feuchtigkeitsgehalt des Ackers abzupassen, um so günstiger wirkt sich gleichfalls eine rasche Gangart der Egge aus. Man erhält dann eine genügend weitgehende Zerkleinerung der Krümel und Brocken bei ausreichender Bildung feinster Teile. Zugleich wird ein zu starkes Absinken der Feinerde und Bildung einer verdichteten Schicht verhindert. Die Eggenschicht nimmt eine gleichmäßige Struktur an und stellt in diesem Zustande ein günstiges Saatbett dar, das eine zweckmäßige Einbettung des Saatgutes und guten Aufgang ermöglicht.

Wie jede Lockerung des Bodens, bewirkt auch die Eggenarbeit eine stärkere Verdunstung aus der bearbeiteten Schicht. Da aber die Egge eine ebene Bodenoberfläche herstellt, so ist trotzdem die Gesamtverdunstung aus der ganzen bearbeiteten Schicht geringer als nach Pflug- oder Krümmerarbeit allein, die den Boden in mehr oder weniger stark welligem Zustande mit großer Oberfläche

---

[1] SCHUMACHER, W.: a. a. O., S. 128.
[2] PITSCH, O.: Theorie der Bodenbearbeitung, S. 88. Dresden 1884.
[3] EHRENBERG, P.: a. a. O., S. 526.
[4] Vgl. u. a. A. v. ROSENBERG-LIPINSKY: a. a. O., S. 210. — W. SCHUMACHER: a. a. O., S. 122.
[5] KOSTYTSCHEFF, S.: Die Schwarzerde, S. 135. Berlin 1912.
[6] ROSENBERG-LIPINSKY, A. v.: a. a. O., S. 84.
[7] ROEMER, TH.: a. a. O., S. 527.

zurücklassen. Es sei hier noch einmal an die Versuche von ESER[1] erinnert, der auf 1000 cm² folgende Verdunstung in Gramm fand:

	Gewellt	Eben
Kalksand	2670	2076
Humoser Kalksand . .	1790	1410

Es wird somit durch den ebnenden Eggenstrich eine bessere Erhaltung der Feuchtigkeit im Boden erreicht. Untersuchungen aus der Praxis bestätigen diese Schlußfolgerung. So fand GLANZ[2] folgende Feuchtigkeitsprozente am 11. März auf schwerem, schwarzem Lettenboden: rauhe Furche 16,73%, geeggt 17,18%. Ebenso fand STEINER[3] nach den Umrechnungen der Ergebnisse durch RAETHER[4] am 25. März 1925 auf humosem lehmigen Sand: rauhe Furche 11,47%, geeggt 13,75%.

Bei starker Verdunstungskraft der Atmosphäre, insbesondere bei trockenem Wind und bei Wiederholung der Eggenarbeit kann aber die Verdunstung aus der Eggenschicht selbst so stark werden, daß sie fast völlig austrocknet. Sie liegt dann als isolierende Schicht auf dem Boden, die durch Unterbrechung der Kapillarität desselben sehr zur Feuchtigkeitserhaltung beitragen kann. Wie später gezeigt werden wird, vermag auch schon eine lockere Krümelschicht, die selbst nicht völlig ausgetrocknet ist, wassersparend zu wirken. Von dieser Wirkung der Egge wird in der modernen Landwirtschaft besonders reichlich Gebrauch gemacht.

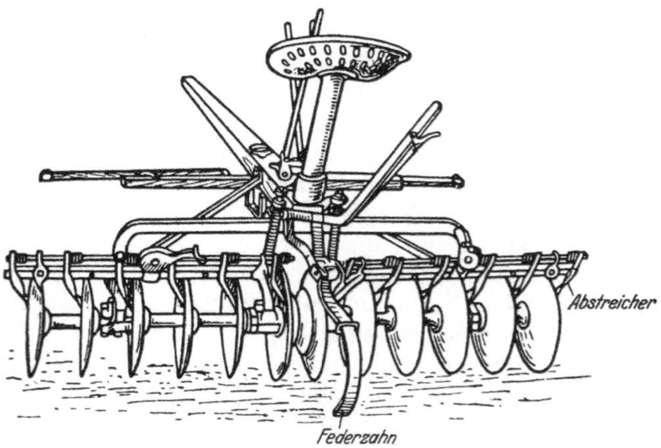

Abb. 33. Scheibenegge.
(Aus SCHWARZER, Landmaschinenkunde.)

Als Verwendungszwecke besonderer Art, auf die hier nicht näher eingegangen werden kann, sei schließlich einmal die Einmischung von Kunstdünger in den Boden genannt. Nach dem vorher Gesagten wird sie um so vollkommener erfolgen, je trockener der Boden ist. Zum anderen spielt die Egge in der Bekämpfung der Unkräuter eine wichtige Rolle, und zwar die leichten Formen für die Bekämpfung der Samenunkräuter, während die Wurzelunkräuter nur von schweren Eggen genügend erfaßt und an die Bodenoberfläche gezogen werden.

Wenigstens erwähnt sei an dieser Stelle ein Gerät, das sowohl die Tätigkeit des Krümmers wie der Egge zu übernehmen vermag, es ist die Scheibenegge. Die verschiedenen Konstruktionen erlauben sowohl eine Flachbearbeitung von 5 cm wie eine Tiefbearbeitung bis zu 15 cm durchzuführen. Sie ist der deutschen Landwirtschaft besonders von MATENAERS und CAMPBELL[5] empfohlen worden. Die

[1] ESER, C.: a. a. O., S. 46.
[2] GLANZ, F.: Die Wühlarbeit im Ackerboden, S. 35. 1926.
[3] STEINER, L.: Ein Versuch zur Feststellung der Bodenfeuchtigkeitserhaltung durch verschiedene Bearbeitung. Pflanzenbau 2, 90 (1925/26).
[4] RAETHER: a. a. O., S. 176.
[5] MATENAERS, F. F. u. H. W. CAMPBELL: Anleitung zur zweckmäßigen Bodenbearbeitung. 1908.

Scheibenegge schneidet, wendet und lockert in recht guter Weise und vermag auch zähen Boden bei richtiger Anwendung gut zu krümeln, so daß KRAUSE[1] für ihre stärkere Verwendung eintritt. Mit Recht weist aber BIPPART[2] darauf hin, daß ihrer größeren Ausbreitung der Umstand entgegensteht, daß der Boden während des Arbeitsvorganges zu stark in voller Arbeitstiefe mit der Luft in Berührung gebracht wird und dabei sehr erhebliche Wasserverluste erleidet. Nähere Untersuchungen fehlen allerdings auch hier noch.

Schleppenarbeit.

Die Schleppe hat erst in den letzten Jahrzehnten sich Heimatrecht in der deutschen Landwirtschaft erworben, ist trotzdem nach ROEMER[3] aber auch heute noch ganzen Gegenden in Deutschland fremd. v. ROSENBERG-LIPINSKY[4], der große Förderer der Bodenbearbeitung im letzten Jahrhundert, hält die Schleppe einer näheren Behandlung noch nicht wert, und BLOMEYER[5] gibt 1879 nur ihren Namen an, um sofort hinzuzufügen, daß dieses primitive Gerät am besten durch eine Kettenschleppe ersetzt wird. Aber schon 1901 gibt v. RÜMKER[6] eine eingehende Würdigung der Schleppe und ihrer Arbeit. Inzwischen hat sich ihr

Abb. 34. Balkenschleppen mit Eggzinken.
(Nach HEUSER, Bodenbearbeitung.)

Arbeitsbereich immer mehr erweitert. Zugleich hat die Landmaschinenindustrie versucht, dieses einfache Gerät zu verbessern und es für verschiedene Anwendungsmöglichkeiten geeignet zu machen[7]. Die Grenzen der konstruktiven Ausgestaltung sind allerdings durch wirtschaftliche Gesichtspunkte beengt. HEUSER[8] weist in diesem Sinne darauf hin, daß für ein Gerät, das einmal in größerer Anzahl gebraucht wird, zum andern nur wenige Tage im Jahr Gelegenheit hat, sich zu amortisieren, keine großen Kosten aufgewendet werden können.

Hinsichtlich der Tätigkeit und Wirkung der Schleppe ist man auf praktische Beobachtung angewiesen. Bei zweckmäßiger Anwendung ebnet und glättet die Schleppe die Oberfläche des Ackers vollkommen. Im Gegensatz zu den

[1] KRAUSE, M.: a. a. O., S. 135.

[2] BIPPART, E.: Die Bodenbearbeitung mit der Scheibenegge. Dtsch. landw. Presse **48**, 400 (1921). — Die Scheibenegge und ihre zweckmäßige Verwendung bei der Bodenbearbeitung. Illustr. landw. Ztg. **41**, 330 (1921).

[3] ROEMER, TH.: a. a. O., S. 244.

[4] ROSENBERG-LIPINSKY, A. v.: Der praktische Ackerbau. 1864.

[5] BLOMEYER, A.: Die mechanische Bearbeitung des Bodens, S. 142. 1879.

[6] RÜMKER, K. v.: Tagesfragen aus dem modernen Ackerbau, H. 1, S. 44. 1919.

[7] HOPF: Schlepparbeit auf Acker, Wiese und Weide. Illustr. landw. Ztg. **43**, 125 (1933). — MAHLERT, CHR.: Ackerschleppe. Ebenda **43**, 145 (1923). — KERMANN, K.: Die Bedeutung der Ackerschleife. Landmaschine **4**, 696 (1924). — FRIEDRICHSEN, N.: Die Unentbehrlichkeit der Ackerschleppe zu jeder Jahreszeit in der Landwirtschaft. Techn. Landw. **5**, 176 (1924) u. a. m.

[8] HEUSER, O.: Grundzüge der praktischen Bodenbearbeitung, S. 127. 1928.

bisher behandelten Geräten leistet sie also — mit Ausnahme einiger Neukonstruktionen — ausschließlich Oberflächenarbeit. Größere Brocken und Klumpen, die zu hart sind, als daß sie durch den anschlagenden Schleppbalken gekrümelt werden könnten, werden in den lockeren Boden hineingedrückt, von lockerer milder Erde umgeben. Dadurch sind sie der Austrocknung entzogen, halten sich in dem feuchten Boden mürbe und bleiben der Zertrümmerung und Zerkrümelung durch spätere Arbeit zugänglich. Für den Erfolg der Nachbearbeitung und die Herstellung eines guten Saatbettes ist das aber von ausschlaggebender Bedeutung. ROEMER[1] macht darauf aufmerksam, daß hierin der grundsätzliche Unterschied gegenüber der Eggenarbeit liegt, durch die die Schollen nach oben gebracht und der Austrocknung und Verhärtung preisgegeben werden, falls ihr Feuchtigkeitszustand nicht so günstig ist, daß ein Zerschlagen durch die Eggenzinken eintritt und die Krümelgröße auf ein günstiges Maß herabgesetzt wird. Die Schlepparbeit gibt dem Boden durch ihre Glättung die denkbar kleinste Oberfläche und bewirkt damit ebenso wie die Eggenarbeit eine Herabsetzung der Verdunstung. So fand STEINER[2] am 25. März folgenden Wassergehalt in Prozent des absolut trockenen Bodens: rauhe Pflugfurche 11,47 %, am 3. März geschleppt 12,2 %. Zu gleichem Ergebnis kam GLANZ[3] mit 16,73 % Wassergehalt der rauhen Furche und 18,56 % des geschleppten Landes.

Erfolg und Güte der Arbeit sind aber ebenso wie bei anderen Ackergeräten vom richtigen Feuchtigkeitszustand des Bodens abhängig. Die Oberflächenarbeit der Schleppe bringt allerdings den Vorteil, daß eine Abtrocknung der obersten Schicht genügt und eine vollkommene Arbeit erzielt wird, wenn der Boden in 5—7 cm Tiefe noch so feucht ist, daß eine erfolgreiche Eggenarbeit nicht möglich ist. Ist auch die Oberfläche noch zu feucht, so schafft die Schleppe keine gleichmäßige Krümeldecke auf dem Boden, sondern verschmiert die Oberfläche und schädigt damit die Struktur. Viel häufiger ist jedoch der Fall, daß der Acker bereits zu stark abgetrocknet ist. Handelt es sich dabei um die Glättung der rauhen Pflugfurche, so werden verhärtete Brocken und Feinerde in die Furchentäler geschleppt, während die Furchenkämme bereits unter der abgeschleppten flachen, lockeren Oberschicht verhärtet sind und die harte, glatte Oberfläche frei geschleppt wird, aus der dann weiterhin bei trockenem Wetter eine erhebliche Verdunstung stattfindet. Die Arbeit bleibt also außerordentlich unvollkommen, indem feuchte Streifen harten Bodens mit trockenen Streifen zusammengeschleppter Erde aller Krümelgrößen wechseln[4]. Das Ziel einer gleichmäßigen Krümeldecke, die den Boden in seiner Struktur bis zu einem bestimmten Grade den Einflüssen der wechselnden Witterung entzieht, ist nicht erreicht, das Risiko nicht verringert, im Gegenteil eine baldige Nacharbeitung zur Herstellung einer gleichmäßig strukturierten Oberflächenschicht nötig. Die Gefahr unvollkommener Arbeit wird um so größer, je feinerdereicher die Böden sind. Auf schweren Tonböden leistet die Schleppe schließlich auch bei entsprechendem Feuchtigkeitsgrad keine gute Arbeit mehr. Die Bildung einer gleichmäßigen Feinerdeschicht wird nicht erreicht. Das gleiche gilt für verschlämmte und abgebundene Böden, für die ROEMER[5] deshalb empfiehlt, den ersten Schleppbalken mit 5 cm langen Eggezinken zu versehen, um so die Oberfläche zu öffnen und vor der Schleppe eine Krümelschicht zu schaffen.

Im Gegensatz zu den schweren Böden bietet die Schleppe auf Sandböden keinen Vorzug vor der Egge. Diese ist hier viel weniger an einen bestimmten

[1] ROEMER, TH.: a. a. O., S. 244.
[2] STEINER, L.: a. a. O., S. 91 und RAETHER: Ebenda S. 177.
[3] GLANZ, F.: a. a. O., S. 35. [4] Vgl. TH. ROEMER: a. a. O., S. 244.
[5] ROEMER, TH.: a. a. O., S. 245.

Feuchtigkeitsgrad für ihre Arbeit gebunden, eine Klumpenbildung tritt auch nicht ein, und schließlich wird hier im Schleppstrich die Kapillarität bis zur Oberfläche durch Regen rascher wieder hergestellt als im Eggenstrich. So fand STEINER[1] bei seinen oben erwähnten Versuchen nach der Schleppe einen Feuchtigkeitsgehalt von 12,2%, nach der Egge von 13,75%. Das gleiche gilt für Böden, die zum Verschlämmen neigen und die durch die Schleppe geschaffene Krümelschicht schon bei mittleren Regenmengen abbinden und verhärten lassen. Hier kann neben der Strukturverschlechterung zugleich ein erheblicher Verdunstungsverlust eintreten, wie Untersuchungen von NITZSCH[2] auf schwerem Boden zeigen:

Wassergehalt in Prozenten der trockenen Bodensubstanz.

	6. März	13. März	26. März	9. April	18. April
Am 5. März geschleppt .	36,1 ± 1,2	38,1 ± 0,7	38,3 ± 2,4	36,0 ± 0,4	35,5 ± 1,4
Rauhe Pflugfurche . . .	39,9 ± 0,6	40,3 ± 1,1	40,2 ± 3,6	36,2 ± 2,7	41,3 ± 1,6

In diesem Falle ist also sogar die Wasserhaltung in der rauhen Pflugfurche noch besser gewesen als im Schleppstrich. Zwar ist der Wassergehalt der Pflugfurche zugleich ungleichmäßiger, wie die höheren Zahlen für den mittleren Fehler zeigen. Im ganzen ist aber der Wasserverlust aus dem Schleppstrich größer. Abhilfe kann hier natürlich nur ein nachfolgender Eggenstrich schaffen, der die Kapillarität wieder unterbricht und vorteilhaft sofort dadurch gegeben werden kann, daß nicht nur der erste, sondern auch der letzte Schleppbalken mit Eggenzinken versehen wird.

Sehr viel günstiger liegen die Verhältnisse bei milden humosen Lehmböden und geringen Niederschlägen. Auch dann tritt zwar ein leichtes Verschlämmen und Verkrusten der Schleppschicht ein. Diese Schicht hebt sich aber von dem darunter liegenden Boden ab, dem sie ohne kapillare Verbindung wie ein Tuch aufliegt. Da aber jeder Regen die Gefahr der Wiederherstellung der Kapillarität mit sich bringt, ist auch in diesem Falle ein baldiges Zerbrechen der Schicht durch die Egge angebracht.

Über das sonstige Verhalten des Ackers im Schleppstrich hinsichtlich seiner physikalischen, chemischen, bakteriellen und Struktureigenschaften steht leider ausreichendes experimentelles Material nicht zur Verfügung. Nur BLOHM[3] weist darauf hin, daß die lockere Isolierschicht des Schleppstriches die Wärmeleitung verringert und damit die Erwärmung des Bodens theoretisch verlangsamt. Er erachtet aber auch diesen Einfluß für so gering, daß er praktisch gegenüber den sonstigen Vorteilen keine Rolle spielt. Es kommt hinzu, daß der Boden durch die Schleppe in gleichmäßigere Lagerung gegenüber der unbehandelten Pflugfurche kommt und dadurch die Wärmeleitfähigkeit wieder begünstigt wird. Das ist von Bedeutung, wenn eine Schlepparbeit vor Winter erfolgt. Im Gegensatz zu früheren Anschauungen zeigt sich dann, daß der Frost ebenso tief oder tiefer eindringt als in die rauhe Furche und seine günstigen Wirkungen voll zur Geltung bringt[4].

Erwähnt sei schließlich, daß die feine, krümelige Schleppschicht die Keimung der Unkräuter sehr begünstigt, so daß bei der Nachbearbeitung zur Herstellung des Saatbettes ihre Vernichtung erfolgen kann.

---

[1] STEINER, L.: a. a. O., S. 90 u. 176.
[2] NITZSCH, W.: Bodenbearbeitung zur Frühjahrssaat. Techn. Landw. 6, 238 (1925).
[3] BLOHM, G.: Einfluß der Bodenbearbeitung auf die Bodentemperatur. Techn. Landw. 8, 49 (1927).
[4] ROEMER, TH.: a. a. O., S. 246.

Walzenarbeit.

Die Walze verlangt für ihre zweckmäßige Anwendung sehr viel mehr Aufmerksamkeit und Verständnis als die bisher besprochenen Geräte. Mit keinem Gerät werden deshalb auch so viel Fehler hinsichtlich seines Gebrauches überhaupt wie durch Benutzung unzweckmäßiger Konstruktionen gemacht. Trotzdem besteht über die grundsätzlichen Fragen der Walzenarbeit und ihrer Wirkung seit langem Klarheit, wie die Ausführungen von v. ROSENBERG-LIPINSKY schon in der ersten Auflage seines „praktischen Ackerbaus" von 1862 und die von BLOMEYER[1] 1879 zeigen. Experimentelle Untersuchungen verdankt man auch hier, wie in so manchen Fragen der Bodenbearbeitung, erst WOLLNY und seinen Mitarbeitern, die neuerdings in ROEMER und seinen Schülern Nachfolger gefunden haben.

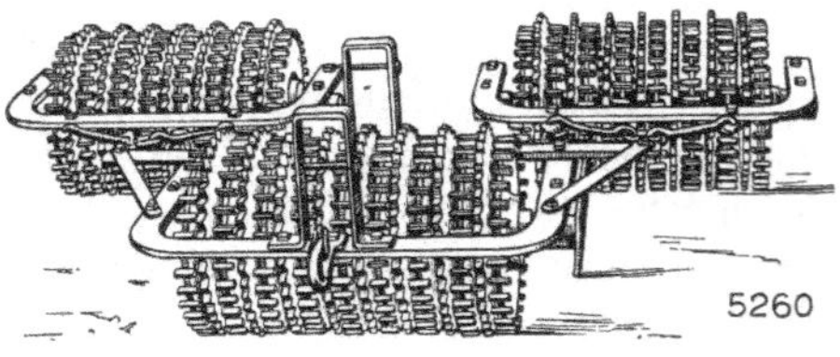

Abb. 35. Croskill-Cambridgewalze.
(Nach HEUSER, Bodenbearbeitung.)

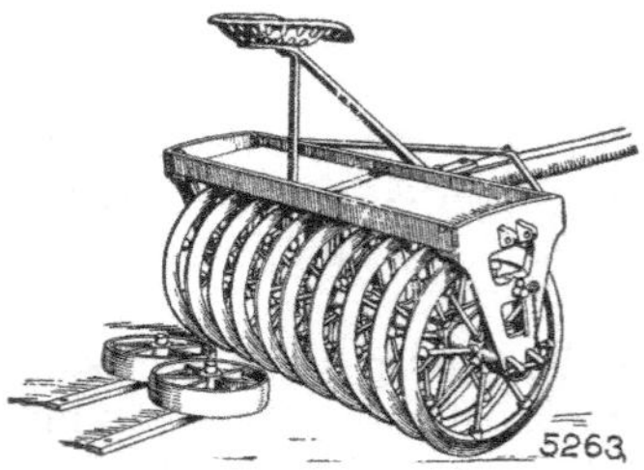

Abb. 36a. Krumenpacker oder Untergrundwalze.
(Nach HEUSER, Bodenbearbeitung.)

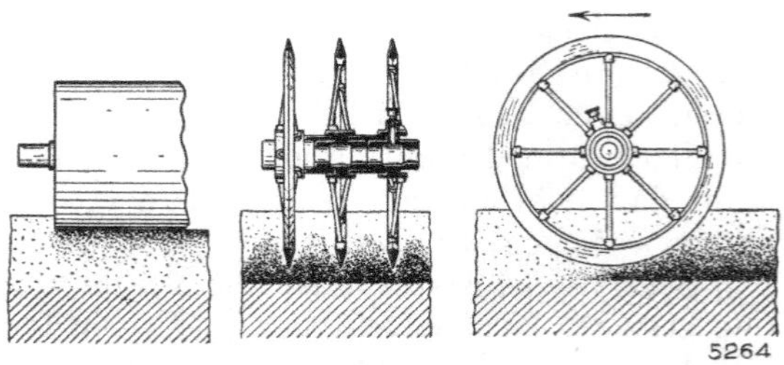

Abb. 36b. Schematische Darstellung der Wirkung der gewöhnlichen Walze und des Krumenpackers.
(Nach HEUSER, Bodenbearbeitung.)

Bezüglich der verschiedenen Walzenformen genügt hier die Feststellung, daß man Walzen sehr verschiedenen Gewichts mit einem Durchmesser von 30—120 cm verwendet. Je kleiner der Durchmesser ist, um so größer ist bei gleichem Gewicht der ausgeübte Druck. Dem steht aber der Nachteil gegenüber, daß Walzen mit geringem Durchmesser den Boden vor sich

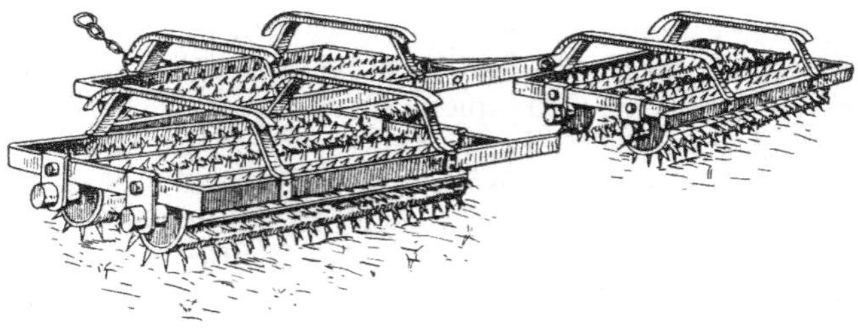

Abb. 36c. Stachelwalze zur Durchbrechung der Bodenkruste.
(Nach HEUSER, Bodenbearbeitung.)

herschieben, deshalb für viele Zwecke keine Verwendung finden können, zumal sie zugleich einen hohen Zugkraftbedarf haben. Ursprünglich waren hauptsächlich Walzen mit glatter Oberfläche in Gebrauch, während neuerdings für manche Zwecke die mit Stacheln in bestimmter Anordnung versehenen Stachelwalzen erhöhte Beachtung finden. Die Gliederwalzen schließlich teilen den

[1] BLOMEYER, A.: a. a. O., S. 148.

Walzenkörper in einzelne Ringe auf, deren Ränder oft sternförmig wie bei der Cambridge- oder Croskillwalze ausgebildet sind. Werden diese Ringe schließlich zu Scheiben, die in Abständen von einigen Zentimetern auf einer Achse angeordnet sind, so hat man den meist sehr schwer gebauten Untergrundpacker vor sich.

Wird die Walze auf einen gut gekrümelten und lockeren Boden angesetzt, so bedingt sie ein Zusammendrücken von oben her, ein Verdichten des Bodens unter Beseitigung größerer luftführender Hohlräume. Das angestrebte Ziel ist die Herstellung einer geschlossenen Krümelstruktur, bei der die Verdichtung so weit geht, daß der höchste Grad der Wasserkapazität erreicht wird und trotzdem eine ausreichende Durchlüftung gesichert bleibt. Ein solcher Erfolg ist bei günstigem Bodenzustand um so eher zu erwarten, je schwerer die Walze und je flacher die gelockerte Schicht ist, während leichte Walzen nur eine sehr geringe Tiefenwirkung haben. Wie ROEMER[1] nachdrücklich betont, wird aber auch die Wirkung schwerer Walzen im allgemeinen weit überschätzt. Die Versuche von MANGELSDORF[2] bringen in dieser Hinsicht recht gute Aufklärung. Er benutzte für seine Untersuchungen auf dem milden Hallenser Lößlehm 30 cm tief gefrästes Land, weil dieses in seiner Struktur die größte Gleichmäßigkeit und Lockerheit zeigt. Allerdings zeigte sich, daß unter den günstigen gegebenen Bedingungen auch der Pflug die gleiche Struktur herstellte[3]. Die durch die Walze erzielte Verdichtung wurde mit Hilfe der v. MEYENBURGschen Bodensonde gemessen, deren gute Brauchbarkeit bereits die Versuche von DEUTSCHLÄNDER[4] erwiesen hatten. Bei Verwendung einer 30-kg-Feder wurden folgende Zunahmen der Stechwiderstände durch Walzenbearbeitung gefunden[5]:

	Tiefe in cm						
	5	7,5	10	12,5	15	17,5	20
Humoser Lehm. Sondenspitze 2,5 · 2,5 cm.							
Holzwalze	1,67	2,41	1,71	1,40	0,97	0,80	0,92
Eiserne Glattwalze	2,33	3,19	2,75	2,21	1,64	1,32	0,98
Sternwalze	4,02	4,64	4,19	3,57	2,70	2,14	1,57
Sondenspitze 3,1 · 3,1 cm.							
Sternwalze, einfach	1,14	1,41	1,28	1,06	0,99	0,90	1,12
Sternwalze, doppelt	2,64	3,06	3,16	2,65	2,70	2,37	—
Packer, einfach	1,04	1,52	1,59	1,46	1,43	1,32	0,92
Packer, doppelt	1,64	2,46	2,50	2,07	1,88	2,06	—
Sandboden. Sondenspitze 3,1 · 3,1 cm.							
Sternwalze, einfach	2,68	3,65	3,29	3,23	3,27	3,55	3,41
Sternwalze, doppelt	4,08	4,88	5,29	3,97	3,60	3,85	3,48
Packer, einfach	2,62	2,66	2,90	2,97	3,11	2,77	2,21
Packer, doppelt	2,61	4,79	4,42	4,24	4,11	4,71	—

Der erste Vergleich der drei Walzenarten zeigt die größere Tiefenwirkung der Sternwalze, die selbst zwischen 17,5 und 20 cm Tiefe noch nachweisbar ist, während die Wirkung der Hochwalze nur auf 12,5 cm Tiefe reicht. Wenn auch in größerer Tiefe noch geringe Ausschläge vorhanden sind, so ist das auf die Besonderheit der Bodensonde zurückzuführen, vor deren Spitze der Boden teils zur Seite geschoben, teils nach unten gedrückt wird und so neue Verdichtungen

[1] ROEMER, TH.: a. a. O., S. 252.
[2] MANGELSDORF, P. C.: Experimentelle Beiträge zur Bodenbearbeitung. Landw. Jb. **69**, 485—519 (1929).
[3] MANGELSDORF, P. C.: a. a. O., S. 508.
[4] DEUTSCHLÄNDER, W.: Untersuchung der Wirkung verschiedener Walzen S. 8ff. Dissert., Halle 1926.
[5] DEUTSCHLÄNDER, W.: a. a. O., S. 509 u. 510.

entstehen läßt, die um so größer werden, je fester die bereits durchschlagenen Schichten waren. Im vorliegenden Falle wird man deshalb den relativen Zunahmen der Stechwiderstände um 1,00 in größerer Tiefe kaum noch Bedeutung beimessen können. Die stärkste Verdichtung wird aber von allen drei Walzen in einer Tiefe von 7,5 cm erreicht. Von da ab nehmen die Widerstände nach der Tiefe mehr oder weniger stark ab, die Wirkung der Walze läßt nach, der Boden bleibt lockerer.

Der Vergleich der schweren Sternwalze mit dem Packer läßt dann weiterhin eine deutliche Verstärkung der Walzenwirkung bei doppeltem Arbeitsgang erkennen. Die größte Verdichtung liegt jetzt in 10 cm Bodentiefe. Dabei zeigt in dem lockeren Boden die Sternwalze stärkere Wirkung als der Packer, bei dem aber die größere Lockerheit der obersten Schicht und die gleichmäßige Verdichtung der tieferen Schichten bis zu 17,5 cm von Bedeutung ist. Grundsätzlich das gleiche Bild erhält man auch auf dem Sandboden. Nur sind hier die Wirkungen beider Geräte sehr viel kräftiger und noch bis 20 cm Tiefe nachzuweisen. Typisch ist auch hier besonders bei doppeltem Arbeitsgang: stärkere Verdichtung der oberen, größere Lockerheit der tieferen Schichten als Erfolg der Walzenarbeit; Lockerheit der obersten, gleichmäßige Verdichtung der tieferen Schichten durch den Packer.

Die Wirkungen sind hier auf dem sehr milden, lockeren Boden sehr deutlich und stark, trotzdem aber auf dem Sandboden noch erheblich größer als auf dem Lehmboden. Je feinerdereicher und humusärmer der Boden wird, mit um so geringeren Wirkungen der Walzen muß daher selbst bei gleichmäßiger, guter Struktur gerechnet werden. Die vorgenannten Werte tragen also in vieler Hinsicht den Charakter von Höchstwerten. Die Erklärung liegt ja ohne weiteres in der verschiedenen Bindigkeit der Bodenarten, hinsichtlich derer auf die entsprechenden Abschnitte dieses Handbuches verwiesen werden kann. „Die normale 20—25 cm tiefe Saatfurche wird jedenfalls bei allen Böden von der Walzenwirkung nicht bis auf die Sohle durchdrungen. Es müssen schon sehr schwere Walzen im Gebrauch sein, wenn bei richtigem Feuchtigkeitszustand die durch die Walze erzielte Verdichtung sich bis 15 cm Tiefe bemerkbar machen soll[1]." Das Ziel, eine geschlossene Krümelstruktur bis zur Furchensohle herzustellen, wird somit durch die Walze zweifellos nicht erreicht. Vielmehr wird gerade die unmittelbar auf der Furchensohle lagernde Schicht von der Walze so gut wie ganz unbeeinflußt bleiben, während die oberen Schichten besonders stark verdichtet werden. Dieser Bodenzustand entspricht ganz zweifellos nicht den früher aufgestellten Forderungen hinsichtlich Gleichmäßigkeit der Struktur, Wasser- und Luftführung. Dagegen kommt die Packerarbeit dem erstrebten Ziel viel eher nahe.

Auf Grund der wechselnden Bindigkeit der Bodenarten bei verschiedenem Feuchtigkeitsgehalt ist anzunehmen, daß auch die Walzenwirkung dadurch beeinflußt wird. Da die Bodensonde bei verschiedenem Wassergehalt des Bodens keine vergleichbaren Werte gibt, hat MANGELSDORF[2] die Bodenverdichtung gewichtsprozentisch ermittelt. Die folgenden Zahlen sind auf einem humosen Lehmboden gewonnen:

Datum	Gew.% Wasser	Glattwalze				Sternwalze				Packer			
		0—5	5—10	10—15	15—20	0—5	5—10	10—15	15—20	0—5	5—10	10—15	15—20
		cm Tiefe				cm Tiefe				cm Tiefe			
2. April 28	14,9	14,6	7,7	7,6	4,2	9,9	13,1	10,3	6,9	1,5	9,6	11,8	9,7
4. Mai 28 .	9,8	3,8	0,4	0,7	0,5	3,5	3,5	2,1	2,8	2,9	4,2	4,2	2,6

[1] ROEMER, TH.: a. a. O., S. 252. [2] MANGELSDORF, P. C.: a. a. O., S. 512.

Auch bei dieser Rechnungsweise kommen die typischen Unterschiede in der Wirkung der verschiedenen Walzenformen klar zutage. Sie zeigen aber vor allem, wie auf feuchtem Boden die Tiefenwirkung viel kräftiger ist als auf trockenem Boden. Durch die Glattwalze werden auf dem trockenen Boden praktisch nur die oberen 5 cm verdichtet, während die Wirkung der Sternwalze bis zu 10 cm, die des Packers bis zu 15 cm Tiefe deutlich bleibt. Hat man schließlich einen völlig trockenen Boden, der nur noch das hygroskopisch gebundene Wasser enthält, so wird die Walzenwirkung um so geringer, je schwerer der Boden ist, so daß auf schweren Tonböden jede Wirkung aufhört.

Hinsichtlich der Anwendung der Walze darf natürlich daraus nicht geschlossen werden, daß sie besonders auf feuchtem Boden erfolgen müßte. Im Gegenteil sind bei keinem Gerät die Schäden bei der Bearbeitung nassen Bodens so groß wie bei der Walze. Wird ein bestimmter Feuchtigkeitsgehalt des Bodens überschritten, so wird auf allen Böden mit einem gewissen Feinerdegehalt schon rein mechanisch jede Walzenarbeit dadurch unmöglich, daß infolge der zunehmenden Adhäsion am Walzenkörper ein Festkleben des Bodens stattfindet. Oft genügt aber schon ein starker Tau am Morgen, um solche Wirkungen auszulösen. Nimmt der Feuchtigkeitsgehalt so weit ab, daß ein unmittelbares Kleben nicht mehr eintritt, so ist doch die Festigkeit der Bodenkrümel meist noch so gering, daß sie durch die Walze zerdrückt werden. Ob dabei zugleich auch eine Zerstörung vorgebildeter Krümelstruktur erfolgt, ist mindestens experimentell noch nicht untersucht. Die Folgewirkungen liegen aber zweifellos in dieser Richtung. Die Oberfläche wird so stark verdichtet, die Bodenteilchen so eng aneinander gepreßt, daß die überwiegende Mehrzahl aller Hohlräume kapillar wirkt und schon durch die vorhandene Feuchtigkeit teilweise gesättigt wird. In voller Tiefe dieser Wirkung wird zugleich die Luft aus dem Boden vertrieben, weil alle größeren, nicht kapillaren Hohlräume zerstört werden. Bei folgender Trockenheit findet eine intensive Verdunstung durch die Kapillaren bis zu voller Tiefe der Verdichtung und bei kapillarem Anschluß an den Untergrund auch aus diesem statt. Mit zunehmender Austrocknung findet dem Feinerdegehalt entsprechend eine Verhärtung des Bodens statt, die jedes normale Wachstum unmöglich macht. Die hier beschriebenen Schäden sind bei feuchter Walzenarbeit in der Praxis so oft beobachtet, daß alle landwirtschaftlichen Schriftsteller[1] immer wieder eindringlichst vor solcher Arbeit warnen.

Trotzdem haben die Untersuchungen WOLLNYS u. a. gezeigt, daß die Bodenveränderungen auch bei zweckmäßig durchgeführter Walzenarbeit in gleicher Richtung liegen, wenn sie auch nicht zu so tiefgreifenden Veränderungen führen. Sie zeigen einmal die Erhöhung der Kapillarität[2], zugleich auch die Zunahme der Verdunstung aus dem verdichteten Boden[3]:

Wasserverdunstung in Gramm je 400 cm^2 Fläche.

Zeit	Humoser Kalksand		Reiner Kalksand	
	dicht	locker	dicht	locker
30. Juni bis 4. Juli	380	270	320	200
6. Juli „ 9. „	356	291	380	233
15. „ „ 18. „	372	260	340	210

[1] SCHUMACHER, W.: a. a. O., S. 135. — ROSENBERG-LIPINSKY, A. v.: a. a. O., S. 215. — BLOMEYER, A.: a. a. O., S. 148. — ROEMER, TH.: a. a. O., S. 252.

[2] WOLLNY, E.: Untersuchungen über die kapillare Leitung des Wassers im Boden. Forschgn. Geb. Agrikult.-Phys. 7, 272 (1884).

[3] WOLLNY, E.: Untersuchungen über die physikalischen Eigenschaften des Bodens im dichten und im lockeren Zustande. Forschgn. Geb. Agrikult.-Phys. 5, 23 (1882).

Auch Blomeyer[1] hatte bereits 1872 die stärkere Verdunstung und Austrocknung eines Bodens nachgewiesen, der im Walzenschlag liegen geblieben war.

Die starke Herabsetzung der Durchlässigkeit für Luft geht aus folgenden Angaben Wollnys[2] hervor, die im Laboratoriumsversuch an 50 cm hohen Erdsäulen von 5 cm Durchmesser bei einem Druck von 50 mm Wasser gewonnen sind.

Geförderte Luftmenge in Liter je Stunde.

	Humoser Kalksand	Lehmkrümelgemisch
Locker	83,40	1320,00
Mitteldicht	21,10	480,00
Dicht	4,08	1,68

Wenn auch die Zahlen als solche aufs freie Feld nicht übertragbar sind, so lassen sie doch erkennen, wie stark die Durchlüftung durch Verdichten des Bodens herabgesetzt werden kann. Dabei sind die Zahlen Wollnys an trockenem Boden gewonnen, während feuchter Boden, mit dem man auf dem Acker rechnen muß, sich noch wesentlich ungünstiger verhalten wird.

Hinsichtlich der Wärmeverhältnisse fand Bocksch[3], daß der gewalzte Boden eine bessere Wärmeleitfähigkeit zeigt und damit eine größere Temperaturamplitüde als gelockerter Boden. Im ganzen war aber der gewalzte Boden wärmer. Das entspricht den Befunden von Blohm[4], Nitzsch[5], Fürst[6] u. a. Auch King[7] beobachtete bereits, daß gewalzter Boden in 38 mm Tiefe um 1—9° F, in 75 mm Tiefe um 1—6° F wärmer war als nicht gewalzter Boden. Diese größere Wärme begünstigt zugleich die Verdunstung, die ihrerseits wieder Wärme bindet, so daß die Erwärmung in trockenem Boden stärker ist als in feuchtem.

Zusammenfassend ergibt sich somit als Wirkung der Walze eine Verdichtung der oberen Bodenschicht in beschränkter Tiefe, eine Verringerung der Durchlüftung und Steigerung der Verdunstung, die zu erheblichen Wasserverlusten führen kann. Das weist darauf hin, daß eine Bearbeitung nicht mit der Walze geschlossen werden soll, vielmehr eine erneute Unterbrechung der hergestellten Kapillarität durch die Egge notwendig ist, um so mehr, als nachfolgender Regen auch schwach gewalzten Boden an der Oberfläche rasch verschlämmt und Krustenbildung und Abbinden im Gefolge hat. Der Packer vermeidet diese Nachteile durch Lockerhaltung der Oberfläche, während er zugleich die tieferen Schichten gleichmäßiger verdichtet.

Von der verdichtenden Wirkung der Walze macht man Gebrauch, wenn nach einer vorhergehenden stark lockernden Arbeit durch Pflug, Krümmer usw. eine festere Lagerung zwecks Erhöhung der Kapillarkraft und Herstellung geschlossener Krümelstruktur erzielt werden soll. Der Erfolg ist, wie gezeigt wurde, selbst bei schweren Walzen unvollkommen. Oft handelt es sich aber nur darum, eine ganz flache lockere Oberflächenschicht in kapillare Verbindung mit der

[1] Blomeyer, A.: a. a. O., S. 151.

[2] Wollny, E.: Untersuchungen über die Permeabilität des Bodens für Luft. Forschgn. Geb. Agrikult.-Phys. 16, 215 (1893).

[3] Bocksch, F.: Systematische Untersuchungen des Einflusses der angebauten Pflanzenarten und der Bodenbearbeitung auf den Wassergehalt und die Temperatur des Bodens. Landw. Jb. 69, 762 (1929).

[4] Blohm, G.: Einfluß der Bodenbearbeitung auf die Bodentemperatur. Techn. Landw. 8, 48 (1927).

[5] Nitzsch, W.: Der Einfluß der Bodenbearbeitung auf den Flächenertrag der Kulturen. Illustr. landw. Ztg. 46, H. 13 (1926).

[6] Fürst, F.: Über die Verwendung der Walze auf dem Acker. Prakt. Bl. Pflanzenbau u. Pflanzenschutz 3, 9 (1925).

[7] King, F. H.: Die Wirkung des Walzens auf den Ackerboden. 7. Rep. Agric. Exp. Stat. Wisconsin 1890, 120—133.

übrigen Ackerkrume zu bringen. Das gilt besonders für die Bestellung, vor allem, wenn sehr feines Saatgut ganz flach eingebracht und trotzdem gut mit Feuchtigkeit für die Keimung versorgt werden soll. Der Gefahr zu starker Wasserverdunstung sucht man dabei in der Weise zu entgehen, daß dort, wo eine nachfolgende Eggenarbeit nicht möglich ist, nicht die Glattwalzen benutzt werden, sondern solche, die das Land in einer gewissen Rauheit zurücklassen, wie die Cambridgewalzen. Eine zu starke Lockerung der Oberflächenschicht kann auch durch natürliche Einflüsse bedingt werden, z. B. durch den Winterfrost, der insbesondere humusreiche Böden stark auffrieren läßt. Hier leistet die Walze gute Arbeit durch Wiederherstellung fester Lagerung und Andrücken des gelockerten Wurzelsystems der Wintersaaten an den Boden.

Sehr häufig wird aber die Walze zu wesentlich anderen Zwecken gebraucht, nämlich um Schollen und Klumpen, die sich bei einer vorhergehenden Bearbeitung, z. B. durch den Krümmer, gebildet haben und auf der Oberfläche liegen, rein mechanisch durch das Gewicht der Walze zu zerdrücken. Ein wirklicher Erfolg kann dabei nur erzielt werden, wenn die Schollen keine zu hohe Bindigkeit aufweisen, also wenn sie einmal einen Feuchtigkeitsgehalt von 40—50% der vollen Wasserkapazität, zum anderen einen guten Humus- und Kalkgehalt haben. In diesem Falle wird eine genügend schwere Walze befriedigend arbeiten. Dabei ist aber zu beachten, daß die Arbeit zugleich mit einem Verdichten des Bodens verbunden ist, auch dort, wo diese Wirkung unerwünscht ist. Da aber die beiden Wirkungen nicht zu trennen sind, bleibt nur der Weg, bei größtmöglicher Schollenzerkleinerung geringste Verdichtung zu erstreben. ROEMER[1] weist in diesem Sinne auf NACKES Walzenegge hin, eine Walze mit großem Durchmesser und geringer Druckwirkung, deren Mantel dicht mit Stacheln besetzt ist. Die Zerkleinerung der Schollen erfolgt hier durch das Eindringen der 7 cm langen Stacheln, die nach dem Grunde zu sich verdicken und somit die Erdschollen von innen heraus sprengen. Sie leistet auch noch befriedigende Arbeit, falls hinsichtlich der Feuchtigkeit der Schollen keine optimalen Verhältnisse vorliegen. Das wird aber sehr häufig der Fall sein. Frisch aus dem Boden gegrubberte Schollen werden bei feinerdereichen, humusarmen Böden für die Walzenarbeit noch zu feucht sein, wie die Untersuchungen ATTERBERGS[2] zeigen. Sie werden im extremen Falle durch die Walze geknetet, aber nicht zerschlagen. Den richtigen Grad der Abtrocknung abzupassen, bedarf besonderer Aufmerksamkeit. Viel schwieriger liegt der Fall, wenn die Schollen bereits zu stark ausgetrocknet und verhärtet sind. Da sie rascher austrocknen als der Boden, werden sie unzerkleinert in diesen eingepreßt. Ist dieser dagegen auch bereits hart und trocken, so bleiben selbst schwere Walzen wirkungslos. Durch wiederholten Gebrauch von Egge und Walze kann zwar auch hier schließlich eine gewisse Zerkleinerung gelingen. Zugleich wird aber der Boden derart verdichtet, daß jede Garebildung unmöglich gemacht wird. Nur besonders günstige Witterungsverhältnisse vermögen in derart ausgetrockneten, harten Böden ohne Durchlüftung allmählich wieder eine gewisse chemische und biologische Tätigkeit zu erwecken. Die Schollenzerkleinerung durch die Walze wird somit stets ein Notbehelf sein, der aber in manchen Fällen nicht vermieden werden kann. Besonders auf sehr schweren Böden wird die Forderung nach einer Arbeitsweise, die wie die Fräsarbeit jede Schollenbildung vermeidet, wohl noch lange ein selten erreichtes Ideal bleiben.

---

[1] ROEMER, TH.: a. a. O., S. 251.

[2] ATTERBERG, A.: Die Plastizität und Bindigkeit liefernden Bestandteile der Tone. Internat. Mitt. Bodenkde. 3, 291 (1913). — Die Konsistenz und die Bindigkeit der Böden. Ebenda 2, 147 (1912).

Die Bearbeitung des Bodens vor der Saat.

Sommerarbeit.

Die Ausführungen des ersten Abschnittes haben gezeigt, daß man als Ziel der Bodenbearbeitung den Garezustand anzustreben hat, der auch in einem guten Kulturboden sich nur dann einstellt, wenn die notwendigen physikalischen Vorbedingungen dafür gegeben sind. Diese sucht man durch Bearbeitung des Ackers mit bestimmten Geräten herzustellen, deren Wirkungsweise im zweiten Abschnitt behandelt wurde. Dabei ergab sich, daß ein Erfolg um so eher zu erwarten steht, je günstiger an sich schon der Bodenzustand ist, je lockerer er sich erhalten hat, je mehr der Feuchtigkeitsgrad sich einem Ausmaß von 40—50% der vollen Wasserkapazität nähert. Ausgesprochene Trockenzustände können dagegen eine Bearbeitung technisch unmöglich machen. Auch nach Herstellung einer günstigen Krümelung durch die Bearbeitungsgeräte vergeht ein mehr oder weniger langer Zeitraum, bis der Garezustand erreicht wird. Maßgebend sind außer den mitwirkenden Eigenschaften des Bodens selbst vor allem die äußeren Witterungseinflüsse. Bodenzustand und Zeitpunkt verdienen somit gleiche Beachtung bei allen Maßnahmen der Bodenbearbeitung.

Die erste Möglichkeit einer Bearbeitung bietet sich, wenn die Frucht das Feld räumt. Das geschieht für Getreide und Hülsenfrüchte in den beiden Sommermonaten Juli und August, während für die Hackfrüchte die Herbstmonate die Haupterntezeit darstellen. Diese fällt somit mit der Aussaatzeit des Wintergetreides zusammen. Dagegen liegen zwischen Getreideernte und Herbstbestellung in Westdeutschland 2—3 Monate Sommerzeit; im Osten schließen aber Ernte und Neuaussaat oft eng aneinander. In solchem Fall muß also ebenso wie nach Hackfrüchten sofort eine Neubearbeitung für eine beabsichtigte Herbstbestellung erfolgen. Was geschieht aber mit den Getreidestoppeln, die in der warmen Jahreszeit wochenlang liegen, ehe eine Neubestellung im Herbst erfolgt, oder die gar erst für eine Frühjahrssaat Verwendung finden?

Für diese Entscheidung ist von Bedeutung, daß alle Früchte den Acker in einem Zustand hinterlassen, den man als Schattengare bezeichnet. Der Grad dieser Garebildung ist aber ganz außerordentlich verschieden und unter Getreide sehr viel geringer als unter Hülsen- und Hackfrüchten. Auch die Getreidearten selbst zeigen Unterschiede, indem der Roggen meist das Feld in besserem Garezustand zurückläßt als der Weizen. Es handelt sich dabei aber um einen sehr labilen Zustand, der nach dem Schnitt des Getreides sehr rasch verschwindet, zumal er sich nur auf eine flache obere Schicht erstreckt, die sich unter dem Einfluß der Beschattung locker und feucht erhalten hat. v. Rümker[1] weist nachdrücklich darauf hin, daß mit der Austrocknung dieser Schicht auch der Garezustand verschwunden ist und einer starken Verhärtung Platz macht. Je trockner und wärmer das Wetter ist, um so rascher vollzieht sich der Vorgang, so daß Roemer[2] beobachten konnte, daß innerhalb von 2 Tagen im Trockenklima Austrocknung und Verhärtung so stark waren, daß eine Bearbeitung mit den üblichen Geräten unmöglich war. Herrscht dagegen nach der Aberntung feuchtes regnerisches Wetter, so bleibt der günstige Zustand so lange erhalten, als dieses Wetter anhält. Tritt aber dann eine Trockenperiode ein, so erfolgen Austrocknung und Verhärtung auch hier ziemlich rasch.

Die Erklärung liegt darin, daß der Getreidebestand während der Wachstumszeit erhebliche Wassermengen verbraucht und dadurch eine Austrocknung des Bodens bis auf 1 m Tiefe und mehr herbeigeführt hat. Das zeigen besonders die

---

[1] Rümker, K. v.: a. a. O., S. 39. [2] Roemer, Th.: a. a. O., S. 231.

zahlreichen Untersuchungen von v. SEELHORST[1], der zugleich ermittelte, daß die Roggenstoppel noch wesentlich mehr Feuchtigkeit enthielt als Weizen- oder Haferstoppel. Von neueren Untersuchungen seien nur einige Angaben von BLOHM[2] aus dem Hallenser Versuchsfeld wiedergegeben:

Wassergehalt in Gewichtsprozent.

Tiefe	Lehmboden am 4. Juli 1925		Datum	Sandboden	
	unbearbeitete Brache	mit Gerste bestellt		unbearbeitete Brache	mit Gerste bestellt
10—15 cm	10,84	6,19	16 Juni .	10,48	8,54
30—35 „	10,76	6,45	16. „ .	9,55	9,03
75—80 „	11,11	5,37	24. „ .	9,44	6,16
Gesamtdurchschnitt:			1. Juli .	14,31	7,75
	10,93	5,91	1. „ .	14,40	7,75

In beiden Fällen ist die Austrocknung durch den Wasserverbrauch der Gerste sehr viel stärker als durch die Verdunstung aus dem brach liegenden Boden. Wenn sich trotzdem die Oberfläche unter dem Pflanzenbestand feuchter hält, so beruht das auf ihrer stark herabgesetzten Verdunstung, wie sie v. SEELHORST[3] u. a. nachwiesen. Das wirkt sich um so mehr aus, als die Oberflächenschicht mit zunehmender Entwicklung des Getreides immer weniger von wassersaugenden Wurzeln durchzogen wird. Da der Schutz vorwiegend von der im lebenden Pflanzenbestand erhaltenen feuchten Luftschicht herrührt, so wird die Bodenoberfläche auch um so feuchter und lockerer erhalten, je stärker und gleichmäßiger der Bestand und damit die Beschattung ist. In schütteren lichten Beständen ist dagegen bei heißem Erntewetter eine Schattengare kaum vorhanden.

Überläßt man den Boden in diesem Zustande sich selbst, so muß bei anhaltendem Trockenwetter die Verhärtung um so stärker werden, je feinerdereicher und humusärmer der Boden ist, so daß schließlich eine Bearbeitung zum Zweck einer Aussaat entweder ganz unmöglich wird oder einen so mangelhaften Erfolg liefert, daß ein leidlich gutes Saatbett nicht gewonnen werden kann. Aber selbst im Fall einer Aussaat auf leichteren Böden mit geringerer Bindigkeit bleibt die Entwicklung derselben doch völlig von den folgenden Niederschlägen abhängig. Das Risiko steigt trotz der niederschlagsreichen deutschen Winter, weil mangelhafter Aufgang und Anfangsentwicklung später nur schwer in ihren Nachwirkungen wieder ausgeglichen werden können.

BLOHM[4] weist darauf hin, daß bei derart starker Austrocknung ein kapillarer Wasseraufstieg aus tieferen Schichten auch dann nicht möglich ist, wenn diese noch größere Wasservorräte enthalten sollten. Er führt als Beispiel einen Versuch von KING[5] an, der nach einem sehr trockenen Sommer den Wassergehalt des Bodens in verschiedener Tiefe bestimmte und darauf einen Teil des Bodens völlig gegen jeden Niederschlag schützte, den andern unbedeckt ließ. Im folgenden Frühjahr erhielt er folgende Zahlen für den Wassergehalt seines Bodens.

---

[1] SEELHORST, C. v.: Untersuchungen über die Feuchtigkeitsverhältnisse eines Lehmbodens unter verschiedenen Früchten. J. Landw. **54**, 187 (1906); **63**, 51 (1915).

[2] BLOHM, G.: Einfluß der Bodenbearbeitung auf die Wasserführung des Bodens. Kühn-Arch. **12**, 402 (1926).

[3] SEELHORST, C. v.: Über den Einfluß der Beschattung auf die Wasserverdunstung des Bodens. J. Landw. **58**, 221 (1910).

[4] BLOHM, G.: a. a. O., S. 408.

[5] KING, F. H.: Nach WARINGTON: Lectures on some of the Physical Properties of Soil, S. 103/04. Oxford 1900.

Tiefe	28. Oktober 1889.	14. April 1890.	
	Originalboden	Bedeckter Boden	Unbedeckter Boden
30,5 cm sandiger Ton	4,03	3,32	20,23
61,0 cm roter Ton	10,07	6,68	20,01
91,5 cm Ton und Sand . . .	9,11	6,32	8,32
122 cm Sand und Kies . . .	4,35	3,71	8,63
152,5 cm Sand und Kies . .	4,53	5,08	6,07
Mittel:	6,42	5,02	12,65

Die Zahlen zeigen deutlich, daß eine Wiederanfeuchtung nur durch die Niederschläge eingetreten ist, da der geringe Wassergehalt des bedeckten Bodens nicht durch starke Erhöhung der Verdunstung bedingt ist. Vor allem zeigen aber die Arbeiten ROTMISTROFFS[1] diese Erscheinung an zahlreichen Beispielen. Wenn auch in Deutschland nur in ganz bestimmten Fällen mit einer so weitgehenden Austrocknung zu rechnen ist wie in den Trockengebieten, denen die obigen Angaben entstammen, so muß doch auch hier mit einem Versagen des kapillaren Aufstiegs gerechnet werden.

Eine Wiederanfeuchtung kann somit nur durch Niederschläge von oben erfolgen. Auf leichten sandigen Böden werden diese ebenso wie auf humosen milden Lehmböden um so eher eindringen und eine Wasseranreicherung des Bodens bedingen, je weniger eine völlige Austrocknung eingetreten und je günstiger die Strukturverhältnisse bei der Ernte waren. So fand BLOHM[2] am 17. September 1925 auf dem milden Hallenser Lehmboden nebenstehenden Wassergehalt in Gewichtsprozenten. Es ist also eine erhebliche Feuchtigkeitsanreicherung von oben her festzustellen.

Tiefe cm	Sommerweizen gemäht am 14. August.	Brache im Frühjahr gegraben
30—35	13,61	15,50
	14,17	15,28
75—80	9,70	13,38
	8,65	14,06

Wie sehr diese aber von der Bodenstruktur abhängt, zeigt ein Versuch mit Gerste[3], die einmal am 4. Juli, zum andern am 14. August gemäht ist. Nach der Julimahd folgte eine heiße, sonnige Trockenperiode, der das zeitig gemähte Feld schutzlos ausgesetzt war, während das spät gemähte die Pflanzendecke als Schutz trug, daher seine Struktur leidlich erhielt, während das erste Teilstück völlig verhärtete.

Wassergehalt in Gewichtsprozenten am 18. August 1925.

Tiefe cm	Gerste gemäht am	
	4. Juli	14. August
15—20	9,99	11,24
	10,10	10,02
30—35	7,35	10,32
	7,70	10,52

Trotzdem Anfang August 40 mm Niederschläge fielen, ist der Unterschied im Feuchtigkeitsgehalt auffallend, um so mehr, als doch dem spät gemähten Teilstück die Gerste nach mehreren Wochen länger Wasser entzogen hatte. Die Strukturverhältnisse spielen also bei der Wiederanfeuchtung des Bodens eine sehr große Rolle, um so mehr, je schwerer und feinerdereicher, zugleich auch je humusärmer die Böden sind. Deshalb schreibt ROEMER[4]: „Das theoretische Bestreben soll sein, im Laufe der Jahre durch Pflügen einer 15—20 cm starken Schicht und Anreicherung dieser mit Humus und Bakterien, verbunden mit regelmäßiger Kalkung, eine Schicht zu erzeugen, die sich von der darunterliegenden deutlich unterscheidet, milder wird, den Ackerinstrumenten geringeren

[1] ROTMISTROFF, W. G.: Das Wesen der Dürre, S. 40 u. Tafel 4—6. Dresden u. Leipzig 1926.
[2] BLOHM, G.: a. a. O., S. 408. [3] BLOHM, G.: a. a. O., S. 409.
[4] ROEMER, TH.: a. a. O., S. 269.

Widerstand entgegensetzt, damit der teure Kampf gegen die Natur des Bodens im Laufe der Jahrzehnte billiger, leichter, aussichtsreicher wird." Die Schwierigkeiten der Durchfeuchtung ausgetrockneter Lehm- und Tonböden schildert BLOHM[1] folgendermaßen: „Der Boden, der oft alles kapillar gebundene Wasser verloren hat, setzt der Wiederanfeuchtung erheblichen Benetzungswiderstand entgegen; eine kapillare Abwärtsbewegung des Wassers ist in dem trockenen Boden zuerst völlig unmöglich, und eine Verdrängung der im Boden enthaltenen Luft wird um so mehr erschwert, je schneller die Ackerkrume sich mit Wasser absättigt. Die größte Hinderung für das Einsinken des Wassers mag aber die durch die Austrocknung äußerst verdichtete Bodenstruktur der unteren Schichten bedeuten, die für das Aufnehmen und Festhalten des Wassers denkbar ungünstig ist." „Unter dem Einfluß der langsam fortschreitenden Wiederanfeuchtung wird sich der Boden erst allmählich wieder ausdehnen, sein Hohlraumvolumen erweitern und somit seine Struktur verbessern können."

Aus diesen Ausführungen ergibt sich mit zwingender Notwendigkeit, daß jedes Liegenlassen der Stoppelfelder um so größere Schäden im Gefolge hat, je trockener das Klima ist, während in regenreichen Gegenden derartige Schäden nicht auftreten. Die Wiederanfeuchtung erfolgt zudem um so rascher und gleichmäßiger, je sandiger die Böden sind. Große Teile Deutschlands aber haben mit feinerdehaltigen Böden und Sommertrockenheit zu rechnen. Hier wird es also darauf ankommen, den Rest der Schattengare, der bei der Ernte noch vorhanden ist, möglichst zu erhalten und eine lockere Struktur zu schaffen, die die Wiederaufnahme des Wassers begünstigt. Das ist aber nur möglich durch Schaffung einer lockeren Oberfläche, die eine krümelige Isolierschicht bildet, die neben noch vorhandenen Feuchtigkeitsresten vor allem die Struktur erhält und eine völlige Verhärtung des Bodens verhütet, während sie selbst durch ihre Lockerheit in der Lage ist, Niederschläge in sich aufzunehmen und allmählich in tiefere Schichten eindringen zu lassen. Da andererseits der Gareverlust sehr rasch eintritt, so muß die Auflockerung so rasch und bald wie möglich erfolgen. Die Erfolge solcher Lockerung hinsichtlich des Wasserhaushaltes zeigen folgende Versuche von BLOHM[2], die den Wassergehalt eines Lehmbodens 5—6 Wochen nach der Ernte in Durchschnittswerten angeben, nachdem im August 73,5 mm, im September 71,6 mm Regen gefallen waren:

Tiefe	Sommerweizenstoppel		Haferstoppel	
cm	geschält	nicht geschält	geschält	nicht geschält
15—20	13,91	13,06	12,80	12,81
30—35	13,47	13,29	12,89	13,49
75—80	10,05	9,48	12,93	10,88

Die Sommerweizenstoppel wurde am 23. September untersucht. In allen Bodenschichten ist der oberflächlich gelockerte Boden wasserreicher. Er hat nicht nur die lockere Oberfläche stärker mit Wasser angereichert, sondern auch ein rascheres Eindringen desselben in 75—80 cm Tiefe ermöglicht. Bei der am 12. Oktober untersuchten Haferstoppel haben sich allmählich die Unterschiede in den oberen Schichten bereits wieder ausgeglichen. In 30—35 cm Tiefe ist der nicht gelockerte Boden sogar wasserreicher. Die Wasserleitung geht aber langsamer vonstatten, so daß die tiefste Schicht von 75—80 cm Tiefe um volle 2% Wasser weniger enthält als die gleiche Schicht des oberflächlich gelockerten Bodens. Dabei ist zu beachten, daß die Ernte erst sehr spät, am 14. August, stattfand, der Boden also während der heißesten Zeit noch den Schutz der Pflanzen-

[1] BLOHM, G.: a. a. O., S. 412. [2] BLOHM, G.: a. a. O., S. 410.

decke trug. Zudem waren August und September ziemlich niederschlagsreich. Bei ausgesprochener Trockenheit müssen daher die Unterschiede noch viel schärfer hervortreten. So fand Schurig[1] in Zeestow in Versuchen von 1906—1911 folgenden Wassergehalt in der Ackerkrume eines milden Lehmbodens:

Datum	Geschält	Nicht geschält
10. August . . .	14,5	14,5
25. ,, . . .	13,7	13,6
9. September .	14,4	9,1

Neben der rascheren Aufnahme der Niederschläge und Fortleitung in tiefere Schichten spielt die lockere Oberschicht aber zugleich noch eine Rolle als Verdunstungsschutz. Solange sie allerdings selbst gut durchfeuchtet ist, ist die Herabsetzung der Verdunstung nicht allzu wesentlich[2]. Ist die Schicht so flach, daß sie durch den Regen aufgeschwemmt und kapillar mit der unterlagernden Bodenschicht verbunden wird, so verliert sie ihre Schutzwirkung. Ist sie dagegen so stark, daß sie auch bei stärkerem Regen locker und gekrümelt bleibt und bei nachfolgender Abtrocknung rasch an der Oberfläche ab- und austrocknet und somit eine trockene Isolierschicht bildet, so entwickelt sie einen wesentlichen Verdunstungsschutz. Steinbrück[3] fand bei einem Vergleich eines ungelockerten Sandbodens mit einem 7 cm tief gelockerten, der eine trockene Isolierschicht trug, eine tägliche Verdunstung von 0,88 bzw. 0,13 mm Regenhöhe oder in 20 Tagen aus dem festen Boden einen Wasserverlust von 17,6 mm, aus dem gelockerten von 2,6 mm. Das weist darauf hin, daß die Lockerung nicht allzu flach geschehen darf und 5—8 cm Tiefe erreicht sein müssen, wenn die lockere Schicht ihre Aufgabe erfüllen soll. Das Einsickern des Wassers in tiefere Schichten wird aber auch dann zuerst nur langsam erfolgen, und zwar um so langsamer, je stärker der Boden bereits ausgetrocknet und verhärtet war, um so schneller, je mehr er noch einen bestimmten Garezustand bewahrt hatte. Hand in Hand mit der Wasseraufnahme geht ein Aufquellen des Bodens, das zunehmende Lockerheit und Strukturverbesserung zur Folge hat. Diese Erscheinung der Selbstauflockerung beschreibt bereits v. Rosenberg-Lipinsky[4] eingehend und hebt ihre Bedeutung für die weitere Bearbeitung des Bodens hervor. Auch v. Rümker[5], Blohm[6], Roemer[7] u. a. würdigen die Krümelung unter der gelockerten Oberschicht in ihrem Wert für die folgende Saatfurche. Ausführlicher geht Ehrenberg[8] auf die Vorgänge ein, die sich dabei im Boden abspielen. Er weist darauf hin, daß die Durchfeuchtung eine Voraussetzung, aber nicht die bewirkende Ursache der Krümelung ist. Bei seiner Erklärung geht er davon aus, daß durch die Lockerung der Oberfläche die Wurzel- und Stoppelrückstände mit der lockeren Bodenschicht gemischt werden und bei leidlicher Feuchtigkeit in den warmen Sommermonaten einer intensiven Zersetzung unterliegen. Im Zusammenhang mit der dabei entstehenden Kohlensäure treten energische chemische Umsetzungen ein, die weiterhin zu kolloidchemischen Vorgängen führen, die eine Flockung und Krümelbildung bewirken und damit den Garevorgang einleiten. In der Tat kann man in günstigen Jahren diese Garebildung im Herbst immer wieder beobachten.

[1] Schurig, A.: Zweckmäßige Bodenbearbeitung nach der Ernte. Mitt. Dtsch. Landw. Ges. **42**, 747 (1927).

[2] Schlimm, W.: Der Einfluß der Bodenlockerung auf die Wasserverdunstung verschiedener Bodenarten. Bot. Archiv. **17**, 77 (1927). — Eser, C.: Untersuchungen über den Einfluß der physikalischen und chemischen Eigenschaften des Bodens auf dessen Verdunstungsvermögen. Forschgn. Geb. Agrikult.-Phys. **7**, 45 (1884).

[3] Steinbrück, A.: Untersuchungen über Bodenlockerung und Wasserverdunstung des Bodens. Bot. Archiv **23**, 261 (1928).

[4] Rosenberg-Lipinsky, A. v.: a. a. O., S. 157.

[5] Rümker, K. v.: a. a. O., S. 40. [6] Blohm, G.: a. a. O., S. 413.

[7] Roemer, Th.: a. a. O., S. 231. [8] Ehrenberg, P.: a. a. O., S. 496ff.

Sie zeigt sich besonders deutlich darin, daß auf unbehandeltem Boden der Pflug im Herbst Schollen bricht, während er nach lockernder Oberflächenarbeit bei der Ernte die Saatfurche in feinkrümeliger lockerer Aufschüttung hinlegt. Die Vorteile solcher Arbeit sind also außerordentlich groß. Sie macht den Landwirt, soweit das überhaupt möglich ist, weitgehend von der Sommer- und Herbstwitterung unabhängig und sichert in allen Jahren eine normale Herbstbestellung.

Es bleibt das große Verdienst von v. ROSENBERG-LIPINSKY[1], daß er die Vorteile einer solchen flachen Schälarbeit klar erkannte und sich mit allen Mitteln für ihre Durchführung einsetzte. Die rasche Aufnahme, die diese Maßnahme in der Praxis, besonders der Trockengebiete, fand, ist der beste Beweis für ihren hohen wirtschaftlichen Wert. So kommt es, daß eine erfolgreiche Schälarbeit als das Kennzeichen eines tüchtigen Landwirts angesehen wird. In diesem Sinne schreibt ROEMER[2]: „Heute kann man die allgemeine Anwendung dieser Maßnahme geradezu als Gradmesser für den Stand der Ackerbearbeitung benutzen."

v. ROSENBERG[3] selbst weist aber schon darauf hin, daß neben der Wasserspeicherung und Garebildung noch andere wirtschaftliche Vorteile mit der Schälarbeit verbunden sind, die sie auch in regenreicheren Lagen, in denen die Wasserspeicherung nicht so wichtig ist, zu einer sehr wertvollen Maßnahme machen. Das ist in erster Linie neben der guten Verwesung der Wurzel- und Stoppelrückstände die Unkrautvernichtung und Zerstörung des Ausfallgetreides. Wenn auch gewisse Unkrautsamen infolge ihrer besonderen Keimverhältnisse nicht zu sofortigem Aufgang gebracht werden können, so wird sich doch der größte Teil ebenso wie das ausgefallene Getreide gut entwickeln und kann durch die folgenden Herbstarbeiten zerstört werden. Den Wert einer solchen Feldreinigung hebt ROEMER[4] besonders für die Saatbauwirtschaften hervor. Daneben bietet aber die sommerliche Schälarbeit die beste Möglichkeit der Bekämpfung der Wurzelunkräuter, insbesondere der Quecken. Auf diese Vorgänge näher einzugehen, ist hier jedoch nicht möglich.

Die Schälarbeit wird in der Regel mit dem mehrscharigen Pfluge ausgeführt, der stark wendet und krümelt. Er leistet nicht nur gute, sondern auch rasche Arbeit, ein Punkt, der von um so größerer Bedeutung ist, als die Austrocknung der Felder sehr rasch fortschreitet und schon nach wenigen Tagen die Arbeit unausführbar sein kann, die im Augenblick des Getreideschnittes auch in Trockengebieten ausführbar ist. Der Forderung v. RÜMKERS[5]: „der Schälpflug soll am Erntewagen hängen!" stellt ROEMER[6] deshalb die Forderung gegenüber, daß das Schälgerät unmittelbar der Mähmaschine zu folgen hat, so daß die geschnittenen Garben auf das bereits geschälte Land fallen. Die Durchführung dieser Forderung ist vorwiegend eine Frage der Technik.

Die Tiefe der Schälfurche ist einmal dadurch gegeben, daß die gelockerte Schicht ein gewisses Maß von Wasseraufnahmefähigkeit zeigen muß, zum andern nicht größer gewählt werden darf als unbedingt nötig, um die Schnelligkeit der Durchführung zu sichern. Tiefen von 5—8 cm erscheinen deshalb als das Gegebene. ROEMER[7] weist darauf hin, daß den Arbeiten der russischen Forscher DOJARENKO[8] und KWASSNIKOFF[9] zufolge gerade im Juli und August durch Ausführung der Schälfurche in voller Tiefe von 20—25 cm eine wesentlich bessere Garebildung erreicht werden kann, die diese Arbeit zu einem teilweisen Brache-

[1] ROSENBERG-LIPINSKY, A. v.: a. a. O., S. 154ff. [2] ROEMER, TH.: a. a. O., S. 230.
[3] ROSENBERG-LIPINSKY, A. v.: a. a. O., S. 157. [4] ROEMER, TH.: a. a. O., S. 233.
[5] RÜMKER, K. v.: a. a. O., S. 39. [6] ROEMER, TH.: a. a. O., S. 231.
[7] ROEMER, TH.: a. a. O., S. 233.
[8] DOJARENKO, A. G.: Bearbeitung des Ackerbodens. Moskau 1923.
[9] KWASSNIKOFF, W. W.: Die Bearbeitung der Brache im Nichtschwarzerdegebiet des europäischen Rußlands. Moskau 1923.

ersatz werden läßt. Die wirtschaftlichen Vorbedingungen solcher Arbeit sind bei uns jedoch nur sehr selten gegeben. Bedeutung gewinnt die Frage nur dort, wo diese erste Furche unmittelbar der Herbstbestellung dient und wegen der kurzen Zeit zwischen Ernte und Neubestellung für die Schälfurche nicht genügend Zeit zur Garebildung bleibt. Eine doppelte Furche würde hier, abgesehen von ihrer Unwirtschaftlichkeit und der praktischen Schwierigkeit der Durchführung, eher einen geringeren Erfolg bringen als die sofortige Saatfurche, in der der Garevorgang sich kräftiger vollzieht und ungestört entwickeln kann.

Die Schälfurche wird im allgemeinen ziemlich locker liegen. Besonders wenn nur noch eine geringe Schattengare vorhanden war, oder das Schälen erst mehrere Tage nach dem Schnitt erfolgt, ist die Oberfläche so trocken, daß der Schälpflug kleine, locker liegende Schollen bricht. Bleiben diese unberührt liegen, so trocknen sie nicht nur selbst völlig aus und verhärten, sondern bieten auch nur einen geringen Verdunstungsschutz, da der Boden seine Feuchtigkeit ungehindert in die zwischen den Schollen befindlichen Hohlräume verdunstet und infolge davon verhärtet. Zugleich ist bei Niederschlägen die Wasseraufnahme der scholligen Schicht unvollkommen. Die Verwesung der Wurzel- und Stoppelrückstände vollzieht sich ebenso langsam und unregelmäßig wie der Aufgang von Unkraut und Ausfallgetreide. Der Zweck der Arbeit wird nicht erreicht. Es kommt deshalb darauf an, die Hohlräume zu beseitigen und eine Krümelschicht zu erzeugen. Ist der Boden in gutem Kulturzustand, die Schälfurche mild und feucht, so leistet die Schleppe diese Arbeit in befriedigender Weise, besonders wenn sie unmittelbar an den Schälpflug angehängt wird. Auf trockenem Boden dagegen muß die schwere Walze die Schollen zerschlagen und an den Boden andrücken, um die Hohlräume zu beseitigen. Da damit zugleich die Kapillarität wieder hergestellt und die Verdunstung aus der Oberfläche in stärkerem Ausmaß ermöglicht wird, so ist es Aufgabe eines folgenden Eggenstriches, eine lockere Krümelschicht auf der Oberfläche zu schaffen, die als Isolierschicht wirkt.

Die Verwendung von drei verschiedenen Geräten bedingt einen Arbeitsaufwand, der gerade in der an sich arbeitsreichen Erntezeit besonders schwer empfunden wird. Es sind deshalb immer wieder Versuche zur Vereinfachung der Arbeit bei gleichzeitiger Leistungssteigerung unternommen. Besonders Bippart[1] hat für diese Zwecke den Krümmer empfohlen, gegebenenfalls mit besonderem Schar für harte Böden. Der Krümmer leistet zwar raschere Arbeit als der Pflug, bearbeitet aber in einem Arbeitsgange nicht die ganze Oberfläche, sondern läßt einzelne unbearbeitete Streifen zwischen den Scharen stehen, so daß nur durch Kreuz- und Querarbeit eine vollkommene Krümelung erreicht wird. Damit entfällt aber der Hauptvorteil. Der Bippartsche Schälkultivator, der die obere Bodenschicht in ihrer ganzen Breite erfaßt und abhebt, hat sich nicht einbürgern können. v. Rümker[2], Heuser[3] u. a. lehnen die Krümmerarbeit auch deshalb ab, weil sie den in den Stoppelresten vorhandenen Schädlingen keinen Abbruch tut, ein Gesichtspunkt, den Roemer[4] nicht für wesentlich hält. Auch praktische Landwirte, wie Schurig[5], Tuch[6], Böhme[7] u. a., lehnen die Grubberarbeit ab, die sich nur in der Form des Dampfgrubbers eine bestimmte Anwen-

[1] Bippart, E.: Bodenbreitmeißel. Fühlings landw. Ztg. **69**, 457 (1920). — Der Ackerhobel. Mitt. Dtsch. Landw. Ges. **35**, 715 (1920).

[2] Rümker, K. v.: a. a. O., S. 42. [3] Heuser, O.: a. a. O., S. 92.

[4] Roemer, Th.: a. a. O., S. 234.

[5] Schurig, A.: Zweckmäßige Bodenbearbeitung nach der Ernte. Mitt. Dtsch. Landw. Ges. **42**, 747 (1927).

[6] Tuch, R.: Der Wasserhaushalt des Bodens. Jb. Dtsch. Landw. Ges. **34**, 376 (1919).

[7] Böhme, C.: Herbst- und Frühjahrsarbeiten in Wirtschaften mit schwersten Böden. Mitt. Dtsch. Landw. Ges. **42**, 275 (1927).

dungsmöglichkeit erworben hat. Geringer sind die Erfahrungen, die mit einem anderen Gerät, der Scheibenegge, vorliegen. Diese krümelt zwar den Boden besser als der Pflug, bearbeitet zudem die ganze Oberfläche und hat eine größere Arbeitsbreite. Dabei trocknet sie aber den Boden in voller Arbeitstiefe stark aus[1], ist nur auf steinfreien oder mindestens steinarmen Böden anwendbar[2] und versagt auf harten Lehmböden[3]. Auf milderen Bodenarten halten ROEMER[4], KRAUSE[5] u. a. aber die Scheibenegge mit angehängter Schleppe für einen guten Ersatz des Pfluges, der sich besonders bei motorischer Bodenbearbeitung gut auswirken kann. Schließlich hat die Versuchsstation[6] der Maschinenfabrik Sack mit Kombination von Grubber und Scheibenegge auch auf sehr festen Böden gute Erfolge erzielt. Die weitere Entwicklung ist hier aber in erster Linie an den Ausbau der motorischen Technik in der Ackerarbeit gebunden.

Herbstarbeit.

Wenn der Acker über Sommer unter der Schälfurche wieder eine gewisse Wasseranreicherung erfahren hat und die Anfänge einer neuen Garebildung zeigt, so sind für die Neubestellung mit Wintersaaten günstige Vorbedingungen gegeben. Das wird jedoch nicht immer der Fall sein. In trockenen Jahren zeigt der Boden auch unter der Schälfurche um so eher eine gewisse Verhärtung, je schwerer er ist. In nassen Jahren verhindert eine zu starke Durchschlämmung die Garebildung. Aber auch unter günstigen Bedingungen ist das geschälte Land nicht in der Lage, unmittelbar als Standort der Herbstsaaten zu dienen. Auf leichten sandigen Böden läge noch am ersten die Möglichkeit vor. Es würde sich dabei vorwiegend um eine Roggenbestellung hinter Roggen oder Hafer handeln. Bei später Haferernte und zeitiger Roggenbestellung, wie es besonders für den Osten Deutschlands gilt, wird in der Tat meist so verfahren. Jedoch ist dabei zu beachten, daß die Sommerfurche nach der Haferernte hier sofort zu einer Tiefe von 20 cm gegeben ist und in den kurzen Wochen bis zur Neubestellung eine gute Struktur bewahrt hat. Zudem ist dieses Verfahren nur auf leidlich unkrautfreien Böden möglich. In der Regel wird man, besonders im feuchten Westen, mit einer gewissen Verunkrautung zu rechnen haben, die durch die Schälfurche bekämpft werden soll, gegebenenfalls besondere Zwischenarbeiten nötig macht und eine neue Pflugfurche im Herbst vor der Neuaussaat erfordert.

Auf schwerem Boden kommt dann besonders hinzu, daß mit Eintritt der kälteren Herbstwitterung alle Garevorgänge unter der Schälfurche langsam zurückgehen und schließlich aufhören, so daß ein erneutes Dichtlagern die Folge ist[7]. Eine abermalige Pflugfurche ist zur Herstellung einer guten Lockerung deshalb unbedingt erforderlich. Sie ist außerdem überall dort nötig, wo die Neubestellung auf bisher nicht gepflügtem Lande nach Hackfrüchten erfolgen soll. Der leichtere Sandboden bleibt allerdings nach Kartoffeln oft in so guter und gründlicher Lockerung zurück, daß eine Pflugfurche überflüssig erscheint. In trockenen Herbsten befördert sie nur noch die Austrocknung und schädigt damit den Aufgang der Wintersaaten. Deshalb begnügt man sich in diesem Falle mit einer einfachen oder doppelten Krümmerarbeit[8] mit nachfolgender Egge. Wie wir bei

---

[1] BIPPART, E.: Die Bodenbearbeitung mit der Scheibenegge. Dtsch. landw. Presse **48**, 400 (1921).
[2] ROEMER, TH.: a. a. O., S. 234. [3] TUCH, R.: a. a. O., S. 377.
[4] ROEMER, TH.: a. a. O., S. 234. [5] KRAUSE, M.: a. a. O., S. 101.
[6] Schälversuche. Illustr. landw. Ztg. **43**, 332 (1923).
[7] EHRENBERG, P.: a. a. O., S. 500.
[8] ROEMER, TH.: a. a. O., S. 266. — KRAUSE, M.: a. a. O., S. 136. — MAHLERT, CHR.: Bedeutung des Dampfkultivators bei der Herbstbestellung. Dtsch. landw. Presse **50**, 366 (1923). — KRÜGER: Ackerbau ohne Pflug. Jb. Dtsch. Landw. Ges. **34**, 105 (1919) u. a.

Besprechung der einzelnen Geräte sahen, ist die so erzielte Auflockerung wesentlich geringer als durch den Pflug. Zudem beschränkt sie sich auf die obersten Schichten, während die tieferen Schichten eher etwas verdichtet werden. Dort, wo eine Pflugfurche nötig ist, gibt man sie zu mittlerer Tiefe von 20—25 cm, da die Getreidearten den Kostenaufwand einer tieferen Pflugarbeit nicht bezahlt machen. Im einzelnen wird die Tiefe der Pflugfurche durch die Stärke der Ackerkrume bedingt. Auf keinen Fall wird die Pflugfurche tiefer greifen, da für die bald folgende Bestellung der gute Kulturzustand der Ackerkrume, der zum großen Teil durch ihren Humusgehalt bedingt ist, erhalten bleiben muß. Eine tiefere Furche, die Boden aus dem Untergrund einmischt, würde aber den Humusgehalt verdünnen, den Kulturzustand schädigen.

Der Ausführung dieser Pflugarbeit ist besondere Sorgfalt zuzuwenden. Die Untersuchungen von Nitzsch[1] haben gezeigt, daß begangene Fehler während der ganzen folgenden Vegetationsperiode sichtbar bleiben und bei einer physikalischen Untersuchung der Böden im Frühjahr und Sommer deutlich nachgewiesen werden können. Der größte Teil der von ihm untersuchten Böden befriedigte weder in der Lockerheit noch in der Struktur. Dabei fand Nitzsch[2], daß auch auf gut bearbeiteten Böden meist noch eine Verbesserung der Ackerarbeit möglich ist, die selbst unmittelbar in einer Hebung des Ertrages sich auswirken kann. Neben an sich mangelhafter Arbeit spielt doch vielfach die ungünstige Herbstwitterung eine sehr wichtige Rolle, die den Landwirt zwingt, zu trocken oder zu naß zu pflügen, wenn er die Herbstbestellung überhaupt zur Zeit fertigstellen will. Die Gefahren zu nassen Pflügens auf schwerem Boden zeigen sehr gut die Versuche von Hoppenstedt[3], der in solchen Fällen erhebliche Ertragsrückgänge beobachtete:

Versuche mit Winterweizen. (Ertrag umgerechnet auf dz/ha.)

	1878	1879	1885
Trocken gepflügt und bestellt	27,50	28,52	30,58
Naß gepflügt und bestellt	20,34	21,66	23,94

Nicht minder wichtig als eine gute Pflugfurche ist ihre Nachbehandlung Bei trockenem Wetter, wie es im September häufig herrscht, kann eine erhebliche Austrocknung der Pflugfurche eintreten. Der Feuchtigkeitsverlust wird zwar durch die Winterniederschläge wieder ersetzt. Bleibt aber der Herbst lange Zeit trocken, so kann doch der Aufgang der Wintersaaten mehr oder weniger leiden. Immerhin ist eine derartig starke Herbsttrockenheit in Deutschland nicht die Regel, sondern die Ausnahme. Wichtiger ist, daß schon 1—2 trockene Tage in der lockeren Furche Verhärtungen und Klumpen entstehen lassen, die um so härter und größer werden, je stärker die Austrocknung und je feinerdereicher der Boden ist. Sie sind durch spätere Nacharbeit entweder kaum oder doch nur unvollkommen zu beseitigen. Zudem erfordert diese Arbeit eine Vermehrung der Zahl der Arbeitsgänge bei der Herrichtung des Saatbettes, die ihrerseits wieder ein Zusammenpressen des Bodens und Schädigung der Struktur zur Folge haben. Es ist außerdem widersinnig, Schäden eintreten zu lassen und sie dann mit vieler Arbeit doch nur notdürftig zu beseitigen, statt ihre Entstehung von vornherein zu verhüten. Roemer[4] ist zuerst dafür eingetreten, durch Koppelung von Pflug

[1] Nitzsch, W.: Die Gesetzmäßigkeiten in den Porösitätsverhältnissen des Ackerbodens. Wiss. Veröff. Siemens-Konzern **5**, 114 (1927).

[2] Nitzsch, W.: Die Beziehungen zwischen Bearbeitung, Struktur und Ertrag des Ackerbodens. Wiss. Veröff. Siemens-Konzern **6**, 35 (1927).

[3] Hoppenstedt, Th.: Die Kultur der schweren Bodenarten. Landw. Jb. **24**, 681 (1895).

[4] Roemer, Th.: Schonung der Winterfeuchtigkeit durch Kombination von Arbeitsvorgängen. Illustr. landw. Ztg. **45**, 89 (1925).

und Schleppe die bei der Pflugarbeit entstehenden Schollen sofort in den lockeren Boden einzuschleppen und damit eine Austrocknung und Verhärtung zu verhüten. Wie wichtig ein derartiges Vorgehen ist, zeigen die Versuche von MANGELSDORF[1]. Er untersuchte die Krümelgrößen einer Pflugfurche, die am 25. April 1928 an einem sonnigen, trockenen Tage ausgeführt und zu verschiedenen Zeiten abgeschleppt wurde.

Prozentischer Anteil der Krümel an der Gesamtprobe.

Art der Arbeit	Große der Krumel				
	> 40 mm	40—20 mm	20—10 mm	10—4 mm	< 4 mm
a) Koppelung, Pflug und Schleppe . .	16,3 ± 3,41	12,1 ± 0,97	14,9 ± 0,54	13,8 ± 0,47	43,1 ± 2,84
b) 6 Stunden später geschleppt . . .	24,6 ± 4,11	11,7 ± 1,26	14,2 ± 0,72	14,1 ± 1,76	35,5 ± 1,88
c) 24 Stunden später geschleppt . . .	54,5 ± 2,61	10,8 ± 1,03	9,9 ± 0,49	8,8 ± 0,95	16,0 ± 2,15

Die Schädigung der Bodenstruktur ist dort, wo erst nach 24 Stunden geschleppt wurde, sehr stark. Über die Hälfte der untersuchten 7 cm tiefen Oberschicht besteht aus Brocken von über 4 cm Durchmesser, während bei Koppelung der beiden Geräte 43,1 % der Oberschicht Krümel unter 4 mm und Feinerde bildet. Wenn diese Untersuchungen auch im Frühjahr ausgeführt sind, wo die Austrocknung noch rascher verläuft als im Herbst, so wird doch der Schaden auch im Herbst bei längerem Liegen nicht viel geringer sein.

Die durch die Schleppe eingeebnete Pflugfurche ist auch bei günstigster Beschaffenheit für die Bestellung der Wintersaaten noch nicht geeignet, weil der Boden in viel zu lockerer Aufschüttung liegt und mehr oder weniger große Hohlräume in wechselnder Zahl enthält. Es spielt dabei nicht die Hauptrolle, daß der Boden in diesem Zustande nicht das Maximum seiner wasserfassenden Kraft aufweist; denn bis zum Eintritt des Winters erfolgt durch die Herbstniederschläge ein natürliches Dichterlagern des Bodens, das die großen luftführenden Hohlräume zugunsten der kapillar wirkenden verringert. Wichtiger ist, daß die junge Pflanze für ihre normale Wurzelentwicklung einen gleichmäßigen Boden mit einer bestimmten Dichtheit verlangt. Dieser Zustand ist früher als geschlossene Krümelstruktur bezeichnet worden[2]. Zur Begründung dieser Forderung seien kurz einige Sätze PFEFFERS[3] angeführt, der darauf hinweist, daß die Wurzel einer festen Seitenführung im Boden bedarf, wenn sie die ihr gegebenen Möglichkeiten erheblicher Druckwirkungen ausnutzen will. „Um die maximale mechanische Leistung ausüben zu können, muß natürlich die genügende Widerlage gegeben, ein Zurückweichen und Ausbiegen ausgeschlossen sein; die Wurzel muß allseitig eingeschlossen sein, da sie sonst ausbiegt und ausweicht.“ „Bildet ein lockerer Erdboden die Führung und Widerlage, so vermag die senkrecht auftreffende Wurzelspitze nur einen mäßigen Druck zu entwickeln.“ „Ebenso ist es ohne weiteres klar, warum es zu Ausbiegungen und eigentümlichen Schleifenbildungen kommt, wenn die äußere Wurzelspitze und der Same fixiert, der dazwischenliegende Wurzelteil aber ohne genügende Widerlage ist.“ Dazu kommt schließlich, daß ein lockerer Boden über Winter stärker auffriert und die einzelnen, nicht gleichartig strukturierten Schichten verschieden stark an diesem Vorgang teil-

---

[1] MANGELSDORF, P. C.: Experimentelle Beiträge zur Bodenbearbeitung. Landw. Jb. **69**, 493 (1929).

[2] Siehe S. 131.

[3] PFEFFER, P.: Über den Druck und die Arbeitsleistungen der wachsenden Pflanzen. Abh. kgl. sächs. Ges. Wiss., math.-physik. Kl. **33**.

nehmen, während die tieferen Schichten überhaupt unbeteiligt bleiben. Die tiefer gehenden Wurzeln werden dadurch Zugwirkungen ausgesetzt, die zur Zerreißung führen können. Die flach verlaufenden Wurzeln finden in der stark gelockerten Oberflächenschicht keinen Halt mehr. Alle Vorbedingungen für eine sog. Auswinterung sind damit gegeben. Besonders der Roggen zeichnet sich wegen seines flach liegenden Bestockungsknotens durch große Empfindlichkeit in dieser Hinsicht aus.

Ein solches Dichtlagern des Bodens, verbunden mit Wiederherstellung der Kapillarität, tritt nun allmählich von selbst ein, begünstigt durch das Eigengewicht des Bodens, vor allem aber durch die Niederschläge, die ein Dichtschlämmen bewirken. TÖPFER[1] weist deshalb darauf hin, daß in regenreichen Herbsten ein natürlicher Schluß des Bodens erreicht wird, und die Wintersaaten daher in ihrem Stand befriedigen. In trockenen Herbsten dagegen bleibt dieses natürliche Setzen des Bodens aus, die Herbstsaaten stehen schlecht und sind der Gefahr der Auswinterung um so eher ausgesetzt, je geringer auch die Winterniederschläge sind und je zeitiger die Fröste eintreten. Aufgabe der Bodenbearbeitung muß es aber sein, gerade diese Abhängigkeit von den Witterungsverhältnissen zu verringern und damit das Risiko herabzusetzen.

Die alte Landwirtschaft half sich, indem sie eine flache Furche von 10—15 cm Tiefe 3—4 Wochen vor der Saat gab. Dabei war in der Tat ein Setzen des Bodens auf natürlichem Wege möglich. Es ist ja eine bekannte Erscheinung, daß die Wintersaaten kleiner Bauern, die nach dieser Regel arbeiten, im Frühjahr oft besser stehen als diejenigen großer Güter, die eine tiefere Herbstfurche geben, ohne sie entsprechend dicht machen zu können. Der Umschwung tritt dann im Juni ein, wenn die Felder der Flachkultur anfangen, unter Trockenheit zu leiden, während die tiefer bearbeiteten Felder dann noch gutes Wachstum zeigen. Die moderne Landwirtschaft kann weder auf die tiefere Bearbeitung verzichten, noch ist sie immer in der Lage, die Pflugfurche mehrere Wochen vor der Herbstsaat zu geben. Sie muß also ein künstliches Setzen des Bodens herbeiführen. In dieser Richtung wirken alle Geräte, die der Nachbearbeitung dienen, und zwar um so mehr, wenn der Boden in trockenem Zustande bearbeitet wird. Schon die Zerkleinerung der Schollen durch Krümmer und Egge begünstigt das Dichtlagern. Aber der Tiefgang selbst schwerer Eggen ist gering, und auch der Krümmer erreicht meist nur die halbe Pflugfurchentiefe. Nun weist zwar KRAUSE[2] darauf hin, daß ja die untere Schicht der Ackerkrume dauernd unter der Preßwirkung der oberen steht und dieser Druck nach jedem Regen zunimmt. Diese Vorgänge werden somit das natürliche Setzen des Bodens begünstigen. Sie können aber den Bodenschluß nicht unmittelbar herstellen. Deshalb haben Krümmer und Egge vorwiegend dann Bedeutung für das Setzen der Herbstfurche, wenn sie unmittelbar nach dem Pflügen Verwendung finden, und der Acker in diesem Zustande noch zwei bis drei Wochen liegen kann, ehe er bestellt wird. Bei stärkerer Trockenheit wird die Wirkung aber auch unvollkommen bleiben, ebenso auf Sandböden mit sehr gleichmäßigen Korngrößen. Es liegt deshalb nahe, den Schluß des Bodens durch die Walze herzustellen. Da aber, wie ausgeführt, festgestellt wurde, daß die Wirkung selbst schwerer Walzen kaum tiefer als 12 cm geht, so konnte zwar die alte Landwirtschaft mit ganz flachen Herbstfurchen die schwere Walze für diesen Zweck verwenden. Für Pflugfurchen von 20—25 cm Tiefe leistet sie die gewünschte Dichtlagerung bis zur Pflugsohle nicht. Will man die Wirkung durch mehrmalige Anwendung der Walzenarbeit verstärken, so wird die obere Schicht der Ackerkrume zu stark verdichtet, die Luft herausgepreßt und ein Verschlämmen mit

[1] TÖPFER, M.: Praktische Anleitung zur Bodenbearbeitung und Saatenpflege. Berlin 1913.
[2] KRAUSE, M.: a. a. O., S. 126.

Übergang in Einzelstruktur befördert. Die Nachteile sind also sehr groß, ohne daß der beabsichtigte Schluß des Bodens befriedigend erreicht wird. Wenn auch die schweren Stern- und Stachelwalzen etwas günstiger wirken, so kommt doch die Walze viel eher dann in Betracht, wenn die Herbstfurche bei Trockenheit schollig gepflügt ist, um unmittelbar hinter dem Pflug die Schollen zu sprengen, eine zu starke Austrocknung zu verhüten und eine günstige Struktur vorzubereiten, eine Arbeit, für die besonders die Stachelwalzen sich eignen. Wichtig ist dabei, daß in diesem Falle in der Regel ein Arbeitsgang genügt. Erstrebenswert erscheint es aber unbedingt, bei jeder Bearbeitung mit so wenig Arbeitsgängen wie möglich auszukommen, weil eine zu häufige Bearbeitung immer wieder zu einer Verhärtung und zu einer starken Dichtlagerung der oberen Schicht führt.

Als einziges Gerät, das einen unmittelbaren Bodenschluß herzustellen gestattet, bleibt deshalb der Packer übrig. Seiner allgemeinen Anwendung steht auf schwerem Boden der hohe Zugkraftbedarf entgegen, der ihn vorwiegend in Wirtschaften mit motorischer und Dampfkraft verweist. Auf Sandboden hat er dagegen zur Roggenbestellung in größeren Wirtschaften weitgehend Eingang gefunden, zumal der leichte Boden sich wesentlich langsamer setzt als der schwere Boden mit seiner höheren Wasserhaltung. Je trockener aber das Klima ist, um so größer wird die Bedeutung des Packers für alle Bodenarten. Seine Herkunft[1] aus den semiariden Gebieten Nordamerikas ist ja charakteristisch.

Wenn man nun trotzdem beobachtet, daß durch wiederholtes Walzen, Krümmern und Eggen auch ohne Packer ein genügender Bodenschluß erzielt wird, so weist ROEMER[2] darauf hin, daß dieser Erfolg durch die Huftritte der Zugtiere erzielt wird. MANGELSDORF[3] führt in seinen Untersuchungen auf dem Hallenser Lehmboden den Beweis für diese Ansicht. Er entnahm je 10 Proben der frisch gepflügten Ackerkrume, den Huftritten in 0—15 cm Tiefe und der Schicht unmittelbar unter der Pflugsohle, die als sehr dichtlagernd bekannt war. Er fand dabei für je 500 cm³ trockenen Bodens folgende Durchschnittsgewichte:

Gepflügt	Huftritt	Pflugsohle
616 ± 1,76	814 ± 0,83	823 ± 0,96

Der frisch gepflügte Boden wird also durch den Huftritt wieder derart gefestigt, daß er fast so dicht lagert wie die Pflugsohle. Weitere Berechnungen[4] ergaben dann, daß ein Gespann in einem Arbeitsgange eine Fläche von 273—546 m² je Hektar festtritt oder 2,73—5,46% der Fläche. Für eine normale Rübenbestellung im Frühjahr mit 10—12 Arbeitsgängen kommt MANGELSDORF deshalb zu dem Schluß, daß im Höchstfall 65% der Ackerfläche durch Huftritte verdichtet werden kann, so daß diese in der Tat eine sehr viel größere Rolle beim Setzen des Bodens spielen, als man bisher angenommen hat. Entsprechend fand ROEMER[5], daß eine solche Festigkeit des Bodens nicht erreicht werden konnte, wenn die Bearbeitung so geleitet wurde, daß die Zugtiere die Fläche nicht betraten. Sie stellte sich aber sofort ein, wenn die Zugtiere frei ohne Arbeitsgeräte über die Fläche geführt wurden.

Die Vorarbeiten zur Herbstbestellung zeigen, wie sehr es dabei auf eine zweckmäßige Ergänzung der einzelnen Geräte unter einander ankommt. HEUSER[6] weist deshalb darauf hin, daß alle tieflockernden Maßnahmen eine Verdichtung zur Wiederherstellung der Kapillarität erfordern, alle bodenverdichtenden Arbeiten dagegen eine nachfolgende Auflockerung der obersten Schicht zur Schaffung

[1] MATENAERS, F. F. u. H. W. CAMPBELL: Anleitung zur zweckmäßigen Bodenbearbeitung. 1908.
[2] ROEMER, TH.: a. a. O., S. 253. [3] MANGELSDORF, P. C.: a. a. O., S. 515.
[4] MANGELSDORF, P. C.: a. a. O., S. 516. [5] ROEMER, TH.: a. a. O., S. 253.
[6] HEUSER, O.: a. a. O., S. 141.

einer Krümeldecke, die eine zu große Verdunstung verhindert. Entscheidend für den Erfolg ist die rechtzeitige Ausführung jeder Arbeit, wobei die unmittelbare Koppelung zweier Geräte nicht nur Arbeit spart, sondern auch einen besseren Erfolg verbürgt.

Alles andere im Herbst nicht bestellte Land ist entweder geschält oder größtenteils Hackfruchtland in leidlich günstigem Zustande. Dieser Zustand verschlechtert sich aber von Tag zu Tag unter dem Einfluß der äußeren Verhältnisse. Sinkende Temperaturen, abnehmende Verdunstung bei reichlichen Niederschlägen sind für den größten Teil Deutschlands in dieser Zeit charakteristisch. Die Folge ist ein starkes Dichtschlämmen des Bodens, Nachlassen der Bakterientätigkeit und der chemischen Umsetzungen. Wie bereits bei Besprechung der physikalischen Bodeneigenschaften dargetan wurde, ist solcher Acker nicht imstande, erhebliche Wassermengen zu speichern. Auch der Winterfrost, dessen günstige Einwirkungen sich in der Frostgare kennzeichneten, kann auf solchem festen und verhältnismäßig wenig Wasser haltenden Boden seine guten Garewirkungen nicht zeigen. Wo oberflächlich geringe Erscheinungen der Frostgare auftreten, werden sie durch die Frühjahrsregen, die in den festen Boden nicht genügend schnell einsickern können, rasch wieder zerstört. Setzt nun das Frühjahr, wie es besonders im Osten Deutschlands der Fall ist, mit rasch steigenden Temperaturen und Trockenheit ein, so wird die Frühjahrsbearbeitung, vor allem wenn sie mit dem Pfluge ausgeführt wird, eine um so stärkere Austrocknung des Bodens zur Folge haben, je tiefer die Furche gegeben wurde. Einer geringeren Wasserspeicherung über Winter steht also ein größerer Wasserverbrauch im Frühjahr gegenüber.

Eine einfache Überlegung sagt, daß solche Verhältnisse sich besonders ungünstig auf Sandböden auswirken müssen, auf denen die Wasserfrage von entscheidender Bedeutung ist. Die Kunst der Bodenbearbeitung auf leichten Böden liegt deshalb ja auch darin, bei allen Maßnahmen Wasser zu sparen. Dieser Gesichtspunkt gewinnt um so größere und ausschlaggebendere Bedeutung, je trockener das Klima ist. Er ist in Deutschland aber auch in feuchten Lagen nicht weniger wichtig, da die Gefahr einzelner Trockenperioden hier immer besteht. Geht der Boden aber schon mit ungenügendem Wasservorrat in die Trockenperiode hinein, so müssen die Schäden natürlich besonders groß sein. Man bewirkt aber eine Schonung der Winterfeuchtigkeit und vermeidet eine Wasserverschwendung im Frühjahr, wenn man den Boden bereits im Herbst pflügt. Allerdings ist aus den Arbeiten von BLOHM[1], PIEPER[2] u. a. bekannt, daß die Wasserkapazität bei starker Lockerung der Sandböden durch eine tiefe Pflugfurche nicht dem Optimum entspricht. Über Winter findet aber ein allmähliches Dichtlagern statt, so daß im Frühjahr eine verhältnismäßig sehr günstige Lagerung und gute Wasserhaltung erreicht wird. Bei einer großen Zahl von Sandböden fand PIEPER eine Erhöhung der Wasserkapazität durch Lockerung gegenüber natürlich gelagertem Boden. Er schreibt dazu[3]: „Es ist sehr wahrscheinlich, daß im unbearbeiteten, sich selbst überlassenen Boden viele weite und vor allem zusammenhängende Poren, Risse, Regenwurmgänge usw. entstehen, während durch jede Bearbeitung solche von gleichmäßigerer Verteilung geschaffen werden. Man erreicht also auf dem Sandboden mit jeder Bearbeitung des abgelagerten Landes eine Erhöhung der Wasserkapazität, die bei fester und fein gelockerter Struktur

---

[1] BLOHM, G.: Einfluß der Bodenbearbeitung auf die Wasserführung des Bodens. Kühn-Arch. 12, 384 (1926).

[2] PIEPER, G.: Der Einfluß der Lockerung auf die Wasserführung und Durchlüftung verschiedener Böden. Wiss. Arch. Landw. A 1, 185ff. (1929).

[3] PIEPER, G.: a. a. O., S. 186.

am größten ist." Auch NITZSCH[1] fand bei Untersuchung leicht lehmiger Sandböden des Oderbruches, daß die Auflockerung in der Mehrzahl der Fälle für das Optimum der Wasserkapazität nicht genügte. Man wird somit unbedingt damit rechnen können, daß durch eine tiefgreifende Pflugfurche im Herbst nicht nur die Wasser-, sondern auch die Strukturverhältnisse allgemein verbessert werden können. Die Frühjahrsfurche wird auf diese Weise vermieden oder bleibt doch auf die Fälle beschränkt, in denen Stallmist noch spät zu Kartoffeln eingepflügt werden soll. Einer besseren Wasserhaltung über Winter steht somit ein geringerer Wasserverlust im Frühjahr gegenüber, so daß sich im ganzen ein Wassergewinn ergibt, der eine Versicherung gegen nicht zu lang dauernde Trockenperioden darstellt, vor allem aber einen guten Aufgang der Sommersaaten gewährleistet, wenn die weitere Bearbeitung im Frühjahr für seine Erhaltung sorgt.

Allerdings ist die Wasserhaltung der leichten Böden nicht allzu groß, so daß schon verhältnismäßig geringe Niederschläge zur Absättigung des kapillaren Fassungsvermögens genügen. Von diesem Gesichtspunkte aus könnte die Pflugfurche auch noch gegen Winterende gegeben werden, wo eine stärkere Austrocknung auch nicht zu fürchten ist. Es kommt hinzu, daß der Frost auf den kolloidarmen Sandböden ohne Bedeutung bleibt und eine Frostgare doch nicht eintritt. Dem steht das Risiko der unsicheren Witterung entgegen, da im Februar der Boden noch tief gefroren sein kann oder Wechsel von Frost und Tauwetter auch auf Sand die Güte der Pflugarbeit beeinträchtigen. Außerdem bleibt der Boden zu locker und setzt sich um so weniger, je trockner der März ist. Normalerweise wird somit auch auf Sandböden die Pflugfurche für die Sommersaaten vor Eintritt des Winters mit bestem Erfolg zu geben sein.

Viel wichtiger ist aber die Herbstfurche auf schweren, feinerdereichen Böden, die größere Mengen von Winterfeuchtigkeit aufzunehmen und festzuhalten vermögen. So erwähnt LUEDECKE[2] rheinische Lößböden, die so viel Niederschläge über Winter speicherten, daß sie eine volle Ernte gaben, ohne daß während der Vegetationszeit irgendwie nennenswerte Regenmengen gefallen wären. WIDSOE[3] bestätigt diese Erscheinung für die Trockengebiete Nordamerikas, und die CAMPBELLsche[4] Methode der Trockenfarmerei beruht darauf, so lange Wasser im Boden zu speichern, bis es für eine normale Ernte ausreicht. Entscheidend ist auch hier das kapillare Fassungsvermögen des Bodens, da alles Senkwasser nur schädlich wirkt. Leider liegen nur ganz wenige exakte Untersuchungen über die Stärke der Wasserspeicherung in der Herbst- und Frühjahrsfurche vor. BLOHM[5] verglich im Herbst und im Frühjahr gefrästes und gegrabenes Land miteinander und fand von April bis Anfang Juli keine wesentlichen Unterschiede im Wassergehalt, eher sogar etwas mehr Feuchtigkeit in der Frühjahrsfurche. Das zeigt, daß bei reichlichen Winterniederschlägen, die zu einem stärkeren Dichtschlämmen der Herbstfurche führen, um so weniger Unterschiede gegenüber der Frühjahrsfurche vorhanden sind, je sorgfältiger die Frühjahrsarbeit ausgeführt wird und je mehr sie eine gute, lockere, aber doch geschlossene Struktur herstellt. Daneben spielen auch die Niederschlagsmengen in den Frühjahrsmonaten eine Rolle. Je trockener das Frühjahr ist, je mehr es sofort mit Wärme und Trockenheit einsetzt, je geringer zugleich die Winterniederschläge sind, um so größere Bedeutung gewinnt die

---

[1] NITZSCH, W.: Die Gesetzmäßigkeiten in den Porösitätsverhältnissen des Ackerbodens Wiss. Veröff. Siemens-Konzern 5, 115 (1927).

[2] LUEDECKE, C.: Über die Bewegung des Wassers im Boden. Kulturtechniker 12, 121 (1909).

[3] WIDSOE, J. A.: Dry farming, S. 129. New York 1923.

[4] MATENAERS, F. F. u. H. W. CAMPBELL: a. a. O., S. 65.

[5] BLOHM, G.: a. a. O., S. 416.

Herbstfurche für die Speicherung der Winterfeuchtigkeit, um so mehr ist sie der Frühjahrsfurche überlegen. In Deutschland finden sich solche Verhältnisse am ersten im Osten, dagegen im Westen und Süden nur als Ausnahmen. DOJARENKO[1], KWASSNIKOFF[2], ROTMISTROFF[3] und andere russische Forscher heben deshalb die Wichtigkeit der Herbstfurche für die Wasserspeicherung in den russischen Trockengebieten besonders hervor, und CALL und HALLSTEDT[4] berichten über gleiche Erfahrungen in Kansas. Praktisch steht bei uns der Frühjahrsfurche entgegen, daß es selten gelingen wird, sie im richtigen Feuchtigkeitszustand zu geben und damit eine lockere, gleichmäßige Struktur zu schaffen. Wird sie zu zeitig gegeben, ist der Boden noch zu naß und wird verschmiert. Wird sie später gegeben, ist eine gewisse Austrocknung sowohl vorher als bei Ausführung der Bearbeitung selbst nicht zu vermeiden. Schließlich besteht heute gar nicht die praktische Möglichkeit, alles Land erst im Frühjahr zu pflügen, da sonst die Bestellung außerordentlich verzögert werden würde. Auch hier wird deshalb die Frühjahrsfurche auf wenige Fälle beschränkt bleiben.

Viel entscheidender als die Wasserfrage ist aber auf schweren Böden die Garefrage, da die Bodenstruktur hinsichtlich der Ertragsfähigkeit eine entscheidende Rolle spielt. Ist ein Boden im Frühjahr unzweckmäßig behandelt, zu naß oder zu trocken gepflügt, so gibt es kein Mittel, um ihn wieder in günstige Struktur zu bringen. Entstandene Schollen können zwar mechanisch zerschlagen werden, aber Krümelung und Gare wird nicht erzielt, wie bereits bei Besprechung der Pflugarbeit gezeigt wurde. Ein solcher Acker ist für die ganze Vegetationszeit verdorben und zeigt seine schlechte physikalische Beschaffenheit auch noch im Herbst nach der Ernte. Auch im Herbst wird der Acker zwar selten im günstigsten Feuchtigkeitszustand gepflügt. Auch hier sind Schollenbildungen und verschmierte Furchenstreifen häufig. Sie unterliegen aber der außerordentlich wertvollen Wirkung des Winterfrostes, unter dessen Einfluß die Schollen zerfallen und krümeln. Der Winterfrost ist eines der wichtigsten natürlichen Hilfsmittel bei der Bearbeitung schwerer Böden, das um so wertvoller wird, je feinerdereicher und humusärmer der Boden ist. Am stärksten prägt sich deshalb seine Wirkung auf den Tonböden aus, auf denen es im Herbst oft überhaupt nicht gelingt, Krume zu bilden. Sie sind in der ganzen bearbeiteten Tiefe schollig, hart und klumpig und machen jeden Versuch, auf mechanischem Wege eine Zerkleinerung und Krümelung herbeizuführen, unmöglich. Zwar gelingt es schließlich einer wiederholten Bearbeitung, die Schollen mit Gewalt zu zerschlagen. Zugleich wird dabei aber auch die Struktur außerordentlich ungünstig beeinflußt. Der Acker verhärtet, nimmt eine sehr dichte Lagerung an, die Luft wird ausgetrieben und die Niederschläge bedingen ein baldiges Verschlämmen. Dagegen wird durch den Frost ein oft staubartiger Zerfall an der Oberfläche erreicht und die Strukturverhältnisse günstig erhalten. Würde die Frostwirkung hier fehlen, so bliebe als einzige Möglichkeit, solchen Boden in Gare zu bringen, die Brachbearbeitung mit dem Ziel einer Garebildung in der warmen Jahreszeit. ROEMER[5] weist darauf hin, daß in tropischen und subtropischen Gebieten ohne Winterfröste die Gare in der Tat nur durch entsprechende Bearbeitung erreicht werden muß. Je humusreicher und feinerdeärmer die Böden werden, um so geringer werden dabei die Schwierigkeiten der Gareerzeugung. Aber auch bei ihnen ist die Frostgare von größter wirtschaft-

---

[1] DOJARENKO, A. G.: Bearbeitung des Ackerbodens. Moskau 1923.
[2] KWASSNIKOFF, W. W.: Bearbeitung der Brache. Moskau 1923.
[3] ROTMISTROFF, W. G.: Das Wesen der Dürre. Dresden u. Leipzig 1926.
[4] CALL, L. E. u. A. L. HALLSTEDT: The relation of moisture to yield of winter wheat in Western Kansas. Manhatten, Bull. 206 (1915).
[5] ROEMER, TH.: a. a. O., S. 223.

licher Bedeutung. Die Böden der Börden sind ein gutes Beispiel dafür. Die intensive Landwirtschaft dieser Gebiete ist zuerst dazu gelangt, alles Land vor Winter zu pflügen. Allerdings spielt das verhältnismäßig trockene Klima dieser Gegenden dabei zugleich eine wichtige Rolle.

Die Frostgare erstreckt sich allerdings nie auf größere Tiefen, sondern bleibt auf eine flache Oberflächenschicht beschränkt. Sie ist außerdem stark in ihrer Ausbildung von der Frühjahrswitterung abhängig. So war z. B. nach dem sehr strengen Winter 1928/29, in dem der Frost über 1 m tief in den Boden eindrang, die Frostgare keineswegs besser als in anderen Jahren, da einmal das feuchtkalte Frühjahr nachteilig wirkte, zum andern die tieferen, noch lange Zeit gefrorenen Schichten ein Absickern des Wassers aus den oberen aufgetauten Schichten unmöglich machten. Das sich bildende Senkwasser wirkte aber auf die Struktur der oberen garen Schicht sehr nachteilig. Im allgemeinen wird man im Frühjahr mit einer flachen Gareschicht rechnen können, die in gleichmäßiger Struktur den Boden bedeckt. Sie übt zugleich auf die tieferen Schichten, die diese gute Krümelstruktur nicht zeigen, eine wertvolle Schutzwirkung aus, verhütet sowohl Verschlämmung wie Austrocknung und sichert eine angemessene Durchlüftung. ROEMER[1] spricht in diesem Zusammenhange von einer „Fernwirkung" nach unten.

Es gilt deshalb als Zeichen eines ordnungsmäßigen Betriebes, daß alles Land vor Winter gepflügt ist. Die Schwierigkeiten sind dabei um so größer, je kürzer der Herbst ist und je zeitiger das Einwintern erfolgt. Das gilt besonders für den Osten Deutschlands, der zugleich ein spätes, warmes und trockenes Frühjahr mit raschem Übergang zum Sommer hat. Deshalb ist die Herbstfurche trotz aller Schwierigkeiten hier besonders wichtig. Muß man regelmäßig damit rechnen, daß nicht alles Land im Herbst gepflügt werden kann, so ist die Brache um so weniger zu entbehren, je schwerer der Boden ist.

Es ist natürlich, daß man bestrebt gewesen ist, den Vorteil der Herbst- gegenüber der Frühjahrsfurche auch zahlenmäßig in gesteigerten Erträgen zu erfassen. Eine große Zahl solcher Versuche hält aber einer Kritik nicht stand. Die Mehrzahl ist zudem nicht vergleichbar, weil die Frühjahrsfurche unter sehr wechselnden Bedingungen gegeben ist. Deshalb seien hier nur zwei Versuche von HOPPENSTEDT[2] angegeben:

Hannagerste. Kornertrag in dz/ha.

Pflugfurche	Datum	Ertrag	Datum	Ertrag	Datum	Ertrag
Herbst	28. Okt. 1882	29,24	15. Okt. 1883	26,36	6. Okt. 1884	27,04
Frühjahr	27. März 1883	24,02	4. April 1884	23,24	8. April 1885	20,82

Zuckerrüben. Alles Land im Herbst 27 cm tief gepflügt. Im Frühjahr teils 23 cm tief gegrubbert, teils 22 cm tief gepflügt. Ertrag an Rüben in dz/ha.

	Ton		Kley		schwerer Lehm		milder Lehm	
	Grubber	Pflug	Grubber	Pflug	Grubber	Pflug	Grubber	Pflug
1876	280	266	314	292	300	286	322	290
1877	310	278	340	306	304	350	316	354
1878	312	262	374	272	382	300	348	320

Durchweg schneidet die Frühjahrsfurche schlechter ab. Auch bei der Zuckerrübe, zu der alles Land im Herbst gepflügt wurde, hat die nochmalige Frühjahrsfurche

[1] ROEMER, TH.: a. a. O., S. 223.
[2] HOPPENSTEDT, TH.: Die Kultur der schweren Bodenarten. Landw. Jb. **24**, 752 u. 767 (1895).

schädlich gewirkt. Welche Ursachen im einzelnen dafür maßgebend gewesen sind, ist nicht ohne weiteres sicher. Daß aber dieser Erfolg nicht immer einzutreten braucht, zeigen die schon früher[1] erwähnten fünfjährigen Versuche von Hansen[2] in Dikopshof, der in den Zuckerrübenerträgen keine Unterschiede zwischen Herbst- und Frühjahrsfurche fand. Neben den besonderen hier vorliegenden Verhältnissen geringer Frostwirkungen spielen Zeit und Güte der Frühjahrsfurche sowie der Folgebearbeitung dabei eine wichtige Rolle. Wichtig bleibt aber auch bei gleichen Erträgen das geringere Risiko und die Möglichkeit guter Frühjahrsarbeit nach der Winterfurche gegenüber der größeren Abhängigkeit von der Witterung und schwierigeren Bearbeitung bei der Frühjahrsfurche.

Die gute Frostwirkung darf aber nicht dazu verleiten, die Herbstfurche nachlässig auszuführen. Je besser vielmehr bereits die Struktur im Herbst ist, um so günstiger wird der Garezustand im Frühjahr sein. Mix[3] weist darauf hin, daß glatte, verschmierte Schollen, besonders wenn sie in der Furche aufgerichtet stehen, das Regenwasser ablaufen lassen, so daß die Eisbildung selbst in den Schollen gering bleibt und sie nur langsam und schwer vom Frost angegriffen werden. Dagegen zerfallen kleine rauhe Schollen, die bessere Verbindung mit dem übrigen Boden haben, sehr viel rascher. Ein grobscholliger Boden ist deshalb im Frühjahr teils gut, teils schlecht durchgefroren. Durch gegenseitige Mischung muß aber die Gare benachteiligt werden. Mix kommt deshalb zu dem Ergebnis, den Boden nicht in rauher Furche überwintern zu lassen, sondern ihn einzuebnen. Daß die verbreitete Anschauung, der Frost dringe in die rauhe Furche tiefer ein und verursache dort eine bessere Krümelung als im eingeebneten Lande, nicht richtig ist, haben die Untersuchungen von Blohm[4], Nitzsch[5], Roemer[6], Mix[7] u. a. gezeigt. Besonders den Arbeiten Blohms war schon zu entnehmen[8], daß maßgebend für die Wärmeverhältnisse im Boden die Wärmeleitfähigkeit ist. Diese ist aber in dem gleichmäßig gelagerten Lande höher als in der rauhen Furche. Roemer[9] gibt daher an, daß der Frost in geschlepptes Land 2—3 cm tiefer eindringt als in rauhen, nicht nachbearbeiteten Acker. Er empfiehlt deshalb das Abschleppen für alle mittelschweren Böden besonders dort, wo mit einem trockenen Frühjahr zu rechnen ist. Die rauhe Furche gibt hier erhebliche Wassermengen aus ihrer großen Oberfläche ab, ehe sie glatt geschleppt werden kann. Aus dem Schleppstrich ist die Wasserverdunstung geringer und kann durch baldige Aufrauhung weiter herabgesetzt werden, so daß eine wesentliche Schonung der Winterfeuchtigkeit erreicht wird. Bei niederschlagsreicheren Wintern empfiehlt Mix[10] die Verwendung einer schweren Egge im Herbst, die auch eine gute Einebnung schafft, aber die Oberfläche rauher läßt, so daß sie nicht so rasch verschlämmt oder verkrustet, als wenn sie im Schleppstrich liegt. Je niederschlagsreicher aber der Winter ist, je schwerer die Böden sind, je mehr sie zum Zusammenfließen und Verschlämmen neigen, um so mehr muß an der rauhen Furche festgehalten werden, da jede weitere Bearbeitung das Dichtschlämmen begünstigt.

[1] Siehe S. 134.

[2] Hansen, J.: Erster und zweiter Bericht von Dikopshof. Landw. Jb. **37**, Suppl. 3, 134 (1908); **40**, Suppl. 1, 83 (1911).

[3] Mix, H.: Frost, Scholle und Frühjahrsgare. Illustr. landw. Ztg. **46**, 586 (1926).

[4] Blohm, G.: Einfluß der Bodenbearbeitung auf die Bodentemperatur. Techn. Landw. **8**, 76 (1927).

[5] Nitzsch, W.: Bodenbearbeitung zur Frühjahrssaat. Techn. Landw. **6**, 236 (1925).

[6] Roemer, Th.: Schonung der Winterfeuchtigkeit durch Kombination von Arbeitsvorgängen. Illustr. landw. Ztg. **45**, 89 (1925).

[7] Mix, H.: Die rauhe Furche und ihre Behandlung vor Winter. Illustr. landw. Ztg. **46**, 561 (1926).

[8] Siehe S. 116. [9] Roemer, Th.: a. a. O., S. 89.

[10] Mix, H.: a. a. O., S. 561.

In eigentlichen Trockengebieten geht man noch einen Schritt weiter. So berichtet GLANZ[1] von der Wirtschaft Dioseg im Preßburger Komitat, daß die rauhe Herbstfurche sofort mit dem Grubber bearbeitet wurde, um im Frühjahr einen gleichmäßiger gelagerten Boden zu haben und die wasserverbrauchende Grubberarbeit zu ersparen. Feuchtigkeitsmessungen am 11. und 25. März ergaben einen Wassergehalt von 20% gegenüber 16,73 bzw. 17,12% in der rauhen Furche.

Aus den Trockengebieten ist auch die Anregung gekommen, sich ganz auf die Krümmerarbeit zu beschränken und auf den Pflug zu verzichten. Während die von NIKLAS[2] beschriebene Methode des Russen OWSINSKY weniger bekannt geworden ist, hat die HOLLDACKsche[3] Beschreibung der Ackerbaumethode des Südfranzosen JEAN in Bru bei Carcassonne einen lebhaften Meinungsaustausch hervorgerufen, in dem besonders GLANZ[4], der in den Trockengebieten der Slowakei arbeitet, die sog. Wühlkultur eifrig verteidigt hat.

Das Wesen der Methode liegt darin, in der Zeit zwischen Ernte und Herbstbestellung den Boden durch wiederholte Krümmerarbeit in einen guten Garezustand zu bringen. Als Vorteile werden dabei angegeben die rasche Arbeit des Krümmers, die Vermeidung der Schollenbildung und des Wendens der Ackerkrume, die bessere Erhaltung der Feuchtigkeit im Boden und die Begünstigung der Bakterienarbeit. Dem Pflug dagegen wird der Vorwurf der Schollenbildung und des Vergrabens der Bakterien gemacht. Zur Beurteilung ist wichtig, daß der Krümmer die Wühlarbeit keineswegs besonders gut leistet. Um die erforderliche Mindestlockerung auf 20 cm zu erzielen, brauchte JEAN in Bru nach HOLLDACK[5] 10 Arbeitsgänge in Abständen von 10—12 Tagen. Vorschläge[6] zur Konstruktion eines besser geeigneten Wühlgerätes, das eine höhere Leistung in ein oder zwei Arbeitsgängen leistet, sind bisher ohne sichtbaren Erfolg geblieben. Deshalb weisen schon VIELHAACK[7], HOLLDACK[7], KÖSTER[7], DIETRICH[8], FRANK[8] u. a. darauf hin, daß derart häufige Arbeitsgänge wohl im warmen Trockenklima Südfrankreichs mit einer Zeit von $3^1/_2$—4 Monaten zwischen Ernte und Herbstbestellung möglich seien, nicht aber in Deutschland mit 1—2 Monaten Zwischenraum und häufigen Regenfällen. Der Krümmer ist in seiner Arbeit ja keineswegs vom Wetter unabhängig. Er knetet und schmiert, wenn der Pflug noch leidlich gute Arbeit leistet. Eine größere Unabhängigkeit vom Wetter wird somit nicht erreicht, Klumpenbildungen[9] und Verschmierungen[10] werden nicht vermieden. Es sind im Gegenteil die Schäden nassen Grubberns oft größer als die nassen Pflügens. Zudem weist KRAUSE[11] darauf hin, daß es leichter ist, für eine einmalige Pflugarbeit

---

[1] GLANZ, F.: Die Wühlarbeit im Ackerboden, S. 32. 1926.

[2] NIKLAS, H.: Kritische Beurteilung eines neuen russischen Ackerbausystems. Internat. Mitt. Bodenkde. **10**, 24 (1920).

[3] HOLLDACK, H.: Die Kulturmethode Jean. Mitt. Dtsch. Landw. Ges. **33**, 280, 313, 325 (1918).

[4] GLANZ, F.: Die Wühlarbeit im Ackerboden. 1926.

[5] HOLLDACK, H.: a. a. O., S. 250.

[6] BIPPART, E.: Bodenlockerungsgeräte ohne Bodenwendung. Fühlings landw. Ztg. **69**, 259 (1920). — RUBARTH: Neuzeitliche Bodenbearbeitung. Dtsch. landw. Presse **49**, 32 (1922). — KRETH u. RUBARTH: Pflege der Lehm- und Tonböden durch Feinkrümelstruktur. Ebenda **53**, 57 (1926). — BEYER, C.: Bodenbearbeitung durch Wühlgerät. Ebenda **49**, 418 (1922). — GLANZ, F.: Wühlen oder wenden. Techn. Landw. **4**, 115 (1922/23).

[7] Vgl. H. HOLLDACK: Aussprache über Ackerbau ohne Pflug. Jb. Dtsch. Landw. Ges. **34**, 101 (1919).

[8] FRANK: Ackerbau ohne Pflug. Mitt. Dtsch. Landw. Ges. **33**, 423, 614, 637 (1918). — DIETRICH, O. F., ebenda S. 423.

[9] GLANZ, F.: a. a. O., S. 98.

[10] FISCHER, A.: Forderungen zur Entwicklung und Beiträge zur Entwicklungsgeschichte der Bodenbearbeitungsmaschinen. Techn. Landw. **2**, 72 (1920/21).

[11] KRAUSE, M.: a. a. O., S. 209.

den richtigen Zeitpunkt bei ungünstigem Wetter zu wählen als für die vielen aufeinander folgenden Grubberarbeiten. Die Gewähr der Erzielung einer günstigen Struktur ist somit unter deutschen Verhältnissen beim Pflug höher. Eine Schädigung der Bakterienarbeit wird nicht öfter eintreten als beim Krümmer, da ein guter Pflug bei Beschränkung der Bearbeitung auf die eigentliche Ackerkrume die Bakterien in keiner Weise vergräbt. Besteht in vereinzelten Trockenjahren aber in der Tat die Möglichkeit einer häufigen guten Krümmerarbeit und damit erhöhter Bakterientätigkeit, so wirft ROEMER[1] mit Recht die Frage auf, ob der so gebildete Azotobakterstickstoff nicht wesentlich teurer wird als der käufliche Stickstoff, zumal die häufige Bearbeitung immer wieder eine Störung der Bakterien sowohl wie der Garebildung bedeutet.

Bei der Besprechung der anzustrebenden physikalischen Eigenschaften führten die Ausführungen zu dem Schluß, daß für ihre günstige Gestaltung eine intensive Lockerung um so notwendiger sei, je schwerer der Boden ist. Aus der Betrachtung über die Wirkung der Geräte geht aber hervor, daß der Pflug diese Lockerung viel besser leistet als der Krümmer, der eine Sortierung der Korngrößen mit Absinken der feinsten Teile und Heraufholen der gröberen Brocken bedingt. Das ist ein Zustand, der in Trockengebieten zur Erhaltung der kapillaren Verbindung mit den unbearbeiteten Schichten von Vorteil sein kann, nicht aber in niederschlagsreichen Gebieten, wo ein solches Absinken der Feinerde schon durch die Niederschläge bedingt wird. Das muß sich auf Sandböden noch unangenehmer bemerkbar machen, da hier das Absinken besonders rasch erfolgt. Außerdem bewirkt die häufige Krümmerarbeit, auch wenn sie weniger oft als auf schwerem Boden ausgeführt wird, eine stärkere Austrocknung und Durchlüftung, die mit erhöhtem Humusabbau verbunden ist. Deshalb gibt selbst ein so eifriger Vorkämpfer der Wühlarbeit wie GLANZ[2] die Methode für Sand und sandige Böden preis.

Über die Wasserführung gewühlter und gepflügter schwerer Böden liegen zwar einzelne Untersuchungen[3] vor. Sie widersprechen sich aber einmal in den Ergebnissen und sind zum anderen für die Frage der Wasserführung in trockenen und feuchten Gebieten nicht auszuwerten.

Was schließlich das Wenden des Bodens betrifft, so hat die Besprechung der anzustrebenden Strukturverhältnisse[4] zu dem Ergebnis geführt, daß überall dort, wo mit Auswaschungsvorgängen feinster und kolloider Teilchen sowie von Salzen zu rechnen ist, die wendende Pflugfurche zur Vermeidung von Pflugsohlenbildungen und Verarmung der Ackerkrume nicht zu entbehren ist. Aber selbst in ariden Gebieten werden bei ständiger Wühlarbeit Verdichtungen in den unteren Schichten der Ackerkrume beobachtet[5].

Außer diesen bodenkundlichen Erscheinungen spielt schließlich die Unkrautbekämpfung eine wichtige Rolle. Schon HOLLDACK[6], FRANK[7], VIELHAACK[8], KRAUSE[9] u. a. weisen darauf hin, daß in dem gleichmäßig trockenen, warmen Sommer der Trockengebiete die durch den Krümmer gelockerten und herausgerissenen Unkräuter rasch vertrocknen und so eine gute Bekämpfung erreicht

[1] ROEMER, TH.: a. a. O., S. 259. [2] GLANZ, F.: a. a. O., S. 90.

[3] GLANZ, F.: a. a. O., S. 32. — NOVÁK, V. u. J. ŠIMEK: Der Einfluß der verschiedenen Systeme der Bodenbearbeitung auf die Feuchtigkeitsverhältnisse des Bodens. Véstnik československé akad. zemedelské 3, 231 (1927). — GROSS, E. u. J. GÜRTLER: Pflügen oder Wühlen? Landw. Fachpresse Tschechoslowakei 6, 187 (1928).

[4] Siehe S. 120 u. 121.

[5] KOSSOWITSCH, P.: Schwarzerde, S. 107 u. 135. (1917).

[6] HOLLDACK, H.: Ackerbau ohne Pflug. Mitt. Dtsch. Landw. Ges. 33, 339 (1918).

[7] FRANK: Mitt. Dtsch. Landw. Ges. 33, 614 (1918).

[8] VIELHAACK: Mitt. Dtsch. Landw. Ges. 35, 15 (1920).

[9] KRAUSE, M.: a. a. O., S. 211.

wird. Immerhin ist der Hinweis von DIETRICH[1] beachtenswert, daß es JEAN in Bru mit seiner Krümmermethode nicht gelang, seine gesamte Wirtschaft in guter Kultur zu erhalten, und daß er einige Schläge aus diesem Grunde verwildern ließ. Besonders in West- und Süddeutschland hat man aber in der Regel mit feuchten Sommern zu rechnen. Vielfach sind die Monate Juli bis Oktober sogar die Hauptniederschlagszeiten. In solchen Fällen gelingt zwar ein Lockern des Unkrautes durch den Krümmer, aber kein Herausreißen. Das gilt besonders auch für die Wurzelunkräuter. Die gelockerten Unkräuter werden aber rasch wieder anwachsen. Der Pflug ist hier um so weniger zu entbehren, als die Landwirtschaft sich nicht auf einige wenige Trockenjahre einstellen kann, sondern mit der durchschnittlichen Witterung rechnen muß. Kleinere Trockengebiete mit milden Lehmböden mögen auch in Deutschland von der Krümmerarbeit vielleicht mehr Nutzen ziehen als bisher. Sonst ist aber der Pflug bei den Niederschlagsverhältnissen Deutschlands und auch extremen Böden nicht zu ersetzen, wenn nicht ein Gerät gefunden wird, das die gleichen weitgehenden Möglichkeiten der Anwendung unter den verschiedensten äußeren Verhältnissen und mannigfaltigsten Bodenarten bietet wie der Pflug. Daneben behält die Wühlkultur als die jahrtausendalte Ackerbaumethode aller trockenen heißen Länder[2] für diese Gebiete ihre Bedeutung.

Die wenigen Feldversuche, die einen Vergleich von Pflug und Krümmer durchführen, geben leider kein genügendes Material, die Frage vom Standpunkt des Ernteerfolges aus zu beurteilen. Sowohl bei den Untersuchungen von GLANZ[3], KASERER[4] wie OPITZ und TAMM[5], GROSS und GÜRTLER[6] lagen die Ernteunterschiede meist innerhalb der Fehlergrenzen. Nur TACKE[7] konnte bei seinen vierjährigen Versuchen auf Marschboden eine sichere Überlegenheit des Pfluges feststellen.

Auf die Erörterung anderer Ackerbaumethoden wie z. B. der Trockenfarmerei[8] muß hier verzichtet werden, da dies zu weit in Einzelheiten führen würde.

Dagegen ist die Frage wichtig, wie tief der Acker vor Winter bearbeitet werden soll. Wir haben bisher bei der Herbstsaatfurche gefunden, daß sie nur zu mittlerer Tiefe gegeben wird, um ein gutes Setzen des Bodens auf natürlichem oder künstlichem Wege zu ermöglichen. Für die Winterfurche spielt dieser Gesichtspunkt nur dann eine Rolle, wenn sie in trockenem Klima sehr spät gegeben wird. Im niederschlagsreichen deutschen Winter erfolgt eher ein zu starkes Dichtlagern, und zwar um so mehr, je feinerdereicher und humusärmer der Boden ist. Auf jeden Fall kann also die Pflugfurche in voller Tiefe der Ackerkrume gegeben werden. Diese Tiefe wechselt aber je nach Bodenart und Kulturzustand sehr stark. Es genügt ein Hinweis auf die flache Krume von oft nur 12—15 cm Stärke, wie sie viele Böden des oberen Muschelkalkes zeigen, während andere Böden, wie z. B. die Marschen, besonders in jungem Zustande, in fast unbegrenzter Tiefe bearbeitungsfähig sind. Im ersten Falle bleibt also die Tiefe der Pflugfurche rein mechanisch begrenzt. Sie fällt mit der Stärke der Ackerkrume ohne weiteres zusammen. Eine intensive landwirtschaftliche Kultur ist auf diesen Böden nicht möglich. Ihr Vorkommen ist verhältnismäßig beschränkt. Im andern Falle der

---

[1] DIETRICH, F. O.: Ackerbau ohne Pflug. Mitt. Dtsch. Landw. Ges. **33**, 423 (1918).

[2] DETTWEILER, D.: Ackerbau ohne Pflug. Jb. Dtsch. Landw. Ges. **34**, 108 (1919).

[3] GLANZ, F.: a. a. O., S. 33ff.

[4] KASERER, H.: Ein Versuch der Bodenbearbeitung ohne Pflug. Z. landw. Versuchswes. Österr. **14**, 1123 (1911).

[5] OPITZ, K. u. E. TAMM: Bodenbearbeitungsversuche auf dem Versuchsfeld in Dahlem. Mitt. Dtsch. Landw. Ges. **41**, 906 (1926).

[6] GROSS, E. u. J. GÜRTLER: Pflügen oder wühlen? Landw. Fachpresse Tschechoslow. **6**, 195 (1928).

[7] TACKE, BR.: Ackerbau ohne Pflug. Mitt. Dtsch. Landw. Ges. **38**, 234 (1923).

[8] MATENAERS, F. F. u. H. W. CAMPBELL: Anleitung zur zweckmäßigen Bodenbearbeitung. 1908.

erwähnten Marschen zeigen die tieferen Schichten gleiche Zusammensetzung und ähnliche physikalische Eigenschaften wie die Ackerkrume, die nicht scharf von den tieferen Schichten getrennt ist. Eine natürliche Grenze der Bearbeitungstiefe fehlt hier ebenso wie auf vielen Schwarzerdebildungen der Börden und Steppen. Diese wird vielmehr durch wirtschaftliche Erwägungen und Zugkraftbedarf bestimmt. Die Mehrzahl aller deutschen Böden zeigt aber typische Untergrundbildungen, von denen sich die Ackerkrume mehr oder weniger deutlich, oft sogar recht scharf abhebt. Zuweilen ist die Ackerkrume auch von verhärteten Schichten wie Pflugsohlen, eisenschüssigen Bildungen oder Ortstein unterlagert. Hier wird die Frage wichtig, soll die Bearbeitung sich auf die Ackerkrume beschränken oder in den Untergrund eindringen? Dabei besteht technisch die Möglichkeit einer vertieften Arbeit durch den Pflug, der den Boden wendet und dadurch die neu bearbeiteten tiefen Schichten in die alt bearbeitete Ackerkrume mehr oder weniger stark einmischt. Andererseits kann die Pflugarbeit auf die Ackerkrume beschränkt bleiben, während die tieferen Schichten des Untergrundes im landwirtschaftlichen Sinne nur durch bestimmte wühlende Geräte aufgelockert werden, im übrigen aber ihre Schichtung bewahren. Wir können also Tiefkultur durch den Pflug und durch Untergrundlockerung betreiben.

Es fragt sich deshalb, welche Gründe überhaupt für eine tiefere Bearbeitung des Bodens maßgebend sind. Der erste Gedanke ist natürlich, die wertvollen Eigenschaften der Ackerkrume auch auf tiefere Schichten zu übertragen, insbesondere also eine physikalische Verbesserung dieser Schichten herbeizuführen. Dabei wird ohne weiteres angenommen, daß der Untergrund dichter gelagert ist als die Ackerkrume und eine Auflockerung zu einer Verbesserung führen muß. Das wird in vielen Fällen, besonders aber dort, wo in niederschlagsreichen Gegenden Lehm auf Lehm steht, zutreffen. Es trifft aber nicht immer zu, wie folgende Untersuchung von NITZSCH[1] zeigt, die an Böden des Oderbruchs ausgeführt ist:

Tiefe cm	Porenvol.	Wasserkap. Vol. %	Luftkap. %	Spez. Gew.	Bemerkungen
Tonboden, untersucht am 16. November 1925					
5—15	60,0	53,9	6,1	2,64	Braunerde, schwerer Lehm
16—25	56,3	48,6	7,7	2,66	
40—50	60,0	53,4	6,6	2,58	Grauer, eisenschüssiger Ton,
50—60	60,3	55,7	4,6	2,40	kantig gekrümelt
90—100	70,0	58,9	11,1	2,67	Grenze der Durchwurzelung
100—110	68,9	58,7	10,2	2,72	
125—135	66,7	63,8	2,9	2,64	Voluminöser Schlick, Grund-
165—175	54,2	52,0	2,2	2,63	wasser bei 170 cm
Sandboden, untersucht am 4. September 1925					
5—15	48,1	37,1	11,0	2,56	Schwachlehmiger Sand
40—50	43,1	37,9	5,2	2,50	Eisenhaltiger Sand, wasser-
90—100	42,0	33,8	8,2	2,61	haltig
130—140	65,0	64,4	0,6	2,33	Schlicksand

Ähnliche Beobachtungen liegen vor von VON WIENER[2] aus dem russischen Schwarzerdegebiet, von KÜHN[3] aus der Hallenser Lößsteppe, von K. VON SEE[4]

[1] NITZSCH, W.: Fortschritte auf dem Gebiet der Bodenbearbeitung. Dtsch. landw. Presse **53**, 107 (1926).

[2] WIENER, W. v.: Russische Forschungen auf dem Gebiet der Wasserfrage. Forschgn. Geb. Agrikult.-Phys. **18**, 430 (1895).

[3] KÜHN, J.: Die Untergrunddüngung mit besonderer Berücksichtigung ihrer Bedeutung für den Zuckerrübenbau. Ber. landw. Inst. Univ. Halle **1894**, H. 11.

[4] SEE, K. v.: Über den Profilbau der Marschböden. Int. Mitt. Bodenk. **10**, 169—185, 1929.

aus den Marschen und von BERKMANN[1] mit humosen Kalksandböden der Münchener Gegend. Auch HOLLDACK[2] konnte bei Untersuchungen in Gieshof im Oderbruch wiederholt solche Beobachtungen bei seinen vielen Grabungen machen. Diese Beispiele tragen aber doch im allgemeinen den Charakter von Einzelfällen. So gibt VON WIENER selbst Beispiele von guter Wirkung einer tiefen Lockerung. Auch KWASSNIKOW[3] weist auf die Verdichtung tieferer Schichten des Tschernosems hin. Wenn er[4] trotzdem ebenso wie ROTMISTROFF[5] keine Erfolge bei Tiefkultur erhielt, so führt er als Ursache an, daß es in den Steppengebieten an Niederschlägen mangelt, so daß die geschaffene günstigere Struktur für die Wasserführung nicht entsprechend nutzbar gemacht werden kann. Für deutsche Verhältnisse kann man wohl annehmen, solange nicht eingehendere Untersuchungen vorliegen, daß der Fall des zu dicht lagernden Untergrundes die Regel bildet, während über Zahl und Umfang der Ausnahmen ein sicheres Urteil zur Zeit nicht möglich ist. Die Profilaufnahme ist deshalb ein wichtiges Hilfsmittel, um sich ein Urteil über die Aussichten auf Erfolge der Tiefkultur hinsichtlich der Auflockerung des Untergrundes zu verschaffen.

Gelingt eine solche Auflockerung bisher dicht lagernder Schichten, so wird mit Verbesserung des physikalischen Zustandes bei allen mittleren und schweren Bodenarten Wasserkapazität und Wasserführung günstiger gestaltet in der Weise, wie es eingangs erörtert worden ist. Allerdings wird die Erhöhung der wasserfassenden Kraft oft überschätzt. So fanden PICKERING und RUSSELL[6] in Rothamsted nur eine geringe Erhöhung der Feuchtigkeitsmenge und HEUSER[7] berechnet für einen Mineralboden mittlerer Zusammensetzung, daß infolge einer Vertiefung der gelockerten Schicht um 10 cm eine Wasserspeicherung möglich wird, die einer Niederschlagshöhe von 25 mm entspricht. Da diese Schicht bereits vorher Wasser führte, ist der Gewinn somit nicht allzu hoch. Das gilt besonders hinsichtlich der Winterfeuchtigkeit, für die Flach- und Tiefgründigkeit des Bodens an sich eine wichtigere Rolle als eine etwas stärkere Tiefenlockerung spielen. So fand RAMANN[8], daß ein Lehmboden von 3—4 m und ein mittlerer Sandboden von 7—8 m Stärke bis zu 600 mm Niederschläge zu speichern vermögen, und LUEDECKE[9] weist auf die Beobachtung hin, daß tiefgründige Lößböden volle Ernten bei völligem Ausbleiben der Niederschläge während der Vegetation geben können. KLÜTER[10] belegt diese Beobachtung mit Zahlen. Er fand auf einem tiefgründigen mittleren Lehmboden in einer Schicht bis zu 2 m Tiefe im Frühjahr 1922 18000 dz, 1923 32000 dz nutzbares Wasser, eine Menge, die ausreicht, um 40—50 dz bzw. 60—70 dz/ha Trockenmasse zu erzeugen, also eine gute Ernte zu sichern. Daraus geht hervor, welche wichtige Rolle die tieferen Schichten des Bodens für die Winterfeuchtigkeit spielen. Rechnet man nun zum Vergleich die HEUSERschen

---

[1] BERKMANN, M.: Untersuchungen über den Einfluß der Pflanzenwurzeln auf die Struktur des Bodens. Internat. Mitt. Bodenk. **3**, 1, 1913.

[2] HOLLDACK, H.: Die Technologie des Bodens in Forschung und Anwendung. Techn. Landw. **9**, 63 (1928).

[3] KWASSNIKOFF, W. W.: Die Bearbeitung der Brache. 1923.

[4] KWASSNIKOFF, W. W.: a. a. O., S. 87.

[5] ROTMISTROFF, W. G.: Das Wesen der Dürre, S. 11. 1926.

[6] PICKERING, S. U. u. E. J. RUSSELL: Die Wirkung des Bastardpflügens auf den Boden und auf das Wachstum der Pflanzen. J. Agricult. Sci. **5**, 483 (1913).

[7] HEUSER, O.: Einige Fragen der Bodenbearbeitung. Forschgn. Geb. Pflanzenbaus u. Pflanzenzüchtung **1929**, 67.

[8] RAMANN, E.: Bodenkunde, S. 358. 1920.

[9] LUEDECKE, C.: Über die Bewegung des Wassers im Boden. Kulturtechniker **12**, 121 (1909).

[10] KLÜTER, E.: Beitrag zur Frage der Beeinflussung des Wasserhaushalts des Bodens durch Kultureingriffe, S. 13. Dissert., Bonn 1926.

Angaben auf absolute Zahlen um, und nimmt an, daß durch die Lockerung die wasserfassende Kraft der 10 cm starken Schicht um 2 Gewichtsprozent gesteigert wird, so würde das einer Wassermenge von 280 dz/ha entsprechen, der gegenüber der gesamten Winterfeuchtigkeit keine entscheidende Rolle zukommt. Anders liegt die Sache aber während der Vegetationszeit, falls dieser Unterschied sich voll erhält. Hier können nach jedem Verbrauch der Bodenfeuchtigkeit durch die Pflanzen diese 280 dz/ha nach jedem ergiebigen Regen wieder neu gespeichert werden, so daß sie sich je nach dem Klima wiederholt auszuwirken vermögen[1]. Für die Überwindung von Trockenperioden kann das aber von sehr großer Bedeutung sein. So berichtet BIPPART[2], daß in einer Dürreperiode im Juni das Getreide auf den flach gepflügten Feldern versagte und notreif wurde, während es auf regelmäßig tief bearbeiteten Feldern der gleichen Flur gut gedieh und normal ausreifte. Daß aber auf leichten Böden eine Verbesserung des Wasserhaushaltes durch Tiefkultur auch ausbleiben kann, zeigen die Untersuchungen von OPITZ[3] auf dem Dahlemer Versuchsfeld.

Nicht weniger wichtig ist die Erscheinung, daß eine tief gelockerte Ackerkrume imstande ist, größere Regenmengen rasch und vollständig aufzunehmen und in tiefere Schichten absickern zu lassen, während eine flache Ackerkrume durch die gleichen Regenmengen unter Umständen aufgeschwemmt wird, das Wasser nur sehr allmählich in den dichten Untergrund einsickern lassen kann und deshalb auch höhere Verdunstungsverluste erleidet[4]. Zugleich ergaben die WOLLNYschen Versuche[5], daß auch bei mittlerem Wassergehalt die Verdunstung aus der tief gelockerten Schicht geringer ist als aus einer flachen Bodenschicht. BOCKSCH[6] fand diese Verhältnisse bei seinen Versuchen mit verschiedener Pflugtiefe auf dem Dahlemer Versuchsfeld deutlich bestätigt und belegt sie mit einem größeren Zahlenmaterial. Handelt es sich hier um einen lehmigen Sandboden, so weist KLÜTER[7] die gleichen Erscheinungen für einen milden tiefgründigen Lehmboden nach, auf dem er bei Brachbearbeitung nebenstehende Ergebnisse erhielt.

Wasservorrat des Bodens in dz/ha.

Bodenschicht cm	Flach bearbeitet	Tief bearbeitet	Mehr nach Tiefbearbeitung
0—15	2915	2915	±0
15—30	3068	3303	+235
30—45	3039	3467	+428
0—45	9022	9685	+663

Daß die Ergebnisse nach feuchten und trockenen Perioden die gleichen sind, der Wasserhaushalt also auf jeden Fall durch die Tiefkultur verbessert wird, mag schließlich noch folgende Tabelle[8] der gleichen Arbeit zeigen.

Diese Zahlen bestätigen, daß nach einer feuchten Periode die tief gepflügte Ackerkrume infolge der rascheren Absickerung trockener ist als die flach gepflügte. Auch BLOHM[9] weist darauf hin, daß das tiefe Pflügen im Herbst auf allen schweren

---

[1] HEUSER, O.: a. a. O., S. 68. — KLÜTER, E.: a. a. O., S. 17.

[2] BIPPART, E.: Ackerbau ohne Pflug. Mitt. Dtsch. Landw. Ges. **34**, 24 (1919).

[3] OPITZ, K.: Über den Einfluß von Bodenbearbeitung und Kalkung auf den Zustand des Dahlemer Bodens und den Pflanzenertrag. Wiss. Arch. Landw. A **4**, 40, 48, 52 (1930).

[4] WOLLNY, E.: Untersuchungen über den Einfluß der Mächtigkeit des Bodens auf dessen Feuchtigkeitsverhältnisse. Forschgn. Geb. Agrikult.-Phys. **16**, 7 (1893).

[5] WOLLNY, E.: a. a. O., S. 12.

[6] BOCKSCH, F.: Systematische Untersuchungen des Einflusses der angebauten Pflanzenarten und der Bodenbearbeitung auf den Wassergehalt usw. Landw. Jb. **69**, 744ff. (1929).

[7] KLÜTER, E.: a. a. O., S. 17. [8] KLÜTER, E.: a. a. O., S. 18.

[9] BLOHM, G.: Einfluß der Bodenbearbeitung auf die Wasserführung des Bodens. Kühn-Arch. **12**, 364 (1926).

Mittlerer Wassergehalt des Bodens in Prozenten.

Bodenschicht	Am 4. Juli nach Abschluß einer humiden Periode			Am 6. August nach Abschluß einer ariden Periode		
	Bei einer Bearbeitungstiefe von					
cm	25 cm	45 cm	bei Tiefbearbeitung + oder −	25 cm	45 cm	bei Tiefbearbeitung + oder −
0—15	15,43	14,71	—0,72	11,97	12,47	+0,50
15—30	15,44	16,44	+1,00	13,62	15,28	+1,66
30—45	14,78	17,54	+2,76	13,90	16,22	+2,32

Böden das beste Mittel zur Beschleunigung der Abtrocknung der Ackerkrume im Frühjahr ist. Dagegen ist der Gesamtwassergehalt nach Tiefkultur stets höher. Das Entscheidende ist somit nicht allein die höhere Wasserkapazität der durch die Tiefbearbeitung gelockerten Schicht, sondern die Verbesserung der Wasserführung des Bodens auf größere Tiefen.

Hinsichtlich der Durchlüftung und Wärmeverhältnisse fehlen leider entsprechende Untersuchungen, so daß man vorläufig auf Analogieschlüsse aus dem Verhalten der Ackerkrume bei üblicher Lockerung gegenüber ungelockertem Boden angewiesen ist.

Besondere Aufgaben erwachsen der Tiefbearbeitung dort, wo zwischen Ackerkrume und Untergrund sich verhärtete Schichten gebildet haben, seien es Pflugsohlen, Ortstein oder eisenschüssige Bildungen. „Auf stark podsolierten Böden kann die Untergrundlockerung unter Umständen auf fast unüberwindliche mechanische Schwierigkeiten stoßen (Ortstein), auch kann infolge sehr starker Umlagerung (sog. Bleichsandbildung) jede Bearbeitung des Untergrundes zwecklos sein[1]". Das Ziel ist dabei nicht nur eine Zerstörung dieser Schichten, sondern zugleich die Verhinderung ihrer Neubildung und die Einschränkung aller Podsolierungsvorgänge.

Roemer[2] erwähnt schließlich, daß eine Tiefkultur, besonders durch tieferes Pflügen dort in Frage kommen kann, wo durch Einmischung von Untergrundschichten in die Ackerkrume eine Verbesserung derselben erreicht werden kann, z. B. in den Marschen durch Heraufholen kalkreicherer Schichten oder auf Böden an der oberen Grenze von Muschelkalk oder Jura, seltener dort, wo Sand auf Lehm oder Ton auf Sand steht.

Daneben kann die Tiefkultur durch den Pflug das Ziel im Auge haben, das man bei ihrer Einführung mehr in den Vordergrund stellte als heute, die Ackerkrume zu vertiefen und die neubearbeiteten Schichten des Untergrundes in gleichen Zustand wie die Ackerkrume zu bringen. Sind Ackerkrume und Untergrund nicht wesentlich verschieden, wie auf den Steppenböden, so gelingt die Aufgabe meist gut, falls genügend Stallmist zu Ergänzung des Humusgehaltes zur Verfügung steht und Kalk und künstliche Düngemittel in ausreichendem Maße gegeben werden. Bei Einführung der Tiefkultur durch den Dampfpflug in den Zuckerrübenwirtschaften der Provinz Sachsen handelte es sich um diesen Fall, auf den die Untersuchungen Wollnys[3] zutreffen, der mit zunehmender Stärke der bearbeiteten Schicht steigende Erträge erhielt. Auch von führenden Praktikern der damaligen Zeit liegen eine große Anzahl von Angaben über die Erfolge der Tiefkultur vor. Hier sei nur auf die Untersuchungen von Hoppenstedt[4] verwiesen, der bei Zuckerrüben Mehrerträge von 50—60 dz/ha, bei Getreide von

[1] Heuser, O.: Grundzüge der praktischen Bodenbearbeitung, S. 117. 1928.
[2] Roemer, Th.: a. a. O., S. 240.
[3] Wollny, E.: Untersuchungen über den Einfluß der mechanischen Bearbeitung auf die Fruchtbarkeit des Bodens. Forschgn. Geb. Agrikult.-Phys. **18**, 63 (1895).
[4] Hoppenstedt, Th.: Die Kultur des schweren Bodens. Landw. Jb. **24**, 768ff. (1895).

4—6 dz/ha erhielt. Ähnliche Ergebnisse sind besonders von den ungarischen Steppenböden bekannt, über die Cserhati[1] berichtet. Aber schon v. Rosenberg-Lipinsky[2] und Blomeyer[3] weisen darauf hin, daß die Erfolge auf diejenigen Bodenarten beschränkt bleiben, auf denen ein wesentlicher Unterschied zwischen Ackerkrume und Untergrund nicht besteht. Anders liegen die Verhältnisse auf allen podsolierten Böden mit deutlicher Untergrundbildung, besonders wenn es sich um schwere Böden handelt. Kennzeichen der eingemischten Schichten des Untergrundes sind hier Humusmangel, Armut an Bakterien, Kalkmangel und ungünstige Struktur infolge fehlender Krümelung. Zugleich wird durch die tief wendende Pflugarbeit die bakterienreiche Schicht der Ackerkrume so tief untergebracht, daß es den Bakterien vor allem an der nötigen Luftzufuhr fehlt. Andererseits läßt sich die bakterienarme Schicht, die an die Oberfläche gebracht ist, infolge ihrer ungünstigen physikalischen Eigenschaften nicht rasch daran anreichern. Auf leichten Böden mit stärkerer Durchlüftung liegen die Verhältnisse nicht ganz so schwierig, falls reichliche Stallmistmengen zur Ergänzung des Humusgehaltes verfügbar sind. Auf schweren Böden dagegen ist eine Tiefkultur durch den Pflug nur dann möglich, wenn die Vertiefung nur ganz allmählich geschieht und nur so viel Boden aus dem Untergrund heraufgepflügt wird, als durch Kalk und verfügbare Stallmistmengen auch in günstigere Struktur übergeführt werden kann. Auf schweren lehmigen oder tonigen Böden werden dies Schichten von nicht mehr als 2 cm Stärke sein. Deshalb findet heute in diesem Falle vielmehr die Untergrundlockerung Anwendung, die nur die Ackerkrume flach pflügt und in ihrer Zusammensetzung erhält, die tieferen Schichten aber in voller beabsichtigter Tiefe lockert. Der Erfolg liegt dabei vorwiegend in einer Verbesserung der Wasserführung, während eine Anreicherung an Humus, Bakterien und Kalk und damit eine Strukturverbesserung in den gelockerten Schichten nicht erfolgt.

Untersucht man die Erfolge der Tiefkultur, so zeigt sich, daß nicht alle Pflanzen gleich dankbar sind. Kraus[4] fand, daß diejenigen Pflanzen besonderen Nutzen aus dem größeren Wurzelraum ziehen, die nicht nur größeren Tiefgang, sondern zugleich zunehmende Erstarkung und Verdickung auf größere Länge hin und die Fähigkeit zu starker Verzweigung in größeren Tiefen zeigen. Diesen Forderungen wird am besten die Zuckerrübe gerecht, während die Hülsenfrüchte zwar größeren Tiefgang, aber keine entsprechende Verdickung der Pfahlwurzel und keine reichere Verzweigung aufweisen. Die Getreidearten sind am wenigsten imstande, ihre Wurzelsysteme den günstigeren Verhältnissen anzupassen. Eine Ausnahme macht der Mais, der in Ungarn[5] die Tiefkultur gut lohnte, wenn ihm auch die Zuckerrübe noch erheblich überlegen war. Da zugleich die praktische Beobachtung ergibt, daß die Wirkung einer Tiefbearbeitung 2—3 Jahre bemerkbar bleibt, so wird sie in erster Linie zu den besonders dankbaren Hackfrüchten ausgeführt.

Je mehr die Landwirtschaft gezwungen ist, auch auf ungünstigen Böden zu intensiver Nutzung überzugehen, um so mehr erkennt man, daß die Untergrundlockerung an Bedeutung und Interesse gewinnt. Je flachgründiger ein Boden, je steiniger und ungünstiger sein Untergrund ist, je mehr Podsolierungsvorgänge zu einer ausgesprochenen Untergrundbildung geführt haben, um so schädlicher ist die Arbeit des Tiefpfluges, um so wertvoller die Untergrundlockerung. Des-

---

[1] Cserhati, A.: Die Ergebnisse der Tiefkultur in Ungarn. Wien 1892.

[2] Rosenberg-Lipinsky, A. v.: a. a. O., S. 138.

[3] Blomeyer, A.: a. a. O., S. 108—123.

[4] Kraus, G.: Untersuchungen über die Bewurzelung der Kulturpflanzen in physiologischer und kultureller Beziehung. Forschgn. Geb. Agrikult.-Phys. **19**, 95 (1896).

[5] Cserhati, A.: a. a. O., S. 42—45.

halb sind auch die wertvollsten Anregungen von diesen Böden ausgegangen, wie die Arbeiten von COLSMAN[1] zeigen, der dabei die Verbesserung des Wasserhaushaltes als wichtigstes Ziel erkannt und aufgestellt hat. Auch auf allen Böden mit verhärteten Schichten unter der Ackerkrume erweist sich die Untergrundlockerung überlegen. Zweifellos besteht aber auf nicht zu steinigen Böden die Möglichkeit, nach langjähriger Untergrundlockerung allmählich auch eine Einmischung des verbesserten Untergrundes in die Ackerkrume vorzunehmen. Die Entscheidung ist aber abhängig davon, ob die Ackerkrume bereits einen hohen Kulturzustand erreicht hat, zu dessen Erhaltung und Verbesserung nicht mehr aller verfügbarer Stallmist nutzbringend verwendet werden kann. Das wird jedoch nur in wenigen Fällen zutreffen. Deshalb muß als näher liegendes Ziel die Humusanreicherung einer flachen Ackerkrume verbunden mit Untergrundlockerung gelten.

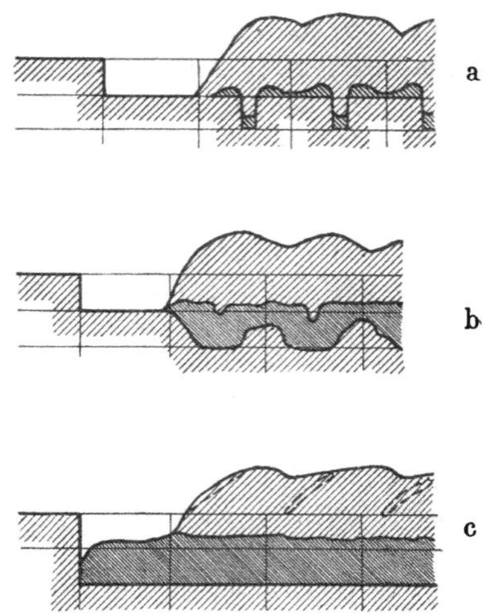

Abb. 37. Bodenprofile bei verschiedenen Tiefkulturgeräten.

a = Untergrundrillenkultur. b = Lockerung in halber Furchenbreite. c = Lockerung in voller Furchenbreite.

(Aus HEUSER, Grundzüge der praktischen Bodenbearbeitung.)

Auf die bisher in der Untergrundlockerung geleistete Versuchsarbeit[2] einzugehen, lohnt infolge der noch wenig klaren Ergebnisse ebenso wenig wie eine Besprechung der verschiedenen Formen der Untergrundgeräte[3], deren Wirkung ebenfalls noch der Klärung harrt.

Frühjahrsarbeit.

Auf den im Herbst bearbeiteten Boden üben während des Winters in erster Linie der Frost und die Niederschläge ihre Wirkung aus. Im deutschen Klima kann man mit wiederholten schwächeren Frösten regelmäßig rechnen, während stärkere langdauernde Frostperioden zwar im Osten häufiger auftreten, im Westen und Süden dagegen nicht als regelmäßige Erscheinungen in Rechnung gesetzt werden können. Wir fanden aber bereits früher, daß auch hier die schwachen Frostgrade zur Herstellung einer Frostgare genügen. Diese wird um so bedeutungsvoller, je ungünstiger an sich die physikalische Beschaffenheit eines Bodens ist, je mehr Feinerde und je weniger Humus er enthält, wie man es z. B. bei den sog. Lettenböden findet, die im Herbst so zähe sind, daß der Pflug kaum angreift, im Frühjahr unter dem Einfluß des Winterfrostes eine schwache obere Schicht gebildet haben, die fast ascheförmige Beschaffenheit zeigt. Das gleiche gilt für alle schweren

[1] COLSMAN: Zwanzigjährige Erfahrungen mit Untergrundlockerung in steinigen Böden. Mitt. Dtsch. Landw. Ges. **38**, 211 (1923).

[2] PFLUG: Die Erfolge der Untergrundlockerung. Jb. Dtsch. Landw. Ges. **22**, 330 (1907). — WACKER, J.: Untergrundrillenkultur. Illustr. landw. Ztg. **44**, 504 (1924). — SACHSE, K.: Ist tiefe Lockerung des Bodens auch in einem kleinen Betriebe möglich und rentabel? Dtsch. landw. Presse **52**, 557 (1925). — SEEGER: Bodenbearbeitungsversuche mit Ventzkischer Untergrundrillenkultur. Z. Pflanzenernährg. usw. B **8**, 348 (1929); u. a. m.

[3] Siehe u. a. BRUTSCHKE: Einige Fragen der Untergrundlockerung. Mitt. Dtsch. Landw. Ges. **28**, 254 (1913). — E. BIPPART: Ebenda **28**, 498 (1913). — DUBIEL: Neue Wege der Tiefkultur. Illustr. landw. Ztg. **44**, 499 (1924). — W. SCHLABACH: Untergrundkultur. Zuckerrübenbau **9**, 17, 40 (1927). — Geräte für Untergrundkultur. Techn. Landw. **6**, 75, 89, 122 (1925). — L. ENGELBRECHT: Die Untergrundlockerer vor der Hauptprüfung der Deutschen Landwirtschaftlichen Gesellschaft im Jahre 1924. Landw. Jb. **62**, 879 (1925). — C. FISCHER: Neue Wege der Tiefkultur. Illustr. landw. Ztg. **45**, 42 (1925).

Böden, bei denen auch die Frostgare in einer schwachen Krümelschicht sich auswirkt, deren Stärke nach Boden und Klima wechselt und von ROEMER[1] auf 4 bis 5 cm im großen Durchschnitt angegeben wird. Auf den leichten Sandböden spielt die Frostgare dagegen keine Rolle. Aufgabe der Frühjahrsarbeit muß es auf allen schweren Böden sein, diesen Garezustand zu erhalten und für die Frühjahrsbestellung nutzbar zu machen.

Daneben weist das deutsche Klima recht erhebliche Winterniederschläge von 150—300 mm auf, die mit wenigen Ausnahmen genügen, den Boden kapillar zu sättigen. Je schwerer dabei der Boden ist, je flacher seine Herbstbearbeitung war, um so eher werden sich auch noch erhebliche Mengen an Senkwasser in den oberen Schichten halten und Veranlassung zu einem Dichtlagern oder gar Dichtschlämmen geben können. Je tiefer dagegen die Bodenschicht war, die bei der Herbstarbeit gelockert wurde, um so eher ist ein Absickern des Senkwassers möglich, um so besser wird sich die ursprüngliche lockere Struktur erhalten. Damit wird in einem Falle eine erneute Lockerung des Bodens nötig, um seine physikalischen Eigenschaften zu verbessern und ihn zu einem günstigen Pflanzenstandort zu machen. Im anderen Falle genügt eine oberflächliche Bearbeitung zur Herstellung einer gleichmäßigen Krumeschicht als Saatbett. Die besonderen Ansprüche der einzelnen Kulturpflanzen, die weiterhin eine Verschiedenheit in der Bearbeitung bedingen, sollen hier unberücksichtigt bleiben

Das deutsche Klima bringt es schließlich mit sich, daß Höhe und Verteilung der Niederschläge während der Vegetationszeit selten für die Erzeugung von Höchsterntengenügen und in zahlreichen Gebieten, besonders des leichten Bodens, Jahr für Jahr die Gefahr mehr oder weniger starker Ernteschädigungen durch kürzere oder längere Dürrezeiten besteht. Die Erhaltung und Nutzbarmachung der Winterfeuchtigkeit ist deshalb von um so größerer Bedeutung, je leichter der Boden, je trockener das Frühjahr ist, je mehr auch während der Vegetationszeit mit Dürreschäden zu rechnen ist. Deshalb besteht auf den Sandböden die Kunst der Bodenbearbeitung in erster Linie in der Wasserhaltung. Auf schweren Böden steht dagegen die Erhaltung einer günstigen Struktur im Vordergrund, die aber ihrerseits ebenfalls wieder von einem günstigen Wassergehalt des Bodens unter Vermeidung zu starker Schwankungen abhängig ist. Diese Wasserregulierung verlangt aber praktisch im Frühjahr ebenfalls eine möglichst gute Wasserhaltung, und zwar um so mehr, je trockener das Klima im ganzen ist. Eine Fortführung überschüssigen Wassers ist dagegen vorbeugende Aufgabe der Herbstarbeit durch Tieflockerung des Bodens.

Diese Berücksichtigung der Wasserverhältnisse des Bodens bedingt zugleich einen günstigen Wärmehaushalt. Auf leichten Böden verhindert ein guter Wassergehalt zu starke Wärmeschwankungen und setzt damit die Nachtfrostgefahr herab. Auf schweren Böden bestimmt die vorhandene Wassermenge den Grad der Erwärmung[2], solange der Boden noch völlig wassergesättigt ist. Die rasche Absickerung des Senkwassers ist daher wichtig, um die Wärmekapazität und Verdunstung herabzusetzen. Ist das erreicht, so entscheidet weiterhin die Wärmeleitfähigkeit[3], wodurch der Boden jetzt den Einflüssen der Lufttemperatur stärker zugänglich wird. Daß die Erwärmung auch dann noch langsam vorwärts schreitet, und besonders die tieferen Schichten erst spät sich stärker erwärmen, zeigt die auffallende Wirkung warmer Frühjahrsregen auf die Vegetation, die in erster Linie in einer Erwärmung dieser Bodenschichten durch das eindringende warme Regenwasser zu suchen ist. Eine zeitige Erwärmung des Bodens im Früh-

[1] ROEMER, TH.: a. a. O., S. 269. [2] Siehe S. 114. [3] Siehe S. 116.

jahr ist von besonderer Bedeutung, weil die hohen Ernten, die man verlangt, vor allem beim Getreide nur durch volle Ausnutzung der Wachstumsmöglichkeiten im Frühjahr durch zeitige Bestellung erreicht werden können.

Leider liegen über den im Frühjahr tatsächlich vorhandenen Zustand der Böden sehr wenig Untersuchungen vor, so daß die Darstellung sich in erster Linie auf das vorhandene reiche Beobachtungsmaterial stützen muß, daß einer wissenschaftlichen Auswertung aber keine Möglichkeiten bietet, so daß auf eine Behandlung im einzelnen verzichtet ist.

Am einfachsten liegen die Verhältnisse im Frühjahr auf den Sandböden. Sind sie in rauher Furche überwintert, so ist die rechtzeitige Einebnung die wichtigste Aufgabe. An sich besteht praktisch die Möglichkeit, diese Einebnung mit der Schleppe schon sehr zeitig bei noch feuchtem Boden vorzunehmen. Der Zweck wird aber damit nicht voll erreicht. Zwar wird die Oberfläche verkleinert, der feuchte Boden stellt aber sehr bald schon nach ganz geringen Regenfällen die Kapillarität bis zur Oberfläche wieder her. Ein ausreichender Verdunstungsschutz wird nicht erreicht[1]. Eine Übereilung der Arbeit ist deshalb zwecklos und schädlich. Die oberflächliche Trocknung muß abgewartet werden, um dann durch einen Eggenstrich eine Einebnung unter Bildung einer trockenen Isolierschicht herbeizuführen. Da in einem trockenen Frühjahr ein Tag bereits erhebliche Wasserverluste bedingt, sind Innehaltung des richtigen Zeitpunktes der Arbeit und ihre rasche Durchführung auf allen Schlägen entscheidend für den Erfolg. Befindet sich der Boden sonst in günstigem Zustand, so kann ein weiterer ein- bis zweimaliger Eggenstrich genügen, um das Land für die Bestellung ausreichend vorzubereiten. Jeder Arbeitsgang bedeutet Wasserverbrauch. Grundsatz muß deshalb sein, mit so wenig Arbeitsgängen wie möglich auszukommen, den Krümmer auf die wenigen Fälle zu beschränken, wo auf sehr feinsandigen Böden die Verdichtung eine erneute Auflockerung nötig erscheinen läßt. Ebenso wird bei einfacher Eggenarbeit als Vorbereitung die Walze zu entbehren sein[2].

Wenn Sandboden trotz des großen damit verbundenen Wasserverlustes auch im Frühjahr gepflügt wird, so geschieht es nur zur Kartoffel in denjenigen Fällen, in denen noch Stallmist oder Gründüngung eingepflügt werden soll. Wenn die Kartoffel auch die geringsten Ansprüche an den Wassergehalt stellt, so ist doch auch hier ein sofortiger Eggstrich nach dem Pfluge von größter Wichtigkeit, um den Wasserverlust in möglichst engen Grenzen zu halten.

Auf schwerem Boden steht die Erhaltung der guten Struktur und die Nutzbarmachung der durch den Frost erzeugten Krümelung als Saatbett durchaus im Vordergrund. Die rechtzeitige und gute Ausführung der Schlepparbeit ist durch nichts zu ersetzen. Sie entscheidet, ob der Boden mit einer feinen lockeren Krümelschicht bedeckt ist oder Klumpen und Verhärtungen sich bilden, die die größte Gefahr bei der Frühjahrsarbeit überhaupt darstellen. Je besser es gelingt, ihrer Entstehung vorzubeugen, um so einfacher und vollkommener gestaltet sich die Bearbeitung. Je stärker eine Schollenbildung eintritt, um so mehr Arbeitsgänge sind nötig, um eine leidliche Zerkleinerung herbeizuführen, die doch nur ein mechanisches Zerschlagen sein kann. Jeder Arbeitsgang bedingt Wasserverlust, Bodenverdichtung in den tieferen Schichten der Ackerkrume und Strukturverschlechterung, so daß schließlich auch der letzte Rest der Frostgare verschwunden ist und ein befriedigendes Saatbett nicht erreicht werden kann. Dadurch ist die Schlepparbeit von entscheidender Bedeutung für den Erfolg der Frühjahrsarbeit. „Nach dem Abschleppen bleibt die ganze Ackerkrume mild und schüttig. Sie bekommt bis tief ins Innere des Bodens hinein ein ungemein

[1] Siehe S. 158. [2] Siehe S. 164.

gleichmäßig fein gekrümeltes Gefüge, welches der keimenden Pflanze den denkbar günstigsten Standort bietet[1]."

Befindet sich der Boden in gutem Kulturzustand, ist er bereits längere Zeit der Tiefkultur oder Untergrundlockerung unterworfen, so zeigt er im Frühjahr meist auch eine gute Lockerheit und Struktur und mittleren Wassergehalt. Seine Vorbereitung kann sich besonders für die Getreidebestellung auf zwei Eggstriche beschränken, die nur die frostgare Oberschicht erfassen und ein gleichmäßiges Saatbett schaffen[2]. Je flacher aber die Herbstfurche gegeben war, je schwerer der Boden und je ungünstiger sein Kulturzustand ist, um so mehr wird eine erneute Lockerung durch den Krümmer notwendig. Grundsätzlich sollte auch sie sich auf die durch den Frost gar gewordene Oberschicht beschränken, um diese als Saatbett zu erhalten[3]. Folgen Egge oder Schleppe dem Krümmer unmittelbar, so kann auch in diesem Falle ein feinkrümeliges Saatbett erreicht werden.

Ist dagegen die durch den Frost gebildete Gareschicht so flach, daß bereits die Schleppe eine gute Krümelung der Oberfläche nicht voll erreicht, ist zugleich die Struktur durch reichliche Niederschläge im Frühjahr geschädigt, so muß der Krümmer Schichten lockern, die keinen Garezustand zeigen, eine Aufgabe, die im Frühjahr nicht zu vollem Erfolg führen kann und ein Notbehelf bleibt. Alles kommt jetzt darauf an, den richtigen Feuchtigkeitsgrad für die Krümmerarbeit abzupassen, in dem der Boden einigermaßen krümelt oder durch nachfolgende Egge oder Schleppe sofort gekrümelt werden kann. Das bedingt einmal verstärkte Abhängigkeit vom Wetter, zum anderen meist eine Verspätung der Bestellung, da die nötige Abtrocknung erst allmählich erreicht wird. Kein Fehler wird deshalb häufiger gemacht, als in solchen Fällen zu zeitig und zu tief gekrümmert.

Das gleiche gilt für eine Pflugarbeit im Frühjahr, die ebenso wie auf leichtem Boden in der Regel nur in Frage kommt, wenn Stallmist noch zu Kartoffeln eingepflügt werden soll. Der Fehler zu zeitiger Arbeit bei feuchtem Boden, der sich in ausgesprochener Klumpenbildung auswirkt, wird oft noch verstärkt durch Unterlassen einer sofortigen Nacharbeit mit Egge oder Schleppe.

Die Verwendung der Walze im Frühjahr wird sich auf die Herrichtung des Ackers für die Rübenbestellung beschränken. In die sonstige Vorbereitung des Ackers im Frühjahr gehört die Walze nicht. Auch die vielfach empfohlene Scheibenegge bürgert sich nicht ein, weil ihre an sich gute Arbeit mit zu starken Wasserverlusten verknüpft ist.

Da auch Pflug, Krümmer und Walze einen erheblichen Wasserverbrauch durch Verdunstung bedingen, so ist die zuerst von ROEMER[4] empfohlene Koppelung dieser Geräte mit angehängter Schleppe oder Egge um so wichtiger, als damit nicht nur Wasser erspart, sondern zugleich eine Verbilligung und Beschleunigung der Arbeit durch Verringerung der Zahl der Arbeitsgänge erreicht wird, die durch Verminderung der Huftritte der Arbeitstiere weiterhin günstig auf die Struktur wirkt. Entstehende Klumpen werden entweder durch das nachfolgende Gerät zerstört oder durch Einbringen in den Boden vor Verhärtung geschützt. Die Untersuchungen von MANGELSDORF[5] belegen das mit recht guten Beispielen. An

---

[1] RÜMKER, K. v.: a. a. O., S. 45.

[2] COLSMAN: Zwanzigjährige Erfahrungen mit Untergrundlockerung in steinigen Böden. Mitt. Dtsch. Landw. Ges. 38, 211 (1923). — NÄGEL: Betriebswirtschaftliche Grenzen der Kunstdüngeranwendung. Ebenda 40, 192 (1925).

[3] ROEMER, TH.: a. a. O., S. 269.

[4] ROEMER, TH.: Schonung der Winterfeuchtigkeit durch Kombination von Arbeitsvorgängen. Illustr. landw. Ztg. 45, 89 (1925).

[5] MANGELSDORF, P. C.: Experimentelle Beiträge zur Bodenbearbeitung. Landw. Jb. 69, 495 (1929).

einem sonnigen Tage, am 30. April 1928, wurde die Wirkung von Grubber und Schleppe auf die Bodenstruktur untersucht, wenn die Geräte in verschieden langen Zeitabständen einander folgten:

	Größe der Krümel				
	> 40 mm	40—20 mm	20—10 mm	10—4 mm	< 4 mm
Koppelung der Geräte	11,6 ± 1,73	15,0 ± 0,69	17,9 ± 0,57	15,6 ± 0,39	39,9 ± 1,52
6 Stunden später geschleppt	25,1 ± 1,80	12,9 ± 0,68	12,9 ± 0,42	12,7 ± 0,36	36,4 ± 1,61
24 Stunden später geschleppt	44,1 ± 4,21	11,1 ± 1,27	10,9 ± 0,83	9,9 ± 0,73	24,4 ± 1,97

Die Zahlen belegen deutlich die entscheidende Verschlechterung der Struktur, wenn das gegrubberte Land erst am nächsten Tage geschleppt wurde. Die Menge der Klöße und Klumpen ist annähernd viermal so groß wie bei einer Koppelung der Geräte, während die Menge der Feinkrümel unter 4 mm Durchmesser um 15% geringer ist. Faßt man die Krümel über 10 mm Durchmesser als Brocken, die unter 10 mm als Feinkrümel zusammen, so ergibt die Koppelung 44,5% Brocken bei Überwiegen der kleineren Brocken und 55,5% Feinkrümel, die späte Anwendung der Schleppe dagegen 66,1% Brocken bei starkem Überwiegen der gröberen Klöße und nur 33,9% Feinkrümel. Es ist verständlich, daß die Herstellung eines guten Saatbettes im letzten Falle bedeutend erschwert wird. Eine Erhöhung der Zahl der Arbeitsgänge ist nötig, um die Schollen zu zerkleinern. Die damit vermehrten Huftritte bewirken ebenso wie Walze und Egge eine weitere Verdichtung und Verhärtung des Bodens, die die Austrocknung begünstigt. Die Gare ist zerstört und bis zur Bestellung nicht mehr wieder herzustellen; die Erzielung eines guten Saatbettes ist unmöglich gemacht. Das muß um so mehr in Erscheinung treten, je trockener, wärmer und sonniger das Wetter bei gleichzeitig trocknendem Wind ist. Es findet dann schon aus dem Grubberstrich eine starke Verdunstung statt, wie es folgende Zahlen belegen[1]:

Gewichtsprozentiger Wassergehalt.

1. Vor dem Versuch	15,9 ± 0,138	100
2. Koppelung Grubber-Schleppe, Probenahme nach 4 Stunden	12,0 ± 0,150	75
3. 2 Stunden später geschleppt, Probenahme nach weiteren 2 Stunden	10,3 ± 0,288	65
4. Koppelung, Probenahme nach 8 Stunden	10,5 ± 0,300	66
5. 4 Stunden später geschleppt, Probenahme nach weiteren 4 Stunden	7,2 ± 0,175	45
6. Koppelung, Probenahme nach 24 Stunden	9,6 ± 0,150	61
7. 18 Stunden später geschleppt, Probenahme nach weiteren 6 Stunden	5,0 ± 0,375	31

Daraus geht deutlich hervor, wie in einem trockenen Frühjahr jede Bearbeitung mit einem Wasserverlust verbunden ist. Auch bei Koppelung von Grubber und Schleppe ist der Wassergehalt von 15,9% nach 24 Stunden auf 9,6% gesunken. Bleibt dagegen der Grubberstrich längere Zeit ungeschleppt liegen, so ist eine fast völlige Austrocknung auf 5,0% die Folge, trotzdem die Schleppe nach 18 Stunden den Boden schloß. Aber selbst ein Liegenlassen von 4 Stunden hat genügt, um den Wassergehalt so stark herabzusetzen, daß kaum noch für die Pflanzen nutzbares Wasser vorhanden ist.

[1] MANGELSDORF, P. C.: a. a. O., S. 499.

Die gleichen Erscheinungen ergeben sich für die gekoppelte Arbeit von Walze und Egge gegenüber ihrer Einzelanwendung in mehr oder weniger langen Zeitabständen. Der Erfolg der Frühjahrsarbeit ist somit weitgehend durch unmittelbare Aufeinanderfolge der Arbeitsgänge bedingt. Grundsatz bei der Frühjahrsarbeit muß deshalb sein, mit so wenig Arbeitsgängen wie möglich auszukommen, durch Koppelung der Geräte die Feuchtigkeit zu erhalten und jede Klumpenbildung zu verhindern, so daß die mürbe Gareschicht bewahrt bleibt und als günstiges Saatbett dient. Tatsächlich zeigt die Beobachtung der Praxis, daß die Zahl der Arbeitsgänge oft noch viel zu groß ist, und der Erhaltung der mürben Gareschicht, wie sie der Winterfrost schuf, nicht die genügende Aufmerksamkeit gewidmet wird. Allerdings ist der Landwirt auf schwerem Boden in dieser Hinsicht stark vom Wetter abhängig. In sehr trockenen Jahren versagen ebenso wie bei großer Nässe alle guten Lehren.

Die Bearbeitung des Bodens während der Vegetation.

Wenn es gelungen ist, den Boden im Herbst oder Frühjahr in einen guten Garezustand zu bringen, so sind zwar die Voraussetzungen für einen guten Aufgang der Saaten gegeben. Die weitere Entwicklung der Pflanzen hängt aber davon ab, ob es gelingt, diesen guten Garezustand während der ganzen Vegetationszeit zu erhalten. Niederschläge, Besonnung, Wärmeschwankungen, Windwirkung und andere Erscheinungen wirken aber dauernd auf den Boden ein und beeinflussen seine Struktur in ungünstigem Sinne durch allmähliche Zerstörung der Krümel, Dichtlagerung und Volumabnahme. Auf den mit Herbstsaaten bestellten Feldern gehen diese Veränderungen während des Winters zwar langsamer vor sich, weil bei hoher Luftfeuchtigkeit und niedrigeren Temperaturen die Verdunstung gering bleibt. Durch den Frost kann zudem immer wieder eine oberflächliche Lockerung erreicht werden, die sich auf diesen, im Herbst bereits dichter gelagerten Böden aber nur in einer flachen Oberflächenschicht auswirkt. Diese Schicht wird jedoch um so stärker, je humusreicher die Böden sind. Durch dieses sog. Auffrieren leiden aber die jungen Pflanzen, deren oberflächlich verlaufende Wurzeln die Verbindung mit dem Boden verlieren, während die tiefer gehenden in den nicht gelockerten Bodenschichten festsitzen. Der Dehnung, die durch Emporheben der Pflanzen durch das Auffrieren bedingt wird, sind sie aber nur bis zu einem gewissen Grade gewachsen. Nimmt diese etwas stärkere Ausmaße an, so zerreißen sie. Der Frost wirkt somit in diesem Falle keineswegs günstig. Der Bodenbearbeitung erwächst daher die Aufgabe, diese Wirkung alsbald durch Andrücken des Bodens zu beseitigen, um den Pflanzen wieder Halt zu geben. Sobald die genügende Abtrocknung erreicht ist, leisten die schweren Walzen nach Art der Cambridgewalze die Arbeit gut, da sie den Boden zugleich in rauher Oberfläche zurücklassen und eine bald folgende Egge rasch eine gute Krümelschicht schafft.

Bei Fehlen der Frostwirkung erfolgt dagegen ein Dichtlagern durch die Winterniederschläge, das in gleicher Weise auf den im Frühjahr bestellten Feldern sich allmählich einstellt. Schon WOLLNY[1] weist darauf hin, daß plötzliche starke Regengüsse zu einer Wasseransammlung in der obersten Bodenschicht führen, da die Weiterleitung in die Tiefe nicht rasch genug erfolgen kann. Der Boden verschlämmt und verhärtet nach dem Abtrocknen unter Krustenbildung, was sich in einer deutlichen Volumabnahme des Bodens ausdrückt. Bei Laboratoriumsversuchen erhielt WOLLNY[2] folgende Ergebnisse:

---

[1] WOLLNY, E.: Untersuchungen über das Verhalten der atmosphärischen Niederschläge zur Pflanze und zum Boden. Forschgn. Geb. Agrikult.-Phys. **18**, 180 (1895).

[2] WOLLNY, E.: Untersuchungen über die Volumveränderungen der Bodenarten. Forschgn. Geb. Agrikult.-Phys. **20**, 38 (1897).

Prozentige Volumabnahme.

Regenhöhe mm	10	20	30	40	50	100	200	300
Lockeres Lehmpulver	2	4	6	8	10	12,5	12,5	12,5
Krümeliger, humoser, diluvialer Sand	5	9	16	20	25	22	21	16

Der humose Boden zeigt danach die stärkste Volumabnahme, die bei sehr hohen Niederschlägen durch die erhebliche Aufschwemmung, die hier möglich wird, wieder etwas nachläßt. Zudem zeigen krümelige Böden eine größere Volumabnahme als solche in Einzelstruktur, die an sich schon weniger locker gelagert sind. Bei Beobachtungen natürlicher, gut gekrümelter Böden fand WOLLNY[1] in der Zeit vom 17. April bis 25. September folgende Volumabnahmen:

Lehm %	Kalksand %	Quarzsand %	Torf %
9,40	8,00	4,80	7,08

Der humusarme Quarzsand zeigt danach die geringste Dichtlagerung, während sie bei dem humusreicheren Kalksand und Lehm deutlich wesentlich stärker ist. Allerdings verläuft der Vorgang auf Sand rascher als auf gut gekrümelten Lehmböden, die eine langsame, aber gleichmäßige Volumabnahme haben. Die Verdichtung tritt aber erst ein, wenn durch die Niederschläge das Maß der Wasserhaltung überschritten wird, während geringe Regenmengen auf trockenen Böden quellend wirken, so daß WOLLNY[2] bei krümeligen und pulverigen Lehmböden Volumzunahmen von 7—12% fand.

Die Beobachtung zeigt, daß die Verdichtung des Bodens durch größere Regenmengen zugleich mit Verlust der Krümelstruktur und Gare verbunden ist. Als Ursachen führt EHRENBERG[3] die Prellwirkung der Regentropfen, die aufschlämmende Wirkung des salzarmen Regenwassers und als unbewiesene Möglichkeit die Wirkung etwa vorhandener elektrischer Ladung an. Wird schon durch die Niederschläge an sich eine Dichtlagerung bewirkt, so hat eine nachfolgende Austrocknung noch weitere Volumabnahme zur Folge. So berichtet HABERLANDT[4] von dem Zusammensetzen eines guten Lehmbodens um 19%, während HILGARD[5] für strenge Tonböden sogar 28—40% angibt. Größer können die Veränderungen noch auf Moorboden sein, von deren Besprechung hier aber abgesehen sei. Es ist erklärlich, daß ein derart starkes Schwinden schließlich zur Rißbildung führen muß, wie man sie in Deutschland in trockener Sommerzeit auf schweren Böden immer wieder beobachten kann. In ariden Gebieten tritt diese Erscheinung noch viel stärker auf, wie die Angaben von HILGARD[6] zeigen, der auf nordamerikanischen Prärieböden Risse von 7—8 cm (3 amerikanische Zoll) Breite und mehreren Fuß Tiefe feststellte. Das Austrocknen wird damit noch weiterhin gefördert[7]. EHRENBERG[8] nimmt an, daß neben den vertikalen schließlich auch horizontale Spalten sich bilden. Zu der Verschlechterung der Bodenstruktur treten dann unmittelbare Schädigungen der Pflanzen durch Wurzelzerreißungen und vielleicht auch, wie EHRENBERG[9] in Verfolg einer Beobachtung HILGARDS[10]

---

[1] WOLLNY, E.: a. a. O., S. 34. [2] WOLLNY, E.: a. a. O., S. 27.
[3] EHRENBERG, P.: Bodenkolloide, S. 172ff. 1922.
[4] HABERLANDT, G.: Über Volumänderungen des Bodens. Fühlings landw. Ztg. **26**, 482 (1877).
[5] HILGARD, E. W.: Soils, S. 113. 1906. [6] HILGARD, E. W.: a. a. O., S. 112.
[7] Vgl. die Abb. 35 dieses Handbuches 3, 344.
[8] EHRENBERG, P.: a. a. O., S. 212. [9] EHRENBERG, P.: a. a. O., S. 213.
[10] HILGARD, E. W.: a. a. O., S. 112.

annimmt, bei empfindlichen Pflanzen, wie jungen Rüben, mechanische Verletzungen oder Störung des Säfteverlaufs durch den Druck der sich zusammenziehenden Kruste. Die weiteren Folgen solcher Bodenverdichtung haben wir in der geringen Bodendurchlüftung, den mangelnden Umsetzungen, starken Wärmeschwankungen und anderen nachteiligen Erscheinungen kennen gelernt. Wenn diese Schäden auch die feinerdereichen Böden besonders stark treffen, so wirkt doch auf den Sandböden allein die Tatsache des Wassermangels und die damit verbundene Möglichkeit zu hoher Erhitzung so nachteilig, daß die Pflanzen auf diese Weise entscheidend geschädigt werden.

Der Bodenbearbeitung entsteht somit die Aufgabe, einerseits die bei der Bestellung vorhandene gute Aufnahmefähigkeit und Durchlässigkeit für Wasser zu erhalten, zum anderen die Verdunstung aus dem Boden nach Möglichkeit herab zu setzen, um so während der ganzen Vegetationszeit einen günstigen Feuchtigkeitsgrad als Grundlage für die Erhaltung der guten Struktur und Gare zu sichern. Auf den leichten Böden bleibt allerdings eine gute Durchlässigkeit meist auch ohne weiteres Zutun erhalten, während auf den schweren Böden eine kräftige Lockerung bei beginnender Dichtlagerung Abhilfe schaffen würde. Auf den mit Pflanzen bestandenen Feldern ist aber solche Tiefarbeit nicht möglich. Es bleibt nur die Möglichkeit der Einwirkungen von der Oberfläche her. Da man außerdem in Deutschland trotz reichlicher Sommerniederschläge im Frühjahr und Vorsommer viel mehr mit Trockenperioden als zu hohen Regenmengen zu kämpfen hat, so muß den Ausgangspunkt für die Bearbeitung während der Vegetationszeit die Herabsetzung der Verdunstung bilden.

Von Einfluß sind hier einmal die klimatischen Faktoren, Luftfeuchtigkeit, Windstärke, Temperatur, Besonnung usw. Da man diese jedoch nicht in der Hand hat, so ist eine Beeinflussung von dieser Seite her nicht möglich. Im großen und ganzen begünstigen aber die klimatischen Bedingungen im Frühjahr und Vorsommer eine starke Wasserabgabe aus dem Boden. Da andererseits das Feld mit Pflanzen bestanden ist, so bewirken diese durch ihren Transpirationsstrom in Abhängigkeit von Klima und Boden eine mehr oder weniger starke Verdunstung. Dieser Wasserverbrauch dient aber produktiven Zwecken. Wir haben somit an seinem geregelten Verlauf das größte Interesse. Unsere Aufgabe geht deshalb dahin, das im Boden vorhandene Wasser der Verdunstung durch die Pflanze nutzbar zu machen, es aber vor einer freien Verdunstung aus der Bodenoberfläche durch entsprechende Bearbeitung nach Möglichkeit zu schützen. Wenn man von Klima und Pflanzenwuchs absieht, so wird die Wasserabgabe eines Bodens vorwiegend durch seine Struktur, seinen Wassergehalt und seine Wärme bestimmt. Auf die über diesen Gegenstand vorhandene Literatur kann hier nicht eingegangen werden. Es seien nur einige Arbeiten erwähnt, die die besonderen Verhältnisse der Bodenbearbeitung zugrunde legen. Schon WOLLNY[1] und ESER[2], der auch eine Zusammenstellung der älteren Literatur über diesen Gegenstand gibt, stellten fest, daß in dicht gelagerten Böden der kapillare Aufstieg des Wassers bis zur Oberfläche maßgebend für die Verdunstung ist, in lockeren Böden scholliger Struktur die Abgabe des Wassers aus den Kapillaren in die größeren Hohlräume und deren Verbindung mit der Außenluft. Dieser letztere Fall spielt nur eine Rolle bei der Bearbeitung durch tiefer lockernde Geräte, während hier von einem Boden

[1] WOLLNY, E.: Untersuchungen über die physikalischen Eigenschaften des Bodens im dichten und im lockeren Zustande. Forschgn. Geb. Agrikult.-Phys. **5**, 1 (1882). — Untersuchungen über die Verdunstung. Ebenda **18**, 486 (1895).

[2] ESER, C.: Untersuchungen über den Einfluß der physikalischen und chemischen Eigenschaften des Bodens und dessen Verdunstungsvermögen. Forschgn. Geb. Agrikult.-Phys. **7**, 1 (1884).

in guter Struktur auszugehen ist. Je höher dessen Feuchtigkeitsgehalt, um so besser ist auch die kapillare Leitung und Verdunstung[1]. Da die kapillare Leitung aber zugleich von der Korngröße und Krümelung des Bodens abhängt, so fand v. SEELHORST[2] auf einem gebrachten Lehmboden höhere Verdunstungsverluste als auf einem Sandboden, die er ebenso wie WOLLNY[3] damit erklärt, daß der Sand eine stärkere Absickerung zeigt, somit im ganzen trockener ist, damit auch an der Oberfläche abtrocknet und somit die kapillare Bewegung nach oben gehemmt wird. Dagegen speichert der Lehmboden erheblich größere Wassermengen, unterhält deshalb auch einen stärkeren kapillaren Aufstieg, der lange Zeit genügend Wasser liefert, um auch die Oberfläche feucht zu halten. Je lockerer andererseits der Boden ist, um so mehr wird der kapillare Aufstieg erschwert und die Verdunstung eingeschränkt, wie folgende Zahlen WOLLNYS[4] zeigen:

Wasserverdunstung in Gramm je 400 cm² Fläche.

	Humoser Kalksand		Reiner Kalksand	
	dicht	locker	dicht	locker
30. Juni bis 4. Juli 1880 . . .	380	270	320	200
6. Juli „ 9. „ 1880 . . .	356	291	380	233
15. „ „ 18. „ 1880 . . .	372	260	340	210

Diese Ergebnisse werden von KING[5] bestätigt, der in festen und verschieden stark gelockerten Böden ein Verdunstungsverhältnis von 100 : 92 : 72 fand und dies in späteren Arbeiten zusammen mit JEFFERY[6] bestätigen konnte. Sind diese Untersuchungen laboratoriumsmäßig durchgeführt, so bestätigt sie v. WIENER[7] durch Untersuchungen am gewachsenen Boden. Da auf allen feinerdereichen Böden Krümelstruktur zugleich Lockerheit bedeutet, so hat der gekrümelte Boden eine geringere Verdunstung als der in Einzelstruktur liegende. So fand WOLLNY[8]:

Wasserverdunstung eines Lehmbodens in Gramm je 400 cm² Fläche.

	Einzelstruktur	Krümelstruktur	Verhältnis
12. Juni bis 30. Sept. 1882	12558	10040	100 : 79,88
21. April „ 28. „ 1883	16704	13860	100 : 82,90

ESER[9] konnte diese Angaben durch Untersuchungen an Lehmböden mit verschiedener Größe der Bodenkrümel erweitern und bestätigen. Das Ausmaß der Verdunstung wird noch dadurch erhöht, daß der Boden in der fraglichen Jahreszeit sich mehr und mehr erwärmt und schon WOLLNY[10] feststellen konnte, daß die

[1] WOLLNY, E.: Untersuchungen über die Verdunstung. Forschgn. Geb. Agrikult.-Phys. **18**, 496 (1895).

[2] SEELHORST, C. v.: Wasserverdunstung und Wasserabfluß eines gebrachten Lehm- und Sandbodens. J. Landw. **54**, 313 (1906).

[3] WOLLNY, E.: a. a. O., S. 496.

[4] WOLLNY, E.: Untersuchungen über die physikalischen Eigenschaften des Bodens im dichten und lockeren Zustande. Forschgn. Geb. Agrikult.-Phys. **5**, 23 (1882).

[5] KING, F. H.: Der Einfluß der Bearbeitung auf die Feuchtigkeit des Bodens. Tenth annual rep. Exp. Stat. Wisconsin **1894**, 186.

[6] KING, F. H. u. J. A. JEFFERY: Laboratoriumsversuche über die Wirkung der Bodenauflockerung. 15. annual rep. Exp. Stat. Wisconsin **1898**, 134.

[7] WIENER, W. v.: Russische Forschungen auf dem Gebiet der Wasserfrage. Forschgn. Geb. Agrikult.-Phys. **18**, 442—448 (1895).

[8] WOLLNY, E.: Untersuchungen über den Einfluß der Struktur des Bodens auf dessen Feuchtigkeitsverhältnisse. Forschgn. Geb. Agrikult.-Phys. **16**, 401 (1893).

[9] ESER, C.: a. a. O., S. 66.

[10] WOLLNY, E.: Untersuchungen über die physikalischen Eigenschaften des Bodens. Forschgn. Geb. Agrikult.-Phys. **5**, 23 (1882).

Verdunstung aus einem warmen Boden infolge besserer Wasserleitung erheblich höher ist. Neuerdings haben HARRIS und ROBINSON[1] den Vorgang durch folgende Zahlen belegt:

	Aus einem Boden mit 12% Feuchtigkeit trat ein Verdunstungsverlust von 50% ein bei		
	20° C Min.	30° C Min.	40° C Min.
Auf Lehm in	265	89	46
Auf Sand in	315	90	45

Die vorstehenden Ergebnisse sind in erster Linie in Laboratoriumsversuchen gewonnen, bei denen der kapillare Aufstieg aus dem Untergrunde fehlt und die daher meist zu hohe Austrocknung ergeben. Die absolute Höhe der Zahlen kann deshalb nicht auf den gewachsenen Boden übertragen werden. HELBIG und RÖSSLER[2] haben deshalb Verdunstungsversuche an natürlich gelagerten Böden angestellt, die grundsätzlich zwar zu ähnlichen Ergebnissen führen, aber doch erkennen lassen, daß die Zahl der bei der Verdunstung mitwirkenden Faktoren so groß ist, daß der Einfluß der Bodenstruktur besonders bei kurzfristigen Untersuchungen nicht immer klar erkannt werden kann. Aber selbst im deutschen Klima konnte WOLLNY[3] die Verdunstungsverluste während einer Trockenperiode auf Brachland bis zu 1 m Tiefe verfolgen.

Die Versuche zeigen, daß zur Herabsetzung der Verdunstungsverluste einmal die Erhaltung der lockeren Bodenstruktur und zum anderen die Unterbrechung der Kapillaren wichtig ist, damit sie nicht frei an der Bodenoberfläche enden und ungehindert verdunsten können. Da eine unmittelbare Erhaltung der Lockerheit durch Tiefbearbeitung nicht möglich ist, so muß der Hauptwert auf die Verhinderung der freien Verdunstung aus den Kapillaren gelegt werden. Das ist möglich durch Aufbringung einer isolierenden Deckschicht, die entweder undurchlässig ist oder bei Durchlässigkeit doch eine erhebliche Herabsetzung der Verdunstung bedingt. In der Forstwirtschaft ist die wasserhaltende Wirkung solcher Deckschicht seit jeher bekannt und geschätzt[4]. Auch HELBIG und RÖSSLER[5] finden eine Herabsetzung der Verdunstung auf 70—76% durch eine 5 cm starke Laubschicht als Deckmaterial. Für Schweden gibt TORSTENSSON[6] die Bedeckung der Erbsenfelder mit Stroh als landwirtschaftliche Maßnahme an, während neuerdings in Deutschland im Gartenbau Versuche laufen, den Boden mit wetterfester Pappe zu bedecken, wie es in Hawaii zu Ananaskulturen geschieht[7]. Eine solche Schutzwirkung ist aber nicht nur durch totes Bedeckungsmaterial möglich, sondern kann auch durch den lebenden Pflanzenbestand bewirkt werden, wenn er den Boden gut beschattet und damit der Einwirkung von Sonne und Wind entzieht,

[1] HARRIS, F. u. J. ROBINSON: Faktoren, welche die Wasserverdunstung des Bodens beeinflussen. J. Agricult. Res. 7, 439 (1916).

[2] HELBIG, M. u. O. RÖSSLER: Experimentelle Untersuchungen über die Wasserverdunstung des natürlich gelagerten Bodens. Allg. Forst- u. Jagdztg. **1921**, 201 (vgl. dieses Handbuch **6**).

[3] WOLLNY, E.: Untersuchungen über die Feuchtigkeitsverhältnisse der Bodenarten. Forschgn. Geb. Agrikult.-Phys. **18**, 54 (1895).

[4] ALBERT, R.: Einfluß einer Bodenbedeckung auf den Wassergehalt von Kiefernböden. Mitt. Dtsch. Landw. Ges. **27**, 59 (1912).

[5] HELBIG, M. u. O. RÖSSLER: a. a. O., S. 201.

[6] TORSTENSSON, G.: Ein Bodenbedeckungsversuch zu Erbsen. Pflanzenbau **4**, 327 (1927/28).

[7] WRANGELL, M. v.: Die Bodenbedeckung als gärtnerische und landwirtschaftliche Kulturmaßnahme. Illustr. landw. Ztg. **49**, 570 (1929). — STEWART, G. R., E. C. THOMAS u. J. HORNER: Einige Wirkungen des Bedeckens des Bodens mit Papier auf die Böden in Hawaii. Soil Sci. **22**, 35 (1926).

deren verdunstungsfördernder Einfluß besonders aus den Untersuchungen von HARRIS und ROBINSON[1] hervorgeht. Außerdem weist schon SCHUMACHER[2] darauf hin, daß ein gut schattender Pflanzenbestand den Boden der Prallwirkung des Regens entzieht und ein Verschlämmen der Oberfläche verhütet, die noch lange erhebliche Feuchtigkeitsmengen zurückhalten kann, ohne auszutrocknen, da der Pflanzenbestand je nach seiner Dichte am Boden eine mehr oder weniger stark mit Feuchtigkeit angereicherte Luftschicht erhält. Da aber der Pflanzenbestand durch seinen Transpirationsstrom erhebliche Wassermengen verbraucht, so läßt sich seine wasserhaltende Wirkung kaum zahlenmäßig festlegen. Auch die Versuche v. SEELHORSTS[3] konnten eine volle Klärung nicht bringen. Die Tatsache der Entstehung der Schattengare zeigt aber, daß ein Boden mit einem voll beschattenden Pflanzenbestand besonderer Maßnahmen zur Erhaltung seiner Feuchtigkeit und Struktur nicht mehr bedarf. Dieser Zustand wird aber von einzelnen Pflanzen zu verschiedenen Zeiten erreicht, und bis dahin ergibt sich die Notwendigkeit, die freiliegende Bodenfläche durch besondere Maßnahmen zu schützen.

Die Bedeckung des Bodens braucht nun nicht durch fremdes Material, sondern kann ebenso durch Erde selbst geschehen. So fand KING[4] durch Bedeckung eines Bodens mit $^1/_2$ bzw. $^3/_4$ Zoll trockener Erde eine Herabsetzung der Verdunstung auf 72 bzw. 38%. Eine solche Deckschicht kann aber am einfachsten aus dem Boden selbst durch Auflockerung seiner Oberfläche hergestellt werden, wie es in ausgesprochener Weise bei der Hackkultur geschieht, wo durch Hand- oder Maschinenhacke eine flache Schicht vom Boden abgeschnitten, gelockert und abgehoben wird, so daß sie schließlich dem Acker als Deckschicht auflagert. Die gleiche Aufgabe kann auch eine auf natürlichem Wege entstandene Kruste erfüllen, die sich vom Boden abhebt und loslöst. ESER[5] bringt dafür den zahlenmäßigen Beleg. Doch spielt dieser Fall praktisch keine Rolle, da solche Kruste sich in ihrer besonderen Form nicht längere Zeit erhält.

Die gute Wirkung einer lockeren, krümeligen Hackschicht wies zuerst WOLLNY[6] nach, der in Gefäßversuchen bei 20 cm Höhe der Bodenschicht und 400 cm² Oberfläche folgende Verdunstung in Gramm fand:

	Reiner Kalksand		Humoser Kalksand	
	nicht behackt	behackt	nicht behackt	behackt
30. Juni bis 3. Juli	300	240	360	300
6. Juli „ 9. „	380	350	356	304
15. „ „ 18. „	340	275	372	310

Zu gleichen Ergebnissen kam ESER[7], der auf denselben Böden vom 13.—24. August 1883 auf 1000 cm² Oberfläche folgende Zahlen für die Verdunstung erhielt:

Reiner Kalksand		Humoser Kalksand	
nicht behackt	behackt	nicht behackt	behackt
3160 g	2409 g	3163 g	2519 g

Der gehackte Boden muß also unter gleichen Verhältnissen größere Feuchtigkeitsmengen enthalten als der

[1] HARRIS, F. u. J. ROBINSON: a. a. O., S. 449.
[2] SCHUMACHER, W.: Physik in Anwendung auf Agrikultur und Pflanzenphysiologie 1, 461. 1864.
[3] SEELHORST, C. v.: Über den Einfluß der Beschattung auf die Wasserverdunstung im Boden. J. Landw. **58**, 221 (1910).
[4] KING, F. H.: Der Einfluß der Bearbeitung auf die Feuchtigkeit des Bodens. Tenth annual rep. Exp. Stat. Wisconsin **1894**, 186.
[5] ESER, C.: a. a. O., S. 51.
[6] WOLLNY, E.: Untersuchungen über den Einfluß der oberflächlichen Abtrocknung des Bodens auf dessen Temperatur- und Feuchtigkeitsverhältnisse. Forschgn. Geb. Agrikult.-Phys. 3, 330 (1880).
[7] ESER, C.: a. a. O., S. 52.

nicht behackte. GERLACH[1] gibt diese Menge für einen Bromberger Sandboden mit 700—840 m³/ha an, womit 12—15 dz Trockensubstanz zu erzeugen wären. In neuerer Zeit hat besonders BLOHM[2] die Bedeutung der Hackkultur zusammenfassend dargestellt und zugleich ein reiches Versuchsmaterial darüber beigebracht. Auf seine Ausführungen wird im folgenden Bezug genommen. Im Gegensatz zu WOLLNY und ESER geht er vom gewachsenen Boden aus und untersucht die Wirkung der Hackschicht auf den gewichtsprozentigen Wassergehalt. Die Felder waren einmal unbearbeitet, zum anderen gefräst, zeigten also recht verschiedene Strukturverhältnisse. In beiden Fällen erhielt er übereinstimmend einen höheren Wassergehalt der behackten Teilstücke, ein Zeichen, daß in der Tat die Hackschicht als solche unabhängig von der Struktur des Bodens wassererhaltend gewirkt hat. Hinsichtlich des Ausmaßes der Wirkung sind aber besonders die Verhältnisse wichtig, wie sie sich auf einem in guter Gare befindlichen Boden ergeben. Als Beispiel[3] diene ein im Herbst gefräster Boden, der nach Hackarbeit nebenstehende Mengen an Wasser mehr erhielt als im ungehackten Zustand:

Bodenschicht cm	Probenahme am 5. Mai 1925 %	Probenahme am 25. Mai 1925 %
15—20	+ 0,97	+ 1,46
20—35	— 0,05	+ 0,45
Durchschnitt:	+ 0,46	+ 0,96

Für den untersuchten milden Lehmboden bedeuten 0,46% bei 35 cm Tiefe einen Mehrgehalt an Wasser von 225 dz/ha, 0,96% von 470 dz/ha. Diese beachtenswerten Wassermengen wurden einem Boden erhalten, der an sich schon eine sehr gute Wasserhaltung und geringere Verdunstung auf Grund seiner guten Struktur zeigt. Je ungünstiger die Struktur wird, um so größer werden deshalb die Wirkungen der Hackschicht, die bei Untersuchungen am 12. und 14. Mai an einem unbearbeiteten Boden durchschnittlich Unterschiede von 1,01 bzw. 1,07% ergab[4]. Sie erstrecken sich zugleich in erhebliche Tiefe des Bodens, wie Untersuchungen im Herbst zeigten, die folgenden Mehrgehalt an Wasser ergaben[5]:

Bodenschicht:	15—20	30—35	75—80 cm
28. Oktober 1925	+ 0,55	+ 0,43	+ 0,47 %

Da diese Unterschiede sowohl bei geringem wie starkem Feuchtigkeitsgehalt des Bodens erreicht wurden und ebenso bei trockenem Wetter mit starker Verdunstung wie bei feuchtem Wetter, so kann die Herabsetzung der Verdunstung nicht die alleinige Ursache der besseren Wasserführung sein. Vielmehr zeigen Beobachtung wie Überlegung, daß der Erhaltung der günstigen Bodenstruktur eine gleich große Bedeutung zukommt. Die Verbundenheit der beiden Erscheinungen ergibt sich ja schon daraus, daß bei starker Austrocknung der Boden schrumpft, eine deutliche Volumabnahme zeigt, seine lockere günstige Struktur verliert und damit auch sein kapillares Fassungsvermögen herabgesetzt wird. Andererseits bedingt die Verdichtung eine Verengung der Kapillaren und Ermöglichung ungehinderten Wasseraufstiegs, der bei Trockenheit zu einer Austrocknung tieferer Schichten führen kann. Durch die Verdichtung wird aber zugleich die Wasseraufnahmefähigkeit, Wasserleitung und damit Absickerung verringert. Der ungehackte Boden zeigt also mit Verschlechterung der Struktur

[1] GERLACH, M.: Über den Einfluß der Bodenbearbeitung usw. auf die Ausnutzung der Bodenfeuchtigkeit. Mitt. Dtsch. Landw. Ges. **28**, 663 (1913).

[2] BLOHM, G.: Einfluß der Bodenbearbeitung auf die Wasserführung des Bodens. Kühn-Arch. **12**, 386ff. (1926).

[3] BLOHM, G.: a. a. O., S. 390.

[4] BLOHM, G.: a. a. O., S. 390.

[5] BLOHM, G.: a. a. O., S. 391.

alle damit verbundenen Nachteile in physikalischer, chemischer und biologischer Hinsicht, während der gehackte Boden alle Vorteile der guten Struktur wahrt. So fand schon WOLLNY[1] bei Lysimeterversuchen eine Erhöhung der Sickerwassermengen nach Lockerung der Oberfläche durch Hacken. DEHÉRAIN[2], v. SEELHORST[3] u. a. bringen gleiches Belegmaterial, während BOCKSCH[4] an natürlich gelagerten Böden feststellte, daß ein sandiger Boden mit trockener Hackschicht von einem Regen in Höhe von 36,4 mm $^9/_{10}$ aufnahm und bis in eine Tiefe von 60 cm eindringen ließ, während in den nicht behackten Boden nur $^7/_{10}$ eindrangen. Dabei ist zu berücksichtigen, daß die Strukturunterschiede auf leichten Böden wesentlich geringer sind als auf Lehmböden. Die von BLOHM (s. oben) gefundenen Unterschiede in der Wasserhaltung bis zu 80 cm Tiefe können deshalb nicht allein durch die im Herbst bereits geringer werdenden Verdunstungsunterschiede erklärt werden, sondern müssen ihre Ursache zugleich in der besseren Wasseraufnahmefähigkeit, rascheren Absickerung und höheren wasserhaltenden Kraft des behackten und damit gut strukturierten Bodens haben.

Da unmittelbare Untersuchungen über die Strukturverhältnisse gehackten und nicht gehackten Bodens fehlen, so stellte BLOHM[5] die maximale Wasserführung fest, die er um 0,40 bzw. 0,60% auf den behackten Teilstücken höher fand als Zeichen einer besseren Lockerheit und Struktur. Deshalb weist auch v. SEELHORST[6] darauf hin, daß neben der höheren Wasserführung die bessere Durchlüftung des gehackten Bodens für das günstigere Gedeihen der Pflanzen wichtig sei. Es dürfte mangels diesbezüglicher Untersuchungen zulässig sein, durch Analogieschluß auf die Tatsache solch besserer Durchlüftung zu schließen. Andererseits kann man die Messungen über Kohlensäureerzeugung im Boden heranziehen, von denen die Untersuchungen KÖNIGS[7] nur insofern von Bedeutung sind, als sie zeigen, daß durch die bessere Wasserführung des gehackten Bodens auch die erzeugte Kohlensäuremenge zunimmt. Dagegen untersuchte DÖNHOFF[8] unmittelbar die Wirkung einer Hackschicht auf die Bodenatmung und kam dabei zu folgenden Ergebnissen:

Bodenatmung in Milligramm CO_2 je Quadratmeter und Stunde.

	5. Juli			14. Juli			Mittel
Ungehackt	355,4	307,2	256,5	502,4	361,4	408,3	365,2 = 100
Einmal gehackt	303,5	343,5	—	595,4	391,5	526,2	431,2 = 118
Regelmäßig gehackt	411,7	476,9	369,4	627,0	570,0	526,9	497,0 = 136

Die Zahlen sprechen für sich und bilden einen guten Beleg für die Erhöhung des Gasaustausches durch die Hackarbeit. Neben Wasserführung und Durchlüftung beeinflußt diese schließlich auch die Erwärmung des Bodens. Unsere Darlegungen zeigten schon, daß dafür die Wärmeleitfähigkeit des Bodens entscheidend ist. Auf einem ungehackten, dicht lagernden Boden ist die Wärmeleitfähigkeit gut,

---

[1] WOLLNY, E.: Untersuchungen über die Sickerwassermengen in verschiedenen Bodenarten. Forschgn. Geb. Agrikult.-Phys. **19**, 214 (1896).

[2] DEHÉRAIN, P. P.: Über Bodenbearbeitung. Ann. agronom. **23**, 216 (1897).

[3] SEELHORST, C. v.: Untersuchungen über die Verdunstung eines behackten und eines nicht behakten, in der Stoppel liegenden Bodens. J. Landw. **53**, 264 (1905).

[4] BOCKSCH, F.: Systematische Untersuchungen des Einflusses der angebauten Pflanzen und der Bodenbearbeitung auf den Wassergehalt usw. Landw. Jb. **69**, 711 (1929).

[5] BLOHM, G.: a. a. O., S. 392.

[6] SEELHORST, C. v.: a. a. O., S. 265.

[7] KÖNIG, J.: Bedeutung der Bodenforschung für die Landwirtschaft. Fühlings landw. Ztg. **67**, 411 (1918).

[8] DÖNHOFF, G.: Untersuchungen über die Größe und die Bedeutung der Bodenatmung. Kühn-Arch. **15**, 479 (1927).

Erwärmung und Abkühlung erfolgen daher rasch. Die lockere isolierende Hackschicht setzt dagegen die Wärmeleitung herab und muß deshalb auch die Wärmeschwankungen vermindern. So fand WOLLNY[1], daß ein humoser Kalksand in der Zeit vom 26. Mai bis 18. Juli 1880 im gehackten Zustand eine durchschnittliche Wärmeschwankung von 7,7° C, im ungehackten Zustande von 9,1° zeigte. Zu gleichen Ergebnissen kam BLOHM[2], aus dessen Untersuchungen folgendes Beispiel angeführt sei:

Temperaturverhältnisse vom 20.—23. Juni 1926.

	Ungehackt			Gehackt		
	6^h	13^h	18^h	6^h	13^h	18^h
Bodentemperatur	14,32	19,34	18,04	14,40	18,73	18,37
Max. Schwankung . . .		± 5,02			± 4,33	
Lufttemperatur	16,3	20,9	16,4			

Die langsamere Erwärmung und die geringere Wärmeschwankung des gehackten Bodens zeigt sich auch hier deutlich. Da man aber in der warmen Jahreszeit mit einer genügenden Erwärmung unserer Böden rechnen kann, so besteht an einer zu hohen Erwärmung kein Interesse, um so mehr, als diese zugleich die Verdunstung steigert und die wasserfassende Kraft des Bodens herabsetzt, so daß ein stark erwärmter Boden infolge Schwächung seiner Kapillarkraft Wasser in den Untergrund absickern lassen muß. Damit wirken also zu hohe Temperaturen in doppelter Weise austrocknend auf den Boden. Je trockener und wärmer also das Klima ist, um so größere Bedeutung gewinnt die Hackkultur für die Erhaltung eines günstigen Bodenzustandes. Mit Recht bezeichnet BLOHM[3] deshalb die Hackkultur für deutsche Verhältnisse als eine notwendige Ergänzung jeder sachgemäßen Bodenbearbeitung.

Diese günstigen Wirkungen kann die Hackschicht aber nur ausüben, wenn sie selbst in einem Zustand sich befindet, der sie als Isolierschicht wirken läßt. Das ist aber nur bei völliger Trockenheit der Fall, da dann jede Wasserleitung aufhört. SCHLIMM[4] und STEINBRÜCK[5] zeigen, daß in diesem Falle die Höhe der Verdunstung von der Stärke der gelockerten Schicht abhängt. Für aride Klimaverhältnisse kann diese Tatsache praktische Bedeutung gewinnen, worauf LYON[6] und BUCKINGHAM[7] hinweisen. Im deutschen, vorwiegend humiden Klima ist die Erhaltung einer derart völlig trockenen Schicht sehr viel schwieriger. Sie ist am ersten während trockener Perioden auf Sandboden möglich, in den das Wasser rasch eindringt und in tiefere Schichten absickert, während zugleich der kapillare Aufstieg mit der fortschreitenden natürlichen Abtrocknung von oben her unterbunden wird[8]. Auf Lehm geht die Austrocknung dagegen im deutschen Klima

---

[1] WOLLNY, E.: Untersuchungen über den Einfluß der oberflächlichen Abtrocknung des Bodens auf dessen Temperatur- und Feuchtigkeitsverhältnisse. Forschgn. Geb. Agrikult.-Phys. **3**, 346 (1880).

[2] BLOHM, G.: Einfluß der Bodenbearbeitung auf die Bodentemperatur. Techn. Landw. **8**, 48 (1927).

[3] BLOHM, G.: Einfluß der Bodenbearbeitung auf die Wasserführung des Bodens. Kühn-Arch. **12**, 393 (1926).

[4] SCHLIMM, W.: Der Einfluß der Bodenlockerung auf die Wasserverdunstung verschiedener Bodenarten. Bot. Archiv **17**, 77 (1927).

[5] STEINBRÜCK, A.: Untersuchungen über Bodenlockerung und Wasserverdunstung des Bodens. Bot. Archiv **23**, 238 (1929).

[6] LYON, T. L.: Soils, their properties and management, S. 276. 1924.

[7] BUCKINGHAM, E.: Studies on the movement of soil moisture. U. S. Dep. Agr. Bur. Soils **1907**, Bull 38, 18ff.

[8] BLOHM, G.: Hackkultur. Illustr. landw. Ztg. **46**, 623, 634 (1926).

selten so weit, daß jeder kapillare Aufstieg aufhört. STEINBRÜCK[1] fand, daß eine Wiederanfeuchtung der Hackschicht von unten her erst unterbleibt, wenn der Wassergehalt des Bodens auf ungefähr 50 % der wasserfassenden Kraft gesunken ist. Die Wiederanfeuchtung ist dabei allerdings auch von der Beschaffenheit und Struktur der Hackschicht abhängig. BLOHM[2] weist darauf hin, daß auf einem lehmigen Boden die Hackschicht nur bei lockerer, grobkrümeliger Struktur ihren Zweck voll erfüllt, weil die größeren, nicht kapillar wirkenden Hohlräume das Aufsteigen des Wassers verhindern, die Krümel selbst bei starker Austrocknung aber einen hohen Benetzungswiderstand zeigen. Andererseits wirkt die gleichmäßig gekrümelte Schicht genügend isolierend und schützt den Boden vor den die Verdunstung fördernden Einflüssen der Außenluft. Eine pulverige, staubförmige Schicht wird dagegen unter deutschen Klimaverhältnissen sehr viel eher die kapillare Leitung wieder herstellen und eine Anfeuchtung von unten ermöglichen, zumal eine völlige Austrocknung verbunden mit starker Luftabsorption und Erhöhung des Benetzungswiderstandes auf deutschen Feldern kaum vorkommt, wenn man nur die mineralischen Böden mit einem Feinerdegehalt im Auge behält, der eine Krümelung des Bodens ermöglicht. Andererseits ist eine grobschollige Hackschicht schon deshalb nutzlos, weil sie nicht isolierend wirken kann, sondern die freie Verdunstung aus dem Boden infolge ihrer großen Hohlräume, die mit der Außenluft in Verbindung stehen, und der ungenügenden Bedeckung kaum einschränkt. Die Herstellung der Hackschicht erfordert deshalb große Sorgfalt, wenn sie zweckmäßig wirken soll. Nur wenn der Boden sich in gut krümelungsfähigem Zustande befindet, ist eine wirksame Hackschicht erreichbar. Ebenso wie bei allen anderen Maßnahmen der Bodenbearbeitung steigen deshalb auch hier die Schwierigkeiten, wenn der Feinerdegehalt stark zunimmt, Humus- und Kalkgehalt aber gering bleiben oder gar Mangel daran herrscht. Je mehr der Kulturzustand dieser Böden verbessert wird, um so mehr steigen auch die Möglichkeiten der Hackkultur. BLOHM[3] weist in diesem Zusammenhang darauf hin, daß eine Oberflächenkalkung geeignet ist, die gute Durchführung der Hackarbeit auf schweren Böden zu erleichtern. Andererseits weist TACKE[4] durch Versuche nach, daß auf schweren Marschböden wegen der schwierigen Strukturverhältnisse ein Erfolg des Hackens bei Getreide ganz ausbleiben kann, in gewissen Fällen sogar Erntedepressionen möglich sind.

Da nur die trockene Hackschicht wirklich isolierend wirkt, so kann sie zwar im ariden Klima lange Zeit ihre Wirksamkeit behalten, im deutschen Klima dagegen mit häufigen Niederschlägen wechselnder Stärke bleibt sie nur dann vor Zerstörung durch Dichtschlämmen bewahrt, wenn die Niederschläge rasch durch die Hackschicht hindurchgehen und in den Boden einsickern, so daß einmal in der Hackschicht nur wenig Wasser verbleibt und zum andern dieses Wasser rascher verdunstet als der kapillare Aufstieg aus den unteren Schichten erfolgen kann. Diese theoretische Forderung ist auf den einzelnen Bodenarten in sehr verschiedener Weise erfüllt. Zwar zeigen die vorstehend erwähnten Versuche, daß auf allen gehackten Böden die Einsickerungsgeschwindigkeit der Niederschläge größer ist als auf ungehackten. Vergleichsweise gewinnt dieser Vorgang um so größere Bedeutung, je schwerer der Boden ist, je mehr er unter einer guten Hackschicht seine Krümelstruktur bewahrt hat, während das Einsickern auf

[1] STEINBRÜCK, A.: a. a. O., S. 252.

[2] BLOHM, G.: Einfluß der Bodenbearbeitung auf die Wasserführung des Bodens. Kühn-Arch. **12**, 395 (1926).

[3] BLOHM, G.: Hackkultur. Illustr. landw. Ztg. **46**, 623 (1926).

[4] TACKE, BR.: Über die Wirkung des Hackens des Getreides auf schweren Marschböden. Mitt. Dtsch. Landw. Ges. **39**, 259 (1924).

Sandboden auch ohne Hackschicht verhältnismäßig rasch erfolgt und die Unterschiede gegen „gehackt“ geringer sind. Vergleichende Untersuchungen über Aufnahme des Wassers und Verdunstung auf verschiedenen Böden unter dem Einfluß der Hackkultur liegen bisher nicht vor. Als Maßstab der Wirksamkeit der Hackschicht kann deshalb nur gelten, ob sie nach Regen rasch wieder abtrocknet und locker bleibt. Die Erfahrung zeigt, daß dies auf Sandboden weit eher der Fall ist als auf Lehmboden, wo je nach Höhe der Niederschläge, Bodenstruktur, Wärme und Verdunstungskraft der Atmosphäre die Verhältnisse sehr stark wechseln. Allgemein wird um so eher eine Zerstörung der Hackschicht eintreten, je höher die Niederschlagsmenge im ganzen und in der Zeiteinheit ist. Die Regel wird eine Verschlämmung sein, die die kapillare Verbindung mit dem unterlagernden Boden wieder herstellt. Doch macht Eser[1] darauf aufmerksam, daß bei nachfolgender heißer oder sehr windiger Witterung auch die Oberflächenschicht so rasch abtrocknen und sich zusammenziehen kann, daß sie sich als Kruste abhebt, die, solange sie in dieser Form erhalten bleibt, ebenfalls isolierend wirkt. Da das im humiden Klima aber nur vorübergehend möglich ist, so wird sich auf jeden Fall die Notwendigkeit ergeben, die in ihrer Struktur beeinträchtigte Hackschicht zu erneuern. Die damit verbundene Auflockerung und gewisse Vergrößerung der Oberfläche bewirken aber eine rasche Verdunstung, Austrocknung und damit erneutes Wirksamwerden der Hackschicht. Alle älteren Arbeiten[2] stellen die raschere Austrocknung der Hackschicht gegenüber der gleichen Schicht unbehackten Bodens fest, während Helbig und Rössler[3] die Stärke der Verdunstung am natürlichen gewachsenen Boden mit Hilfe einer besonderen Apparatur zahlenmäßig ermitteln und feststellten, daß der gelockerte Boden anfangs sehr viel stärker verdunstet als der nicht gelockerte, während mit zunehmender Austrocknung die gelockerte Schicht bald immer weniger Wasser abgab. Zusammenfassend kann daraus entnommen werden, daß eine Erneuerung der Hackschicht um so häufiger nötig wird, je stärker der Boden zum Verschlämmen neigt. Ein Vergleich nicht nur verschiedener Bodenarten, sondern auch Bodentypen würde eine sehr viel bessere Herausarbeitung der vorliegenden Gesetzmäßigkeiten ermöglichen. Solche Untersuchungen fehlen jedoch noch ganz.

Wenn die Versuche von Steinbrück[4] zeigen, daß bei völliger Austrocknung der Hackschicht die Höhe der Verdunstung von ihrer Stärke abhängig ist, so ergibt sich die Frage, wie tief man den Boden mit der Hacke lockern soll? Der Gesichtspunkt der Erhöhung des Verdunstungsschutzes kann in humidem Klima für die Tiefe der Lockerung nicht maßgebend sein. Die Voraussetzung einer ständigen Lufttrockenheit der Hackschicht ist hier nicht erfüllt. Damit werden aber die durch die Stärke der gelockerten Schicht bedingten Unterschiede in der Verdunstung geringer[5]. Andererseits scheidet die Hackschicht für die Nahrungs- und Wasseraufnahme der Pflanzen aus. Im humiden Klima ist aber die Tiefe der Ackerkrume beschränkt und zugleich für Ernährung und Wasserversorgung der Pflanzen besonders wichtig, so daß man nicht einen zu hohen Anteil aus dem ganzen Ernährungsvorgang der Pflanzen ausschalten darf. Auf diesen wichtigen Unterschied gegenüber ariden tiefgründigen, bis in große Tiefen gleichmäßig fruchtbaren Böden macht Lyon[6] aufmerksam. Die Erhaltung einer lockeren

[1] Eser, C.: Untersuchungen über den Einfluß der physikalischen und chemischen Eigenschaften des Bodens auf dessen Verdunstungsvermögen. Forschgn. Geb. Agrikult.-Phys. 7, 50 (1884).

[2] Eser, C.: a. a. O., S. 53. — Seelhorst, C. v.: a. a. O., S. 267 u. 268.

[3] Helbig, M. u. O. Rössler: a. a. O., S. 201. Vgl. dieses Handbuch 6, 221 f.

[4] Steinbrück, A.: a. a. O., S. 241. [5] Steinbrück, A.: a. a. O., S. 261.

[6] Lyon, T. L., E. O. Fippin u. H. O. Buckmann: Soils, their properties and management, S. 278. 1924.

ausgetrockneten Schicht von 25—30 cm Tiefe bedeutet danach für diese Böden keine Gefahr. Es verdient schließlich Beachtung, daß eine tief gelockerte Schicht auch verhältnismäßig viel Wasser aufnehmen und wieder verdunsten kann, ohne daß es dem unterlagernden Boden und damit den Pflanzen zugute kommt. So fand v. SEELHORST[1], daß eine 8 cm tief gelockerte Schicht eines Lehmbodens 15 mm Niederschläge aufnahm und abgab und nur ganz geringe Mengen davon den tieferen Schichten zuführte. Schließlich wird die Hackschicht um so flacher sein können, je geringer an sich die Verdunstung ist. Deshalb gibt BLOHM[2] an, daß die Hackschicht auf Sandböden flacher sein kann als auf Lehmböden, auf denen durch die höhere Kapillarkraft immer wieder eine Anfeuchtung von unten her stattfindet, die die Wirksamkeit zu schwacher Hackschichten bald aufhebt. Da aber auf Lehmböden die Hackarbeit nicht nur Verdunstungsschutz ist, sondern zugleich der Erhaltung der Krümelstruktur und Durchlüftung dient, so muß die Lockerung so tief erfolgen, daß die Isolierung längere Zeit wirksam bleibt. BLOHM[3] kommt dabei für den milden Hallenser Lehmboden zu Hacktiefen von 6—8 cm, die auf schweren Böden in der Praxis allerdings oft nicht erreicht werden und nur für die eigentlichen Hackfrüchte die Regel bilden. So geben ROEMER[4] und HEUSER[5] im allgemeinen Hacktiefen von 3 cm für Getreide und 5 cm für Zuckerrüben an.

Neuerdings ist man darüber hinausgegangen und hat eine Tieflockerung auf 20—30 cm bei fortgeschrittener Vegetation empfohlen, um den bereits wieder dichter gelagerten Boden von neuem zu lockern. Besonders wurde der KUHNsche Bodenmeißel für diesen Zweck verwendet. BLOHM[6], v. RICHTHOFEN[7] u. a. weisen aber darauf hin, daß eine derart weitgehende Verschlechterung der Struktur, die solche Tiefarbeit notwendig macht, nur bei unvollkommener und vernachlässigter Hackkultur eintritt. Dann aber ist das Tiefmeißeln gefährlich, weil es feuchten Boden verschmiert, trockenen Boden in Schollen reißt. Zugleich wird damit das Wurzelsystem der Kulturpflanzen geschädigt, die zum größten Teil in den oberen Bodenschichten ein weitverzweigtes System feiner Faserwurzeln ausbilden. Ist andererseits der Boden in guter Struktur und Krümelung, die durch den Meißel nicht geschädigt wird, so erscheint es fraglich, ob ein solcher Boden die Lockerung lohnt und die Beschädigungen des Wurzelsystems durch nachfolgendes stärkeres Wachstum wieder ausgeglichen werden. Dem heutigen Stand der Bodenforschung entspricht es zweifellos mehr, den Boden vor der Bestellung gründlich zu lockern und die gute Struktur durch sorgfältige Hackkultur zu erhalten. Immerhin sind diese Fragen experimentell wenig untersucht. Einer endgültigen Klärung harrt nicht nur die Frage des Meißelns, sondern noch mehr die nach der optimalen Tiefe der Hackschicht für verschiedene Boden- und Klimaverhältnisse sowie für verschiedene Pflanzen.

Zu diesen bodenkundlichen Gesichtspunkten hinsichtlich der Pflege der Felder während der Vegetation tritt in der Praxis noch die Frage der Unkrautbekämpfung, die von nicht geringerer Bedeutung ist. Sie kann hier jedoch ebensowenig eine Behandlung finden wie die Art und Weise der Durchführung der Bodenpflege für die einzelnen Pflanzen. Zwar ergeben sich gerade dabei ganz außerordentlich große Unterschiede, die aber nicht nur bodenkundlich, sondern auch wirtschaftlich bedingt sind und deshalb über den Rahmen dieser Darstellung hinausgehen.

---

[1] SEELHORST, C. v.: a. a. O., S. 264. [2] BLOHM, G.: a. a. O., S. 398.

[3] BLOHM, G.: a. a. O., S. 399.

[4] ROEMER, TH.: Bodenbearbeitung. Handbuch der Landwirtschaft **2**, 265. 1928.

[5] HEUSER, O.: Grundzüge der praktischen Bodenbearbeitung, S. 165. 1928.

[6] BLOHM, G.: Hackkultur. Illustr. landw. Ztg. **46**, 634 (1926).

[7] RICHTHOFEN, F. v.: Wann soll man Rüben und Getreide meißeln? Illustr. landw. Ztg. **74**, 297 (1927).

Allgemein erkennt man, daß die Bodenpflege während der Vegetation vorwiegend ausgeübt wird durch die Egge oder die Hacke, sei es als Hand- oder Maschinenhacke. Dabei findet die Egge besonders dort Anwendung, wo große Flächen in kurzer Zeit eine oberflächliche flache Lockerung erfahren sollen. Die Arbeit befriedigt aber nur dort, wo der Boden noch eine genügende Lockerheit zeigt, so daß die Eggenzinken anzugreifen vermögen. Je mehr dagegen der Boden oberflächlich verschlämmt ist, wie es besonders auf sehr schweren Böden leicht eintritt, um so unbefriedigender wird die Arbeit der Egge, die dann nur die Oberfläche des verhärteten Bodens ritzt und eher eine Erhöhung als Herabsetzung der Wasserverdunstung dadurch bedingt, während zugleich das Ziel der Lockerung überhaupt nicht erreicht wird. Neuere Geräte, wie die Stachelwalzen, leisten hier noch bessere Arbeit. Beiden ist in der Güte und Tiefe der Lockerung die Hackarbeit überlegen. Je sandiger die Böden sind, um so weniger tritt diese Überlegenheit hervor, während sie auf schweren Böden deutlich in Erscheinung tritt. Besonders die Maschinenhacke erfüllt die Aufgabe, eine flache Oberflächenschicht in gleichmäßiger Tiefe abzuschneiden und als lockere Isolierschicht auf den Boden zu legen, in um so besserer Weise, je besser Kultur- und Garezustand des Ackers sind. Auf sehr schweren, zähen, tonigen Böden versagt schließlich aber auch diese Arbeit, da hier eine Krümelung der abgeschnittenen Schicht durch die Hackmaschine nicht erreicht werden kann und auch eine nachfolgende Egge die festen abgeschnittenen Streifen nicht zu krümeln vermag. In extremen Fällen wird schließlich die Hackarbeit überhaupt unmöglich, „da der Boden bei feuchtem Wetter in Schollen, Klumpen und Stücke bricht und bei trockenem Wetter so stark verhärtet, daß er gar nicht gehackt werden kann, sondern Handhacke und Hackmesser darüber hinweggleiten[1]". Deshalb erkennt man, daß die Hackkultur ihren Ausgang von den guten milden Böden der Börden nahm, nicht nur, weil hier die wirtschaftlichen Vorbedingungen gegeben waren, sondern auch weil hier die ausgedehntesten Anwendungsmöglichkeiten bestanden.

In der Hackkultur wie in allen Fragen der Bodenbearbeitung zeigt sich die außerordentliche Abhängigkeit von Boden und Klima, die es mit sich bringt, daß auch einfach erscheinende Gesetzmäßigkeiten in ihrer Nutzbarmachung den größten Hemmungen begegnen können. Die Schwierigkeiten, die einer wissenschaftlichen Durchdringung der Bodenbearbeitung entgegenstehen, sind daher infolge des ständigen Wechsels aller Erscheinungen besonders groß, und lange Zeit galt die Bodenbearbeitung als ein wissenschaftlich unzugängliches Gebiet. Auch heute steht man noch durchaus in dieser Hinsicht am Anfang, wie vorliegende Ausführungen gezeigt haben. Aber der Weg für weitere Arbeit ist gewiesen, und die allerorts zunehmende Tätigkeit auf diesem Gebiet läßt erhoffen, daß die Lücken der Kenntnis bald mehr und mehr sich schließen werden.

3. Landwirtschaftliche Düngung.

a) Direkte Düngung.

Von **M. POPP**, Oldenburg.

Allgemeines.

Der Boden ist der Träger des organischen Lebens. Dort, wo der Mensch nicht eingreift, gedeiht organisches Leben in sehr verschiedenem Maße auf der Erdoberfläche. Als Vorbedingung für das Gedeihen von organischem Leben ist die Anwesenheit von Kohlensäure und Wasser einerseits und die von mineralischen

[1] ROEMER, TH.: a. a. O., S. 264.

Salzen andererseits erforderlich, die sämtlich durch die Verwitterung der Bodenbestandteile entstanden sind.

Wenn auf einem Boden, der noch nicht der Kultur durch den Menschen unterworfen worden ist, eine Pflanzendecke wächst, so gedeiht die ihr folgende Generation auf den Resten und Trümmern der vorhergehenden. Gewöhnlich findet die folgende Generation in diesen Trümmern bessere Wachstumsbedingungen als die ihr vorhergehende. Die ihr notwendige Nahrung liegt sozusagen vorverdaut vor. Sie findet leicht zersetzliche organische Stoffe, die man als Humus bezeichnet, und die anorganischen Salze in einer leicht aufnehmbaren, in einer durch ihre Vorgänger aufgeschlossenen Form. Die Bodenoberfläche verändert sich durch diese Vorgänge des Wachsens und Vergehens immer stärker, aber die Fruchtbarkeit bleibt annähernd die gleiche, weil diese durch die Menge der mineralischen Salze bestimmt und begrenzt wird. Sie würde sich aber sofort ändern, wenn etwa durch mechanische Einflüsse eine Entfernung dieser für das Wachstum unentbehrlichen Stoffe stattfände.

Ein solcher Eingriff in das Nährstoffkapital des Bodens tritt ein, sobald der Mensch für seine Zwecke die gewachsenen Pflanzenmassen von dem Boden entfernt. Durch fortgesetzte Entfernung der Ernte tritt schließlich eine Erschöpfung des Bodens ein, er verarmt an Nährstoffen, an organischen sowohl wie an anorganischen; und wenn der Mensch die gleichen oder gar höhere Ernten als früher erzielen will, so muß er die entzogenen Nährstoffe dem Boden wieder zuführen, er muß den Boden düngen.

Eine Sonderstellung nimmt hierbei der Stickstoff ein. Der für die Pflanzenernährung in Frage kommende Stickstoff entstammt zunächst nur der Atmosphäre. Durch Bodenbakterien kann er in organische Bindung übergeführt werden. Er kann daraus bei der Verwesung der Pflanzen in mineralische Form übergehen und als solche wieder der Pflanzenernährung dienen. Auch wenn jetzt ein Entzug der Ernte vom Boden stattfindet, kann die Bindung von atmosphärischem Stickstoff immer aufs neue erfolgen, ohne daß eine künstliche Zufuhr notwendig würde, vorausgesetzt, daß es sich um die Erzielung mäßiger Ernten handelt[1].

Andererseits tritt aber dauernd ein Verlust an Stickstoff im Boden ein, weil einmal der mineralische Stickstoff, besonders so weit er in Salpetersäure übergegangen ist, der Auswaschung unterliegt und zweitens, weil infolge von Denitrifikation der Salpeterstickstoff wieder in atmosphärischen Stickstoff übergeführt wird[2].

Über die Bindung des gasförmigen Stickstoffs ist kurz folgendes zu bemerken. Die Bindung kann zunächst durch im Boden frei lebende Organismen, in erster Linie durch Bakterien, geschehen[3].

1885 veröffentlichte BERTHELOT[4] und später WINOGRADSKY[5] die Ergebnisse von Untersuchungen, durch welche die N-Assimilation durch bodenbewohnende Bakterien sicher nachgewiesen wurde. Es handelte sich zunächst um Clostridium Pasteurianum[6], das sich später als eine Varietät des allgemein verbreiteten anaeroben Buttersäurebazillus, Bacterium amylobacter, erwies.

---

[1] MAYER, ADOLF: Die Düngerlehre in sechzehn Vorlesungen, S. 4. Heidelberg: Carl Winters Universitätsbuchhandlung 1924.

[2] Vgl. A. MAYER: a. a. O., S. 53.

[3] Vgl. F. LÖHNIS: Handbuch der landwirtschaftlichen Bakteriologie, S. 672. 1910.

[4] BERTHELOT, M.: Direkte Bindung von freiem atmosphärischen Stickstoff durch gewisse Tonböden. C. r. **101**, 775—784.

[5] WINOGRADSKY, S.: Untersuchungen über die Assimilation von freiem atmosphärischen Stickstoff durch die Mikroben. Arch. Sci. Biol. St. Petersburg **3**, 297—352 (1895).

[6] WINOGRADSKY, S.: Clostridium Pasteurianum, seine Morphologie und seine Eigenschaften als Buttersäureferment. Cbl. Bakter. II **9**, 43—54, 107—112 (1902).

Beijerinck[1] stellte bei Azotobakter, von dem es verschiedene Abarten gibt, die N-Assimilation fest. Während man bei Clostridium auf höchstens 6 mg N-Gewinn je 1 g kohlenstoffhaltige Nährsubstanz kam, erzielte man bei Azotobakter Gewinne von 10—15 mg N, ja bis 50 mg unter günstigen Bedingungen. Weitere Forschungen stellten fest, daß auch eine ganze Anzahl anderer Mikroorganismen, wie Coccen, Actinomyceten, Schimmelpilze, ja sogar grüne Algen (Cyanophyceen) elementaren N assimilieren können. Zum andern erfolgt die Stickstoffbindung im Boden durch Bakterien in Symbiose mit höheren Pflanzen. Die bodenbereichernde Wirkung der Leguminosen war schon in alten Zeiten bekannt. Aber erst Hellriegel[2] erkannte, daß es sich hier um die Tätigkeit von N-sammelnden Bakterien handelt, welche in den Wurzelknöllchen der Schmetterlingsblütler wohnen. Beijerinck[3] gelang es 1888, diese Bakterien in Reinkulturen zu ziehen und mit positivem Erfolg zur Impfung von Leguminosen zu verwenden. Eingehender wird diese Frage in einem späteren Abschnitt behandelt werden. Durch direkte Düngung kann man die Tätigkeit dieser nützlichen Bodenbakterien dadurch unterstützen, daß man für die Anwesenheit günstiger Wachstumsbedingungen sorgt, was seit altersher durch die Anwendung von Stalldünger geschieht.

Die natürlichen Dünger und ihre Einwirkung auf den Boden.

Stalldünger und Jauche.

Unter Stalldünger versteht man eine bis zum gewissen Grade zersetzte Mischung von tierischen Entleerungen mit Einstreumitteln. Die tierischen Entleerungen stellen einerseits die unverdauten Reste der Nahrung dar, den Kot. Andererseits wird der größte Teil der in den Stoffumlauf der Körpersäfte eingetretenen Stickstoffverbindungen, nachdem sie zu einfachen Abkömmlingen, wie Harnstoff, Harnsäure und Hippursäure, abgebaut sind, im Harn abgeschieden[4].

Der Kot enthält an organischen Bestandteilen Rohfaser, geringe Mengen von unverdauten Kohlenhydraten und Fetten und unverdauliche Proteinstoffe, an anorganischen Stoffen im wesentlichen Kalk-, Kali- und Natronsalze der Phosphorsäure, Schwefelsäure und Salzsäure. Als mittlere Zusammensetzung des Kotes verschiedener Haustiere wird folgende angegeben[5]:

Kot von	Wasser %	Organische Substanz %	Gesamtstickstoff %	Gesamtphosphorsäure %	Kali %	Kalk %	Chlor %
Rindern . . .	80,0	18,0	0,30	0,20	0,10	0,10	0,01
Pferden . . .	75,0	23,0	0,55	0,30	0,33	0,23	0,01
Schafen . . .	68,0	29,0	0,60	0,30	0,20	0,40	0,10
Schweinen . .	82,0	16,0	0,60	0,50	0,40	0,05	0,01
Ziegen	69,9	30,0	0,40	0,48	1,12	0,73	—
Kaninchen . .	71,0	28,4	0,52	0,45	1,12	0,65	—
Hühnern . . .	56,0	25,5	1,63	1,54	0,85	2,40	—
Tauben	51,9	30,8	1,76	1,78	1,00	1,60	—
Gänsen	77,1	13,4	0,55	0,54	0,95	0,84	—
Enten	56,6	26,2	1,00	1,40	0,62	1,70	—

[1] Beijerinck, M. W.: Über oligonitrophile Mikroben. Cbl. Bakter. II 7, 561—582 (1901). — Beijerinck, M. W. u. A. van Delden: Über die Assimilation des freien Stickstoffs durch Bakterien. Ebenda 9, 3—43 (1902).

[2] Hellriegel, H. u. H. Wilfarth: Untersuchungen über die Stickstoffnahrung der Gramineen und Leguminosen. Z. Ver. Rübenzuckerindustrie 1888.

[3] Beijerinck, N. W.: Die Bakterien der Papilionaceenknöllchen. Bot. Ztg. 46, 725, 741, 757 (1888).

[4] Vgl. F. Honcamp u. E. Blanck: Über die Konservierung und Düngewirkung des Jauchestickstoffes. Arb. Dtsch. Landw. Ges. 1916, H. 282 (Einleitung).

[5] Nach den Tabellen von E. v. Wolff u. A. Stutzer, durchgesehen von W. Schneidewind, im Landw. Kalender von O. Mentzel u. A. von Lengerke 1926, 103.

Je nach der Art und Menge des gereichten Futters wird die Zusammensetzung des Kotes mehr oder weniger schwanken, sie weicht aber nicht erheblich von den Mittelwerten ab.

Während bei den Vögeln Kot und Harn gemeinsam entleert werden, scheiden die Säugetiere diese Stoffe getrennt aus. Die Zusammensetzung des Harns ist im Durchschnitt folgende:

Harn von	Wasser %	Organische Substanz %	Gesamt-stickstoff %	Gesamtphos-phorsäure %	Kali %	Kalk %	Chlor %
Rindern . . .	92,5	3,0	1,00	0,10	1,50	0,03	0,10
Pferden . . .	89,0	7,0	1,20	0,05	1,50	0,15	0,30
Schafen . . .	87,5	8,0	1,50	0,10	1,80	0,30	0,38
Schweinen . .	94,0	2,5	0,50	0,05	1,00	0,02	0,10
Ziegen	92,0	5,2	1,90	0,12	0,59	0,16	—

Die Konzentration des Harns hängt zum Teil von der Wasseraufnahme der Tiere ab, so daß also die angeführten Mittelwerte ziemlich großen Schwankungen ausgesetzt sind. Die Stickstoffverbindungen im Harn unterliegen schnellen Zersetzungen; es bildet sich, besonders leicht aus dem Harnstoff, kohlensaures Ammoniak, das wegen seiner Flüchtigkeit leicht aus dem Harn entweichen kann. Im Gegensatz hierzu sind die Stickstoffverbindungen des Kotes recht schwer zersetzlich. Sie können erst durch eine tiefgreifende Einwirkung der Bakterien zu Ammoniakverbindungen abgebaut werden.

Während die Ausscheidungen der Vögel vielfach in unvermischtem Zustande als Düngemittel Verwendung finden, ist dies bei den Entleerungen der Säugetiere nur selten der Fall. In den meisten Fällen vermischt man insbesondere den Kot mit den Einstreumitteln, die man den Tieren in den Stall gibt. Zweckmäßig ist es, Kot und Harn von einander getrennt aufzufangen, damit die Zersetzung des Harnstoffes durch die Kotbakterien möglichst vermieden wird[1].

Die Einstreu hat den Zweck, die tierischen Ausscheidungen aufzusaugen und festzuhalten und den Wert und die Masse des Düngers an organischen und mineralischen Stoffen zu erhöhen und die Zersetzung auf der Düngerstätte und im Boden zu regeln.

In den Gegenden, in denen noch wenig Getreidebau getrieben wird, wo noch viel unkultiviertes und mit Heidekraut bestandenes Land vorhanden war, benutzt man als erste Einstreu sowohl das Heidekraut als auch die sog. Heideplaggen[2], die aus Heidekraut, Wurzelfilz und Erdteilchen bestehen. Das Aufsaugungsvermögen dieser Stoffe und auch ihre Zersetzbarkeit sind gering. Wesentlich günstiger und deshalb heute meist angewandt wird als Einstreu das Stroh des Wintergetreides. Sehr vorteilhaft ist aber auch die Anwendung von Torfstreu. Nach NOLTE[3] vermögen je 100 g lufttrockene Streu folgende Flüssigkeitsmengen aufzusaugen:

Roggenstroh, ganz	240 cm^3
Roggenstroh, gehäckselt	265 ,,
Torfstreu	900 ,,
Heideplaggen	198 ,,
Nadelbaumstreu	150 ,,

[1] STUTZER, A.: Die Behandlung und Anwendung von Stalldünger und Jauche, 5. Aufl. bearb. von F. HONCAMP, S. 75. Berlin: Paul Parey 1928.

[2] NOLTE, O.: Der Stallmist und seine Verwendung. Flugschr. Nr. 24 Dtsch. Landw. Ges. Berlin 1924.

[3] NOLTE, O.: a. a. O., S. 23.

Der Gehalt der Einstreu an Pflanzennährstoffen ist gering. NOLTE gibt folgende Werte an:

	Stickstoff %	Phosphorsäure %	Kali %	Kalk %
Roggenstroh	0,6	0,3	1,0	0,3
Torfstreu	0,6	0,1	0,1	0,3
Heideplaggen	0,6	0,1	0,3	0,4
Nadelstreu	0,8	0,2	0,2	1,2

Einstreu, Kot und mehr oder weniger Harn ergeben zusammen den Stallmist. Seine Zusammensetzung schwankt je nach der Zusammensetzung der Einzelbestandteile. E. v. WOLFF und A. STUTZER[1] geben folgende Durchschnittswerte für frischen Stalldünger an:

Wasser	75,00 %	Kali	0,60 %
Organische Substanz	21,00 %	Kalk	0,45 %
Gesamtstickstoff	0,45 %	Magnesia	0,14 %
Leicht löslicher Stickstoff	0,20 %	Schwefelsäure	0,10 %
Phosphorsäure	0,20 %	Chlor	0,13 %

Durch die Lagerung treten erhebliche Zersetzungen im Stalldünger ein. Da diese Zersetzungsvorgänge von der größten Bedeutung für das Verhalten des Stalldüngers im Boden sind, so ist näher darauf einzugehen.

Wird der Stalldünger auf der Düngerstätte ausgebreitet, so erwärmt er sich nach ganz kurzer Zeit. Die Temperatur steigt dabei bis auf mehr als 70°[2]. Diese Temperatursteigerung wird durch die Tätigkeit der im Dünger vorhandenen Mikroorganismen bedingt, die in sehr großen Mengen im Kot der Tiere, aber auch in der Einstreu vorhanden sind. LÖHNIS[3] schätzt ihre Menge auf 10—20 Milliarden in 1 g Dünger, so daß 100 kg Stallmist 1—1,5 kg lebende Bakterienmasse enthalten. Durch die normale Stallmistdüngung von 400 dz je Hektar würden dann 400—600 kg lebende Mikroorganismen dem Boden zugeführt werden. Auf die Bedeutung dieser Kleinlebewesen hatte zuerst KETTE[4] hingewiesen; lange Zeit hielt man aber an der Annahme fest, daß der Stallmist nur durch seine direkten Pflanzennährstoffe Stickstoff, Phosphorsäure und Kali wirke, obgleich der Stalldünger in seiner Wirksamkeit sehr starke Schwankungen zeigte, die nicht auf die Verschiedenheit im Gehalt an Pflanzennährstoffen zurückgeführt werden konnten, so daß B. SCHULZE[5] auf Grund seiner Versuche schrieb: „Keinesfalls kann also der Gehalt des Düngers an hauptsächlich wertbestimmenden Bestandteilen eine Erklärung für die Verschiedenartigkeit der Geldwertleistung bieten.“

Die ungünstige Wirkung von unzersetztem Stalldünger im Boden ist seit langer Zeit bekannt. Die Wirkung wird aber um so besser, je länger der Dünger vor dem Ausbringen gelagert hat, bis später infolge zu weitgehender Zersetzung wieder ein Rückschritt eintritt. So fand M. MAERCKER[6] bei Verwendung äquivalenter Düngermengen zu Hafer bei einer Lagerung des Düngers:

von 6 Tagen einen Ertrag = 1 — von 56 Tagen einen Ertrag = 33
„ 40 „ „ „ = 24 — „ 103 „ „ „ = 42

[1] Vgl. O. MENTZEL u. A. v. LENGERKE: Landw. Kalender **1928**, 100.
[2] HOFFMANN, M.: Stallmistkonservierungsversuche. Dtsch. landw. Presse **27**, 354 (1900).
[3] LÖHNIS, F.: Vorlesungen über landwirtschaftliche Bakteriologie. S. Berlin: Gebrüder Bornträger 1913.
[4] KETTE, W.: Die Fermentationstheorie gegenüber der Humus-, Mineral- und Stickstofftheorie. 1862.
[5] SCHULZE, B.: Leistung und Geldwert des Stalldüngers. Arb. Dtsch. Landw. Ges. **1911**, H. 198.
[6] MAERCKER, M.: Jber. landw. Versuchsstat. Halle **1896**, 56.

Der Zweck der Düngerrottung besteht nach LÖHNIS[1] darin, „daß erstens die organischen Substanzen so weit — aber nicht weiter — zerlegt werden, als erforderlich ist, damit sie weder auf die Kulturgewächse noch auf die Salpeterbildner schädlich einwirken, noch auch den ammon- und nitratassimilierenden Bodenorganismen eine geeignete Kohlenstoffquelle darbieten können. Und zweitens soll ein Teil des ursprünglich in organischer Bindung vorhandenen Stickstoffs so weit umgesetzt werden, daß nach dem Einbringen des Düngers in den Acker der Nitrifikationsprozeß sogleich einsetzen kann".

Die im frischen Stalldünger enthaltenen organischen Kohlenstoffverbindungen bestehen in der Hauptsache aus Rohfaser (Zellulose, Lignin), dann aus Pektinstoffen und schließlich aus den leicht zersetzlichen Kohlenhydraten, wie Zuckerarten. Je nach der Art der Aufbewahrung des Stalldüngers werden größere oder geringere Mengen dieser Stoffe zersetzt. SJOLLEMA und DE RUYTER DE WILDT[2] hielten ein Gemisch von Kot und Harn bei 15° und bei 35° teils aerob, teils anaerob und stellten nach 130 Tagen folgende Verluste fest:

	Aerob bei		Anaerob bei	
	15° %	35° %	15° %	35° %
An organischer Substanz	11,8	39,4	3,6	34,0
An Pentosanen	18,6	62,8	9,4	59,6
An Zellulose	0	75,0	fast 0	Abnahme

Auch bei Luftabschluß treten also, besonders bei höheren Temperaturen, Zersetzungen selbst der Zellulose ein. Die Verluste werden geringer, wenn der Dünger genügend feucht gehalten wird, wie Versuche von M. JEGOROW[3] zeigen. Er hielt Pferdedünger bei 35—37° unter verschiedenen Feuchtigkeitsverhältnissen und fand folgende Verluste:

	Bei einem Wassergehalt von	
	30%	85%
Trockensubstanz	38,5 %	35,7 %
Pentosane	71,0 %	55,8 %
Zellulose	53,2 %	41,1 %

Die Stickstoffverbindungen des Stallmistes bestehen, abgesehen von den geringen Stickstoffmengen in der Einstreu, im Kot etwa zur Hälfte aus solchen organischer Art in Bakterien und Pilzen, zur anderen Hälfte aus unverdaulichen Eiweißstoffen des Futters. Der im Stalldünger vorhandene Harn enthält vorwiegend Harnstoff, ferner Hippursäure und Harnsäure. Der Stickstoff des Harnstoffes geht sehr leicht und schnell in Ammoniak über. E. BLANCK[4] fand bei der Gärung von Hammelharn folgenden Ammoniakgehalt in Prozenten des Gesamtstickstoffs:

Nach dem						
1. Tage %	2. Tage %	3. Tage %	7. Tage %	11. Tage %	16. Tage %	54. Tage %
14,70	17,70	23,98	52,28	67,44	80,86	86,34

[1] LÖHNIS, F.: a. a. O., S. 314.

[2] SJOLLEMA, B. u. DE RUYTER DE WILDT: Landbouwkund. Onderzoekingen Rijkslandbouwproefstat. **1910**, Nr. VII, 106—146.

[3] JEGOROW, M.: Ann. l'Inst. Agronom. Moscou, T. 17 **1911**, livr. 4, 1—58.

[4] BLANCK, E.: Studien über den Stickstoffhaushalt der Jauche I. Landw. Versuchsstat. **91**, 201 (1918).

Diese Umsetzung erfolgt in erster Linie durch die im Kot enthaltenen Bakterien. Das im Stallmist auf diese Weise entstandene Ammoniak ist flüchtig und kann leicht zu Stickstoffverlusten Veranlassung geben. Weitere Stickstoffverluste sollen nach Sjollema[1] und Russell[2] dadurch eintreten, daß der Ammoniak- und Amidstickstoff des Düngers in Nitrate und Nitrite überführt werden, die durch denitrifizierende Bakterien später zu freiem Stickstoff abgebaut werden. Dagegen fanden König[3] und Hohl[4] in zahlreichen Düngerstätten überhaupt keine salpeterbildenden Bakterien. Nolte[5] und Gehring[6] haben diese Frage sehr eingehend studiert. Sie konnten in keinem Falle in Stalldünger Nitrit- oder Nitratbakterien isolieren und kommen zu dem Schluß, daß bisher noch kein Beweis dafür vorliegt, daß die Stickstoffverluste aus Stallmist notwendigerweise und in der Hauptsache auf dem Umwege über das Nitrat erfolgen müssen, und daß sie aus Jauche und Harn wohl niemals auf diese Weise vor sich gehen.

Der Stickstoffverlust wird am größten, wenn der Mist lose lagert und sich dabei stark erwärmt. Neuerdings empfiehlt Krantz[7] die Gewinnung eines sog. Edelmistes dadurch, daß man den Dünger auf der Düngerstätte schnell eine Temperatur von 60—65° erreichen läßt, worauf man ihn festtritt. Dadurch soll eine schnellere und vollständigere Verrottung herbeigeführt werden, und die Verluste an Stickstoff und organischen Kohlenstoffverbindungen sollen erheblich vermindert werden. Ein derartig behandelter Mist soll im Boden schnell zersetzt werden unter reichlicher Bildung von Kohlensäure und Salpeter. Gerlach und Seidel[8] haben diese Frage durch Versuche nachgeprüft. Sie verglichen z. B. heiß vergorenen Dünger mit kalt gelagertem Dünger und fanden nach zwei Monaten folgende Verlustwerte im Mittel zweier Parallelversuche:

	Heißdünger %	Kaltdünger %
Wasser	29,2	11,8
Trockenmasse	24,3	—
Organische Substanz	28,9	7,6
Gesamtstickstoff	25,9	6,5

Sie konnten damit die Ansichten von Löhnis[9] nicht bestätigen, und auch die Zusammensetzung beider Düngerarten war nicht wesentlich von einander verschieden, so daß man unter sonst gleichen Bedingungen durch den kalt gelagerten Dünger ebensoviel gut verrottete organische Substanz in den Boden bringt wie durch Heißmist. Die Zersetzung im Boden wird dann in beiden Fällen in der gleichen Weise verlaufen.

Wenn der gut verrottete Stalldünger in den Boden kommt, so hat er eine dreifache Wirkung auszuüben, nämlich eine chemisch ernährende, eine physikalisch bodenverbessernde und eine biologische Wirkung. Die chemisch ernährende

[1] Sjollema, B.: Cultura **1905**, Dezemberheft. — Sjollema, B. u. J. C. de Ruyter de Wildt: Ebenda **1906**, Februar-Märzheft u. Dezemberheft. — Verlagen landbouwk. onderzoek Rijkslandbouwproefstat. **1907**, Nr. 1; **1910**, Nr. 7.

[2] Russell, E. J. u. E. H. Richards: J. agricult. sci. **8**, 495 (1917). — Russell, E. J.: J. Farmers Club **89** (1920).

[3] König, J.: Landw. Ztg. Westfalen **1900**, 97.

[4] Hohl, J.: Über landwirtschaftlich wichtige Bodenbakterien. Landw. Jb. Schweiz **18**, 444 (1904).

[5] Nolte, O.: Über die Ursachen der Stickstoffverluste von Harn, Kot und anderen organischen Substanzen. Landw. Versuchsstat. **99**, 287 (1922).

[6] Gehring, A.: Cbl. Bakter. II **42**, 402 (1914).

[7] Krantz, H.: Landw. Ztg. **1922**, Nr. 89 u. 90. — Binnenversorgung durch Bodenkraftvermehrung. Stuttgart 1924.

[8] Gerlach, M. u. L. Seidel: Kalt- und Heißmist. Z. Pflanzenern. u. Düng. **1929** B, H. 1, 15.

[9] Löhnis, F.: Die Heißvergärung des Stallmistes. Landw. Ztg. **1928**, Nr. 10, 132.

Wirkung beruht auf dem Gehalt des Düngers an direkten Pflanzennährstoffen, also an Phosphorsäure und Kali, namentlich aber auf seinem Gehalt an leichtlöslichen oder leichtzersetzlichen Stickstoffverbindungen[1].

Die physikalische Wirkung auf die Verbesserung des Bodenzustandes beruht vor allem auf den organischen Bestandteilen des Stallmistes[2]. Zunächst lagern sich diese Stoffe mechanisch zwischen die Bodenteilchen und führen damit eine Lockerung besonders schwerer Böden herbei. Durch die im Boden weiter gehende Zersetzung der im lagernden Stallmist verrotteten Substanzen wird Kohlensäure gebildet, welche lösend und auf Kolloide auflockernd wirkt. Hierdurch wird die besonders geschätzte Krümelstruktur des Bodens herbeigeführt. Andererseits wird Wärme frei, wodurch die Temperaturen des Bodens ausgeglichen werden. Schon WOLLNY[3] hat bei der Vermischung von in Zersetzung begriffenem Torf mit Boden erhebliche Temperaturunterschiede festgestellt, und STOKLASA[4] gibt an, daß nach seinen Beobachtungen die Temperatursteigerung im Boden infolge der Stallmistdüngung 1—3° C beträgt.

Die organische Substanz des Stallmistes dient im Boden als Humusbildner[5]. Schon hieraus geht hervor, daß man unter „Humus" nicht einen einheitlich zusammengesetzten Körper verstehen kann. Man geht heute noch auf die Anschauungen von SPRENGEL[6], MULDER[7] und DETMER[8] zurück. Aber schon VAN BEMMELEN[9] hat 1888 ausgesprochen, daß der Humus einen Komplex undefinierter Kolloide darstelle, und die moderne Forschung ist nicht wesentlich weitergekommen, wenn man auch seine physikalischen und chemischen Eigenschaften einigermaßen umschrieben hat[10]. Es ist bisher nur ein wohlcharakterisiertes Abbauprodukt der Humusstoffe bekannt geworden, die Humalsäure[11], von welcher MARCUSSON[12] annimmt, daß sie aus den Oxyzellulosen stammt. Die Humalsäure selbst zerfällt schon durch schwache Oxydationsmittel glatt zu Kohlensäure und Wasser. Damit läge eine geschlossene Reihe für die Zersetzungsvorgänge der Zellulose, der Hauptmenge der organischen Substanz im Stallmist und im Boden vor, nämlich Zellulose, Oxyzellulose, Humalsäure, Kohlensäure und Wasser[13]. Diese Zersetzung kann auf rein chemischem Wege vor sich gehen,

[1] SCHULZE, B.: a. a. O. Arb. Dtsch. Landw. Ges. **1911**, H. 98. — MAERCKER, M.: Jber. landw. Versuchsstat. Halle **1896**. — SCHNEIDEWIND, W.: 5. Bericht der Versuchswirtschaft Lauchstädt. Berlin: P. Parey 1908. — PFEIFFER, TH., E. FRANKE, O. LEMMERMANN u. H. SCHILLBACH: Die Wirkung des organischen Stickstoffs usw. Landw. Versuchsstat. **51**, 249 (1899). — WAGNER, P.: Arb. Dtsch. Landw. Ges. **1916**, H. 279.

[2] GOY, S. u. P. MÜLLER: Über den Einfluß einer Stallmistdüngung auf den Bodenzustand. Z. Pflanzenern. B. **9**, 481. (1930). — WLASSJNE, P. A.: Die physikalisch-chemische Metamorphose des Ackerbodens unter dem Einfluß von Mistgaben. Arb. Versuchsstat. Uman **10**, 93 (1930).

[3] WOLLNY, E.: Die Zersetzung der organischen Stoffe, S. 287. Heidelberg 1897.

[4] STOKLASA, J. u. E. G. DOERELL: Handbuch der biophysikalischen und biochemischen Durchforschung des Bodens, S. 753. Berlin: Paul Parey 1926.

[5] WAKSMAN, S. A. u. H. W. REUSSER: Über die chemische Natur und den Ursprung des Humus im Erdboden. Zellulosechem. **11** (1930).

[6] SPRENGEL, C.: Über Pflanzenhumus, Humussäure und humussaure Salze. Kastner-Arch. ges. Naturlehre, Nürnberg **1826**.

[7] MULDER, G. J.: Die Chemie der Ackerkrume. 1863.

[8] DETMER, W.: Die natürlichen Humuskörper des Bodens und ihre landwirtschaftliche Bedeutung. Landw. Versuchsstat. **14**, 248—300 (1871).

[9] BEMMELEN, J. M. VAN: Die Absorptionsverbindungen und das Absorptionsvermögen der Ackererde. Landw. Versuchsstat. **35**, 69 (1888).

[10] Vgl. dieses Handbuch **7**, 113ff.

[11] POPP, M.: Die Konstitution der Humussäuren. Brennstoff-Chemie **1**, 59 (1920).

[12] MARCUSSON, J.: Mitteilung aus dem Staatlichen Materialprüfungsamt Berlin-Dahlem. Z. angew. Chem. **35**, 339 (1925).

[13] BALK, R.: Untersuchungen über die Bildung und Zersetzung des Humus im Boden. Landw. Versuchsstat. **103**, 221 (1925).

ebenso aber auch durch biologische Einflüsse, ja, es bildet der Oxydationsvorgang im Boden für die Mikroorganismen des Bodens die hauptsächlichste Energiequelle[1]. Man kann annehmen, daß durch eine mittlere Stallmistdüngung von 400 dz auf ein Hektar durch die Atmung der Bodenbakterien in 100 Tagen 40 dz Kohlendioxyd gebildet werden. Außerdem entstehen bei der Zersetzung des Stallmistes organische Säuren; nachgewiesen sind Essigsäure, Ameisensäure, Buttersäure, Valeriansäure[2]. Alle diese Säuren, namentlich aber die gewaltige Menge an Kohlensäure, wirken lösend auf die mineralischen Bodenbestandteile ein. Die Di-, Tri- und Tetraphosphate werden gelöst, die Silikate werden zersetzt, Kali-, Magnesium- und Kalkverbindungen werden in wasserlösliche Form übergeführt, die Pflanzennährstoffe werden damit den Pflanzen überhaupt erst zugänglich gemacht. Weitere organische Zersetzungsprodukte, welche auf das Mikroleben im Boden von Bedeutung sind, haben LATHROP[3] und SKINNER[4] ermittelt. Schließlich werden alle diese organischen Verbindungen im Boden zu Kohlensäure und Wasser abgebaut.

Sehr mannigfaltig ist das Geschick der mit dem Stallmist in den Boden gelangenden Stickstoffverbindungen. Die Eiweißstoffe und ähnliche Substanzen werden zunächst zu Aminosäuren gespalten, die dann wieder der Hydrolyse und Oxydation unterliegen. DAKIN[5] und EHRLICH[6] geben folgende Formulierungen dieser Vorgänge an:

$$R \cdot CH \cdot NH_2 \cdot COOH + O_2 = RCOOH + CO_2 + NH_3$$
$$R \cdot CH \cdot NH_2 \cdot COOH + H_2O = RCH_2 \cdot OH + CO_2 + NH_3.$$

Nachdem man die biologische Tätigkeit der Mikroorganismen hierbei festgestellt hatte[7], hat MARCHEL[8] die Fragen so weit geklärt, daß auch spätere Untersuchungen hierüber keine neueren Erkenntnisse brachten[9]. Man fand, daß die Ammoniakbildung von der Jahreszeit, also von der Temperatur abhängig ist, ferner von der Konzentration des Mediums und von seiner Reaktion[10]. An dem Vorgang selbst sind eine Reihe verschiedener Organismen beteiligt. LÖHNIS[11] konnte nachweisen, daß sie auch imstande sind, Calciumcyanamid unter Bildung von Ammoniak und kohlensaurem Kalk zu zersetzen. WAGNER[12] u. a.[13] benutzten

---

[1] RUSSELL, E. J.: Boden und Pflanze, S. 104. Dresden u. Leipzig: Theodor Steinkopff 1914.

[2] STOKLASA, J. u. E. G. DOERELL: Handbuch der biophysikalischen und biochemischen Durchforschung des Bodens, S. 749. Berlin: Paul Parey 1926.

[3] LATHROP, E. C.: J. Franklin Just **183**, 169 (1917).

[4] SKINNER, J. J.: J. Franklin Just **186**, 165 (1918). — SCHREINER, Osw. u. J. J. SKINNER: U. S. Dep. Agricult. Bureau Soils, Bull. **70** (1910).

[5] DAKIN: J. of biol. Chem. **4**, 63 (1908).

[6] EHRLICH, F.: Über die Entstehung des Fuselöls. Z. Ver. Rübenzuckerindustrie **1905**, 539.

[7] MÜNTZ, A.: Über die Zersetzung der organischen Bestandteile im Boden. C. r. **110**, 1206 (1890). — MÜNTZ, A. u. H. COUDON: Die ammoniakalische Fermentation des Bodens. C. r. **116**, 395 (1893).

[8] MARCHEL, E.: Über die Bildung von Ammoniak im Boden durch die Mikroben. Bull. Acad. Roy. Belg. (3) **25**, 727 (1893).

[9] BARTHEL, Chr. u. N. BENGTSON: Beitrag zur Frage der Nitrifikation des Stallmiststickstoffs im Ackerboden. Zentralanstalt f. Versuchsw. a. d. Gebiet des Ackerbaus. Bakt. Abt. Meddelande 352. Stockholm 1930.

[10] LÖHNIS, F. u. PARR: Zur Methodik der bakteriologischen Bodenuntersuchung. Cbl. Bakter. II **12**, 262 (1905); **14**, 1 (1905); **17**, 518 (1907).

[11] LÖHNIS, F.: Über die Zersetzung des Kalkstickstoffes. Cbl. Bakter. II **14**, 87 (1905).

[12] WAGNER, P.: Die Düngung mit schwefelsaurem Ammoniak und organischen Stickstoffdüngemitteln im Vergleich zum Chilesalpeter. Arb. Dtsch. Landw. Ges. **1902**, H. 80.

[13] POPP, M.: Die Wirkung der organischen Stickstoffdüngemittel im Vergleich zum Salpeter. Landw. Versuchsstat. **68**, 253 (1908). — Neue Untersuchungen über den Guano. Ebenda **112**, 261 (1931).

seitdem die Fähigkeit der Bodenbakterien, organische Stickstoffverbindungen zu Ammoniak abzubauen, um die Zersetzlichkeit und damit die Wirksamkeit organischer Stickstoffdüngemittel, wie Hornmehl, Blutmehl, Kadavermehl und anderer zu ermitteln.

Während die Umwandlung der organischen Stickstoffverbindungen zu Ammoniak durch eine ganze Reihe verschiedener Bodenorganismen herbeigeführt wird, ist die weiter eintretende Bildung von Nitrit und Nitrat durch ganz bestimmte Bakterien bedingt. Die Bildung von Nitrit erfolgt durch B. Nitromonas, die Überführung des Nitrits in Nitrat geschieht durch Nitrobakter. RUSSELL[1] hat gezeigt, daß die aufeinanderfolgenden Umsetzungen so schnell vor sich gehen, daß im normalen Ackerboden nur Spuren von Ammoniak oder Nitrit vorhanden sind. Der Verlauf der Oxydation selbst ist unbekannt, Zwischenprodukte konnten nicht aufgefunden werden. Bedeutsam ist, daß die Wirksamkeit der genannten Bakterien eine völlig spezifische ist. Nitromonas oxydiert nur Ammoniumkarbonat, weder Harnstoff noch substituierte Ammoniumverbindungen werden durch ihn angegriffen[2]. Ammoniumsalze werden nur in Gegenwart von Karbonaten zersetzt, d. h. diese Oxydation erfolgt nur in neutralem oder alkalischem Boden, niemals in sauren Böden, wie schon WARRINGTON[3] nachgewiesen hat. BARTHEL[4] fand dagegen, daß der im Stallmist vorhandene Ammoniakstickstoff in einem gegen Lackmus sauer reagierenden leichten Lehmboden wenigstens ebenso kräftig nitrifiziert wurde wie in einem neutralen Lehmboden in höherer Kultur. Dagegen wurde der Stickstoff des schwefelsauren Ammoniaks im sauren Boden viel schlechter nitrifiziert als der Stickstoff des Stalldüngers. Nitrobakter oxydiert dagegen nur Nitrite, nicht aber Ammoniak. Den Einfluß organischer Substanzen auf die Nitrit- und Nitratbildung haben WINOGRADSKY und OMELIANSKY[5] studiert. Kohlensäure reicht als Kohlenstoffquelle vollständig aus. COLEMAN[6] und STEVENS und WITHERS[7] haben später gezeigt, daß die organische Substanz im Boden die Nitrifikation nicht stört, sondern sie unter Umständen sogar fördern kann[8].

Mit der Salpeterbildung ist die Umsetzung der Stickstoffverbindungen im Stallmist noch nicht beendet. Fehlt es im Boden an Sauerstoff, so entziehen gewisse Organismen dieses zu ihrem Leben notwendige Element den Nitraten. Dieser bereits seit 1875 bekannte[9] Vorgang wird von zahlreichen Bakterien vollzogen; MAASSEN[10] schreibt diese Fähigkeit der Nitratreduktion etwa 80% aller Bakterien zu, wobei allerdings nur eine geringere Anzahl die Nitrate bis zum

---

[1] RUSSELL, E. J.: Das Ammoniak in Böden. J. agricult. Sci. 3, 233—245 (1909).

[2] RUNOW, E. W.: Die Nitritbildung in organischen Medien auf biologischem Wege. Cbl. Bakt. II 77, 193 (1929).

[3] WARRINGTON, R.: Über Nitrifikation. J. chem. Soc. 33, 44 (1878); 35, 429 (1879); 45, 637 (1884); 49, 484 (1891).

[4] BARTHEL, CHR.: Beitrag zur Frage der Nitrifikation des Stallmistes in der Ackererde. Cbl. Bakt. II 49, 382 (1919).

[5] WINOGRADSKY, S. u. W. OMELIANSKY: Über den Einfluß der organischen Substanz auf die Arbeit der nitrifizierenden Mikroben. Cbl. Bakter. II 5, 329 (1899).

[6] COLEMAN, L. C.: Untersuchungen über Nitrifikation. Cbl. Bakter. II 20, 401 (1908).

[7] STEVENS, F. L. u. W. A. WITHERS: Die Verhinderung der Nitrifikation durch organische Substanz, verglichen in Böden und Lösungen. Cbl. Bakter. II 27, 169 (1910).

[8] JENSEN, H. L.: Änderungen in der Mikroflora des Bodens und ihre Beziehung zur Nitrifikation. J. Agric. Sci. 21. 38 (1930).

[9] MENSEL, E.: Über die durch Bakterien in Gegenwart von Alkalinitraten hervorgerufene Putrifizierung. C. r. 131, 533 (1875).

[10] MAASSEN, A.: Die Zersetzung der Nitrate und Nitrite durch die Bakterien. Arb. Kaiserl. Gesundheitsamtes 18, 21 (1901).

gasförmigen Stickstoff abbaut[1]. Erforderlich für das Zustandekommen der Reduktion ist die Anwesenheit leicht oxydierbarer organischer Substanz. P. Wagner[2] stellte schon 1895 fest, daß frischer, unverrotteter Stallmist die Denitrifikation fördert. Warrington[3] zeigte allerdings, daß diese Ergebnisse nur bei sehr hohen Düngergaben erhalten werden, und daß, wenigstens für englische Verhältnisse, die Erfahrungen der Praxis nicht damit in Einklang stehen. In nassen, luftarmen Böden hat man dagegen die Denitrifikation häufig beobachtet. Auch Sjollema[4] ist der gleichen Ansicht, obwohl man auch die Möglichkeit zu berücksichtigen hat, daß auch durch den Abbau organischer Stickstoffverbindungen freier, elementarer Stickstoff entstehen kann[5].

Man hat versucht, die im Stallmist stets eintretenden Verluste an Stickstoff durch Zusatz chemischer Konservierungsmittel herabzusetzen[6]. Wirklich wirksam können hier nur saure Produkte, wie Schwefelsäure, Phosphorsäure, Superphosphat sein. Allein ihre Anwendung ist entweder zu teuer oder es wird dadurch das Bakterienleben zu sehr gestört. In der Praxis werden vielfach noch Kalisalze zur Düngerkonservierung empfohlen; allein Schneidewind[7] konnte keine Konservierung des Stickstoffs dadurch erzielen. Auch dem vielfach angepriesenen Gips kann derselbe Forscher keine günstige Wirkung zuschreiben, und O. Nolte[8] stimmt ihm dabei zu.

Die geringsten Gesamtverluste an Stickstoff treten bei einer möglichst frühzeitigen und möglichst vollständigen Trennung von Stallmist und Jauche ein. Das Schependorfer Verfahren hat sich dabei am besten bewährt. Jedoch hat auch eine zu stickstoffreiche Jauche ihre Nachteile, da beim Ausbringen der Jauche auf das Feld durch Ammoniakverdunstung große Stickstoffverluste eintreten. Man sucht diese dadurch zu vermeiden, daß man mittels geeigneter Vorrichtungen die Jauche direkt in den Boden eindrillt[9].

Als chemische Konservierungsmittel des Jauchestickstoffs hat man verschiedene Stoffe empfohlen, wie Schwefelsäure, Natriumbisulfat, Chlorkalzium und besonders Formalin[10]. Indessen ist die Anwendung aller dieser Konservierungsmittel meist zu teuer oder sie wirkt auf das Pflanzenwachstum schädigend.

Das Verhalten des Jauchestickstoffs im Boden ist das gleiche, wie das des im Stallmist vorhandenen, dem Harn entstammenden Stickstoffs. Die Jauche ist stets mit Kotbakterien infiziert, die den Harnstoff schnell in kohlensaures Ammoniak überführen. Dieser wird im Boden in Nitrit und Nitrat übergeführt, soweit es nicht direkt verdunstet.

---

[1] Dehérain u. Maquenne: Über die Reduktion der Nitrate im Ackerboden. C. r. **95**, 691 (1882). — Gayon, U.: u. G. Dupetit: C. r. **95**, 644ff. (1882); Memoires Sc. Bordeaux III **2**, 107 (1886).

[2] Wagner, P.: Die geringe Ausnutzung des Stallmiststickstoffs und ihre Ursachen. Dtsch. landw. Presse **92**, 98 (1895).

[3] Warrington, R.: Denitrifikation und Stalldünger. J. Roy. Agricult. Soc. **8**, 577 (1897).

[4] Sjollema, B.: Cultura Dezember **1905** u. **1906**; auch Versl. landbouwk. onderzoek. Rijkslandbouwproefst. **1907**, 1; **1910**, 7.

[5] König, J.: Landw. Ztg. Westfalen **97** (1900). — Hohl, J.: Landw. Jb. Schweiz **18**, 444 (1904). — Ehrenberg, P. u. E. Reichenbach: Zur Frage der Stallmistzersetzung. Breslauer Mitt. **4**, 871 (1909).

[6] Vgl. F. Honcamp und E. Blanck a. a. O., S. 40f.

[7] Schneidewind, W.: Die Ernährung der landwirtschaftlichen Kulturpflanzen, 9. Aufl., S. 236. Berlin: Paul Parey 1921.

[8] Nolte, O.: Mitt. Dtsch. Landw. Ges., Stück 3 (1922).

[9] Stutzer, A. u. F. Honcamp: Die Behandlung und Verwertung von Stalldünger und Jauche, S. 78. Berlin: Paul Parey 1928.

[10] Blanck, E.: Studien über den Stickstoffhaushalt der Jauche, Teil I—III. Landw. Versuchsstat. **91**, 173, 253 u. 271 (1918). — E. Blanck, W. Geilmann u. F. Giesecke: J. Landw. **70**, 221 (1922). — Blanck, E. u. F. Alten: Versuche mit Jauchedrill usw. J. Landw. **72**, 129 (1924).

In der Praxis schreibt man der Jauche vielfach einen Einfluß auf die im Boden vorhandenen Nährstoffe zu und glaubt, daß diese in größerer Menge durch die Jauche gelöst werden. Untersuchungen hierüber liegen bisher nur von BLANCK und ALTEN[1] und von FICK[2] vor.

Die Genannten behandelten einen schweren Lehmboden mit Schweineharn in verschiedenem Vergärungszustande und vergleichsweise mit Wasser. Nach 24stündiger Einwirkung des frischen Harns waren von den Bestandteilen des Bodens folgende prozentische Anteile in Lösung gegangen:

SiO_2	CaO	MgO	P_2O_5	K_2O
6,10	7,09	2,75	30,95	57,06

Dagegen waren vom Natron des Harns 8,11% vom Boden absorbiert worden. Der Versuch wurde mit einem anderen Schweineharn wiederholt, nachdem dieser verschiedene Tage der Gärung unterworfen war. Dabei waren folgende prozentische Bestandteile in Lösung gegangen:

	SiO_2	CaO	MgO	P_2O_5	K_2O
Nach 4tägiger Vergärung	4,05	2,23	3,23	30,90	73,15
„ 9 „ „	4,42	2,51	3,39	30,95	95,55
„ 25 „ „	4,78	2,38	3,23	30,95	95,72

Natron wurde auch in diesem Versuch nicht in Lösung gebracht, dagegen 73,61%, 72,18% und 72,31% davon aus dem Harn vom Boden aufgenommen.

Besonders auffallend ist die starke Lösung von Phosphorsäure und Kali durch den Einfluß des Harns. Wenn auch diese Versuche noch als Vorversuche zu betrachten sind, ist doch die stark lösende Wirkung der Jauche auf die Bodennährstoffe hierdurch bereits nachgewiesen. Eine Erklärung, worauf diese Vorgänge zurückzuführen sind, geben die Forscher nicht.

Fäkalien, Müll und Kompost.

Fäkalien: Die menschlichen Auswurfstoffe, die Fäkalien, sind im Vergleich zu den Exkrementen der pflanzenfressenden Haustiere reicher an Stickstoff und Phosphor, da die menschliche Nahrung eiweißreicher als das Viehfutter ist. Während das Heu etwa 1,5% Stickstoff enthält, sind im Getreide 2—3%, im Fleisch bis 15% Stickstoff vorhanden. In der Trockensubstanz des Rinderkotes sind etwa 1,5% und in der von Rinderharn etwa 13% Stickstoff, während die festen Exkremente des Menschen 5—7% N und der Harn 17—20% N in der Trockensubstanz enthalten. Eine allgemein gültige Durchschnittszusammensetzung der Fäkalien läßt sich begreiflicherweise noch weniger angeben als für die der Haustiere, da die Ernährung des Menschen noch verschiedener als die der Tiere ist. PRJANISCHNIKOW[3] gibt an, daß der Mensch in 24 Stunden etwa 133 g feste und 1200 g flüssige Exkremente ausscheidet. Diese besitzen nach ihm nebenstehende Zusammensetzung:

	Menschliche Auswurfstoffe		
	feste %	flüssige %	beide gemischt %
Wasser	75,0	95,0	93,0
Stickstoff	1,5	1,0	1,0
Phosphorsäure	1,0	0,15	0,2
Kali	1,5	0,18	0,1

[1] BLANCK, E. u. F. ALTEN: Über den aufschließenden Einfluß der Jauche auf die Mineralbestandteile des Bodens. J. Landw. **72**, 129 (1924).

[2] FICK, J. C.: Untersuchungen über den Einfluß der Jauche auf den Boden. Dissert., Göttingen 1927; J. Landw. **75** (1927).

[3] PRJANISCHNIKOW, D. N.: Die Düngerlehre, S. 386. Berlin: Paul Parey 1923.

In Gruben gesammelte Fäkalien enthalten nach Ad. Mayer[1] folgenden Gehalt an Nährstoffen:

Wasser %	Stickstoff %	Phosphorsäure %	Kali %
88—97	0,3—0,9	0,2—0,7	0,2—0.3

Der Gehalt an Stickstoff und Phosphorsäure ist also relativ hoch, der an Kali nur gering. Es muß ferner darauf hingewiesen werden, daß die Fäkalien sehr reich an Kochsalz bzw. an Chlor sind. Der Chlorgehalt beträgt etwa 0,5%, was einem Gehalt von etwa 0,8% Kochsalz entspricht.

Die Wirkung der Fäkalien auf den Boden wird ähnlich wie die der Tierjauche sein. Der höhere Gehalt an Bakterien wird hier wie dort günstig auf den Garezustand des Bodens einwirken. Ungünstig ist die Wirkung des Chlornatriums, das besonders auf schweren Böden verkrustend wirkt[2]. Ebenso kann die meist stark alkalische Reaktion der Fäkalien den physikalischen Bodenzustand verschlechtern, zumal wenn es den Böden an Kalk fehlt[3]. Auch Hoffmann[4] weist auf Beobachtungen der Praxis hin, wo durch starke Anwendung von Fäkalien Verschlämmung und Verkrustung der Böden eingetreten ist[5]. Da man in der Praxis 40—60 cbm Fäkalien auf den Hektar aufzubringen pflegt, so bildet sich mit Hilfe der reichlich entwickelten Kohlensäure aus dem Kochsalz im Boden Soda, welche die Verkrustung des Bodens herbeiführt. Diese verhindert das Entweichen der Kohlensäure, welche den Kalk des Bodens in doppelt kohlensauren Kalk überführt, der infolge seiner Löslichkeit ausgewaschen wird. Auch die Zersetzung der in den Fäkalien enthaltenen Fette vermag infolge der Bildung von unlöslichen höheren Fettsäuren vielleicht das Bodengefüge ungünstig zu beeinflussen.

Da die Fäkalien besonders in intensiven Gemüsekulturen verwendet werden, hat vor allem der Gemüsebauer auf die durch ihre Anwendung bedingte Bodenverschlechterung zu achten. Auf Moorböden soll sich im Gegenteil hierzu eine Bodenverbesserung infolge Verdichtens des Moores einstellen.

In neuerer Zeit werden Fäkalien in immer seltener werdenden Fällen direkt als Düngemittel verwendet. Auch die Verarbeitung derselben zu Poudrette, d. h. die Überführung der Fäkalien in eine trockne, streufähige Masse, mit und ohne Zusatz von Schwefelsäure, wird immer seltener. Mit fortschreitender Kultur geht man immer mehr dazu über, die Fäkalien mit Wasser in Kanäle zu spülen und das Kanalwasser auf Rieselfeldern zur Düngung zu verwenden, wenn man es nicht in sehr große Vorfluter, z. B. von London in die Themse, leiten kann. Schon Paris kann seine Abwässer nicht mehr in die Seine leiten, weil dadurch das organische Leben des Flusses auf weite Strecken vernichtet wird. Man legt also bei den Großstädten Rieselfelder an. Die Stadt Berlin besitzt z. B. fast 20000 ha solcher Rieselfelder, auf denen im Jahr je Hektar 10—10000 cbm Spülflüssigkeit mit etwa 1300 kg N, 900 kg K_2O und 350 kg P_2O_5 verarbeitet werden. Es würden also so viel Nährstoffe auf ein Hektar kommen, wie sie in einer Düngung mit 2700 dz Stallmist enthalten sind[6]. Da der Boden hier sehr leicht ist, werden die schädlichen Chlorverbindungen leicht ausgewaschen, so daß man mit Erfolg

[1] Mayer, Ad.: Agrikulturchemie, Düngerlehre, S. 75. Heidelberg: C. Winters Universitätsbuchhandlung 1924.
[2] Russell, E. J.: Boden und Pflanze, S. 169. Dresden: Th. Steinkopff 1914.
[3] Vgl. J. C. Fick: a. a. O., S. 13—21; Dissert., Göttingen 1927.
[4] Hoffmann, M.: Mitt. Dtsch. Landw. Ges., Stück 31 (1916).
[5] Ehrenberg, P.: Die Bodenkolloide, S. 558. Dresden: Th. Steinkopff 1918.
[6] Hoffmann, M.: Latrine, Müll und Wahsen. Dtsch. Landw. Ges. Flugschr. 6 (1909).

Gemüsebau und Graswirtschaft treiben kann. Ähnliche Erfahrungen hat man auch bei den Rieselfeldanlagen anderer Großstädte, wie Paris, Moskau, Odessa, Mailand, gemacht.

Es ist klar, daß eine wirtschaftliche Ausnutzung der in den Fäkalien enthaltenen Pflanzennährstoffe durch die Rieselfelder nicht möglich sein kann. Auf die Dauer durchführbar wird diese Art der Fäkaliennutzung auch nur dann sein, wenn die Rieselfelder auf sandigem Boden sich befinden, wie z. B. auch in der Nähe von Odessa, wo der Boden zu 98% aus Quarzsand besteht[1]. Hier kann eine Bodenverschlechterung nicht eintreten. Auf schwerem Boden ist die Anlage von Rieselfeldern nicht anzuraten.

Die Verarbeitung der Fäkalien zu Poudrette, die zuletzt noch in Kiel und in Bremen ausgeführt wurde, ist fast vollkommen aufgegeben worden. Nur vereinzelt stellt man noch aus Tierkadavern oder Fleisch- und Hautabfällen mittels einer Art Kompostierung Düngemittel her, die sich besonders in gärtnerischen Kreisen einer gewissen Beliebtheit erfreuen. Diese Düngemittel enthalten etwa 3—5% N, 0,7% P_2O_5 und 0,1—0,2% K_2O. Da der Stickstoff sich hier in organischer Form befindet, so setzt er sich im Boden langsam und allmählich infolge der Tätigkeit der Bodenbakterien zu Ammoniak und Salpetersäure um. Der Dünger wirkt also nur langsam und kann infolgedessen keinen Schaden an den Pflanzenkulturen anrichten, selbst wenn man ihn in großen Mengen anwendet.

Müll und Kompost. Unter Müll versteht man a) Asche und Kehricht, b) Hausabfälle pflanzlicher und tierischer Herkunft, Speisereste, c) Lumpen, Papier, Glas, Steingut, Blechwaren, Leder, Metall (Sperrstoffe). Die Beseitigung dieser Abfälle bereitet namentlich den Großstädten manche Schwierigkeiten. Am einfachsten geschieht sie dadurch, daß man den Müll zum Auffüllen von Ödland, Mooren oder sumpfigen Wiesen verwendet, wobei die Sperrstoffe meist ausgeschieden und industriell verwertet werden. Der Müll findet damit in erster Linie eine kulturtechnische Verwendung. Vielfach wird der Müll mit Fäkalien gemischt, wodurch eine Art Kompost gewonnen wird, der namentlich zur Kultivierung von Ödland geeignet und gesucht ist. Schwerer Boden wird durch allmähliche Vermischung mit Müll leichter bearbeitbar. Jedoch hat man dabei auch ungünstige Erfahrungen gemacht, da im Müll vielfach größere Mengen von Salzen, Natron- und Kalisalze, vorhanden sind. Namentlich da, wo nur Müll zur Aufhöhung tiefer gelegenen Bodens verwendet wird, erhält man einen Boden, der nicht ohne weiteres zur Kultivierung geeignet ist. Zweckmäßiger, jedoch bei großen Müllmengen schwierig durchzuführen, ist eine Vermischung mit Erde zur Gewinnung von Kompost.

Kompost wird in der Landwirtschaft aus den verschiedensten Abfällen tierischer, pflanzlicher und mineralischer Herkunft gewonnen. Besonders wertvoll sind die tierischen Abfälle, wie Blut, Eingeweide, Knochen, Klauen, Haare, Leder, Wollstaub; Abfälle der Leimfabrikation, der Gerbereien usw. Von pflanzlichen Abfällen kommen Unkräuter, Scheunenabfälle, Kartoffelkraut, Baumlaub, faulende Kartoffeln, Rüben, Wurzeln usw., verdorbene Ölkuchen und sonstige Futtermittel in Frage und als mineralische Stoffe Asche, Grabenauswurf, Fluß- und Teichschlamm, Bauschutt, Ruß, Kehricht usw.

Die Kompostmaterialien werden möglichst an einem schattigen Ort in Haufen gebracht, mit Kalk durchsetzt und mit Jauche oder Wasser feucht gehalten. Es tritt dann in dem Haufen eine lebhafte Zersetzung durch chemische und biologische Prozesse ein, die durch zeitweises Umstechen des Haufens gefördert wird.

---

[1] Bytschichin: Nachr. Landw.-Ges. Südrußland 1893.

Nach etwa einem Jahr ist der Haufen zu einer gleichmäßigen, erdigen, krümeligen Masse zerfallen, die auf das Land gebracht wird. Die chemische Zusammensetzung des Kompostes schwankt je nach der Art der verwendeten Materialien sehr stark. Einige Beispiele der Zusammensetzung von Kompost gibt HOFFMANN[1] wie folgt an:

Wasser %	Stickstoff %	Phosphorsäure %	Kali %	Kalk %
4,00	0,35	0,25	0,30	3,70
13,80	0,10	0,17	0,17	0,26
43,50	0,64	0,14	0,21	7,40

Je nach der Zusammensetzung können 400 dz Kompost in der Nährwirkung bis zu 200 dz Stallmist gleich kommen. Die Einwirkung auf den Boden ist der des Stallmistes annähernd gleich. Es sind besonders biologische Wirkungen, die durch den sehr hohen Bakteriengehalt des Kompostes veranlaßt werden. Er bildet somit ein vorzügliches Mittel, die Gare des Bodens zu fördern und wird deshalb besonders gern zur Anregung und Auffrischung eines „toten" Bodens benutzt. Deshalb findet er auch vor allem auf Grünland eine ausgedehnte Anwendung, wo er infolge seiner erdigen Beschaffenheit günstiger als der meist sehr strohhaltige Stallmist wirkt.

Kompostersatz und Humusdünger. Die Reinigung der städtischen Abwässer erfolgt vielfach derart, daß man diese zunächst durch Klärbecken leitet, in denen sich die festen Bestandteile zu Boden setzen, wobei gleichzeitig eine lebhafte Zersetzung eintritt. Der in dem Becken verbleibende Schlamm, der Klärbeckenschlamm, stellt eine bakterienreiche, aber nährstoffarme Masse dar, welche im nassen Zustande auf in der Nähe gelegenen Ländereien als Düngemittel verwandt werden kann. Es lohnt sich jedoch nicht, den Schlamm künstlich zu trocknen, obgleich dies wiederholt versucht worden ist. Man hat diese Produkte unter verschiedenen, meist hochklingenden Namen, wie Fäkalguano, Kloakoano, Fäkalkompost in den Handel gebracht. Sie waren aber meist so teuer, daß der Vertrieb aufgegeben wurde. Als Düngemittel besitzen sie um so weniger Wert, als durch die künstliche Trocknung die Bakterien abgetötet werden, so daß also auch die biologische Einwirkung, welche der frische Klärschlamm haben kann, im wesentlichen aufhört.

Ähnlich verhält es sich auch mit dem Schlick, der in der Nähe der Meeresküste, z. B. bei Emden, durch Baggerung gewonnen wird. Dieser Schlick enthält in der Trockensubstanz etwa 0,2% Phosphorsäure, 0,3—0,8% Kali, 4—7% Kalk, 0,2—0,3% Stickstoff[2]. Er wird im frischen, stichfesten Zustand in der Nähe der Küste zur Meliorierung gern benutzt und ruft dort, wieder besonders auf Grünland, eine ausgezeichnete Wirkung hervor, die zum großen Teil auch auf Bakterientätigkeit beruht. Es lohnt sich jedoch nicht, den Schlick zu trocknen und mit der Bahn zu verfrachten, obwohl man hier sehr seltsame Versuche gemacht hat[3]. So wollte man aus dem Schlick durch Trocknen an der Luft nach Art der Ziegeltrocknung 1 m lange und 0,5 m breite Platten herstellen, mit denen man das zu düngende Feldstück dicht belegen sollte. Abgesehen davon, daß die Herstellung solcher Platten sehr teuer werden würde, könnte man eine günstige Bodenverbesserung nicht erreichen, da der Schlick durch die Trocknung seine physikalische Beschaffenheit derart ändert, daß ein Boden mit günstigen Eigenschaften nicht entstehen kann.

[1] HOFFMANN, M.: Düngerfibel. Dtsch. Landw. Ges., Flugschr. 7, 16. Aufl. S. 43 (1918).
[2] SCHUCHT, F.: Beitrag zur Geologie der Wesermarschen. Stuttgart 1930.
[3] Erinnert sei an den Bioschlick und Schlickkalkstickstoff. Vgl. E. BLANCK, F. GIESECKE u. F. SCHEFFER: Z. Pflanzenern. usw. B. 6, 49 (1927).

Auch aus Torf versuchte man wiederholt Düngemittel herzustellen. Der mit Torfeinstreu gewonnene Stallmist, der Torfstreudünger, enthält nach TACKE[1] in der Trockensubstanz:

Gesamtstickstoff %	Phosphorsäure %	Kali %
1,18—1,88	0,45—0,77	1,88—3,60

Dem gegenüber zeigt Kotdünger, wie man ihn in den stroharmen Marschen gewöhnlich gewinnt, folgenden Gehalt:

Gesamtstickstoff %	Phosphorsäure %	Kali %
1,14—2,42	0,67—1,33	1,98—3,12

Die Jauche wird bei Torfeinstreu völlig mit aufgesogen, während sie bei der anderen Mistgewinnung getrennt vom Kot aufgefangen wird. In dem Torfstreudünger ist der nur langsam zur Wirkung kommende Stickstoff des Torfes mit enthalten. Die Wirkung des Torfstreudüngers auf den Ernteertrag ist der entsprechenden Menge Kotdünger und Jauche überlegen, da vor allem aus ihm keine Stickstoffverluste eintreten[2]. Die bakteriellen Umsetzungen im Torfstreudünger verlaufen zwar langsamer, aber im allgemeinen ähnlich wie im Strohdünger, so daß die Wirkung auf den Boden ebenfalls eine ähnliche ist. Besondere Untersuchungen liegen darüber jedoch nicht vor.

BOTTOMLEY behandelte Torf, der an sich kein guter Nährboden für Bakterien ist, mit Kulturen von aeroben Bakterien, die ihn allmählich in eine neutral reagierende Masse verwandeln sollen. Diese Masse sterilisierte er mit Wasserdampf und impfte sie dann mit Kulturen von Stickstoffsammlern, die jetzt ein freudiges Gedeihen zeigten und innerhalb kurzer Zeit große Mengen Stickstoff aus der Luft festlegten. Man fand in solchem Bakterientorf 4,31 % Gesamtstickstoff und 2,69 % löslichen Stickstoff[3]. In England hat man mit Bakterientorf gute Erfolge erzielt, besonders zu Gemüse- und Blumenkulturen. Nährstoffe außer Stickstoff werden dem Boden nur in geringen Mengen zugeführt. Auch RIPPERT hat ein ähnliches Produkt durch Aufschließen von Torf mit Alkalien und Impfung mit Hefen hergestellt, ohne jedoch dieses durchsetzen zu können. Dasselbe gilt von den Humuspräparaten von GERDES, obgleich diese nach Versuchen von POPP[4] für manche Zwecke brauchbar erscheinen.

Die künstlichen Düngemittel und ihre Einwirkung auf den Boden.

Allgemeines.

Obgleich durch den Stallmist neben den organischen Stoffen dem Boden auch anorganische Nährstoffe für die Pflanzen zugeführt werden, genügen doch die darin enthaltenen Mengen an Stickstoff, Kali, Phosphorsäure und Kalk in den meisten Fällen nicht, um den Pflanzen so viel Nährstoffkapital zuzuführen, daß

---

[1] TACKE, BR.: Mitteilungen über die Arbeiten der Marschkulturkommission, S. 278. Berlin: Paul Parey 1920.

[2] MINSSEN, E.: Untersuchungen über das Bindungsvermögen der Torfstreu für Ammoniak. Mitt. Ver. Förd. Moorkultur **1919**, 63.

[3] MAYER, W.: Bottomleys Bakterientorf. Mitt. Ver. Förd. Moorkultur **1917**, 213.

[4] POPP, M.: Die Steigerung der Ernteerträge durch geeignete Bodendesinfektion. Landw. Jb. **55**, 213 (1917). — Ferner E. BLANCK: Über neue Tabakdüngemittel. Naturw. Z. Land- u. Forstw. **3**, 265 (1905); Landw. Versuchsstat. **1906**, 243.

sie Höchsternten hervorbringen. Als Höchsternten kann man nach Wollny und Remy[1] folgende annehmen:

Winterweizen . .	50 dz/ha Körner, 80 dz/ha Stroh	Runkelrüben . .	1000 dz/ha Rüben
Winterroggen . .	40 „ „ 90 „ „	Zuckerrüben . .	500 „ „
Hafer	50 „ „ 83 „ „	Rotklee	100 „ Heu
Wintergerste . .	44 „ „ 60 „ „	Luzerne	160 „ „
Kartoffeln . . .	320 dz/ha Knollen	Wiesenheu . . .	150 „ „

Der durchschnittliche Gehalt dieser Ernten an Stickstoff, Phosphorsäure und Kali ist nach Stutzer und Schneidewind[2] der nachstehende, so daß sich rund folgende Mengen an Nährstoffen berechnen, die durch Höchsternten einem Hektar Ackerland entzogen werden:

	Gehalt an						Entzug aus 1 Hektar		
	Stickstoff %		Phosphorsäure %		Kali %		Stickstoff	Phosphorsäure	Kali
	Körner	Stroh	Körner	Stroh	Körner	Stroh	kg	kg	kg
Winterweizen . . .	1,60	0,45	0,85	0,20	0,50	0,90	116	59	97
Winterroggen . . .	1,40	0,45	0,85	0,26	0,60	1,00	97	57	114
Hafer	1,80	0,65	0,85	0,35	0,50	1,60	144	72	158
Wintergerste . . .	1,70	0,65	0,66	0,18	0,65	1,20	114	40	101
	Knollen								
Kartoffeln	0,32		0,14		0,60		102	45	192
	Rüben								
Runkelrüben . . .	0,19		0,07		0,42		190	70	420
Zuckerrüben	0,20		0,08		0,25		100	40	125
	Heu								
Rotklee	1,97		0,56		1,50		197	56	150
Luzerne	2,60		0,65		1,50		416	104	240
Wiesenheu	1,70		0,70		1,80		255	105	270

Als durchschnittliche Zusammensetzung des Stallmistes konnte[3] ein Gehalt von 0,45% Gesamtstickstoff, 0,20% Phosphorsäure und 0,60% Kali angegeben werden. Durch eine gute Stallmistdüngung von 400 dz je Hektar werden dem Boden dann 180 kg Stickstoff, 80 kg Phosphorsäure und 240 kg Kali zugeführt. Hiernach hat es den Anschein, als müßten diese Mengen selbst zur Erzielung von Höchsternten der meisten Kulturpflanzen ausreichen, da zu den Nährstoffen des Stallmistes ja auch noch die im Boden selbst enthaltenen Nährstoffe hinzukommen.

Allein die Pflanzen nutzen die Nährstoffe des Stallmistes nicht restlos aus. Nach Schneidewind[4] kann man in der Praxis mit einer Ausnutzung des Stickstoffs und der Phosphorsäure zu 20%, des Kalis zu 50% rechnen, wobei man aber die Wirkung des Stallmistes auf eine Rotation von etwa vier Jahren berechnen muß. Die Ausnutzung ist je nach der Bodenart und der Pflanze auch noch sehr verschieden. Man kann also keineswegs annehmen, daß die im Stalldünger enthaltenen Nährstoffe zur Erzielung von Höchsternten ausreichen, und man muß, wenn man Höchsternten erhalten will, außer dem Stallmist weitere Nährstoffmengen in Form von künstlichen Düngemitteln dem Boden zuführen.

[1] Wollny, E. u. Th. Remy: Ernteverhältnisse der wichtigsten Feldgewächse. Landw. Kalender von O. Mentzel u. A. v. Lengerke, S. 88. Berlin: Paul Parey 1929.

[2] Stutzer, O. u. W. Schneidewind: Landw. Kalender von O. Mentzel u. A. v. Lengerke. S. 110. Berlin: Paul Parey 1929.

[3] S. 212.

[4] Schneidewind, W.: Die Ernährung der landwirtschaftlichen Kulturpflanzen, 4. Aufl. Berlin: Paul Parey 1921. Vgl. hierzu die Untersuchungen von P. Wagner: Arbeiten Dtsch. Landw. Ges. **1915**. H. 279 u. B. Schulze: Jb. Dtsch. Landw. Ges. **24**, 162 (1909).

Um wirksam zu sein, müssen die Pflanzennährstoffe im Boden in löslicher Form vorhanden sein. Das ernährende Medium ist demnach nicht eigentlich der Boden selbst, sondern die Bodenlösung, die Flüssigkeitsmenge, welche im Boden vorhanden ist und welche die Nährstoffe gelöst enthält. Ein Hektar Bodenfläche, die bis zu 20 cm Tiefe ein Gewicht von etwa 3 Millionen Kilogramm umfaßt, enthält bei 20 % Feuchtigkeit 600000 Liter Bodenlösung[1]. Die Salzkonzentration dieser Bodenlösung beträgt etwa 0,1 %, sie enthält demnach 600 kg gelöste Salze. Gibt man auf 1 Hektar Boden 4 dz Kalisalz, so werden diese 400 kg Salz die Konzentration dieser Bodenlösung stark beeinflussen. Auf die Bodenlösung bezogen, bedeuten also die üblichen Kunstdüngergaben eine große Menge, während sie auf den ganzen Boden bezogen, nur wenig bedeuten.

Allerdings gehen nicht alle dem Boden zugeführten Kunstdüngermengen sofort in die Bodenlösung über. Ein Teil der Düngemittel ist im Wasser nicht löslich, wie z. B. das Thomasmehl, das Knochenmehl und die übrigen organischen Phosphorsäure-Düngemittel. Die in ihnen enthaltenen Nährstoffe gehen erst allmählich in die Bodenlösung über, wobei der Gehalt der Bodenlösung an Kohlensäure eine große Rolle spielt.

Ein Teil der dem Boden zugeführten Nährstoffe geht regelmäßig durch Auswaschung verloren. Die überschüssige Bodenlösung wird in den Untergrund und aus diesem in die Gräben, Bäche und Flüsse und schließlich in das Meer entführt und mit ihr die gelösten Pflanzennährstoffe. Man hat durch genaue Messungen in Lysimetern die Mengen der Nährstoffe, die auf diese Weise verloren gehen, bestimmt. Die Lysimeter sind so eingerichtet, daß man die durch eine bestimmte Bodenmenge hindurchtretende Wassermenge auffangen, messen und untersuchen kann. GERLACH[2] fand, daß bei fünf verschiedenen Böden der ehemaligen preußischen Provinz Posen (Sand-, Moor- und Lehmböden) innerhalb von 11 Versuchsjahren aus einer 1 m dicken Erdschicht mit den Sickerwässern im Durchschnitt vom Hektar folgende Nährstoffmengen verloren gehen:

Stickstoff kg	Kali kg	Kalk kg	Phosphorsäure kg
20—32	18—63	142—263	0

Von diesen recht bedeutenden Mengen, welche die übliche jährliche Düngung mit künstlichen Düngemitteln vielfach übertreffen, gelangt allerdings ein Teil wieder durch das aufsteigende Grundwasser und durch kapillare Wasserleitung in die Schichten, die von den Pflanzenwurzeln durchzogen werden. Aber dieser Anteil ist meist nicht groß. Im allgemeinen ist anzunehmen, daß, je größer die Menge der Sickerwässer ist, desto bedeutender auch die Verluste an Stickstoff, Kali und Kalk sein werden. Phosphorsäure findet sich meist in den Sickerwässern nicht vor. Untersuchungen des gleichen Forschers ergaben in den Dränagewässern von 11 verschiedenen Böden je Kubikmeter im Frühling 215,0 g Kalk, 6,3 g Kali, 11,8 g Gesamtstickstoff. Phosphorsäure war auch hier nicht vorhanden[3].

[1] KREYBIG, L. VON: Boden, Bodenlösung und Kunstdünger. Dtsch. landw. Presse **1928**, Nr. 27, 400. — Vgl. im Gegensatz hierzu P. VAGELER u. F. ALTEN: Böden des Nils und Gash. Z. Pflanzenern. usw. A. **22**, 21 (1931): „Wäre die Pflanze nur auf den Zufluß von Bodenlösung angewiesen, so müßten alle schweren Tonböden der Erde hoffnungslose Wüsten sein."

[2] GERLACH, M.: Die Verluste an wertvollen Pflanzennährstoffen durch die abfließenden Sickerwässer. Z. Ver. dtsch. Zuckerindustrie **78**, 175 (1928).

[3] BRAADLIC, O.: Untersuchungen von Dränwasser von Lehm- und Moorböden. Tidskrift for det Norske Landbruk. Oslo 1930.

Nicht in allen Böden werden die gleichen Vorgänge sich abspielen. So haben auch ROUSSEAUX und BRIOUX[1] Sickerungsversuche angeführt, und zwar mit einem Sandboden und einem Kalktonboden. In beiden Fällen waren außer Salpeterstickstoff, Kalk, Kali, Schwefelsäure und Chlor auch beträchtliche Mengen von Phosphorsäure ausgewaschen worden, bei dem kalkarmen Sandboden 16—18 mg, bei dem sehr phosphorsäurereichen Kalktonboden nur 0,5—0,7 mg im Liter. Durch Zugabe von Kalk zu dem Sandboden konnte der Phosphorsäuregehalt des Dränagewassers erheblich herabgedrückt werden, wobei aber die Menge der in Zitronensäure löslichen Phosphorsäure im Boden nicht vermindert wurde. Die Autoren vermuten, daß die im Dränwasser gelöste Phosphorsäure dem Humus des Bodens entstammt, weil stets viel Humus in Lösung ging, wenn auch die Löslichkeit der Phosphorsäure entsprechend hoch war. Die Wanderung der Salze im Boden hängt vom Feuchtigkeitsgehalt des Bodens ab. Im trockenen Boden findet überhaupt keine Diffusion der Salze statt[2]. Im feuchten Boden lösen sie sich auf, indem sie das Bodenwasser der nächsten Umgebung ansaugen. Dadurch entstehen zwei deutlich getrennte Zonen, eine feuchte, deren Mittelpunkt die Salzkristalle waren, und eine trockene, welche ihre Feuchtigkeit an die erstere abgegeben hat. In noch feuchterem Boden findet eine sehr langsam verlaufende Diffusion statt, wobei sich die Salzlösung hauptsächlich in horizontaler Richtung verteilt. Selbst unter dem Einfluß stärkeren Regens werden die gelösten Düngersalze lange Zeit am Ort ihrer Entstehung fest gehalten, doch ändert sich die Durchlässigkeit des Bodens nach Versuchen von BLANCK[3] unter dem Einfluß der Düngersalze. Er benutzte hier allerdings nur einen Boden, einen leichten, lehmigen Sand mit 3,75 % Ton. Dabei hatte nur der Natronsalpeter die Wasserdurchlässigkeit beeinträchtigt; alle übrigen Düngemittel, insbesondere auch Kainit, hatten den Wasserdurchlauf erhöht. Das Wasseraufspeicherungsvermögen wurde allerdings sowohl beim Natron- (Chile-) Salpeter als auch beim Kainit verringert. Je schwerer der Boden wird, um so stärker verändern die Salze die Wasserdurchlässigkeit, so daß z. B. auf schwerem Marschboden die Anwendung von Kalisalzen unmöglich ist, weil dadurch der Boden völlig undurchlässig für Wasser wird.

Für die Bestimmung der Durchlässigkeit eines idealen Bodens für Wasser und auch für Luft haben GREEN und AMPT[4] eine Formel angegeben, welche auch für gewöhnlichen Boden Gültigkeit haben soll.

NOLTE und SANDER[5] haben die Versuche von BLANCK in erweiterter Form wiederholt. Durch die Einwirkung des Wassers auf den Boden werden zunächst die Salze ausgewaschen, welche die Krümelstruktur des Bodens bedingen, und die Durchlässigkeit des Bodens nimmt ab. Dabei erfolgt aber gleichzeitig eine hydrolytische Spaltung von Karbonaten, Phosphaten, Humaten, wodurch die Dichtlagerung der Bodenteilchen weiterhin begünstigt wird. Läßt man auf einen solchen Boden die Lösung eines Salzes einwirken, so treten Umsetzungen zwischen den Bodenbestandteilen und dem zugesetzten Salz ein, z. B. folgendermaßen:

$$2\,NaCl + SiO_2 + H_2O \rightleftarrows Na_2SiO_3 + 2\,HCl$$

oder

$$2\,NaCl + CaCO_3 \rightleftarrows Na_2CO_3 + CaCl_2$$

oder

$$2\,NaCl + CaSiO_3 \rightleftarrows Na_2SiO_3 + CaCl_2.$$

[1] ROUSSEAUX, E. u. CH. BRIOUX: Beitrag zum Studium der Absorptionsfähigkeit des Bodens und der Bodenlösungen. J. Agricult. 1, 232 (1909).

[2] MÜNTZ, A. u. H. GANDECTON: Über die Diffusion der Düngersalze im Boden. Ann. Inst. Nat. Agronom. **1909**, 205.

[3] BLANCK, E.: Ein Beitrag zur Kenntnis der Wirkung künstlicher Dünger auf die Durchlässigkeit des Bodens für Wasser. Landw. Jb. **38**, 863 (1909).

[4] GREEN, H. u. H. A. AMPT: J. Agricult. Sci. **5**, 1 (1912).

[5] NOLTE, O. u. E. SANDER: Über die Einwirkung von Salzlösungen auf den Boden. Landw. Versuchsstat. **102**, 219 (1924). — NOLTE, O.: Ebenda **98**, 135 (1921).

Im ersteren Falle werden die H-Ionen der rechten Seite vermehrt, während durch hydrolytische Spaltung von $CaCl_2$ zum Teil OH-Ionen abgespalten werden, welche zur Dichtschlämmung des Bodens beitragen. Dabei werden diejenigen Basen am stärksten die Dichtschlämmung hervorrufen, welche die stärkere hydrolytische Spaltung zeigen. Da die Basizität der Elemente einer Gruppe des periodischen Systems mit der Größe des Atomgewichtes zunimmt, so ist die Stärke des Dichtschlämmens bei den Elementen mit niederem Atomgewicht größer. Im Einzelnen haben die Lösungen der Neutralsalze der einwertigen Alkalimetalle zunächst die Durchlässigkeit eines mit Wasser eingeschlämmten Bodens erhöht, und zwar um so mehr, je höher das Atomgewicht ist. Beim Auswaschen des Salzes tritt dann ein Dichtschlämmen des Bodens ein, dessen Grad mit fallendem Atomgewicht abnimmt. Bei den Chloriden der zweiwertigen Erdalkalimetalle findet gleichfalls zunächst eine Zunahme der Durchlässigkeit statt, stärker als bei den Alkalimetallen. Beim Auswaschen verringert sich zwar die Durchlässigkeit; ein Dichtschlämmen tritt jedoch hier nicht ein. Die Chloride der dreiwertigen Erden erhöhen die Durchlässigkeit beträchtlich, und auch beim Auswaschen tritt sprungweise eine nochmalige Erhöhung ein[1].

Dieses eigenartige Verhalten des Bodens wird durch die Umsetzungen bedingt, welche zwischen den Bodenbestandteilen und den zugeführten Salzen stattfinden. NOLTE und SANDER fanden denn auch, daß die Durchlässigkeit des Bodens in einem bestimmten Verhältnis zur Konzentration der Wasserstoffionen in der Bodenlösung steht. MATTSON[2] bestreitet diesen Zusammenhang zwar; seine Gründe können jedoch die Befunde von NOLTE nicht widerlegen. Daß selbst sehr heterogene Phasen auf einander einwirken können, zeigt das Verhalten von gemahlenem Bergkristall, also reiner Kieselsäure, gegenüber einer Chlorkaliumlösung, wobei entsprechend der Gleichung

$$SiO_2 + H_2O + 2\,KCl \rightleftarrows K_2SiO_3 + 2\,HCl$$

eine Änderung der Wasserstoffionenkonzentration eintritt.

Zur Erklärung dieser im Boden sich abspielenden Vorgänge hat man verschiedene Theorien aufgestellt. Die Gesetzmäßigkeiten der chemischen im Boden wirkenden Kräfte sind bereits eingehend erörtert worden[3]. Auf die Einzelheiten wird später zurückzukommen sein. Durch die Absorptionsvorgänge kann der Charakter eines Bodens vollständig verändert werden. Ein Beispiel dafür sind die Alkaliböden. Der physikalische Zustand des Bodens ist im hohen Grade davon abhängig, in welchem Maße seine absorbierenden Substanzen gesättigt sind, und wenn sie gesättigt sind, in welchem Verhältnis die verschiedenen im Boden vorhandenen Basen an dieser Sättigung teilnehmen. Alle jene Faktoren, welche den Übergang halb reversibler Gele in amorphe Substanzen fördern, verändern auch die physikalischen Eigenschaften der Böden, z. B. Frost, Austrocknung, Kalkzufuhr, Elektrolytzusatz. Die Entstehung der Soda im Boden führt GEDROIZ[4] nicht auf die Einwirkung von Chlornatrium oder schwefelsaurem Natrium zurück. Die Rolle dieser Natriumsalze ist nur eine mittelbare. Durch ihr Natron verdrängen sie aus Humaten und Silikaten des Bodens andere Basen, wie CaO, MgO oder K_2O, und sättigen damit jene Verbindungen mit Natron. Durch Umsetzung

[1] WINOKUROW, M. A. u. W. J. KARABICKI: Über die Ursachen der Veränderungen in der Absorptionskapazität und Dispersität von Böden. Arb. d. sibir. Inst. f. Land- u. Forstwirtsch. (Omsk) **13**, 27 (1929).

[2] MATTSON, S. E.: Die Beziehungen zwischen Ausflockung, Adsorption und Teilchenladung usw. Kolloidchem. Beih. **14**, 274 (1922).

[3] Vgl. dieses Handbuch **1**, 222. 1929.

[4] GEDROIZ, K. K.: Die Kolloidchemie in Fragen der Bodenkunde. Büro Ackerbau u. Bodenkunde Moskau, Mitt. 8. 1913.

mit kohlensaurem Kalk entsteht dann kohlensaures Natrium, Soda. So entstehen aus Kochsalzböden allmählich die Alkaliböden. Ein Überschuß von Kochsalz verhindert die Bildung merklicher Mengen Soda und damit die Bildung der für die Alkaliböden charakteristischen Struktur des Bodens. Erst wenn die Konzentration des Chlornatriums oder schwefelsauren Natriums stark sinkt, verwandelt sich der Salzboden in einen Alkaliboden[1].

Behandelt man einen Ackerboden mit Wasser, so gehen zunächst die Chloride, Nitrate und Sulfate in Lösung, während sich die Karbonate erst später lösen[2]. Deshalb empfehlen JOFFE und MCLEAN[3] zur Verbesserung der Alkaliböden ein Koagulieren der Kolloide und ein Auswaschen der überflüssigen Salze. Praktisch käme eine Überflutung in Frage und danach eine Behandlung des Bodens mit Schwefel, woraus sich im Boden Schwefelsäure bilde, die imstande sei, die Karbonate zu zersetzen.

Die Kalidünger.

Das Element Kalium ist von den zahlreichen chemischen Grundstoffen dasjenige, welches der Erdoberfläche ein charakteristisches Gepräge verliehen hat. Ohne Kalium würden sich keine Pflanzen gebildet haben, denn die von den Pflanzen ausgeführte Synthese der Kohlehydrate ist ohne Kalium nicht möglich. Unter dem Einfluß des Sonnenlichtes geht vom Kalium negative Elektrizität aus, es vermag die Energie des Lichtes gewissermaßen[4] zu konzentrieren und die so aufgespeicherte Energie für die Synthese der Kohlehydrate zu verwenden. Schon JUSTUS VON LIEBIG[5] hat diesen Zusammenhang erkannt und das Wort geprägt: „Kali ist mit den Kohlehydraten vergesellschaftet.“ Experimentell ist dieser Zusammenhang von HELLRIEGEL und WILFARTH[6] und von MAERCKER[7] nachgewiesen worden, welche zeigten, daß der Zuckergehalt der Zuckerrüben von der Höhe der Kalidüngung abhängig ist. Ähnliche Ergebnisse sind auch bei anderen Pflanzen und Früchten festgestellt worden[8]. STOKLASA[9] führt die besondere Wirkung der Kalisalze auf die Radioaktivität des Kaliums zurück, eine Eigenschaft, die von den für die Ernährung der Pflanze wichtigen Elementen nur dem Kalium zukommt.

Das im Boden vorhandene Kali ist in erster Linie ein Bestandteil der kaliführenden Mineralien, insbesondere der Feldspate und Glimmer[10]. Durch die Vorgänge der Verwitterung zersetzen sich diese Kalisilikate, und den Pflanzen wird damit die Kaliquelle dieser Gesteine erschlossen. Man hat auch gemahlene Feldspate direkt als Kalidüngemittel verwenden wollen, z. B. den Phonolith. Obwohl dieser 8—10% Kali enthält, hat sich doch gezeigt, daß derartige Stein-

---

[1] 'SIGMOND, A. A. J. v.: Alkaliböden Mittelungarns. Wiener landw. Ztg. **55**, 628 (1907).

[2] KELLEY, W. P. u. S. M. BROWN: Soil Sci. **12**, 261 (1921).

[3] JOFFE, J. S. u. H. C. MCLEAN: Soil Sci. **18** (1924).

[4] BINZ, A.: Wissenschaftliches über das Kali. Vortrag, gehalten auf dem VII. Kalitag zu Berlin 1928.

[5] FULDA, E.: Das Kali, II. Teil, S. 364. Stuttgart: Ferdinand Enke 1928.

[6] HELLRIEGEL, H. u. H. WILFARTH: Versuche über das Nährstoffbedürfnis der Zuckerrübe. Dtsch. Zuckerindustrie **24**, 945 (1893).

[7] MAERCKER, M.: Untersuchungen über den Wert des neuen 40proz. Kalidüngesalzes gegenüber Kainit. Arb. Dtsch. Landw.-Ges., H. 56. 1901.

[8] MAYER, W.: Neuere Ansichten über die Rolle des Kaliums im Pflanzen- und Tierkörper. Z. angew. Chem. 1921, 589.

[9] STOKLASA, J.: Beitrag zur Kenntnis der Ernährung der Zuckerrübe. Jena: G. Fischer 1916.

[10] ZIRKEL, F.: Lehrbuch der Petrographie. Leipzig: Wilh. Engelmann 1894. — BLANCK, E.: Die Glimmer als Kaliquelle für die Pflanzen und ihre Verwitterung. J. Landw. **191[illegible]**, 97.

mehle, entgegen anfänglich günstiger Beurteilung[1] nicht als Kalidüngemittel in Frage kommen können[2].

Man hat aber auch versucht, aus den kalihaltigen Gesteinen das Kali frei zu machen, namentlich in Nordamerika, wo man lösliche Kalisalze nicht findet[3]. Jedoch war der Erfolg dieser Bemühungen sehr unbefriedigend, da insbesondere das bei der Zementfabrikation erhaltene Kali in seiner Löslichkeit sehr ungleichmäßig war.

Durch die chemische und physikalische Verwitterung der Gesteine werden diese immer weiter zerkleinert. Die Gesteinstrümmer werden durch die Flüsse vom Gebirge her in die Ebene transportiert und bilden dann den Kulturboden. Die feinsten Teile gelangen durch die Flüsse in das Meer und werden von diesem an der Küste wieder abgelagert. Die so gebildeten Marschböden sind besonders reich an Kali, während die diluvialen Sandböden wesentlich ärmer daran sind. Im allgemeinen geht der Kaligehalt der Böden parallel mit dem Tongehalt. SCHNEIDEWIND[4] teilt darüber nebenstehende Übersicht mit, woraus dieser Parallelismus deutlich hervorgeht.

	Abschlämmbare Teile %	Kali (löslich in Salzsäure) %
Sandböden	4,9	0,046
Lehmige Sandböden	12,9	0,164
Sandige Lehmböden	19,1	0,259
Lehmböden	24,8	0,380
Tonböden	41,5	0,545

WOHLTMANN[5] gibt folgenden Gehalt der nach dem geologischen Vorkommen geordneten Böden an Kali, löslich in heißer Salzsäure, an:

A. Böden des Känozoischen:
- a) Jüngeres Alluvium, Lehmboden . . . 0,175 %
- b) Älteres Alluvium (Rheintal):
  - Lehmboden . . . 0,184 %
  - Flußsandboden . . . 0,121 %
  - Sandiger Lehmboden . . . 0,142 %
- c) Diluvium, Lößlehmboden . . . 0,349 %
- d) Tertiär:
  1. Braunkohlensandboden . . . 0,072 %
  2. Meeressandboden . . . 0,144 %
  3. Tonboden . . . 0,225 %

B. Böden des Mesozoischen:
- a) Kreide:
  1. Kreidemergel (Lehmboden) . . . 0,157 %
  2. Grünsand (Lehmboden) . . . 0,241 %
  3. Gaultmergel (Mergelboden) . . . 0,259 %
  4. Gaulttonboden . . . 0,213 %
  5. Wealdentonboden . . . 0,110 %

---

[1] WEIN, E.: Das Kalisilikat (Phonolithmehl) als Kalidüngemittel. Freising: Dr. Datterer 1909.

[2] Vgl. z. B. M. POPP: Phonolith als Kalidüngemittel. Mitt. Dtsch. Landw. Ges., Stück 49. S. 724. 1909. — TH. PFEIFFER, E. BLANCK u. M. FLÜGEL: Die Bedeutung des Phonoliths als Kalidüngemittel. Mitt. Landw. Inst. Breslau **6**, H. 2, 233 (1911). — G. TOMMASI u. S. DOJMI DI DELUPIS: Esperienze di concimazione con Leucite, An. Staz. chim.-agr. sperim. di Roma 279 (1931).

[3] BROWNS, F. W.: Yearbook of the U. States Department of Agriculture. Washington 1917, S. 301—310; vgl. auch Chemiker Zeitung 1920, S. 177 u. 187.

[4] SCHNEIDEWIND, W.: Die Ernährung der landwirtschaftlichen Kulturpflanzen, S. 185. Berlin: Paul Parey 1920.

[5] WOHLTMANN, F.: Das Nährstoffkapital westdeutscher Böden. Gedenkschr. z. Einweihung d. neuen Inst. f. Bodenlehre u. Pflanzenbau d. landw. Akad. Bonn-Poppelsdorf 1901.

b) Jura:
1. Malmlehmboden . . . . 0,204 %
2. Doggertonboden . . . . 0,126 %
3. Liastonboden . . . . 0,121 %

c) Trias:
1. Unterer Keuper (Tonboden) . . . . 0,148 %
2. Muschelkalk (Tonboden) . . . . 0,504 %
3. Buntsandstein (lehmiger Sandboden) . . . . 0,056 %

C. Böden des Paläozoischen:
a) Zechstein, Tonboden . . . . 0,343 %
b) Rotliegendes, Lehmboden . . . . 0,466 %
c) Karbon, Sandboden . . . . 0,092 %
d) Devon:
1. Schiefer (Tonboden) . . . . 0,332 %
2. Grauwacke (Lehmboden) . . . . 0,293 %
3. Quarzit (Sandboden) . . . . 0,150 %

D. Böden von Eruptivgesteinen:
a) Basaltlava, Tonboden . . . . 0,241 %
b) Diabas, Tonboden . . . . 0,367 %

Der Kaligehalt der Böden schwankt demnach sehr stark, besonders wenn man bedenkt, daß die Aufnehmbarkeit des Kalis durch die Pflanzen bei den einzelnen Böden sehr verschieden ist. Nach WAGNER[1] wurden den verschiedenen Böden bei Gefäßversuchen von 100 Teilen Bodenkali durch verschiedene Pflanzen etwa entzogen:

aus Lehmboden . . . . 4,4 Teile
,, lehmigem Sandboden . . . 8,0 ,,
,, Sandboden . . . . 9,0 ,,

Gräser vermögen größere Mengen Bodenkali aufzunehmen. WAGNER fand durch Raygras innerhalb von drei Jahren einen Entzug von

bei humosem Sandboden . . . . 66,0 %
,, Sandboden . . . . 55,2 %
,, sandigem Lehmboden . . . . 57,0 %
,, Lehmboden . . . . 32,9 %

Demnach ist das Kali in den leichten Böden den Pflanzen besser zugänglich als das Kali in den schweren Böden.

Auch im unverwitterten Gestein ist das Kali verschieden löslich, und die einzelnen Pflanzenarten vermögen sich dieses Kali in verschiedenem Maße anzueignen, wie besonders deutlich Versuche von HASELHOFF[2] und von BLANCK[3] zeigen. Die Ergebnisse dieser wertvollen Untersuchungen, so z. B. diejenigen HASELHOFFS, waren die folgenden:

	Buntsandstein %	Basalt %	Muschelkalk %	Grauwacke %
1. In 10proz. Salzsäure lösliches Kali	0,25	3,60	0,19	3,75
2. Von den Pflanzen aufgenommenes Kali, in Prozenten des salzsäurelöslichen Kalis:				
a) Pferdebohnen	6,4	0,6	0,1	1,6
b) Erbse	8,1	1,3	1,5	1,8
c) Lupine	13,4	0,5	0,2	1,1
d) Sommergerste	0,6	0,1	—	0,2
e) Sommerweizen	1,1	0,1	0,4	0,3

[1] WAGNER, P.: Versuche über die Kalidüngung der Kulturpflanzen. Arb. Dtsch. Landw. Ges., H. 96, 377—379. 1904.

[2] HASELHOFF, E. u. FR. ISERNHAGEN: Der Einfluß des Pflanzenwachstums auf die Zersetzung bodenbildender Gesteine. Landw. Jb. **50**, 115—176 (1916).

[3] BLANCK, E.: Gestein und Boden in ihrer Beziehung zur Pflanzenernährung. Landw. Versuchsstat. **77**, 129 (1912); **84**, 399 (1914).

Die Leguminosen haben also durchweg aus allen Gesteinen größere Mengen Kali aufgenommen als die Getreidearten. Eine Beziehung zwischen dem in Salzsäure löslichen Kali und den von den Pflanzen aufgenommenen Kalimengen besteht in keinem Fall, so daß man in dem Gehalt eines Gesteins an salzsäurelöslichem Kali keinen Maßstab für die von den Pflanzen verwertbare Kalimenge erblicken kann[1]. Die Menge des aufnehmbaren Kalis war durch die Düngung in einem, wenn auch geringen Maße, zu beeinflussen.

Nur in seltenen Fällen genügt das leicht aufnehmbare Kali der Kulturböden, um den Bedarf dieser Pflanzen an diesem Nährstoff zu decken. In den meisten Fällen wird eine künstliche Zufuhr von löslichen Kalisalzen hierfür erforderlich sein.

Im Handel sind heute sowohl natürliche Bergprodukte als auch künstlich konzentrierte Kalidüngesalze. Sämtliche Kalisalze enthalten außer Kalium noch eine Reihe von anderen Elementen und Nebensalzen, die alle mehr oder weniger auch auf den Boden einwirken können. Nach den Ermittelungen der Kaliforschungsanstalt[2] haben die im Handel befindlichen Kalisalze, die von der Landwirtschaft benutzt werden, folgende Zusammensetzung:

	Schwefelsaures Kalium K_2SO_4	Chlorkalium KCl	Schwefelsaures Magnesium $MgSO_4$	Chlormagnesium $MgCl_2$	Chlornatrium NaCl	Schwefelsaurer Kalk (Gips) $CaSO_4$	Unlöslich in Wasser	Wasser	Entsprechender Gehalt an reinem Kali, K_2O	Garantierter Mindestgehalt an K_2O	Chlor, ganze Menge	Auf 100 Teile K_2O sind vorhanden: Chlor
A. Rohsalze:												
Karnallit	—	15,5	12,1	21,5	22,4	1,9	0,5	26,1	9,8	9,0	37,1	376
Kainit	—	20,5	36,4	—	24,1	1,7	0,8	16,5	13,0	12,0	23,3	171
Sylvinit	—	27,6	3,4	1,8	56,7	2,8	3,2	4,5	17,4	12,0	48,9	281
Hartsalz	—	20,5	20,8	2,3	46,3	1,8	2,6	5,7	13,0	12,0	38,7	298
B. Konzentrierte Salze:												
Schwefelsaures Kali, 96 %	97,2	0,3	0,7	0,4	0,2	0,3	0,2	0,7	52,7	52,0	0,6	1
,, ,, 90 %	90,6	1,6	2,7	1,0	1,2	0,4	0,3	2,2	49,9	48,0	2,2	4
Schwefelsaure Kalimagnesia	50,4	—	28,0	—	3,5	3,4	7,6	7,1	27,2	26,0	2,1	8
Chlorkalium, 90—95 %	—	91,7	0,2	0,2	7,1	—	0,2	0,6	57,8	57,0	48,1	83
,, 80—85 %	—	83,5	0,4	0,3	14,5	—	0,2	1,1	52,6	50,0	48,5	92
Kalidüngesalz, 20 %	—	33,5	12,0	4,2	40,2	2,1	4,0	4,2	20,9	18,0	40,3	192
,, 30 %	—	48,6	10,2	4,2	26,2	2,2	3,5	5,1	30,7	28,0	42,1	137
,, 40 %	—	64,1	5,5	1,1	21,2	2,4	3,1	2,6	40,4	38,0	44,0	109

Es zeigt sich also, daß die Menge der Nebensalze um so größer ist, je niedriger der Kaligehalt ist. Unter den Nebensalzen spielt das Kochsalz, das Chlormagnesium und das schwefelsaure Magnesium die Hauptrolle. Da das Chlor für manche Pflanzen, wie Tabak und Kartoffeln, unerwünscht ist, kann man auch zwischen chlorreichen und chlorarmen Salzen unterscheiden.

Seit 1861 findet ein planmäßiger Abbau[3] der Kalisalze statt, und bis 1864 förderte man als einziges Rohsalz den Carnallit. Dieser enthält je nach den wechselnden Mengen von Beimengungen 6—12% Kali und wird heute meist zur Fabrikation von Chlorkalium verwendet. Nur noch in ganz vereinzelten Gegenden benutzt man den Carnallit direkt als Düngemittel. 1865 wurde ein neuartiges Kalisalz gefunden, der Kainit mit 12—16% Kali, und das eine immer größere

[1] Vgl. J. M. Dobrescu: Die Dynamik der Kaliassimilation kalihaltiger Silikatminerale. Chem. d. Erde 2, 83 (1926).

[2] Vgl. Landw. Kalender von O. Mentzel u. A. von Lengerke, S. 105. Berlin: Paul Parey 1929.

[3] Krische, P.: Das Kali, I. Teil. Stuttgart: Ferdinand Enke 1923.

Bedeutung erlangende Hartsalz. Als Sylvinit kommt ein Rohsalz in den Handel, das als wichtigstes Mineral Sylvin (KCl) neben größeren Mengen von Steinsalz (NaCl) enthält.

Die drei sog. Edelsalze, Hartsalz, Sylvin und Sylvinit, sind im deutschen Kalibergbau heute führend. Als Handelsmarken läßt das deutsche Reichskaligesetz vom 25. Mai 1910 nur zwei Arten von Rohsalzen gelten:

1. Karnallit mit 9—12% Kali
2. Rohsalze mit 12—15% Kali (Kainit).

Neben dem Kaligehalt gilt als Unterscheidung zwischen den beiden Sorten die Bestimmung, daß ein kainitisches Rohsalz weniger als 6% in Alkohol lösliches Chlor enthalten muß. Es muß also arm an Magnesiumchlorid sein. Der Wunsch, derartige Salze auch mit höherem Kaligehalt zu verwenden, führte zur Herstellung von Chlorkalium, und für besonders chlorempfindliche Pflanzen wurde schwefelsaures Kali und schwefelsaure Kalimagnesia fabriziert. Letzteres Salz fand namentlich in Holland zur Kartoffeldüngung ausgedehnte Verwendung. Daneben kamen seit 1899 Kalidüngesalze mit 20%, 30% und 40% Kali in den Handel, von denen sich namentlich das 40proz. Kalidüngesalz in Deutschland schnell einführte. Diese Salze stellen entweder Mischungen von Chlorkalium und Rohsalzen oder Edelsalze selbst mit einem entsprechenden Kaligehalt dar.

Für die Ernährung der Pflanzen spielt in all diesen Salzen das Kali die Hauptrolle. Unter gewissen Umständen, z. B. für die Düngung der Rüben, kann auch das Chlornatrium von Bedeutung sein. Der Gehalt an Magnesia spielt meist eine untergeordnete Rolle, kann aber auch, besonders für blattreiche Gewächse, von Wichtigkeit sein, da das Magnesium ein Bestandteil des Chlorophylls ist[1].

Der Gesamtverbrauch an reinem Kali in der Landwirtschaft betrug im Jahre 1913: 10029132 dz. Davon blieben in Deutschland 5361026 dz, und nach den Vereinigten Staaten von Nordamerika gingen 2330649 dz. Nach dem Verbrauch auf 1 Hektar landwirtschaftlich genutzter Fläche stand Holland 1913 an erster Stelle mit 20000 kg, während damals in Deutschland 15,30 kg je Hektar angewandt wurden. Im Jahre 1920 verbrauchte Holland, immer noch an erster Stelle stehend, 25,00 kg, Deutschland 18,44 kg je Hektar. Im gleichen Jahre betrug der Gesamtverbrauch 9236435 dz, wovon auf Deutschland 6464192 dz entfielen[2].

Die Mengen an Kalisalzen, die in der Praxis zur Düngung angewandt werden, sind sehr verschieden. Sie richten sich einmal nach dem natürlichen Kaligehalt des Bodens und zweitens nach dem Kalibedürfnis der Kulturpflanzen. Man verwendet Mengen, die in ihrem Gehalt zwischen 20—200 kg reinem Kali schwanken können. Je nachdem man Kalirohsalze oder Kalidüngesalze anwendet, wird man mit diesen Mengen an Reinkali verschiedene Mengen an Nebensalzen mit der Kalidüngung in den Boden bringen, und es ergeben sich danach die beiden Fragen: Wie wirken die reinen Kalisalze auf den Boden? und Wie wirken die in den Kalisalzen enthaltenen Nebensalze auf den Boden?

Sämtliche Salze unterliegen zunächst den Gesetzen der Adsorption im Boden, wie solches kurz oben bereits geschildert worden ist[3].

---

[1] Popp, M.: Die Bedeutung einer Magnesiadüngung für unsere Kulturpflanzen. Landw. Jb. 58, 313 (1923). — Eckstein, O.: Die Wirkung der in den Kalisalzen enthaltenen Nebensalze. Die Ern. d. Pfl. 26, 386 (1930). — Loew, O.: Zur Theorie der Magnesiumfunktionen in der Pflanze. Ebenda 26, 477 (1930).

[2] Krische, P.: Das Kali, I. Teil. Stuttgart: Ferdinand Enke 1923.

[3] Siehe S. 227.

Daß die Böden Salze aus ihren Lösungen ausfällen können, ist schon lange bekannt[1]. J. v. LIEBIG[2] gab 1863 dafür eine Erklärung und hielt die Erscheinungen für solche physikalischer Natur. Vor ihm deutete WAY[3] die Vorgänge der Adsorption chemisch. Als Bodenbestandteil, der diese Ad- und Absorptionsvorgänge hervorruft, erkannte man schon frühzeitig gewisse Doppelsilikate, die WAY bereits künstlich hergestellt hat. J. HISSINK[4] unterscheidet physikalische und chemische Adsorption. Je kleiner die Teilchen des Adsorbens werden, um so mehr gleichen sich die beiden Formen der Adsorption, denn Adsorption ist die Veränderung in der Konzentration auf der Grenzlage von zwei Phasen. Wenn die Moleküle des Adsorbens eine auswählende Adsorptionskraft auf die verschiedenen Ionen in der Grenzschicht ausüben, dann treten hier zwei elektrisch verschieden geladene Schichten auf. Je nachdem Kationen oder Anionen angezogen werden, ist die innere Lage dieser Doppelschicht positiv oder negativ, die äußere negativ oder positiv geladen. Da die Adsorption auf der Oberfläche der adsorbierenden Teilchen stattfindet, muß ihre Größe sowohl von der anziehenden Kraft als auch von der Größe der Oberfläche abhängen. Deshalb werden die Adsorptionserscheinungen im Boden in überwiegendem Maße in dem sehr feinen Bodenmaterial, den Ton- und Humusstoffen, ihren Sitz haben. Erreichen die adsorbierenden Teilchen die Größe von Molekülen, so geht die Adsorption in eine chemische Bindung über, was besonders bei den Humusstoffen der Fall ist. Außer dem Ionenaustausch kann der Boden noch mehr Kationen binden, was HISSINK als „freie“ Adsorption bezeichnet. Diese läßt sich so erklären, daß die adsorbierenden Ton- und Humusteilchen des Bodens teilweise mit Basen ungesättigt sind; der Boden befindet sich in einem adsorptiv ungesättigten Zustand. STARKEY und GORDON[5] fanden, daß die Adsorption der Kationen sich mit vermehrter Hydroxyl-Ionen-Konzentration steigert.

HISSINK[6] fand bei der Untersuchung einer großen Anzahl von Marschböden, daß im Mittel auf 100 austauschbare Kationen 79 Ca-, 13 Mg-, 5 Na- und 2 K-Ionen, aber keine NH_4-Ionen kommen. Solche Böden werden aus Lösungen von Chlorammonium und Chlorkalium viel NH_4- und K-Ionen adsorbieren, aber aus Chlorkalziumlösungen nur wenig Ca-Ionen. Nach weiteren Untersuchungen mit Permutiten stellte HISSINK als Reihenfolge der Bindungsstärke vom Tonkomplex folgende auf: Mg, Ca, NH_4, K, Na. Eisenionen werden von Permutit so fest gebunden, daß durch eine Behandlung mit Lösungen von Chlorammonium, Chlorkalium, Chlornatrium, Chlormagnesium und Chlorkalzium keine Spur von Eisen in Lösung geht. Dagegen kann Eisenoxyd im Boden unter bestimmten Verhältnissen durch Humussole in kolloidale Lösung gebracht werden. Nach CASALE[7] ist die Stärke der Adsorption von Kationen am größten für K und NH_4; dann folgen Ca, Mg und Na.

Aus all dem Gesagten geht hervor, daß die Adsorptionsfähigkeit eines Bodens für Kali in erster Linie vom Tongehalt des Bodens abhängig ist. Ein leichter

---

[1] Vgl. dieses Handb. 8, 183.

[2] LIEBIG, J. v.: Naturgesetze der Landwirtschaft. 1863.

[3] WAY, J. TH.: Über das Düngerabsorbierungsvermögen der Böden. J. Roy. Agricult. Soc. 9, 3, 13 (1850); 13, 123 (1852).

[4] HISSINK, D. J.: Beiträge zur Kenntnis der Absorptionserscheinungen. Cultura 1918, 31; Biederm. Zbl. Agrikulturchem. 50, 433 (1921).

[5] STARKEY, E. B. u. N. E. GORDON: Der Einfluß der H-Ionen auf die Adsorption der Pflanzennahrung durch Bodenkolloide. Soil Sci. 14, 449 (1922).

[6] HISSINK, D. J.: Beiträge zur Adsorptionserscheinung in Böden. Sonderabdr. Het Chem. Weekblad, 16, Nr. 35 (1919); Biederm. Zbl. Agrikulturchem. 51, 1 (1922).

[7] CASALE, L.: Physikalisch-chemische Studien über die Adsorptionskraft von Böden. Staz. Sperim. Agr. Ital. 54, 65 (1921).

Sandboden wird also weniger Kali adsorbieren als ein schwerer Lehmboden. Umgekehrt wird die Gefahr des Auswaschens des Kalis im Sandboden größer als im Lehmboden sein.

Die durch die Adsorption des Kalis im Boden entstandene Verbindung löst sich nur wenig in Wasser, besitzt auch keinen bestimmten Lösungsdruck. Durch Natriumsalze kann die Bindung gelöst werden. So kommt es, daß unter Umständen eine Düngung mit Chlornatrium die Kalidüngung zum Teil ersetzen kann. Dasselbe kann auch durch Magnesiumsalze geschehen. Lawes und Gilbert[1] haben hierzu praktische Versuche ausgeführt. Bei diesen Versuchen wurde die Gesamtmenge des in den Ernteerträgen von 20 Jahren gefundenen Kalis bestimmt. Bei folgenden Düngungen fand man die nachstehenden Mengen an Kali:

Ammoniumsalze allein	245 kg
Ammoniumsalze + Superphosphat	258 „
„ + „ + Natriumsulfat	377 „
„ + „ + Magnesiumsulfat	403 „
„ + „ + Kaliumsulfat	491 „
„ + „ + $Na_2SO_4 + MgSO_4 + K_2SO_4$	494 „

Infolge der Adsorption des Kalis ändert sich die physikalische Beschaffenheit des Bodens oft ganz erheblich. Wenn auch die Kalisalze die Bodenkolloide schwächer auflockern als z. B. die Kalksalze, so tritt doch eine Fällung der Kolloide bei Anwendung ausreichender Mengen von Kalisalzen ein. Diese ist so groß, daß Schloesing d. Ä.[2] sogar darauf eine Methode zur Bestimmung des Tongehaltes der Böden begründete, indem er eine Bodenaufschlämmung mit einer Lösung von Chlorkalium zum Absatz brachte.

Nolte[3] faßt die chemischen Umsetzungen der Bodenbestandteile unter dem Einfluß der Kalisalze durch folgende umkehrbare Gleichungen zusammen:

$$\mathrm{Ca}\left\{\begin{array}{l}\text{Karbonat}\\ \text{Tonerdesilikat}\\ \text{Phosphat}\\ \text{Humat}\end{array}\right. + \begin{array}{c}\mathrm{Na}\\ \mathrm{K}\\ \mathrm{Mg}\end{array}\left\{\begin{array}{l}\text{Sulfat}\\ \text{Chlorid}\end{array}\right. \rightleftarrows \mathrm{Ca}\left\{\begin{array}{l}\text{Sulfat}\\ \text{Chlorid}\end{array}\right. + \begin{array}{c}\mathrm{Na}\\ \mathrm{K}\\ \mathrm{Mg}\end{array}\left\{\begin{array}{l}\text{Karbonat}\\ \text{Tonerdesilikat}\\ \text{Phosphat}\\ \text{Humat}\end{array}\right.$$

Es entstehen also aus den schwer löslichen Kalksalzen des Bodens durch Umsetzungen mit den Bestandteilen der Kalisalze lösliche Kalksalze und die Alkali- und Magnesiumsalze jener Säurekomplexe, die vordem an Kalk gebunden waren. All diese Umsetzungen gehen nicht ohne Beteiligung des Wassers vor sich, so daß sich in der Bodenflüssigkeit alle möglichen Ionen als Produkte der Umsetzungen finden werden. Die Menge der Kalziumionen nimmt zu, diejenige der Alkaliionen vermindert sich dagegen, so daß bei Böden, welche reich an adsorbierenden Bestandteilen sind, die Konzentration der Bodenflüssigkeit an Alkaliionen sehr gering wird. Wenn das Wasser an der Bodenoberfläche verdunstet, werden sich die umgebildeten Salze ausscheiden, wodurch die bekannten Ausblühungen von Soda, Gips und andere entstehen. Der Boden selbst verkrustet, wahrscheinlich weil die gebildeten Alkalitonerdesilikate zusammenhaften. Ganssen[4] hat gezeigt, daß die durch die Adsorption von Alkalisalzen entstandenen Doppelsilikate eine schleimige Struktur besitzen, im Gegensatz zu den entsprechenden Kalziumverbindungen. Die Alkaliverbindungen sollen außerdem bei Wasserzutritt Alkalihydroxyd abspalten, wodurch die schleimige

[1] Lawes, J. B. u. J. H. Gilbert: Über die Zusammensetzung der Asche von Weizenkorn und -stroh, welche in verschiedenen Jahren und unter verschiedenen Düngungen in Rothamsted gebaut wurden. Trans. chem. Soc. **45**, 305—407 (1884).

[2] Schloesing, Th.: C. r. **135**, 601 (1902).

[3] Nolte, O.: Die Bedeutung des Kalis, S. 108. Berlin: Paul Parey 1927.

[4] Ganssen [Gans], R.: Jb. Preuß. Geolog. Landesanst. **1905**.

Beschaffenheit der Bodenbestandteile noch vermehrt würde, weil diese die Gele zum Quellen bringen[1]. Bei größerer Anwesenheit von Wasser unterliegen die gebildeten Kalziumsalze, insbesondere das sehr leicht lösliche Chlorkalzium, der Auswaschung. Damit ändert sich dann auch ihr Einfluß auf die Dissoziation und Hydrolyse der anderen Salze, und mit fortschreitender Verdünnung wird die Menge der Alkalihydroxyde größer. Die Aufteilung der Gele verstärkt sich, sie werden beweglicher im Boden, werden z. T. in den Untergrund gewaschen und geben hier die Veranlassung zu Bodenverdichtungen und zur Bildung von Ortstein in Sandböden und von Knick in Marschböden.

Das Kali findet sich im Boden einmal in wasserlöslicher Form in Gestalt der dem Boden zugeführten Düngesalze selbst. Aus ihnen wird es aber z. T. schnell durch die adsorbierenden Bodenbestandteile festgelegt, so daß es der Auswaschung entzogen wird. Den Pflanzen wird es daraus durch den Einfluß von Wasser und Kohlensäure zugänglich. Am schwersten löslich ist das an Feldspat oder Glimmer gebundene Kali, wobei das letztere immer noch leichter verwittert als das erstere[2]. NOLTE[3] faßt die im Boden sich abspielenden Prozesse rein chemisch auf und folgt darin GANSSEN[4]. Wie in Wirklichkeit die Verhältnisse innerhalb der Bodenlösung liegen, ist noch nicht aufgeklärt. Es spielen dabei so viele und je nach der Bodenbeschaffenheit und Bodenart so verschiedene Umstände eine Rolle, daß man sie heute noch nicht übersehen kann[5]. Infolge des Basenaustausches im Ackerboden bestehen gewisse Beziehungen zwischen der Kali- und Kalkaufnahme durch die Pflanzen, die EHRENBERG[6] folgendermaßen formuliert: „Wird für eine nur schwächer mit Kali versorgte Pflanze die Kalkzufuhr erheblich gesteigert, so tritt hierdurch eine Zurückdrängung der Kaliaufnahme ein, welche erhebliche Schädigungen im Gefolge haben kann; durch einseitige Verstärkung der Kalidüngung kann aber wieder die Pflanze vor Kalküberschwemmung bewahrt und zu günstigerer, gegebenenfalls normaler Entwicklung gebracht werden." EHRENBERG sucht diese Beziehungen an den Versuchen anderer Forscher zu bestätigen, jedoch konnte TACKE[7] auf Moorboden nicht zu dem gleichen Ergebnis kommen. PFEIFFER und RIPPEL[8] haben bei steigender Kalkdüngung unter Gleichbleiben des Zusatzes von Kali- und Natronsalzen eine wesentliche Erhöhung nicht nur des Kalkes, sondern auch von Kali- und Natron-

---

[1] HISSINK, D. J.: Die Einwirkung verschiedener Salzlösungen auf die Durchlässigkeit des Bodens. Internat. Mitt. Bodenkde. **1916**, 142.

[2] PRJANISCHNIKOW, D. N.: Die Düngerlehre, S. 319. Berlin: Paul Parey 1923; J. Landw. **1917**, 18. — BLANCK, E.: Die Bedeutung des Kalis in den Feldspaten für die Pflanzen. Ebenda **1913**, 1. — DOBRESCU, J. M.: Die Dynamik der Kaliassimilation kalihaltiger Silikatminerale. Chem. d. Erde **2**, 83 (1926). — BLANCK, E. u. F. ALTEN: Vegetationsversuche mit Sericit als Kaliquelle. Landw. Versuchsstat. **237** (1926). — BLANCK, E., F. GIESECKE u. H. KEESE: Über die Kaliwirkung eines Glimmerabfallproduktes. J. Landw. **1928**, 337.

[3] NOLTE, O.: a. a. O., S. 1.

[4] GANSSEN [GANS], R.: Die Bestimmung der Bodenreaktion. Z. Pflanzenern. usw. A **8**, 332 (1926/27).

[5] Vgl. E. RAMANN, S. MÄRZ u. H. BAUER: Über Bodenpreßsäfte. Internat. Mitt. Bodenkde. **6** (1916). — P. EHRENBERG u. J. P. VAN ZYL: Zur Kenntnis der Bodenlösung. Ebenda **7** (1917). — O. NOLTE: Boden und Bodenlösung. J. Landw. 65, 1 (1917). — J. P. VAN ZYL: Über die Bodenlösung. Ebenda **64**, 201 (1916). — F. H. HESSELINK VAN SUCHTELEN: Methode zur Gewinnung der natürlichen Bodenlösung. Ebenda **60**, 369 (1912). — G. HAGER: Die Gewinnung von den natürlichen Verhältnissen entsprechenden Bodenlösungen. Z. Pflanzenern. usw. A **2**, 421 (1923).

[6] EHRENBERG, P.: Das Kalk-Kali-Gesetz. Landw. Jb. **54**, 1 (1921).

[7] TACKE, BR.: Über die Wirkung verschiedener Kalisalze. Z. Pflanzenern. usw. B **1**, 97 (1922).

[8] PFEIFFER, TH. u. A. RIPPEL: Der Einfluß von Kalk und Magnesia auf das Wachstum der Pflanzen. J. f. Landw. **68**, 5 (1920).

salzen in den Pflanzen, aber keine Erniedrigung der letzteren feststellen können. Zu ähnlichen Ergebnissen kamen auch König, Hasenbäumer und Mitarbeiter[1]. Diese fanden bei Versuchen auf kaliarmem Kalkboden und auf einem kalireichen kalkarmen Tonboden folgende Beziehungen:

Boden	Gehalt des Bodens an		Erntemasse an Trockensubstanz von je 3,5 qm	Gehalt der Trockensubstanz an		Summe
	Kalk %	Kali %	g	Kalk %	Kali %	%
Kalkboden	30,98	0,70	2875	1,651	1,755	3,406
Tonboden	1,73	4,12	2884	1,003	2,737	3,760

Demnach zeigten die auf dem Kalkboden gewachsenen Pflanzen eine höhere Kalk- und eine geringere Kaliaufnahme als auf dem Tonboden. Hier hat der Kalk das Kali anscheinend physiologisch ersetzt, weil in beiden Fällen die gleiche Menge Pflanzentrockensubstanz erzeugt worden ist. Ein Zurückdrängen der Kaliaufnahme hat nicht stattgefunden, denn der Boden war von Natur kaliarm.

Zusammenfassend kann man mit Nolte[2] sagen, daß zwar die reinen Kalisalze eine Dispergierung der Bodenkolloide und damit eine Dichtschlämmung der Böden, besonders der schwereren, herbeiführen können, daß aber die Wirkung der Natronsalze nach dieser Richtung eine stärkere ist. Auch die Magnesiumsalze vermögen merkliche Verdichtungen des Bodens herbeizuführen, jedoch ist ihre Wirkung deutlich geringer als die der Alkalisalze.

Schließlich wäre die Frage zu behandeln: Wie wirken die Anionen der Kalidüngemittel auf den Boden ein? Als Anionen kommen in den Kalisalzen Chlorionen und Schwefelsäureionen vor, die teils an Kalium, teils an Natrium und Magnesium, zum geringsten Teil auch an Kalzium gebunden sind. Zerlegt man die Kalidüngemittel in die einzelnen Ionen, gemäß der schon angeführten Tabelle auf S. 231, so ergibt sich folgende Übersicht:

	Kalium-Ionen %	Natrium-Ionen %	Magnesium-Ionen %	Kalzium-Ionen %	Chlor-Ionen %	Schwefelsäure-Ionen %
A. Rohsalze:						
Carnallit	8,1	8,8	7,9	0,6	37,0	11,0
Kainit	10,8	9,5	7,4	0,5	24,3	30,2
Sylvinit	14,5	22,3	1,2	0,8	48,8	4,7
Hartsalz	10,8	18,2	4,8	0,5	39,5	17,9
B. Konzentrierte Salze:						
Schwefelsaures Kali, 96 % .	43,8	0,1	0,2	0,1	0,5	54,4
,, ,, 90 % .	41,5	0,5	0,8	0,1	2,2	52,4
Schwefelsaure Kalimagnesia	22,6	1,4	5,7	1,0	2,1	52,5
Chlorkalium, 90—95 % . .	48,1	2,8	0,1	—	48,1	0,2
,, 80—85 % . .	43,8	5,7	0,2	—	48,7	0,3
Kalidüngesalz, 20 % . . .	17,6	15,8	3,5	0,6	43,4	11,1
,, 30 % . . .	25,5	10,3	3,2	0,6	42,1	9,7
,, 40 % . . .	33,6	8,4	1,4	0,7	44,1	6,1

Auf 100 Teile Kaliumionen kommen dann nachstehende Mengen der übrigen Ionen:

---

[1] König, J., J. Hasenbäumer u. R. Krönig: Die Trennung der Bodenteile nach dem spezifischen Gewicht und die Beziehungen zwischen Pflanzen und Boden. Landw. Jb. **46**, 203 (1914).

[2] Nolte, O.: Über die Einwirkung von Salzlösungen auf den Boden. Landw. Versuchsstat. **98**, 135 (1921); 21 (1924).

	Kalium-Ionen	Natrium Ionen	Magnesium-Ionen	Kalzium-Ionen	Chlor-Ionen	Schwefelsäure-Ionen
A. Rohsalze:						
Carnallit	100	109	98	7	457	136
Kainit	100	88	69	5	235	280
Sylvinit	100	154	8	6	337	32
Hartsalz	100	169	46	5	366	166
B. Konzentrierte Salze:						
Schwefelsaures Kali, 96 %	100	0,2	0,4	0,2	1,1	124
,, ,, 90 %	100	1,3	1,9	1,3	5,3	136
Schwefelsaure Kalimagnesia	100	6,0	25,0	4,0	9,0	248
Chlorkalium, 90—95 %	100	6,0	0,2	—	100	0,4
,, 80—85 %	100	13,0	0,5	—	121	0,7
Kalidüngesalz, 20 %	100	88,0	20,0	3,0	246	6,0
,, 30 %	100	40,0	13,0	2,0	165	39
,, 40 %	100	25,0	4,0	2,0	131	18

Man erkennt aus diesen Zusammenstellungen, daß als Anionen bei den Kalidüngemitteln in erster Linie Chlorionen, in zweiter Richtung auch Schwefelsäureionen in den Boden kommen. Die Menge dieser Anionen hängt von der Art des angewandten Kalisalzes ab. Die Kalirohsalze enthalten davon relativ mehr als die konzentrierten Kalidüngemittel.

Während die Kationen vom Boden adsorbiert werden, findet eine Adsorption der Anionen für sich nicht statt, was AD. MAYER[1] bereits 1886 ausgesprochen hat. Findet nun im Boden eine Adsorption der Kaliumionen statt, so werden die Anionen frei. Es bildet sich also im Boden freie Säure, wodurch eine Versäuerung des Bodens eintreten muß, wenn diese Säuren nicht durch andere Basen des Bodens, insbesondere durch Kalk, gebunden werden. MAYER bezeichnet danach derartige Düngesalze als physiologisch sauer[2]. Er beruft sich dabei auf Wasserkulturen, wie sie zuerst DE SAUSSURE[3] ausgeführt hat und die namentlich von W. WOLF[4] und KNOP[5] weiter ausgebildet worden sind. Es steht fest, daß infolge der Kaliadsorption eine entsprechende Kalkmenge aus dem Adsorptionskomplex, gleichgültig ob Silikatverbindungen oder Humusstoffe in Frage kommen, in die Bodenlösung übergeht, da die austauschbaren Ionen dieses Komplexes zu etwa 80 % aus Kalk bestehen. Es tritt also zweifellos durch die Anwendung der Kalisalze eine Verarmung des Bodens an Kalk ein. Wenn nun auch noch das Natrium und das Magnesium adsorbiert werden, wird die Verarmung an Kalk noch größer. Der Kalk wird an die Anionen der Kalisalze gebunden als Chlorkalzium oder schwefelsaures Kalzium, welche durch das Bodenwasser aus dem Boden entführt werden. Wenn man auch die Festlegung des Kaliums im Boden als einen Vorteil betrachten muß, da dann das Kali nicht so leicht der Auswaschung unterliegt, so ist der Entzug des Kalkes sicherlich ein Nachteil, der sich aber durch entsprechende Zufuhr von Kalkdüngemitteln leicht beheben läßt. In diesem Sinne könnte man die Kalisalze als physiologisch saure Salze bezeichnen. Ob aber durch den Kalkentzug eine Ver-

[1] MAYER, AD.: Lehrbuch der Agrikulturchemie, 2. Teil, 3. Aufl., S. 97. Heidelberg: Carl Winters Universitätsbuchh. 1886.

[2] MAYER, AD.: Kalidüngung Landw. Versuchsstat. **26**, 77 (1881). — Vgl. auch H. KAPPEN u. M. LUKACS: Zur physiologischen Reaktion der Düngesalze. Z. Pflanzenern. usw. A **5**, 249 (1925).

[3] DE SAUSSURE: Recherches chim. veget. **1804**, 247.

[4] WOLF, W.: Die SAUSSUREschen Gesetze der Aufsaugung von einfachen Salzlösungen durch die Wurzeln der Pflanze. Landw. Versuchsstat. **6**, 203 (1864). — Chemische Untersuchungen über das Verhalten von Pflanzen in der Aufnahme von Salzen usw. Ebenda **7**, 193 (1865).

[5] KNOP, W.: Ein Vegetationsversuch. Landw. Versuchsstat. **1**, 181 (1859).

säuerung des Bodens eintritt, ist eine andere Frage. Ein absoluter Verlust an Basen, der eine Versäuerung des Bodens bedingen wird, tritt durch die Kalisalzdüngung nicht ein, da je nach dem Adsorptionskomplex an Stelle des ausgeschiedenen Kalkes andere Basen, insbesondere Kali, treten. Erst wenn das Kali aus diesen Adsorptionsverbindungen durch die Pflanze aufgenommen wird, tritt für den Boden ein Verlust an Kali ein.

Die Grundfragen über die Säurebildung im Boden sind[1] bereits eingehend besprochen. Am eingehendsten hat sich KAPPEN[2] hiermit beschäftigt, und der erste, welcher die Entstehung einer sauren Reaktion im Boden nach Behandlung mit Neutralsalzen erkannt hat, war der Amerikaner VEITCH[3]. Er stellte schon fest, daß beim Zusammenbringen von Boden mit einer Chlornatriumlösung keine freie Säure entsteht, sondern lösliches Aluminiumchlorid infolge von Basenaustausch, was seinerseits infolge von hydrolytischer Dissotiation sauer reagiert. Der Japaner KOZAI[4] sprach die Vermutung aus, daß die saure Bodenreaktion auch durch saure Silikate verursacht werden könne, und sein Landsmann DAIKUHARA[5] zeigte, daß bei der Behandlung kolloidaler Stoffe, wie Kieselsäuregel, Humus, Kaolin oder Boden, mit Lösungen von Aluminiumchlorid oder Eisenchlorid eine saure Reaktion auftritt, wobei entsprechende Mengen von Aluminium und Eisen in Lösung gehen. KAPPEN[6] prüfte diese Ergebnisse nach. Er fand, daß zwar keine äquivalenten Mengen von Aluminium und Eisen in die Bodenlösungen übergehen, daß aber offenbar durch den dabei stattfindenden Ionenaustausch die saure Reaktion des Bodens bedingt wird. Dagegen mußte die Annahme von DAIKUHARA, daß die von den Bodenkolloiden adsorbierten Aluminium- oder Eisenverbindungen oder -salze die Aziditätserscheinungen bedingen, verworfen werden. Es ist vielmehr ein Ionenaustausch zwischen gelöstem Aluminium- und Eisensalzen im Boden anzunehmen, bei dem Aluminium- und Eisenionen vom Boden adsorbiert werden, wofür Kalziumionen in Lösung gehen.

Nun sind aber die Aluminium- und Eisenverbindungen im Boden nicht in Form austauschfähiger Salze vorhanden[7], und es ist die Frage zu beantworten: Wie entstehen derartige Salze im Boden?

Schon VAN BEMMELEN[8] hatte gefunden, daß ein Boden, den man mit einer Säure behandelt, auch nach dem Auswaschen mit Wasser seine saure Reaktion behält, und es wird außer den sauren Tonverbindungen vor allem die Humussäure sein, die dem Boden eine ohne Umsetzungen wahrnehmbare, eine aktive oder aktuelle Azidität verleiht. Namentlich die sauren Humusverbindungen sind auch imstande, die im Boden befindlichen Aluminium- und Eisenverbindungen zu lösen, wodurch sauer reagierende Körper entstehen. Aber schon WICKE[9] hat auf andere Möglichkeiten der Bildung von freier Säure im Boden hingewiesen, z. B. auf die Oxydation von Eisensulfiden, die sich namentlich in den sog. Pulvermooren befinden. Wieder war es DAIKUHARA[10], der feststellte, daß die Azidität

---

[1] Vgl. dieses Handbuch **1**, 229. [2] Vgl. dieses Handbuch **8**, 317ff.

[3] VEITCH, F. P.: J. amer. chem. Soc. **1904**, 637.

[4] KOZAI: Chemiker-Ztg. **98**, 1189 (1908).

[5] DAIKUHARA, G.: Bull. Imp. Agricult. Experim. Stat. Japan II **1**, 19 (1914).

[6] KAPPEN, H.: Studien an sauren Mineralböden aus der Nähe von Jena. Landw. Versuchsstat. **88**, 13 (1916).

[7] KAPPEN, H.: Zu den Ursachen der Azidität der durch Ionenaustausch sauren Böden. Landw. Versuchsstat. **89**, 46 (1917).

[8] BEMMELEN, J. M. VAN: Das Absorptionsvermögen der Ackererde. Landw. Versuchsstat. **21**, 160 (1878).

[9] WICKE, W.: Untersuchungen von Bodenarten aus der Oldenburger Marsch. J. Landw. **10**, 390 (1862). — Vgl. auch E. RAMANN: Bodenkunde, 3. Aufl., S. 160. 1911.

[10] DAIKUHARA, G.: Bull. Imp. Agricult. Experim. Stat. Japan II **1**, 19 (1914).

der Moorböden nicht allein auf Anwesenheit von freier Humussäure zu beruhen braucht, sondern daß auch hier eine Adsorption von Aluminium- und Eisenverbindungen stattfinden kann.

Die Zersetzung von Neutralsalzen findet nicht allein in Humusböden, sondern auch in Mineralböden statt; aber auch hier sind die Humusstoffe sehr stark beteiligt, ja die Zersetzung wird auch durch noch nicht humufizierte Pflanzenstoffe, sogar durch frische Pflanzenmasse herbeigeführt[1].

KAPPEN und LIESEGANG[2] zeigten, daß Aluminium- und Eisensalze schon in sehr verdünnten Lösungen Austauschazidität hervorrufen, wobei sich jedoch kein Eisensalz, sondern nur Aluminiumion im Austausch befand. Auch künstlichem Aluminiumsilikat, Permutit, läßt sich starke Austauschazidität verleihen, aber ausschließlich durch Kohlensäure, im Gegensatz zum natürlichen Boden. Andere Säuren und ebenso Aluminium- und Eisensalze wirken nicht in dem gleichen Sinne, weil der Permutit durch sie völlig zersetzt wird[3]. Dabei wurden aber die Angaben von GANSSEN[4] über das Molekularverhältnis der sauren Bodensilikate bestätigt. Dadurch, daß bei der Behandlung des Aluminiumsilikats mit Säuren oder Aluminiumsalzen Aluminium an die Stelle von Erdalkalien und Alkalien tritt, wird es austauschbar, und erst damit wird die Austauschazidität erreicht. KAPPEN erläutert diesen Vorgang durch folgende umkehrbare Gleichung:

$$m\,AlCl_3 + n\begin{bmatrix}Ca, Mg,\\ K_2, Na_2\end{bmatrix}O \cdot Al_2O_3 \cdot 3\,SiO_2, \cdot xH_2O \rightleftarrows p\begin{bmatrix}Ca, Mg,\\ K_2, Na_2\end{bmatrix}Cl_2$$

$$+\left(m - \frac{2}{3}p\right)Al_2O_3 + \left\{(n-p)\cdot\begin{bmatrix}Ca, Mg,\\ K_2, Na_2\end{bmatrix}O + \frac{2}{3}p\,Al_2O_3 \cdot 3\,SiO_2 \cdot xH_2O\,.\right.$$

Auf Grund seiner Forschungen kommt KAPPEN[5] zu drei Arten von Bodenazidität; 1. die aktive oder wirkliche Azidität, ein Ausdruck, den zuerst VEITCH[6] geprägt hat, hervorgerufen durch freie Säuren, wie Humussäure oder Schwefelsäure, und durch saure Aluminium- oder Eisensalze. 2. Die hydrolytische Azidität, die sich bei der Behandlung der Böden mit Lösungen von echten Neutralsalzen durch das Sauerwerden dieser Lösungen zeigt. 3. Die Austauschazidität, wie sie oben schon näher geschildert wurde.

Daß eine Düngung mit physiologisch sauren Düngemitteln die Bodenazidität zu erhöhen vermag, zeigten Vegetationsversuche von KIRSTE[7], besonders auf leichten Böden. Dabei kann die saure Reaktion der Düngemittel direkt den Säuregrad des Bodens erhöhen. Indirekt tritt dasselbe ein, wenn die in diesen Düngemitteln enthaltenen Anionen frei werden, weil die Kationen entweder adsorbiert oder von den Pflanzen aufgenommen werden.

Weitere Untersuchungen von KAPPEN und BERGEDER[8] bestätigen diese Auffassung. Hierbei wurden kurzfristige Versuche nach Art der Neubauer-

---

[1] ARND, TH.: Zur Frage der Zersetzung von Neutralsalzen durch Humusboden. Z. Pflanzenern. A. 18, 65 (1930).

[2] KAPPEN, H. u. H. LIESEGANG: Weitere Untersuchungen zur Austauschazidität der Mineralböden. Landw. Versuchsstat. 99, 191 (1922).

[3] KAPPEN, H. u. F. RUNG: Über den Ionenaustausch der zeolithischen Silikate bei Beteiligung hydrolytisch gespaltener Salze. Z. Pflanzenern. usw. A 8, 345 (1926/27).

[4] GANSSEN [GANS], R.: Mitt. Lab. geolog. Landesanstalt, H. 1, S. 24.

[5] KAPPEN, H.: Über die Aziditätsformen des Bodens und ihre pflanzenphysiologische Bedeutung. Landw. Versuchsstat. 96, 277 (1921).

[6] VEITCH, F. P.: J. amer. chem. Soc. 1904, 637.

[7] KIRSTE, H.: Über das Pflanzenwachstum auf sauren Böden. Z. Pflanzenern. usw. A 5, 129 (1925).

[8] KAPPEN, H. u. W. BERGEDER: Über die Beziehungen zwischen der physiologischen Azidität der Düngesalze und zwischen der Bodenazidität. Z. Pflanzenern. usw. A 7, 291 (1926).

versuche ausgeführt, wobei in derselben Bodenmenge wenigstens fünf Ernten gezogen wurden. Wurde der Boden allein mit Kalisalzen gedüngt, so trat keine Erhöhung der Azidität ein. Ja, es wurde die Azidität dadurch sogar vermindert. Der Boden ohne Düngung besaß nach der 6. Bepflanzung eine hydrolytische Azidität von 6,00 und eine Austauschazidität von 0,25 cm^3 n/10-Natronlauge. Bei einer Düngung mit Kalisalz betrug die hydrolytische Azidität nach der 6. Ernte 4,75 und die Austauschazidität 0,25 cm^3.

ADOLF MAYER[1] bestreitet die Ansichten von KAPPEN und weist dabei auf die Ausführungen von O. LOEW[2] hin, der vor allem die von KAPPENS Schüler WICHMANN[3] gewählte Versuchsanordnung bemängelt. KAPPEN[4] belegt seine Beobachtungen durch weiteres Material. Er hat z. B. seinen sauren Boden von Kalisalzlösungen durchspülen lassen und fand folgende Reaktionsveränderungen:

	Boden 1	Boden 2	Boden 3
Unbehandelter Boden	4,79	4,52	4,22
Boden mit Normal-Kaliumchlorid behandelt	6,83	6,80	6,24
Boden mit 0,1 proz. Kaliumchloridlösung behandelt	6,14	5,27	5,50

Man sieht hieraus, daß in allen Fällen die p_H-Zahl durch den Einfluß des Chlorkaliums gestiegen ist, die Azidität also abgenommen hat. Mit der physiologischen Reaktion hat dieser Vorgang allerdings nichts zu tun. Es handelt sich vielmehr nur um ein Verdrängen der die Bodenazidität beeinflussenden Wasserstoffionen der zeolithartigen Substanzen und Humate durch die Kationen des Chlorkaliums. Versuche mit Wasserkulturen, auf Grund dessen AD. MAYER zur Aufstellung des Begriffes der physiologischen Reaktion der Düngesalze kam, können für die Verhältnisse des Pflanzenwachstums im Boden nicht zum Vergleich herangezogen werden.

Im Boden spielen sich eben ganz andere Vorgänge als in Wasserkulturen ab. KAPPEN zog in einem Boden Stangenbohnen, Stoppelrüben und Runkelrüben und fand folgende Aziditätswerte:

	Stangenbohnen			Stoppelrüben			Runkelrüben		
	H. A.	A. A.	p_H	H. A.	A. A.	p_H	H. A.	A. A.	p_H
Ohne Kali	12,1	1,1	5,25	11,7	1,0	5,48	12,3	1,9	5,40
Mit Kali	12,2	1,0	5,30	11,5	0,8	5,60	12,4	1,2	5,41

(H. A. = Hydrolytische Azidität. A. A. = Austauschazidität.)

Die in der Düngung angewandten 900 kg Chlorkalium haben demnach keine Spur einer Säurebildung im Boden hervorgerufen.

Zu dem gleichen Ergebnis sind Untersuchungen gelangt, die in Rothamsted ausgeführt wurden. CROWTHER[5] hat die Reaktion von Bodenparzellen nachgeprüft, welche 46 Jahre lang verschieden gedüngt worden sind. Er fand bei leichtem Sandboden von Woburn folgende p_H-Zahlen:

auf ungedüngten Teilstücken . . . . 5,83 und 5,77
auf Stücken, die jährlich mit 3 dz Superphosphat und 0,5 dz schwefelsaurem Kali je Acre gedüngt waren 5,80

[1] MAYER, A.: De bemisting met Kalizouten en de bodemreactie. Landbouwkundig Tijdschr. **40**, Nr. 485 u. 770 (1928).
[2] LOEW, O.: Zur physiologisch-sauren Natur der Kalisalze. Landw. Presse **18** (1928).
[3] WICHMANN, W.: Über die Auswirkung der physiologischen Reaktion der Düngemittel auf den Reaktionszustand des Bodens. Dissert., Bonn-Poppelsdorf 1928.
[4] KAPPEN, H.: Landbouwkundig Tijdschr. **40**, Nr. 485, 774 (1928).
[5] CROWTHER, E. W.: Landbouwk. Tijdschr. **40**, Nr. 485, 776 (1928).

und auf Grasland von schwerem Lehmboden nach 78 Jahren:

bei ungedüngten Stücken	5,67
bei Mineraldüngung ohne schwefelsaures Kali	5,69
bei Mineraldüngung mit schwefelsaurem Kali	5,43

Durch die Düngung mit schwefelsaurem Kali ist hier die Reaktion eine Kleinigkeit nach der sauren Seite verschoben worden. CROWTHER erklärt dies jedoch nicht als eine Wirkung des Kalisalzes, sondern schreibt dies einem stärkeren Pflanzenwuchs auf diesen Teilstücken zu. Eine Düngung mit Magnesium- und Natronsalzen hatte die Bodenreaktion nicht verändert, obgleich auch diese Salze auf Grund von Wasserkulturen als physiologisch saure Salze zu bezeichnen wären. Es darf nicht unterlassen werden, darauf hinzuweisen, daß durch eine Düngung mit schwefelsaurem Ammoniak die Bodenreaktion stark sauer wurde.

Die Ursache, weshalb die Kalisalze nicht versauernd auf den Boden einwirken, sieht KAPPEN zum Teil darin, daß die Anionen von den Pflanzen in großem Umfang aufgenommen werden. Beim Chlor des Chlorkaliums hat er eine Aufnahme von 50% festgestellt. Deshalb wirkt auch nicht die gesamte Menge der in den Kalisalzen enthaltenen Anionen verarmend auf den Kalkgehalt des Bodens, sondern nur der Anteil, welcher von den Pflanzen nicht aufgenommen wird. Aus der Tatsache, daß Kalisalze den Boden nicht versauern, darf nicht gefolgert werden, daß bei Anwendung von Kalisalzen eine Kalkdüngung überflüssig würde. Denn soweit die Anionen der Kalisalze, einschließlich derjenigen, die nicht an Kalium, sondern an Natrium und Magnesium gebunden sind, nicht von den Pflanzen aufgenommen werden, binden sie sich an Kalk, entweder an den durch Austausch aus den Silikat- und Humatkomplexen frei werdenden Kalk oder an im Boden vorhandenen kohlensauren Kalk. Damit entziehen sie zweifellos dem Boden Kalk, der zur Erhaltung eines günstigen Reaktionszustandes unbedingt erforderlich ist. Es gibt ja eine ganze Reihe von anderen Umständen, welche die Reaktion des Bodens nach der sauren Seite verändern, und diesen muß der Kalk im Boden entgegen wirken. Mit der physiologischen Natur der Kalisalze hat aber der Kalkverlust, der durch die Anwendung der Kalidüngesalze entsteht, nichts zu tun.

Schließlich sei noch eine Nebenwirkung der Kalisalze auf den Boden erwähnt, der man eine nicht unbedeutende Rolle zuschreibt. Durch eine ausreichende Düngung mit Kalisalzen soll der Feuchtigkeitsgehalt des Bodens erhöht werden, weil durch die hygroskopische Eigenschaft der namentlich in den Kalirohsalzen enthaltenen Nebensalze, also in erster Linie durch Chlormagnesium, das Bodenwasser am Verdunsten gehindert wird. FLEISCHER[1] hat beobachtet, daß bei Moordammkulturen, bei denen man das Moor mit einer Sandschicht bedeckt, ein Verwehen des Sandes nicht so leicht stattfindet, wenn man reichlich mit Kalirohsalzen düngt. Es lägen hier ähnliche Verhältnisse vor wie diejenigen, welche in manchen Salzsteppen das Ab- und Ausblasen von Bodenbestandteilen verhindern[2]. Da die Hygroskopizität der chlormagnesiumhaltigen Rohsalze bekannt ist, so könnte dadurch im Boden allerdings eine Anziehung des Wassers stattfinden. Man spricht dabei auch wohl von einer unterirdischen Taubildung[3], obwohl exakte Beweise dafür nicht erbracht zu sein scheinen. Trotzdem kehren die Angaben über die wasseranziehende und damit wassersparende Kraft der

---

[1] FLEISCHER, M.: Die Bodenkunde auf chemisch-physikalischer Grundlage. In A. VOGLERS Grundlehren der Kulturtechnik, 4. Aufl. Berlin: Paul Parey 1909.

[2] OHLY, CHR.: Die klimatischen Bodenzonen und ihre charakteristischen Bodenbildungen. Internat. Mitt. Bodenkunde 3, 419 (1913). — F. GIESECKE: Chem. Erde 4, 551 (1930).

[3] EHRENBERG, P.: Die Bodenkolloide, 2. Aufl., S. 259ff. Dresden u. Leipzig: Th. Steinkopff 1918.

Kalisalze in der Literatur immer wieder. So schreibt FELBER[1]: „Aber auch die Bodenarten müssen berücksichtigt werden. Ein Acker, der nachweislich wenig Magnesia enthält, wird für die magnesiahaltigen Kalirohsalze sehr empfänglich sein; deren Wassergehalt und wasseranziehende Kraft gibt den losen, sandigen Böden mehr Zusammenhang und macht sie bindiger. Natürlich kann dies Abbinden auch von schädlichem Einfluß werden, und das ist häufig bei schweren, lehmigen und tonigen Böden der Fall. Hier ist auch der Kainit nur mit Vorsicht und in mehreren kleinen Gaben verwertbar."

R. HEINRICH[2] äußert sich hierüber folgendermaßen: „Als eine fernere Wirkung der Kalisalze hat man angegeben, daß sie den Boden feucht erhalten, so daß die Pflanzen nach einer Kalidüngung weniger leicht von der Trockenheit zu leiden hätten. Es mag dahingestellt bleiben, ob dies begründet ist. Versuche von JUL. SACHS sprechen dafür, daß stark mit Salzen gedüngte Pflanzen weniger leicht ihr Vegetationswasser verdunsten lassen, und es ist wahrscheinlich, daß die Pflanzen aus diesem Grunde vor den Nachteilen der Trockenheit geschützt sind. Hervorzuheben ist noch die Beobachtung, die HEYKING gemacht hat, daß der Kainit einen Schutz vor Frostschaden bildet[3]. Salzhaltige Lösungen gefrieren etwas schwerer als gewöhnliches Wasser, sie verdunsten ferner auch schwerer, so daß weniger Verdunstungskälte erzeugt wird, und es ist wahrscheinlich, daß aus diesem Grunde bei leichtem Frost durch die Kalisalzdüngung ein Gefrieren von Erde und Pflanzen verhütet wird."

Ähnliche Anschauungen werden in zahlreichen anderen Werken über Düngerlehre vertreten, ohne daß indessen Beweise hierfür mitgeteilt werden. Nur WIMMER[4] hat einige Versuche über die Kaliaufnahme der Pflanzen bei verschiedener Feuchtigkeit des Bodens ausgeführt, ohne daß man aber daraus Schlüsse auf die Fähigkeit der Kalisalze, den Feuchtigkeitsgehalt des Bodens zu erhöhen, ziehen könnte[5].

Kaliendlaugen. Bei der Verarbeitung der Kalirohsalze, vor allem des Carnallits, auf Chlorkalium werden die leichter löslichen Salze Chlorkalium und Chlormagnesium durch Auslaugen von dem schwerer löslichen Chlornatrium getrennt. Aus dieser Lauge läßt man das Chlorkalium auskristallisieren und erhält schließlich eine Endlauge, welche nach NOLTE[6] im Kubikmeter rund 390 kg Magnesiumchlorid, 35 kg Magnesiumsulfat, 10 kg Chlorkalzium, 9 kg Chlornatrium und 1 kg Magnesiumbromid enthält.

Eine wirtschaftliche Verwertung dieser Endlaugen ist noch nicht geglückt; auch die Gewinnung von Endlaugenkalk durch Ablöschen von gebranntem Kalk in den Endlaugen stellt keine Lösung des Problems dar. Bringt man die Endlaugen in den Boden, so werden darin lebhafte Umsetzungen festgestellt, die teils auf Basenaustausch, teils auf einem Aufschließen der Bodennährstoffe beruhen. Allerdings findet auch ein besonders starker Entzug von Kalk statt. Sie wirken hier also ähnlich wie die Kalirohsalze. Auf den Pflanzenertrag wirken die Endlaugen so ein, daß im ersten Jahr eine Erhöhung der Erträge eintritt, worauf aber im nächsten Jahr ein Rückgang der Ernten zu beobachten ist. Diese Erscheinung

---

[1] FELBER, A.: Die Kalisalze, ihre Entstehung und Verwendung in der Landwirtschaft, S. 8. Stuttgart: Eugen Ulmer 1910.

[2] HEINRICH, R.: Dünger und Düngen, 5. Aufl., S. 61. Berlin: Paul Parey 1904.

[3] Vgl. J. VOGEL: Mitt. Dtsch. Landw. Ges., Stück 14 (1893/94).

[4] WIMMER, G.: Nach welchen Gesetzen erfolgt die Kaliaufnahme der Pflanzen aus dem Boden? Arb. Dtsch. Landw. Ges., H. 143 (1908).

[5] STEINER, H. E.: Einflüsse zugefügter Düngesalze auf die Saugkraft des Bodens. Fortschr. Landw. 5, 550 (1930).

[6] NOLTE, O.: Über die Wirkung der Kaliendlaugen auf Boden und Pflanze. Landw. Jb. 51, 563 (1918).

ist auf ein Auswaschen der Bodennährstoffe zurückzuführen, welche durch die Endlaugen löslich gemacht werden, aber von den Pflanzen im ersten Vegetationsjahr nicht aufgenommen werden. Zunächst treten diese Ertragsverminderungen auf leichten Böden auf, zeigen sich später aber auch auf schweren Böden, so daß die Verwendung der Kaliendlaugen als Düngemittel keineswegs zu empfehlen ist.

Die Stickstoffdüngemittel.

Der Gehalt der Böden an Stickstoff ist außerordentlich verschieden. Meist geht der Stickstoffgehalt mit dem Gehalt an Humusstoffen parallel, und je mehr Humus der Boden enthält, um so höher ist sein Gehalt an Stickstoff. Die leichteren Sandböden enthalten daher nur wenig Stickstoff, etwa 0,05 % bis 0,10 %. In den schweren Böden ist meist mehr Stickstoff vorhanden; schwere Marschböden enthalten bis 0,70 %. Noch größer ist die Stickstoffmenge in Moorböden. Die Hochmoore haben einen Gehalt von 0,30—0,70 %, die Niederungsmoore sogar über 1,0 %; die höchste dem Verfasser bekannte Zahl war 2,951 % Stickstoff in der Trockensubstanz. Gehalte von 0,5 und 0,6 % Stickstoff sind von PRJANISCHNIKOW[1] für russische Schwarzerde angegeben worden.

Das spezifische Gewicht der Mineralböden beträgt nach MITSCHERLICH[2] im Mittel 2,6, das von Moorböden etwa 2,0, und das Volumgewicht der ersteren 1,2—1,6; das von Moorböden wechselt stark je nach dem Wasser- und Mineralstoffgehalt. Ein Mineralboden von der Fläche eines Hektars bis zur Tiefe von 20 cm wiegt rund 3 Millionen Kilogramm. Wenn ein solcher Boden 0,1 % Stickstoff enthält, wären in der Bodenkrume eines Hektars 30000 kg Stickstoff vorhanden. Dieser Menge steht ein Stickstoffentzug durch die Ernte[3] von 100—200 kg je Hektar gegenüber, wenn man die Leguminosen ausschließt. Der Stickstoffvorrat eines noch nicht einmal stickstoffreichen Bodens müßte demnach den Bedarf von wenigstens 300 Ernten decken können. Es zeigt sich aber in der Praxis, daß fast alle Kulturböden nicht imstande sind, Höchsternten zu liefern, weil der Bodenstickstoff von den Pflanzen nur in sehr geringem Maße aufgenommen werden kann. Es hängt dies mit der Natur des Stickstoffs im Boden zusammen.

Der Stickstoff ist im Boden teils in organischer, teils in anorganischer, mineralischer Form vorhanden. Versteht man unter „Humus" die gesamte organische Substanz des Bodens, so umfaßt man damit auch die stickstoffhaltigen organischen Bodenbestandteile. Dies sind in der Hauptsache Eiweißstoffe und ihre Zersetzungsprodukte. KOSTYTSCHEW[4] hat bei der Untersuchung russischer Schwarzerden einen Stickstoffgehalt der organischen Substanz von 5 % gefunden, während er in noch nicht ganz verfaulten Blättern 2,83 % Eiweißstickstoff und nur 2,5 % Nichteiweißstickstoff feststellte. Da die Böden von den verschiedenen Mikroorganismen bevölkert werden, so setzt eine lebhafte Zersetzung der organischen Reste im Boden ein, und infolge der Zersetzung der Kohlehydrate steigt allmählich der Stickstoffgehalt der organischen Substanz, bis er den Wert 5 % annimmt, was nach KOSTYTSCHEW dem Stickstoffgehalt der Bakterien und Pilze entspricht. So erfolgt eine Anreicherung des Eiweißstickstoffs. Wenn dann weiter infolge Mangels an Kohlehydraten ein Absterben der Mikroorganismen stattfindet, tritt eine Zersetzung von Eiweiß ein, bis schließlich der Stickstoff mineralisiert ist.

---

[1] PRJANISCHNIKOW, D. N.: Die Düngerlehre, S. 91. Berlin: Paul Parey 1923.

[2] MITSCHERLICH, E. A.: Die Gewichtseinheit als Ausgangspunkt für physikalische Bodenuntersuchungen. Fühlings landw. Ztg. **49**, 262 (1900).

[3] Siehe S. 224.

[4] Vgl. D. N. PRJANISCHNIKOW: Die Düngerlehre, S. 92. Berlin: Paul Parey 1923.

Die Bakterien und Pilze enthalten aber nicht nur fertige Eiweißstoffe, sondern auch andere stickstoffhaltige Verbindungen, in ihren Zellwänden z. B. Derivate des Glykosamins, $C_6H_{11}(NH_2)O_5$, die sich durch ihre schwere Zersetzlichkeit auszeichnen. Die beim Abbau der Eiweißstoffe auftretende Aminogruppe NH_2 kann sowohl in Aminosäuren RNH_2COOH als auch in Säureamiden, $RCONH_2$, auftreten. Den Stickstoffgehalt kann man aus den Säureamiden durch Kochen mit Salzsäure und Abdestillieren des gebildeten Ammoniaks bestimmen, und wenn man den Rückstand mit Nitrit behandelt, wird der Stickstoff der Aminosäuren gasförmig frei und kann als solcher bestimmt werden. Auf diese Weise fand Dojarenko[1] in einigen Schwarzerdeböden folgende relative Mengen von Amid- und Aminosäurestickstoff:

	Stickstoff in Prozenten des Gesamt-Stickstoffs		
	In der Humussubstanz %	Als RNH_2COOH %	Als $RCONH_2$ %
1. (Gouvernement Nishni-Nowgorod)	2,73	49,1	11,3
2. (Gouvernement Tula)	3,38	53,5	12,1
3. (Gouvernement Saware)	2,64	49,2	11,0
4. (Gouvernement Saware)	3,33	70,3	9,6
5. (Gouvernement Tula)	4,59	22,0	10,5

Nicht festgestellt konnte bisher werden, in welcher Form der fehlende Reststickstoff vorhanden war. Tarchow[2] hatte allerdings schon 1881 nachgewiesen, daß die organischen Bodenbestandteile Ammoniakstickstoff so fest binden können, daß er durch Destillation mit Magnesia nicht auszutreiben ist. Dojarenko konnte zeigen, daß durch die Festlegung des Ammoniakstickstoffs eine Erhöhung des Amidstickstoffgehalts stattfindet. Wenn aus dieser Verbindung der Stickstoff für die Ernährung der Pflanzen frei werden soll, so wird dies nur durch Oxydationsvorgänge möglich werden. In der Tat konnte Dojarenko durch Behandlung der Ammoniak absorbierenden Huminsäure mit Wasserstoffsuperoxyd den Stickstoff in Lösung bringen. Ein Teil der gelösten Substanz hatte die Eigenschaften der Apokrensäure; sie war als Kupfersalz fällbar. Dieser Teil enthielt 44% des Gesamtstickstoffs der Huminsäure. In Lösung blieben 24,2% des Stickstoffs als Ammoniak, 16% als Amide und 16% als Aminosäure. Folgende Werte in Milligramm zeigen die Verteilung des Stickstoffs aus 10 g Huminsäure vor und nach der Oxydation:

	Gesamtstickstoff	Aminosäurestickstoff	Amidstickstoff	Ammoniakstickstoff	Reststickstoff
Vor der Oxydation . .	360	135	27	—	198
Nach der Oxydation:					
in der Apokrensäure .	157	127	28	—	—
im Filtrat davon . .	203	58	52	82	—

Auch durch wiederholte Behandlung der mit Ammoniak behandelten Huminsäure mit Lauge und Säure findet eine allmähliche Abnahme des Huminstickstoffs statt, wobei die Menge von Amid- und Ammoniakstickstoff zunimmt. In der Natur wird sich langsam ein ähnlicher Vorgang abspielen, wofür Nikitinski[3]

[1] Dojarenko, A. G.: Die Huminsubstanzen als stickstoffhaltiger Bodenbestandteil Ann. Moskauer Landw. Inst. 1901.
[2] Tarchow: Ann. Akad. Petrowskoje 1881.
[3] Nikitinski: Die Zersetzung der Huminsäure. Nachr. Moskauer Landw. Inst. 1902.

Beweise beibringt. Man hat auch eine ganze Reihe von organischen Stickstoffverbindungen aus dem Boden isoliert. So fand SUZUKI[1]

1. Alanin (Aminopropionsäure) $CH_3 \cdot CHNH_2 \cdot COOH$.
2. Leuzin (Aminokapronsäure) $(CH_3)_2 \cdot CHCH_2 \cdot CHNH_2 \cdot COOH$.
3. Asparagin (Aminobernsteinsäure) $COOH \cdot CHNH_2 \cdot CH_2 \cdot COOH$.
4. Tyrosin (Oxyphenylaminopropionsäure) $CH_2C_6H_4(OH) \cdot CHNH_2 \cdot COOH$.

Sehr eingehend hat sich O. SCHREINER[2] mit den organischen Bodenbestandteilen beschäftigt und mit seinen Mitarbeitern eine große Zahl stickstoffreier und stickstoffhaltiger organischer Verbindungen isoliert, von letzteren z. B. Pikolinkarboxylsäure, Histidin, Arginin, Cytosin, Xanthin, Hypoxanthin. Wenn auch diese Stoffe nur in geringen Mengen im Boden vorhanden sind, so zeigt ihre Anwesenheit doch den Weg, den die organischen Stickstoffverbindungen im Boden nehmen, auf welchem sie schließlich in mineralisierte Stickstoffsubstanzen übergehen. Auch SCHREINER[3] hat den Nachweis geliefert, daß Oxydationsvorgänge im Boden die Umsetzungen der organischen Substanzen herbeiführen und damit die Produktivität der Böden erhöhen.

Daß die stickstoffhaltigen, organischen Stoffe an der Humusbildung beteiligt sind, zeigen Untersuchungen von MAILLARD[4], der durch Einwirkung von Kohlehydraten auf Aminosäuren ohne Anwendung von Säuren und Alkalien dunkel gefärbte, humusartige Stoffe erhielt, wobei die Aminogruppe mit der Aldehydgruppe der Kohlehydrate in Reaktion treten könnte.

Aus all dem Gesagten geht hervor, daß in einem Boden mit einem mittleren Gehalt an Gesamtstickstoff der größte Teil hiervon in Form organischer Verbindungen vorhanden ist, die für die Pflanzennahrung nicht direkt geeignet sind. Aber auch der Mineralisationsvorgang verläuft im allgemeinen so langsam, daß Ammoniak und Salpetersäure, die allein für die Ernährung der Pflanze in Frage kommen, immer nur in geringer Menge entstehen. Diese Menge unterliegt ständigen Veränderungen, teils infolge von Adsorption, teils durch Aufnahme durch die Pflanze, teils durch Auswaschung. Sie genügt aber nur in seltenen Fällen, um so große Ernten zu erzeugen, wie die heutige Kultur sie verlangt. Deshalb bedürfen die meisten Kulturböden einer Zufuhr von Stickstoff, d. h. einer Düngung mit Stickstoffdüngemitteln.

Anorganische Stickstoffdüngemittel.

Vor dem Kriege, d. h. bis zum Jahre 1914, entstammten die Stickstoffdüngemittel in der Hauptsache der Kokereiindustrie und den natürlichen Salpeterlagern in Chile. Auch hier nutzte man letzten Endes den Luftstickstoff aus, der in der Kohle und in den verwesenden Pflanzen der Salpeterlager angesammelt war. Im ersten Fall wurde schwefelsaures Ammoniak, im zweiten Fall Natronsalpeter gewonnen. Aber damals schon waren bemerkenswerte Anfänge der direkten Verwertung des Luftstickstoffs vorhanden. Einmal wurde über Calciumkarbid das Calciumcyanamid, der Kalkstickstoff, hergestellt, und dann besonders in Norwegen durch Verbrennung des Luftstickstoffs im elektrischen Flammenbogen und Neutralisation der gebildeten Salpetersäure mit Kalk der Kalksalpeter gewonnen. Auch organische Stoffe, wie Knochen, Häute, Wolle, wurden gelegentlich zur Gewinnung von schwefelsaurem Ammoniak herangezogen.

[1] SUZUKI: Coll. Agricult. Tokyo **1907**.

[2] SCHREINER, O. u. ED. C. SHOREY: Die chemische Natur von organischen Bodenbestandteilen. U. S. Dep. Agricult., Washington, Bur. Soils Bull. **74** (1910). Vgl. dieses Handbuch **7**, 113ff.

[3] SCHREINER, O. u. M. X. SULLIVAN: Studien über Bodenoxydation. U. S. Dep. Agricult. B. Soils (**1910**), Nr. 73.

[4] MAILLARD: Ann. Chim. et Physique **1916**.

Während und besonders nach dem Kriege nahm die Gewinnung von Stickstoffdüngemitteln aus Luftstickstoff einen gewaltigen Umfang an, so daß heute, wenigstens in Deutschland, der Verbrauch an Stickstoffdüngern sich hauptsächlich auf dieser Grundlage aufbaut.

Die heute im Handel befindlichen Stickstoffdüngemittel sind folgende:

	Gesamtstickstoff %	Ammoniakstickstoff %	Salpeterstickstoff %	Kali %	Kalk %
1. Schwefelsaures Ammoniak	20,8	20,8	—	—	—
2. Salzsaures Ammoniak	24,0	24,0	—	—	—
3. Kalkammon	17,0	17,0	—	—	30,0
4. Ammonsulfatsalpeter	26,0	19,5	6,5	—	—
5. Leunasalpeter	26,0	19,5	6,5	—	—
6. Montansalpeter	26,0	19,5	6,5	—	—
7. Kalkammonsalpeter	20,5	10,25	10,25	—	35,0
8. Kaliammonsalpeter	16,0	8,0	8,0	28,0	—
9. Natronsalpeter	16,0	—	16,0	—	—
10. Chilesalpeter	15,5	—	15,5	—	—
11. Kalksalpeter	15,5	—	15,5	—	28,0
12. Harnstoff	46,0	—	—	—	—
13. Kalkstickstoff	20,0	—	—	—	60,0

Der deutsche Stickstoffverbrauch in Form von künstlichen Düngemitteln war 1913 nach Waeser[1] etwa der folgende:

1. Chilesalpeter	746800 t	mit	116000 t N
2. Schwefelsaures Ammoniak	460000 ,,	,,	92000 ,, ,,
3. Norwegischer Kalksalpeter	35000 ,,	,,	4500 ,, ,,
4. Kalkstickstoff	30000 ,,	,,	6000 ,, ,,
5. Schwefelsaures Ammoniak nach Haber	20000 ,,	,,	4000 ,, ,,
Zusammen:	1291800 t	mit	222500 t N

Davon sind nach den Angaben des Preußischen Landwirtschaftsministeriums im Düngerjahr 1913/14 von der deutschen Landwirtschaft 185000 t N verbraucht worden. Im Düngerjahr 1927/28 betrug der Verbrauch 390000 t.

Auf 1 Hektar landwirtschaftlich genutzte Fläche im Deutschen Reich kamen 1913/14 nur 6,0 kg N, 1927/28 dagegen 13,45 kg N. Der Verbrauch ist demnach in der Nachkriegszeit erheblich gestiegen, liegt aber noch weit unter dem wünschens- und erstrebenswerten Mittel von 40 kg N.

Fragt man nach dem Verhältnis des Stickstoffs in Form von Kunstdünger zu dem in Form von Stallmist, so findet man[2], daß dieses Verhältnis sehr stark schwankt. Während in Süddeutschland auf ein Teil organischen Stickstoffs etwa 0,5 Teile anorganischer Stickstoff kommen, beträgt das Verhältnis im Norden und Westen des Reiches etwa 1 : 5. Im Durchschnitt des Reiches entfallen auf 1 Teil Stallmiststickstoff 1,6 Teile Kunstdüngerstickstoff. Eine bevorzugte Anwendung bestimmter Stickstoffdüngemittel auf gewissen Bodenarten ist aus der Statistik nicht zu erkennen. Trotzdem ist aber die volle Wirkungsweise des Stickstoffs davon abhängig, daß die richtige Form auf dem passenden Boden angewandt wird.

Die Hauptformen des Stickstoffs sind der Salpeterstickstoff, der Ammoniakstickstoff und der Cyanamidstickstoff. Am wertvollsten für die Pflanzenernährung ist der Salpeterstickstoff. Aus den zahlreichen Düngungsversuchen, nament-

[1] Waeser, Br.: Die Luftstickstoff-Industrie. Leipzig: Otto Spamer 1922.

[2] Wagemann, E.: Der Stickstoffverbrauch der Landwirtschaft in den einzelnen Gebieten des Deutschen Reiches. Vjh. Konjunkturforschung, Sonderh. 8 (1928).

lich solchen, die von Paul Wagner[1] ausgeführt wurden, läßt sich berechnen, daß durch 15,5 kg N (entsprechend 1 dz Chilesalpeter) die Ernteerträge um nebenstehende Mengen gesteigert zu werden vermögen[2].

	Stickstoff in Form von		
	Salpeter dz	Ammoniak dz	Kalkstickstoff dz
Getreidekörner	3,5	3,2	2,6
Kartoffeln . .	20,0	18,8	15,6
Zuckerrüben .	20,0	19,0	13,2
Futterrüben .	40,0	27,2	28,8

Das Wertverhältnis der drei Stickstofformen stellt sich demnach wie

100 : 89 : 76 .

Diese so verschiedene Wirkungsweise der Hauptformen des Stickstoffs ist durch das verschiedene Verhalten derselben im Boden zu erklären.

Der Ammoniakstickstoff. Der in Form von schwefelsaurem Ammoniak oder salzsaurem Ammoniak in den Boden gebrachte Stickstoff unterliegt mannigfachen Umsetzungen im Boden. Über die Bewegung des Ammoniakstickstoffs im Boden hat Lemmermann[3] eingehende Untersuchungen angestellt. Er brachte in ein System von fünf über einander angeordneten, etwa 10 cm langen Röhrchen Boden, der sieben Tage lang auf dem gleichen Wassergehalt gehalten wurde. Der Boden in dem obersten Röhrchen erhielt einen Zusatz von Ammonsulfat. Nach sieben Tagen ließ er langsam 200 cm³ Wasser durch den Boden hindurchsickern, wozu 15 Tage erforderlich waren. Der eine dieser Versuchsböden war ein leichter, der andere ein schwach lehmiger Sandboden. Nach dieser Zeit war die Verteilung des Ammoniakstickstoffs in den einzelnen Röhrchen, also in verschiedenen Höhen der Bodenschicht die nebenstehende.

Röhrchen von oben	Leichter Sandboden %	Lehmiger Sandboden %
1	13,30	47,80
2	12,54	21,56
3	13,55	26,77
4	16,53	0,67
5	17,30	2,60
Im Sickerwasser	26,78	0,60
	100,00	100,00

Die Abwärtsbewegung des Ammoniakstickstoffs ist also in beiden Böden sehr verschieden gewesen. Auf dem absorptionskräftigeren lehmigen Boden ist er selbst durch stärkere Wassermengen nicht in größere Tiefen gewaschen worden.

Zur Feststellung der Aufwärtsbewegung des Ammoniaks wurde das Ammonsulfat in dem mittleren der fünf Röhrchen dem Boden beigemischt. Das Rohrsystem wurde in ein Gefäß mit Wasser getaucht, so daß dieses im Boden aufsteigen konnte.

Die Verteilung des Ammoniakstickstoffs war nach 14 Tagen in den Röhrchen (*a* oberer Teil, *b* mittlerer Teil, *c* unterer Teil) die nebenstehende.

Röhrchen von oben	Leichter Sandboden %	Lehmiger Sandboden %
1	30,9	2,3
2	38,3	0,6
3	14,7	63,7
4*a*	3,1	22,3
4*b*	5,4	9,7
4*c*	0,4	0,0
5	5,2	1,4
Im Wasser	1,8	0,0
	99,8	100,0

[1] Wagner, P.: Die Düngung mit schwefelsaurem Ammoniak und organischen Stickstoffdüngemitteln im Vergleich zu Chilesalpeter. Arb. Dtsch. Landw. Ges., H. 80 (1903). — Kretschmar, F., Th. Roemer, H. C. Müller u. P. Baessler: Felddüngungsversuche über die Wirkung des schwefelsauren Ammoniak gegenüber Chilesalpeter. Ebenda H. 121 (1906). — Wagner, P.: Stickstoffdüngungsversuche. Ebenda H. 1 (1907).

[2] Lemmermann, O.: Pflanzenernährung und Düngung. In: Arbeitsziele der deutschen Landwirtschaft nach dem Kriege, S. 806. Berlin: Paul Parey 1918. — Vgl. auch Berichte über Landwirtschaft, herausg. vom Reichsamt des Innern, H. 34 (1914).

[3] Lemmermann, O.: Zur Frage der Ammoniakverdunstung aus dem Boden. Fühlings landw. Ztg. **61**, 420 (1912).

Also auch durch einen aufwärts steigenden Wasserstrom ist die Bewegung des Ammoniaksalzes im leichten Boden stärker als im lehmigen Boden.

Ist es möglich, daß ein mit Ammoniaksalz gedüngter Boden durch Ammoniakverdunstung Stickstoffverluste erleidet? Über diese Frage hat HALS[1] eine Reihe von Versuchen ausgeführt. Er hat verschiedene Böden mit schwefelsaurem Ammoniak derart gedüngt, daß er das Salz einmal mit dem Boden vermischte, ein andermal nur auf den Boden aufstreute. Die Böden waren teils mit kohlensaurem Kalk versetzt, teils ohne diesen belassen. Nach Verlauf von fünf Tagen fand er beispielsweise folgende Verluste an Ammoniakstickstoff.

	Sandboden %	Lehmboden %
Boden ohne Mergelzusatz, Ammoniaksalz mit Boden vermischt .	31,3	23,0
,, ,, ,, ,, oben aufgestreut	43,2	23,6
,, mit ,, ,, mit Boden vermischt .	34,8	25,8
,, ,, ,, ,, oben aufgestreut	43,6	27,2

Demnach traten in beiden Fällen erhebliche Stickstoffverluste ein, die im Sandboden größer waren als im Lehmboden. Ein Kalkzusatz hatte die Verluste etwas erhöht. Wurde das Ammoniaksalz nur oben auf den Boden aufgestreut, so waren die Stickstoffverluste größer, als wenn das Salz mit dem Boden vermischt wurde.

Auch LEMMERMANN und FRESENIUS[2] haben über die Frage der Ammoniakverdunstung aus dem Boden gearbeitet. Sie gingen dabei vom kohlensauren Ammoniak, d. h. von dem im Handel befindlichen sog. anderthalbfach kohlensaurem Ammoniak, aus, einem Gemenge von saurem Ammoniumkarbonat und karbaminsaurem Ammonium ($NH_4HCO_3 + NH_2COONH_4$) und benutzten zunächst einen lehmigen Sandboden von Dahlem mit nur 4—6% abschlämmbaren Teilen. Obgleich dieser Boden imstande ist, das Ammoniak gut zu adsorbieren, zeigte es sich doch, daß bei stärkerer Durchlüftung des mit kohlensaurem Ammoniak versetzten Bodens bei niedrigem Feuchtigkeitsgehalt ein Verlust von 36% des Ammoniakstickstoffs eintritt. Wurde dieser Boden mit 1% kohlensaurem Kalk versetzt, so hatte die Ammoniakverdunstung nicht zugenommen, sondern abgenommen. Bei einem Wassergehalt des Bodens von 10% betrug z. B. der Verlust an Stickstoff ohne Kalkzusatz 32,5%, mit Kalkzusatz 27,5%. Diese Ergebnisse sind durch zahlreiche Variationen für diesen Boden vollkommen sicher gestellt, der kohlensaure Kalk kann also unter Umständen die ammoniakbindende Kraft des Bodens erhöhen. Zur Erklärung dieser Erscheinung werden folgende Tatsachen angeführt.

Es ist bekannt, daß die Nitrifikation des Ammoniakstickstoffs durch die Gegenwart von kohlensaurem Kalk gefördert wird[3]. In manchen Fällen kann also der geringere Ammoniakverlust auf die stärkere Nitrifikation zurückgeführt werden. Denn in demselben Maße, in dem Ammoniak nitrifiziert wird, wird der Boden für Ammoniak aufnahmefähig. Der Hauptgrund aber wird darin liegen, daß die Humusverbindungen und die Tonerdedoppelsilikate in manchen Böden

---

[1] HALS, S., mitgeteilt von P. WAGNER: Die Düngung mit schwefelsaurem Ammoniak. Arb. Dtsch. Landw. Ges., H. 80, 15 (1903).

[2] LEMMERMANN, O. u. L. FRESENIUS: Über die Erhöhung der ammoniakbindenden Kraft des Bodens unter dem Einfluß von kohlensaurem Kalk. Fühlings landw. Ztg. **61**, 240 (1912). — LEMMERMANN, O., E. BLANCK, P. HEINITZ u. J. VON WLODECK: Untersuchungen über das Verhalten des Ammoniakstickstoffs in gekalkten und ungekalkten Böden. Landw. Jahrb. **41**, 163 (1911).

[3] NAFTEL, J. A.: Über den Einfluß der Reaktion und des Kalksättigungsgrades auf die Nitrifikation von Ammoniumsulfat. J. Amer. Soc. Agron **23**, 175 (1931).

nicht mit Kalk gesättigt sind. Düngt man solche Böden zunächst mit Kalk, so bilden sich Kalkhumate und Kalksilikate, welche für Ammoniak eine stärkere Adsorption zeigen als Kalium- oder Magnesiumverbindungen. Steigert man in diesen Böden die Kalkgabe, so ist der kohlensaure Kalk nicht mehr in der Lage, die Ammoniakadsorption zu fördern.

Weitere Versuche der genannten Forscher ergaben dann, daß die Adsorptionsfähigkeit der Böden durch Behandlung mit Alkohol nicht verändert wird, wohl aber durch Glühen des Bodens, wodurch der kohlensaure Kalk seine günstige Wirkung auf die Adsorptionskraft stark verloren hatte. Gebrannter Kalk übte im Gegensatz zum kohlensauren Kalk keine fördernde Wirkung aus, ebensowenig Chlorkalzium und Kalziumsulfat. Bei den beiden letzteren Kalksalzen spielen aber wohl chemische Umsetzungen eine Rolle. Dasselbe wurde für Magnesiumchlorid beobachtet, das fördernd wirkte, während unter dem Einfluß von kohlensaurer Magnesia, Magnesiumoxyd und auch von schwefelsaurer Magnesia das Bindungsvermögen für Ammoniak vermindert wurde. Dasselbe traf auch für Kali- und Natronsalze zu.

Weitere Versuche mit verschiedenen Böden ergaben, „daß der Charakter des Bodens nicht nur von großem Einfluß auf die Größe der Ammoniakabsorption ist, sondern auch auf die Wirkung, welche der Kalk in dieser Beziehung ausübt. Der Kalk hat je nach dem Charakter des Bodens die Ammoniakabsorption günstig, ungünstig oder gar nicht beeinflußt“[1].

Freies Ammoniakgas wird vom Boden ebenfalls adsorbiert. Die Adsorptionswerte laufen dabei bei deutschen Böden parallel den Hygroskopizitätswerten nach MITSCHERLICH, jedoch verhalten sich Roterden nach PINNER[2] abweichend davon, da die Hygroskopizität dieser Böden mit der der deutschen Böden nicht ohne weiteres vergleichbar ist und abweichende Verhältnisse zeigt[3].

Daß die Adsorption des Ammoniaks durch Humate und Tonerdedoppelsilikate im Boden erfolgt, wird heute allgemein angenommen[4]. Diese Bindung erfolgt so fest, daß man einen großen Teil des Ammoniaks selbst durch Behandlung des Bodens mit Alkalien nicht wieder frei machen kann. So behandelte RUSSELL[5] verschiedene Bodenarten mit einer bestimmten Menge einer Ammoniumchloridlösung und destillierte den Boden danach mit verschiedenen Alkalien. Von dem angewandten Ammoniakstickstoff fand er folgende Mengen n i c h t wieder:

	Destilliert mit	Ammoniak-N %
Schwerer Lehmboden	Magnesia	50
,, ,,	,,	53
,, ,,	Baryt	30
Stark gedüngter Lehmboden	alkoholischer Pottasche	50
Weideboden	,, ,,	50
Reicher Gartenboden	Magnesia	40
Schwerer Kleiboden, Untergrund	,,	40
,, ,, ,,	,,	28
,, ,, ,,	Baryt	40
Modelierton	Magnesia	25
Sand	,,	14

[1] LEMMERMANN, O. u. L. FRESENIUS: a. a. O., 285.

[2] PINNER, L.: Untersuchungen über die Ammoniakadsorption des Bodens. Kühn-Arch. 6, 153 (1915).

[3] Vgl. dieses Handbuch 3, 213.

[4] LEEDEN, R. VAN DER: Über das Verhalten einiger durch Verwitterung entstandener Tonerde-Kieselsäure-Mineralien. Cbl. Mineralogie, **1911**, 139 u. 173.

[5] RUSSELL, E. J.: Die Bestimmung des Ammoniaks in Böden. J. Agricult. Sci. III 3, 233 (1910).

Russell untersuchte auch eine Reihe verschieden gedüngter Böden von Rothamsted zu verschiedenen Jahreszeiten auf ihren Ammoniakgehalt und fand folgende Teile Ammoniak in 1 Million Teilen Boden:

Datum der Probenahme	Boden eines Gerstenfeldes, gedüngt mit			Weizenboden, gedüngt mit	
	Stallmist	Ammonsalzen allein	Ammonsalzen + Volldüngung	Ammonsalzen allein	Ammonsalzen + Volldüngung
8. April	7,0	4,3	13,0	12,9	18,6
7. Mai	4,0	1,6	2,0	2,6	15,0
11. Juni	4,0	1,6	1,6	2,2	2,2
12. Juli	5,3	1,6	,2	1,6	4,3
28. Oktober . . .	4,0	1,0	1,0	1,6	2,2

Der Ammoniakgehalt der mit Kunstdünger gedüngten Böden nimmt im Laufe des Sommers ab und strebt anscheinend einem konstanten Minimum zu. Der mit Stallmist gedüngte Boden besitzt eine ständig fließende Quelle der Ammoniakbildung, die auch im Herbst noch nicht versiegt war. Im Untergrund aller Böden fanden sich keine meßbaren Ammoniakmengen.

Die Verminderung des Ammoniakgehaltes im Boden ist vor allem auf den Übergang des Ammoniakstickstoffs in Salpeterstickstoff zurückzuführen. Wie der Ammoniakstickstoff des Stallmistes[1] im Boden in die Salpeterform übergeht, so findet auch bei den Ammoniakdüngemitteln eine solche Nitrifikation statt. Der Salpeterstickstoff ist die von den Pflanzen bevorzugte Stickstofform. Nach den Versuchen von W. Krüger[2] scheinen Hafer, Gerste und Senf sich den Stickstoffquellen gegenüber gleich zu verhalten. Beide Formen sind für diese Pflanzen gleichwertig. Die Kartoffel scheint das Ammoniak dem Salpeter vorzuziehen, während die Rübe entschieden den Salpeterstickstoff bevorzugt.

Auch Lilienthal[3] fand, daß für Kartoffeln der Ammoniakstickstoff durchweg besser wirkte als der Salpeter, obwohl letzterer zur Vermeidung von Auswaschungsverlusten in drei Gaben gegeben wurde. Wenn trotzdem in der Praxis der Salpeter meist den Ammoniakdüngemitteln überlegen ist, so beruht dies auf der verschiedenen physiologischen Reaktion dieser Düngemittel, wobei bakteriologische Vorgänge von großem Einfluß sind.

Über die Umwandlung von Ammoniakstickstoff in Salpeterstickstoff hat namentlich P. Wagner[4] grundlegende Untersuchungen ausgeführt. Er düngte einen lehmigen Sandboden mit schwefelsaurem Ammoniak und prüfte von Zeit zu Zeit den Gehalt des Bodens an Salpeterstickstoff. Die Salpeterbildung betrug im Höchstfall 93% des angewandten Ammoniakstickstoffs nach 240 Tagen. Im Durchschnitt sind nach Wagners Versuchen nicht mehr als 90 Teile Salpeterstickstoff aus 100 Teilen Ammoniakstickstoff zu erhalten. In Böden, die reichlich mit Stallmist gedüngt werden, tritt allmählich auch eine Denitrifikation ein. In Böden, welche arm an Bakterien sind, ist die Nitrifikation geringer als in bakterienreichen Böden. Wagner fand z. B. in einem humosen Gartenboden 90 Teile Salpeterstickstoff aus 100 Teilen Ammoniakstickstoff, in einem armen Lehmboden dagegen nur 84 Teile. Kalk im Boden befördert die Salpeterbildung, wie folgende Versuche zeigen.

---

[1] Vgl. S. 217.

[2] Krüger, W.: Über die Bedeutung der Nitrifikation für die Kulturpflanzen. Landw. Jb. **34**, 781 (1905).

[3] Lilienthal, D.: Schwefelsaures Ammoniak oder Chilesalpeter? Fühlings landw. Ztg. **1904**, 129.

[4] Wagner, P. u. Mitarbeiter: Die Düngung mit schwefelsaurem Ammoniak usw. Arb. Dtsch. Landw. Ges., H. 80 (1903).

	Von 100 Teilen Ammoniakstickstoff waren in Salpeterstickstoff umgewandelt	
	ohne Mergelzusatz	mit Mergelzusatz
Lehmboden mit 4,29 % $CaCO_3$	73 Teile	85 Teile
Tonboden „ 2,66 % „	80 „	85 „
Sandboden „ 0,24 % „	17 „	81 „
„ „ 0,05 % „	13 „	73 „
„ „ 0,10 % „	40 „	87 „

Bei den kalkreichen Böden ist eine weitere Zugabe von kohlensaurem Kalk ohne Einfluß auf die Nitrifikation gewesen, bei den kalkarmen Böden war sie sehr deutlich wirksam.

Die Temperatur des Bodens ist für die Nitrifikation von besonderer Bedeutung. Bei 18—20° betrug die Salpeterbildung nach 36 Tagen 54%, bei 3—15° dagegen nur 1%, bei humosem Boden 89% gegenüber nur 5%. Auch die Stärke der Ammoniakdüngung ist von Einfluß auf die Nitrifikation; geringere Mengen von Ammoniak werden schneller nitrifiziert als größere Gaben.

Die Nitrifikationsbakterien sind aerob, sie brauchen zur Ausübung ihrer Tätigkeit Sauerstoff, und deshalb verläuft die Salpeterbildung in sandigen Böden besser als in lehmigen. So hat z. B. REITMAIR[1] stets eine stärkere Nitrifikation festgestellt, wenn er einen Lehmboden mit Sand vermischte. Er fand auch, daß die Salpeterbildung vom Wassergehalt des Bodens abhängig ist, weil durch höheren Wassergehalt dem Boden und den Nitrifikationsbakterien die Luft entzogen wird.

In stark sauren Böden findet keine Nitrifikation statt. Dies stellten HALL und Mitarbeiter[2] auf Graslandflächen in Rothamsted fest, deren Boden in den letzten 50 Jahren mit reichlichen Mengen von Ammonsulfat und Ammonchlorid gedüngt und infolgedessen stark sauer geworden war. Der Boden war sehr arm an Bakterien, zeigte aber bei Kulturen ein reichliches Wachstum von Schimmelpilzen, welche saure Medien bevorzugen.

Zu der gleichen Schlußfolgerung kommt auch ARND[3] bei Untersuchungen auf Hochmoorboden. Im rohen und auch im gekalkten Hochmoor sind basische Stoffe, welche die bei der Nitrifikation entstehenden sauren Stoffwechselprodukte binden könnten, nicht vorhanden. Selbst starke Kalkdüngungen können die sich stets von neuem durch die Verwitterung bildenden Humussäuren niemals vollständig neutralisieren. Weder Nitrit- noch Nitratbakterien sind daher im Hochmoor lebensfähig, und auch der hohe Wassergehalt des Moores verhindert das Eindringen genügender Sauerstoffmengen in den Boden. ARND weist auch nach, daß nicht etwa eine Nitratbildung auf rein chemischem Wege durch Oxydation von Ammoniak im Moor eintreten kann. Er ist daher der Ansicht, daß die Pflanzen den Stickstoff auf Hochmoor „ausschließlich oder zum größten Teil“ in Form von Ammoniakverbindungen aufnehmen. Wird die Kalkmenge über das in der Praxis übliche Maß gesteigert, so kann auch im Torf nach Impfung mit Nitrifikationsbakterien so viel Salpeter gebildet werden, daß er sogar industriell ausgenutzt werden kann. MÜNTZ und LAINÉ[4] haben auf Zusatz von Knochenkohle

[1] REITMAIR, O.: Über die Bewegung der Bodennährstoffe. Z. landw. Versuchswesen. Österr. **1908**, 189.

[2] HALL, A., N. MÜLLER u. T. GRIMINGHAM: Nitrifikation in sauren Böden. Sitzgsber. Roy. Agric. Soc., London, 6. Februar 1908.

[3] ARND, TH.: Über Salpeterbildung im Moorboden. Mitt. Ver. Förd. Moorkultur **36**, 6 (1918).

[4] MÜNTZ, A. u. E. LAINÉ: Die Verwendbarkeit des Torfes für eine intensive Salpeterproduktion. C. r. **142**, 1239 (1906).

je Kubikmeter innerhalb von 24 Stunden 6,55 kg Salpeter erzeugt. Sie sind der Meinung, daß die Salpeterbildung unter günstigen Umständen fast mit der gleichen Schnelligkeit verläuft wie die alkoholische Gärung.

Die Anionen in den Ammoniakdüngemitteln, $-SO_4''$, $-HPO_4'''$ und $-Cl'$, werden bei der Nitrifikation oder bei der Aufnahme des Ammoniaks durch die Pflanzen als Schwefelsäure, Phosphorsäure oder Salzsäure in Freiheit gesetzt und meist von den im Boden vorhandenen Basen wieder gebunden. Derselbe Vorgang spielt sich auch bei der Adsorption des Ammoniaks ab. Daß die Anionen von Einfluß auf die Stärke der Adsorption sind, hat Aarnio[1] gezeigt. Er fand, daß ein Boden z. B. aus Lösungen von Ammoniumchlorid 0,23 g, von Ammoniumsulfat 0,35 g, aus Lösungen von Ammoniumphosphat dagegen 0,72 g Ammoniak absorbiert. Die gleiche Beobachtung haben schon Henneberg und Stohmann[2] gemacht. Aarnio erklärt diese Wirkung damit, daß Ammoniumphosphat ein sehr starkes Dispersionsmittel ist und somit eine Oberflächenvergrößerung der Bodenteilchen herbeiführt, wodurch der Boden eine entsprechend größere Menge Ammoniak zu absorbieren imstande ist. Er zeigt an Hand weiterer Versuche, daß diejenigen Elektrolyte, welche stark dispergierend wirken, wie Natriumkarbonat und Natriumhydroxyd die Absorption von Ammoniak erhöhen, während koagulierende Elektrolyte sie herabsetzen.

Ammoniumsulfat und Ammoniumchlorid sind als physiologisch-saure Salze anzusprechen. Die Pflanze nimmt viel mehr Ammoniak als Säure auf, es bleiben demnach im Boden die Säuren zurück, und diese können den Aziditätsgrad des Bodens erhöhen. Es kommt hinzu, daß durch die Nitrifikation aus dem Ammoniak Salpetersäure gebildet wird, wodurch die Säuremenge im Boden abermals erhöht wird. Da aber die Nitrifikation nur in neutralen oder alkalischen Böden stattfindet, liegt hierin keine Ursache einer Versäuerung des Bodens.

Kappen und Bergeder[3] bringen Beweise für die versäuernde Wirkung der Ammoniaksalze. Sie zeigen bei den bereits auf S. 240 erwähnten Versuchen, daß durch eine Düngung mit Ammonsulfat die hydrolytische Azidität nach der 6. Ernte auf dem Versuchsboden von 6,00 (ohne Düngung) auf 10,75, die Austauschazidität von 0,25 auf 2,60 und die p_H-Zahl von 5,87 auf 4,76 gesunken war. Eine derartige Versauerung des Bodens kann natürlich nur auf solchem Boden eintreten, der nur wenig oder gar keine überschüssigen Basen enthält. Deshalb sagen die Autoren auch wörtlich: „Die auf sauren Böden oft auftretenden Ernteschädigungen sind nicht als die Wirkung der aus den physiologisch-sauren Salzen freiwerdenden Säure aufzufassen, sondern als Folge des Aziditätszustandes der Böden selbst und im besonderen der Aktivierung der Austauschazidität durch die Düngesalze; auf stark austauschsauren oder überhaupt auf stark entbasten Böden kann aber die physiologisch-saure Reaktion der Düngesalze die Pflanzenschädigung gelegentlich noch verstärken[4]."

Bei lang andauernder, reichlicher Düngung mit Ammoniaksalzen wird auch ein basenreicher Boden schließlich sauer, wie dies die Versuche in Rothamsted gezeigt haben, wo nach 46 Jahren auf leichtem Sandboden bei einer Düngung mit schwefelsaurem Ammoniak die p_H-Zahl 4,46 betrug, gegenüber 5,83 bei den ungedüngten Teilstücken und 6,14 bei einer Düngung mit Natronsalpeter. Daß

[1] Aarnio, B.: Die Absorption des Ammoniums aus Lösungen verschiedener Ammoniumsalze und die Einwirkung von Elektrolyten auf dieselbe. Z. Pflanzenern. usw. A 1, 320 (1924).

[2] Henneberg, W. u. F. Stohmann: Jber. Fortschritte Agrikulturchem. 1858/59, 25.

[3] Kappen, H. u. W. Bergeder: Über die Beziehungen zwischen der physiologischen Azidität der Düngesalze und zwischen der Bodenazidität. Z. Pflanzenern. usw. A 7, 291 (1926). — Vgl. auch G. Hager: Das schwefelsaure Ammoniak und die Versauerung der Böden. Ebenda B 6, 337 (1927).

[4] Kappen, H. und W. Bergeder: a. a. O. S. 317.

dadurch der Kalkgehalt im Boden gleichzeitig abnimmt, zeigen ebenfalls die Rothamsteder Versuche[1]. Es betrug der Kalkgehalt im Tonboden bei

Grunddüngung + Ammoniaksalz	1,41 %
Grunddüngung + Natriumnitrat	3,54 %
Superphosphat + Ammoniaksalz	4,19 %
Superphosphat + Natriumnitrat	5,19 %

Durch solche Nebenwirkungen erklären sich sicher manche ungünstigen Resultate bei der Düngung mit schwefelsaurem Ammoniak gegenüber Natronsalpeter. PRJANISCHNIKOW[2] glaubt sogar an die Möglichkeit, daß die frei werdende Schwefelsäure und die sich bildende Salpetersäure günstig wirken können, weil sie aufschließend auf die Mineralstoffe des Bodens, z. B. auch auf Phosphate einwirken. Um die auf entbasten Böden leicht auftretende Säure zu binden, ist die Stickstofftechnik in neuester Zeit dazu übergegangen, Ammoniaksalze mit kohlensaurem Kalk vermischt in den Handel zu bringen[3]. Als geeignet dafür erwies sich das salzsaure Ammoniak, das leicht in wasserfreiem Zustande erhalten wird und beim Vermischen mit trockenem, kohlensaurem Kalk keine Ammoniakverluste erleiden soll. Allerdings teilt HASELHOFF[4] mit, daß beim Lagern unter Druck, d. h. wenn man Sack auf Sack lagert, doch ein Verlust von etwa 2 % Stickstoff eintreten kann, wobei das Kalkammon genannte Düngemittel starke Klumpenbildung zeigt.

Das salpetersaure Ammoniak ist wegen seiner Zersetzlichkeit und Feuergefährlichkeit als Düngemittel nicht geeignet. Nach Untersuchungen von PRJANISCHNIKOW[5] ist dieses Salz nicht etwa neutral, sondern es wird aus ihm das Ammoniak von den Pflanzen begieriger als die Salpetersäure aufgenommen, so daß das Salz physiologisch-sauer ist[6]. Die Technik mischt es mit kohlensaurem Kalk (Kalkammonsalpeter) oder mit schwefelsaurem Ammoniak (Ammonsulfatsalpeter, Leunasalpeter, Montansalpeter) oder auch mit Kalisalzen (Kaliammonsalpeter). Derartige Salzgemische verhalten sich im Boden im allgemeinen wie die einzelnen Salze, wie KEMPF[7] nachgewiesen hat.

Eine eigenartige Stellung nimmt der neuerdings in großen Mengen als Düngemittel hergestellte Harnstoff ein[8]. Er geht im Boden schnell in kohlensaures Ammoniak über, das leicht nitrifiziert wird. Demnach müßte er im Boden zunächst alkalisierend, später azidifizierend wirken. Versuche von BRIOUX[9] bestätigen diese Annahme. LEMMERMANN und Mitarbeiter[10] kommen allerdings zu anderen Ergebnissen. Auf Grund ihrer Feldversuche hat sich der Harnstoff

---

[1] HALL, A. D.: J. Chem. Soc. **85**, 967 (1904). — Weitere Literatur s. P. EHRENBERG: Die Bodenkolloide. Dresden u. Leipzig: Theodor Steinkopff 1918.

[2] PRJANISCHNIKOW, D. N.: Die Düngerlehre, S. 137. Berlin: Paul Parey 1923.

[3] Vgl. F. GIESECKE und F. KLANDER: J. Landw. **79**, 69 (1931).

[4] HASELHOFF, E.: Jber. Landw. Versuchsanst. Harleshausen **1928/29**, 3.

[5] PRJANISCHNIKOW, D. N.: Zur physiologischen Charakteristik von Ammoniumnitrat. Z. Pflanzenern. A **4**, 242 (1925).

[6] POPP, M. u. J. CONTZEN: Die Erschöpfung der Bodenphosphorsäure. Z. Pflanzenern. A. **22**, 16 (1931).

[7] KEMPF, N.: Die Umsetzung des Kaliammonsalpeters im Boden. Landw. Versuchsstat. **97**, 195 (1921).

[8] GIBSON, T.: Die Zersetzung des Harnstoffes im Boden. J. Agr. Sci. **20**, 549 (1930). — BORDAS, J. u. G. MATHIEU: Umsetzung der Harnstoffe im Boden. Ann. Sci. Agron. **17**, 711 (1930).

[9] BRIOUX, CH.: Der Einfluß des als Düngemittel benutzten Harnstoffs auf die Reaktion des Bodens. C. r. Acad. Paris **179**, 915 (1924).

[10] LEMMERMANN, O., L. FRESENIUS u. E. GERDUM: Über die Wirkung einiger Düngemittel von verschiedenem physiologischem bzw. chemischem Charakter auf die Reaktion des Bodens usw. Z. Pflanzenern. usw. B **6**, 241 (1927).

praktisch als neutral erwiesen. Überhaupt kann nach LEMMERMANN eine Veränderung der physikalischen und biologischen Eigenschaften des Bodens durch die Düngerkombination nicht immer als Ursache ihrer verschiedenen Wirkung auf die Höhe der Ernteerträge angesprochen werden. Harnstoff kann auch als solcher direkt von den Pflanzen aufgenommen werden[1], er würde in diesem Falle überhaupt nicht auf den Boden einwirken. Die Kondensationsprodukte von Harnstoff und Formaldehyd, also der Mono- und Dimethylolharnstoff, werden im Boden durch Bakterien schnell zu Ammoniak abgebaut[2]. Diese Körper haben deswegen eine gewisse praktische Bedeutung, weil sie sich bei der Konservierung des Jauchestickstoffs durch Formaldehyd bilden können.

Der Stickstoff des Salpeters wird im allgemeinen als die Form bezeichnet, welche die Pflanzenproduktion am stärksten zu begünstigen in der Lage ist. Obwohl er von den Pflanzen sehr schnell und leicht aufgenommen wird, erfolgt doch in der Praxis niemals eine restlose Aufnahme des dem Boden zugeführten Salpeterstickstoffs; man rechnet vielmehr mit einem Aufnahmekoeffizienten für Hafer von 73, für Weizen von 60, für Rüben von 90. Selbst wenn kein Verlust an Salpeter durch Auswaschen erfolgt, bleiben Reste des Stickstoffs im Boden, welche von den Bakterien festgelegt oder denitrifiziert werden.

Im allgemeinen ist der Salpeterstickstoff im Boden leicht beweglich, viel leichter als der Ammoniakstickstoff; eine Festlegung durch gewisse Bodenbestandteile findet nicht statt. Jedoch ist die Diffussion des Salpeters in tonreichen Böden wesentlich geringer als in Sandböden. DEMOLON[3] behandelte einen gut durchfeuchteten Boden von 16% Feuchtigkeit mit salpetersaurem Natrium. Selbst nach einem Monat war in 4 cm Entfernung von dem Ort, an welchem das Salz niedergelegt worden war, noch keine Spur von Salpeter nachweisbar.

Daß der Natronsalpeter in Form von Chilesalpeter ungünstige Wirkungen auf die physikalische Beschaffenheit schwerer Böden ausübt, hat schon A. MAYER[4] berichtet. Tonreiche Böden, sagt er, geben auf wiederholte einseitige Düngungen mit Chilesalpeter im Anfang schöne Ernten. Es zeigt sich aber bald ein Rückgang, der sich auch durch eine andere Düngung nicht beheben läßt. „Der Boden ist mechanisch für lange Zeit ruiniert." W. KRÜGER[5] hat diese Erscheinungen eingehend studiert. Er fand, daß in bewachsenem Boden nach der Düngung mit Natronsalpeter unter dem Einfluß von kohlensaurem Kalk Soda gebildet wird, und er konnte die gleiche physikalische Verschlechterung des Bodens erzielen, wenn er ihn direkt mit Soda oder Natriumhydroxyd behandelte. Ähnliche Erfahrungen bei praktischen Düngungsversuchen machte MAUSBERG[6]. Schlechterer Wasserabzug, größere Bindigkeit, dichtere Lagerung, Verkrustung, Klumpenbildung, schwere Bearbeitbarkeit waren die Folgen der starken Salpeterdüngung. Diese Wirkungen sind durch die starke Aufteilungsfähigkeit der Bodenkolloide infolge der alkalischen Reaktion des Natrons zu erklären. Rührt man einen solchen, durch Salpeterdüngungen verdorbenen Boden mit Wasser auf, so sind die Filtrate

---

[1] KLEIN, G.: Zur Physiologie des Harnstoffs in den höheren Pflanzen. Z. Pflanzenern. usw. A **12**, 390 (1928).

[2] BLANCK, E. u. F. GIESECKE: Mono- und Dimethylolharnstoff in ihrer Wirkung auf die Pflanzenproduktion und ihr Stickstoffumsatz im Boden. Z. Pflanzenern. usw. A **2**, 393 (1923).

[3] DEMOLON, A.: Über die Folgen der Nichtdiffusion des salpetersauren Natriums im Boden. J. d'Agric part. **1**, 557 (1909).

[4] MAYER, AD.: Forschgn. Geb. Agrikult.-Phys. **2**, 373 (1879).

[5] KRÜGER, W.: a. a. O., Landw. Jb. **34**, 783 (1905).

[6] MAUSBERG, A.: Wie beeinflußt die Düngung die Beschaffenheit des Bodens usw. Landw. Jb. **45**, 46 (1913). — Vgl. E. BLANCK u. A. HAHNE: Untersuchungen und Versuche mit Kalksalpeter der Badischen Anilin- und Soda-Fabrik. J. f. Landw., **1926**, S. 51.

gelblich bis braunschwarz gefärbt, ein Zeichen, daß infolge der alkalischen Reaktion Humusstoffe in Lösung gehen[1]. Als Heilmittel gegen die Bodenverkrustung wird die Anwendung von Kalk empfohlen[2], teils in Form von Ätzkalk, teils als Gips[3] oder auch die Anwendung von sauren Düngemitteln, auch von Chlormagnesium und Chlorkalzium.

Die durch die Anwendung von Chilesalpeter erfolgte Zerteilung der Bodenbestandteile führt zu einer Verschlämmung dieser Teile in den Untergrund, wie BLANCK[4] experimentell festgestellt hat. Auch HALL[5] hat bei Böden, die längere Zeit mit Natronsalpeter gedüngt waren, ganz außerordentliche Verluste an abschlämmbaren Teilchen festgestellt, im Gegensatz zu Böden, die mit Chlorammonium oder mit Ammoniaksuperphosphat gedüngt waren. Trotz dieses Verlustes an feinsten Teilen bleibt der Boden schmierig, wenig durchlässig und krustenbildend.

Der *Kalksalpeter* zeigt derartige ungünstige Wirkungen auf den Boden nicht, da hier keine stark alkalisch reagierenden Stoffe gebildet werden können[6].

Der *Kalkstickstoff*, der durch Azotierung von Kalziumkarbid gewonnen wird, hat nach CARO[7] folgende Zusammensetzung:

58,0—60,0 %	Calciumcyanamid, $CaCN_2$
9,0—12,0 %	freier Kohlenstoff, hauptsächlich in Form von Graphit
3,0— 5,0 %	in Säure unlösliche Verbindungen (außer C)
20,0—28,0 %	freier Kalk, CaO
0,5— 1,5 %	Karbid, CaC_2
0,5— 1,0 %	sonstige Bestandteile.

Eine andere eingehendere Analyse von der amerikanischen Fabrik in *Muscle Shoals*[8] gibt folgende Einzelbestandteile an:

63 %	$CaCN_2$	3 %	SiO_2
2 %	CaC_2	2 %	MgO
13 %	CaO	2 %	$Fe_2O_3 + Al_2O_3$
1 %	CaS	3 %	verschiedene Verunreinigungen.
11 %	freier C		

Den wirksamen Stoff in dem Produkt bezeichnet man als *Calciumcyanamid*[9] und gibt ihm die Formel $N \equiv C - N = Ca$. Aber der Bruttoformel $CaCN_2$ entspricht auch die symmetrische Konstitutionsformel

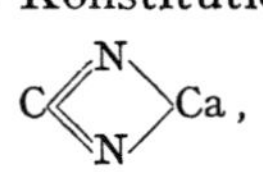

dem Kalziumcarbodiimid. Letztere Formel würde auf die nahe Verwandtschaft des Körpers mit Harnstoff hinweisen:

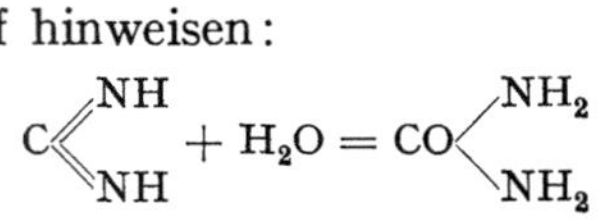

Manche Reaktionen könnten die synthetische Formel rechtfertigen, da man aber aus Cyanchlorid unter Einwirkung von Ammoniak

$$CNCl + 2NH_3 = CN \cdot NH_2 + NH_4Cl$$

---

[1] EHRENBERG, P.: Wirkung des Zinks bei Vegetationsversuchen. Landw. Versuchsstat. **72**, 116 (1910). — EHRENBERG, P. u. F. BAHR: J. Landw. **61**, 427 (1913).
[2] HOLLRUNG, M.: Jber. Versuchsstat. Nematodenvertilgung **4**, 22 (1892).
[3] TAKEUCHI, T.: Bull. Coll. Agricult. Tokyo **7**, 5.
[4] BLANCK, E.: a. a. O., Landw. Jb. **38**, 867 (1909).
[5] HALL, A. D.: J. Chem. Soc. **85**, 964 (1904.
[6] BLANCK, E. u. A. HAHNE: a. a. O., S. 61.
[7] CARO, N.: Chemiker-Ztg. **44**, 53 (1920).
[8] Vgl. Chemiker-Ztg. **1911**, Ref. S. 32.
[9] Vgl. H. KAPPEN: Fühlings Landw. Ztg. **59**, 657 (1910).

stets das gleiche Produkt erhält, hat man sich für die Annahme der asymmetrischen Formel entschieden und bezeichnet den Körper als Calciumcyanamid. Die übrigen Bestandteile des Kalkstickstoffs haben eine geringere Bedeutung, nur der freie Kalk kann bestimmte Wirkungen auf den Boden ausüben. Der nach dem Verfahren von Polzenius hergestellte Dünger, der eine Zeitlang auch als Stickstoffkalk bezeichnet wurde, enthält etwa 10—15% Chlorkalzium, das man bei der Herstellung des Produktes zur Erniedrigung der Reaktionstemperatur zusetzt. Auch ihm können gewisse Wirkungen auf den Boden zukommen, mit denen sich hier jedoch nicht befaßt werden soll.

Nach den von A. Frank veranlaßten, von P. Wagner[1] ausgeführten Versuchen kann der Kalkstickstoff direkt als Düngemittel benutzt werden, obgleich Tacke[2] bereits nach den ersten Versuchen über Giftwirkungen von Kalkstickstoff auf Hochmoorboden berichtete. Es hat viel Arbeit erfordert, bis man die Umsetzungen des Calciumcyanamids im Boden verstehen und verfolgen konnte. Von Schulze[3] und Haselhoff[4] ist auf den verschiedenen Grad der Schädigungen des Kalkstickstoffs auf verschiedenen Bodenarten hingewiesen worden. v. Seelhorst und Müther[5] stellten die Wirkung zweier verschiedener Gifte fest, von denen das eine auf die Keimung, das andere auf wachsende Pflanzen schädlich einwirkte. Immendorff und Thielebein[6] sowie Remy[7] zeigten dann, daß das verschiedene Verhalten des Kalkstickstoffs auf das unterschiedliche Absorptionsverhältnis der Böden zurückzuführen ist.

Nach Kappen[8] erleidet das Calciumcyanamid schon bei der Behandlung mit kaltem Wasser eine Zersetzung unter Abspaltung eines Teiles des Kalkes, so daß eine weniger Kalk enthaltende Base entsteht, entsprechend der Gleichung:

$$2\,CN \cdot NCa + 2\,H_2O = (CN \cdot NH)_2Ca + Ca(OH)_2.$$

Diese Verbindung ist aber wenig beständig; sie zersetzt sich weiter nach der Gleichung:

$$2\,(CN \cdot NH)_2Ca + 2\,H_2O = CN \cdot N(CaOH)_2 + 3\,CN \cdot NH_2.$$

Die so erhaltene Kalziumverbindung ist in Wasser sehr schwer löslich. Das dabei entstehende Cyanamid polymerisiert sich zu Dicyandiamid durch Zusammenlegung zweier Moleküle $(CN \cdot NH_2)_2$.

Einen anderen Verlauf nehmen die Umsetzungen, wenn man eine Kalkstickstofflösung in der Wärme behandelt. Es scheidet sich dabei Kalziumhydroxyd in kristallinischer Form aus, und das Calciumcyanamid geht restlos in Dicyandiamid über, entsprechend der Gleichung:

$$(CN \cdot NH)_2Ca + 2\,H_2O = Ca(OH)_2 + (CN \cdot NH_2)_2.$$

---

[1] Wagner, P.: Versuche über die Stickstoffdüngung der Kulturpflanzen unter Verwendung von Chilesalpeter, Ammoniaksalz und Kalkstickstoff. Arb. Dtsch. Landw. Ges., H. 129 (1907). — Ferner P. Wagner, R. Dorsch, S. Hals u. M. Popp: Die Verwendbarkeit des Kalkstickstoffs zur Düngung der Kulturpflanzen. Landw. Versuchsstat. **66**, 285 (1907).

[2] Tacke, Br.: Über den Kalkstickstoff und seine Wirkung auf Moorboden. Mitt. Ver. Förd. Moorkultur **23**, 347 (1903).

[3] Schulze, B.: Über den Einfluß des Kalkstickstoffs auf die Keimung der Samen landwirtschaftlicher Kulturpflanzen. Fühlings landw. Ztg. **54**, 817 (1905).

[4] Haselhoff, E.: Versuche über die Wirkung des Kalkstickstoffs. Landw. Jb. **34**, 597 (1905).

[5] Seelhorst, C. v. u. A. Müther: Versuche mit Kalkstickstoff. J. Landw. **53**, 329 (1905).

[6] Immendorff, H. u. O. Thielebein: Einiges über die Verwertung des Luftstickstoffs für landwirtschaftliche Zwecke, mit besonderer Berücksichtigung des Kalkstickstoffs und seiner Düngewirkung. Fühlings Landw. Ztg. **54**, 787 (1905).

[7] Remy, Th.: Untersuchungen über die Wirkung des Kalkstickstoffs auf verschiedenen Bodenarten. Landw. Jb. **35**, Ergänzgsh. **4**, 114 (1906).

[8] Kappen, H.: Die Zersetzung des Cyanamids durch mineralische Bodenbestandteile. Fühlings landw. Ztg. **59**, 657 (1910).

Beim Einleiten von Kohlensäure in eine Kalkstickstofflösung scheidet sich cyanamidokohlensaurer Kalk aus der Lösung aus:

$$(CN \cdot NH)_2Ca + CO_2 = C_2N_2O_2Ca + CN \cdot NH_2 .$$

Dieser zersetzt sich jedoch sehr leicht und geht in kohlensauren Kalk und Cyanamid über, das sich wiederum leicht polymerisiert.

Das Hauptprodukt, welches bei der Umsetzung des Kalkstickstoffs im Boden unter der Einwirkung von Wasser entsteht, ist das einbasische Calciumcyanamid $(CN \cdot NH)_2Ca$.

Die Versuche von KAPPEN zeigten nun, daß diese Verbindung vom Boden nicht in geschlossener Form absorbiert wird. Ebenso wenig findet ein einfacher Basenaustausch statt, es wird das Calciumcyanamid vielmehr in absorbierten Kalk und einen wenig absorptionsfähigen, stickstoffhaltigen Rest gespalten. Auch das freie Cyanamid wird vom Boden wenig absorbiert, ebensowenig auch das Dicyandiamid. Die Umsetzung des Kalkstickstoffs im Boden stellt sich nach KAPPEN folgendermaßen dar.

„Nach dem Ausstreuen und Vermischen des Kalkstickstoffs mit dem feuchten Erdboden wird zunächst eine Hydration eintreten, die zur Bildung von Calciumhydroxyd und der einbasischen Verbindung $(CN \cdot NH)_2Ca$ führt. Bei weiterer Zufuhr kapillar gehobenen Bodenwassers oder von oben zutretenden atmosphärischen Wassers wird nun das bedeutend leichter als das Calciumhydroxyd lösliche Calciumcyanamid ziemlich schnell in Lösung gehen, es wird sich, während das Calciumhydroxyd noch ungelöst an seinem Platze verbleibt, nach allen Seiten hin verteilen und dabei in absorptionskräftigen Böden die oben gekennzeichnete Zersetzung erleiden. Neben dem Wasser kommt nun aber auch schon zugleich die in ihm und der Bodenluft enthaltene Kohlensäure zur Einwirkung[1].“ Diese bildet den cyanamidokohlensauren Kalk nur in konzentrierten Lösungen. Unter den im Boden herrschenden Bedingungen wird die Folge des Zusammenwirkens der Absorptions- und der Kohlensäurereaktion sich in absorptionskräftigen Böden schnell freies Cyanamid bilden, während der Stickstoff in absorptionsschwachen Böden nur allmählich durch die Einwirkung der Kohlensäure in Cyanamid übergeführt wird.

Dieses verschiedene Verhalten des Kalkstickstoffs in schweren und leichten Böden ist von wesentlicher Bedeutung für seine Wirkung auf das Pflanzenwachstum. Cyanamid selbst ist ein Pflanzengift[2], keimende und wachsende Pflanzen werden geschädigt, wenn sie genötigt sind, das Cyanamid als solches aufzunehmen. Deshalb muß der Kalkstickstoff auf allen Böden, in denen das Cyanamid nicht (Moorböden) oder nur langsam (Sandböden) zersetzt wird, schädlich wirken, wenn es zu lebenden Pflanzen gegeben wird.

Aber das Cyanamid wird durch die Bodenmikroorganismen in Ammoniak übergeführt, insbesondere durch Schimmelpilze[3]. Dabei wird das freie Cyanamid leichter als seine Calciumverbindungen[4] in Ammoniak überführt. Dicyandiamid wird weder durch Bakterien noch durch Pilze zersetzt; es kommt für die Stickstoffernährung der Pflanzen überhaupt nicht in Frage, sondern ist giftig, weil es sich im Boden nicht umsetzt. Der Einfluß der Absorption auf die Giftwirkung des

[1] KAPPEN, H.: Über die Absorption des Kalkstickstoffes im Ackerboden. Landw. Versuchsstat. **68**, 322 (1908).

[2] Vgl. D. N. PRJANISCHNIKOW: Die Düngerlehre, S. 172. Berlin: Paul Parey 1923.

[3] LÖHNIS, F.: Vorlesungen über landwirtschaftliche Bakteriologie, S. 151. Berlin: Gebrüder Borntráger 1913. — Vgl. auch H. KAPPEN: Über die Zersetzung des Cyanamids durch Pilze. Cbl. Bakter. **26**, 633 (1910) und A. WOLFF u. G. WOLFF: Über den Einfluß des Kalkstickstoffs auf die Mikroflora des Bodens. Cbl. Bakt. II. Abt. **81**, 221 (1930).

[4] KAPPEN, H.: Die Umwandlungen des Kalkstickstoffs und seiner Zersetzungsprodukte im Boden. Fühlings landw. Ztg. **56**, H. 4 (1907).

Kalkstickstoffes ist nur ein indirekter; denn die giftigen Verbindungen, wie Dicyandiamid, werden nicht absorbiert. Durch die Absorption des Kalziums werden günstige Bedingungen für die schnelle Umwandlung des Kalkstickstoffs in unschädliche Verbindungen geschaffen.

Außer der biologischen Umwandlung unterliegt das Cyanamid aber auch einer rein chemischen Zersetzung im Boden. STUTZER und REIS[1] haben gefunden, daß das Cyanamid auch im sterilisierten Boden zersetzt wird, und daß diese Umsetzung durch Eisenhydroxyd und Manganoxyd stark gefördert wird. Diese Umsetzung findet auch im Glase statt, wenn man eine wässerige Lösung mit Cyanamid bei Anwesenheit von Eisenhydroxyd auf dem Wasserbade erhitzt. Sie führt zur Bildung von Harnstoff. Zu den gleichen Ergebnissen war auch ULPIANI[2] gelangt, der die besonders gute Wirkung des Aluminiumhydroxyds hervorhebt. KAPPEN[3] hat die sich noch in Einzelheiten widersprechenden Versuche nachgeprüft. Er kommt zu dem Ergebnis, daß bestimmten Metallhydroxydformen, besonders des Mangans und des Eisens die Befähigung zukommt, das Cyanamid in Harnstoff umzuwandeln. Aluminiumhydroxyd wirkt nur schwach, Kieselsäuregel, Kaolin und vermutlich auch die im Boden vorhandenen Silikate sind nur von geringer Wirkung. Die Metallhydroxyde wirken als Katalysatoren und nicht durch ihre Oberfläche. Im Boden wird die Harnstoffbildung von der Anwesenheit der Metallhydroxydform abhängen, so daß die verschiedenen Böden sich sehr verschieden verhalten werden. Der Harnstoff unterliegt dann den verschiedenen biologischen Umsetzungen.

Somit steht also fest, daß der Kalkstickstoff im Boden sowohl chemischen als auch biologischen Umsetzungen unterliegt, die beide von der Art des Bodens weitgehend abhängig sind. Am günstigsten verläuft die Überführung des Kalkstickstoffs in Pflanzennahrung auf absorptionskräftigen, tätigen Böden, am ungünstigsten sind saure, wenig austauschfähige Sand- und Humusböden. Da die Umsetzungen, die letzten Endes doch biologisch sind, eine gewisse Zeit in Anspruch nehmen, so muß die Düngung mit Kalkstickstoff stets so zeitig erfolgen, daß wenigstens die Bildung von Ammoniak beendet sein muß, bevor das Pflanzenwachstum einsetzt[4].

Bei nicht sachgemäßer, feuchter Lagerung von Kalkstickstoff finden schon vor dem Einbringen in den Boden Zersetzungen statt, welche zur Bildung des pflanzenschädlichen Dicyandiamids führen[5]. Auch Mischungen von Kalkstickstoff mit Superphosphat sind leicht zersetzlich, es bildet sich dabei nach LANDIS[6] bis zu 90% aus Cyanamid das Dicyandiamid. Ähnlich verhält sich der Schlickkalkstickstoff.

Organische Stickstoffdüngemittel.

Im Vergleich zu dem Gesamtverbrauch an Handelsdüngemitteln stellen die organischen Stickstoffdüngemittel etwa den 50. Teil der Menge und etwa den 20. Teil des Gesamtgeldwertes dar. Prüfungen des Düngerwertes dieser Produkte

[1] STUTZER, A. u. FR. REIS: Untersuchungen über Kalkstickstoff und einige seiner Umwandlungsprodukte. J. Landw. **58**, 65 (1910). — Ferner FR. REIS: Biochem. Z. **25**, H. 6, 477 (1910).

[2] ULPIANI, C.: Gazz. chim. ital. XX **38**, 2 (1908).

[3] KAPPEN, H.: Die Zersetzung des Cyanamids durch mineralische Bodenbestandteile. Fühlings landw. Ztg. **59**, H. 19 (1910).

[4] Vgl. E. BLANCK u. F. GIESECKE: Untersuchungen über das Ausstreuen des Kalkstickstoffs mit Erde. Jb. Landw. **1925**, 305.

[5] POPP, M.: Düngungsversuche mit verdorbenem Kalkstickstoff. Mitt. Dtsch. Landw. Ges. **32**, Stück 52 (1917); **34**, Stück 12, 169 (1919).

[6] LANDIS, W. S.: Cyanamid in einigen Düngermischungen. J. Industr. and Engen. Chem. **14**, 143 (1922).

sind namentlich an der Versuchsstation Darmstadt von WAGNER[1] bereits in den 80er Jahren des vorigen Jahrhunderts zusammenfassend von M. POPP[2] 1907/08 ausgeführt worden. Letzterer hat folgende Düngemittel und ihr Verhalten im Boden untersucht.

	Zusammensetzung		
	Gesamtstickstoff %	Gesamtphosphorsäure %	Gesamtkali %
Blutmehl	13,5	1,2	1,0
Hornmehl	12,8	1,8	—
Rizinuskuchenmehl	4,4	1,5	1,2
Rohes Knochenmehl	4,0	22,5	—
Fischmehl	8,5	12,0	—
Fleischmehl	6,3	16,5	—
Bremer Poudrette	7,0	2,5	3,0
Krottnauer organischer Patentdünger	5,6	6,9	—
Blankenburger Dünger	5,9	8,4	—
Lützeler Fleischguano	1,8	2,2	—
Melasseschlempedünger	2,9	—	2,9
Wollstaub	4,1	—	—
Ledermehl	7,8	1,3	—
Aufgeschlossenes Ledermehl	8,3	—	—
Humifizierter, getrockneter Rinderdünger	2,9	2,7	—
Getrockneter Klärbeckenschlamm	1,8	—	?
Getrockneter Schlick	3,0	?	?

Umsetzungsversuche in einem kalkarmen, milden Lehmboden ohne und mit Zusatz von kohlensaurem Kalk zeigten, daß am leichtesten das Blutmehl zersetzt wurde. Es wurde zunächst Ammoniak gebildet, das allmählich in Salpetersäure überging. Im günstigsten Falle, wieder beim Blutmehl, wurden aus 100 Teilen angewandten Stickstoffs 72 Teile Salpeterstickstoff gewonnen, während aus dem Hornmehlstickstoff nur 57%, aus dem aufgeschlossenen Ledermehl nur 34% zu erhalten waren.

Die Ergebnisse von zahlreichen Vegetationsversuchen mit verschiedenen Früchten schwankten zum Teil stark, doch lassen sich aus der großen Zahl der Versuche folgende Mittelwerte gewinnen, welche den Wirkungswert der organischen Stickstoffdüngemittel im Vergleich zu Natronsalpeter auf verschiedenen Böden darstellen, wenn man die Wirkung des Salpeterstickstoffs gleich 100 setzt:

Blutmehl	70	Blankenburger Dünger	45
Hornmehl	70	Melasseschlempedünger	40
Fischmehl	60	Lützeler Fleischdünger	35
Rizinuskuchenmehl	60	Wollstaub	25
Fleischmehl	60	Humifizierter Rinderdünger	20
Bremer Poudrette	55	Ledermehl	10
Knochenmehl	55	Aufgeschlossenes Ledermehl	23
Krottnauers Patentdünger	45		

Am höchsten steht die Wirkungsweise derjenigen Produkte, welche den Stickstoff in der Hauptsache in Form von Eiweiß enthalten. Je weiter sich die Natur des Stickstoffs davon entfernt, um so langsamer und unvollkommener ist die Umsetzung im Boden und um so geringer auch die Wirksamkeit. Wollstaub und Ledermehl sind am wenigsten zersetzbar; selbst die Behandlung von Leder-

[1] WAGNER, P.: Die Stickstoffdüngung der Kulturpflanzen. Berlin: Paul Parey 1892; Arb. Dtsch. Landw. Ges., H. 80 (1903).

[2] POPP, M.: Die Wirkung der organischen Stickstoffdüngemittel im Vergleich zum Salpeter. Landw. Versuchsstat. **68**, 253 (1908).

mehl mit heißer konzentrierter Schwefelsäure, die zu einem „Aufschluß" der Produkte führen sollte, erweist sich nicht als genügend.

Alle organischen Stickstoffdüngemittel stellen langsam fließende Stickstoffquellen dar, die sich hauptsächlich für gärtnerische Kulturen eignen. Für die praktische Landwirtschaft kommen sie nicht in Frage, oder nur dort, wo sie in großen Mengen und entsprechend billig verwandt werden können.

Eine Sonderstellung unter den organischen Stickstoffdüngemitteln nimmt der Peruguano ein. Versuche von POPP und MARXEN[1] haben gezeigt, daß die organischen Stickstoffverbindungen des Guanos sehr weitgehend, bis zu 76%, mineralisiert und die Kohlenstoffverbindungen außerordentlich leicht und vollständig zu Kohlendioxyd umgesetzt werden. Hierunter befinden sich auch größere Mengen stickstoffreier, organischer Stoffe, die in ihrem Kohlenstoffgehalt zwischen Harnsäure und Humus stehen.

Die Phosphorsäuredüngemittel.

Da der Phosphor und die Phosphorsäure in der Natur sehr verbreitet und selbst die kristallinischen Gesteine von feinen Apatitkristallen durchsetzt sind, findet sich Phosphor auch in fast allen Bodenarten. Vor dem Auswaschen wird der Phosphor dadurch geschützt, daß die meisten seiner im Boden befindlichen Verbindungen schwer löslich sind.

Der Phosphor kommt im Boden sowohl in organischer als auch in anorganischer Bindung vor. Die anorganische Form der Phosphorsäure ist als Mono-, Di-, Tri- und Tetraphosphat des Kaliums, Natriums, Kalziums, Magnesiums, Aluminiums, Eisens und Mangans vorhanden. Die Hauptmenge der Phosphorsäure ist an Kalzium und Magnesium gebunden, obgleich die Mehrzahl der Böden reicher an Eisen und Aluminium als an Kalzium und Magnesium ist. Aber die Eisen- und Aluminiumphosphate sind nach CAMERON und HURST[2] und nach STOKLASA[3] stärker hydrolisiert als die Kalzium- und Magnesiumphosphate.

Die nach der Ernte im Boden zurückbleibenden Wurzelrückstände und andere in den Boden gelangende Pflanzenmassen enthalten ebenfalls Verbindungen der Phosphorsäure, die bei der Zersetzung dieser Produkte als Kalzium-, Magnesium-, Natrium-, Kalium- und Ammoniumphosphate in Freiheit gesetzt werden. Alle wasserlöslichen Phosphate werden in den meisten Böden durch Umsetzung mit den Hydroxyden und Karbonaten des Kalziums, Magnesiums, Eisens, Aluminiums in wasserunlösliche Phosphate überführt. Dabei bilden sich in der Hauptsache die Di- und Triphosphate des Kalziums und Magnesiums. Bei einem hohen Gehalt des Bodens an kohlensaurem Kalk erfolgt diese Umsetzung sehr schnell, während in kalkarmen Böden die Bildung unlöslicher Phosphate langsamer geschieht.

An organischen Phosphorverbindungen sind im Boden in erster Linie die Phosphatide nachgewiesen worden. STOKLASA[4] fand in dieser Form 0,02—0,04% Phosphor in verschiedenen Böden. Der Befund wurde von ASO[5] bestätigt. Die Phosphatide entstammen wohl in der Hauptsache den Bodenmikroorganismen, aber auch den Pflanzenresten. Andere organische Phosphorverbindungen, wie Phytin und Nukleoprotein, die ebenfalls Bestandteile der Mikroorganismen sind, konnten

[1] POPP, M. u. J. MARXEN: Neue Untersuchungen über den Guano. Landw. Versuchsstat. 112, 261 (1931).

[2] CAMERON u. HURST: J. amer. chem. Soc. 26, 885 (1904).

[3] STOKLASA, J.: Über „zurückgegangene" Phosphorsäure. Österr. Landw. Zbl. Graz 1.

[4] STOKLASA, J.: Die Assimilation des Lezithins durch die Pflanze. Sitzgsber. kais. Akad. Wiss. Wien, Math.-naturwiss. Kl. 6, 277 (1904).

[5] ASO, K.: Bull. coll. Agric. Tokio, Imp. Univ. 6, 277 (1904).

im Boden noch nicht mit völliger Sicherheit nachgewiesen werden, schon weil derartige Verbindungen verhältnismäßig schnell hydrolysiert werden[1].

Der Gehalt der verschiedenen Böden an Phosphorsäure schwankt sehr stark. Man hat etwa folgende Skala zur Charakteristik der Böden aufgestellt[2]:

Über 0,2 % P_2O_5	sehr reich
0,1 —0,2 % ,, ...	reich
0,05—0,1 % ,, ...	mittel
0,01—0,05 % ,, ...	arm
unter 0,01 % ,, ...	sehr arm.

Diese Zahlen geben jedoch kein Urteil über die Wirksamkeit der Phosphorsäure, die von sehr vielen Umständen abhängig ist. Durch die Ernten werden 50—100 kg P_2O_5 dem Boden von 1 ha Land entzogen (vgl. Tab. S. 224), so daß selbst phosphorsäurearme Böden mit 0,05% P_2O_5 für mehrere Hundert Ernten ausreichende Phosphorsäuremengen enthalten, die aber meist nur zum geringsten Teil mobil gemacht werden können[3]. In der Tat sind nach zahlreichen Bodenuntersuchungen[4] rund 70% der Böden des Deutschen Reiches phosphorsäurebedürftig und LEMMERMANN[5] findet auf Grund von Feldversuchen, daß rund 54% der deutschen Böden ein schwaches bis deutliches Phosphorsäurebedürfnis zeigen. LEMMERMANN schätzt danach den Bedarf der deutschen Landwirtschaft an Düngerphosphorsäure auf rund 600000 t jährlich.

Das Rohmaterial zur Gewinnung von Phosphorsäuredüngemitteln bilden in erster Linie die mineralischen Phosphate, die sich namentlich in den Vereinigten Staaten von Nordamerika (6431000000 t) und in Rußland (5568000000 t) vorfinden. MAUSFIELD[6] schätzt die Weltreserven an Phosphaten auf 16867000000 t.

Als Düngemittel spielen die Rohphosphate selbst eine untergeordnete Rolle. Die Phosphorsäure findet sich in ihnen als Trikalziumphosphat, aus welchem die Phosphorsäure den Pflanzen nur unter bestimmten Verhältnissen zugänglich ist, z. B. auf Hochmooren[7]. Man behandelt die Rohphosphate daher mit Säuren, namentlich mit Schwefelsäure, und führt das Trikalziumphosphat in das wasserlösliche Monokalziumphosphat über, den wirksamen Bestandteil des Superphosphates.

Auch durch Schmelzen der Rohphosphate mit Alkalien oder Silikaten findet eine Umwandlung des Trikalziumphosphates in wirksames Phosphat statt. Beispiele dafür sind das Woltersphosphat, das Wiborghphosphat und auch das Rhenaniaphosphat. Bei letzterem nimmt man die Bildung eines Dikalzium-Mononatriumphosphates an, dessen Phosphorsäure zwar nicht in Wasser, aber schon sehr leicht in ammoniakalischer Zitratlösung löslich ist.

Bei der Entphosphorung des Eisens nach dem Thomasverfahren wird eine Schlacke gewonnen, deren Mehl, das Thomasmehl, verschiedene leicht lösliche und hoch wirksame Phosphate enthält, eine Doppelverbindung von Trikalzium-

---

[1] AUTEN, J. T.: Organischer Phosphor der Bodenarten. Soil Sci. **16**, 281 (1923).
[2] PRJANISCHNIKOW, D. N.: Die Düngerlehre, S. 201. Berlin: Paul Parey 1923.
[3] POPP, M. u. J. CONTZEN: Die Erschöpfung der Bodenphosphorsäure. Z. Pflanzenern. usw. A **22**, 1 (1932).
[4] LIEHR, O.: Bisherige Ergebnisse der Verbilligungsaktion des Reiches für Bodenuntersuchungen. Z. Pflanzenern. usw. B **7**, 201 (1928).
[5] LEMMERMANN, O.: Wie ist es um das Phosphorsäurebedürfnis der deutschen Böden bestellt und welche Mengen an Phosphorsäuredüngern gebrauchen wir? Z. Pflanzenern. usw. B **2**, 545 (1923). — LEMMERMANN, O. u. W. JESSEN: Untersuchungen über das Phosphorsäurebedürfnis der deutschen Böden. Ebenda **6**, 2 (1927).
[6] MAUSFIELD, G. R.: Phosphate Deposits of the World. In: World Conditions as to Mineral Row Materials for the Fertilizer Industrie. Washington 1926.
[7] POPP, M.: Neuzeitliche Moorkultur. Landwirtschaftliche Lehrhefte Nr. 6. Berlin: Verlag f. Ackerbau 1931.

phosphat mit Kalziumsilikat, $4\,Ca_3(PO_4)_2 \cdot 3\,Ca_3SiO_5$ und ein Tetrakalziumphosphat, $4\,CaO \cdot P_2O_5$. Beide Verbindungen lösen sich leicht in 2proz. Zitronensäure, und ihnen verdankt das Thomasmehl seine Wirksamkeit[1].

Durch Fällung einer Lösung von Trikalziumphosphat in Salzsäure mit Kalk fällt das Dikalziumphosphat, das sich leicht in ammoniakalischer Zitratlösung auflöst und ebenfalls als wirksames Düngemittel Verwendung findet. Von natürlichen Phosphaten hat das Knochenmehl noch immer eine Bedeutung als Düngemittel, obwohl die Phosphorsäure auch hier als Trikalziumsalz vorhanden ist.

Die Tatsache, daß im Boden meist große Reserven an Phosphorsäure vorhanden sind, veranlaßte Aereboe[2] zu dem Vorschlag, den Anbau der Früchte so zu wählen, daß diese die Bodenphosphorsäure in Lösung bringen. Es ist bekannt, daß die verschiedenen Pflanzen ein verschiedenes Aufschließungsvermögen für die verschiedenen Phosphate besitzen. Nach Versuchen, welche Prjanischnikow[3] bereits 1899 ausgeführt hat, hatte Buchweizen von der Phosphorsäure der Phosphorite 60 mg, Lupine 97 mg, Getreide 4—12 mg P_2O_5 je Gefäß aufgenommen, allerdings bei Kulturen in reinem Sand. Der Charakter des Bodens kann die Löslichkeit der Phosphorite wesentlich beeinflussen. Daß saurer Hochmoorboden eine sehr weitgehende Aufschließung der Rohphosphate herbeiführt, hat Tacke[4] wiederholt gezeigt. Er hat aber auch festgestellt, daß für moorige Heidesandböden die Rohphosphate schon weniger geeignet sind. Kappen[5] führte Versuche auf einem sauren Lehmboden aus und fand, daß die Säuren des Mineralbodens an der Aufschließung der Rohphosphate nicht beteiligt sind. Die an Basen verarmten, ungesättigten, zeolithischen Silikate dieser Böden können infolge ihrer schwachen Säure die Phosphate der Mineralphosphate nicht zersetzen. Wenn trotzdem auf sauren Mineralböden eine Wirkung der Rohphosphate beobachtet wurde, so liegt hier eine Aufschließung durch die Pflanzen vor. So fand Kappen, daß der Spörgel die Rohphosphate besser aufzuschließen vermag als der Hafer. Die hydrolytisch saure Kieselsäure bringt dagegen aus dem Trikalziumphosphat beträchtliche Mengen von P_2O_5 in Lösung[6].

Haselhoff[7] hat darauf hingewiesen, daß der Einfluß der verschiedenen Pflanzen auf die Löslichkeit der Phosphate nicht immer der gleiche ist, sondern daß die Art des Bodens und der Beidüngung den Ausschlag geben. Zu ähnlichen Ergebnissen sind v. Seelhorst[8], Kossowitsch[9], Söderbaum[10], Mitscherlich[11],

[1] Wilhelmi, A.: Ursachen der Wirkung des Thomasmehls. Z. Pflanzenern. usw. A **19**, 129 (1931).

[2] Aereboe, Fr.: Neue Düngerwirtschaft ohne Auslandsphosphate. Berlin: Paul Parey 1922.

[3] Prjanischnikow, D. N.: Die Düngerlehre, S. 277. Berlin: Paul Parey 1923.

[4] Tacke, Br.: Arbeiten der Moorversuchsstation Bremen. Hannov. land- u. forstw. Ztg. **62**, 414 (1909).

[5] Kappen, H.: Über die Verwertbarkeit der Rohphosphate zur Düngung auf sauren Mineralböden. Z. Pflanzenern. usw. B **7**, 171 (1928).

[6] Kappen, H. u. K. Bollenbeck: Über die Bedeutung der Aziditätsformen der Böden für das Löslichwerden schwerlöslicher Phosphate. Z. Pflanzenern. usw. A **4**, 1 (1925).

[7] Haselhoff, E.: Die Aufschließung der Phosphorsäure durch Pflanzen und Düngemittel. Z. Pflanzenern. usw. B **1**, 257 (1922).

[8] Seelhorst, C. v.: Untersuchungen über den Einfluß der schwefelhaltigen Düngemittel auf die Wirksamkeit gleichzeitig gegebener phosphorsäurehaltiger Düngemittel verschiedener Art. J. Landw. **51**, 212 (1903).

[9] Kossowitsch, P.: J. exp. Landw. **5**, 598 (1904).

[10] Söderbaum, H. G.: Zur Kenntnis der Faktoren, welche die Düngewirkung der schwerlöslichen Phosphate beeinflussen. Landw. Versuchsstat. **63**, 247 (1906); **68**, 433 (1908).

[11] Mitscherlich, E. A. u. W. Simmermacher: Einige Untersuchungen über den Einfluß des Ammonsulfates auf die Phosphatdüngung bei Haferkulturen. Landw. Versuchsstat. **79**, 71 (1913).

BÖTTCHER[1], TH. PFEIFFER[2] u. a. gelangt. Die ersten Versuche, welche PRJANISCHNIKOW und andere russische Forscher über diese Frage ausgeführt haben, fanden in Sandkulturen statt. „Inwiefern sich diese in Sandkulturen so klar zutage tretende aufschließende Wirkung der Ammonsalze praktisch verwerten läßt, läßt sich ohne weitere Versuche schwer beurteilen; jedenfalls ist es auch bei vergleichenden Feldversuchen nicht gleichgültig, ob der Salpeter durch Ammonsalze ersetzt wird", sagt PRJANISCHNIKOW[3]. Jedenfalls aber haben diese Ergebnisse, welche M. v. WRANGELL[4] nachgeprüft und bestätigt hat, FR. AEREBOE die Veranlassung gegeben, seine „Neue Düngerwirtschaft" zu propagieren, obwohl v. WRANGELL selbst klar ausgesprochen hat, daß Versuche in der Praxis auf verschiedenen Böden erforderlich seien, welche aber Überraschungen, wohl meist Enttäuschungen, bringen würden. Die AEREBOEsche Theorie ist dann auch von seinen zahlreichen Kritikern energisch und sehr eindeutig zurückgewiesen worden[5].

LEMMERMANN[6] teilt als Beweis für die Einwirkung verschiedener Salze auf die Wirkung der verschiedenen Phosphate folgende Ergebnisse mit, welche die Mehrerträge gegen phosphorsäurefreie Düngung darstellen.

	Beidüngung von	
	salpetersaurem Natron g	schwefelsaurem Ammoniak g
Agrikulturphosphat	2,94	11,59
Algierphosphat	3,11	17,48

Man darf aber diese Wirkung der physiologisch-sauren Düngemittel nicht so verallgemeinern, wie AEREBOE dies tut. Die Wirkung ist auf den verschiedenen Böden ganz verschieden, und die Bodenphosphorsäure, auf deren Lösung es AEREBOE ankam, wird in sehr verschiedenem Grade löslich. LEMMERMANN mischte zwei verschiedene Böden mit KCl, K_2SO_4 und $(NH_4)_2SO_4$, überließ die Böden wochenlang der Ruhe, stellte dann Bodenpreßsäfte her und fand in ihnen folgende Mengen von P_2O_5:

	Ohne Zusatz mg	Mit KCl mg	Mit K_2SO_4 mg	Mit $(NH_4)_2SO_4$ mg
Boden 1	0,52	0,28	0,22	0,44
Boden 2	0,68	0,48	0,36	0,76

Auch EHRENBERG[7] konnte bei Kulturen in Glassand bei physiologisch saurer Beidüngung größere Phosphorsäureaufnahmen durch die Pflanzen feststellen, als bei physiologisch neutraler Düngung[8], wogegen TACKE[9] auf Hochmoorboden ähnliche Unterschiede nicht ermitteln konnte.

---

[1] BÖTTCHER, O.: Kann durch Beigabe von schwefelsaurem Ammoniak die Wirksamkeit der Knochenmehlphosphorsäure gesteigert werden? Landw. Versuchsstat. **65**, 407 (1907).

[2] PFEIFFER, TH. u. A. RIPPEL: Das Verhalten verschiedener Pflanzen schwerlöslichen Phosphaten gegenüber. J. Landw. **69**, 165 (1921).

[3] PRJANISCHNIKOW, D. N.: a. a. O., S. 286.

[4] WRANGELL, M. v.: Ein estländisches Rohphosphat und seine Wirkung auf verschiedene Pflanzen. Landw. Versuchsstat. **96**, 1 (1920).

[5] Vgl. J. HASENBÄUMER: Z. Pflanzenern. usw. B **1**, 367 (1922). — E. A. MITSCHERLICH: Ebenda S. 323. — TH. PFEIFFER: Ebenda S. 313. — O. NOLTE: Ebenda S. 373. — FR. HONCAMP: Dtsch. landw. Presse **49**, 1 (1921).

[6] LEMMERMANN, O.: Zur Frage der Phosphorsäuredüngung. Z. Pflanzenern. usw. B **1**, 201 (1922).

[7] EHRENBERG, P.: Beitrag zur Reaktionsfrage usw. Z. Pflanzenern. usw. B. **2**, 129 (1923).

[8] Vgl. E. BLANCK u. F. GIESECKE: Fühlings landw. Ztg. **71**, 463 (1922).

[9] TACKE, BR.: Die neueren phosphorsäurehaltigen Düngemittel und ihre Wirkung. Z. Pflanzenern. usw. B **4**, 5 (1925).

Eine gleichzeitige Beidüngung von kohlensaurem Kalk verändert die Aufnahme der Phosphorsäure abermals. Kellner und Böttcher[1] hatten als erste gezeigt, daß die Wirksamkeit der Knochenmehlphosphorsäure auf kalkreichem oder mit Kalk gedüngtem Boden wesentlich geringer ist als auf kalkarmem Boden. Söderbaum[2] konnte die Ergebnisse bestätigen, fand aber weiter, daß dieselbe Wirkungsverminderung infolge von Kalkdüngung auch bei anderen Formen des Trikalziumphosphates eintritt, nicht aber in gleicher Weise bei Superphosphat oder Dikalziumphosphat, was von Prjanischnikow[3] gleichfalls nachgewiesen wurde.

Hieraus ergibt sich die praktische Anwendung der Phosphorsäuredüngemittel von selbst. Es ist dann auch erklärlich, weshalb Thomasmehl auf kalkreichen Böden weniger günstig als auf kalkarmen Böden wirkt. Diese Erscheinung beruht nicht darauf, daß die Bodensäure auf den kalkarmen Böden, wenn man von der Humussäure absieht, aufschließend auf die Thomasmehlphosphorsäure wirkt.

M. v. Wrangell[4] kommt auf Grund ihrer Versuche zu der Annahme, daß ein bestimmtes Verhältnis zwischen Kalk und Phosphorsäure besteht, das bei den verschiedenen Pflanzen verschieden ist. Sie sagt, der „Kalkphosphorsäure-Faktor" gestattet einen Rückschluß auf die Fähigkeit der Pflanzen, Phosphorsäure zu verwerten und in ursprünglich neutralem Boden nach beendetem Wachstum eine Reaktionsänderung hervorzurufen. Günther[5] widerlegt diese Theorie und zeigt, daß die Aufnahme der Phosphorsäure durch die Pflanzen auch bei verändertem Kalkzustand des Bodens keinen größeren Schwankungen unterliegt, nachdem schon Mitscherlich[6] den Ausspruch getan hatte: „Die Theorie des Kalkphosphorsäurefaktors wird ebenso bald überholt sein wie die des Kalikalkfaktors von Ehrenberg."

Daß der Säuregrad der Lösungsmittel die Löslichkeit der einzelnen Phosphate in verschiedenem Maße beeinflußt, wie Rosanow[7] gezeigt hat, bringt nichts wesentlich Neues.

Die Arbeiten von M. v. Wrangell haben vielfach Nachprüfungen veranlaßt. Sie teilt in ihrer zuletzt angeführten Arbeit mit, daß dem Trimagnesiumphosphat eine besonders „drastische Wirkung" zukommt[8]. Ungerer[9] fand, daß die günstige Wirkung von Trimagnesiumphosphat auf der großen Löslichkeit dieses Salzes in mit CO_2 gesättigtem Wasser beruht, welches daraus 55% der Gesamtphosphorsäure löst, während von der Phosphorsäure des Trikalziumphosphats unter den gleichen Bedingungen nur rund 4% gelöst werden.

Eisen- und Aluminiumphosphate sind als Salze schwacher Basen scharf von den Kalzium- und Magnesiumphosphaten zu unterscheiden. Bei der hydrolyti-

---

[1] Kellner, O. u. O. Böttcher: Dtsch. landw. Presse **27**, Nr. 52 (1900).

[2] Söderbaum, H. G.: Weitere Kulturversuche mit gefälltem Kalkphosphat. Medd. kngl. Landbruks-Akad. Experimentalfältet Nr. 75 u. 78 (1902).

[3] Prjanischnikow, D. N.: Die Düngerlehre, S. 290. Berlin: P. Parey 1923.

[4] Wrangell, M. v.: Phosphorsäureaufnahme und Bodenreaktion. Landw. Versuchsstat. **96**, 209 (1920). — Gesetzmäßigkeiten bei der Phosphorsäureernährung der Pflanze. Landw. Jb. **57**, 32 (1922).

[5] Günther, E.: Untersuchungen über den Kalkphosphorsäurefaktor usw. Z. Pflanzenernährung usw. B **3**, 17 (1924).

[6] Mitscherlich, E. A.: Über die Wirkung der Phosphorsäuredüngung. Z. Pflanzenern. usw. B **1**, 282 (1922).

[7] Rosanow, S. N.: Über die Löslichkeit der Phosphorite bei verschiedener Wasserstoffionenkonzentration und ihre Zugänglichkeit für die Pflanzen. Landw. Jb. **68**, 559 (1928).

[8] Wrangell, M. v.: Landw. Jahrb. **57**, 33 (1922).

[9] Ungerer, E.: Darstellung und Löslichkeitsverhältnisse der Magnesiumphosphate im Vergleich zu Kalzium- und Aluminiumphosphaten und ihre Verwertung durch Hafer und Gerste. Z. Pflanzenern. usw. A **7**, 352 (1926).

schen Spaltung sind die Eisen- und Tonerdehydroxyde nicht dissoziiert, können also auch keine OH-Ionen in Lösung schicken. Eine einseitige Vermehrung der H-Ionen hat hier also auch keine Neutralisation von OH-Ionen zur Folge, es findet also keine Neutralisation statt, wie bei Kalzium- und Magnesiumhydroxyden. Eine einseitige Vermehrung der H-Ionen schwacher Säuren, welche die Fe- und Al-hydroxyde nicht zu lösen vermögen, bringt also auch keine vermehrte Phosphorsäurelösung zustande. Umgekehrt führt aber eine Vermehrung der OH-Ionen etwa infolge einer Düngung mit Natriumnitrat, eine Lösung der Phosphorsäure herbei.

Wenn Kohlensäure gleichzeitig mit Salzlösungen auf Phosphate einwirkt, so wird die durch die Anwesenheit der Salze gesteigerte Löslichkeit der Phosphate noch weiter erhöht. Nur Kalksalze wirken auch hier ungünstig. Die Löslichkeit der Phosphorsäure steigt jedoch nicht proportional der Salzmenge[1].

Versuche, die Vorräte an Bodenphosphorsäure mobil zu machen, führten LEMMERMANN und WIESSMANN[2] auf die Beobachtung, daß bei ungenügender Versorgung der Pflanzen mit Phosphorsäure eine Ertragssteigerung erzielt werden kann, wenn man den Pflanzen kolloidale Kieselsäure zur Verfügung stellt. DUCHON[3] suchte eine Erklärung hierfür in der allgemeinen bodenverbessernden Wirkung der Kolloide und nahm an, daß die Mittel, durch welche man „den höchsten Produktionsfaktor der Düngungsphosphorsäure" sichern kann, mit denjenigen übereinstimmen, welche in der Praxis auf die Verbesserung der Bodengare hinzielen.

Im Gegensatz zu dieser dürftigen Begründung haben KRÜGER und Mitarbeiter[4] auf Grund sehr eingehender Versuche den auch von LEMMERMANN und WIESSMANN in ihrer letzten Arbeit angegebenen Grund für die Wirkung der Kieselsäure festgestellt. Es kann danach die Kieselsäure die Phosphorsäure nicht ersetzen, sondern es findet eine Auflösung der Phosphate, insbesondere des von LEMMERMANN benutzten Dikalziumphosphates statt, so daß den Pflanzen größere Mengen an Phosphorsäure zur Verfügung gestellt werden. Auch ist die Möglichkeit vorhanden, daß durch den Zusatz von Kieselsäure Schäden abgewendet werden, welche die Aufnahme der Phosphorsäure verhindern, wie KRÜGER durch Beidüngung von Eisen-, Aluminium- und Mangansalzen zeigen konnte. Deshalb konnte die günstige Wirkung der Kieselsäure überall da gezeigt werden, wo an sich genügende Phosphorsäuremengen gegeben waren, wo die Aufnahme derselben aber durch die genannten Salze infolge der Bildung schwer löslicher Phosphate erschwert wurde. LEMMERMANN und WIESSMANN[5] sehen daher neuerdings auch die Ursache der günstigen Wirkung der Kieselsäure in einer durch sie bewirkten erhöhten P_2O_5-Aufnahme. Physiologische Gründe, die innerhalb der Pflanze liegen, sind nicht vorhanden.

---

[1] FLEROW, K.: Über die Löslichkeit des Phosphorits in den mit Kohlensäure gesättigten Salzlösungen. Z. Pflanzenern. usw. A **10**, 108 (1927/28). — WITYN, J.: Über die bessere Ausnutzung der im Boden befindlichen Phosphorsäure. Ebenda A **6**, 27 (1926). — Umfassende Literaturberichte finden sich ferner in H. THAN u. H. MÜLLER: Die Phosphorsäure. Arb. Agrikulturchem. Lab. Landesuniv. Gießen **1926**.

[2] LEMMERMANN, O. u. H. WIESSMANN: Die ertragsteigernde Wirkung der Kieselsäure bei unzureichender Phosphorsäureernährung der Pflanzen. Z. Pflanzenern. usw. A **1**, 185 (1922). — Ferner ebenda B **3**, 185 (1924) und Untersuchungen über die Ursache der ertragsteigernden Wirkung der Kieselsäure. Ebenda A **4**, 265 (1925).

[3] DUCHON, FR.: Beitrag zur Erklärung der ertragsteigernden Wirkung der kolloidalen Kieselsäure bei unzureichender Phosphorsäuredüngung in Sandkulturen. Z. Pflanzenern. usw. A **4**, 316 (1925).

[4] KRÜGER, W. u. G. WIMMER: Kann die Phosphorsäure bei der Ernährung unserer Kulturpflanzen teilweise durch Kieselsäure ersetzt werden? Mitt. Anhalt. Versuchsstat. Bernburg, Nr. 64, 1927.

[5] LEMMERMANN, O. u. H. WIESSMANN: Z. Pflanzenern. usw. A. **4**, 280 (1925).

Die meisten Phosphorsäuredüngemittel sind ihrer Zusammensetzung nach alkalisch (Thomasmehl, Rhenaniaphosphat, Rohphosphate) oder neutral (Dikalziumphosphat, Nitrophoska, Knochenmehl). Von saurer Beschaffenheit ist das Superphosphat, da es infolge seiner Herstellung freie Phosphorsäure enthält. Trotzdem ist dieses Düngemittel nach KAPPEN[1] zu den physiologisch-neutralen Düngemitteln zu rechnen, wie dies schon AD. MAYER 1881 getan hatte. Auf Grund von Wachstumsversuchen nach NEUBAUER fand KAPPEN nach sechsmaliger Bepflanzung eines Lehmbodens folgende Ergebnisse:

	Zur Neutralisation erforderlich $CaCO_3$ dz/ha	p_H	Pufferfläche in qcm
Ungedüngt	27,0	5,87	23,0
Physiologisch-saure Düngermischung	51,5	4,45	17,4
Kalisalz allein	21,4	5,76	24,0
Superphosphat allein	26,1	5,84	24,7
Ammonsulfat allein	48,4	4,76	13,6
Ammonsulfat + Kalisalz	43,2	4,79	15,1

Die Ansicht KAPPENS ist nicht unwidersprochen geblieben. MÜNTER[2] ist der Meinung, daß das Superphosphat den Boden an Kalk verarmt und damit schließlich doch zur Versäuerung des Bodens beiträgt. Auf kalkarmen Böden kann eine Bindung der Phosphorsäure des Superphosphates an Eisen und Aluminium stattfinden, wodurch eine Verminderung der für die Pflanzen aufnehmbaren Phosphorsäure eintritt. Auf stark alkalischen Böden ist die Ausnutzung der Phosphorsäure des Superphosphates[3] besser als die von Thomasmehl und Eisenphosphat; auf neutralen Böden wirkt das Thomasmehl besser.

Das Nitrophoska ruft in Wasser- und Sandkulturen, wie BELING[4] an Mais nachwies, keine Reaktionsveränderung der neutralen Medien hervor. In natürlichem Boden wirkt es dagegen sauer, wenn auch nicht so stark wie Ammonsulfat. Denn seine wasserlösliche Phosphorsäure legt das in Austausch getretene Aluminium fest, so daß keine oder nur eine schwach saure Reaktion eintreten kann.

Die infolge der Düngung mit Phosphaten sich ergebende Änderung der Bodenstruktur ist in erster Linie auf den Kalkgehalt dieser Düngemittel zurückzuführen. So fand RENNER[5], daß Thomasmehl und Rhenaniaphosphat, besonders bei starken Gaben, die Bodenstruktur in günstigem Sinne beeinflussen, die aber nicht an die Wirkung einer Kalkdüngung heranreicht. Superphosphat bewirkte nur eine unerhebliche Veränderung der Bodenstruktur. Wo sie bemerkbar war, zeigte sie sich in ungünstigem Sinne, d. h. das Superphosphat wirkte aufteilend.

Außer den chemischen und physikalischen Kräften, die im Boden eine Umsetzung der verschiedenen Phosphate hervorrufen, kommen noch biologische Wirkungen in Frage, welche recht erheblich die Wirksamkeit der Phosphorsäuredüngemittel beeinflussen. STOKLASA[6] ist der Meinung, daß den biologischen, insbesondere den bakteriologischen, Vorgängen im Boden die größte Bedeutung

[1] KAPPEN, H.: Zur physiologisch-sauren Reaktion der Düngemittel. Mitt. Dtsch. Landw. Ges. **1924**, 816 u. 835; Dtsch. landw. Presse **54**, 145 (1927).

[2] MÜNTER, F.: Eisenphosphat als Pflanzennährstoff. Z. Pflanzenern. usw. B 5, 305 (1926)

[3] SCHMITT, L.: Über den Einfluß des Superphates auf die Reaktionsverhältnisse, den Basensättigungszustand und das Pufferungsvermögen saurer Mineralböden. Sup. **6**, 219 (1930).

[4] BELING, W.: Die physiologische Reaktion des Nitrophoska. Z. Pflanzenern. usw. B **6**, 562 (1927).

[5] RENNER, W.: Der Einfluß verschiedener Düngersalze, zumal von Kalk und Phosphaten auf die Struktur des Bodens. Z. Pflanzenern. usw. B **4**, 417 (1925). — Vgl. auch L. v. KREYBIG: Ebenda A **9**, 224 (1927).

[6] STOKLASA, J.: Biochemischer Kreislauf des Phosphations im Boden. Jena: Gustav Fischer 1911.

für die Überführung der unlöslichen Phosphate in von den Pflanzen aufnehmbaren Zustand zugeschrieben werden muß. Die wasserunlöslichen Phosphate im Boden werden durch Kohlendioxyd und durch organische Säuren von den Mikroorganismen angegriffen. Dabei wird ein Teil der Phosphate in Monophosphate umgewandelt, fast dieselbe, manchmal sogar eine größere Menge, wird von den Bakterien assimiliert und in organische Formen, Nukleoproteide und Phosphatide, übergeführt. Die Monophosphate werden im Naturboden meist sofort in unlösliche Diphosphate verwandelt. Die Bildung der organischen Phosphorverbindungen nennt STOKLASA „biologische Absorption des Phosphors". Indirekt fördert die Anwesenheit von Phosphaten im Boden die Produktion von Kohlensäure, wodurch wieder die Aufschließung neuer Phosphatmengen möglich wird[1]. Daß neben der Kohlensäure auch organische Säuren beteiligt sind, bestätigen Untersuchungen von DREWS[2]; die Mengen des in Lösung gebrachten Phosphors gehen der von den Mikroorganismen gebildeten Säuremenge parallel. Ohne Säurebildung tritt keine Lösung der Phosphorsäure ein.

b) Indirekte Düngung.

Von **G. HAGER**, Bonn.

Die Forschungsergebnisse der letzten zwei Jahrzehnte lehren, daß eine strenge Unterscheidung zwischen direkten und indirekten Düngemitteln eigentlich unmöglich ist, da eben die meisten Düngemittel, welche man als direkte zu bezeichnen pflegt, nicht allein auf Grund ihres Gehaltes an Pflanzennährstoffen das Gedeihen der Kulturpflanzen fördern, sondern auch auf den Boden in chemischer, physikalischer und biologischer Beziehung im günstigen oder auch ungünstigen Sinne einwirken können. Es sei hier nur an die Nebenwirkungen der physiologisch-alkalischen und physiologisch-sauren Düngemittel, als deren Hauptvertreter der Natronsalpeter und das schwefelsaure Ammoniak gelten, erinnert. Also ein direktes Düngemittel ohne indirekte Wirkungen gibt es den heutigen erweiterten Anschauungen nach kaum.

Wenn daher in den folgenden Ausführungen die nach dem Sprachgebrauch als indirekte Düngemittel bezeichneten Stoffe, nämlich der Kalk in seinen basischen Formen und der Gips als schwerlösliches, schwefelsaures Kalzium, behandelt werden sollen, so geschieht dies unter der Voraussetzung, daß unter indirekten Düngemitteln solche Stoffe verstanden sind, deren direkt ernährende Wirkung gegenüber allen indirekten Einflüssen auf die Pflanze und den Boden zurücktritt.

Die Zahl solcher indirekt wirkenden Stoffe ist natürlich nicht klein und durchaus nicht auf den Kalk in den angeführten Verbindungsformen beschränkt. Er soll hier aber ausschließlich behandelt werden, weil er in praktischer Beziehung, vor allem in seinen basischen Verbindungen, wohl die größte Bedeutung hat. Der Gips erfährt heute nicht mehr die Wertschätzung vergangener Jahrzehnte und Jahrhunderte. Es fehlt ihm vor allem die Vielseitigkeit der Wirkungen, die den basischen Kalkformen eigentümlich sind. Vielleicht kommt er in kommenden Zeiten als Düngemittel der Luzerne und der sonstigen Kleearten wieder zu Ehren.

---

[1] HERKEN, S.: Über den Einfluß der Phosphorsäure auf den Zuckergehalt im Boden. Külänyomat a Kiserletügyi Közleninyek **18**, 5 (1915).

[2] DREWS, K.: Über die Beteiligung von Mikroorganismen an der Aufschließung unlöslicher Phosphate. Cbl. Bakter. II **76**, 102 (1918). — Vgl. auch S. A. SEVERIN: Die Mobilisierung der Phosphorsäure des Bodens unter dem Einfluß der Lebenstätigkeit der Bakterien. Ber. bakter.-agronom. Station Moskau, Nr. 30 (1913).

Die basischen Kalkdüngemittel.

Der Kalk in basischer Form findet als Kalkdüngemittel die größte Verwendung. Es sind hier zu nennen der Branntkalk in Stückform oder als gemahlener Sackkalk mit und ohne Garantieleistung. Einen Abfall bei der Herstellung dieser Kalke bildet die Kalkasche. Sie ist meist zu einem billigen Preise zu kaufen. Der mangelhafte Feinheitsgrad ist ein Nachteil dieser Abfälle. Man tut daher gut, sie bzw. vorhandene Stücke durch Lagerung in mit Erde bedeckten Häufchen zum Zerfall zu bringen. Denn ein genügender Feinheitsgrad ist bei allen Kalkformen die Voraussetzung für eine gute Wirkung. Ein sehr wirksames Kalkdüngemittel ist der Löschkalk, der im wesentlichen aus $Ca(OH)_2$ in feinster Verteilung besteht. Der Gehalt an CaO beträgt rund 70%. Nach unveröffentlichten Versuchen des Verfassers zeigt dieser Kalk infolge seiner Feinheit von allen Kalkarten die größte Tiefenwirkung. Er läßt sich ferner lange in Säcken ohne Gefahr des Platzens lagern. Ein Nachteil ist sein etwas hoher Preis, der verhältnismäßig niedrige Kalkgehalt (70%), sowie das Stäuben beim Streuen. Mit der Hand läßt sich daher der Löschkalk der Staubbelästigung wegen kaum streuen.

Der kohlensaure Kalk kommt als Mergel und als gemahlener Kalkstein bzw. Dolomit in den Handel. Ist schon auf Grund der Versuche von H. v. FEILITZEN[1] und D. MEYER[2] ein genügender Feinheitsgrad beim Ätzkalk für eine gute und schnelle Wirkung des Kalkes erforderlich, so gilt dies ganz besonders für die kohlensauren Kalke und noch mehr für die Dolomite. Besonders hat B. TACKE[3] in Deutschland unermüdlich auf die Notwendigkeit, kohlensaure Kalke nur in genügendem Feinheitsgrad herzustellen, hingewiesen.

Nach Abmachungen des Verbandes Deutscher Landwirtschaftlicher Versuchsstationen[4] mit dem Verein Deutscher Kalkwerke werden heute an die Mahlfeinheit der Mergel und Feinmergel folgende Ansprüche gestellt.

Für Mergel: 80% Durchgang durch das DIN-Sieb Nr. 8 (0,75 mm). Der Rückstand soll durch das DIN-Sieb Nr. 3 gehen (2 mm).

Für Feinmergel: 80% Durchgang durch das DIN-Sieb Nr. 20 (0,3 mm). Der Rückstand soll durch das DIN-Sieb Nr. 6 gehen (1 mm). Diese Abmachungen gelten auch für gemahlenen Kalkstein bzw. Dolomit und Löschkalk.

Viele Versuche[5] im In- und Ausland haben denn auch die Bedeutung der Mahlfeinheit für die Wirkung der Kalkdüngemittel ergeben. Der dolomitische

---

[1] FEILITZEN, H. v.: Über den Einfluß des Feinheitsgrades des Kalkes auf dessen Wirkung als Bodenverbesserungsmittel auf kalkarmen Moorböden. Sv. Mosskulturförenigens Tidskr. **24**, 95 (1910); ref. Biederm. Zbl. Agrikult.-Chem. **39**, 588 (1910).

[2] MEYER, D.: Ist der Feinheitsgrad auch bei gemahlenem Branntkalk von Bedeutung? Landw. Presse **55**, 373 (1928).

[3] TACKE, B.: Zur Frage der Kalkdüngung. Mitt. Dtsch. Landw. Ges. **31**, 708 (1916).

[4] Verh. Verb. Dtsch. Landw. Versuchsstat. **1926** in Bonn, **1927** in Goslar, **1928** in Lübeck.

[5] HAGER, G. u. J. KERN: Über die Löslichkeit des kohlensauren Kalkes verschiedener Herkunft und Feinheit in kohlensäurehaltigem Wasser in ihrer Beziehung zu Boden und Pflanze. J. Landw. **64**, 325 (1916). — MANSHARD, E.: Orientierende Untersuchungen zur Frage der Lösungs- bzw. Wirkungsgeschwindigkeit verschiedener Düngekalkformen. Z. Pflanzenern. usw. A **7**, 31 (1926). — GEHRING, A.: Über die Praxis der Kalkdüngung. Ebenda B **7**, 249 (1928); hier auch Literaturangaben. — Derselbe: Kalkdüngungsversuche auf braunschweigischen Böden und die analytische Feststellung des Kalkbedürfnisses. Mitt. Dtsch. Landw. Ges. **41**, 525 (1926). — GEHRING, A. u. O. WEHRMANN: Studien über die Einwirkung des Kalkes auf den Boden. Landw. Versuchsstat. **103**, 279 (1925). — GEHRING, A. u. C. SCHÜLCKE: Über die Einwirkung einiger Naturkalke und Mergel sowie einiger Ca- und Mg-Verbindungen auf den Ackerboden. Z. Pflanzenern. B **4**, 113 (1925). — TACKE, B.: Löslichkeit von Kalkmergeln verschiedener geologischer Herkunft. Jb. Moorkde. **13**, 22 (1926). — MOOERS, C. A. u. W. H. MCINTIRE: Wirkung verschiedener Formen von Kalk auf den Stickstoffgehalt des

Kalkstein zeigt infolge seiner Schwerlöslichkeit die geringste Wirkung von allen Kalkdüngemitteln. Er muß daher besonders fein gemahlen werden.

Außer diesen genannten Kalken kommen noch Abfallkalke der verschiedensten Art und Zusammensetzung in den Handel, die teils kohlensaure Kalke sind, teils gebrannte bzw. gelöschte Kalke darstellen, daher z. T. den Kalk als Karbonat, z. T. als Oxyd bzw. Hydroxyd enthalten. Für ihre Bewertung ist der Gehalt an Kalk + Magnesia in basischer Form sowie der Feinheitsgrad ausschlaggebend. Es seien an dieser Stelle nur die wichtigsten Abfälle genannt.

Die größte volkswirtschaftliche Bedeutung kommt ohne Zweifel dem Leunakalk der I. G. Farbenindustrie Aktiengesellschaft zu. Er enthält ungefähr 80% kohlensauren Kalk entsprechend 44,8% CaO in außerordentlich feiner Verteilung sowie 0,4% N als schwefelsaures Ammoniak. Dieses Salz ist anscheinend von dem kohlensauren Kalk eingeschlossen bzw. physikalisch gebunden, denn es ist nur zu ungefähr $^1/_3$ wasserlöslich. Löst man jedoch den Kalk mit Salzsäure auf, so findet man ungefähr einen N-Gehalt von 0,4% in Form von Ammoniak. Bei der Verwendung geringer oder mäßiger Kalkmengen ist dieses praktisch bedeutungslos, während der Leunakalk bei Gaben von 20 Ztrn. pro Morgen wohl eine Stickstoffwirkung zu äußern vermag. Leider enthält dieser Leunakalk immerhin noch rund 10% Wasser. Trotz des zur Zeit mäßigen Preises lohnt sich seine Verwendung nur in den dem Erzeugungsort näher liegenden Gegenden, weil solche niedrigprozentigen Kalke eine weite Beförderung nicht gestatten.

Weitere kalkhaltige Rückstände sind der Scheideschlamm der Zuckerfabriken mit ungefähr 44% Wasser, 20—24% Kalk in Form des kohlensauren Kalkes, 0,4% Stickstoff und 1% Phosphorsäure, ferner die Rückstände der Pottascheerzeugung, die rund 46% Wasser und 26% CaO als kohlensauren Kalk sowie noch 4% Gips und 4% Kali enthalten. Weiter ist noch der Acethylenabfallkalk zu nennen, dessen Gehalt an $Ca(OH)_2$ je nach dem Wassergehalt der Abfälle stark wechselt.

Weniger ist der Endlaugenkalk[1] zu empfehlen, der auch in neuester Zeit unter der Bezeichnung Altenit in den Handel kommt. Er ist ein Erzeugnis der Verarbeitung der Chlormagnesiumendlaugen der Chlorkaliumfabriken. Eine eingehende Untersuchung durch GEHRING und WEHRMANN[2] ergab folgende Zusammensetzung:

Bodens. J. amer. Soc. Agron. **13**, 185 (1921); ref. Z. Pflanzenern. usw. B **3**, 383 (1924). — TRUNINGER, E.: Zur Frage der Kalkdüngung. Chem.-Ztg. **42**, 515 (1918). — TRUNINGER, E. u. T. LIECHTI: Zur Frage der Kalkdüngung. Mitt. Dtsch. Landw. Ges. **31**, 618 (1916). — TACKE, B.: Zur Frage der Kalkdüngung (Erwiderung). Ebenda S. 708. — TRUNINGER, E.: Landw. Jb. Schweiz **39**, 807 (1925). — KAPPEN, H.: Die Bodenazidität, S. 328. Berlin: Julius Springer 1929. — MORGAN, M. F. u. R. M. SALTER: Soil Sci. **15**, 293 (1923). — BRIOUX, CH. u. E. JOUIS: Beziehung zwischen der Feinheit des gemahlenen Kalksteins und seiner Löslichkeit in Kohlensäure bzw. seiner neutralisierenden Wirkung auf saure Böden. Comptes rendus Acad. scienc. **190**, 277 (1930).

[1] HASELHOFF, E. u. O. SCHMIDT: Versuche mit Endlaugenkalk. Landw. Jb. **47**, 326 (1914). — MEYER, D.: Versuche über die Wirkung verschiedener Kalkformen mit besonderer Berücksichtigung des Endlaugenkalkes. Landw. Illustr. Ztg. **34**, 571 (1914). — EHRENBERG, P. u. O. NOLTE: Zur Kenntnis des sogenannten Endlaugenkalkes (früher Kalikalk). J. Landw. **62**, 235 (1914). — SCHNEIDEWIND, W.: Die Ernährung der landwirtschaftlichen Kulturpflanzen, 5. Aufl., S. 377. Berlin: Parey 1922. — TACKE, B.: Feldversuche mit Endlaugenkalk und magnesiahaltigen Mergeln. Hannov. Land- u. Forstwirtschaftl. Ztg. **1918**, Nr. 3/4. — HEPTE, A.: Inaug.-Dissert., Jena 1926. — GEHRING, A. u. O. WEHRMANN: Studien über die Einwirkung des Kalkes auf den Boden. Landw. Versuchsstat. **103**, 279 (1925). — NOLTE, O.: Endlaugenkalk. Mitt. Dtsch. Landw. Ges. **38**, 100 (1923). — KLEBERGER, W.: Grundzüge der Pflanzenernährung und Düngerlehre, II, **2**, 534. Hannover: Schaper 1927.

[2] GEHRING, A. u. O. WEHRMANN: a. a. O., S. 280.

CaO	33,35 %,	davon wasserlöslich 12,50 %
MgO	7,77 %,	„ „ 1,67 %
K_2O	0,76 %	
CO_2	3,95 %	
Cl	8,58 %	
Feuchtigkeit . .	33,06 %	

Den Untersuchungen mehrerer Forscher[1] nach steht dieser Endlaugenkalk anderen Kalkarten, besonders dem gebrannten Kalk, in seiner Wirkung nach. Vor allem ist der hohe Chlorgehalt nicht unbedenklich. Von der Verwendung dieses Kalkes ist um so mehr abzuraten, als er im Verhältnis zu dem geringen Gehalt an Kalk und Magnesia in basischer Form zu teuer ist.

Ein Gehalt an löslicher Kieselsäure beeinträchtigt die Wirkung der Kalkdüngemittel nicht. Während man früher Befürchtungen hegte, daß ein hoher Gehalt der Kalke an hydratischer Kieselsäure eine Verhärtung der Böden verursachen könnte, haben Versuche verschiedener Forscher[2] in den letzten Jahren gezeigt, daß die Kieselsäure bzw. auch die Aluminiumkieselsäure in dieser Hinsicht bedeutungslos ist. Der kieselsaure Kalk gibt infolge hydrolytischer Aufspaltung den Kalk sehr leicht an die absorptionsfähigen Bodenbestandteile ab, er wirkt daher ebenso wie andere Kalke entsprechend seinem Gehalt an Kalk. Ja, es ist anzunehmen, daß auf leichten, absorptionsschwachen Böden die Zuführung von Kieselsäure und Aluminiumkieselsäure, da sie zur Entstehung zeolithähnlicher Verbindungen, welche die Fruchtbarkeit der Böden mitbedingen, beitragen, nur vorteilhaft ist. Ferner steigert nach Untersuchungen von O. LEMMERMANN und anderen Forschern[3] lösliche Kieselsäure die Ausnutzung der Phosphorsäure im Boden durch die Pflanzen. Aus diesem Grunde kann die Verwendung kieselsäurereicher Kalke, mögen sie aus Abfällen der Eisenerzeugung oder aus sand- und tonhaltigen Rohkalken hergestellt sein, bei mäßigem Preise und nicht zu hohen Frachtkosten auf leichten Mineralböden angeraten werden.

Neben Kalkdüngemitteln, die Magnesia nicht bzw. nur in unwesentlichen Mengen enthalten, werden auch Dolomite mit hohem Magnesiagehalt in gemahlener Form oder auch gebrannt zu Düngezwecken benutzt. Dem Beschlusse des Verbandes Deutscher Landwirtschaftlicher Versuchsstationen[4] nach erfolgt die Bewertung aller Kalkdüngemittel auf Grund ihres Gehaltes an basisch wirkenden Kalk- und Magnesiaverbindungen.

Die Wirkung der Kalkdüngemittel bzw. der Kalziumionen auf die Pflanze.

Da die basischen Kalkdüngemittel den Gehalt der Bodenlösung an Kalziumsalzen ebenso erhöhen wie der Gips, so können beide Kalkarten in bezug auf den indirekten Einfluß auf die Pflanze bzw. die Pflanzenzellen zusammen besprochen werden. An dieser Stelle kann der Kalk oder, richtiger gesagt, das Kalziumion als Pflanzennährstoff unberücksichtigt bleiben. Es interessiert hier nur die indirekte Wirkung der Kalziumionen auf die pflanzlichen Zellen.

---

[1] Vgl. Literaturangaben auf S. 269, Anm. 1.

[2] IMMENDORFF, H.: Die an Kieselsäure reichen Kalke als Düngemittel. Landw. Versuchsstat. **79/80**, 891 (1913). — BARNETTE, R.: Synthetisches Kalziumsilikat als eine Quelle von Kalk in der Landwirtschaft. Soil Sci. **18**, 479 (1924); **21**, 443 (1926); ref. Z. Pflanzenern. usw. A **12**, 132 (1928); B **6**, 570 (1927). — BLANCK, E., F. GIESECKE u. H. KEESE: Beiträge zur Düngewirkung des kieselsauren Kalkes. J. Landw. **1927**, 325.

[3] LEMMERMANN, O. u. H. WIESSMANN: Die ertragsteigernde Wirkung der Kieselsäure bei unzureichender Phosphorsäureernährung der Pflanzen. Z. Pflanzenern. A **1**, 185 (1922). — Weitere Versuche über die ertragsteigernde Wirkung der Kieselsäure bei unzureichender Phosphorsäuredüngung. — Ebenda **3**, 185 (1924). — Vgl. dieses Handbuch **8**, 265.

[4] Landw. Versuchsstat. **107**, 222 (1928).

Die Zellen der Pflanzen[1] zeigen gegenüber reinen Salzlösungen, z. B. NaCl-Lösung, eine andere Durchlässigkeit als gegenüber Lösungen von Salzgemischen. Die Permeabilität der Zellmembran für Salze bzw. ihre Ionen und Moleküle hängt besonders von der elektrischen Ladung sowie der Hydratation der Ionen und der Veränderung der Zellwandstruktur durch die Ionen oder undissoziierte Moleküle ab. Unelektrische und daher meist nicht hydratisierte Moleküle vermögen, sofern sie im Verhältnis zu den Poren der Zellmembranen[2] nicht zu groß sind, letztere verhältnismäßig leicht zu durchwandern. Es sei hier nur an NH_4OH und gewisse organische Verbindungen, wie $CHCl_3$, erinnert.

Die Ionen der dissoziierten Verbindungen verhalten sich aber nicht gleichsinnig. Von Bedeutung für die Fähigkeit, die Zellmembranen zu durchwandern, sind, von der individuellen Eigenart der Pflanzen einmal abgesehen, vor allem die Art und die Stärke der elektrischen Ladung der Ionen im Vergleich zu der der Zellhaut sowie ferner die Hydratation der Ionen. Infolge der freien Ladung üben die Ionen auf die Wassermoleküle der Umgebung elektrische Kraftwirkungen aus. Man spricht daher bildlich von Wasserhüllen, welche die einzelnen Ionen umgeben. Diese von den Ionen mitgeschleppten Wassermoleküle vergrößern scheinbar den Durchmesser der Ionen und bilden so ein Hindernis für sie beim Durchwandern der porösen Zellmembran. Stark hydratisierte Ionen, wie das $Li^{\cdot}$ und $Na^{\cdot}$, permeieren daher schlecht, wenig hydratisierte Ionen, wie das $Ca^{\cdot\cdot}$, verhältnismäßig gut. Schließlich üben die Ionen ihrer Wertigkeit und Hydratation gemäß einen Einfluß auf den Dispersitätsgrad der Zellmembranen aus. Stark hydratisierte Ionen verleihen der Zellmembran eine schleimige Beschaffenheit, sie quillt daher auf. Unter dem einseitigen Einfluß der stark hydratisierten Na-, K- und Mg-Ionen quellen aus diesem Grunde die Pektinstoffe, Lipoide und Phytosterine der Zellhaut. Bringt man Pflanzenteile oder geeignete Pflanzenzellen in die Lösungen von Salzen einer dieser Basen, erfolgt infolge der Veränderung der Struktur der Zellmembranen eine Überschwemmung der Zellen mit diesen Salzen. Die Pflanzenzellen und damit die Pflanzen werden geschädigt. Die Kalziumionen bewirken das Gegenteil. Sie verleihen der Zellmembran eine körnige Struktur — sie sind ja nur wenig hydratisiert und werden leicht adsorbiert —; infolgedessen geht die Quellung zurück, und die Durchlässigkeit der Zellhäute wird vermindert. Daher bleiben die Pflanzenzellen auch gegenüber den Alkali- und Magnesiasalzen verhältnismäßig undurchlässig, wenn ihre Lösungen Kalksalze enthalten. Man spricht daher von einem Antagonismus, also einer gegenseitigen Hemmung der Ionen.

Kalksalze schützen daher die Pflanzenzellen vor einseitiger Überschwemmung mit gewissen anderen Kationen, wie Na-, K-, Mg- und auch H-Ionen. Darin ist vor allem die indirekte Wirkung der Kalksalze auf die Pflanzen zu erblicken. Der LOEWsche[3] Kalkmagnesiafaktor und das EHRENBERG-

---

[1] Eingehende Behandlung dieser Frage durch R. HÖBER: Physik, Chemie der Zelle, 7. Aufl., S. 447ff., 631ff., 676ff., 688ff. Leipzig (1926).

[2] RUHLAND, W. u. E. HOFFMANN: Arch. wiss. Botan. **1**, 1 (1925).

[3] LOEW, O.: Über Abhängigkeit des Maximalertrags von einem bestimmten quantitativen Verhältnisse zwischen Kalk und Magnesia im Boden. Landw. Jb. **31**, 561 (1902). — Einige Bemerkungen zur Giftwirkung der Salze des Magnesiums, Strontiums und Bariums auf Pflanzen. Ebenda **32**, 509 (1903). — Über das Kalkbedürfnis der Pflanzen. Ebenda **34**, 131 (1905). — Kalkdüngung und Magnesiadüngung. Ebenda **35**, 527 (1906). — Über angebliche Widerlegung der Lehre vom Kalkfaktor. Ebenda **39**, 335ff., 1005ff; **42**, 181 (1912). Flora **75**, 368 (1892); **92**, 489 (1903). — MEYER, D.: Untersuchungen über die Wirkung verschiedener Kalk- und Magnesiaverbindungen. Landw. Jb. **30**, 619 (1901); **33**, 371 (1904). — Über die Abhängigkeit des Maximalertrages von einem bestimmten Verhältnisse von Kalk zu Magnesia im Boden. Ebenda **40**, 338 (1911). — LEMMERMANN, O., A. EINECKE u. H. FISCHER: Untersuchungen über die Wirkung eines verschiedenen Verhältnisses von Kalk

sche[1] Kalikalkgesetz sind zum Teil besondere Fälle dieser Gesetzmäßigkeiten. Das letztere lautet: „Wird für eine nur schwächer mit Kali versorgte Pflanze die Kalkzufuhr erheblich gesteigert, so tritt hierdurch eine Zurückdrängung der Kaliaufnahme ein, welche erhebliche Schädigung im Gefolge haben kann; durch einseitige Verstärkung der Kalidüngung kann aber wieder die Pflanze vor Kalküberschwemmung bewahrt und zu günstigerer, gegebenenfalls normaler Entwicklung gebracht werden." Antagonistische Hemmungserscheinungen bestehen übrigens zwischen den Ionen auch sonst noch; so beeinflußt die Gegenwart von K-Ionen oder Mg-Ionen die Permeabilität der Zellmembran für die Na-Ionen ebenfalls, wenn auch nicht in dem Maße wie die der Ca-Ionen. — Besonders bei der Auswertung von Düngungsversuchen mit Kali-, Kalk- und Magnesiasalzen sind die hier kurz erläuterten Gesetzmäßigkeiten mehr als bisher zu berücksichtigen, um die direkten, ernährenden von den indirekten, die Nährstoffaufnahme regulierenden Wirkungen zu unterscheiden.

Die Wirkungen des Kalkes auf den Boden und die Bodenbestandteile.

Hinsichtlich der chemischen Wirkungen ist zunächst folgendes festzustellen. Die meisten Böden enthalten mit gewissen Ausnahmen, vor allem den Bleicherden oder Podsolböden[2], Eisen in bedeutender Menge. Bei Verarmung der Böden an Kalk beginnt dieses Eisen, welches wahrscheinlich als Oxyd oder als Silikat vorhanden ist, sich zu lösen und mit dem Bodenwasser in die Tiefe zu sinken, wo es unter gewissen Bedingungen zur Entstehung von verhärteten Schichten, z. B. Ortstein, Veranlassung geben kann. Die Ursachen dieses Löslichwerdens des Eisens sind noch nicht geklärt. Nach B. AARNIO[3] kann die Wanderung des Eisens vor sich gehen: 1. In Form von Ferroverbindungen, die unter dem reduzierenden Einfluß der Humusstoffe aus Ferriverbindungen entstanden sind. 2. Als Eisenoxydsol in Bodenlösungen, die arm an Elektrolyten sind und einen hohen Gehalt an sauren Humusstoffen aufweisen. Das Humuskolloid wirkt dann als Schutzkolloid, indem es die Auflösung des Eisens begünstigt und seine Wiederausfällung hemmt.

Die Kalkung der Böden mit basischen Kalkdüngemitteln bis zur schwach alkalischen Reaktion macht das Eisen unlöslich, die Verarmung der Ackerkrume bzw., allgemein gesagt, der Bodenoberschicht an Eisen und die bedenkliche Anreicherung des Untergrundes wird also dadurch verhindert. Vermutlich wird das Eisen durch den Kalk als Eisenoxyd ausgefällt. Ähnlich dem Eisen verhält sich das Aluminium, das ja bekanntlich in basenaustauschsauren Böden in Ionenform auftritt. Wenn dabei das Eisenion im Vergleich zum Aluminiumion nur in Spuren vorhanden ist, hat dies seinen Grund in den geringen basischen Eigenschaften der Ferriverbindungen. Die Salze zerfallen infolge Hydrolyse außerordentlich leicht wieder zu Ferrioxyd und der freien Säure.

Die basischen Kalkverbindungen werden in der Landwirtschaft und der Forstwirtschaft zur Beseitigung der Bodensäuren und zur Schaffung einer günstigen

---

und Magnesia in einigen Böden auf höhere Pflanzen und Mikroorganismen. Landw. Jb. 40, 173 (1911). — HASELHOFF, E.: Über die Wirkung von Kalk und Magnesia bei der Ernährung der Pflanzen. Ebenda 45, 609 (1913).

[1] EHRENBERG, P.: Das Kalkkaligesetz. Berlin: Paul Parey 1919; Landw. Jb. 54, 1 (1920).

[2] RAMANN, E.: Bodenkunde, 3. Aufl., S. 534. Berlin: Julius Springer 1911.

[3] AARNIO, B.: Experimentelle Untersuchungen zur Frage der Ausfällung des Eisens in Podsolböden. Internat. Mitt. Bodenkde. 3, 130 (1913). — EHRENBERG, P.: Die Bodenkolloide, 3. Aufl., S. 387ff.

Reaktion der Böden ausgiebig benutzt. Da an anderer Stelle eingehend auf diese Fragen eingegangen ist[1], kann hier von ihrer nochmaligen Behandlung abgesehen werden. Es sei nur gesagt, daß die Entsäuerung stark basenaustauschsaurer Böden sich wohl im Laboratorium und im Gewächshaus einfach gestaltet, daß aber in der Praxis auf dem Felde die Beseitigung der Bodensäure Schwierigkeiten verursachen kann. Verschiedene Gründe spielen hierbei mit. Einmal ändert sich den Beobachtungen des Verfassers nach der Säuregrad gerade auf stark sauren Böden von Meter zu Meter vielfach ganz erheblich, so daß es unmöglich ist, mit einer Kalkgabe, die der Säure im Mittel entspricht, den Boden gleichmäßig an allen Stellen des betreffenden Schlages, dem die Untersuchungsproben entstammen, zu entsäuern. Ferner sind auch die Niederschläge von Bedeutung. Treten nämlich bald nach der Kalkung starke Regenfälle ein, so wird ein Teil des noch nicht von den Bodenteilchen der Ackerkrume adsorbierten Kalkes in den Untergrund gewaschen. Die nur auf die Ackerkrume berechneten Kalkmengen reichen infolgedessen für die vollständige Entsäuerung dieser Bodenschicht nicht aus. Man muß daher bei der Prüfung von Methoden zur Bestimmung der Kalkbedürftigkeit der Böden den Untergrund stets mit untersuchen.

Die Düngung mit basischen Kalkdüngemitteln kann auf die Wirkung der phosphorsäurehaltigen Düngemittel einen nachteiligen Einfluß ausüben. Denn es ist schon seit langem bekannt und in neuester Zeit von M. v. WRANGELL[2] in eingehenden Untersuchungen bewiesen, daß die Löslichkeit der Phosphorsäure der Kalkphosphate bei Gegenwart von Ca-Ionen zurückgeht, vor allem in alkalischen Lösungen. Besonders der Ätzkalk[3] zeigt in dieser Hinsicht eine besonders starke Wirkung. So ergab sich bei einem Versuch eine Phosphorsäurelöslichkeit von 8 mg in einem Liter Wasser. Durch Kalkwasser wurden aber aus dem Trikalziumphosphat nur 0,1 mg P_2O_5 pro Liter gelöst. Mit Recht nimmt die Forscherin an, daß das Inlösunggehen der Phosphorsäure kein reiner Lösungsvorgang ist, sondern eine hydrolytische Aufspaltung des Phosphates unter Mitwirkung der OH- und H-Ionen des Wassers darstellt. H-Ionen fördern die Aufspaltung des Salzes durch Abfangen der hemmenden OH-Ionen. Daher lösen sich die schwerlöslichen Kalkphosphate in kohlensäurehaltigem Wasser verhältnismäßig leicht. Der Kalk geht als Bikarbonat in Lösung und begünstigt so die Zersetzung.

Es ist daher verständlich, daß viele Forscher sich mit der Einwirkung der Kalkdüngung auf die Ausnutzung der Phosphorsäure in den Düngemitteln befaßt und tatsächlich bei gewissen Düngemitteln auch eine Hemmung der Phosphorsäurewirkung festgestellt haben. So fanden O. KELLNER[4] und O. BÖTTCHER, daß das Knochenmehl auf kalkhaltigen Böden oder bei gleichzeitiger Kalkdüngung ungenügend wirkt. Durch die weiteren Untersuchungen von F. WESTHAUSSER und W. ZIELSTORFF[5], D. N. PRJANISCHNIKOW[6], W. SIMMERMACHER[7] u. a. ist dann festgestellt worden, daß besonders das Trikalzium-

[1] Vgl. dieses Handbuch 7, 317 u. ff.

[2] WRANGELL, M.v.: Über Bodenphosphate und Phosphorsäurebedürftigkeit. Landw. Jb. 63, 627 (1926). — Die Löslichkeitsgesetze in ihrer Anwendung auf tertiäre Phosphate. Ebenda S. 677. — Über den Phosphorsäuregehalt natürlicher Bodenlösungen. Ebenda, S. 707.

[3] WRANGELL, M. v.: Landw. Jb. 63, 693, 697ff. (1926).

[4] KELLNER, O. u. O. BÖTTCHER: Untersuchungen über die Düngerwirkung der Knochenmehlphosphorsäure. Landw. Presse 27, 665 (1900); 28, 194, 204 (1901). — SCHULZE, B.: Fühlings Landw. Ztg. 53, 186, 216, 261 (1904).

[5] WESTHAUSSER, F. u. W. ZIELSTORFF: Einfluß von Kalk- und Magnesiadüngung auf Phosphatdüngung. Landw. Versuchsstat. 65, 441 (1907).

[6] PRJANISCHNIKOW, D. N.: Über den Einfluß von kohlensaurem Kalk auf die Wirkung von verschiedenen Phosphaten. Landw. Versuchsstat. 75, 356 (1911).

[7] SIMMERMACHER, W.: Einwirkung des kohlensauren Kalkes bei der Düngung von Haferkulturen mit Mono- und Dikalziumphosphat. Landw. Versuchsstat. 77, 441 (1912). —

phosphat (Knochenmehl, Rohphosphat) gegen Kalk in dieser Beziehung empfindlich ist. Thomasmehl, Dikalziumphosphat und Monokalziumphosphat (Superphosphat) werden dagegen in ihrer Wirkung weniger durch basische Kalkdünger oder erheblichen Kalkgehalt der Böden gehemmt. Bei sehr hohen Kalkgaben tritt aber auch bei ihnen ein Wirkungsrückgang, und zwar besonders bei gleichzeitiger physiologisch-alkalischer Stickstoffdüngung ein.

Über die Beeinflussung der Löslichkeit der Bodenphosphorsäure durch Kalkung liegen viele Beobachtungen vor. Teils haben die Forscher eine Steigerung, teils aber auch einen Rückgang der Löslichkeit festgestellt. Nach dem, was oben über die Wirkung der OH- und H-Ionen auf die Hydrolyse und die Löslichkeit der Kalkphosphate gesagt ist, sind diese Widersprüche verständlich. Eine Vermehrung der löslichen Phosphorsäure — es ist hier natürlich die wurzellösliche Phosphorsäure gemeint — kann durch Mineralisierung der organischen Phosphorsäureverbindungen und durch Umbildung der Aluminium- und Eisenphosphate in die Kalziumphosphate erfolgen. So stellten F. WOHLTMANN[1] und Mitarbeiter einen Gehalt an zitronensäurelöslicher (2proz.) Phosphorsäure in der Kalkparzelle von 0,0371% gegenüber 0,0136% in der ungedüngten Parzelle fest. Auch die Magnesia hatte ein Löslichwerden dieses Nährstoffs verursacht, allerdings in geringerem Grade. Schließlich ist auch eine gesteigerte Auflösung der Phosphorsäure durch lebhafte Kohlensäureerzeugung infolge der Kalkung und der dadurch verstärkten biologischen Zersetzung des Humus möglich. Aus den vorliegenden Versuchen läßt sich folgern, daß die Löslichkeit der Phosphorsäure durch Kalkdüngung meist nur auf sauren Böden erhöht wird, daß aber auf alkalischen Böden der Kalk in dieser Hinsicht wirkungslos bleibt oder sogar die Ausnutzung des Nährstoffs durch die Pflanzen vermindert. Die nachfolgende Zusammenstellung gibt die Abhängigkeit der Phosphorsäurelöslichkeit von der Bodenreaktion und dem Kalkgehalt der Böden anschaulich wieder.

Kalkgehalt des Bodens %	p_H	Menge des zuges. $CaCO_3$ g	Erhöhung der Resorption[2] mg in 100 g Boden	
			K_2O	P_2O_5
0,204	4,40	1,0	+ 12,74	+ 6,25
0,212	4,60	0,2	+ 5,01	+ 2,16
0,228	6,80	0,5	+ 6,22	+ 0,23
0,265	5,85	0,3	+ 4,83	+ 5,75
0,278	5,90	0,3	+ 15,44	+ 2,68
0,308	5,80	0,5	— 3,64	+ 2,10
0,333	6,85	0,3	— 2,32	— 6,63
0,673	6,90	0,5	+ 8,48	+ 0,74
1,400	6,60	1,0	+ 3,66	— 7,16
5,450	7,40	0,3	— 6,45	— 0,22
10,220	8,20	0,3	— 12,21	— 4,13
13,770	8,35	0,3	— 10,22	— 1,85

Die bei diesen Laboratoriumsversuchen[3] benutzten Kalkmengen sind teilweise außerordentlich hoch. Eine Übertragung auf die praktischen Verhältnisse

Ferner noch PARKER, E. W. u. J. W. TIDMORE: Soil Sci. **21**, 425 (1926) — P. L. GILE u. J. O. CARRERO: J. agricult. Res. **25**, 171 (1923).

[1] WOHLTMANN, F., HUGO FISCHER u. PH. SCHNEIDER: Bodenbakteriologische und bodentechnische Studien aus dem Versuchsfelde. J. Landw. **52**, 121ff. (1904). — MAUSBERG, A.: Wie beeinflußt die Düngung die Beschaffenheit des Bodens und seine Eignung für bestimmte Kulturgewächse? Ebenda **45**, 60 u. 61 (1913).

[2] Nach der Keimpflanzenmethode NEUBAUER bestimmt.

[3] GRAČANIN, M. u. A. NĚMEC: Über die Wirkung des Kalkes auf die Wurzellöslichkeit von Phosphorsäure und Kali in den Ackerböden. Z. Pflanzenern. usw. B **9**, 126 (1930). — GERICKE, S.: Die Aufnahme und Ausnutzung von Phosphorsäure und Kali durch die Keim-

auf dem Felde ist ohne weiteres daher unstatthaft. GERICKE[1] nimmt an, daß bis zu einem Gehalt von 7 mg P_2O_5 in 100 g Boden nach NEUBAUER die Kalkdüngung einen positiven Einfluß auf die Phosphorsäurelöslichkeit ausübt, bei einem höheren Gehalte dagegen die Löslichkeit hemmt. — Wie bereits gesagt, widersprechen sich die Versuche der einzelnen Forscher zum Teil. Weiteren Arbeiten bleibt die Klärung dieser Widersprüche vorbehalten. Sehr wahrscheinlich spielt die Höhe der Kalkgaben eine große Rolle. Daher müssen derartige Versuche mit steigenden Kalkgaben angesetzt werden. Natürlich hat die geringe Löslichkeit des Kalziumphosphates insofern ihr Gutes, als die Phosphorsäure z. B. des Superphosphates dadurch lange im Boden in wirksamer Form erhalten und vor Auswaschungsverlusten geschützt wird.

Auch auf die Löslichkeit des Bodenkalis ist der Kalk der basischen Kalkdüngemittel von Einfluß. Schon E. HEIDEN[2] beobachtete bei seinen Parzellenversuchen in Pommritz ein Löslichwerden des Kalis auf der Kalkparzelle und infolgedessen auch eine Anreicherung des Untergrundes an diesem Nährstoff. Ähnliches fand WOHLTMANN[3]. Dieses Kali kann entweder durch Zersetzung mineralischer Bodenbestandteile z. B. der zeolithähnlichen Verbindungen des Bodens[4] infolge der gesteigerten CO_2-Erzeugung oder durch Basenaustausch, also Ersatz des Kalis in den zeolithischen Verbindungen durch Kalk löslich geworden sein. Schüttelt man eine größere Menge Boden mit einer Aufschwemmung von feingepulvertem Ätzkalk in nicht zu großen Mengen, so findet man bei lehmigen, sauren Böden meist eine starke Adsorption des Kalkes durch die feinen Bodenbestandteile ohne Basenaustausch. Im Gegenteil, die vorhandenen löslichen Basen werden von den ausgeflockten Bodenteilchen gebunden. So fand der Verfasser[5] bei einem schwach hydrolytisch saurem Boden folgenden Gehalt der Lösung an Basen:

---

pflanzen. Ebenda B 5, 550 (1926). — OPITZ, K. u. W. BENADE: Erfahrungen mit der Keimpflanzenmethode nach NEUBAUER zur Feststellung des Nährstoffgehalts der Ackerböden. Forschungsarb. Landw. Wissenschaftl. Festschr. EDLER. Berlin: Parey 1925. — DENSCH, A.: Erfahrungen mit der Methode NEUBAUER. Z. Pflanzenern. usw. B 5, 97 (1926). — GÜNTHER, E.: Kritische Untersuchungen über die Keimpflanzenmethode von NEUBAUER. Ebenda, S. 32. — LEMMERMANN, O.: Die Bestimmung des Düngungsbedürfnisses des Bodens durch Laboratoriumsversuche. Ebenda, S. 133. — KOERSCHENS, O.: Inaug.-Dissert., Halle 1927. — EHRENBERG, P.: Das Kalikalkgesetz. Berlin: Parey 1919. — WRANGELL, M. v.: Gesetzmäßigkeiten bei der Phosphorsäureernährung der Pflanze. Landw. Jb. 57, 1 (1922). — ASKINASI, D. L. u. S. S. JARUSSOW: Kalkung als Faktor der Phosphorsäuremobilisation in Podsolböden. Z. Pflanzenern. usw. A 15, 218 (1929). — PLUMMER, J. K.: Die Wirkung der Kalkung auf die Assimilierbarkeit des Kaliums, des Phosphors und des Schwefels des Bodens. J. amer. Soc. Agron. 13, 162 (1921); ref. Biederm. Zbl. Agrikult.-Chem. 51, 246 (1922). — THUN, R.: Untersuchungen zur Reaktions- und Kalkfrage. Z. Pflanzenern. usw. A 16, 79 (1930). — GEHRING, A.: Mitt. Dtsch. Landw. Ges. 42, 971 (1927). — RATHLEF, H. v.: Die Podsol- und Moorböden Rußlands und der baltischen Staaten. Z. Pflanzenern. usw. A 17, 213 (1930). — HEUSER, H.: Ebenda A 16, 204 (1930). — GAITHER, E. W.: Einfluß des Kalks auf die Löslichkeit der Bodenbestandteile. J. Ind.-Eng. Chem. 2, 315 (1910); ref. Biederm. Zbl. Agrikult.-Chem. 40, 283 (1911). — WOHLTMANN, F., FISCHER, H. u. PH. SCHNEIDER: Bodenbakterielle und bodenchemische Studien aus dem Versuchsfelde. J. Landw. 52, 122 (1904). — MAUSBERG, A.: a. a. O., S. 60 u. 61.

[1] GERICKE, S.: Der Einfluß hoher Kalkgaben auf die Wurzellöslichkeit der Nährstoffe Kali und Phosphorsäure im Boden. Fortschr. Landw. 1, 774 (1926).

[2] HEIDEN, E.: Düngerlehre, 2. Aufl., II, S. 806. Hannover 1879.

[3] WOHLTMANN, F.: a. a. O., S. 121.

[4] NOSTITZ, A. v.: Zur Bedeutung der basisch austauschbaren Bodennährstoffe für die Pflanzen und über Einwirkung des Kalkes auf die adsorbierenden Bodenkörper. Landw. Versuchsstat. 103, 159 (1925).

[5] HAGER, G.: Die Umwandlung des Ätzkalkes im Boden und die Löslichkeit der gebildeten Kalkverbindungen in ihrer Beziehung zur Theorie der Kalkwirkung. J. Landw. 65, 278 (1917).

	400 g Boden + 1600 cm³ H_2O	400 g Boden + 0,666 g CaO + 1600 cm³ H_2O	400 g Boden + 1,233 g CaO + 1600 cm³ H_2O	400 g Boden + 2,466 g CaO + 1600 cm³ H_2O
CaO	0,0780	0,1120	0,1640	0,3440
MgO	0,0124	0,0076	0,0060	0,0076
K_2O	0,0200	0,0200	0,0120	0,0112
Na_2O	0,0128	0,0192	0,0048	0,0084

Ein Basenaustausch hat also nicht stattgefunden oder aber die ausgetauschten Basen sind von den Bodenteilchen wieder adsorbiert worden. Ähnliche Zahlen fanden auch O. LEMMERMANN und L. FRESENIUS[1]. Dagegen erhielten diese Forscher einen starken Basenaustausch und ein Löslichwerden des Kalis beim Vorhandensein von $CaCl_2$ und $CaH_2(CO_3)_2$ in der Versuchslösung. Da sich Kalziumbikarbonat neben Kalziumnitrat in kalkhaltigen Böden stets vorfindet, ist die allmähliche Verarmung einseitig gekalkter Böden an Kali durchaus verständlich. Ob das durch Zersetzung oder Basenaustausch infolge der Kalkung frei werdende Kali eine reichlich fließende Kaliquelle für die Pflanzen darstellt, scheint fraglich, zumal der erhöhte Kalkgehalt der Bodenlösung die Aufnahme des frei gewordenen Kalis dem Kalkkaligesetz gemäß nur erschwert. Auch die neuesten Versuche mit Hilfe der NEUBAUERschen[2] Keimpflanzenmethode haben bisher kein einheitliches Bild über den Einfluß der Kalkdüngung auf die Kaliaufnahme durch die Pflanzen ergeben. Es scheint, daß die Kalkgabe besonders auf sauren sowie kaliarmen Böden ein Löslichwerden des Bodenkalis verursacht. Weitere Schlüsse lassen sich aus den vorliegenden Versuchsergebnissen zur Zeit jedoch nicht ziehen. Auf jeden Fall ist eine Kalizufuhr bei reichlicher Kalkung, wie es EHRENBERG vorschlägt, auf allen Böden, die nicht von Natur sehr kalireich sind, durchaus angebracht.

Der Basenaustausch im Boden durch die Ca-Ionen des $CaH_2(CO_3)_2$ erstreckt sich natürlich auch auf andere Kationen; für die Ernährung der Kulturpflanzen von Bedeutung sind vor allem die NH_4- und die Mg-Ionen. Bei dem geringen und ungenügenden Versuchs- und Zahlenmaterial läßt sich zur Zeit wenig über das Löslichwerden dieser Kationen im Boden durch die Kalkung aussagen.

Von größter Bedeutung für die Landwirtschaft ist die Eigenschaft der basischen Kalkdüngemittel, die Struktur der Böden zu verbessern. Durch eine sachgemäße Kalkdüngung in Verbindung mit einer Humusanreicherung erhält der Boden den für die Bestellung, die Wurzelentwicklung, die Wasserversorgung und die Tätigkeit der nützlichen Kleinlebewesen notwendigen Garezustand. Die Entstehung der Gare ist ein rein kolloidchemischer Vorgang, bei dem die Bakterien und sonstigen Mikroorganismen nur insofern eine Rolle spielen, als sie die für die Bildung des $CaH_2(CO_3)_2$ nötige Kohlensäure erzeugen. Die wissenschaftliche, eingehende Behandlung der Bodengare und ihre Beeinflussung durch die künstlichen Düngemittel ist an anderer Stelle des Handbuches[3]

[1] LEMMERMANN, O. u. L. FRESENIUS: Untersuchungen über das Verhalten von Kalk im Boden. Z. Pflanzenern. usw. A **3**, 5ff. (1924). — Siehe auch E. RAMANN: Kalkdüngung und Kalkwirkung im Boden. Illustr. Landw. Ztg. **42**, 59 (1922).

[2] GRAČANIN, M. u. A. NĚMEC: a. a. O., S. 126. — GÜNTHER, E.: a. a. O., S. 32. — GERICKE, S.: a. a. O., S. 774. — GEHRING, A.: a. a. O., S. 971. — WRANGELL, M. v.: a. a. O., S. 1. — WOHLTMANN, F.: a. a. O., S. 121; dort weitere Literaturangaben. — Ferner noch LYMAN J. BRIGGS u. J. F. BREAZEALE: Ausnutzbarkeit des Kalis in gewissen orthoklasführenden Böden und deren Beeinflussung durch Kalk oder Gips. J. Agricult. Res. **8**, 21 (1917). — W. THAER: Der Einfluß von Kalk und Humus auf die mechanische und physikalische Beschaffenheit von Ton-, Lehm- und Sandboden. J. Landw. **59**, 9 (1911). — Der Einfluß von Kalk und Humus auf Bodenadsorption und Lösung von Bodenbestandteilen. Ebenda, S. 107, besonders 117.

[3] Vgl. dieses Handbuch **7**, 65ff.

erfolgt. Eine kurze Wiederholung der dort entwickelten Anschauungen ist daher hier nur insoweit angebracht, als es zum Verständnis dieses Abschnittes erforderlich ist[1].

Zur Erzeugung einer guten Krümelstruktur des besseren Mineralbodens sind notwendig: 1. Ein genügender Kalkgehalt und eine neutrale oder schwach alkalische Reaktion des Bodens; 2. Ein gewisser Gehalt des Bodens an mildem Humus; 3. Eine tätige Kleinlebewesen-Flora zur Erzeugung von Kohlensäure.

Die von den Kleinlebewesen aus dem Humus gebildete Kohlensäure läßt den Kalk als Bikarbonat in Lösung gehen. In den zeolithischen Bodenteilchen und den Humaten wird daher der Kalk in der Hauptsache als austauschbare Base vorhanden sein. Infolgedessen erhalten diese Teilchen ein körniges Gefüge. Die Kalziumionen des Kalkdüngemittels werden von den sonstigen Bestandteilen des Bodens, die fast immer den größeren Teil des Bodens ausmachen, unter gleichzeitiger Ausflockung der adsorbierenden Bodenteilchen lebhaft gebunden. Durch den oben mitgeteilten Versuch des Verfassers und die gleichsinnig verlaufenen Versuche von O. LEMMERMANN und L. FRESENIUS[2] ist erwiesen, daß die Bindung des Kalziumoxyds durch diese Bodenbestandteile meist ohne Basenaustausch erfolgt. Dieser Ausflockungsvorgang läßt weniger wirkliche Sole koagulieren, als vielmehr die Primärteilchen zu Häufchen und Krümeln zusammentreten. Bei Böden mit ungünstigem Bodengefüge, deren Teilchen also infolge einer elektrischen Ladung von Wasserhüllen umgeben sind und daher schleimig und verquollen erscheinen, führt die Kalkadsorption zu Entladungen, und damit verschwinden die Wasserhüllen. So werden auch diese Bodenteilchen körnig. Kolloidchemisch gesprochen ist also eine Vergröberung des dispersen Systems, Boden-Wasser eingetreten[3]. Der Boden geht aus der Einzelkornstruktur in die Krümelstruktur über. Ein reichlicher Gehalt der Bodenlösung an $CaH_2(CO_3)_2$ hält den Boden dauernd im Garezustand. Mit der Abnahme des Kalkgehalts der Bodenlösung wird der von den ausgeflockten und zu Krümeln vereinigten Bodenteilchen gebundene Kalk wieder an das Bodenwasser abgegeben, die Teilchen laden sich unter Hydratation also auf, und die Krümel beginnen zu verfallen.

Die für den praktischen Landwirt wichtige Auswirkung dieser kolloidchemischen Veränderung des Bodengefüges durch die Kalkdüngung ist eine lockere Beschaffenheit des Bodens, der sich daher gut bearbeiten läßt, nicht schmiert und den Pflanzen einen geeigneten Standort bietet. Die Luft kann in ihn eindringen, so daß die Pflanzenwurzeln und die nützlichen Kleinlebewesen sich ungehemmt entwickeln können. Das Wasserhaltungs- und -führungsvermögen solcher Böden im Garezustand ist ausgezeichnet. Ein Überfluß an Wasser wird daher leicht an den Untergrund abgegeben; trotzdem hält der Boden bei Trockenheit das Wasser infolge vergrößerter Hohlräume sparsam fest, so daß auch bei Dürre die Wasserversorgung der Pflanzen wenigstens einigermaßen sicher gestellt ist. Schließlich werden auch die Wärmeverhältnisse im Boden günstig beeinflußt.

So berichtet WOHLTMANN[4], daß der Boden des Poppelsdorfer Versuchsfeldes, der vor 1894 16 Jahre lang keinen Kalk und keine organische Düngung

---

[1] Die diesbezügliche Literatur s. dieses Handbuch 7, 65.

[2] LEMMERMANN, O. u. L. FRESENIUS: a. a. O., S. 5.

[3] EHRENBERG, P.: Die Bodenkolloide, 3. Aufl., S. 563—609. 1922. — HAGER, G.: Bodenstruktur und Kolloidchemie. Z. Pflanzenern. usw. A 2, 292 (1923). — Die Änderung des Bodengefüges durch natürliche und künstliche Düngemittel. Mitt. Dtsch. Landw. Ges. 44, 143 (1929). Vgl. auch W. REINER: Der Einfluß des Kalkes auf die Textur des Bodens. Wiss. Archiv f. Landw. A 4, 251 (1930).

[4] WOHLTMANN, F.: J. Landw. 52, 97 (1904).

erhalten hatte, die Eigenschaften eines schweren Bodens angenommen hatte. 1904, also 10 Jahre später, zeigte die Beschaffenheit der einseitig gedüngten Beete je nach der Düngung ein buntscheckiges Bild. Besonders auf den Teilstücken mit Stallmist und Kalk hatte der Boden ein in jeder Beziehung anderes Gepräge angenommen; er war auffallend locker. So konnte denn MAUSBERG[1] an demselben Versuchsfelde später feststellen, daß die Pflanzen auf der Kalkparzelle, die eine ausgezeichnete Bodenstruktur aufwies, am wenigsten unter der Trockenheit des Jahres 1911 zu leiden hatten. Sehr anschaulich sind auch seine Beobachtungen über die Einwirkung der einseitigen Düngung in bezug auf das Verhalten des Bodens bei einsetzendem Tauwetter:

Beobachtung vom 13. Februar 1911 8 Uhr m.	Sehr stark gefroren	Stark gefroren	Mäßig gefroren	Spurenweiser Frost	Vollkommen frostfrei
Art der Düngung	Natronsalpeter	ungedüngt, Phosphorsäuredüngung	Kali, Ammonsulfat, Volldüngung ohne Kalk	Magnesia, gemischte Düngung	Kalk, Volldüngung: ohne N, mit Ammonsulfat, ohne Kali, ohne Phosphorsäure

Die Bearbeitbarkeit des Bodens auf den Parzellen war in absinkender Reihe angeordnet ungefähr folgende:

I. Kalk.
II. Magnesia.
III. Ungedüngt.
IV. Phosphorsäure und Ammonsulfat.
V. Kali.
VI. Salpeter.

Auf dem Versuchsfeld in Bonn-Poppelsdorf war der lockernde Einfluß der wiederholten Kalkdüngung so stark, daß sich die gekalkten Teilstücke im Laufe der Jahre um ungefähr 10 cm gegenüber den ungekalkten Schlägen erhöhten.

Besonders anschaulich sind auch die Beobachtungen von A. v. ROSENBERG-LIPINSKY[2]. Er sagt: „Mein Feld besteht bis in große Tiefe aus mildem, z. T. aus fettem Lehm, und dennoch zeigen die gemergelten Flächen nicht bloß im ersten Jahre, sondern sogar nach Verlauf mehrerer Jahre eine auffällige Frische gegenüber den ungemergelten Flächen. Diese Frische war in den dürren Jahren 1857, 1858, 1859, 1865, 1868 so hervorstechend, daß nicht bloß die Schafweide auf jenen Äckern trotz der großen Dürre immer grün und kräftig blieb, sondern auch im Jahre 1859 der Sommerraps auf einer Fläche von 2 ha, welche bereits 1849 mit Mergel überfahren worden war, inmitten des übrigen Sommerrapsfeldes durch seinen gesunden und kräftigen Wuchs weithin vorteilhaft hervortrat." — Mag auch in diesem Falle vielleicht die Beseitigung der Bodensäure den günstigen Erfolg der Kalkdüngung mit verursacht haben, denn der Raps ist bekanntlich sehr säureempfindlich, so geht doch die günstige Wirkung der Kalkung auf die Bodengare und die Wasserversorgung der Pflanzen in trockenen Jahren aus diesen Beobachtungen eindeutig hervor.

In welchem Maße die durch die Kalkung erzielte Lockerung des Bodens das Abtrocknen des Bodens im Frühjahr begünstigt, zeigen die folgenden Aufzeichnungen MAUSBERGS[3]:

[1] MAUSBERG, A.: a. a. O., S. 55.
[2] Vgl. P. EHRENBERG: Die Bodenkolloide, 3. Aufl., S. 547. 1922.
[3] MAUSBERG, A.: a. a. O., S. 47.

Beobachtungstag 15. März 1911.

Sehr lockere Beete. Art der Düngung	Wasser in 100 g Boden	Minder lockere Beete. Art der Düngung	Wasser in 100 g Boden	Äußerst dichte Beete. Art der Düngung	Wasser in 100 g Boden
Kalk	17,12	Ungedüngt . .	18,27	Salpeter . . .	19,58
Magnesia . . .	17,91	Ammonsulfat .	18,48	Kali	19,26
		Phosphorsäure .	18,72		

Im allgemeinen stand bei den Versuchen in Bonn-Poppelsdorf die Magnesia in ihrer Wirkung auf das Bodengefüge dem Kalk etwas nach. Es ist aber zu berücksichtigen, daß Kalk und Magnesia nicht etwa im äquivalenten Verhältnis, sondern daß in den ersten 10 Jahren des Versuchs viel größere Mengen Kalk im Vergleich zu der Magnesia gegeben sind! Man kann daher wohl annehmen, daß die Wirkung des gebrannten Kalkes und der gebrannten Magnesia auf die Bodenstruktur eine ungefähr gleich günstige ist. Die sehr geringe Löslichkeit des $Mg(OH)_2$ spricht durchaus nicht gegen diese Anschauung. Denn es unterliegt schon die Magnesia auf nicht stark alkalischen Böden genau so der Adsorption wie der Ätzkalk; der nicht gebundene Basenanteil geht durch Einwirkung der Kohlensäure in das Karbonat über. Nun ist, wie bereits betont, für die Krümelstruktur das Vorhandensein der Bikarbonate des Kalziums und des Magnesiums in der Bodenlösung von großer Bedeutung. Auch das Magnesiumkarbonat wie das Magnesiumhydroxyd lösen sich in kohlensäurehaltigem Wasser in erheblicher Menge auf. Der oft sehr hohe Gehalt der natürlichen Mineralwässer[1] an $MgH_2(CO_3)_2$ bestätigt diese Annahme.

Von größter Bedeutung ist nun die Zuführung basischer Kalkdüngemittel für die biologischen Vorgänge im Boden. Wie schon die Bezeichnung sagt, handelt es sich bei ihnen um stoffliche Veränderungen im Boden vorhandener Substanzen durch Kleinlebewesen, vor allem Bakterien und Pilze. Besonders wird der Fäulnisvorgang, der Kohlenstoffumsatz, die Nitrifikation sowie die Tätigkeit der frei lebenden stickstoffsammelnden Bakterien gefördert. Auch für die Knöllchenbakterien der Leguminosen gilt ähnliches. Der günstige Einfluß der basischen Kalkverbindungen auf das Gedeihen der hier in Frage kommenden Kleinlebewesen beruht in den meisten Fällen weniger in der Zuführung des Kalkes als Nährstoff, denn dann dürfte z. B. Gips die gleiche Wirkung haben, sondern in der Schaffung einer den Kleinlebewesen zusagenden Bodenreaktion[2]. Soweit die Mikroben aerob sind, wird auch die durch die Kalkung geschaffene Krümelstruktur der Böden infolge der verbesserten Bodendurchlüftung ihr Wachstum fördern.

Im großen und ganzen werden die Bakterien auf einem Nährboden durch steigenden Säuregrad ungünstig, die Pilze günstig in ihrem Wachstum beeinflußt. Daher überwiegen auf den besonders stark sauren Rohhumusböden meist die Pilze, auf den Mineralböden dagegen die Bakterien. Der Kohlenstoffumsatz — z. B. die Zellulosezersetzung — wird durch Kalkdüngung gefördert. Nur bei Überkalkung tritt infolge der starken alkalischen Reaktion des $Ca(OH)_2$ vorübergehend auch eine hemmende Wirkung des Branntkalkes oder des gelöschten Kalkes ein, die jedoch nach Adsorption der OH-Ionen oder Überführung des $Ca(OH)_2$ in $CaCO_3$ in eine fördernde umschlägt. Besonders O. LEMMERMANN, K. ASO, H. FISCHER und L. FRESENIUS haben sich neben anderen Forschern mit der Zersetzung der Kohlenstoffverbindungen verschiedener organischer Substanzen,

[1] Vgl. E. SCHMIDT: Pharmaz. Chem. I, 5. Aufl., S. 173. Braunschweig 1907.

[2] Eingehende Behandlung der Bedeutung der Reaktion für die Mikroorganismen des Bodens bei H. KAPPEN: Die Bodenazidität, S. 196—220. Berlin: Julius Springer 1929. Vgl. dieses Handbuch 7, 317.

speziell unter dem Einfluß von Kalk, befaßt[1]. Ihren eingehenden Untersuchungen nach verstärken Ätzkalk und kohlensaurer Kalk die Zersetzung der Kohlenstoffverbindungen im Boden. Der Kohlenstoffgehalt der Böden erfuhr durch die Kalkdüngung regelmäßig eine Erniedrigung. Die Bestimmung der erzeugten Kohlensäure genügt bei solchen Untersuchungen allein nicht. Aus diesem Grunde ist es richtiger, wie O. LEMMERMANN und Mitarbeiter es getan haben, den Kohlenstoffgehalt der Böden festzustellen. Dann treten keine Widersprüche in den Versuchsergebnissen auf. Auch die Ammonifizierung des organisch gebundenen Stickstoffs, z. B. des N im Blutmehl[2] und im Humus, wird durch Kalkdüngung gesteigert, und zwar durch Ätzkalk mehr als durch kohlensauren Kalk. Je schwerer angreifbar die stickstoffhaltige Substanz an sich ist, um so stärker macht sich die Wirkung des Kalkes bemerkbar. Nach H. KAPPEN[3] ist bei Verbindungen mit leicht abzubauendem N die Bodenreaktion nicht von ausschlaggebender Bedeutung.

Besonders auf Moorböden kann die Ammonifizierung nach zu starker Kalkung einen zu schnellen Abbau des organischen Humusstickstoffs zu Ammoniak verursachen. Die Anreicherung des Bodens an NH_3 bei gleichzeitiger alkalischer Reaktion durch die Überkalkung kann dann zu Schädigungen des Pflanzenwachstums[4] führen. Diese oft beobachtete ungünstige Wirkung zu hoher Kalkgaben auf humusreichen Böden, vor allem den Hochmoorböden und den anmoorigen Böden, hat nach TH. ARND[5] folgende Ursachen: Der rohe Hochmoorboden bietet den Mikroorganismen keinen geeigneten Standort. Kalkung schafft aber für sie Lebensbedingungen, die um so günstiger sind, je höher die Kalkgaben bemessen werden. Die mikrobielle Tätigkeit steigt also mit zunehmender Kalkung. Die Kalkung eines ungedüngten Hochmoorbodens hat zur Folge, daß den Kulturpflanzen der an sich schon geringe verwertbare Anteil des Stickstoffvorrats des Bodens durch vermehrte mikrobiologische Festlegung zum größten Teil entzogen wird. Die Pflanzen hungern also, und infolgedessen geht der Ertrag zurück. Trotz Salpeterdüngung kann eine Stickstoffunterernährung der Pflanzen auch auf überkalktem Hochmoorboden infolge vorwiegender Aufnahme des Salpeterstickstoffs

[1] LEMMERMANN, O., K. ASO, HUGO FISCHER u. L. FRESENIUS: Untersuchungen über die Zersetzung der Kohlenstoffverbindungen verschiedener organischer Substanzen im Boden, speziell unter dem Einfluß von Kalk. Landw. Jb. **41**, 217 (1911). — Ferner E. WOLLNY: Die Zersetzung der organischen Stoffe, S. 131. Heidelberg 1897. — P. KOSSOWITSCH u. J. TRETJAKOW: Zur Frage über den Einfluß des kohlensauren Kalziums auf den Gang der Zersetzung organischer Stoffe. Russ. J. exp. Landw. **3**, 450 (1902). — D. J. HISSINK: Der Einfluß des Kalkes auf die Humuszersetzung im Niederungsmoorboden. Mitt. Landw. Versuchsstat. Groningen **1924**; ref. Biederm. Zbl. **54**, 103 (1925). — W. THAER: a. a. O., S. 44. — A. GEHRING u. C. SCHÜLCKE: Über die Einwirkung einiger Naturkalke und Mergel sowie einiger Ca- und Mg-Verbindungen auf den Ackerboden. Z. Pflanzenern. usw. B **4**, 113 (1925). — A. F. TÜLIN: Der Einfluß des Kalkes auf die Zersetzung der organischen Substanz im Boden. Arb. Wissenschaftl. Inst. Düngemittel (russ.) **14**, 1 (1923). — Schädliche Wirkung hoher Kalkgaben auf Podsolerde im Zusammenhang mit dem besonderen Charakter der darin stattfindenden biologischen Vorgänge. Ebenda **26**, 1 (1925); ref. Biederm. Zbl. **55**, 346, 378 (1926).

[2] KELLEY, W. P.: Die Wirkungen von Kalzium- und Magnesiumkarbonat auf einige biologische Umwandlungen von Stickstoff in Böden. Univ. California Publ. Agricult. Sci. **1**, Nr. 3, 39 (1912).

[3] KAPPEN, H.: a. a. O., S. 201.

[4] TÜLIN, A. F.: a. a. O., S. 1. — BOBKO, E. W., B. A. GOLUBEW u. A. F. TÜLIN: Zur Frage über die schädliche Wirkung hoher Kalkgaben. Z. Pflanzenern. usw. A **6**, 128 (1926).

[5] ARND, TH.: Über schädliche Stickstoffumsetzungen in Hochmoorböden als Folge der Wirkung starker Kalkgaben. Landw. Jb. **47**, 371 (1914). — Über die Nitrite als Ursache von Bodenkrankheiten vgl. J. H. ABERSON: Beitrag zur Kenntnis der sogenannten physiologisch sauren und alkalischen Salze und ihre Bedeutung für die Erklärung der Bodenkrankheiten. Meded. Rijks Hoogere Land-, Tuin- en Boschbouwschool, Teil XI. 1916, Wageningen; ref. Biederm. Zbl. **46**, 449 (1917).

durch die sich rasch vermehrenden Kleinlebewesen, ferner infolge Denitrifikation[1] und der biologischen Reduktion des Salpeters zu Nitrit[1] und dessen chemische Zersetzung eintreten.

Der Nitrifikationsvorgang wird durch Kalkdüngung[2] ebenfalls gefördert. Die infolge der Kalkung nach der alkalischen Seite verschobene Bodenreaktion hat für die Nitrifikation eine große Bedeutung, wenn die Umwandlung des Ammoniaks aus organischen Verbindungen in Salpetersäure auch im sauren Boden vor sich geht. Dagegen verläuft die Nitrifikation des schwefelsauren Ammoniaks auf solchen Böden ohne Kalkung nur sehr langsam[3]. Übrigens spielt auch die Bodenart unabhängig vom Säuregrad eine Rolle. Auf schlecht puffernden Böden wachsen die Nitrit- und Nitratbakterien weniger gut als auf gut puffernden Böden. H. Fischer und Mitarbeiter[4] stellten im Gegensatz zu der alten Ansicht von Winogradsky, daß der Abbau der organischen Substanz erst vollendet sein müsse, bevor die Nitritbildung einsetzt, fest, daß zwischen Ammonisation organischer stickstoffhaltiger Substanz und der Nitrifikation keine scharfe biologische Grenze besteht, sondern daß beide Vorgänge im Boden parallel nebeneinander verlaufen. Das Blutmehl regt die Nitrifikation des Ammoniaks sogar an. Den Beobachtungen von Gehring[5] und Kelley nach wirken die Magnesiaverbindungen bei einseitiger Verwendung auf den Abbau des organischen Stickstoffs und seine Nitrifizierung meist ungünstig.

Denitrifikation findet im allgemeinen nur in schlecht durchlüfteten Böden statt. Nach Th. Arndt[6] sind die unter Entbindung freien Stickstoffs vor sich gehenden Stickstoffumsetzungen von der Stärke der Bodendurchlüftung abhängig. Der Kalkgehalt des Bodens bzw. die Kalkung ist dabei nur in so weit von Bedeutung, als dadurch die Ammonifizierung des organischen Stickstoffs und seine Nitrifikation gefördert wird. Der Denitrifikationsvorgang[7] an sich scheint durch die Kalkung nur wenig beeinflußt zu werden.

Für die Azotobakterarten hat der Kalkgehalt der Böden und somit auch die Kalkdüngung eine sehr große Bedeutung. Denn auf Grund der Untersuchungen vieler Forscher[7] gedeihen diese Bakterien in einem Boden mit einem p_H von 6,0 und weniger im allgemeinen schlecht oder überhaupt nicht mehr. Wenn das Wachstum des Azotobakters auch noch von dem Vorhandensein anderer Stoffe, wie des Humus, der Phosphorsäure usw. im Boden abhängig ist, so ist die Kalkung saurer Böden für sein Wachstum doch unerläßlich.

Die Knöllchenbakterien der verschiedenen Leguminosen verhalten sich gegen Kalkmangel bzw. Bodensäure verschieden. Nach E. B. Fred und A. Davenport[8] sind die Knöllchenbakterien der Luzerne gegen die Azidität am empfindlichsten, die der Lupine am widerstandsfähigsten, die anderen Knöllchenbakterien

---

[1] Arnd, Th.: Über schädliche Stickstoffumsetzungen in Hochmoorböden als Folge der Wirkung starker Kalkgaben, II. Landw. Jb. **49**, 191 (1916).

[2] Arrhenius, O.: Der Einfluß der Bodenreaktion auf die biologischen und physikalisch-chemischen Bodenfaktoren. Z. Pflanzenern. usw. A **4**, 348 (1925); hier Literatur angegeben. — Kappen, H.: a. a. O., S. 197. — Gehring, A. u. C. Schülcke: a. a. O., S. 113. — Gehring, A. u. O. Wehrmann: Studien über die Einwirkung des Kalkes auf den Boden. Landw. Versuchsstat. **103**, 279 (1925). — Kelley, W. P.: a. a. O., S. 39. — Fischer, H. u. Mitarb.: Versuche über Stickstoffumsetzungen in verschiedenen Böden. Landw. Jb. **41**, 755 (1911). — Tülin, A. F.: a. a. O., S. 1.

[3] Kappen, H.: a. a. O., S. 198.

[4] Fischer, H. u. Mitarb.: a. a. O., S. 755.

[5] Gehring, A. u. C. Schülcke: a. a. O., S. 130. — Kelley, W. P.: a. a. O., S. 39.

[6] Arndt, Th.: a. a. O., S. 194.

[7] Kappen, H.: a. a. O., S. 205—211. — Arrhenius, O.: a. a. O., S. 356—358.

[8] Fred, E. B. u. A. Davenport: J. Agricult. Res. **14**, 317; nach Kappen: a. a. O., S. 211. — Vgl. auch O. Arrhenius: a. a. O., S. 349.

reihen sich zwischen diese beiden ein. Die Beobachtungen anderer Forscher stimmen mit denen der oben Genannten zwar nicht vollständig überein, doch ergeben auch sie, daß die Bodenversauerung eine Verschlechterung der Lebensbedingungen für diese Bakterienarten darstellt, und daß daher eine sachgemäße Kalkung zwecks Förderung ihrer nutzbringenden Tätigkeit auf sauren Böden notwendig ist. Zum Schluß sei noch bemerkt, daß auch die pflanzenschädlichen Organismen eine Abhängigkeit in ihrem Gedeihen von der Bodenreaktion und damit auch von der Zuführung basischer Kalkdüngemittel zeigen. So stellte GILLESPIE[1] fest, daß der Kartoffelschorf unterhalb eines Säuregrades von 5,2 nicht mehr wächst. Ähnliche Beobachtungen sind auch bei anderen Krankheitserregern gemacht[2]. Eine Kalkung wird daher in den Fällen, wo eine alkalische Reaktion des Bodens die Lebensbedingungen der betreffenden Kleinlebewesen schädigt, nützlich sein, im anderen Falle, z. B. beim Kartoffelschorf, aber nachteilig wirken.

Der Gips.

Der Gips ($CaSO_4 + 2H_2O$) hat in früheren Zeiten als Düngemittel eine größere Rolle[3] gespielt als heute. Besonders zu Schmetterlingsblütlern wurde er gerne benutzt. Es ist wohl anzunehmen, daß seine Wirkung in diesem Falle auf der Versorgung der Pflanzen bzw. der Knöllchenbakterien mit Ca- bzw. SO_4-Ionen beruht. Auch ein Löslichwerden anderer Nährstoffe[4] durch Basenaustausch, vor allem Kali, ist möglich und auch experimentell festgestellt. Ferner wird in der Literatur über eine Aufschließung der Phosphorsäure durch Gipsdüngung berichtet; doch widersprechen sich die Ansichten sehr, so daß die Frage des Löslichwerdens der Phosphorsäure noch offen gelassen werden muß. Es wäre durchaus erwünscht, daß der Gips als Düngemittel erneut durch gründliche Untersuchungen einer Prüfung unterzogen würde, da die älteren Versuche in bezug auf die Versuchstechnik den heutigen Anforderungen nicht mehr genügen und die neueren, meist ausländischen Versuche, kein einheitliches Bild der Gipswirkung auf die Pflanze, sowie die biologischen und physikalisch-chemischen Vorgänge im Boden geben.

Die Durchlässigkeit der Böden wird nach den Versuchen von A. GEHRING[5] durch den Gips erhöht. Seinen weiteren Beobachtungen nach[6] scheint er auch teilweise das Bodengefüge günstig zu beeinflussen. W. RENNER[7] konnte jedoch keine wesentliche Wirkung feststellen; teilweise war sie sogar ungünstig. Vermutlich kommen die Widersprüche in den Versuchsergebnissen daher, daß die

---

[1] GILLESPIE, L. J. u. L. A. HURST: Soil Sci. 6, 219.

[2] ARRHENIUS, O.: a. a. O., S. 351.

[3] MAYER, A.: Lehrbuch der Agrikulturchemie II, 7. Aufl., S. 204ff. 1924.

[4] ERDMAN, L. W.: Die Einwirkung von Gips auf die Böden von Iowa. Soil Sci. 15, Nr. 2 (1923); ref. Z. Pflanzenern. usw. B 3, 182 (1924). — TAKEUCHI, T.: Gips als Düngemittel, Bull. Coll. Agricult. Tokyo 7, 583 (1909); ref. Biederm. Zbl. 38, 740 (1909). — WESTHAUSSER, F. u. W. ZIELSTORFF: Einfluß von Kalk- und Magnesiadüngung auf Phosphatdüngung. Landw. Versuchsstat. 65, 441 (1907). — ROBINSON, R. H. u. D. E. BULLIS: Der Einfluß von Kalziumkarbonat, Kalziumoxyd und Kalziumsulfat auf die löslichen Bodennährstoffe saurer Böden. Soil Sci. 13, 439 (1922); ref. Biederm. Zbl. 54, 39 (1925). — LOEW, O.: Tonindustrie-Ztg. 46, 301 (1922). — Über den Nutzen des Gipses in der Landwirtschaft. Dtsch. landw. Presse 49, 480, 485, 493 (1922). — FUENTE, CARLOS CASADO DE LA: Über günstige Wirkung von Gips auf Keimlinge der landwirtschaftlichen Kulturpflanzen. Illustr. Landw. Ztg. 42, 340 (1922).

[5] GEHRING, A. u. C. SCHÜLCKE: a. a. O., S. 113. — GEHRING, A.: Über die Veränderung einiger physikalischer Eigenschaften des Bodens unter dem Einfluß von Kalk. Ebenda B 8, 239 (1929). — RENNER, W.: Der Einfluß verschiedener Düngesalze, zumal von Kalk und Phosphaten auf die Struktur des Bodens. Ebenda B 4, 417 (1925). — EHRENBERG, P.: Die Bodenkolloide, 3. Aufl., S. 583, 593ff. (1922).

[6] GEHRING, A.: a. a. O., S. 239. [7] RENNER, W.: a. a. O., S. 417.

ausflockende Wirkung nach dem Auswaschen des Gipses in tiefere Bodenschichten infolge der lockeren Bindung des $CaSO_4$ wieder erlischt. Mit dieser Annahme stimmt die Beobachtung GEHRINGS[1] überein, daß die Gipsdüngung das Bodengefüge der tieferen Bodenschichten ganz im Gegensatz zu den oberflächlichen Bodenschichten teilweise verbessert hatte.

Die Hauptverwendung findet der Gips als Verbesserungsmittel der Sodaböden[2]. Durch die Umsetzung

$$Na_2CO_3 + CaSO_4 \rightarrow CaCO_3 + Na_2SO_4$$

wird die Soda und damit die der Bodenstruktur schädliche, stark alkalische Reaktion des Bodens beseitigt. Die biologischen Vorgänge[3] im Boden werden durch Gipsdüngung nicht beeinflußt, weil eben der neutrale Gips eine Verschiebung der Bodenreaktion in das alkalische Gebiet ausschließt. Er kann daher die basischen Kalkdüngemittel in dieser Hinsicht nicht ersetzen. Dagegen wird eine Gipsdüngung auf Sodaböden nicht nur das Bodengefüge verbessern, sondern auch infolge der verminderten alkalischen Bodenreaktion das Wachstum der Pflanzen und Kleinlebewesen im Boden fördern; denn eine starke alkalische Reaktion schädigt beide in ihrem Gedeihen.

c) Die Beeinflussung der Mikroorganismentätigkeit im Boden.

Von **A. RIPPEL**, Göttingen.

Mit 5 Abbildungen.

Die Tatsache, daß die äußeren Verhältnisse den Mikroorganismenbestand des Bodens und die Tätigkeit der Mikroorganismen weitgehend verändern können[4], namentlich die Änderung des Reaktionszustandes, die hier indessen nicht mehr behandelt werden soll, läßt es als selbstverständlich erscheinen, daß es möglich sein muß, durch künstliche Eingriffe diese Eigenschaften des Bodens zu verändern. Man könnte für die praktische Landwirtschaft daraus auch die Möglichkeit ableiten, den Boden in einem für die Landwirtschaft günstigen Sinne beeinflussen zu können. Es wird sich jedoch zeigen, daß dies nur innerhalb gewisser sehr enger Grenzen möglich ist.

Die wirksamen Faktoren kann man in 4 Gruppen einteilen: 1. Physikalische und chemische Eingriffe (partielle Sterilisation), 2. Ackerbauliche Maßnahmen, 3. Düngungsmaßnahmen, 4. Impfung mit Mikroorganismen.

Physikalische und chemische Eingriffe (Partielle Sterilisation).

Schon das Trocknen des Bodens an der Luft zeigt deutliche Veränderungen im Bestande der Mikroorganismen[5]. Die Zahl nimmt dadurch etwas ab, steigt

[1] GEHRING, A.: Z. Pflanzenern. usw. B **8**, 246.

[2] EHRENBERG, P.: a. a. O., S. 366, 368, 629. — 'SIGMOND, A. v.: Erfahrungen über die Verbesserung der Alkaliböden. Internat. Mitt. f. Bdkde. **1**, 44 (1911).

[3] ERDMAN, L. W.: a. a. O., S. 182. — BOLLEN, W. B.: Soil Sci. **19**, 417 (1925). — PITZ, W.: Die Einwirkung von elementarem Schwefel und Kalziumsulfat auf gewisse höhere und niedere Formen des pflanzlichen Lebens. J. Agricult. Res. 5, Nr. 16, 771ff. (1916). — GEHRING, A. u. C. SCHÜLCKE: a. a. O., S. 130ff.

[4] Dieses Handbuch **7**, 239ff.; **8**, 599ff.

[5] RAHN, O.: Bakteriologische Untersuchung über das Trocknen des Bodens. Cbl. Bakter. II **20**, 38 (1908). — RITTER, G.: Das Trocknen der Erden. Ebenda **33**, 116 (1912). — GREIG-SMITH, R.: Contributions to our knowledge of soil fertility. XII. The action of toluene upon the soil protozoa. Proc. Linn. Soc. N. S. Wales **39**, 839 (1914). — GOODEY, T.: Investigations on protozoa in relation to the factor limiting bacterial activity in soil. Proc. roy. Soc. Lond. B **88**, 437 (1915). — KELLEY, W. P.: Ammonification and nitrification in Ha-

aber nach dem Wiederanfeuchten intensiver an als in einem Boden, der dauernd feucht blieb, um später wieder abzusinken; Gleiches gilt für Kohlensäurebildung, Nitratbildung usw. Das in der folgenden Kurve wiedergegebene Beispiel nach WAKSMAN und STARKEY[1] zeigt dieses für die Kohlensäurebildung und läßt weiter erkennen, daß die Wirkung um so größer ist, je länger die vorangehende Trocknung dauerte (Abb. 38).

Es bleibt bei der verschiedenen Meinung der Autoren dahingestellt, ob diese Wirkung durch Abtötung aktiver Protozoen oder anderer Mikroorganismengruppen zustande kommt oder, wie es wahrscheinlicher ist, dadurch, daß durch das Trocknen organische Stoffe vermehrt in Lösung gehen und ferner solche Nährstoffe gelöst werden, die vorher adsorptiv gebunden waren und durch teilweise Zerstörung der Kolloidstruktur frei werden, oder ob endlich noch weitere Momente beteiligt sind. Daß vielleicht in erster Linie eine rein chemische Veränderung des Bodens in Frage kommt, darauf deuten auch neuere Untersuchungen von KHAHIL[2] hin, der fand, daß bei partieller Sterilisation des Bodens der Erfolg des Trocknens ausblieb, sich jedoch bei Wiederimpfung mit frischem Boden einstellte; es konnte also jedenfalls eine Änderung im Mikroorganismenbestand nicht die Ursache sein.

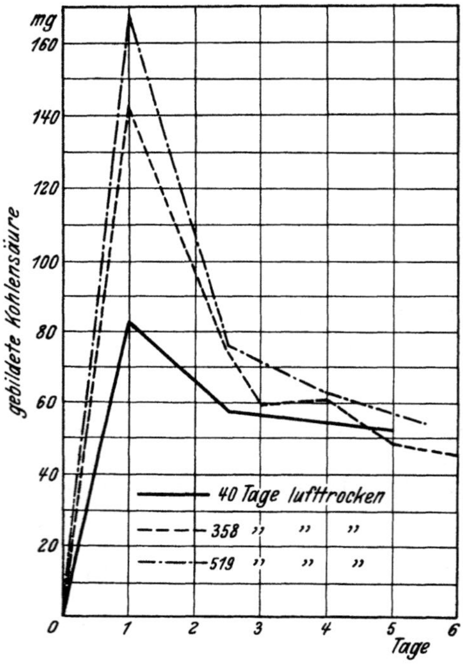

Abb. 38. Wirkung des Lufttrockenwerdens auf die Kohlensäureproduktion eines Bodens beim Wiederanfeuchten. (Nach WAKSMAN und STARKEY.)

Die gleiche Erscheinung kann man nach Erhitzen des Bodens[3] beobachten. Hierbei hat man auch verschiedene Möglichkeiten der Erklärung in Betracht gezogen, unter denen am wahrscheinlichsten die verstärkte Löslichkeit organischer Stickstoffverbindungen und auch anorganischer Stoffe, z. B. Phosphorsäure, wie öfters festgestellt wurde, sein dürfte. Beim Vergleich mit den Zahlen von RICHTER[4] fand KOCH[5]:

waiian soils. Hawaii Agr. Exp. Stat. Bul. **37** (1915). — HEINZE, B.: Bakteriologische Versuche. Landw. Jb. **55**, 139 (1920). — GUSTAFSON, A. F.: The effect of drying soils on the water soluble constituents. Soil Sci. **13**, 173 (1922). — WAKSMAN, S. A. u. R. L. STARKEY: Partial sterilisation of soil; microbiological activities and soil fertility. Soil Sci. **16**, 137, 247, 343 (1923). — LEBEDJANTZEV, A. H.: Drying of soil as one of the natural factors in maintaining soil fertility. Ebenda **18**, 419 (1924). — DÜGGELI, M.: Der Einfluß des Austrocknens auf die Bakterien des Bodens. Ber. Schweiz. Bot. Ges. **38** (1929).

[1] WAKSMAN, S. A. u. R. L. STARKEY: Soil Sci. **16**, Abb. 7, S. 257 (1923).

[2] KHAHIL, F.: The effect of drying on the microbiological processes in soils. Cbl. Bakter. **79**, 93 (1929).

[3] WAKSMAN, S. A. u. R. L. STARKEY, R. GREIG-SMITH u. A. F. GUSTAFSON: vgl. S. 283, Anm. 5. — FRANKE, B.: Über den Einfluß, welchen das Sterilisieren des Erdbodens auf die Pflanzenentwicklung ausübt. Ber. Dtsch. Bot. Ges., Generalversammlungsh. **6**, 87 (1888). — RICHTER, L.: Über die Veränderungen, welche der Boden durch das Sterilisieren erleidet. Landw. Versuchsstat. **47**, 269 (1896). — KRÜGER, W. u. W. SCHNEIDEWIND: Ursache und Bedeutung der Salpeterzersetzung im Boden. Landw. Jb. **28**, 217 (1899). — STAHL, E.: Der Sinn der Mycorrhizabildung. Jb. wiss. Bot. **34**, 539 (1900). — OSMUN, A. V.: A comparison of the numbers of bacteria in sterilized and unsterilized soils. Mass.-Exp. Stat. Rpt. **1905**, 186. — SCHULZE, C.: Einige Beobachtungen über die Einwirkung der Bodensterilisation auf die Entwicklung der Pflanzen. Landw. Versuchsstat. **65**, 137 (1906). — KOCH, A. u.

		Unsterilisiert	Sterilisiert
Wasserlösliche Bestandteile	RICHTERS Gartenboden . . .	100	182
	KOCH u. LÜKEN, Sandboden .	100	166
Organ. Anteil d. wasserlösl. Bestandt.	RICHTERS Gartenboden . . .	100	278
	KOCH u. LÜKEN, Sandboden .	100	460

Entsprechend höher gestaltet sich auch die Ernte. KOCH fand[1]:

	Trockensubstanz g	Stickstoff g
Ohne Thomasmehl, nicht sterilisiert	44,7	0,337
,, ,, , sterilisiert	53,4	0,489
Mit Thomasmehl, nicht sterilisiert	47,9	0,353
,, ,, , sterilisiert	57,2	0,506
Mit Kalk, nicht sterilisiert	42,3	0,331
,, ,, , sterilisiert	63,1	0,504

Praktisch können diese Vorgänge eine gewisse Rolle spielen beim Abbrennen von Grasland, Heide u. dgl.[2], ferner bei der Sterilisation durch heißen Dampf im gärtnerischen Betrieb, die allerdings zu anderen Zwecken, nämlich zur Vernichtung von Schädlingen, angewendet wird.

Am meisten hat man sich mit der Wirkung von Desinfektionsmitteln, insbesondere flüchtigen Desinfektionsmitteln, namentlich Schwefelkohlenstoff, beschäftigt. Auch hier findet nach der Behandlung erst ein Absinken der Bakterien- usw.- Kurve statt, dann ein starker Anstieg, an den sich ein allmählicher Rückgang anschließt. Abb. 39 zeigt dies nach Versuchen von WAKSMAN und STARKEY. Über die Ursachen hat man die verschiedensten Theorien aufgestellt. Auch hier rechnet man, allerdings vereinzelt, mit der Möglichkeit

G. LÜKEN: Über die Veränderung eines leichten Sandbodens durch Sterilisation. J. Landw. **55**, 161 (1907). — FISCHER, H.: Versuche über Bakterienwachstum in sterilisiertem Boden. Cbl. Bakter. II **22**, 671 (1909). — RUSSELL, E. J. u. H. B. HUTCHINSON: The effect of partial sterilisation of soil on the production of plant food. J. agricult. Sci. **3**, 111 (1909); **5**, 152 (1913). — BOLLEY, H. L.: Interpretation of results in experiments upon cereal cropping methods after soil sterilisation. Science **32**, 529 (1910); **33**, 229 (1911); **38**, 48, 249 (1913); N. D. Agr. Exp. Stat. Bull. **107** (1913). — LYON, T. L. u. J. A. BIZZEL: Effect of steam sterilization on the water soluble matter in soil. N. Y. (Cornell) Agr. Exp. Stat. Bull. **275**, (1910); **326** (1913). — PICKERING, S. U.: The activities of heat and antiseptics on soils. J. agricult. Sci. **3**, 32, 258 (1910). — SEAVER, J. F. u. F. D. CLARK: Changes brought about by heating of soils usw. Mycologia **2**, 109 (1910); Biochem. Bull. **1**, 413 (1912). — SCHREINER, O. u. E. C. LATHROP: The chemistry of steam heated soils. U. S. Dpt. Agr. Bur. Soils. Bull. **89** (1912); J. amer. chem. Soc. **34**, 1142 (1912). — KELLEY, W. P. u. W. MC GEORGE: The effect of heat on Hawaiian soils. Hawaii Agr. Exp. Stat. Bull. **30** (1913). — RUSSELL, E. J. u. F. R. PETHERBRIDGE: On the growth of plants in partially sterilized soils. J. agricult. Sci. **5**, 248 (1913). — BOUYOUCOS, G.: The freezing point method usw. Mich. Agr. Exp. Stat. Techn. Bul. **24** (1915). — WILSON, A.: Changes in soils brought by heat. Proc. roy. Dublin Soc. N. S. **38**, 513 (1915). — ROBINSON, R. H.: Concerning the effect of heat usw. Soil Sci. **9**, 151 (1920). — ELVEDEN, V.: A contribution to the investigation into the results of partial sterilisation of soil by heat. J. agricult. Sci. **11**, 197 (1921). — DEMOLON, A.: The partial sterilisation of peat. Internat. Rev. Sci. Pract. Agr. **3**, 431 (1924).

[4] RICHTER, L: S. 284, Anm. 3.

[5] KOCH, A. u. G. LÜKEN: a. a. O., S. 165.

[1] KOCH, A. u. G. LÜKEN: a. a. O., S. 164.

[2] Vgl. R. BURGESS: A contribution to the study of the effect of partial sterilisation of soil by heat. The partial sterilisation of slightly alkaline soil by means of couch grass fires. Cbl. Bakter. **78**, 497 (1929). — Ferner H. H. MANN, N. V. JOSHI u. N. V. KANITKAR: The „rab" system of rice cultivation in Western India. Mem. Dpt. Agr. India, Chem. Ser. **2**, 141 (1912).

einer Aufschließung der toten organischen Substanz des Bodens[1]. Weitere Autoren nehmen eine direkte Stimulationswirkung auf Mikroorganismen und Pflanzen an[2] oder die direkte Verwertung dieser Stoffe durch Mikroorganismen[1], die einseitige Vernichtung schädlicher Mikroorganismengruppen, wie z. B. der denitrifizierenden Bakterien[3] oder Förderung nützlicher Gruppen, ferner die Vernichtung der Bodenprotozoen[4] und der sonstigen tierischen Lebewesen, auf Grund deren toter Leibessubstanz sich die Mikroorganismen intensiv entwickeln können[5], schließlich die Beseitigung von Fett und die Zerstörung im Boden gebildeter

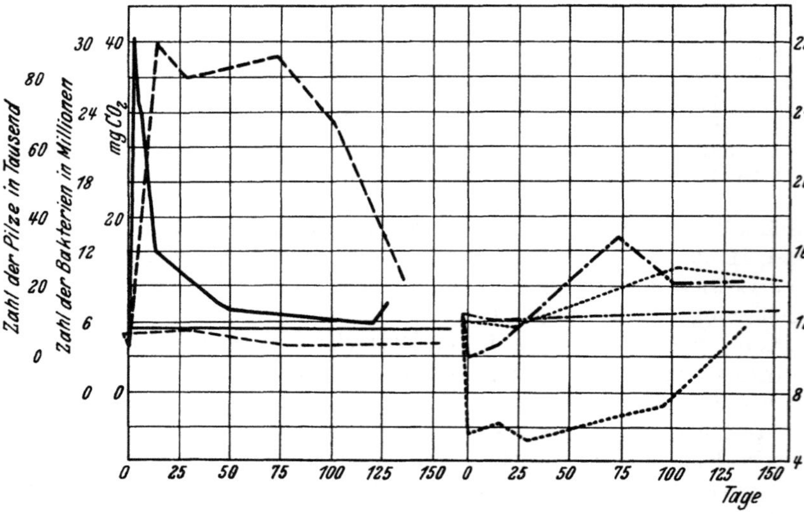

Abb. 39. Einfluß von Toluol auf die Mikroorganismentätigkeit im Boden. (Nach WAKSMAN und STARKEY.)

gebildete Kohlensäure, behandelt	Zahl der Pilze, behandelt
gebildete Kohlensäure, unbehandelt	Zahl der Pilze, unbehandelt
Zahl der Bakterien, behandelt	Nitrat gebildet, behandelt
Zahl der Bakterien, unbehandelt	Nitrat gebildet, unbehandelt.

[1] MATTHEWS, A.: Partial sterilisation of soil by antiseptics. J. agricult. Sci. **14**, 1 (1924). — PICKERING, S. U.: vgl. S. 285, Anm. 3 von S. 284.

[2] KOCH, A.: Untersuchungen über die Ursachen der Bodenmüdigkeit. Arb. Dtsch. Landw. Ges. **40** (1899). — Über die Wirkung von Äther und Schwefelkohlenstoff auf höhere und niedere Pflanzen. Cbl. Bakter. II **31**, 175 (1911). — MAASSEN, A. u. H. BEHN: Das Verhalten der Bakterien, insbesondere der Bodenbakterien gegenüber dem Schwefelkohlenstoff usw. Arb. biol. Reichsanst. Land- u. Forstw. **12**, 285 (1924). — Vgl. auch E. VOGT: Anm. 2 S. 287.

[3] HILTNER, L. u. K. STÖRMER: Studien über die Bakterienflora des Ackerbodens, mit besonderer Berücksichtigung ihres Verhaltens nach einer Behandlung mit Schwefelkohlenstoff und nach Brache. Arb. biol. Abt. Land- u. Forstw. Kais. Gesdh.Amt **3**, 445 (1903). — STÖRMER, K.: Über die Wirkung des Schwefelkohlenstoffs und ähnlicher Stoffe auf den Boden. Jber. Ver. angew. Bot. für 1907 **5**, 113 (1908).

[4] RUSSELL, E. J. u. H. B. HUTCHINSON: The effect of partial sterilization of soil on the production of plant food. J. agricult. Sci. **3**, 111 (1909); **5**, 152 (1913). — GOLDING, J.: Investigations on „sickness" in soil. I. Sewage sickness. Ebenda **5**, 27 (1912). — RUSSELL, E. J.: Soil protozoa and soil bacteria. Proc. roy. Soc. Lond. B **89**, 76 (1915). — Vgl. auch E. VOGT: Anm. 2, S. 287. — Vgl. ferner P. L. GAINEY: Rep. Miss. Bot. Gard. **21**, 147 (1912); ref. Cbl. Bakter. II **39**, 158 (1914). — J. CRABTREE: The functions of the non-bacterial population of the „bacteria bed". Cbl. Bakter. II **40**, 225 (1914). — N. KOPELOFF, H. LINT u. D. A. COLEMAN: A review of investigations of soil Protozoa and soil sterilization. Cbl. Bakter. II **46** 28 (1916). — W. BUDDIN: Partial sterilization of soil by volatile and non-volatile antiseptics. J. agricult. Sci. **6**, 417 (1914). — L. B. SEWERTZOFF: The effect of some antiseptics on soil Amoebae in partially sterilized soils. Cbl. Bakter. **65**, 278 (1925).

[5] MAASSEN, A. u. H. BEHN: Anm. 2.

labiler bakterizider Stoffe[1] usw. Es handelt sich möglicherweise um einen Komplex von Erscheinungen, wobei je nach den Verhältnissen bald der eine, bald der andere Faktor mehr in den Vordergrund tritt, eine Überzeugung, wie sie auch VOGT[2] in ähnlicher Weise vertritt. Wenn es sich nicht um eine Beeinflussung der gesamten Mikroorganismenflora handelt, sondern nur um das nach der Sterilisation gesteigerte Wachstum einer Pflanzenart, so kommt schließlich die Vernichtung von Parasiten in Frage, Rübennematoden, pathogenen Pilzen usw.[2], wobei also die eigentliche Mikroorganismenflora nicht weiter mitwirkt.

In solchen Fällen spricht man auch von Bodenmüdigkeit, die auch noch durch andere Faktoren hervorgerufen werden kann, wie durch Kalkmangel bei kleemüdem Boden usw. Solche Fälle liegen außerhalb des hier zu behandelnden Rahmens; nur auf die Müdigkeit von Rieselfeldern, die auf die Überhandnahme von Protozoen und infolgedessen starker Dezimierung der Bakterien und ungenügender Mineralisation zurückzuführen ist, sei hier noch hingewiesen.

Ackerbauliche Maßnahmen (Brache).

Die ackerbaulichen Maßnahmen besonderer Art, welche auf den Mikroorganismenbestand des Bodens einwirken, bewegen sich in zweierlei Richtung: Einmal sind es solche, welche nur mit der im Boden vorhandenen Grundlage arbeiten, wie es bei der Brache der Fall ist; zum anderen sind es solche, welche dem Boden neues Material zuführen, wie das bei Gründüngung und Stalldüngung der Fall ist.

Die Brache[3] ist in verschiedener Handhabung bekannt. In strengster Definition kann jeder Zeitabschnitt, zu dem der Ackerboden nicht bestellt ist, als Brache bezeichnet werden, was also stets zwischen Ernte und folgender Aussaat der Fall ist. Im besonderen wird man jedoch nur bei längerer Zeit der Nichtbebauung von Brache reden, deren Zeitdauer auch wieder verschieden ist; sie ist kürzer bei der Dreesch- oder Johannisbrache als bei der eigentlichen Schwarzbrache, die ein volles Vegetationsjahr umfaßt. Man wird jedoch nicht in der Annahme fehlgehen, daß sich, wenn auch in vermindertem Maße, in jedem Fall die gleichen Vorgänge abspielen werden. Der Anbau von Futterpflanzen endlich sowie auch das Wachsenlassen der Unkräuter, verbindet die Brache mit Gründüngung und normaler Pflanzenkultur.

Es dürfte heute entschieden sein, daß der Brache nur eine Bedeutung in der Richtung zukommt, wie es schon von älteren Autoren angenommen war: „Der Zweck der Brache besteht darin, schwerem Boden, der infolge klimatisch ungünstiger Verhältnisse oder ungeeigneter Bewirtschaftung die Gare völlig verloren hat, diese wieder zu verleihen[4]“. Hinzu kommt noch, daß auch betriebswirtschaftliche Gesichtspunkte, wie Unkrautbekämpfung oder auch Mangel an Hilfskräften die Brache rechtfertigen können.

Jedenfalls ist eine gute Wirkung der Brache auf die nachfolgende Ernte auch in solchen Fällen bekannt, in denen es sich um normale, gut zu bearbeitende

---

[1] GREIG-SMITH, R.: The agricere and the bacteriotoxins of the soil. Cbl. Bakter. II **34**, 224 (1912). — Ferner verschiedene Arbeiten in Proc. Linn. Soc. N. S. Wales **35**—**43** (1910 bis 1918).

[2] Vgl. E. VOGT: Die Methoden der Schädlingsbekämpfung. III. Bodendesinfektion. Cbl. Bakter. II **61**, 323 (1924). Ausführliche Literatur, auch zu den vorstehenden Fragen.

[3] MAKKUS, W.: Die Brache, ihre Physiologie usw. Landw. Jb. **47**, 673 (1914). — EHRENBERG, P.: Die Brache und ihre Bedeutung. Berlin: P. Parey 1921. — Man vgl. weiter die auf S. 296, Anm. 1 genannten zusammenfassenden Bücher.

[4] Vgl. F. LÖHNIS: Zweck und Nutzen der Brache. In: Feldversuche über Brache. Arb. Dtsch. Landw.-Ges., H. 364. 1928. — Dort auch ältere und weitere Literatur.

Böden handelt. Zum Teil handelt es sich hier, beim Vergleich mit ungebracht gebliebenen Böden, einfach darum, daß ja der Bracheboden, soweit er nicht ausgewaschen ist, das Nährstoffkapital eines zweijährigen Umsatzes der Bodennährstoffe den Pflanzen zur Verfügung stellt gegen den eines einjährigen im Vergleichsfalle. Man hatte früher sonderbarerweise diesen Punkt nicht berücksichtigt.

Längere Zeit wollte man nun, beeinflußt durch die damals bekannt gewordenen Tatsachen der Stickstoffbindung durch Mikroorganismen des Bodens, die Brachewirkung auf diese Erscheinung zurückführen. Das aus den Brachefeldern A. v. Carons isolierte Bakterium, Bacillus Ellenbachensis, das dann als Impfpräparat „Alinit" auch in den Handel kam, erwies sich indessen als völlig ungeeignet zur Stickstoffbindung[1]. Feldversuche und Zementkästenversuche haben dann weiterhin, wie unten zu zeigen sein wird, den Beweis erbracht, daß in der Brache die Stickstoffbindung jedenfalls so gering ist, daß sie Ertragshöhe, Stickstoff- und Humusgehalt des Bodens nicht aufrecht zu erhalten vermag und sich hierin selbst einem nicht mit Gründüngung verbundenem Leguminosenzwischenbau unterlegen zeigt und hinter einer normalen Stalldüngerzufuhr weitaus zurückbleibt. Es muß hierbei immer wieder betont werden, daß die Kulturpflanzen große Mengen von Stickstoff nötig haben, die ohne künstliche Zufuhr zum Boden auf die Dauer nicht verfügbar gemacht werden können.

Ein sehr auffallendes Bild einer Brachewirkung zeigt zunächst folgender Versuch aus Rothamsted, wobei ein seit 1843 andauernd mit Weizen bestandenes Feld so verunkrautet war, daß es zwei Jahre lang (1926 und 1927) gebracht werden mußte, um es wieder in brauchbaren Kulturzustand zu bekommen[2].

Kornertrag bush. per acre

Behandlung	Vor Brache		Nach Brache	
	Mittel 1852 bis 1925	1925	1928	1929
Stalldünger	33,5	15,1	48,4	30,0
künstl. Dünger $NaNO_3$	18,8*	16,3	56,1	21,6
„ „ $(NH_4)_2SO_4$	21,7	10,1	47,3	17,7
„ „ $NaNO_3$ doppelt	29,9*	21,2	56,1	26,3
„ „ $(NH_4)_2SO_4$ „	30,4	18,6	67,4	20,9
„ „ ohne Stickstoff	13,5	6,8	35,2	9,1
Ohne Dünger	11,7	6,7	27,9	9,1

* Mittel von 1885 bis 1925.

Wie man sieht, ist die Wirkung der vorangegangenen Brache gewaltig und geht z. T. noch über die Wirkung hinaus, die sich ergibt, wenn man die Zahlen von 1925 dreifach in die Ernte von 1928 einsetzt. Doch geht die Wirkung außerordentlich schnell zurück. Ganz offenbar war hier der Boden infolge des Daueranbaus sehr verschlechtert, so daß die Brache optimal zur Wirkung kommen mußte.

Die Zahlen der nächsten Tabelle zeigen Feldversuche bei vierjähriger Fruchtfolge[3] aus Göttingen, wobei beachtenswert ist, daß die Ernten nach Versuchsbeginn in allen Fruchtfolgen zunächst steigen; es ist das wieder ein Zeichen für die Wirkung eines gebesserten Kulturzustandes. Allmählich beginnen die Ernten zu sinken und zwar, wie man sieht, in der Brachefruchtfolge am stärksten,

[1] Schulze, C.: Beiträge zur Alinitfrage. Landw. Jb. **30**, 319 (1901). — Vgl. weiter B. Heinze: Über die Beziehungen der sogenannten Alinitbakterien usw. Cbl. Bakter. II **8**, 391 (1902).

[2] Rothamsted Exp. Stat. Harpenden Rep. for 1929, S. 48/49. Harpenden 1930.

[3] Rippel, A.: Vergleichende Feldversuche über die Wirkung von Brache, Stalldünger und Klee. In: Feldversuche über Brache. Arb. Dtsch. Landw. Ges., H. 364 (1928).

weniger in der Kleefruchtfolge und am wenigsten in der Stalldüngerfruchtfolge. Die eine Ausnahme beim Winterweizen dürfte auf den wohl zufälligen, abnorm hohen Ertrag in der Kleefruchtfolge zurückzuführen sein. Die Zahlen geben jeweils den Gesamtertrag (Korn und Stroh) je Hektar und 4 Jahre in Kilogramm an.

Göttinger Bracheversuche.

Jahre	Fruchtfolge		
	Brache	Klee	Stalldünger
Winterweizen			
1—4	6700	6130	7229
5—8	11249	8770	10625
9—12	8119	7379	9965
13—16	6502*	6016*	8123
17—20	6861*	8685*	7946
Roggen			
1—4	7568	7878	7461
5—8	8427	9739	9598
9—12	7263	7670	8285
13—16	6275*	7020*	7888
Hafer			
1—4	5591	5597	5664
5—8	7586	7977	7823
9—12	5980*	6416*	6676
13—16	5995*	6472*	6722

Die mit * bezeichneten Zahlen sind nach den auf S. 74 unten und auf S. 75 oben in der genannten Arbeit[1] vorgenommenen Korrekturen eingetragen. Der strenge Vergleich mit der Stalldüngerfruchtfolge leidet hierunter etwas; doch würde sich das prinzipielle Bild nicht wesentlich ändern.

Weiterhin zeigen die in der folgenden Tabelle mitgeteilten Rothamsteder Bracheversuche[1], daß offenbar der sich unmittelbar an die Brache bzw. Leguminosenfruchtfolge anschließende Weizen noch einigermaßen die Erträge auf längere Zeiträume aufrecht zu erhalten vermag, daß aber die daran anschließenden Rüben bzw. Gerste deutlich in dem Mittel der 80 Jahre die Überlegenheit einer Stickstoffdüngung und teilweise der Leguminosen in der Fruchtfolge erkennen lassen.

Rothamsteder Bracheversuche, Mittel der Jahre 1848—1927[2]. Angaben je acre.

	Ungedüngt		Mineraldüngung ohne Stickstoff		Mineraldüngung mit Stickstoff	
	Brache	Klee oder Bohnen	Brache	Klee oder Bohnen	Brache	Klee oder Bohnen
Rüben cwt.	32,7	11,2	175,7	195,9	355,3	302,1
Gerste						
Korn bush.	22,2	20,2	23,1	27,4	31,1	35,4
Stroh cwt.	13,6	13,4	13,7	15,7	18,8	21,8
Brache bzw. Klee oder Bohnen						
Weizen						
Korn bush.	24,0	22,3	28,1	30,6	28,9	30,4
Stroh cwt.	23,4	21,6	28,6	29,8	30,8	29,8

[1] Vgl. Anm. 2, S. 288. [2] Siehe Anm. 1.

Breslauer Zementkästenversuche[1].

Jahr	Fruchtfolge		
	Brache	Leguminosen	Leguminosen und Stalldünger
	g Trockensubstanz je Parzelle und 4 Jahre[2]		
1908—11	2237,8	2696,0	2895,8
1912—15	2084,6	2426,7	2793,8
1916—19	1673,8	2044,8	2404,5
Abnahme 08—11 zu 16—19 in %	25,2	24,2	17,0
	g Stickstoff in Ernte je Parzelle und 4 Jahre[3]		
1908—11	27,92	37,36	42,45
1912—15	19,79	33,35	38,47
1916—19	15,91	19,87	26,54
Senf 1907	20,33	18,19	18,24
Abnahme 08—11 zu 16—19 in %	43,0	46,8	37,5
	g Stickstoff im Boden je Parzelle und 4 Jahre[4]		
Anfangsgehalt	1346,0	1395,7	1455,6
Endgehalt	1276,0	1316,5	1451,7
Abnahme	70,0	79,2	3,9

Die Zahlen für Stickstoff in PFEIFFERS Tab. 6 und Tab. 15 (bei Tab. 6 geteilt durch 4) stimmen nicht untereinander; der Grund ist nicht ersichtlich. Grundsätzlich wird jedoch nichts geändert. Hier sind die Zahlen der Tab. 15 benutzt.

1920/23 betrug das Mehr an geerntetem Stickstoff bei Leguminosen gegen Brache 8,89, bei Leguminosen + Stalldünger gegen Leguminosen — Stalldünger 7,11, so daß also der Vorgang in gleicher Weise fortgeschritten ist[5].

Ein ausgezeichnetes Beispiel sind ferner die in der obigen Tabelle nach PFEIFFER[1] mitgeteilten Breslauer Zementkästenversuche. Sie können insofern besonderen Anspruch auf Genauigkeit erheben, als die in ummauerte Parzellen eingefüllte Erde vorher sorgfältig durchmischt und ihr Stickstoffgehalt bestimmt war, der dann auch nach gewisser Zeit wieder mit möglichster Exaktheit ermittelt werden konnte. Es zeigt sich hierbei in der Erntemasse und im Stickstoffgehalt der Ernte wieder die unbedingte Überlegenheit der Stallmistzufuhr. Der nach 16 Jahren ermittelte Stickstoffgehalt des Bodens zeigt weiterhin die in den Erntezahlen zum Ausdruck kommende Stickstofferschöpfung, die der Stallmist offenbar aufzuhalten vermochte. Im einzelnen gestaltet sich die Bilanz folgendermaßen:

	Brache	Leguminosen ohne Stalldünger	Leguminosen mit Stalldünger
N in der Ernte	83,95	108,77	125,70
N in der Saat	2,71	6,21	6,21
Verbleiben	81,24	102,56	119,49

PFEIFFER macht mit Recht darauf aufmerksam, daß die Leguminosenfruchtfolge offenbar mehr Stickstoff zu liefern vermag als die Brache, obwohl die eigentliche Leguminosenernte entfernt und nicht untergepflügt wurde. Mit dem Stallmist wurden 40,95 g Stickstoff dem Boden zugeführt. Danach hätte dort der Boden-

[1] PFEIFFER, TH.: Einfluß der Brache bzw. der Stallmistdüngung auf die Ernteerträge und den Stickstoffhaushalt im Boden. Mitt. Landw. Versuchsstat. **89**, 241 (1917) **98**, 187 (1921).
[2] Tab. 5, S. 201. [3] Tab. 15, S. 220. [4] Tab. 14, S. 221.
[5] EHRENBERG, P.: Versuche über Stickstoffsammlung im Erdboden. Mitt. Dtsch. Landw. Ges. **41**, 316 (1926).

stickstoff abnehmen müssen, was aber nicht der Fall war, wie die Tabelle S. 290 zeigt. Dieser Punkt bedarf noch der Aufklärung. Da die Leguminosen in der Stalldüngerfruchtfolge keine höheren Ernten ergaben, so könnte eine vermehrte Stickstoffsammlung durch sie nicht die Ursache sein.

Untersuchungen von GEHRING[1] endlich zeigten, daß auf dem Göttinger Bracheboden auch die Humussubstanzen in der Brachefruchtfolge stark abnehmen, in der Leguminosen- und noch mehr in der Stalldüngerfruchtfolge dagegen erhalten bleiben. Er fand 1921:

	Fruchtfolge		
	Brache	Klee	Stallmist
	% der Erde		
Gesamt-Humus	1,98	2,15	2,33
Leicht zersetzl. Humus	0,43	1,03	1,47
Leicht zersetzl. Humus in % des Gesamt-Humus	21,70	47,90	63,10

Daraus geht hervor, daß vor allem auch die leicht zersetzlichen Bestandteile des Humus in der Brachebehandlung verschwinden. Das scheint manchmal sehr schnell zu gehen. SHUTT[2] gibt an, daß in den ersten Jahren bei neu kultiviertem Prärieland bei Weizen und Brache sehr große Verluste an Humus, nämlich oft zwei Drittel des ursprünglichen Gehalts, auftreten. Auch bei einer fortgesetzten Mineraldüngung treten Humusverluste ein. TUXEN[3] fand bei einem Tonboden

Regelmäßige Stallmistdüngung	4,38%	Humus
Fortgesetzte Mineraldüngung (17 Jahre)	2,03%	„
Ohne Düngung (21 Jahre)	1,51%	„

Zusammenfassend ergibt sich also, daß eine fortgesetzte Brachebehandlung einen Raubbau auf die wichtigen Humussubstanzen des Bodens und somit des Stickstoffkapitals darstellt. Dem widerspricht nicht, daß eine gemäßigte Brachebehandlung hin und wieder nützlich sein kann, namentlich in dem oben gekennzeichneten Sinne. In diesem Sinne dürfte eine langjährige, namentlich zwischen PFEIFFER[4] und LÖHNIS[5], ausgetragene Streitfrage sich erledigen.

In diesem Zusammenhange sei noch auf die Daueranbauversuche verwiesen, bei denen J. KÜHN[6] auf Grund der Beobachtungen in Halle auf eine Stickstoffbindung geschlossen hatte, wobei jedoch das Zufallsergebnis eines Jahres zu seinem falschen Schluß geführt hatte. Die Fortsetzung der Versuche ergab jedenfalls ebenfalls ein allmähliches Sinken, wie die folgenden von ROEMER[7] veröffentlichten Zahlen zeigen:

[1] GEHRING, A.: Beitrag zur Klärung der Düngerwirkung organischer Substanzen. Cbl. Bakter. II **57**, 241 (1922). — Vgl. weiter A. RIPPEL: Zur Kenntnis des Schwefelkreislaufs im Boden. J. Landw. **76**, 1 (1928). S. 7.

[2] SHUTT, F. T.: J. agricult. Sci. **15**, 162 (1925).

[3] TUXEN, C. F. A.: Die Theorie GRANDEAUS über die Fruchtbarkeit des Erdbodens usw. Landw. Versuchsstat. **27**, 115 (1882).

[4] PFEIFFER, TH.: Stickstoffsammelnde Bakterien, Brache und Raubbau, 2. Aufl. Berlin: P. Parey 1912.

[5] Es sei bez. dessen auf die letzte Veröffentlichung, siehe S. 287, Anm. 4 verwiesen.

[6] KÜHN, J.: Die Assimilation des freien Stickstoffs durch Bodenorganismen ohne Symbiose mit Leguminosen. Fühlings landw. Ztg. **50**, 2 (1901).

[7] ROEMER, TH. u. IHLE: Die Einfelderwirtschaft auf dem Versuchsfelde des Instituts für Pflanzenbau und Pflanzenzüchtung der Universität Halle. Kühn-Arch. **9**, 13 (1925). — Über die Stickstoffbilanz vgl. noch P. EHRENBERG: Der Stickstoffbedarf der Kulturpflanzen und seine Deckung. Verh. Ges. dtsch. Naturforsch., 89. Vers. in Bad Nauheim **1920**, 47 (1921). — Zur Stickstoffsammlung bei dauerndem Roggenbau. Fühlings landw. Ztg. **1913**, 449; **1914**, 178.

Düngung	Körner dz je ha			
	1. Jahrzehnt	2. Jahrzehnt	3. Jahrzehnt	4. Jahrzehnt
Ungedüngt	22,27	18,68	15,62	12,34
KP mineralisch	22,99	19,08	16,71	14,00
KPN mineralisch	30,21	29,09	25,87	21,31
N mineralisch	29,26	26,28	21,76	17,44
Stallmist	27,61	25,83	26,26	22,84

Auch hier tritt die schließliche Überlegenheit der Stallmistdüngung deutlich hervor. Gleiches ergaben seit 1852 laufende Versuche in Rothamsted[1], wofür folgende Beispiele gegeben seien. Es handelt sich um den Durchschnitt dieser Jahre.

Düngung	Weizen 1852—1928		Düngung	Gerste 1852—1928	
	Korn bush. per acre	Stroh cwt. per acre		Korn bush. per acre	Stroh cwt. per acre
Keine	11,7	9,8	Keine	13,4	7,8
Volle Mineraldüngung ohne Stickstoff	13,5	11,5	Volle Mineraldüngung, ohne Stickstoff	19,0	11,2
Dieselbe + $(NH_4)_2SO_4$ 206 lb. per acre	21,7	20,3	Dieselbe + NH_4-Salze	39,3	23,6
Dieselbe 412 lb. per acre	30,4	32,1	Dieselbe + $NaNO_3$	37,7	23,6
Dieselbe 618 lb. per acre	34,5	39,8	Nur NH_4-Salze	23,7	13,7
Volle Mineraldüng. + $NaNO_3$, 275 lb. per acre	18,8	24,6	Nur $NaNO_3$	24,3	15,4
Dieselbe 412 lb. per acre	27,8	28,2	Stalldünger	44,6	28,1
Dieselbe 550 lb. per acre	29,9	35,2			
Nur $(NH_4)_2SO_4$	18,7	17,8			
Stalldünger	33,5	34,2			

MURPHY[2] stellte endlich bei Daueraschenversuchen von Weizen im Vergleich von ungedüngten Parzellen mit solchen, die mit Stallmist gedüngt waren, erhöhten Nitratgehalt des Bodens und besseren Wasserhaushalt bei den letztgenannten fest.

Es sei schließlich noch auf BEAR[3] verwiesen, der an Hand der Rothamsteder Daueranbauversuche nach Zahlen von B. DYER und E. J. RUSSELL bei Volldüngung ohne Stickstoff eine Abnahme des Bodenstickstoffs nur für die ersten vier Jahrzehnte feststellt, während in den nächsten drei Jahrzehnten der Stickstoffgehalt stabil blieb, wie folgende Zahlen zeigen:

Stickstoffgehalt in pounds per acre.

Jahr	erste 9 Zoll	zweite 9 Zoll	dritte 9 Zoll
1865	2782	1910	1708
1881	2543	1865	1597
1893	2517	1827	1563
1914	2517	1827	1680

BEAR schließt daraus auf eine jährliche Stickstoffbindung von etwa 50 kg je Hektar und nimmt ein gleiches für verschiedene Böden Nordamerikas an. Es erscheint aber zweifelhaft, ob nicht später

[1] S. 288, Anm. 2.

[2] MURPHY, H. F.: J. Amer. Soc. Agr. **18**, 734 (1926); ref. Internat. agr. wiss. Rundsch., N. F. **2**, 948 (1926).

[3] BEAR, F. E.: Nitrogen economy in soils. J. amer. Soc. Agron. **14**, 136 (1922); ref. Cbl. Bakter. **II**, **59**, 262 (1923). Weitere Zahlen liegen bisher noch nicht vor. Nach freundlicher brieflicher Mitteilung von Herrn E. J. RUSSELL erscheint demnächst ein weiterer Beitrag. — Stickstoffbindung geben ferner an J. E. GREAVES u. D. H. NELSON: Utah Agr. Exp. Stat. Bul. **1923**, 185; ref. Cbl. Bakter. II **67**, 97 (1926); Soil Sci. Congr. Washington 1927, III. Comm. Abstr., S. 86. — B. H. WILSON u. A. BARKAH: Nitrogen fixation in arid climates. Soil Sci. **18**, 127 (1922).

doch noch ein weiterer Rückgang einsetzen wird, da die Humusmenge sich doch weiter verringern muß und dadurch die Verhältnisse für eine Stickstoffbindung immer ungünstiger werden müssen. Auch ist zweifelhaft, ob die Fehler der Probenahme und der Stickstoffbestimmung nicht das erwähnte Ergebnis vortäuschen.

Zweifellos wird sich im ungedüngten Boden mit der Zeit ein Stickstoffgleichgewicht einstellen, das je nach Boden und sonstigen Verhältnissen verschieden ist; aber offenbar kann, wie ausgeführt wurde, der hohe Stickstoffbedarf der Kulturpflanzen dann nicht gedeckt werden.

Wenn also von mikrobiologischen Gesichtspunkten aus die Brache jedenfalls in Hinsicht auf eine Bindung des elementaren Luftstickstoffs ausschaltet, so übt zweifellos ihr durch Bearbeitung und dementsprechend gute Durchlüftung erzielter günstiger mikrobiologischer Zustand eine besondere Wirkung aus. Es wird auf diese Weise die Krümelstruktur des Bodens, Bodengare, erzielt, die zu einer noch weiter verbesserten Durchlüftung und zu einem günstigen Wasserhaushalt führt. Zweifellos spielt hierbei die von den Mikroorganismen in vermehrtem Maße gebildete Kohlensäure die entscheidende Rolle. Nach einer sehr verbreiteten Anschauung[1] wirkt die Kohlensäure lösend auf den im Boden vorhandenen Kalk, ebenso auch die im Stickstoffumsatz gebildete Salpetersäure, wodurch die zur Krümelbildung führende Ausflockung eintritt. MITSCHERLICH[2] hingegen nimmt in Anlehnung an die alte Anschauung von WOLLNY eine direkte Wirkung des Druckes der von Mikroorganismen gebildeten Gärungsgase an.

Gegen beide Anschauungen, sofern sie die alleinige Ursache in dem angenommenen Vorgang sehen, lassen sich vom mikrobiologischen Standpunkt aus Bedenken erheben. Die Gärungstheorie übersieht, daß sich im normalen Ackererdboden und namentlich in der Brache die durch Mikroorganismen bewirkten Umsetzungen aerob bis zur völligen Verbrennung der organischen Substanz zu Kohlensäure und Wasser vollziehen. Verbrennt aber Zucker etwa in dieser Weise, so bleibt das Gasvolumen konstant, da für jedes Molekül verbrauchten Sauerstoffs ein Molekül Kohlensäure entsteht. Das gleiche wäre bei reinem Kohlenstoff der Fall. Wäre die organische Substanz sehr wasserstoffreich, so würde sogar eine Volumverminderung des Gases erfolgen, eine Vergrößerung nur bei höherem Sauerstoffgehalt. Da aber die Humussubstanzen im Vergleich zum Zucker relativ reicher an Wasserstoff sind als an Sauerstoff, so würde also gerade eine Volumverminderung bei der Verbrennung erfolgen. Das würde sich noch dadurch verstärken, daß der bei der Atmung verbrauchte Sauerstoff in Wasser weniger löslich ist als die gebildete Kohlensäure.

Gegen die Theorie der Lösung von Kalk durch die Kohlensäure wäre einzuwenden, daß auch im bebauten Boden so viel Kohlensäure vorhanden sein dürfte, daß eine gesättigte Lösung in Wasser vorhanden ist, und das Lösen des Kalkes demgemäß in der gleichen Intensität erfolgen muß wie bei dem bebauten Boden. Die Verhältnisse müssen also komplizierter liegen. Vielleicht spielen auch die Pflanzen selbst bei Verhinderung der Garebildung eine Rolle, und zwar etwa durch mechanische Verhinderung der Krümelbildung infolge ihres durch das Wurzelwerk ausgeübten Druckes, oder noch weitere Momente, wie der Wasserhaushalt, der wohl für die Schattengare entscheidend sein dürfte.

Daß in der Brache eine verstärkte Kohlensäurebildung stattfindet, ist infolge der guten Durchlüftung verständlich, deren Wirkung an anderer Stelle[3] ausgeführt wurde. Dort[4] wurde auch ein Beispiel für die in der Brache erhöhte

---

[1] EHRENBERG, P.: S. 287, Anm. 3. — Die Bodenkolloide, 2. Aufl. Dresden: Th. Steinkopff 1918.
[2] MITSCHERLICH, E. A.: Bodenkunde, 4. Aufl. Berlin: P. Parey 1923.
[3] Dieses Handbuch 6, 306 und 8, 615. [4] Dieses Handbuch 8, 607.

Kohlensäurebildung gegeben. Wenn dabei von anderen Autoren[1] für die Brache ein geringerer Gehalt der Bodenluft an Kohlensäure gefunden wurde, so widerspricht dies der erhöhten Kohlensäurebildung nicht, sondern ist wohl der mit der besseren Durchlüftung gleichzeitig verbesserten Diffusion zuzuschreiben.

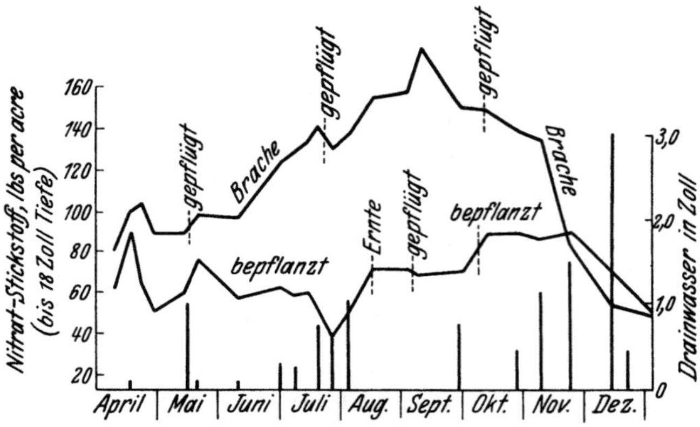

Abb. 40. Wirkung von Bepflanzung und Brache auf die Nitratanhäufung im Boden zu den verschiedenen Jahreszeiten. (Nach Russell, aus Waksman.)

Eine Folge der besseren Durchlüftung und des erhöhten Umsatzes der Humussubstanzen des Bodens ist ferner der Umstand, daß sich auch die sonstigen aeroben Umsetzungen verstärkt vollziehen. Namentlich die Nitratbildung hat man in dieser Hinsicht seit langem beachtet. Die folgende Übersicht nach Sabaschnikoff[2] gibt hierfür ein Beispiel, ebenso die Abb. 40 nach Russell, gleichzeitig für die jahreszeitlichen Veränderungen.

Art der Brache[3]	Tag und Monat											
	1. Mai	15. Mai	1. Juni	15. Juni	1. Juli	15. Juli	1. August	15. August	1. Sept.	15. Sept.	1. Okt.	15. Okt.
Spätbrache . .	0,23	0,7	0,5	0,18	0,82	2,8	6,1	9,4	10,4	7,4	3,7	1,2
Frühbrache . .	1,8	4,9	9,0	13 4	19,1	22,9	25,0	26,8	25,7	23,9	19,5	16,2
Schwarzbrache	3,2	6,3	11,7	14,7	19,0	20,4	31,0	25,8	26,8	28,2	14,3	4,6
Wicke mit Hafer	1,8	5,1	5,8	4,6	2,5	1,3	5,2	12,2	19,7	13,9	15,6	15,1
Kartoffeln . . .	1,9	5,7	10,7	12,9	15,1	16,8	15,6	12,2	10,8	10,2	6,6	4,4

Diese Übersicht zeigt aber auch, daß im Winter die mineralisierten Stickstoffmengen offenbar einer intensiven Auswaschung unterliegen. Zahlenmäßige Angaben über die Auswaschung von Nitraten in gebrachtem Boden finden sich bei v. Seelhorst[4].

Nitratstickstoff in pounds per acre bis 10 Fuß Tiefe.

Jahr	Überschuß Brache über bepflanzt				Stickstoff in Ernte			
	Luzerne	Kartoffeln	Hafer	Mais	Luzerne	Kartoffeln	Hafer	Mais
1908	94,5	87,9	106,1	13,4	71,0	29,7	98,0	86,1
1909	86,0	26,5	86,7	29,1	140,3	41,1	51,5	88,2
1910	87,5	34,0	78,1	72,9	174,7	22,7	41,6	67,7
1911	70,7	21,4	84,1	49,5	177,4	20,9	45,5	59,6*

* Ohne Stroh, nur Korn.

[1] Dieses Handbuch 6, 283ff. und 8, 608.

[2] Sabaschnikoff, A.: Zur Erforschung der Brachebearbeitung. Pflanzenbau 6, 221 (1930).

[3] Frühbrache wird im Frühjahr gepflügt; Spätbrache wird bis zum Umbruch (etwa 9. Juli) mit Unkraut bewachsen gelassen und als Viehweide benutzt.

[4] Seelhorst, C. v.: Die Wasserbilanz und die Nährstoffverluste eines gebrachten Lehm- und Sandbodens in den Jahren 1905—1912. J. Landw. 61, 189 (1913).

Bei solchen Ergebnissen ist jedoch immer zu berücksichtigen, daß das Bild deshalb nicht eindeutig ist, weil ja in dem nicht gebrachten Boden der Ausfall des mineralisierten Stickstoffs durch die Ernten hinzukommt. In der Tat kann sich dann das Bild teilweise ändern. STEWART und GREAVES[1] geben vorstehende Zahlen für einen reichen Utahboden an.

Beim Mais wurde also durch die Ernte mehr Stickstoff aus dem Boden gezogen als der Gehaltsüberschuß der Brache beträgt, es ist dies ein deutlicher Hinweis darauf, daß hier die Brache nicht gerade vorteilhaft in Hinsicht auf den Stickstoffumsatz war. Bei Hafer und Kartoffeln liegen die Dinge anscheinend anders. Wenn man aber berücksichtigt, daß bei Kartoffeln nur die Knollen geerntet wurden, würde man hier, wenigstens in den drei letzten Jahren, ähnliche Verhältnisse haben wie beim Mais. Die Leguminose zeigt auch hier ihre gewaltige Überlegenheit.

Es ist klar, daß sich durch solche Beobachtungen die Frage des Stickstoffhaushaltes in der Brache noch weiter verschlechtert.

Der vermehrten Kohlensäurebildung usw. entsprechend, ist auch in der Brache eine höhere Mikroorganismenzahl gefunden worden als in bebautem Lande, wie schon V. CARON[2] feststellte, was aber von HILTNER und STÖRMER[3] bestritten wurde, die auf besondere Bracheerreger schließen zu müssen glaubten, was aber eine durchaus unnötige Annahme ist. ENGBERDING[4] sowie KRÜGER und HEINZE[5] bestätigten dagegen wieder die höhere Mikroorganismenzahl in der Brache. Der erstgenannte Autor fand:

Datum der Untersuchung	Bakterien Mill. je 1 g trockener Erde			Wassergehalt der Erde in Prozenten		
	Brache	Sommergerste	Runkelrüben	Brache	Sommergerste	Runkelrüben
29. April 1908	26,12	12,35	12,80	18,69	16,09	17,55
7. Mai	14,13	15,67	17,56	17,31	17,01	16,91
2. Juni	11,77	12,86	12,01	17,87	16,98	17,00
6. Juli	15,04	10,15	9,03	16,20	11,55	12,74
21. Juli	11,35	8,50	5,70	14,53	15,69	13,20
6. August	11,04	7,86	—	16,76	15,16	—

Im übrigen führt dieser Autor die Überlegenheit der Brache auf den höheren Wassergehalt zurück, den er als den wichtigsten Faktor bei der Brachehaltung erkennt.

Düngungsmaßnahmen (Stallmistdüngung und Gründüngung).

Es wurde oben ausgeführt, daß der ungedüngte bzw. mit reiner Mineraldüngung versehene Boden an organischer Substanz, an Humussubstanzen, verarmt, wodurch einerseits eine Erschöpfung des Stickstoffvorrates, andererseits

[1] STEWART, R. u. J. E. GREAVES: The production and movement of nitric nitrogen in soil. Cbl. Bakter. II 34, 115 (1912). Tabelle auf S. 143.

[2] CARON, A. V.: Landwirtschaftlich-bakteriologische Probleme. Landw. Versuchsstat. 45, 401 (1895).

[3] HILTNER, L. u. K. STÖRMER: Studien über die Bakterienflora des Ackerbodens mit besonderer Berücksichtigung ihres Verhaltens nach einer Behandlung mit Schwefelkohlenstoff und nach Brache. Arb. biol. Abt. Land- u. Forstw. kais. Gesdh.amt 3, 445 (1903).

[4] ENGBERDING, D.: Vergleichende Untersuchungen über die Bakterienzahl im Ackerboden. Cbl. Bakter. II 23, 569 (1909).

[5] KRÜGER, W. u. B. HEINZE: Untersuchungen über das Wesen der Brache. Landw. Jb. 36, 383 (1907). — HEINZE, B.: Die Ergebnisse der Hallischen Untersuchungen über die Brache. In: Feldversuche über Brache. Arb. Dtsch. Landw. Ges., H. 364 (1928). S. 76. — Vgl. ferner O. FABRICIUS u. H. VON FEILITZEN: Über den Gehalt an Bakterien in jungfräulichem und kultiviertem Hochmoorboden usw. Cbl. Bakter. II 14, 161 (1905).

eine Verschlechterung des physikalischen Zustandes eintritt; beide Wirkungen haben einen mehr oder weniger großen Ernterückgang zur Folge und sind auch zweifellos von einem allmählichen Rückgang des Mikroorganismenbestandes des Bodens begleitet. Offenbar kann die Masse der im Boden zurückbleibenden Wurzeln und Stoppeln die organische Substanz nicht aufrecht erhalten. Die wesentlichsten Mittel, diesen Rückgang aufzuhalten, sind nun Stallmistdüngung und Gründüngung. Es kann hier jedoch nicht auf besondere landwirtschaftliche Fragen eingegangen werden, wie z. B. darauf, ob Gründüngung zweckmäßigerweise nur auf leichten oder auch auf schweren Böden angewendet werden soll u. dgl. mehr, sondern es sei auf einige neuere und zusammenfassende Literatur verwiesen[1].

Ein zweiter wichtiger Punkt ist die Stickstoffrage. Beim Stallmist liegen bekanntermaßen die Verhältnisse derartig, daß er als Träger seines Stickstoffgehaltes gleichzeitig dem Boden Stickstoff zuführt, der sofort und in mehr oder weniger langer Nachwirkung zur Geltung kommt. Bei der Gründüngung hat diese Frage eine doppelte Bedeutung. Bei den zur Gründüngung verwendeten Leguminosen, da andere Pflanzen, wie Senf, in dieser Hinsicht ja ausscheiden[2], ist vor allem die Bindung des elementaren Luftstickstoffs wesentlich. Durch genügende Versorgung der Pflanzen mit den übrigen Nährstoffen wird so viel Stickstoff gebunden, wie diese zu ihrer Ernährung brauchen. Über die hierbei möglichen Mengen an gebundenem Luftstickstoff mag folgendes Beispiel nach SCHNEIDEWIND[3] unterrichten, welches gleichzeitig zeigt, daß die besonderen Bakterien vorhanden sein müssen, damit die Leguminose arbeiten kann:

Kilogramm Stickstoff je Jahr und Hektar in ober- und unterirdischer Masse.

Serradella nach Serradella	216,9 kg
„ „ Senf	51,8 „
Stickstoffgewinn	165,1 kg
Lupinen nach Serradella	225,9 kg
„ „ Erbsen	75,3 „
Stickstoffgewinn	150,6 kg

Im übrigen sind die einzelnen Leguminosenarten durchaus nicht gleichwertig. Bei Versuchen von LYON und WILSON[4], wobei 10 Jahre lang Mitte Juli die betreffenden Pflanzen eingesät und im Spätherbst oder zeitigen Frühjahr untergepflügt wurden, woran sich dann Brachebearbeitung schloß, ergaben sich folgende Stickstoffverluste im Boden nach 11 Jahren:

[1] RÜMKER, K. VON: Stallmist- und Gründüngung. Tagesfragen aus dem modernen Ackerbau, H. 3. Berlin: P. Parey 1923. — WAKSMAN, S. A.: Principles of soil microbiology. London 1927. — HASELHOFF, E.: Düngemittellehre. In E. HASELHOFF u. E. BLANCK: Lehrbuch der Agrikulturchemie, Teil 2: Düngemittellehre, S. 92. 1928. — SCHNEIDEWIND, W.: Die Ernährung der landwirtschaftlichen Nutzpflanzen, 6. Aufl. Berlin: P. Parey 1928. — KLEBERGER, W.: Grundzüge der Pflanzenernährungslehre und Düngerlehre. Teil II, Bd. 2: Die Düngerlehre. Hannover: M. u. H. Schaper 1927. — ROEMER, TH.: Bodenbearbeitung. In: Handbuch der Landwirtschaft **2**, 270. Berlin: P. Parey 1929. — HEUSER, O.: Zwischenfruchtbau und Gründüngung. Ebenda S. 421. — LÖHNIS, F.: Die Beteiligung der Kleinlebewesen an den Umsetzungen im Boden. Ebenda, S. 65, 82. — HONCAMP, F.: Handbuch der Pflanzenernährung und Düngung. Bd. 2: Düngemittel und Düngung. Berlin: Julius Springer 1931.

[2] Vgl. O. LEMMERMANN u. E. BLANCK: Der weiße Senf in seiner Beziehung zur Stickstoffassimilation. Landw. Versuchsstat. **69**, 145 (1908).

[3] SCHNEIDEWIND, W.: a. a. O., S. 54/55.

[4] LYON, T. L. u. B. D. WILSON: Corn. Univ. Agr. Exp. Stat. Mem. **115** (1928); ref. Z. Pflanzenern. usw. B. **8**, 417 (1929).

Kilogramm Stickstoff je Hektar					
Wicke	Roggen	Erbsen	Hafer	Buchweizen	Grasnarbe
— 47	— 243	— 425	— 428	— 460	+ 465

Die Verluste waren also bei Erbsen noch größer als bei Roggen, bei Wicken innerhalb der Fehlergrenzen gleich 0, während bei einem mit dauernder Grasnarbe verbliebenen Teilstück sogar ein bedeutender Stickstoffgewinn zu verzeichnen war.

Was die Wirkung der Gründüngung zum Zwecke einer Stickstoffdüngung betrifft, so sind darüber viele Versuche angestellt, auf die hier nicht eingegangen werden kann. Es möge genügen, auf einige neuere Literatur zu verweisen[1]. Die Wirkung ist natürlich abhängig von Boden- und Pflanzenart usw. Demgemäß schwanken die Wirkungszahlen ganz außerordentlich. LÖHNIS[2] z. B. fand folgende Schwankungen:

1. Ernte nach Gründüngung, Boden arm	0— 32 %	im Mittel	16 %
,, ,, ,, ,, gut	33— 70 %	,, ,,	55 %
Mittel aller Nachernten, Boden arm	2— 91 %	,, ,,	55 %
,, ,, ,, ,, gut	35—113 %	,, ,,	80 %

Die untenstehende Kurve (Abb. 41) nach LÖHNIS, die unter Zugrundelegung der Mittelwerte gezeichnet worden ist, zeigt die Wirkung verschiedener Gründüngung aus zahlreichen Versuchen auf einem reichen und einem armen Boden. Die Wirkung ist hier auf dem guten Boden besser. Die Kurven sollen dann vor allem

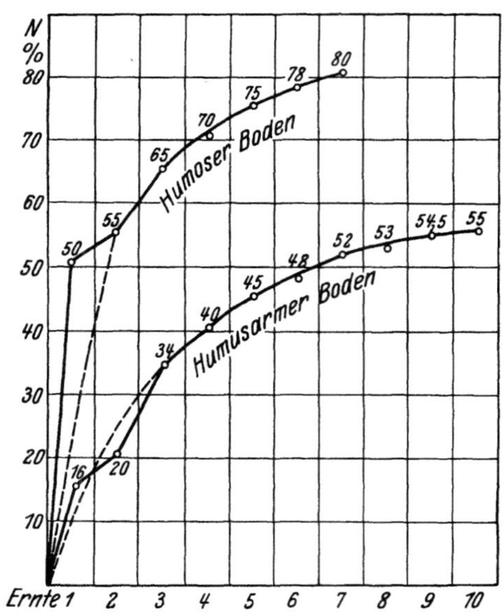

Abb. 41. Verlauf der Zersetzung von Gründünger. (Nach LÖHNIS.)

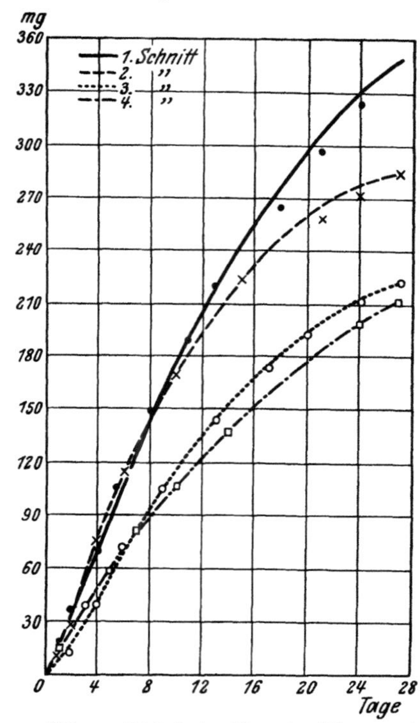

Abb. 42. Einfluß des Alters der Pflanze auf ihre Zersetzung, gemessen an der CO_2-Entwicklung. (Nach WAKSMAN.)

[1] Vgl. S. 296, Anm. 1. — Ferner F. LÖHNIS: Anm. 2. — F. MÜNTER: Gründüngungsversuche der Versuchswirtschaft Gr. Lubars. Mitt. Dtsch. Landw. Ges. **42**, 444 (1927). — BR. SCHÖNBRUNN: Welche Stickstoffmengen benötigt die nach Luzerne bzw. Rotklee usw. angebaute Zuckerrübe? Z. Pflanzenern. usw. B. **6**, 399 (1927). — L. HELLER: Gründüngung? Pflanzenbau **5**, 43 (1928).

[2] LÖHNIS, F.: Nitrogen availability of green manures. Soil Sci. **22**, 253 (1926). — Kurzer Bericht: Die Stickstoffwirkung der Gründüngung. Mitt. Dtsch. Landw. Ges. **42**, 468 (1927).

die lange Nachwirkung der Gründüngung bis zu 7 auf dem guten, bzw. 11 Jahren auf dem armen Boden zeigen. Es ist also deutlich ersichtlich, wie der Boden an Stickstoffkapital angereichert wird, wie es ja auch aus den oben bei Besprechung der Brache mitgeteilten Versuchen hervorging.

Es spielt ferner das Alter der Gründüngung eine Rolle. Gemäß den an anderer Stelle[1] gemachten Ausführungen ist die Wirkung nur bei der Unterbringung jüngerer Pflanzen sogleich zu erwarten, da sich später das Stickstoff-Kohlenstoff-Verhältnis zu ungunsten des Stickstoffs derart verschiebt, daß dann eine durch Mikroorganismen bewirkte Festlegung des Stickstoffs stattfinden würde. Die vorstehende Abb. 42 zeigt am Beispiel der Kohlensäurebildung, daß diese sich um so intensiver vollzieht, je jünger die Pflanze ist. Auch wäre noch darauf hinzuweisen, daß die Hauptmenge des Stickstoffs durch die Pflanzen schon zu einem sehr frühen Zeitpunkt, etwa zu Beginn der Blüte, aufgenommen ist, so daß man also bei späterer Unterbringung auch nicht mit wesentlich größeren Mengen zu rechnen hätte.

Schließlich greift die Gründüngung noch in anderer Weise in die Stickstoffversorgung ein; dadurch nämlich, daß die Gründüngerpflanzen, und zwar auch die Nicht-Leguminosen, wie Senf, Buchweizen, Unkräuter, den im Erdboden gebildeten Salpeterstickstoff aufnehmen, schützen sie diesen vor der winterlichen Auswaschung und retten ihn für die nächste Pflanzenernte. Besonders die Leguminosen wirken in dieser Hinsicht günstig, weil sie vermöge ihres großen Tiefganges der Wurzeln imstande sind, diesen Stickstoff aus großen Tiefen der Erde heraufzuholen und den flacher wurzelnden Pflanzen, die auf sie folgen, zur Verfügung zu stellen. Die Unterbringung darf hier natürlich nicht zu früh erfolgen, sondern zweckmäßigerweise erst möglichst spät, damit die Auswaschung nach Möglichkeit verhindert wird.

Hinter der Bedeutung dieser natürlichen organischen Düngemittel für die Pflanzen, wobei die Mikroorganismen die vermittelnde Rolle spielen, bleibt die Wirkung sonstiger Düngemittel auf den Mikroorganismenbestand des Bodens weit zurück. Zwar üben z. B. die künstlichen Düngemittel zweifellos einen Einfluß in dieser Hinsicht aus[2], aber diese Wirkung ist doch nur sehr vorübergehender Natur, wie folgendes Beispiel nach SCHWARTZ[3] zeigt:

Düngung	Keimzahlen in Millionen je 1 g feuchter Erde nach Tagen							
	0	4	8	12	16	20	24	31
Harnstoff . . .	3,08	2,96	6,41	7,23	5,48	3,08	3,45	2,79
Kalisalpeter . .	3,08	3,16	4,82	6,61	4,52	2,75	3,13	3,25
Ammonsulfat . .	3,08	4,41	4,26	7,46	3,60	3,19	3,28	3,01
ungedüngt . . .	3,08	3,22	3,06	3,12	3,04	2,87	2,93	2,96

Die Zahl der Mikroorganismen steigt also unter der Einwirkung der Düngemittel erheblich an, fällt aber sehr schnell wieder auf den ursprünglichen Stand. Es ist wohl am wahrscheinlichsten, daß die Erschöpfung der verfügbaren Kohlenstoffquellen diesen Rückgang bedingt, welche Möglichkeit auch von SCHWARTZ angedeutet wird. Auch von diesem Gesichtspunkt aus würde also die Bedeutung des Gehaltes des Bodens an Kohlenstoffverbindungen, Humussubstanzen, hervorgehen. Auf die Kalkfrage, die in früheren Beiträgen bereits öfter behandelt wurde[4], sei hier nicht eingegangen.

[1] Vgl. dieses Handbuch **8**, 624 ff.

[2] Vgl. dieses Handbuch **7**, 264 (Zahl der Mikroorganismen); **8**, 608 (CO_2-Bildung).

[3] SCHWARTZ, W. u. W. MÜLLER: Einwirkung von künstlichen Düngern, besonders von Ammonsulfat, auf Bodenorganismen. Arch. Mikrobiol. **2**, 620 (1931), Tab. X, S. 631.

[4] Dieses Handbuch **7**, 239 ff.; **8**, 599 ff.

Impfung mit Mikroorganismen.

Für Leguminosen steht der Wert einer Impfung zur Erzielung einer kräftigen Stickstoffbindung fest, wenn es sich um den Anbau solcher Leguminosen handelt, die vorher auf der betreffenden Stelle nicht gebaut wurden, deren Bakterien also dort fehlen. An anderer Stelle wurde ja bereits ausgeführt, daß sich die Bakterien der einzelnen Leguminosenarten nur innerhalb enger Grenzen gegenseitig vertreten können[1]. Das auf S. 296 mitgeteilte Beispiel zeigt, daß die Lupinen von den vorhandenen Erbsenbakterien keinen Nutzen ziehen konnten. Vor allem ist eine Impfung bei Kultivierung von Neuland angebracht. v. FEILITZEN[2] fand bei einem Versuch auf frisch kultiviertem Hochmoorboden:

Nicht geimpft	14,75 dz Frischsubstanz je Hektar
Geimpft mit Azotogen	179,0 ,, ,, ,, ,,
,, ,, Impferde	191,0 ,, ,, ,, ,,

Es ist daher auch stets das für die betreffende Pflanze geeignete Präparat zur Impfung anzuwenden. Das in der Übersicht genannte Impfpräparat Azotogen hat sich zur Impfung als voll geeignet erwiesen, ebenso andere, am besten solche, welche die Bakterien in Mischung mit Erde enthalten.

Übereinstimmend haben dagegen neuere[3] und ältere Versuche ergeben, daß eine Impfung des Bodens mit anderen Bakterien, die Stickstoff binden oder andere günstige Wirkungen ausüben sollen, völlig zwecklos ist. Das ist ohne weiteres verständlich. Die Zahl und Tätigkeit der Mikroorganismen richtet sich, wie aus vorhergehenden Ausführungen ersichtlich wird, nach den vorhandenen physikalischen und chemischen Bedingungen, wie Durchlüftung, Wassergehalt, organische Substanz usw. Sind diese günstig, so sind auch die ,,richtigen" Mikroorganismen vorhanden und können arbeiten. Sind sie ungünstig, dann kann keine Zufuhr von Mikroorganismen helfen. Jede Bodenverbesserung aber führt von selbst zur Einstellung des normalen Mikroorganismenlebens. Wahrscheinlich vollzieht sich dieser Vorgang so schnell, daß es keinen Zweck hat, ihn durch künstliche Impfung herbeiführen zu wollen.

4. Die teichwirtschaftliche Behandlung des Bodens.

Von **H. FISCHER**, München.

Mit 10 Abbildungen.

Als Zweig der wissenschaftlichen Bodenkunde hat die teichwirtschaftliche Behandlung des Bodens erst in der jüngsten Zeit eine eingehendere Berücksichtigung gefunden. Glaubte man lange Zeit, die Erfahrungen über die Behand-

[1] Vgl. dieses Handbuch 7, 284.

[2] FEILITZEN, H. v.: Cbl. Bakter. II. **29**, 198 (1911). S. 204.

[3] Literatur u. a. (bezügl. Alinit, siehe S. 288): PFEIFFER, TH.: Die Wirkung der U-Kulturen auf das Wachstum der Pflanzen. Dtsch. landw. Presse **46**, 759 (1919). — BARTHEL, CHR.: Försök med Dr. A. Kühns U-Kulturer. Medd. **184** fr. Centralanst. f. försöksväs. på jordbruksområdet (1919). — GEILMANN, W.: Untersuchung des Bakteriennährpräparates der Superphosphatfabrik Nordenham. J. Landw. **62**, 209 (1919). — LEONARD, L. T.: Tests with ,,Soilgro". J. amer. Soc Agronom. **17**, 623 (1925). — LOCHHEAD, A. G.: Rpt. of the Dominion Bacteriologist for the year 1925 Dpt. Agr. Ottawa Canada **1926**; ref. Cbl. Bakter. II **72**, 467 (1927). — KRONBERGER, M.: Über die Entwicklung und den derzeitigen Stand der Rüben- und Getreideimpfung. Prakt. Bl. Pflanzenbau u. -schutz **3**, 255 (1925). — Soll ,,Nitrobiose" zur Saatgutimpfung herangezogen werden? Ebenda **4**, 163 (1926). — HEINZE, B.: Besondere Versuche mit Impfstoffen zu Leguminosen, Hackfrüchten und Getreide. Landw. Jb. **64**, 162 (1926). — ZUCKER, FR.: Prüfungen amerikanischer Bodenimpfstoffe. Cbl. Bakter. II, **73**, 496 (1928). Dort weitere amerikanische Literatur. — Versuche mit dem Bodenimpfstoff ,,Nitrofer". Ebenda **74**, 208 (1928). — BEHN, H.: Feldversuche mit Bakterien-Impfstoffen für Nicht-Leguminosen usw. Arb. biol. Reichsanst. **16**, 45 (1930).

lung des Feldbodens einfach auf den Teichboden übertragen zu können, so haben die exakten Teichdüngungsversuche der letzten Jahrzehnte erwiesen, daß die Grundlage der „Aquäkulturchemie", wie man das Gesamtgebiet der Teichdüngung und Teichbodenmelioration bezeichnen kann, doch in wesentlichen Punkten andere als die der Agrikulturchemie, insbesondere der Feldbodenkultur sind. Wenn also beide Wissensgebiete nicht so nahe verwandt sind, als es früher den Anschein hatte, so darf doch nicht vergessen werden, daß ihre Ergebnisse in hohem Grade aufeinander befruchtend einwirken können. In den weiteren Darlegungen wird immer wieder auf prinzipielle Unterschiede zwischen beiden Forschungsgebieten eingegangen werden müssen. Einleitend sei hier schon darauf hingewiesen, in wie merkwürdiger Weise sich die Beziehungen zwischen Klima und Boden für die Teichwirtschaft auswirken. Die europäische Teichwirtschaft muß z. B. einen Boden im atlantischen Klima durchaus anders bewerten als einen petrographisch gleichartigen im kontinentalen Klima. Das atlantische Klima ist nämlich für die Fischproduktion infolge der gegenüber dem kontinentalen Klima geringeren Wärmesumme des Sommers ungünstiger. Infolgedessen werden unter sonst gleichen Verhältnissen die Erträge in Galizien größer sein als etwa in Frankreich. Die heißen Sommermonate des kontinentalen Klimas sind eben ausschlaggebend für den Zuwachs an Fischfleisch.

Die Natur und Güte des Bodens wird in der Teichwirtschaft nach anderen Gesichtspunkten eingeschätzt als in der Feldwirtschaft. Es kann ein für den Feldbau erstklassiger Boden für die Teichnutzung in wenigen Jahren verarmen, wenn keine entsprechenden Meliorationen stattfinden. Bereits in einem Jahr tritt dieser Vorgang bei einer Überflutung von erstklassigem Wiesenboden ein, wie die Versuche der bayrischen Versuchsanstalt für Teichwirtschaft in Wielenbach[1] gezeigt haben. Es erklärt sich das daraus, daß fast das ganze Stickstoffkapital der guten Ackerböden unter Wasserbedeckung durch Denitrifikation verlorengeht, Phosphorsäure vertorft und leichtlösliche Kalisalze ausgewaschen werden. Weiterhin entscheidet dann für die Höhe der Produktion die physikalische Natur des Teichbodens. Diese wird man bei der Auswahl eines Geländes für den Teichbau zunächst ins Auge zu fassen haben.

Schließlich muß noch eine Merkwürdigkeit, die die teichwirtschaftliche und feldwirtschaftliche Versuchspraxis grundsätzlich von einander trennt, schon hier angeführt werden. Der Gefäßversuch ist im Pflanzenbau bekanntlich ein hervorragendes Versuchsmittel, um den Wert eines Bodens für den Pflanzenbau zu bestimmen, und seine Ergebnisse können meist unbedenklich auf große Produktionsflächen übertragen werden. In der Teichwirtschaft besitzt man durchaus keine ähnliche Versuchsanordnung, die etwa den Einfluß der Bodengüte auf den Fischabwuchs im Glase feststellen ließe. Das kommt daher, weil für das Fischwachstum der Raumfaktor wesentlich entscheidend ist. In einem Aquarium bleibt z. B. ein Karpfen über dem besten Boden und bei bester Ernährung immer ein Zwerg, und zwar offenbar deshalb, weil ihm die zur Verwertung der aufgenommenen Nahrung nötige Bewegungsfreiheit und damit die Oxydationsmöglichkeit der Kaltblüternahrung genommen ist.

---

[1] HOFER, B.: Teichdüngungsversuche für 1913 (a), 1914 (b) und 1915 (c) der Teichwirtschaftlichen Versuchsstation Wielenbach. Allg. Fischereiztg. München **1914/15** (a), **1915** (b), **1916/17** (c), Sep. — DEMOLL, R.: Teichdüngungsversuche im „Hoferinstitut". Teichwirtschaftliche Versuchsanstalt in Wielenbach in den Jahren 1916—1918. Ebenda **1919**, Sep.; **1920**, Sep. — Teichdüngung. Sonderabdruck aus dem Handbuch der Binnenfischerei Mitteleuropas **6**. Stuttgart 1925. — WALTER, E.: Die Ergebnisse in den Karpfenversuchsteichen 1923. Aus der bayrischen Teichwirtschaftlichen Versuchsanstalt Wielenbach. Ebenda **1924**, Sep. — Die Versuche 1924 in der bayrischen Teichwirtschaftlichen Versuchsanstalt Wielenbach. Ebenda **1925**. — Versuche 1925—1930. Ebenda **1926**—**1931**.

Die Sedimentsbildung im Teiche.

Einfluß der natürlichen Bodenverhältnisse.

Prinzipiell kann wohl jeder Boden auf die Dauer für die Teichnutzung verwendet werden, denn auch die leichten Böden verlieren unter Wasserbedeckung allmählich ihre große Durchlässigkeit durch Ablagerung des äußerst feinen kolloidalen Teichschlammes, der mit den Resten der abgestorbenen Pflanzen- und Tierwelt des Teiches durchsetzt ist. Weiterhin wird durch die sog. Zooglöa, eine zusammenhängende schleimige Bakteriendecke, eine natürliche Abdichtung des Bodens bedingt. So bildet sich über jedem Boden im Laufe der Zeit der altbekannte schwarze Teichschlamm (Dammgyttja[1]), der infolge der Organismenreste ungemein reich an Stickstoff ist, und der Phosphorsäure und Kali absorbiert hat, die durch natürliche und künstliche Düngung in den Teich gelangt sind und dort nicht direkt zur Ausnützung kamen.

Obwohl in jedem Teich sich diese Dammgyttja bzw. Sapropel[1] auf die Dauer bilden wird, ist ihr Vorhandensein für die Höhe der Erträge nicht direkt bestimmend. Bei der ersten Anlage von Teichen entscheidet die Güte des Feldbodens die Ertragshöhe, genau wie beim Ackerbau. Darum ergaben die ersten Teichdüngungsversuche in Wielenbach[2] gute Erträge, die erst durch entsprechende Düngung in späteren Jahren wieder erreicht wurden. Die Ausfaulung des ursprünglichen Wiesenbodens hatte als vorzügliche Gründüngung gewirkt. Bei Auswahl eines jungfräulichen Bodens für Teichnutzung ist also seine landwirtschaftliche Bonität für die Erträge der ersten Jahre von Bedeutung. Trotzdem glaubt der Verfasser, daß der Nährstoffgehalt des Bodens bei der Auswahl für den zukünftigen Teich nicht maßgebend sein wird, sondern die physikalische Beschaffenheit des Obergrundes, d. h. die Dichte der Bodenbestandteile und die Ausbildung des Bodenprofils. Dafür liefert wieder Wielenbach mannigfaches Beweismaterial, was allerdings durch anderweitige Beobachtungen auf verschiedensten Böden notwendig der Ergänzung bedarf. Durch persönliche Mitteilung von Herrn Dr. E. WALTER an den Verfasser konnte festgestellt werden, daß sich auf der Bodenkarte (Abb. 43) Bodenkomplex I, II und III der Wielenbacher Versuchsteiche mit der teichwirtschaftlichen Leistungsfähigkeit dieser Teiche deckt. WALTER bezeichnet den Komplex I innerhalb der im ganzen sehr ähnlichen Wielenbacher Teiche von Teich 68 bis 74 als gut, von 88 bis 93 als mittelgut, im Komplex II von 75 bis 78 als mittel bis gering, von 94 bis 99 als gering, im Komplex III von 80 bis 84 und von 100 bis 105 als gut bis mittelgut, nur die Teiche 85, 86, 106 und 107 werden innerhalb des Komplexes III als gut ausgeschieden. Der Verfasser[3] konnte bereits 1913 diese Erscheinung aus den

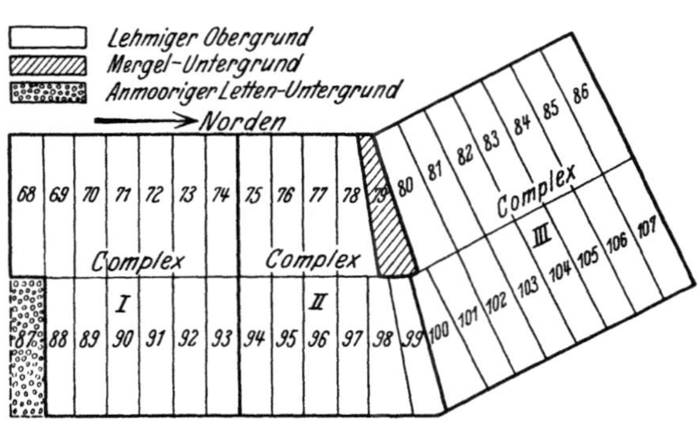

Abb. 43. Bodenkarte der Wielenbacher Versuchsteiche.

---

[1] Siehe dieses Handbuch 5, 119.

[2] HOFER, B.: Teichdüngungsversuche für 1913. Allgem. Fischerztg. München **1914/15**.

[3] FISCHER, HERM.: Beziehungen zwischen Wasser und Boden. Internat. Mitt. Bodenkde. 5, 533 (1915).

Bodenverhältnissen der Teiche erklären. Bei Durchlässigkeitsbestimmungen ergab sich folgendes: Es filtrierten 100 ccm destillierten Wassers durch ca. 80 g Boden in 10 cm hoher Schicht im Jahre 1914 bei Komplex 1 in 19 Tagen, bei Komplex 2 in 100 bis 110 Tagen, bei Komplex 3 in 23 Tagen. Außerdem bestand noch ein Unterschied im Phosphorsäuregehalt in diesen Teichgruppen[1]. Für die Teiche 85, 86, 106 und 107 fehlen besondere analytische Untersuchungen. Hier gibt, wenigstens für Teich 107, das Bodenprofil eine Erklärung für seine große Durchlässigkeit, die wie gezeigt werden wird[2], günstig auf die Sauerstoffzufuhr und damit auf die Erhöhung der Erträge einwirkt. W. KOEHNE[3] hat ein Profil der vierzig gleich großen Versuchsteiche in Wielenbach angefertigt (s. Abb. 44) und dadurch eine Erklärung für das von Anfang an verschiedene Verhalten der einzelnen Teiche gegeben, das durch die Bodenanalysen des ursprünglichen Wiesenbodens nicht genügend erklärt werden konnte[4]. Heute, nach bald 20jähriger Versuchstätigkeit, macht sich dieser Einfluß des Bodenprofils immer noch bemerkbar. Diejenigen Teiche, die eine mächtige Tonschicht haben, sind weniger durchlässig als solche, bei denen Sand, Kies oder Torf im Untergrund einschießen. Natürlich spielt auch die Anlage der Teichdämme und der Bau der Teichmönche eine große Rolle. Da ein Wasserverlust während der Nutzungsperiode die Erträge herabdrückt, ist schon beim Bau der Teiche auf eine möglichst gute Abdichtung durch Tonkerne zu achten. Hiermit wird das Kapitel des Teichbaues berührt, welches bodenkundlicher Beobachtung nicht entraten kann. Es sollte in allen Fällen durch Bohrversuche zuerst festgestellt werden, ob im Untergrund des Teichgeländes oder in der Nähe desselben genügend Ton vorhanden wäre, der zur Dichtung der Teichdämme und des Teichbodens wenigstens für Versuchsanlagen nicht zu entbehren ist. Die ehemalige Teichwirtschaftliche Versuchsstation Sachsenhausen-Oranienburg scheiterte in ihrer Versuchstätigkeit nicht zuletzt an der außerordentlichen Durchlässigkeit ihrer Teiche, die im märkischen Sandboden angelegt waren. Zudem wurden sie noch durch die Überflutungen des Vorfluters gelegentlich teilweise zerstört. Die mit größtem Aufwand an Mühe und wissenschaftlicher Sachkenntnis unternommenen Versuche konnten daher auf diese Weise nicht zu den erhofften Erfolgen gelangen, aber sie konnten doch neben vielen wissenschaftlichen Ergebnissen über die Steigerung der Erträge bei starker Versickerung dartun, welche Fehler bei der Auswahl des Teichbodens zu vermeiden sind.

Wenn man jungfräuliche Böden nach ihrem steigenden Wert für die Teichnutzung unterscheidet, kommt man etwa zu folgender Anordnung:

1. Hochmoorböden. Sie eignen sich wegen ihrer großen Durchlässigkeit und sauren Natur wohl am wenigsten für die Teichnutzung. Ausgedehnte Versuche über solche Böden liegen noch nicht vor. HARALD NORDQVIST[5] hat in der schwedischen Teichwirtschaft Aneboda einige orientierende Versuche über den Einfluß einer Kalkung auf kalk- und mineralarme Moorböden gemacht. Eine Produktionssteigerung wurde dabei nicht erzielt, was auf den Mineralstoff-, insbesondere Phosphormangel des Bodens zurückgeführt wird. Der Zuwachs in Aneboda betrug für kleine Teiche 100,3 kg je Jahr und Hektar, in den mittelgroßen 51,8 kg.

Sehr vielversprechend für die Lösung von Düngerfragen bei der Bestellung von Hochmoorteichen scheinen sich die Versuche der deutschen Landwirt-

---

[1] Siehe S. 310. [2] Siehe S. 303.

[3] KOEHNE, W.: Nach einem Gutachten der Bayer. geol. Landesunters. vom 15. XII. 15.

[4] HOFER, B.: a. a. O. **1916**, 18.

[5] NORDQVIST, H.: Über den Stand der Teichwirtschaft und die teichwirtschaftliche Versuchstätigkeit in Schweden. Fischereiztg. Neudamm **1922**, 49.

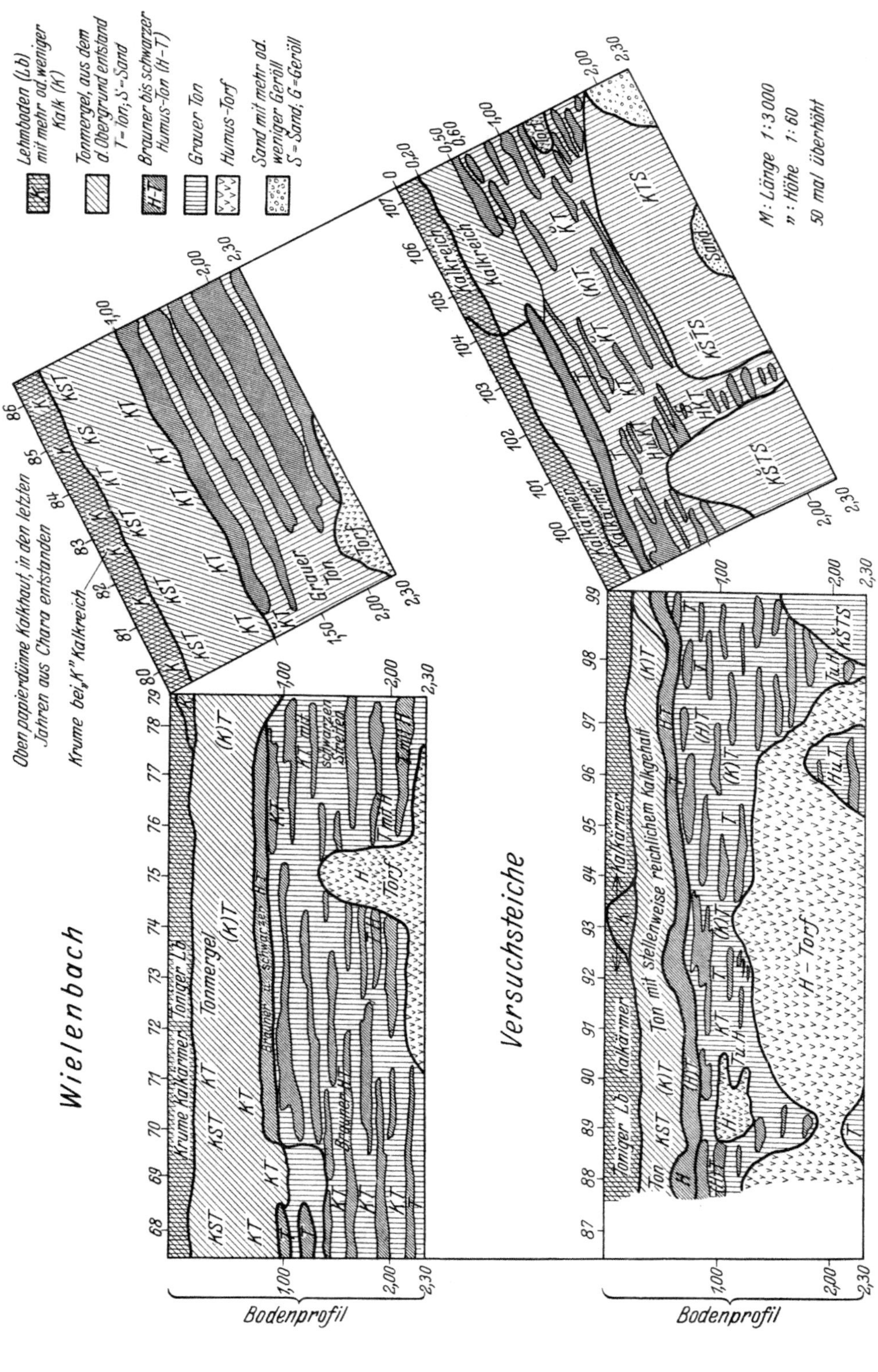

Abb. 44. Teichbodenprofile.

schafts-Gesellschaft in Geeste[1] zu gestalten. Es sind dort die in der Praxis so seltenen gleichartigen Boden-[2], Wasser, Größen- und Bewirtschaftungsverhältnisse der Versuchsteiche vorhanden. Das Ergebnis der Versuche im Jahre 1928[1] war:

Wasserfläche ha	Düngung in kg			Fischzuwachs kg	Früherer Durchschnitt	± Ungedüngt
	P_2O_5	K_2O	$CaCO_3$			
1,0	—	—	—	56	50	—
1,0	—	—	2000	67	50	+ 11
1,0	63	—	2000	86	50	+ 30
1,0	63	60	2000	100	50	+ 44

Bei der Wiederholung im Jahre 1929 wurde für die 40% Kalidüngung ein anderer 1 ha großer Teich wie im Vorjahr herangezogen. Die Versuche ergaben bei gleicher Versuchsanordnung wie oben ± ungedüngt für 2000 kg Brantkalkdüngung + 13, für 63 kg P_2O_5 + 2000 kg $CaCO_3$ + 22, für 63 kg P_2O_5 + 60 kg K_2O + 2000 kg $CaCO_3$ + 36 kg Zuwachs an Fischfleisch je ha. Bei den Versuchen des Jahres 1930[1] war die Leistung von Kainit + 11, von schwefelsaurem Kalimagnesia + 36, von 40% Kalisalz + 28 kg je ha.

Dem Verfasser scheinen die überraschenden Resultate einer wissenschaftlichen Nachprüfung dringend bedürftig zu sein, vor allem in Hinsicht auf die Frage, wie Phosphate (Thomasmehl), Kalisalze, Magnesiumsalze (schwefelsaure Kalimagnesia), Kalk usw. zur Erzeugung von Fischnahrung im Hochmoorteich ausgenützt werden. Eine annähernde Verdoppelung des Fischzuwachses in Hochmoorteichen wurde auch bei den Versuchen der deutschen Landwirtschafts-Gesellschaft in Haidhof 1926 und 1927 durch Kalkdüngung erzielt. Im weiteren wird über die Beziehungen zwischen Hochmoorboden und Teichwasser[3] und über ihre Bonitierung[4] noch einiges gesagt werden. Die Erträge steigen kaum über 1—2 Zentner je Hektar.

2. Wiesenmoorböden. Diese haben zwar die nötige Alkalinität in Wasser und Boden, aber für die Teichdüngung eignen sie sich wegen ihrer allzu großen Diffusionsfähigkeit nicht besonders; wenigstens verliefen Versuche, die mit Superphosphat und Kalisalzen in einer Teichwirtschaft in Beilngrieß in der Oberpfalz vom Verfasser gemacht wurden, ohne ein Resultat in Hinsicht auf die Wirkung der genannten Düngemittel. Die Superphosphatdüngung ließ sich nach kürzester Zeit im Wasser schon nicht mehr nachweisen, sie war also offenbar vollständig ins Moor hineindiffundiert. Thomasmehl würde hier wohl größere Aussicht auf Erfolg haben.

3. Saure Sand- und Lehmböden (podsolige Waldböden zum Teil) bringen ungedüngt geringe Erträge, können aber durch Düngung mit Thomasmehl und energischer Kalkung ganz bedeutend verbessert werden, wie die Versuche der bayrischen Teichwirtschaftlichen Versuchsstation in Wielenbach bei zwei Weihern in Dattenhausen bei Altenstadt an der Iller gezeigt haben[5]. Die Erträge stiegen dort von 91,2 kg Zuwachs auf 276,6 kg bei einer Düngung von 600 kg kohlensaurem Kalk und 480 kg Thomasmehl. In diese Gruppe gehören auch die meisten Waldweiher, deren Böden selbst über Kalkgestein durch Auslaugung entkalkt sind.

[1] Walter, E. u. O. Nolte: Düngungsversuche in Fischteichen 1926—1929. Mitt. Deutsch. Landw. Ges. 1930, 74. — Nolte, O.: Die Leistung mineralischer Nährstoffe bei der Düngung von Fischteichen. Ebenda 1931, 232.

[2] Knauthe, K.: Das Süßwasser. Neudamm 1907, 376.

[3] Siehe S. 308 f. [4] Siehe S. 344.

[5] Demoll, R.: a. a. O., 1925. Taf. 41 u. 43.

4. Kalkhaltige Sand- und Lehmböden. Erstere kommen gelegentlich im Bereich der Flußalluvionen vor. Ihre Melioration für die Teichwirtschaft ist noch nicht erforscht. Die letzteren sind zweifellos für Teichdüngung sehr geeignet. Durch Einwirkung des Kalkes gehen erhebliche Mengen von Kali aus dem Boden in Lösung, wie die Teichwasseranalysen von Volkach am Main und anderen Orten gezeigt haben[1].

5. Mergelböden. Diese sind an der Teichwirtschaftlichen Versuchsstation Wielenbach in typischer Ausbildung vertreten und durch die langjährigen Versuche[2] dortselbst in ihrem Verhalten am besten studiert worden. Sie sind die einzigen, über die man heute schon abschließende Urteile abgeben kann, was in den weiteren Ausführungen geschehen soll.

6. Tonböden. Sie erscheinen wegen ihrer großen Undurchlässigkeit und Absorptionskraft für die Teichwirtschaft in erster Linie geeignet, aber sie verlangen auch reichliche Zufuhr von Nährstoffen. Ein einziger Weiher in Wielenbach kann hierher gerechnet werden. Es ist der als Moorteich angelegte Teich 87[3]. Dieser verlor seinen Moorgehalt an der Oberfläche fast völlig im Laufe des ersten Versuchsjahres. Ursprünglich war das Profil folgendes: 20 cm humoser Obergrund, darunter 30 cm weißgrüner Untergrundmergel, darunter 40 cm schwarzgrauer Letten, darunter anmooriger Letten, die den Boden des 1 m tief ausgegrabenen Teiches bildeten. Nach dem zweiten Versuchsjahr wurden dem Obergrund wieder Proben entnommen, die im lufttrockenen Zustand eine typische Breccie darstellten. Sie war durch Schwund der Humussubstanzen und Verkittung von humusreichen und humusarmen Lettentrümmern mit kohlensaurem Kalk entstanden[4]. Auf diesem Boden wurde 1914 ohne Düngung 45,5 kg Zuwachs erzielt. Die geringe Höhe desselben erklärt sich aus dem geringen Eiweißstickstoff- und Phosphorgehalt des Tons. Durch jahrelange Düngung mit Phosphaten, Kalisalzen und Schilf wurde schließlich im Jahre 1921 mit 25 Zentnern kohlensaurem Kalk 380 kg Zuwachs erzielt[5]. Das ist ein Erfolg, wie er in der Teichdüngung einzig dastehen dürfte, soweit es sich um Düngungen mit anorganischen Düngemitteln und Schilfkompost handelt. Der humushaltige Ton des Moorteiches war also innerhalb zweier Jahre in einen kalkhaltigen Teichschlamm übergegangen, und zwar unter Einfluß des kalkreichen Zulaufwassers. Man sieht daraus, welche große Bedeutung das Bespannungswasser der Teiche für die Ausbildung des Teichbodens hat. Das neu gebildete Sediment darf wohl nach SERNANDER[6] als Äfja, d. h. als eine unter dem Wasser gebildete pflanzliche Ablagerung vom Charakter der Charakalke, bezeichnet werden. Tatsächlich hatten einige Wielenbacher Versuchsteiche in dieser ersten Periode der Sedimentierung fast ausschließlich Chara als höhere Bodenflora. Nach GAMS[7] entsteht aus der Äfja durch Verminderung des Gehaltes an Mineralsubstanzen in klaren Gewässern eine besonders aus Leichen, Exuvien und Fäkalien gebildetes Planktopel, das mit dem Ausdruck der schwedischen und dänischen Forscher[8] als Gyttja zu bezeichnen ist.

---

[1] FISCHER, HERM.: Der Nährstoffgehalt unserer Gewässer und seine Ausnützung für die Urproduktion. Naturwiss. Z. f. Forst- u. Landw. **1920**, 78.

[2] HOFER, B.: a. a. O. 1914/15. — FISCHER, HERM.: Internat. Mitt. Bodenk. **5**, 521 (1915).

[3] DEMOLL, R: a. a. O., Taf. 21 (vgl. S. 301, Abb. 43).

[4] FISCHER, HERM.: Internat. Mitt. Bodenkde. **5**, 558 (1915).

[5] Siehe R. DEMOLL: a. a. O., Taf. 21.

[6] SERNANDER, R.: Förna och äfja Geolog. Fören. Stockholm 1918.

[7] GAMS, H.: Übersicht der organogenen Sedimente nach biologischen Gesichtspunkten. Naturwiss. Wschr. **1921**, Nr. 40, 571.

[8] POST, HAMPUS VON: Studier öfver Nutidens koprogena Jordbildningar, Gyttja, Dy, Torf och Mylla. K. Sv. Vetensk. Akad. Handl. **4**, **1** (1862). — WESENBERG-LUND, C.: Studier over Søkalk, Bønnemalm og Søgytge i Danske Indsøer. Medd. Dansk. geol. For. **7** (1901). — NAUMANN, EINAR: Om järnets före komstsätt i limniska avlagringar. Sveriges geol. Undersökning Stockholm **1917**. — Vgl. dieses Handbuch **5**, 97 ff.

Die Gyttja ist heute noch in den Wielenbacher Versuchsteichen durchweg herrschend.

Das Zulaufwasser der Teiche und die Beziehungen zwischen Wasser und Boden.

So wichtig die Bodenverhältnisse für die Teichwirtschaft sind, so bedeutend ist das Zulaufwasser in seiner Wirkung auf die Umsetzungen im Boden und auf die Entwicklung des Teichplanktons, das wieder der Ernährung der Fische dient. Es ist denkbar, daß bei der Teichproduktion der Boden vollständig ausgeschaltet wird, wenn nämlich Zementbecken verwendet werden. Leider liegen hierüber noch keine wissenschaftlichen Versuchsresultate in der Praxis vor, wohl aber solche im Glase, welche beweisen, daß eine Düngung von sämtlichen Pflanzennährstoffen, ausgenommen Stickstoff, in kalkreichem Wasser genügt, um ein reiches pflanzliches und tierisches Plankton hervor zu bringen. Die stickstofflose Teichdüngung, die ganz auf der Tätigkeit der stickstoffsammelnden Bakterien begründet ist, erscheint also bei der Ausschaltung des Bodens denkbar. Demnach müssen im Wasser genügende Nährstoffe vorhanden sein resp. zugeführt werden, um schließlich bei der Umsetzung der Stoffe im Fischfleisch wieder zu erscheinen. Der Verfasser hat diese Frage in einer früheren Arbeit über den Nährstoffgehalt der Gewässer und seine Ausnützung für die Urproduktion[1] eingehend behandelt und ist dabei zu dem Resultat gekommen, daß in den natürlichen Gewässern in erster Linie durch die Wärme und weiterhin durch die Phosphorsäure die Produktionshöhe bedingt wird. Im Meere, wo der Boden sicher keine große Rolle spielt, ist überraschenderweise gerade in den kalten Zonen die Produktion größer als in den warmen. Das kommt aber nach Nathanson[2] daher, daß dort durch den Auftrieb von nährstoffreichem Tiefenwasser fortgesetzte Förderung des pflanzlichen und tierischen Wachstums stattfindet. Auch in den tropischen Meeren gibt es unter gleichen Bedingungen produktionsfähigere Zonen, aber diese sind selten, während weitausgedehnte Gebiete, wie z. B. die Sargassosee, strömungsarm und infolgedessen auch organismenarm sind. Die Ansichten Nathansons sind durch Analysen von Gebbing[3] unterstützt worden. Genaue Analysen über den Nährstoffgehalt des Meerwassers gibt es leider nur noch wenige. Am sichersten sind die von Raben[4] mit einem Mittelwert von 0,1 mg P_2O_5, 1 mg N und etwa 2—3 g (!) K_2O im Liter. Das sind Werte, die für P und N denen von natürlichen Fluß-, See- und Teichwässern sehr ähnlich sind. Was muß nun damit produziert werden? Plankton als Fischnahrung mit 8—10% Stickstoff, 1—4% Phosphorsäure, 0,4—4,5% Kali[5] und Fischfleisch mit 5,5—11,8% Stickstoff, 3,1—8,4% Phosphorsäure und 0,15—1,04% Kali in der Trockensubstanz, für Karpfen und Schleien nach Analysen von Knauthe und Cronheim[6]. Man sieht aus diesen Beziehungen zwischen Wasser und Organismenanalysen, daß das Kali sicher in genügender Menge im Meerwasser und, manche Hochmoorgewässer ausgenommen, auch im Teichwasser und in den Zuflußwässern der Teiche vorhanden ist. Die

[1] Fischer, Herm.: Naturwiss. Z. Forst- u. Landwirtsch. **1920**, 66.

[2] Nathanson, A.: Abh. k. sächs. Ges. Wiss. Leipzig **39**, Nr. 3 (1906).

[3] Gebbing, J.: Internat. Rev. Hydrobiol. 3 (1910/11).

[4] Raben, E: Bei K. Brandt: Über den Stoffwechsel im Meere. Wissenschaftl. Meeresunters. Kiel 1902. — Quantitative Bestimmung der im Meerwasser gelösten Phosphorsäure, ebenda 1916. — Brandt, K.: Stickstoffverbindungen im Meere. Ebenda 1927; hier auch eingehende Besprechung der neuesten Literatur.

[5] Vgl. Th. Alexander, O. Haempel u. E. Nehresheimer: Teichdüngungversuche. Sonderabdr. Z. landwirtsch. Versuchswes. Österr. **1915**, 388—421. — E. Walter: Die Fischerei als Nebenbetrieb des Landwirtes und Forstwirtes. Neudamm 1902.

[6] Knauthe, K. u. Cronheim: Teichversuche in Loccum. Z. Fischerei. Berlin **1903**.

Zufuhr des Stickstoffs findet aber, wie bereits erwähnt, fortgesetzt durch Stickstoffbakterien statt. Es kann also nur die Phosphorsäure im Minimum sein und somit die Ertragshöhe bestimmen. Die Verhältnisse werden nicht viel anders, wenn das Zulaufwasser in die Teiche eingeleitet wird und dieses dann den Teichboden auslaugt.

Obwohl die Produktion im Meere nicht eigentlich hierher gehört, ist doch auf die Nährstoffanalysen des Meerwassers eingegangen worden, weil hier die Bedeutung der Wasseranalysen für die Feststellung der Produktionsmöglichkeit am klarsten sich zeigt. Für die Teichwasseranalysen ist dies aus verschiedenen Gründen bezweifelt worden. Man erkennt hier die geringe Wertschätzung, die der moderne Pflanzenbau allen analytischen Untersuchungen des Bodens und der Bodenlösungen schenkt, wieder[1]. DEMOLL hat besonders die Möglichkeit einer exakten Durchschnittsprobeentnahme bezweifelt. Ferner habe das Teichwasser in verschiedenen Tiefen verschiedene Zusammensetzung und weiterhin müsse man das Plankton als zum Nährstoffgehalt des Wassers gehörig mitanalysieren. Als Folge dieser Behauptungen und unerfüllbaren Forderungen sieht der Verfasser hierin eine Herabwertung seines bereits 1915[2] aufgestellten Satzes, daß die Teichwasseranalyse den Wert einer pflanzenphysiologischen Bodenanalyse habe. Ohne sich über die Tragweite der Bodenpreßsaftanalysen nach RAMANN[3], der Bodenextraktionen mit schwachen Säuren mit darauffolgender Filtration durch engporige Filter (etwa nach MITSCHERLICH) und ähnlich durchgeführte Teichwasseranalysen zu täuschen, möchte der Verfasser doch daran festhalten, daß ihre Ergebnisse zur Beratung der Praktiker sehr wertvoll sind. Man entnimmt zu diesem Zwecke immer Oberflächenwasser an

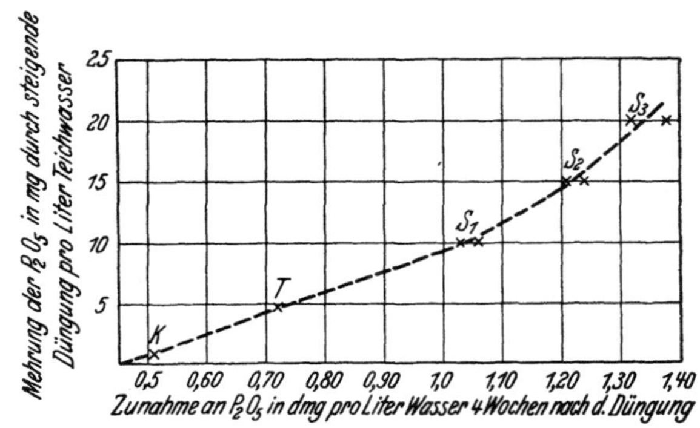

Abb. 45. Löslichkeitskurve der P_2O_5 im Teichwasser fur Knochenmehl (K), Thomasmehl (T), Superphosphat (S).

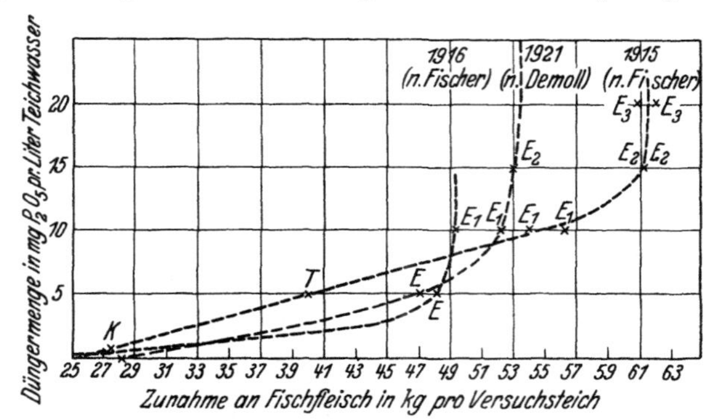

Abb. 46. Zuwachszahlen in Kilogramm auf den Wielenbacher Versuchsteichen (2000 qm) in den Jahren 1915, 1916 und 1921 bei steigenden Mengen P_2O_5 im Wasser.

E = Ertrag bei 5 mg P_2O_5 — E_3 = Ertrag bei 20 mg P_2O_5
E_1 = Ertrag bei 10 mg P_2O_5 — T = Ertrag bei Thomasmehldüngung
E_2 = Ertrag bei 15 mg O_2O_5 — K = Ertrag bei Knochenmeldüngung

Bei der Aufstellung der Ertragskurve nach DEMOLL[4] fand eine Kontrolle der Phosphorlöslichkeit im Wasser nicht statt.

---

[1] DEMOLL, R.: Teichdüngung, S. 55.

[2] FISCHER, HERM.: Beziehungen zwischen Wasser und Boden. Internat. Mitt. Bodenkunde **1915**, 517.

[3] RAMANN, E., S. MÄRZ u. H. BAUER: Über Bodenpreßsäfte. Internat. Mitt. Bodenkunde **1916**, 1.

[4] DEMOLL, R.: Die Düngung der Teiche. Handbuch der Pflanzenernährung und Düngerlehre, S. 868. Berlin: Julius Springer 1931.

möglichst zahlreichen Stellen des Teiches. Die Probeentnahme ist beim Wasser immer noch leichter als beim Boden exakt durchzuführen. Filtration durch Tonzellen soll feindispergierte Phosphate und organische Phosphorverbindungen möglichst beseitigen, wie sie offenbar regelmäßig im Wasser über dem Teichgrund zu finden sind[1]. Auch in den Zeiten der Dissimilation treten sie nach den Erfahrungen des Verfassers im Wasser auf. Zu dieser Zeit liefert die Probeentnahme immer zu hohe Werte, d. h. solche, die dem Jahresdurchschnitt fern liegen. Hier liegt sicherlich die größte Schwierigkeit zur Auswertung der Teichwasseranalysen. Bei hohen Nährstoffzahlen im Wasser muß immer festgestellt werden, ob sie auch eine Dauererscheinung sind.

Es besteht kein Zweifel, daß unter gleichen Wasser- und Bodenverhältnissen eine dauernde Erhöhung des im Minimum befindlichen Nährstoffes im Teichwasser in Beziehung zu den Fischerträgen steht[2]. Dafür dürfte durch Hunderte von Analysen von Teichwässern der Wielenbacher Versuchsteiche genügendes Material erbracht worden sein. Bezüglich dessen sei auf die nachstehenden Ergebnisse hingewiesen:

Die Mittelwerte der Wielenbacher Teichdüngungsergebnisse von 1915 hinsichtlich der im Wasser verbleibenden Phosphorsäure sind auf der Abscisse des Koordinatensystems eingetragen. Zwischen den in der Düngung gegebenen Phosphorsäuremengen und den nach 4 Wochen jeweils noch im Wasser verbliebenen Düngungsresten besteht ein gesetzmäßiger Zusammenhang, der durch die in das Koordinatennetz eingetragene Lösungskurve zum Ausdruck gebracht wird.

Es mag überraschend erscheinen, daß bei den starken Superphosphatdüngungen von 3, 6, 9, 12 Zentnern 17 proz. Superphosphat je Hektar so geringe Phosphorsäuremengen im Wasser verblieben sind. Dies erweist sich aber nicht erstaunlich, wenn man die starke Absorptionskraft der Wielenbacher Teichböden für Phosphorsäure bedenkt. Die Bedeutung der Wasseranalysen zur Feststellung der Ertragsaussichten ist ähnlich zu bewerten wie die quantitative Planktonbestimmung, die bei allen Teichdüngungsversuchen ein deutliches Bild der zu erwartenden Erträge gibt. Allerdings fressen die erwachsenen Teichfische nicht nur Plankton, sondern auch Bodennahrung. Diese konnte aber bisher quantitativ noch nicht bestimmt werden. Wie also im Plankton nur ein proportionaler Teil der Fischnahrung bestimmt wird, so wird durch die quantitative Feststellung des im Wasser im Minimum befindlichen Nährstoffes auch nur ein proportionaler Anteil ermittelt, dem der Bodenanteil gegenüber steht. Wenn man die Teichwasseranalysen des Verfassers[4] durchsieht, so findet man von den Kernnährstoffen fast überall die Phosphorsäure in geringster Menge vertreten. Über kalkhaltigem Boden ist nach den Analysenzahlen wohl durchweg mit einem Phosphorsäureminimum zu rechnen, und eine Phosphatdüngung hat Aussicht auf Erfolg.

Anders liegen freilich die Verhältnisse in den Gebieten mit kalkarmen bzw. sauren Böden und kalkarmen Wässern (saure Wässer hat dagegen der Verfasser in Teichen noch nicht beobachtet). Die Säure des Bodens löst die Phosphate stark auf, und dadurch kommt es im Moorgebiet zu einer Auslaugung, über die schon Ramann[3] berichtet. Diese Auslaugung der Hochmoorwässer läßt sich auch aus den Wasseranalysen von Teichzuflüssen feststellen. In Tabellen[4] des Ver-

[1] Breest, Fr.: Studien über die Phosphorsäure im Boden und im Wasser. Internat. Mitt. Bodenkde. **1921**, 111.

[2] Fischer, Herm.: Beiträge zur Teichdüngungslehre. 2. Über Verhalten und Wirkung einiger künstlicher und natürlicher Phosphorsäuredüngemittel in Teichen. Naturwiss. Z. Forst- u. Landwirtsch. **1917**, 136—140. Daraus Abb. 45 u. 46 S. 307.

[3] Ramann, E.: Bodenkunde, 3. Aufl., S. 255. 1911.

[4] Fischer, Herm.: Der Nährstoffgehalt unserer Gewässer und seine Ausnützung für die Urproduktion. Naturwiss. Z. Forst- u. Landwirtsch. **1920**, 78—81.

fassers zeigt das Zuflußwasser des Schörgenweihers bei Unterholz (Bernried am Starnberger See) 0,294 mg P_2O_5 je Liter, das Zulaufwasser des oberen Gallerweihers, welches ebenfalls aus dem Hochmoor kommt, 1,11 mg. Über dem Boden dieses Weihers stieg der Phosphorsäuregehalt des Wassers sogar auf 7,8 mg. Man hat es hier offenbar mit der gleichen Erscheinung zu tun, die BREEST[1] später auch für die Wielenbacher Weiher nachwies. Daß tatsächlich Phosphorsäure aus dem Boden ausgelöst wird, bewies der Absorptionsversuch mit naturfrischem Boden, bei dem zum ersten Male unter 100 nahezu gleichartigen Versuchen Phosphorsäure in Lösung ging. Die Flüssigkeit mit 11,11 mg gelöster Phosphorsäure je Liter reicherte sich auf 15,39 mg an. Diese war nicht sauer, sondern hatte sogar eine mäßige Alkalinität, woraus geschlossen werden darf, daß die Humusstoffe nicht als Säuren auf die Phosphate wirken, sondern sie als Schutzkolloide vor der Ausfällung bewahren. Wenn nun in diesen Teichen mit so hohem Phosphorsäuregehalt gleichwohl keine besonders hohen Erträge erzielt werden, so beweist das nur, daß die Phosphorsäure hier nicht im Minimum ist. Leider liegen auf dem Gebiete der Düngung solcher Teiche noch wenige[2] exakte Versuche vor, aber eigene Versuche im Glase weisen darauf hin, daß hier nicht Phosphorsäure, sondern Humussäure den Ausschlag gibt, welche verhindert, daß die Stickstoffbindung im Wasser in Gang kommt. Darüber soll in dem Kapitel über die Teichbodenbakterien Näheres gebracht werden. Neuerdings von E. WALTER[2] auf dem erwähnten Teichgelände des Bayrischen Landesfischereivereins bei Bernried mit Phosphaten und Kalisalz durchgeführte Versuche haben tatsächlich bewiesen, daß sich die Erträge der Gallerweiher, die die hohen oben angegebenen Werte an P_2O_5 im Bodenwasser haben, durch die angegebene Düngung nur wenig steigern lassen. Dagegen wirkten Phosphate in dem nahe den Gallerweihern gelegenen Schörgenweiher mit durchaus anderen Bodenverhältnissen (kalkreich) bis zu 100% ertragssteigernd.

Wenn heute von manchen Seiten[3] dem Boden eine ausschlaggebende Rolle in dem Stoffumsatz der Teiche zugesprochen wird, so muß doch auch von dieser Seite zugegeben werden, daß der Boden als Nährstoffträger nur durch die ins Wasser übergeführten Nährstoffe in Tätigkeit tritt. Darüber ist man wohl allgemein einig, daß eben die Beziehungen zwischen Wasser und Boden in der Teichbodenkunde die Kernpunkte des Problems sind.

Um über diese Beziehungen Klarheit zu bekommen, ist es nötig, einige physikalisch und chemisch gut bekannte Teichböden eine Reihe von Jahren hindurch analytisch zu beobachten, um feststellen zu können, welche Veränderungen in der Zusammensetzung derselben eintreten. Solche Beobachtungen wurden für einen sich entwickelnden Teichboden zum ersten Male in Wielenbach durchgeführt. Die Bodenkarte der 40 Versuchsteiche, wie sie für Ende 1912 maßgebend war, ist nebenstehend wiedergegeben. Die Bodenanalysen sind in der beigegebenen Tabelle zusammengefaßt. Es zeigt sich zunächst, daß unter Einfluß eines kalkreichen Bespannungswassers eine starke Ausfaulung des ursprünglich humosen kalkreichen Lehmbodens mit starker Grasnarbe stattgefunden hatte. Es gilt das für die 38 Teiche, die auf dem ursprünglichen Wiesenboden des Teichgeländes angelegt worden waren. Über den in den Untergrund eingegrabenen Mergelteich 79 und den Moorteich 87, deren Entwicklung sich späterhin sehr

---

[1] BREEST, FR.: a. a. O., S. 111.

[2] WALTER, E.: Düngungsversuche in den Teichen des Bayrischen Landesfischereivereins bei Bernried. Allg. Fischereiztg. **1926**, 114.

[3] DEMOLL, R.: a. a. O. 1919, 1925. — DEMOLL, R. u. E. WALTER: Methoden der teichwirtschaftlichen Versuchsanstellung im Handbuch biologischer Arbeitsmethoden Abt. IX, Teil 2/II, 1929, S. 1485.

Bodenanalysen der Wielenbacher Teichböden[1].

Probeentnahme	Ende 1912							Ende 1914					1915			
Böden und Bodengruppen siehe Lageplan der Teichwirtschaftlichen Versuchsstation	Durchschnittsprobe I. Hälfte Humoser lehmiger Boden	Humusärmerer Obergrund aus Teich 100—104	Humusreicherer Obergrund aus Teich 87—91	Durchschnittsprobe II. Hälfte mit den kalkreichen Teichen 80—86	Moor aus dem Untergrund von Teich 87	Anmooriger Lettenboden Teich 87	Untergrundmergel Teichgräben	Ehemaliger Wiesenboden von Ende 1912: Komplex I.	Ehemaliger Wiesenboden von Ende 1912: Komplex II.	Ehemaliger Wiesenboden von Ende 1912: Komplex III.	Ehemaliger Wiesenboden von Ende 1912: Teich No. 92	Anmooriger Lettenboden Teich 87	Komplex Ia Ungedüngt Nr. 89	Gedüngt mit P_2O_5 90, 92	Komplex Ib Ungedüngt 72	Gedüngt mit P_2O_5 73, 74
Glühverlust	—	23,82	25,97	24,37	38,58	27,54	16,38	15,80	15,83	14,68	14,63	23,94	—	—	—	—
Kohlensäure CO_2	3,25 3,23	3,08	3,41 3,35	5,72	0,096	0,049	9,77	8,62	8,06	7,88	—	3,44	—	—	—	—
Daraus berechnet $CaCO_3$	7,39 7,36	7,00	7,74 7,61	10,41	—	0,114	22,7	19,60	18,32	17,92	—	7,82	—	—	—	—
Gesamtstickstoff	0,894 0,901	0,770 0,777	0,880 0,872	0,782 0,794	0,961 0,950	0,595	0,210 0,210	0,480	0,485 0,478	0,476	0,452 0,446	0,345 0,331	0,523	0,749	0,484	0,592
Gesamtphosphorsäure (P_2O_5)	0,176	0,183	0,173	0,189	0,0792	0,0728	0,121	0,154	0,148	0,156	0,154	0,159	0,150	0,221	0,158	0,189
Kalk (CaO) königswasserlöslich	4,81	4,59	4,51	6,50	2,06	2,55	9,74	9,47	8,80	8,66	8,36	4,92	—	—	—	—
Magnesia (MgO) königswasserlöslich	2,11	—	2,38	2,96	1,48	1,26	4,39	3,87	3,33	—	3,40	2,92	—	—	—	—
Gesamtkali K_2O	1,65	1,78	1,77	1,70	1,67	1,58	1,70	1,76	1,78	1,70	—	1,63	—	—	—	—
Kali (K_2C) königswasserlöslich	0,459	0,675	0,552	0,547	0,621	0,479	0,695	0,691	0,712	0,861	0,872	0,875	—	—	—	—
Eisen (Fe_2O_3)	4,01	4,17	4,34	4,45	—	2,87	—	4,49	4,35	4,38	4,38	5,20	—	—	—	—
Schwefelsäure (SO_3)	—	—	—	0,030	0,24	0,016	—	—	—	—	—	—	—	—	—	—

Sämtliche Analysenwerte sind in Prozenten des wasserfreien Bodens angegeben.

1 FISCHER, HERM.: Beziehungen zwischen Wasser und Boden. Intern. Mitt. Bodenkde. **1915**, 8. — HOFER, B.: a. a. O. **1916**, 10, 18.

interessant gestaltete, ist bereits berichtet worden[1]. Auch weiterhin wird, da sonst nichts über die Entwicklung von Moor- und Mergelteichen bekannt ist, auf ihr Verhalten Rücksicht genommen werden. Die angegebene Ausfaulung der übrigen 38 auf Wiesenboden angelegten Versuchsteiche machte sich schon bei den Analysen Ende 1914 bemerkbar. Die Obergrundverhältnisse hatten sich so sehr denen des Untergrundes genähert, daß man für die gesamte Teichbodenoberfläche schon von da an gleichartigen Boden annehmen konnte. Es muß hier bemerkt werden, daß die Teichgräben natürlich in den Untergrund einschnitten und infolgedessen auch am Anfang den Bodencharakter desselben besaßen. Weiterhin konnten nur noch die Düngungen und die damit verbundene vermehrte Planktonsedimentation den Obergrund wesentlich verändern. Dies zeigen die wenigen Analysen, die von 1915 ab ausgeführt wurden. 1915 ergaben die Phosphoranalysen des Bodens Werte, die bei den ungedüngten Teichen dem Durchschnittswert des Jahres 1914 ungefähr entsprechen. Für die mit Phosphor gedüngten Teiche ergaben sie aber bereits wesentliche Erhöhungen, nämlich etwa 20%. Auch über die Zunahme des Stickstoffgehaltes sind Beobachtungen angestellt worden. DEMOLL[2] schreibt darüber: „Vergleicht man den von FISCHER 1914 festgestellten Stickstoffgehalt des Bodens mit dem von LANTZSCH 1922 gefundenen (im Mittel 0,8%), so ergibt sich, daß der Boden seit 1914 reicher geworden ist." Nach den Analysen des Verfassers kann man diese Zunahme genau verfolgen. Sie ist absolut noch größer als die Phosphorsäurezunahme, steht aber in einem gewissen prozentualen Verhältnis zu derselben, was später noch zu begründen sein wird. Die Feststellung der außerordentlichen Stickstoffzunahme des Wielenbacher Obergrundes scheint deswegen von besonderer Wichtigkeit, weil gelegentlich die Behauptung aufgestellt wurde, die Tätigkeit der stickstoffsammelnden Bakterien könne nicht von so großer Bedeutung sein, daß daraus die ganze Produktion gedeckt werden könne. Der nötige Stickstoff würde dann eben aus dem Boden entnommen. Nichts Derartiges ist eingetreten, im Gegenteil, im Teichboden hat sich ein Stickstoffkapital angesammelt. Der von A. RIPPEL[3] geforderte quantitative Nachweis der Stickstoffbindung bei Algen-Bakterienmetabiose kann durch die Wielenbacher Bodenuntersuchungen tatsächlich erbracht werden. Der Einwand, daß der im Boden angereicherte Stickstoff dem Bespannungswasser der Teiche entstammen könnte, wird durch den Nachweis hinfällig, daß das Zulaufwasser der Teiche mit zirka 1 mg Stickstoff je Liter im Laufe der Nutzungsperiode höchstens um 0,5 mg je Liter zurückgeht, eine Menge, die kaum zur Fischproduktion ausreicht. Ernsthafter ist der Einwand, daß der Stickstoff aus Untergrundschichten stammen könnte. FISCHER[4] konnte nun im Untergrund des Wielenbacher Teichgeländes 1912 nur 0,210% Stickstoff nachweisen[5], während LANTZSCH[6] 1928 im Untergrund des ungedüngten Teiches 100 0,51% Stickstoff (0,71% im Obergrund) und des mit Phosphat gedüngten Teiches 101 0,74% Stickstoff (0,67% im Obergrund) fand. Der mit Phosphat gedüngte Teich 69 enthielt im Obergrund 0,88% Stickstoff. Es ist also jedenfalls im Laufe von 10 Jahren die Gesamtsumme Stickstoff im Ober- und Untergrund um rund 0,15% gestiegen. Die abgelagerte Dammgyttja bekommt immer mehr den Charakter eines Teichschlammes, wie er gelegentlich analysiert wurde. KARL KNAUTHE[7] gibt für das Sediment eines Entenpfuhls

---

[1] Siehe Abb. 43 S. 301. [2] DEMOLL, R.: Teichdüngung, S. 60. [3] Dieses Handbuch **8**, 646.

[4] FISCHER, HERM.; Über Denitrifikation in Teichen und ihre praktische Bedeutung, Zeitschr. Fischerei **1916**. Tab. 1 u. 2.

[5] Siehe S. 310.

[6] LANTZSCH, K.: Der Boden der Wielenbacher Teiche. Archiv Hydrobiol. **15**, 409 (1924).

[7] KNAUTHE, K.: Das Süßwasser, S. 292. Neudamm: J. Neumann 1907.

folgende Analyse an: 8% organische Massen, 0,7% N, 1,4% P_2O_5, 0,4% K_2O, 1,6% CaO, 0,2% Cl. Noch interessanter ist die auch bei KNAUTHE[1] angegebene analytische Durchforschung des Profils eines Seeuntergrundes (Abb. 47). Hier sieht man, wie im Laufe der Zeiten gedüngte Wässer nährstoffreiche Sedimente und düngerarmes Wasser nährstoffarme Sedimente schaffen, welche im Untergrund nutzlos vertorfen können. Man vergleiche hierzu das beigegebene geologische Profil des Seeuntergrundes[2]. Das Zulaufwasser des Sees enthielt in 100000 Teilen 0,28 g organische Substanz, 0,02 g N, 0,05 g CaO, P_2O_5 in Spuren (?), MgO in Spuren, K_2O in Spuren (?), Fe = 3,36 g. Dieser Armut entspricht die Zusammensetzung der aufliegenden, 5—20 cm dicken Sand- und Geröllschicht, denn diese enthält außer Eisen so gut wie keine Mineralstoffe, verdeckt dafür aber eine bereits vertorfte, etwa 3—15 cm starke Schicht von humosem Sand (49% organische Substanz, 2,2% N). Unter dieser Humusschicht lagern endlich teils Flöze des allerbesten, mit Vivianit vermengten Wiesenkalkes (55% CaO, 1,2% P_2O_5, 1% N), teils gute, kalireiche Lehm- und Lettenadern (6,32% organische Substanz, 0,9—1,2% N, 2,30% K_2O, 4,8% CaO, 0,3% P_2O_5).

Die Kenntnis und praktische Berücksichtigung der Teichprofile spielt bei der teichwirtschaftlichen Behandlung des Bodens eine nicht geringe Rolle. Im Abschnitt über die physikalischen Meliorationen des Teichbodens wird gezeigt

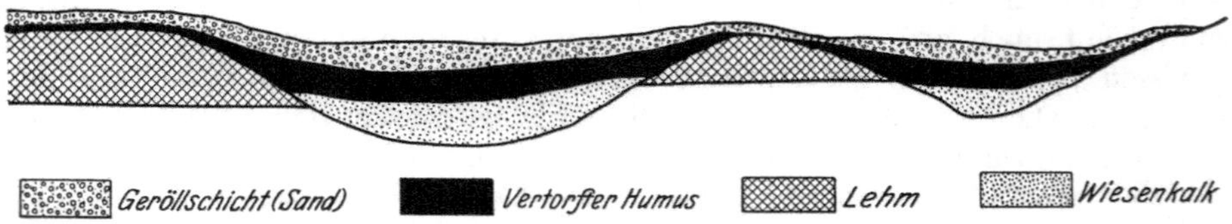

Abb. 47. Profil eines Seeuntergrundes.

werden, wie durch Emporbringen des Untergrundes die Erträge verbessert oder verschlechtert werden können. Das Profil eines alten Teiches spricht deutlich über seine Geschichte. Man kann daraus Schlüsse über die Nährstoffzufuhr in guten und in schlechten Zeiten ziehen. Im obigen Falle beweisen die an Nährstoffen reichen Sedimente des Untergrundes, daß der Teich, welcher über 50 Jahre (1850—1904) nur Erträge von 18—64,3 Pfund pro Hektar geliefert hatte, einstmals bessere Zeiten gesehen hat.

Nachfolgend soll nun untersucht werden, wie die Aufnahme von Nährstoffen in dem Teichboden vor sich geht. Absorbiert wird von Nährstoffen P_2O_5, Na_2O, K_2O, CaO, MgO, Eisen, Mangan usw., von Stickstoffverbindungen vorzüglich das Ammoniak. Die Absorptionsverhältnisse für die verschiedenen Böden seien in folgender Übersicht wiedergegeben:

Lage der Teiche	Charakter des Teichbodens	Absorbierte Menge von	
		Phosphorsäure %	Kali %
Wiesau i. d. Oberpfalz. Schmidtteich	sandiger, schwach humoser, schwach saurer, kalkarmer Lehmboden (Glimmerboden)	13,8	42,2
Volkach. Neuersee	kalkreicher Lehmboden	26,7	— (Kaliabgabe an die Absorptionsflussigkeit a. d. Boden)

[1] KNAUTHE, K.: a. a. O., S. 305.
[2] KNAUTHE, K.: a. a. O., S. 305.

Fortsetzung der Tabelle von Seite 312.

Lage der Teiche	Charakter des Teichbodens	Absorbierte Menge von	
		Phosphorsäure %	Kali %
Trachenberg i. Schl. Herzogl. Teichverwaltung. Versuchsteich 14	humoser, etwas saurer, kalkarmer Sandboden	45,4	29,6
Wiesau i. d. Oberpfalz. Munzteich	sandiger, schwach saurer, kalkarmer Glimmerboden	49,1	38,4
Hienheim. Wolfsee (Waldweiher)	saurer Lehmboden über Jurakalk	50,1	40,9
Wielenbach. Teich 92	kalkreicher, humoser Lehmboden, sehr humusreich	56,0	33,2
Eberswalde	typisches Niederungsmoor	56,9	35,1
Wielenbach, Teich 97	kalkreicher, humoser Lehmboden, humusärmer als Teich 92	58,4	28,3
Mooslohe i. d. Oberpfalz	schwach saurer, humoser, sandiger Lehmboden	60,8	27,4
Beilngries i. d. Oberpfalz	typisch kalkreiches Niederungsmoor	64,5	—
Altenstadt a. d. Iller. Oberer Teich	schwach saures, sandiges Moor	65,9	17,5
Trachenberg i. Schl. Oberer Jamnichteich	humoser, schwach saurer, kalkarmer, lehmiger Sandboden	68,0	16,9
Schwarzenbach i. d. Oberpfalz	saures, sandiges Hochmoor	71,0	— (geringe Kaliabgabe aus dem Boden)
Tirschenreuth i. d. Oberpfalz	schwach saurer, kalkarmer, humoser Urgesteinsboden	73,1	25,5
Altenburg. Großer Teich	schwarzer Teichschlamm mit reichlich Kalk und Sulfiden	75,0	24,3
Hienheim. Essingerwaselweiher (Waldweiher)	stark saurer Lehmboden über Jurakalk	85,5	23,2
Steinach i. Niederbayern			
1. Teich	saurer, sandiger Lehmboden	91,1 } Mittel 92	48,4
2. Teich	saurer, sandiger Lehmboden	97,3 }	49,4
3. Teich	saurer, sandiger Lehmboden	89,8 }	50,3
Ritschen i. d. Lausitz. Dienstwiese	humoser, sandiger Tonboden	93,9	31,6
Lewitz i. Mecklenburg	schwach saurer, stark humoser Sandboden (Hochmoor)	94,8	27,5
Hienheim. Sebastiansweiher (Waldweiher)	stark saurer Lehmboden über Jurakalk	96,4	35,6
Weißig i. Sachsen.			
Großteich	sapropeler Humusboden	96,6	24,3
Altteich	sapropeler Humusboden	96,6	21,7
Ritschen i. d. Lausitz. Neuteich	humoser, etwas sandiger Tonboden	97,7	18,9
Bernried. Schergenweiher	humus- und sulfidhaltiger Moränenschuttboden, tonreich	98,1	43,9
Teublitz i. d. Oberpfalz. Schwabenweiher	stark humoser, lehmiger Sandboden	100,0	1,42

1. Das Verhalten der Phosphorsäure im Superphosphat. Die Teichwasser wurden gedüngt mit je 10 mg Phosphorsäure in Form von Superphosphat je Liter Teichwasser. Die Absorption wurde nach 24 Stunden bestimmt.

2. Das Verhalten des Kalis in 50proz. Kalisalz (10 mg K_2O im Liter Teichwasser).

3. Das Verhalten des Ammoniaks[1].

[1] Vgl. B. Hofer: Teichdüngungsversuche a. a. O. **20** (1916).

Es fragt sich nun, welche Gesetzmäßigkeiten bei der Aufnahme von Phosphorsäure und Kali in die Teichböden bestehen. Daß die Kaliaufnahme eine Austauschreaktion ist, ist bekannt. Es kommt sogar vor, daß beim Absorptionsversuch Kali an das Wasser abgegeben wird, wenn nämlich ein Lehmboden selbst sehr kalkreich ist. Es war das bei zwei Teichböden von Volkach am Main der Fall. Umgekehrt steigt die Absorption, wenn der Lehmboden sauer ist. Die höchsten vom Verfasser gefundenen Kaliabsorptionswerte bei gleichartiger Versuchsanordnung ergaben drei Teichböden von Steinach in Niederbayern mit 48,4, 49,4 und 50,3 %. Den Praktikern zeigen die Versuche, daß über kalkarmen Böden durch Kalkung viel Kali in das Teichwasser übergehen wird. Eine Kalidüngung erscheint, wie schon hier betont sein möge, überflüssig, vorausgesetzt, daß die Bodenanalyse reichlich Kali angibt.

Anders liegen die Verhältnisse bei der Phosphorsäure. Hier scheint eine Fällung durch zweiwertiges Eisen, welches durch Humusstoffe aus dreiwertigen Eisenverbindungen reduziert wurde und schließlich in Lösung bleibt, vorzuliegen. In einem einzigen Falle wurde die Absorptionsflüssigkeit um mehr als 25 % an P_2O_5 angereichert. Die Gründe dieser merkwürdigen Erscheinung sind bereits erörtert[1].

Über die Absorption von Ammoniak in Teichböden ist wenig gearbeitet worden. Es genügt wohl zu wissen, daß die Festlegung des NH_3-Stickstoffs ähnlich verläuft wie beim Kali. Nach der Methode von KNOP erhielt der Verfasser mit Wielenbacher Boden bei Verwendung von $^1/_{100}$-n-Lösungen im Mittel 88,4 % NH_3 und 91,7 % K_2O als Absorptionsgröße. Die gegen frühere Angaben[2] sehr hohen Werte erklären sich aus der Konzentration der KNOPschen Lösungen.

An eine Absättigung der Absorptionskraft durch Düngung ist bei Teichböden, die reich an Kolloiden sind, kaum zu denken. Viermalige Wiederholungen des oben angeführten Kaliabsorptionsversuches ergaben eine Festlegung von 98,8, 98,9, 98,4, 98,2% K_2O. Hier wurde der wassergesättigte Boden viermal mit je 100 cm³ Lösung durchsickert.

In dieser Weise wird die oberste Bodenschicht der Teiche immer mehr mit Nährstoffen angereichert. Dazu kommt das fortwährend absinkende Sediment von abgestorbenem Plankton und höheren Wassertieren sowie Wasserpflanzen. Es hat sich nun gezeigt, daß es unmöglich ist, unter solchen Verhältnissen Teichen mit verschiedenem Bodencharakter, wie sie an der Versuchsanstalt Wielenbach angelegt wurden, bei gleichartigem Bespannungswasser den ursprünglichen Bodencharakter zu erhalten.

Auch biologisch-chemische Faktoren wirken ständig umgestaltend auf den Teichboden ein. Sieht man hier auch von der wichtigen Tätigkeit der Teichbodenbakterien ab[3], so muß man die Einwirkung der grünen Wasserflora doch schon berücksichtigen. In Wielenbach war schon im ersten Versuchsjahr 1913 eine schnelle Bewachsung des als Teichboden verwendeten ehemaligen Wiesenbodens mit Wasserpflanzen eingetreten, und es war ihr mit zu verdanken, daß eine Verjauchung des Wassers infolge der heftigen Ausfaulung des Bodens nicht eintrat. Nachdem die Wasserflora einmal aufgekommen war, konnte sie selbst an der schnellen Reinigung des Wassers mitwirken und durch die Abgabe von Sauerstoff die Verwesung der noch vorhandenen Reste von Wiesenpflanzen befördern. Nach zwei Versuchsjahren war die Ausfaulung des Bodens im wesentlichen beendet. Große Komplexe von Wasserpflanzen hatten sich angesiedelt. Kleine Bodenverschiedenheiten mochten Veranlassung geben, daß hier große Mengen von Elodea canadensis, dort Myriophyllum, Utricularia, Chara oder Wassermoose erschienen. Die nährstoffreicheren Böden waren durchweg besser, besonders mit

---

[1] Siehe S. 309. [2] Siehe S. 313. [3] Siehe S. 330.

Alisma plantago und Potamogetonarten bewachsen. Die kalk- und nährstoffärmeren Böden trugen vorzüglich Schachtelhalme. Fadenalgen traten periodisch sicher nicht unbeeinflußt von der Düngung auf (s. Abb. 48). Die Wirkung der Wasserpflanzen machte sich besonders in den Schwankungen des Kohlensäure- und Sauerstoffgehaltes des Wassers bemerkbar. Die dabei beobachteten Gesetzmäßigkeiten sind etwa folgende[1]. Beim Bespannen der Teiche im Frühjahr tritt zunächst ein Fallen der Kohlensäurewerte in den Teichwässern und damit eine Sedimentation von kohlensaurem Kalk ein, was auf baldiges Einsetzen der Assimilation und des Pflanzenwachstums hindeutet. Die Assimilationsperiode erreicht im Mai ihren Höhepunkt. Im Juni wird sie durch energische Dissimilation abgelöst. Dadurch

Abb. 48. Teichdüngungsversuche in Wielenbach 1914 Teich 80 (a) und 79 (b).
a) Wirkung der Teichdungung (Phosphorsäure + Kali) auf ehemaligem Wiesenboden. Der Teich produzierte reiches tierisches und pflanzliches Plankton und starken Algenauftrieb. b) Die Produktion an Flora und Fauna bleibt im ungedungten, seiner Oberkrume beraubten Teich weit zurück. Ein Auftrieb von Algenwatten blieb gänzlich aus. (Aus FISCHER, HERM.: Naturwissenschaftliche Grundlagen. Stuttgart: Eugen Ulmer 1915.)

nimmt die Kohlensäure im Wasser wieder zu und gelangt zu den höchsten im Laufe des Jahres beobachteten Werten. Eine zweite Assimilationsperiode wird hauptsächlich durch das Aufkommen einer starken Unterwasserflora im Hochsommer hervorgerufen. Diese in Wielenbach beobachtete Erscheinung wird natürlich nicht überall in gleich schematischer Form eintreten, weil die biologischen Verhältnisse der Teiche und die Witterung einen verschiedenen Verlauf der Assimilations- und Dissimilationskurve bewirken. Immer aber wird sich bei kalkreichem Bespannungswasser ein dem Geologen wohlbekanntes Sediment, die Seekreide, auf diese Weise bilden[2].

Biologisch-chemische Faktoren können also innerhalb zweier Jahre in einer jungen Teichwirtschaft die ursprünglich verschiedenartigsten Böden nach einer Richtung hin umgestalten, wie solches schon früher vom Verfasser mit nach-

---

[1] FISCHER, HERM.: Das Verhalten der Kohlensäure. Allg. Fischereiztg. **1917**, 32, Sep.
[2] Siehe dieses Handbuch 5, 109. 1930.

stehenden Worten zusammengefaßt worden ist: „1. Auf absorptionskräftigen Böden gestalten sich die Beziehungen zwischen Boden und Wasser unter Mitwirkung der Wasserflora auf die Dauer derart, daß die Selbstreinigung des Wassers in Hinsicht auf die Pflanzennährstoffe Stickstoff, Phosphorsäure und Kali eine nahezu quantitative und für Kalk und Magnesia eine sehr erhebliche wird. 2. Gleichartige natürliche und künstliche Einflüsse wirken in Hinsicht auf die landwirtschaftliche Nutzbarkeit und in gewissen Grenzen auch auf die petrographische Zusammensetzung des Bodens ausgleichend ein (Gesetz der ausgleichenden Fazies)[1]."

Die physikalischen Eigenschaften der Teichböden und die Teichmelioration. (Mechanische Bodenbearbeitung.)

Die Teichbodenbearbeitung spielt eine ebenso große Rolle wie die Feldbodenbearbeitung. Wenn nun trotzdem heute noch in Europa die physikalische Melioration im argen liegt, so erklärt sich das weniger aus der mangelnden Erkenntnis als aus der schwierigen finanziellen Lage der Teichwirtschaft. Eine fortgesetzte Ausräumung der Teiche und Umackerung des Bodens erfordert in dem meist sumpfigen Gelände eine besondere Technik. Die Chinesen sind hier viel weiter gekommen, ja, sie haben sogar einen eigenen Teichpflug konstruiert. KNAUTHE[2] berichtet in seinem Buch über die Mitteilung eines alten Fischers in Shanghai, aus der hervorgeht, daß die Chinesen schon von alters her jedes Jahr den Teichboden ein paarmal pflügen in der Voraussetzung, dadurch höhere Erträge zu erzielen. Die dabei sich entwickelnden Wasserpflanzen werden gern mit in Kauf genommen, da sie der beste Dünger für Feld und Garten seien.

Woran fehlt es nun den Teichen in Europa? Die Himmelsteiche, d. h. die ständig unter Wasser stehenden Teiche, stellen der Bodenbearbeitung besondere Schwierigkeiten entgegen. Ein Aushilfsmittel ist hier das häufige Eintreiben von Weidevieh. Wenigstens sollte man mit einer Krautsäge die Teiche regelmäßig frei machen, sonst tritt unfehlbar die Verlandung und damit das Ende der Nutzbarkeit der Teiche ein.

In einer gut bewirtschafteten Teichanlage muß der Verlandung und der damit verbundenen Vertorfung der Bodennährstoffe durch eine ständige mechanische Bodenbearbeitung, durch Winterung und Sömmerung, evtl. verbunden mit Leguminosenanbau, entgegen gearbeitet werden. Ist die Teichanlage noch jung, so verhält sich der Boden zunächst wie ein Ackerboden. Sobald aber die Dammgyttja- bzw. Sapropelbildung eintritt und damit die erwünschte Abdichtung des Teichbodens, ändern sich die physikalischen Verhältnisse ganz bedeutend. Untersuchungen von BREEST[3] und LANTZSCH[4] zeigen, daß einem Kolloidgehalt von 1—4 bei Sandboden, 7—12 bei Ackerboden ein solcher von 30—40 % bei Teichböden entspricht. Die genannten Autoren benutzen als Maß für die Kolloidbestimmung die Wasserstoffsuperoxydzersetzung durch den Humusgehalt der Böden. Bei Versuchen mit Farbstoffadsorption ergab sich, daß von dem Farbstoff durch Sandboden nicht adsorbiert wurde $^1/_7$—$^1/_8$, dagegen durch Ackerboden $^1/_{40}$—$^1/_{140}$ und durch Teichschlamm nur $^1/_{1000}$—$^1/_{4000}$[5]. Auch hier zeigt sich wieder der eminente Unterschied in dem Verhalten von Ackerböden und alten Teichböden.

---

[1] Vgl. auch HERM. FISCHER: Internat. Mitt. Bodenkde. 1915, 570.

[2] KNAUTHE, K.: a. a. O., S. 308, Abb. 64.

[3] BREEST, FR.: Über die Beziehungen zwischen Teichwasser, Teichschlamm und Teichuntergrund. Arch. Hydrobiol. 15 (1924).

[4] LANTZSCH, K.: Der Boden der Wielenbacher Teiche (Kolloidgehalt, Bakterientätigkeit). Arch. Hydrobiol. 15, 409 (1925).

[5] DEMOLL, R.: Teichdüngung, S. 59.

Über den Wert der mechanischen Bodenbearbeitung sind sich nicht alle Autoren einig. DEMOLL[1] lehnt z. B. das Tiefpflügen als schädlich ab und stützt sich hier wohl auf die Erfahrungen an der Wielenbacher Versuchsanstalt, wo Ertragsminderung beim Tiefpflügen eintrat. WOHLGEMUTH[2] ist der Ansicht, daß durch Ackern und Pflügen das Bodenlaboratorium zerstört wird. „Völlig verwachsene Teiche haben kein Bodenlaboratorium." Diese müssen durch moderne Hand- oder Motorkrautsägen entschilft und umgepflügt werden. Andere Autoren, wie KNAUTHE[3], HÜBNER[4] können das Teichpflügen nicht hoch genug einschätzen. Die Differenz der Ansichten ist wohl leicht aufzuklären. In Wielenbach konnte bei den Versuchen, die gleich in den ersten Jahren angestellt wurden, nur nährstoffarmer Untergrund beim Pflügen hochgebracht werden. Bei alten Teichen liegen im Untergrund oft ganze Schichten mit vertorften Nährstoffen, die beim Pflügen wieder zutage gebracht und bei der Sömmerung und Leguminosenbestellung in den Stoffkreislauf zurückgeführt werden können. Die Lüftung des Bodens mag wohl allein durch die bakteriellen Gärungsprozesse, besonders unter Einfluß frischen Bespannungswassers, durch Kalkung und mineralische Düngung in genügender Weise vor sich gehen.

DEMOLL[5] ist zuzustimmen, daß die Wissenschaft über die Wirkung der mechanischen Bodenbearbeitung der Teiche bisher noch keine genügende Auskunft geben kann, da besonders Versuche mit altem Teichschlamm fehlen. Er schreibt, daß er die diesbezüglichen Ansichten der Praktiker eingeholt und dabei erfahren habe, daß müde Teichböden, d. h. solche, welche im Ertrag zurückgegangen sind, immer noch höhere Erträge liefern, wenn sie als Ackerböden benutzt werden, nämlich betrachtet gegenüber gleichartigen Böden, die immer für den Ackerbau verwendet wurden. Durch Verarmung des Bodens könne also die Müdigkeit nicht entstanden sein. Zur Klärung dieser Erscheinung, die noch weitere ausgedehnte Versuche verlangt, glaubt der Verfasser aus seinen Erfahrungen einige Momente anführen zu können. Wie im Feldbau, dürfte die Müdigkeit des Bodens hauptsächlich durch Giftstoffe hervorgerufen werden. Bei den Teichböden kommen hier hauptsächlich absorbiertes Ammoniak, Schwefelwasserstoff, Sulfide, organische Säuren, wie Buttersäure usw. in Betracht. Bei mit schwefelsaurem Ammoniak ausgeführten Teichdüngungsversuchen in Rietberg in Westfalen zeigten gerade die mit Ammonsulfat gedüngten Teiche Ertragsdepressionen. Daran war aber sicherlich nicht das Düngemittel schuld, sondern die in den betreffenden Teichböden nachgewiesenen, anormal hohen Sulfidmengen, die natürlich durch das Ammonsulfat nicht beseitigt werden konnten. In solchen Fällen hilft nur Lockerung des Bodens, Kalkung und Sömmerung. Dabei geht Ammoniak in Salpetersäure und weiterhin in Salpeter über, die Sulfide verwandeln sich in Sulfate, der Teichboden bekommt durch den Kalk eine Krümelstruktur und der Sauerstoff, der das wichtigste Oxydationsmittel, auch für die giftigen organischen Stoffe ist, gelangt wieder in den Boden.

Gerade in der Art der Sauerstoffzufuhr unterscheiden sich Ackerböden und Teichböden wieder einmal grundsätzlich. Nach der Methode von KOPECKY[6] war in dem noch ganz jungen Wielenbacher Teichboden überhaupt keine Luftkapazität bestimmbar. Die Differenz zwischen Porenvolumen und Wasserkapazität ergab

[1] DEMOLL, R.: Teichdüngung, S. 62ff.

[2] WOHLGEMUTH in A. WALTER: Lehrgang für Bodenbearbeitung und Entschilfung von Teichen am 17. und 18. Juni 1930 in Bautzen. Allg. Fischereiztg. **1930**, 249.

[3] KNAUTHE, K.: Das Süßwasser, S. 307ff.

[4] HÜBNER: Die Fischwirtschaft Bautzen **1905**, 91ff.

[5] DEMOLL, R.: Teichdüngung, S. 64.

[6] KOPECKY, J.: Die physikalischen Eigenschaften des Bodens. Internat. Mitt. Bodenkde. **1914**, 138.

sogar negative Werte. Das wird bei altem Teichschlamm in noch erhöhtem Maße der Fall sein. Von größtem Interesse wäre eine genaue Untersuchung über den Sauerstoffhaushalt im Teichschlamm. Die Zufuhr erfolgt in gelöstem Zustand durch das überstehende Teichwasser und weiterhin durch die Bodenalgen, besonders durch die lichtscheuen Blaualgen. Schon die Methanbildung im Teichschlamm weist auf die Herrschaft des Sauerstoffminimums hin. Der Verfasser verweist hier nochmals auf das schon Gesagte[1] über die Ertragsdifferenz der sonst sehr gleichartigen Wielenbacher Teiche in dem Bodenkomplex II. Die geringe Durchlässigkeit dieser Böden weist auf ein die Erträge mitbestimmendes Sauerstoffminimum hin.

Demoll[2] wirft eine Fülle von Fragen über die physikalischen Verhältnisse in den Teichböden auf. Eine derselben wurde durch einen seiner Schüler Breest[3] der Lösung näher gebracht. Es handelt sich um die Wanderung des nicht ad- und absorbierbaren Chlorions im Teichboden. Bei Verwendung von Chlorkali wurde innerhalb dreier Wochen ein Gleichgewicht erreicht, derart, daß vom eingebrachten Salz die Hälfte in den Obergrund ging, von der anderen Hälfte gelangte der größere Teil in den Untergrund, der kleinere Teil ins Wasser. Dabei enthielt innerhalb des Obergrundes die an das freie Wasser grenzende Schicht stets das meiste Chlorion. Die endgültige Verteilung trat immer in gleicher Weise ein, gleichgültig ob das Salz ins Wasser, in den Obergrund oder in den Untergrund gegeben wurde. Es ist nicht unwahrscheinlich, daß man aus den Feststellungen Breests Schlüsse auf die praktische Durchführung der Teichdüngung ziehen darf, denn bereits früher konnte in Wielenbach rein empirisch festgestellt werden, daß es durchaus gleichgültig ist, ob man die Düngung dem Wasser oder dem Boden der Teiche zusetzt.

Die chemischen Eigenschaften der Teichböden und die Teichdüngung.

Im Gegensatz zum Feldboden ist im Teiche direkter Entzug der Bodennährstoffe durch die Pflanzen von geringerer Bedeutung. Es ist sogar den im Teichboden wurzelnden Pflanzen die Fähigkeit der Aufschließung von Bodennährstoffen durch Wurzeltätigkeit abgesprochen worden. Im Teiche sind die bereits als physikalische Erscheinung geschilderten Diffusionsvorgänge zwischen Boden und Wasser von ausschlaggebender Bedeutung für die Zufuhr von Nährstoffen ins Wasser, aus dem sie ebenso gut entnommen werden wie aus der Bodenlösung. Man hat im Teiche viel bessere Möglichkeiten, sich durch Analyse des Wassers von der jeweils in Lösung befindlichen Nährstoffmenge zu überzeugen. Durch umfangreiches Analysenmaterial konnte doch in Wielenbach nachgewiesen werden[4], daß bei einer spurenhaften Erhöhung der Phosphorsäurewerte im Teichwasser eine entsprechende Erhöhung der Erträge stattfand. Es kann deshalb Demoll[5] und dem von ihm angeführten v. Borries[6] nicht zugestimmt werden, wenn sie ganz allgemein die Losung ausgeben, daß auf Wasseranalysen gar kein Wert mehr zu legen sei. Man dürfte dadurch auf eines der einfachsten Mittel verzichten, welches Einblick in die Beziehungen zwischen Teichboden, Teichwasser und Düngung gibt. Nun ist freilich durch Breest[7] nachgewiesen worden, daß am Teichboden eine starke Anhäufung von gelösten oder (in feiner, kolloidaler Form) vorhandenen Nährstoffen zu finden ist, eine Anhäufung, welche in Zahlen ausgedrückt, für Phosphorsäure ein Vielfaches darstellt von dem, was

[1] Vgl. S. 301. [2] Demoll, R.: Teichdüngung, a. a. O., S. 64ff.
[3] Siehe Anm. 3 S. 316.
[4] Fischer, Herm.: Beiträge zur Teichdüngungslehre. Naturw. Z. Forst- und Landw. 1917, S. 128 ff. [5] Demoll, R.: a. a. O., S. 67.
[6] Borries, von: Teichdüngung. Fischereiztg. Neudamm 1922.
[7] Breest, Fr.: Internat. Mitt. Bodenkde. 1921, 111.

man in den oberen Wasserschichten findet. Es sollen also hier den Pflanzen ungleich größere Nährstoffmengen zur Verfügung stehen als in den oberen Wasserschichten. Der absolute Beweis, daß dies wirklich so ist, ist wohl nicht leicht zu führen; denn man besitzt keine Sicherheit, daß die durch die Filter hindurchgehenden Nährstoffmengen auch wirklich von pflanzlichen Membranen durchgelassen werden. Jedenfalls aber müssen die Nährstoffe in aufnehmbarer Form bis tief in den Boden hinein gelangen. Durch die Untersuchungen von LANTZSCH[1] ist bekannt, daß Azotobakter und Amylobakter im ungedüngten Teich nicht so weit vordringen wie im gedüngten. Die diesbezüglichen Zahlen sind:

für Azotobakter	im gedüngten Teich	30 cm tief
	im ungedüngten Teich	8—10 cm tief
für Bac.-Amylobakter	im gedüngten Teich	35—40 cm tief
	im ungedüngten Teich	18—20 cm tief

In gleicher Weise, wie man die Teichwasseranalysen heute entbehren zu können glaubt, möchte man auch gern auf die mühevolle Arbeit der Bodenanalysen verzichten. Wie die Feldbodenanalysen, geben sie natürlich niemals einen Einblick in die Nährstoffmengen, welche der Teichproduktion zur Verfügung stehen. Ein Boden, der reich an Phosphorsäure ist, reagiert oft sehr gut auf eine Phosphorsäuredüngung. Gleichwohl sieht man aus einer tabellarischen Übersicht von Analysen verschiedenartiger Teichböden manche Zusammenhänge sich ergeben, wie z. B. die Zunahme von Phosphorsäure und Stickstoff bei der Entstehung des typischen Teichschlamms[2]. Da die Boden- und Wasserverhältnisse in verschiedenen Teichwirtschaften in gleicher Weise wiederkehren, muß es möglich sein, den Teichwirten auf Grund von Wasser- und Bodenanalysen Ratschläge für die Bewirtschaftung ihrer Teiche zu geben.

Im folgenden seien nach Analysen des Verfassers[3] die Nährstoffwerte einiger typischer Teichböden angeführt:

Teichboden		Gesamt		In Königswasser lösl.			Gesamt-N	Absorptionszahl	
Herkunft	Charakter	P_2O_5 %	K_2O %	CaO %	MgO %	Fe_2O_3 %	%	P_2O_5 %	K_2O %
Schwalten b. Seeg i. Allgäu	Mergel mit Sandsteingeröll, humusarm	0,0728	0,348 0,262 0,610	14,47	2,79	4,0	0,279		
Teublitz i. d. Oberpfalz. Großer Weiher, Probe 1915	Lehmiger, humusarmer Sandboden	0,102	0,373 1.986 2,359	0,530	0,204	2,35	0,356	100	5,49
Altenstadt an der Iller. Unterer Dattenhauser Weiher	Kalkarmer, humoser Sandboden	0,171	0,503 1,008 1,511	1,048	0,070	4,06	0,638	57,37	5,57
Teublitz. Kleineselweiher, Probe 1916	Humusreicher, kalkarmer Sandboden	0,073	0,408 0,847 1,255	1,87	0,686	2,06	1,54	54,6	10,26
Trachenberg i. Schlesien. Spritokteich	Schwach saurer humoser Sandboden	0,161	0,048 0,705 0,753	0,349	0,075	0,496	1,94		
Beilngries i.d. Oberpfalz	Kalkreiches Wiesenmoor	0,259	0.243 0.129 0,372	11,1	0,221	3,97	2,93	64,5	0.

[1] LANTZSCH, K.: a. a. O., S. 410. [2] Siehe S. 312.
[3] Analysen hier erstmalig veröffentlicht.

Hierzu ist zu bemerken, daß sich das Gesamtkali aus der in Königswasser löslichen Menge und dem Aufschluß des in Königswasser unlöslichen Anteils zusammensetzt. Obige Teichanalysen geben einen Einblick in die verschiedensten Arten natürlicher Teichböden. Die Anordnung erfolgte nach steigendem Stickstoffgehalt der betreffenden Böden. Auch dieser ist, wie weiterhin dargelegt werden wird, für die Fruchtbarkeit nicht maßgebend.

Verhalten und Wirken der einzelnen Pflanzennährstoffe bei der Teichbodendüngung.

Das Kali. Der hochprozentische Anteil, der in der Zusammensetzung der Fischnahrung und des Fischfleisches auf das Kali fällt, geht aus den angeführten Analysen hervor[1]. Um so erstaunlicher erscheint es deswegen, daß bei den bisher durchgeführten Teichdüngungsversuchen selten eine Wirkung der Kalidüngung auf den Fischertrag der gedüngten Teiche festgestellt werden konnte. Obwohl es Teiche gibt, die im Vergleich zu anderen verhältnismäßig wenig Kali im Wasser und Boden enthalten, so hat sich doch bis jetzt selten ein Bedürfnis nach Kalidüngung im Teiche nachweisen lassen. Eine teilweise Erklärung dieser merkwürdigen Erscheinung geben die Teichwasseranalysen. Im Vergleich zu den beiden anderen Hauptnährstoffen, Stickstoff und Phosphor, zeigen sie auch bei den kaliärmsten Teichen immer einen reichlich hohen Kaligehalt des Wassers. Bei der eminenten Massenwirkung des Wassers auf die Löslichmachung des Kalis der Bodenbestandteile wird es verständlich, daß schon das Zulaufwasser der Teiche eine für die Produktion ausreichende Kalimenge mit bringt.

Obwohl man nun bei der Teichproduktion mit einem Kaliminimum nur selten zu rechnen braucht, haben doch langjährige Beobachtungen der Praktiker, ferner aber auch die Teichdüngungsversuche der landwirtschaftlich-chemischen Versuchsstation in Wien[2] ergeben, daß die beim Teichwirt sehr unbeliebte harte Überwasserflora das Kali sehr stark an sich reißt, was zum Verwachsen und schließlich zum Verlanden der Teiche führen muß. Über die große Absorptionskraft des Teichschlammes für Kali wurde bereits berichtet[3]. Mit der Vermehrung des feinkolloidalen Teichschlammes im Laufe der Teichnutzung nimmt auch die Absorptionskraft für Kali zu. BREEST[4] fand in Wielenbach ein Gleichgewicht zwischen dem Kaligehalt des Bodens und des Wassers nach der Kalidüngung im Jahre 1924 schon nach 2—3 Wochen. Bei Untersuchungen des Verfassers im Jahre 1915 waren erst nach 10 Wochen die letzten Reste der Kalidüngung verschwunden. Der Kaligehalt des Wassers ist aber auch abhängig vom Kalkgehalt desselben, denn der Kalk macht ständig Kali aus dem Boden frei. Sinkt der Kalkgehalt durch Ausfällung als $CaCO_3$ bei der Assimilation der Pflanzen, so sinkt dementsprechend auch der Kaligehalt, weil das aufschließende Agens fehlt. Aus dem lebhaften Basenaustausch und weiterhin aus der aufschließenden Wirkung der Säureionen der Kalisalze auf die im Boden festgelegten Phosphate erklärt sich auch, daß nach wiederholten Versuchen[4] in Wielenbach Kainit, schwefelsaure Kalimagnesia, ja sogar Kieserit, der doch kaum oder nur untergeordnet Kali enthält, eine ertragssteigernde Wirkung ausgeübt haben. Auch WALTER[5] ist der Ansicht, daß hier die Reaktionsveränderung, d. h. die Wirkung des Säureions der Kalisalze auf schwer lösliche Phosphate, nicht aber das Kali als solches, den Effekt erzielt hat.

---

[1] Vgl. S. 306.
[2] ALEXANDER, TH.: Über Teichdüngungsversuche. Allg. Fischereiztg. **1916**.
[3] Vgl. S. 312f.
[4] BREEST, FR.: Über die Beziehungen zwischen Teichwasser, Teichschlamm und Teichuntergrund Arch. Hydrobiol. **15**; 1924.
[5] WALTER, E.: Allg. Fischereiztg. **1924**. Ebenda 1931.

Der Kalk. Über die wichtige Rolle der Kalkdüngung in der Form von kohlensaurem Kalk bei sehr sauren Teichböden auch als Ätzkalk, sind sich die Teichwirte schon seit langen Zeiten einig. Hier gilt dasselbe wie bei der Felddüngung; nur ein allzu großer Überschuß von Kalk könnte dem Boden wichtige Nährstoffe entziehen. Schon HOFER[1] sagt: „Bei der Teichdüngung entfaltet der kohlensaure Kalk eine dreifache, und zwar eine säurebindende, eine ernährende und eine aufschließende Wirkung.“ Dazu kommt noch der physikalische Einfluß des Kalkes auf den Boden, indem derselbe die Tonkolloide ausflockt und so den Boden poröser und für die Luftzirkulation empfänglicher macht. DEMOLL[2] zieht aus diesen Tatsachen praktische Schlußfolgerungen für die Teichdüngung. Er hält eine Kalkung für angezeigt, solange eine saure Reaktion vorhanden ist. „Teiche, die auf Moorböden stehen, sowie stark verschlammte Teiche, sind daraufhin stets zu untersuchen. Ferner ist eine Kalkung zu empfehlen, wenn der Boden zu schwer und undurchlässig ist. Doch ist hierbei schon mit Vorsicht zu verfahren und nicht mehr zu geben, als nötig ist, um dem Boden ein lockeres Gefüge zu verleihen. Und schließlich ist zu kalken, wenn der Boden so kalkarm ist, daß die Organismen nicht den zu ihrer Ernährung nötigen Kalk vorfinden.“ Es scheint, als wenn in Teichböden, die lange Zeit kräftige organische oder Phosphatdüngungen erhalten haben, auf Jahre hinaus durch Kalkdüngung allein Mehrertrag gegenüber ungedüngten Teichen erzielt werden kann.

Für Wielenbach wurde das Optimum der Kalkung bei neueren Versuchen unter DEMOLLS Leitung mit 5000 kg $CaCO_3$ je Hektar festgestellt, eine Menge, die auch für andere Teichböden ähnlicher Art geeignet sein dürfte. Der sog. Moorteich in Wielenbach, d. h. ein tiefer Teich, der zum Teil Wiesenmoor im Boden enthält, hatte ungedüngt nur 45,5 kg Zuwachs je Hektar im Jahre 1914 gebracht. Dann erhielt er jahrelang mit Erfolg Superphosphat- (und Kali-) Düngungen und war 1920 gesömmert worden. Daraufhin brachte eine Kalkung im Jahre 1921 380 kg Zuwuchs, das war ein Rekord der künstlichen Teichdüngung, nachdem in den besten Abwasserfischteichen höchstens 600 kg Zuwachs erzielt werden. Die Kalkung hatte aber offenbar den Boden in enormer Weise ausgeraubt, denn 1922 sank der Zuwachs trotz Phosphatdüngung wieder auf 77 kg. Die angeführten Zahlen dürften zeigen, wie kritisch man bei einer Kalkdüngung der Teichböden zu verfahren hat. DEMOLL[3] weist darauf besonders hin. Ein früher nicht oder wenig gedüngter Teich scheint der Kalkung nicht zu bedürfen, wenn er hohen Kalkgehalt des Bodens durch seine Bodenflora, wie Characeen oder Elodea, anzeigt. Daß der Kalk jedoch die Phosphorsäurelöslichkeit zurückdrängt, scheint nach Versuchen des Verfassers[4] kaum ins Gewicht zu fallen, weil das Eisen im Boden die Phosphorsäure ungleich stärker als der Kalk bindet. Daß durch Zugabe von $CaCO_3$ bei Gegenwart von viel Eisen sogar eine bessere Phosphorsäurelöslichkeit erzielt wird, mögen nebenstehende Versuche[5] (s. Abb. 49) zeigen.

An Stelle des bisher empfohlenen kohlensauren Kalkes bzw. Mergels kommt auch Ätzkalk in Betracht. Wie DEMOLLS Zusammenstellung[6] zeigt, hat aber Ätzkalk in Wielenbach keine Düngungserfolge gebracht. Offenbar überlagert hier die schädliche Komponente des Ätzkalkes (Abtötung der Bakterien, Algen und Tiere) die günstige im Boden. Es ist aber sehr wohl denkbar, daß eine dem Teichboden schädliche Flora und Fauna durch Ätzkalk beseitigt wird und dann die Erträge wieder steigen. Leider fehlt für dieses wichtige Gebiet noch exaktes Versuchsmaterial.

---

[1] HOFER, B.: Allg. Fischereiztg. **1914**, 141. [2] DEMOLL, R.: a. a. O., S. 79.
[3] DEMOLL, R.: Teichdüngung, a. a. O., S. 86. [4] FISCHER, HERM.: Vgl. S. 322.
[5] FISCHER, HERM.: Naturwiss. Z. Forst- u. Landwirtsch. **1917**, 140.
[6] DEMOLL, R.: a. a. O., S. 83.

Eine der wichtigsten Wirkungen des Kalkes aber ist die chemisch-physiologische. Ohne Kalk vermögen die Stickstoffbakterien und andere nützliche Bakterien im Teichboden nicht zu arbeiten. Im Feldbau ist es denkbar, daß ein mäßig saurer Boden produktiv sein kann. In der Teichwirtschaft dagegen ist ein auch nur mäßig saurer Boden schädlich. Wie später gezeigt werden wird, mag wohl eine Kalkung einen sauren Teichboden verbessern, aber sie verleiht ihm noch nicht ohne weiteres die Eigenschaft, Stickstoff zu binden. Über Kalkwirkungen auf Hochmoor finden sich bereits auf S. 302f. Angaben.

Die Magnesia. Wie im Feldbau, erscheint auch im Teichbau die künstliche Zufuhr von Magnesium in Düngemitteln unnötig zu sein. Sowohl der Boden wie das Wasser der Teiche enthalten im Vergleich zu anderen Nährstoffen einen

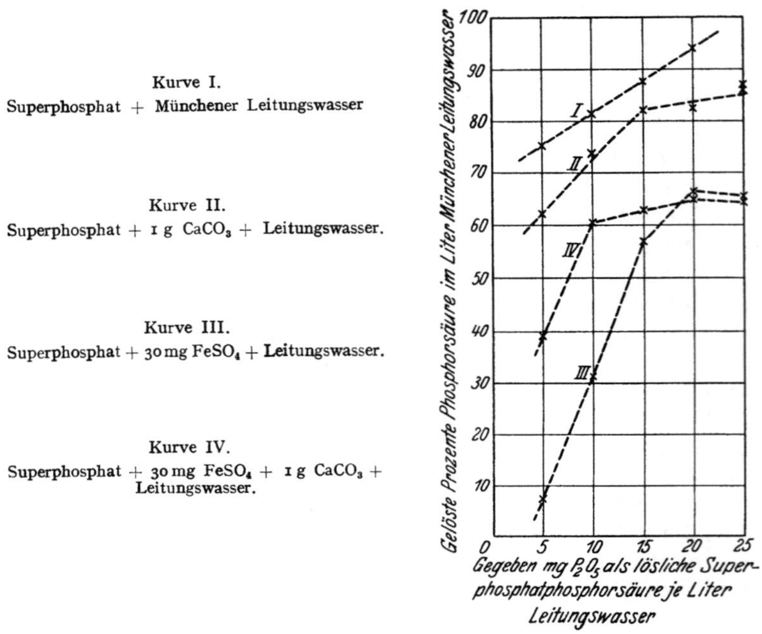

Abb. 49. Einfluß von Kalk und Eisen auf die Phosphorsäurelöslichkeit[3]).

gewaltigen Überschuß an Magnesium. Trotzdem ist es denkbar, daß der Kalk-Magnesia-Faktor auch im Teichboden eine Rolle spielt. DEMOLL[1] teilt mit, daß die Magnesia den stickstoffsammelnden Bakterien gegenüber antreibend wirkt. Einige diesbezügliche Versuche, die in Wielenbach angestellt wurden, geben kein klares Bild, da die Magnesiawirkung nicht von der Wirkung des Kalis und der Säureionen der verwendeten Abraumsalze zu trennen ist.

Der Phosphor. Kein anderer Pflanzennährstoff ist in seiner Wirkung so klar und einwandfrei zu erkennen als der Phosphor, sei es, daß derselbe als organisch gebundener Phosphor oder in leicht oder schwer löslichen Phosphaten gegeben wird. Dabei scheint es keine große Rolle zu spielen, ob der Boden von Natur aus mehr oder weniger reich an Phosphorsäure ist. Dagegen spielt die Löslichkeit der Phosphorsäure im Wasser eine prinzipielle Rolle für die Erhöhung der Fischerträge, worauf bereits hingewiesen worden ist[2]. Der Zuwachs ist in erster Linie von dem Phosphorminimum abhängig. Nach Beseitigung desselben durch Düngung bestimmt in der Regel ein Wärmeminimum die Ertragshöhe des Jahres.

[1] DEMOLL, R.: a. a. O., S. 101. [2] Vgl. S. 307, Abb. 45.

[3] Aus HERM. FISCHER: Beiträge zur Teichdüngungslehre. Naturwiss. Z. Forst- u. Landwirtsch. 15, 139 (1917).

Die Nährwirkung so außerordentlich kleiner Phosphorsäuremengen, wie sie schon bald nach der Düngung im Teichwasser gefunden werden[1], könnte bezweifelt werden. Überdies ist auch im ungedüngten Teiche bereits so viel gelöste P_2O_5 disponibel, daß daraus die Produktion eines Jahres gut gedeckt werden kann. Dem ist gegenüber zu halten, daß nach RUBNER[2] die Nährwirkung mit fallender Konzentration der Ionen sehr schnell abnimmt und schließlich gleich Null wird. Für den Stickstoff konnte z. B. festgestellt werden, daß eine sehr N-arme Lösung ohne Wirkung auf den Ertrag ist. „Wenn die Konzentrationen fallen wie 100: 50 : 25 : 12,5 : 6,25, so fallen die Ernten wie 100 : 41 : 12 : 5 : 2." Logischerweise müssen für Phosphorsäure ähnliche Beziehungen bestehen. Wie schon gezeigt wurde[3], bestehen zwischen der Höhe der Phosphorsäuredüngung und den im Wasser gelösten Phosphorsäuremengen einerseits und den Fischerträgen andererseits gesetzmäßige Beziehungen. Die von WOHLGEMUTH[4] in Wielenbach durchgeführten Versuche zeigen auch eine entsprechende Vermehrung der Mikroorganismen in den gedüngten Teichwässern. Besonders an schönen Tagen wird die Durchsichtigkeit des Wassers durch die Planktonten bedeutend verringert.

Obwohl nun die Bedeutung des Bodens als Nährstofflieferant, die DEMOLL[5] mit Recht besonders hervorhebt, zweifellos die des Wassers übertrifft, läßt sich aus Mangel eingehender Versuche die Bedeutung des Bodens für die Phosphorsäurenachlieferung im Teich bis jetzt noch nicht zahlenmäßig festlegen. DEMOLL[5] schließt aus Versuchen seines Mitarbeiters BREEST über die Anreicherung von fein suspendierten Phosphatkolloiden in der über dem Boden lagernden Wasserschicht und aus Beobachtungen RAMANNS[6] über den Einfluß von Humusstoffen auf die Phosphatlöslichkeit, daß man im Boden selbst eine hohe Steigerung des im gelösten Zustand befindlichen Phosphors erwarten dürfe, wenn absorptiv ungesättigte Humusstoffe vorhanden sind. Aber auch die unlöslichen Phosphate können angegriffen werden, wie das SEISER für gewisse Kurzstäbchenbakterien nachgewiesen hat[7].

Auch die Stoffwechselprodukte der Bakterien, die Kohlen-, Butter-, Milch-, Essig-, Ameisen- und Valeriansäure ausscheiden, begünstigen die Löslichkeit der Phosphorsäure, worauf DEMOLL ebenfalls hinweist. So läßt es sich auch erklären, daß Phosphatdüngungen in Teichen im darauffolgenden Jahre, ja sogar noch im dritten, eine erhebliche Nachwirkung zeigen, welche DEMOLL für das erste Jahr mit 80% angibt. Da die Nachwirkung sich besonders in guten Jahren und dann vor allem im Frühjahr geltend macht, so kann man mit DEMOLL diese Wirkung der durch die erste Düngung geförderten Bakterienflora zuschreiben. Über die Art der im Teiche wirksamen Phosphordünger läßt sich sagen, daß das Superphosphat besonders über absorptiv gesättigten Böden zu verwenden ist. Die für diesen Fall typischen Wielenbacher Böden ergaben im Mittel von 10 Versuchsjahren nahezu eine 100proz. Steigerung des Fischertrages. Das Thomasmehl ist besonders auf absorptiv ungesättigten Böden wirksam. DEMOLL stellt das Thomasmehl dem Superphosphat auch unter Verhältnissen wie in Wielenbach als fast gleichwertig gegenüber und als überlegen, wenn es mit einem physiologisch sauren Dünger, wie z. B. Ammonsulfat, zusammen gedüngt wird. Weitere Versuche müssen entscheiden, warum das Thomasmehl in Wielenbach in verschiedenen Jahren so

[1] Siehe S. 307. [2] RUBNER, M.: Arch. Hygrobiol. **57**, 161 (1906).
[3] Vgl. S. 307.
[4] WOHLGEMUTH, R.: Das Stickstoffproblem bei der Teichdüngung. Versuche in Wielenbach 1921. Allg. Fischereiztg. **1922**.
[5] DEMOLL, R.: a. a. O., S. 103ff.
[6] RAMANN, E.: Bodenkunde, 3. Aufl., S. 255. Berlin: Julius Springer 1911.
[7] Vgl. R. DEMOLL: a. a. O. Teichdüngung S. 69.

verschiedenartig gewirkt hat. Auf sauren Teichböden werden jedenfalls mit Thomasmehl glänzende Ergebnisse erzielt, wie besonders die Versuche der Wielenbacher Anstalt in den Dattenhausener Weihern bei Altenstadt an der Iller gezeigt haben[1]. Dort wurde eine Steigerung bis 204% erzielt. Etwas geringere Wirkung als das Superphosphat hatten bei Versuchen in Wielenbach im Jahre 1923 Dikalziumphosphat und Rhenaniaphosphat[2]. Von 1928 an erscheinen sogar die drei Düngemittel als ungefähr gleichwertig[3]. Es erklärt sich wohl die neuerdings gegen frühere Versuche festgestellte vorzügliche Wirkung der basischen Phosphorsäuredüngemittel aus der Absättigung des allmählich entstehenden sauren Teichschlammes.

Der Stickstoff. Als einer der wesentlichsten Unterschiede zwischen Feld- und Teichwirtschaft konnte durch die Versuche in Wielenbach gezeigt werden, daß eine Stickstoffdüngung zur Erreichung von Höchsterträgen prinzipiell nicht notwendig ist. Dabei soll nicht gesagt werden, daß künstlich gegebener Stickstoff im Teiche nicht zur Ausnützung kommen kann. Aber nach allen bisherigen Versuchen haben sich die Stickstoffdüngungen nicht als rentabel erwiesen. Diese Erkenntnis wurde erst auf Umwegen erreicht. Anfangs glaubte man auf Grund von allerdings nicht exakt wissenschaftlich angestellten Versuchen, daß Salpeter im Teiche zu hoher Wirkung gelange. Hofer[4] wiederholte diese Versuche in Wielenbach und fand, daß der Salpeter absolut keine Wirksamkeit auf den Fischertrag hatte. Zu gleichen Resultaten gelangten die Versuche der Landwirtschaftlichen Versuchsstation in Wien[5] und der ehemaligen Teichwirtschaftlichen Versuchsstation in Sachsenhausen[6]. In weiterer Folge konnte der Verfasser eine Erklärung dieser merkwürdigen Erscheinung geben[7]. Bei Untersuchungen über das Verbleiben der Salpeterdüngungen im Teiche ergab sich, daß schon nach einigen Tagen der Salpeter restlos verschwunden war. Da er nicht ab- und adsorbiert wird, und da eine erhebliche Aufnahme durch Organismen nicht nachgewiesen werden konnte, da ferner eine Versickerung bei den Wielenbacher Teichen in solchem Ausmaße nicht in Frage kam, mußte der Salpeter innerhalb weniger Tage fast völlig zerstört worden sein. Tatsächlich ergaben Versuche im Glase, daß Böden unter Wasserbedeckung bei Salpeterdüngung sehr stark die Erscheinung der Denitrifikation, d. h. der Stickstoffentbindung durch bakterielle Zersetzung des Salpeters zeigen. In einem Zementbecken könnte man zweifellos Salpeter zur Wirksamkeit bringen und besonders die pflanzlichen grünen Planktonten vermehren. Sobald aber der Teichboden in das System eintritt, gestaltet sich die Ausnützung des in anorganischen Düngemitteln gegebenen Stickstoffs sehr ungünstig, da der Teichschlamm reich an Denitrifikanten ist. Selbst bei Verwendung von Ammonsalzen, ja sogar bei Kalkstickstoffdüngungen sind die Stickstoffverluste noch sehr groß. Bei Böden mit absorptiv ungesättigtem Teichschlamm ist die Ausnützung naturgemäß eine bessere, weil die Denitrifikanten

---

[1] Demoll, R.: Teichdüngung, a. a. O., Tafel 42 und 43.

[2] Demoll, R., Ebenda S. 125.

[3] Walter, E.: Wielenbacher Teichdüngungsversuche, a. a. O., 1929 — 1931, Separatdruck, S. 3, S. 15.

[4] Hofer, B.: Separatabdrucke der Allg. Fischereiztg. 1914, 1915 u. 1916. — Fischer, Herm.: Beitrag zur Ernährungsphysiologie der Wasserpflanzen. Arch. Hydrobiol., S. 417, 1915. — Das Problem der Stickstoffbindung. Ber. dtsch. bot. Ges. 1917.

[5] Hofer, B.: Allg. Fischereiztg. 1913. — Alexander, Th.:, O. Haempel u. Nehresheimer: a. a. O., S. 25 ff.

[6] Zuntz, N.: Neudammer Fischereiztg. 1913, Nr. 23; 1915, Nr. 11. — Zuntz, N. und H. H. Wundsch: Mitt. Fischereiver. Prov. Brandenburg 1915. — Czensny und H. H. Wundsch: Teichdüngungsversuche in Sachsenhausen. Neudamm 1918.

[7] Fischer, Herm.: Über Denitrifikation in Teichen und ihre praktische Bedeutung Z. Fischerei, N. F. 2. Berlin 1916.

nur bei entsprechender Alkalität des Bodens lebhaft arbeiten. Infolgedessen wurde in Sachsenhausen auf schwach saurem, märkischem Sandboden mit Ammoniumsulfat ein mäßiger, mit Kalkstickstoff ein entsprechend der langsamen Zersetzung desselben geringerer Zuwachs erzielt[1]. Es erzielte eine Volldüngung (Superphosphat + Kalisalz + Ammonsulfat) 182,9 kg Zuwachs, P allein brachte 167,3, P + CN (Kalkstickstoff) 164,0, P + K + CN 152,7, P + K 145,6, P + K + NO_3 (Kalisalpeter) 132,9 und ungedüngt 104,5 kg.

Die Sachsenhausener Versuche zeigen also jene anders als in Wielenbach gelagerten Verhältnisse über absorptiv ungesättigten Teichböden, bei denen die stickstofflose Teichdüngung nicht ohne weiteres am Platze ist. In Sachsenhausen konnte übrigens der Einfluß des Salpeters auf die Entwicklung des Planktons auch quantitativ nachgewiesen werden[2]. Hier steht die Kombination P + K + NO_3 weitaus an der Spitze, obwohl der Salpeter die Bodenfauna und den Fischertrag nicht erhöhte. Offenbar spielt doch die Bodenfauna für den Fischabwachs eine größere Rolle als das Plankton. Leider fehlen bisher alle exakten Versuche über die Möglichkeit, einen von Natur aus für die stickstofflose Teichdüngung ungeeigneten Boden für diese einzurichten. Für die ähnlich wie in Sachsenhausen gelagerten Fälle können nur die schon früher gemachten Angaben wiederholt werden[3]. Man sieht somit, daß das Problem der Stickstoffzufuhr in den Teichen nach zwei Richtungen hin sich verzweigt, sobald von Natur aus die Bedingungen zur Stickstoffbindung im Teichboden nicht gegeben sind. In diesem Falle kann man entweder die Stickstoffbindung durch entsprechende Meliorationen des Teiches, wie Kalkung, Düngung mit Kali und phosphorsäurehaltigen Düngemitteln, Impfung mit Stickstoffbakterienkulturen und andere Meliorationsmethoden erzwingen, oder man benützt stickstoffhaltige künstliche und natürliche Düngemittel, deren Wirkung natürlich nur von begrenzter Dauer ist.

Über die Zahl der Düngerpositionen, die man für Stickstoff- und Phosphordüngung wählen soll, haben weitere Versuche von DEMOLL[4] in Wielenbach Auskunft gegeben. Es hat sich nun gezeigt, daß bei möglichst gleichmäßiger Verteilung der Düngemittel nicht mehr denn höchstens in zwei Portionen gedüngt zu werden braucht. Dieses Versuchsergebnis steht der älteren Ansicht der Praktiker gegenüber, welche annahmen, daß bei recht häufigen Einzeldüngungen die Nährstoffe im Wasser besser ausgenützt werden könnten. Für anorganische Stickstoffdüngungen ist, worauf der Genannte auch hinweist, nur im zeitigen Frühjahr auf eine Ausnützung des Stickstoffs zu rechnen, weil die niedrigen Wassertemperaturen zu dieser Zeit die Denitrifikation noch zurückhalten.

Die Kohlensäure und ihre Bedeutung bei der Sedimentation. Von N. ZUNTZ[5] wurde zum ersten Mal die Befürchtung ausgesprochen, daß im Teiche ein Kohlensäureminimum auftreten könne. Dem großen Bedarf der Teichflora stünde ein meist geringer Gehalt an Kohlensäure im Wasser und geringe Aufnahme aus der Luft ins Wasser gegenüber. Aus den bereits angeführten Arbeiten von ZUNTZ und WUNDSCH[6] geht tatsächlich hervor, daß in den Sachsenhausener Versuchsteichen wiederholt bei Tage und im Sonnenschein das Teichwasser keine freie und in lockerer Bindung befindliche Kohlensäure mehr enthielt. Da

---

[1] ZUNTZ, N.: Bericht über die Tätigkeit der Teichdüngungsversuchsanstalt Sachsenhausen. Fischereiztg., Neudamm 1917.

[2] CZENSNY, R. u. H. H. WUNDSCH: Teichdüngungsversuche. Ebenda 1918, 73, 98.

[3] FISCHER, HERM.: Die Entwicklung der Teichdüngung als Wissenschaft. Allg. Fischereiztg. 1916, 382.

[4] DEMOLL, R.: a. a. O., S. 123 u. 133.

[5] ZUNTZ, N.: Einiges über die Teichdüngungsstation Sachsenhausen-Oranienburg. Fischereiztg. Neudamm 1913, Nr. 28.

[6] ZUNTZ, N. u. H. H. WUNDSCH: Mitt. Fischereiverein Prov. Brandenburg 1915, H. 7.

eine künstliche Zuführung von Kohlensäure nur selten möglich sein wird, wird sich bei solchen Teichen eine Zufuhr leicht vergärbarer organischer Substanz empfehlen, wodurch auch die Stickstoffbindung angeregt wird. Auch in den Wielenbacher Versuchsteichen bedingen kräftige Unterwasserflorenbestände im Hochsommer starken Verbrauch der im Wasser gelösten Kohlensäure. Da nur einmal in einer mit P + K + Holzschliff überdüngten Grube die Werte für Kohlensäure vorübergehend im Sonnenlicht bis zur Grenze der Nachweisbarkeit fielen, so ist über stark alkalischen Böden ein Kohlensäureminimum kaum zu befürchten.

Durch fortlaufende Kohlensäure- und Alkalitätsbestimmungen in den Wielenbacher Versuchsteichen wurden enge Beziehungen dieser Werte mit den Assimilations- und Dissimilationsperioden in den Teichen festgestellt[1]. „Der Kurvenverlauf der Kohlensäurewerte für die einzelnen Teiche ist im wesentlichen derselbe wie der der Alkalinitätswerte. Überall sehen wir ein Fallen der Kohlensäure und Alkalinität bald nach der Bespannung der Teiche, was auf baldiges Einsetzen der Assimilation und des Pflanzenwachstums nach der Bespannung der Teiche hindeutet ... Die Assimilationsperiode erreicht im Mai ihren Höhepunkt, und jetzt sinkt die Kohlensäure in einigen Teichen auf die Hälfte des ursprünglichen Gehaltes im Bespannungswasser. Im Juni wird die Assimilationsperiode durch energische Dissimilation abgelöst. Die tierischen und pflanzlichen Organismen, die sich in der Assimilationsperiode vermehrt hatten, sterben zum großen Teil ab und bereichern mit ihren Zerfallsprodukten das Wasser. Infolgedessen nimmt die Kohlensäure im Wasser wieder zu und gelangt zu den höchsten, im Laufe des Jahres beobachteten Werten. Eine zweite Assimilationsperiode, die in einzelnen Teilchen noch stärker in Erscheinung tritt wie die erste, wird hauptsächlich durch das Aufkommen einer starken Unterwasserflora im Hochsommer hervorgerufen. Gegen Ende der Nutzungsperiode sehen wir ein stark individuelles Auseinandergehen der einzelnen Teiche hinsichtlich Assimilation und Dissimilation[2]." Diese im Jahre 1915 beobachteten Erscheinungen können sich natürlich durch Witterungseinflüsse nach oben und unten verschieben.

Sehr interessant sind die Beziehungen zwischen Kohlensäure, Kalk und Magnesia in den Assimilations- und Dissimilationsperioden. Während bei der Assimilation der Kalk im Boden sich stärker anreichert als die Magnesia, wird bei der Dissimilation vorzüglich Kalk aufgelöst und in doppelkohlensauren Kalk übergeführt und Magnesium durch das entstehende Ammoniak wieder ausgefällt. Man kann so eine Vorstellung davon gewinnen, wie periodisch im Teich dolomitische Sedimente entstehen können. Im ersten Versuchsjahr in Wielenbach (1913) und auch noch 1914 war bei kräftiger Ausfaulung des Wiesenbodens die Ausfällung der Magnesia aus dem Teichwasser zeitweilig eine quantitative, während die des Kalkes nicht über 50% betrug.

Die organischen Düngungen und ihr Einfluß auf die Sedimentation und die Erträge im Teiche.

Während die Kenntnis über die Wirkung der anorganischen Dünger im Teiche eine sehr junge ist, hat man organische Dünger schon seit alten Zeiten mit viel Erfolg benutzt. Die Chinesen sind von ihrem Wert so überzeugt, daß sie die Teiche regelmäßig organisch düngen und mit Bakterien fermentieren. Die organischen Dünger, zu denen Stallmist, insbesondere Schweinemist, Klärschlamm, Fäkalien, Schlachthofabfälle, Blutmehl, Guano, Jauche usw. zu

[1] Fischer, Herm.: Allg. Fischereiztg. 1917. Separatabdruck S. 32.
[2] Fischer, Herm.: Ebenda. Separatabdruck S. 33.

rechnen sind, scheinen neben der rein ernährenden Wirkung der darin enthaltenen Pflanzennährstoffe auch im organisch-gebundenen Zustande von den Teichbewohnern aufgenommen zu werden. Bekannt ist die Hypothese von PÜTTER, nach der selbst höhere Wassertiere, wie Fische, organische Düngerlösungen wie eine Bouillon ausnutzen können[1]. (Die vielfach bezweifelte PÜTTERsche Hypothese konnte neuerdings dahin berichtigt werden, daß Karpfenbrut aus Nährstofflösungen den Stoffwechsel bestreiten, nicht aber die Ausbildung des Körpers und Bildung neuer Substanz erreichen kann.) Bei dieser doppelten Wirksamkeit erscheint es begreiflich, daß die organischen Dünger die höchsten Abwuchsergebnisse erzielen, so z. B. 12 Zentner je Hektar. Dauernd zugeführte organische Düngungen, wie z. B. in Dorfteichen oder in Abwasserfischteichen, führen aber auch zu einer Sedimentationsform, die von den vorgenannten Teichbodentypen wesentlich verschieden ist. Während in den ungedüngten Teichen durch Zurücktreten der mineralischen Substanz gegenüber der pflanzlichen, besonders in kalkarmen, durch Humus braun gefärbten Gewässern nach GAMS[2] Dygyttja und bei noch stärkerem Überwiegen des vertorfenden Materials der Dy oder der eigentliche Lebertorf (= Saprokoll Potoniés) entsteht, bildet sich in mit stickstoffreichen organischen Stoffen gedüngten Teichen, besonders wenn nicht genügend Frischwasser zur Verfügung steht, eine übelriechende, meist dunkelbraun bis schwarz oder etwas bläulich gefärbte Masse, die als echter Sapropel zu bezeichnen ist. GAMS sagt hierüber: „Im Süßwasser treten solche Ablagerungen im allgemeinen zurück, nur in künstlichen Verunreinigungen, wie Fäkalabwasser der Städte, gewinnen sie Bedeutung. Dies tritt ein auf dem Grund von Absitzgruben, Klärteichen und solcher Flüsse, welche stark durch organische Stoffe verunreinigt werden. Grundsätzlich finden wir sie da, wo bei geringerer Zirkulation und Durchlüftung des Wassers eine nur spärlich entwickelte Bodenfauna den organischen Detritus nicht bewältigen kann. Dies ist auch dann der Fall, wenn die Zuleitung giftiger Fabrikabwässer die biologische Reinigung unterbindet. In den baltischen Seen mit ihrem üppigen Cyanophyceenplankton und in Teichen mit Lemna- und Spirodeladecken sind Bildungen von Faulschwamm relativ häufig, wogegen sie in den Alpen und im Norden sehr stark zurücktreten. In Teichen, Altwässern u. dgl. kann man häufig beobachten, daß sich im Winter Faulschwamm, im Sommer dagegen infolge der intensiven Organismentätigkeit Dy bildet." GAMS weist darauf hin, daß Sapropel auch zu katastrophalem Massensterben der Fische Veranlassung geben kann, wie dies bei plötzlichem Eindringen von Meerwasser in Süßwasser möglich ist. Auch in der Isar ist vor wenigen Jahren ein ungeheures Fischsterben dadurch eingetreten, daß der Überschuß von Frischwasser, welches gewöhnlich zur Speisung des Kanals der mittleren Isar verwendet wird, in das frühere Isarbett eingeleitet wurde. Hier war bei geringem Wasserzufluß der aus den Zuflüssen der Münchener Kloaken stammende Sapropel zur Ablagerung gekommen. Dieser wurde nun durch das Frischwasser aufgewirbelt und mit Sauerstoff durchsetzt, wodurch eine sofortige Fäulnis eintrat, welche den Fischen den Sauerstoff und damit die Lebensmöglichkeit nahm. GAMS weist auch darauf hin, daß der größte Teil der Bodenfauna durch solche Katastrophen vernichtet wird. Statt „biologischer Selbstreinigung", wie bei der Gyttja und beim Dy, tritt Fäulnis und später durch komplizierte Umsetzungen (Reduktionen, Hydrolysen, Polymerisationen) Bituminierung ein. Nach ENGLER und HÖFER[1] sind solche Bitumina das Ausgangs-

[1] KOSTOMAROV, B.: Die Bedeutung der gelösten Nährsubstanzen für die Karpfenbrut. Arch. Hydrobiol. 19, 331 (1928).

[2] GAMS, H.: Übersicht der organogenen Sedimente nach biologischen Gesichtspunkten. Naturwiss. Wschr. 1921, Nr. 40.

material für gasförmige, flüssige und feste Kohlenwasserstoffe. Man muß wirklich darüber erstaunt sein, daß eine mit solchen Verlustmöglichkeiten arbeitende Teichdüngungsmethode in der Praxis trotzdem so viel Erfolg hat. Nach langjähriger gleichartiger Nutzung treten in solchen Teichen Schäden auf, die sich auf die Sapropelwirkung zurückführen lassen. Alter sapropelitischer Teichschlamm ist gewöhnlich durch ausgefälltes Eisensulfid schwarz gefärbt. Sobald sich nun Säuren im Boden entwickeln, entsteht Schwefelwasserstoff, dessen Giftwirkung bekannt ist. In solchen Fällen hilft Kalkung und Sömmerung bzw. Sämerung. Dadurch werden die Eiweißprodukte in der Weise zerlegt, daß der Stickstoff in Nitrate und der Schwefel in Gips übergeht.

Ganz eigentümlich reagieren auf stickstofflose Düngung eingestellte Teiche, sobald sie organisch gedüngt werden. Diesbezüglich seien hier nach der Zusammenstellung von DEMOLL[2] die Wielenbacher Versuche mit Stallmist angeführt: 1915 wurden mit 100 Zentnern Stallmist aufs Hektar 189 kg Zuwuchs produziert gegenüber 153,5 kg in den ungedüngten Teichen, 1916 wieder mit 100 Zentnern 168 kg gegenüber 110 kg in den ungedüngten, 1918 mit 200 Zentnern 238 kg gegenüber 91,3 in den ungedüngten Teichen. Es scheint, als ob auch hier im Stallmist der Ertrag eine Funktion des eingebrachten Phosphors ist. In Wirklichkeit ist die Sachlage komplizierter, da in den Jahren 1915 und 1916 die mit Stallmist gedüngten Teiche unter Phosphorsäurenachwirkung früherer Düngungen standen. DEMOLL gibt dafür folgende Erklärung: „Berücksichtigt man die Phosphornachwirkung, so kann man aus der Stallmistdüngung von 1915 und 1916 eher eine Schädigung als eine Steigerung herauslesen. Die Phosphornachwirkung allein hätte höhere Beträge erwarten lassen. Dies ist damit zu erklären, daß durch die Düngung 1915 und 1916 der Boden ausgeschaltet wurde, ohne vollen Ersatz dafür bieten zu können. Erst die doppelte Menge Mist 1918 vermochte den Verlust des Bodenlaboratoriums wieder auszugleichen, ja ihn vielleicht zu überbieten. 1921 erreicht die mit Phosphor kombinierte Stallmistdüngung nur die Wirkung der Phosphordüngung allein." Nach diesem Autor[2] ist also jede (unzersetzte. Der Verf.) organische Düngung, die den Teichboden bedeckt, schädlich, weil sie das Bodenlaboratorium unwirksam macht. Erst durch große Düngermengen kann dann so viel Nährmaterial ins Wasser gebracht werden, daß der Verlust wieder ausgeglichen wird. 1931 empfiehlt nun DEMOLL[3] den organischen Dünger lokal anzuhäufen, so daß relativ kleine Teile des Teichbodens ausgeschaltet werden. Leider fehlen über dieses wichtige Gebiet noch entscheidende Versuche.

Auch andere organische Düngemittel haben in Wielenbach wenig Erfolg gehabt, so u.a. Fangstoff, Biertreber, Klärschlamm, Schilfkompost. Alle diese wurden aber mit Kali und Phosphorsäure zusammen gedüngt und sollten eine Ertragssteigerung durch ihre Kohlehydrate, die als Ernährung der stickstoffbindenden Bakterien dienen sollten, hervorrufen. DEMOLL[2] erklärt ihre Nichtwirkung in oben angegebener Weise, während HOFER[4] schon viel früher die Ansicht aussprach, daß eine Vermehrung der Kohlehydrate nicht notwendig sei, da sie schon im humusreichen Teich selbst in ausreichender Menge vorhanden sind und durch die assimilierenden Pflanzen immer neu gebildet würden. DEMOLL würde dann recht behalten, wenn die nicht absinkenden Düngemittel, wie frisch geschnittenes

[1] ENGLER, C. u. H. HÖFER: Das Erdöl. **2**, 73ff. Leipzig 1909. **1**, 20 (1913).

[2] DEMOLL, R.: Teichdüngung, S. 142ff., Teichdüngungsversuch. Allgem. Fischereiztg. **1919**, Sep. S. 7.

[3] DEMOLL, R.: Die Düngung der Teiche. Handbuch der Pflanzenernährung und Düngerlehre. S. 872. Berlin: Julius Springer 1931.

[4] HOFER, B.: Die Wielenbacher Methode der stickstofflosen Teichdüngung. Allg. Fischereiztg. 1916.

Schilf, Erbsenstroh usw., neben ausreichender Phosphorsäuredüngung noch einen Mehrertrag bringen würden. DEMOLL äußert sich über diese Düngungsmethode folgendermaßen: „Ein Absinken des unter Sauerstoffzufuhr bereits zersetzten Düngers schadet nicht mehr. Bei solchem Dünger ist eine Kombination mit Phosphordünger unbedingt zu empfehlen, da hier der Phosphor voll zur Wirkung kommen kann, nämlich sowohl als Förderer der Bodenfunktion als auch als Hemmnis für die Denitrifikation."

Außerordentlich günstig auf die Teicherträge wirkt eine Fäkaliendüngung, was sich aus dem Vorgang der direkten Ernährung der tierischen Teichbewohner durch diese Art der Düngung erklären läßt. Die großen Erfolge der Abwasserfischteiche, bei denen eine Reinigung von groben Sinkstoffen der zugeführten Abwässer und Zuleitung von Frischwasser zur Verhinderung der Sauerstoffzehrung stattfindet, sind auf dieser Grundlage erzielt worden[1]. Aber auch in Teichen mit Bodenlaboratorium wirkt die Fäkaliendüngung, wie WOHLGEMUTH[2] für den Wielenbacher Boden gezeigt hat. Sterile Lettenteiche wurden dort zuerst mit Ätzkalk behandelt, dann bespannt und besetzt. Ein umzäunter Teich bekam Wassergeflügel zur Lieferung der Fäkalien. Das Ergebnis war bei dem gedüngten Teich bereits nach einem Monat 103,3 kg Karpfenzuwachs je Hektar, bei dem ungedüngten 30,0 kg. Wenn also selbst eine Fäkaliendüngung unter Verhältnissen wie in Wielenbach bei vorsichtiger Durchführung Erfolge bringen kann, so haben andere schon stärker abgebaute organische Düngestoffe, wie Klärschlamm und Guano ebenfalls Aussicht. Beide Düngestoffe waren in verschiedenen Jahren in Wielenbach erfolgreich verwendet worden und besonders Guano lieferte 1930[3] einen die anorganische Düngung überragenden Zuwachs.

Mehr noch als bei den in bisher angegebener Weise mit organischem Dünger gedüngten Teichen vermißt man bei der Gründüngung im Teiche exakte Versuche Die wenigen Versuche[4] aus den ersten Wielenbacher Versuchsjahren, welche negativ ausfielen, können nicht gegen die Gründüngung im Teiche angeführt werden, weil die Vorbedingungen für ein Gelingen in keiner Weise gegeben waren. Auf absorptiv ungesättigten Sandböden mögen die Verhältnisse ganz anders liegen, und die Angaben der Praktiker über gute Erfolge der Gründüngung werden wohl ihre Richtigkeit haben. Eine Gründüngung mag dort ebensoviel Wirkung haben wie in den absorptiv gesättigten Teichen die Tätigkeit der stickstoffsammelnden Bakterien. DEMOLL[5] nimmt an, daß die Wirkung der Gründüngung auch durch Sömmerung erreicht werden kann. Ein Überwachsen frischer Böden mit Feld- oder Wiesenvegetation scheint immer gut zu wirken, wie auch die Wielenbacher Versuche in den ersten Jahren übereinstimmend gezeigt haben. OPITZ[6] ist derselben Ansicht, warnt aber vor dem vollständigen Unterpflügen und Unterwassersetzen der Gründüngung. Eintretende Sauerstoffnot würde bei der zu raschen Fäulnis der Pflanzen den Fischbestand gefährden. Sömmerungen scheinen die Bodenverhältnisse stark zu beeinflussen. Versuche über verschiedenartigen Böden müssen beweisen, ob unter gegebenen Verhältnissen eine Sömmerung, evtl. verbunden mit Gründüngung, günstig wirken kann.

---

[1] DEMOLL, R.: Das Abwasserfischteichverfahren. Einzeldarstellungen aus dem Gebiet der angewandten Naturwissenschaften, Nr. 1. München: Verlag Natur u. Kultur 1920. — STRELL, M.: Die Abwasserfrage. Leipzig 1904.

[2] WOHLGEMUTH, R.: Das Stickstoffproblem bei der Teichdüngung. Allg. Fischereiztg. **1922**, S. 177. — Teichkultur und Teichdüngung. Ebenda **1924**, S. 194.

[3] WALTER, E.: a. a. O. 1931, Sep. S. 16ff.

[4] HOFER, B.: Teichdüngungsversuche a. a. O. **1914**, 8, Sep.

[5] DEMOLL, R.: a. a. O., S. 148.

[6] OPITZ, H.: Zur Frage der Gründüngung in Teichwirtschaften. Allg. Fischereiztg. **1911**, 287.

Bodenbiologie der Teiche.

Die wichtigsten Vorgänge im Teiche sind zweifellos die biologischen. Alles, was voraufgehend über die physikalischen und chemischen Verhältnisse des Teichbodens gesagt worden ist, ist eng verknüpft mit der Tätigkeit der Organismen im Boden. Die Wirkungen der Fauna und Flora im Boden stehen in innigem Zusammenhang mit der Tätigkeit des Planktons, die hier nicht ganz unberücksichtigt bleiben kann.

Die Bakterien. Den Bakterien im Teichwasser und Teichboden ist bisher noch nicht die Aufmerksamkeit geschenkt worden, die sie bei ihrer Wichtigkeit verdienen. Ihre Leistungsfähigkeit hängt zweifellos weniger von der Zahl als von ihrem Ernährungszustand ab. Immerhin geben Zählungen einen interessanten Einblick in das Vorkommen dieser Wasser- und Bodenbewohner. Hofer[1] schreibt über die Bakterienzählungen, die er in Wielenbach auf Gelatine, auf stickstoffarmen Mannitagar und auf stickstoffreien Kieselsäureplatten anstellen ließ: „Hatten wir es im Wasser nur mit Tausenden zu tun, so fanden wir im Boden stets Millionen, und zwar bis zu 75 Millionen Keime je Kubikzentimeter Teichboden. Es sind das überhaupt die größten Zahlen von Bakterien, die bisher in einem natürlichen, nicht verunreinigten Boden nachgewiesen werden konnten, und die uns eine Vorstellung davon geben können, auf welchem Wege und in welchem Grade die durch die chemische Analyse nachgewiesene Stickstoffsammlung im Teichboden zustande kommt."

In gleicher Weise, wie Hofer[2] die verschiedenartigsten Teichböden chemisch und physikalisch untersuchen ließ, suchte er auch in die bakteriellen Verhältnisse derselben Einblick zu gewinnen. So wurden für die Teiche in Teublitz 3,6—7,3, für die Altenstadter Weiher 9,2—9,9 im unteren und 2,0—3,0 im oberen Weiher, für Beilngries 20—21, für Volkach 8,3—10,7, für Steinach in Niederbayern 6—20,5 Millionen Keime nachgewiesen. Auffallend wenig Bakterien enthielt der über stark saurem und eisenschüssigem Boden liegende Sebastiansweiher des Forstamts Kehlheim-Süd (652000—736000 Keime). Hofer war sich wohl bewußt, daß bei den vorgenommenen Bakterienzählungen zu niedrige Zahlen erhalten wurden, und daß es wichtiger sei, statt der Zahl der auf bestimmten Platten wachsenden Bakterien ihre quantitativen Leistungen kennen zu lernen. Es ist merkwürdig, daß die Wasserbakterien bei den Teichdüngungen in Wielenbach keine nachweisbare Vermehrung erfuhren. Man darf deswegen ihre Wirksamkeit nicht einfach unterschätzen. Die quantitativen Leistungen werden gleichwohl durch die Düngung gesteigert, was sich aus der Volumvergrößerung der Bakterienzelle erklären läßt. Es entstehen wahre Riesenformen, wie sie der Verfasser z. B. bei Azotobakter durch besonders günstige Ernährung erhalten hat. Übrigens hat auch v. Alten[3] in ähnlicher Weise bei Algen Riesenformen erhalten. Die Wirksamkeit der Wasserbakterien wird, worauf Demoll[4] besonders hinweist, dann ins Gewicht fallen, wenn das Bodenlaboratorium eines Teiches nicht funktioniert. In solchen Fällen sei auch eine direkte Ausnützung des ins Wasser geworfenen Düngers unter Umgehung des Bodens denkbar. Phosphorsäure wird dann in erster Linie die stickstoffbindenden Bakterien fördern. Nach den bei Demoll angeführten Versuchen von Lantzsch sollen sie in unbedeutenden Mengen auf Wasserpflanzen und überhaupt nicht im freien Wasser gefunden werden. Nun hat aber

[1] Hofer, B.: Teichdüngungsversuche. Allg. Fischereiztg. **1916**, 14, Sep.

[2] Hofer, B.: a. a. O. **1913**, **1914/15**, **1916/17**.

[3] Alten, von: Der Einfluß der Düngung auf die Algen, insbesondere auf die Diatomeen. Z. Fischerei **20**, 190 (1919).

[4] Demoll, R.: Teichdüngung, S. 103.

der Verfasser seine stickstoffsammelnden Teichbakterien fast sämtlich aus Teichwasser isoliert, und die fortlaufenden Versuche in Wielenbach haben sie zu Zehn- und Hunderttausenden im Kubikzentimeter Wasser ständig nachgewiesen. Die verschiedenen Versuchsresultate mögen sich daraus erklären, daß LANTZSCH sich einseitig mit der Wirksamkeit des Azotobakters im Teiche beschäftigte, der tatsächlich im Wasser kaum vorkommt. Er ist aber auch im Teichboden und auf den Wasserpflanzen durchaus nicht häufig. Auf Kieselsäure und Mannitagarplatten wächst er, doch konnte er bei den Zählungen in Wielenbach niemals festgestellt werden. Um so häufiger sind andere stickstoffsammelnde Bakterien die im Wasser und mehr noch im Boden massenhaft gefunden werden. Der Verfasser stellt hier die stickstoffsammelnden Bakterien als die wichtigste Bakteriengruppe im Teichboden in den Vordergrund, weil sie bei der teichwirtschaftlichen Behandlung des Bodens eine überragende Rolle spielen. Im folgenden sei eine kurze Zusammenstellung der im Teichboden gefundenen Formen gegeben[1]:

Bac. asterosporus A. M. et Bred., Bac. amylobacter A. M. et Bred. (anaerob bis aerob) von LANTZSCH bis zu 40 cm Tiefe im Teichboden gefunden, lange Bazillenform mit endogenen Sporen; Bac. danicus Löhn, kurze Bazillenform mit endogenen Sporen; Azotobakter chroococcum, 4—6 μ dicke Kokken, braun bis schwarzer Belag auf stickstoffreien Platten. Es wirkt in kalkreichen Böden stark stickstoffsammelnd bei reichlicher Sauerstoffzufuhr. Von J. REINKE[2] wurde bereits Symbiose von Volvox und Azotobacter nachgewiesen.

Bakterien aus dem Formenkreis des B. lactis aerogenes (0,5—0,8 μ breit, 0,6—3,2 μ lang): 1. unbewegliches Bact. Aerobacter Beij., Kurzstäbchen mit Gallertkapsel, häufig Diplostäbchen, weiße, schleimige Oberflächenkolonie auf verschiedenen Nährböden, keine Verflüssigung der Gelatine. Bact. turcosum, gelbe Oberflächenkolonien. 2. bewegliches Bact. Radiobacter Beij., oft gekrümmte, lebhaft bewegliche Kurzstäbchen, in Lösungen sternförmige Anhäufungen bildend. Infolge von Alkalibildung gleichen die Oberflächenkolonien schillernden Häutchen.

Dieser systematischen Einteilung stellte HERM. FISCHER bereits früher[3] eine biologische Einteilung der Stickstoffsammler gegenüber:

1. Rein saprophytische Formen (vorzüglich aerobe und anaerobe Bazillen).
2. Ektoparasitische Formen, z. T. lose Symbiosen mit grünen Pflanzen bildend. Zu dieser Gruppe gehören vorzüglich die oben angeführten Kurzstäbchen, welche in ihrer bedeutsamen Wirksamkeit immer noch zu wenig beachtet werden. Bei geringem Gehalt des Wassers an Stickstoffverbindungen vermag eine Algenflora aufzukommen, welche den stickstoffsammelnden Bakterien Kohlehydrate als Energiequelle liefert. Diese Vorgänge treten sowohl im Wasser wie in den obersten Bodenschichten ein und haben eine lebhafte Stickstoffbindung unter günstiger Mitwirkung des von den Algen gespendeten Sauerstoffs im Gefolge. „Mit dem Absterben und der Zersetzung der parasitischen Stickstoffbakterien werden schließlich beträchtliche Mengen des — bei Anwesenheit aller anderen Nährstoffe außer gebundenem Stickstoff im Wasser — reichlich gebildeten Eiweißstickstoffs durch Fäulnisbakterien und Nitrifikanten in Rotation gebracht, so daß am Ende den grünen Pflanzen wieder genügende Mengen an anorganischen Stickstoffsalzen zum Weiterwachstum zur Verfügung stehen. So kann ein an

[1] FISCHER, HERM.: Das Problem der Stickstoffbindung bei niederen Pflanzen. Ber. dtsch. bot. Ges. **35**, 423 (1917). — Naturwissenschaftliche Grundlagen, S. 151. Stuttgart: Eugen Ulmer 1920. Auch dieses Handb. **7**. 295.

[2] REINKE, J.: Symbiose von Volvox und Azotobacter. Ber. dtsch. bot. Ges. **21**, 481 (1903); Ref. Cbl. Bakter. II **11**, 712.

[3] FISCHER, HERM.: Beitrag zur Ernährungsphysiologie der Wasserpflanzen. Arch. Hydrobiol. **10**, 430 (1914/15).

Stickstoff und Kohlenstoff armes System durch das Zusammenwirken von Gemischtkulturen assimilierender und dissimilierender Organismen allmählich in Schwung kommen, und unter sonst günstigen Vegetationsbedingungen tritt eine Anreicherung von Kohlenstoff und Stickstoff in solchen Kulturen ein[1]."

Daß gerade im Wasser bei alkalischer Reaktion und reichlicher Phosphorsäuredüngung die Wirksamkeit der Stickstoffsammler eine lebhafte ist, beweisen die bereits[2] mitgeteilten Versuche im Glase, bei denen 41,4—48,9 mg Stickstoff je Liter durch Düngung mit Dikaliumphosphat, Kochsalz und Kaliumsulfat zu Münchener Leitungswasser erzielt wurden gegenüber 1,95—2,17 mg Stickstoffgewinn ohne Düngung. Besonders günstig wirkten verschiedene beigegebene Kohlehydrate auf die Entwicklung von einzelligen Algen, Fadenalgen, Riccia, Acolla, Lemna, Ostracoden und Cladoceren. Gründüngung mit Stärkemehl ergab nach achtmonatlicher Versuchszeit in 7 Litern Wasser ein starkes Sediment von Ostracoden. Geerntet wurde an Trockensubstanz 0,8 g. Diese Versuche zeigen, wie in Teichen ohne Böden, also in zementierten Teichen, die Sedimentbildung auch ohne Stickstoffdüngung vor sich geht. Wenn man den Stickstoffgehalt des Planktons mit 8—9% auf Trockensubstanz angibt, so kann man verstehen, wie sehr sich ein Teichboden unter günstigen Verhältnissen allmählich mit Stickstoff anreichern muß. Die fortlaufenden Analysen der Wielenbacher Teichböden haben das durchweg gezeigt. Auf eine starke Abnahme des Stickstoffs im Boden im Jahre 1913 folgte schon im zweiten Versuchsjahr eine beträchtliche Zunahme, worüber die Tabelle auf S. 310 Auskunft gibt.

Zwei weitere Faktoren sind für die Stickstoffbindung von sehr großer Bedeutung. Der eine betrifft die Oberflächengröße der Bodenteilchen. Sehr fein verteilte Körper, besonders Kolloide, sollen die chemischen Reaktionen wie die Stickstoffbindung fördern. Lantzsch[3] legt auf diese Erscheinung großen Wert und stellt folgende These auf: „Das Optimum jeder bakteriellen Umsetzung, sei es im Boden oder im Tierkörper oder in Kultur, ist an das Vorhandensein kolloidaler Stoffe nicht spezifischer Art gebunden." Übrigens ist schon früher von Söhngen[4] auf den Einfluß von Kolloiden auf mikrobiologische Prozesse aufmerksam gemacht worden und eine möglichst geringe Korngröße als günstig für die Tätigkeit der Stickstoffsammler angegeben worden.

So wichtig nun die angegebene Eigenschaft der Kolloide für die Stickstoffbindung sein mag, so kommt doch noch eine weitere hinzu, die nach den Versuchen von Krzemieniewski[5] letzten Endes für die Höhe des Stickstoffgewinns ausschlaggebend ist. Darüber mag ein Auszug aus den Versuchsreihen des genannten Forschers dienen. Es ergaben

10 g frische Erde in 2% Mannitnährlösung . . .	8,2—13,8 mg Stickstoff
Die Kahmhaut in Mannitlösung	8,0— 8,1 „ „
Azotobakterreinkultur in wässeriger Glukoselösung	0,1— 2,4 „ „
„ „ Glukosebodenextrakt . .	3,3— 3,4 „ „

Dagegen ergaben

Azotobakterreinkultur in Glukose + pasteurisierte Erde . . .	4,8—15,8 mg
„ „ „ + sterilisierte Erde . . .	3,4— 8,2 „
„ „ „ + Humat aus Erde . . .	9,1—14,9 „
„ „ „ + Humat aus Zucker . .	2,9 „

[1] Fischer, Herm.: a. a. O., S. 427.

[2] Fischer, Herm.: Beitrag zur Ernährungsphysiologie der Wasserpflanzen. Arch. Hydrobiol. **10**, 430 (1914/15).

[3] Lantzsch, K.: Bacillus amylobacter A. et Bred. und seine Beziehung zu den Kolloiden. Cbl. Bakter. II **54**, 6 (1921).

[4] Söhngen, N. L.: Untersuchungen über Azotobacter chroococcum. Cbl. Bakter. II **38**, 621 (1913).

[5] Krzemieniewski S.: Cbl. Bakter. II **23**, 161 (1909).

Gerade die beiden letzteren Versuche scheinen zu entscheiden, daß nicht die kolloidale Natur des Zusatzes allein, sondern auch die chemische Zusammensetzung auf die Höhe der Stickstoffbindung bestimmend einwirken. H. FISCHER[1] hat bereits früher die Vermutung ausgesprochen, daß hier ein synthetisches Enzym eine Rolle spielt, welches von den Stickstoffbakterien aus gewissen Abbauprodukten von Eiweißkörpern des Bodens aufgebaut wird. Daraus erklärt es sich auch, warum in Rohkulturen immer bessere Erfolge erzielt werden als in Reinkulturen. Übrigens beachtete schon KRZEMIENIEWSKI[2] ein gewisses Abhängigkeitsverhältnis zwischen der Stickstoffzunahme in den Kulturen und der durch Hydrolyse aus den Humaten abspaltbaren Stickstoffmenge. Düngungs- bzw. Impfversuche mit Azotobacterkulturen hatten auf so nährstoffreichen, basischen, mit Stickstoffbakterien durchsetzten Böden wie in Wielenbach keinen Erfolg[3]. Es wurde hier die gleiche Erfahrung wie auf Feldböden gemacht. Wie eine „Azotobacterdüngung" bei entsprechender Alkalisierung des Systems in Hochmoorteichen wirken würde, müssen künftige Versuche zeigen.

Über die Tätigkeit und die Systematik der Fäulnisbakterien fehlen für den Teichboden noch spezielle Untersuchungen. Man weiß nur, daß mit dem Einbringen von Frischwasser in die Teiche lebhafte Fäulnisvorgänge eingeleitet werden. Ein guter Teichboden hat eine starke Fähigkeit, organische Stoffe durch Ausfaulen zu verarbeiten und die Fäulnisprodukte für den Kreislauf nutzbar zu machen. Die Zersetzung geht dann ohne Bildung giftiger Endprodukte vor sich, und der Stickstoff des Eiweißes wird zunächst zu Ammoniak abgebaut und dann zu Salpeter oxydiert. Um nun zu verhindern, daß der Salpeterstickstoff durch Denitrifikation verloren geht, ist eine besondere Behandlung des Teichbodens notwendig, über die DEMOLL[4] folgendes schreibt: „Verlust des eingebrachten Eiweißes zu vermeiden gelingt dadurch, daß man 1. Phosphor beigibt, 2. Sauerstoffmangel vermeidet und 3. die Zellulose bereits in so fortgeschrittener Verrottung darbietet, daß sie als Energiematerial nicht mehr in Betracht kommen kann, gleichwohl aber für niedere Organismen, insbesondere Fadenalgen, eine gute Nährquelle bietet." Mehr noch als im Ackerboden ist also im Teichboden die Tätigkeit der Dissimilanten in die richtigen Wege zu leiten. Schon durch die Bedeckung des Bodens mit organischem Material allein kann ein Sauerstoffverbrauch auftreten und das Bodenlaboratorium ausgeschaltet werden[5]. Auch die Tätigkeit der Nitrit- und Nitratbakterien wird durch die Produkte der Dissimilanten stark beeinträchtigt, wie LANTZSCH[6] nachgewiesen hat. Teichböden, die nur zeitweise organische Stoffe zugeführt bekommen, können diese im allgemeinen nach kurzer Zeit umsetzen. Anders ist es in den Fällen, wo ein ständiger Zufluß von organischen Düngungen stattfindet, wie es in Dorfteichen und in Abwasserfischteichen der Fall ist. Hier kann die Tätigkeit der Fäulnisbakterien für die Bodenfauna, für die Fische und schließlich auch für Menschen, die sich des ins Grundwasser übergegangenen Teichwassers bedienen, katastrophal werden. Nur die ständige Zuleitung wohlberechneter Frischwassermengen wird das System in Ordnung und den Teichboden gesund erhalten.

Aber auch bei der Zersetzung anorganischer Düngungen durch Dissimilanten können giftige Zerfallsprodukte entstehen, die beim Übergang ins Wasser die Fische schädigen. Es sei hier kurz das Verhalten des im Teiche sich langsam zer-

---

[1] FISCHER, HERM.: Naturwissenschaftliche Grundlagen des Pflanzenbaus und der Teichwirtschaft, S. 156. Stuttgart 1920.
[2] KRZEMIENIEWSKI, S.: a. a. O., S. 163.
[3] WALTER, E.: a. a. O. **1929**, **1930**, 1—8, Sep.
[4] DEMOLL, R.: Teichdüngung, S. 139. Stuttgart 1925.
[5] DEMOLL, R.: a.a.O., S. 139.
[6] Vgl. R. DEMOLL: Teichdüngung a. a. O. 129.

setzenden Kalkstickstoffs[1] bei einem Versuche im Glase besprochen, der den Wielenbacher Teichverhältnissen entsprach. Eine Düngung von 0,0025—0,020 g N je Liter Teichwasser war nach 12 Tagen so zersetzt, daß 0,13—0,50 mg NH_3 aus Kalkstickstoff im Wasser vorhanden waren. Nach zwei Monaten waren entsprechend der Düngung 0—4,5 mg N im Liter vorhanden. Der gesetzmäßige Verlauf der Kalkstickstoffzersetzung ist am bezeichneten Orte graphisch dargestellt. Physiologisch interessant ist nun, daß beim Zerfall des Kalkstickstoffs bei der Maximaldüngung von 20 mg Stickstoff aufs Liter 4,5 mg Ammoniak im Liter im Laufe von zwei Monaten entstehen, welche nach Versuchen auf Fische, wie kleine Rotaugen, bereits eine tödliche Wirkung ausüben, während sie der Entwicklung eines starken Crustaceenplanktons kein Hindernis entgegensetzen. Die Versuche zeigen, wie vorsichtig man mit starken Kalkstickstoffdüngungen über schwach absorbierenden Böden sein muß, und wie wenig eine dadurch hervorgerufene starke Entwicklung der niederen Fauna und Flora für die Gesundheitsverhältnisse im Teich maßgebend ist.

Ist bisher vorzüglich die Zersetzung stickstoffhaltiger organischer Substanz durch dissimilierende Bakterien besprochen worden, so möge nun auch noch mit einigen Worten auf die Tätigkeit der Kohlehydratzerstörer eingegangen werden. Diese ist bei genügendem Sauerstoffzutritt ohne Zweifel eine wichtige Energiequelle im Teichboden. Die dabei entstehende Kohlensäure wirkt, wie schon dargetan wurde, in jeder Beziehung günstig auf die Umsetzung im Teichboden. Fehlt es aber an Kohlensäure, so kommen Wasserstoff- und Methanbazillen zur Vorherrschaft, und der Kohlenstoff geht als Sumpfgas verloren. Der Bac. cellulosae methanicus und der Bac. cellulosae hydrogenicus werden übrigens heute bei der Abwasserbeseitigung zur Erzeugung von Leuchtgas ausgenützt, indem man die bei Ausfaulung der groben Sinkstoffe der Abwässer entstehenden Gase nicht nutzlos entweichen läßt, sondern nach einem besonderen Verfahren auffängt und gereinigt den Verbrauchsstellen zuleitet. Die Kohlehydrate zersetzende Kraft eines guten Teichbodens ist eminent. Die Beobachtungen in Wielenbach[2] haben ergeben, daß große Zellulosemengen (6 Zentner aufs Hektar Teichfläche) in 4 Wochen restlos zerstört wurden. Das Ergebnis der Versuche mit Abfallzellulose (Fangstoff) in den Jahren 1915 und 1921 war ein negatives. Es wurde weder eine Förderung der Stickstoffbakterien, noch eine im Ertrag nachweisbare Anregung der CO_2-Assimilation erzielt. Ob Wasserstoff und Methan oxydierende Bakterien[3] im Teichboden von Bedeutung sind, müßten erst entsprechende Versuche nachweisen. Zahlreiche andere Kohlehydratzerstörer, wie B. coli, B. aerogenes lactis, B. ferrugineum, die Subtilis- und Mesentericusgruppe, Bacillus mycoides, sind sauerstoffbedürftig, können aber immerhin schädliche Oxydationsprodukte, wie Buttersäure, bilden. Zur Gruppe der Dissimilanten gehören auch die Denitrifikanten, welche eine ebenso wichtige Rolle wie die Stickstoffsammler im Teichboden spielen. Bei Untersuchungen des Verfassers[4] konnte im Teichboden nur eine wohlabgegrenzte Form von denitrifizierenden Bakterien beobachtet werden, nämlich das Bact. fluorescens liquefaciens. Seine Lebensbedingungen sind wohlbekannt und von A. KOCH und H. PETTIT[5] auch für den Feldboden studiert worden. Die Tätigkeit

[1] FISCHER, HERM.: Über das Verhalten einiger künstlicher Stickstoffdüngemittel zu Teichboden und Teichwasser. Naturwiss. Z. Forst- u. Landwirtsch. **1916**, 302.

[2] DEMOLL, R.: Teichdüngung a. a. O. **1925**, 143 ff.

[3] Siehe dieses Handbuch **7**, 325 ff.

[4] FISCHER, HERM.: Über Denitrifikation in Teichen und ihre praktische Bedeutung. Z. Fischerei, N. F. **2** (1916).

[5] KOCH, A. u. H. PETTIT: Über den verschiedenen Verlauf der Denitrifikation im Boden und in Flüssigkeiten. Cbl. Bakter. II, **26**, 335 (1910). Siehe auch dieses Handbuch **7**, 180 ff.

der Denitrifikanten wird bei viel Wasser, also im Teichboden, ferner bei Abschluß des Luftsauerstoffs und Gegenwart einer Energiequelle, wie sie die Kohlehydrate im Teichboden liefern, und bei höheren Sommertemperaturen besonders gefördert. Unter den genannten Bedingungen wird Salpeter in kürzester Zeit in der Weise von diesen Bakterien zerlegt, daß sein Sauerstoff von ihnen veratmet, der Stickstoff frei gemacht wird und in den Luftraum zurückgeht, das Kali bildet mit dem Teichwasser zunächst KOH, welches durch Aufnahme von Kohlensäure in Pottasche übergeht. Unter den für die Denitrifikation günstigen Verhältnissen, bei denen der Kalk im Boden eine Rolle spielt, wurden bei allen Teichdüngungen einmalige oder partielle Salpetergaben in längerer oder kürzerer Zeit so vollständig zerstört, daß der Salpeter mit der feinsten Reaktion nicht mehr gefunden werden konnte. Übrigens wurde diese Erscheinung auch bei Glasversuchen, die den Teichdüngungsversuchen nachgeahmt waren, beobachtet. Hier war natürlich eine Diffusion der Nährstoffe, mit der im Teich stets gerechnet werden muß, ausgeschlossen. Eine Adsorption von Salpeter im Boden hätte durch die Analyse des Bodens stets nachgewiesen werden können. Ein Verbrauch des Salpeters durch Pflanzen hätte sich der Kontrolle nicht entziehen können. Alle diese Einwände konnten experimentell ausgeschaltet werden, ja es konnte sogar in den Gläsern das Auftreten von Stickstoffblasen beobachtet werden. Wenn z. B. am 30. Juli mit 5 mg Nitratstickstoff je Liter Wasser gedüngt worden war (Volldüngung im Boden), dann konnte bereits am 11. August kein Nitrat mehr nachgewiesen werden. Diese Erscheinung wurde über den verschiedensten Böden beobachtet, mit dem Unterschied, daß bei kalkarmen Böden der Rückgang des Salpeters ein minimaler war. So konnte über sauren Sandböden der Buntsandsteinformation von Unterbarville und Wasperweiler in Lothringen, ferner von ebensolchen Böden der Urgebirgsformation von Teublitz in der Oberpfalz, niemals in Anhäufungskulturen Stickstoffblasenbildung nachgewiesen werden. Trotzdem waren regelmäßig auf Spezialnährböden Stickstoffsammler feststellbar. Die Wässer von Teublitz waren lange Zeit nach der Düngung mit Salpeter der Analyse unterworfen worden. Eine vor einem Monat gegebene Düngung ließ sich nie mehr nachweisen, eine Förderung des Planktons durch die Düngung war nicht zu konstatieren, ebenso keine Ertragssteigerung bei der Abfischung. Über Versuche, die eine teilweise Ausnützung des Salpeters nachwiesen, ist bereits[1] gesprochen worden. Hier ist eine direkte Wirkung der Salpeterdüngung allerdings nur bei den Planktonmessungen nachweisbar. Durch die Versuche im Glase konnte aber auch gezeigt werden, daß starke Salpeterdüngungen, wie z. B. 25 mg Salpeter-N im Liter Wasser, die Denitrifikation stark hemmen. Es ist das die konservierende fäulnishindernde Wirkung des Salpeters. Hofer[2] hat gelegentlich eines Besuches in Bergedorf bei Hamburg solche Verhältnisse auch in der Praxis beobachtet. In einem Fischteich, in welchen städtische Abwässer von Tropfkörpern nebst wechselnden Anteilen von Abwässern eines Emscherbrunnens eingeleitet worden waren, war bei entsprechendem Pflanzenwachstum ein äußerst reiches tierisches Plankton vorhanden. Es waren für diesen Teich 25 mg Salpeter-N und 200 mg organische Substanz je Liter Wasser bestimmt worden. Ganz ähnliche Erscheinungen wurden von Hofer auch in seinen Straßburger Versuchsteichen beobachtet[3]. Somit besitzt man im Salpeter, der selbst wieder auf biologischem Wege erzeugt wird, ein vortreffliches Mittel, um katastrophale Fäulnis in Abwasserfischteichen zu unterbinden. Desgleichen haben Glasversuche ergeben, daß bei 5 mg N je Liter Wasser über Wielenbacher Boden die konservierende Wirkung 10 Tage dauert, bei 20 mg 16 Tage. Somit kann der Salpeter im

[1] Siehe S. 325. [2] Vgl. Herm. Fischer: a. a. O., Z. Fischerei 1916, Sep., 41.
[3] Vgl. Herm. Fischer: a. a. O., S. 41, Sep.

Teich auf längere Zeit erhalten und damit der Ausnutzung der Organismen besser zugänglich gemacht werden. Mit diesen Feststellungen gelangt man aber schon zur Tätigkeit der nitrifizierenden Bakterien im Teichboden.

Daß bei Gegenwart von viel Kalk und wenig organischer Substanz zwei Bakterien aus der Gruppe der Assimilanten in der Weise zusammen arbeiten, daß das Bacterium nitrosomonas vorhandenes Ammoniak in Nitrit verwandelt und weiterhin das Bact. Nitrobacter, das Nitrit in Nitrat überführt, ist auch für den Teichboden wohlbekannt. Leider fehlen noch ausgedehnte Untersuchungen über die praktische Bedeutung dieser Bakterien im Teichboden. DEMOLL[1] teilt einige von LANTZSCH erhaltene Resultate über die Nitrifikanten mit. So soll über Wielenbacher Boden die Nitrifikation in der oberen 2-cm-Schicht gegenüber den darunterliegenden Zonen stark herabgesetzt sein. Es erklärt sich dies aus der Anhäufung von Fäulnisstoffen über dem Teichboden. Ferner reicht im gedüngten Teich die Nitrifikation bis ca 40—42 cm Tiefe, während die untere Grenze für den Azotobakter bei 30 cm liegt. Es muß also sauerstoffhaltiges Wasser im Gasaustausch bei der Zellulosegärung selbst in so große Tiefen gelangen können, um hier die Nitrifikation einzuleiten. Die rhythmische Ablösung von Nitrifikation und Denitrifikation in den Teichen wurde wiederholt von WILLER[2] und FISCHER[3] beobachtet. G. KLEIN und M. STEINER[4] haben am Lunzer Untersee sehr umfangreiche Untersuchungen über den Stickstoffkreislauf im Wasser und Boden durchgeführt mit dem Ergebnis, daß die Nitrifikation bis zu großer Tiefe im Schlamm vorwiegend im Winter und die Denitrifikation im Schwebschlamm vorwiegend im Sommer stattfindet. Wahrscheinlich hängt die Erscheinung mit dem Wechsel von Assimilations- und Dissimilationsperioden zusammen.

Seit 1925[5] wurde auch den Schwefelbakterien im Teichboden eingehendere Aufmerksamkeit geschenkt. Nach SEISER[5] entfalten sie eine vorwiegend nützliche Tätigkeit im Boden. Schon früher wurden sie wegen ihrer Massenentwicklung in Teichen gelegentlich erwähnt, besonders die Purpurbakterien, welche rote Überzüge auf den Böden bilden. Diese bilden Schwefelsäure, wobei Kohlensäure aus dem $CaCO_3$ des Bodens frei wird, die den Bakterien als Energiequelle dient. Noch eine zweite S-Bakteriengruppe kommt im Teiche vor. Diese farblose Gruppe benutzt direkt den Sauerstoff, während ihn die Purpurbakterien aus Kohlehydraten abspalten. Schwefelbakterien sind Leitorganismen des Sapropels. „Ihre Ansiedlung ist der feinste Indikator, daß H_2S in irgendeiner Weise entsteht“[5]. H. FISCHERS Untersuchungen schließen sich an die von LEMMERMANN[6], J. G. LIPMAN, S. A. WAKSMAN und J. S. JOFFE[7] über den Ackerboden an, in denen nachgewiesen wurde, daß mit einer Erhöhung der SO_4-Ionen in der Bodenlösung eine Vermehrung der PO_4-Ionen in der Bodenlösung Hand in Hand geht. Wenn man im Teichboden aus den Phosphaten PO_4-Ionen ins Wasser überführen kann, so gewinnt man in der vorstehend gezeigten Weise Einfluß auf

[1] DEMOLL, R.: Teichdüngung, S. 61. Siehe auch dieseses Handbuch 7, 274.

[2] WILLER, A.: Experimentelle Studien zur Salpeterdüngung in Teichen. Fischereizeitung 1915, 113.

[3] FISCHER, HERM.: Beiträge zur Teichdüngungslehre. Naturwiss. Z. Forst- u. Landwirtsch. 1916, 294.

[4] KLEIN, G. und M. STEINER: Bakteriologisch-chemische Untersuchungen am Lunzer Untersee. Österr. bot. Z. 78, 289 (1929).

[5] Vgl. A. SEISER: Schwefelbakterien. Allg. Fischereiztg. 1925, 6. — HERM. FISCHER: Die bakterielle Schwefeloxydation in Teichböden und ihre praktische Bedeutung. Cbl. Bakter. II 65, 35 (1925). Siehe auch dieses Handbuch 7, 327.

[6] LEMMERMANN, O.: Arb. Dtsch. Landw.Ges. 1919. Siehe auch dieses Handbuch 7, 327ff., 8, 654ff.

[7] LIPMAN, J. G., S. A. WAKSMAN u. J. S. JOFFE: The oxydation of sulfur by soil microorganisms. Soil Sci. 12, 475 (1921).

die Ertragshöhe. Bei FISCHERS Versuchen ergab sich, daß sich die Sulfatbildung in Teichböden ähnlich abspielt wie die Nitrifikation. Die autotrophen Schwefelbakterien werden durch Alkalinität von Boden und Wasser in ihrer Tätigkeit gefördert, durch Azidität dieser Medien und durch organische Substanzen gehemmt. Schwefelwasserstoff darf durch desulfurierende Bakterien nur insoweit gefahrlos gebildet werden, als die Erhaltung der ursprünglichen Bodenreaktion gewährleistet ist, d. h. der saure Schwefelwasserstoff darf die Pufferwirkung der Karbonate des Bodens nicht aufheben. Auch beim Versuch im Glase hat sich gezeigt, daß die Sulfatreaktion trotz der auf Schwefeloxydation eingestellten Versuchsanordnung herrschend bleiben kann. Dies war der Fall bei dem schwarzen, kalkhaltigen Teichschlamm des Altenburger Stadtweihers. Dieser enthielt schon bei der Untersuchung reichlich Sulfide und bildete weiterhin solche aus Lösungen mit Sulfiten und Sulfaten. Da aber die Neutralisation des Schwefelwasserstoffs schließlich im Boden nicht mehr durch den Kalk angeregt wurde, trat sogar freier Schwefelwasserstoff auf. Seine Schädlichkeit im Teichboden ist bekannt. Tatsächlich hatten der an allen Nährstoffen und auch an Kalk reiche Altenburger Stadtweiher und ebenso einige Teiche in Rietberg in Westfalen über Wiesenmoor recht ungünstige Abwuchszahlen, obwohl in beiden Teichwirtschaften der Fischertrag mit allen Mitteln gehoben werden sollte. Die Desulfurikation scheint also eine ebenso ungünstige Rolle für den Stoffumsatz im Teiche zu spielen wie die Denitrifikation. Beseitigung des sulfidreichen Teichschlammes, Kalkung und Sömmerung des Teichbodens, evtl. oberflächliche Bearbeitung des Teichbodens zum Zwecke der Sauerstoffzufuhr dürfte den Schaden, der durch die Sulfidanhäufung entsteht, beheben.

Die Pilze. Schon KNAUTHE[1] gibt an, daß in den kalkreichen Böden vorzüglich die Bakterien, in den sauren dagegen die Pilze an der Umsetzung der Stoffe arbeiten. Leider weiß man nichts darüber, wie weit dies in einer der Teichwirtschaft förderlichen Weise geschieht. Es ist kaum anzunehmen, daß in sauren Teichböden die Stickstoffbindung durch Pilze besorgt wird, obwohl von PURIEWITSCH[2], SAIDA[3], CH. TERNETZ[4] auf Grund von Analysen eine Luftstickstoffbindung der Pilze behauptet wurde, während KOCH[5], HEINZE[6], BREFELD[7] und A. KOSSOWITSCH[8] dies bestritten haben[9]. Da die Pilze die Fähigkeit haben, Stickstoffverbindungen der Laboratoriumsluft aufzunehmen, mögen bei einigen Versuchen einige Milligramm Stickstoffgewinn gebucht werden können. Der Verfasser hat verschiedene Pilze aus Teichböden, wie Penicillium glaucum, Aspergillus niger, Dematium pullulans, Cladosporium humifaciens, rote Hefen auf Stickstoffbindung geprüft, niemals aber mehr als einige Milligramm Stickstoff erhalten, die er nicht als Luftstickstoffbindung anzusehen wagt[9].

---

[1] KNAUTHE, K.: Das Süßwasser. Neudamm: J. Neumann 1907.

[2] PURIEWITSCH, K.: Über die Stickstoffassimilation bei den Schimmelpilzen. Ber. dtsch. bot. Ges. **13**, 342 (1895).

[3] SAIDA, K.: Über die Assimilation freien Stickstoffs durch Schimmelpilze. Ebenda **19**, 107 (1901).

[4] TERNETZ, CH.: Assimilation des atmosphärischen Stickstoffs durch einen torfbewohnenden Pilz. Ebenda **22**, 267 (1904).

[5] KOCH, A.: Jahresbericht über die Lehre von den Gärungsorganismen und Enzymen. Leipzig 1890. Journ. f. Landw. **55**, 355 (1907).

[6] HEINZE, B.: Über die Stickstoffassimilation durch niedere Organismen. Landw. J. **35**, 889 (1906).

[7] BREFELD, O.: Versuche über die Stickstoffaufnahme bei den Pflanzen. 78. Jahresber. Schles. Ges. für vaterl. Kultur. Breslau 1901. Zool.-bot. Sekt. 15. Nov. 1900, 27.

[8] KOSSOWITSCH, A.: Die Stickstoffbindung der Pilze. Z. f. Gärungsph. **5**, 26 (1914); Biochem. Z. **67**, 391 (1914).

[9] FISCHER, HERM.: Cbl. Bakter. II **55**, 1 (1921). Siehe dieses Handbuch **7**, 307ff.

Es ist heute noch aus Mangel an ausreichendem Versuchsmaterial schwer, ein abschließendes Urteil über die Tätigkeit der Pilze im Teichboden abzugeben. Eines ist wohl als sicher anzunehmen, daß die Pilze für die Bildung der sauren Humuskörper verantwortlich zu machen sind[1]. Nach Untersuchungen von Herm. Fischer[2] hat sich ergeben, daß saure Humussubstanzen unter allen Umständen die Stickstoffbindung im Teichboden unterdrücken. Die für die teichwirtschaftliche Behandlung des Bodens wichtigen Resultate der Glasversuche sind im Auszug etwa folgende: Saure mineralische Volldüngungen, Volldüngungen ohne N oder ohne K ergaben mit oder ohne Zusatz von $CaCO_3$ nach mehr denn einjähriger Versuchszeit + 10 mg N-Gew. Eben dieselben Düngungskombinationen ergaben bei Zugabe von saurem Hochmoorextrakt keinen Stickstoffgewinn. Die noch eingehender zu erforschenden Wirkungen der sauren Humusstoffe auf die Teicherträge lassen die schon von Knauthe[3] gemachten Angaben verständlich erscheinen, daß rohe Hochmoorteiche je Jahr und Hektar nur Produktionszahlen von 20—30 kg, dagegen rohe Heideteiche solche von 40—60 kg aufweisen. Nach Angaben von Nordqvist[4] produzierten die Teiche der schwedischen Versuchsstation Aneboda, die der Region der typischen „Humusgewässer" angehören, anfangs kaum mehr. Sie sind aber inzwischen durch Kultur, besonders durch organische Düngung, beträchtlich verbessert worden[5].

Konnte bisher für die Bodenpilze der natürlichen Teiche nur Ungünstiges berichtet werden, so gilt das in gleicher Weise für die bekannten Abwasserpilze Sphärotilus natans, Leptomitus lacteus, Fusarium und Mucor. Die beiden ersteren wirken sauerstoffzehrend bei Massenvermehrung. Freilich vermag Sphärotilus im Abwasserteich auch große Mengen von Kohlehydraten zu verarbeiten, während Leptomitus besonders die Eiweißstoffe angreift. Ihr Vorkommen ist übrigens auf die stark durchströmten Teichstellen beschränkt.

Die Algen. Die Biologie und Systematik der Algen ist bei limnologischen Forschungen sehr eingehend berücksichtigt worden. Verschiedene Forscher sprechen von der Schwierigkeit, planktonische und Bodenformen hier zu trennen. Nach Ansicht des Verfassers sind die Algen im Teichboden Wasserpflanzen, die so lichtfeindlich sind, daß sie nur im Schutz des Bodens gedeihen können. Natürlich finden sie unter Blättern höherer Wasserpflanzen, unter Holz und Steinen ebenso günstige Lebensverhältnisse. Immerhin sind einige Formen für gewisse Teichböden charakteristisch. Schon Francé[6] weist darauf hin, daß man die Mikroflora des Moor- und Sumpfbodens auseinander halten müsse, weil durch den Gehalt an Humussäuren wenigstens für die bodenamphibischen Vegetationen auch das nasseste Moor „physiologische Trockenheit" bedeutet. Er gibt für den Sumpf folgende Formen an: Pinnularia, Navicula, Nitzschia, Hantzschia, Oscillatoria, Pleurococcus; für das Moor: Pinnularia, Navicula, Hantzschia, Desmidium, Pleurotamium, Calocylindrus. Im kalkhaltigen Teichboden scheinen Cyanophyceen, Chroococcaceen, Oscillatorien, Nostocaceen, Scytonemaceen, Chlorophyceen und Diatomeen, im sauren Desmidiaceen herrschend zu sein. Manchmal treten ungeheure Produktionen einer einzigen Form auf, wie das z. B. Kolkwitz[7]

---

[1] Ramann, E.: Bodenkunde, 3. Aufl., S. 432. Berlin: Julius Springer 1911.

[2] Fischer, Herm.: Über die Einwirkung saurer Humusstoffe auf die biologischen Vorgänge im Boden und Wasser. Cbl. Bakter. II, 55 (1921).

[3] Knauthe, K.: a. a. O., S. 452.

[4] Nordqvist, Osc.: Södra Sveriges Fiskeriförening (Die Fischereivereinigung von Südschweden) 1906—1911. Lund 1911.

[5] Naumann, E.: Lietzensee vid Berlin, S. 32. Lund 1916.

[6] Francé, R. H.: Das Edaphon, S. 56. Stuttgart: Frankhsche Verlagsbuchhandl. 1921.

[7] Kolkwitz, R.: Über die Planktonproduktion der Gewässer, erläutert an Oscillatoria Agardhii Goment. Landw. Jb. 38, Suppl. 5, S. 449.

für den Lietzensee angibt, wo Oscillatoria Agardhii in Mengen bis zu 2800 kg pro Jahr und Hektar auftrat. Bei solchen Massenproduktionen ergeben sich für die teichwirtschaftliche Behandlung des Bodens besondere Aufgaben. KOLKWITZ hat im angegebenen Falle die drohende Sauerstoffzehrung durch Ausspülung mit Frischwasser ferngehalten. Bedauerlicherweise sind noch keine Zahlen über den Einfluß der Düngung auf die Bodenalgen beizubringen. Diesbezügliche Untersuchungen in Wielenbach wurden nicht veröffentlicht. Die ausgedehnten mikrobiologischen Forschungen in Sachsenhausen erstrecken sich nur auf das Plankton der Teiche[1] und auf die Ufer- und Bodenfauna. WUNDSCH[2] hat auch die Nostocaceen in seiner Auszählung der Bodenorganismen einbezogen. Man gewinnt den Eindruck, daß in einzelnen Teichgruppen die Düngung eine Vermehrung der Individuen hervorgerufen hat. Dann findet man aber wieder eine Auszählung aus einem ungedüngten Teich, der geradezu eine Massenentwicklung von Nostocaceen zeigt. Es ist klar, daß hier ein verwickeltes Problem vorliegt, bei dem man erst am Anfang der Erkenntnis steht. Sicher ist, daß die Bodenalgen ein wichtiges Zwischenglied in der Teichproduktion sind, wie die Untersuchungen der Nahrung der Wassertiere gezeigt haben.

Besser unterrichtet ist man über die Algen der Abwasserteichböden. FRANCÉ[3] findet unter der Bodenflora der Abwasserfischteiche Edaphonteilnehmer wieder. KOLKWITZ[4] und THUMM[5] haben bei ihren Untersuchungen besonders Hantschien, Euglenen, Ulothrix, Phormidium, auch Protonemen von Moosen und Moose selbst gefunden (z. B. Ceratodon). Da es unter den Algen auch direkte Verwerter der organischen Stoffe gibt, so kann die Selbstreinigung von Boden und Wasser teilweise auch ohne Beteiligung der Bakterien vor sich gehen. Schon BEIJERINCK und nach ihm viele andere Autoren[6] konnten durch Reinkulturen feststellen, daß es Grünalgen gibt, die organische Verbindungen, wie Kohlehydrate und Peptone, zerstören. Viele dieser Algen verlieren im Dunkeln ihr Chlorophyll und gehen in eine farblose Form über, so z. B. die Euglenen in die Astasiaform. Auch organische Säuren werden von Algen, vor allem von Flagellaten, gut ausgenützt. Verschiedene Algenarten vermögen ein eiweißlösendes Ferment auszuscheiden, wie dies O. RICHTER[7] für Nitschia Palea, Navicula minuscula und Nitschia putrida nachgewiesen hat.

Höhere Wasserpflanzen. Die Beziehungen zwischen Teichboden und höherer Wasserflora sind sehr enge. Die Ausgestaltung eines typischen Teichbodens erfolgt unter Einfluß der Wasserflora in kurzer Zeit, wie man in Wielenbach sehen konnte. Grundsätzlich muß man zwischen der sehr verschieden arbeitenden Unter- und Überwasserflora unterscheiden. Erstere kommt als vorzüglichste Lieferantin von Sauerstoff im Teiche in Betracht, und da sie in Dissimilationsperioden schnell zerfällt, kann sie auch die Nachlieferung von Nährstoffen im Teiche ausgiebig besorgen. Eine Ausraubung der Bodennährstoffe im Sinne mancher Feldpflanzen ist hier nicht zu befürchten, da die Wurzeln lediglich als Haftorgane dienen. Damit soll nicht gesagt sein, daß durch die

---

[1] PAULY, M.: Die Einwirkung der Mineraldüngung auf die planktonischen Lebewesen in Teichen. Z. Fischerei **20** (1919).

[2] WUNDSCH, H. H.: Studien über die Entwicklung der Ufer- und Bodenfauna. Z. Fischerei **1919**, 408.

[3] FRANCÉ, R. H.: Das Edaphon, S. 92.

[4] KOLKWITZ, R. und F. EHRLICH: Chemisch-biologische Untersuchungen der Elbe und Saale. Z. Ver. Dtsch. Zuckerindustrie **96**, 478 (1907).

[5] THUMM, K.: Städtereinigung 1911.

[6] KÜSTER, E.: Anleitung zur Kultur der Mikroorganismen, Teubner 1907.

[7] RICHTER, O.: Zur Physiologie der Diatomeen. Sitzungsber. ksl. Akad. Wiss. Wien, Math.-naturw. Kl. B. C. XV 1 52, 1906. — Die Ernährung der Algen. Leipzig 1911.

Entnahme der im Wasser gelösten Nährstoffe eine zeitweise ausgedehnte Festlegung von Pflanzennährstoffen im Teiche unmöglich sein kann. Es ist geradezu erstaunlich, wie schnell die Wasserflora einen werdenden Teichboden besiedelt. Bereits im zweiten Versuchsjahr waren die Wielenbacher Teichböden weithin mit Elodea canadensis, Myriophyllum, Utricularia, Characeen und Wassermoosen (Hypnaceen) überzogen. Fast alle gut bewachsenen Teiche waren gruppenweise mit Alisma- und Potamogetonarten bestanden. Trotz der großen Gleichheit der Versuchsteichböden war und ist heute noch die Bewachsung eine recht verschiedene, was sich auch in der Produktion an Sauerstoff und Kohlensäure zeigte. Die Unterwasserpflanzen scheinen also feine Indikatoren für bisher nicht feststellbare Bodenverschiedenheiten zu sein.

Durchaus anders ist die Tätigkeit der Überwasserpflanzen zu beurteilen. Die Teichwirte sehen sie ungern, weil sie die Nährstoffe, besonders Kali, an sich reißen. Ferner verringern sie die Bewegungsfreiheit der Fische und tragen stark zur Verlandung bei. Schließlich wäre als größter Schaden die ständige Beschattung des Wassers anzuführen. Walter[1] hat zahlenmäßig nachgewiesen, wie durch Beseitigung der Überwasserpflanzen die Erträge gehoben werden können. Ein geringer Nutzen kann aus der Überwasserflora dadurch gezogen werden, daß man sie rechtzeitig ausschneidet und an den Teichdämmen verteilt, wo sie dann vom Regen ausgelaugt wird, wodurch die Nährstoffe wieder in den Teich zurückgelangen. Czensny[2] hat diese Methode empfohlen. Demoll[3] weist aber darauf hin, daß man die abgeschnittenen Überwasserpflanzen nicht auf den Boden legen dürfe, weil man sonst das Bodenlaboratorium des Teiches erstickt. Ein zweiter günstiger Faktor der harten Flora (Phragmites, Typha, Phalaris, Scirpus, Juncus usw.) beruht darauf, daß Nährstoffe aus größerer Teichtiefe heraufgeholt werden. Demoll[4] sagt: „Es ist ein enormes Kapital, das dem Teiche nur mit Hilfe der tiefwurzelnden harten Flora zugänglich wird."

Die Verwertung der Überwasserflora als Indikator für alkalische oder saure Teichböden kann nur mit viel Kritik durchgeführt werden. Noch unveröffentlichte Untersuchungen des Verfassers haben gezeigt, daß auch hochalkalische Böden lokal Säure bilden können. Es ist wohl verständlich, daß sauren Boden liebende Wasserpflanzen, wie Schachtelhalm, sich an solchen Stellen reichlich ansiedeln.

Die Fauna. Nicht minder wichtig für den Umsatz im Teichboden denn die Bodenflora ist die Ufer- und Bodenfauna. In ihrer Bewertung für die Produktion sei auf die Ausführungen von Wundsch[5] hingewiesen, der die erfolgreichsten Untersuchungen auf diesem Gebiete durchgeführt hat. Er teilt die Ufer- und Bodenfauna nach ihrer Ernährung in folgende Gruppen ein:

1. Echte Moderfresser: Lumbriculiden, Tubificiden.
2. Aufwuchs- und Algenfresser (Verzehrer abgestorbener Pflanzenteile): Tendipediden, außer Tanytarsus, Culiciden, Anopheles, die meisten niederen Dipterenlarven, Cloëon und wahrscheinlich andere kleine Ephemeriden; Gammarus, Asellus.
3. Echte Pflanzenfresser (Verwerter höherer Flora): Trichopterenlarven der Teichformen, Raupen der Wasserschmetterlinge, große Wasserschnecken (Limnaea), Gammarus.
4. Echte Planktonfresser (Corethra).
5. Verwerter höherer Tiere, gleich Raubtieren: Käferlarven, Odonatenlarven, Rhynchoten und deren Larven, alle Hydracarinen, von Tendipediden die Gattung Tanypus.

Dieser höheren Wasserfauna, die direkt zur Ernährung der Fische dienen kann, ist noch die Mikrofauna anzufügen, also die Protozoen, Hydrozoen, Rota-

[1] Walter, E.: Wielenbacher Teichdüngungsversuche. Allg. Fischereiztg. 1924.
[2] Czensny, R.: Teichdüngung. Mitt. Fisch. Ver. Brandenburg, Ostpreußen und Pommern, 1920, Nr. 11; Fischereiztg. Neudamm 23 (1920).
[3] Demoll, R.: Teichdüngung, S. 141.
[4] Demoll, R.: Teichdüngung, S. 141.
[5] Wundsch, H. H.: a. a. O., S. 493.

torien, Turbellarien, Trematoden, Nematoden, Oligochaeten und andere Würmer, schließlich die Bryozoen.

Der Bestand der Ufer- und Bodenfauna ist nach WUNDSCH quantitativ direkt abhängig von der niederen und höheren Pflanzenwelt und ihren Zerfallsprodukten. Durch die Sömmerung wird dieser Bestand quantitativ in erster Linie in Hinsicht auf die Kruster, in zweiter in Beziehung auf die Tendipediden und die Mollusken, dagegen so gut wie gar nicht auf die Ephemeriden und Trichopteren beeinflußt. Die mineralische Düngung wirkt auf Ufer- und Bodenfauna, mit Ausnahme der niederen Kruster, wesentlich erst im zweiten Jahr, und zwar um so intensiver, je größer die natürliche Bonität des betreffenden Gewässers ist. Dies findet seine Begründung in dem Verhältnis zwischen Ufer- und Bodenfauna und der Gesamtflora. Bei den Versuchen wirkte am stärksten die Volldüngung mit Superphosphat, Kali und Ammonsalzen.

Die Mikrofauna des Bodens ist in ihrer Bedeutung abhängig von ihrer Eignung zur Ernährung höherer Wassertiere. Exakte Beobachtungen liegen hier nur über einige Formen vor. Bei einem Versuch im Glase, der eine starke organische Düngung bei gleichzeitiger Wasserbedeckung des Bodens in ihrer Wirkung auf die Mikroorganismen klar legen sollte, entwickelte sich massenhaft Pleurococcus, der wieder zur Massenvermehrung von Trinema acinus Veranlassung gab. Bei FRANCÉ[1] finden sich Angaben, daß Nematoden Rhizopoden fressen. Es liegt hier also ein Fall vor, wie durch Düngung zunächst Pflanzen vermehrt werden, dann die Mikrofauna und weiterhin die Makrofauna, welche den Fischen direkt als Nahrung dienen kann. Verfasser hat in dem oben erwähnten, bisher unveröffentlichten Versuch den Nährstoffumsatz an einem Rhizopoden mitgeteilt, weil diese Protozoengruppe für den Teichboden charakteristisch ist. In ihrem Vorkommen sind sie sicher ökologisch begrenzt, FRANCÉ[2] unterscheidet z. B. Sumpfboden mit Euglypha, Pseudochlamys, Difflugia, Trinema und Moorboden mit den gleichen Formen, zu denen noch Nebela und Arcella hinzukommen. In den „Humusteichen" mögen die Rhizopoden eine besondere Rolle spielen und dort wie im Waldboden hauptsächlich von Pilzmycelien leben.

In den Teichböden mit lebhafter Dissimilation (Dorfteiche, Abwasserfischteiche) ist die Aufeinanderfolge der Organismen wohlbekannt. Der ständige Zustrom stickstoffreicher organischer Stoffe bedingt zunächst eine Massenvermehrung von Bakterien. Diese werden wieder von Ciliaten, Flagellaten, Amöben aufgefressen. In Azotobakterrohkulturen stellen sich z. B. regelmäßig Amöben ein. Die genannte Protozoenfauna dient wieder den Bodenwürmern, also Nematoden, Oligochaeten und Rotatorien, als Nahrung. Besonders die Tubifexarten sind im Schlamm zu Hause, und zwar in einer solchen Menge, daß HOFER[3] in einem Bodenzylinder von 1 m Tiefe und 600 cm² Fläche (Tellergröße), der aus einer Schlammbank der Isar (Anhäufung von Sinkstoffen der Münchener Kloaken) senkrecht ausgestochen wurde, zwei Millionen Schlammwürmer mit bloßem Auge herauszählen lassen konnte. Diese Schlammwürmer spielen ungefähr die gleiche Rolle wie die Regenwürmer im Ackerboden, in deren Darminhalt FRANCÉ[4] bis zu 50 kleinere Geobiontenarten nachweisen konnte. KNAUTHE[5] weist auf die Wichtigkeit der Minierarbeit gewisser Würmer (Tubifex usw.), Insektenlarven, Crustaceen usw. hin, die der Bodenbewegung durch Wassergeflügel und eingetriebenes Vieh in ihrer Bedeutung für die Hebung der Fischerträge an die Seite zu stellen ist. KNAUTHEs Glasversuche ergaben:

---

[1] FRANCÉ, R. H.: Edaphon, S. 85. [2] FRANCÉ, R. H.: a. a. O., S. 56.

[3] HOFER, B.: Münch. med. Wchschr. 1905, Nr. 47, 2268 ff. — DEMOLL, R.: Abwasserteichverfahren, S. 17. München: Natur und Kultur 1920.

[4] FRANCÉ, R. H.: a. a. O., S. 86. [5] KNAUTHE, K.: a. a. O., S. 296.

1. Fest gelagerter, verschlämmter Boden ohne Tiere;
Elodea (Ernte) = 28 g Trockensubstanz.
2. Fest gelagerter, verschlämmter Boden ohne Tiere;
Elodea (Ernte) = 24 g Trockensubstanz.
3. Fest gelagerter, verschlämmter Boden, wenig Tiere;
Elodea (Ernte) = 38 g Trockensubstanz.
4. Fest gelagerter, verschlämmter Boden, viel Tiere;
Elodea (Ernte) = 52 g Trockensubstanz.
5. Fest gelagerter, verschlämmter Boden, sehr viel Tiere:
Elodea (Ernte) = 66 g Trockensubstanz.

Der Einfluß des fließenden, stagnierenden und versickernden Wassers auf die Teichbodennutzung.

Die Untersuchungen über die teichwirtschaftliche Behandlung des Bodens wurden bisher speziell für solche Teiche durchgeführt, welche stehendes Wasser über einem Boden haben, der die Fähigkeit besitzt, natürlich oder künstlich zugesetzte Stoffe so weit zu verarbeiten, daß das Wasser schließlich biologisch gereinigt abgelassen werden kann. Es sind nun zum Schluß noch solche Teiche zu betrachten, bei denen Frisch- oder Fäkalwasser ständig durchströmt. Die engen Beziehungen zwischen Wasser und Boden kommen auch hier zur praktischen Auswirkung. Die Absorptionskraft des Bodens entscheidet dann über die größere oder geringere Aufnahme an gelösten Stoffen, die vom Boden als Nährstoffkapital festgehalten werden. Ein Verlust von Düngerstoffen fällt beim Abwasserfischteich nicht weiter ins Gewicht. Er kann eventuell durch serienweise hinter einander geschaltete Teiche vermieden werden. Anders liegen die Verhältnisse beim Durchstrom von Frischwasser, wie das in Forellenteichen allgemein der Fall ist. Nährstoffarmes Wasser kann hier auslaugend auf den Boden wirken und ihn verarmen, nährstoffreiches kann naturgemäß wegen des Abflusses nicht voll ausgenützt werden. Trotzdem rentiert sich auch in solchen Teichen die Düngung, wie Versuche in Wielenbach nachgewiesen haben. WALTER[1] berichtet, daß 1924 und 1925 Düngerwirkungen mit organischen Stoffen und Kaliphosphat erzielt wurden. Weder Kali noch die Nebensalze brachten für sich allein eine Steigerung des Ertrags. Der Kainit dagegen mobilisiert die im Boden von früheren Phosphatdüngungen her in schwer löslichen Verbindungen festgelegten Phosphate, er fördert also die Nachwirkung. Unter günstigen Verhältnissen wurden Mehrerträge von 50—100%, unter besonders günstigen sogar 150% Mehrertrag gegen „ungedüngt" erhalten. Durch diese Versuche wurde ausdrücklich festgestellt, daß die Steigerung der Erträge beim Durchfluß niemals an die bei einem fehlenden Durchfluß heranreicht.

In stagnierenden Teichen, zu denen solche zu rechnen sind, die nicht genügend Sauerstoff produzieren, um alle durch Geruch belästigende Stoffe zu beseitigen, hat die Produktion schlechte Aussichten. Obwohl sie einigen minderwertigen Fischarten noch Nahrung und sonstige Existenzbedingungen gewähren, spielen sie doch praktisch eine sehr geringe Rolle.

Teiche, deren Böden starke Versickerung des überstehenden Teichwassers zeigen, bieten trotz einer gewissen Ähnlichkeit mit durchströmten Teichen ein so eigenartiges Bild der Teichnutzung, daß sie hier eine gesonderte Behandlung erfahren müssen. DEMOLL[2] betont ausdrücklich die Folgen starker Versickerung

---

[1] WALTER, E.: Die Versuche 1924 in der bayrischen teichwirtschaftlichen Versuchsanstalt Wielenbach. Allg. Fischereiztg. **1925**, S. 229. — Die Versuche 1925 usw. Ebenda **1926**, S. 112.

[2] DEMOLL, R.: Teichdüngung, S. 72.

für die Teichdüngung. Verwertbare Düngungsversuche mit einem Dünger, der vom Boden stark absorbiert wird, seien nahezu völlig ausgeschlossen, da die in der obersten Bodenschicht festgelegten Stoffe nicht mehr durch Diffusion und biologische Durchlüftung entgegen dem starken Sickerstrom in den Teich zurückgelangen können und dadurch verloren gehen. DEMOLL ist der Ansicht, daß hier nur mit kleinen im gelösten Zustande befindlichen Düngermengen etwas auszurichten sei. Den Schwierigkeiten ist wohl am besten dadurch entgegenzuwirken, daß man organische Düngungen wählt, welche unter Wasser in Haufen an den Teichdämmen niedergelegt werden sollen. Es entwickelt sich dann bei der Zersetzung der Düngerstoffe reichliche Naturnahrung für die Fische.

Daß die hier besprochene Teichgruppe in ihren bodenbiologischen Verhältnissen manche Abweichung von den oben geschilderten Normen zeigt, kann mangels einwandfreien Versuchsmaterials nur schlechthin festgestellt werden.

Bonitierung des Teichbodens.

Die ältesten Bonitierungsmethoden der Teiche gehen auf eine Bonitierung des Teichwassers zurück. E. GIESECKE[1] begründete eine auf dem Härtegrad des Teichwassers beruhende Methode[2], die schon deswegen unhaltbar ist, weil Wiesenmoorteiche mit sehr hartem Wasser zu den produktionsarmen Teichen gehören. Einen Fortschritt bedeutet immerhin die als ZUNTZscher Becherglasversuch bekannte Methode von ZUNTZ und KNAUTHE[3]. Sie kann wohl den im Minimum befindlichen Nährstoff im Wasser feststellen. Da aber die Nachlieferung der Nährstoffe ins Teichwasser in erster Linie eine Funktion des Bodens ist, müssen auch die nach den genannten Autoren angesetzten Glasversuche zu Irrtümern führen. Es kann z. B. Salpeter im Glasversuch sehr günstig wirken, während er in Wirklichkeit unter Einfluß des Bodens denitrifiziert wird. Diese und andere Beobachtungen haben bereits FISCHER[4] veranlaßt, Bedenken gegen die ZUNTZsche Becherglasmethode auszusprechen. Allerdings hatte B. VON GARTZEN[5] auf Anregung von N. ZUNTZ den Einfluß des Bodens bei neuen Becherglasversuchen, die im Freien durchgeführt wurden, berücksichtigt. Wenn man nun bei Becherglasversuchen Boden hinzufügt, so wird das Bild, welches zur Bonitierung nach dem Augenschein gebraucht wird, ein durchaus anderes, als wenn man ohne Boden arbeitet. Die Massenvermehrung der Algen tritt nicht mehr so deutlich und so schnell in Erscheinung. In Wirklichkeit aber nähern sich jetzt die Verhältnisse den in der Natur gegebenen. Die Absorption des Bodens auf organische Stoffe und Phosphate macht sich bemerkbar, aber die deutlichen Ausschläge fehlen. Nur bei der Volldüngung mit Salpeter, Phosphorsäure und Kali, mit oder ohne Kalk war die Wirkung der gesteigerten Düngergaben deutlich zu erkennen. Es ist klar, daß bei einer solchen Methode die Düngungserfolge nicht leicht und schnell durch eine Analyse zu erfassen sind. Wie auch WUNDSCH[6] aussprach, hat die biologische Bonitierung von Fischteichen ihre besonderen Schwierigkeiten, so daß auch heute noch nicht daran gedacht werden kann, eine für den Praktiker verwendbare Methode herauszugeben.

---

[1] Vgl. K. KNAUTHE: Das Süßwasser, a. a. O., S. 581.

[2] Vgl. S. 344.

[3] ZUNTZ, N. u. K. KNAUTHE: Eine neue Methode zur Bonitierung von Fischteichen Neudammer Fischereiztg. 1900, S. 97.

[4] FISCHER, HERM.: Die Denitrifikation in Teichen usw. Z. Fischerei, N. F. 2, 29 (1916), Sep.

[5] GARTZEN, B. VON: Neudammer Fischereiztg. 11, 361 (1908).

[6] WUNDSCH, H. H.: Besizen wir eine für den Praktiker verwertbare Methode der biologischen Bonitierung von Fischgewässern? Allg. Fischereiztg. 1917, S. 284.

Teich	Stickstoffgewinn im Mittel auf den Versuch in mg	Charakteristik der Teichfauna und -flora	Charakter des Bodens	Bonitätsklasse
1. Altenburg (großer Teich)	8,25	sehr reiche Organismenwelt	sehr kalkreicher, an organischen Stickstoffverbindungen reicher Boden	8*
2. Langerweiher bei Landau a. d. Isar	6,7		typischer, schwach humoser Mergelboden	7
3. Neuersee bei Volkach a. Main	5,6	sehr reiche Organismenwelt	typischer, schwach humoser Mergelboden	6
4. Wielenbacher Versuchsteiche:				
Gruppe a	4,2—5,5	sehr produktive Teiche mit sehr reicher Organismenwelt	humoser Mergelboden	5—6
Gruppe b	2,1—3,1	produktionskräftige Teiche mit reicher Organismenwelt	schwach humoser Mergelboden	3—4
Gruppe c	1,3—1,8	mäßig produktive Teiche mit geringer Organismenwelt	sehr schwach humoser Mergelboden	2
5. Schwaltener Teich b. Seeg i. Allgäu	1,99	mäßig reiche Organismenwelt	schwach humoser Mergelboden	3
6. Wolfsee im Hienheimer Forst	2,10	,, ,, ,,	humusarmer, entkalkter Tonboden	2—3
7. Steinach in Niederbayern	2,16	,, ,, ,,	saurer, feinsand. humusarmer Tonboden	2—3
8. Dienstwiese b. Rietschen i. d. Lausitz	2,83	,, ,, ,,	saurer, feinsand., humusarmer Tonboden	3
9. Altenstadt a. d. Iller (Unterer Teich)	0,96	geringe Organismenwelt	mooriger Sandboden	2
10. Kleineselweiher, Teublitz i. d. Oberpfalz	0	,, ,,	mooriger Sandboden	1
11. Großeselweiher, Teublitz i. d. Oberpfalz	0,48	,, ,,	mooriger Sandboden	1
12. Pechteich bei Marienwerder	0—3,8	sehr geringe Organismenwelt	typisches kalkreiches Wiesenmoor	1—4
13. Beilngries i. d. Oberpfalz	0	geringe Organismenwelt	typisches kalkreiches Wiesenmoor	1
14. Schwarzenbach i. d. Oberpfalz	0	sehr geringe Organismenwelt	saures Hochmoor	weniger als 1

* Unter der Voraussetzung, daß die den Teichboden vergiftende Schwefelwasserstoffbildung beseitigt wird.

Um zu einer wissenschaftlichen Methode der Teichbodenbonitierung zu gelangen, ist es notwendig, die physiologische Leistungsfähigkeit einer bestimmten Organismengruppe im Teichboden quantitativ festzustellen. Diese muß besonders auf die Bodenfruchtbarkeit im Sinne der Teichproduktion reagieren. In den Stickstoffbakterien des Teichbodens dürfte eine solche Biozoenose zu finden sein. Nicht etwa einzelne Arten, wie z. B. neuerdings für den Feldboden Azotobakter, sollen hier auf Wachstum und stickstoffbindende Tätigkeit hin untersucht werden, sondern die Gesamtheit im Teichboden. Sterilisiert man den Boden bei solchen Versuchen, so verändert man ihn grundsätzlich. Gibt man Reinkulturen einer einzelnen Stickstoffbakterienart zum unbehandelten Boden, so hat man keine Gewähr, daß die geimpfte Art in der gewünschten Weise floriert. Die Bodenbakterien überwuchern häufig die eingeimpfte Form. So mußten alle Versuche zur quantitativen Bestimmung der Bodenfruchtbarkeit durch Analyse des vom Azotobakter gesammelten Stickstoffs negativ verlaufen. Wenn man aber die Gesamtheit berücksichtigt, so erhält man, wie bereits vom Verfasser[1] gezeigt worden ist, brauchbare Werte für die Teichböden.

Die Bonitierung der Teichböden nach dem Stickstoffgewinn in Rohkulturen erfolgt in der Weise, daß nach dem von REMY[2] ausgearbeiteten, von LÖHNIS[3] vervollkommneten Verfahren in 1 proz. Dextroselösung + 0,25 ‰ KH_2PO_4 (bei kalkhaltigen Böden 0,25 ‰ K_2HPO_4) bei 10 g Einimpfung von lufttrockenem Boden in 100 cm³ Flüssigkeit nach drei Wochen die Stickstoffgewinne analysiert werden. Die Versuchsanordnung erfolgt in Erlenmeyerkölbchen, welche durch einen Wattebausch geschlossen werden. Bei solchen Versuchen wurden folgende Zahlen erhalten:

Die Bonitierung kann nach dem Stickstoffbindungsvermögen der Teichböden nur die natürliche Bonität im ungedüngten Zustand angeben. Es können z. B. die Erträge durch organische Düngung so gehoben werden, daß auf Grund der Abfischungszahlen hohe Bonität angegeben wird. Gleichwohl ist der Boden deswegen nicht wesentlich besser geworden, wie dem Verfasser die nach seiner Bonitierungsmethode erhaltenen Zahlen beweisen.

Auch von DEMOLL[4] wird auf die Bonitierung eingegangen, wobei zunächst die von E. GIESECKE vorgeschlagene Bonitierungsmethode nach dem Härtegrad des Wassers abgelehnt wird. DEMOLL schreibt: „Viel geeigneter scheint mir die von H. FISCHER (1920) vorgeschlagene Methode der Bonitierung nach Maßgabe der Stickstoffbindung des Teichbodens.“ Im weiteren sucht DEMOLL eine Entscheidung über die bereits von FISCHER aufgeworfene Frage zu treffen, ob man feststellen soll, was der Boden leistet oder was er leisten könnte. DEMOLLS Ansicht darüber ist folgende: „Weder ist es ratsam, zu bonitieren, nach dem, was der Boden in rohem Zustand leistet, noch nach dem, was er unter optimalen Bedingungen, d. h. unter Volldüngung zu leisten imstande ist. Mir scheint, daß man einen Mittelweg einschlagen muß: man bonitiert den Boden, nachdem diesem so lange Kalk zugesetzt ist, als seine Leistungsfähigkeit dadurch gesteigert wird. Die meisten Böden könnten demnach ‚roh‘ ohne Kalkzusatz zur Untersuchung gelangen. Sauren Böden wird solange Kalk zugesetzt, bis die saure Reaktion in eine alkalische übergeht, und sehr zähem, schwerem Boden wird Kalk beigefügt, bis eine feinere Krümelstruktur erreicht wird[5].“ Tatsächlich wird auch erst bei der Kalkung die natürliche Leistungsfähigkeit eines Teichbodens ins Optimum gebracht, wie die Versuche mit dem Moorteich in Wielenbach und in Dattenhausen bei Altenstadt an der Iller gezeigt haben. Andererseits wurden FISCHERS Stickstoffbindungsversuche durch eine Kalkung nicht wesentlich in ihren Ergebnissen beeinflußt, denn durch die Kalkung wird die natürliche Bodeneigenschaft zunächst nicht verändert[6].

Schlußwort.

Anknüpfend an die Frage der Teichbodenkalkung glaubt der Verfasser hier eine allgemeine Richtlinie der teichwirtschaftlichen Behandlung des Bodens geben zu dürfen. Die Praktiker sind häufig der Meinung, daß durch eine Summierung der Meliorationen größere Zuwachszahlen an Fischfleisch erzielt werden könnten. Es konnte nun gezeigt werden, daß die mit einer organischen Düngung

---

[1] FISCHER, HERM.: Naturwissenschaftliche Grundlagen a. a. O., S. 192.
[2] REMY, TH.: Bodenbakteriologische Studien. Cbl. Bakter. II **8**, 657 (1902).
[3] LÖHNIS, F.: Landw.-Bakteriologisches Praktikum, 2. Aufl. S. 139. Berlin 1920. Handb. der landw. Bakteriologie S. 742, 1910.
[4] DEMOLL, R.: Teichdüngung a. a. O., S. 80. [5] DEMOLL, R.: a. a. O., S. 81.
[6] FISCHER, HERM.: a. a. O., S. 193.

verbundenen Dissimilationsvorgänge im Teiche die Assimilation einer anorganischen Düngung verhindern können. Über die Frage nach der Kombinationsmöglichkeit organischer und anorganischer Düngung und Feststellung ihrer Ergebnisse ist die wissenschaftliche Untersuchung bisher kaum über Tastversuche hinausgekommen. Bei Einrichtungen von Düngungsversuchen in alten Teichen wird es sich empfehlen, zunächst mit vorsichtiger Kalkung der Böden zu beginnen. Dabei wird sich herausstellen, ob im Boden nährstoffhaltiger, durch Kalk aufschließbarer schwarzer Teichschlamm („Helopelit") oder Sapropel vorhanden ist. Als Beispiel solcher verwahrloster, einer Kalkung bedürftiger Teiche kann ein bereits stark verlandeter Teich bei Steingaden in Oberbayern (Abb. 50) dienen. Selbstverständlich müsste in einem ähnlichen Falle die harte Überwasserflora gründlichst beseitigt werden.

Abb. 50. Typischer schwarzer Teichschlamm („Helopelit") in einem alten Teich bei Steingaden i. Oberb. Die harte Überwasserflora im Vordergrund ist teilweise von Meteorpapier („Saprodil") überzogen.

Steht eine vorbildliche Anzahl von Teichen wie in Abb. 51 und 52 zur Verfügung, so kann sofort mit der anorganischen oder der organischen Düngung begonnen werden. Hat man so günstige organische Düngung zur Verfügung wie z. B. in Abwasserteichen, so wird man aus Rentabilitätsgründen diese wählen (Maximalerträge der anorganischen Düngung: ca. 300 kg, bei Raubbau durch Kalkung sogar 480 kg, Maximalerträge der organischen Düngung: ca. 600 kg je ha). Nach Mitteilung des Leiters der Abwasserfischteichanlage der mittleren Isar, Dr. SCHILLINGER, geht die Abdichtung von Abwasserteichböden durch Zoogloea selbst bei moor- und kieshaltigen Böden schneller vor sich als bei Böden, die nur anorganisch gedüngt werden (s. Abb. 51).

Die teichwirtschaftliche Behandlung des Bodens ist als Wissenschaft sehr jung. Auf Grund der Versuchstätigkeit ist bisher nur in die Frage nach der Düngung kalkhaltiger Teichböden mit mineralischem Bodenskelett volle Klarheit gebracht worden. Da diese Böden zu den typischen Teichböden gehören, kann man heute den Praktikern eine Anleitung für die Düngung ihrer Teiche geben, die ihnen

Abb. 51. Abwasserfischteiche der „Mittleren Isar" bei München.
Junge Teichböden im Niederterrassenschotter und Wiesenmoor. Eine Ausbildung von abdichtender Zoogloea hatte zur Zeit der Aufnahme (1928) noch nicht stattgefunden.

je nach den klimatischen Verhältnissen bestimmte Mehrerträge garantiert. So haben die Wielenbacher Versuche im Laufe von 12 Jahren in 40 Versuchsteichen in über 400 Einzelversuchen gezeigt, daß durch Phosphatdüngung

Abb. 52. Abwasserfischteiche der „Mittleren Isar" bei München.
Die Zuleitung von Fäkalwasser geschieht durch eine Verteilungsanlage, die die Oxydation der fäulnisfähigen Substanz unterstützt.

bedeutende, meist 100proz. Mehrerträge zu erzielen sind[1]. Die für die Teiche verwendete Bodenfläche gelangt damit zu einer Rentabilität, die bei Benutzung derselben Fläche als Ackerboden nicht erreicht wird. Bei dieser Berechnung sind die beträchtlichen Ausgaben für Schilfschneiden und andere Maßnahmen gegen die Verlandung, Ausräumen von Teichschlamm, Bodenbearbeitung usw. einbegriffen. Die Versuchsanstalten haben aber noch weitere Probleme der Teichbodenbehandlung zu lösen, von denen einige im Vorausgehenden ausdrücklich als dringlich bezeichnet sind. Hierher gehören besonders die Fragen nach der physikalischen Verbesserung der Teichböden, z. B. Dichtung der Böden, Dauer der Versickerung bei verschiedener Struktur der Böden, Einfluß der Bodenbearbeitung, Winterung, Sömmerung, Sämerung, Einfluß von stehendem oder fließendem Wasser usw. Auch die biologischen Verhältnisse im Teichboden bedürfen noch besserer Durchforschung. Daß sie die Gesundheit und das Wachstum der Fische ungemein stark beeinflussen, ist bekannt. Festzustellen ist aber im einzelnen, welche teichwirtschaftlichen Arbeiten biologische Veränderungen hervorrufen. Ist es doch erstaunlich, daß eine einzige Maßnahme, wie der vorübergehende Wechsel von Durchfluß oder Stagnation im Teich den Ertrag grundsätzlich verändern kann. Sowohl die Nahrung der Fische als ihre Parasiten werden heute noch von oft unmeßbaren Bodenfaktoren geregelt. Das Studium dieser Faktoren ist noch ein weites Feld für die Bodenbiologen.

Eine wichtige Beziehung zwischen Teichbodenbehandlung, besonders Düngung, und Nutzung, ist erst neuerdings klar gelegt worden. Die Wielenbacher Versuche der Jahre 1925 und 1926 haben gezeigt, daß erst bei sachgemäßer Düngung eine gleichzeitige Fütterung der Fische voll ausgenützt wird. Bei derartiger Teichbehandlung läßt sich nicht nur ein größerer Stückzuwachs erzielen, sondern es kann auch der Besatz der gedüngten Teiche gesteigert werden, ohne daß deswegen der erforderliche Stückzuwachs ausbleibt.

Auch an die Bodenleistungen der Abwasserfischteiche sei hier nochmals erinnert. Hier erscheint der Ertrag der Teiche als eine angenehme Nebenleistung. Die Hauptaufgabe ist die Reinigung des Wassers, und die teichwirtschaftliche Behandlung des Bodens ist so zu leiten, daß ein hygienisch einwandfreies Wasser beim Ausfluß aus dem Teiche erhalten wird. Ein Übertritt von biologisch noch nicht gereinigtem Wasser ins Grundwasser muß unter allen Umständen vermieden werden. Hier greift die Teichbodenbehandlung ganz sichtlich in das Gebiet der Volkswohlfahrt ein.

5. Forstwirtschaftliche Bodenbearbeitung, Düngung und Einwirkung der Waldvegetation auf den Boden.

Von W. Graf zu Leiningen-Westerburg, Wien.

Mit 25 Abbildungen.

Pflanzenphysiologische Einwirkungen der Holzarten auf den Boden.

Einleitung[2]. Dengler sagt mit Recht: „Der Einfluß des Waldes auf den gegebenen Boden ist tief einschneidend. Waldboden ist auch bei gleicher geologischer Grundlage und gleichem Außenklima etwas ganz anderes als nackter

[1] Walter, E.: Flugbl. Dtsch. Landw.-Ges. Nr. 72. Juli 1926.

[2] Von dem nahezu unübersehbaren Schrifttum wurden vornehmlich neuere Werke und Einzelforschungen berücksichtigt. Vielfach ist der Text wörtlich übernommen, allein schon um die Meinungen der betreffenden Autoren nicht zu beeinträchtigen. Allgemeine bodenkundliche und etwas forstlich-waldbauliche Kenntnisse gelten als vorausgesetzt. Über das forstliche Gebiet kann man mit Vorteil aus J. Busse: Forstlexikon (Berlin 1929) die nötigen allgemeinen Begriffe entnehmen.

Acker- oder Wiesenboden. Wir sehen das vielleicht am krassesten, wenn solcher Boden, mit durchaus standortsgemäßen Holzarten aufgeforstet, die ‚Ackertannenkrankheit' zeigt, während Fichte und Kiefer nebenan auf altem Waldboden gut gedeihen[1]."

Die Holzarten beeinflussen den Boden so weitgehend, daß man z. B. die rotbraunen Laubwaldböden, wie sie u. a. in Österreich (Niederösterreich, Burgenland) vorkommen, noch deutlich als solche erkennt, auch wenn sie jetzt Nadelholzbestände tragen. Sonst ist hinsichtlich des Verhältnisses zwischen Wald (Holzarten, lebende und tote organische Bodendecke, nämlich Streu usw.) besonders hervorzuheben, daß es sich um Wechselwirkungen zwischen Vegetation und Boden handelt, nicht etwa bloß um eine Abhängigkeit des Waldes von seinem Standort, dem Boden[2].

Einwirkungen und Wechselbeziehungen der mineralischen Stoffe.

Boden und Pflanzenasche. [Es herrscht] noch keineswegs vollkommene Sicherheit in bezug auf die Frage, wie sich der Gehalt des Bodens an mineralischen Nährstoffen, zumal an Kalk in der Asche der Pflanzen ausdrückt. Immerhin sind diesbezüglich gewisse Gesetzmäßigkeiten bekannt, die z. T. auch in die Pflanzenphysiologie hinüberführen.

Auf mineralstoffreichen Böden nehmen die Pflanzen Mineralstoffe im Übermaß auf, das hat RAMANN[3] bei vergleichenden Untersuchungen hinsichtlich geschonter und streuberechter Buchenböden festgestellt; an Kali und Kalk war in Blättern von der unberechten Fläche (in Prozenten der Trockensubstanz) nahezu das Doppelte enthalten. Gleichalterige Bäume von verschieden guten Böden (V. und I. Bonität) nehmen bei gleichem Klima nahezu die gleichen Mengen Nährstoffe auf, wenn die Art des Bodens (in diesem Falle Sandboden) dieselbe ist. Kiefer der Ertragsklasse I enthielt nach WILL[4] im Scheitholz 0,24%, in den Nadeln 2,13% Reinasche, eine solche der Ertragsklasse V 0,23 bzw. 2,30% Reinasche. Andererseits ist nach VATER[5] die Reinasche der gleichen Pflanzenart auf verschiedenen Böden weder nach Menge noch nach Zusammensetzung gleich; bei großen Nährstoffmengen im Boden (u. a. durch Düngung) wird mehr aufgenommen, als zum Aufbau des Pflanzenkörpers notwendig ist; es erfolgt, wie erwähnt, Luxuskonsum.

Gegen den Herbst hin steigt die absolute Menge an Kalk und auch an Kieselsäure im Blatt, obwohl sich diese beiden Stoffe sonst umgekehrt verhalten. Die Kalk-

---

[1] DENGLER, A.: Waldbau. Berlin 1930.

[2] WARMING, E. u. P. GRAEBNER: Ökologische Pflanzengeographie. Berlin 1902. Ganz allgemein werden Zusammenhänge zwischen Bestand und Standort auch in T. LOREY u. H. WEBER: Handbuch der Forstwissenschaft 2. Tübingen 1925, von R. BECK unter „Waldbau" behandelt. — Über Wald in pflanzengeographischem Sinne (Holzarten, Bodendecke) vgl. H. WALTER: Einführung in die allgemeine Pflanzengeographie Deutschlands, S. 387ff. Jena 1927. — J. WESSELY war wohl der erste, der, wörtlich ausgedrückt, auf die „Wechselwirkung" zwischen Boden (im gegebenen Falle Flugsand) und Pflanzen und auf die Bodenverbesserung durch die Pflanzen (heute „biologische" Bodenverbesserung genannt) hingewiesen hat. Vor allem hat er auf die Vorteile aufmerksam gemacht, die dem Boden durch Humusbereicherung erwachsen: Kohlensäureproduktion, Nitrifikation bzw. Ammoniakbildung, Wasserhaltung; ferner auf Umlauf der Nährstoffe, Regenerierung des Oberbodens durch die Holzarten. Sein klassisches Werk: „Der europäische Flugsand und seine Kultur", Wien 1873, ist vollkommen auf bodenkundlich-klimatischer Grundlage aufgebaut und heute noch, nach fast 60 Jahren, als vollkommen „modern" zu bezeichnen.

[3] RAMANN, E.: Untersuchung streuberechter Böden. Z. Forst- u. Jagdwes. 1898, 294.

[4] WILL, H.: Trockensubstanz und Mineralstoffgehalt. Z. Forst- u. Jagdwes. 1882, Dissert. Rostock.

[5] VATER, H.: Die Beschreibung des Standortes als Grundlage zur Beurteilung seines Einflusses auf den Pflanzenwuchs. Internat. Mitt. Bodenkde. 6, 159 (1916).

festlegung im Blatte ist weitgehend abhängig von der Kalkaufnahmemöglichkeit, während die anderen lebensnotwendigen Nährstoffe ziemlich konstante Aschenanteile sind. Die Möglichkeit, Kalk aufzunehmen, ist nicht allein in dem verschiedenen Vorrat des Bodens an leicht zugänglichem Kalk begründet, sondern auch in der Wurzelausbildung, den Niederschlägen und der Humusauflage[1].

Ohne jeden Zweifel hat es sich z. B. gezeigt, daß eine vor einem Jahrzehnt vorgenommene Kalkdüngung noch immer im Aschengehalt des Laubes von Buchenstämmchen aus einer Dickung deutlich wirksam war. (In 1000 Teilen Blatttrockensubstanz von der gedüngten Fläche 15,4 Teile CaO gegen 8,2 Teile ungedüngt.) Der prozentische Anteil an den Hauptnährstoffen Kali, Phosphorsäure und Stickstoff in der Trockensubstanz hingegen wurde durch Düngung nicht wesentlich beeinflußt[2]. Dem Kalk käme demnach eine Ausnahmestellung zu.

Hoppe[3] findet in der Reinasche der Nadeln der Schwarzkiefer, die auf Kalkboden gewachsen war, nur 19,59% CaO, während man sonst viel höhere Werte (bis 70% ebenfalls bei Kalkboden als Standort) festgestellt hat. Eine auf dem gleichen Boden gewachsene Weißkiefer enthielt 41,53% CaO. Des öfteren wurde festgestellt, daß der Kalkgehalt der Blattorgane, z. B. bei Buche und Tanne, mit dem Kalziumgehalt des Bodens zunimmt, wenn auch ohne Mehrproduktion organischer Substanz[4]. Weiterhin beobachtete man jedoch, daß Blätter von Buchen, die auf Kalkboden gewachsen waren, nicht mehr Kalk enthielten als solche von Bäumen, die anderen Böden entstammten[5]. Hand in Hand damit geht folgende Überlegung: Bei annähernd gleich hohen Ernteerträgen kann die aufgenommene Kalkmenge verschieden sein; Rückschlüsse von der Zusammensetzung der Pflanzenasche auf die Zusammensetzung der Böden sind daher unsicher[6].

Der Kalkgehalt des Bodens kommt unter anderem auch in der Berindung zum Ausdruck; die Buchenstämme auf Rügen zeigen nach Krauss[7] auf Moräne, die noch 9% Kalziumkarbonat im Untergrund enthält, nicht mehr jene Glattschaftigkeit und glänzende Rinde wie dicht nebenan, wo sie in 20—30 cm Tiefe den mürben Kreideboden mit einem p_H-Wert von ungefähr 8 erreichen. Nach Hartig und Weber[8] drückt sich der Kalkgehalt des Bodens in der Zusammensetzung der Aschen von Holz (und Rinde) keineswegs gesetzmäßig aus. Es besteht kaum ein Unterschied zwischen den auf kalkhaltigem Moränenschotter und auf äußerst kalkarmem Buntsandstein gewachsenen Stämmen.

Burger[9] hebt hervor, daß es kein scharf ausgesprochenes Gesetz bezüglich des Reinaschengehaltes der Teile von Pflanzen gibt, die auf verschiedenen Bodenarten aufgewachsen sind; dennoch häufen sich bei seinen Untersuchungen in der Schweiz die Maxima der Reinaschengehalte von Pflanzen auf Böden mit mittlerem

[1] Krauss, G.: Über die Schwankungen des Kalkgehaltes im Rotbuchenlaub auf verschiedenem Standort. Forstw. Zbl. **1926**.

[2] Krauss, G.: a. a. O., S. 411.

[3] Hoppe, E.: Die Nährstoffansprüche der Weiß- und Schwarzföhre. Zbl. Forstwes. **1901**, 241.

[4] Vgl. R. Weber, zit. von G. Krauss: Kalkgehalt des Buchenlaubes usw. Forstw. Zbl. **1926**, 408—413. — Siehe im übrigen die Ausführungen R. Langs: Forstliche Standortslehre in T. Lorey und H. Weber: Handbuch der Forstwissenschaft. **1**, 410. Tübingen.

[5] Vgl. R. Weber: Über den Einfluß des Standortes auf die Zusammensetzung der Aschen von Buchenlaub und Fichtennadeln. Allg. Forst- u. Jagdztg. **1875**, 221, 231.

[6] Vgl. O. Lemmermann, O. Förster u. A. Einecke: Untersuchungen über das Kalkbedürfnis der Ackerböden usw. Landw. Jb. **1911**, 255.

[7] Krauss, G.: Kalkgehalt im Rotbuchenlaub. Fortsw. Zbl. **1926**, 424, 425. — Siehe hingegen L. Tschermak: Die Verbreitung der Rotbuche in Österreich. Mitt. forstl. Versuchswes. Österreichs **1929**. Hier wird Gegenteiliges festgestellt.

[8] Hartig, R. u. R. Weber: Das Holz der Rotbuche, S. 148, 155, 156, 159. Berlin 1888.

[9] Burger, H.: Holzarten auf verschiedenen Bodenarten. Mitt. schweiz. Zentralanst. forstl. Versuchswes. **16**, H. 1 (1930).

Kalkgehalt, zumal des Jurakalkes; die Minima des Aschengehaltes liegen bei Pflanzen von Bodenarten mit nur 2% CaO und darunter, gleichgültig, ob diese sonst arm oder reich an Nährstoffen sind. Offenbar wird also mit Kalk ein gewisser Luxuskonsum getrieben. Eine Analogie besteht bezüglich der Magnesia. Kalk kann überhaupt durch Magnesia vertreten werden; bei Anreicherung an beiden Stoffen in der Pflanzenasche tritt dagegen Kali zurück, wenn nicht das Manganoxyd, das sich bei Fichte, Weißtanne und Birke gelegentlich in größerer Menge vorfindet, den Kalk herabsetzt; letzteres betrifft Holzanalysen von SCHRÖDER. Kalk- und Kieselsäuregehalt der Aschen verhalten sich häufig gegensätzlich, was schon von WEBER[1] festgestellt worden war[2].

Es sollen noch einzelne Stoffe besprochen werden, die für sich allein oder auch bei gleichzeitiger Gegenwart bestimmter anderer Stoffe das Pflanzenleben beeinflussen, was z.T. auch wiederum in der Pflanzenasche zum Ausdruck kommt.

Nach NĚMEC[3] bewirkt der natürliche Kieselsäuregehalt des Bodens eine beträchtliche Steigerung der Resorption der Bodenphosphorsäure und damit eine Ertragssteigerung. Es scheint, daß in Lehm- und Tonböden die abschlämmbaren Bestandteile der Korngröße 0,01—0,05 mm die Hauptquelle der löslichen Kieselsäure sind. Schon RAMANN hatte gezeigt, daß von Lichtblättern (Buche) der berechten Versuchsfläche doppelt soviel Kieselsäure aufgenommen wurde, um auf physiologischem Wege den Phosphorsäuregehalt der Reinasche nur einigermaßen aufrecht erhalten zu können, nämlich 2,2% SiO_2 der Trockensubstanz bei 9,4% P_2O_5 der Reinasche. In Buchenblättern von der unberechten Fläche waren nur 1,1% SiO_2 bzw. 9,8% P_2O_5 enthalten[4]. Man könnte mit NĚMEC annehmen, daß bei Mangel im Boden die Phosphorsäure teilweise durch Kieselsäure ersetzt wird[5]. RAMANN selbst zog diese Schlußfolgerung nicht, er hebt nur hervor, daß die Bäume an Kali und Kalk Mangel litten. Die Erschwerung der Kalkaufnahme bewirkt nach KRAUSS[6] gesetzmäßig eine weitgehende Verkieselung des Blattes. Der Kalkumsatz selbst ist vom Kalkgehalt des Bodens abhängig. Die Verkieselung der Blätter ist andererseits wieder für den Abbau der Streu ungünstig.

Durch Mangel an Magnesia oder durch Schwerlöslichkeit des Magnesiavorrates im Boden wird Gelbspitzigkeit der Kiefernadeln und Herabsetzung der Zuwachsleistung hervorgerufen[7]. Die gelbspitzigen Nadeln enthalten gegenüber den grünen bedeutend weniger Kalk und Magnesia. Durch Gaben von 2000 kg Graukalk (55% CaO und 36% MgO) oder 1000 kg Magnesit (90% $MgCO_3$) oder 200 kg schwefelsaurer Kalimagnesia (11,3% MgO) auf je 1 ha konnte nach LENT[8] die erwähnte Karenzerscheinung der Kiefer bei Freikulturen gemindert werden.

[1] WEBER, R.: a. a. O., S. 226. [2] WOLFF, E.: Aschenanalysen II, 159. Berlin 1880.

[3] NĚMEC, A.: Über den Einfluß des löslichen Kieselsäuregehaltes der Böden auf die Resorption der Phosphorsäure durch die Pflanze. Biochem. Z. **1927**, 42. — LEMMERMANN, O.: Zur Frage der Kieselsäurewirkung. Z. Pflanzenern. usw. A **8**, 28 (1929). — Ferner A. REIFENBERG: Über den Einfluß kolloider Kieselsäure auf die Assimilation der Phosphorsäure in Rohphosphaten. Ebenda **17** 1930, 1.

[4] RAMANN, E.: Untersuchung streuberechter Böden. Z. Forst- u. Jagdwes. **1898**, 294.

[5] Vgl. O. LEMMERMANN u. H. WIESSMANN: Die ertragsteigernde Wirkung der Kieselsäure bei unzureichender Phosphorsäureernährung der Pflanzen. Z. Pflanzenern. usw. A. **1**, 185 (1922).

[6] KRAUSS, G.: Kalkgehalt im Rotbuchenlaub. Forstwiss. Zbl. **1926**, 408 u. 468.

[7] Vgl. A. MÖLLER: Karenzerscheinungen bei der Kiefer. Z. Forst- u. Jagdwes. **1904**, 745.

[8] LENT: Düngungsversuche in der Preußischen Staatsoberförsterei Willenberg. Z. Forst- u. Jagdwes. **1930**, 839ff. — VATER, H.: Zulangen der Nährstoffe im Waldboden für das Gedeihen von Kiefer und Fichte. Thar. forstl. Jb. **1909**, 253, gibt ausführlich Literatur über Magnesiamangel an. — Siehe auch: Derselbe: Zur Ermittlung des Zulangens der Nährstoffe im Waldboden. Ebenda **1911**, 228.

Man hat früher dem Vorkommen des Mangans in Pflanzenaschen keine besondere Bedeutung beigemessen. Heute erkennt man dem Mangan eine gewisse Reizwirkung zu[1]; sicher ist nachgewiesen, daß Mangan nur dann erheblich aufgenommen wird, wenn die Pflanzen an Kalkmangel leiden. Demnach ist ein gegenüber dem Kalk höherer Mangangehalt der Pflanzenaschen ein unmittelbarer Indikator für Kalkarmut des Bodens, was schon im Jahre 1903 von Councler[2] nachgewiesen wurde. Vorher hatte der Genannte auch schon festgestellt, daß dementsprechend auch der Gehalt der Streu an Mangan ein hoher, an Kalk ein geringer sein kann. Nach Wolff[3] nehmen die Nadelhölzer im allgemeinen das Manganoxyd leichter auf als die Laubhölzer. Nicht selten fällt ein Maximum an Eisenoxyd mit einem Minimum an Manganoxyduloxyd zusammen und umgekehrt[4]. Daß gelegentlich Mangan nicht einmal in Spuren in den Aschen sämtlicher Teile einer Esche nachgewiesen werden kann, zeigen Ramann und Will[5]. Die Genannten erwähnen auch, daß Mangan in einer Erle nur gerade noch nachweisbar war, obwohl eine nebenan stehende Weißbuche normalen Gehalt aufwies[6]. Man muß hierbei an ungleiche individuelle Veranlagung denken.

Holzarten und Boden. Für die Verbreitung der Holzarten ist in erster Linie das Klima (Niederschlag, Luftfeuchtigkeit und Wärme) maßgebend; örtlich kann die chemische, aber noch mehr die physikalische Bodenbeschaffenheit ausschlaggebend werden. So wird z. B. in der neueren Literatur die den Kalkböden eigentümliche physikalische Beschaffenheit (Durchlässigkeit, Wärme, Krümelung) in den Vordergrund gestellt, obwohl auch die Bedeutung des Kalkes für den Humusabbau, also seine chemische Wirkung, gerade in Gegenden mit ozeanischem Klima sehr bedeutungsvoll sein kann. Die edlen Laubbäume Eiche, Esche, Ahorn, Eller und auch die Buche kommen nach Andersson und Hesselman[7] in Schweden in Kalkgebieten vor, während Kiefer, Fichte, Birke und Espe auf kalkarmen Böden anzutreffen sind. Sonst werden dort kalkreichere Urgebirgsarten als die ertragreicheren bezeichnet. Wärmeliebende Holzarten treten auch im Gebirge auf dem kalkreicheren, wärmeren Boden auf. Einen Beleg hierfür bringt Tschermak[8]: Auf feuchtem, bindigem Phyllitboden des Eibenberges (1200 m) bei Radstadt (Tauern) stockt dicht geschlossener Nadelwald (Tanne, Fichte, Lärche), auf den unmittelbar benachbarten trockenen Kalkböden des Mandlingzuges hingegen findet man die Renkbuche.

---

[1] Vgl. H. Vater: a. a. O. S. 234ff. Über die Reizwirkung auf Cryptomeria vgl. O. Loew u. S. Honda, Über den Einfluß wechselnder Mengen von Kalk und Magnesia auf die Entwicklung der Nadelbäume. Imp. Univers. Coll. Agr. **2**, 378 (1896) Tokio. — M. Büsgen u. E. Münch: Waldbäume, S. 331. Jena 1927.

[2] Als erster hat wohl W. Schütze auf reichliches Vorkommen von Mangan in Kiefern hingewiesen, die auf schlechtem Boden gewachsen waren. Z. Forst- u. Jagdwes. **1876**. — Siehe ferner C. Councler: Aschenanalysen. Ebenda **1903**, 391 u. 400. — Untersuchungen über Waldstreu (Buchenstreu). Ebenda **1883**, H. 3. — H. Sertz: Pflanzenchemische Untersuchungen. Mitt. kgl. sächs. forstl. Versuchsanst. Tharandt **1917**, 239.

[3] Wolff, E.: Aschenanalysen II, S. 158. Berlin 1880.

[4] Ramann, E.: Beiträge zur Statik des Waldbaues, die Kiefer. Z. Forst- u. Jagdwes. **1881**, H. 8.

[5] Ramann, E. u. H. Will: Beiträge zur Statik des Waldbaues, die Esche. Z. Forst- u. Jagdwes. **1883**, H. 5. — Will, H.: Untersuchung über das Verhältnis der Trockensubstanz und Mineralstoffe im Baumkörper, Dissert. Rostock, bestätigt Ramanns Angaben.

[6] Ramann, E. u. H. Will: Beiträge zur Statik des Waldbaues, die Schwarzerle. Z. Forst- u. Jagdwes. **1882**, H. 1.

[7] Andersson, G. u. H. Hesselman: Verbreitung, Ursprung, Eigenschaften und Anwendung der mittelschwedischen Böden. Stockholm 1910.

[8] Tschermak, L.: Die Verbreitung der Rotbuche, S. 13. 1929.

Wenn von STINY[1] festgestellt wird, daß auf gewöhnlichen Gneisen im Gebirge Kiefer und Fichte noch am besten fortkommen, auf den etwas kalkhaltigen Hornblende- und Augit- sowie Granatgneisböden hingegen die Buche, so ist man geneigt, in diesen Fällen, in denen der Kalk überhaupt schon stark zurücktritt, seine chemische Wirkung für das Vorkommen gewisser Holzarten verantwortlich zu machen, die erfahrungsgemäß etwas mehr Kalk bedürfen. Die Mengen, um die es sich hierbei handelt, sind nicht gar zu groß, sie müssen nur „in Umlauf gehalten" werden, damit der Kalk nicht durch Solverwitterung oder Streunutzung verloren geht[2].

Eine „Kalkstetigkeit" bestimmter Holzarten oder Pflanzen der niederen Bodendecke ist also höchstens für enger begrenzte Gebiete festzustellen. Zunächst spielt hier, wie bei allen pflanzengeographischen Fragen, der Wettbewerb der sog. kalkliebenden und kalkmeidenden Pflanzen eine bedeutende Rolle; dieser kann durch Ursachen, die nicht im Boden zu suchen sind, so z. B. Reihenfolge der ursprünglichen Besiedelung oder nach Bränden, durch Klima, durch Eingriffe des Menschen usw. beeinflußt sein. Hierfür mögen einige Beispiele angeführt sein: Die Kiefer ist nach FLICHE[3] in der ganzen Champagne an Kalk gebunden; als eingeführte Holzart unterliegt sie dort unter dem ihr nicht gerade ausgesprochen günstigen Klima auf Nichtkalkböden anderen Holzarten. Man kann sie aber deshalb nicht kalkliebend nennen. Wenn in Dänemark die Eiche nach WARMING teils auf feuchtem, schwerem Tonboden, teils auf trockenem und magerem Sandboden vorkommt, geschieht das nicht aus Vorliebe für diese Bodenarten, sondern weil die Buche sie anderweitig nicht duldet[4]. Durch den Wettbewerb der Birke wird die Kiefer auf Brandflächen zurückgedrängt, desgleichen wohl auch durch die niedere Bodendecke (Cladonien); abgesehen von den seltenen Samenjahren, wird die Verjüngung der Kiefer im finnischen Lappland auch durch die Renntiere beeinträchtigt[5]. BÜHLER[6] bespricht an Hand der Monographien von BRUNIES, RÜBEL und ÖTTLI die Verbreitung der Holzarten nach dem Boden; wenn sich auch Unterschiede hinsichtlich des Kalkgehaltes zwischen den Böden der Kalksedimente und der kristallinen (kalkarmen) Gesteine geltend machen, so macht aus letzteren das Regenwasser doch soviel Kalk frei, als seine kalkliebende Flora benötigt. Aus der Tatsache, daß auf mineralisch armen Böden, z.B. Buntsandstein usw., Buche und Eiche noch gedeihen, darf man wohl schließen, daß für die Waldbäume die chemischen Bestandteile des Bodens an und für sich keine entscheidende Rolle spielen. Von TAMM[7] wird gezeigt, wie sehr die Holzarten Schwedens von den Muttergesteinen, und zwar von deren „Kalkwirkung", d. h. von ihrem Vermögen, durch Verwitterung lösliche Kalksalze zu bilden, abhängig sind. Auf Gesteinen mit schwächster Kalkwirkung (Quarzite, Porphyre, Hälleflinta) kommen schwach produzierende Kiefernwälder vor; Gneis und Granit (Böden mittlerer Güte) tragen gute Kiefern- und Nadelmischwälder, Gesteine höherer Kalkwirkung: Hyperit (ein gabbroähnliches Gestein) hoch-

---

[1] STINY, J.: Leitfaden der Bodenkunde, S. 45. Wien u. Leipzig 1923.

[2] VATER, H.: Der Kalkgehalt des Bodens und die Buche. Thar. forstl. Jb. **71**, 319 (1920). — KRAUSS, G.: Beitrag zur Klärung der Vegetationsbedingungen der Heide im allgemeinen und der Rohhumusneigung, besonders der Buche in Neubruchhausen. Forstwiss. Zbl. **1923**, 182. — RUBNER, K.: Pflanzengeographische Grundlagen des Waldbaus, S. 144. Neudamm 1925.

[3] FLICHE: Un reboisement. Ann. Sc. agron. **1**, 1888.

[4] WARMING, E. u. P. GRAEBNER: Ökologische Pflanzengeographie, S. 84. Berlin 1902.

[5] RENVALL: Ursachen der Depression der Kiefernwaldgrenze. Finska forstförenmedell. **1912**.

[6] BÜHLER, A.: Waldbau I, S. 269. Stuttgart 1918.

[7] TAMM, O.: Über die Einwirkung der festen Gesteine auf den Waldboden, Meddelanden H. 18, Nr. 3, S. 160ff.

produzierende, kräuterreiche Fichten- und Laubwälder. Mit steigender Kalkwirkung geht Podsol mittelbar in Braunerde, Rohhumus in Mull über. Es handelt sich hier wohl um die rein chemische Wirkung kalkarmer bis -reicher Silikatgesteine, um die kalksammelnde Tätigkeit der Holzarten, um zunehmende Anhäufung von leicht löslichen Nährstoffen in der Streudecke, die ihrerseits den Mineralboden vor Verarmung (Podsolierung) schützt. Hiervon ziehen die Holzarten selbst wieder Nutzen. Man hat es auch hier wieder mit einer Wechselwirkung zwischen Pflanzen und Boden zu tun.

Betreffend „Bodenstetigkeit" der Pflanzen gibt SCHRÖTER[1] der Meinung Ausdruck, daß 3 Faktoren: Kalk-, Mineralgehalt, so unter anderen Reaktion des Bodens, und seine physikalischen Eigenschaften entweder zusammenwirken oder sich auch vertreten können. Wenn Kalkpflanzen im Kieselgebiet vorkommen, ist dies zu erklären durch die Gegenwart von basischen Silikatgesteinen[2], von Kalksteinen in Form von Gängen, Schollen, Brocken; auch kalkhaltiges Oberflächenwasser (Abhänge), endlich die Zufuhr von Kalkstaub können hierfür verantwortlich gemacht werden[3]. BÜHLER kommt zu der Ansicht, daß die früher übliche Unterscheidung zwischen Kalk- und Kieselpflanzen nicht mehr aufrecht zu erhalten ist, wenigstens in dem Sinne, daß man aus dem Fehlen oder Vorkommen einer Pflanze auf die Nährstoffe im Boden schließen könnte[4]. Über die Wasserstoffionenkonzentration und Pflanzenverbreitung sagt WIEGNER, daß die schon lange bestehenden Einteilungen in kalkliebende und kalkfliehende Pflanzen sich z. T. mit den Einteilungen nach den p_H-Werten des Bodens decken[5]. Auf experimentellem Wege hat FRICKHINGER gezeigt, daß die sog. „Kieseldeuter", z. B. Besenginster, Roter Fingerhut usw., vortrefflich auf kalkreichem, verwittertem Dolomit mit der gleichen Porosität wie Quarzsand wachsen; die Abhängigkeit der Pflanzen vom Bodenskelett (über 5 mm Korndurchmesser) und von der Feinerde (unter 2 mm Durchmesser) scheint jedenfalls sehr wichtig zu sein[6]. Dennoch scheint die Gegenwart von größeren Kalkmengen gewissen Pflanzen zu schaden: Kalküberschuß ruft bei Keimlingen sog. „kalkfeindlicher" Pflanzen, wie Besenginster, Kastanie, Sternkiefer usw., eine Vergilbung hervor, die man sich mit einer Störung der Eisenaufnahme erklärt. Auf Kalkböden tritt nämlich bei „kalkfeindlichen" Pflanzen eine Abnahme des Magnesia- und Eisengehaltes in der Asche ein. „Kieselpflanzen" werden auf Kalkboden tatsächlich chlorotisch, was durch Eisenzufuhr geheilt werden kann[7]. Nach MEVIUS ist nicht das Kalziumion, sondern eine durch dieses verursachte alkalische Reaktion daran schuld[8]. Kalküberschuß erschwert auch die Aufnahme von Kali (EHRENGERGS Kalkkaligesetz), eine Erscheinung, die wohl weniger im Wuchse der Holzarten als in der Aschenanalyse zutage tritt[9]. Manche Pflanzen scheinen allerdings nach LUNDEGÅRDH[10] durch die bei Kalk-

[1] SCHRÖTER, C.: Pflanzenleben der Alpen, S. 127ff.

[2] TAMM, O.: a. a. O., S. 159ff.

[3] SCHRÖTER, C.: Pflanzenleben der Alpen, S. 127ff. Zürich 1926. — MEVIUS, W.: Reaktion des Bodens und Pflanzenwachstum, Freising-München 1927, gibt eine ausführliche Übersicht über die Kalkstetigkeit.

[4] BÜHLER, A.: Waldbau I, S. 285. Stuttgart 1918.

[5] WIEGNER, G.: Anleitung zum agrikulturchemischen Praktikum, S. 175. Berlin 1926.

[6] FRICKHINGER: Die Pflanzen und Bodenformationen in den Flußgebieten der Wörnitz. Ber. bayer. botan. Ges. **1914**; zit. von K. RUBNER: Pflanzengeographische Grundlagen des Waldbaus, S. 287. Neudamm 1925.

[7] BENECKE, W. u. L. JOST: Pflanzenphysiologie 1, 165. Jena 1924, gehen weiter auf die Kalkfrage ein, zit. auch A. F. W. SCHIMPER: Pflanzengeographie. Jena 1898.

[8] MEVIUS, W.: Beiträge zur Physiologie kalkfeindlicher Gewächse. Jb. wiss. Bot. **1921**; Z. Bot. **1924**; Reaktion des Bodens und Pflanzenwachstum, S. 111, Freising-München 1927, nimmt an, daß das p_H mitbestimmend ist für die Permeabilität der Zellen.

[9] Näheres über diese Fragen: BÜSGEN, M. u. E. MÜNCH: Waldbäume. Jena 1927.

[10] LUNDEGÅRDH, H.: Klima und Boden, S. 340, Jena 1930.

überschuß gehemmte Permeabilität der Zellwände Schaden zu leiden, so daß sie andere Nährstoffe nicht genügend aufnehmen.

Nun seien einige Beispiele für das Verhalten einiger vielbesprochener Holzarten zum Kalkgehalt des Bodens angeführt: TSCHERMAK berichtet, daß die Buche bei günstigem Klima und gutem Boden mit mäßigem Kalkgehalt vorlieb nimmt, mittlere Bonität und große Verjüngungsfreudigkeit aufweist, und zwar handelt es sich um Böden im Donaulande des Waldviertels mit nur 0,05—0,2% CaO. Aber auch in Klimalagen, in denen die Buche gerade noch gedeihen kann, bevorzugt sie trockene und warme Lagen, z. B. Boden auf zerklüftetem Kalkgrundgestein (natürliche Dränage); jedoch können auch andere Gesteine, wenn sie nur zerklüftet, trocken und daher warm sind, auf Grund der Wärmewirkung Buchenstandorte abgeben. Die Ansicht, daß die Buche ganz im allgemeinen kalkhold wäre, muß demnach als unzutreffend bezeichnet werden. „Kalkhold" ist die Buche in kühleren Gebieten ihres Vorkommens, sonst ist sie von der geologischen Unterlage kaum abhängig[1]. Selbst in kalkarmen Dünensanden wächst die Buche freudig, sobald die Wasserversorgung durch entsprechende physikalische Eigenschaften dieser Sande gewährleistet ist[2]. In den höheren Lagen der Zentralkarpathen, der Sudeten, von Friaul, etwa von 1000 m Meereshöhe ab, bevorzugt die Buche Kalk und Dolomit entschieden, in tieferen Lagen ist sie von der Bodenbeschaffenheit unabhängig[3]. Die Edelkastanie kann man keineswegs ohne weiteres als kalkfeindlich bezeichnen, wie das mitunter geschieht; nach Beobachtungen des Verfassers[4] gedeiht sie auf kalkhaltigem Boden um Abbazia, Bozen, Meran usw. sehr gut. HAUSRATH[5] erwähnt, daß die Edelkastanie am Vierwaldstättersee gerade auf Kalkböden trefflich gedeiht, daß sie indes lockere, gut durchlüftete Böden liebt, während aus unreinem Kalk überwiegend schwere Böden hervorgehen. Nach ENGLER[6] soll sie auf kalkreichen Böden dann vorkommen, wenn diese genügend kalihaltig sind. Der Genannte sagt, die Kastanie suche kieselsäurereiche Böden auf, da diese meist reichlich an Ton gebundenes Kali enthalten. BURGER[7] hat Holzarten auf verschiedenen Bodenarten untersucht und hierbei gefunden, daß die Kastanien und Eichen ausgesprochen kieselbodenliebend, die Buchen eher kalkfreundlich sind; die erstgenannten enthalten jedoch in der Asche junger Stämmchen z. T. bedeutend weniger Kieselsäure als die Buche und immer nur einen Bruchteil der Kieselsäure von Nadelhölzern. Es kann also, wie der Genannte hervorhebt, unmöglich der Bedarf an Kieselsäure sein, der Kastanien und Eichen auf Kieselboden besser gedeihen läßt als auf Kalkboden. Auch in Niederösterreich scheint die Kastanie Kieselböden zu bevorzugen; genauere Bodenuntersuchungen liegen bisher leider nicht vor[8]. In Italien, Ungarn und Kroatien ist die Kastanie hinsichtlich des Bodens nicht so wählerisch wie in Frankreich, wo sie auf Kalk-

---

[1] TSCHERMAK, L.: Die Verbreitung der Rotbuche. Mitt. forstl. Versuchswes. Österreichs **1929**, 9, 13, 14.

[2] Vgl. R. ALBERT: Der waldbauliche Wert der Dünensande sowie der Sandböden im allgemeinen. Z. Forst- u. Jagdwes. **1925**, 133.

[3] LÄMMERMAYR, L.: zit. von R. LANG: Forstliche Standortslehre, S. 412. In: T. LOREY u. H. WEBER: Handbuch der Forstwissenschaft I.

[4] LEININGEN, W. Graf zu: Edaphische Faktoren. In K. RUBNER: Pflanzengeographische Grundlagen des Waldbaus, S. 142. Neudamm 1925.

[5] HAUSRATH, H.: Pflanzengeographische Wandlungen der deutschen Landschaft. Leipzig und Berlin 1911.

[6] ENGLER, A.: vgl. W. BENECKE u. L. JOST: Pflanzenphysiologie **1**, 164 (1924). Ber. schweiz. bot. Ges. **1901**, 23. — BURGER, H.: Die Holzarten auf verschiedenen Bodenarten. Mitt. schweiz. Zentralanst. forstl. Versuchswes. **1930**, 49ff.

[7] BURGER, H.: a. a. O. S. 82.

[8] BÖHMERLE, E.: Nußbaum und Edelkastanie. Wien 1906.

boden kaum kultivierbar ist. In den Apenninen bildet sie prächtige Wälder. Im Inselgebirge kommt sie des öfteren auf Löß vor; allerdings fehlen Angaben, ob dieser nicht etwa entkalkt ist[1]. Die Elsbeere, Sorbus torminalis, gilt bei manchen Autoren als kalkstet, wohl deshalb, weil sie an ihrer nördlichen Verbreitungsgrenze in Mitteldeutschland die warmen Kalkböden aufsucht; in Österreich findet sie sich auf den tertiären Lehmböden des oststeierischen Hügellandes, in Ungarn auch auf Sandstein-, Glimmerschieferböden usw.[2]. Die Schwarzkiefer (Pinus nigra Arnold, var. austriaca Höss) ist keineswegs auf Kalkboden angewiesen; wohl zeigt sie, wie es z. B. auch die Elsbeere tut, für reichen Boden eine gewisse Vorliebe, doch zieht sie noch mehr Serpentinböden vor (Bosnien, Altserbien), wahrscheinlich wegen der physikalischen Beschaffenheit der steinigen, trockenen und daher gut erwärmbaren Böden. Auch andere, sonst „kalkliebende" Pflanzen kommen auf dem sehr kalkarmen Serpentin vor. In vertikaler Erstreckung des Geländes folgt sie in den bosnisch-serbischen Bergen ebenfalls dem Serpentin und nimmt im Gegensatz zu dem sonstigen Vorkommen die höheren Lagen ein, dagegen steigt die Tanne und Buche in das Tal mit seinen Schieferböden hinunter[3]. Im Anningergebiete (um Wien) hat die Schwarzkiefer ihren Standort auf den trockenen Böden der ziemlich reinen Kalke und Dolomite; sie meidet jedoch die schweren und feuchten Böden der Kössener Schichten, die bekanntlich reichlich Verwitterungsrückstände toniger Natur ergeben. Pinus pinaster, Seestrandkiefer, ist in der Champagne geradezu kalkfliehend; nach Fliche und Grandeau[4] soll hoher Kalkgehalt des Bodens die Aufnahme von Kali, auch wenn es in genügenden Mengen vorhanden ist, beeinträchtigen; in den Analysenergebnissen betreffend Kalk und Kali drückt sich das auch deutlich aus. Die „Kalkfeindlichkeit" von Pinus pinaster hat nach Mevius zwei Ursachen: Die Chlorose wird, wie schon angedeutet, durch Eisenmangel hervorgerufen. Außerdem werden die Wurzeln durch alkalisch reagierenden Boden stark geschädigt, wenn nicht abgetötet[5]. Allerdings verträgt die Seestrandkiefer in Gegenwart von genügenden Mengen Kalzium noch p_H-Werte von 8,2, wie sie durch Alkalisalze verursacht werden.

Aus den ganzen Darlegungen betreffend den Einfluß der Bodenart auf die Zusammensetzung der Pflanzenasche und auf die Verbreitung gewisser Holzarten geht also hervor, daß man von einer vollkommenen Klärung der Verhältnisse noch ziemlich weit entfernt ist.

Bedarf und Entzug von mineralischen Nährstoffen. Mit Rücksicht auf die Nachhaltigkeit der forstlichen Produktion und in Hinsicht auf den Umstand, daß der Wald häufig auf den ärmeren Bodenarten stockt, nicht selten sogar auf „absolutem" Waldboden, der sich kaum zu landwirtschaftlicher Nutzung eignet, ist es wohl notwendig, soweit wie möglich den Bedarf der Holzarten an Nährstoffen und den Entzug durch die verschiedenartigen Nutzungen kennen zu lernen.

Die Werte für den „Entzug" von Nährstoffen dürfen nicht gleich dem „Bedarf" gesetzt werden. Mitunter werden auch wesentlich mehr Nährstoffe aufgenommen, als dem tatsächlichen Bedarf zur normalen Entwicklung der Pflanze entspricht;

---

[1] Fekete, L. u. T. Plattny: Die Verbreitung der forstlich wichtigen Bäume und Sträucher im ungarischen Staate I. Selmecbánya 1914, 116, 647, 705.

[2] Tschermak, L.: Besprechung von A. Dengler: Waldbau. Zbl. Forstwes. 1930, 142.

[3] Schmied: Die österreichische Schwarzkiefer. Zbl. Forstwes. 1929, 189.

[4] Vgl. O. Kirchner, E. Löw u. C. Schröter: Coniferen und Gretaceen Mitteleuropas, S. 238. Stuttgart 1906.

[5] Mevius, W.: Wasserstoffionenkonzentration und Permeabilität bei „kalkfeindlichen" Gewächsen. Z. Bot. 1924, 669. — Kalziumion und Wurzelwachstum. Jb. wiss. Bot. 1927, 199, 202.

dies hat schon COUNCLER erwähnt[1]. Es ist ferner anzunehmen, daß gewisse Mengen von Stoffen, nachdem sie ihre Aufgabe im Pflanzenkörper erfüllt haben, wieder durch die Wurzel ausgeschieden werden; auch dieser Vorgang erschwert den Überblick über den tatsächlichen aus dem Boden entnommenen Bedarf. Für landwirtschaftliche Gewächse gilt folgendes: Bei Gerste, Weizen, Erbsen und Senf wandert nach WIMMER ein Teil der Nährstoffe mit Ausnahme der Phosphorsäure bei herannahender Reife in den Boden zurück[2].

Der Bedarf der Holzarten wird nach RAMANN[3] im wesentlichen durch die Stärke der Belaubung und den Aschengehalt der Blattorgane bedingt; die Menge der Mineralstoffe, die dem Boden durch Holznutzung entzogen wird, ist bekanntlich verhältnismäßig geringfügig und kann deshalb keinen Maßstab für den Bedarf der Holzarten bilden. Mit Rücksicht darauf, daß sich in den

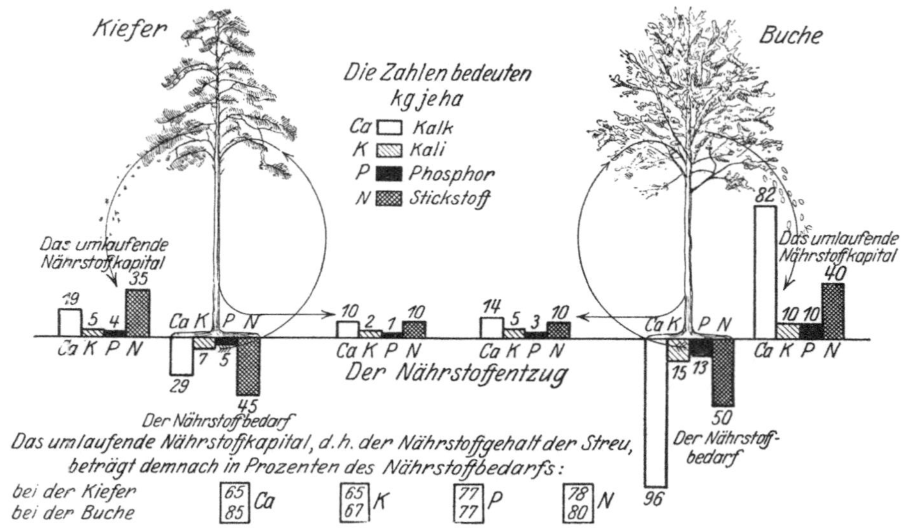

Abb. 53. Der Nährstoffhaushalt des Waldes.

Von den Nährstoffen, die der Wald zu seinem Aufbau benötigt (Nährstoffbedarf), wird nur ein verhältnismäßig geringer Teil durch die Holznutzung dem Boden für immer entzogen (Nährstoffentzug), der weitaus größte Teil kehrt mit den abfallenden Blattorganen und Zweigen (Waldstreu) in den Boden zurück und steht dem Walde wieder zur Verfügung (umlaufendes Nährstoffkapital). Die Waldstreu ist der Dünger des Waldes. Ihre Entfernung (Streunutzung) stört das Gleichgewicht in einem Nährstoffhaushalt und schädigt ihn schwer.
(Aus DENGLER, Waldbau. Berlin: Julius Springer 1930.)

Blättern der Vorgang der Assimilation abspielt, ist ihr hoher Nährstoffgehalt erklärlich. EBERMAYER[4] hat nun die Holzarten nach dem Ergebnis der Aschenanalyse, und zwar nach dem mittleren Reinaschengehalt der Blätter, geordnet und Gruppen mit großem, mäßigem und geringem Nährstoffbedarf aufgestellt, wobei er allerdings Bedarf gleich dem tatsächlichen Entzug setzte. Trotz gewisser Mängel entspricht die EBERMAYERsche Reihe dennoch ungefähr der Erfahrung der forst-

[1] COUNCLER, C.: Über den Gehalt dreier auf gleichem Boden erwachsener Nadelbäume: Tanne, Fichte und Lärche an Trockensubstanz, Stickstoff und Mineralstoff. Z. Forst- u. Jagdwes. **1886**, 439.

[2] WILFARTH, H., H. RÖMER u. G. WIMMER: Über die Nährstoffaufnahme der Pflanzen in verschiedenen Zeiten ihres Wachstums. Landw. Versuchsstat. **63**, 1 (1906). — KLEBERGER, W.: Rückwanderung der Nährstoffe aus der Pflanze in den Boden. Grundzüge der Pflanzenernährungslehre und Düngerlehre **2**, 151ff. Hannover 1915.

[3] RAMANN, E.: Untersuchungen über den Mineralstoffbedarf der Waldbäume und über die Ursachen seiner Verschiedenheit. Z. Forst- u. Jagdwes. **1883**, 11.

[4] EBERMAYER, E.: Die Ansprüche der Waldbäume usw. Forstl.-naturwiss. Z. **1893**.

lichen Praxis. Seine erste Gruppe mit hohem Bedarf umfaßt Esche, Ulmen, Robinie, Ahorn, die zweite Gruppe mit mittlerem Bedarf Aspe, Eiche, Weiß- und Rotbuche, die dritte Gruppe mit geringem Bedarf Birke, Weiß-, Schwarzerle. Die Nadelhölzer haben meist geringeren Bedarf als die Laubhölzer. Infolge schwächerer Transpiration nimmt der Reinaschengehalt mit der Höhenlage bedeutend ab. Indes sollen sich nach den Umrechnungen von Lang beim Buchenlaub hinsichtlich der lebensnotwendigen Stoffe keine Unterschiede ergeben, wenn man die für die Ernährung unwesentliche Kieselsäure von der Asche abzieht[1]. Einen Überblick, den annähernden Bedarf des Waldes an Mineralstoffen für die Holzbildung betreffend, gibt folgende Aufstellung:

Holzart	Ein Hektar Wald bedarf zur Holzproduktion alljährlich Gramm:									
	Reinasche	Kali	Natron	Kalk	Magnesia	Eisenoxyd	Manganoxyd-oxydul	Phosphorsäure	Schwefelsäure	Kieselsäure
Buchenhochwald . . .	33600	7400	60	16100	4100	700	—	2200	400	2100
Buchenhochwald auf Basaltboden	45710	7160	1450	22250	5750	270	500	4230	330	3740
Weißtanne, Tonschiefer	34340	9260	210	4120	2810	1140	11420	2530	1300	1550
Weißtanne auf Granit.	16930	5630	510	5080	2540	560	230	1170	760	450
Fichte auf Tonschiefer.	29040	4080	370	10240	1980	710	4180	1630	680	5040
Kiefer auf Basalt . . .	13440	2090	170	7680	1440	120	70	1120	220	530
Kiefer auf Sandboden der Mark[2]	14860	2850	—	7250	1720	—	—	870	860	—

Zur Blattbildung ist das Mehrfache dieser Mengen, und zwar bis zum 6fachen, notwendig, doch kehren die in den Blättern enthaltenen Stoffe normalerweise nach dem herbstlichen Abfall der Blätter und Nadeln in den Kreislauf zurück (s. Kalkbedarf).

Mit die größte Bedeutung als Nährstoff für die Düngung, für den Boden und für den Wald im allgemeinen hat der Kalk. Dennoch darf man den Kalk nicht ohne weiteres als „Grundlage der Waldbodenkultur" bezeichnen, wie Süchting[3] solches mit Bezug auf die Freilanddüngung tut, denn ausschlaggebend ist die Wahl standortsgemäßer Holzarten; außerdem sagt er selbst, daß für versäuerte und vertorfte Waldböden die Vereinigung von Kalkung, Bodenbearbeitung und Lockerung mit entsprechenden waldbaulichen Maßregeln erforderlich ist.

Der hohe Wert des Kalkes als Nährstoff darf aber in seiner allgemeinen Bedeutung für den Waldboden nicht unterschätzt werden; er begünstigt nämlich vor allem die Entwicklung der Blattorgane und tritt außerdem wieder im Blattabfall als basischer Bestandteil besonders in Erscheinung. Ebermayer[4] hat dementsprechend ausführliche Angaben gemacht: Für die Erzeugung von Holz allein sind je 1 ha und 1 Jahr in Ansatz zu bringen für:

Rot- und Weißbuche . . .	bis zu 20	kg	CaO
Kiefer	„ „ 11,5	„	„
Fichte	„ „ 11	„	„
Weißtanne	4,7	„	„

[1] Lang, R.: Forstliche Standortslehre. In T. Lorey u. H. Weber: Handbuch der Forstwissenschaften 1, 411.

[2] Weber, R. u. H. Weber: Bedeutung des Waldes, die Aufgaben der Forstwirtschaft. In T. Lorey u. H. Weber: Handbuch der Forstwissenschaften 1. Tübingen 1925.

[3] Süchting, H.: Der Kalk als Grundlage der Waldbodenkultur. Berlin 1929. — M. Köhn bringt eine Besprechung dieser Werbeschrift des Kalkverlages im Forstarchiv 1930, 262.

[4] Ebermayer, E.: Die Ansprüche der Waldbäume. Forstl.-naturw. Z. 1893, 226. — Die Lehre von der Waldstreu, S. 116. Berlin 1876.

Für die alljährliche Blatterzeugung (Jahresmittelertrag) verbraucht bei einem Umtrieb von je 120 Jahren der

	Buchenwald	82 kg CaO
	Fichtenwald	61 „ „
und bei 100jährigem Umtrieb	Kiefernwald	19 „ „

Wenn man außerdem noch den Bedarf der Holzarten für die Rindenbildung in Betracht zieht, kann man sagen, daß die Holzarten mehr davon bedürfen als die Getreidearten; glücklicherweise bleibt der Kalk, wie erwähnt, im forstlichen Betriebe für gewöhnlich im „Umlauf". Dennoch können besondere Fälle vorkommen, in denen mit Rücksicht auf obige Darstellungen eine Kalkdüngung als geboten erscheint. Es geht nämlich schließlich durch die fortschreitende Verwitterung, den Bedarf der Pflanzen sowie durch die sonstigen erwähnten Umstände dem Boden (abgesehen von den anderen Mineralstoffen) wohl in erster Linie Kalk verloren. Der „Kalkzustand" verschlechtert sich (Näheres bei Kalkdüngung). In diesem Sinne kann Kalkdüngung auch von Vorteil sein bei Verlusten des Bodens an Kalk (und Nährstoffen überhaupt), wie sie durch lange andauernde Einwirkung schwefliger Säure aus Abgasen der Industrie (Rauchschäden) eintreten[1]. Wichtig ist endlich wegen der Umsetzungen mit „salzartigen" Düngern die Gegenwart von Kalziumkarbonat im Boden.

Der tatsächliche Bedarf der Bäume ist je nach ihrem Lebensalter ungleich, wie das schon von RAMANN hervorgehoben wurde[2]. MAYR[3] sagt, daß alle Holzarten im ersten, ja selbst noch im zweiten Jahrzehnt anspruchsloser sind als später. Die anfänglich gute Entwicklung mancher Holzarten, wie z. B. der Lärche, auf schlechtem Boden gibt zu unberechtigten Hoffnungen Veranlassung, da sie erst ungefähr im Stangenholzalter ihren tatsächlichen Bedarf an Nährstoffen geltend machen. Mit geringerem Nährstoffgehalt des Bodens kommen die Holzarten bei größerer Bodenfeuchtigkeit, erhöhtem Wärme- und Lichtgenuß aus. Herrschende, Mittel- und unterdrückte Stämme nehmen aus dem Boden ungleiche Mengen von Nährstoffen auf. Nach RAMANNS[4] Analysen sind die Nadeln unterdrückter Kiefernstämme zwar reicher an Mineralstoffen als die herrschender Stämme, aber der Schluß, daß die unterdrückten Stämme sich besser ernähren, darf hieraus jedoch nicht gezogen werden, da das Nadelprozent nicht ermittelt wurde.

Bezüglich des Bedarfes an Nährstoffen für die Holzbildung geht aus COUNCLERS Forschungen folgendes hervor: Wenn man die Tanne nach dem Mineralstoffgehalt namentlich ihres Holzes als Kalibaum bezeichnen kann, ist für die Lärche ein hoher Magnesiagehalt, für Fichte Kalkgehalt im Holzkörper bezeichnend; die 3 Holzarten waren auf dem gleichen Boden (Diluvialsand) ge-

[1] LEININGEN, W. Graf zu: Die Rauchschäden und einschlägige bodenkundliche Fragen. Forstwiss. Zbl. **1920**, H. 3.

[2] RAMANN, E.: Forstliche Bodenkunde und Standortslehre, S. 323. Berlin 1893. Das Maximum des Nährstoffbedarfes fällt mit dem Maximum der Reisholzerzeugung zusammen. „Kritisches Alter, bei Kiefer etwa 20, bei Fichte 30, bei Buche 40 Jahre; in dieser Zeit werden natürlich an den Boden die höchsten Anforderungen gestellt." — KLEBERGER, W.: Nährstoffaufnahme und Stoffproduktion bei Bäumen, behandelt insbesondere RAMANNS und BAUERS Arbeiten über Aufnahme und Wanderung von Nährstoffen nach Jahreszeiten. Grundzüge der Pflanzenernährungslehre und Düngerlehre **2**, 187ff. Hannover 1915.

[3] MAYR, H.: Waldbau, S. 110 u. 111. Berlin 1909.

[4] RAMANN, E.: Wirkung der Streuentnahme auf Sandboden. Z. Forst- u. Jagdwes. **1887**, 410. — Ernährungsverhältnisse vorherrschender, mitherrschender und beherrschender Stämme. Ebenda **1892**, 143. — Die Waldstreu, S. 75. Berlin 1890. — Betreffend Mineralstoffgehalt des Holzes solcher Stämme HARTIG R. u. R. WEBER: Holz der Rotbuche. Berlin 1888. — Über die Aufnahme von Nährstoffen durch Licht- und Schattenblätter der Rotbuche hat G. KRAUSS umfassende Studien ausgeführt. Forstwiss. Zbl. **1926**, 464.

wachsen. In Fichtennadeln häuft sich mitunter Kieselsäure (37% SiO_2 bei 26% CaO) an[1].

VANSELOW[2] sagt bezugnehmend auf die standortschonenden forstwirtschaftlichen Nutzungen in den Wäldern Finnlands, daß hier fast nur gröberes Holz, mindestens Derbholz, dem Walde entnommen wird, Reisholz und Streu bleibt liegen (Streunutzung ist dort unbekannt). Vieles deutet darauf hin, daß die meisten Waldböden bei fortgesetzter Entnahme von Derb- und Reisholz zurückgehen. Letzteres, ferner Stockholz und Streu, sollte nach Tunlichkeit dem Walde im Interesse der Nachhaltigkeit belassen werden.

Wie früher schon angedeutet, sind die aschenreichsten Teile der Bäume die Blattorgane (Reinaschengehalt 1,5—10% der Trockensubstanz), dann kommt die noch lebenstätige Spiegelrinde und die Rinde des oberen Stammteiles sowie der Äste. Die wesentlich ältere Stammrinde enthält 1,5—4%, die Borke nur 1—2,8% Reinasche. Der Holzkörper ist stets viel aschenärmer als alle übrigen Teile des Baumes. Aus dem Umstande, daß die Rinde einschließlich Kambialschicht in allen Altersstufen wesentlich reicher an Mineralstoffen als eine gleiche Gewichtsmenge Holz ist, ferner daß sich das Rindenprozent gegenüber dem Holze mit zunehmendem Alter mindert, erklärt es sich, daß der Mineralstoffgehalt (immer gleichen Standort vorausgesetzt) älterer Bäume und Stammteile gegenüber jüngeren derselben Art viel geringer ist. Äste und Zweige enthalten demnach um so mehr Mineralstoffe, je geringer ihr Durchmesser ist. Mit den einzelnen Holzsortimenten werden also aus dem Walde sehr ungleiche Mengen von Mineralstoffen endgültig entfernt. Scheitholz ist am aschenärmsten, dann folgt das Prügelholz, am aschenreichsten ist Reisholz. Laubhölzer sind aschenreicher als Nadelhölzer. Selbst bei gleicher Ertragsmasse ist der Entzug an Mineralstoffen verschieden, je nachdem die (aschenreicheren) schwächeren Holzsortimente einen höheren oder geringeren Prozentsatz der Ernte bilden. Wenn man die Zahlen für den Entzug bei Derbholz- und Reisignutzung einander gegenüber stellt, ergeben sich tatsächlich gewaltige Unterschiede[3]:

Entzug je Festmeter Kiefer	Kali g	Kalk g	Phosphorsäure g
Derbholz	166	683	69
Reisholz	793	2150	626

Die Belassung des wirtschaftlich sowieso schlecht verwertbaren Reisigs kann also das Bodenkapital an Nährstoffen wesentlich strecken. Niederwaldbetrieb und Nutzung des Unterholzes in Mittelwaldbetrieb greift infolgedessen den Boden viel mehr an als Mittel- oder gar Hochwaldbetrieb, der als konservativste Betriebsart zu gelten hat[4]; letzterer wird am wenigsten zu einer Verarmung des Bodens an Nährstoffen führen, wenn pflegliche Wirtschaft vorausgesetzt ist. Am wenigsten ist Bodenerschöpfung noch im Mischwald zu befürchten, in dem tief- und flachwurzelnde Holzarten zu finden sind, die sich durch ihren verschieden gearteten Bedarf an den einzelnen Nährstoffen gegenseitig nicht bedrängen. Trotzdem treibt man im Wirtschaftswalde einen langsamen Raubbau gegenüber dem Urwalde, der ja dem Boden seine Mineralstoffe wiedergibt[5]. Über die Zeiträume,

[1] COUNCLER, C.: Gehalt dreier auf gleichem Boden erwachsener Nadelbäume. Z. Forst- u. Jagdwes. **1886**, 353 u. 417.

[2] VANSELOW: Finnische und deutsche Forstwirtschaft. Forstw. Zbl. **1928**, 822.

[3] Vgl. A. DENGLER: Waldbau, S. 187. Berlin 1930.

[4] RAMANN, E.: Forstliche Bodenkunde und Standortslehre, S. 318ff. Berlin 1893. — EBERMAYER, E.: Ansprüche der Waldbäume usw. Forstl.-naturw. Z. **1893**, H. 6.

[5] DENGLER, A.: Waldbau. Berlin 1930.

um die es sich hierbei handeln kann, geben folgende Darlegungen Aufschluß: Durch die Nutzung allen Holzes allein würde nach HAUSRATH[1] je nach der Standortsklasse die Erschöpfung eines Kiefernbodens an Kali erst nach 4160—7140 Jahren, an Kalk nach 1300—57260, an Phosphorsäure nach 7560—9800 Jahren zu erwarten sein; in der Praxis ergeben sich jedoch längere Zeiträume, da in der Regel $^1/_{10}$ des Holzes, noch dazu die schwächeren, aber um so mineralreicheren Sortimente im Walde als die Nutzung nicht lohnend zurückbleiben. EBERMAYER[2] gibt folgendes lehrreiche Beispiel, die Beanspruchung des Bodens durch Holznutzung allein betreffend: Enthält ein Boden bloß $^1/_{10}$% aufnehmbares Kali, so berechnet sich auf 1 ha und 0,5 m Tiefe ein Kalivorrat von 7500 kg. Beträgt der jährliche Kalibedarf eines Buchen- oder Weißtannenbestandes für die Holzerzeugung rund 10 kg Kali, so verliert der Boden während einer Umtriebszeit von 120 Jahren 1200 kg Kali; somit bleibt noch ein Vorrat von 6300 kg Kali zurück; außerdem wird ja im Laufe der Zeit durch die fortschreitende Verwitterung neuerdings aufnehmbares Kali frei gemacht.

Vergleicht man land- und forstwirtschaftliche Produktion, so ergibt sich „mit mathematischer Schärfe" der ungleich höhere Bedarf der landwirtschaftlichen Nutzgewächse gegenüber den Holzarten. Letztere bewirken mit den gleichen Kali- und Phosphorsäuremengen eine viel größere Jahresproduktion, bedürfen dagegen, wie erwähnt, oft mehr Kalk und Magnesia; ein Forstbetrieb kann noch auf Böden stattfinden, die aus Mangel an hinreichendem Nährstoffkapital für landwirtschaftliche Zwecke unbenützbar sind (absoluter Waldboden) oder die durch Raubbau allzu sehr geschwächt sind. Die Forstwirtschaft ist gegenüber der Landwirtschaft auch im Vorteil durch den „Umlauf" der Nährstoffe (vorausgesetzt das Unterbleiben der Streunutzung), besonders, wenn Tiefwurzler Nährstoffe aus den unteren Bodenschichten heraufholen[3].

Die Tatsache, daß in Waldbeständen verschiedener Holzarten im großen Durchschnitt alljährlich die gleiche Menge organischer Substanz dem Gewicht nach erzeugt wird, war schon frühzeitig von EBERMAYER erkannt worden. Er gibt an, daß die Buche 6278 kg, die Fichte 6272 kg, die Kiefer 6339 kg organischer Substanz (Holz und Streu, Trockensubstanz) auf je 1 ha und Jahr berechnet, erzeugt[4]. Auch BURGER erwähnt, daß nach den deutschen Ertragstafeln die Erzeugung von organischer Substanz von Tanne, Fichte und Buche fast genau gleich ist; solches gilt für die einheimischen Holzarten bei gleichen Standortsbedingungen überhaupt[5].

Einwirkungen und Wechselbeziehungen der organischen Stoffe.

Die Stickstoffbilanz des Waldbodens. Der Stickstoffvorrat im Waldboden schwankt außerordentlich stark. Weniger kommen hier Nitrate in

---

[1] HAUSRATH, H.: Pflanzengeographische Wandlungen der deutschen Landschaft. Leipzig u. Berlin 1911. Hier die einschlägige Literatur.

[2] EBERMAYER, E.: Untersuchungen und Studien über die Ansprüche der Waldbäume an die Nährstoffe des Bodens. Forstl.-naturw. Z. 1893, 227.

[3] WEBER, R. bzw. H. WEBER: Bedeutung des Waldes und die Aufgaben der Forstwirtschaft. In T. LOREY u. H. WEBER: Handbuch der Forstwissenschaften 1, 149.

[4] EBERMAYER, E.: Die Lehre der Waldstreu, S. 68. Berlin 1876.

[5] BURGER, H.: Holz-, Laub- und Nadeluntersuchungen. Schweiz. Z. Forstwes. 1925. — Transpiration unserer Waldbäume. Z. Forst- u. Jagdwes. 1925, 477. — Sonstige einschlägige Literatur: OELKERS, J.: Mineralstoffbilanz des Bestandes, Waldbau I, Standortsfaktoren, S. 16ff. Hannover 1930. — Mineralstoffvorrat. Ebenda S. 18ff. — Bedeutung der einzelnen Pflanzennährstoffe siehe W. BENECKE u. L. JOST: Pflanzenphysiologie 1, 138. Jena 1924. — LUNDEGÅRDH, H.: Klima und Boden, S. 306ff. Jena 1930, bespricht die physiologische Wirkung der Nährsalze. — OELKERS, J.: Funktion der Mineralstoffe im Bestandesleben (nach JOST u. BENECKE, STINY u. PUCHNER: a. a. O., S. 38ff).

Frage, denn diese treten im Waldboden stark zurück; sind solche vorhanden, so werden sie von den Holzarten in der Regel sehr schnell aufgebraucht. Der hauptsächliche Vorrat an Stickstoff ist im Waldboden in organischer Form (pflanzliche und tierische Reste) vorhanden, und Ramann sagt, daß bei sonst gleichartigen Böden der Gehalt an Stickstoff der Humusmenge parallel geht[1]. Leichte Böden enthalten erfahrungsgemäß viel weniger davon als schwere, die der Auswaschung weniger unterliegen und stärkere Adsorptionskraft besitzen.

Der Bedarf an Stickstoff ist bei mittlerer Ernte für 1 Jahr und Hektar:

	Buchenwald kg	Fichtenwald kg	Kiefernwald kg
Für Blattbildung	42—44	30—32	28
„ Holzbildung	9—10	10—13	6

Es ist demnach der Stickstoffbedarf für die Holzbildung allein sehr gering; er wird außerdem vollständig ersetzt durch die mit den Niederschlägen dem Boden zugeführten Stickstoffverbindungen; somit schädigt die Holznutzung allein die Stickstoffbilanz des Waldbodens nicht, wohl aber muß eine fortgesetzte Streunutzung den Boden erschöpfen[2].

Aus den früher angeführten Zahlen ist, wenn man sie mit den Werten für landwirtschaftliche Durchschnittsernten vergleicht[3], ersichtlich, daß Holz- und Streunutzung zusammen Anforderungen an den Boden stellen, die der landwirtschaftlichen Nutzung nahe kommen.

Weinkauff legt besonderen Wert auf die Stickstoffernährung und sagt: „Nicht Wasser-, sondern Stickstoffhunger verursacht dieses entsetzliche Wurzelgedränge unter der Humusdecke[4].“ Diese Ansicht kann doch wohl nur für niederschlagsreiche Gegenden Geltung haben. In ähnlichem Sinne meint Heuell[5] das Eingehen der Naturverjüngung von Fichte auf Trockentorf, nicht auf Wassermangel, sondern auf Schwierigkeiten in der Ernährung zurückführen zu müssen. Je schlechter die Zersetzung des Humus, um so ungünstiger gestaltet sich die Stickstoffernährung[6]. Anderseits kommen aber Trockenzeiten, die genügen würden, um den Humus in bedenklichem Grade auszutrocknen, nach Heuells Versuchen im kühl-humiden Gebiete kaum vor. Demnach würde die Stickstoffversorgung der Waldbäume durch Austrocknen des Humus kaum geschädigt werden. Bisher nahm man jedoch das Gegenteil an.

Nach Fehér[7] weist der Gesamtstickstoffgehalt des Waldbodens sein Maximum im Juni-Juli auf, eine rasche Abnahme führt zum Minimum im September;

[1] Ramann, E.: Bodenkunde, S. 259. Berlin 1911.

[2] Vgl. V. Schüpfer: Grundriß der Forstwissenschaft. Stuttgart 1921.

[3] Nach R. Weber u. H. Weber: Bedeutung des Waldes und die Aufgaben der Forstwirtschaft (in T. Lorey u. H. Weber: Handbuch der Forstwissenschaften 1, 150), entzieht Getreideernte dem Boden jährlich auf 1 ha 20—52 kg Stickstoff. Die Zahlen für den Stickstoffbedarf zur Holzbildung sind hier nach v. Schröder für Buche 10,34 kg, für Fichte und Tanne je 10,20 kg, für Birke 7,22 kg.

[4] Weinkauff: Humus oder Streuzersetzung. Forstw. Zbl. **1900**, 462.

[5] Heuell: Bestandesabfallzersetzung. Mitt. Forstwirtsch. u. Forstwiss. **1930**, H. 1. — Süchting, H.: Der Abbau der organischen Stickstoffverbindungen des Waldhumus durch biologische Vorgänge. Forstw. Zbl. **1925**. — Physikalische, chemische und biologische Eigenschaften verarmter und durch Humusbildung veränderter Waldböden sowie Mittel zur Besserung solcher Böden. Z. Forst- u. Jagdwes. **1927**. — Ramann, E.: Bodenkunde, S. 140. Berlin 1911.

[6] Hesselman, H.: Studien über die Nitratbildung in natürlichen Böden und ihre Bedeutung in pflanzenökologischer Hinsicht. Meddelanden **1917**. — Studien über die Verjüngungsbedingungen in den norrländischen Kiefernheiden. Ebenda **1916**.

[7] Fehér, D.: Der Stickstoffwechsel des Waldbodens. Biochem. Z. **1929**, 350; ref. Zbl. Forstwes. **1929**, 261.

der Nitratgehalt zeigt das gleiche Verhalten, das Maximum tritt hingegen schon im April-Mai ein. Das Maximum des Gesamtgehaltes an Bakterien stimmt mit dem des Gesamtstickstoff- und Nitratgehaltes so ziemlich überein. Die beiden Stickstoffkurven stehen in deutlichem Zusammenhang mit denen der Boden- und Lufttemperatur. Nachdem zwischen dem Gesamtstickstoff- und Nitratgehalt einerseits und den nitrifizierenden und Stickstoff bindenden Bakterien andererseits keine so ausgeprägte Übereinstimmung gefunden wurde, wie bei Kohlensäureerzeugung und Bakteriengehalt, ist anzunehmen, daß beim Stickstoffwechsel wahrscheinlich die Stärke der Mikrobentätigkeit, die durch Temperaturänderungen bedingt wird, ausschlaggebend ist. Innerhalb des gleichen Waldtypus äußern p_H-Werte und Humusgehalt keinen besonderen Einfluß. Der herbstliche Laubabfall bildet, solange noch etwas höhere Temperaturen herrschen, die Hauptquelle des Stickstoffgehaltes; durch die Tätigkeit der Bakterien kann der Stickstoffvorrat des Bodens um diese Zeit etwas erhöht werden. Der von den Waldbäumen verbrauchte Stickstoff, und zwar solcher hauptsächlich in Nitratform, wird durch nitrifizierende Bakterien aus der Gesamtstickstoffmenge wieder ergänzt.

Vogel von Falckenstein[1] hat gezeigt, daß bei gleichem Mineralstoffgehalt von Dünensanden um Eberswalde die Summe des Humusstickstoffes der Bodendecke und Oberschicht mit der Ertragsklasse parallel geht. Die Pflege des Waldbodens soll daher den Humus schützen, anreichern und in einen günstigen Zustand bringen. Durch Bodenpflege allein können minderwertige Waldböden in gute Böden umgewandelt werden. Durch Kahlschlag sind auf einem von dem Genannten untersuchten Boden Stickstoffwerte im Betrage von rund 2800 RM., auf 1 Hektar berechnet, nutzlos verloren gegangen.

Die Mobilisierung des Stickstoffs. Für die Stickstoffbilanz der Humusdecke spielen die mit der Förna (unveränderte tote Überreste oder Abfallprodukte des Pflanzen- oder Tierreiches) zugeführten Mengen von gebundenem Stickstoff nach Hesselman[2] eine große Rolle; unter den Förnaarten ist die der Erlen (Stickstoffsammler) am stickstoffreichsten; doch wird sowohl die Ammoniak- als die Salpeterbildung durch die Anwesenheit von Förnastoffen zunächst auf ein Mindestmaß herunter gedrückt; diese Herabsetzung kann durch die Gegenwart von Denitrifikanten, die von den Kohlehydraten der Förna leben, erklärt werden.

Hesselman[3] bezeichnet die Mobilisierung des Rohhumusstickstoffes, besonders in der Form von Salpeter, zwar als wichtig, jedoch keineswegs als unbedingt notwendig für die Verjüngung des Waldes. Sonst würde man sich die allmählich vor sich gehende Entwicklung der Kiefer auf kahlen Heiden nicht erklären können: Wo kein Salpeter, sondern nur Ammoniak aus den organischen Verbindungen der Humusdecke abgespalten wird, sind die sehr schönen Produktionsergebnisse betreffend Kiefer und Fichte von der Lebhaftigkeit abhängig, mit der die Ammoniakabspaltung erfolgt. Hinsichtlich der Nitrifikation und Ammoniakabspaltung kann durch entsprechende Bestandespflege eine Steigerung erwirkt werden[4].

---

[1] Vogel von Falckenstein, K.: Untersuchung von märkischen Dünensandböden mit Kiefernbestand. Internat. Mitt. Bodenkde. **1**, 495 (1911).

[2] Hesselman, H.: Die Humusdecke des Nadelwaldes. Meddelanden **1926**, H. 22, Nr. 5, 524, betrifft u. a. Stickstoffgehalt und -mobilisierung der Förna und Humusdecke, Einwirkung der Durchforstung auf die Mobilisierung. — Hemec, A. u. K. Kvapil: Die Bildung von Nitraten in Waldböden. Z. Forst- u. Jagdwes. **1927**, H. 6 u. 7.

[3] Hesselman, H.: Die Bedeutung der Stickstoffmobilisierung in der Rohhumusdecke für die erste Entwicklung der Kiefern- und Fichtenpflanze. Meddelanden **1927**, H. 23, Nr. 6—7.

[4] Hesselman, H.: Nitratbildung in natürlichen Böden. Meddelanden **1917**, H. 13 bis 14, 58.

Das Maß der Nitrifikation wird im allgemeinen nach VOSS nicht durch Säurewirkungen, sondern durch gute Durchlüftung und Besonnung bestimmt[1]. Die nitrifizierenden Böden haben nach HESSELMAN oft saure Reaktion. Sie können aber mitunter nur langsam eine Ammonsulfatlösung nitrifizieren[2].

Wird durch die Ausscheidungen der jüngsten Wurzeln (HILTNERS „Rhizosphäre") die Tätigkeit der Bodenbakterien angereizt, so kann andererseits die Neigung zur Humussäurebildung die Arbeit der Bakterien, insonderheit die Nitrifikation, zurückdrängen[3]. Demnach dürfte man die Bodenazidität, die unter anderen bei Besprechung der Waldtypen ja als unzuträglich für die Nitrifizierung bezeichnet wird, doch in ihrer Wirkung nicht unterschätzen.

Daß in gewissen Fällen lediglich der vermehrte Lichtzutritt eine lebhafte Nitrifikation im Boden hervorrufen kann, erwähnt HESSELMAN; jedoch ist diese auch vom Klima und von der Beschaffenheit der Humusdecke abhängig, denn saure und rohhumusartige Humusschichten bilden selbst bei monatelanger Lagerung und unter günstigen Feuchtigkeits- und Temperaturbedingungen nur Ammoniak[4], so z. B. in moosreichen und flechtenreichen Nadelwäldern, auch in den am kräftigsten wachsenden, moosreichsten Nadelwaldmischbeständen, wo höchstens eine äußerst schwache Nitrifikation beobachtet wird. Humus aus Kiefernheiden (Norrland), der an und für sich nicht nitrifiziert, wurde nach HESSELMAN durch Vermischung mit Mineralboden in nitrifizierbaren Zustand gebracht; hierbei spielt auch die Lockerung eine bedeutende Rolle, da sie, wie erwähnt, im Sinne einer Durchlüftung wirksam ist[5]. Regenwürmer vermehren nach den Versuchen von BLANCK und GIESECKE den Gesamtstickstoff des Bodens und erhöhen sein Nitrifikationsvermögen[6]. Der Verfasser selbst beobachtete in Eichenlaubstreu, in die Regenwürmer eingebracht worden waren, eine äußerst kräftige Nitratreaktion.

Die Wirkung zu hoher Kalkgaben betrifft nach BOBKO, GOLUBEW und TÜLIN[7] nicht nur Humus-, sondern auch Mineralböden, besonders leichte Waldböden; es erfolgt Erhöhung der Bodenreaktion bis p_H 8, ein stürmischer Verlauf biologischer Vorgänge, wodurch große Mengen löslicher Stoffe im Boden angehäuft und Wachstumsstörungen verursacht werden. Nach später erfolgter Nitrifikation des entstandenen Ammoniaks verschwanden diese Schäden; auf schweren Böden erfolgte weder Ammonisation noch eine Hemmungserscheinung. Schon MÜLLER und WEIS[8] stellten durch Versuche fest, daß schnelle und starke Nitrifikation im Buchentrockentorf, die durch feingepulverten Korallenkalk hervorgerufen wird, eine anormale Entwicklung und schlechtes Pflanzenmaterial bedingt.

Als Nitratzeiger gelten im Walde folgende Pflanzen: Epilobium angustifolium (schmalblättriges Weidenröschen), Stachys silvatica (Waldziest), Mercu-

---

[1] VOSS, H. N.: Z. Forst- u. Jagdwes. **1929**.

[2] HESSELMAN, H.: Nitratbildung in natürlichen Böden. Meddelanden **1917**, H. 13 bis 14, 57.

[3] Vgl. dieses Handbuch **7**, 274f. — WAKSMAN, S. A.: Der gegenwärtige Stand der Bodenmikrobiologie und ihre Anwendung auf Bodenfruchtbarkeit und Pflanzenwachstum. Berlin u. Wien 1930. S. 20: Nitrifikation im Boden; S. 77: Nitratbildung in sauren Böden.

[4] HESSELMAN, H.: Bedeutung der Stickstoffmobilisierung. Meddelanden **1927**, Nr. 6—7, 413ff. — Nitratbildung in natürlichen Böden. Ebenda **1917**, H. 13—14, 57.

[5] HESSELMAN, H.: Studien über die Verjüngungsbedingungen. Meddelanden **1917**, H. 13—14.

[6] BLANCK, E. u. F. GIESECKE: Über den Einfluß der Regenwürmer auf die physikalischen und biologischen Eigenschaften des Bodens. Z. Pflanzenern. usw. B **1924**, S. 198.

[7] BOBKO, GOLUBEW u. TÜLIN: Schädliche Wirkungen hoher Kalkgaben. Ref. Forstl. Jber. **1925**, 18.

[8] MÜLLER, P. E. u. FR. WEIS: Die Einwirkung des Kalkes auf Rohhumus. Naturwiss. Z. Land- u. Forstwirtsch. **1907**.

rialis perennis (Bingelkraut), Geranium Robertianum (Rupprechtskraut), Urtica dioica (Brennessel), Himbeere, Senecioarten usw.[1]. Häufige und starke Nitratzeiger in Wäldern vom Oxalistypus erwähnt der Verfasser[2]. Alle diese Pflanzen speichern Nitrate, die sie mit der Wurzel aus dem Boden entnehmen; sie sind aber nicht imstande, den Boden mit Nitraten zu bereichern oder gar Humusstickstoff in Nitrate umzusetzen, wie LANG irrtümlich meint[3]. Die Esche und die beiden Erlenarten fühlen sich bei Anwesenheit von Nitratpflanzen wohl. Grasbedeckung ist für ihr Wachstum ungünstig, vermutlich deshalb, weil die Gräser die im Boden vorhandenen Nitrate ziemlich restlos verbrauchen, sie also den Holzarten wegnehmen; dies tritt insbesondere auf Kahlschlagflächen in Erscheinung; hier sind zunächst die Bedingungen für die Nitrifikation des Humusstickstoffs sehr günstig; die Nitrate werden jedoch, wie erwähnt, gerade durch die auf den Schlagflächen sich reichlich einfindenden Gräser aufgezehrt und der Rest ausgewaschen, so daß bald Mangel an diesem wichtigen Nährstoff eintritt[4].

WITTICH[5] sagt, daß die Ausbildung von Trockentorf im Bestande bis zu einem gewissen Grade eine Ausbeutung des im Mineralboden befindlichen Stickstoff- (und sonstigen Nährstoff-) Vorrates bedeutet; auf dem Umwege über die Streu werden die Nährstoffe des Mineralbodens nun oberflächlich in der Humusdecke aufgehäuft. Bei guter Zersetzung der Streu (Nitrifikation) fehlt dieser Umschichtungsvorgang.

Die Atmosphäre als Stickstoffquelle. Für die Ernährung der Holzarten kommt als stickstoffliefernd die Atmosphäre in mehrfacher Hinsicht in Betracht[6].

Der freie Stickstoff der Atmosphäre wird bekanntlich durch Spaltpilze verwertet, die frei im Boden leben, oder durch solche, die in Symbiose mit höheren Pflanzen wie z. B. Erlen, Robinie, Ölweide, Sanddorn sowie mit den Leguminosen leben[7].

WITTICH[8] hat selbst in biologisch sehr ungünstigen Böden ausnahmslos eine Luftstickstoffassimilation gefunden, und zwar sowohl in Waldbeständen als auch auf Kahlschlägen. Auch in schlechten Humusformen sind stickstoffassimilierende Mikroorganismen vorhanden, doch ist die Assimilation unter ungünstigen Verhältnissen jedenfalls geschwächt. Luftstickstoff soll bei hinreichender Feuchtigkeit durch noch nicht festgestellte Mikroorganismen auch in der Streu gebunden werden, nach HENRY im Durchschnitt auf 1 Hektar im Jahre 20 kg. Dem tritt HORNBERGER entgegen, hält diesen Vorgang für weniger bedeutend und auch

---

[1] HESSELMAN, H.: Nitratbildung in natürlichen Waldböden. Mitt. schwed. forstl. Versuchsanst. **1916**.

[2] LEININGEN, W. Graf zu: Die Stickstoffaufnahme verholzender Pflanzen. Forstw. Zbl. **1925**.

[3] LANG, R.: Forstliche Standortslehre. Handbuch der Forstwissenschaft **1**, 421. — Ein ausführlicheres Verzeichnis von Nitratpflanzen ist in M. BÜSGEN u. E. MÜNCH: Waldbäume, S. 337, Jena 1927, enthalten. — Desgl. siehe dieses Handbuch **8**, 71 u. 72.

[4] RUBNER, K.: Pflanzengeographische Grundlagen des Waldbaus, S. 289. Neudamm 1925.

[5] WITTICH: Der Einfluß des Kahlschlages auf den Bodenzustand. Mitt. Forstwirtsch. u Forstwiss. **1930**, 487.

[6] Die Versuchsanstellungen, die zur Gewinnung der z. T. recht hohen Werte geführt haben, erscheinen keineswegs überzeugend; betr. die angewandte Methode siehe E. RAMANN: Forstliche Bodenkunde und Standortslehre, S. 304. Berlin 1893. — Bodenkunde, S. 261. Berlin 1911. — Dieses Handbuch **6**, 262, 326. — Ferner auch R. WEBER bzw. H. WEBER: Bedeutung des Waldes usw. In LOREY u. WEBER: Handbuch der Forstwissenschaften **1**, 150. P. VAGELER: Die Bindung des atmosphärischen Stickstoffs. Braunschweig 1908. — Gehalt der Atmosphäre an gebundenem Stickstoff. Fühl. Landw. Ztg. **57**.

[7] PUCHNER, H.: Bodenkunde für Landwirte, S. 199—202. Stuttgart 1923.

[8] WITTICH: a. a. O., S. 489.

Henry selbst schätzt den Stickstoffgewinn auf diesem Wege später niedriger ein[1]. Es handelt sich hier nämlich nur um eine raschere Zersetzung der stickstofffreien Bestandteile der Streu gegenüber den stickstoffhaltigen, d. h. um eine Stickstoffanreicherung in älterer Streu, nicht jedoch um eine Aufnahme von Stickstoff aus der Luft[2]. Der Stickstoffgehalt der Streu (ohne Nadeln und Moosdecke) von Pinus maritima betrug 1,5 %, war also keineswegs besonders hoch; natürlich sind hierin auch die durch atmosphärische Niederschläge hinzugekommenen Mengen von Stickstoff enthalten[3]. Eine weitere Möglichkeit, Stickstoff zu gewinnen, hatte man in den Trichomen einer ganzen Anzahl von Holzarten erblickt, doch scheint es, als wenn der Stickstoff, der sich in diesen Organen in Form von Eiweiß vorfindet, erst aus anderen Pflanzenteilen eingewandert ist[4].

Wie man auch über den Gewinn des Bodens an Stickstoff durch Zufuhr von außen her urteilen mag, jedenfalls besteht an und für sich die Ansicht Ramanns[5] zu Recht, der sagt, daß man dem Boden durch die Ernten mehr Stickstoff entziehen kann, als ursprünglich in ihm enthalten war. v. Schröder[6] hingegen hatte sich dahin ausgesprochen, daß die Streu ein unentbehrlicher Stickstoffdünger des Waldes sei. Wenn Ramann zeigte, daß kein merklicher Unterschied im Stickstoffgehalt berechter und geschonter Kiefernböden festzustellen sei, so wird das kaum allgemeine Geltung haben, und für Laubholzböden trifft jedenfalls v. Schröders Ansicht zu.

Abb. 54. Mycorrhizen der Kiefer. (Aus Busse, Forstlexikon II, 76.)

Schon Ebermayer[7] weist darauf hin, daß die grünen, den Erdboden bewohnenden Algen geringe Mengen freien Stickstoffs verarbeiten, und Molisch nimmt an, daß die Blasia nostoc imstande ist, den freien Stickstoff der Atmosphäre zu assimilieren, das gleiche gilt für die Nostocalge der Cavicularia; beide geben von ihrem assimilierten Stickstoff dann an die Wirtspflanze, die Lebermoose Blasia pusilla L. und Cavicularia densa St., ab[8]. Algen zählen bekanntlich zu den ersten Ansiedlern auf stickstoffarmen Rohböden.

Die Bedeutung der Mycorrhiza. Auch in den Mycorrhizen, die im allgemeinen sowohl endo- wie ektotroph auftreten können[9], hat man stickstoff-

[1] Engler, E.: Über Henrys Versuche. Schweiz. Z. Forstwes. **1898**, 1 u. 2; vgl. E. Ebermayer: Die Stickstofffrage des Waldes. Forstl.-naturwiss. Z. **1898**, 177. — Hornberger, R.: Streu und Stickstoff. Z. Forst- u. Jagdwes. **1905**, 80. Hier auch Henrys Ergebnisse.

[2] Tschermak, L., berichtet im gleichen Sinne: Zbl. Forstwes. **1919**, 211.

[3] Ebermayer, E.: a. a. O., S. 181, hatte schon im Jahre 1898 die Unhaltbarkeit der Ansichten Henrys dargelegt.

[4] Cieslar, C.: Der Wald als Stickstoffsammler. Zbl. Forstwes. **1909**, 89. — Melin, E.: Untersuchungen über die Bedeutung der Baummykorrhiza, 2. 54, Jena 1925, lehnt die Bindung freien Stickstoffs durch Trichome ab.

[5] Ramann, E.: a. a. O., S. 418.

[6] Schröder, J. von: Forstchemische Untersuchungen. Dresden 1878. — Ramann, E.: Die Waldstreu, S. 52ff. Berlin 1890. Siehe auch Streufrage. — Weber, R. bzw. H. Weber: Bedeutung des Waldes usw. In T. Lorey u. H. Weber: Handbuch der Forstwissenschaften 1, 151.

[7] Ebermayer, E.: Stickstofffrage des Waldes. Forstl.-naturwiss. Z. **1898**, 181.

[8] Molisch, H.: Bot. Beobacht. Japan **9**.

[9] Vgl. dieses Handbuch **7**, 308—312. — Büsgen, M. u. E. Münch: Waldbäume, S. 289. Jena 1927: Die Mykorrhiza, Literatur bis 1913 zusammengefaßt. — Sonst auch L. Jost u. W. Benecke: Pflanzenphysiologie 1, 404ff. Jena 1924.

assimilierende Organe erblickt, hatte doch die Bergkiefer sehr günstigen Einfluß auf kümmernde Fichten- und Kiefernkulturen geäußert[1], den man auf Mycorrhizawirkung zurückführen wollte. Nach MELIN wären jedoch andere mit den Wurzeln irgendwie zusammenhängende Mikroorganismen dafür verantwortlich zu machen, oder die Bergkiefer verdankt ihre gute Entwicklung auf Sandböden ihrem weit ausgedehnten Wurzelsystem, mit dem sie ihren Stickstoffbedarf aus organischen und anorganischen Verbindungen zusammenholt und den Boden gewissermaßen düngt, was den Fichten und Kiefern zugute kommt. Jedenfalls bedarf diese Frage noch der Klärung[2].

Durch die Untersuchungen MÖLLERS ist nachgewiesen worden, daß eine Bindung von Luftstickstoff durch mit Gabelmycorrhizen versehene Bergkiefern nicht stattgefunden hat. Auch Eichen und Kiefern vermögen mit Hilfe der Mycorrhiza ihren Stickstoff nicht aus der Luft zu decken[3]. Mycorrhizafreie Nadelbaumpflänzchen haben nach den Versuchen MELINS[4] keinen freien Stickstoff assimiliert, was ja eigentlich voraus zu sehen war. Auch die bei Bäumen mycorrhizabildenden Hymenomyceten können in Reinkulturen keinen Stickstoff binden, wohl hingegen die bei Erikaceen vorkommende Phoma radicis, die als einzige Pilzart in diesem Sinne tätig ist.

SCHRÖTER[5] geht bei der Besprechung der einzelnen Holzarten, Kleinsträucher usw. besonders auch auf die Mycorrhiza ein. Falls eine Assimilation von Stickstoff durch die Mycorrhiza von Pflanzen der Bodendecke stattfände, wäre dies jedenfalls von mittelbarer Bedeutung für Waldbäume, die im Bereiche solcher wachsen.

Wie ungeheuer wichtig die Mycorrhizen für die Ernährung der Waldbäume sind, auch wenn sie nicht atmosphärischen Stickstoff zu binden vermögen, geht aus den Darlegungen MELINS hervor: „Die Nadelbäume als ganz autotrophe Organismen können ihren Stickstoffbedarf auf Rohhumusböden nicht decken. In der Symbiose mit den Mycorrhizapilzen sind sie dagegen außerordentlich gut zum Kampfe mit der Mikroflora des Bodens gerüstet. Die Mycorrhizen sind auf Rohhumus sehr günstige stickstoffvermittelnde Organe, da die Pilzsymbionten ebenso wie die anderen Bodenpilze leicht Ammoniak und organische Stickstoffverbindungen assimilieren können[6].“ Komplizierte organische Verbindungen, wie Nukleinsäuren usw., werden von den Pflanzen durch die Mycorrhizen leichter verwertet als durch die Wurzel allein. Im übrigen vermitteln die Mycorrhizen auch andere notwendige Nährstoffe. So wurde nach FALCK durch die Baummycorrhizen auch Kohlenstoff aus dem Boden aufgenommen, wohl in Form organischer, stickstoffhaltiger Verbindungen[7].

Wie FALCK[8] darlegt, erfährt die gewöhnliche Nährwurzel des Baumes (die nebenbei ja auch zur Wasseraufnahme dient) eine Veränderung, wenn sie in Auflagetorf statt in Mullboden einzudringen genötigt ist. Ernährt sich die Pflanze

---

[1] Über den günstigen Einfluß der Bergkiefer auf die Weißkiefer berichtet E. HESSELINK an Hand seiner Versuche in Holland. Doch ist die Untersuchung betreffend Mycorrhiza offenbar nicht genügend genau durchgeführt. — MÜLLER, P. E.: Über das Verhältnis der Bergkiefer zur Fichte in den jütländischen Heidekulturen. Naturw. Z. Land- u. Forstwiss. 1903.

[2] MELIN, E.: a. a. O., S. 111 u. 112. Jena 1925. Betreffend das Vorkommen von Mycorrhizen bei Holzgewächsen siehe E. STAHL: Der Sinn der Mykorrhizenbildung. Jb. wiss. Bot. 1900, 603.

[3] MÖLLER, A.: Mykorrhizen und Stickstoffernährung. Ber. dtsch. Bot. Ges. 1906, 232.

[4] MELIN, E.: a. a. O., S. 52—54, 72.

[5] SCHRÖTER, C.: Pflanzenleben der Alpen, S. 137, 168 u. 249. Zürich 1926.

[6] MELIN, E. a. a. O. S. 105.

[7] FALCK, R.: zit. von E. MELIN: a. a. O., S. 107. Jena 1925.

[8] FALCK, R.: Denkschrift usw. Kassel 1923; zit. von J. OELKERS: Waldbau I, Standortsfaktoren, S. 54.

auf gesundem Boden autotroph mit Hilfe der Wurzelhaare aus Lösungen von sehr geringer Konzentration, so findet sie im Auflagetorf konzentrierte Nährlösungen vor, die nur durch Pilzhyphen (mykotroph) aufgenommen werden können. Die Symbiose der Wurzel mit Pilzmycorrhiza ruft jedoch eine geringere Wasseraufnahme und infolgedessen auch eine schwächere Verdunstung und als Folge hiervon das Eingehen von Bäumen hervor, denn vermag doch die Abwehr des Bestandes gegen Auflagetorf durch Ausbildung der Mycorrhiza nur bis zu einer gewissen Grenze zu helfen; je mehr nämlich der Humus den Charakter von Torf annimmt, desto spärlicher entwickelt sich die Mycorrhiza; schließlich wird die Wasser- und Nährstoffquelle, inmitten welcher der Baum stockt, für ihn unausnützbar, und es sinkt dadurch der Höhen- und noch mehr der Dickenzuwachs.

Ihren Lebensunterhalt befriedigen die Mycorrhizen teilweise auch von Wurzelausscheidungen (z. B. Phosphatiden) und Kohlehydraten, die sie den Baumwurzeln entziehen[1]. Es kann auch vorkommen, daß durch steigende Virulenz der Wurzelpilz schließlich zu einem schädlichen Parasiten der Wurzelzellen wird, wenn diese sich in einem geschwächten Zustande befinden, jedoch hat Melin in der Natur keinen sicheren Fall einer solchen Schädigung beobachtet[2]. Nach ihm gedeihen die Mycorrhizen am besten bei einem p_H von 5, also einem Säuregrad, der bekanntlich auch in Waldböden zu finden ist. Was ihr Vorkommen in den verschiedenen Humusarten anbelangt, bevorzugen sie lockeren, besseren Rohhumus und überwiegen hier gegenüber den Bakterien; in Mullböden finden sie noch reicheren Vorrat an Abbauprodukten, assimilieren hier auch Ammoniak und Nitrate; ihre Bedeutung für die Bäume tritt jedoch, wenn lebhafte Nitratbildung im Humus erfolgt, zurück. In neutralen oder basischen Standorten sind sie schwach ausgebildet oder fehlen; jedenfalls sind die meisten Waldbäume durch ihre Mycorrhizen von der Bodenazidität in hohem Maße unabhängig. Melin hat festgestellt, daß die Mycorrhizapilze im Humushorizont geringere Wirksamkeit als in der Vermoderungsschicht entfalten[3]. Diese Erscheinung ist auf den bereits vollzogenen starken Abbau der Humusschicht zurückzuführen. Hesselman äußerte sich schon früher in gleichem Sinne und gibt an, daß die Wurzeln in der Vermoderungszone kräftiger, die Mycorrhizen schöner werden[4].

Das Kohlensäureproblem. Unentbehrlich für die Bildung organischer Substanz ist bekanntlich die in der atmosphärischen Luft enthaltene Kohlensäure.

Der Gehalt der Luft beträgt durchschnittlich 0,03% CO_2, aber nach Gut schwankt der Kohlensäuregehalt der Bestandesluft mit der Tageszeit: Mit Rücksicht auf die wechselnde Stärke der Assimilation wird der Kohlensäuregehalt besonders in der Höhe der Kronen in den Morgenstunden stark herabgesetzt, nimmt jedoch im Laufe des Nachmittags und während der Nacht wieder zu. Im Frühjahr ist er durchschnittlich am niedrigsten, im Herbst am höchsten. Zwischen den Arbeiten Guts und denen Romells, Fehérs, Lundegårdhs und Meineckes d. J. herrscht weitgehende Übereinstimmung[5]. Die Fälle, in denen die Kohlensäure der im Minimum vorhandene Faktor ist, dürften, selbst wenn es sich um Bestände

---

[1] Melin, E.: Botaniska Notiser **1924**; nach M. Büsgen u. E. Münch: Waldbäume, S. 293. Jena 1927.

[2] Melin, E.: Die Bedeutung der Baummykorrhiza, S. 93 u. 114. Jena 1925.

[3] Melin, E.: Die Aktivität der Mikroorganismen. Festschr. forstl. Hochschule Stockholm 1928.

[4] Hesselman, H.: Die Stickstoffmobilisierung. Meddelanden **1927**, H. 23, 425.

[5] Gut, R. Ch.: Der Kohlensäuregehalt in der Waldluft. Ref. Forstarch. **1930**, S. 93, aus dem Beih. Z. Schweiz. Forstvereins **1929**, Nr. 3. — Zusammenfassend wird über den Kohlensäuregehalt der Waldluft, insbesondere der bodennahen Schichten, ferner über die Bodenluft und Bodenatmung berichtet: vgl. auch dieses Handbuch **6**, 253ff.

auf recht geringem Boden handelt, nicht häufig sein. Im Gegenteil, Wasser und Licht sind im Walde nicht selten im Minimum und eine absichtliche Vermehrung der Kohlensäure wäre in einem solchen Falle wertlos. Dem Jungwuchs steht ohnehin meist eine größere Menge davon zur Verfügung, wenn sich der Boden in guter Verfassung befindet[1].

Aufgabe des Waldbaus ist es, die aus der Luft und aus der Bodenatmung stammende Kohlensäure möglichst durch den Bestand ausnutzen zu lassen[2]. Aber die Wirkung erhöhter Kohlensäuremenge der Luft hört wohl schon in einer Höhe von 1,5 m über dem Boden auf, wie MEINECKE d. J.[3] berichtet; die durch Bodenatmung hervorgebrachte Menge Kohlensäure (in Beständen mit guter Zersetzung während der Vegetationszeit im Mittel 10 g auf 1 m^2 täglich) ist größer als die vom Bestande verbrauchte.

Der Kohlensäuregehalt der Waldluft wird nach FEHÉR[4] in hohem Grade von der jeweiligen Bodenatmung, d. h. Kohlensäureproduktion, beeinflußt. Nun besteht wieder eine scharfe Abhängigkeit zwischen Bodenatmung und Bakteriengehalt. Mit der Erhöhung des Säuregrades nimmt im allgemeinen die Intensität der Bodenatmung ab. Die Stärke der Bodenatmung geht mit der Anzahl der aeroben Bakterien parallel, die anaeroben beeinflussen sie im negativen Sinne. Die Anzahl der Pilze verläuft im allgemeinen mit der Zahl der Bakterien gleichsinnig; erstere beteiligen sich ebenfalls an der Bodenatmung. Zwischen der Anzahl der Protozoen und der Größe der Bodenatmung konnte kein Zusammenhang festgestellt werden. Säuregrad und Humusgehalt üben keinen deutlichen Einfluß aus. Die einzelnen Bakteriengruppen verhalten sich, was die zeitlichen Änderungen ihrer physiologischen Tätigkeit anlangt (Maxima und Minima), keineswegs einheitlich.

In der Luftschicht, die niedere Kräuter (Viola palustris und Oxalis acetosella in einem feuchten Erlen-Buchen-Bruchwald) umgibt, sind 0,080 Volumenprozent CO_2 beobachtet worden, was der hohen Kohlensäureproduktion des Bodens einerseits und der schwachen Assimilation andererseits zuzuschreiben ist. Extreme Schattenpflanzen finden sich vorzugsweise auf stark atmenden Böden; für diese ist die Kohlensäure im wesentlichen ein edaphischer Faktor[5].

Der Gehalt der Bodenluft an Kohlensäure ist auch vom Bodenklima (Wärme und Feuchtigkeit) abhängig. Im Juli (mit dem Optimum für die Vegetation) tritt das Maximum des Kohlensäuregehaltes ein, mit Abnahme der Wärme (August) und durch große Trockenheit (September) vermindert dieser sich langsam wieder, wie aus ALBERTS Untersuchungen hervor geht. Diese Erscheinungen hängen mit bodenbiologischen Vorgängen zusammen[6]. Der Kohlensäuregehalt der Bodenluft hat nach MEINECKE d. J. im allgemeinen drei Ursachen: Chemische Umsetzungen in der Erdtiefe, die Wurzelatmung und schließlich Abbau organischer Stoffe. Die Menge der ersten Quelle entzieht sich der Schätzung; die Wurzelatmung

---

[1] RUBNER, K.: Pflanzengeographische Grundlagen des Waldbaus, S. 22 u. 80. Neudamm 1925. — OELKERS, J.: Die Kohlensäureversorgung des Bodens. Forstarch. **1925**.

[2] GUT, R. CH.: Kohlensäuregehalt in der Waldluft. Z. Schweiz. Forstverein **1929**; ref. Forstarch. **1930**, 93.

[3] MEINECKE, TH. d. J.: Die Kohlenstoffernährung des Waldes, S. 145 u. 146. Berlin 1927.

[4] FEHÉR, D.: Untersuchung über den zeitlichen Verlauf der Bodenatmung und Mikrobentätigkeit des Waldbodens. Biochem. Z. **1929**, 416; ref. Zbl. Forstwes. **1929**, 357. — FEHÉR, D. u. G. SOMMER: Untersuchung über die Kohlenstoffernährung des Waldes. Biochem. Z. **1928**; ref. Forstarch. **1930**.

[5] LUNDEGÅRDH, H.: Klima und Boden, S. 411 u. 413. Jena 1930.

[6] ALBERT, R.: Bodenuntersuchungen in der Lüneburger Heide. Z. Forst- u. Jagdwes. **1912**, 669.

steigt mit der Zartheit und Atmungsenergie des Wurzelsystems; die für den Forstwirt wichtige Kohlensäuremenge wird durch Mikroorganismen hervor gebracht, die pflanzliche Abfallstoffe der Verwesung entgegenführen[1].

Die Höhe der Bodenatmung ist als Gradmesser der gesamten Umsatzgeschwindigkeit im Boden von Wert. Zufuhr von Nährstoffen und Kalkung beschleunigt die Kohlensäureabspaltung, indem hierdurch das Bakterienleben gefördert wird. Schon Mengen von 3 mg Nährsalz auf 100 g Boden können die Kohlensäureproduktion um 20—120 % erhöhen. In diesem Sinne wirkt auch die Bodenbearbeitung, doch ist bei allen diesen Vorgängen eine entsprechende Bodenfeuchtigkeit unbedingte Voraussetzung. Die Kohlensäureabgabe des Bodens geht mit der Bestandesleistung unmittelbar parallel[2]. Melin[3] zeigt, daß die unter sonst gleichen Verhältnissen gemessene Kohlensäuremenge der Streu- und Vermoderungsschichten von jedem Waldtypus größer als jene der Humusschicht war. In letzterer ist der Abbauvorgang ja schon weiter fortgeschritten, der Gehalt an leicht zersetzlichen Stoffen geringer geworden und hauptsächlich schwer angreifbares Material, wie Lignin, übrig geblieben. Auch die Stickstoffmobilisierung ist in der Vermoderungsschicht eine lebhaftere als im fertigen Humus[4].

Was die physiologische Wirkung anbelangt, so sagt Lundegårdh, daß die Kohlensäure unter etwa 1 % unschädlich für die Pflanzenzellen ist; sie dient in der Luft und im Wasser demnach fast nur als Nährstoff, bei höherer Konzentration stellen sich Reiz- und Vergiftungserscheinungen ein. Da sich nun die Kohlensäure nur im Boden stärker anhäuft, sind Reizwirkungen auf Wurzeln, Samen und Bodenorganismen beschränkt. Wenn beobachtet wird, daß bei einem Gehalt von über 1 % CO_2 in der Bodenluft das Wachstum der Wurzeln empfindlicher Pflanzen, z. B. des Weizens, abnimmt, so kann das auch auf sekundäre Vorgänge im Boden (Tätigkeit reduzierender Bakterien, Selbstvergiftung der Wurzeln durch mangelhafte Atmung) zurückzuführen sein. Die einzelnen Pflanzen verhalten sich gegen die Anhäufung von Kohlensäure in der Bodenluft verschieden, die Waldbäume sind in Hinsicht auf die bekannte hohe Produktion von Kohlensäure im Boden wohl ziemlich unempfindlich. Diese nimmt in Schichten, die für Tiefwurzler noch in Betracht kommen, sogar noch stark zu, ohne daß Schäden beobachtet werden.

---

[1] Meinecke d. J., Th.: Kohlenstoffernährung des Waldes, S. 8ff. u. 150. Berlin 1927. — Nach J. Stoklasa u. A. Ernest (hier zit.) soll durch die Wurzelatmung eines Weizenbodens auf je ein Hektar und Tag 60 kg CO_2 produziert werden. (Diese Zahl erscheint jedoch sehr hoch.) Für die durch Abbau organischer Stoffe entstehende Kohlensäure im Waldboden nehmen die beiden Genannten das Fünffache jener Menge an, die durch Wurzelatmung eines Weizenfeldes entsteht. — Im allgemeinen scheinen Waldböden, wohl wegen der gleichmäßigeren Feuchtigkeit, mehr zu atmen als Wiesen und Ackerböden. Vgl. dieses Handbuch **7**, S. 238ff. — Siehe ferner: J. Stoklasa: Methode zur biochemischen Untersuchung des Bodens. E. Abderhalden: Handbuch der biologischen Arbeitsmethoden, Lief. 145. 1924. — J. Stoklasa u. E. Doerell: Handbuch der biophysikalischen und biochemischen Durchforschung des Bodens. Berlin 1926. — H. Lundegårdh: Klima und Boden, S. 408. Jena 1930. — L. G. Romell: Die Bodenventilation als ökologischer Faktor. Meddelanden, H. 19, Nr. 2, 285. — Kohlensäurehaushalt usw. Ebenda H. 24, Nr. 1—3, 40.

[2] Ramann, E.: Bodenkunde, S. 139ff. Berlin 1911. Hier auch E. Wollny zitiert. — Lundegårdh, H.: Klima und Boden, S. 382 u. 412. Jena 1930. — Meinecke, Th.: a. a. O., S. 122 u. 144. Der Wald speichert je Hektar jährlich 11000 kg CO_2; dies entspricht 3000 kg Kohlenstoff oder rund 11000 kg Buchen- oder Eichenholz mit rund 45 % Wassergehalt.

[3] Melin, E.: Aktivität der Mikroorganismen. Festschr. forstl. Hochschule Stockholm 1928.

[4] Hesselman, H.: Bedeutung der Stickstoffmobilisierung in der Rohhumusdecke für die erste Entwicklung der Kiefern- und Fichtenpflanze. Meddelanden **1927**, H. 23, 425. — Man vgl. auch die Ausführungen betr. Mycorrhiza in der Vermoderungs- und Humusschicht.

Vegetationsfaktoren im Minimum.

Wiederholt wurde versucht, durch die Analyse des Bodens festzustellen, welcher Nährstoff sich im Minimum befindet. SCHÜTZE hatte ursprünglich in Diluvialsanden den Gehalt des Bodens an Phosphorsäure als Maßstab des Ertragsvermögens angesehen, später kam er zu der Einsicht, daß diese gemeinsam mit den Basen proportional dem Ertragsvermögen des Bodens wären. Manche Stoffe können sich gewiß im Minimum befinden, doch werden in der Regel mehrere zusammen genommen ausschlaggebend sein, nämlich unter steter Voraussetzung sonst gleicher physikalischer Faktoren. Die finnischen Forscher, wie ILVESSALO u. a., legen diesbezüglich dar, daß der Zuwachs eines Bestandes (ausgedrückt in je einem der Waldtypen CAJANDERS) um so größer ist, je mehr Stickstoff und leichtlöslicher Kalk vorhanden ist; letzterer wirkt aber wieder auf die Mobilisation des Humusstickstoffs durch die nitrifizierenden Bodenbakterien ein[1]. Immerhin scheint in anderen Fällen der Stickstoff (wiederum im Humus enthalten) allein die entscheidende Rolle zu spielen[2]. So fand BARTH eine Übereinstimmung in den Werten für den Stickstoffgehalt mit den Leistungen des Standortes von Eichen[3]. Bei 6jährigen Fichtenpflanzen stellte BURGER fest, daß sich ihre mittlere Höhe fast genau nach dem Stickstoffgehalt des Bodens richtet. Man kann demnach vermuten, daß der Stickstoff hier die Rolle des im Minimum vorhandenen Faktors spielt; dies gilt auch für 4jährige Tannen[4]. Von allgemeinen Gesetzmäßigkeiten, die hinsichtlich des Wachstums obwalten, sei nur folgendes erwähnt: LUNDEGÅRDH[5] stellt bei der Betrachtung der chemischen Wachstumsfaktoren die Regel auf, daß bei Variation eines einzelnen Nährsalzes nicht immer dieselbe Wachstumskurve entstehe; diese muß im Gegenteil in ihrer Form von der Konzentration und der Art der anderen im Substrat vorhandenen Ionen abhängen. Die relative Wirkung des (variierten) Faktors ist um so größer, je mehr der Faktor sich im Minimum gegenüber den anderen Faktoren befindet. Die relative Wirkung nimmt mit steigender Intensität des Faktors dauernd ab und nähert sich im Maximumgebiet der Wirkung dem Werte Null. Die chemischen Faktoren sind aber nicht immer oder wenigstens nicht allein ausschlaggebend. Sande der Neumark, noch dazu mit einem Feinsandanteil von 40% und darüber, also mit einem höheren Feinsandgehalt (Dchm. 0,2—0,02 mm) als die besten von ALBERT untersuchten graswüchsigen Lieberoser Sande (die 0,025% P_2O_5 aufweisen) zeigten sowohl hinsichtlich der Bodendecke, als auch des Kiefernwachstums recht mäßige Wuchsverhältnisse. Nach HARTMANN ergab die chemische Analyse Armut an Kalk und Phosphorsäure (0,015% P_2O_5), die mechanische Analyse Armut an feinsten Bodenteilchen unter 0,02 mm (d. h. Schluff und kolloidveranlagte Teilchen), wogegen ein ausschließlich hoher Feinsandgehalt (s. oben) festzustellen war. Hier begrenzt bei ausreichenden Wasserverhältnissen die Nährstoffarmut in Verbindung mit dem Mangel an feinsten Bodenteilchen das Wachstum[6].

[1] Hierüber Genaueres bei „Waldtypen". — ILVESSALO, Y.: Ein Beitrag zur Frage der Korrelation zwischen Eigenschaften des Bodens und Zuwachs des Waldbestandes. Acta for. Fennica **1923**, betr. Abhängigkeit des Bestandeszuwachses vom Stickstoff-, Kalk-, Kali-, Phosphor- und Elektrolytgehalt des Bodens, dargelegt an Tabellen; mit steigender Ertragsfähigkeit ist ein deutliches Ansteigen der Beträge für Elektrolyte wahrzunehmen.

[2] SCHÜTZE, W.: Z. Forst- u. Jagdwes. **1869** u. **1871**. — Vgl. H. VATER: Die Beschreibung des Standortes als Grundlage zur Beurteilung seines Einflusses auf den Pflanzenwuchs. Internat. Mitt. Bodenkde. **6**, 159 (1916).

[3] BARTH: Eichenstandort und Bodeneigenschaften. Forstw. Zbl. **1928**, 827.

[4] BURGER, H.: Holzarten auf verschiedenen Bodenarten. Mitt. Schweiz. Zentralanst. forstl. Versuchswes. **16**, H. 1.

[5] LUNDEGÅRDH, H.: Klima und Boden, S. 317. Jena 1930.

[6] HARTMANN, F. K.: Zum Wasserhaushalt im Walde. Forstarch. **1929**, 378. — Kiefernbestandestypen des nordostdeutschen Diluviums, S. 88. Neudamm 1928. (Profil-

Böden, und zwar kommen diesbezüglich nur Sandböden in Frage, mit äußerst geringem Nährstoffgehalt erlauben nachhaltige Nutzung, wenn für Tiefwurzler das Grundwasser mit seinen gelösten Nährstoffen erreichbar ist. Reiche Böden leisten wenig, wenn die Wasserversorgung ungenügend ist. Die Nährstoffe können im Sandboden auch in Humusform vorhanden sein, gelangen in solcher Art aber nur unter der Voraussetzung, daß der Humus allmählich abgebaut wird, zur Wirkung. Dieser kann in ärmeren Sandböden wegen seines Stickstoffgehalts ausschlaggebend werden.

Die Ertragsleistung schwerer, meist nährstoffreicher Böden ist nach Ramann in erster Linie von ihrem physikalischen Zustande, nämlich Struktur, Durchlüftung usw., abhängig. Man kann abschließend sagen, daß der Mineralgehalt des Bodens im allgemeinen nicht der allein bestimmende Faktor der Bodenfruchtbarkeit ist[1].

Während die chemische Bodenanalyse (Feststellung des im Minimum befindlichen Nährstoffes) also nicht selten versagt, gibt die Schlämmanalyse einen guten Anhalt für die Beurteilung des Bodens nach physikalischen Gesichtspunkten (Wasserhaltung usw., bedingt durch einen entsprechenden Anteil des Bodens an feineren Bestandteilen). In dem Maße, als der Gehalt an Grobsand ab- und der Feinsand zunimmt, steigt die Bonität der Bestände[2]. Auch Weck hat feststellen können, daß in Sachsen (um Königstein) die Standortsunterschiede parallel mit dem Feinerdegehalt des Bodens gehen[3]. Besonders überzeugend wirken folgende Darlegungen Alberts. Der produktive Wert der Sande im allgemeinen und, wie ein Beispiel beweisen wird, der Dünensande um Eberswalde ist bei annähernd gleichen chemischen Verhältnissen und ziemlich ähnlicher waldbaulicher Behandlung so ungleichartig, daß Bestände I.—V. Bonität dort vorkommen. Es zeigte sich, daß der Anteil der Sande an Feinboden ($<$ 0,2 mm) ausschlaggebend für die Bonität ist. In die Untersuchung wurden nur Sande einbezogen, deren Hauptmasse an Feinerde den Korndurchmesser 0,2—0,02 mm aufweisen, nicht hingegen Schluffsande, kolloid veranlagte oder vom Grundwasser beeinflußte Böden. Für Nordostdeutschland (500—600 mm Niederschlag, kontinentales Klima) lassen sich nach Albert folgende Gruppen aufstellen:

Typus I. Sande von einem Feinerdegehalt unter 10%: vegetationslos.

Typus II. Feinerdegehalt rund 10%, Kiefernstandorte geringster, V. Ertragsklasse, Cladonien, etwas Heidel- und Preiselbeere.

Typus III. Feinerdegehalt rund 20%, Kiefern III. Ertragsklasse, Buchenunterstand, Waldmoose, Aira flexuosa, etwas Heidel- und Preiselbeere.

Typus IV. Feinerdegehalt rund 30%, Kiefern III.—II. Ertragsklasse, Buche, Bodendecke gemischt, z. T. Oxalis acetosella.

Typus V. Feinerdegehalt rund 40%, Kiefern II.—I. Ertragsklasse, Eiche und Buche freudig wachsend.

Diese Typen sind nicht absolut feststehend. Böden mit nur 10% Feinerdegehalt können durch Steigerung des Humusgehaltes (pflegliche Behandlung,

übersicht, S. 144.) — Albert, R.: Die ausschlaggebende Bedeutung des Wasserhaushaltes für die Ertragsleistungen unserer diluvialen Sande. Z. Forst- u. Jagdwes. **1924**, 195.

[1] Ramann, E.: Forstliche Bodenkunde und Standortslehre, S. 378. 1893. — Albert, R.: Besteht ein Zusammenhang zwischen Bodenbeschaffenheit und Wurzelerkrankung der Kiefer? Z. Forst- u. Jagdwes. **1907**, 295. — Sonstige Literatur über Mineralgehalt und Bodenfruchtbarkeit siehe A. Dengler: Waldbau, S. 173ff. Berlin 1930. — K. Vogel von Falckenstein und H. Schneiderhöhn: Verwitterung der Mineralien eines märkischen Dünensandes unter dem Einfluß der Waldvegetation. Internat. Mitt. Bodenkde. **2**, 204 (1912).

[2] Albert, R.: a. a. O., S. 195.

[3] Weck, H.: Wirkung langjähriger Freilage usw. Z. Forst- u. Jagdwes. **1929**, 728.

Reisigdeckung) in ihren Wuchsleistungen gesteigert werden. ALBERT[1] weist diesbezüglich auf die Bärenthorener Sande (Grobsand, vielfach bis 80%) hin, bei denen es v. KALITSCH[2] gelungen ist, den Humusgehalt als Ersatz für Feinerde allmählich weitgehend zu erhöhen; doch lohnt es nur der Mühe, wenn der betreffende Sand mineralisch nicht ganz wertlos ist. Jedenfalls geht die Bedeutung der mechanischen Bodenanalyse aus obigen Darlegungen unbedingt hervor. (Selbstverständlich darf „Feinerde" und „Feinsand" nicht miteinander verwechselt werden, da beide nicht physiologisch gleichwertig sind[3].)

Die Bewohner nährstoffarmer Böden wachsen jedenfalls immer langsam, wie dies für Dünenpflanzen, die Heide und andere Heidepflanzen sowie für Rohhumusbesiedler bekannt ist (Oligotrophe). Hierbei kommt es oft noch darauf an, ob die Reaktion sauer oder alkalisch ist. Als Beispiel einer salzscheuen, oligotrophen Pflanze gilt bekanntlich Sphagnum. SKENE[4] zeigt, daß dessen Optimum bei einer sehr geringen Konzentration der Nährlösung, nämlich 0,05% (von saurer Reaktion) liegt. Für Eutrophe empfehlen sich Konzentrationen von 5,0% und darüber, je nach der Feuchtigkeit des Bodens.

Der Reichtum des Bodens an gewissen Nährstoffen beeinflußt nicht bloß die lebende Bodendecke, man denke hier z. B. an die Nitratpflanzen, sondern auch den Habitus, das Wachstum und den Gesundheitszustand einzelner Holzarten[5]. Auf Kalkboden weist die Rotbuche guten Wuchs, glatte, silbergraue Rinde[6] und größere Weißkernigkeit auf. Die Fichte ist auf solchen Böden zwar raschwüchsig, wird aber frühzeitig rotfaul, dies gilt für ihr wärmeres Wuchsgebiet; an und für sich ist die Frage der Rotfäule noch wenig geklärt; auffallend ist es jedoch, daß die Fichte in Gemeinschaft mit Buche der Rotfäule weniger unterliegt, wie MÜLLER[7] an mehreren Beispielen zeigt.

Pflanzengifte und ihre Folgen.

Pflanzengifte[8]. Nach Besprechung der für den Wald wichtigen Nährstoffe soll noch einiges über Pflanzengifte angefügt werden. Auf Grund langjähriger Erfahrungen erweist sich Soda als Pflanzengift, und zwar in stärkerem Maße für Forstgewächse als für Getreide. Indes kann der Wald, wenn er einmal Fuß gefaßt hat, durch seine Humusproduktion die alkalische Reaktion der Szikböden verringern und ihre physiologische Beschaffenheit fortlaufend verbessern. Während in Ungarn auf sodahaltigem Boden Feldulme, Esche, Götterbaum und Tamariske bei hinreichender Feuchtigkeit gedeihen, wird die Robinie chlorotisch. Die Ursachen dieses ungleichartigen Verhaltens sind noch nicht geklärt[9].

---

[1] ALBERT, R.: Der waldbauliche Wert der Dünensande sowie der Sandböden im allgemeinen. Z. Forst- u. Jagdwes. **1924** u. **1925**; ref. Forstl. Jber. **1925**. — WIEDEMANN, E.: Die praktischen Erfolge des Kieferndauerwaldes, S. 29ff. Braunschweig 1925.

[2] Vgl. R. ALBERT: Ebenda.

[3] HARTMANN, F. K.: Kiefernbestandstypen des nordostdeutschen Diluviums. Neudamm 1928.

[4] Siehe H. LUNDEGÅRDH: Klima und Boden, S. 131ff. Jena 1930.

[5] DENGLER, A.: Waldbau, S. 172. Berlin 1930. Hier auch Angaben über den Nitratgehalt des Bodens und die Entwicklung der Brennessel.

[6] KRAUSS, G.: Der Kalkgehalt im Rotbuchenlaub. Forstw. Zbl. **1926**, 413 u. 424. — TSCHERMAK, L.: Verbreitung der Rotbuche in Österreich. Mitt. forstl. Versuchswes. Österr. **1929**, 16, hat dagegen glattrindige Buchen auch auf Granitboden mit mäßigem Kalkgehalt gefunden, dagegen auch solche mit rauher Rinde auf Kalkboden.

[7] MÜLLER: Forstliche Mitteilungen. Z. Forst- u. Jagdwes. **1919**, 545.

[8] Vgl. dieses Handbuch **8**, 452—466.

[9] BERNATZKY, J.: Bäume und Sträucher des ungarischen Tieflandes. Budapest 1914. — FEHÉR, D. u. R. BOKOR: Ref. nach Wiss. Arch. Landw. **1930** im Forstarch. **1930**, 513.

Von schädlichen Stoffen im Boden wird mitunter die Gerbsäure erwähnt[1], wenn man auch annehmen kann, daß z. B. in Eichen- und Edelkastanienwäldern die zufällig aus Holz- und Rindenteilen ausgelaugten Gerbstoffe jungen Pflanzen schädlich werden können, so wird im Boden selbst der Gerbstoff rasch ausgelaugt oder durch Schimmelpilze abgebaut. Allerdings verhindern Gerbstoffe die Nitratbildung im Boden. Außerdem binden die gerbstoffzersetzenden Kleinlebewesen den Stickstoff so stark, daß es dann an ihm mangelt.

Giftstoffe, die gelegentlich im Boden vorkommen, werden diesem auf dem Wege durch die Luft (in Staubform) oder gelöst in Wasser zugeführt. Auch Gase, die im Wasser der Niederschläge gelöst sind, kommen diesbezüglich in Frage. Der Wald und seine Bodendecke — und zwar die lebende und die tote — leiden darunter, und deshalb möge hier in aller Kürze davon die Rede sein.

Flugstaub gelangt aus Industrieanlagen auf die Bodenoberfläche und wird mit Ausnahme von wasserunlöslichen Verbindungen (z. B. von Blei) im Boden gelöst; so werden sulfidische Erze (z. B. Zinkblende) vitriolisiert und schaden den Pflanzen, wenn sie nicht im Boden durch wasserhaltige Tonerdesilikate auf dem Wege des Austausches (z. B. gegen Kalk) absorbiert werden. Ist Kalziumkarbonat im Boden vorhanden, so entstehen ohne weiteres unlösliche Verbindungen von Schwermetallen nach folgender Überlegung: Zinkblende (ZnS) wird, wie oben erwähnt, im Boden zunächst in Zinksulfat umgewandelt, dieses wird jedoch bei Gegenwart von $CaCO_3$ als unlösliches und daher unschädliches Zinkkarbonat ausgefällt. Auf diese Art werden auch Kupferverbindungen ($CuSO_4$) ausgeschaltet. Diese „Entgiftung", sei es durch Absorption oder durch Ausfällung im eben dargelegten Sinne, findet schon in den allerobersten Bodenschichten statt. Unbedingte Voraussetzung für den einen wie für den anderen Vorgang ist natürlich die Gegenwart von Kalk im Boden. Blei wird besonders leicht festgelegt, kaum hingegen Arsenik, das schon in kleinen Mengen (unter 0,1%) der Pflanzenwelt sehr zu schaden vermag. Alkalischer Flugstaub schadet keineswegs immer, ja er kann bis zu einem gewissen Grade düngend wirken.

Schweflige Säure- und Schwefelsäureanhydrid werden von den Niederschlägen aufgenommen und im Boden verbreitet, in dem dann starke Entbasung stattfindet. Wenn in einem Liter Regenwasser nur 50 mg SO_3 enthalten sind, entfallen damit in 1 Jahre auf 1 Hektar Bodenfläche 180—218 kg SO_3 und schädigen damit den Boden ungemein. Da selbstverständlich auch die Mikroorganismen unter solchen Einwirkungen leiden, ist die Ausbildung von Trockentorf in den betroffenen Wäldern ohne weiteres erklärlich.

Fluoride, die auf dem Luftwege den Pflanzen zugeführt werden können, sind als die gefährlichsten aller Gifte bekannt, sie sind jedoch für den Boden schon der Menge nach und außerdem wegen der sofort eintretenden Absorption bedeutungslos. Schäden, die durch besagte Gifte an den Pflanzen selbst angerichtet werden, sollen hier nicht beschrieben werden.

Zu erwähnen sind hingegen noch etwaige Schädigungen durch Überflutung des Bodens mit Meerwasser oder durch Abwässer aus Berg- und Industriewerken verschiedener Art, endlich solche des Meerwassers, das, von den Wellen zerstäubt und landeinwärts getragen, durch seinen Gehalt an Chlornatrium, zumal den Koniferen auch auf dem Wege über die Wurzel, schaden kann[2].

---

[1] Koch, A. u. A. Oelsner: Einfluß von Fichtenharz und Tannin auf den Stickstoffhaushalt des Bodens und seine physikalischen Eigenschaften Cbl. f. Bakter. II 45, 107 (1916). — Vgl. ferner A. Koch: Über die Einwirkung des Laub- und Nadelwaldes auf den Boden und die ihn bewohnenden Pflanzen. Ebenda **41**, 545 (1914).

[2] Ehrenberg, P.: Wirkung des Zinks bei Vegetationsversuchen. Landw. Versuchsstat. **72**, 15 (1910). — Die Bodenkolloide, S. 636. Dresden u. Leipzig 1918. — Gräbner, P.: Hand-

Bodenmüdigkeit. Eine Bodenmüdigkeit bei Holzarten durch Ausscheidung von Giftstoffen scheint seitens der Wurzeln, wie man dies in der Landwirtschaft kennt, nicht vorzukommen. Deshalb können die Holzarten, vorausgesetzt, daß der Standort ihnen zusagt, durch viele Generationen ihren Platz behaupten. Die vielfach erwähnte „Buchenmüdigkeit" ist auf Bodenverhärtung oder ungünstige Humusbildungen zurückzuführen; beides ist ungünstig für die Verjüngung eines Buchenbestandes[1].

KOCH[2] gibt an, daß die Koniferen Stoffwechselprodukte ausscheiden, so z. B. Gerbstoffe, Harze, Ameisensäure, abgesehen von dem in den Nadeln enthaltenen Terpentinöl, Stoffe, die auf höhere Pflanzen, Hefen und Bakterien giftig wirken; doch erscheint diese Frage durch die Versuche des Genannten nicht gelöst. Mit „Bodenmüdigkeit" wird auch mitunter das durch pektinvergärende Bakterien verursachte mangelhafte Keimen von Samen bezeichnet[3].

Fruchtwechsel im Walde. Was den Entzug von Nährstoffen durch die Holzarten und ihre Eigenschaft, Rohhumus hervorzurufen, betrifft, wäre man geneigt, nach Vergleichen mit der Landwirtschaft an einen „Fruchtwechsel" zu denken. Nach FABRICIUS[4] zeigt es sich jedoch, daß die Anbaugebiete der wichtigsten Nutzholzarten, Kiefer, Fichte, Tanne, häufig schon mit Rücksicht auf die Wirtschaft nicht beliebig vertauscht werden können; denkbar wäre noch am ehesten ein Wechsel zwischen Laub- und Nadelholz. Es reichen aber bodenpflegliche Maßregeln, wie Beimischung geeigneter Holzarten, entsprechende Durchforstung, nicht zu hohe Umtriebszeiten, Bodenbearbeitung usw. aus, um Ertragsrückgang und insbesondere Rohhumusbildung zurückzuhalten. Zu ähnlichen Ergebnissen war schon JENTSCH[5] gelangt, der darauf hinweist, daß es menschliche Einwirkungen sind, die zu Bodenverschlechterung und damit z. B. zur sog. „Buchenmüdigkeit" geführt haben; diese läßt sich durch Nadelholzzwischenbau beseitigen. Mit Rücksicht auf das Gesagte, ist es zweifellos auch

---

buch der Pflanzenkrankheiten 1, 843, 867, 871. Berlin 1924. — HASELHOFF, E.: Die Wirkung kupfersulfathaltigen Wassers. Landw. Jb. **1892**. — R. HESS u. R. BECK: Forstschutz II, S. 106ff. Neudamm 1930. — Ferner ausführliche Literaturangaben in LEININGEN, W. Graf zu: Rauchschäden und Boden. Zbl. Forstwes. **1920**, H. 5/6. — Rauchschäden und einschlägige bodenkundliche Fragen. Forstw. Zbl. **1920**, H. 3. — Derselbe: Die quantitative Bestimmung des Fluors in Böden und Gesteinen, insbesondere auch bei Rauchschäden. Naturwiss. Z. Land- u. Forstwirtschaft **1904**. — NEGER, F. W.: Die Krankheiten unserer Waldbäume. Stuttgart 1919. — RAMANN, E.: Forstliche Bodenkunde und Standortslehre, S. 334ff. Berlin 1893. — RUSNOV, P. VON: Rauchschäden im Nadelwald. Zbl. Forstwes. **1910**. — SCHRÖDER u. REUSS: Beschädigung der Vegetation durch Rauch. Berlin 1883. — STOKLASA, J.: Vereinsschr. Forst-, Jagd- u. Naturkde. **1916/17**. — Beschädigung der Vegetation durch Rauchgase. Berlin u. Wien 1923. — STORP, J.: Einfluß von kochsalz- und zinksulfathaltigem Wasser auf Boden und Pflanzen. Landw. Jb. **12**, 793 (1883). — WIELER, A.: Einwirkung der schwefligen Säure auf den Boden. 1905. — Pflanzenwachstum und Kalkmangel. Berlin: 1912. Gebr. Bornträger. Vgl. dieses Handbuch **8**, 452.

[1] RAMANN, E.: Bodenkunde, S. 464 u. 499. Berlin 1911. — LEININGEN, W.: Edaphische Faktoren. In K. RUBNER: Pflanzengeographische Grundlagen des Waldbaus, S. 146. Neudamm 1925. (Die Verhältnisse, wie man sie in botanischen Gärten beobachtet, können zur Erklärung der Bodenmüdigkeit nicht herangezogen werden.) — LANG, R.: Forstliche Standortslehre. In T. LOREY u. H. WEBER: Handbuch der Forstwissenschaften **1**, 434, nimmt an, daß eine Übervermehrung von Kleinlebewesen bzw. deren Exkretstoffe schlechtes Wachstum der Holzarten hervorrufen kann.

[2] KOCH, A.: Über die Einwirkung des Laub- und Nadelwaldes auf den Boden. Cbl. Bakter. II **1914**, 570. — KLEBERGER, W.: Grundzüge der Pflanzenernährungslehre und Düngerlehre **2**, 207. Hannover 1915.

[3] HILTNER, L.: Die Keimungsverhältnisse der Leguminosen und ihre Beeinflussung durch Organismenwirkung. Arb. biol. Abt. Land- u. Forstwirtschaft kais. Gesdh.amt **3**., 1 f. **1903**.

[4] FABRICIUS, L.: Holzartenwechsel. Allg. Forst- u. Jagd-Ztg. **1924**, H. 2.

[5] JENTSCH, J.: Fruchtwechsel in der Forstwirtschaft. Dissert., München 1911.

unnötig, Exoten (z. B. die Douglasie) einzuführen, da die eigenen Holzarten angeblich nicht mehr recht fortkommen, weil der Boden ihrer müde geworden wäre[1].

Der Holzartenwechsel kann sich auch ohne menschliches Zutun oft sehr rasch vollziehen. MÜLLER zeigt das für Jütland. Auf alte Eichenwälder folgte auf trockenem Geschiebesande die Buche; sie bildete auf diesem ungünstigen Standorte Rohhumus, konnte sich nicht mehr verjüngen und leitete zur Ausbildung der Heideformation über[2], das ist ein ausgesprochenes Beispiel für Wechselwirkungen zwischen Pflanzen und Boden.

Wasser-, Luft- und Wärmehaushalt des Bodens.

Der Wasserhaushalt des Waldes. Beim Wasserhaushalt von Waldböden unterscheidet man nach HARTMANN[3] einerseits den Wasservorrat und seine Ergänzung durch Niederschläge und kapillaren Aufstieg des Grundwassers, anderseits den Wasserverbrauch durch die Verdunstung der gesamten Waldvegetation, außerdem durch die weniger beträchtliche Verdunstung aus der Bodenoberfläche. Was Abfluß von Wasser von der Oberfläche des Bodens sowie Sickerwasser anbelangt, kann hier nur gelegentlich davon die Rede sein. Am leichtesten können die Bäume ihren Wasserbedarf in Auen- und Galeriewäldern decken. Hier steht den Holzarten reichlich Grund- und Seihwasser zur Verfügung, so daß sie von den örtlichen Niederschlagsmengen gänzlich unabhängig sind. Außerdem kommt noch die Aufnahme von Nährstoffen aus dem Grundwasser in Betracht[4].

Gleichmäßige Durchfeuchtung, begründet in einer entsprechenden Verteilung der Niederschläge, vermag viele Mängel im Boden zu beheben, vor allem die natürliche Verjüngung weitgehend zu begünstigen. Selbst der Auflagetorf ist unter diesen Voraussetzungen nicht allzu gefährlich. In der Rostocker Heide wachsen auf Bleichsand mit Rohhumus bis zu 60 cm Stärke hervorragend schöne Kiefern; bei Rothenburg in Hannover stockt auf nährstoffarmem Sandboden, noch dazu mit starker Ortsteinbildung, ein guter Kiefernbestand[5]. Hier herrschen also hinsichtlich der Wasserversorgung optimale Verhältnisse.

Übermäßige Wasserzufuhr ist an und für sich nicht schädlich, sondern nach HESSELMAN[6] nur der hierbei dann und wann auftretende Mangel an Sauerstoff einerseits und Überschuß an Kohlensäure andererseits; vor allem wirkt dauernde Durchnässung des Bodens deshalb schädlich. Zeitweise Überschwemmung in Auenwäldern und Erlenbrüchen wird von vielen Holzarten ertragen, da

[1] Vgl. C. A. SCHENCK: Die Douglasie. Forstwirt **1930**, 15.

[2] MÜLLER, P. E.: Natürliche Humusformen, S. 84. Berlin 1887. — JUNACK: Der Fruchtfolgewald, Neudamm 1924, beschäftigt sich mehr mit waldbautechnischen Problemen. — RUBNER, K.: Pflanzengeographische Grundlagen des Waldbaus, S. 264. Neudamm 1925.

[3] HARTMANN, F. K.: Wasserhaushalt im Walde. (Sammelbericht.) Forstarch. **1929**, 377ff. — Über Wassergehalt des Bodens, Sickerwassermengen, Bodenfeuchtigkeit, Verdunstung und Grundwasser siehe A. BÜHLER: Waldbau 1, 309. Stuttgart 1918. — Über Struktur und Lagerung, Hohlraumvolumen und Wurzelverbreitung, Eindringen von Luft und Wasser, Mächtigkeit des Bodens. Ebenda S. 378. — RUBNER, K.: Pflanzengeographische Grundlagen des Waldbaus, S. 90. Neudamm 1925. Luftfeuchtigkeit, Verdunstung und Niederschläge im Walde gegenüber Freiland. — Vgl. ferner: Wasser als Bestandteil des Bodens. Dieses Handbuch **5**, 96.

[4] Näheres s. W. Graf zu LEININGEN: Edaphische Faktoren. In K. RUBNER: Pflanzengeographische Grundlagen des Waldbaus, S. 130. Neudamm 1925. — PUSTER: Auenwirtschaft. Forstwiss. Zbl. **1924**.

[5] HAUSRATH, H.: Pflanzengeographische Wandlungen der deutschen Landschaft, S. 211. Stuttgart 1911.

[6] HESSELMAN, H.: zit. nach H. LUNDEGÅRDH: a. a. O., S. 240, — Siehe ferner W. Graf zu LEININGEN: a. a. O., S. 131 (vgl. Anm. 4).

hier das Wasser meist etwas in Bewegung ist und neuen Sauerstoff herbeibringt. Auf dauernd nassem Boden gedeihen nur solche Pflanzen, deren Wurzeln einen geringen Luftbedarf aufweisen.

Bei Überschuß von Wasser im steinigen Kalkboden Gotlands erfolgt im Winter ein Auffrieren, wodurch nicht nur ziemlich große Steine verschoben werden, sondern auch grobe Wurzeln (z. B. von Wacholder) herausgehoben werden; solche Böden sind natürlich für den Baumwuchs ungünstig. Die Wurzeln von Kiefern heben sich in solchen Fällen einige Meter weit vom Stamme entfernt bogenförmig über den Boden empor[1]. In Nordschweden besitzen die Kiefern häufig auch in Sandböden ausgesprochene Flachwurzeln, die Hauptwurzel biegt sich bald um und kriecht dann weite Strecken horizontal weiter. Die Ursache der flachen Bewurzelung ist aber nicht in ungenügender Durchlüftung des Bodens, sondern in der Verteilung von Temperatur und Feuchtigkeit zu suchen; in dieser Beziehung sind die oberen Bodenschichten günstiger gestellt, da sie die Niederschläge weit besser als die unteren Sandschichten[2] aufnehmen und bewahren. Für Gegenden mit unzureichender Wasserversorgung gilt folgendes: Bekanntlich ist in einigermaßen trockenen Gebieten die hauptsächlichste Verzweigung der Wurzeln in den feuchteren Bodenschichten am reichlichsten. In den Steppen gehen die Baumwurzeln zwar sehr tief, dennoch ist die untere Wasserzufuhr oft unzureichend, und so sieht man in dem Wassermangel der tieferen Bodenschichten den Grund der Baumlosigkeit solcher Gebiete. Sandböden tragen hier noch am ehesten Wald, und zwar Kiefer. Die Niederschläge werden in Sandböden bekanntlich nicht, wie in kolloid veranlagten schweren Böden, von den feinsten Teilchen gebunden und stehen somit dem Walde in viel höherem Maße zur Verfügung[3].

Dürrejahre bringen natürlich ebenfalls Wachstumsstockungen hervor, die sich auch auf die darauffolgende Zeit erstrecken; das Tannensterben im Wienerwalde steht im ursächlichen Zusammenhang mit Jahren der Trocknis[4]. Für die Fichte in Sachsen in den tiefsten Lagen nahe der Grenze ihrer Verbreitung hatte schon WIEDEMANN Beziehungen der Wuchsstockung zu Zeiten der Dürre und unmittelbar hernach festgestellt[5].

Ist der Wasserfaktor in das absolute Minimum geraten, so üben sonstige Wachstumsfaktoren natürlich auch keinen Einfluß mehr aus. So ist es z. B. am Nordostrande des Wiener Beckens trotz besten Bodens nicht möglich, die Eiche im Hochwaldbetriebe zu bewirtschaften, da die Bäume in höherem Alter gipfeldürr werden (Niederschlag in trockeneren Jahren nur 435 mm, davon im Mai 13, Juni und Juli je 30, August 36 mm). Hier ist der Wasserfaktor unbedingt im Minimum. Im Gouvernement Toula hat TKATSCHENKO[6] festgestellt, daß der Zuwachs der Nadelhölzer (besonders der Fichte) von der Summe der Niederschläge in den Monaten August bis November abhängig ist. Es handelt sich hier um Schwarzerde; offenbar ist auch hier der Wasserfaktor im Minimum. VOGEL

[1] HESSELMAN, H.: Der Wald der Kalkfelsen Gotlands. Meddelanden **1908**, H. 5; Resumé, S. 9.

[2] HESSELMAN, H.: Die Verjüngungsbedingungen der nordländischen Kiefernheiden. Meddelanden **1910**, H. 7.

[3] LUNDEGÅRDH, H.: Klima und Boden, S. 235ff. Jena 1930. — RAMANN, E.: Bodenkunde, S. 576ff. Berlin 1911.

[4] LEININGEN, W. Graf ZU: Das Tannensterben im Wienerwalde. Forstw. Zbl. **1924**.

[5] WIEDEMANN, E: Zuwachsrückgang und Wuchsstockungen der Fichte in den sächsischen Staatsforsten, S. 23ff. Tharandt 1923. — HESS u. BECK: Forstschutz **2**, 364ff. Neudamm 1930. — BORGMANN, W.: Bodendürre. In HESS u. BECK: Forstschutz. Neudamm 1930.

[6] TKATSCHENKO, M.: Über die Rolle des Waldes bei der Bodenbildung. St. Petersburg 1908.

von Falckenstein[1] hat gelegentlich der Untersuchung von Dünensanden gefunden, daß Unterschiede in der Fruchtbarkeit nicht mit der chemischen Zusammensetzung des ziemlich gleichmäßigen Mineralbodens, sondern mit dem Humusgehalt als Träger des Stickstoffs zusammenhängen. Nun soll aber nach Lang[2] der Humus als Träger der Feuchtigkeit gewertet werden; falls letzteres zutrifft, kann Mangel an Humus mit Rücksicht auf die Wasserversorgung der Bäume schädlich wirken[3]. Tatsächlich wächst die Wasserkapazität des Bodens mit seinem Humusgehalt. Im Zusammenhange damit glaubt Wallenböck[3], was die Humuserzeugung betrifft, die Schattenholzarten Buche, Tanne und Fichte über die Lichtholzarten Eiche, Lärche und Kiefer stellen zu müssen. Schimpers Ansicht betreffend die „physiologische Trocknis" humusreicher Böden ist, wie Schröter ausführt, durch Montfort etwas erschüttert worden; dieser zeigte, daß die Wasseraufnahme aus saurem Hochmoorwasser nicht gehemmt wird; auf diese Art würde also kaum ein Wassermangel hervorgerufen[4]. Ergänzt werden unzureichende Niederschläge gelegentlich durch Grund- und Seihwasser[5].

Bodenfeuchtigkeit kann z. T. auch durch Luftfeuchtigkeit ersetzt werden; diese Tatsache tritt besonders im Gebirge in Erscheinung, wo die Zirbe die Südwest- und Nordhänge bevorzugt und wegen des reichlichen Wasserdampfgehaltes der Luft bis in unmittelbare Gletschernähe vorstößt[6].

Das Kapillarwasser bildet den wichtigsten Bestandteil des Wasservorrates im Boden; Korngröße und Krümelung werden entscheidend für die Menge dieses Wasseranteiles, der nicht als Senkwasser in den Untergrund absinkt. Feinkörnige Böden, wie Ton-, Lehm-, Löß-, Flottsandböden, weisen mitunter einen übergroßen Wasservorrat auf. Auf Sandböden hingegen kann, wenn die grobkörnigen Anteile (über 0,2 mm Durchmesser) vorwiegen, der Wasserfaktor im Minimum stehen, so daß selbst ein ausreichender Nährstoffgehalt solcher Sande nicht zur Geltung kommt[7]. In regenlosen Zeiten kann Wasserdampfkondensation im Boden den Niederschlag einigermaßen ersetzen[8], doch wird dieser Vorgang im allgemeinen nicht sehr hoch eingeschätzt[9]. Er findet nach Wiklund und Fleischer[10] nämlich hauptsächlich in solchen Zeiten statt, in denen bei gleichzeitiger Depression der Himmel mit Wolken bedeckt und die Luft neblig ist, also wenn die Pflanzen gewiß nicht ihren Höchstbedarf an Wasser aufweisen.

Als dem Bestande nicht zugänglich ist das „hygroskopische" Bodenwasser, dem „freien" Wasser gegenüber zu stellen; ersteres ist an kolloide Anteile des

---

[1] Vogel von Falckenstein: Untersuchung von märkischen Dünensandböden mit Kiefernbestand. Internat. Mitt. Bodenkde. **1912**.

[2] Lang, R.: Forstliche Standortslehre. In T. Lorey u. H. Weber: Handbuch der Forstwissenschaften 1, 335.

[3] Wallenböck, R.: Studien über das Bodenverbesserungsvermögen unserer wichtigsten Holzarten. Zbl. Forstwes. **1911**.

[4] Schröter, C.: Pflanzenleben der Alpen, S. 167. Zürich 1926.

[5] Leiningen, W. Graf zu: Edaphische Faktoren. In K. Rubner: Pflanzengeographische Grundlagen des Waldbaus, S. 129. Neudamm 1925.

[6] Siehe O. Kirchner, E. Löw u. C. Schröter: Koniferen Mitteleuropas, S. 244. Stuttgart 1906.

[7] Hartmann, F. K.: a. a. O., S. 378; hier Literaturangaben.

[8] Hartmann, F. K.: a. a. O., S. 378. — Ferner: Kiefernbestandstypen des nordostdeutschen Diluviums. Neudamm 1928. — Descombes (ref. von W. Schmidt): Zbl. Forstwes. **1921**.

[9] Helbig, M. u. O. Roessler: Experimentelle Untersuchung über die Wasserverdunstung des natürlich gelagerten (gewachsenen) Bodens. Allg. Forst- u. Jagd-Ztg. **1921**; hier Literaturangaben; ferner dieses Handbuch **6**, 198ff.

[10] Wiklund, C. L. und M. Fleischer: Die Absorption von Wasserdampf durch den Hochmoorboden. Im 3. Ber. über die Arbeiten der Moorversuchsstation. Landw. Jb. **20**, 874 (1891).

Bodens, Ton und Humus, gebunden[1]. Bei 0,6 m Hauptwurzelschicht und durchschnittlich 2% hygroskopischem Wasser (auf absolutes Bodentrockengewicht bezogen) würde dieses gleichbedeutend sein mit einer Entziehung von 12 mm Niederschlag je 1 Hektar[2]. Auch Salze halten Wasser hygroskopisch gebunden[3].

Das Wasser des Bodens unterliegt nach DENGLER in hohem Maße der Beeinflussung, und zwar durch forstwirtschaftliche Maßnahmen, in erster Linie der Schlagführung: Kahl- oder Schirmschlag. Von Bodenaustrocknung nach Kahlschlag wird jedoch meist nur der alleroberste Bodenraum betroffen, kann es doch sogar nach Kahlschlag infolge der wegfallenden Entwässerung durch den Bestand zu einer Vernässung des Oberbodens kommen. In der Schicht der Hauptwurzelverbreitung eines Bestandes ist der Boden nach dem Abtrieb nachweislich stets feuchter als unter geschlossenem Bestande. Stellt sich auf den Schlagflächen eine stark Wasser verbrauchende, lebende Bodendecke ein (Vergrasung usw.), so wird hierdurch wiederum Wasser verbraucht. Anderseits setzt eine Laub- und Moosdecke die Verdunstung aus dem Boden herab. Der Bestandesschluß hat jedoch nach BÜHLER eine weit stärkere Wirkung. Günstig auf den Wasserhaushalt des Bodens wirken kleine, sog. Lückenhiebe, wie von DENGLER unter Bezugnahme auf BÜHLER ausgeführt wird. In den Lücken werden nämlich keine Niederschläge abgefangen, es findet keine Austrocknung durch Baumwurzeln statt, anderseits ist Schutz gegen Sonne und Wind durch den Seitenbestand vorhanden. Vergrößerung der Lücken verschlechtert, zumal auf den Sonnenrändern, die ganzen Verhältnisse. Andererseits sagt BÜHLER[4], daß die Verdunstung von Wasser aus dem Boden in einer Lücke fast genau gleich groß wie nebenan unter einem geschlossenen Kronendach ist[5]. Eine Durchforstung, die gleichbedeutend mit Verminderung der Stammzahl allein ist, bewirkt eine nicht unbedeutende und andauernde Erhöhung des Wasservorrates im Boden. Noch günstiger aber wirkt nach ALBERT[6] die mit der Durchforstung verbundene Reisigdeckung, über die später noch zu sprechen sein wird. Alle Maßregeln, die den Wind abhalten (Bodenschutzholz, Windmäntel), fördern ebenfalls die Bodenfeuchtigkeit[7].

BÜHLER[8] nimmt an, daß für die Erzeugung der höchsten und mannigfaltigsten Holzmasse mindestens 1000 mm Niederschlag notwendig sind. Wo weniger zur Verfügung stehen, muß die Hauptsorge des Wirtschafters auf die Herbeiführung eines möglichst hohen Wassergehaltes im Boden gerichtet sein. Es ist demnach vor allem darauf Bedacht zu nehmen, daß das Hohlraumvolumen des Waldbodens nicht geschädigt wird (Beschirmung, Schonung der Streu- und vor allem der Moosdecke, Reisigdeckung, Anreicherung des Oberbodens mit Bodenhumus). Wassermangel, verstärkt durch falsche wirtschaftliche Maßnahmen, wie Streunutzung, die den Boden hinsichtlich seiner wasserhaltenden Kraft schädigen, ist nach WITTICH[9] besonders schädlich für Bäume, die sich gerade im Alter des maximalen Zuwachses befinden, wie z. B. beim Kränkeln der Kiefer zwischen 10

---

[1] RAMANN, E.: Bodenkunde, S. 330. Berlin 1911. Das gebundene Wasser beträgt bei Schwarzerden 6—10%, bei Torfböden bis 20%.

[2] OELKERS, J.: Waldbau 1, 96. Hannover 1930.

[3] MITSCHERLICH, E. A.: Bodenkunde, S. 118. Berlin 1923.

[4] BÜHLER, A.: a. a. O., S. 131 (Tab. 55) u. 343, betr. Laub- und Moosdecke, S. 341.

[5] DENGLER, A.: Waldbau, S. 137 u. 138. Berlin 1930.

[6] ALBERT, R.: Ungünstiger Einfluß einer zu großen Stammzahl auf den Wasserhaushalt geringer Kiefernböden. Z. Forst- u. Jagdwesen **1915**, 241.

[7] DENGLER, A.: a. a. O., S. 138.

[8] BÜHLER, A.: a. a. O., S. 176ff. — ENGLER, A.: Der Einfluß des Waldes auf den Stand der Gewässer. Mitt. Schweiz. Zentralanst. forstl. Versuchswes. **12** (1919).

[9] WITTICH, W.: Wuchsstockungen der Kiefer. Z. Forst- u. Jagdwes. **1923**.

und 40 Jahren. Das Eindringen der Niederschläge in den Boden und anderseits das Abfließen auf der Oberfläche, womit natürlich ein Verlust für die Bäume verbunden ist, hängt von verschiedenen Umständen (Lagerung usw.), ganz besonders aber vom Benetzungswiderstand des Bodens, der Vegetation und der Streu ab. Pulverige Sand- und Humusböden benetzen sich schwer. Humus enthält oft harz- und wachsartige Stoffe, die eine Benetzung verhindern, in diesem Sinne scheint auch die Adsorption von Luft zu wirken, worauf EHRENBERG[1] hingewiesen hat. Wie ENGLER[2] ausführt, setzt der trockene Boden und auch die trockene Oberfläche der Vegetation der Benetzung bedeutenden Widerstand entgegen, der das Eindringen der Niederschläge in den Boden erschwert und verzögert. Im Walde ist der Benetzungswiderstand in der Regel etwas geringer als im Freiland. Ein Teil der Niederschläge erreicht den Boden überhaupt nicht, bleibt in den Kronen der Bäume und an den Pflanzen der niederen Bodendecke hängen und verdunstet.

Es handelt sich dabei um sehr ansehnliche Mengen. Im Durchschnitt des Jahres kann man mit NEY[3] annehmen, daß von den Niederschlägen in den Kronen der Bäume bei Buche 15, bei Kiefer 20, bei Fichte 33,3% verdunsten. Vom gesamten Niederschlag halten nach BÜHLER[4] die Baumkronen der Kiefer 175, der Lärche und Buche 200, der Fichte 300, von Tanne 400 mm oder Liter zurück. Von der Menge und Art des Niederschlages (Sprüh-, Gewitter-, Landregen usw.) hängt es ab, wieviel Feuchtigkeit der bestockte Waldboden überhaupt empfängt. Die am Schaft ablaufende Regenmenge beträgt 2—8% des Niederschlags. Vom Schnee werden fast durchweg größere Mengen, und zwar bis 75%, zunächst in den Ästen festgehalten.

Bei Kiefer, Buche und Fichte zeigte sich eine starke Zunahme der Verluste durch Verdunstung aus der Baumkrone vom Frühjahr bis in den Sommer hinein und ein allmähliches Geringerwerden im Herbst bis zum Winter, in dem der Einfluß am geringsten ist[5]. Dieser Umstand ist von einiger Bedeutung für die „Winterfeuchtigkeit" insofern, als der Boden, wenn er noch nicht bzw. nicht mehr gefroren ist, seinen Wasservorrat eher wieder ergänzen kann. Dies gilt für schwerere Bodenarten (Lehmboden usw.). Mit Hinsicht auf die Winterfeuchtigkeit sagt RAMANN: „Die Fruchtbarkeit unserer Gebiete ist an den Wechsel der Jahreszeit gebunden, ohne Ansammlung der winterlichen Niederschläge würden unsere Lehmböden ertragslos werden oder doch nur eine kümmerliche Vegetation tragen, während die Sandböden von diesen Einflüssen unabhängig sind[6]." Im übrigen sättigen sich nach RAMANN die Böden schon in der ersten Hälfte der kälteren Jahreszeit mit Wasser ab. Am wasserreichsten ist der Wurzelraum des Bodens infolgedessen im Nachwinter, mit dem Ergrünen der Gewächse beginnt die Beanspruchung des Wasservorrats, der im Herbst (September, Oktober) sein Minimum, in der Regel im Dezember oder Januar wieder seine normale Höhe erreicht[7].

---

[1] EHRENBERG, P.: Die Bodenkolloide, S. 220ff. Dresden u. Leipzig 1915. — Vgl. auch dieses Handbuch **6**, 316. — Ferner H. PUCHNER: Bodenkunde für Landwirte, S. 130. Stuttgart 1923.

[2] ENGLER, A.: a. a. O., S. 204.

[3] Vgl. E. RAMANN: Bodenkunde, S. 448ff. Berlin 1911.

[4] BÜHLER, A.: a. a. O., S. 178. — HOPPE, E.: Regenmessung unter Baumkronen. Mitt. Österr. Versuchsanst. **1896**.

[5] SCHUBERT, J.: Niederschlag, Verdunstung, Bodenfestigkeit, Schneedecke in Waldbeständen und im Freien. Meteorol. Z. **1917**. — Vgl. A. DENGLER: Waldbau, S. 131. Berlin 1930. — J. OELKERS: Waldbau **1**, 95ff. Hannover 1930.

[6] RAMANN, E.: Der Wassergehalt diluvialer Sandböden. Z. Forst- u. Jagdwes. **1906**, 31.

[7] RAMANN, E.: Bodenkunde, S. 452, 509 u. 550. Berlin 1911.

Rohhumus wirkt ungünstig auf das Eindringen des Wassers in den Boden und damit auch auf die Quellenbildung, da während des Sommers den tieferen Bodenschichten fast kein Wasser zugeführt wird; sind doch in dem einmal mit Wasser angesaugten Auflagetorf alle Kapillarporen verstopft, so daß ein großer Teil des Niederschlagwassers wie auf Freilandboden oberflächlich abläuft. Ist Trockentorf im Winter durchgefroren, so isolieren bei eintretender Schneeschmelze die obersten aufgeweichten Humusschichten die tiefer liegenden, verzögern das Auftauen und veranlassen auch dadurch einen oberflächlichen Abfluß der Schmelzwässer[1].

Waldungen, die das hochgelegene Sammelgebiet einer Quelle bestocken, führen diesem eine viel größere Menge Wasser durch Einsickern zu, während umfangreiche Abholzungen infolge der Verschlechterung der physikalischen Bodenverhältnisse und der ungewöhnlichen Steigerung der Verdunstung Mangel an Wasser hervorrufen. Der günstige Einfluß des Gebirgswaldes auf die nachhaltige Speisung der Quellen auch bei länger andauernder Trockenheit ist von einer größeren Anzahl von Forschern nachgewiesen[2].

Die Niederschläge, die in den Boden eindringen, werden z. T. durch den Boden selbst festgehalten (hygroskopisches und Kapillarwasser), z. T. von den Pflanzen und an der Bodenoberfläche verdunstet, z. T. ergeben sie Senkwasser, wenn die Niederschlagsmenge dazu ausreicht. Letzteres gelangt allmählich in die Gegend des Grundwassers[3]. Dieses kann, wo es einigermaßen tief steht, nur durch Tiefwurzler ausgenützt werden. Pfahlwurzeln dringen nach BÜHLER bis 8 m in den Boden hinunter[4]. Da das Grundwasser nur eine Steighöhe von höchstens 80 cm aufweist (Kapillarität), die Hauptmasse der Baumwurzeln aber bis 50 cm in den Boden eindringt, so soll die Bedeutung des Grundwassers manchmal nur darin zu suchen sein, daß es die tieferen Schichten absättigt und so für die höher gelegenen Schichten mehr Wasser übrig bleibt. Steht Grundwasser oder eine von ihm gespeiste Kapillarzone (nach HARTMANN wäre die höchste Steighöhe 1,5 m) in einer für die Baumwurzeln erreichbaren Tiefe an, so bessert sich der Waldtyp oder der Ertrag, wenn nicht mangelnde Durchlüftung störend wirkt. Dabei können jedoch auch die im Grundwasser gelösten Nährstoffe wirksam sein, doch ist diese Frage noch nicht geklärt[5]. Betreffend den waldbaulichen Wert des Grundwassers kommt HARTMANN zu dem Ergebnis, daß kalkreicheres Grundwasser bei der Kiefer im allgemeinen neben besserem Höhenwachstum grobringigeres Holz erzeugt. Allzu flach anstehendes Grundwasser wirkt wachstumhemmend bis -vernichtend; humusreiches Grundwasser erzeugt grobringiges Holz („Moorkiefer"). Vorteilhaft wirkt bewegtes Grundwasser[6]. Sauerstoffreiches

---

[1] BURGER, H.: Hochwasser aus bewaldeten Einzugsgebieten. Schweiz. Z. Forstwes. **1924**.

[2] WEBER, R. bzw. H. WEBER: Bedeutung des Waldes usw. Siehe T. LOREY u. H. WEBER: Handbuch der Forstwissenschaft 1, 116ff. Tübingen 1926.

[3] Die Ausdrücke „Senkwasser" und „Sickerwasser" werden bei E. RAMANN: Bodenkunde, Berlin 1911, neben einander gebraucht!

[4] BUSSE, J.: Forstlexikon **2**, 596 (Schlagwort Wurzel) gibt weit höhere Werte für die Wurzellängen an. — HARTMANN, F. K.: Waldbaulicher Wert des Grundwassers. Mitt. Forstwirtsch. u. Forstwiss. **1930**, 387, gibt hingegen an, daß das Grundwasser in Form der Kapillarzone die Feuchtigkeit 2 m nach oben verschieben kann. — Die BÜHLERschen Zahlen stellen z. T. Minimalwerte dar. — Vgl. dieses Handbuch **6**, 99 u. F. K. HARTMANN: Wasserhaushalt im Walde. Sammelbericht über das neueste Schrifttum mit Literaturübersicht. Forstarch. **1929**, 377.

[5] TAMM, O.: Grundwasserbewegungen und Versumpfungsprozesse, durch Sauerstoffanalysen des Grundwassers nordschwedischer Moränen erläutert. Meddelanden **1925**, H. 22, Nr. 1. — LUNDEGÅRDH, H.: Klima und Boden, S. 159. Jena 1925. — HARTMANN, F. K.: Kiefernbestandestypen, S. 68 u. 73. Neudamm 1928.

[6] HARTMANN, F. K.: Vgl. Anm. 3 auf S. 376.

Grundwasser begünstigt nach Hesselman eine mesophilere Bodendecke, durch die dann Mull- statt Rohhumusbildung eingeleitet wird. Im gleichen Sinne wirkt nach Tamm kalkhaltiges Bodenwasser, da dieses die Humussole ausfällt, sie krümelt und so der Verwesung entgegenführt[1]. Der Sauerstoffgehalt des Boden- und Grundwassers hängt mit von der Durchlüftung des darüber liegenden Bodens ab; nach Hesselman sind nasse Torfböden fast sauerstofffrei, auch in Waldböden verlieren die hindurchsickernden, mit Sauerstoff fast gesättigten Niederschläge einen großen Teil davon. Stehende Grundwässer, die sauerstoffarm sind, verursachen schädliche Abbauprodukte der organischen Stoffe; sie sind außerdem den Wurzeln und den Bakterien, zumal den sauerstoffbedürftigen Nitratbakterien, unzuträglich. In humiden Gebieten mit seicht anstehendem Grundwasser ist demnach die Beweglichkeit des Grundwassers neben einer guten Durchlüftung des Bodens selbst unbedingt erforderlich[2]. Die Löslichkeit des Sauerstoffs in Wasser ist im Gegensatz zur Kohlensäure ohnehin keine bedeutende; man kann demnach annehmen, daß das Grundwasser wenig Sauerstoff enthält, zumal ihm durch Abbau organischer Substanz und durch Wurzelatmung noch Sauerstoff entzogen wird.

	Löslichkeit in 1 Teil Wasser bei 760 mm		
	0°	15°	20°
Sauerstoff	0,0489	0,0341	0,031
Kohlensäure	1,713	1,019	0,878

Eine Senkung des Grundwassers ist für die Eiche mit ihren erheblichen Ansprüchen an Bodenfrische besonders nachteilig, an ihre Stelle tritt dann häufig die Buche[3]. Nicht selten wird als Rauchschaden angesehen, was in Wirklichkeit einer Senkung des Grundwassers (z. B. durch Tagbau, Einbrüche und Entwässerung bzw. Flußregulierung) zuzuschreiben ist.

Was den Wasserverbrauch durch die Transpiration der Waldbestände betrifft, so hat v. Höhnel[4] Messungen angestellt, wieviel Wasser von jungen Holzpflanzen, bezogen auf je 100 g Blattrockensubstanz, verdunstet wird; dabei ergab es sich, daß der Gruppe stark wasserverbrauchender Laubhölzer eine Gruppe mäßig transpirierender Nadelhölzer gegenüber steht; nur die Lärche macht eine Ausnahme; sie verdunstet rund das Zehnfache der anderen Nadelhölzer.

Burger hat Höhnels Zahlen auf Blattfrischgewicht umgerechnet und gefunden, daß sich diese Werte nur dann richtig deuten lassen, wenn man die transpirierende Blattmenge verschiedener Holzarten kennt. Die Blattrockensubstanz für 100jährige Bestände II. Bonität auf 1 Hektar beträgt nach Burger für Buche 2650, für Eiche 2050 kg, für Fichte 14000, für Kiefer 4250 kg. Rechnet man mit diesen auf die Bodenfläche bezogenen Trockengewichten und den Höhnelschen Transpirationszahlen, so bekommt man auf 1 Hektar folgende Transpirationsgrößen, für Buche 2070000 kg, Eiche 1200000 kg, Fichte 2240000 kg, Kiefer 468000 kg Wasser. Sucht man die absolute Größe der Transpiration zu bestimmen, so ist es, wie Burger selbst angibt, nicht statthaft, von 5- bis 7jährigen Pflanzen ohne weiteres auf 100jährige zu schließen; dennoch wird das relative Verhältnis des Wasserverbrauches der 4 Holzarten annähernd richtig erfaßt. Eine von den angeführten Berechnungen unabhängige Kontrollberechnung führt nach Burger

[1] Tamm, O.: Meddelanden **1921**, H. 18, Nr 3.

[2] Lundegårdh, H.: a. a. O., S. 267 u. 303.

[3] Jentsch, J.: Der Fruchtwechsel in der Forstwirtschaft, S. 59. Dissert. München 1911; siehe auch Entwässerung.

[4] Höhnel, von: Mitt. forstl. Versuchswes. Österr. **2**, H. 1 u. 3; Forschgn. Geb. Agrikult.-Phys. **2** u. **4**. — Ramann, E.: Forstl. Bodenkunde und Standortslehre, S. 309ff. Berlin 1893. — Bühler, A.: Waldbau **1**, 446ff. Stuttgart 1918.

auch zu dem Ergebnis, daß Fichte und Buche ungefähr gleich viel transpirieren, nämlich rund 2000000 kg in je 1 Jahr auf 1 Hektar[1]. Die Transpirationszahl oder der relative Wasserverbrauch[2] (der anzeigt, wieviel Wasser je nach der Holzart zur Erzeugung von je 1 g Trockensubstanz verbraucht wird) ergibt folgende annähernde Werte, für Buche 400, Fichte 360, Kiefer 166 g. Diese Berechnungen VATERS werden erklärlich, wenn man die Gesamtwurzellänge der einzelnen Holzarten und deren Wurzeloberfläche betrachtet[3]; erstere beträgt bei 1 jährigen Fichten 2 m, bei der Kiefer jedoch 12 m, letztere bei Fichte 64 mm^2, bei Kiefer 142 mm^2. Die Kiefer vermag die Bodenfeuchtigkeit viel besser auszunützen. Nach VATER erfordert die Jahreserzeugung von rund 7000 kg organischer Substanz, wie EBERMAYER eine solche für Buche, Fichte bei II. und für Kiefer bei I. Standortsbonität ziemlich gleichmäßig annimmt, die 330fache Menge Wasser, also 2 310000 kg Wasser auf 1 Hektar, was einer Regenmenge von 231 mm entspricht. Für einen 50 bis 60 jährigen Buchenbestand hatte von HÖHNEL 233 mm, für einen 115 jährigen 272 mm berechnet[4], es herrscht demnach in Anbetracht der Schwierigkeit solcher Berechnungen verhältnismäßig weitgehende Übereinstimmung.

Im Verbrauch an Wasser zur Bildung organischer Substanz steht der Wald an erster Stelle; er bringt aber andererseits auf gleichem Boden etwa 50% mehr organische Substanz hervor als andere Pflanzengenossenschaften. Wie aus den EBERMAYERschen Zahlen ersichtlich ist, ist die zur Erzeugung gleicher Gewichte organischer Substanz erforderliche Menge Wasser bei allen Baumarten im wesentlichen gleich[5]. Nach Maßgabe der Zahlen von HÖHNEL müßten die Niederschlagsmengen in der Wachstumszeit für den Wald sowohl im humiden als auch noch im semihumiden Gebiet vollkommen ausreichen, doch sind größere Wassermengen erforderlich, da die Bodenoberfläche und Bodendecke Wasser verdunsten, und da ein Teil des Wassers versickert.

Über den Verbrauch der Bodenvegetation an Wasser ist man genauer als über den Wasserbedarf des Waldes unterrichtet. Dieser hängt gleichfalls von der Temperatur und Feuchtigkeit der Luft, von Luftbewegungen und von dem Wassergehalte des Bodens ab. HARTMANN[6] unterscheidet „Wasserzehrer" und „Wassererhalter". Zu ersteren gehört vor allem die Himbeere, dann verschiedene Gräser, zu letzteren Moose (Hypnum) und Beersträucher mit Auflagehumus. Nach HELBIG und RÖSSLER[7] hemmt Moos (Dicranum heteronella) die Gesamtverdunstung, eine Decke von Binsen steigert sie. Die Transpiration der Bodendecken wird durch Zunahme der Lichtintensität erhöht, infolgedessen verdunsten Gräser unter einem Buchenschirm wesentlich weniger als ohne einen Baumschutz[8]. Verhältnismäßig gering ist der Wasserverbrauch des natürlich gelagerten Bodens, zumal wenn er durch eine tote Bodendecke (Streu, Reisigdeckung usw.) geschützt ist. Die erhöhte Verdunstung künstlich gelagerten Bodens wird durch die größere Lockerheit und durch die damit verbundene größere Oberfläche bedingt, die der

---

[1] BURGER, H.: Holz-, Laub- und Nadeluntersuchungen. Schweiz. Z. Forstwes. **1925**. — Die Transpiration unserer Waldbäume. Z. Forst- u. Jagdwes. **1925**.

[2] VATER, H.: Der Wasserverbrauch von Buche, Fichte und Kiefer. Tharandter Forstl. Jb. **74**, 47 (1923).

[3] VATER, H.: Die Wasserabgabe aus dem Walde, S. 14. 49. Vers. Sächs. Forstvereins 1905.

[4] VATER, H.: a. a. O., S. 14. — Siehe auch E. RAMANN: a. a. O., S. 309ff.

[5] VATER, H.: a. a. O., S. 13 u. 14.

[6] HARTMANN, F. K.: Der Wasserverbrauch einiger Bodendecken. Z. Forst- u. Jagdwes. **1928**, 449ff.

[7] HELBIG, K. u. O. RÖSSLER: Experimentelle Untersuchungen über die Wasserverdunstung des natürlich gelagerten Bodens. Allg. Forst- u. Jagd-Ztg. **1921**, 22. Sep.

[8] BURGERSTEIN: Die Transpiration der Pflanzen. Jena 1904, 1920, 1925. — ZEDERBAUER, E.: Das Lichtbedürfnis der Waldbäume. Zbl. Forstwes. **1907**. — Vgl. auch dieses Handbuch **6**, 221ff.

Lufttemperatur zugänglich ist; jedoch tritt nach oberflächlicher Abtrocknung eine Umkehr der Verhältnisse ein[1].

Die Bedeutung der Transpiration für die waldbauliche Praxis liegt nach Bühler in ihrem Einfluß auf das Wachstum, denn sie bewirkt eine kräftigere Ausbildung des Holzkörpers. Man muß demnach danach trachten, daß die Bäume ihren Bedarf an Wasser nach Möglichkeit befriedigen können. Im geschlossenen Bestande, der eine Erniedrigung der Temperatur, Erhöhung der Luftfeuchtigkeit und Abschwächung der Beleuchtung bewirkt, wird die Transpiration heruntergesetzt; mit Unterbrechung des Bestandesschlusses wird sie erhöht und hierdurch die Produktion organischer Substanz mehr und mehr gesteigert. Hand in Hand damit entwässert der Wald den Boden[2]; er verbraucht entsprechend seiner langen Vegetationsperiode mehr Wasser als kurzlebende Gewächse, z. B. Getreide. Ein mit Bäumen bestandener Boden liefert daher, wie Ramann hervorhebt, weniger Sickerwasser als ein bracher oder landwirtschaftlich genutzter Boden; der Grundwasserstand im Walde liegt tiefer als im unbewaldeten Gebiete (z. B. in der Steppe), wie Ototzki[3] nachwies. (Diesbezügliche Untersuchungen dürfen

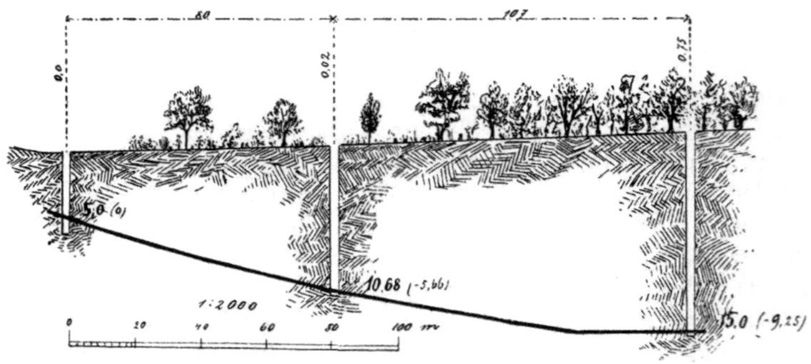

Abb. 55. Grundwasserstand im Schipow-Wald (Grenze von Wald und Steppe). Nach Ototzki: Der Grundwasserhorizont zeigt eine deutliche und starke Senkung von der Steppe (links) zum Walde (rechts) von 5,0 auf 15,0 m. (Aus A. Dengler, Waldbau.)

allerdings nur in Böden angestellt werden, in denen ein rascher Ausgleich des Grundwassers ausgeschlossen erscheint, da sich sonst die Unterschiede verwischen.) Der Oberboden des Waldes ist für gewöhnlich infolge verminderter Verdunstung und Inanspruchnahme durch die Wurzeln der Holzarten feuchter als Freilandboden.

Das Grundwasser in der Nähe von Luneville steht in allen Jahreszeiten im Walde wenigstens 30 cm tiefer als außerhalb desselben. Die Untersuchungen von Ebermayer und Hartmann ließen zwar keinen Einfluß des Waldes erkennen, sprechen aber weder gegen Ototzki noch gegen Henry, da sie in geröllreichem Boden ausgeführt sind, in dem, wie angedeutet, die Grundwasserströmung leicht einen Ausgleich schafft[4]. Krause[5] erwähnt, daß im mecklenburgischen Forstrevier Tarnow mit Erlen und Birkenniederwald bestockte Flächen ihres Bestandes beraubt wurden; schon bald darauf habe sich das Grundwasser mehr und mehr gehoben. Der Genannte erwähnt ähnliche Folgen der Abholzung und eines in

---

[1] Helbig, M. u. O. Rössler: Die Wasserverdunstung usw. Allg. Forst- u. Jagd-Ztg. **1921**

[2] Bühler, A.: Der Waldbau **1**, 446. Stuttgart 1918.

[3] Vgl. E. Ramann: Bodenkunde, S. 450ff. Berlin 1911.

[4] Bühler, A.: Waldbau **1**, 348. Stuttgart 1918.

[5] Krause: Aufforstung von Ödländereien. Z. Forst- u. Jagdwes. **1915**, 40ff. — Ramann, E.: Über Lochkahlschläge. Ebenda **1897**, 697.

dieser Beziehung ähnlich sich auswirkenden Waldbrandes von den „Blottenländereien" zwischen Netze und Warthe. Neuerliche Aufforstung, und zwar mit Kiefer, ließ den Grundwasserstand wieder zurückgehen; in dieser Beziehung kann man sogar mit einer gewissen Fernwirkung der Aufforstung auf das benachbarte Gelände rechnen.

Daß der Wald tatsächlich im Sinne des Wasserentzuges wirkt, ist unter anderen durch die Beobachtung LEYTHÄUSERS erwiesen, der im Bayrischen Walde nach den Sturmverheerungen des Jahres 1870 auf Tausenden von Hektaren eine beginnende Versumpfung und die Ansiedlung von Sphagnen beobachtete, letztere auf Stellen, wo diese vorher nicht vorhanden waren[1].

Waldboden und Luft. Ähnlich wie der Wassergehalt des Bodens kann auch die Luftkapazität zum wachstumsbegrenzenden Faktor werden. Wie schon BURGER[2] gezeigt hat, entspricht der größeren Luftkapazität die bessere Bonität. Auf einem nährstoff- und kalkarmen Boden Hessens hat BARTH[3] durch seine Untersuchungen über Eiche gezeigt, daß sich eine Vergrößerung des Hohlraumvolumens durch Bearbeitung des Bodens bemerkbar machte; diese Besserung ist wohl nur vorübergehend und könnte deshalb durch eine Kalkung des Bodens unterstützt werden.

Durch Bewaldung wird nach BURGER ein früherer Weideboden lockerer; seine Bodenstruktur wird in der Weise umgestaltet, daß die Niederschläge auf geneigtem Boden nicht, wie bisher, über die Oberfläche rasch in die Bäche abfließen, sondern durch den Bodenraum stark verzögert zum Abfluß gelangen. Aber selbst 50 Jahre nach der Aufforstung macht sich der lockernde Einfluß des Bestandes, wenigstens bei reinem Fichtenanbau, nur in den obersten Schichten des Bodens bemerkbar; günstiger wirken Lärche, Zirbe und besonders Laubhölzer. Unter Fichtenreinbestand sammelt sich auf untätigem Boden und im kühlhumiden Gebiete leicht sauerer Auflagehumus bis -torf, der zur Degeneration des Bodens führt und erfahrungsgemäß die oben erwähnte günstige Einwirkung des Waldes auf den Wasserabfluß stark herabsetzt[4].

In dicht geschlossenen Nadelholzbeständen, deren Boden nur mit einer geschlossenen Streu- und Humusschicht bedeckt ist, sind die oberen Schichten des Mineralbodens schlecht durchlüftet; der Humus selbst häuft sich infolgedessen an und weist hohe Azidität auf; alles das hat ein Versagen der natürlichen Verjüngung zur Folge. Aufhebung des Bestandesschlusses arbeitet diesen Erscheinungen entgegen, der Säuregehalt fällt und die Luftkapazität bessert sich. Die absolute Luftkapazität von Nadelholzbeständen steigt mit sinkender Bodenazidität; das gleiche, wenn auch weniger ausgesprochen, ist bei reinen Laubholzbeständen der Fall. Niedrige Luftkapazität und verhältnismäßig hohe Wasserkapazität beobachtet man auf unbestockten Waldbodenflächen bzw. Kahlschlägen. Jedenfalls zeigen auch die Studien von NĚMEC und KVAPIL[5], daß eine günstige Luftkapazität der Gradmesser für gute Bonität und Fruchtbarkeit des Waldbodens ist. Die Luftkapazität kann auch durch die lebende Bodendecke beeinflußt werden; im Oxalistypus (nach CAJANDER) trifft man bei mäßig sauerer

---

[1] LEYTHÄUSER: A. a. O. Forstwiss. Zbl. **1892**, 325.

[2] BURGER, H.: Wald- und Freilandböden. Schweiz. min. u. petrogr. Mitt. **1923**, H. 1/2.

[3] BARTH, H.: Eichenstandort und Bodeneigenschaften. Forstwiss. Zbl. **1926**, 793 u. 824.

[4] BURGER, H.: Die physikalischen Eigenschaften von Wald- und Freilandböden usw. Mitt. schweiz. Zentralanst. forstl. Versuchswes. **15**, H. 1 (1929). — Das Hochwasser aus bewaldeten Einzugsgebieten. Schweiz. Z. Forstwes. **1924**.

[5] NĚMEC, A. u. K. KVAPIL: Studien über die physikalischen Eigenschaften der Waldböden und ihre Beziehung zur Bodenazidität. Z. Forst- u. Jagdwes. **1925**, 566. — Über das Verhalten des Bodens gegen Luft, beeinflußt durch die Pflanzendecke, vgl. dieses Handbuch **6**, 253ff., ferner **7**, 378ff.

Reaktion ziemlich hohe Luftkapazität, vom Myrtillus- zum Callunatypus steigt der Säuregrad, und die Luftkapazität geht zurück.

Waldboden und Wärme. Mayr sagt, daß die Bodentemperatur für die Vegetationsphasen der Bäume gleichgültig sei, daß über das Dasein des Waldes die oberirdische, nicht die unterirdische Wärme entscheidet. Er begründet diese Anschauung damit, daß der Vegetationsbeginn 20jähriger Bäume in einem Boden, der bis auf $+ 1^0$ C künstlich abgekühlt gehalten wurde, genau mit der gleichen Schnelligkeit vor sich ging als in einem Boden, der künstlich auf eine höhere Temperatur, als die Umgebung zeigte, erwärmt wurde[1]. Der Verfasser zeigte, daß im Frühjahr (März 1923) zahlreiche Sträucher, und zwar auch ausländische, bei einer Temperatur von nur 2,4—2,8^0 C im Wurzelraume ihre Knospen schon reichlich entfalteten, bei Bäumen war dies jedoch wohl aus Mangel an Rückstrahlung der Wärme bis zur Baumkrone[2] nicht der Fall.

Über Beschädigung durch Bestrahlung von Bäumen, namentlich bei glattrindigen Holzarten, wie Fichte, Tanne, Rot- und Hainbuche, berichtet Rubner. Es tritt hierdurch Rindenbrand ein, und zwar am leichtesten an Stellen, die senkrecht zu den einfallenden Sonnenstrahlen geneigt sind. Empfindlich sind also im Freistande die genannten Schattenholzarten, während die Lichtholzarten, Kiefer, Eiche, Lärche, durch dicke Borke gegen Wärmestrahlung geschützt sind. Temperaturen über 52^0 scheinen für das lebende Gewebe von Phanerogamen bedenklich zu sein[3]. Es handelt sich hier um bodennahe Temperaturen.

Standort und Bewurzelung der Holzarten und Abbau der Pflanzenreste im Boden.

Standort und Bewurzelung der Holzarten. Was die Bewurzelung der Holzarten betrifft, so muß man sich mit Hilf[4] die Frage vorlegen: „In welcher Weise wirkt der Standort umgestaltend auf die Wurzelausbildung ein und in welcher Weise wirken die Wurzeln auf den Boden ein?“ Man hat also auch hier mit Wechselwirkungen zwischen Pflanzen und Boden zu tun. Die Fichte verlegt ihre Wurzeln schon bei geringem Widerstand, den sie im Mineralboden findet, in den Humus; auf feuchtem Boden besitzt sie häufig keine so tief streichen-

---

[1] Mayr, H.: Waldbau, S. 36 u. 115. Berlin 1909.

[2] Leiningen, W. Graf zu: Edaphische Faktoren. In K. Rubner: Pflanzengeographische Grundlagen des Waldbaus, S. 138. Neudamm 1925. — Literatur über das Klima des Waldbodens: Über die Temperatur im Waldboden, Unterschiede zwischen bewaldetem und unbewaldetem Boden vgl. dieses Handbuch **6**, 357ff. — Ferner A. Bühler: Waldbau **1**, 351ff. Stuttgart 1918. — H. Lundegårdh: Klima und Boden, S. 143. Jena 1930. Hier finden sich Vergleiche zwischen Wald- und Wiesenklima. — In neuerer Zeit wurden eingehende Untersuchungen über das Bestandes- und Expositionsklima von R. Geiger ausgeführt: Forstwiss. Zbl. **1925** bis **1929**. — G. Krauss (Boden und Klima auf kleinstem Raum. Jena 1911) maß auf Wellenkalkboden bei Würzburg Temperaturen bis 42^0. — R. Gradmann (Pflanzenleben der schwäbischen Alb. 1900) stellte in den obersten Bodenschichten an einem Muschelkalkabhang im Juli 52,4^0, in einem nahen Buchenwalde dagegen nur 21,7^0, im August sogar 56,5^0 fest. — Nach J. Schubert (Klima und Pflanzenverbreitung im Harz. 1909) dringt die Wärme in den Waldböden sehr langsam in die Tiefe; die mittlere Bodentemperatur der Jahre 1878—1890 unter 50jährigem Fichtenwalde betrug in Sonnenberg (südwestlich vom Brocken gelegen) in 776 m Höhe im März 0,6^0, im Mai 0,8^0, im Juni 3,4^0 in 0,6 m Tiefe. — Schubert, J.: Der Wärmeaustausch im festen Erdboden, in Gewässern und in der Atmosphäre. Berlin 1904; desgl. dieses Handbuch **6**, 343ff. — T. Lorey u. H. Weber: Handbuch der Forstwissenschaft **1**. Tübingen 1926. — R. Hess u. R. Beck: Forstschutz II, S. 329ff. Neudamm 1930. — G. Krauss, W. Koehler u. M. Ortloff: Bodenfrost und Feuchtigkeitsmessungen. Thar. Fortsl. Jb. **1930**. Eine Streudecke schützt gegen Eindringen des Bodenfrostes.

[3] Rubner, K.: a. a. O., S. 46.

[4] Hilf, H. H.: Wurzelstudien an Waldbäumen. Hannover 1927.

den Wurzeln als auf trockenem; auf den Standort hat sie keine starke Einwirkung im Sinne einer Aufschließung; sie „stampft" mit ihrem festgefügten Wurzelteller den Standort noch dazu fest[1]. Die Buche geht hingegen nach Möglichkeit trotz festeren Mineralbodens mit ihren Wurzeln in die Tiefe, schließt dort Nährstoffe auf und lockert den Boden, wozu auch noch das Absterben der zahlreichen im Untergrunde verwesenden Wurzeln beiträgt, die dort Hohlräume hinterlassen. Die Kiefernwurzeln einschließlich der tiefgehenden Pfahlwurzeln weisen auf gutem Standort (feinsandhaltig) reichliche Verzweigungen auf, schließen den Boden jedoch entsprechend der fehlenden Säurebildung in den Wurzelspitzen kaum auf und lockern ihn auch nicht; auf humusarmen Sandböden und solchen mit Auflagetorf wird nur eine Pfahlwurzel mit flach streichenden Seitenwurzeln ausgebildet. Auf Moorboden verkümmert die Pfahlwurzel, oder sie biegt sich bald rechtwinklig um[2]. Wo im Vorbestande Buche vorhanden war, streicht die Fichtenwurzel tiefer, falls kein Auflagetorf vorhanden ist; außerdem sucht sie in Gebieten stärkerer Sommerniederschläge das Wasser auch in der Tiefe auf, da diese im Laufe des Sommers und Herbstes nicht so stark an Wasser verarmen[3]. BERNBECK sagt, daß die Fichtenwurzeln in gut gekrümeltem Boden über $^3/_4$ m in die Tiefe gehen; ist der Unterboden hingegen ungünstig, so dringen wohl noch die Tiefwurzler ein, nicht jedoch die Fichte. Die Kiefer wird auf dichtgelagertem Boden, auf dem Eichen noch tief wurzeln, zur Flachwurzlerin, was im Eichenkratt der holsteinischen Heide festgestellt werden kann.

Im Keuper (um Roding in der Oberpfalz) erreicht die Fichte mit drei Meter Länge wohl die größtmögliche Wurzeltiefe. Die bei Tannen und Lärchen stehenden Kiefern wurzeln tiefer als solche im reinen Bestande[4].

Für die forstliche Praxis ergibt sich hieraus die Nutzanwendung, auf Böden von größerer absoluter (nicht physiologischer) Tiefgründigkeit Flachwurzler möglichst in Mischung mit Tiefwurzlern anzubauen, nach Analogie mit der Landwirtschaft, in der man auf Tiefwurzler Flachwurzler folgen läßt, die dann die physiologische Tiefgründigkeit des Bodens ausnützen. Die obersten Seitenwurzeln der Kiefer, Fichte und Buche erlangen nach VATER die größte Reichweite von allen Seitenwurzlern; die Reichweite wird von der Bestandesdichte wesentlich, aber in den obersten Schichten, vom Boden nicht merklich beeinflußt; in Bestandeslücken und -rändern erstreckt sich die Reichweite bis auf das Doppelte gegenüber den Verhältnissen im Bestande selbst. Die Reichweite der Fichten- und Buchenwurzeln wächst mit dem Alter, so daß sie auch aus der Durchforstung Nutzen ziehen können. Die Tiefenerstreckung der Wurzeln wird in hohem Grade vom Boden beeinflußt, und zwar sowohl durch die Bodenart als durch die Feuchtigkeit.

---

[1] WIEDEMANN, E.: Forstl. Versuchsanst. Tharandt **1923**, 88: Die Stampfwirkung des reinen flachwurzelnden Fichtenbestandes ist vor allem bei Sturm zu beobachten, wenn die Wurzelteller mit den darin enthaltenen Erdmassen gehoben werden und beim Zurückbiegen des Stammes in seine ursprüngliche Lage wie riesige Pflastersteinstampfer den Boden zusammenpressen. — LANG, R.: Forstliche Standortslehre. In T. LOREY u. H. WEBER: Handbuch der Forstwissenschaft 1, 280. Tübingen 1926: Die mechanische Kraft, die Wurzeln von Holzpflanzen ausüben, ist eine sehr erhebliche: eine Wurzel von 10 cm Dicke und 1 m Länge vermag ein Gewicht von 30—50 t zu heben. Demnach werden die Baumwurzeln in schweren Böden besonders stark lockernd wirken und auch den Gesteinsuntergrund sehr wirksam der Verwitterung zuführen.

[2] LEININGEN, W. Graf ZU: Die Waldvegetation präalpiner bayerischer Moore, S. 37. München 1907. — Ferner K. REBEL: Waldbauliches aus Bayern, **2**, 28ff. Dießen 1924. — P. KOKKONEN: Das Wurzelsystem der Kiefer auf Moorboden. Acta for. Fennica **25** (1923). — Betr. Säureausscheidung der Wurzeln siehe F. CZAPEK: Die Lehre von den Wurzelausscheidungen. Jb. wiss. Bot. **1896**. — Desgl. dieses Handbuch **2**, 257.

[3] KRAUSS, G.: Die Standortsbedingungen im Sachsenrieder Forst. Mitt. Staatsforstverwaltung Bayerns **1925**, 114.

BERNBECK: Die Physiologie des Bodens. Forstwiss. Zbl. **1914**, 26.

Bei wechselnder Bodenbeschaffenheit wechselt die Wurzelausbildung. Die Ansicht, daß ein Boden von geringer Feuchtigkeit eine umfassendere Bewurzelung hervorrufe, trifft nicht zu. Meist weichen sich die Wurzeln gegenseitig aus, doch kommen gelegentlich sogar Verwachsungen zwischen Bäumen gleicher Art vor. Bei Kiefer wurden Reichweiten bis 8,75 m gefunden, bei Fichte bis 9,30 m, bei Buche bis 6,20 m. Ist der Boden frisch genug, so geht die sonst flache Bewurzelung der Fichte bis 1,5 m tief[1].

Im Kampfe um den Raum sind nach Aaltonen die unterirdischen und nicht die oberirdischen Pflanzenteile entscheidend. Der Genannte legt das Hauptgewicht auf die Wurzeln und deren Nährstoffaufnahme und nicht wie viele andere Forscher auf die Beleuchtungsverhältnisse. Die Durchforstung ist in erster Linie eine solche der Wurzeln. Derselbe Durchforstungsgrad wird in besseren Waldtypen eine andere Wirkung als in schlechteren haben, weil zur Erreichung eines gleich großen Holzertrags in ersteren ein vergleichsweise kleinerer Bodenraum nötig ist[2].

Die absolute Tiefgründigkeit ist im allgemeinen unveränderlich; sie reicht bis zu jener Schicht, die ihrer geognostischen Beschaffenheit nach kein Wurzelmedium ist (z. B. Fels). Die erwähnte physiologische Tiefgründigkeit umfaßt nur die Schichten, welche den Wurzeln zugänglich sind; sie wird begrenzt durch Einflüsse chemischer Natur, z. B. unaufgeschlossener Rohboden, oder physikalischer Art (Bodenverdichtung)[3]. Sie kann sich mit der Zeit ändern, z. B. durch die Stampfwirkung der Fichte.

Wiedemann[4] sieht bei Stockung des Wachstums der Pflanzen den Hauptgrund für das schlechte Wachstum älterer Fichtenkulturen im Abbau des Humus und im Nährstoffhunger. Zudem wirkt der Mangel an Aufnahmeorganen in der Humusschicht ungünstig, vor allem in Jahren der Dürre. Den älteren Fichten fehlen nämlich genügende Feinwurzeln.

Auf verheidetem, trockenem Boden streichen die lebenden Wurzeln von Krüppelkiefern dicht unter dem Heidefilz, ganz oben in der Bleichsandschicht aus, auf nicht verheidetem Boden pflegen die Kiefern eine Pfahlwurzel zu haben. Erstere Erscheinung bezeichnet Rebel[5] als „Heidekrankheit“; sie beginnt mit dem 4. bis 10. Lebensjahre der bis dahin gut gedeihenden Kulturen und führt zur Verkrüppelung. Diese Erkrankung darf wohl als eine Folge des Mangels an Wasser und Nährstoffen angesehen werden, denn unter dem Heidefilz ist wenig davon zu holen. Vor allem hindert der Heidehumus den Umlauf der Nährstoffe (unter anderem mangelnde Nitrifikation).

Nach Bujakowsky[6] weisen die Humusauflagen von Waldböden einen wesentlich größeren Gehalt an löslichen Elektrolyten als die dazugehörigen Mineralböden verschiedener Art auf. Gerade auf den basenärmsten Sanden muß die Auflage von Humus, selbst wenn sie in biologisch denkbar schlechtester Form vorliegt, die Nährstoffversorgung leisten. Dementsprechend findet man auf der

---

[1] Vater, H.: Die Bewurzelung der Kiefer, Fichte, Buche. Thar. forstl. Jb. **1927**, H. 3. — Büsgen, M. u. E. Münch: Bau und Leben unserer Waldbäume, S. 262ff. Jena 1927.

[2] Bühler, A.: Waldbau **1**, 451ff. Stuttgart 1918. — Dengler, A.: Waldbau, S. 201. Berlin 1930. Wurzelausbildung. — Aaltonen, V. T.: Über die räumliche Ordnung auf dem Felde und im Walde. Acta for. Fennica **25** (1923). — Laitakari, E.: Die Wurzelforschung in ihrer Beziehung zur praktischen Forstwirtschaft. Ebenda **25** (1923).

[3] Bernbeck: Probleme der physiologischen Tiefgründigkeit. Mitt. Ver. höh. Forstbeamter Bayerns **1930**.

[4] Wiedemann, E.: Fichtenwachstum und Humuszustand. Arb. biol. Reichsanst. Land- u. Forstw. **1924**, H. 1, 13, 24ff. — Zuwachsrückgang und Wuchsstockungen der Fichte. Forstl. Versuchsanst. Tharandt **1923**, 74.

[5] Rebel, K.: Waldbauliches aus Bayern **2**, 89ff. Dießen 1924.

[6] Vgl. K. Rebel: Ebenda.

Unterseite des Auflagehumus sich weit ausbreitende Wurzelstränge zur gierigen Erfassung der Nährstoffe aus dem Humus[1].

Der Abbau der Pflanzenreste und seine Einwirkung auf den Waldboden. Die Holzarten und die Bestandesbildner der lebenden Bodendecke wirken mittelbar durch die Humusformen auf den Boden ein, die aus den beiden ersteren hervorgehen, andererseits lassen sich unschwer Einflüsse des Bodens auf die sich ausbildenden Humusarten erkennen, so daß man es auch in diesem Falle mit Wechselwirkungen zwischen Pflanzen und Boden zu tun hat.

Was die Bezeichnung der Humusformen[2] anbelangt, gehen die Meinungen noch stark auseinander. Allgemeines über Humus findet man in den Lehrbüchern der Bodenkunde; hier können nur wenige Einzelheiten besprochen werden. Die auf dem Boden lagernden Humusformen sollen nach ALBERT[3] als „Auflagehumus" bezeichnet werden; hierzu kommt noch der letztjährige Streuabfall. Hat der Auflagehumus torfartigen Charakter, so spricht man von „Auflagetorf"; der vielgebrauchte Ausdruck „Trockentorf" bewährt sich eigentlich nicht, da nach VATER und KRAUSS[4] gerade die zur Vernässung neigenden Standorte die stärksten Auflagen torfartiger Schichten (Trockentorf) erzeugen. — Die im Bodenraum selbst befindlichen, humusartigen organischen Stoffe wären insgesamt als „Bodenhumus" anzusprechen; dieser kann in Form von „Moder", zumal in Sandböden, oder von „Mull", beides im Sinne RAMANNS[5], vorhanden sein. In vorliegenden Darlegungen wird vielfach noch die von den einzelnen Autoren gebrauchte Ausdrucksweise „Trockentorf" und „Rohhumus" angewendet werden.

Eine besondere Humusform ist vor allem den nördlichen Kalkalpen, in untergeordnetem Maße aber auch dem Silikatgebiet der Alpen eigentümlich, es ist der Alpenhumus oder, wie man ihn mit Rücksicht auf seine moderartige Beschaffenheit genannt hat, der „Alpenmoder". Er geht aus den Abfällen des jeweiligen Waldbestandes (in der Hauptsache Fichte, Lärche, Zirbe) und der lebenden Bodendecke hervor; seine moderartige Humusform verdankt er, wie TSCHERMAK[6] festgestellt hat, dem besonderen Klima, das in den Gebirgen des wärmeren Teiles der gemäßigten Zone herrscht; dieses ermöglicht während des kurzen Sommers mit günstigeren Wärme- und Feuchtigkeitsverhältnissen einen weitergehenden Abbau der Pflanzenreste als in den nördlicheren Gebieten Europas, wo deswegen Rohhumus zustande kommt. Nicht ohne Bedeutung für die Ausbildung dieser Humusform ist die Gegenwart von Kalk (im Kalkalpengebiet), die Zufuhr von Mineralstaub durch den Wind und die abbauende Tätigkeit der Pilzmyzelien. Da Alpenhumus fast immer stark sauer reagiert, so führt er zu einer sehr bemerkenswerten Podsolierung des darunter befindlichen Mineralbodens. Sie geht in selteneren Fällen bis zur Ortsteinbildung[7]. TSCHERMAK vertritt die Auffassung,

---

[1] BUJAKOWSKY, W.: Beitrag zur Bedeutung des Humus für die Nährstoffversorgung unserer Waldbäume. Z. Forst- u. Jagdwes. **1930**.

[2] ALBERT, R.: Die Bezeichnung der Humusformen. Z. Forst- u. Jagdwes. **1907**; Forstarch. **1929**, 103.

[3] VATER, H.: Die Benennung der Humusformen. 51. Vers. sächs. Forstver. **1907**.

[4] KRAUSS, G. u. W. GROSSKOPF: Die Humusauflage. Thar. forstl. Jb. **1928**, 342.

[5] RAMANN, E. Benennung der Humusstoffe. Z. Forst- u. Jagdwes. **1906**, 637. — Bodenkunde, S. 171. Berlin 1911. — POTONIÉ, H.: Klassifikation und Terminologie der rezenten Biolithe und ihrer Lagerstätten. Abh. preuß. Geol. Landesanst. N. Folge, H. 49, S. 55 (1906). — ERDMANN: Humusformen des Waldbodens. Forstarch. **1926**, H. 6.

[6] TSCHERMAK, L.: Alpenhumus. Zbl. Forstwes. **1921**, 65ff.

[7] LEININGEN, W. Graf zu: Über Humusablagerungen in den Kalkalpen. Naturwiss. Z. Forst- u. Landw. **6**, 529 (1908) u. **7**, 160 (1909). — Über Humusablagerungen im Gebiete der Zentralalpen. Ebenda **10**, 465 (1912). — JENNY, H.: Die alpinen Böden. Denkschr. Schweiz. naturforsch. Ges. **63** (1926).

daß der Alpenhumus (Alpenmoder) mit Rücksicht auf seine Fruchtbarkeit die gleiche Beachtung verdient, die einer ganz anders gearteten Humusform, nämlich dem Rohhumus, geschenkt wurde.

Was den Abbau der Pflanzenreste bei der Humusbildung betrifft, so hat man früher angenommen, daß hauptsächlich in der Zellulose die humusbildende Substanz zu suchen sei; heute tritt diesbezüglich das Lignin in den Vordergrund[1]. So hängt z. B. der rasche Abbau der Eichenstreu mit dem günstigen Zelluloseligninverhältnis (rund 22 : 10) zusammen, dann stehen in der Abbaugeschwindigkeit am nächsten frische Fichtennadeln (rund 28 : 30) und Tannennadeln (rund 27 : 36); Buchenlaub (rund 16 : 22) ist bekannt wegen seiner Neigung, unter ungünstigen Bedingungen Rohhumus zu bilden. Entsprechend dieser Reihenfolge betrug der am Schluß der experimentellen Untersuchungen verbliebene Rest der zersetzten Substanz 50,19, 62,17, 64,51, 70,33 g. Die während einer Zeit von 8 Monaten durchgeführte Beobachtung der Kohlensäureproduktion (bekanntlich ein Gradmesser der Verwesung) ergab somit eine abfallende Reihe von der Eiche über Fichte und Tanne zur Buche.

Nach Waksman wird im Boden immer zuerst die wasserlösliche Substanz zersetzt, dann folgen Proteine, gewisse Hemizellulosen und Zellulosen. Lignine sind in durchlüftetem Boden widerstandsfähiger, in wasserhaltigem Boden praktisch unzersetzbar. Einen beträchtlichen Teil der organischen Substanz im Boden liefern die großen Massen abgestorbener Mikroorganismen, Fungusmycelium, Sporen, Bakterienzellen, Protozoen usw.[2]. Vom vorwiegend biochemischen Standpunkte aus betrachtet Stoklasa den Waldhumus und sagt, er sei eigentlich „ein Nebenprodukt der Atmung der Mikroben". Die biochemischen Prozesse im Waldboden werden von der Qualität und Quantität, von der Anzahl und Aktivität der Mikroben beeinflußt, wie das schon von Ramann festgestellt worden war[3]. Nach Stoklasa soll auch die Radioaktivität des Bodens Einfluß haben. Die Humifikation findet in den tieferen Schichten des Waldbodens, und zwar in schwacher Anaerobiose statt. Die Zellulose wird fast vollkommen abgebaut und das eigentliche Material für die Humusbildung liefert Lignozellulose und Lignin sowie die vorhin erwähnte Zellsubstanz abgestorbener Mikroben[4]. Falck[5] teilt jene Fadenpilze, von denen die verholzte Membran abgebaut wird, nach pflanzenphysiologischen Grundsätzen ein in Lignin abspaltende und konservierende, in „Humusbildner" und in Lignin zersetzende: „Humuszehrer". Weiterhin gibt es Zellulosezehrer, die beim Abbau in jedem Falle in Tätigkeit treten. Im Laubwalde sind Ligninzehrer aus der Gruppe der Basidiomyzeten sehr verbreitet, im reinen Nadelwald hingegen sind diese in ungenügender Zahl vertreten.

Der Gang der Verwesung von Nadel- und Laubstreu wird von Bühler des genaueren beschrieben. Es zeigt sich, daß in zwei Jahren ein vollständiger Abbau zu Moder und Mull eintritt. Ein erheblicher Unterschied zwischen den einzelnen Holzarten läßt sich nicht feststellen. Bezüglich des Einflusses der Holzarten ist

[1] Helbig, M. u. E. Jung: Experimentelle Untersuchungen über Waldstreuzersetzung. Allg. Forst. u. Jagd-Ztg. **105**, 336ff. (1929). — Hier die einschlägige Literatur soweit diese für die Bodenbildung in Betracht kommt, vgl. auch dieses Handbuch **1**, 152; **2**, 224. — Jenny, H.: Gesetzmäßige Beziehungen zwischen Bodenhumus und Klima. Naturwiss. **1931**, H. 41.

[2] Waksman, S. A.: Die chemische Natur der organischen Bodensubstanz, Methode ihrer Analyse und die Rolle der Mikroorganismen bei ihrer Bildung und Zersetzung. Ref. Jb. Moorkunde **17** (1929). — Waksman, S. A., Fl. G. Tenney u. K. R. Stevens: Die Tätigkeit der Mikroorganismen bei der Umwandlung organischer Substanz auf Kalkboden. Ref. ebenda. 97. — Lundegårdh, H.: Klima und Boden, S. 365. Jena 1930.

[3] Ramann, E.: Bodenkunde, S. 148. Berlin 1911.

[4] Stoklasa, J.: Humusbildung im Waldboden. Zbl. Forstwes. **1930**, 184.

[5] Falck, R.: Nachweise der Humusbildung und Humuszehrung durch bestimmte Arten höherer Fadenpilze im Waldboden. Forstarch. **1930**, 366.

ERDMANN anderer Meinung (s. unten). Die Bodenart wirke insofern ein, als die nährstoffarmen Bunt- und Keupersandsteinböden eine Verlangsamung der Verwesung hervorriefen. Dementsprechend sind auch die Trockentorfböden eher auf den Böden solcher und ähnlicher Gesteine anzutreffen[1]. Die Streuzersetzung wird nach OELKERS[2] bedingt durch 1. die unabänderlichen Standortsfaktoren, 2. den veränderlichen Einfluß des Bestandes nach Holzart und Schlußgrad, bestimmt durch die Wirtschaft, 3. die Holzarten des Bestandes; letztere hat man, wie noch gezeigt werden wird, in Humusmehrer und -zehrer eingeteilt[3], doch ist dieser Begriff kein absoluter, er richtet sich vielmehr nach Klima und Boden. Allerdings ist die Holzart als solche zur Humusansammlung durch die von ihr hervorgebrachte Streumenge veranlagt (Kiefer auf je 1 m^3 im Jahre 0,25 kg, Buche 0,44 kg, Fichte 1,4 kg; demnach ist die Kiefer am wenigsten gefährdet). Ein Harz- oder Wachsgehalt wirkt hindernd auf die Zersetzung ein; er ist am höchsten bei der Kiefer, am kleinsten bei der Buche und Eiche. Verlangsamt wird die Zersetzung durch geringen Basengehalt des Bestandesabfalles; Humusanhäufung kann, abgesehen von diesen Besonderheiten bei Fehlern in der Auswahl der Holzarten (nicht standortsgemäßen) und bei zu dichtem Schlusse der Bestände jedoch beobachtet werden[4]. Nach VATER[5] beginnt der Humifizierungsvorgang schon in der Streu, obwohl die Streunadeln äußerlich noch ihre Gestalt bewahren. Mit Recht sagt HEUELL[6], daß beim Abbau der Streu jene Basen die wichtigsten sind, die in der Streu selbst vorhanden sind, da sie in erster Linie die Neutralisation der sauren Zersetzungsprodukte bewirken. Auf einem an Basen reichen Boden ist das Ausgangsmaterial des Humus bei derselben Holzart wesentlich günstiger beschaffen als auf einem basenarmen Boden. Die Alkalität des Humus ist jedoch gegenüber der des Ausgangsmaterials eher gering; die Alkalien werden in der sich zersetzenden Streu rasch ausgewaschen.

Der Abbau der Humussubstanzen ist also sehr vom Gehalt der „Förna" an sauren oder basischen Pufferstoffen abhängig, und zwar besonders dann, wenn es sich um Auflagehumus handelt, der von den chemischen Beeinflussungen seitens der mineralischen Unterlage abgeschnitten ist. Im übrigen geht der Abbau der Pflanzenstoffe keineswegs immer eindeutig nach den vorhin mitgeteilten Gesetzmäßigkeiten vor sich, sondern Stickstoffgehalt, Nitrifikation usw. können ihn weitgehend beeinflussen[7].

Die einer kalkreichen Gegend entstammende Humusablagerung ist meist selbst auch kalkreicher als die aus Silikatgesteinsgebieten. Dies zeigte sich bei den Untersuchungen des Verfassers über Alpenmoder[8]; diese Humusart ist in den Kalkalpen reicher an Kalk als in den Zentralalpen; hier hingegen weist sie mehr

---

[1] BÜHLER, A.: Waldbau 1, 297ff. Stuttgart 1918.

[2] OELKERS, J.: Waldbau 1, 45. Hannover 1930.

[3] ERDMANN,: Waldbau auf natürlicher Grundlage. Z. Forst- u. Jagdwes. **1926**.

[4] OELKERS, J.: a. a. O., S. 43ff. — NĚMEC, A.: Untersuchungen über die chemischen Veränderungen der organischen Substanzen bei der natürlichen Zersetzung der Humusauflagen in Wäldern. Z. Pflanzenern. usw. A **18**, 65ff. (1930), betr. Pentosan- und Extraktgehalt der Humusschicht. Der Harzgehalt der Nadelstreu scheint die Zersetzung der Streu zu verzögern, ebenso die Nitrifikation.

[5] VATER, H.: Die Humusauflage von Fichte und Kiefer. Mitt. sächs. forstl. Versuchsanst. Tharandt **3**, H. 4 (1929).

[6] HEUELL: Bestandesabfallzersetzung. Mitt. Forstwirtsch. u. Forstwiss. **1930**, H. 1.

[7] Unter „Förna" versteht HESSELMAN: Medd. Stat. Skogförsöksanst. **1926**, H. 22, die „unveränderten toten Überreste oder Abfallprodukte des Pflanzen- und Tierreiches", nach unseren Begriffen die Streu. — Vgl. auch dieses Handbuch **8**, 428f., sowie ferner H. SÜCHTING: Biologie des Waldbodens. Silva **1929**, Nr. 8; Forstarch. **1929**, 467. — Der Abbau der organischen Stickstoffverbindungen des Waldhumus durch biologische Vorgänge. Forstwiss. Zbl. **1925**.

[8] LEININGEN, W. Graf zu: Über Humusablagerungen in den Zentralalpen. Naturw. Z. Forst- u. Landwirtsch. **10**, 465 (1912).

Kali und Phosphorsäure auf. Nach Krauss[1] darf man in der Kalkversorgung und dem Kaliumsatz innerhalb der gleichen Holzart den wohl am wichtigsten endogenen Faktor für die Streuzersetzung und die milde oder saure Humusbildung (zahlenmäßig ausgedrückt durch die p_H-Zahl des wässerigen Auszuges) erblicken. Volger[2] hat bei den erheblichen Gegensätzen, die Hilssandstein- und Kreidekalkböden aufweisen, deutlich feststellen können, daß der Einfluß der Bodenart auf die Ansammlung von ungesättigtem Humus größer als der der Holzart ist. Auf den Kalkböden ergeben sich durch Anreicherung von Humus sogar schwarzerdeähnliche Böden.

Das Licht übt nach Kvapil und Němec[3] einen bedeutenden Einfluß auf die Zersetzungsvorgänge der Waldstreu aus; günstig wirkt zerstreutes Licht, wogegen unmittelbare Sonnenbeleuchtung als ungünstig bezeichnet wird. Dem besten physikalischen Boden- und Humuszustande, der durch Auftreten eines natürlichen Aufwuchses gekennzeichnet wird, entsprechen Mittelwerte von Lichtintensitäten und Lichtsummen. In dichten Fichtenbeständen, die nur geringe Mengen Licht auf den Boden gelangen lassen, ist die Durchlüftung (ausgedrückt in absoluter Luftkapazität) ungenügend; sie wird mit steigenden Werten der Lichtsummen günstiger, ebenso die Feuchtigkeit. Der Abbau der organischen Stoffe geht in lichteren Beständen besser vor sich, die Humussubstanz ist wertvoller, ihr Stickstoffgehalt höher. Die Azidität sinkt in lichten Beständen sichtlich, so daß man auf vorteilhaftere biochemische Verhältnisse schließen kann. Bei unmittelbarer Beleuchtung durch ungeschwächtes Sonnenlicht wird der Abbau der Streu verhindert, der Humus nimmt ungünstige Formen an und die Azidität steigt deshalb. In Laub- und Nadelholzmischbeständen sind die Einflüsse der Bodenbeleuchtung nicht so eindeutig zu erkennen, da Mischung und Lagerung der Bodenstreu eine größere Rolle spielen, doch bewirkt auch hier eine direkte Beleuchtung ungünstige chemische und physikalische Bodeneigenschaften[4].

Der Abbau der pflanzlichen Reste, nämlich der Streu usw., wird z. T. durch die Tiere des Bodens bewerkstelligt. Die Beziehungen der Bodenfauna zur Forstwirtschaft bestehen nach Friedrichs in dreierlei Hinsichten: 1. Die vielzelligen Organismen tragen durch Fressen vegetabilischer Reste und von Humus viel zur Bildung des Bodens und seiner Durchmischung bei. Auch die Bautätigkeit mancher Insekten verändert Bodenverhältnisse und Vegetation. 2. Alle Bodentiere sind in den Kreislauf des Stickstoffs eingeschaltet. 3. Viele Bodentiere, insbesondere Insekten, leben im Boden, z. B. als Larven, Puppen. (In ähnlicher Weise teilte Ramann die den Boden beeinflussenden Tiere ein, dabei besonders auf die Regenwürmer hinweisend[4].) Friedrichs nimmt auch eine Einteilung der Lebensgemeinschaften (Pflanzen und Tiere) nach den Standorten, Sümpfe, Moore, einschließlich der Brüche, Wälder (Waldtypen, Assoziationen), steppenartige Gebiete, Heiden, Wüsten, vor[5].

---

[1] Krauss, G.: Standortsbedingungen der Durchforstungsversuche im Sachsenrieder Forst. Mitt. Staatsforstverwaltung Bayerns 1925, 110. — Zur Aziditätsbestimmung in Waldböden. Forstwiss. Zbl. 1924.

[2] Volger, K.: Waldbaulich-bodenkundliche Beobachtungen auf sauren und schwach alkalischen Böden. Forstarch. 1930, 353.

[3] Kvapil, K. u. A. Němec: Über den Einfluß des Lichtes auf einige physikalische und chemische Bodeneigenschaften in reinen Nadel- und Laubholzbeständen sowie in gemischten Beständen. Zbl. Forstwes. 1927, 129ff.

[4] Vgl. hierzu dieses Handb. 7, 356.

[5] Friedrichs, K.: Grundfragen und Gesetzmäßigkeiten der land- und forstwirtschaftlichen Zoologie 1. Berlin 1930. — Francé, R.: Das Edaphon. Stuttgart 1921. — Ramann, E.: Bodenkunde. Berlin 1911; hier Arbeiten von Henry, Darwin u. a. angeführt. — Pillai, S. K.: Beiträge zur Kenntnis der Fauna der Waldstreu (Kiefernstreuuntersuchungen). Z. angew. Entomol. 1921, H. 1. — Escherich, K.: Die Streufauna. Forstwiss. Zbl. 1922, H. 1. — Pfetten, J. Freiherr von: Beiträge zur Kenntnis der Fauna der Waldstreu (Fichtenstreuuntersuchungen). Ebenda 1925.

Für den Abbau organischer Stoffe im Boden sind von großer Bedeutung die Regenwürmer. Die Tätigkeit derselben, deren Vorkommen in Mitteleuropa hauptsächlich nur im Laubwalde ins Gewicht fällt, hat DÜGGELI ausführlich beschrieben. Von Bedeutung für das Leben der Lumbriciden ist Feuchtigkeit und Humusgehalt des Bodens; kalkhaltige Böden von neutraler Reaktion werden bevorzugt. Im Süden, z. B. im Karstwalde, kommen Regenwürmer in großer Zahl auch unter Nadelholz (Schwarzkiefer) vor und verursachen dort ausgesprochenen Mullboden. Unter Rohhumusboden und in Heideböden fehlen sie, während sie in dichten Buchen und Hainbuchenbeständen (wohl auch unter Eiche) massenhaft vorkommen. Die Gegenwart oder das Fehlen der Würmer ist vielfach von der den Boden besiedelnden Pflanzengesellschaft abhängig, so daß GRANDEAU vorgeschlagen hat, Hainbuchen anzupflanzen, um die Entwicklung der Regenwürmer anzuregen. Nachdem nun durch letztere eine starke Umarbeitung, außerdem eine Veränderung des Bodens in chemischer Hinsicht und eine bedeutende Verbreitung der Bakterien betätigt wird[1], anderseits die Abhängigkeit dieser Würmer von der Holzart festgestellt wurde, hat man es auch hier mit Wechselwirkungen zwischen Pflanzen und Boden zu tun. Das gleiche ist hinsichtlich der Bakterienflora zu sagen, die DÜGGELI in alpinen Böden studiert hat, wobei ebenfalls die Abhängigkeit der einzelnen Arten, sowie deren Anzahl und Tätigkeit (Einwirkung auf den Boden) von der Eigenart der letzteren (Acker-, Matten-, Wiesen-, Waldböden) festzustellen ist. Es zeigt sich, daß in alpinen Rohhumusböden die Zahl der Bakterien im allgemeinen stark zurückgeht. Die Rohhumusproben aus der alpinen und subalpinen Zone sind nach DÜGGELI arm an nachweisbaren Bakterien, wenn man andere Böden alpiner Herkunft zum Vergleich heranzieht. Neben der Wasserstoffionenkonzentration, durch deren Ansteigen die Anzahl der Spaltpilze heruntergedrückt wird, spielen noch die Pufferung des Bodens, die Durchlüftung (auch verursacht durch Regenwürmer) usw. eine bedeutungsvolle Rolle. Nitrifizierende und aerobe stickstoffixierende Bakterien vom Typus des Azotobacter chroococcum konnten in den Rohhumusproben (die jedoch nach Lage der Verhältnisse als Alpenmoder anzusprechen wären) nicht nachgewiesen werden, anaerobe Zellulosevergärer fehlten, oder sie waren nur in sehr bescheidener Menge gegenwärtig[2].

Humusmehrer und Humuszehrer und die Bekämpfung des Rohhumus.

Humusmehrer und Humuszehrer. Hinsichtlich der Eigenschaft einzelner Holzarten, als Humusbildner oder Humuszehrer aufzutreten, kann man sie nicht ganz allgemein als zu der einen oder anderen Gruppe gehörig bezeichnen, sondern immer nur in Ansehung eines ganz bestimmten Wuchsgebietes[3]. ERDMANN mußte, wie KRAUSS mit Recht hervorhebt[4], unter den nordwestdeutschen

[1] DÜGGELI, M.: Die Wechselbeziehungen zwischen niederen Organismen und der Fruchtbarkeit unserer Böden. Konf. schweiz. Kulturingenieure. Zürich 1926. — Studien über die Bakterienflora alpiner Böden. Geobot. Inst. RÜBEL, H. 3. Zürich 1925. — Es scheint sich jedoch hier vielleicht um Alpenmoder, nicht um Rohhumus zu handeln.

[2] DÜGGELI, M.: Der Einfluß von Rohhumus auf die Bakterienflora der Böden. Vjschr. Naturforsch. Ges. Zürich **1928**, 307. — Vgl. dieses Handbuch **7**, 239f.; **8**, 599f.

[3] Schon C. EMEIS gibt nach VOLK: Silva **1930**, 259, eine Einteilung der Holzarten in Humuszehrer und Humussammler. — Auch P. E. MÜLLER stellt Betrachtungen darüber an, welche Pflanzen der Bodendecke und welche Holzarten im Klima Dänemarks Rohhumus bilden; er nennt vor allem die Buche, dann die Fichte; nur ausnahmsweise ruft die Eiche Torf hervor. (Natürliche Humusformen, S. 160ff. Berlin 1887.) — W. EMEIS: Der Eichenkratt. Mitt. Dendrolog. Ges. **1930**.

[4] KRAUSS, G.: Rotbuchenlaub. Forstwiss. Zbl. **1926**, 402; neuerdings hat G. KRAUSS selbst gezeigt, daß nicht die Holzart, sondern der Standort für die Rohhumusbildung maßgebend ist; die Rotbuche ist wohl das beste Beispiel dafür. — ERDMANN: Der Waldbau auf natürlicher Grundlage. Z. Forst- u. Jagdwes. **1926**.

Standortsverhältnissen dazu kommen, Eiche und Birke als Humuszehrer, Buche und Fichte als Humusbildner zu bezeichnen, wobei allerdings eine ungünstige Humusform, Trockentorf, gemeint ist. In Süddeutschland hingegen gilt die Buche als bodenpflegliche Holzart, im Osten Deutschlands ist die Kiefer humuszehrend[1].

Beide Autoren sprechen sich übereinstimmend dahin aus, daß ein ungünstiger Standort (z. B. Flottsand, Buntsandstein-, Quader-, Hilssandsteinboden, sämtliche kalkarm) den Trockentorf hervorruft; die Holzart selbst kann, wie vorhin gezeigt wurde, auf verschiedenen Standorten ein entgegengesetztes Verhalten aufweisen. Was Buche und sonstige Holzarten auf minderen Standorten betrifft, sei noch folgendes angeführt: „Im Seeklima bereitet die Buche sich selbst ein langsames, aber sicher wirkendes Gift", schreibt Stephan[2]. Dies gilt für Sandböden; auf gutem Boden tritt die Neigung zur Rohhumusbildung zurück, zumal wenn Laubhölzer, wie Eiche, Esche, Ahorn, Ulme, beigemischt sind. Volk[3] sagt, daß die Buche auf den schweren Böden der Lüneburger Heide ein gutes Gedeihen findet, so daß sie andere Holzarten sogar bis zur Alleinherrschaft zurückdrängt und schließlich aber im Reinbestande Trockentorf verursacht. In Nordschleswig hat eine Generation Fichten auf Buchenböden der besseren Standorte durch Bildung von Rohhumus zu einer Auslaugung des Oberbodens und zur Entstehung von Ortstein Veranlassung gegeben, und zwar in dem geringen Zeitraum von 60—70 Jahren. In angrenzenden Buchenbeständen ist hingegen der Boden frei von Ortstein geblieben. Die Schuld an der Bodenentartung trägt der für die Fichte ungeeignete Lehmboden und das ausgesprochen ozeanische Klima[4].

Nach dem jetzigen Stande unseres Wissens ist jedenfalls die Annahme der Prädestinierung einer bestimmten Holzart zur Bildung von schlechten Zersetzungsformen der Streu auf Grund ihrer stofflichen Eigenart nicht aufrecht zu erhalten; die Abbauschwierigkeiten sind vielmehr von den wechselnden Standortsfaktoren und von der Wirtschaftsführung abhängig. Nähern sich jedoch die Zersetzungsbedingungen ungünstigen Verhältnissen, so wirkt ein höherer Ligningehalt unvorteilhaft, der Basengehalt hingegen ausgleichend; die Gefährdung der Zersetzung wäre dann nach Hackmann[5] bei gleichen Verhältnissen von der Fichte zur Kiefer und zu den Laubhölzern in fallendem Maßstabe festzustellen. Heuell äußert sich ähnlich wie Krauss. Nämlich über die Trockentorfbildung entscheidet in erster Linie der Standort, bei gleichem Standort die Holzart. Bei gleichem Standort und gleicher Holzart ist ausschlaggebend für Trockentorfbildung die Bestandeswirtschaft[6] (Lichtschluß, Dichtschluß usw.). Kleberg

[1] Volger, K.: Studienreise nach Neubruchhausen. Forstwiss. Zbl. **1923**, 124. — Die Bewirtschaftung des Hilssandsteins im Forstamtsbezirke Wenzen. Ebenda **1926**. — Humuszehrer. Ebenda **1926**, 663. — Weitere Literatur und sonstige diesbezügliche Angaben: W. Graf zu Leiningen: Edaphische Faktoren. In K. Rubner: Pflanzengeographische Grundlagen des Waldbaus, S. 148. Neudamm 1925. — Wenn die Kiefer gelegentlich als „Humuszehrer" bezeichnet wird, stockt sie nach R. Albert auf humuszehrenden Sanden; was die Ansichten von G. Krauss u. K. Volger nur bestätigt. — Siehe R. Albert: Die ausschlaggebende Bedeutung des Wasserhaushaltes diluvialer Sande für die Ertragsleistungen unserer Diluvialsande. Z. Forst- u. Jagdwes. **1924**.

[2] Stephan: Forstliche Probleme Schleswig-Holsteins. Z. Forst- u. Jagdwes. **1923**.

[3] Volk: Waldbauliche Verhältnisse in der Lüneburger Heide. Silva **1930**, 257.

[4] Schröder, H.: Bodenrückgang unter Fichte. Z. Forst- u. Jagdwes. **1919**, 439.

[5] Hackmann, G.: Der Stand der Humusforschung. Forstarch. **1930**, 47.

[6] Heuell: Bestandesabfallzersetzung. Mitt. Forstwirtsch. u. Forstwiss. **1930**, H. 1. — Gehring, A., B. Heinemann, A. Peggau u. O. Wehrmann: Die Entstehung von Trockentorf im Gebiet des Hils (Braunschweig). Forstwiss. Zbl. **1928**: Auf Böden gleicher chemischer Zusammensetzung ist die Wirkung der Holzart hinsichtlich der Trockentorfbildung besonders bedeutungsvoll. Die Art des Bodens, seine Reaktion und sein Basengehalt werden sich diesbezüglich bemerkbar machen.

erwähnt, daß Rohhumus in Nadelholz-, besonders in Kiefernwaldungen, häufiger als in Laubholzbeständen auftritt. Es hat dies z. T. seine Ursache darin, daß die Nadeln wegen ihres Harzgehaltes sich schlechter zersetzen, z. T. beruht die Humusansammlung darauf, daß Kiefern vorwiegend in Gegenden und an Stellen angebaut werden, deren klimatische und edaphische Verhältnisse für die Ausbildung von Rohhumus günstig sind. Aber auch der Mischwald schützt allein nicht vor Rohhumusbildungen, wenngleich sein gemischter Bestandesabfall leichter verwest[1].

Die Lärche wird von ERDMANN[2] als Humuszehrer im wirtschaftlichen und physiologischen Sinne erwähnt; sie soll gelegentlich Laubholztrockentorf zum Verschwinden bringen. Der Fichtenhumus ist nach DENGLER in den urwüchsigen (standortsgemäßen) Beständen Ostpreußens fast durchweg im Mullzustand; den nordwestdeutschen Begriff Trockentorf kennt man dort nicht einmal von dicht geschlossenen Fichtenbeständen[3]. Der reine Buchenbestand hat in Böhmen (Gegend von Cáslav) einen auf den allgemeinen Zustand des Waldbodens durchweg günstigen Einfluß, und zwar betreffend Form und Zusammensetzung der Buchenstreu, ferner auch in bezug auf physikalische und biochemische Zustände in Buchenböden, was alles im Gegensatz zu den geschlossenen Fichtenbeständen steht. Der aus Laub- und Nadelhölzern gebildete Mischwald beeinflußt den allgemeinen Zustand des Bodens günstiger[4]. Wenn sich unter einer Holzart eine ungünstige Humusform ausgebildet hat, so ist unter Umständen hierfür nicht der Bestand verantwortlich zu machen, sondern die niedere Bodendecke; diese kann aber auch den Humus aufzehren, wie das von den Gräsern im Walde bekannt ist. Auf die Rolle der Angergräser als Zersetzer des Moor- und Trockentorfes hat RAMANN[5] aufmerksam gemacht.

WIEDEMANN bezeichnet im Gegensatz zu RAMANN die Molinia coerulea keineswegs für einen Torfzehrer; sie siedelt sich auf Rohhumus an und trägt in Sachsen durch ihre schwer zersetzlichen Wurzelstöcke wesentlich zur Vermoorung bei[6]. Als Rohhumusbildner bezeichnet LUNDEGÅRDH gewisse oligotrophe Gräser, die unter anderen in Waldlichtungen vorkommen, so die Angergräser, die nach seiner Ansicht einen lockeren und feinkörnigen Rohhumus bilden. Nach Beobachtungen des Verfassers handelt es sich jedoch um schon vorhanden gewesenen Auflagetorf, der auf Lücken im Walde von solchen Humuszehrern besiedelt, stark durchwurzelt und hierdurch dem Abbau entgegengebracht wird, was im größten Maßstabe auf Kahlflächen vor sich geht[7]. RAMANN beschreibt die Kleinsträucher (Heide, Heidelbeere usw.) als Rohhumusbildner[8]. Natürlich geht Hand in Hand damit die Podsolierung des Bodens vor sich; sie ist deutlich nach dem Waldtypus abgestuft und steht in Zusammenhang mit der Abwesenheit basischer Pufferstoffe im Boden und der Förna (Streu), wie Untersuchungen von HESSELMAN[9] gezeigt haben.

---

[1] KLEBERG, TH.: Zersetzungsvorgänge im Waldhumus. Landw. Jb. **66**, 317 (1912).

[2] ERDMANN: Der Waldbau auf natürlicher Grundlage. Z. Forst- u. Jagdwes. **1926**, 17.

[3] DENGLER, A.: Die Horizontalverbreitung der Fichte und Weißtanne. Mitt. forstl. Versuchswes. Preußens **1912**.

[4] KVAPIL u. NĚMEC: Beitrag zur Frage des Einflusses reiner Fichten- und Buchenbestände, sowie durch beide Holzarten gebildeter Mischbestände auf einige Eigenschaften des Waldbodens. Z. Forst- u. Jagdwes. **1925**.

[5] RAMANN, E.: Bodenkunde, S. 476. Berlin 1911. — PUCHNER, H.: Bodenkunde für Landwirte, S. 82ff. Stuttgart 1923. — BÜHLER, A.: Waldbau **1**, 298, Stuttgart 1918, gibt Genaueres über Holz- und Bodenarten betr. Trockentorfbildung an.

[6] WIEDEMANN, E.: Zuwachsrückgang und Wuchsstockungen der Fichte, S. 65. Tharandt 1927.

[7] Siehe dieses Handbuch **7**, 358. [8] RAMANN, E.: a. a. O., S. 469ff.

[9] HESSELMAN, H: Medd. Stat. Skogsförsöksanst. **1926**, H. 22, Nr. 5; zit. von H. LUNDEGÅRDH: Dieses Handbuch **7**, 358 (unter Rohhumus und Podsol). — BÜHLER, A.: Waldbau **1**,

Hinsichtlich ihres ganz hervorragenden Einflusses auf Boden und Wald müssen hier noch die Torfmoose (Sphagnumarten) besprochen werden. Diese können nämlich dem Walde sehr gefährlich werden, vorausgesetzt, daß ein für ihre Entwicklung günstiges, d. h. luftfeuchtes und nicht zu niederschlagsarmes Klima vorhanden ist. Das „örtliche", durch Exposition oder durch das Kronendach des Waldes bedingte Klima spielt diesbezüglich eine bedeutende Rolle. Hierfür seien einige Beispiele angeführt: Im Sandstein- und Kalkgebiete des Wienerwaldes fehlen wohl wegen der zu geringen Luftfeuchtigkeit, Sphagnumhochmoore; dennoch findet man gelegentlich Sphagnumpolster, wo örtlich größere Luftfeuchtigkeit und geringere Temperaturen herrschen; so hat sich in einer verschlossenen Tieflage auf Rohhumus, der aus Heide und Heidelbeere und (der nicht standortsgemäßen) Kiefer entstanden sein dürfte, Sphagnum (wohl meist acutifolium und quinquefarium) sogar zusammenhängend auf einer Fläche von 1500 m² angesiedelt[1].

Ramann[2] sagt: „Die bevorzugten Standorte der Torfmoose sind vorgebildete Schichten von Rohhumus." — Zunächst findet sich Sphagnum acutifolium ein. Selbst auf ganz trockenen und durchlässigen Schutthalden im Kalkgebirge (Achensee) siedeln sich Sphagnumarten sehr ausgiebig an, wenn durch die Bergkiefer vorher eine Rohhumusdecke hervorgerufen wurde, und es kommt zur Ausbildung von Gehängemooren[3]. Vom Hochmoor aus dringen bekanntlich die Sphagnumarten in benachbarte Wälder vor und werden dort den Bäumen durch Sauerstoffarmut, die sie im darunter befindlichen Boden hervorrufen, gefährlich. Die Vermoorung der Wälder ist nicht nur für die skandinavischen Länder gefährlich, sondern auch für Mitteleuropa. Besonders leicht werden Fichtenwälder in kühlen, niederschlagsreichen Gegenden auf kalkarmem Boden von Torfmoosen überfallen und schließlich verdrängt[4]. Ein Beispiel hierfür bringt Hassenkamp bei. Nach zwei Generationen reinen Fichtenbestandes stellen sich auf einem feuchten Boden (Mulde mit undurchlässigem Geschiebelehm, Jagen 81 bei Erdmannshausen) Torfmoose ein, die Fichten sterben ab. Von dem dort befindlichen 1 m mächtigen Waldtorf gehören aber nur 40 cm Torf dem Nadelholz an, die anderen 60 cm waren schon durch Eiche und Buche gebildet; demnach muß man in solchen Fällen auch den Standort, nicht eine bestimmte Holzart allein für die Vermoorung verantwortlich machen. Auch an anderer Stelle fand Hassenkamp

---

390ff. Stuttgart 1918: Bodenbiologie u. a. lebende Bodendecke. — Funk, G.: Schutz gegen Forstunkräuter, behandelt (in R. Hess u. R. Beck: Forstschutz. Neudamm 1930) u. a. auch die Bodenpflanzen sehr ausführlich. — Betr. Seegras siehe Rebel, K.: Waldbauliches aus Bayern **2**, 94. Dießen 1924. — K. Rebel u. B. Gossner: Das Seegras, seine Nutzung und seine Ansprüche an den Boden. Naturwiss. Z. Forst- u. Landwirtsch. **1907**.

[1] Gilli, A.: Initialstadium eines Sphagnetums in einem torfmoorfreien Gebiet. Österr. Bot. Z. **79**, 307.

[2] Ramann, E.: Bodenkunde, S. 209ff. Berlin 1911. Für die baltischen Provinzen hatte der Genannte die Umbildung von Wald in Moor auf dem Umwege über die Ansiedlung von Sphagneen schon früher festgestellt (Wald und Moor in den russischen Ostseeprovinzen. Z. Forst- u. Jagdwes. **1895**, 9).

[3] Leiningen, W. Graf zu: Humusablagerungen in den Kalkalpen. Naturwiss. Z. Forst- u. Landwirtsch. **1909**, 259.

[4] Dengler, A.: Waldbau, S. 13. Berlin 1930. — Hesselman, H.: Über den Sauerstoffgehalt des Bodenwassers und dessen Einwirkung auf die Versumpfung des Bodens und das Wachstum des Waldes. Meddelanden **1910**, H. 7. — Romell, L. G.: Die Bodenventilation als ökologischer Faktor. Ebenda **1922**, H. 19, Nr. 2, 351 betr. geringen Sauerstoffgehalt in versumpften Rohhumusböden; trockene Bodendecken dieser Art sind für die Durchlüftung kaum gefährlich. — Malmström: Eine botanische, hydrologische und entwicklungsgeschichtliche Untersuchung eines nordschwedischen Moorkomplexes. Ebenda **1923**, H. 20. — Leiningen, W. Graf zu: Beschreibung von Mooren in der Umgegend von Schongau. Naturwiss. Z. Land- u. Forstwirtsch. **1906**, 248.

ein Waldmoor, das sich aus einem Erlen-Birken-Mischbestand (mit günstiger Waldstreu) entwickelt hatte[1]. RAMANN geht soweit, daß er sagt, ausgedehnte Hochmoore der Küstengebiete sowie die meisten Moore der Hochlagen in Mittelgebirgen seien durch Versumpfung ursprünglich vorhandener Wälder gebildet worden. Zum gleichen Ergebnis kommt BACKMAN in seiner Betrachtung über die Entstehung der Moore, die in Oesterbotten auch so gut wie ganz durch Versumpfung von Waldboden hervorgegangen sind[2]. CAJANDER sagt von Finnland geradezu, daß ungeheure Areale allerbesten Waldbodens seit der letzten Vereisung in Moor übergegangen seien, und daß die Versumpfung auch jetzt noch, vielleicht sogar mit zunehmender Schnelligkeit, fortschreite und damit das Land mit einer trostlosen Zukunft bedrohe. Durch Waldverwüstung wird der bisherige Wasserverbrauch des Waldes, der einer Entwässerung gleichkommt, ausgeschaltet, und tiefer gelegene Orte werden dadurch feuchter; auf diese Art versumpfen sie dann noch leichter und früher als bisher[3]. Nach HAGLUND spielen auch Waldbrände eine bedeutende Rolle, und zwar im gleichen Sinne. Begreiflicherweise ist die Versumpfung des Waldbodens im Norden Finnlands noch gewaltiger als in den südlichen Breiten. In Lappland läßt der einen großen Teil des Jahres über gefrorene Boden viel Wasser oberflächlich abfließen, vernäßt die in der Umgegend befindlichen Wälder und beschleunigt dadurch ihre Vermoorung. Durchlässige Böden mindern diese Gefahr etwas. Noch weiter nördlich (Halbinsel Kola) nimmt die Versumpfung ab; Torfbildungen sind zwar häufig, aber eigentliche Moore selten. Im Tundragebiet Sibiriens und in Grönland sind keine mächtigen Torflager zu finden[4]. Dies dürfte mit den klimatischen Verhältnissen und der hierdurch bedingten kürzeren Vegetationsdauer (ähnlich wie in unseren Hochgebirgen) zusammenhängen. Hochmoor wird also in einem ihm zusagenden Klima den Wald leicht verdrängen können. Die Hauptrolle spielt im Kampfe der Moorpflanzen gegen den Wald das Sphagnum, von dem DENGLER[5] sagt: „Es ist besonders eigenartig, daß ein so winziges und zartes Gewächs einem so starken und riesenhaften Gebilde wie einem Waldbaum gefährlich werden kann." Hier hat eben der Grundsatz RAMANNS vollste Geltung, daß die niedere Pflanzendecke, wenn sie geschlossen auftritt, entscheidend für die Eigenschaften der Böden wird[6]. Auf die Vorgänge in der „Kampfzone", wo Hochmoor in den Wald vordringt, hat Graf LEININGEN hingewiesen, indem er sagt: „Im Kampf mit den höheren Pflanzen ist die niedere Vegetation des Hochmoors anspruchsvollen Pflanzen gefährlicher als die niedere Flora der Flachmoore." Letztere verschwindet größtenteils, sowie sich größere Vegetation einfindet. Wenn Nadelwald sich im Flachmoorgebiet auf die Dauer nicht behaupten kann, sind nicht etwa die Pflanzen des Flachmoores

[1] HASSENKAMP: Rohhumusbildung usw. Z. Forst- u. Jagdwes. **1928**, 14.

[2] RAMANN, E.: a. a. O., S. 212. — BACKMAN, A. L.: Mooruntersuchungen im mittleren Oesterbotten. Acta for. Fennica **12** (1920). — Hier werden von H. v. POST u. NORRLIN u. a. angeführt, die in gleichem Sinne berichten.

[3] CAJANDER, A. K., zweifelt die dränierende Wirkung des Waldes an; indes hat sie für Mitteleuropa gewiß große Bedeutung; für den Norden mag die durch Transpiration der Bäume bewirkte Entwässerung allerdings kaum ausreichen!

[4] CAJANDER, A. K.: Studien über die Moore Finnlands. Acta for. Fennica **2** (1913). — BERSCH, W.: Die Moore Österreichs. Z. Moorkultur **1907**, 175: Zahlreiche galizische Moore und die Rheinmoore Vorarlbergs sind aus ursprünglich bewaldeten Schwemmländern (Bruchwäldern) durch Wasserstauung entstanden. — HAGLUND (zit. von CAJANDER) hebt die Rolle von Polytrichum neben Sphagnum hervor. — KIHLMAN, A. O.: Pflanzenbiologische Studien aus Russisch-Lappland. Acta Soc. fauna flora fennica **6** (1890). Betr. Zurücktreten der Sphagna. — MIDDENDORFF, A. TH. VON: Reise nach dem äußersten Norden und Osten Sibiriens. St. Petersburg 1864. Betr. Tundragebiete.

[5] DENGLER, A.: Waldbau, S. 15. Berlin 1930.

[6] RAMANN, E.: Bodenkunde, S. 462. Berlin 1911.

daran schuld, sondern die auf dem Nadelauflagehumus sich ausbildenden Sphagnumpolster, die den Wald schließlich in Rohhumus überführen, wie das selbst für niedere Lagen Bayerns nachgewiesen wurde[1]. Man muß also in manchen Fällen den Wald gegen die Torfmoose schützen. Versuche in einem Hochmoore des Harzes ergaben nach Kautz[2], daß Gräben von geringem Gefälle ausreichten, um die Sphagneen eingehen zu lassen, worauf sich an ihrer Stelle Molinia coerulea ansiedelte.

Rohhumusbekämpfung. Helbig[3] sagt mit Recht: „Das beste Mittel gegen Trockentorf ist Vorbeugung gegen sein Entstehen." Als zweckdienliche Mittel werden standortsgemäße Mischbestände, Unterbau von Buche unter Lichtholz, Entwässerung in feuchten Fichtenbeständen, Einschränkung des Kahlschlages[4], Verstärkung des zu lockeren Bestandesschlusses, femelartige Waldbehandlung angegeben. Der gleiche Grundsatz gilt hinsichtlich aller Bodenverschlechterungen, die infolge von Trockentorfanhäufung, wie Solverwitterung, Ortstein und Durchschlämmung eintreten. Von vorbeugenden Maßregeln gegen Rohhumus nennt Oelkers folgende: Wahl der Holzarten nach Maßgabe von Klima und Boden; Vermeidung von Reinbeständen der Fichte, Tanne und Buche, was wohl mehr für norddeutsche und ähnlich geartete Verhältnisse gilt, endlich entsprechende Durchforstung[5].

Nach Heuell ist eines der wichtigsten Mittel zur Beeinflussung des Humuszustandes die Regelung der Bestandesstellung; durch Öffnen des Kronendaches kann man dem Boden mehr Wärme und Niederschläge zuführen, ein zu weit geöffnetes Kronendach oder fehlender Seitenschutz kann weitgehende Austrocknung in den oberen Bodenschichten hervorrufen, in kalten Nächten kühlt der Boden auch stärker als im geschlossenen Bestande ab; hierdurch kann die Zersetzung geschädigt werden. Ein guter Maßstab für die richtige Durchforstung jeder Holzart auf dem betreffenden Standort ist die Bodenbegrünung, die sich bei der Lockerung des Kronenschlusses einstellt und je lichter der Bestand wird, um so stärker zutage tritt. Nur forstlich gleichartige Standorte dürfen miteinander verglichen werden. Auf kalkreichen Böden ist z. B. vielfach noch bei einer Bestandesdichte eine Begrünung möglich, wie sie in gleicher Stärke auf kalkarmen Böden erst bei erheblich stärkerer Kronendurchbrechung eintritt. Der hohe Kalkgehalt und die hierdurch bedingte gute physikalische Beschaffenheit lehmiger Böden ersetzt nämlich z. T. die Wärme[6]. Durchforstungen auf kalkarmen und kalkreichen Böden sind deshalb mit Rücksicht auf eine gute Humuszersetzung verschieden stark zu führen.

Wo sich schon Trockentorf ausgebildet hat, kann man, wie Helbig[7] ausführt, nach zwei Gesichtspunkten vorgehen: 1. man behandelt den Trockentorf an Ort und Stelle, 2. man entfernt ihn. Das erstere ist zweifellos für die Nachhaltigkeit

[1] Leiningen, W. Graf zu: Die Waldvegetation präalpiner bayerischer Moore, S. 22 u. 73. München 1907.

[2] Kautz, H.: Wasserpflege im Harz. Z. Forst- u. Jagdwes. 1909, 158.

[3] Helbig, M.: Über Trockentorfbekämpfung. Allg. Forst- u. Jagd-Ztg. 1925, 212. — Beck, R.: Vorzüge der Mischbestände. In T. Lorey u. H. Weber: Handbuch der Forstwissenschaft 2, 27. Tübingen 1925.

[4] Allgemein kann das nicht gelten; mitunter wird nämlich Kahlschlag als Mittel gegen Rohhumus empfohlen, s. „Kahlschlag", S. 419.

[5] Oelkers, J.: Waldbau, Teil I, Standortsfaktoren, S. 55. Hannover 1930. — Siehe auch Erdmann: Waldbau auf natürlicher Grundlage. Mitt. Dtsch. Landw. Ges. 1926, 579 u. 611. — Die Rohhumusfrage unter besonderer Berücksichtigung der schleswig-holsteinschen Verhältnisse. Landw. Wochenbl. f. Schleswig-Holstein 1928. — W. Emeis: Rohhumusfrage in Schleswig-Holstein. Silva 1928.

[6] Heuell: Bestandesabfallzersetzung. Mitt. Forstwirtsch. u. Forstwiss. 1930, 37.

[7] Helbig, M.: a. a. O., S. 209.

der Wirtschaft vorteilhafter, denn eine Entfernung des Trockentorfes ist unbedingt einer Beraubung des Bodens an Nährstoffen gleich zu stellen. Bei der Aufschließung des Trockentorfes muß man sich jedoch auch hüten, den Abbau durch allzu kräftige Mittel (z. B. hohe Gaben von Branntkalk) so rasch vor sich gehen zu lassen, daß die frei werdenden Nährstoffe von Pflanze und Boden nicht aufgenommen werden können und der Auswaschung anheimfallen. Schwache Trockentorfdecken sind häufig allein schon durch Bestandeslockerung zu beseitigen; bei Kahlschlag baut die Schlagflora (besonders die reich bewurzelten Grasarten) oft nur allzu rasch jeglichen Humus ab. Bei stärkerem Auflagetorf sind, wie schon angedeutet, besondere Maßregeln erforderlich. Findet eine Entfernung des Auflagetorfs statt, so müßte eine entsprechende Düngung als Ersatz für den Verlust gegeben werden. Heute neigt man aber mehr zu einer zweckdienlichen Behandlung, als zu einer Beseitigung des Auflagetorfes.

Auf ganz natürliche Weise verschwindet der Trockentorf auf Schlagflächen folgendermaßen: Durch Wärmezutritt und durch die Wurzeln der Schlagflora (Gräser, Rubusarten usw.) wird er rasch abgebaut; selbst eine Bestandeslockerung (Durchforstung) wirkt schon in diesem Sinne. Bei stärkeren Auflagerungen von Trockentorf wird eine Bodenbearbeitung zwecks oberflächlicher Durchmischung des Humus mit Mineralboden erforderlich sein. 'SIGMOND[1] empfiehlt bei Anhäufung von Rohhumus (mit mächtigen Polstern von Leucobryum und Ceratodon), wie diese auf äußerst dürftigen Sanden um Pilsen zu beobachten sind, eine starke Durchforstung, in Kieferbeständen einen Laubholzunterbau oder allenfalls Reisigdüngung. Kalkung und Düngung lohnen sich nicht, eher noch Lupinenanbau. Haubare Bestände sollen niemals im Kahlschlage verjüngt werden[2]. Zur Zersetzung der Streu ist, wie erwähnt, Wärme notwendig; im kühleren ozeanischen Klima kann nur durch unmittelbare Bestrahlung eine höhere Bodentemperatur erzielt werden; dies wird vermittels einer Hochdurchforstung erreicht. Doch soll durch die Herausarbeitung und Erhaltung eines Nebenbestandes ein gewisser Bodenschutz angestrebt werden[3]. In schwierigen Fällen kann Rohhumus überhaupt nur durch Kahlschlag zum Abbau gebracht werden. Zu dieser Ansicht neigt, was schwedische Fichtenwälder betrifft, auch HESSELMAN[4]. Endlich sagt WITTICH[5]: „Nicht eine Stockung, sondern eine erhebliche Beschleunigung der Umsetzung ist die Folge des Kahlschlages."

MÖLLER und HAUSENDORFF geben einen ausführlichen Bericht über die in Preußen während der Jahre 1912—1915 ausgeführten Kiefernkulturen, und zwar mit und ohne Verwertung des Rohhumus. MÖLLER[6] weist auf die Bedeutungslosigkeit der Mykorrhiza für die Stickstoffernährung hin und zeigte schon vor nahezu 30 Jahren, daß deshalb der Humus selbst für die Versorgung der Waldbäume mit Stickstoff herangezogen werden müsse. Demnach scheiden alle Kulturverfahren, die eine Nutzbarmachung des vorhandenen Rohhumus nicht ermöglichen, aus. So ist z. B. der Waldpflug hierfür unbrauchbar, der den Humus in breiten Schollen beiseite wirft, so daß er zwischen den Pflugfurchen oft jahrelang unverrottet liegen bleibt. MÖLLER hat dann mit SPITZENBERG und GEIST zusammen gearbeitet und als Ergebnis die bekannte Rohhumuskultur vermittels wühlender Geräte, die den Rohhumus oberflächlich mit Sand vermengen, wodurch

[1] 'SIGMOND, A. A. J. VON: Der Waldhumus 1929 (tschechisch); ref. Forstarch. **1930**, 453.

[2] Dies gilt wohl nicht allgemein, sondern für die oben erwähnten Verhältnisse; siehe auch Kahlschlag.

[3] HASSENKAMP: Einfluß von Standort und Wirtschaft auf die Rohhumusbildung in Erdmannshausen. Z. Forst- u. Jagdwes. **1928**, 3.

[4] HESSELMAN, H.: a. a. O. Meddelanden **1927**, H. 23, Nr. 6—7, 426.

[5] WITTICH: Der Einfluß intensiver Bodenbearbeitung, S. 96. Neudamm 1926.

[6] MÖLLER: Ein- und zweijährige Kiefern im märkischen Sandboden. Z. Forst- u. Jagdwes. **1903**, 257ff. — Siehe auch Abschnitt: Bodenbearbeitung, S. 439.

die Nitrifikation begünstigt wird, geschaffen. Es ist dies das sog. „Möllern". Die Eiche und Kiefer und am auffallendsten die Fichte sind bei Stickstoffversorgung durch Rohhumus den mit künstlichen Stickstoffdüngern ernährten Pflanzen an Wachstumsleistung und Gesundheit überlegen[1]. In besonders schwierigen Fällen, wie z. B. auf den sehr armen Böden um Neubruchhausen, wo das Möllersche Mischungs- und das v. Oertzensche Übererdungsverfahren versagen und auch auf biologischem Wege der Standort nicht zu beeinflussen ist, bleibt nur übrig, den Auflagetorf streifenweise oder gänzlich zu entfernen; dies soll nach Volk bei höchster Wirkung die verhältnismäßig geringsten Kosten verursachen[2]. Nach Vogel v. Falckenstein[3] zeigen größere Trockentorfmassen im ersten Jahre nach der Grubberung noch keine Nitratwirkung; das gleiche ist beim Einhacken von Kiefernstreu der Fall; gute Buchen-Kiefern-Mischstreu erzeugt hingegen in Mischung mit dem Mineralboden eine sehr kräftige Nitratbildung. Das Gesagte gilt für die kalkarmen, leichten Binnendünen um Eberswalde. Gegen den Rohhumus kämpft Volger in der Weise an, daß er, wo andere Mittel versagen, Reisig, Rindenabfall, Nadel- und die obere, trockene Humusdecke verbrennen läßt; der eigentliche, nicht brennbare Trockentorf wird in Bänke zusammengezogen und die Asche auf die frei gelegten Streifen verteilt; der Jungwuchs ist namentlich auf ausgebleichtem Mineralboden für die Aschendüngung sehr dankbar. Dort, wo nicht genügend Asche vorhanden ist, wird Kalk gegeben[4].

Nach Kamlah[5] hat die Kalkung günstigen Erfolg auf ausgewaschenem Boden mit 5—15 cm Rohhumus, doch wirkt sie nicht auf den Untergrund ein. Die passendste Kalkmenge für Rohhumus mit Rücksicht auf die Nitrifikation anzugeben, ist wohl sehr schwierig, da noch allerhand andere Wachstumsfaktoren mitspielen; Müller und Weis[6] berechnen auf je 1 Hektar bei einer 10 cm starken Rohhumusschicht 200—5000 kg Kalziumkarbonat. Eine zu starke Kalkung humoser Böden oder von Auflagehumus irgendwelcher Art kann, wie schon angedeutet, zu raschem Abbau der Humusstoffe führen und damit Verluste an Stickstoff oder Überdüngung mit Nitraten (je nach den Wasserverhältnissen) im Gefolge haben[7]. Hierin und nicht in der Zerstörung organischer Stoffe an und für sich soll der Schaden der Überkalkung zu suchen sein. Die Untersuchungen Helbigs[8] über die Einwirkung von Kalk auf Trockentorf haben gezeigt, daß Kalk nur bis zu einer gewissen Höhe der Beimischung die Mineralisierung der organischen Stoffe fördert; bei Überschreitung des Optimums der Kalkgabe erfolgt ein Abfall in der Wirkung. Ätzkalk wirkt rascher als kohlensaurer Kalk bei Anwendung gleicher Mengen von Kalkionen bzw. dementsprechender Mengen der beiden Kalkformen (56 kg Ätzkalk entspricht rund 100 kg Kalkkarbonat).

Unvorteilhafte Veränderungen des Waldbodens.

Bodenerkrankung. In der forstlich-bodenkundlichen und waldbaulichen Literatur findet man für unvorteilhafte Veränderungen des Waldbodens, wie sie hauptsächlich unter dem Einfluß von Auflagehumus vor sich gehen, den Ausdruck

---

[1] Möller, A. u. E. Hausendorff: Humusstudien. Z. Forst- u. Jagdwes. **1921**, 789ff. — Möller, A. u. R. Albert: Die Stickstoffdüngung junger Holzarten. Z. Forst- u. Jagdwes. **1916**.

[2] Volk: Waldbauliche Verhältnisse der Lüneburger Heide. Silva **1930**, 257.

[3] Vogel von Falckenstein, K.: Über Nitratbildung im Waldboden. Internat. Mitt. Bodenkde. **3**, 494 (1913).

[4] Volger, K.: Die Bewirtschaftung des Hilssandsteines. Forstwiss. Zbl. **1926**, 162.

[5] Kamlah: Kalkungsversuche in Altenbecken. Z. Forst- u. Jagdwes. **1929**, 209—223.

[6] Müller, P. E. u. Fr. Weis: Einwirkung des Kalkes auf Rohhumus. Naturwiss. Z. Land- u. Forstwirtsch. **1907**.

[7] Kappen, H.: Die Bodenazidität, S. 334. Berlin 1929.

[8] Helbig, M.: Einwirkung von Kalk auf Tannentrockentorf. Forstwiss. Zbl. **1910**, 271.

„Bodenerkrankung" gebraucht. Die Bezeichnung „Bodenerkrankung" und „Bodenentartung" will jedoch ALBERT[1] nicht für den Vorgang der Podsolierung (Bleicherdebildung) angewendet wissen; die Herausbildung des Podsoltypus ist bekanntlich das unter dem Einfluß des humiden Klimas unvermeidliche Endstadium der Bodenbildung, das nicht einmal durch eine rationelle Wirtschaft endgültig vermieden werden kann. Das Sonderklima des Waldes fördert die Podsolierung. Man könnte diesen Vorgang, der eine Art von Alterserscheinung vorstellt, eher als „Bodenrückgang" bezeichnen. Hingegen glaubt ERDMANN[2], daß man von „reifen" oder noch besser von „altern" sprechen könne. Unter „Bodenerkrankung" seien noch die Folgen besonderer Verhältnisse gemeint, die sich bei schutzloser Freilage einstellen. Diese führt zur Aushagerung, Verkrustung, Durchschlämmung im Sinne RAMANNS[3]. Man bezeichnet diese Zustände als „Bodenverödung". Den Einfluß der Anhäufung von Trockentorf sollte man „Bodenverwüstung" nennen. „Entartete" Böden sind solche, bei denen sich als Folge einer vorangegangenen, unter Umständen weit zurückliegenden Erkrankung eine Dauerverfassung sehr ungünstiger Natur herausgebildet hat, die ihre Produktionskraft gegenüber gleichartigen, von Erkrankung verschont gebliebenen stark herabgesetzt hat. Zu den entarteten Böden wären nach ERDMANN Ortstein-, Waldmoor- und besonders stark entbaste Böden zu zählen, endlich solche mit starker Anreicherung an absorptiv ungesättigtem Humus. — Beispiele für erkrankte Böden bringt VOLK[4], der erklärt, daß 90% der Lüneburger Heideböden in Betracht ihrer durch humides Klima bedingten Kalkarmut durch Freilage und Rohhumusansammlung im Zeichen der Verödung und Verwüstung stehen.

Nachdem man heute die ungesättigten Humusstoffe auch als Träger von Schwefelsäure (hervorgegangen aus der im Eiweiß enthaltenen schwefelhaltigen Komponente Cystin) betrachten muß, ist Kalk auch zur Neutralisation dieses selbst in stärkerer Verdünnung pflanzenschädlichen Stoffes erforderlich[5]. Wie bedeutungsvoll dieser Umstand ist, erkennt man, wenn man berücksichtigt, daß im jährlichen Streuanfall je 1 Hektar bei Buche 3,82 kg, bei Fichte 2,17 kg und bei Kiefer 1,68 kg[6] an SO_3 enthalten sind. Im Trockentorf selbst wurden denn auch 3,55% SO_3 festgestellt[7]; es ist demnach nicht verwunderlich, wenn der Mineralboden unter ihm stark entbast wird. ZAPFE sprach schon 1917 die Vermutung aus, daß die Azidität von Moorboden durch Schwefelsäure hervorgerufen wird[8].

Unzersetzte Trockentorfmassen bilden, wie WIEDEMANN[9] ausführt, „Humussäuren", die mit dem Sickerwasser in den Boden eindringen, die Krümelstruktur zerstören und die Nährsalze auslaugen; es bildet sich Klebsand und Klebletten

[1] ALBERT, R.: Die sogenannten Bodenerkrankungen, ihr Wesen, ihre Ursachen und ihre Bedeutung für die Forstwirtschaft. Jber. Dtsch. Forstver. **1928**, 110.

[2] ERDMANN: Altern, Erkranken, Entarten des Waldbodens. Silva **1930**, 253. — Waldbau auf natürlicher Grundlage. Z. Forst- u. Jagdwes. **1926**. — REIER: Über Bodenerkrankung. Silva **1922**, 265.

[3] RAMANN, E.: Bodenkunde, S. 51 u. 114. Berlin 1911.

[4] VOLK: Waldbauliche Verhältnisse der Lüneburger Heide. Silva **1930**, 256.

[5] H. KAPPEN und E. BLANCK haben wohl auf diesen Verwitterungsfaktor zuerst hingewiesen. — BLANCK, E.: Bodenlehre, S. 48. Berlin 1928. — Vgl. ferner Biologische Verwitterung. Dieses Handbuch **2**, 284. — Kaolinbildung. Ebenda, S. 295. — LEININGEN, W. Graf ZU: Die Humussäureverwitterung im Lichte neuerer Forschungen. Forstwiss. Zbl. **1930**, 106. Hier ist die einschlägige Literatur angegeben.

[6] EBERMAYER, E.: Die Lehre von der Waldstreu. Berlin 1876.

[7] KÜHN, G.: Chemische Untersuchung des Trockentorfes. Hannover 1929.

[8] ZAPFE, M.: Zur Azidität von Rohhumus und Rohhumus bildenden Pflanzen. Dissert., Jena 1917.

[9] WIEDEMANN, E.: Zuwachsrückgang und Wuchsstockungen der Fichte, S. 56ff. Tharandt 1923.

einerseits, Ortstein andererseits. Hier handelt es sich um echte, akute „Erkrankungen" der Waldböden, die in erstaunlich kurzer Zeit erfolgen; aber auch schon vor Jahrtausenden hat sich diese Bodenentartung vollzogen, besteht doch der Untergrund der meisten Erzgebirgsmoore aus Klebletten, der sich vor Zeiten aus feinkörnigem Granit- und Gneisboden gebildet hat. Je älter und infolgedessen stärker entbast ein Boden ist, um so mehr neigt er zur Erkrankung. Diese Wahrnehmung kann man besonders an den nordwestdeutschen Heideböden machen, die, wie HARTMANN[1] anführt, noch der vorletzten Eiszeit entstammen und oberflächlich eine stärkere Auswaschung und Versandung aufweisen als die gleichen Bodenarten in Nordostdeutschland. Eine ähnliche Anlage zur Erkrankung ist nach KÜNKELE[2] den Böden des Pfälzer Hauptbuntsandsteins, der meist nur 0,2% Kalk enthält, eigentümlich. Die Böden selbst sind so gut wie kalkfrei. BRUCKNER und HOPPE[3] stellen fest, daß in einem noch gesunden Sandboden Thüringens sich zwar schon Eisen und Tonerde nach der Tiefe zu bewegen, daß hingegen die Werte für Austauschkalk und für salzsäurelöslichen Kalk in der obersten Schicht ihr Maximum aufweisen; diese Erscheinung ist zurückzuführen auf den tiefwurzelnden Buchenbestand, der mit seinem raschen „Umlauf" den Kalk aus den tieferen, schwach kalkhaltigen Schichten des Buntsandsteinbodens heraufholt und die Bodenoberfläche damit anreichert. Dies steht im Gegensatz zum ausgelaugten, rohhumusbedeckten Sandboden unter Kiefern, dessen Entartung zur Orterde- und Ortsteinbildung führt.

Als hauptsächlichste Ursachen der Bodenentartung gibt SCHUSTER[4] an: 1. Baumzucht (z. B. dauernder, reiner Fichtenbestand auf nicht natürlichem Standort). 2. Großkahlschlag. 3. Streunutzung. 4. Waldfeldbau, der sich nicht selten als Raubbau auswirkt. 5. Stockrodung. 6. Entwässerung an falschem Ort.

Die Möglichkeit einer Bodenerkrankung infolge von Fichtenkahlschlagwirtschaft wird heute niemand mehr in Abrede stellen können. Daß diese Gefahr aber übertrieben wird und anders geartete Schäden vorliegen können, zeigt KRAUSS[5], der entsprechend den Darstellungen WIEDEMANNS für das sächsische Erzgebirge folgende Typen unterscheidet: 1. Böden von hoher mineralischer Kraft, bei denen nur Auflagehumus von günstiger Form gebildet wird, der sich aber durch Kahlschlag aufzehrt; Erkrankung ist also in solchen Fällen überhaupt nicht zu gewärtigen. 2. Auf trockenen, durchlässigen, armen Böden ist der Fichtenreinbestand die Hauptursache der Schäden; die Folgen sind Trockentorfauflage und Auslaugung des Bodens, z. T. Ortsteinbildung. Hier bringt der Kahlschlag als solcher zwar keine Schäden, er zehrt aber auch nicht wie im vorigen Falle den Humus auf. 3. Auf schweren undurchlässigen Böden bei mangelndem Abfluß liegt hingegen der Schaden nicht im Fichtenreinbestande, sondern tatsächlich im Kahlschlage, der Versumpfung, Verdichtung der oberen Bodenschichten und Versäuerung herbeiführt. Bodenverarmung findet hier nicht statt. Entwässerung behebt diese Mängel. 4. Auf vielen Böden hagern bei längerer Freilage die Humusdecke und obere Bodenschicht aus; eine „Erkrankung" des Bodens erfolgt jedoch kaum; günstigere Wasserverhältnisse führen zur Erholung.

---

[1] HARTMANN: Nordwestdeutsche waldbauliche Probleme. Silva **1930**, 251.

[2] KÜNKELE: Die Bodenpflege auf Buntsandstein, insbesondere im Pfälzerwalde. Mitt. Ver. höh. Forstbeamter Bayerns **1923**.

[3] BRUCKNER, E. u. W. HOPPE: Standortsverhältnisse von Paulinzella. Beiträge zur Geologie von Thüringen **2**, 261ff. Jena 1930.

[4] SCHUSTER, E.: Bodenkundliches aus dem Walde, S. 165. Schloß Zeil 1929. — REBEL, K.: Bodenentartung. Silva **1928**.

[5] KRAUSS, G.: Deutscher Forstverein **1928**. — WIEDEMANN, E.: Fichtenwachstum und Humuszustand. Arb. biol. Reichsanst. **1924**. — Über die Grundlagen der Forstwirtschaft im sächsischen Erzgebirge. Thar. forstl. Jb. **1930**, 286.

Bekanntlich ist die herrschende Bodenart unter Buche sowie auch unter Eiche, Eichenmischwald und kräuterreichem Nadelwald in Schweden die Braunerde, es sei denn, daß durch unzweckmäßige Behandlung der Buchenwälder sich Rohhumus ausbildet und die Braunerde darunter degeneriert. Ändert sich die Vegetation auf Braunerde dadurch, daß sich die Fichte auf altem Buchenboden einfindet, so tritt zwar zunächst eine ungeahnt hohe Produktion ein, doch erfolgt sehr bald Podsolierung des Bodens, so wie man sie sonst in schwachwüchsigen, moosreichen Nadelwäldern dieser Gegenden zu beobachten gewohnt ist. Der in der Braunerde aufgestapelte Nährstoffvorrat wird aufgebraucht[1]. Man hat es in diesem Falle mit einer ausgesprochenen Wechselwirkung zwischen Pflanzen und Boden zu tun. ALBERT und KÖHN[2] halten die Molkenböden wenigstens z. T. für entarteten Löß; deshalb sind diese ausgebleichten Böden aber keineswegs sehr arm. Neigung zu Dichtschlämmung ist bei den Molkenböden entschieden vorhanden. Es empfiehlt sich die hierdurch eingetretene Versumpfung durch Entwässerung zu beheben; erfolgt nun noch Bearbeitung und Düngung, so verliert der Molkenboden sein bleiches Aussehen und nimmt die gelbbraune Farbe eines Lehmbodens an, was bei echten Podsolen nicht erreichbar wäre. Bei richtiger Behandlung liefern die Molkenböden ganz gute Erträge.

Die Erkrankung eines Bodens verursacht eine Umbildung in dem Wurzelwerk der Holzarten. Das sonst tief streichende Wurzelwerk der Buche breitet sich nach VOLGER auf völlig erkranktem Boden (7 cm Buchenauflagetorf), der ein p_H von 3,59 aufweist, nur flach aus, und zwar in dem sonst gemiedenen, sauren Buchenauflagetorf. Auf sauren Hilssandsteinböden dringt die Buchenwurzel noch in den Untergrund ein, der Humus wird meist gemieden (Buchenmoder weist ein p_H von 4,1, Mull von 4,3, Oberboden und Untergrund von 4,7 auf). Ähnliches gilt für Böden des Flammenmergels (Mineralboden mit $p_H = 4{,}66$—$5{,}98$). Auf neutralem bis schwach alkalischem Boden trachtet die Wurzel auch möglichst nach dem Untergrund und verschmäht sowohl den günstigen Humus als auch alte Wurzelröhren im Humus. (Humus mit einem p_H von 7,9—8,2, Mineralboden von 8,2.) Die Fichte kann milden Humus, jedoch auch Auflagehumus sauerster Art (bis $p_H = 2{,}8$) verwerten; hingegen vermag sie Bleicherde auf größere Tiefe nicht zu durchdringen; sonst geht sie mit ihren Wurzeln gelegentlich (auf Flammenmergelboden) bis auf 2 m Tiefe hinab und benützt auch die Modergänge alter Wurzeln verschiedener Art hierzu[3].

Im Anschluß an die Begriffe „Bodenerkrankung" bzw. Bodenrückgang soll noch der Podsolierung im besonderen und später der Ortsteinbildung, die mit ihr nicht selten verbunden ist, gedacht werden, letzterer allerdings nur in so weit, als die Ortsteinkultur in Frage kommt.

Über die Zeiträume, innerhalb welcher sich Podsol bilden kann, macht TAMM Angaben, die allerdings nicht ohne weiteres verallgemeinert werden dürfen. Eine etwa hundertjährige Bleicherde ist 1—2 cm dick, doch ist derartig junger Podsol chemisch noch kaum verändert; es handelt sich in Norrland allerdings um viel reichere Böden als in Nordost- oder gar in Nordwestdeutschland. Übrigens kann durch häufiges und gründliches Ausfrieren leichter Lehmböden die Podso-

---

[1] LUNDEBLAD, K.: Die Degeneration der Bodenarten vom Braunerdetypus im südlichen Schweden. Meddelanden **1924**, H. 21, Nr. 1.

[2] ALBERT, R. u. M. KÖHN: Zur Kenntnis der Molkenböden. Z. Forst- u. Jagdwes. **1930**, 411ff.

[3] VOLGER, K.: Untersuchungen über das Verhalten der Buchen- und Fichtenwurzeln auf erkrankten und gesunden Böden im Forstamtsbezirk Wenzen. Forstwiss. Zbl. **1928**, 209ff. — Bewirtschaftung des Hilssandsteingebietes im Forstamtsbezirk Wenzen. Ebenda **1926**, 119ff.

lierung fast ganz verwischt werden, dagegen ist in moosreichen Waldtypen die Frostwirkung kaum zu bemerken und in solchen Fällen das Bodenprofil noch ungestört[1].

Die große Überlegenheit der schwedischen Böden in bezug auf Nährstoffkapital gegenüber den Sandböden Norddeutschlands hebt auch Hesselman[2] hervor, indem er sagt, daß zwischen dem feinsten Material (Durchmesser 0,02 mm und darunter) der Bleicherde und dem darunter liegenden, noch ganz unverwitterten Sande kein wesentlicher Unterschied in chemischer Hinsicht besteht. Die oben erwähnte Verwitterung und Entkalkung des Bodens geht nach den Untersuchungen von Hesselman und Tamm[3] aber dennoch ziemlich schnell vor sich. Es bildet sich im Boden eine immer tiefer sinkende Kalkgrenze aus, und erst unterhalb dieser kann Kalziumkarbonat mit Hilfe von Salzsäure nachgewiesen werden. In einem ursprünglich 0,5 % $CaCO_3$ enthaltenden Sand war diese Grenze im Laufe eines Jahrhunderts in einem moosreichen Mischwalde um etwa 50 cm und in einer Kiefernheide um 25 cm gesunken. Gessner[4] zeigt, wie in podsolierten Böden der Aareterrassen die Azidität in den tieferen Teilen des Profils, die noch kohlensauren Kalk führen, abnimmt. Ähnliche Verhältnisse, die jedoch nicht aus der Gegenwart von Kalk abzuleiten sind, liegen nach Jenny[5] bei Schweizer Böden vor, die dem Podsoltypus angehören.

Nach Hesselman ist der Gehalt der Streudecke bzw. der Pflanzenteile, aus denen sie sich zusammensetzt, an basischen oder sauren Pufferstoffen ausschlaggebend für die Entstehung von sauer reagierendem Humus und damit auch für die Podsolierung des darunter befindlichen Mineralbodens. Geringen Gehalt an basischen Pufferstoffen weisen die nordischen Nadelbäume, Wacholder, Calluna, Empetrum, Preiselbeere und Waldmoose (Hylocomium) auf, hohen Gehalt dagegen die meisten Laubbäume, von denen der Genannte Birke und Espe hervorhebt; noch günstiger verhält sich Hasel- und vor allem Ulmenstreu; hohen Gehalt an basischen und zugleich an sauren Pufferstoffen besitzt die Streu von Ahorn, Eiche und Lärche[6]. Tamm[7] erwähnt, daß in Nordschweden nie ein anderer stärker podsolierender Wald als der moosreiche Fichtenwald vom Myrtillustypus existiert hat. Das ausgeprägte Podsolprofil ist in gewisser Hinsicht dem Fichtenboden eigentümlich, und wenn man es in anderen Wäldern antrifft, so ist es unsicher, ob es dem gegenwärtigen oder einem früheren Waldtypus entspricht. Jedoch podsolieren im nördlichen Dalarn auch feuchte Callunaheiden stark, in Norrland desgleichen Kiefernheiden, die durch Waldbrände aus Fichtenwäldern entstanden, wieder in solche übergehen.

Nach Lundegårdh sind es namentlich drei Eigenschaften des Podsolbodens, die für die Zusammensetzung der Vegetation maßgebend sind: Auswaschung des Oberbodens, meist hohe Wasserstoffionenkonzentration in Verbindung mit saurer

---

[1] Tamm, O.: Bodenstudien in der nordschwedischen Nadelwaldregion. Meddelanden **1920**, H. 17, Nr. 3. — Waldbodenanalysen. Ebenda **1917**, H. 13—14. — Vgl. ferner dieses Handbuch **7**, 336f. — B. Frosterus: Die Bodenarten Finnlands. Mémoires sur la nomenclature et la classification des sols. Helsinki 1924.

[2] Hesselman, H.: Studien über die Verjüngungsbedingungen der norrländischen Kiefernheide. Meddelanden **1917**, H. 13—14.

[3] Tamm, O.: Bodenstudien in der nordschwedischen Nadelwaldregion. Meddelanden **1920**, H. 17, Nr. 3.

[4] Vgl. G. Wiegner: Bodenuntersuchungen in der Schweiz. Schweiz. Landw. Monatshefte **1927**, H. 8ff.

[5] Jenny, H.: Vegetationsentwicklung und Bodenbildung. II. Denkschr. Schweiz. Naturforsch. Ges. **63**, Abh. 2 (1926).

[6] Hesselman, H., zit. nach H. Lundegårdh: Klima und Boden, S. 267. Jena 1930.

[7] Tamm, O.: Bodenstudien in der nordschwedischen Nadelwaldregion. Meddelanden **1920**, H. 17, Nr. 3.

Pufferung, mangelhafte Durchlüftung, die durch großen Wassergehalt noch verschärft werden kann. Als Bodendecke finden sich dann Oligotrophe ein, durch die neuerdings die Mängel im Boden verschärft werden. Diese Pflanzendecke bereitet dann den Boden für immer extremere Formationen vor: Es entsteht schließlich Moor[1]. Man hat in solchen Vorgängen ein ausgezeichnetes Beispiel für Wechselwirkungen zwischen Pflanzen und Boden. In Podsolböden von Urwäldern des Gouvernements Archangelsk wächst nach TKATSCHENKO die Menge der Tonerde im Verhältnis zum Eisenoxyd; in der Ortsteinschicht vermindert sich die Tonerde wieder, so daß das Fortschreiten der Podsolierung demnach am Tonerdegehalt gemessen werden kann[2]. Nach TKATSCHENKO gibt der adsorbierende Bodenkomplex die Möglichkeit zu einer Bodeneinteilung. Der Bodenkomplex besteht aus wasserunlöslichen Salzen des Siliziums und Alumosiliziums und aus organischen (sog. Humus-)Säuren. Zwar spielt die Wasserstoffionenkonzentration eine große Rolle bei den Vorgängen im Boden, da diese aber ein Ergebnis der adsorbierten Kationen des Bodens, Kalzium, Magnesium usw., ist, sollte man die Einteilung nach diesen, nicht aber nach der Wasserstoffionenkonzentration treffen. In podsolartigen Böden verdrängt das Wasserstoffion der Bodenlösung die vom adsorbierenden Komplex aufgenommenen Basen. Man spricht dann von „basisch ungesättigten Böden“[3].

Bodenazidität. Mit dem Abbau der Streu, mit der Art der Humusform und mit etwaigen Bodenerkrankungen hängt zum großen Teil auch die Bodenazidität zusammen. Über diese bzw. die Bedeutung der Wasserstoffionenkonzentration ist an anderer Stelle berichtet worden[4]. Im folgenden soll nur das besprochen werden, was für den Zusammenhang zwischen Bodenazidität und Waldboden wichtig erscheint.

Was die Kennzeichnung der Azidität durch bestimmte Pflanzen der Bodendecke anbelangt, so kommt natürlich nur die Beschaffenheit der obersten Bodenschicht in Betracht, soweit eben die Wurzeln der Bodenflora reichen[5].

Das Wachstumsoptimum mancher Pflanzen liegt bei hoher Wasserstoffionenkonzentration, so gedeiht nach BOAS[6] das bekannte Waldmoos Polytrichum am besten in 0,002proz. Schwefelsäure. Selbstverständlich werden von solchen Gewächsen Salze, die bei der Dissoziation OH-Ionen bilden (z. B. gelöstes Kalziumkarbonat), nicht gut vertragen, das OH-Ion wirkt in derartigen Fällen giftig, das Ca-Ion wird hingegen gut vertragen; das gilt unter anderen nach PAUL[7] für Sphagnum, das gegen Kalziumkarbonat sehr empfindlich ist, wogegen 0,20proz. Gipswasser ertragen wird[8].

---

[1] LUNDEGÅRDH, H.: Klima und Boden, S. 270. Jena 1930. — Rohhumus und Podsolierung. Dieses Handbuch **7**, 358.

[2] TKATSCHENKO, M.: Die Wälder Nordrußlands. St. Petersburg 1911.

[3] TKATSCHENKO, M.: Die Wälder, Standortsverhältnisse und die Forstwirtschaft Rußlands. Forstwiss. Zbl. **1929**, 680ff. — GEDROIZ, K. K.: Der adsorbierende Bodenkomplex. Dresden u. Leipzig 1929. — Vgl. auch dieses Handbuch **8**, 183f.

[4] Vgl. dieses Handbuch **8**, 317f.

[5] HEUELL: Bestandesabfallzersetzung. Mitt. Forstwirtsch. u. Forstwiss. **1930**, H. 1. — RUBNER, K.: Die Bedeutung der Waldtypen für den deutschen Wald. Silva **1922**, 89. — FEUCHT, O.: Die Bodenflora als waldbaulicher Weiser. Silva **1922**, H. 47. — HARTMANN, F. K.: Die Bestandesflora als Ausdruck der Gesamtwirkung aller Standortsfaktoren. Z. Forst- u. Jagdwes. **1923**, 609ff. Vgl. dieses Handbuch **7**, 67.

[6] Vgl. H. LUNDEGÅRDH: Klima und Boden, S. 335. Jena 1930.

[7] PAUL, H.: Die Kalkfeindlichkeit der Sphagna. Ber. dtsch. Bot. Ges. **1906**, 148; Mitt. Bayr. Moorkulturanst. **1908**, H. 2.

[8] RAMANN, E.: Kohlensäure und Hydrolyse bei der Verwitterung. Cbl. Mineralogie **1921**, 240. — MEVIUS, W.: Wasserstoffionenkonzentration und Permeabilität der „kalkfeindlichen“ Gewächse. Z. Bot. **1924**, 660.

Nach Olsén[1] sind für den höchsten Säuregrad von $p_H = 3{,}5$—4,4 bezeichnend: Heidelbeere, Schmiele (Deschampsia flexuosa), Heinsimse (Luzula pilosa), Carex pilulifera, Maiglöckchen, Siebenstern (Trientalis europaea), Majanthemum bifolium, Heide (Calluna vulg.); für $p_H = 4{,}5$—6,0 sind Waldmeister (Asperula odorata), Melica uniflora und Milium effusum bestimmend und für schwach saure bis alkalische Waldböden über einem p_H-Wert von 6 sind Bingelkraut (Mercurialis perennis), Bärenlauch (Allium ursinum), Leberblümchen (Anemone hepatica), Sanikel (Sanicula europaea) und andere kennzeichnend. Seine Hauptverbreitung hat die Assoziation von Carex firma bei p_H 7,2, von Elymus bei p_H 6 mit Schwankungen von 5—7, von Carex curvula bei p_H 5[2]. Die Bodenazidität wird nach Hartmann durch zwei Bodenpflanzengruppen gekennzeichnet; dem ersten stärker sauren Teil der Reaktionsskala (Tab. 2) gehören Heide, Heidel- und Preiselbeere, Dickmoose (Leucobryum, Ptilidium, Dicranum), Cladonien und allenfalls noch Aira flexuosa an, in der Mitte stehen Adlerfarn, Himbeere, Calamagrostis epigeios, Carex hirta. Eine Neigung zur schwach sauren Seite zeigen die Süßgräser sowie einzelne Kräuter, wie Erdbeere, Geranium robertianum, Brennessel und Moehringia trinerva[3].

Kotilainen[4] teilt die Moorflora (von der hier hauptsächlich nur die Pflanzen der lebenden Bodendecke im Walde aufgezählt werden) ein in eine stark azidophile Artengruppe ($p_H = 3{,}6$ und weniger) mit Ledum palustre, Vaccinium vitis idaea, Calluna vulgaris, Vaccinium uliginosum, Empetrum nigrum, in eine in bezug auf die Azidität des Torfbodens eurytope Gruppe (etwa $p_H = 5{,}5$—4,1), Betula nana und auch sonst lediglich Moorpflanzen enthaltend, in eine schwach azidophile Gruppe (etwa $p_H = 6{,}0$—4,1) mit Phragmites communis, Molinia coerulea und in eine sehr schwach azidophile Artengruppe (etwa $p_H = 6{,}5$—5,1) und andere mit Salix myrsinites, Ulmaria pentapetala. Auch Olsén[5] hat eine Übersicht über das relative Auftreten von Bodendeckenpflanzen in Buchenwäldern nach p_H-Klassen aufgestellt. Solche Tabellen werden je nach den pflanzengeographischen Verhältnissen und je nach der Örtlichkeit, in der Untersuchungen angestellt wurden, etwas ungleich ausfallen. — Betreffend die Säuregrade des Bodens und die Holzarten läßt sich folgende Reihe aufstellen: Fichte über 700 m bei einem p_H von 4,41, Buche über 700 m 4,54, Kiefer 4,6, Fichte unter 700 m 5,12, Tanne 5,20, Eiche 5,26, Buche unter 700 m 5,25, Lärche 5,40; diese Reihe bezeichnet die Azidität unter der betreffenden Holzart im Gneisboden. Auf anderen Bodenarten wechseln die Zahlen und ergeben sowohl auf Kalk als auch auf Grundmoräne und Buntsandstein geringere Azidität; dies ist in erster Linie durch günstigeren Humusabbau veranlaßt. Als ungefähres Optimum für

---

[1] Vgl. A. Němec u. K. Kvapil: Biochemische Studien über die Azidität des Waldbodens. Z. Forst- u. Jagdwes. **1924**, 329. — G. Wiegner: (Anleitung zum quantitativen agrikulturchemischen Praktikum, S. 175, Berlin 1926), erwähnt, daß sich die Einteilung in Nitrat- und Ammoniakpflanzen zum Teil mit den Einteilungen der Pflanzen nach den p_H-Werten deckt.

[2] Jenny, H.: Vegetationsentwicklung und Bodenbildung II. Denkschr. Schweiz. Naturforsch. Ges. **63**, Abh. 2, S. 339 (1926). — Wiegner, G.: Bodenuntersuchungen in der Schweiz. Schweiz. Landw. Monatshefte **1927**, H. 8ff.

[3] Hartmann, F. K.: Untersuchungen zur Azidität märkischer Kiefern- und Buchenstandorte unter Berücksichtigung typischer Standortsgewächse. Z. Forst- u. Jagdwes. **1925**, 321ff. Alle Einzelheiten sind dort aus der Tabelle 2 zu entnehmen, es handelt sich hier um Austauschazidität und die entsprechenden Titrationszahlen.

[4] Kotilainen, M. J.: Beziehungen zwischen der Pflanzendecke usw. Wiss. Veröff. Finn. Moorkulturver. **1928**, Nr. 7, 59ff., 181 u. 193. — Mevius, W.: Wasserstoffionenkonzentration usw. Z. Bot. **1924**, 661.

[5] Vgl. W. Mevius: Die Reaktion des Bodens und Pflanzenwachstum, S. 45. Freising München 1927. — H. Lundegårdh, a. a. O., S. 345.

Fichte und Tanne ist ein p_H-Wert = 4,3—7,4 und ein Verbrauch von $^1/_{10}$ normaler Natronlauge von 60—80 cm^3 auf 1 kg Feinerde anzunehmen. FRANK[1] nimmt es als im großen und ganzen bewiesen an, daß der Azidität im Walde aus mittel- oder unmittelbaren Ursachen wachstumsbegrenzende Wirkung zuzuschreiben sei, KRAUSS[2] ist gegenteiliger Ansicht. Jedenfalls sind Fichte und Kiefer zum mindesten an Humus von erheblicher Azidität gewöhnt. Auf Alpenmoder, der bekanntlich stark sauer ist, nämlich mit einem p_H-Wert etwa = 3,8, geht die natürliche Verjüngung erfahrungsgemäß glänzend vor sich[3].

NĚMEC und KVAPIL[4], ebenso KRAUSS[5], haben festgestellt, daß Nadelwaldböden im allgemeinen sauerer als solche von Laubwald sind, und daß Beimengung von Laubbäumen zu Nadelholz die Wasserstoffionenkonzentration herunterdrücke. FRANK[6] bestätigt diese Erfahrung. Am sauersten sind Böden des Kiefernwaldes (p_H = 4,6—5,1). Heide, Heidelbeere und Leucobryum glaucum folgen der Kiefer gern und bewirken ihrerseits eine weitere Steigerung der Säuregrade. Zur Vermeidung hoher Säuregrade eignen sich also zur Mischung Laubholz und auch Lärche besser als Nadelholz.

In Mischbeständen findet nach NĚMEC und KVAPIL das Edaphon durch Heruntergehen des Säuregrades bedeutend günstigere Entwicklungsbedingungen als in reinen Nadelholzbeständen; hierdurch werden auch die biologischen Mineralisationsverhältnisse vorteilhaft beeinflußt. Eine ähnliche Wirkung auf die Azidität übt auch die Lichtstellung der Bestände aus, denn das Licht (und mit ihm die Wärme) regelt Zusammensetzung und Wirkung des Edaphons. Humusschichten durchlichteter oder lockerer Bestände weisen deshalb eine niedrigere Azidität als die entsprechenden geschlossenen Bestände auf. Geschlossene Nadelholzbestände (Fichte, Kiefer, Tanne) zeigen einen hohen Aziditätsgrad; in den tieferen Bodenhorizonten kann man einen regelmäßigen, aber raschen Abfall der Azidität beobachten. Ähnliche Verhältnisse herrschen auch bei geschlossenen, schattenreichen Buchen- und Eichenbeständen, nur ist hier der Säuregrad geringer[7].

Die Zusammenstellung der p_H-Werte FRANKS in Beziehung zu den betreffenden Bonitäten ergibt keine Einheitlichkeit. Man kann den Holzarten, wie noch gezeigt werden wird, entsprechend ihrer natürlichen Standorte (stark entbaste Böden), ohne weiteres eine starke Widerstandskraft gegen Säurewirkung zuschreiben, außerdem ist ja die p_H-Konzentration auch nur einer der verschiedenen Wuchsfaktoren. Aber unter einem p_H von 3 beginnen die Bestände durchschnittlich nur noch mittelmäßige bis schlechte Wuchsleistungen zu äußern. Was die Alkalität des Standortes anbelangt, so ist die Fichte empfindlich dagegen und wird chlorotisch; auch die Rotfäule der Fichte, die auf Kalk (Gegend von Emmendingen in Baden) fast stets anzutreffen ist, könnte man möglicherweise auf die Reaktion des Bodens zurückführen. Kahlschlag soll nach WIEDEMANN[8] oft den Einfluß der Bodenazidität, wenigstens wenn der Kahlschlag noch jung ist, geringer gestalten.

Die Azidität der Waldböden ist überdies bekanntlich, zumal auf abgeholzten Waldflächen, keineswegs gleichbleibend, wie OLSÉN zeigt. Durch Abholzung

---

[1] FRANK, E.: Bodenazidität im Walde. Dissert., Freiburg 1927.
[2] KRAUSS, G.: Aziditätsbestimmung in Waldböden. Forstwiss. Zbl. **1924**, 141.
[3] SCHRECKENTHAL, G.: Die Azidität von Waldböden. Zbl. Forstwes. **1929**, 293.
[4] NĚMEC, A. u. K. KVAPIL: Azidität der Waldböden. Z. Forst- u. Jagdwes. **1924**, 348.
[5] KRAUSS, G.: Aziditätsbestimmung in Waldböden. Forstwiss. Zbl.; ref. Forstl. Jber. **1924**, 7.
[6] FRANK, E.: Bodenazidität im Walde, S. 153. Dissert., Freiburg 1927.
[7] NEMĚC, A. u. K. KVAPIL: a. a. O. (vgl. Anm. 1, S. 406), **1924**, 349; **1926**, 56.
[8] WIEDEMANN, E.: Die Erfolge des Kieferndauerwaldes, S. 48. Braunschweig 1925.

eines Waldes stieg der p_H-Wert von 3,5 bis auf 5,6, und der ganze Boden überdeckte sich mit Senecio silvaticus. Nach 3—4 Jahren war der p_H-Wert wieder auf 4,7—4,3 gesunken, und das Kreuzkraut räumte seinen Platz dem Epilobium und der Brombeere; Aira flexuosa fand sich ein und bedeckte 5 Jahre nachher bei weiterem Sinken der p_H-Zahl gänzlich den Boden[1]. Der Säuregrad nimmt, wie Wittich[2] berichtet, während der Freilage hauptsächlich im Auflagehumus, weniger im Mineralboden, ab.

Die Art des Bodens ist für den Säuregrad maßgebend. Humusböden weisen die höchste Azidität auf, sie sind um so saurer, je weniger sie zersetzt sind; der Humusgehalt des Bodens ist im Walde der wichtigste Faktor der Säurebildung überhaupt. Von den Muttergesteinen weisen Granit und Gneis die höchsten Aziditätsgrade, Kalk die niedersten auf. Der Säuregrad des Bodens scheint vom Kieselsäuregehalt des darunter liegenden Bodens abhängig zu sein; deshalb zeigen Orthogneisböden höhere Azidität als aus Paragneis hervorgegangene[3]. Mit zunehmendem Alter des Bodens nimmt sein Kalkgehalt ab, umgekehrt geht sein Humusgehalt in die Höhe, und Hand in Hand mit diesen Tatsachen steigt die Azidität. Aus einer Übersicht Gessners über die Bodenbildung in den Tessin-Auen ist dieses unschwer zu ersehen[4]:

Bezeichnung des Bodens	Humusgehalt %	Kalziumkarbonat	p_H
Frisch angeschwemmt . .	—	ursprünglicher Gehalt	7
Erlenauenwald	2	Verarmung in den obersten Schichten	7
Jüngeres Kulturland . .	3—5	deutliche Kalkauswaschung	7
Älteres Kulturland . . .	über 5	unter 0,5 %	6,2

Die Bodenreaktion in württembergischen Waldgebieten wurde von Rheinwald[5] untersucht; es zeigten sich deutliche Unterschiede zwischen Sand- und Lehmböden einerseits und Mergelböden anderseits; erstere weisen, wenn mächtige Humusschichten aufgelagert sind, stärkere, sonst schwach saure bis neutrale Azidität auf, die Mergelböden neutrale bis alkalische Reaktion. In den Oberböden waren diese Unterschiede weniger stark als in den Unterböden ausgeprägt. In Laub- und Mischbeständen war die Reaktion des Oberbodens meist nur schwach sauer, bei Nadelbeständen stärker sauer, im Unterboden waren die Unterschiede weniger deutlich. Schädigungen von Beständen auf sehr sauren oder alkalischen Böden waren nicht zu beobachten. Krauss[6] hat in Oberbayern mit Fichten bestockte, ziemlich gleichmäßige, jedoch unterschiedlich entkalkte Lehmböden untersucht und engste Beziehungen zwischen Humusazidität und umsetzbarem Kalk im Wurzelbodenraum gefunden; je mehr Austauschkalzium sich im Boden befindet, um so geringer ist der Aziditätswert. Der Umlauf der basischen Bodenbestandteile, wie er namentlich durch tiefwurzelnde sommergrüne Bäume verursacht wird, ist geeignet für die Erhaltung einer konstanten

[1] Nach W. Mevius: Reaktion des Bodens und Pflanzenwachstum, S. 45. Freising-München 1927.

[2] Wittich, W.: Der Einfluß des Kahlschlages auf den Bodenzustand. Mitt. Forstwirtsch. u. Forstwiss. 1930, 465.

[3] Frank, E.: Über Bodenazidität im Walde, S. 51 f. Dissert., Freiburg 1927.

[4] Wiegner, G.: Bodenuntersuchungen in der Schweiz. Schweiz. landw. Monatshefte 1927, 7; hier H. Gessner zitiert.

[5] Rheinwald, H.: Reaktion württembergischer Waldböden. Forstwiss. Zbl. 1926, 206.

[6] Krauss, G.: Der Kalkgehalt im Rotbuchenlaub. Forstwiss. Zbl. 1926, 404. — Standortsbedingungen der Durchforstungsversuche im Sachsenrieder Forst. Mitt. Staatsforstverwaltung Bayerns 1925, H. 17, 110ff.

Wasserstoffionenkonzentration im Oberboden[1]. Je höher die Azidität der Humusschicht ist, desto niedriger erscheint nach NĚMEC und KVAPIL[2] die Zahl, die das Verhältnis des Stickstoffs zu den organischen Stoffen ausdrückt, und deren Prozentsatz an Stickstoff ist um so höher, je günstiger die Bonität des Bestandes erscheint; dies gilt natürlich nur, falls man Vergleiche anstellen will für ein und dasselbe Waldgebiet.

KNICKMANN[3] hebt hervor, daß die Aziditätswerte der obersten Schicht infolge von Zufälligkeiten, Humusgehalt usw., nur ungenügenden Anhalt für die Beurteilung des ganzen Profils, insbesondere für den Raum der größten Wurzelverbreitung, liefern, wogegen in tieferen Lagen die Aziditätsgrade viel gleichmäßiger ausfallen, da sie durch das Ursprungsgestein und dessen Verwitterung beherrscht werden. Den Mineralböden kommt nämlich ein Aziditätsgrad zu, der von der petrographischen Beschaffenheit (Gehalt bzw. Mangel an Basen) abhängig ist. Gut zersetzter Humus kann nun die auf Grund von Basenmangel im Mineralboden vorhandene Azidität weitgehend aufheben, saurer Humus dagegen verstärkend wirken. Der Genannte beobachtete im allgemeinen eine Abnahme der Aziditätsgrade nach der Tiefe. Böden aus ursprünglich kalkarmem Muttergestein lassen jedoch im Oberboden oft nur geringe Säuregrade erkennen (und zwar aus den vorhin erwähnten Gründen), die aber nach der Tiefe erheblich zunehmen können. Am deutlichsten zeigt sich stets der Einfluß des Humus und seines Verwesungszustandes auf die aktive Azidität; damit ist deren Abhängigkeit von organischen Stoffen erwiesen. Mit der geringeren Entbasung tieferer Schichten des Mineralbodens hängt es zusammen, daß die Azidität nach der Tiefe zu abnimmt, doch kann hier gelegentlich auch freie anorganische Säure die Ursache höherer Azidität sein. Im allgemeinen kann man hierbei, wie bekannt, an Schwefelsäure (aus dem Eiweißabbau des Humus stammend), in höheren Teilen des Bodenprofils vielleicht auch an Salzsäure (aus Chlornatrium herrührend) denken; sonst ist die aktive Azidität natürlich in erster Linie auf das Vorhandensein organischer Säuren und damit auf Humus zurückzuführen. Auch KRAUSS[4] erwähnt, daß die Azidität im Profil in der Regel von oben nach unten abnimmt. Eine bedeutende Abnahme der freien und Austauschazidität von der Oberfläche bis in 95 cm Tiefe im Gneisgebiet von Rossatz (Wachau, Österreich) weist SCHRECKENTHAL[5] nach. Bei der Austauschazidität ergeben sich p_H-Werte von 3,88—7,93. Nach v. OLDERSHAUSEN[6] steht der Versauerungsgrad des Bodens im engsten Zusammenhang mit der Entbasung; letztere bewirkt eine Herabsetzung der Durchlässigkeit, so daß neben der Azidität auch noch die veränderten physikalischen Verhältnisse schädlich wirken.

Daß Licht bzw. Wärme, soweit sie die Zersetzung des Humus fördern, bei der Höhe der Bodenazidität eine Rolle spielen, wurde bereits besprochen; HARTMANN erwähnt diesbezüglich, daß selbst auf den (kalkreichen) Endmoränen die Buchen- und Fichtenaziditäten hoch sind, aber plötzlich heruntergehen, wenn die Wirtschaftsmaßnahmen hier dem Boden stärkeren Lichteinfall gestatten[7]. Die

---

[1] LUNDEGARDH, H.: Klima und Boden, S. 353. Jena 1930.

[2] NĚMEC, A. u. K. KVAPIL: Studien über einige Eigenschaften der Profile von Waldböden. Z. Forst- u. Jagdwes. **1926**, 57 u. 58.

[3] KNICKMANN, E.: Untersuchungen zur Frage der Bodenazidität, Z. Pflanzenern. usw. A **5**, 1 (1925).

[4] KRAUSS, E.: Zur Aziditätsbestimmung im Waldboden. Forstwiss. Zbl. **1924**, 92ff.

[5] SCHRECKENTHAL, G.: Die Azidität von Waldböden. Zbl. Forstwes. **1929**, 293.

[6] OLDERSHAUSEN, E. Freiin VON: Der Einfluß künstlicher Bodensäuerung auf Boden u. Pflanzenwachstum. Dissert., Göttingen 1930. Journ. f. Landw. **78**, 24 (1930).

[7] HARTMANN, F. K.: Untersuchungen zur Azidität märkischer Kiefern- u. Buchenstandorte. Z. Forst- u. Jagdwes. **1925**, 334.

Schwankungen in der Azidität je nach Exposition, sind zum guten Teile auf die je nach der Himmelsrichtung verschieden verlaufenden Zersetzungsfaktoren zurückzuführen; in den Nordlagen wirken die niedere Temperatur und die große Feuchtigkeit auf den Abbau des Humus ungünstig ein; die Südlage weist zwar diesbezüglich günstigere klimatische Verhältnisse auf, doch kann ein Feuchtigkeitsmangel zur Bildung ungünstiger Humusanhäufungen Anlaß geben. Selbst in Laubwäldern und trotz des Basennachschubes aus dem Bodenwasser, der während der Sommermonate gegen die Bodenoberfläche hin stattfindet, überwiegt an Südhängen die Säurebildung, die von den organischen Ablagerungen ausgeht. Auch zwischen der Höhenlage und Azidität besteht nach Frank[1] ein Zusammenhang; in Lagen über 700 m ü. d. M. ist die Azidität durchschnittlich höher als in tieferen Lagen. Die Ursache solcher Aziditätssteigerung liegt in allererster Linie in den klimatischen Bedingungen, vor allem im unzulänglichen Abbau des Humus. Wo Basen auf irgendeine Art zugeführt werden (Wegböschungen, Quellen usw.), verläuft die Humusverwesung günstiger, und es treten infolgedessen niedere Säuregrade auf. Nach Knickmann[2] scheint die absolute Höhe von relativ geringem Einfluß zu sein; es sind vielmehr besondere Standortsbedingungen, vor allem der Humusgehalt, die verschiedenen Säuregrad hervorrufen.

Hartmann[3] weist darauf hin, daß für Waldböden physiologisch schädliche Säuregrade weder nach der aktuellen noch nach der Austauschazidität festgestellt worden sind; höchstens Moorböden könnten durch ihre Azidität Baumwurzeln schädigen. Auch die Untersuchungen von Frank[4] sowie von Nemec und Kvapil[5] haben Schädigungen für die Baumwurzel durch die Azidität unmittelbar kaum ergeben. Die Samenkeimung kann durch hohe Azidität und Alkalität gehindert werden; die Möglichkeit relativ guter Keimung von Fichten- und Kiefernsamen liegt nach Frank in wässerigen Medien zwischen p_H 2,5 und 10. Einen allzu großen direkten Einfluß darf man aber der Azidität nicht zuerkennen; außer ihr spielt auch der Nährstoffgehalt eine große Rolle; wenn z. B. die Bodenlösung sauer reagiert, vertragen nach Mevius[6] die Sphagnumarten eine höhere Nährsalzkonzentration. Daß die Azidität nur einer der Faktoren ist, die das Pflanzenleben beeinflussen, ersieht man aus der Tatsache, daß man das sonst stark acidophile Vaccinium uliginosum gelegentlich in reinem Kalkboden wurzelnd, und zwar dort recht üppig gedeihend, antrifft[7]. Die oben angeführte Überlegung wird auch dadurch bestätigt, daß sog. „typische Kalkflieher", wie Heide und Heidelbeere, auf Böden gefunden wurden, die 3,4% Kalk enthielten[8].

Ganssen und Görtz[9] äußern sich zusammenfassend über die Bodenazidität im nordwestdeutschen Flottlehmgebiet wie folgt: 1. Die Azidität vermag besonders bei geringem Nährstoffgehalt stark zu schädigen. 2. Ein höherer Nährstoffgehalt verbessert bei gleicher und höherer Azidität die Wuchsfreudigkeit. 3. Eine niedrige Azidität vermag die Schädigungen eines geringen Nährstoffgehaltes nicht

[1] Frank, E.: a. a. O., S. 61 ff. [2] Knickmann, E.: a. a. O., S. 31.

[3] Hartmann, F. K.: Kiefernbestandestypen des nordostdeutschen Diluviums, S. 90. Neudamm 1928.

[4] Frank, E.: a. a. O., S. 31.

[5] Němec, A. u. K. Kvapil: Biochemische Studien über die Azidität der Waldböden. Z. Forst- u. Jagdwes. **1924**, 323. — Beitrag zur Frage des Einflusses reiner Fichten- und Buchenbestände auf einige Eigenschaften des Waldbodens. Ebenda **1925**, 193.

[6] Mevius, W.: Wasserstoffionenkonzentration usw. Z. Bot. **1924**, 661.

[7] Leiningen, W. Graf zu: Über Humusablagerungen usw. Naturwiss. Z. Forst- u. Landwirtschaft **1912**, 517.

[8] Krauss, G.: Boden und Klima auf kleinstem Raum. Jena: G. Fischer 1911.

[9] Ganssen, R. u. G. Goertz: Der Einfluß des Nährstoffgehaltes und der Azidität des Bodens auf das Wachstum der Holzarten usw. Mitt. Laborat. Preuß. Geolog. Landesanst. **1925**, H. 5. — Vgl. Referat von R. Albert: Forstarch. **1925**, 62.

auszugleichen. ALBERT verhält sich demgegenüber wohl mit Grund ziemlich ablehnend und sagt, daß selbst junge Forstgewächse durch Bodensäure nicht angegriffen werden. Das Beispiel von Bärenthoren beweist, daß das Gelingen natürlicher Verjüngung hierdurch nicht behindert wird; der Säuregrad zahlreicher Bodenproben aus diesem Gebiete ist ein gleichmäßiger und verhältnismäßig hoher. Der Genannte ist auf Grund von Beobachtungen, die im russischen Schwarzerdegebiet gemacht wurden, der Ansicht, daß der Wald durch die von ihm verursachte Bodenversäuerung sogar in der Lage ist, die meist sparsam im Boden vorkommende und noch dazu an Eisen gebundene, also schwer zugängliche Phosphorsäure aufzuschließen. Selbst die Nitratbakterien leiden unter einem gewissen Säuregrad kaum.

So überraschend Erfolge einer mäßigen Kalkung sein können, so haben stärkere Gaben, die eine völlige Neutralisierung des Moorbodens bewirken, schon schwere Schäden im Gefolge gehabt, eine Erscheinung, die man z. B. auch bei der landwirtschaftlichen Nutzung des Hochmoorbodens beobachtet hat[1].

Die Waldtypen.

Die Waldvegetation, Holzarten und Bodendecke, wirken in äußerst mannigfaltiger Weise auf den Boden ein, so z. B., wie schon erwähnt, durch Entzug von Nährstoffen und von Wasser, ferner durch Beeinflussung der Bodenluft und -wärme, durch ihre Bewurzelung und endlich durch ihren Abfall und dessen verschiedenen Abbau. Gerade die lebende Bodendecke ist also bedeutungsvoll für den Boden und den Wald zugleich, und so hat man ihr seit langem große Aufmerksamkeit geschenkt. In Finnland haben NORRLIN und vor allem sein Schüler CAJANDER pflanzengeographische Studien über die lebende Bodendecke des Waldes angestellt, die sich zu Pflanzenvereinen zusammenschließt. Diese Pflanzengemeinschaften bezeichnet man zunächst ohne Rücksicht auf die Zusammensetzung der Holzbestände als „Waldtypen“. Diese Waldtypen sind zweifellos bezeichnend für biologisch gleichwertige Standorte des Waldes. Sie erscheinen als Ergebnis der Gesamtwirkung aller Einflüsse des Standortes (also nicht nur der Bodenart und des Klimas allein) auf die lebende Bodendecke. Gekennzeichnet sind die Waldtypen durch gewisse eigentümliche Leitpflanzen; man unterscheidet sog. „Hauptwaldtypen“ und kleinere Abarten dieser Haupttypen, die „Subtypen“. Hinsichtlich der Zusammensetzung dieser Pflanzengenossenschaften macht sich der Kampf ums Dasein zwischen den einzelnen Pflanzenarten stark geltend. Dieser wird jedoch im Walde durch manche Eingriffe des Menschen gestört.

In Finnland spielen Brandkultur und außerdem Waldbrände eine nicht zu unterschätzende Rolle, anderwärts die künstliche Einbringung von Holzarten und die Hiebsführung. Durch alle diese Maßnahmen wird der Kampf der Holzarten untereinander und der Pflanzen, welche die niedere lebende Bodendecke bilden, beeinflußt, wenn dies auch nicht in gleichem Maße der Fall ist.

Die Bodendecke selbst stellt sich nämlich in wenigen Jahrzehnten auf dauernde Verhältnisse ein, der Holzbestand hingegen braucht Jahrhunderte, bis er endlich eine Regelmäßigkeit annimmt. Es ist eine gewisse Schwierigkeit hinsichtlich der Aufstellung der Waldtypen vorhanden, insofern als das Alter der Holzarten auf die Waldtypen einen bestimmten Einfluß, vor allem hinsichtlich des Lichtgenusses, ausübt. In angehend haubaren Beständen können die Waldtypen am besten studiert werden. Innerhalb der einzelnen Waldtypen, die durch wenige, aber besonders häufige Charakter- (Leit-) Pflanzen gekennzeichnet sind, ist die

[1] ALBERT, R.: Bodenazidität und Waldböden. Forstarch. 1925, 36.

Anzahl der Pflanzenarten eine verschiedene, und es läßt sich als Richtlinie folgender Satz aufstellen: „Mit der Güte des Bodens (chemische und physikalische Eigenschaften) steigt die Anzahl der Pflanzenarten und die artenreichsten Waldtypen sind die ertragreichsten[1]."

Zu ein und demselben Waldtypus rechnet man alle jene Waldungen, die sich im angehenden Haubarkeitsalter und bei normalem Bestandesschluß in klimatisch einheitlichen Gebieten durch mehr oder weniger gemeinsame Zusammensetzung der Arten und durch denselben ökologisch-biologischen Charakter auszeichnen. Die Waldtypen selbst bezeichnen die Standortsgüte. Es sollen hier nicht alle, ziemlich zahlreichen Typen aufgeführt werden, die überhaupt (insbesondere für Finnland) aufgestellt wurden, sondern es soll sich mit jenen begnügt werden, die hauptsächlich in Betracht kommen. Da ist zu nennen: 1. Saniculatypus, gekennzeichnet durch reichliches Vorkommen von Sanicula europaea (gemeiner Sanikel), nebenher von Majanthemum, Convallaria majalis, Paris quadrifol., Geranium silvat., Luzula pilosa usw. Diesem Typus gehören die bestwüchsigen Waldbestände mit günstiger natürlicher Verjüngung an. Die Humusform ist ausgesprochener, gut zersetzter Mull, sonst humoser Mineralboden mit zufriedenstellender Nitrifikation. Diese Bemerkungen gelten auch für den folgenden Typus: 2. Oxalistypus, er weist eine meist ununterbrochene Decke von Waldkräutern auf; Leitpflanze ist Oxalis acetosella (Sauerklee). Man unterscheidet (nach den ausgeprägteren Leitpflanzen) folgende Subtypen: a) Impatiens- und Asperula-, b) Asperula-, c) Oxalis-, d) Oxalis-Vaccinium myrtillus-Subtypus. Im letzten Subtypus treten schon häufiger Waldmoose (und zwar Astmoose) neben den Kräutern auf. Der Zuwachs der Holzarten vermindert sich von a gegen d hin. 3. Myrtillustypus, Leitpflanze Vaccinium myrtillus (Heidelbeere), mit Aira flexuosa, Rubusarten und Waldmoosen (meist Astmoosen), tritt im allgemeinen sehr leicht in Lagen über 800 m auf, sonst, wenn der Mineralboden kalkarm ist, auch tiefer; es besteht schon Neigung zu Vermoorung. Rohhumus kommt häufig und ausgeprägt vor, im Gegensatz zu den früher genannten Waldtypen. Als Subtypen sind zu nennen: a) Rubus idaeus-, b) Aira flexuosa-, c) Vaccinium myrtillus-, d) Calamagrostis-Halleriana-Subtypus. Der Zuwachs ist im Myrtillustypus gegenüber den ersten beiden Haupttypen schon stark herabgesetzt und vermindert sich von a gegen d hin. 4. Der Vaccinium vitis idaea-(Preiselbeer-) Typus (kurz „Vacciniumtypus" genannt) weist wiederum ungünstigere Verhältnisse hinsichtlich Boden, Nitrifikation und Zuwachs auf. In erhöhtem Maßstabe gilt dies für den 5. Callunatypus; Leitpflanze ist die Heide; nur Astmoose und Flechten duldet sie vereinzelt neben sich. Die Heide verursacht selbst einen sehr ungünstigen, schwer zersetzlichen Humus. Die natürliche Verjüngung stößt in diesem Waldtypus auf arge Hindernisse, die Fichte wird hier schon schlechtwüchsig, die Kiefer häufig krummschäftig. 6. Der Cladoniatypus mit Cladonia rangiferina (Renntierflechte) kommt in deutlicher Entwicklung nur im hohen Norden Europas vor, dort allerdings riesige Flächen bedeckend. Das Auftreten von Cladonien gibt keinen sicheren Anhalt für geringe mineralische Kraft des Bodens, da diese gegen Austrocknung unglaublich wenig empfindlichen Flechten häufig nur Wassermangel bzw. sehr durchlässigen Boden anzeigen.

Für alpine Verhältnisse sind von K. LINKOLA[2] besondere Waldtypen aufgestellt worden, bei denen Empetrum nigrum (die Krähenbeere), Rhododendron

[1] Vgl. A. PALMGREN: Studien über die Laubwiesen Ålands. Acta soc. pro Fauna et Flora Fenn, **1916**, 599ff.

[2] LINKOLA, K.: Waldtypenstudien in den Schweizer Alpen. Veröfftl. Geobot. Inst. Rübel, H. 1, Zürich 1924.

ferrugineum (die rostfarbige Alpenrose) usw. eine Rolle spielen. Die herrschende Humusart ist hier der Alpenmoder. Treten Leucobryum (Weißmoos) und Sphagnum (Torfmoos) hinzu, so ist auf eine Neigung zur Vermoorung zu schließen.

Wälder vom gleichen Waldtypus sind in pflanzengeographisch enger begrenzten Gebieten als waldbaulich gleichwertig anzusprechen, aber auch in weit von einander liegenden Gegenden zeigen sie manche Analogien. Wenngleich bei Aufstellung der Waldtypen die Leitpflanzen die erste Rolle spielen, so müssen doch auch die Holzarten selbst mit zur Beurteilung herangezogen werden, denn sind doch für letztere die Mächtigkeit des Bodens, Wind und Schneemenge usw. von großer Bedeutung, so daß auch innerhalb der einzelnen Waldtypen, trotz der gleichen Bodendecke (Waldtype), der Zuwachs des ganzen Bestandes immerhin schwanken kann. Der biologische Wert der Waldtypen ist im großen und ganzen auf den Gehalt des Bodens an leicht aufnehmbarem Stickstoff und an leicht aufnehmbarem Kalk zurückzuführen. Das sind also jene Faktoren, die zwar den Boden unmittelbar betreffen, die sich aber in diesen Waldtypen überhaupt auswirken. Diese biologische „Mobilisierung" der genannten, wichtigen Nährstoffe geht aber, wie durch die Arbeiten schwedischer und finnischer Forscher bekannt ist, in den besseren Waldtypen viel rascher als in den minderen vor sich, so daß man (ohne analytische Untersuchungen) aus den Waldtypen auf den Umsatz im Boden bzw. Humus schließen kann.

Aus den Ergebnissen der Studien finnländischer Forscher sei folgendes herausgegriffen: CAJANDER und seine Schüler sagen, daß bei allen Holzarten der Mitteldurchmesser in sämtlichen Altersstufen und die Holzmasse des Bestandes um so größer sind, je besser der Waldtypus ist. Das Maximum des laufenden Zuwachses ist um so größer und tritt um so zeitiger ein, und die mittlere Höhe des Bestandes sowie die Höhe der dominierenden Bestandesbäume ist um so bedeutender, je wertvoller der Waldtypus ist. In Mitteleuropa darf man, wie sich noch zeigen wird, an die Waldtypen keine so hohen Ansprüche stellen, wie dies bei den vollkommen ausgeglichenen Verhältnissen Finnlands möglich ist, denn 1. sind die Böden in Deutschland und Österreich wenig gleichartig, und 2. sind die Wälder durch menschliche Eingriffe vielfach verändert. Die Laubwälder hat man vielfach in Nadelwälder umgewandelt, wodurch sich der Waldtypus schon verschlechterte, ohne daß zunächst die Bonität beeinflußt worden wäre. Die oberflächlich wurzelnde Bodendecke ändert sich nämlich unter den neuen Verhältnissen gar bald, die Holzarten aber, die in einer tieferen Schicht mit noch alter Struktur wurzeln, werden noch nicht so schnell beeinflußt. In solchen Fällen kann der Waldtypus also etwas trügerisch sein. Durch eine sorgfältige Beobachtung der Bodendecke im Walde kann manche Verschlechterung des Holzbestandes erkannt und zurückgehalten werden. In Finnland wurde das Studium der Waldtypen so weit gefördert, daß man genaue Zahlenwerte aufstellen konnte, die vollkommen mit der Güte der einzelnen Waldtypen übereinstimmen. Geht man vom Myrtillustypus aus und bezeichnet man sein Güteverhältnis mit 100, so kommt umstehende Tafel zustande[1].

Daß die Wasserstoffionenkonzentration in engem Zusammenhange mit den Waldtypen steht, geht also aus den Arbeiten finnischer Forscher unzweifelhaft hervor. BRAUN-BLANQUET bringt ebenfalls auch für südliche Gegenden gute Beispiele hierfür. Mineralischer Flugstaub kann ausgleichend wirken. JENNY[2] weist auf die bedeutende Zufuhr von Flugstaub in den Alpen

---

[1] Die Tabellen stammen von V. T. AALTONEN, Y. ILVESSALO u. J. VALMARI, siehe A. K. CAJANDER: Das Wesen und die Bedeutung der Waldtypen, Tartu 1927.

[2] JENNY, H.: Vegetationsentwicklung und Bodenbildung. II. Die alpinen Böden. Denkschr. Schweiz. Naturforsch. Ges. 53, Abh. 2 (1926).

Waldtypus	Laufender jährl. Zuwachs		Gehalt der obersten 20 cm dicken Bodenschicht		Verhältniszahl
	Kiefer	Birke			
	Alter				
	70 Jahre	35 Jahre	CaO	N	
Cladonia	27	—	36	34	75
Calluna	52	—	54	64	87
Vacc. vitis idaea	83	83	79	71	96
Myrtillus	100	100	100	100	100
Oxalis-Myrtillus	115	117	117	137	109
Oxalis-Majanthemum	—	185	140	223	104

	Gesamtstickstoff im Humus	Ammoniak- und Nitratstickstoff		
		sofort bestimmt	nach 2 Monaten bestimmt	p_H
Cladonia	—	—	—	3,6
Calluna	1,495	0,220	1,074	4,2
Vacc. vitis idaea	1,666	0,335	1,027	4,6
Myrtillus	1,796	0,383	1,819	4,8
Oxalis-Myrtillus	2,234	0,484	2,868	5,2
Oxalis-Majanthemum	2,795	0,551	4,425	5 (?)

hin (bis zu 18500 kg auf 1 Hektar jährlich, darin bis 5180 kg Kalziumkarbonat). Er sagt, daß die bei der Flugstaubmessung erhaltenen Werte unerwartet hoch sind. Die erwähnte jährliche Zufuhr von rund 5000 kg Kalk würde in 1000 Jahren einem Bodenzuwachs von 1—1,4 m im Freilande entsprechen. Die alpine Vegetation deckt aus dem zugewehten Kalkstaub teilweise ihren Mineralbedarf; außerdem reagiert die oberste Bodenschicht infolge dieser Kalkzufuhr oft weniger sauer als tiefere Lagen. Auf die Bedeutung der „Verstaubung" hat seinerzeit Graf LEININGEN[1] hingewiesen; für die Tiroler und Bayerischen Alpen scheinen keine so hohen Zahlen, wie sie von JENNY angegeben worden sind, in Frage zu kommen.

Der Zustand in der Ausbildung des Humus in verschiedenartigen Wäldern Böhmens entspricht nach NĚMEC[2] vollständig der Einteilung in Waldtypen nach CAJANDER und den Untersuchungen AALTONENS über den Zusammenhang zwischen Stickstoffmobilisierung und Azidität. Die Humusbildung unter dem Einfluß verschiedener Waldtypen schildert TAMM[3] für Nordschweden. Dieser zeigt den vorteilhaften Einfluß kalkreicher Böden und Gewässer, die der Rohhumusbildung entgegenarbeiten[4].

RUBNER[5] führt, ohne damit Waldtypen aufstellen zu wollen, folgende forstliche Standortsgewächse für die einzelnen Waldhumusarten im westlichen Moränengebiet Bayerns an: Auf mildem Humus von normaler Zersetzung: Oxalis acetosella (Sauerklee), Asperula odorata (Waldmeister), Impatiens (Waldbalsamine) und andere; auf beginnendem und fortschreitendem Rohhumus: Vaccinium myrtillus (Heidelbeere), Festuca silvatica (Waldschwingel), Lycopodium annotinum (Nadelwaldbärlapp). Die von CAJANDER in Deutschland selbst aus-

[1] LEININGEN, W. Graf zu: Über Humusablagerungen in den Kalkalpen. Naturwiss. Z. Forst- u. Landwirtsch. **1909**, 21.

[2] NĚMEC, A.: Untersuchung über die Humifizierung von Waldhumus. Z. Forst- u. Jagdwes. **1928**, 506.

[3] TAMM, O.: Bodenstudien in der nordschwedischen Nadelwaldregion. Meddelanden **1920**, H. 17, Nr. 3. — Die Einwirkung der Gesteine auf den Waldboden. Ebenda **1921**, H. 18, Nr. 3.

[4] Vgl. dieses Handbuch **7**, 361.

[5] RUBNER, K.: Forstliche Standortsgewächse im westlichen Moränengebiet Bayerns. Forstwiss. Zbl. **1920**, 135ff.

gearbeiteten Waldtypenuntersuchungen[1] sind durch BJÖRKENHEIM[2] bestätigt worden, der nach einem ähnlichen Plan in den Fichtenwaldungen deutscher Mittelgebirge gearbeitet hat. Die sächsischen Waldbonitäten stimmen im ganzen und großen mit denen CAJANDERS überein, wie z. B. die Fichtenwaldbonität II mit dem Airatyp und die Bonität III mit dem Myrtillustyp usw.[3]. Im Riesengebirge läßt sich eine klare Zweiteilung (Myrtillustypus schlechter als Bonität 3,3 (Fichte), die besseren Florentypen besser als 3,5) erkennen, so daß man die haubaren Bestände in den Schaffgotschen Forsten unmittelbar nach dem Waldtypus bewertet[4]. Nach den Untersuchungen von KÖTZ[5] haben die Probeflächen des gleichen Waldtyps im sächsischen Erzgebirge mindestens annähernd die gleiche Bonität, ihre Bestände besitzen einen sehr ähnlichen Wachstumsgang usw. Es handelt sich bei den Forschungen des Genannten um Urgebirgsböden, die schon seit zwei Generationen fast reine Fichtenbestockung tragen, also einigermaßen ausgeglichene Verhältnisse aufweisen.

Ohne jeden Zweifel sind die Waldtypen im Böhmerwalde bis hinüber zum Bayerischen Walde und desgleichen auch für Kiefernwälder geringster Bonität auf Sandböden in der Umgegend von Budweis gut zu gebrauchen. THEN und KILIAN[6] haben diesbezüglich gezeigt, daß dort zwei Haupttypen deutlich entwickelt sind, Oxalis- und Myrtillustypus; im ersteren herrschen viel günstigere Verhältnisse hinsichtlich des Zuwachses und der Stammzahl als im letzteren. Wenn in neuerer Zeit von manchen Seiten behauptet wird, die CAJANDERsche Lehre lasse sich nicht auf Deutschland übertragen, so ist mit KÖTZ dagegen einzuwenden, daß CAJANDER ja gerade in Deutschland, wie erwähnt, seine Lehre ausgebaut hat. Die Ansicht REBELS[7], daß die finnischen Waldtypen in Mitteleuropa nicht anwendbar seien, kann nach den dargelegten sonstigen Erfahrungen keine allgemeine Geltung haben; für Waldgebiete mit vorwiegend natürlicher Bestockung und gleichartigen Böden (z. B. Bayerischer Wald) scheinen sie sich zu eignen. Für den Kulturwald allerdings ist die Waldtypenlehre mit Rücksicht auf den Holzartenwechsel, das Mischungsverhältnis des Bestandes usw. ungeeignet, da hier die Pflanzenassoziation noch keinen Dauerzustand aufweist, aus dem man Schlüsse im Sinne CAJANDERS ziehen könnte[8]. Nach den bisherigen Untersuchungen über CAJANDERS Waldtypen, die in Deutschland angestellt wurden, wäre nach RUBNER[9] zu sagen, daß sie nur für kleinere, in Hinsicht auf Klima, Boden und Holzart möglichst einheitliche Gebiete Geltung haben, in denen weder störende Einflüsse eines

---

[1] CAJANDER, A. K.: Über Waldtypen. Helsingfors 1910. Erste und grundlegende Abhandlung über die Waldtypen Deutschlands, Aufstellung von 3 Haupttypen mit verschiedenen Untertypen. — Forstliche Bedeutung der Waldtypen. Helsinki 1926. — Der Waldtyp. Forstarchiv 1928. — Wesen und Bedeutung der Waldtypen. Silva Fennica **1930**, Nr. 15.

[2] BJÖRKENHEIM, R.: Beiträge zur Kenntnis einiger Waldtypen in Fichtenwaldungen des deutschen Mittelgebirges. Acta for. fennica **1919**. — Siehe K. RUBNER: Die Bedeutung der Waldtypen für den deutschen Wald. Silva **1922**, 89.

[3] CAJANDER, A. K. u. Y. ILVESSALO: Waldtypen II. Acta for. fennica **20**, 68 (1921).

[4] BLANCKMEISTER u. MERZ: Florentypen im Riesengebirge. Allg. Forst- u. Jagd-Ztg. **1929**; ref. im Forstarch. **1930**, 172.

[5] KÖTZ, F.: Waldtypen im sächsischen Erzgebirge. Allg. Forst- und Jagd-Ztg. **1929**. Ref. Forstarch. **1930**.

[6] Dissertationen, Wien, noch nicht veröffentlicht.

[7] REBEL, K.: Über Waldtypen. Allg. Forst- u. Jagd-Ztg. **1930**. — Vgl. ferner K. RUBNER: Pflanzengeographische Grundlagen des Waldbaus, S. 293—296. Neudamm 1925. Jber. Dtsch. Forstver. **1927**, 163—213.

[8] HOHEISEL, A.: Waldtypenlehre und Kulturwald. Ref. Forstarch. **1930**, 14.

[9] RUBNER, K.: Bodenvegetation und Höhenbonität im Lehr- und Versuchsrevier Grafrath. Forstwiss. Zbl. **1929**, 878. — Die Bedeutung der Waldtypen für den deutschen Wald. Silva **1922**, 89.

zweischichtigen Bodens noch die eines kurz zurückliegenden Holzartenwechsels (Buche, Fichte) vorliegen; nur in diesem Falle eignen sich die Waldtypen zur Aufstellung von Bonitätstafeln für größere Waldgebiete. Dagegen können aus den Vegetationstypen manche Schlüsse für die waldbauliche Behandlung der Bestände gezogen werden. Zur Aufstellung von Bonitätstafeln eignen sich hier die Waldtypen zwar nicht, doch geben sie wertvolle Anregungen für den Waldbau[1].

In neuerer Zeit hat sich HARTMANN[2] bemüht, pflanzensoziologische Grundlagen für die Unterscheidung neuer Wald- und Bestandestypen zu finden und hat dabei eine Gliederung nach Boden- und daneben auch nach Florentypen vorgenommen. Für Kulturwälder stellt er folgende Bonitierungstypen auf: 1. Reiner Süßgrastyp; 2. Aira-flexuosa-Süßgras-Mischtyp; 3. Beerenkraut-Calamagrostistyp; 4. Reiner Aira-Hypnumtyp; 5. Hypnum-Flechtentyp. Die Reihenfolge gibt zugleich die Abstufung von guten zu geringen Bonitäten. Der Genannte meint, daß eine Stellungnahme zur Brauchbarkeit der Waldtypen für mitteleuropäische Verhältnisse nicht tunlich sei, bevor nicht floristische Typen untersucht sind, die mit denen CAJANDERS in Einklang zu bringen sind. LINKOLA[3] hat Waldtypen für die Schweizer Alpen unter Zugrundelegung der CAJANDERschen aufgestellt, und zwar die Gruppe der Heidewälder (xerophil), der frischen Wälder (mesophil) und der Hainwälder (meso- bis hygrophil). Der Zuwachs hängt trotz der verschiedenen Höhenlagen im Gebirge deutlich vom Waldtypus ab. Im Nadelwald Ålands scheint eine geringe Anzahl von Pflanzenarten der Bodendecke aufzutreten. Der Grund hierfür ist in dem Umstande zu suchen, daß hier keine störenden Eingriffe stattgefunden haben und nur „die wirklichen Bürger des Nadelwaldes" ihren Platz erhalten haben. Auf dem Festlande hingegen hat die Kultur (Waldbrände oder Brandwirtschaft) neue Elemente mit sich gebracht[4]. Zuwachsuntersuchungen auf Grund von Waldtypen hat in Nordfinnland HEIKKILAE angestellt[5]. Die Waldtypen der trockenen Heidewälder Lapplands beschreibt AALTONEN[6]. Er teilt sie in den Flechten-, Heidekraut- und Krähenbeer- (Empetrum-) Typus mit den zugehörigen Subtypen ein; der Waldbestand setzt sich aus Kiefern, mitunter auch aus Birken zusammen. Außer durch Waldbrand und Holznutzung wird die Bodendecke noch durch weidende Renntiere beeinflußt, die zwar die Cladonien stark abgrasen, jedoch ihr Wachstum nur beeinträchtigen, nicht verhindern. Selbstredend ist auch in den Heidewäldern die Verjüngung, Bonität usw. vom Waldtypus abhängig[6].

In Schweden werden nach HESSELMAN[7] Pflanzenformationen unterschieden, die den Waldtypen CAJANDERS nicht ganz unähnlich sind: Buchenwälder, Misch-

---

[1] LEININGEN, W. Graf zu: Über Waldtypen. Zbl. Forstwes. **1922**, 154; ferner Wiener Allg. Forst- u. Jagd-Ztg. **1929**, Nr. 18.

[2] HARTMANN, F. K.: Kiefernbestandstypen des nordostdeutschen Diluviums. Neudamm 1928. — Soziologisch-ökologische Charakteristik von Waldbeständen Norddeutschlands. Z. Forst- u. Jagdwes. **1930**, 749. — FEUCHT, O.: Die Bodenflora als waldbaulicher Weiser. Silva **1922**, 47. Mit Vorschlägen für Waldtypen des nördlichen Schwarzwaldes.

[3] LINKOLA, K.: Waldtypenstudien in den Schweizer Alpen. Veröff. Geobot. Inst. RÜBEL, H. 1. Zürich 1924.

[4] PALMGREN, A.: Zur Kenntnis des Florencharakters des Nadelwaldes. Acta for. Fennica **22** (1922).

[5] HEIKKILAE, T.: Zuwachsuntersuchungen aus Nordfinnland. Acta for. Fennica **29** (1926).

[6] AALTONEN, V. T.: Über die natürliche Verjüngung der Heidewälder in Finnisch-Lappland. Communicationes ex instituto questionum forestalium Finlandiae editae. **1**. Helsinki 1919. — ILVESSALO, Y.: Untersuchungen über die taxatorische Bedeutung der Waldtypen. Acta for. fennica **15** (1920). — Vegetationsstatistische Untersuchungen über die Waldtypen. Ebenda **20** (1922). — LÖNNROTH, E.: Waldtypen und ihre innere Bedeutung. Mitt. dtsch. dendrolog. Ges. **1926**, 133.

[7] HESSELMAN, H., a. a. O. Meddelanden **1917**, H. 13—14.

wälder aus edlen Laubbäumen, Laubwiesen (etwas offene Bestände von Laubhölzern), Haintälchen, Erlenwälder, kräuterreiche Fichten- und Kiefernwälder, moosreiche Nadelwälder, Kiefernheiden, Torfböden, Vegetation der Hochgebirge, der Felsen, des Meeresstrandes usw. Die einzelnen Formationen zeigen im ganzen Lande große innere Übereinstimmung, außerdem ein ganz bestimmtes Nitrifikationsvermögen ihres Standortes, das von der Gegenwart von Elektrolyten (vor allem Kalk), außerdem vom Klima abhängig ist. Der Zuwachs ist durch den Grad der Nitrifikation bedingt. Auch der p_H-Wert der schwedischen Waldtypen ist, ähnlich wie bei denen von CAJANDER, ein gesetzmäßiger und wird vielfach durch das Kalziumion beeinflußt[1]. Nach TAMM hat jede der einzelnen Waldtypen ein besonderes Vermögen, Rohhumus zu bilden. Während in Schweden und auch in Mitteleuropa der Oxalis-Majanthemumtypus kaum ausgeprägten Rohhumus bildet, nimmt dieser im Myrtillustypus zu, weiterhin im Vaccinium-vitisidaea- und im Callunatypus, wo der Auflagetorf sein Maximum erreicht. Dementsprechend ist der Grad der Podsolierung in den verschiedenen Waldtypen auch ein ungleicher[2]. BORNEBUSCH[3] hat für Dänemark Waldtypen aufgestellt, die durch besondere Leitpflanzen gekennzeichnet sind und u. a. auch die Höhe der Nitrifikation im Boden anzeigen. Die Waldtypen MOROSOWS, V. KRUEDENERS und SUKATSCHEWS, die für die russischen Verhältnisse gelten, sind verschieden von denen CAJANDERS. Der Erstgenannte, der Begründer der Waldtypenlehre in Rußland, will als Grundlage Klima, Boden und Untergrund benutzt wissen; V. KRUEDENER berücksichtigt auch die physikalischen Bodenverhältnisse, ferner den mitunter „mehretagigen" Untergrund (z. B. Sand über Lehm oder Ton); auf diese Art kommt er zu einer sehr vielseitigen, aber auch verwickelten Typenbildung[4]. Die bisherigen Waldtypen sind in Estland für waldbauliche Zwecke wohl zu gebrauchen, nicht aber für die Bonitierung und auch nicht als Grundlage für die Aufstellung von Ertragstafeln. In Anbetracht der großen Flächen von Bruchwäldern müßte man neue Waldtypen für diese besonderen Verhältnisse aufstellen[5]. Die Waldtypenklassifikation ALEXÉJEWS[6] für die Ukraine ist der von V. KRUEDENER sehr verwandt. Neben den Waldtypen werden nach MULTAMÄKI[7] auch Moortypen unterschieden; nach erfolgter Entwässerung der Moore stieg der Zuwachs um so schneller und größer, je besser der Moortyp war; für die Aufforstung geben die Moortypen auch manche Anhaltspunkte.

Einwirkungen forstwirtschaftlicher Art auf den Waldboden.

Bewässerung und Entwässerung sowie Wasserabgabe.

Die Bewässerung ist im Walde nur notwendig in Gebieten, in denen während der Vegetationszeit zu wenig Niederschläge fallen. Da die Böden in diesem Falle

---

[1] HESSELMAN, H.: Studien über die Humusdecke des Nadelwaldes, ihre Eigenschaften und deren Abhängigkeit vom Waldbau. Meddelanden **1926**, H. 22, Nr. 5. — Die Begrenzung der Waldtypen stimmt in der Hauptsache mit der von MALMSTRÖM (a. a. O., 1926, S. 504 zitiert) überein.

[2] TAMM, O.: Bodenstudien in der nordschwedischen Nadelwaldregion. Meddelanden **1920**, H. 17, Nr. 3.

[3] Näheres siehe K. RUBNER: Pflanzengeographische Grundlagen des Waldbaus S. 298. Neudamm 1925.

[4] DENGLER A.: Waldbau, S. 288. Berlin 1930; zit.: G. F. MOROSOW: Die Lehre vom Walde. Neudamm 1928. — KRUEDENER A. v.: Über Waldtypen im allgemeinen und in bezug auf Deutschland im besonderen. Neudamm 1927.

[5] RÜHL A.: Die CAJANDERschen Waldtypen in Estland. Ref. Forstl. Rdsch. **1928**, 444.

[6] ALEXÉJEW, E.: Waldtypen der Ukraine. Kiew 1928; ref. Forstarch. **1929**, 78.

[7] MULTAMÄKI, S. E.: Untersuchungen über das Waldwachstum entwässerter Torfböden. Acta for. fennica **27** (1924).

nicht selten reichlich lösliche Salze im Untergrunde aufweisen (Soda, Salpeter, Magnesiumsulfat usw.), kann es sich ereignen, daß diese gelegentlich in verdunstungsreichen Zeiten an die Oberfläche steigen, wo sie aus dem Boden ausblühen. Da hierbei selbstredend die ohnehin sehr empfindlichen Holzarten geschädigt werden, ist bei der Bewässerung in ariden Gegenden (Steppen) Vorsicht geboten. Mayr[1] lehnt jede Flächenbewässerung im Sinne Anderlinds ab. Im übrigen sind bei der Bewässerung noch in Rechnung zu stellen 1. die düngende Wirkung des zugeführten Wassers, und zwar gelöste und aufgeschlämmte Nährstoffe, 2. die oxydierende Wirkung (Entsäuerung, Abbau humoser Stoffe), 3. Wärmezufuhr durch Wasser[2].

Die Entwässerung im Walde ist mit Vorsicht durchzuführen, da sie auf durchlässigem Boden oft ungeahnt weit wirkt und starke Zuwachsrückgänge nach sich zieht. Bei undurchlässigem Boden ist die Entwässerung kaum bedenklich, da eine Fernwirkung nicht stattfindet. Man wird hauptsächlich nur Naßgallen und Missen durch kleine Gräben, sonst nur Hoch- und Flachmoore durch ein planmäßig angelegtes Grabennetz von offenen Gräben entwässern oder von solchen, in die man Faschinen eingelegt hat, worauf sie wieder eingefüllt werden. In älteren Beständen entwässert der Wald ganz von selbst. Jeder Entwässerung muß mit Rücksicht auf das eingangs Gesagte eine Bodenuntersuchung vorangehen. Auf geeigneten Flächen ist zu starkes Gefälle offener Gräben zu vermeiden, da hierbei leicht Verluste an Boden und starke Einrisse entstehen können. Hier sind die Kaiserschen Stückgräben zu empfehlen, d. s. kleinere, 1—2 m breite und 1 m tiefe Grabenstücke, in denen sich Wasser sammelt und verdunstet[3].

Bei seinen Ausführungen über die Wasserabgabe aus dem Walde sagt Vater, daß man, je nach der Tiefe, zweierlei Grundwasser unterscheiden muß. Das eine Grundwasser ist jenes, das sich auf der obersten wasserdurchlässigen Schicht ansammelt, es wird oberes Grundwasser genannt und ist jenes Wasser, das den Pflanzen im Wurzelraume allenfalls zur Verfügung steht; alle tiefer gelegenen Wasseransammlungen (z. B. artesisches Wasser) bezeichnet man als „Tiefengrundwasser". Nur letzteres sollte für die Zwecke der Wasserversorgung in Betracht kommen. Es ist aber ohne Schaden für den Wald möglich, auch jenes Wasser auszunützen, das bei Regengüssen oberflächlich abfließt, also dem Walde ohnehin nicht zugute kommen würde. Dieses Wasser kann man auch zur Wasserversorgung der Städte verwerten (Anlage von Talsperren). Wenn man oberes Grundwasser dem Boden entnimmt, so senkt sich natürlich der obere Grundwasserspiegel auf weite Entfernungen hin. Ist es möglich, daß sich das Grundwasser (z. B. in durchlässigen Schottern) von der Seite her rasch ergänzt, dann sind die Verhältnisse für den Bestand noch erträglich. Wird das Wasser aber ausgepumpt, und läßt der Ersatz längere Zeit auf sich warten, dann ist eine solche Maßnahme bedenklich. Will man das Grundwasser anzapfen, so muß man vorher den Grundwasserspiegel zu verschiedenen Zeiten, so z. B. im Frühjahr und im Herbst, feststellen, da er im Frühling höher als im Sommer oder gar im Herbst steht, und ferner muß man genaue Untersuchungen anstellen, wie tief die Wurzeln in den Boden eindringen. Wie sich eine Anzapfung des oberen Grundwassers auswirkt, hat man bei der Wasser-

---

[1] Mayr, H.: Waldbau, S. 523. Berlin 1909. [2] Vgl. E. Ramann: a. a. O., S. 401.

[3] Ramann, E.: Forstliche Bodenkunde und Standortslehre, S. 398. Berlin 1893. — Dengler, A.: Waldbau, S. 434. Berlin 1930. — Kautz, H.: Schutzwald, forst- und wasserwirtschaftliche Gedanken. Berlin 1912. — Waldwegebau und Wasserpflege im Harz. Z. Forst- u. Jagdwes. **1907**. — Anderlind: Der Gebrauchswert der Wasserfanggräben im bewaldeten Gebirgsland. Thar. forstl. Jb. **1907**. — Haag: Horizontale Schutz- oder Sickergräben. Forstwiss. Zbl. **1881**, 201. Betrifft das Buntsandsteingebiet der Haardt. — Lorey, T. u. H. Weber: Handbuch der Forstwissenschaft **2**, 224ff. Tübingen 1925. — Hess, R. u. R. Beck: Forstschutz **2**, 478ff. Neudamm 1930.

versorgung der Stadt Leipzig beobachtet. Heute liegt der Grundwasserspiegel 5—6 m tiefer als vor der Wasserentnahme. Die Folgen sind natürlich keine erfreulichen, denn früher war der Boden naß, heute ist er ausgetrocknet, die Insekten haben eine bedeutend günstigere Entwicklungsmöglichkeit, die Fichte, die infolge Wassermangels ohnehin schon kränkelt, wird nun noch von den Blattwespen befallen und zum Absterben gebracht. Die Kaninchen vermehren sich in dem trockenen Boden stärker. Unter dieser Senkung des Grundwasserspiegels leiden natürlich insbesondere die älteren Bestände, deren Wurzeln ganz und gar den früheren Wasserverhältnissen angepaßt waren; die schönsten Erlenbestände Sachsens sind zugrunde gegangen, ebenso leidet dort die Kiefer und Fichte; nur bei den Neukulturen sind die Verhältnisse etwas günstiger, da sich die Pflanzen auf die neuen Verhältnisse einstellen. VATER wirft in seinen Betrachtungen noch einen kurzen Blick auf den zahlenmäßigen Wert des Grundwassers und kommt zu dem Ergebnis, daß der Wasserzins häufig in gar keinem Verhältnis zu dem Schaden steht, der durch die Senkung angerichtet wird[1].

Einfluß der Betriebsform auf den Waldboden.

Kahlschlag. „Biologisch gesprochen ist der Kahlschlag ein scharfer operativer Eingriff in das Leben des Waldes, der seine Lebensgemeinschaft von Grund aus zerstört und häufig eine Grasflur an Stelle des Waldes setzt. Am meisten müssen sich die nachteiligen Wirkungen bei den Schattholzarten, am wenigsten bei den Lichtholzarten geltend machen, welch' letztere ohnehin im älteren Bestand schon eine xerophytische Bodenvegetation beherbergen[2]."

Die Einwirkung des Kahlschlages auf Holzarten und Bodendecke kann nicht ohne Folgen für den Boden selbst bleiben. Dennoch wird die Wirkung des Kahlschlages sehr verschieden beurteilt. Während er in wirtschaftlicher Beziehung den Vorteil der Einfachheit und Übersichtlichkeit bietet, wird andererseits hervorgehoben, daß in den rund 10 Jahren, während welcher der Boden freiliegt, sich dieser verschlechtere. Zweifellos findet zum Schaden des Jungwuchses eine mitunter sehr starke Vergrasung und Verunkrautung mit all ihren Nachteilen (Lichtentzug, Wurzelkonkurrenz) statt[3]. Anderseits wirkt der nach Kahlschlag eintretende erhebliche Licht- und Wärmegenuß des Bodens in dem Sinne, daß der Humusstickstoff mobilisiert wird und Nitratbildung eintritt. Diesen von DENGLER[4] angeführten Vorzügen steht allerdings der wenig erfreuliche Umstand gegenüber, daß die Nitrate schließlich so gründlich ausgewaschen werden, daß sie in nitratsammelnden Pflanzen nicht mehr nachweisbar sind. Anderseits ist in Gebirgslagen an steilen Hängen eine Abschwemmung des Bodens zu befürchten, so daß schließlich Verkarstung eintreten kann. Kahlschlag (und auch die landwirtschaftliche Zwischennutzung) fördern nämlich die Abspülung der Walderde aus höheren Lagen[5]. STINY[6] weist auf den Zusammenhang zwischen Großkahlschlägen in den Gebirgen Österreichs und Verkarstungserscheinungen (auch im Gebiete von Granit, Gneis usw.) hin. Auch auf flachgründigem Boden wirkt sich der Kahlschlag wegen eintretender Trockenheit unangenehm aus. Es kann außerdem, abgesehen

---

[1] BURGER, H.: Holz-, Laub- und Nadeluntersuchungen. Schweiz. Z. Forstwes. **1925**. — VATER, H.: Wasserabgabe aus dem Walde. Ber. 49. Vers. Sächs. Forstver. **1905**. — Die Sicherstellung des Wasserbedarfs des Waldes. Ber. 57. Vers. Sächs. Forstver. **1903**. — Der Wasserverbrauch von Buche, Fichte und Kiefer. Thar. Forstl. Jb. **1923**, H. 1.

[2] RUBNER, K.: Waldtypen und Forstwirtschaft. Jber. Dtsch. Forstver. **1927**, 167.

[3] RUBNER, K.: a. a. O., S. 290.

[4] DENGLER, A.: Waldbau, Berlin, S. 499. 1930.

[5] BURGER, H.: Das Hochwasser aus bewaldeten Einzugsgebieten. Schweiz. Z. Forstwes. **1924**, 270.

[6] STINY, J.: Wiener allg. Forst- u. Jagd-Ztg. **1921**, 156.

von den rein waldbaulichen Schäden, Bodenverdichtung eintreten; indessen beurteilt man diese Betriebsart heute vielfach viel milder als früher[1]. Trotzdem empfiehlt es sich, Blößen im Walde, seien sie nun auf künstliche oder natürliche Weise entstanden, möglichst rasch wieder aufzuforsten. Auf größeren Kahlflächen ist infolge der bestehenden Frost- und Dürregefahr häufig ein Vorwald von Aspe, Birke und Weide notwendig; oft siedeln sich diese leichtsamigen Holzarten von selbst an[2].

Zur Beurteilung des Kahlschlages sind folgende Überlegungen wertvoll. Ausgehend von der Tatsache, daß in Urwäldern ein guter Bodenzustand herrscht, hingegen der Kulturwald nicht selten Rohhumusbildungen aufweist, aber zum mindesten die Verjüngung erschwert ist, hat man die Ursachen der zuletzt genannten Erscheinungen im Kahlschlagbetrieb suchen zu müssen geglaubt. Hesselman[3] hingegen ist der Ansicht, daß man den vorteilhaften Zustand des Bodens im mitteleuropäischen Urwald auf die Holzartenmischung und die Gegenwart von Laubhölzern zurückführen muß; wo diese fehlen, wird auch im Urwalde Rohhumus gebildet, wenn Klima und Boden die Voraussetzungen bieten, so z. B. im Kubani-Urwald in jenen Teilen, in denen die Buche fehlt. Die Bedeutung dieser Holzart für eine günstige Mullbildung wird auch in den fürstlich Schwarzenbergschen Wäldern sehr wohl anerkannt; man nimmt an, daß 10% der Stammanzahl genügt, um einen guten Humuszustand herbeizuführen. In schroffem Gegensatz zu den Urwaldmischbeständen Mitteleuropas stehen die schwedischen Urwälder, die aus Kiefer und Fichte zusammengesetzt sind, und deren lebende Bodendecke aus Moosen und Zwergsträuchern gebildet wird und in den klimatisch ungünstigeren Gegenden eine Rohhumusdecke von 40 cm aufweist. Durch diese wird die Verjüngung des Waldes in hohem Grade erschwert und Bleicherde sowie Ortstein verursacht; nur wo der Boden reich an leicht zugänglichen Kalkverbindungen ist, bessert sich der Humuszustand. Auch die mangelnde Rohhumusbildung in den reinen Kiefernwäldern von Bialowics ist auf günstigere Klima- und Bodenverhältnisse zurückzuführen, so daß sich die Bodendecke dieser Kiefernwälder aus wärme- und kalkliebenden Pflanzen zusammensetzt, wodurch der günstige Klima- und Bodenzustand zum Ausdruck kommt. Es kann also auf kalkhaltigem Boden und in einem kontinentaleren Klima auch reiner Nadelholzwald rohhumusfrei sein. Von fraglicherer Bedeutung für den Zustand des Bodens sind einige andere Eigenschaften des Urwaldes, wie die Ungleichalterigkeit und die stete Beschattung des Bodens, welches Eigenschaften sind, die bekanntlich auch dem Plenterwalde zukommen, weshalb dieser von vielen deutschen Autoren im Gegensatz zum gleichalterigen Kulturwalde (Kahlschlagbetrieb) als vorteilhaft für den Bodenzustand angesehen wird. Als Abhilfe gegen die durch den einseitigen Waldbau hervorgerufenen Schäden wird, wie bekannt, gewöhnlich die Beimischung von Laubhölzern (Buche) empfohlen. Andererseits wird bestritten, daß der Kahlschlagbetrieb an sich Rohhumus hervorrufe, da die sich auf den Schlägen einfindende Vegetation größtenteils aus Rohhumuszerstörern, den Grasarten, wie Aira flexuosa, Molinia coerulea, Calamagrostis epigeios u. a., besteht. Die Rohhumusbildung im Walde wäre demnach nicht als eine Folge des Kahlschlagbetriebes, sondern als eine solche der Zusammensetzung

---

[1] Dengler, A.: Waldbau, S. 498ff. Berlin 1930. — Mayr, H.: Waldbau. Berlin 1909. — Hess, R. u. R. Beck: Forstschutz. III. Buch von G. Funk, S. 151, 158, 167. Neudamm 1930. — Rubner, K.: Pflanzengeographische Grundlagen des Waldbaus. Neudamm 1925. — Beck, R.: Waldbau. Handbuch der Forstwissenschaft von T. Lorey u. H. Weber, S. 72. Tübingen 1925. — Bühler, A.: Waldbau 1, 578ff. Stuttgart 1918. — Wagner, C.: Die Grundlagen der räumlichen Ordnung im Walde. Tübingen 1923.

[2] Rubner, K.: a. a. O., S. 291.

[3] Hesselman, H.: Humusdecke des Nadelwaldes usw. Meddelanden **1926**, H. 22, Nr. 5.

der Bestände und der besonderen Beschaffenheit der Pflanzenabfälle anzusehen[1].

Eine Einwirkung des Kahlschlages auf die Humusform ist auch aus folgenden Darlegungen ersichtlich. Nach den bestandesgeschichtlichen Studien WECKS[2] in sächsischen Revieren wäre eine lange Freilage nur auf vernäßtem Boden unbedingt schädlich, denn sonst wären die nach einer Freilage begründeten Bestände wuchskräftiger als solche, die unmittelbar auf den Abtrieb folgten, jedoch trotz der normalen Verwilderung ist die Neigung zur Waldneubildung auf den Blößen äußerst stark. Die Ursache hierfür soll die Umwandlung des ursprünglichen Nadelhumus durch die Verwilderungsflora (Gramineen) sein. (Hierbei dürfte wohl eine erhebliche Nitrifikation eintreten.) Die Umwandlung des Humus durch die Wurzeln von Gramineen erfordert viele Jahre.

Die ausführlichsten Darlegungen über den Einfluß von Kahlschlag auf den Bodenzustand stammen von WITTICH[3] her. Seine eigenen Untersuchungen erstrecken sich auf das nordostdeutsche Diluvium, auf den Harz, das Gebiet des mittleren Buntsandsteins und auf Nordwestdeutschland. Der Genannte sagt, daß sich die üblichen absprechenden Urteile über den Kahlschlag nicht immer als zu Recht bestehend erwiesen haben. Die ungünstigen Bodenzustände haben sich fast immer schon während der Bestockung selbst herausgebildet; der Kahlschlag hat sich hingegen als ein sehr wirksames Mittel erwiesen, um in verhältnismäßig kurzer Zeit die Erkrankung, wenn auch nicht immer ihre Folgen, zu beseitigen. Man sieht im Kahlschlag viel zu sehr die leere Fläche, die den Boden schutzlos der Wirkung der Atmosphärilien preisgibt. Es handelt sich indes meist nur um einen Wechsel der Pflanzenformationen, d. h. um eine Ablösung des Baumbestandes durch eine Schlagflora. Letztere muß je nach ihrer Art und nach ihren Eigenschaften bei Beurteilung der Freilage abgeschätzt werden. Auch in dem von Menschen unberührten Urwalde herrscht nicht immer Harmonie, und die von Zeit zu Zeit darin vorkommenden Entblößungen des Bodens bedeuten für ihn eine Gesundung, eine Beseitigung der vom Bestande geschaffenen ungünstigen Zustände für die Wiederbesiedelung des Bodens durch eine neue Waldgeneration. Der Waldbestand ist in manchen Fällen für den Boden auf die Dauer unerträglich, und es muß auf ihn eine Zeit der Freilage folgen. Die Erhaltung der Gesundheit des Waldes ist wichtiger als ihre nachträgliche Wiederherstellung.

Vergleicht man Schlagflächen mit Beständen, so findet man nach WITTICH ungefähr die gleiche Menge Stickstoff auf der Schlagfläche wie im Bestande. Ein Verlust an Stickstoff auf der Schlagfläche tritt nicht ein; geändert hat sich nur die Verteilung des Stickstoffes im Boden; im Bestande befindet sich ein großer Teil davon über dem Mineralboden als Auflagehumus, während ersterer verhältnismäßig stickstoffarm ist. Der Verlust der humusreichen Bodendecke an Stickstoff durch Kahlschlag berechnet sich je 1 Hektar auf rund 2800 RM.[4]. In den älteren Schlagflächen hingegen fehlt Auflagehumus fast ganz. Dafür besitzt man ein relativ hohes, umlaufendes Stickstoffkapital in Form der Bodenflora und einen

---

[1] BURGER, H.: Physikalische Eigenschaften der Wald- und Freilandböden. Mitt. schweiz. Zentralanst. forstl. Versuchswes. **13** (1922). — VATER, H.: Der Kalkgehalt des Bodens und die Buche. Thar. Forstl. Jb. **71** (1920). — WIEDEMANN, E.: Zuwachsrückgang und Wuchsstockungen der Fichte usw., S. 53ff. Tharandt 1923. — KAESTNER, M.: Entstehung und Besiedelung des Trockentorfes. Naturwiss. Wschr. **20** (1921). — MÜLLER, P. E.: Natürliche Humusformen, S. 49. Berlin 1887. — RAMANN, E.: Bodenkunde, S. 208. Berlin 1911.

[2] WECK, H.: Die Wirkung langjähriger Freilage usw. Z. Forst- u. Jagdwes. **1929**.

[3] WITTICH, W.: Der Einfluß des Kahlschlages auf den Bodenzustand. Mitt. Forstwirtsch. u. Forstwiss. **1930**, 438ff.

[4] VOGEL VON FALCKENSTEIN, K.: Internat. Mitt. Bodenkunde **1912**, 23.

höheren Gehalt an Stickstoff im reinen Mineralboden, ohne Einbeziehung der darin befindlichen Graswurzeln.

Wittich weist unter Bezugnahme auf Hesselmans Untersuchungen über die Nitrifikation in nordschwedischen Böden darauf hin, daß die Stickstoffmobilisierung im Trockentorf beim Kahlschlag abhängig von dem Vorhandensein einer sekundären Pflanzenformation (Gräser und sonstige Schlagflora) ist, indessen ist die Nitrifikation in keiner Weise an das Vorkommen nitrophiler Pflanzen gebunden. Wo diese sich als Zwischengeneration eingefunden haben, ist auch dann, wenn sie von Aira verdrängt worden sind, die Salpeterbildung später genau so stark, ja vielfach noch stärker als vorher. Wird die Schlagflora aber durch Bodenbearbeitung vernichtet, so geht, im Gegensatz zu den unbearbeiteten Schlagflächen, die Salpeterproduktion zurück. Die Nitrifikation, welche durch Kahlschlag selbst unter ungünstigen Verhältnissen stets ausgelöst wird, bleibt auch dann bestehen, wenn der Humus nach Jahren aufgezehrt ist.

Die Ammonisation wird nach Wittich durch Kahlschlag ebenfalls beeinflußt. Im Auflagehumus steigt nämlich die Ammoniakbildung nach dem Abtriebe im Verlauf der Kahlschlagperiode ganz allmählich an und erreicht ihren Höhepunkt erst vor dem Schluß der Kulturen. Die Gesamtproduktion des Bodens geht aber, nachdem sie etwa 3—5 Jahre nach dem Kahlschlag ihr Höchstmaß erreicht hat, in dem Maße, als der Vorrat an Auflagehumus aufgezehrt wird, zurück, bis es sich schließlich gänzlich verliert. Im Mineralboden wird die Ammoniakbildung durch Kahlschlag nicht gesteigert. (Es besteht hier ein Gegensatz zur Nitrifikation, der sich auch im Mineralboden bemerklich macht.) Die Ammonisation schnellt aber sehr plötzlich beim Eintritt des Bestandesschlusses in die Höhe, wenn die lebende Bodendecke abstirbt und ihre Wurzeln für den Abbau zugänglich werden. Die Bakterien vermehren sich im Auflagehumus nach dem Kahlschlage sehr stark[1].

Um den in nordschwedischen Fichten- und Fichten-Kiefernmischwäldern liegenden Humus dem Abbau entgegenzuführen, wird nach Hesselman allgemein Kahlschlag eingeführt; durch die infolgedessen eintretende bessere Erwärmung sterben Moose und Heidelbeere ab, und die Humusmassen gehen in Moder und Mull über; oft tritt auch Nitrifikation ein. Mitunter muß die Umwandlung der Humusdecke noch durch Abbrennen und landwirtschaftlichen Zwischenbau (Roggen) gefördert werden. Rohhumus im Dryopteristypus wird leichter zum Umsatz gebracht werden als solcher im Myrtillustypus, und auch die Einführung von Birke und anderen Laubbäumen übt größeren Einfluß auf die Fruchtbarkeit im ersteren Typus[2] aus.

Die Annahme, daß Humus durch hohe Hitzegrade sterilisiert und daß der Auflagehumus durch Kahlschlag in Trockentorf umgewandelt wird, ist nach den Forschungen Wittichs nicht aufrecht zu halten. Der Genannte fand in einem pulvertrockenen Humusstreifen, der Temperaturen bis 51° C in der obersten Schicht auszuhalten hatte, 1810000 Bakterien in je 1 g. Bei einsetzender Feuchtigkeit beginnen die Bakterien sofort wieder ihre Tätigkeit. In dem sog. „verkohlten" Humus „verpuffen" demnach die Nährstoffe nicht, wie man vielfach annahm, sondern sie stellen ein geschontes, noch wenig angetastetes Nährstoffkapital dar, das durch geeignete Wirtschaftsmaßnahmen flüssig gemacht werden kann, so z. B. durch ausgiebige Bodenbearbeitung, die u. a. den Stickstoff mobilisiert. Während vielfach behauptet wird, daß die Kleinlebewesen des Waldes, die nur unter Beschattung gedeihen können, durch Kahlschlag vernichtet werden, ist

[1] Wittich, W.: a. a. O., S. 464.

[2] Hesselman, H.: Versumpfung, Rohhumus und Waldbau in Nordschweden. Forstwiss. Zbl. 1928, S. 509.

DENGLER[1] der Ansicht, daß ein Beweis hierfür nicht erbracht worden sei. Tatsächlich geht aus der auf Kahlflächen lebhaft einsetzenden Nitrifikation hervor, daß das Bakterienleben hier keineswegs erloschen ist[2].

Hagerböden, die unter dem Einfluß von Sonne und Wind an Süd- und Westhängen von Gebirgen, z. T. auch auf Kahlflächen in der Ebene entstehen, sind von KNICKMANN und HELBIG[3] beschrieben. Diese Böden weisen Hagerhumus auf, dessen Verwesung unterbrochen ist; er ist häufig in nicht gehörig vorbereiteten Buchenschlägen zu finden, auf denen im ersten Sommer jede Ansamung versagt. Durch Beschattung wird dann der Hagerhumus allmählich abgebaut[4]. Als lebende Bodendecke findet man auf diesem rohen Waldhumus Angergräser, Haft- und Graumoose, Beersträucher usw.

Der Kahlschlag hat im Gegensatz zu früher angeführten Ergebnissen nicht selten zur Folge, daß er, anstatt den Humus rasch abzubauen, schwer zersetzbaren „kohligen" Humus nur allzu sehr konserviert; dies tritt nach VOLGER[5] auf mineralarmen Böden durch die zu kräftige Besonnung und Austrocknung ein, wodurch die den Abbau bewirkenden Bakterien geschädigt werden. Untersuchungen im Gebiete des Hilssandsteins haben ergeben, daß der Trockentorf bei verschiedenartiger Behandlung noch nach 4 Jahren kaum chemische Veränderungen aufweist und unter Überschirmung noch am besten aussieht. Selbst Kalkung konnte in 3 Jahren keine schnellere Zersetzung veranlassen[6]. Hagerhumus weist nach KNICKMANN und HELBIG ein Mehrfaches an freier Säure gegenüber normalem Humus auf; auch in den Unterböden ist der Unterschied noch erkennbar. Daher erscheint die vorhin erwähnte Kalkzufuhr angebracht.

Neben den Einflüssen, die der Kahlschlag in biologischer Beziehung hervorbringt, müssen auch noch solche nach der physikalischen Richtung hin erwähnt werden: Der Kahlschlag ruft im Wasserhaushalt des Bodens eine jähe Änderung hervor. SACHSSE[7] macht darauf aufmerksam, daß nicht nur die bisher von den Bäumen transportierte Wassermenge dem Boden verbleibt, sondern diesem nun auch jene Niederschlagsmengen zugute kommen, die bisher in den Baumkronen hängen-

---

[1] DENGLER, A.: a. a. O., S. 499.

[2] WITTICH, W.: Untersuchungen über den Einfluß intensiver Bodenbearbeitung auf Hohenlübbichower und Biesenthaler Sandböden, S. 19. Neudamm 1926. — Ferner P. E. MÜLLER: Beitrag zur Kenntnis von Fichtenwachstum in der mitteljütländischen Heide. Forstl. Versuchswes. Dänemark **1910**. — FR. WEIS: Das Vorkommen von Salpetersäure in Wald- und Heideböden. Cbl. Bakter. **2** (1910). — H. HESSELMAN: Studien über die Verjüngungsbedingungen der norrländischen Kiefernheide. Meddelanden **1917**, H. 13—14. Betrifft mangelnde Nitrifikation des Humusstickstoffes in offenen Kiefernheiden. — OLSÉN hat nach WITTICH mit genauen Methoden auf der Kahlschlagfläche eines Tannenbestandes nach vorübergehender beschleunigter Humuszersetzung schon 3—4 Jahre nach dem Abtrieb keine Nitrifikation mehr beobachten können. — W. WITTICH (a. a. O., S. 20) bemerkt zu all diesen Quellen, daß es sich dabei um Extremformen, nämlich schwerkranke Böden mit Trockentorfbildung handele.

[3] KNICKMANN, E. u. M. HELBIG: Untersuchungen über Bodenverhagerung. Z. Pflanzenern. usw. A **5**, 209ff. (1925).

[4] GREBE, C.: Gebirgskunde, Bodenkunde und Klimalehre, S. 163 zit. Berlin 1886.

[5] VOLGER, K.: Bewirtschaftung des Hilssandsteingebietes usw. Forstwiss. Zbl. **1926**, 151.

[6] GEHRING, A., B. HEINEMANN, A. PEGGAU u. O. WEHRMANN: Trockentorfablagerungen im Gebiet des Hils. Forstwiss. Zbl. **1926**, 116.

[7] SACHSSE, H.: Der Waldboden. In L. WAPPES: Wald und Holz, S. 247. — HESSELMAN, H.: Versumpfung usw. Forstwiss. Zbl. **1928**, 509. — HASSENKAMP: Der Einfluß von Standort und Wirtschaft auf die Rohhumusbildung. Z. Forst- u. Jagdwes. **1928**. Die Frage, ob mit der Freilage des Bodens bei Kahlschlag eine besonders starke Auswaschung verbunden sei, ist dahin zu beantworten, daß weder nach günstiger noch nach ungünstiger Richtung eine Einwirkung zu erkennen ist. — K. REBEL: Waldbauliches aus Bayern **2**, 211. Dießen 1924. — TSCHERMAK, L.: Fragen des Waldbaues im Hochgebirge. Zbl. Forstwes. **1925**.

blieben und ungenutzt verdunsteten. Macht sich also zunächst ein Wasserüberschuß bemerkbar, so tritt später umgekehrt ein Mangel an Feuchtigkeit ein, wenn nach Neubegründung des Bestandes die Bäume im Dickungs- und Stangenholzalter einen sehr hohen Wasserbedarf äußern. Sachsse hält in kühlfeuchten Gebirgslagen den schmalen Kahlschlag als eine bodenpflegliche Betriebsart. Zu unterlassen ist der Kahlschlag wegen der Unmöglichkeit der Bodenbearbeitung auf Steilhängen, ferner auf Block-, Schutt- und Geröllboden; man muß auf letzteren die Naturverjüngung abwarten[1]. Im Erzgebirge wurden zeitweise auf Großkahlschlägen fast ausschließlich Fichten gezüchtet[2]. Dies hat insbesondere in den unteren Lagen, wo die Fichte als Hauptholzart wohl nicht standortsgemäß ist, zur Verschlechterung des Wasserhaushaltes infolge der stärkeren Ausbildung von Auflagehumus geführt; damit wurde eine Gefährdung in Trockenzeiten hervorgerufen; heute hat man deshalb die Großkahlschlagwirtschaft verlassen[2]. Nach Burger[3] wird die Struktur des Waldbodens durch Kahlschlag bedeutend verändert, was durch Bestimmung der Luftkapazität und durch Sickerversuche nachgewiesen werden kann. Der Genannte beobachtete gegenüber waldbeschirmtem Boden Luftkapazitätsverluste von rund 40%. Die Durchlässigkeit eines guten Waldbodens von Orvin war 30mal größer als die eines 10 Jahre kahl liegenden und dadurch seiner Struktur beraubten Bodens. Da der Waldboden verhältnismäßig größere Hohlräume und solche, die längere Kanäle bilden, enthält (Wurmgänge, Wurzelröhren), so kommt ein natürliches Durchlüftungssystem zustande. Durch die Studien des Genannten werden die Forschungen Englers bestätigt. Kreutzer[4] äußert sich, was den Kahlschlag betrifft, dahin, daß dieser nicht selbst, sondern das Stock- und Wurzelroden die Ursache einer schädlichen Bodenverdichtung sei. Findet dieses jedoch nicht statt und vermodern die Stöcke im Boden, so gelangt die nachfolgende Generation mit ihren Wurzeln in den Bereich der Stöcke und kann sich so reicher mit Wasser versorgen (gerodete und nicht gerodete Kahlfläche im Sudetengebiet mit je 6000 Stück 40jährigem Fichtenstangenholz auf je 1 Hektar werden miteinander verglichen; die nicht gerodete Fläche ist dauernd im Vorsprung). Im Gegensatz zu manchen anderen Forschern findet Wittich[5], daß das Hohlraumvolumen des Mineralbodens auf Schlagflächen im Durchschnitt erheblich größer als im Bestande ist; am deutlichsten treten die Unterschiede dort hervor, wo infolge sehr langer Freilage auf der Schlagfläche der Auflagehumus verschwunden und der Mineralboden von einem dichten Netz der Schlagflora durchzogen ist; diesem kommt wohl die Hauptbedeutung für die Verbesserung des physikalischen Zustandes zu, doch möchte Wittich aus diesen besonderen Verhältnissen nicht den Schluß ziehen, daß der Kahlschlag ganz allgemein das Hohlraumvolumen günstig beeinflusse.

„Der geregelte Plenterwald ist den anderen modernen Wirtschaftsverfahren gerade darum überlegen, weil in ihm der Boden niemals den Angriffen der Atmosphärilien völlig preisgegeben und der Gang der Streuzersetzung durch schroffe Eingriffe gestört ist, während andererseits die Erwärmung der oberen Bodenschichten nie durch ein vollkommen geschlossenes Kronendach ganz verhindert wird[6]." Als Beispiel können Plenterwaldungen der Schweiz (Emmental) gelten, die gesunde Bodenzustände und im Gegensatz zu benachbarten, schlagweise bewirtschafteten

---

[1] Sachsse, H.: a. a. O., S. 247.

[2] Krauss, G.: Standortsverhältnisse der sächsischen Waldungen. Dtsch. Forstwirt **1928**.

[3] Burger, H.: Physikalische Eigenschaften von Wald- und Freilandböden. Mitt. Schweiz. Zentralanst. forstl. Versuchswes. **12**, H. 1; hier wird auch A. Engler zitiert.

[4] Kreutzer, E.: Die forstliche Bodenpflege. Wiener Allg. Forst- u. Jagd-Ztg. **1921**, Nr. 48.

[5] Wittich, W.: a. a. O., S. 96 ff.

[6] Hausrath, H.: Pflanzengeographische Wandlungen der deutschen Landschaft, S. 39. Leipzig u. Berlin 1911.

Beständen mit verhärtetem, magerem Boden hervorragende Produktion aufweisen. Nicht die ursprüngliche Kraft des Bodens ist es also, die den Wuchs bestimmt, sondern ihre Erhaltung. SACHSSE[1] nennt den Plenterwald (das Wort wird in Deutschland gleichsinnig mit Femelwald gebraucht) hinsichtlich einer möglichst gleichmäßigen Bodenbeanspruchung, die beste Betriebsform, da in ihm dauernd alle Altersklassen auf engstem Raume neben einander vertreten sind, so daß hierdurch der beste örtliche und zeitliche Ausgleich des verschiedenen Wasser- und Nährstoffverbrauchs der einzelnen Baumalter gesichert ist. Der im Plenterbetrieb bewirtschaftete Mischwald ist vom bodenkundlichen Standpunkte aus als Idealbetriebsart zu bezeichnen, da hierbei eine einseitige Beeinflussung des Bodens durch eine bestimmte Holzart, die vielleicht auf die Dauer unzuträglich wäre, wegfällt. Der Femelschlag ist nach DENGLER im normalen Gang äußerst bodenpfleglich. LANG sagt: „Diese Betriebsart ist überall da, wo die Trockenheit einerseits, die Feuchtigkeit andererseits extreme Verhältnisse zeitigt, aufs sorgfältigste zu erhalten, um die Zerstörung des Waldgeländes und Eroberung durch die Heide einerseits, durch das Hochmoor andererseits zu verhindern, und der wesentliche Einfluß des Femelwaldes auf den Boden liegt in seiner dauernden Beschattung, durch die weder Austrocknung noch Überwucherung durch Bodenpflanzen und damit weder Verheidung noch Vermoosung erfolgen kann[2]."

Der sehr bodenpflegliche Ertragsplenterwald (schweizerisches Vorbild) ist aber nach TSCHERMAK nur bei Vorkommen der Schattenhölzer, besonders der Tanne, und somit nur auf besseren Böden möglich[3]. Die Untersuchungen TSCHERMAKS in Niederösterreich haben gezeigt, daß die Feuchtigkeit der für das Gedeihen der Sämlinge wichtigen obersten Schicht des Waldbodens überall, wo die Stetigkeit der Bodenbedeckung nicht unterbrochen wird, also bei sämtlichen Dauerwaldbetrieben, auch bei WAGNERS Blendersaumschlag, selbst in Trockenzeiten besser als beim Kahlschlagbetrieb erhalten bleibt. Der Humusgehalt der obersten Bodenschicht ist auf dem Nordsaum (Blendersaumschlag) beträchtlich höher als auf der Kahlfläche, was schon von HOPPE festgestellt worden war. Dies ist besonders für die Wälder der Kalkalpen wichtig, in denen der Verlust der dort vorkommenden, besonders günstigen Humusform, wie Alpenmoder auf Kahlschlägen befürchtet werden muß. Der Bodenhumus enthaltende oder von Auflagehumus bedeckte Oberboden des Nordsaumes von Blendersaumschlägen weist eine bedeutend größere Lockerheit als die oberste Schicht des Bodens der Kahlfläche auf. Im übrigen ist die letztere auch wesentlich stärker von Unkraut befallen. Wie HOPPE[4] zeigt, steigert sich die Einwirkung der Kahlhaltung auf den Boden im Laufe der Zeit, und zwar mindestens bis zum zehnten Jahre. Seine Untersuchungen erstreckten sich auf Niederösterreich, Mähren und Böhmen[5]. Andauernd in dichtem Kronenschlusse stehende Fichten- und Tannenbestände weisen sehr niedrige Luftkapazität und gleichzeitig hohe Azidität des Bodens auf. Durch passende und zeitige Aufhebung des Bestandesschlusses kann man beschleunigte

[1] SACHSSE, H.: Der Waldboden. In L. WAPPES: Wald und Holz, S. 247. — Betr. forstliche Ausdrücke, wie Plenterwald, Durchforstung, Durchlichtung, Unterbau usw. siehe J. BUSSE: Forstlexikon. Berlin 1929. — DITTMAR, H.: Waldbau. Neudamm 1929. — DENGLER, A.: Waldbau. Berlin 1930.

[2] LANG, R.: Forstliche Standortslehre. In T. LOREY u. H. WEBER: Handbuch der Forstwissenschaft **1**. Tübingen 1926.

[3] TSCHERMAK, L.: Zur Frage des Plenterwaldes. Österr. Vjschr. Forstwes. **1929**, 226.

[4] HOPPE E.: Über Veränderung des Waldbodens durch Abholzung. Zbl. Forstwes. **1898**, 55. — Die Feuchtigkeit des Lehmbodens in mit Altholz bestandenen und in abgestockten Waldflächen. Ebenda **1900**.

[5] TSCHERMAK, L.: Kahlfläche und Blendersaumschlag. Zbl. Forstwes. **1920**. — WALLENBÖCK, R.: Unterschiede auf Nord- und Südlehnen. Ebenda **1911**. — RUCKENSTEINER: Der Einfluß der Bodenlage usw. Österr. Vjschr. Forstwes. **1915**.

Streuzersetzung, geringeren Säuregrad und höhere Luftkapazität erzielen; es stellt sich dann auch natürlicher Anflug von Nadel- und Laubholz ein[1]. Auch diese Wahrnehmungen sprechen zugunsten des Plenterwaldes.

Gegen den Großschirmschlag können bei entsprechender Durchführung hinsichtlich der Bodenpflege Vorwürfe nicht erhoben werden, da ja der Boden dauernd gedeckt bleibt. Beim Mißlingen und bei unvorsichtiger Hiebsführung stellt sich allerdings starke Verunkrautung ein[2]. Lückenhiebe sind im großen und ganzen einem normalen, kleineren Kahlschlag gleich zu werten, was die Einwirkung der Freilage auf den Boden (Abnahme der Bakterien, Besonnung und Austrocknung) betrifft[3].

Der Dauerwald steht dem Plenterwald am nächsten, dem Kahlschlag am fernsten. MÖLLER sah ihn für die Kiefernwirtschaft am idealsten verwirklicht in Bärenthoren. Unter Dauerwald ist auch das Revier Hohenlübbichow zu nennen, wobei zu sagen ist, daß das unter „Bodenbearbeitung" erwähnte Vollumbruchsverfahren an sich mit Dauerwaldwirtschaft nichts zu tun hat. Die Dauerwaldeinrichtung betont ganz besonders die Bodenpflege, d. h. Vermeidung des Kahlschlags, der Streunutzung, häufige Durchforstung, hingegen Verjüngung unter dem Schutze des Altholzes. Nach WIEDEMANN ruft der Dauerwaldbetrieb starke Veränderungen in den oberen Schichten des Mineralbodens hervor, die in mäßiger, zeitweiser Zunahme des Stickstoffes, in Zunahme der Bodensäure und Abnahme der katalytischen Kraft bestehen. Weitergehende Wirkungen, wie z. B. das Fehlen verjüngungsfeindlicher Beersträucher und Rasenfilze (Bärenthoren), sind nicht auf die Dauerwaldwirtschaft, sondern auf die besonderen Standortsbedingungen der ganzen dortigen Gegend zurückzuführen[4].

Bedeutung der Durchforstung für den Waldboden. Da nun der erwähnte Plenterbetrieb aus forstwirtschaftlichen Gründen meist kaum durchführbar ist, muß man die Nachteile, die reine und meist fast gleichalterige Bestände dem Boden zufügen würden, durch eine geeignete Bestandeserziehung auszugleichen suchen; dies geschieht durch Läuterungen und vor allem durch eine richtige Durchforstung. Diese lockert die Baumkronen, läßt dementsprechend mehr Licht, Wärme und Niederschlag auf den Waldboden einwirken und fördert damit den Abbau der Streu. Die Anzahl der das Wasser und die Nährstoffe verbrauchenden Bäume wird mit Hilfe der Durchforstung vermindert. Wenn die Wurzelstöcke und das anfallende Reisig im Walde belassen werden und dort verwesen, so wirkt dies als natürliche Düngung. Die Stöcke hinterlassen Wege für die nachwachsenden Wurzeln des Bestandes und erhöhen zusammen mit den Einflüssen der Reisigdüngung die Durchlässigkeit des Bodens für Wasser und Luft. SACHSSE[5] erwähnt, daß es bei Steigerung der Durchforstung bis zur Durchlichtung notwendig sei, für einen Unterbau mit Schattenholzarten zu sorgen, um die Nachteile der Bodenfreistellung zurück zu halten. Gerade der noch zu besprechende Unterbau[6] ist jedoch auf besonders armen Böden, wo er am notwendigsten wäre,

---

[1] NĚMEC, A. u. K. KVAPIL: Studien über einige physikalische Eigenschaften der Waldböden und ihre Beziehungen zur Bodenazidität. Z. Forst- u. Jagdwes. **1925**, 564.

[2] DENGLER, A.: a. a. O., S. 503.

[3] WIEDEMANN, E.: Die praktischen Erfolge des Kieferndauerwaldes, S. 147. Braunschweig **1925**.

[4] DENGLER, A.: a. a. O., S. 452ff. — MÖLLER, A.: Der Dauerwaldgedanke. Berlin 1922. — Die Kieferndauerwaldwirtschaft. Z. Forst- u. Jagdwes. **1920**. — WIEDEMANN, E.: Die praktischen Erfolge der Kieferndauerwaldwirtschaft. Braunschweig 1925. — KRUTZSCH: Bärenthoren. Neudamm 1926. — HAUSENDORFF, E.: Deutsche Waldwirtschaft. Berlin 1927.

[5] SACHSSE, H.: Der Waldboden. In WAPPES Wald und Holz S. 248.

[6] RAMANN, E.: Die Untersuchung streuberechter Böden. Z. Forst- u. Jagdwes. **1898**, 294. — Waldstreu, S. 76. Berlin 1890. — LEININGEN, W. Graf zu: Die Licht- und Schattenblätter der Buche. Naturwiss. Z. Land- u. Forstwirtsch. **1905**, 208.

nicht möglich, da solche Böden den hohen Mineralstoffbedarf beschatteter Holzpflanzen nicht zu decken vermögen. Hinsichtlich der Einwirkung des Grades der Durchforstung auf die Bodenverfassung gehen die Meinungen auseinander; während HASSENKAMP die Hochdurchforstung auf tätigem Boden für richtig, auf untätigem für falsch hält, wendet sich ERDMANN[1] gegen diese Auffassung. HASSENKAMP meint, daß man dem kühleren ozeanischen Klima nur durch unmittelbare Bestrahlung des Bodens entgegenarbeiten könne; ERDMANN dagegen sagt, es sei dies eine unbewiesene Annahme und gibt an, daß manche, nie durchforstete Bauernwaldungen eine durchaus normale Bodenverfassung aufweisen. Die Hochdurchforstung soll dazu dienen, der drohenden Umwandlung des Moders in Trockentorf vorzubeugen, nicht aber die Rohhumusansammlung an sich, und zwar grundsätzlich, zu verhindern[2].

Bodenpflege durch den Unterbau. Der Unterbau, d. h. die Anzucht eines jüngeren Bestandes unter einem älteren, kommt nach den Ausführungen DENGLERS aus bodenpfleglichen Rücksichten in Anwendung, ferner unter anderem, um eine Mischung des Bestandes herbeizuführen. Er ist als eine Ergänzung des Bestandes bei Lichtungsbetrieben schon lange üblich, später wurde er in Lichtholzbeständen (Kiefer, Lärche, Eiche) eingeführt, um eine Bodenverwilderung durch Gräser, Heide usw. zurück zu halten. Die Buche wurde zum Unterbau unter Kiefer auf DANCKELMANNS Anregung in Nordostdeutschland, wie sonst auch in Hessen, benutzt. Indessen zeigte es sich, daß das Buchenlaub auf untätigen Kiefernböden keineswegs immer rasch genug zersetzt wird, sondern im Gegenteil Rohhumus bildet; geschieht dies gelegentlich schon im Osten Deutschlands, so muß man im nordwestdeutschen Heidegebiete besonders vorsichtig sein und anstatt der Buche lieber die Hainbuche, Eiche und Linde verwenden, deren Laubabfall bekanntlich leicht und rasch abgebaut wird. Der Einfluß der Buche auf die Kiefer wurde von KMONITZEK[3] in Hessen untersucht. Es zeigte sich, daß die physikalische Struktur des Bodens durch älteren Buchenunterbau günstig beeinflußt war. Es werden größere Lockerheit, besonders der oberen Bodenschicht, höheres Hohlraumvolumen und dementsprechend höhere Luftkapazität festgestellt; hingegen war der Wassergehalt in den unterbauten Beständen geringer als in den Reinbeständen, so daß sich die Dürrejahre 1911 und 1921 auch beim Unterbaubestand mit aller Deutlichkeit bemerkbar machten; auch Fichtenunterbau zehrt am Wasservorrat des Bodens, so daß Fichte auf tätigen und frischen Böden unter Lärche oder Kiefer durchaus anwendbar ist. In Ostpreußen und Schlesien findet sich die Fichte als natürlicher Unterstand unter Kiefer. Unter Eiche hingegen bewährt sich die Fichte im allgemeinen nicht. Die Tanne ist, wo sie klimatisch noch möglich ist, eine vorzügliche Unterbauholzart[4]. In chemischer Hinsicht verursachte der Unterbau einen höheren Basengehalt des Bodens und damit eine höhere Sättigung mit austauschfähigen Basen. Dies ist wohl auf den höheren Kalkgehalt der Buchenstreu zurückzuführen, doch macht sich auch Fichtenunterbau diesbezüglich

---

[1] ERDMANN, Wirtschaftsführung in Neubruchhausen. Z. Forst- u. Jagdwes. **1928**, 585ff.

[2] BUSSE, I.: Durchforstung. Dtsch. Forstztg. **1925**.

[3] KMONITZEK, E.: Die Einwirkung eines Buchen- und Fichtenunterbaues usw. Forstwiss. Zbl. **1930**, H. 21—24.

[4] DENGLER, A.: Waldbau, S. 467. Berlin 1930. Hier werden angeführt DANCKELMANN: Kiefernunterbaubetrieb. Z. Forst- u. Jagdwes. **1881**. — FRÖMBLING: Ein Beitrag zur Frage über den Wert des Unterbaus. Ebenda 1886. — FÜRST: Unterbau. Forstwiss. Zbl. **1893**. — WEINKAUFF: Unterbau von Kiefer mit Buche im Pfälzer Lande. Ebenda **1896**. — WIEDEMANN, E.: Die praktischen Erfolge des Kieferndauerwaldes. Braunschweig 1925. — H. MAYR: Waldbau, S. 528. Berlin 1909. — A. BÜHLER: Waldbau **2**, 562. Stuttgart 1922.

vorteilhaft geltend. Der Bodenhumus- und der Gesamtstickstoffgehalt ergaben bei Unterbau mit Buche höhere, mit Fichte besonders hohe Zahlen. Der Abbau schwer zersetzlicher Stickstoffverbindungen geht beim Unterbau reger vonstatten. Der Gehalt an Stickstoff nimmt mit der organischen Substanz zu. Das Pufferungsvermögen gegen Säuren ist in den mit Buche und Fichte unterbauten Beständen stärker als in den Reinbeständen; ihr Säuregrad ist im Mineralboden um so höher, je reicher die Humusbeimengung ist. Im Humus der Unterbaubestände selbst ist der p_H-Wert geringer. Die Ammonisation und Nitrifikation ist in den unterbauten Beständen lebhafter, besonders wenn man den Boden in natürlicher Lagerung untersucht. Der p_H-Wert wäre jedoch nach diesen Untersuchungen nicht von Einfluß auf das Nitrifikationsvermögen des Bodens, wie man eigentlich hätte annehmen sollen. Besonders stark sind nach Vogel v. Falckenstein die jüngeren Streuabfallprodukte dem Abbau und der Nitratbildung unterworfen. Sehr gute und ausreichende Streudecken liefert bekanntlich die gemischte Kiefernbuchenstreu; diese wirkt sich selbstredend auch günstig im Sinne der Wasserhaltung aus[1]. Aus diesen Tatsachen geht wiederum die Bedeutung der Buche für den Unterbau hervor. Bei allen Vorzügen des Unterbaues darf nicht vergessen werden, daß das Unterbauen lichter werdender Bestände als erhöhter Entzug an Nährstoffen betrachtet werden muß; das gleiche gilt von der natürlichen Verjüngung unter dem alten Bestande[2]. Nach Wiedemann[3] haben die exakten Untersuchungen die Einwirkung des Unterbaues auf den Boden betreffend vorläufig zu keinen für letzteren günstigen Ergebnissen geführt, doch sind hier noch weitere Erfahrungen zu sammeln, und manches spricht dennoch zugunsten des Unterbaues.

Biologische Bodenpflege. „Die Überlegenheit des Waldes über andere Formationen beruht zum großen Teil auch auf der Fähigkeit der Bäume, jene Bodenzustände zu schaffen und zu erhalten, die zu ihrem Gedeihen günstig sind[4].“ Das beste Beispiel hierfür sind nach Hausrath[5] die Eichenkrattbüsche der Heiden Schleswig-Holsteins, welche die letzten Reste vernichteter Waldungen darstellen. Im Schirmbereich dieser Büsche hat sich die Krümelstruktur und damit die Möglichkeit des Baumwuchses erhalten; jedoch in der umgebenden Heide setzt die Bildung von Ortstein ein und schreitet immer mehr fort.

Laubwald und Beimischung von Laubhölzern (in beiden Fällen darf es sich nur um standortsgemäße Holzarten handeln) beeinflussen unter anderem, was die Humusbildung betrifft, den Boden. Zusagendes Klima vorausgesetzt, wird weder Auflagetorf noch die damit in Zusammenhang stehende Solverwitterung oder gar Ortstein entstehen, da der hohe Basengehalt und der ungestörte Umlauf der Mineralstoffe einer Bodenverschlechterung entgegen wirken und nicht selten auch noch den A-Horizont des Waldbodens verbessern. Nach dieser Richtung hin betätigt sich die Robinie, Birke, Hainbuche, Rotbuche und Eiche[6]; sämtliche Hölzer weisen einen hohen Gehalt an Kalk und Magnesia in der Reinasche der Blätter auf, die Nadelhölzer treten diesbezüglich stark zurück[7], nur die Lärche beeinflußt,

---

[1] Vogel von Falckenstein, K.: a. a. O. Internat. Mitt. Bodenkde. 3 (1913).
[2] Bühler, A.: Waldbau 1, 285. Stuttgart 1918.
[3] Wiedemann, E.: a. a. O., S. 119. Braunschweig 1925.
[4] Hausrath, H.: vgl. Anm. 5.
[5] Hausrath, H.: Pflanzengeographische Wandlungen der deutschen Landschaft, S. 37. Stuttgart 1911. — Siehe auch E. Ramann: Bodenkunde, S. 462ff. Berlin 1911.
[6] Müller, P. E.: Natürliche Humusformen, S. 136 u. 144. Berlin 1887.
[7] Lang, R.: Forstliche Standortslehre. Handbuch der Forstwissenschaft von T. Lorey u. H. Weber 1, 426. — Bräuhäuser, M. und A. Sauer: Erläuterungen zur geologischen Spezialkarte Württembergs. Blatt Alpirsbach. 1913.

selbst in den höchsten Lagen, den Standort günstig[1]. Nach diesen Überlegungen befremdet es nicht, wenn man immer wieder hört, daß Eiche und Buche Auflagetorfbildungen verhindern und einen Boden, der durch Nadelholz (reine, gleichalterige Bestände) herunter gewirtschaftet ist, regenerieren[2].

Eine mehr oder weniger tiefgehende Lockerheit des Bodens ist das äußerlich bemerkbare und sichere Kennzeichen des Garezustandes. Mit Hilfe der Druck- und Festigkeitssonde v. Meyenburgs wurde von Albert und Penschuk[3] in der Umgegend von Eberswalde der Einfluß verschiedener Holzarten auf die Bodenstruktur verfolgt. Unter Robinie hatte sich die vollkommenste Bodengare ausgebildet, an zweiter Stelle steht die Lärche. Auch die amerikanische Roteiche besitzt günstige Einwirkung auf den physikalischen Bodenzustand, schlecht schneidet hingegen die Kiefer ab; die festere Lagerung des Bodens unter ihr ist noch in 35 cm Tiefe festzustellen. Hess[4] sagt, daß die Laubbäume, wie Buche und Eiche, Erle, Ahorn sowie auch manche Sträucher, nämlich Holunder, Haselnuß, Geißblatt, den Boden ständig verbessern und die Auswaschung, Podsolierung und Azidität herabsetzen. Kautz[5] hat für den Harz, und zwar schon für die mittleren Lagen, angegeben, daß dort, wo früher die Buche der Fichte beigesellt war und jetzt die letztere allein zu finden ist, sich Rohhumus bildet. Von den Moosen finden sich auf diesem zunächst dichte Polytrichumpolster ein, denen die Sphagneen folgen. Die Buche hat, abgesehen von der günstigeren Streu, die sie in diesen Gegenden bildet, vor der Fichte eine gleichmäßigere Durchfeuchtung des Bodens voraus, die für die Verjüngung der ihr beigesellten Fichte günstig ist. Bekanntlich enthält die Buchenstreu einen höheren Prozentsatz Kalk gegenüber Kiefern- und Fichtenstreu; demnach muß der Anbau der Buche zur Erhaltung des Kalkes im Boden (Umlauf, Regenerierung des Oberbodens) beitragen. Es genügt sogar, auf kalkarmen Böden ohne Kalkzufuhr den Bestand für sich selbst arbeiten zu lassen. Die Beseitigung des Trockentorfes vorausgesetzt, ist diese Holzart imstande, mit erstaunlich geringen Mengen Kalk auszukommen. Die Buche eignet sich nicht nur als Unterbau unter Kiefer (Bodendeckung usw.), sondern gedeiht auch frohwüchsig für sich allein[6]. Diese „biologische" Bodenpflege mit Hilfe der Buche ist aber nur auf Standorten möglich, die ihr zusagen, denn nach Stephan[7] zeigt sie in dem ausgesprochen ozeanischen Klima Schleswig-Holsteins keine bodenverbessernde Wirkung. Ramann[8] sagt: „Die Buchenwaldungen, deren Böden jetzt in Hannover und Holland mit dicken Schichten von Buchentorf bedeckt sind, sind zumeist angepflanzt und Produkte einseitiger Holzzucht." Dies gilt auch für Dänemark.

Die Eiche mit ihrer Fähigkeit, den Boden gut zu durchwurzeln und außerdem selbst auf minderem Boden einen günstigen Humus zu bilden, ist als Vorläufer für Nadelholz auf verödetem Nichtwaldboden geeignet; das letztere gedeiht dann freudig, ohne der „Ackersterbe" anheimzufallen (Harburg, Lüneburger Heide). Anderseits kann die Kiefer rückgängigen Buchenboden wieder anbaufähig für

---

[1] Leiningen, W. Graf zu: Über Humusablagerungen usw. Naturwiss. Z. Forst- u. Landwirtschaft **1908** u. **1912**.

[2] Hofmann, F.: Forchenkrüppelbestände usw. Allg. Forst- u. Jagd-Ztg. **1905**, 297. — Künkele: Bodenpflege usw. Mitt. Ver. höh. Forstbeamter Bay. **1923**. — Regelmann, K.: Erläuterungen zur geologischen Spezialkarte von Württemberg. Blatt Baiersbronn, S. 102. 1908.

[3] Albert, R. u. H. Penschuk: Der Einfluß verschiedener Holzarten auf den Lockerheitsgrad des Bodens. Z. Forst- u. Jagdwes. **1926**, 181.

[4] Hess, E.: Boden und Wald. Mitt. Schweiz. Zentralanst. forstl. Versuchswes. **1929**, 5.

[5] Kautz, H.: Wasserpflege im Harz. Z. Forst- u. Jagdwes. **1909**, 166.

[6] Erdmann: Künstliche Düngung im Walde. Z. Forst- u. Jagdwes. **1921**, 155.

[7] Stephan: Forstliche Probleme usw. Z. Forst- u. Jagdwes. **1923**, 4.

[8] Ramann, E.: Bodenkunde, S. 198 u. 464. Berlin 1911.

Laubholz machen[1]. Sie wirkt in solchen Fällen offenbar als Humuszehrerin, denn an eine eigentliche Verbesserung des Bodens durch die Kiefer darf man hierbei nicht denken, und die Rückkehr zur Laubholzwirtschaft scheint häufig dringend geboten. Die Eiche allein scheint nach Volger die Bodengare nicht immer wahren zu können, so z. B. auf Hilssandstein bei großer Kalkarmut, und soll in solchen Fällen behufs Bodenpflege mit Buche gemischt werden[2].

Der Gehalt an basischen Pufferstoffen in der Humusdecke steigt durch Beimischung von Birke; es wachsen in diesem Falle kräftigere Pflanzen auf solchem Humus, und es kommt zu einer ungewöhnlich lebhaften Stickstoffmobilisierung[3]. Hesselman brachte den experimentellen Nachweis, daß die Birkenstreu einen äußerst fördernden Einfluß auf das Wachstum der Kiefer hat. Nach Albert wirkt auch die Akazie unter anderem in der Weise auf den Boden ein, daß sie ihn nahezu neutralisiert; unter ihr findet sich eine Ruderalflora ein; Bodenproben, wenige Meter davon entnommen, und zwar unter Kiefer, weisen hingegen erhebliche Säuregrade auf. Ähnlich scheinen sich Lärche und Douglasie zu verhalten[4]. Jentsch[5] erinnert daran, daß auch die Birke im Besitze von Wurzelknöllchen ist, die nach Müller nicht bedeutungslos sein können; Fichten gedeihen jedenfalls auf ehemaligen Birkenstandorten besser als außerhalb dieser. Weißerlenboden weist nach den Untersuchungen von Stassen und Behrisch[6] fast das Doppelte an Stickstoff gegenüber Schwarzkiefer auf und auch der Untergrund zeigt noch großen Reichtum an Stickstoff; auch in bezug auf Humuserzeugung ist die Weißerle der Schwarzkiefer überlegen. Trotzdem ist die Weißerle auf ausgedörrtem, flachgründigem Kalkboden (Schaumkalk) keine unbedingt zuverlässige Aufforstungsholzart. Die Douglasie ist nach Albert[7] ein voller Ersatz für die Fichte im Heidegebiet Nordwestdeutschlands. Während die letztere hier besonders im Reinbestand auf dem Wege über Rohhumus leicht zur Hochmoorbildung führen kann, ist ein günstiger Einfluß auf den Boden bei der Douglasie festgestellt worden. Die Lärche wird an Stelle der Buche von Erdmann empfohlen. Im Gebirge leidet sie gelegentlich, wo sie künstlich eingebracht ist, an Wassermangel und kann sich dann nicht entsprechend vorteilhaft bemerkbar machen[8]. Im allgemeinen sind ihr jedoch nach Schreiber[9] keine besonders stark bodenverbessernden Eigenschaften nachzurühmen; der Genannte hält indes Beimischung von Buche und Lärche als vorteilhaft für die Bodenpflege; hierbei schafft die Buche die für das Gedeihen der Lärche notwendigen Voraussetzungen. Der Zwergwacholder (Juniperus nana Willd.) erweist sich nach Gschwind[10] im Hochgebirge, insbesondere in verkarsteten Gebieten, als unschätzbar, da er den Boden vor Abschwemmung schützt und seine Gare bewahrt; auch verhindert er in den bosnisch-herzegowinischen Kalkalpen, wo er vielfach den Boden nahezu lückenlos

---

[1] Jentsch, J.: Fruchtwechsel in der Forstwirtschaft, S. 57, 59, 61, 63, 67. Dissert. München 1911.

[2] Volger, K.: Bewirtschaftung des Hilssandsteingebietes usw. Forstwiss. Zbl. **1926**, 126.

[3] Hesselman, H.: a. a. O. Meddelanden **1927**, 419.

[4] Albert, R.: Säuregehalt des Bodens. Forstarch. **1925**, 36.

[5] Jentsch, J.: vgl. Anm. 1.

[6] Stassen u. W. Behrisch: Aufforstungen von Kalködland. Z. Forst- u. Jagdwes. **1925**.

[7] Albert, R.: Bodenuntersuchungen in der Lüneburger Heide. Z. Forst- u. Jagdwes. **1914**, 90.

[8] Feucht, O.: Studienfahrt usw. Silva **1922**, 331. — Fankhauser: Zur Kenntnis der Lärche. Z. Forst- u. Jagdwes. **1919**.

[9] Schreiber, M.: Saat oder Auspflanzung der Lärche. Zbl. Forstwes. **1926**, 12. — Beiträge zur Biologie und zum Waldbau der Lärche. Ebenda **1921**, 87.

[10] Gschwind, A.: Die Bedeutung des Zwergwacholders für den Gebirgswald. Zbl. Forstwes. **1921**, 139; siehe auch Karstaufforstung.

überzieht, das Überhandnehmen von Gräsern; er verbessert den Boden auch mit seinem Humus. Wo er allzu dicht wird, verhindert er jedoch die natürliche Verjüngung.

Reisigdeckung. Zum Zwecke der Reisigdeckung läßt man das Reisholz einschließlich der schwächeren Äste sowie die Nadeln im Walde auf dem Boden liegen; durch das allmählich verwesende Reisig wird der Boden vor Austrocknung geschützt, mit Mineralstoffen, Stickstoff und Humus bereichert, das Unkraut wird verdrängt. Bringt man das Reisig von seinem Ursprungsort an andere Stellen, so z. B. zwischen kümmernde junge Bäume und häuft es dort auf, so spricht man von Reisigpackung. Diese durch Freiherrn v. Kalitsch eingeführte Kulturmethode hat sich vor allem in trockenen Gebieten bewährt[1]. Bei Böden die trotz ihrer mineralischen Kraft minderwertig sind, weil sie infolge ihrer physikalischen Beschaffenheit unter Wassermangel leiden, „feiert die Reisigdeckung ihre höchsten Triumphe", wie Albert[2] nachweist. Bei Kiefernverjüngungen wurde der Boden in diesem Falle kniehoch mit Reisig bedeckt. Die Wirkung der Reisigdeckung wird hierbei mit vollem Recht der Verbesserung der Wasserführung, nicht der düngenden Kraft zugeschrieben; letztere hält nämlich nachweislich nicht sehr lange vor. Der Schutz der Reisigdeckung gegen Wasserverdunstung erstreckt sich, wie Albert[3] früher schon dargelegt hat, fast in gleicher Weise auf Ober- und Untergrund, besonders wenn die Deckung auf Kahlschlägen vorgenommen wird. Auch die Einwanderung von Forstunkräutern wird durch Reisigdeckung gehemmt. Eine Kohlensäuredüngung ist nach dem Genannten von dem verwesendem Reisig jedenfalls nicht in erster Linie zu erhoffen; der gleichen Ansicht ist Naumann[4], während Meinecke d. J.[5] mehr Gewicht auf die Entstehung von Kohlensäure legt. Von Hornschuh[6] wird die Reisigdüngung gleichfalls hauptsächlich vom Standpunkte der Kohlensäureernährung des Waldes betrachtet, doch muß dies als ein etwas einseitiger Standpunkt bezeichnet werden. Wiedemann[7] gibt an, daß im modernden Reisig Pflanzen mit erheblichem Nitratgehalt wachsen, und wenn die Nitratbildung auch allmählich aufhört, so dürfte sie doch für die Entwicklung der jungen Kiefern von Bedeutung sein, da sie mindestens den Oberboden verbessert. Weissker[8] gibt von einer Fichtenreisigpackung in einer Fichten-Kiefern-Buchen-Mischkultur auf Quadersandsteinboden der Sächsischen Schweiz an, daß diese von einigem Erfolg begleitet war. Weck[9] berichtet von der Reisigpackung auf 4 m breiten, 10—15 m von einander entfernten Streifen, daß sie Heide- und Beerunkräutern vernichtete, und daß die 22jährigen Fichten auf den Reisigwällen 4 m, dazwischen jedoch nur rund 1 m Höhe erreichten. In der Sandpußta Deliblát (Ungarn) wurde eine Bedeckung mit Wacholderreisig behufs Bindung des Binnendünensandes schon sehr frühzeitig (nach 1810?) verwendet[10].

Die Waldstreunutzung. Nunmehr soll erörtert werden, ob und in wie weit der Waldboden durch Streunutzung Schaden leidet.

---

[1] Vgl. J. Naumann: Reisigdeckung, S. 9. Neudamm 1928,

[2] Albert, R.: Die Bedeutung des Wasserhaushaltes. Z. Forst- u. Jagdwes. **1924**, 193.

[3] Albert, R.: Der Wasserhaushalt geringer Kiefernböden. a. a. O., **1915**, 247. — Ferner Zur Kohlensäurefrage. Ebenda **1923**, 713.

[4] Naumann, J.: Reisigdeckung, S. 67. Neudamm 1928.

[5] Meinecke d. J., Th.: Kohlenstoffernährung des Waldes, S. 143. Berlin 1927.

[6] Hornschuh: Die Wirkung der Reisigdüngung. Silva **1921**, 249.

[7] Wiedemann, E.: Die praktischen Erfolge des Kieferndauerwaldes, S. 49 u. 51. Braunschweig **1925**.

[8] Weissker, A.: Thar. forstl. Jb. **1930**, H. 4.

[9] Weck, H.: Die Wirkung von Reisigdüngung. Ref. Forstarch. **1930**, 472.

[10] Ajtay, E. von: Beschreibung der Sandpußta Deliblát, S. 63. Budapest 1914.

Die Grundlagen der Lehre von der Waldstreu wurden schon vor 100 Jahren von Hundeshagen in 10 Leitsätzen dargelegt, die heute noch volle Gültigkeit besitzen und meist ohne Nennung des Genannten in die spätere Literatur übergegangen sind[1]. Das gleiche gilt von einer äußerst beachtenswerten Schrift Neys[2]. Einen guten Überblick über den damaligen Stand des Wissens gibt ein umfassendes Buch Ebermayers, das als Endzweck unter anderem auch die chemische Statik des Waldbaus vom Gesichtspunkte der Waldstreu aus beleuchtet[3]. Auf genauer wissenschaftlicher Erforschung der bodenkundlichen und pflanzenphysiologischen Verhältnisse baute Ramann[4] seine Darlegungen auf. Vom Standpunkte des Praktikers behandelte Rebel diese wichtige Frage[5].

Hinsichtlich der anfallenden Mengen von Streu sei folgendes erwähnt. Bei erstmaliger Nutzung auf bisher geschonter Fläche ermittelte Tschermak einen Vorrat von 6000—18000 kg lufttrockener Streu auf je 1 Hektar; der zweijährige Streuertrag betrug im Durchschnitt rund 7600 kg, der einjährige Streuertrag rund 4300 kg. Ebermayer gibt für die bayrischen Staatswaldungen als durchschnittliche Größe des jährlichen Streuanfalls (lufttrocken) 4066 kg für Buchen-, 3588 kg für Fichten- und 3706 kg für Kiefernbestände an[6].

Die Streu wird bekanntlich als der natürliche Dünger des Waldes bezeichnet. Was die Reihenfolge der Holzarten hinsichtlich der Düngung des Bodens durch den auf je Jahr und Hektar berechneten Bestandesabfall (Blätter, Nadeln) und seine Nährstoffe anbelangt, so ergeben sich nach der Zusammenstellung Oelkers[7] folgende Mengen in Kilogramm:

	Buche	Tanne	Eiche	Fichte	Lärche	Kiefer
Basen	105	104	91	80	66	34
davon CaO	78	88,5	55	64,1	41,2	21,2
P_2O_5	10,5	9,4	6,6	6,4	6,9	3,4

Dagegen ist die jährliche Entnahme aus dem Boden für die Erzeugung von Holz allein nur ein Bruchteil:

Basen	40	16	24	13	12	18
davon CaO	15	5	18	3	5	10
P_2O_5	12	2	12	2	4	9

Aus dieser Zusammenstellung wird auch die hohe Inanspruchnahme des Standortes durch Buche und Eiche, ferner der hohe Umlauf von Mineralstoffen in guten, keinen Rohhumus bildenden Buchen- und Tannenbeständen ersichtlich.

Der herbstliche Streuabfall hat eine bedeutende Zunahme der Konzentration der Bodenlösung zum Gefolge. Der Gehalt des Bodens an gelösten Salzen ist im

[1] Hundeshagen, J. Chr.: Die Waldweide und Waldstreu. Tübingen 1830.

[2] Ney, E.: Die natürliche Bestimmung des Waldes und der Streunutzung. Dürkheim 1869. — Hanstein gibt schon im Jahre 1863 eine vollkommen richtige Schilderung von der Bedeutung der Waldstreu und des Humus für den Wald und weist die unzutreffenden Ansichten von Fraas zurück, der angibt, daß „weniger die Waldstreunutzung im Herbste, als die Abholzung selbst den Boden erschöpft" (Bedeutung der Waldstreu für den Wald, als Manuskript gedruckt. Darmstadt 1863).

[3] Ebermayer, E.: Die gesamte Lehre der Waldstreu. Berlin 1876.

[4] Ramann, E.: Die Waldstreu. Berlin 1890. — Forstliche Bodenkunde und Standortslehre. Berlin 1893. — Hess, R. u. R. Beck: Forstschutz **2**, 44ff. Neudamm 1930.

[5] Rebel, K.: Die Streunutzung, insbesondere im bayerischen Staatswalde. Dießen 1920. — Gayer, K. u. R. Fabricius: Forstbenutzung, S. 573—596. Berlin 1919.

[6] Tschermak, L.: Die Buchenlaubstreunutzung im Lande Salzburg. Zbl. Forstwes. **1926**, 258ff. — Ebermayer, E.: Die Waldstreufrage. Forstl. naturwiss. Z. **1894**. — Etwas andere Zahlen in: Gesamte Lehre der Waldstreu, S. 67. Berlin 1876, die dann von J. Valmari: Beiträge zur chemischen Bodenanalyse, Acta for. fennica **20**, 26 (1921), übernommen wurden.

[7] Oelkers, J.: Waldbau 1. Standortsfaktoren, S. 40 u. 41. Hannover 1930.

November auf das Zwei- bis Vierfache gegenüber den Vormonaten gestiegen[1]. Hieraus ist die Wirkung der Streu als natürlicher Dünger des Waldbodens deutlich zu ersehen. Die Streunutzung betreffend ist folgendes von Bedeutung: Der Entzug an Mineralstoffen in Form von Waldstreu kann, wie BÜHLER[2] ausführt, dadurch erheblich vermindert werden, daß man die Laubstreu erst aus dem Walde wegnimmt, wenn sie durch Regen etwas ausgelaugt, und wenn auf diese Art ein Teil der Nährstoffe in den Boden zurückgekehrt ist. Dennoch starben auf 20 Jahre lang berechten Versuchsflächen die meisten Buchen ab, da der Boden an leicht zugänglichen Nährstoffen erschöpft war. In der Schweizerischen Versuchsanstalt hingegen war von nachteiligen Folgen der Streunutzung nichts bekannt geworden; die größere Feuchtigkeit mag hier vielleicht eher Nährstoffe nachgeschafft haben. Nach der Auffassung v. SCHRÖDERS wäre in der Streu der unentbehrliche Stickstoffdünger des Waldes zu sehen. RAMANN stellt das in Abrede, doch erscheint es fraglich, ob diese Ansicht verallgemeinert werden darf[3]. Nach BÜHLER[4] sinkt durch Streuentnahme die Holzproduktion (unter Umständen bis 50% bei jährlichem Entzug an Streu, bei 6jähriger Wiederholung bis 10%); der Ertrag an Laub und Nadeln geht ebenfalls zurück, am meisten in trockenen Gegenden und in niederschlagsarmen Jahren; im Gebirge soll die Streunutzung wegen der höheren Niederschlagsmengen weniger schädlich sein, da hierdurch wieder Nährstoffe leichter aus dem Muttergestein freigemacht werden.

Der Nutzen der Waldstreu für die Landwirtschaft ist ein recht bedeutender: TSCHERMAK sagt, daß der Wert der Waldstreu, nach ihrem Aufsaugungsvermögen beurteilt, mit fortschreitender Verwesung (Moder- und Mullbildung) zunimmt. Ihr Wert für die Landwirtschaft muß auch nach dem Stickstoffgehalt, nicht bloß nach dem Mineralgehalt beurteilt werden. Ersterer nimmt ebenfalls mit der Verwesung zu[5]. Nach EHRENBERG und BAHR ist die Stickstoffwirkung von verschiedenen Rohhumusarten (nicht von Streu) eine recht geringe, ohne gleichzeitige Kalkgabe sogar gleich Null, da die Säure des Humus auf Sandboden landwirtschaftliche Pflanzen (Buchweizen) schädigte; auf kalkhaltigem Lehmboden, der die Humussäure neutralisierte, zeigten sich derartige Schäden nicht[6]. Auf Grund der Untersuchungen über die Nährstoffvorräte in geschonten, anderseits in häufig berechten sandigen und lehmig-sandigen Böden in Böhmen schließt NĚMEC auf eine hochgradige Verarmung, besonders der obersten Bodenschichten, die gerade die größten Mengen der den Pflanzen zugänglichen Nährstoffe enthalten, so daß der durch Streunutzung hervorgerufene Rückgang der Bestände auf Nährstoffmangel zurückzuführen wäre. Tatsächlich stört ja die Streunutzung den Umlauf der Nährstoffe empfindlich, schädigt aber, wie noch gezeigt werden wird, den Boden auch in physikalischer Hinsicht. Diese Darlegungen des Genannten beziehen sich auf verschiedene Waldböden Böhmens und betreffen die zitronensäurelöslichen Nährstoffmengen, während RAMANN s. Z. mit Salzsäureauszügen gearbeitet hatte. Die Untersuchungen von NĚMEC geben demnach ein zutreffenderes Bild[7] und zeigen, daß das Streurechen ein tiefgehendes Verarmen

---

[1] RAMANN, E. u. H. NIKLAS: Der Einfluß eines Baumbestandes auf den Gehalt an gelösten Salzen in einem Hochmoorboden. Ref. aus Z. Forst- u. Jagdwes. **1916**, H. 1.

[2] BÜHLER, A.: Waldbau 2. Der Streuwald, S. 620.

[3] RAMANN, E.: Die Untersuchung streuberechter Böden. Z. Forst- u. Jagdwes. **1898**, 302. — Die Waldstreu, S. 52. Berlin 1890.

[4] BÜHLER, A.: Waldbau 1, 257; **2**, 621.

[5] TSCHERMAK, L.: Der landwirtschaftliche Wert der Waldstreu. Zbl. Forstwes. **1919**, 193ff.

[6] EHRENBERG, P. u. F. BAHR: Die Verwendung von Waldhumus in der Landwirtschaft. J. Landw. **1913**, 325ff.

[7] NĚMEC, A.: Nährstoffverarmung der Waldböden und Streunutzung. Forstarch. **1924**, H. 24.

besonders der obersten humusreichen Bodenschichten an Nährstoffen in einer den Pflanzen zugänglichen (zitronensäurelöslichen) Form hervorruft; im Humus und in dem darunter befindlichen Mineralboden wurde auch ein geringerer Gehalt an Phosphorsäure überhaupt festgestellt. Überlegt man, daß in den Waldböden nicht jene Menge zitronensäurelöslicher Phosphorsäure erreicht wird, wie sie den Ackerböden eigentümlich ist, nämlich 80—500 mg P_2O_5 in 1 kg Boden, so kann man wohl ermessen, wie schädlich die Streunutzung wirken muß[1]. In den Nadelholzbeständen findet zudem nach Němec[2] keine wesentliche Regenerierung des Bodens an Phosphorsäure durch die Streu statt, da diese phosphorsäureärmer als Laubstreu ist. In einem 90jährigen Fichtenbestande auf sandig-lehmigem Boden war nach Němec eine Stickstoffabnahme von 67—27% als Folge eines zeitweisen Streurechens festgestellt worden; die Verarmung an der den Pflanzen zugänglichen Phosphorsäure betrug 38%, an Kali 62%, und zwar hauptsächlich in den obersten Schichten. Doch war der Gesamtkaligehalt des Bodens in dem berechten Bestande wesentlich höher als bei dem nicht berechten. Besonders stark wirkt sich dauernde Streunutzung auf reinen Sandböden aus. In einem 65jährigen Kiefernbestande wurde der Gehalt der obersten Schichten an den oben genannten Nährstoffen sogar um 90%, in 2—5 cm Tiefe um 60—70% herabgesetzt, doch hatten sich schon in der Tiefe von 25 cm die Unterschiede im Stickstoffgehalt und in der Menge der pflanzenzugänglichen Nährstoffe Phosphorsäure und Kali meist ausgeglichen. Němec hat des weiteren eine weitgehende Verarmung auch bei einem sandigen Lehmboden unter einem 110jährigen Fichten-Kiefern-Mischbestand feststellen können, obwohl nach Ramann die reicheren Bodenarten eher eine Streunutzung, allerdings nur eine mäßige, vertragen. Bis in die Tiefe von 25 cm war der erwähnte berechte Boden um 69—13% der organischen Substanz verarmt. Dabei betrug die Verminderung des Stickstoffgehaltes 70—5%, der zitronensäurelöslichen Phosphorsäure 89—35% und der Kalimenge 77—18%. Natürlich war die Folge dieser Nährstoffverarmung ein Rückgang des Bestandeswachstums. Die Analyse von Kiefernnadeln aus berechten Beständen zeigte nach Němec eine wesentliche Verarmung der Gesamtasche an Phosphorsäure, Schwefel, Magnesia usw., wogegen der Kaligehalt bedeutend gestiegen war. Das Kali nimmt ja auch in streuberechten Böden selbst bis zu einem gewissen Grade eine Ausnahmestellung ein. Ramann hatte schon früher festgestellt, daß das Kali und der Kalk im Aschengehalt von Buchenblättern, die von berechtem Boden stammten, eine wesentliche Herabsetzung erfuhren, obzwar im Kaligehalt des Bodens (salzsäurelöslicher Anteil) keine Verminderung erfolgt war[3].

Neuerdings hat Tschermak[4] für die Verhältnisse in Österreich nachgewiesen, daß in streuberechten Buchenböden eine Bodenverdichtung stattgefunden hat. (Dauernd geschonte Flächen wiesen ein Hohlraumvolumen von 77% gegen 61% bei berechten Flächen auf, doch ist der diesbezügliche Schaden bei besseren, nährstoffreicheren Böden nicht so bedeutend.) Um besonders günstige Verhältnisse scheint es sich dagegen in folgendem Falle zu handeln. Nach Ramann hat nämlich selbst eine 20jährige Streunutzung auf Lehmboden keine bemerkbare Änderung im Bodengefüge herbeigeführt; berechte und unberechte Flächen zeigen fast genau das gleiche Hohlraumvolumen. (Auch in chemischer Be-

---

[1] Němec, A.: Der Phosphorsäuregehalt von Waldhumusböden. Z. Forst- u. Jagdwes. **1929**, 721.

[2] Němec, A.: Forstarch. **1924**, H. 4.

[3] Ramann, E.: Die Untersuchung streuberechter Böden. Z. Forst- u. Jagdwes. **1898**, 295.

[4] Tschermak, L.: Buchenlaubstreunutzung usw. Zbl. Forstwes. **1926**, 347.

ziehung ergab sich kein Unterschied; vielleicht erklärt sich gerade damit das Ausbleiben ungünstiger physikalischer Wirkungen[1].)

Die Unterschiede zwischen streuberechtem und geschontem Sandboden, die schon früher von RAMANN[2] mehrfach beleuchtet worden sind, faßt GANTER[3] in folfolgenden Leitsätzen zusammen: 1. Größte Gesamtwassermenge und geringste Verdunstung besitzt die niemals berechte Fläche, mittleren Wassergehalt bei größter Verdunstung die alljährlich berechte Fläche. Die alle 5 Jahre berechte Fläche verdunstete fast so viel wie die nie berechte Fläche. 2. Die meisten abschlämmbaren Bestandteile (nach KÜHN) in der oberen Schicht wurden auf der geschonten Fläche nachgewiesen. GANTER nimmt an, daß die Streudecke des geschonten Bodens das Durchschlämmen der Feinerde mehr hindert als auf der alljährlich berechten Fläche. Die geringsten abschlämmbaren Teile wurden auf der alle 5 Jahre berechten Fläche nachgewiesen. 3. Das größte Hohlraum- (Poren-) Volumen ergab die niemals und die alle 5 Jahre berechte, ein geringeres die alljährlich berechte Fläche (gilt für die obere, von der Bodendecke befreite Schicht). 4. Die höchste Temperatur wurde im allgemeinen auf der alljährlich, die niedrigste auf der unberechten, mittlere auf der alle 5 Jahre berechten Fläche beobachtet. 5. Den größten Gehalt an beigemengtem Humus und an Stickstoff zeigt die niemals berechte, etwas geringeren die alle 5 Jahre berechte, den kleinsten die alljährlich berechte Fläche (RAMANN hingegen fand keine nennenswerten Unterschiede im Stickstoffgehalt). 6. Die chemische Untersuchung ergab keine Anhaltspunkte, die zur Erklärung der Ertragsverhältnisse herangezogen werden könnten. (Anders bei RAMANN, der hervorhebt, daß bei Sandböden diluvialen Ursprungs in den allermeisten Fällen der waldbauliche Wert vom Mineralstoffgehalt abhängig ist.) Die Ertragsverhältnisse (Buche und Hainbuche) stimmen mit den in 1 bis 4 angegebenen physikalischen Bodenverhältnissen überein.

Die Erholung des Bodens nach dem Aufhören von Streunutzung kann unter Umständen sehr rasch erfolgen. In einem 35jährigen Fichtenbestande, allerdings auf nährstoffreichem Lehmboden, genügte eine nur 4jährige Schonung zur Erholung[4]. Im Nordwesten Sachsens hat sich nach JENTSCH[5] ein alter Laubholzboden, auf dem kein Laubholz mehr nachgezogen werden konnte, in 30 Jahren so weit erholt, daß wieder zum Eichenanbau geschritten werden konnte. Es kann andererseits sehr lange dauern, bis sich eine Erholung von den Schäden der Streunutzung bemerkbar macht. WECK[6] schildert einen Fall, in dem 20 Jahre nach Aufhören der Streuabgabe noch über die Schäden geklagt wird, und erst nach rund 80 Jahren waren die Schäden nahezu verschwunden, obwohl es sich um einen keineswegs armen Sand- bis Lehmboden handelte. Alles in allem sollte die Streunutzung dennoch sehr vorsichtig und schonend durchgeführt werden. So meint DIMITZ[7], daß in Wäldern, die im Lichtungsbetriebe bewirtschaftet werden, jede Streunutzung dauernd entfallen sollte, zumal in den der Sonne zu gelegenen Beständen.

Schließlich sei noch auf die Schneitelstreunutzung in ihrem Einfluß auf den Boden hingewiesen. Der Mineralboden verhärtet im Schneitelwalde nicht selten, seine günstige Struktur leidet Schaden[8].

---

[1] RAMANN, E.: Die Streuentnahme auf Lehmböden. Z. Forst- u. Jagdwes. **1890**, 526.

[2] RAMANN, E.: Die Streuentnahme auf Sandboden. Z. Forst- u. Jagdwes. **1887**, 406.

[3] GANTER, K.: Bodenuntersuchungen über die Rotbuchenstreuflächen im Forstbezirk Phillippsberg in Baden. Dissert., Karlsruhe 1914.

[4] NĚMEC, A.: Die Nährstoffverarmung der Böden durch Streunutzung. Forstarch. **1929**, 497.

[5] JENTSCH, J.: Der Fruchtwechsel in der Forstwirtsch., S. 30. Dissert. München 1911.

[6] WECK, H.: Die Wirkung langjähriger Freilage usw. Z. Forst- u. Jagdwes. **1929**, 731.

[7] DIMITZ, J.: Die waldbaulichen Betriebsarten usw. Zbl. Forstwes. **1901**, 16.

[8] MATTL, K.: Der Einfluß der Schneitelung usw. Zbl. Forstwes. **1927**.

Die Stockrodung. Bungert[1] betont hinsichtlich der Stockrodung, daß die Stocklochböden wohl in günstigen Jahren den jungen Pflanzen für die erste Zeit bessere Bedingungen bieten als der unberührte Boden, daß schließlich aber die Nachteile überwiegen. Für das spätere Wachstum ist die Stockrodung wegen der mit ihr verbundenen Verflachung des Wurzelsystems gefährlich. In Trockenzeiten sind gerodete Böden der Austrocknung stärker unterworfen als unberührte oder flach bearbeitete (Sandböden). Für schwere Böden hat Burger[2] eine Dichtlagerung nachgewiesen, und die Durchlässigkeit vermindert sich hierbei je nach dem Alter der Stocklöcher um das 3—14fache gegenüber gutem Waldboden. Greve[3] will von Stubbenrodung nichts wissen, wogegen Kienitz[4] die Baumrodung in Sand- und lehmigen Sandböden für günstig hält. Hiergegen wendet sich Albert[5] vom bodenkundlichen Standpunkt und hebt hervor, daß die Rodung zur Zeit in viel zu hohem Maßstabe und noch dazu in allen Altersklassen, und zwar sowohl bei Nadel- als Laubholz betrieben wird. Die Vorteile der Stubbenrodung durch Bodenverwundung und Förderung der natürlichen Verjüngung, wie sie Kienitz hervorhebt, trete wohl ein, doch könne das nur von Wichtigkeit für verödete Böden sein.

Die Fichte dringt auf Kanälen alter Buchen- und Eichenwurzeln sowie auch auf den Röhren der abgestorbenen Wurzeln des Vorbestandes, und zwar weit über 2 m (Hilssandsteinboden) in die Tiefe; Stockrodung empfiehlt sich nicht, da die Jungfichte auf dem durch das Roden verdorbenen Boden nicht mehr mit ihren Wurzeln in die Tiefe dringen kann[6].

Die Brandwirtschaft. Das Abbrennen des Bodenüberzuges soll der Verminderung des mechanischen Widerstandes bei der Bodenarbeit, der Aufschließung der Mineralstoffe, der Gewinnung basisch reagierender Asche aus dem Humus, der Beseitigung der niederen Bodendecke (Wurzelkonkurrenz, Lichtentzug) und endlich zur Verminderung der Kulturkosten dienen. Da nämlich die Bodenbearbeitung, verbunden mit Kalkung, hohe Kosten verursacht, empfiehlt Süchting[7] das Verbrennen des Trockentorfes, den man vorher mit Rolleggen auflockert, um stärkeres Austrocknen herbeizuführen; durch das Verbrennen werden bei 10 cm starker Torfauflage Aschenbestandteile gewonnen, die auf 600—1000 kg Ätzkalk je Hektar zu veranschlagen sind. Daß ein sehr gründliches Abbrennen von Rohhumus guten Erfolg haben kann, teilt Hassenkamp[8] mit, denn dieser erwähnt, daß eine 15 cm starke Rohhumusschicht in einem 110jährigen Kiefernbestand bei Erdmannshausen bis auf den Mineralboden abgebrannt sei und sich dann mit Anflug verschiedener Holzarten bedeckt habe, desgleichen sei die Bodenazidität verhältnismäßig gering (?), nämlich 3,9, und der Boden nitri-

[1] Bungert, J.: Die Stockrodung auf Talsandböden in physikalischer Beziehung. Z. Forst- u. Jagdwes. **1925**, 660. — Die Unterschiede schwerer und leichter Böden in physikalischer Beziehung. Forstarch. **1925**, 161ff.

[2] Burger, H.: Die Waldbodenphysik und Stockrodung. Z. Forst- u. Jagdwes. **1924**, 451.

[3] Greve: Die Stubbenrodefrage auf Talsandböden. Z. Forst- u. Jagdwes. **1924**, 304; ref. Forstl. Jber. **1924**, 116.

[4] Kienitz, W.: Die Stubbenrodung. Silva **1924**, 113; ref. Forstl. Jber. **1924**, 123.

[5] Albert, R.: Die Stubbenrodung. Silva **1924**, 153; ref. Forstl. Jber. **1924**, 123. — Ist die Rodung der Wurzelstöcke dem Waldboden von Nutzen oder von Schaden? Z. Forst- u. Jagdwes. **1923**. — Tschermak, L.: Die Waldrodung. Wien u. Leipzig 1922, u. a. naturgesetzliche Bedingungen. — Sachsse, H.: Der Waldboden in L. Wappes: Wald und Holz, S. 230 u. 247.

[6] Volger, K.: Die Bewirtschaftung des Hilssandsteingebietes in Wenzen. Forstwiss. Zbl. **1926**, 152.

[7] Süchting, H.: Bekämpfung des Humus der Waldböden. Z. Forst- u. Jagdwes. **1929**, 349ff.

[8] Hassenkamp: Rohhumusbildung usw. Z. Forst- u. Jagdwes. **1928**, 32.

fiziere gut. Übrigens sagt auch RUBNER[1] vom nordischen Walde, daß Brände günstig einwirken; die besten Fichten- und Kiefernbestände stocken auf ehemaligen Brandflächen. Während in Mittelschweden günstige Humusformen vorwiegen, ist in Nordschweden die Rohhumusdecke meist so stark, daß nach HESSELMAN[2] nur Kahlschlag mit darauf folgendem Abbrennen der Bodendecke eine natürliche Verjüngung gestattet. In Finnland ist nach VANSELOW[3] früher fast allgemein Brandwirtschaft üblich gewesen, bei der aber neben der vorübergehenden landwirtschaftlichen Nutzung auf die Erzeugung von Eichenschälrinde Wert gelegt wurde. Anstatt vor der Brandkultur Holz zu nutzen, wie das in Deutschland üblich ist, verbrannte man das gesamte Holz an Ort und Stelle, um die Asche als Dünger für ein- oder mehrmalige Nutzung von Getreide und Rüben zu verwenden; es fand dabei nur eine recht einfache Bodenbearbeitung statt. Endlich diente die Brandfläche der Viehweide, bis die aufkommende natürliche Verjüngung mit Kiefer, Birke, Weißerle der Weide ein Ziel setzte. Diese Gewaltmaßregel wurde nur rund alle 100—120 Jahre angewendet; seit einem Jahrhundert arbeitet man jedoch derartig nur noch unerlaubterweise in Privatwäldern, wiederholt aber den viel gefährlicheren „Wechselbrand", der die Humusschicht zerstört und den Boden der Auswaschung und Durchschlämmung zuführt, alle 20—25 Jahre. GREVE warnt vor der Waldbrandkultur, weil bei Zerstörung der Humusschicht die Bestände lange kümmern[4]. Jedenfalls müssen auch beim Abbrennen des Bodens die örtlichen klimatischen Verhältnisse beachtet werden; in Gebieten geringer Niederschläge ist eine tiefgehende Brandkultur kaum statthaft.

Der Plaggenhieb. Ein besonders unzuträglicher Eingriff, der den Boden für Wiederbesiedelung mit Wald verdirbt, ist der Plaggenhieb, bei dem die Heide und mit ihr die oberste Erdschicht (durch den Wurzelfilz des Heidekrautes zusammengehalten) entfernt wird. Abgesehen von der verstärkten Auswaschung des Bodens ist hierbei die Verwehung der Feinerde durch den Wind oder ein Flüchtigwerden des ganzen Bodens, z. B. Dünensandes, zu befürchten. Auch die Störung solcher ohnehin mißhandelter Böden durch weidende Tiere verhindert die Wiederkehr des Waldes[5].

Der Waldfeldbau. Der Waldfeldbau ist eine vorübergehende landwirtschaftliche Nutzung des Bodens, die zu seiner Bearbeitung und Anreicherung an Nährstoffen führen soll. Entweder handelt es sich dabei um mehrjährigen Voranbau von Halm- und Hackfrucht oder nur um einen Zwischenbau von Kartoffeln, Rüben usw. zwischen den Saat- und Pflanzenstreifen. Der Vorfruchtbau[6] wird auf folgende Weise gehandhabt: In dem auf den Abtrieb des Waldes folgenden Sommer wird der Schlagabraum tunlichst auf der ganzen Fläche ausgebreitet und verbrannt. Im Herbst werden 80 Zentner Mergel (mit 53 % CaO) auf 1 ha ausgestreut und mit der Siemens-Bodenfräse auf der ungerodeten Fläche 10 cm tief eingefräst. Als erste Frucht wird Roggen gleichzeitig mit geimpfter Serradella angesät; nach zwei Ernten, wenn der Humus gut zersetzt ist, wird mit Erfolg auch Rotklee angebaut. Auch Hafer und Sommerweizen haben sich bewährt. Die Flächen erhalten im ersten Jahre als Düngung 600 kg 18proz. Thomasmehl, 340 kg 40proz. Kalkammonsalpeter, und zwar letzteren als Kopfdüngung, im zweiten Jahre 300 kg bzw. 200 und 200 kg obiger Dünger auf 1 ha. Durch diese landwirtschaft-

[1] RUBNER, K.: Forstliche pflanzengeographische Verhältnisse usw. Forstwiss. Zbl. **1927**.
[2] HESSELMAN, H.: Versumpfung, Rohhumus und Waldbau in Nordschweden. Forstwiss. Zbl. **1928**, 509.
[3] VANSELOW: Finnische und deutsche Forstwirtschaft. Forstwiss. Zbl. **1928**, 813.
[4] GREVE,: Waldbrandkultur. Dtsch. Forstwirt **1929**, 608.
[5] HAUSRATH, H.: Pflanzengeographische Wandlungen der deutschen Landschaft, S. 209. Stuttgart 1911, vgl. auch F. GIESECKE: Chem. d. Erde **4**, 551 (1930).
[6] Nach Mitteilungen des Herrn Oberförsters HASSENKAMP, Schwaförden.

liche Zwischennutzung wurde der 8—20 cm mächtige Rohhumus aufgezehrt, und es ergaben sich hohe Erträge; außerdem wird der Boden mit Kali und Phosphorsäure angereichert. Nach RAMANNS Analysen hat der Waldfeldbau eine starke Aufschließung der Mineralbestandteile des Bodens zur Folge, außerdem eine Steigerung des Hohlraumvolumens und damit der Durchlüftung. Wenn RAMANN[1] feststellen konnte, daß der Waldfeldbau den physikalischen Zustand des Bodens in hohem Maße verbessert, so gilt das für den Obergrund und die Steigerung der Wasserkapazität von Sandböden, darf aber nicht etwa ganz und gar verallgemeinert werden. Die Luftkapazität des Waldbodens geht tatsächlich nach BURGER[2] durch landwirtschaftliche Zwischennutzung stark zurück, so in einem Eichenwalde von 18 auf 5%; auf der Pflugsohle (20—30 cm Tiefe) war eine Abnahme von rund 75% festzustellen. Fichtenboden konnte sich selbst durch die Einwirkung einer ganzen Fichtengeneration nicht von den Folgen der landwirtschaftlichen Nutzung erholen.

Beim landwirtschaftlichen Zwischenbau wird wie beim Vorfruchtbau die künstliche Verjüngung ebenfalls auf Kahlschlagflächen, jedoch gleichzeitig mit dem Fruchtbau vorgenommen. Lichtholzarten werden in einem Abstande von 1,2—2 m gepflanzt. Zwischen die Reihen werden Kartoffeln eingelegt, in wärmeren Lagen Mais gebaut; meist gewinnt man nur zwei Ernten. MAHR empfiehlt Waldstaudenroggen zur Aussaat auf Streifen zwischen Kiefernkulturen[3]. REBEL[4] warnt vor Waldfeldbau auf allen einigermaßen schweren Böden, insbesondere dann, wenn derselbe noch mit Stockrodung verbunden ist; leichtere Granitböden wurden weniger geschädigt. Nach HAUSRATH[5] besteht bei öfterem landwirtschaftlichen Zwischenbau in allen genannten Formen die Gefahr der Erschöpfung an Nährstoffen auf mineralisch armen Böden, da der Entzug durch Getreideernte nicht durch genügend rasche Verwitterung wett gemacht wird. Ein bis zweimaliger Fruchtbau ist erträglich. Der Abschwemmung von Feinerde muß durch die Belassung der Stöcke, zumal auf Hanglagen, vorgebeugt werden[6]. Zum Waldfeldbau und Hackwaldbetrieb sollte nur Boden I. bis III. Bonität gewählt werden, damit der landwirtschaftliche Ertrag nicht zu geringfügig wird; der Anbau von Feldfrüchten sollte höchstens zwei Jahre dauern; eine eigentliche Nährstoffzufuhr wird von BÜHLER[7] nicht erwähnt, wohl aber die Verbrennung von Holzresten und die Vermischung von Auflagehumus und Pflanzenasche mit der obersten Bodenschicht.

Aus einer Verbindung des Niederwaldes mit dem Getreidebau gingen folgende Betriebsformen hervor: Der Hackwald, der Reutberg, der Hauberg, die Schiffelflächen, der Birkberg und die Reitfelder[8]. Der Bedarf an Getreide zwang die Bevölkerung zeitweise auch absoluten Waldboden als Ackerboden zu benützen und ihn nach der rasch eintretenden Erschöpfung öde liegen zu lassen. Der Holzbestand diente hier ursprünglich dazu, den Boden wieder zu Kräften kommen zu lassen, er vertrat die Brache; dann gewann er an Bedeutung, es sei

---

[1] RAMANN, E.: Forstliche Bodenkunde und Standortslehre, S. 469. Berlin 1893. — Untersuchungen über Waldfeldbau. Z. Forst- u. Jagdwes. **1890**, 655.

[2] BURGER, H.: Physikalische Eigenschaften der Wald- und Freilandböden. Mitt. Schweiz. Zentralanst. forstl. Versuchswes. **12**, H. 1.

[3] MAHR: Waldstaudenroggen in Kiefernkulturen. Forstwirt **1930**; ref. Forstarch. **1930**.

[4] REBEL, K.: Waldbauliches aus Bayern **2**, 100. Dießen 1924.

[5] HAUSRATH, H.: a. a. O., S. 159.

[6] HAUSRATH, H.: Hackwaldwirtschaft, Forstwiss. Zbl. **1903**.

[7] BÜHLER, A.: Waldbau **2**, 613ff. Stuttgart 1922. — TSCHERMAK, L.: Waldrodung, S. 59. Wien u. Leipzig 1922; siehe unter Waldfeldbau. — LOREY, T. u. H. WEBER: Handbuch der Forstwirtschaft **2**, 612ff. Tübingen 1925.

[8] HAUSRATH, H.: Pflanzengeographische Wandlungen der deutschen Landschaft, S. 157. Stuttgart 1911.

denn, daß Raubbau seitens der Landwirtschaft getrieben worden war; infolgedessen mußte dann der Wald zur Heide oder zum Ginsterbusch, zu Weideflächen heruntersinken. VOGT[1] weist darauf hin, daß eine von Kleinbauern geschaffene Birkenberg-Waldfeldwirtschaft mit 20—40jährigem Umtrieb im Bayrischen Walde auf früher guten Gneisböden zu einer vollständigen Herunterwirtschaftung geführt habe; allerdings wurde hier ausgesprochener Raubbau getrieben.

Die Bodenbearbeitung.

Was die Bodenbehandlung betrifft, sagt SACHSSE, daß diese besonders dann Wandel zu schaffen vermöge, wenn sich eine der veränderlichen Eigenschaften des Bodens im Minimum befindet, hierbei müsse VATERS[2] weiteste Fassung des Gesetzes vom Minimum Beachtung finden, die da lautet: „Die Fruchtbarkeit eines Bodens wird von seiner ungünstigsten Eigenschaft begrenzt[3]." Dieses Gesetz gilt vor allem für Bodenbearbeitung und Düngung.

Da die Bodenbearbeitung bedeutende Auslagen verursacht, wird man sie nur dort anwenden, wo waldbauliche Maßregeln, z. B. Durchforstung, Wahl einer bodenpfleglichen Holzart usw., nicht helfen können, nämlich bei erheblichen Bodenerkrankungen, seien diese nun in einer ungünstigen Humusdecke oder im Mineralboden selbst (Verdichtung, Ortstein usw.) zu suchen. Auf jeden Fall muß der Bearbeitung des Bodens eine gründliche Untersuchung voran gehen. Nach HAUSENDORFF ist die forstliche Bodenbearbeitung nur von bedingtem Wert. Der gesunde Waldboden, wie er unter dem Einflusse eines zweckmäßig behandelten Waldes steht, muß sich in einem Zustand befinden, der in seiner physiologischen Wirkung auf den Baumwuchs durch künstliche Mittel, namentlich durch Bodenarbeit, nicht mehr gesteigert werden kann. Die Bearbeitung des Bodens wird also im forstlichen Betriebe immer nur als Notbehelf anzusehen sein[4]. In solchen Fällen ist die forstliche Bodenarbeit berufen, die Vorgänge der Verwesung im Boden zu steigern. Der Abbau humoser Stoffe wird durch Lockerung und Durchlüftung gefördert. Häufiger wird im forstlichen Betriebe die Bodenbearbeitung vorgenommen, um dem Jungwuchs ein gutes Keimbett zu geben und auf möglichst lange Zeit eine gute Wuchsmöglichkeit zu bieten. Wenn einerseits BUNGERT[5] allzu weitgehend erklärt, „daß ein Waldboden niemals so schlecht sei, wie er durch Bodenbearbeitung gemacht werden könne", so entgegnet ihm andererseits ALBERT[6], „daß selbst ungeeignete Bodenbearbeitung den Boden niemals so gründlich und auf die Dauer verderben kann wie schlechte Waldwirtschaft". Die Bodenbearbeitung sei allerdings eine unnatürliche Zwangsmaßregel, doch erfülle die richtige Vermischung der organischen Reste mit dem Mineralboden (Bodenfräse) auch auf schweren Böden zur rechten Jahreszeit (Sommer) ihren Zweck, nämlich die Hebung der Zuwachstätigkeit.

Wie DENGLER darlegt, ist die Vorbedingung für jede Art der Verjüngung ein geeigneter Zustand des Bodens, besonders soweit er durchwurzelt wird. Man strebt im forstlichen Betriebe, durch Bodenbearbeitung diese Voraussetzung herzustellen; die Methoden sind für natürliche wie für künstliche Verjüngung ziemlich ähnlich, doch sind die verschiedensten Grade der Bodenbearbeitung in

---

[1] VOGT: Birkenbergwirtschaft. Mitt. Ver. höh. Forstbeamt. Bayerns **1929**.

[2] VATER, H.: Die Beschreibung des Standortes als Grundlage zur Beurteilung seines Einflusses auf den Pflanzenwuchs. Internat. Mitt. f. Bodenkde. **6**. 159, 251 u. 354 (1916).

[3] SACHSSE, H.: Der Waldboden. In L. WAPPES: Wald und Holz, S. 226.

[4] HAUSENDORFF, E.: Deutsche Waldwirtschaft. Berlin 1927; Fortschr. Landw. **1930**.

[5] BUNGERT: Waldbauliche Zielsetzung auf bodenphysikalischer Grundlage. Forstwirt **1929**, Nr. 5/7.

[6] ALBERT, R.: Bemerkungen zur Frage der Bodenbearbeitung im forstlichen Großbetriebe. Forstarch. **1929**, 304.

Gebrauch. Im allgemeinen wird 1. Beseitigung einer ungünstigen Bodendecke, 2. Lockerung, 3. Durchmengung der obersten Bodenschichten angestrebt. Für die Verjüngung ist der Boden im Zustande der Gare am günstigsten; diese ist in den besseren Böden, bei entsprechendem, nicht zu dichtem Schlusse der Bestände meist ganz von selbst vorhanden, wenn die Streu im Verlaufe von 1—2 Jahren abgebaut wird, wie man das von Laubwäldern und gemischten Beständen gewöhnt ist, vorausgesetzt, daß standortsgemäße Holzarten vorhanden sind. Sonst aber bildet sich eine Rohhumusdecke gelegentlich aus, die einer besonderen Behandlung bedarf[1].

Häufiger zeigt der Boden einen Überzug von niederen Pflanzen, die der Verjüngung in ungleichem Maße hinderlich sind; am harmlosesten betätigen sich in dieser Hinsicht noch die Astmoose, z. B. Hypnumarten, sowie Flechten (Cladonien und Cetraria islandica). Bedenklicher kann schon die Heidelbeere sein; Vergrasung und Verheidung können mitunter die Kultur geradezu unmöglich machen. Die Bekämpfung schädlicher Bodendecken muß stattfinden, da diese oberirdisch durch Raum- und Lichtentzug, unterirdisch durch Wurzelbedrängung den jungen Holzgewächsen gefährlich werden. Manche tiefwurzelnden, grasähnlichen Gewächse, wie z. B. Calamagrostis epigeios und Molinia coerulea, erschöpfen auch den Wasservorrat des Bodens mit ihren tiefgehenden Wurzeln und kühlen ihn aus.

Eine einfache, allerdings ganz oberflächliche Bodenbearbeitung wird vorgenommen, damit die auskeimenden Samen mit ihren Wurzeln den Weg in den verhärteten Mineralboden finden können, oder in einen solchen, der mit einer nennenswerten Humusschicht (Trockentorf) oder mit starkem Gras-, Moos- oder Unkrautfilz bedeckt ist. Der Boden wird zu diesem Zwecke entweder einfach mit der Hacke „verwundet", oft nur stellenweise bearbeitet, oder die Bodendecke wird durch Abrechen, Abkratzen entfernt oder, teilweise, in „Rillen" abgezogen. Bei der Bodenbearbeitung in Stangen- und jungen Baumhölzern sind nach Dengler Zerreißungen und Verwundungen der oberflächlich streichenden Wurzeln unvermeidlich, und in gegrubberten Beständen werden stärkere, meterlange Seitenwurzeln massenhaft aus dem Boden herausgerissen[2].

In leichteren Fällen hat man sich früher mit Schweineeintrieb geholfen. Sonst wird eine häufig vorkommende hinreichende Bodenverwundung durch Wildschweine und durch den Wildstand überhaupt, sowie auch durch Weidegang hervorgerufen. Ramann[3] erwähnt, daß seit dem Aufhören der Waldweide im Revier Freienwalde an der Oder die natürliche Verjüngung der Kiefer nicht mehr gelingt.

Man hilft sich sonst gegen die lebende Bodendecke durch Abschneiden, Ausreißen und Abbrennen, gegen Bodenverdichtungen durch Lockerung, gegen ungeeignete Humusbildungen durch deren Aufarbeitung und Mengung mit dem Mineralboden (Wühlverfahren). Dieses Verfahren ist bekanntlich mit den Namen Möller und Spitzenberg aufs engste verknüpft. Wenn die Erhaltung und Vermengung des Humus mit dem Sandboden auch im trockeneren Nordostdeutschland durchzuführen ist, so scheint dies weniger für die feuchteren und kühleren und äußerst kalkarmen Standorte der nordwestdeutschen Heide und des Nordens angebracht. Erdmann läßt deshalb nach Heuell[4] den Trockentorf entweder gänzlich beseitigen oder auf 3 m breiten Streifen wegnehmen und diese auf 1 m breite Wälle zusammenbringen, betont aber ausdrücklich, daß man den Trockentorf bis

---

[1] Siehe Wühlverfahren usw., unten.

[2] Dengler, A.: Waldbau, S. 471. Berlin 1930.

[3] Ramann, E.: Bodenkunde, S. 494. 1911.

[4] Vgl. Heuell: Bestandesabfallzersetzung. Mitt. Forstwirtsch. u. Forstwiss. **1930**, 46. — M. Helbig: Trockentorfbekämpfung. Allg. Forst- u. Jagd-Ztg. **1925**.

auf den blanken Mineralboden wegschaffen müsse, wenn diese Maßnahme Erfolg haben soll.

Ob das „Umstülpverfahren" (Heraufbringen des tieferen, noch kräftigeren Bodens, Hinunterbringen des oberen, angeblich schon erschöpften Bodens mit seinem Bodenhumus) vorteilhaft wirkt, ist wohl noch nicht ganz entschieden; man kann mit DENGLER annehmen, daß nach unten gebrachter Humus (nicht etwa Trockentorf oder Wurzelfilz der niederen Bodendecke) die Wurzelentwicklung der jungen Holzpflanzen mehr in die Tiefe zieht. Andererseits wird grundsätzlich jede Lockerung und Mischung des Bodens als überflüssig erklärt und nur eine Überschichtung der Rohhumusauflage mit Decksand empfohlen, ähnlich wie das bei der Melioration von Moorboden geschieht (RIMPAUs Sanddeckverfahren). — Schließlich sei auf die Pflugdammkultur und auf das Plaggen hingewiesen, die den Pflanzen einen erhöhten Standort gewähren. Sonst sei hier nur noch vorausgeschickt, daß hinsichtlich der Bodenbearbeitung heute mehr und mehr die Flachkultur bevorzugt wird[1].

Abb. 56. Rohhumus-Pflugdammkultur, Ostsee. (Phot. Leiningen.)

Flach bearbeiteter Boden ist hinsichtlich seiner Erwärmbarkeit allen anderen Böden überlegen, ebenso in bezug auf seine günstige Wasserführung[2]. Nach 40jähriger Prüfung kann man denn auch sagen[3], daß der Tiefpflug sich namentlich in anmoorigen, feuchten, zähen und lehmigen Böden weniger gut bewährt hat; entweder blieb der Boden grobschollig oder der in die feuchte Tiefe hinuntergeschaffte Humus zersetzte sich nicht, so daß Stickstoffmangel eintrat, was sich an dem Vergilben der Fichtennadeln erkennen ließ. In den Heideaufforstungen bei Het Lo (Holland) hat man die Dampfpflugkultur aufgegeben, weil auf üppiges Jugendwachstum ein starker Rückgang im „kritischen" (Stangenholz-) Alter folgte. Jetzt lockert man den Boden unter Erhaltung seines natürlichen Baues[4].

Pflugdammkulturen, die von HARTER im Dresdener Staatsforst ausgeführt wurden, werden von WIEDEMANN und GÄRTNER[5] genauer untersucht.

---

[1] DENGLER, A.: Waldbau, S. 367ff. Berlin 1930. — OERTZEN, VON: Humus und Kulturen auf Humus. Z. Forst- u. Jagdwes. **1904**, 32.

[2] ALBERT, R.: Bodenuntersuchung in der Lüneburger Heide. Z. Forst- u. Jagdwes. **1913**, 234 u. 236.

[3] EMEIS, W.: Ödlandaufforstung in Schleswig-Holstein. Silva **1927**.

[4] MONROY, VON: Reisebilder aus holländischen Forsten. Ref. Forstl. Jber. **1925**, 41.

[5] Vgl. Anm. 4 auf Seite 440.

Harter[1] führte im Jahre 1908 ein Pflugverfahren ein, das von dem in Norddeutschland üblichen abweicht. Im Dresdener Staatsforst handelt es sich um lange brach gelegenen Dünensand und zum Teil um solchen, der seit 150 Jahren mit reiner Kiefer bestockt war; der Jahresniederschlag beträgt hier rund 600 mm. Im Herbst wird mit einem besonderen starken Pflug je eine 10—40 cm mächtige Sandschicht von beiden Seiten her zu einem Damm zusammengepflügt. Der Abstand der Dammitten beträgt 1,40 m. Im Winter friert der Damm durch und setzt sich. Im Frühjahr werden 1jährige Kiefern oben auf die Dämme gesetzt, zum Teil wird auch angesät. Die Kulturen haben sich gut entwickelt; sie weisen jedoch eine Wachstumsüberlegenheit gegenüber anderen Kulturen nur bis zum 10. Jahre auf; doch liegt gerade in dieser Überwindung der Jugendgefahren ein entscheidender Vorteil. Das Verfahren hat sich auch für die Kultur von Ödländereien bewährt und ermöglicht, die Kiefer auf Großkahlschlagflächen zur geschlossenen Dickung zu erziehen, wobei guter Humuszustand und geregelter Wasserhaushalt gewahrt werden. In Dresden scheint der Großkahlschlag unter Anwendung dieses Verfahrens sogar dem Schmalschlag bei Kiefernbau überlegen zu sein[2]. Von Schilling bereits 1885 angelegte Kiefernkulturen dieser Art (Liegnitzer Bezirk) ließen erkennen, daß die wuchsfördernde Wirkung der Dammkultur sich nicht über die erste Jugendzeit hinaus erstreckte, das gleiche Urteil wurde über 35jährige Kulturen bei Bunzlau gefällt, doch ist schon die gesicherte Jugendzeit solcher Dammkulturen sehr wertvoll[3].

Busse[4] berichtet, daß im sächsischen Staatswalde in kümmernden und verheideten Fichtenkulturen die Bodendecke zwischen den Pflanzenreihen abgeplaggt wurde. Die Plaggen wurden auf Streifen oder zwischen den Pflanzen umgekehrt abgelegt. Unterschiede zwischen geplaggten und ungeplaggten Flächen ergaben sich kaum. Durch die Herstellung von 50 cm breiten Plaggenstreifen, bei denen der Boden der einen Hälfte auf die andere heraufgezogen wird, so daß die Kiefernpflanze im reichlich gelockerten Boden erhöht zu stehen kommt, wird eine Widerstandsfähigkeit gegen Gras und Schütte erzielt[5].

Die Bodenbearbeitung kann nach Dengler[6] entweder auf der vollen Fläche oder nur auf Streifen und Plätzen stattfinden. In der Regel erstreckt sich die Bearbeitung auf ganzer Fläche nur auf die leichteren und billigeren Verfahren, z. B. auf die Bodenverwundung mit Eggen und Grubbern behufs Vorbereitung zur natürlichen Verjüngung. Im allgemeinen empfiehlt es sich, die Bearbeitung des Bodens möglichst frühzeitig vor der Saat oder Pflanzung vorzunehmen, damit die Winterfeuchtigkeit eindringen und der Boden sich setzen kann, sonst ist noch vorheriges Anwalzen notwendig. Albert[7] will die ganze Bodenbearbeitung schon in den Vorsommer und in den noch vorhandenen Bestand hinein verlegen, damit sich die Bodengare durch den Einfluß der Wärme besser entwickeln kann[8].

---

[1] Vgl. Anm. 4 auf Seite 440.

[2] Wiedemann, E. u. Gärtner: Die Harterschen Pflugdammkulturen. Z. Forst- u. Jagdwes. **1924**, 387.

[3] Scott u. Preston: Kiefernanbau auf Pflugwällen. Z. Forst- u. Jagdwes. **1888**, 513ff.

[4] Busse, J.: Einfluß des Plaggens usw. Mitt. sächs. forstl. Versuchsanst. Tharandt 3 (1929).

[5] Brunn, J.: Kiefernkulturen im mitteldeutschen Buntsandsteingebiet. Dtsch. Forstzeitung **1929**, 293.

[6] Dengler, A.: a. a. O., S. 372.

[7] Albert, R.: Bemerkungen zur Frage der Bodenbearbeitung im forstlichen Großbetrieb. Forstwirt **1929**, Nr. 47.

[8] Mitscherlich, E. A.: Boden und Bodenbearbeitung. Fühlings Landw. Ztg. **58**, H. 11. — Greve: Ebstorfer Heide-Flachbearbeitungsverfahren. Forstarch. **1930**, H. 16; Z. Forst- u. Jagdwes. **1906**. — Jacob-Templin: Wühlkultur-Vorträge. Neudamm 1925. — Auerochs:

Die Düngung im forstlichen Betriebe.

Die Düngung im forstlichen Betriebe hat ebenso wie in der Landwirtschaft zunächst den Zweck, den Standort der Pflanzen — Boden — mit jenen Nährstoffen zu bereichern, die in ihm nicht oder nicht mehr in einer für die beabsichtigte Produktion ausreichenden Menge vorhanden sind oder in einer Form, in der sie für die Forstpflanzen schwer oder gar nicht zugänglich sind. Es handelt sich also um Fälle, in denen die Nährstoffe (oder auch nur ein einzelner) gegenüber den anderen Wachstumsfaktoren (z. B. Wasser, Temperatur usw.) zurücktreten[1]. Die Düngung ist jedoch häufig mit einer Verbesserung anderer Mängel im Boden verbunden, denn es kann z. B. die ungenügende Lockerheit schwerer Bodenarten mit Hilfe von Kalkung in Verbindung mit Bodenbearbeitung und Beimengung humoser Stoffe bekämpft werden. Unzulängliche Wasserhaltung von Böden, die zuviel grobkörnige Teilchen (Grobsand bis Steine) enthalten, wird durch Einbringung von Humus oder tonigen Stoffen bekämpft. Als Mittel zur künstlichen „Bodendichtung", wie OELKERS[2] sagt, d. h. um Ersatz für mangelnden Gehalt an Feinboden zu schaffen, gibt es zur Zeit nur eine einzige, lohnende Möglichkeit, nämlich den Humusgehalt durch waldbauliche Maßregeln zu erhöhen, so z. B. das Reisigüberstreuen bei öfterer Durchforstung. ALBERT setzt die Wirkung des Humus auf die Wasserhaltung gleich der des $2^1/_2$fachen Volumens Feinerde, er bezeichnet den Humus als einen weitgehenden Ersatz für Feinerde[3]. Die Lockerung des zu dichten Bodens kann sich nicht auf eine Änderung der Korngröße seiner Bestandteile, sondern nur auf die Dichte seiner Lagerung erstrecken. Auch hier ist das einzige Mittel die Beimengung von nicht saurem Humus mit Hilfe von entsprechender Durchforstung, Reisigdeckung usw. Kalkarme, verdichtete Böden verhalten sich ungünstiger als kalkführende[4]. Im Forstgartenbetriebe wird im Gegensatz zum Freilande die Humuszufuhr künstlich durchgeführt.

Der Endzweck der forstlichen Düngung ist, wenn man von besonderen Fällen, nämlich volkswirtschaftlichen sowie ästhetischen Beweggründen, absieht, die Erzielung möglichst hoher Renten. Um diese zu erreichen, wendet man zwecks einer erwünschten Mehrung der Ernte, sei es in Form junger Pflanzen oder von Holz, Mittel an, von denen es bekannt ist, daß sie einen möglichst hohen Nutzeffekt hervorbringen. Nach diesem Grundsatz sind natürlich auch neue, noch unerprobte Düngemittel und Maßregeln überhaupt zu beurteilen. Durch die Düngung kann die Erntemasse nicht beliebig gesteigert werden, und zwar nicht an und für sich und noch weniger vom Standpunkt der Wirtschaftlichkeit[5]. Die forstliche Düngung hat neben der Bodenverbesserung gelegentlich auch noch die Aufgabe, schwache, kränkelnde oder beschädigte Pflanzen (Insektenschäden, Hagelschlag, Einwirkungen von Frost, Dürre usw.) rasch zu kräftigen und zu

---

Mechanische Bearbeitung der Malmböden. Mitt. Ver. höh. Forstbeamt. Bayerns **1928**, 31. — TIPPELMANN, M.: SPITZENBERGsche Wühlkultur. Forstl. Flugbl. Nr. 19 (mit 21 Abb.). Neudamm. — HILF, H. H.: Mechanik der Bodenbearbeitung im Walde. Inst. forstl. Arbeitswissensch. (mit 10 Abb.). Eberswalde 1930. — HAUSENDORFF, E.: Die wichtigsten Verfahren forstlicher Bodenarbeit usw. Allg. Forst- u. Jagdztg. **1926** (betr. Wühllockerung, GEISTS Keiler und Frischling, VON KEUDELLS Igel, NEUMANN-HILFS Waldigel, SIEMENS-SCHUCKERTS Fräsen usw.). — Humusfragen und Bodenarbeit im Walde. Techn. Landw. **1926**, H. 10 (mit Abb. der vorhin genannten Geräte). — Die Fräse auf Waldböden usw. Fortschr. Landw. **1930**, H. 17. — Die wichtigsten Verfahren forstlicher Bodenbearbeitung. Forstl. Flugbl. Nr. 16 (mit 33 Abb. der wichtigsten Geräte). Neudamm.

[1] MITSCHERLICH, E. A.: Bodenkunde, S. 314. Berlin 1923.

[2] OELKERS, J.: Waldbau 1. Standortsfaktoren, S. 14. Hannover 1930.

[3] ALBERT, R.: a. a. O. Z. Forst- u. Jagdwes. **1924**, 197.

[4] OELKERS, J.: a. a. O., S. 14.

[5] HELBIG, M.: Über Düngung im forstlichen Betriebe, S. 1ff. Neudamm 1906.

lebhafterem Wachstum anzuspornen, was natürlich auch auf dem Wege über Boden und Pflanzenwurzel geschieht. Man kann im forstlichen Betriebe nach Wiedemann eine Düngung unterscheiden: 1. im Forstgarten (Kamp), 2. im Freilande, und zwar a) bei der Begründung von Beständen (Kulturen), b) zur Bekämpfung von Wuchsstockungen, c) zur dauernden Verbesserung des Bodens und damit zur dauernden Steigerung des Wachstums, d) zur Bekämpfung der Trockentorfbildung in älteren Beständen, womit Zuwachssteigerung und Erleichterung der natürlichen Verjüngung verbunden ist. Auf dem Gebiete der Forstgartendüngung verfügt man über langjährige Erfahrung. Die Düngung von Waldbeständen ist hingegen noch keineswegs restlos erforscht. Bietet doch ein „Anfangserfolg", selbst wenn er erst nach 20 Jahren beobachtet wird, noch keinerlei Gewähr, daß dem Aufwand an Mitteln für Düngung eine befriedigende Steigerung des Geldertrages am Ende der Umtriebszeit (100 Jahre und darüber hinaus) entspricht. Diesbezüglich fehlen alle Erfahrungen, denn man kann ja erst auf eine etwa 20jährige Arbeit zurückblicken, ohne daß es aber möglich wäre, die an bestimmten Holzarten und auf gewissen Bodenarten gewonnenen Ergebnisse zu verallgemeinern[1]. Man bedarf demnach auf dem Gebiete der forstlichen Düngung, zumal im Freilande, noch zahlreicher und planmäßiger Versuche.

Über die Ausführung forstlicher Düngungsversuche gibt Helbig[2] Auskunft. Im allgemeinen bestehen diesbezüglich manche Analogien zu den landwirtschaftlichen Versuchen, jedoch hat man meist mit einer längeren Zeitdauer zu rechnen. Die Feststellung der Ergebnisse von Düngungsversuchen geschieht, wie Vater schon vor mehr als 20 Jahren zeigte, durch Messung und Wägung von je 100 Stück Pflanzen[3]. Erst Mitte des 19. Jahrhunderts haben die ältesten Versuche begonnen, nämlich durch Biermann in der Rheinprovinz. Freikulturen wurden erst seit etwa 1900 in Belgien unter Verwendung von Kunstdüngern ausgeführt; im Deutschen Reich hat sich die Deutsche Landwirtschaftsgesellschaft seit 1905 mit Forstdüngungsfragen befaßt. Ohne die im landwirtschaftlichen Betriebe gesammelten Erfahrungen, die sich unter anderem auf die im Forstbetriebe so ungemein wichtige Gründüngung erstrecken, hätte sich die Forstdüngung überhaupt kaum zielbewußt entwickeln können. Allerdings unterscheidet sich die Art und Weise der Düngung in der Forstwirtschaft sehr erheblich von den Verfahren in der Landwirtschaft. Erstere verwendet weitaus geringere Mengen und muß noch dazu mit einer viel stärkeren Auswaschung rechnen als letztere. Im Gegensatz zur Landwirtschaft wird man mindestens bei Freilandkulturen nicht mit Mineraldüngern allein auskommen, sondern Gründüngung mit anwenden[4]. Eine bedeutende Anzahl von Versuchen zeigt nämlich, daß die alleinige Anwendung käuflicher Dünger nur auf den allerärmsten Böden nachweisliche und dauernde Erfolge zeitigt; ungleich größere Wirkung wird erzielt, und zwar selbst auf humusführenden, also kaum an Stickstoff armen Böden, durch Anwendung der Lupine, des Ginsters usw. Erheblich besser als reine Mineraldüngung wirkt auch die Zugabe vegetabilischer Stoffe, wie z. B. von Abfällen aus dem landwirtschaftlichen Betriebe, ferner von Reisig, Kompost, Moorerde usw. Mit solchen organischen Stoffen wird jedoch nicht nur der Stickstoff

[1] Wiedemann, E.: Düngung im Forstbetrieb. In F. Honcamp: Handbuch der Pflanzenernährung und -düngerlehre. Berlin 1931.

[2] Helbig, M.: a. a. O., S. 112ff.

[3] Vater, H.: Weitere Düngungsversuche in einem Saatkamp auf Sandsteinboden. Thar. forstl. Jb. **1909**, 105. — Ferner: Zwei forstliche Düngungsversuche. Ebenda S. 270. — Vater, H. u. H. Sachsse: Forstliche Anbauversuche, insbesondere Düngungsversuche. Arb. Dtsch. Landw. Ges. H. 352. Berlin **1927**.

[4] Schwappach, P.: Forstdüngung, S. 3. Neudamm 1916; hier wird auch der oben zitierte Biermann erwähnt.

in einer den Holzarten sehr zuträglichen Form gegeben, sondern auch der Mangel an Feuchtigkeit behoben und somit das Bakterienleben gefördert.

Die künstliche Zufuhr von Nährstoffen kann, wie schon gesagt wurde, nur dann einen entsprechenden Erfolg zeitigen, wenn im Boden günstige physikalische Verhältnisse obwalten. Vor allem muß die Fähigkeit des Bodens, Niederschläge festzuhalten, durch Zugabe von Ton, Lehm oder Humus gesteigert werden, wenn der Boden von Haus aus zu durchlässig ist. Diese im Freilande wegen der hohen Kosten kaum durchführbare Maßregel erscheint im Forstgarten durchaus lohnend, da hierdurch ein allzu oftes Begießen der Beete überflüssig wird. Böden mit stagnierender Nässe vermeidet man bei der Anlage von Forstgärten am besten, schwere und nasse Böden müssen unbedingt durch Kalkzufuhr, Humusgaben, Gründüngung und Bodenbearbeitung gekrümelt und dadurch in ihrer Wasserhaltung verbessert werden. Die Bodenbearbeitung im Forstgartenbetriebe unterliegt nicht jenen Beschränkungen wie im Freilande. Hier ist Bodenlockerung schon vor Anlage des Forstgartens notwendig (Grubber, Fräse usw.), doch soll die Bearbeitung keine zu tiefgehende sein, da die im Forstgarten gezogenen Pflanzen keine allzu langen Wurzeln haben dürfen. Der Anlage von Forstgärten auf Ackerboden steht kein Hindernis entgegen; die Arbeiten gestalten sich hier billiger als in einem oft recht wurzelreichen Waldboden, und Bedenken, wie bei der Aufforstung ehemaligen Ackerbodens mit Nadelholz, bestehen hier nicht. Bevor man an die eigentliche Düngung der Forstgärten geht, ist, wo es geboten erscheint, Kalk in geeigneter Form zu geben, und zwar einmal um die Lockerung des Bodens zu fördern und andererseits aus chemisch-pflanzenphysiologischen Überlegungen. Der Boden soll erfahrungsgemäß wenigstens 0,3 % Kalk besitzen, um den allgemeinen Voraussetzungen, nämlich dem Bedarf der jungen Pflanzen, der Umsetzung mit Chlor- und Sulfationen mancher Dünger usw., zu genügen. Andererseits ist man in manchen Gegenden mit viel weniger Kalk zufrieden; so nennt SÜCHTING[1] offenbar in Anbetracht der nordwestdeutschen Verhältnisse mit ihrer starken Entbasung einen Boden erst kalkarm, wenn er unter 0,05 % CaO enthält.

Was die Möglichkeit anbelangt, sich vor Ausführung der Düngung über die Nährstoffverhältnisse des Bodens zu unterrichten, so ist durch den Düngungsversuch das beste Mittel gegeben, sowohl die Eigenart der Pflanze als auch der Düngemittel auf einem bestimmten Boden zu erfahren. Die chemische Analyse gibt häufig nur in extremen Fällen einigermaßen Auskunft, vor allem bei ganz armen Böden; auch hier besagen die Ergebnisse der Analyse, entweder in Prozenten ausgedrückt oder besser auf Bodenvolumen bezogen, noch nichts Genaueres über die Aufnehmbarkeit der einzelnen Nährstoffe, über die Form, in der sie im Boden gegenwärtig sind. Man wird infolgedessen, was die chemische Untersuchung betrifft, sich häufig darauf beschränken, den Kalkgehalt auf einfache Art zu ermitteln[2]. Sonst gibt über die Güte des Bodens nicht selten seine geologische Abstammung Aufschluß. Sicherer erscheint die Methode des Keimpflanzenverfahrens nach NEUBAUER und SCHNEIDER, die bisher in der Landwirtschaft angewendet wird. Dieses Verfahren kann aber nur in übertragenem Sinne für die Forstwirtschaft Geltung haben, da bisher hierzu wohl kaum Keimlinge von Samen der Holzarten, sondern, wie bekannt, Roggenkörner verwendet wurden[3].

---

[1] SÜCHTING, H.: Kalk als Grundlage der Waldbodenkultur, S. 14. Berlin 1929.

[2] WAHNSCHAFFE, F. u. F. SCHUCHT: Wissenschaftliche Bodenuntersuchung 4. Aufl., S. 50ff. Berlin 1924. — WIEGNER, G.: Anleitung zum quantitativen agrikulturchemischen Praktikum, S. 180ff. Berlin 1926.

[3] VATER, H.: Verhalten des Fichtenauflagehumus bei der Erwärmung in bezug auf die Erhaltung der Keimkraft. Thar. forstl. Jb. 80, 65. — LENT: Der Owinger Düngungsversuch. Z. Forst- u. Jagdwes. 1928, H. 11. — SACHSSE, H.: Der Waldboden. In WAPPES: Wald und Holz, S. 221.

Die genannte Methode erstreckt sich jedoch bisher nur auf Kali und Phosphorsäure. Wird die chemische Bodenanalyse dennoch angewendet, so müßte man, wie Vater[1] hervorhebt, auf etwa vorhandene Bodengifte und Reizmittel Rücksicht nehmen. Es muß grundsätzlich festgestellt werden, daß man im Forstgarten gesunde, kräftige Pflanzen heranziehen will, die, wenn sie ins Freiland versetzt worden sind, den Unbilden der Witterung und anderen äußeren Einwirkungen standhalten können. Man ist gänzlich davon abgekommen, sog. „Hungerpflanzen" zu erziehen; andererseits will man sie auch nicht überfüttern[2]. Die Hoffnung allerdings, daß sich eine Nachwirkung der Düngung, wie die jungen Pflanzen sie im Forstgarten genossen haben, nach der Auspflanzung ins Freie bemerkbar machen würde, ist nach Helbig[3] kaum berechtigt, denn hat es sich doch gezeigt, daß nichtgedüngte Fichten nach einigen Jahren solche, die auf gedüngtem Boden erzogen worden waren, im Wachstum einholten. Nach Wiedemann[4] ist eine dauernde Wirkung der Pflege, welche die jungen Pflanzen im Forstgarten genossen haben, nur bei Anbau auf besseren Böden zu verspüren, auf armen Böden erfolgen scharfe Rückschläge, möglicherweise infolge des Unvermögens einer entsprechenden Umstellung der Wurzeln auf die ganz anderen Wasser- und Nährstoffverhältnisse der freien Fläche. In Hinsicht auf die große Anzahl der noch dazu jungen Pflanzen, die ja ohnehin reichlich Nährstoffe verbrauchen, muß man mit einer starken Erschöpfung des Bodens der Forstgärten rechnen.

Nach Schröder[5] entnimmt eine gut entwickelte Fichtensaat (Tharandt) auf 1 Hektar Kilogramm:

	K_2O	P_2O_5	N
Im 1. Jahre	13,70	7,95	26,71
Im 2. Jahre	65,44	54,93	131,88

Nach Councler[6] verbrauchen dreijährige Fichten 5,7—13,54 kg K_2O, 6,5—10,90 kg P_2O_5, 6,1—14,1 kg CaO, 2,31—4,65 kg Manganoxyduloxyd und nach Dulk[7] bedürfen einjährige Holzpflanzen auf je 1 Hektar:

	Kiefer kg	Fichte kg	Buche kg
Kali	23,5	15,6	30,5
Phosphorsäure	11,1	8,0	18,7
Kalk	19,5	33,5	52,1

Es läßt sich ganz allgemein sagen, daß der Verbrauch in den Beeten der Forstgärten nicht selten dem einer mittleren Getreideernte gleich zu stellen ist. Die Aschen der jungen Holzpflanzen sind reicher an Mineralstoffen als die von ausgewachsenen Bäumen. Für die Erzeugung an Holz in einem Jahre, wird in einem 100jährigen Fichtenbestand nur rund der zehnte Teil dessen verbraucht, was einjährige Fichten dem Boden entziehen. Aber das Nährstoffbedürfnis junger

[1] Vater, H.: Die Ausführung von Versuchen zur Feststellung des Nährstoffmangels der Waldböden und ein Probeversuch auf Porphyrboden. Thar. forstl. Jb. **59**, 177 (1909).

[2] Graser: Pflanzenerziehungsstätte und Anpflanzungsort. Jber. Dtsch. Forstver. **1927**, 273.

[3] Helbig, M.: Stickstoffdüngungsversuche mit 2- und 4jährigen Fichten. Forstwiss. Zbl. **1915** u. **1920**.

[4] Wiedemann, E.: Fichtenwachstum und Humuszustand. Arb. biol. Reichsanst. **1924**.

[5] Vgl. H. Vater: Thar. forstl. Jb. **59**, 193 (1909).

[6] Councler, C.: Aschenanalysen von 3jährigen, gedüngten Fichten. Z. Forst- u. Jagdwes. **1903**, 398.

[7] Dulk: Mschr. Forst- u. Jagdwes. **1874**. — Bei E. Ramann (Forstliche Bodenkunde, S. 415, Berlin 1893) sind diesbezüglich Irrtümer unterlaufen.

Pflanzen steigt (bei gleicher Anzahl auf je 1 Hektar) mit dem Alter, wie SCHRÖDER[1] nachgewiesen hat. Noch stärker tritt diese Erscheinung z. B. in den Untersuchungen von SCHMITZ und DUMONT[2] hervor, die nebenstehenden Nährstoffentzug erkennen lassen:

Entzug an	Pflänzlinge 1 jährig kg	Pflänzlinge 2 jährig kg
Stickstoff	39,97	147,36
Kali	22,38	79,50
Phosphorsäure	9,76	36,24
Kalk	11,97	61,44
Magnesia	7,08	29,11

Eine mitunter ausschlaggebende Rolle bei der Düngung überhaupt spielt der Kalk. Wenngleich manche Holzarten, wie gezeigt wurde, insbesondere im jugendlichen Alter, einen hohen Kalkbedarf aufweisen, so hat man bei der Kalkdüngung in der Regel weniger die Absicht, durch sie den Pflanzen einen Nährstoff zuzuführen, sondern ihn als sog. indirektes Düngemittel zu gebrauchen, das eine große Anzahl von Aufgaben zu erfüllen hat; dementsprechend sind die Mengen von Kalk, die man gibt, oft sehr bedeutende. Die Kalkung wirkt dort tatsächlich mittelbar ertragsteigernd, wo die Pflanze für ihren Aufbau nicht genug davon im Boden vorfindet. Der Kalk tritt in die wasserhaltigen Tonerdesilikate des Bodens ein und macht aus ihnen Kali frei, er wirkt der Auswaschung der Phosphorsäure, die dem Abbau der Waldstreu entstammt, durch Adsorption und Bildung von Kalziumphosphat entgegen. Der Kalk ist förderlich für den Abbau organischer Stoffe im Boden[3]. Durch Mitwirkung von Bakterien wird auf diese Art Humusstickstoff „mobilisiert", d. h. in leicht aufnehmbare Nitrate übergeführt. Diese Aufschließung geht im Boden mit dem Gehalte an löslichem Kalk vollkommen parallel, denn nur das Kalziumion ist wirksam. Die Mobilisierung auf mikrobiologischem Wege erstreckt sich jedoch auch auf Phosphorsäure und Schwefel und ist ebenso wichtig für Moor- wie für Trockentorfkultur; stets ist damit eine Auswaschung des Kalkes verbunden, die parallel mit der Bildung von Kohlensäure im Boden vor sich geht. In all den angeführten Fällen handelt es sich darum, daß zunächst die ungesättigten (sauren) Humusstoffe abgesättigt (neutralisiert) werden. Auf diese Art wird auch die bisher im Mineralboden herrschende Solverwitterung ausgeschaltet. Durch Kalkung werden die mineralischen Gele des Bodens (Ton usw.) ausgeflockt, was zur erwünschten Krümelstruktur und damit zur Bodenlockerung führt. Schwere Böden werden sich auf diese Art, da sie von überflüssigem Wasser befreit worden sind, leichter erwärmen, und erfahrungsgemäß sind mit Kalk gedüngte Beete infolgedessen trockener als nicht gekalkte[4]. Die Kalkwirkung ersetzt demnach im Waldboden in mancher Beziehung die Bodenbearbeitung, wie sie in der Landwirtschaft üblich ist, jedoch im Walde nur selten und dann, wenn sie gehandhabt wird[5], meist nur oberflächlich. Mit der Austrocknung findet auch eine Durchlüftung statt, welch' letzteres zur Festlegung und Unschädlichmachung der Eisenoxydulverbindungen beiträgt, deren Wanderung und Ausfällung als Ocker, Raseneisenstein und als Nebenbestandteil des Ortsteins dann ausge-

[1] Vgl. H. VATER: Düngungsversuche in Saatkampen auf Sandsteinboden. Thar. forstl. Jb. **1905**, 129.

[2] Thar. forstl. Jb., zit. ohne Jahr in einer Düngerwerbeschrift: Künstliche Düngung im Forstbetriebe (ohne Autor). Auch die Art der „Pflänzlinge" wird hier nicht angegeben!

[3] VALMARI, J.: (Untersuchungen über die Zersetzbarkeit der Stickstoffverbindungen im Boden. Abh. agrikult. wiss. Ges. Finnland **1912**, H. 3) hat schon frühzeitig auf diesbezügliche biologische Vorgänge in Torfmooren und später (ebenda **1921**, H. 10; Acta for. fennica **20** (1921)) auf den Zusammenhang zwischen leichtlöslichem Kalk und Stickstoffumsetzungen im Boden hingewiesen.

[4] VATER, H.: Über das Zulangen der Nährstoffe. Thar. forstl. Jb. **1911**, 253.

[5] SÜCHTING, H.: Der Kalk als Grundlage der Waldbodenkultur. Berlin 1929.

schlatet wird[1]. Die Menge des angewandten Kalkes schwankt, wie noch gezeigt wird, sowohl im Forstgarten als auch im Freilandbetriebe außerordentlich. Selten genug findet man eine Anpassung an die Bodenverhältnisse, und dennoch ist der Kalkgehalt des Bodens ausschlaggebend für die ganze Düngerfrage. Leider bewegt sich aber der Kalkvorrat des Bodens häufig in absteigender Linie.

Schon durch die Verwitterung des Bodens werden den wasserhaltigen Silikaten, sowie den basischen Humaten Bestandteile, die Träger der Adsorption sind, durch Austausch entzogen. Die Verwitterung ist nach Kappen nichts anderes als ein Abbau der Basen und als die eigentliche, innere Ursache der ganzen Erscheinung der Bodenazidität anzusehen[2]. Zu diesem Abbau trägt selbstredend auch der Verbrauch der Pflanzen an Nährstoffen bei. Der Boden weist infolgedessen eine immer stärkere Azidität auf. Die fortgesetzte Anwendung gewisser käuflicher Dünger kann schließlich zur Entkalkung führen. Düngemittel, die man überhaupt mit der Entbasung des Bodens in Zusammenhang bringen kann, sind vornehmlich salzartige Stoffe, so die Ammon- und Kalisalze, und zwar letztere einschließlich ihrer Nebenbestandteile und der Nitrate, wenn sie auf Böden verwendet werden, die Karbonate von Kalk und Magnesia enthalten. Die bei der Umsetzung entstehenden Kalk- und Magnesiasalze sind leicht löslich und fallen der Auswaschung anheim. Die Reaktionen sind umkehrbar. Folgende Gleichung gilt

für Ammonsulfat: $CaCO_3 + (NH_4)_2SO_4 \rightleftarrows CaSO_4 + (NH_4)_2CO_3$
für Chlorkali: $CaCO_3 + 2\,KCl \rightleftarrows CaCl_2 + K_2CO_3$
für Salpeter: $CaCO_3 + 2\,NaNO_3 \rightleftarrows Ca(NO_3)_2 + Na_2CO_3$

Der Verlust des Bodens betrifft also lediglich Erdalkalien, nämlich Kalk und Magnesia, nicht jedoch basische Stoffe überhaupt. Eine Entkalkung, aber keine Entbasung stellt sich ein. Es handelt sich nur um einen Basenaustausch, und erst, wenn die Pflanze mit ihren physiologischen Einwirkungen und eine Ernte dazwischentritt, kann die zuerst angedeutete Entbasung des Bodens eintreten. Bei Verwendung von Düngern, die ein Sulfat- oder Chlorion enthalten, kann in entkalkten Böden bekanntlich freie Säure auftreten; dies gilt auch für ungesättigte Humusböden. Es muß also auch auf solche Fälle Rücksicht genommen werden. Weist der Boden also aus irgend einem Grunde eine nennenswerte Azidität auf, so sollte eigentlich stets der „Kalkzustand" ermittelt werden. Die Kalkmenge, die 1000 kg Humus eines Bodens brauchen, um neutralisiert zu werden, kennzeichnet den „Kalkzustand" des sauren Humusbodens. Umgekehrt kann man aus der Menge Salzsäure, die ein Boden verbraucht, um auf den Neutralpunkt gebracht zu werden, die Menge Kalk errechnen, die der Boden über den Neutralpunkt zuviel besitzt[3].

Die Zuführung von Kalk kann in mancherlei Form geschehen. Nach Möglichkeit benützt man gerade im forstlichen Betriebe billige Kalkdünger, vor allem kohlensauren Kalk, wobei man sich stets vor Augen halten muß, daß nur das Kalziumion wirksam ist. Man wird demnach danach trachten, den Kalk auf eine Art zu geben, daß er nach Möglichkeit bald in Lösung gehen kann, also tunlichst in sehr feinverteilter Form; mit einer augenblicklichen Wirkung ist aber selbst in diesem Falle kaum zu rechnen. Gebrannter Kalk (Branntkalk) wirkt physikalisch am stärksten und wird auf nassen, kalten und schweren Böden

[1] Dunkelbeck: Die Theorie der künstlichen Düngung. Hildesheim (ohne Jahr).
[2] Vgl. dieses Handb. 8, S. 319.
[3] Kappen, H.: Die Bodenazidität, S. 10, 13, 89, 109, 138, 147 u. 158. Berlin 1929. — Ferner G. Wiegner: Anleitung zum quantitativen agrikulturchemischen Praktikum, S. 177. Berlin 1926. — Maiwald, K. u. E. Ungerer: Agrikulturchemische Übungen, S. 68f. Dresden u. Leipzig 1926.

verwendet; sein Einfluß erstreckt sich auch etwas auf die Tiefe. Doch darf man das nicht überschätzen, da er ja gleich an Ort und Stelle, wo das durch Lösung entstandene Kalziumion mit den Bodenteilchen in Berührung kommt, auch festgehalten wird. Beim Branntkalk kann man noch am ehesten damit rechnen, daß er bald in Lösung geht und damit die Kalziumionen in Tätigkeit treten. Gleichviel ob er auf Humus- oder Mineralböden zur Verwendung kommt, soll er gut mit dem Boden vermischt werden, da er sonst allmählich in kohlensauren Kalk übergeht und damit an Wirksamkeit einbüßt. Dolomitischer Kalk (Graukalk) kann wegen seines Gehaltes an Magnesia auf sehr armen Böden den jungen Pflanzen, die einen ziemlich bedeutenden Bedarf an diesem Stoffe haben, sehr förderlich sein. Für die Düngung in Forstgärten kommt weiterhin kohlensaurer Kalk in Betracht, wie er im Mergel enthalten ist; doch muß sein Kalkgehalt so hoch sein, daß sich sein Transport lohnt; vorteilhaft wird er, ebenso wie Kalkstein und Marmor, im fein gemahlenen Zustande benutzt. Diese Stoffe können auch bei Verwendung zu Trockentorf kaum Schaden bei Überdüngung anrichten, sie sind daher für Forstdüngung, zumal für leichte Böden[1], im allgemeinen vorzuziehen. Die verschiedenen bei der Düngung gebrauchten Formen von kohlensaurem Kalk und Branntkalk weisen erhebliche Beimengungen auf. Gelegentlich wird Wiesenkalk, der sich im Untergrund von Torfmooren vorfindet, verwendet; im frisch gegrabenen Zustande zeigt er schleimige Beschaffenheit; läßt man ihn austrocknen oder durchfrieren, so verliert er dieselbe und läßt sich dann leichter ausstreuen. Selbstverständlich muß der Wiesenkalk frei von Eisenverbindungen sein. Abraum von mit Kalk beschotterten Straßen kann als weniger wertvoller Kalkdünger gebraucht werden, jedoch darf er keine teerigen Bestandteile enthalten. Über Kalkabfälle berichtet HELBIG[2].

Hinsichtlich der Kalkung liegen die Verhältnisse in der Forstwirtschaft, wenigstens bei der Freilanddüngung, ganz anders als in der Landwirtschaft; bei letzterer wird gründliche und öfters wiederkehrende Bodenbearbeitung vorgenommen, die eine immer innigere Vermischung des Kalkes mit dem Boden zur Folge hat; in der Forstwirtschaft tritt die Bearbeitung stark zurück, die Kalkdünger müssen daher möglichst fein verteilt (zermahlen) in Anwendung kommen, damit man wenigstens einigermaßen damit rechnen kann, daß sie sich lösen und hierdurch im Boden ausbreiten[3]. Wesentlich günstiger verhält sich an und für sich der Gips. Gipsmehl empfiehlt sich nach SACHSSE[4] für Tiefwurzler wegen seiner Löslichkeit in Wasser, auf sauren Waldböden wirkt es jedoch wegen des Freiwerdens des Sulfations unvorteilhaft. Im Zusammenhang hiermit mag nochmals darauf hingewiesen werden, daß nur die im Bodenwasser gelösten Kalziumionen wirksam sind, so daß z. B. dolomitische Gesteinsbrocken in Sandheiden keinen merklichen Einfluß auf die umgebende Pflanzenwelt ausüben; andererseits kommt der Kalk oft weit entfernt vom Kalkstein selbst zur Wirkung, nämlich dort, wohin das Wasser fließt[5]. Dies gilt namentlich für geneigtes Gelände, auf dem sich nach O. TAMM[6] die stärkste Kalkwirkung von basischen Gesteinen geltend macht. In diesem Sinne äußert sich auch HESSELMAN[7].

Von Einfluß auf das angedeutete Löslichwerden des Kalkes aus seinen ursprünglich unlöslichen Verbindungen ist vor allem das Klima, und zwar die

[1] SACHSSE, H.: Der Waldboden. In L. WAPPES: Wald und Holz, S. 243.
[2] HELBIG, M.: a. a. O., S. 98.
[3] SÜCHTING, H.: a. a. O., S. 23.
[4] SACHSSE, H.: Der Waldboden. In L. WAPPES: Wald und Holz, S. 243.
[5] CAJANDER, A. K.: Über die Verteilung des fruchtbaren Bodens in Finnland. Acta for. fennica 1923.
[6] TAMM, O.: a. a. O. Meddelanden 1921, H. 18, Nr. 3, 161.
[7] HESSELMAN, H.: a. a. O. Meddelanden 1917, H. 13—14.

Menge der Niederschläge. Je trockener eine Gegend ist, um so gründlicher und feiner muß der Kalk in jeder Form im Boden verteilt werden, damit er durch allmähliche Auflösung überhaupt zur Geltung kommen kann. Dieser Umstand ist ganz allgemein von Bedeutung, unter anderem wegen der chemischen Umsetzungen, die das Kalziumkarbonat im Boden hervorruft. So sagt z. B. Ramann: „Das gelöste Kalkkarbonat wirkt auf die Kieselsäureverbindungen des Bodens wie ein Neutralsalz, d. h. es zeigt die Vorgänge des Basenaustausches. Unter seinem Einflusse werden Basen, besonders Kali, löslich und den Pflanzen leicht zugänglich. Hauptträger des chemischen Bodenumsatzes ist das saure Kalkkarbonat[1].“ Man sollte glauben, daß eine gründliche Vermengung des Kalkes mit dem Boden auf die Lösung und damit auf die Wirksamkeit des Kalkes Einfluß hätte. Dennoch zeigte es sich, daß Kalziumkarbonat (Marmormehl, 5000 kg auf 1 Hektar) beim Unterhacken gegenüber dem Aufstreuen nach 20jähriger Versuchsdauer (Fichte-Kiefern-Jungwuchs) nicht als wirksamer zu bezeichnen war, obwohl es sich um einen kalkarmen Boden handelte[2].

Was die Verwendung der Kalkdünger betrifft, so spielt in den meisten Veröffentlichungen über diesen Gegenstand die Kostenfrage die Hauptrolle, weniger was den Forstgartenbetrieb, der ja meist lohnt, anbelangt, als in der Freilanddüngung und bei Ödlandaufforstungen. Vielfach, zumal in Werbeschriften, ist gar nichts über die Menge der Kalkgaben zu finden. Die Vermutung, daß mitunter das Thomasmehl auch noch eine erhebliche Kalkwirkung ausgeübt hat, ist gerade in solchen Fällen gerechtfertigt, denn, wenn z. B. auf 1 Hektar 2000 kg Thomasmehl gegeben werden, so sind darin zwischen 38 und 59% Kalk enthalten. Ist der Boden von vornherein sehr kalkarm, so wird sich auch eine Kalkgabe, die man, wie eben erwähnt, mit Thomasmehl oder mit Naturphosphaten gewissermaßen nebenher gibt, insbesondere bei Düngungsversuchen, deutlich bemerkbar machen; im allgemeinen werden aber die in den Phosphatdüngern enthaltenen Kalkmengen kaum für den Forstgarten und noch weniger für das Freiland ausreichen. Andererseits kommt es vor, daß die Düngung mit Thomasmehl sogar wesentlich als Kalkdüngung wirkt[3], so z. B. auf kalkarmem Buntsandsteinboden. Man kann nicht selten beobachten, daß schon eine Düngung mit Phosphaten (meist wird Thomasmehl verwendet) allein auf minderen Sandböden guten Erfolg hat. De Koning bezeichnet 300 kg je 1 Hektar als untere Grenze. Sonst gilt hier, was schon Councler über die Nebenwirkung des Thomasmehles erwähnt hat[4]. Was die in der Praxis verwendeten Mengen von Kalk anbelangen, so läßt sich nur ganz allgemein sagen, daß an Kalkkarbonat (Marmormehl usw.) wenige Hundert bis zu 32000 kg und an Ätzkalk bis zu 16000 kg je 1 Hektar gebraucht wurden[5]. Düngungen mit Kalk allein (selbst bis zu 4000 kg Ätzkalk je 1 Hektar) lassen auf besseren Böden mitunter gar keine Beeinflussung des Wuchses der Buche erkennen; in anderen Fällen tritt in den ersten Jahren nach der Kalkung ein sehr üppiger, dann jedoch bald nachlassender Wuchs ein; andererseits konnte man die Wirkung des Kalkes erst 5 Jahre nach dem Ausstreuen, dafür aber sehr andauernd, beobachten. Auf sehr armem Boden versagt die Wirkung des Kalkes unter der Voraussetzung richtiger Düngung und Bestandesbegründung

[1] Ramann, E.: Wirkung von Ätzkalk und kohlensaurem Kalk im Boden. Vortrag Vers. Ver. Dtsch. Kalkwerke, Berlin 1920.

[2] Vater, H. u. H. Sachsse: a. a. O. Arb. Dtsch. Landw. Ges. 1927, H. 352, 65.

[3] Councler, H.: (Aschenanalysen usw. betr. Düngungsversuche von Lent.) Z. Forst- u. Jagdwes. 1903, 400.

[4] Koning, de: Der Einfluß von Kunstdünger auf Wachstum der Kiefer. Ref. Forstarch. 1930, 15.

[5] Weis, Fr.: Der Wert des Heidebodens. Mitt. Düngungsvers. Dän. Waldver. 8, 19. — Sachsse, H.: Der Waldboden. In L. Wappes: Wald und Holz, S. 239.

nie[1]. Allzu hohe und andauernde einseitige Kalkdüngung führt schließlich dazu, daß die übrigen Basen verdrängt werden („ausgemergelte Böden"). Ist es doch bekannt, daß man einen Boden durch Kalkwasser an löslichem Kali völlig erschöpfen kann[2]. Auch hier macht sich also die Wirkung des gebrannten Kalkes gegenüber dem Kalziumkarbonat stärker bemerkbar.

Die billigste, zweckentsprechendste und naturgemäßeste Düngung der Pflanzgärten geschieht durch humusartiges Material. Mehr oder minder zersetzte Pflanzenreste sind häufig das natürliche Keimbett der Samen im Walde, und aus dem Humus, ja oft schon aus den verwesenden Blättern, holen sich die jungen Pflanzen ihre Nährstoffe. Die Vorteile der Humusdünger sind mannigfache. Für Pflanzgärten, deren Böden von vornherein wenig Humus enthalten, kann eine Zufuhr nicht genug empfohlen werden, sei es durch Gründüngung oder in der Form von fertigem Humus, Kompost usw. Die Humusdüngung, ganz gleich, ob mit oder ohne Zugabe anderer Düngemittel, ist für die Pflanzen auch in physikalischer Beziehung am zuträglichsten. Aus Humusdünger nehmen die Pflanzen langsam neben Stickstoff auch Kali und Phosphorsäure auf, ohne überfüttert zu werden, und verholzen gut; sie machen in einem humusreichen Boden eine ähnliche Entwicklung wie im besten Waldboden durch. Hält man es bei geringer Güte des mineralischen Bodens für nötig, so setze man den in der Folge genannten Humusmaterialien Kalk, Kali und Phosphate zu und behandele sie ähnlich wie Kompost. Alle Humusdünger sind durch ein grobmaschiges Sieb zu werfen, damit nicht allzu grobe, ganz unzersetzte Humusteile in die Beete eingebracht werden. Jegliche Art der Humusdünger soll bei der Verwendung gut in den Beeten untergebracht werden, denn der aufgestreute oder nur ganz oberflächlich eingearbeitete Humus kann, zumal in der Form von torfartigem Material, mehr schaden als nützen, wenn sich bei eintretender Trockenheit Wassermangel in der lockeren Oberfläche einstellt, in der dann selbstverständlich viele Wurzeln zugrunde gehen müssen.

Als Ausgangsmaterial für die Humusdünger kommt gut zersetzter (sog. milder) Waldhumus, gleichviel von welcher Holzart, in Betracht; am besten eignet sich Humus aus Laubwäldern. Man kann auch noch die unteren Lagen, die mit dem Mineralboden schon etwas vermischt sind, mitnehmen. Die Waldstreu in jedem Stadium des Abbaues, ja selbst Rohhumus, kann häufig schon durch öfteres Umstechen der Haufen in einen geeigneten Humusdünger umgewandelt werden; sonst aber wird regelrechte Kompostierung unter Zugabe von kohlensaurem Kalk nötig sein; Gaben von Kali und Phosphaten beschleunigen die Zersetzung und wirken zugleich als Vorratsdüngung. Wertvoll für diese Zwecke ist auch der verhältnismäßig nährstoffreiche Flachmoortorf; er enthält meist reichlich Kalk und Stickstoff, mitunter auch gar nicht wenig Phosphorverbindungen. Allein alle diese Bestandteile werden erst durch Zersetzung langsam zugänglich. Besonders geeignet ist Erlenmoortorf (Erlenbruchtorf) wegen seines Kalk- und Stickstoffgehaltes. Letzterer kann bis nahezu 7 kg auf 1 m^3 betragen. Waldmoortorf ist erfahrungsgemäß auch sonst reich an Stickstoff, so daß man mit rund 3% N oder, bezogen auf 1 m^3, mit rund 3 kg N rechnen kann[3]. Hochmoortorf enthält viel weniger Nährstoffe, ist bedeutend kalkärmer und schwerer zersetzbar, er muß daher unter größerer Beigabe von Kalk, Kali und Rohphosphat kompostiert werden; man kann sich auch mit Torfmull, was natürlich teurer kommt, behelfen, auch darin finden sich nur wenig Nährstoffe.

---

[1] Erdmann, F.: Künstliche Düngung im Walde. Z. Forst- u. Jagdwes. **1921**, 155.

[2] Vgl. E. Ramann: Bodenkunde, S. 55. 1911.

[3] Leiningen, W. Graf zu: Waldvegetation präalpiner bayerischer Moore, S. 59—61. München 1907.

Gleich wichtig für den Forstgarten wie für das Freiland ist die in neuerer Zeit viel besprochene Gründüngung. Physikalisch wirkt die Gründüngung auf den Boden durch Lockerung desselben, welche die Tiefwurzler (Lupinen) bis weit hinunter hervorrufen, ein; auch die organische Substanz hält den Boden in den oberen Schichten locker und feucht. Wenn man die Lupine erst nach dem Fruchtansatz in den Boden einbringt, hat man ihm mehr verholztes Material beigemengt, das länger vorhält und auch den Stickstoff nicht allzu rasch abgibt. Durch Gründüngung gibt man den jungen Forstpflanzen den Stickstoff auf eine viel natürlichere Art als dies mit irgendeinem der käuflichen Düngemittel geschehen kann. Der Ertrag der einzelnen Leguminosen an Sproßteilen schwankt je Jahr und Hektar zwischen 120—320 dz[1]. Vorbedingung für das Gelingen der Gründüngung ist das Vorhandensein eines kleinen Vorrates an Kali und Phosphaten im Boden, sonst muß man vor Anbau der Gründüngungspflanzen kleine Mengen von Thomasmehl und Kalisalz geben. Die Zahlen für diese Zusatzdüngung schwanken außerordentlich, nämlich zwischen je 30 kg bis zu mehreren (2—4) Zentnern auf 1 Hektar. Sauren Boden liebt die Lupine nicht; schon eine aktuelle Azidität von $p_H = 3$ muß durch Kalkung auf $p_H = 5$ gebracht werden, damit sie gut gedeiht. Als Gründüngungspflanzen, die sich für das Freiland, z. B. für Kahlschlagflächen eignen, werden hauptsächlich zwei in der Literatur angegeben, nämlich die Besenpfrieme, Sarothamnus scoparius, auch Besenginster genannt, und die blaue Dauerlupine, Lupinus polyphyllus. Wiedemann[2] sagt, daß sich die beiden in günstigster Weise ergänzen. Der Ginster ist wesentlich anspruchsloser, gedeiht meist ohne Düngung, verlangt aber Entnahme der Rohhumusdecke und Bodenbearbeitung. Ginster und Lupine können nach dem Gesagten mit Vorteil in Verbindung mit einander angebaut werden; der günstige Einfluß der Leguminosen ist ein dauernder, und selbst volle Bearbeitung und Düngung ohne langjähriges Gedeihen der Leguminosen bringt keinen anhaltenden Erfolg. Auf die Wurzelausbildung der Holzarten hat die Gründüngung hauptsächlich insofern Einfluß, als diese zwar nicht vertieft wird, dafür aber in den oberen 10—15 Zentimetern der Bodenschicht sich sehr üppig entwickelt. Besonders reichlich sind vor allem in der Nähe der Wurzelknöllchen die feinen Saugwurzeln anzutreffen; von einem Eindringen der Wurzeln in die Knöllchen selbst, wie man dies vermuten könnte, ist jedoch nichts zu beobachten.

Was den Anbau der Dauerlupine zur Bodenverbesserung im Freilande betrifft, so hat man auch in Österreich (Kärnten) damit gute Erfahrungen gemacht, und zwar selbst auf trockenen, auf der Sonnenseite gelegenen Schotterböden. Heidekraut ist unter ihrem Einflusse vollständig verschwunden, desgleichen Beersträucher; es bildet sich reichlich Humus, und Fichte und Kiefer, die früher kaum 1 cm lange Jahrestriebe aufwiesen, lassen nunmehr 10—15 cm lange Triebe erkennen[3]. Für Kalk hat sich die perennierende Lupine dankbar gezeigt. Auch Pfeiffer und Blanck[4] erwähnen, daß die blau blühende und namentlich die weiß blühende Varietät von L. angustifolius wesentlich geringere Kalkempfindlichkeit besitzen als die gelbe Lupine und L. albus unbedingt kalkliebend ist[5]. Die aufschließende Kraft der Lupine wird vielfach hervorgehoben. Indessen liegen auch gegenteilige

[1] Wollny, E. v.: Die Zersetzung der organischen Stoffe, S. 438. Heidelberg 1897.

[2] Wiedemann, E.: Leguminosendüngung in Ebnath. Forstwiss. Zbl. **1927**, 449.

[3] Hey, J.: Wiener allg. Forst- u. Jagd-Ztg. **1929**, 272.

[4] Pfeiffer, Th. u. E. Blanck: Die Kalkfeindlichkeit der Lupine. Mitt. landw. Inst. Breslau **6**, H. 2, S. 273 f.

[5] Über den Besenginster berichtet ausführlich M. Schreiber (Wiener allg. Forst- u. Jagd-Ztg. **1925**, 115ff.), über die Dauerlupine W. Simon (Dtsch. Forstwirt **1926**, 210ff.), über Leguminosenkultur im allgemeinen B. Heinze (Landw. Mitt. Prov. Sachsen **1910**), über Gründüngung M. Helbig (Düngung im forstlichen Betriebe. Neudamm 1906).

Beobachtungen vor. Die Meinung AREBOES, daß sich die Schmetterlingsblütler, insbesondere die Lupine, selbst auf armen Böden die Phosphorsäure in hohem Grade nutzbar machen können, fand BRÜNE bei seinen Freilandversuchen nicht bestätigt[1].

Die Phosphorsäure wird, abgesehen von einzelnen Versuchen mit Kaliphosphat, meist in der Form von Thomasmehl gegeben. Dieses hat sich wohl allgemein bewährt. Lösliche Phosphate (Superphosphat) zu geben, ist zumal auf Sandböden und sauer reagierenden humusreichen Böden überflüssig. Thomasmehl kann ebenso wie gebrannter Kalk namentlich in Sandböden durch die stark alkalische Reaktion die Pflanzenwurzeln schädigen. Es empfiehlt sich demnach diese und, wie nebenbei erwähnt werden soll, sämtliche mineralische Dünger und ebenso Rasenasche möglichst lange vor Benutzung der Beete zu geben. Manche tragen Bedenken, Thomasmehl und Kalkung zugleich anzuwenden. Indessen setzt Kalziumkarbonat die Wirkung des Thomasmehls nicht herab, wogegen Ätzkalk tatsächlich nach dieser Richtung wirkt. Die Rohphosphate, welche kaum der Auswaschung unterliegen, mit denen unsere Pflanzen auch keinen Luxuskonsum treiben, da sie dieselben erst durch ihre Wurzel zubereiten müssen, sind die ausgesprochenen Vorratsdünger auf viele Jahre hinaus; man kann ruhig bis 3000 kg pro Hektar davon anwenden. Man gebe Rohphosphate möglichst früh, schon gleich zur allerersten Bodenbearbeitung, wenn z. B. eine Neuanlage von Pflanzgärten stattfindet, damit sie bei den folgenden Arbeiten immer wieder in Bewegung kommen und schließlich überall im ganzen Wurzelraum vorhanden sind. Kompostierung, Gründüngung, Humusgehalt, ebenso die Gegenwart von Kalisalzen und Ammonsulfat im Boden steigern die Löslichkeit der Bodenbestandteile. Knochenmehl wirkt annähernd wie Thomasmehl.

Über die Stickstoffdüngung äußert sich SCHWAPPACH dahin[2], daß die üblichen käuflichen Dünger kostspielig seien, kräftig, jedoch nicht nachhaltig wirken. Im Freiland würde man am besten Stickstoff, wie er in der Pflanze enthalten ist, geben, also wäre Anbau von Leguminosen, Verwendung von Moorerde und anderen Humusstoffen, Deckung mit Waldstreu, Reisig usw. am Platze. Von den eigentlichen Stickstoffdüngern erfreut sich der schnell, aber kaum nachhaltig wirkende Salpeter ziemlicher Beliebtheit, vor allem, wo es gilt, den jungen Pflanzen nach Hagelschlag, Insekten- und Frostschäden rasch ein Kräftigungsmittel zu verabreichen. Konzentrationen über 1 ‰ können Koniferen gefährlich werden (Trockenperioden). Sonst kommt von den spezifischen Stickstoffdüngern noch das schwefelsaure Ammoniak zur Verwendung, das langsamer und nachhaltiger wirkt und infolge der Absorption durch die Bodenkolloide im Gegensatz zum Salpeter kaum der Auswaschung unterliegt. Es ist darauf hingewiesen worden, daß Koniferen durch Nitrate geschädigt werden, wenn deren Konzentration 1 % übersteigt. Dies wäre nach EHRENBERG[3] und VATER[4] darauf zurückzuführen, daß z. B. Natriumnitrat (von dem der Säurerest durch die Pflanze aufgenommen wird) im Boden alkalische Reaktion hervorruft; diese wird von Holzarten, die saurem Boden angepaßt sind, z. B. von Kiefer und Fichte, schlecht ertragen. Die Steigerung des Wuchses durch Chilesalpeter beträgt bei der

[1] BRÜNE, F. u. B. TACKE: Über das Phosphorsäurebedürfnis der Lupine auf Heidesandboden. Z. Pflanzenern. usw. B **3**, 41, 1924. — BRÜNE, F.: Über das Phosphorsäurebedürfnis der Lupine auf Heidesandböden. Ref. Forstl. Jber. **1925**, 18.

[2] SCHWAPPACH, P.: Die Düngung im forstlichen Großbetriebe. Mitt. Dtsch. Landw. Ges. **1910**, 574.

[3] EHRENBERG, P.: Die Bewegung des Ammoniakstickstoffes in der Natur. Berlin 1907.

[4] VATER, H.: Bemerkungen zur Stickstoffaufnahme der Waldbäume. Thar. forstl. Jb. **1909**, 264, 269 u. 272. — HELBIG, M.: Forstliche Standortslehre. In T. LOREY u. H. WEBER: Handbuch der Forstwissenschaften, 3. Aufl. Tübingen 1913.

Fichte nur 42 % und bei der Kiefer nur 67 % der entsprechenden Wuchssteigerung durch Ammonsulfat, von dem das Ammonion durch die Pflanzen aufgenommen wird, wobei der im Boden zurückbleibende Säurerest diesem saure Reaktion verleiht. Daß die Bodenreaktion tatsächlich eine große Rolle spielt, erhellt aus den Angaben Vaters, der sagt, daß die jungen Fichten und Kiefern bei saurer Bodenreaktion in Gegenwart großer Nitratmengen zu gedeihen vermögen.

Kalidünger, die Chlorionen enthalten, führen schließlich zu einer Entkalkung des Bodens auf dem Wege der Absorption durch Austausch. Dabei entsteht freie Salzsäure. Es empfiehlt sich daher, rechtzeitig zu kalken. Die Kalisalze gibt man zweckmäßig im Herbst, damit die Umsetzungen im Boden bis zum Frühjahr, wenn man die Beete benötigt, vollzogen sind. Auch die Verwendung schwefelsaurer Salze[1], die zwar frei von Chlorionen sind und deshalb den sehr empfindlichen Koniferen vielleicht weniger schaden, kann zur Entkalkung des Bodens führen, und so müssen Kali- und Kalkdüngung eigentlich stets nebeneinander hergehen.

Bei der Zufuhr von Nährstoffen muß man, wie Ramann gezeigt hat, insbesondere bei Mineraldüngern, damit rechnen, daß in sorptionsschwachen Böden fast nur die Bodenlösung, in solchen mit starker Sorption überwiegend die Mineralteile des Bodens angereichert werden. Das letztere bezieht sich hauptsächlich auf Tonböden. So kann z. B. die Kalidüngung unter Umständen schwach wirken, nicht etwa, weil der Boden angeblich genügend Kali enthält, sondern weil er kaliarm ist, und Kali zunächst stark bindet[2].

Es ist eine bekannte Tatsache, daß durch Überdüngung mit Kalidüngern „Verbrennungen" junger Pflanzen eintreten. Über die physiologischen Vorgänge, die den Tod der Gewächse auslösen, ist nicht allzuviel bekannt. Am ehesten kann man noch aus den Forschungen Montforts etwas entnehmen. Dieser schreibt unter anderem[3]: „Mit dem Transpirationsstrom aufgesogenes Salz wird sich bei starker Wasserabgabe des Blattes zunächst in den Membranen anhäufen und kann schon dadurch die Protoplasten kolloidchemisch verändern." Salz kann sich auch leicht in den Zellen anhäufen. Die physiologische Salzwirkung äußert sich als Vergiftung des Gewebes selbst in der am besten ausgeglichenen Lösung nicht wesentlich anders als bei einseitiger Ionenwirkung von reinem NaCl, an dessen Stelle man sich Kainit und andere Chloride in Form von Kalisalzen denken muß. Der Vorgang der Plasmolyse[4] wird wohl gelegentlich auch einmal eintreten können; er setzt starke Überdüngung oder aber hohe Konzentration der Bodensalze während Trockenperioden voraus. Indes ist anzunehmen, daß es wohl seltener bis zur Plasmolyse kommt, sondern daß viel häufiger die vorher geschilderten Vorgänge im Sinne Montforts zustande kommen. Der Ausdruck „Verbrennen" wird für verschiedene Vorgänge gebraucht, für die physiologischen Wirkungen von Düngern auf dem Wege über die Wurzel, wovon bisher die Rede war, dann aber auch für Ätzwirkungen der stark hygroskopischen Kalisalze, wie sie sich bei der an und für sich etwas gefährlichen Kopfdüngung ergeben. Hierbei werden die Nadeln an den betroffenen Stellen zunächst gelb, dann fallen sie gelegentlich auch ab. Mit Rücksicht auf diese Verhältnisse sind

---

[1] Ob Kaliumsulfat dem 40proz. Kalisalz in der Wirkung überlegen ist, ließ sich bisher nicht mit Sicherheit feststellen, auch hinsichtlich des Kainits findet man sehr widersprechende Ergebnisse. Näheres W. Graf zu Leiningen: Die Düngung im forstlichen Betriebe. Forstwiss. Zbl. **1930**, 599.

[2] Ramann, E.: Die Mineralstoffaufnahme der Pflanzen aus dem Boden. Landw. Versuchsstat. **1916**, 392ff.

[3] Montfort, C.: Jb. wiss. Bot. 1926.

[4] Vgl. Büsgen, M. u. E. Münch: Bau und Leben unserer Waldbäume, S. 84. Jena 1927. — W. Benecke u. L. Jost: Pflanzenphysiologie **1**, 22. Jena 1924.

die Beobachtungen NOLTES[1] zu erwähnen, der darauf hinweist, daß die Keimlinge und die verschulten Pflanzen gegen frische Düngung sehr empfindlich sind, und daß es deshalb notwendig ist, die Verwendung der Düngemittel zeitlich von der Keimungs- und Verschulungsperiode zu trennen, d. h. Düngesalze sowie auch alkalische Reaktion verursachende Düngemittel etwa vier Wochen vorher zu geben und mit dem Boden gründlich zu vermischen. Zu verschulten Pflanzen kann man die Kalidüngung auch erst zusammen mit Stickstoff 2—3 Wochen nach der Verschulung, und zwar vorteilhaft mit Hilfe von Nitrophoska III geben. In älteren Beständen dagegen wird die Düngung kaum so rasch ihre Wirksamkeit äußern, da die jüngsten, aufnahmefähigsten Wurzeln der Bäume sich in tieferen Schichten befinden, andererseits kann ein Teil der Nährstoffe schon im Oberboden durch Sorption festgelegt und damit für Tiefwurzler unzugänglich werden[2].

Was die neueren bzw. bisher im forstlichen Betriebe noch wenig gebrauchten Kunstdünger anbelangt, sei nur gesagt, daß von Stickstoffdüngern gelegentlich Kalkstickstoff und Harnstoff Anwendung gefunden haben[3]. NOLTE[4] empfiehlt je 1 m^2 20 g 40proz. Kalisalz, 40—50 g von den verschiedenen Phosphaten, 30 g Kalkstickstoff oder sonst 40 g Nitrophoska. Nach JANSON[5] enthält Nitrophoska die drei Hauptnährstoffe in einem für Forstgärten richtigen Verhältnis:

Nitrophoska I:	N 17,5 %	P_2O_5 13,0 %	K_2O 22,0 %
„ II:	N 16,0 %	P_2O_5 11,0 %	K_2O 26,5 %
„ III:	N 16,5 %	P_2O_5 21,5 %	K_2O 21,5 %

Bei Nadelhölzern ist die Verteilung auf drei Gaben empfehlenswert, nämlich die Hälfte vor der Bestellung, je ein Viertel zu Anfang Juni und Juli. LENT empfiehlt den gleichen Mischdünger[6].

Von Düngemitteln, die im Forstgartenbetriebe gelegentlich Anwendung finden, seien nur die Rasenasche, die durch Behandlung von Rasenplaggen nach Art der Kohlenmeiler hergestellt wird, erwähnt. Die hierbei gewonnene Asche hat kaustische Wirkung, der Mineralboden selbst ist durch das Brennen etwas aufgeschlossen, der Stickstoff restlos entwichen. Holzasche (0,3—0,5 % des lufttrockenen Holzes) ist wegen ihres Gehaltes an Kali (13—35 %), an Phosphorsäure (2 bis etwa 14 %) und Kalk (18—45 %) sehr wohl, jedoch noch vorsichtiger als Rasenasche, zu gebrauchen, da ihr Gehalt an Alkalien schädlich wirken kann. Die Asche von Kohle und Torf ist hinsichtlich ihrer Verwendbarkeit sehr verschieden zu bewerten, mitunter ist sie wertlos, ja sogar schädlich. Basaltgrus wird armen Sandböden in Mengen bis 40000 kg je 1 Hektar zugeführt[7]. Der Kalk-, Magnesia- und Phosphorsäuregehalt ist aber nicht sehr hoch anzuschlagen; mit kalihaltigen, gemahlenen Gesteinen (Phonolith, Leuzit usw.) hat man keine guten Erfahrungen gemacht, da ihr Kaligehalt für die Pflanzen schwer zugänglich ist.

---

[1] NOLTE, O.: Kunstdünger für forstliche Kulturen. Forstarch. **1930**, 136.

[2] LENT, J.: Kunstdüngung im Walde. Mitt. Dtsch. Landw. Ges. **1931**, 46.

[3] ESCHWEGE, E. VON: Künstliche Düngung in Forstgärten. Mitt. Dtsch. Landw. Ges. Stück 14, 292 (**1930**). — NEUMANN, J.: 74. Sitzg. über Düngerangelegenheiten, Preuß. Landw.-Min. **1928**. — KUHNERT, E.: u. E. MANSHARD: Versuche mit steigenden Stickstoffgaben zu Fichten und Rotbuchen im Forstbaumschulbetrieb. Mitt. Dtsch. Landw. Ges. **1930**, Stück 24. — KUHNERT: Kunstdünger im Forstbetriebe. Z. Pflanzenern. usw. B **9**, 385 (1930).

[4] NOLTE, O.: Kunstdünger für forstliche Kulturen. Forstarch. **1930**, 136.

[5] JANSON, O.: Forstschuldüngung. Ref. Forstarch. **1930**, 454, nach FÖRSTER, D. **1930**.

[6] LENT, J.: Nutzbarmachung der Düngerlehre in der praktischen Forstwirtschaft. Mitt. Dtsch. Landw. Ges. Stück 34, S. 756 u. 35, S. 774 (1929). — WERNER, W.: Ein Beitrag zur Kenntnis des Mischdüngers „Nitrophoska". Z. Pflanzenern. usw. B. **9**, 339 (1930).

[7] SCHWAPPACH, P.: Plan für Düngungsversuche. Mitt. Dtsch. Landw. Ges. **1905**, Stück 17.

Wiedemann[1] gibt eine sehr gute Übersicht über die Erfahrungen hinsichtlich der Düngung und sonstiger Maßregeln bei der Anlage von Kulturen, und zwar von Kiefern, Fichten und Laubholz. Er berichtet, daß man bezüglich der ärmsten und trockensten Kiefernböden schon bald zur Anschauung kam, daß hier nicht die Zufuhr von Nährstoffen, sondern die Erhöhung der wasserhaltenden Kraft und vor allem der Menge des in gut zersetztem Zustande befindlichen Humus (als Träger der Wasserwirtschaft und des Stickstoffs) die Hauptsache sei. Die alleinige Zufuhr von mineralischen Nährstoffen hat nur gelegentlich Dauererfolge gezeitigt. Der Voranbau von gelben Lupinen, die Reisigdeckung und der Anbau humusspeichernder Holzarten erwiesen sich als vorteilhafter. Von den „Hilfsholzarten", die man der Kiefer behufs rascherer Bodendeckung und Humusspeicherung beigab, versagten die Robinie und Weißerle auf den ärmsten Böden, auch die Banks- und Pechkiefer erfüllten die auf sie gesetzten Hoffnungen nicht. Im fränkischen Sandgebiet ist nach Rebel[2] die Weymouthskiefer eine sehr gute Amme der Kiefer. In Nordwestdeutschland gedeiht die letztere besser im Fichtenmischbestande, während im trockneren Osten die Fichte versagt. Über die Untersuchungen Naumanns[3] äußert sich Wiedemann dahin, daß Packung der Kiefernkulturen mit starken Reisigmengen, was Bodenfeuchtigkeit und -temperatur anbelangt, zwar sehr förderlich sei, daß aber auf hitzigen Sandböden selbst starke Reisigpackungen in 5—10 Jahren fast restlos aufgezehrt werden. Nach dem Verschwinden der günstigen Oberschicht müssen dann die oberen Wurzeln wieder rückgebildet werden. Infolgedessen beginnen die Kiefern nach 8—10 Jahren wenigstens auf den ärmsten Böden zu kümmern. Die Ergebnisse der vor 20 Jahren ausgeführten Versuche Möllers[4] bezweckten, den auf Schlagflächen vorhandenen Kiefernhumus in den Boden einzuarbeiten und hierdurch als Dünger für die Kultur nutzbar zu machen. Ihre Ergebnisse waren nach Wiedemann[5] je nach Art der Unterbringung und der Menge und Zusammensetzung sehr verschieden. Die Unterbringung großer Humusmengen ohne sorgsame Zerkleinerung und Mischung mit dem Mineralboden hatte nur dann Erfolg, wenn es sich um leicht zersetzliche Humusformen handelte. Die Einbringung von sperrigem Heidekraut trocknete den Boden stark aus, der Trockentorf wurde im Boden noch unzersetzlicher. Eine gründliche Mischung und Zerkleinerung mit der Fräse und dem schweren Grubber wirkte günstiger. Die Bedeutung des Humus als Nährstoffquelle an und für sich ist aus einem Versuch Vaters[6] ersichtlich, nach welchem Kiefern bei Belassung der Humusdecke die doppelte Höhe der Kiefern ohne Auflagehumus erreichten. Über einen ähnlichen Versuch Fichten betreffend wird noch später berichtet werden.

Die Fichtendüngungsversuche liegen entsprechend dem Verbreitungsgebiete dieser Holzart auf feuchteren, weniger durchlässigen Standorten. Hier handelt es sich meist darum, in untätigen, aber an und für sich nicht unproduktiven Böden die physikalischen und biologischen Eigenschaften zu verbessern und hierdurch auch den Nährstoff- und Wasserhaushalt des Bestandes in Gang zu setzen; die Voraussetzungen eines durchschlagenden Erfolges sind hier von vornherein günstiger als auf den besprochenen Kiefernböden; infolgedessen konnte teils reine

---

[1] Im nachfolgenden wird eine sehr gedrängte Inhaltsangabe von E. Wiedemann: Düngung im forstlichen Betrieb (Handbuch der Pflanzenernährungs- und Düngerlehre, S. 813ff., 1931) gegeben.

[2] Rebel, K.: Heidekrankheit reiner Föhrenbestockung. Z. Forst- u. Jagdwes. **1921**, 321.

[3] Naumann, J.: Reisigdeckung, S. 34. Neudamm 1928.

[4] Möller, A. u. R. Albert: Über Stickstoffdüngung junger Holzpflanzen. Z. Forst- u. Jagdwes. **1916**, 463.

[5] Wiedemann, E.: a. a. O., S. 824.

[6] Vater, H. u. H. Sachsse: Forstliche Anbauversuche, insbesondere Düngungsversuche. Arb. Dtsch. Landw. Ges. **1927**, H. 352.

Kunstdüngung, teils Dauerlupinenanbau (mit oder ohne Zugabe von Kunstdüngern), mitunter auch Reisigdeckung helfen. Sicherer ist jedoch auch hier die Mischdüngung, obwohl gelegentlich in Owingen, auf verkarsteten Kalkflächen in Thüringen und in der Rheingegend mit Thomasmehl allein gute Erfahrungen gemacht wurden. Das Thomasmehl erweist sich dafür etwa 20 Jahre nachhaltig. Den durchschlagendsten Erfolg verspricht bei geeigneten Hilfsmaßnahmen die Dauerlupine, wie die Versuche im Fichtelgebirge (Ebnath) bewiesen haben. Doch mußte hier vorher die Quelle der Bodenversauerung, nämlich der Auflagetorf, durch Streunutzung auf Kahlschlägen entfernt und eine kräftige Düngung mit Kalk und Thomasmehl zur Entsäuerung der obersten Bodenschichten gegeben werden. Hierauf wurde Dauerlupine und Besenginster angesät, die den Boden rasch deckten und den entnommenen Humus durch ihre stickstoffhaltigen, leicht zersetzlichen Abfälle ersetzten. Nach den Untersuchungen von WIEDEMANN[1] und SÜCHTING[2] ist noch nach 20 Jahren der Boden bis etwa 10 cm Tiefe stark mit Kalk angereichert, der Säuregrad gesunken, dagegen sind der Humusgehalt und die Nitrifikation außerordentlich gestiegen. Schlechteren Erfolg haben die Bemühungen gehabt, auf untätigem Boden den Humus durch kräftige Bodenbearbeitung für die jungen Fichten nutzbar zu machen; am ehesten wäre noch eine Übererdung des Humus oder seine gründliche Einmischung in den Mineralboden zu empfehlen. WIEDEMANN[3] legt die schweren Schäden der gänzlichen Entfernung des Humus an einem Versuch in Morbach dar. Dort wurde die Humusdecke, ähnlich wie nach dem ERDMANNschen Verfahren, in 12 m breiten Streifen abgezogen, in Wällen aufgehäuft, die humusfreien Streifen wurden gekalkt und mit Fichte und Weißerle bepflanzt. In der Umgegend wurden andererseits Lochpflanzungen mit Fichte, jedoch ohne Beseitigung des Humus, ausgeführt; die Fichten weisen 2 m Höhe auf, während sie auf den humusleeren Streifen nur 50 cm hoch sind.

Eine Düngung von Laubholzkulturen wurde zumeist nicht auf ihren natürlichen, besseren Standorten versucht, sondern in Gebieten, in denen man versuchte, auf Sand-, Heide- und verödeten Kalkböden Laubholz, und zwar namentlich die Buche, aus bodenpfleglichen Beweggründen künstlich einzubringen. Für das Gedeihen der Laubhölzer spielen auf diesen ungünstigen Standorten Nässe, Trockenheit, Bodenstruktur eine noch größere Rolle als beim Nadelholz. Die Beseitigung solcher durch den Standort bedingten Unzukömmlichkeiten, sowie der Schutz gegen Frost durch Anbau von Eiche und Buche unter Kieferschirm usw. haben auch ohne jede Düngung vorerst auf für Laubholz unfähigen Standorten glänzende Erfolge gehabt. Trotzdem hat gelegentlich, aber durchaus nicht immer, die Kalkung zur Buche gut angeschlagen[4]. Auf verkarsteten Flächen hat die Weißerle die Aufforstung sehr erleichtert; fast als einzige Holzart gedieh sie in Freilage auf verödeten Flächen und bereitete als „Pionierholzart" den Boden so vor, daß unter ihrem Schirm Eiche und Buche ohne Schwierigkeiten gediehen. Allerdings verlangt auf versauerten, kalkarmen Böden die Weißerle selbst eine kräftige, voraufgehende Düngung mit Kalk und Thomasmehl. Die Weißerle erweist sich auch als nützlich in ihrer Eigenschaft, eine unerwünschte Bodendecke, z. B. Gras, zu verdrängen, und sie schafft einen vorzüglichen Mullboden. Die Düngung in geeigneter Form zu Laubholz kann jedoch auch auf besseren Böden

---

[1] WIEDEMANN, E.: Leguminosendüngung in Ebnath. Forstwiss. Zbl. **1927**, 449, 499, 545. — Fichtenwachstum und Humuszustand. Arb. biolog. Reichsanst. **1924**, betr. Übererdung von Humus.

[2] SÜCHTING, H.: Die Gründüngung im forstlichen Betriebe. Z. Forst- u. Jagdwes. **1928**, 321.

[3] WIEDEMANN, E.: Die Düngung im Forstbetrieb usw. S. 828.

[4] ERDMANN, F.: Künstliche Düngung im Walde. Z. Forst- u. Jagdwes. **1921**, 155.

gute Dienste leisten. Die Eiche zwischen der Dauerlupine erreichte eine um 60% größere Höhe als auf der Vergleichsfläche, auch der Stickstoff- und Humusgehalt unter Dauerlupine sind um 40—70% gestiegen[1].

Es ist nicht verwunderlich, daß die Ergebnisse von Düngungsversuchen, ganz allgemein gesagt, oft recht widersprechend ausgefallen sind, denn weiß man doch, daß z. B. gerade die Kiefer erstaunlich wenig durch die verschiedenen Arten der Düngung beeinflußt wird; bei Weymouthskiefer hingegen, noch mehr bei Fichte, Sitkafichte und Douglasie läßt sich das Wachstum erheblich durch Düngung steigern; es handelt sich hierbei um eine innere Beeinflussung der Holzarten.

Die Düngung von älteren Kulturen bietet ungefähr das gleiche Bild wie bei der eben besprochenen Anlage neuer Kulturen, nur daß hier gelegentlich die Vertilgung der dichten Heide- und Beerstrauchdecke Schwierigkeiten verursacht, und zwar nicht bloß hinsichtlich des Einbringens der Dünger, sondern auch wegen des Heranziehens von Hilfspflanzen, wie Lupine, Ginster, Weißerle, die sich auf verdichteten Böden zwischen Heidekraut schlecht entwickeln. In Sachsen hat die nachträgliche Einbringung von Weymouthskiefer, gewöhnlicher Kiefer und Lärche in kümmernde Fichtenkulturen gut gewirkt[2]. Die Wurzeln der Fichte suchen die Nadelabfälle der anderen Holzarten außerordentlich gierig auf und folgen ihren Wurzelkanälen in größere Bodentiefe. Reisigpackung, Aufbringung von Kainit und Kalimagnesia[3] war von bestem Erfolg begleitet; die Beseitigung der Heide auf solchen Flächen durch Düngung mit Kalk und Thomasmehl ist meist mißlungen. Die Düngung in älteren Beständen bezweckt, wie Wiedemann[4] ausführt, die Trockentorfbildung womöglich schon im Beginn zu bekämpfen, um Bodenschädigungen zu verhüten. Leider bringen die bisherigen Versuche wenig Klärung. Die Reisigpackung hat in einem älteren Kiefernbestand eine gute Wirkung auf Humusgehalt und Bodenfrische ausgeübt[5], geringere Reisigmengen, wie sie bei der Durchforstung auffielen, konnten jedoch den Bodenzustand wenig beeinflussen. Sonst sei hier auf die „Rohhumuskultur" verwiesen. Die Wirkung von Mischholzarten, ihrer leichter zersetzlichen Streu und ihrer Hebung des Kalkumlaufs kann man nach Wiedemann[6] einer Gründüngung gleichsetzen.

Was endlich die Düngung als dauernde Bodenverbesserung betrifft, ist sie auf durchlässigen Kiefernsandböden nicht aussichtsvoll, da man hier mit starker Auswaschung der künstlichen Dünger rechnen muß. Die Reisigpackung zehrt sich, wie früher bei anderer Gelegenheit schon erwähnt wurde, längstens nach 20 Jahren auf, feinkörnige Sande lassen hingegen nur 8 Jahre lang ihre günstige Wirkung deutlich erkennen[7]; in den Boden eingebrachter Humus (Moorerde) war bisweilen noch nach 30 Jahren wirksam. Doch droht hier die Gefahr, daß der untergebrachte Humus vertorft. Größere Aussichten für eine dauernde Verbesserung bieten schwerere Böden, bei denen allerdings nur physikalische und

---

[1] Simon, W.: Bodenverbessernde und wachstumsfördernde Eigenschaften der blauen Dauerlupine. Dtsch. Forstwirt **1926**.

[2] Wiedemann, E.: Fichtenwachstum und Humuszustand. Arb. biol. Reichsanst. **1924**, 13.

[3] Vater, H. u. H. Sachsse: Forstliche Anbauversuche usw. Arb. Dtschl. Landw. Ges. **1927**, H. 352.

[4] Wiedemann, E.: Die Düngung im Forstbetrieb usw., S. 834.

[5] Albert, R.: Einfluß einer Bedeckung auf den Wasserhaushalt von Kiefernböden. Mitt. Dtsch. Landw. Ges. **1912**. — Einfluß künstlicher Bodenbearbeitung usw. Z. Forst- u. Jagdwes. **1905**. — Möller, A. u. R. Albert: Stickstoffdüngung junger Holzpflanzen. Z. Forst- u. Jagdwes. **1916**, betr. Rohhumuskultur.

[6] Wiedemann, E.: a. a. O., S. 836.

[7] Naumann, J.: Reisigdeckung, S. 78. Neudamm 1928.

biologische Mängel zu beseitigen sind. VON DER WENSE[1] und REBEL[2] befürworten hier den landwirtschaftlichen Zwischenbau, doch empfiehlt sich dieser nicht für alle Böden[3].

Die Dauerlupine, die den Boden mit ihren Wurzeln feldartig durcharbeitet und mit Humus bereichert, kann auf 20 Jahre hinaus den Bodenzustand bessern, ebenso eine Düngung mit Thomasmehl (Owingen) und Kalk; doch erstreckt sich die Verbesserung (selbst bei 15jähriger Wirkung von Kalk und Dauerlupine) höchstens bis 20 cm Tiefe. Eine tiefer gehende Beeinflussung ist wohl nur durch tiefwurzelnde Hilfsholzarten (Robinie, Eiche) oder sonst durch sehr starke Kalkdüngung zu erwarten. Heide und Sumpfmoose (Sphagnumarten) konnten trotz vorübergehender Erfolge weder durch Thomasmehl und Kainit noch durch Lupine dauernd beseitigt werden.

Über die Kosten einer Düngung äußert sich WIEDEMANN dahin, daß diese eine Erhöhung der Kulturkosten um 30—100% bedeuten. Eine Rentabilität wird sich bei Aufrechnung der Zinsen bis zur Ernte des Bestandes kaum aufstellen lassen. Die Kosten können gelegentlich etwas wettgemacht werden durch den Verkauf von Streu, von Wurzelstöcken, Lupinensamen, sowie der zwischengebauten landwirtschaftlichen Feldfrüchte usw.[4].

Die Aufforstung von Ödland[5].

Pionierpflanzen. Wenn man sich mit der Aufforstung von Ödland befassen will, so muß man sich zuerst darüber klar werden, welche Pflanzen auf ungünstigem Standorte am ehesten fortkommen und außerdem den Boden für andere anspruchsvollere Pflanzen, vor allem für die Holzarten, vorzubereiten vermögen. Man spricht hierbei von „Pionieren". Anspruchslose Holzarten können ihrerseits wiederum als Pioniere für anspruchsvollere Baumarten auftreten.

Über Pflanzen, die auf geologisch jungen Böden, nämlich auf vom zurückweichenden Gletscher frei gelegten Sanden sich als erste Ansiedler einstellen, berichtet SCHRÖTER[6]. Als Pioniere der Vegetation überhaupt treten, lange vor der Besiedlung durch Wald, vor allem Algen auf, die wohl eine Stickstoff-, jedenfalls aber eine Humusbereicherung des Bodens verursachen; in dieser Beziehung sind vielleicht auch Erdflechten, unter anderen Cladonien und Erdmoose, tätig. In den Moospolstern siedeln sich dann bekanntlich gerne höhere Pflanzen an. Von „Pionieren der Ansiedlung" spricht schon WESSELY[7]; er nennt als solche ebenfalls Flechten (Cladonien) auf den ärmsten nordischen Sanden und die Moose (Barbula ruralis) im südungarischen Wacholderbuschwalde. Natürlich gehören zu den Pionieren auch solche, die sich vor dem Begrabenwerden durch Sand mit Hilfe des Austreibens neuer Sprosse retten können und auf diese Weise den Boden

---

[1] WENSE, H. VON DER: Fichtenwachstum auf altem Feld- und Waldboden der sächsischen Staatsforsten. Z. Forst- u. Jagdwes. **1929**, 65. — HOFMANN, F.: Wirkung von Düngungen in Forchenkrüppelbeständen des württembergischen Schwarzwaldes. Allg. Forst- u. Jagd-Ztg. **1905**, 297 u. **1914**, 228. — LUDWIG: Forstdüngungsversuch in einer verheideten Fichtenpflanzung. Z. Forst- u. Jagdwes. **1920**, 42.

[2] REBEL, K.: Heidekrankheit reiner Föhrenbestockung. Z. Forst- u. Jagdwes. **1921**, 321.

[3] Siehe Landwirtschaftlicher Zwischenbau. S. 37 u. 38.

[4] Im vorstehenden wurde eine sehr gedrängte Inhaltsangabe von E. WIEDEMANN: Die Düngung im Forstbetrieb, in F. HONCAMP: Handbuch der Pflanzenernährung und Düngerlehre gegeben. Hier ausführliche Literatur! — Vgl. ferner P. SCHWAPPACH: Versuche über Forstdüngung und Bodenpflege. Z. Forst- u. Jagdwes. **1907**, 141. — Düngungsversuche. Jb. preuß. Forst- u. Jagdgesetzgebung **1901**.

[5] Allgemeines über Ödlandaufforstung: MAYR, H.: Waldbau, S. 49ff. Berlin 1909. — LOREY, T. u. H. WEBER: Handbuch der Forstwissenschaft **2**, 114. Tübingen 1925.

[6] SCHRÖTER, C.: Das Pflanzenleben der Alpen, S. 675 ff. Zürich 1926.

[7] WESSELY, J.: Der europäische Flugsand. Wien 1873.

endlich festlegen. Neben zahlreichen grasartigen Gewächsen (Sandgräsern), die beim Dünenbau gebraucht werden, werden hier auch Schwarz-, Pyramiden- und Silberpappel, die Sandweidenarten und der Sanddorn genannt. Von Gewächsen, die als erste Ansiedler auf steinigem und trockenem Boden im ungarischen Tiefland eine Rolle spielen, erwähnt Wagner[1] ein Moos, Tortella tortuosa, und von Flechten unter anderen Lecanora lentigera[2]. Schöne Beispiele der Tätigkeit von Pflanzen der niederen Bodendecke als Pioniere für nachfolgende Holzarten bringt Aichinger, indem er darauf hinweist, daß im Süden des Faakersees (Karawanken) sich auf steinigen und sandigen Böden die Silberwurz (Dryas octopetala) ansiedelt und diese es der Frühlingsheide (Erica carnea) ermöglicht, Wurzel zu schlagen. Es stellen sich hierauf Kiefern ein, in deren Schutz auf dem verbesserten Boden Fichten hoch kommen, worauf sich endlich die Buche einfindet. Auf trockenen Kiesrücken an der Drau spielt Tortella inclinata die Rolle eines Pioniers und ermöglicht es lange Zeit Kiefern und Sanddorn, als Dauergesellschaft den Boden zu behaupten[3].

Pionierholzarten sind Bäume und Sträucher, die durch ihr bei großer Genügsamkeit rasches und kräftiges Wachstum den Boden für die eigentlichen Wirtschaftsholzarten erschließen und bessern und deshalb besonders zum Vor- oder Nebenanbau bei Ödlandaufforstung verwendet werden[4]. Selbstredend müssen diese Holzarten den besonderen örtlichen Verhältnissen (Wasserführung, Salzgehalt usw.) des Standortes angepaßt sein. Ausländische Holzarten, wie z. B. die Weymouthskiefer, die man als Pioniere verwenden wollte, haben mitunter versagt, hingegen haben nach Bühler[5] die Schwarz-, Berg- und gewöhnliche Kiefer, ferner die Weißerle in Österreich, die Seekiefer im französischen Westen die sichersten Erfolge gezeitigt. Besonders hervorzuheben ist auch die Robinie mit ihrer Fähigkeit, Stickstoff zu sammeln und Kalk aus dem Boden zusammenzuholen[6], doch darf das Klima nicht zu feucht und kühl sein. Die Birke hat bei Aufforstung von Sandböden (Heide usw.) sich bewährt, der Kalkgehalt ihrer Blätter ist bemerkenswert; auch die noch zu erwähnende Schwarzkiefer zeichnet sich durch hohen Gehalt der Nadeln an Kalk aus[7]. Die Bergkiefer (Pinus montana), die eine äußerst anspruchslose Holzart ist, gedeiht nicht nur auf stickstoffarmen Sand- und Kalkböden (Rohbodenbesiedler), sondern fördert in Mischpflanzung mit anderen Holzarten, wie Fichte, Kiefer, das Wachstum der letzteren[8], so daß sie also deswegen als „Pionierholzart" anzusprechen ist. Ihre günstige Wirkung auf 20jährige Fichtenkulturen bestätigt W. Emeis[9]; er sagt, daß die Fichte an Wüchsigkeit und Farbenfrische gewann, je mehr sie sich den Bergkiefernstreifen näherte. Die Weißerle (Alnus incana), die ein „Stickstoffsammler erster Klasse" ist, wird anstatt der Bergkiefer auf zähen Lehm- und Lettenböden zwischen den Buchen- und Eichenreihen angepflanzt; man erwartet von ihr auch rasche Bodendeckung durch ihren Laubabfall[10]. Nach Sachsse[11] wären auch der Aspe, obwohl sie weniger genügsam als die

---

[1] Wagner, J.: Die Vegetation der ärarischen Sandpußta Deliblát. Selmecbanya 1914.

[2] Lundegårdh, H.: Klima und Boden, S. 254ff. Jena 1930.

[3] Aichinger, E.: Die Auswertung der pflanzensoziologischen Betätigung für die Forstwirtschaft. Forstwiss. Zbl. **1930**, 775.

[4] Sachsse, H.: Der Waldboden. In L. Wappes: Wald und Holz, S. 245.

[5] Bühler, A.: Der Waldbau **2**. Stuttgart 1922.

[6] Leiningen, W. Graf zu: Edaphische Faktoren. In K. Rubner: Pflanzengeographische Grundlagen des Waldbaus, S. 153. Neudamm 1925.

[7] Wolff, E.: Aschenanalysen, S. 117ff. Berlin 1871. S. 68ff. Berlin 1880.

[8] Vgl. O. Kirchner, C. Schröter u. E. Löw: Die Koniferen Mitteleuropas. Stuttgart 1906.

[9] Emeis, W.: Bereisung jütländischer Heidebeforstungen. Vereinsbl. Heidekulturver. Schleswig-Holstein **1909**, 133.

[10] Emeis, C.: Waldkultur auf dem Ödlande von Schleswig-Holstein. Allg. Forst- u. Jagd-Ztg. **1909**, 403.

[11] Sachsse, H.: a. a. O., S. 245.

Weißerle ist, wegen der weitgehenden Ausbreitung ihrer Wurzeln Pioniereigenschaften zuzuschreiben.

Zu den Holzarten, die man nicht immer um ihrer selbst willen wünscht, sondern als Vorläufer für andere, gehört auch die Schwarzkiefer (Näheres bei Karst- und Dünenaufforstung). Sie wurde, was ihren Nährstoffbedarf, besser gesagt -entzug anbelangt, erst verhältnismäßig spät untersucht und mit der Weißkiefer aus dem gleichen natürlichen Verbreitungsgebiet um Wien (Kalkgebiet des Anningers) verglichen. Aus den Analysen läßt sich schließen, daß die Schwarzkiefer in allen ihren Bestandteilen weniger Mineralstoffe als die gewöhnliche Kiefer enthält und demnach genügsamer ist; nur braucht erstere etwas mehr Kali. Auch berechnet auf Hektar und Jahr gilt das gleiche[1]. Mit ihrer Streu (bis 1,85 kg auf 1 m²) liefert sie im Karst den für die dortigen reinen Mineralböden (Roterde und Flyschsandsteinböden) behufs Nachzucht anspruchsvollerer Holzarten (Laubbäume, wie Ulme, Eichenarten, Mannaesche usw.) den unentbehrlichen Humus (mit 1,36% N), wobei reichlich Regenwürmer tätig sind[2]. Die Schwarzkiefer gedeiht als Pionierholzart, unter anderem auf den sommerlich sehr trockenen Böden des Kalkplateaus oberhalb Deutsch-Altenburg (bei Wien); im Marchfeld wächst sie auf Flugsand, der, stellenweise nur 10 cm mächtig ist und von einem durch Kalk verkitteten Schotter unterlagert wird; Weißkiefern kümmern hier ausgesprochen. Auch in Bayern ist die Schwarzkiefer des öfteren angebaut worden, so im Forstamt Zellingen bei Würzburg auf Muschelkalkplateaus. Der Verfasser sah 25 bis 30 jährige Bestände auf lehmigem Kalkboden im Ballinghain bei Kissingen, die 5 cm starke Streuschicht war mit Pilzmyzelien vollkommen durchwachsen[3]. In Norddeutschland und in Norwegen entwickelt sich die Schwarzkiefer in der Jugend zwar gut, geht aber vom 20. Jahre an stark zurück; sie ist demnach für Aufforstungen mehr südlicher Gegenden geeignet.

Aufforstung von Heideflächen. Keineswegs ist die Callunaheide immer an Stelle des ursprünglichen Waldes getreten, der durch Streunutzung, Weide, Plaggenhieb und andere Eingriffe des Menschen allmählich zugrunde gegangen war, sondern es gab nachweislich schon im Bronzezeitalter ursprüngliche Heidegebiete. Auch auf Dünensanden hat sich das Heidekraut als erster Ansiedler eingefunden, so daß der Wald von solchem, meist sehr armem Boden gar nicht mehr Besitz ergreifen konnte. Der größte Teil der Callunaheiden war allerdings früher Laubwald, von dem heute nur noch Eichenkrattbusch vorhanden ist, der mit der Heide kämpft[4]. Sich selbst überlassen, geht die Heide wieder in Wald

---

[1] Hoppe, E.: Die Nährstoffansprüche der Weiß- und Schwarzföhre. Zbl. Forstwes. **1901**, 241. Die durch Holznutzung entzogenen Mengen Nährstoffe betragen nach ihm in Kilogramm je Hektar und Jahr:

	Weiß-kiefer	Schwarz-kiefer		Weiß-kiefer	Schwarz-kiefer
Reinasche	17,3	11,5	Magnesia	1,3	1,4
Kali	2,0	2,6	Phosphorsäure	1,0	0,9
Kalk	9,1	4,0	Stickstoff	3,6	2,9

[2] Leiningen, W. Graf zu: Edaphische Faktoren. In K. Rubner: Pflanzengeographische Grundlagen des Waldbaus, S. 152. Neudamm 1925. — Entstehung und Eigenschaften der Roterde. Zbl. Forstwes. **1917**, 12. — Über Karstaufforstung. Forstwiss. Zbl. **1917**, 102.

[3] Rolla, G. u. R. Domania: Das Marchfeld. Wien 1914. — Schüpfer, V.: Grundriß der Forstwissenschaft, S. 27. Stuttgart 1912. — Leiningen, W. Graf zu: Über Karstaufforstung. Forstw. Zbl. **1917**. — Seeholzer: Wald auf den Wellenkalkhügeln der fränkischen Platte. Ebenda **1930**.

[4] Hausrath, H.: Pflanzengeographische Wandlungen der deutschen Landschaft, S. 42, 208 u. 251. Stuttgart 1911. — Borggreve, B. (Heide und Wald, Berlin 1879) nimmt hingegen an, daß die Heide auch in ihrem Hauptgebiet im Lüneburgischen lediglich auf die Ein-

über, doch sollte man trachten, daß Mischwälder entstehen, da sich sonst leicht Auflagetorf ausbildet. Nach den Erfahrungen im Schwarzwald, Odenwald, Spessart und in der Pfälzer Hardt empfiehlt es sich, dem Nadelholz Eiche und Buche beizumischen[1]. Die Hünengräber Jütlands sind, wie schon Emeis durch Abbildungen belegte, auf altem, verdorbenem Heideboden, der Ortstein führt, errichtet[2]; in Westfalen stehen die Mauern eines römischen Kastells auf Ortsteinboden, die Bodenentartung hat also zweifellos ohne die Einflüsse unpfleglicher Wirtschaft sehr frühzeitig begonnen; im Murgtale hingegen ist sie auf große Waldverwüstungen zurückzuführen, die sich vom frühen Mittelalter bis ins Jahr 1800 erstreckt haben[3]. Die 500000 ha bedeckenden Heiden Südschwedens sind nach Nilson allmählich aus Buchen- und Eichenwäldern entstanden, und zwar infolge der Ausrottung des Waldes. Heute wächst der Wald, soweit die Besamung reicht, vorzugsweise als Kiefernwald auf[4].

Heideaufforstungen findet man im großen ausgeführt in Nordwestdeutschland, Schleswig-Holstein, Jütland und Holland; kleinere Heidegebiete finden sich jedoch im Norden Englands, an der Ostseeküste, in der Niederlausitz, auf manchen westdeutschen Mittelgebirgen[5], endlich in der Tschechoslowakei (so z. B. um Pilsen, Reichstadt) und in Nordbayern (z. B. Nürnberg). Die Bodenverhältnisse in den erwähnten Gegenden sind stark wechselnd, so z. B. in Nordwest- gegenüber von Nordostdeutschland, dasselbe gilt für die Niederschlagsmengen, so daß man hinsichtlich dieses Problems nicht verallgemeinern darf. Zusammenhängende und ausführliche Darlegungen über diesen Gegenstand finden sich hauptsächlich nur, soweit die nordwestdeutsche Heide in Frage kommt, wo schon seit rund 50 Jahren Aufforstungen versucht wurden. Selbstredend ist als unerläßliche Vorbereitung für die Aufforstung eine Bodenbearbeitung vorzunehmen, und zwar Flachkultur. Nur wenn verhärteter Ortstein vorhanden ist und weniger tief als 40 cm ansteht, ist nach Meinecke eine Tiefkultur mit dem Dampfpfluge notwendig[6]; so geartete Heideböden betragen aber nur rund 1% der gesamten Fläche. Schwächere und weniger tief anstehende Ortsteinbildungen werden bei entsprechender Holzartenmischung und Bestandespflege ohnehin zermürbt[7]. Kulturen auf tief umgebrochenen Böden haben etwa bis zu ihrem 20. Jahre vor Flachkulturen einen deutlichen Vorsprung; dann aber tritt ein starker Rückschlag ein, da unterdessen der gelockerte Boden ausgelaugt und wieder erkrankt ist. Gerade auf tiefkultivierten Flächen ist nach Meinecke eine erneute Rohhumusbildung zu gewärtigen. Von den Flachkulturmethoden im Heidegebiet sagt der Genannte, daß die Fräs- oder Wühlkultur und verwandte Verfahren die empfehlens-

wirkung des Menschen zurückzuführen sei. — Krause, E. H.: Englers bot. Jb. **1892**, 517, stellt sich nahezu auf den gleichen Standpunkt. — Gräbner, P. (Heiden Norddeutschlands, 2. Aufl. 1925) tritt aus pflanzengeographischen Erwägungen den beiden entgegen. Jedenfalls kamen ursprünglich Heide und Wald neben einander vor. (A. Dengler: Waldbau, S. 12. Berlin 1930.)

[1] Hausrath, H.: a. a. O., S. 208. — Ferner: Bestockung des Odenwaldes. Forstwiss. Zbl. **1905**. — M. Münst: Ortsteinstudien im oberen Murgtal. Mitt. geolog. Abt. K. Württ. Statist. Landesamtes **1909**.

[2] Emeis, C.: Waldbauliche Forschungen und Betrachtungen. Berlin 1876.

[3] Münst, M.: Ortsteinstudien im Schwarzwald. Mitt. geolog. Abt. K. Württ. Statist. Landesamtes **1910**, 55 u. 57.

[4] Aaltonen, V. T.: Verjüngung der Heidewälder usw. Communicationes ex instituto quaestionum forestalium Finlandiae editae **1**. Helsinki 1919.

[5] Dengler, A.: Waldbau, S. 427ff. Berlin 1930. — Krauss, G.: Vegetationsbedingungen der Heide. Forstwiss. Zbl. **1923**, 173.

[6] Siehe auch A. Dengler: a. a. O., S. 428. — Ferner: Die Toepfferschen Heidekulturen in Lopau, S. 39. 1907.

[7] Emeis, C.: Betrachtungen über die Verwendbarkeit und Mischung der Holzarten in Schleswig-Holstein. Allg. Forst- u. Jagd-Ztg. **1908**.

wertesten seien. Man kann z. B. in der Art vorgehen, daß man nach Abbrennen der Heide im ersten Sommer recht flach und im zweiten Sommer noch quer pflügt. So wird Rohhumus und Mineralboden in einer dem Abbau des ersteren günstigen Weise verändert. Auch mit der Scheibenegge kann man in gleicher Weise arbeiten und kurz vor der Aussaat noch die Ackeregge gebrauchen. Für die Bearbeitung der ganzen Fläche eignet sich die finnische Spatenrollegge, die den Boden bis 15 cm tief aufwühlt, hervorragend. In dem sogenannten „Igel" ist ein Gerät geschaffen worden, das als „Wald"- und „Gebirgsigel" angefertigt wird, und sich für alle möglichen forstlichen Zwecke als geeignet erweist. Der Igel ist ein Federzinkengrubber ähnlich dem landwirtschaftlichen Kultivator; er kann auch statt der Zinken den Spatenrolligel aufnehmen. Kurz vor der Besamung oder Auspflanzung wird dann noch mit dem letzteren und der ANDERSONschen Egge gearbeitet. Wald- und Gebirgsigel kommen dort in Anwendung, wo die Heideflächen nicht abgebrannt worden sind. Die Bearbeitung[1] erfolgt in drei Gängen: 1. Beseitigung des Bodenüberzuges mit dem Gebirgsigel, der hierzu mit drei Streifenschnittscharen und einer Schälschar ausgerüstet wird. (Bei grober Verheidung ist der ECKERTsche Waldpflug vorzuziehen.) Den abgeschälten Bodenabzug läßt man behufs Vertrocknens des Heidekrautes eine Zeit lang liegen. 2. Das Lockern und Aufwühlen des Bodens geschieht durch den im Rahmen des Gebirgsigels befestigten Spatenrolligel, der ähnlich wie die früher schon erwähnte Spatenrollegge arbeitet. Will man tiefer als 15 cm gehen, so kann man mit dem Untergrundpflug nacharbeiten. 3. Zum Eggen verwendet man die ANDERSONsche Saatstreifenegge. Wird die Bodenbearbeitung erst im Frühjahre ausgeführt, so tritt eine Lockerung ein, welche die Kapillarität und damit den Wasseraufstieg unterbricht. Um die künstliche Lagerung herbeizuführen, werden zwei weitere Handgeräte, der Saatstreifen-Untergrundpacker und die Saatstreifen-Obergrundwalze hergestellt. Für kleinere Flächen eignet sich SPITZENBERGS Wühlspaten, ein Handgerät, das den Boden plattenweise in einer Breite von 40 cm zumal für die Pflanzung gründlich vorbereitet. Hat man nun auf dem so vorbereiteten Boden den Bestand begründet, so muß man mit Hilfe der Bodenpflege den Boden locker erhalten, unter anderem um den eingebrachten Heidehumus dem Abbau entgegenzuführen, die Wasserhaltung zu verbessern und die Wiederbestockung mit Heide hintenan zu halten; hierzu dient wiederum der mit Grubberscharen ausgerüstete Waldigel oder die HILFsche Krümelharke (Handgerät). Der Igel kann von Pferden oder Traktoren gezogen werden; mittels letzterer kann man auch mehrere Geräte gemeinsam hintereinander spannen und damit die ganze Arbeit vereinfachen und verbilligen. Besonders werden in neuerer Zeit die Fräsmaschinen, von denen die leichteren Siemens-Schuckertschen Bodenfräsen vielfach empfohlen werden, angewandt. Für die Heideaufforstung dient die große Gutsfräse und die kleine Gartenfräse; letztere wird gern in Verbindung mit der finnischen Spatenrollegge benützt, und zwar für eine streifenweise Vorbereitung. Neuerdings wird ein in Freiberg i. Sa. hergestellter Waldgrubber in Anwendung gebracht, der den Boden sehr stark lockert und mischt. Wo die Spatenrolleggen nicht ausreichen, um Klumpen und Unebenheiten zu beseitigen, hat man als Zusatzgerät zum Igel den Streifenhobel[2].

Die Düngung wird in der Regel zu teuer kommen; werden ja aus dem in den Boden eingebrachten Rohhumus Nährstoffe frei; hingegen ist die Kalkung mit ihren vielfältigen Wirkungen, vor allem, wenn Lupine angebaut werden soll, sehr angebracht. Zur Ermittelung des Einflusses der Kalkdüngung auf die Heide wurden von VATER und SACHSSE im Elstergebirge (611 m über NN, 860 mm

---

[1] Vgl. S. 439.

[2] MEINECKE, TH.: Aufforstung des nordwestdeutschen Heidegebietes, S. 34—52. Neudamm 1927, wovon im vorstehenden ein sehr knapper Auszug gegeben wurde.

Niederschlag) auf tonigem Boden mit Tonschiefer- und Quarzitbrocken Versuche angestellt. Zur Verwendung gelangte Rohkalksteinmehl (92% Kalkkarbonat) in Gaben von 1000—10000 kg je 1 Hektar, das teils aufgestreut, teils untergehackt wurde, und zwar auf reinen Heideflächen (Nichtkulturen) in Anwendung kam. Als Hauptergebnis aus 60 Versuchsfeldern konnte festgestellt werden, daß die Kalkgaben ziemlich wirkungslos waren[1].

Für die Wertbemessung des Heidebodens ist der Gehalt des Heidetorfes (Oberflächenschicht) an Stickstoff und mildem Humus maßgebend. Der Stickstoff kann durch Vermischung des Heidetorfes mit Mineralboden bei gleichzeitiger Mergelung und Zugabe von tierischem Dünger mobilisiert werden[2].

Auch im Abbrennen der Heide und des Trockentorfes hat man durch die Bildung basischer Stoffe eine Möglichkeit, entsäuernd und zugleich düngend zu

Abb. 57. Buchenunterbau unter Kiefer, Nordwestdeutsche Heide. (Phot. Leiningen.)

wirken (s. Abbrennen des Bodens). Was die Wahl der Holzarten betrifft, so hat man sich früher bei der Erstaufforstung hauptsächlich für die Kiefer, Fichte oder für beide in Mischung entschieden. Jedoch machte schon Emeis[3] darauf aufmerksam, daß die Heide früher Laubholz getragen hatte, und daß man dieses mit zur Mischung mit Nadelholz heranziehen müsse. Erdmann[4] wies in der Folge auf die ungünstige Wirkung der Kiefer und Fichte in Nordwestdeutschland hin, wo auch die Buche — gleichfalls wegen Rohhumusgefahr — nur mit Vorsicht zu gebrauchen ist, er empfahl anstatt der genannten Holzarten möglichst eine Mischung mit sog. „Humuszehrern", wie Lärche (besonders auch die japanische), Eiche, Birke, Tanne und Douglasie. Bei Kiefer und Fichte hat sich nämlich, ähnlich wie bei der Ackeraufforstung, ein horstweises Absterben im Stangenholzalter gezeigt. Gräbner[5] rät, schon bei der ersten Aufforstung Mischbestände unter Mitverwendung

[1] Vater, H. u. H. Sachsse: Einfluß der Kalkdüngung auf Heide. Thar. forstl. Jb. 1929, 161ff.

[2] Weis, Fr.: Wert des Heidebodens zur Urbarmachung. Mitt. Düngungsvers. dän. Waldver., Kopenhagen 1929; ref. Jb. Moorkunde 17 (1929).

[3] Emeis, C.: Vgl. Anm. 2, S. 462. [4] Erdmann, F.: Vgl. Anm. 6, S. 465.

[5] Gräbner, P.: a. a. O., S. 168.

von Laubhölzern zu begründen und hierdurch eine Rückkehr zu natürlichen Waldformen anzustreben. Als sehr empfehlenswert bezeichnet der Genannte den Voranbau der Lupine, die eine wertvolle Verbindung von Ober- und Untergrund herstellt. SCHNEIDER[1] faßt seine Erfahrung hinsichtlich der Heidekultur dahin zusammen, daß bei Gegenwart des schwer zersetzlichen Heidehumus zunächst Entwässerung, dann Abbrennen der Heide, grobscholliges Stürzen und Unterpflügen vorgenommen werden müsse. In den gründlich durchlüfteten Boden müssen dann Holzarten eingebracht werden, die erneute Rohhumusbildung verhindern. In Westfalen wurden zu diesem Zwecke die Birke und Kiefer, nicht aber die Fichte benutzt, die Weißerle versagt.

Die auf Rohhumus oder Schlagflächen vorkommende Heide ist nur in den ersten Jahren ein gefährlicher Konkurrent der Holzarten, später wird sie ohnehin zurückgedrängt. Ist der Bodenzustand bei der Verheidung sonst günstig, so ist weder die Heide selbst, noch ihr Humus „giftig" oder schädlich für die Fichte, und selbst in stark kümmernden Kulturen ist in der Regel auch ohne weitere Eingriffe eine Erholung zu erwarten. Die physiologische Tiefgründigkeit wächst mit dem Schlusse der Bestände, und der für die Humuszersetzung so unvorteilhafte Wechsel von Nässe und Dürre fällt weg[2]. Das Heidekraut ist nach WIEDEMANN[3] nicht auf nährstoffarme Böden angewiesen, es braucht nur vor allem sehr viel Licht. Wird es diesbezüglich von Konkurrenten beeinträchtigt, oder wird ihm auf künstlichem Wege das Licht entzogen, so geht es zugrunde. Der Schluß der Bestände oder die Bedeckung mit Reisig bringt daher das Heidekraut zum Verschwinden. Im Anschluß daran sei erwähnt, daß die Verheidung von Fichtenpflanzungen von LUDWIG durch Deckung der Heide mit Kiefernreisig oder mit Ginster erfolgreich bekämpft wurde[4]. In Rußland wird die Heide im Gegensatz zu den westeuropäischen Verhältnissen geradezu als Kiefernverjüngung geschätzt. Gleiches hat RUBNER in Finnland beobachtet[5]. Vielleicht ist dies auf andere Verhältnisse hinsichtlich der Luft- und Bodenfeuchtigkeit zurückzuführen. Für die Aufforstung holländischer Heiden bringt ERDMANN folgende Reihenfolge der Holzarten nach dem Grade ihrer Bodenpfleglichkeit in Vorschlag, nämlich Lärche, Lichtlaubhölzer, Buche, Tanne, Weymouthskiefer, Kiefer, Fichte. Auf die beiden letzteren wäre selbst in der Form einer Beimischung besser zu verzichten. Die Erfahrung sagt, daß trotz der angeblich hohen Ansprüche der Laubhölzer diese dennoch für Heideböden zu gebrauchen sind[6]. Dies ist wohl dann mit Sicherheit anzunehmen, wenn die Nährstoffe im „Umlauf" bleiben, d. h. keine Streunutzung ausgeübt wird. Der Genannte tritt, falls es sich nicht um Ortsteinböden handelt, für die Flachkultur der Heideböden ein. Die Tiefkultur führt zu Wiederverdichtung des Bodens, die für die Entwicklung der Wurzeln der Kiefer sich ungünstig auswirkt. Im allgemeinen muß man bei Aufforstungen der Heide stets daran denken, daß der scheinbar ziemlich gleichartige Sandboden doch stark in seiner Güte wechselt; das geht augenscheinlich schon aus den recht verschiedenartigen Geschieben und Findlingen, die man in der nordwestdeutschen Heide antrifft, hervor[7].

---

[1] SCHNEIDER: Ödlandaufforstung. Z. Forst- u. Jagdwes. **1924**, 169; ref. Forstl. Jber. **1924**, 127.

[2] BERNBECK: Verheidete Waldböden. Forstwiss. Zbl. **1918**, 362; betr. Heidehumus.

[3] WIEDEMANN, E.: Die praktischen Erfolge des Kieferndauerwaldes, S. 42. Braunschweig 1925.

[4] LUDWIG: Forstdüngungsversuch usw. Z. Forst- u. Jagdwes. **1920**, 49.

[5] RUBNER, K.: Urwaldfragen. Forstarch. **1930**, 147.

[6] ERDMANN, F.: Aufforstung der Oberförsterei Assen. Nederl. Boschbouw-Tijdschr. 1929. — EMEIS, W.: Niederländische Heidemaatschappij in Arnhem. Silva **1928**.

[7] Literatur über Heidegebiete im allgemeinen: WALTER, H.: Allgemeine Pflanzengeographie Deutschlands, S. 322 u. 362ff. Jena 1927. — Ferner A. DENGLER: a. a. O.,

Aufforstung ortsteinführender Böden. Schon Wessely[1] erkennt 1873 den Ortstein als Humussandstein und gibt an, daß er, wenn er zutage gefördert wird, zerfällt; er macht darauf aufmerksam, daß ihn die Kiefer mit ihrer Pfahlwurzel nicht zu durchdringen vermag und auf ihm Krüppelwälder bildet. Er schlägt zur Entfernung des Ortsteins Kalkung vor. Auf orterdeführendem Boden entwickeln sich Kiefern- und Fichten-Mischbestände leidlich, zumal die Moosdecke den Fichtenwurzeln Schutz und Frische gewährt. Der Genannte beschreibt auch die deutsche Ortsteinkultur, die nach Burkhardt[2] (Hannover) vermittels Durchbrechung der Ortsteinkultur vorgenommen wurde. Der anfänglich üppige Wuchs, der eine Folge der Bodenauflockerung und des Aufschließens einer frischen Sandschicht war, ließ später nach. Das Tiefpflügen erfolgte damals mit dem Schwingpflug. Wessely warnt auch schon vor der nur stellenweise durchgeführten Durchbrechung, wie sie durch Pflanzlöcher und -platten bedingt ist. Die Ortsteinbildungen sind nach Tamm[3] in Nordnorrland eng mit dem Klima verbunden. Die mittlere Lufttemperatur sinkt dort gegen Norden, die größten Niederschläge finden sich im Südwesten; die höchsten Grade der Podsolierung findet man dementsprechend im Norden und Südwesten der nordschwedischen Nadelwaldregion. Ähnlich verhält es sich mit der Entstehung des Ortsteins, der im Eisen- und Humuspodsolboden auftritt. Doch scheint die Bedeutung des Ortsteins in Skandinavien im allgemeinen für den Wald nicht so groß als etwa in Nordwestdeutschland zu sein. Die unter Heideödland vorkommenden Ortsteinbildungen betrachtet Albert[4] als nicht unter dem Einfluß der Heide, sondern als unter Wald entstanden; die Heide ist erst eine Folge der Ortsteinbildung.

Von älteren Versuchen, ortsteinführende Heideflächen aufzuforsten, seien die diesbezüglichen Mitteilungen von C. Emeis[5] erwähnt. Der mit Heidekraut und Heiderohhumus bedeckte, in den Tieflagen ziemlich nasse Boden wurde zunächst bis auf 1 m Tiefe entwässert; infolgedessen bildeten sich durch Konzentration bisher gelöster Stoffe (Eisenverbindungen usw.) im Boden massenhaft Konkretionen von Eisenkarbonat, Raseneisenstein, Vivianit. Um den Boden zu durchlüften, wurde er bis 75 cm Tiefe rajolt und noch mit der Hand bearbeitet. Nach rund 15 Jahren zeigte es sich, daß durch die genannten Maßregeln der Ortstein in den unterdessen mit Fichte aufgeforsteten Flächen mürbe und weich geworden war. Die Zermürbung ist nach C. Emeis auf die Beschaffenheit des

S. 429. — Meinecke, Th.: a. a. O., S. 53—74. — P. E. Müller: Natürliche Humusformen. Berlin 1887. — F. Erdmann: Heideaufforstung. Berlin 1904. — Nordwestdeutsche Heide. Berlin 1907. — C. Emeis: Waldkultur auf dem Ödlande von Schleswig-Holstein. Allg. Forst- u. Jagd-Ztg. **1909**. — Jütländische Heidebeforstungen. Vereinsbl. Heidekultur-Ver. **1909**, Nr. 5. — Metzger: Heide in Jütland usw. Mündener forstl. Hefte **1898**. — Ödlandaufforstung im Heidegebiet Nordwestdeutschlands. Ber. 4. Vers. dtsch. Forstver. Kiel **1903**. — R. Albert: Bodenuntersuchungen in der Lüneburger Heide. Z. Forst- u. Jagdwes. **1912**, **1913**, **1914**. — Greve: Begründung von Kiefernbeständen. Ebenda **1922**, 449. — Stephan: Forstliche Probleme Schleswig-Holsteins. Ebenda **1923**. — W. Emeis: Ödlandsaufforstungen in Schleswig-Holstein. Silva **1927**. — Beitrag zur Heidebeforstungsfrage. Sitzg. Heidekulturver. **1903**. — Tiemann: Verbesserung magerer Heidesandböden usw. Forstwiss. Zbl. **1914**, 370. — O. Feucht: Hannover und die Heide. Silva **1930**, 325; betr. Holzarten, Bestandesschluß usw.

[1] Wessely, J.: Der europäische Flugsand. Wien 1873.

[2] Burkhardt: Säen und Pflanzen. (Ohne Angabe des Ortes und Erscheinungsjahr.)

[3] Tamm, O.: Bodenstudien usw. Meddelanden **1920**, H. 17, Nr. 3.

[4] Albert, R.: Bodenuntersuchungen in der Lüneburger Heide. Z. Forst- u. Jagdwes. **1912**, 138. — Beitrag zur Kenntnis der Ortsteinbildung. Ebenda **1910**. Hier wird erwähnt, daß der französische Astronom M. Faye schon im Jahre 1837 eine Erklärung der Ortsteinbildung gegeben hat.

[5] Emeis, C.: Waldbauliche Forschungen und Betrachtungen. Berlin 1876. — Die Ursachen der Ortsteinbildung usw. Vereinsbl. Heidekulturver. für Schleswig-Holstein 1908.

Ortsteins zurückzuführen, dessen Bindemittel in diesem Falle weniger aus Eisen denn aus Humus bestand, und auf den Unterschied zwischen dem ursprünglich hohen und nunmehr verringerten Feuchtigkeitsgrad. Unter diesen Verhältnissen konnte Luft in den Boden dringen und offenbar eine Zersetzung des humosen Bindemittels hervorrufen. Die Bedeutung der Tiefkultur für ortsteinführende Heideböden wurde schon frühzeitig von C. EMEIS hervorgehoben. Heute noch gilt der von ihm im Jahre 1876 aufgestellte Leitsatz: „Tiefe, gründliche Bodenbearbeitung ist der größte und sicherste Hebel der Waldkultur in der Heide, und durch diese können unsere einheimischen Hölzer stets in Wuchs und zum Waldbestande gebracht werden, wenn wir sie ihrer natürlichen Bestimmung nach verwenden", d. h. standortsgemäß.

Wenn der Ortstein noch nicht zu sehr verfestigt ist, kann er durch mineralische Düngung und Gründüngung (blaue Lupine) sowie durch Aufforstung zum

Abb. 58. Dünenzug (Ostsee), teilweise von Strandgräsern und Heide besiedelt. (Phot. LEININGEN.)

Zermürben gebracht werden. Diese Maßnahmen wurden im Gebiete von Weißwasser (Böhmen) getroffen, nachdem vorher das Heidekraut samt dem nur wenige Zentimeter mächtigen Rohhumus verbrannt und die Asche auf die Fläche ausgestreut worden war. Die Auflösung des Ortsteins war in dem kurzen Zeitraume von 4 Jahren eingetreten, die neubegründeten Laub- und Nadelholzbestände entwickelten sich sehr gut[1]. Ortstein wird nach NEUMANN[2] mit dem Untergrundlockerer durchbrochen; nach dem Umbruch bleibt das Land in rauher Furche liegen, um den Atmosphärilien ausgesetzt zu sein, dann folgt Bearbeitung mit der Tellerscheibenegge, währenddessen Mergel und Kunstdünger gestreut und eingearbeitet werden. Auf mineralischen Heideboden werden 160 Zentner feingemahlener Mergel (Mindestgehalt 85% Kalziumkarbonat) gegeben. Diese für darauf folgende landwirtschaftliche Nutzung angewandte Bodenverbesserung käme sicher auch für Aufforstung in Betracht. Nach ALBERT[3] hat DUESBERG in Großmützelburg (Bezirk Stettin) einen ortsteinführenden Waldboden in der

[1] LORENZ, N. VON: Zur Bekämpfung des Ortsteins. Mitt. forstl. Versuchsanst. Mariabrunn **1908**.
[2] NEUMANN: Bericht über die 74. Sitzung über allgemeine Düngerangelegenheiten **1928**.
[3] ALBERT, R.: Zur Kenntnis der Ortsteinbildung. Z. Forst- u. Jagdwes. **1910**, 339.

Weise behandelt, daß er den flach anstehenden Ortstein durch Handarbeit mit der Hacke durchbrechen ließ, mit Kartoffeln bestellte und hierzu 200 kg 40proz. Kalisalz, ebensoviel Thomasmehl und 100 kg Chilesalpeter gab. Der Ertrag war ebenso zufriedenstellend wie der Zustand des Bodens nach dreijähriger Nutzung. Maßregeln zur Bekämpfung und Entwicklung des Ortsteins, insbesondere unter gleichzeitiger Heranziehung von Gründüngung, empfiehlt, allerdings mehr vom Standpunkt des Agrikulturchemikers, v. ZIMMERMANN[1]. Der Nachdruck wird auch hier auf die Zurückdrängung des Heidekrautes gelegt.

Raseneisenstein bildet in feuchten Gebieten (Mooren, Brüchen) mitunter mächtige, geschlossene, steinharte Bänke. Der Kultur solcher Grundstücke muß die Senkung des Grundwasserspiegels (Entwässerung) vorangehen. Der Raseneisenstein selbst wird mit Spitzhaue und Rodhacke herausgebrochen; die auf einem so behandelten Boden erzogenen Bestände sind jedoch oft minderwertig, so daß die Aufforstung sich nicht lohnt, auch muß man stets mit einer Neubildung dieser lästigen Verhärtung im Boden rechnen, die sich viel unangenehmer als Ortstein verhält[2].

Daß man in neuerer Zeit versucht hat, die Bodenlockerung einschließlich einer Durchbrechung verhärteter Schichten, wie z.B. Ortstein, durch Sprengung mittels eines Sicherheitssprengstoffes vorzunehmen oder auch flüssige „Luft" (flüssigen Sauerstoff) hierzu zu verwenden, sei noch kurz angefügt.

Aufforstung von Dünen. In Meeresdünen sind bekanntlich die Nährstoffe häufig in sehr geringen Mengen enthalten; SCHULZE gibt für die Nordseedünen auf Sylt 0,002—0,003% P_2O_5, 0,0025—0,006% K_2O in säurelöslichem Zustande an. Kalk wurde in einer Menge von 0,02—6% gefunden[3]. Dennoch gelingt es den Dünenpflanzen mit Hilfe einer ausgedehnten Bewurzelung und bei entsprechender Feuchtigkeit, diese spärlichen Nährstoffe auszunutzen und durch den „Umlauf" den Oberboden sogar etwas daran anzureichern. So ist die Ertragsfähigkeit mit abhängig von der Feuchtigkeit, und diese ist wiederum auf die Feinkörnigkeit der Dünensande und ihren Humusgehalt zurückzuführen; den letzteren anzureichern, und zwar in der Form von Bodenhumus, ist eine der Hauptaufgaben und soll durch die Wahl entsprechender Holzarten erreicht werden. Der Humus verhindert ja auch die Verwehung der Sandkörner; diese ist nach SOLGER an der Ostsee viel eher zu befürchten als an der Nordsee, und zwar am wenigsten im Gebiete des Wattenmeeres, da hier mit dem Sande toniger Schlamm angespült wird. Die Stranddünen enthalten sonst im Gegensatz zu den Inlandsdünen Norddeutschlands mehr Feinsand und Staub. Durch die Gegenwart des letzteren wird, sofern auch nur Spuren von Feuchtigkeit zugegen sind, auch eine gewisse Bindung

---

[1] ZIMMERMANN, K. VON: Ortstein im Gebiete des nordböhmischen Quadersandsteins. Leipzig 1904. — HELBIG, M.: Über Ortstein im Gebiete des Granites. Naturwiss. Z. Land- u. Forstwirtsch. **1909**. — Zur Entstehung des Ortsteins. Ebenda 281; dieses Handbuch **3**, 107 u. 108. — LEININGEN, W. Graf zu: Bleichsand und Ortstein. Abh. Naturhistor. Ges. Nürnberg **19** (1911). — Edaphische Faktoren. In K. RUBNER: Pflanzengeographische Grundlagen des Waldbaus, S. 121. 1925. — LEMKE, O.: Über die Ortsteinbildungen in Westfalen. Dissert., Münster 1903. — RAMANN, E.: Der Ortstein und ähnliche Sekundärbildungen in den Diluvial- und Alluvialsanden. Jb. preuß. geol. Landesanst. **1885**. — Über Bildung und Kultur des Ortsteins. Z. Forst- u. Jagdwes. 1886. — REGELMANN, K.: Erläuterungen zur geologischen Spezialkarte von Württemberg. Bl. Obertal-Kniebis, S. 136—153; dieses Handbuch **3**, 119, 139, 158. — VAGELER, P.: Ortsteinbildung an der Küste der Kurischen Nehrung. Naturwiss. Rdsch. **21**.

[2] RAMANN, E.: Forstliche Bodenkunde und Standortslehre, S. 435. Berlin 1893.

[3] WALTER, H.: Allgemeine Pflanzengeographie Deutschlands. Jena 1927. — Dünenbuch. Stuttgart 1920, und zwar: Geologie der Dünen von F. SOLGER; Pflanzenleben auf den Dünen von P. GRAEBNER; Dünenbau von F. W. O. SCHULZE. — RAMANN, E.: Bodenkunde. Berlin 1911. — BERGMANN, S.: Dünen- und Binnensand und seine Bindung. In R. HESS u. R. BECK: Forstschutz **2**, 572ff. Neudamm 1930.

des gröberen Sandes verursacht; es herrschen dann günstigere Verhältnisse, als man sie nach GRAEBNER in der Schorfheide und um Eberswalde beobachten kann. Führt die Verwehung zur Bildung von Wanderdünen, die landeinwärts vorrücken und Wälder und Ortschaften überschütten, so hat man in den Küstendünen, die nicht selten 30 m hoch sind und während langer Zeit an Ort und Stelle gebannt bleiben, ein Werk der Strandpflanzen zu erblicken. Bestimmte Arten, die den anfangs erheblichen Salzgehalt der Sande vertragen können, z. B. Strandweizen (Triticum junceum) halten nämlich den Sand fest und wachsen auch, wenn sie verschüttet werden, immer wieder durch den Sand hindurch; sie entwickeln mit Hilfe ihrer unterirdischen Ausläufer neue Sprosse, so daß immer erneut Sand aufgehalten werden kann.

Der Salzgehalt des Sandes nimmt mit fortschreitender Auswaschung immer mehr ab, und an Stelle des vorhin genannten salzbedürftigen Strandweizens siedelt sich Strandhafer (Helm, Calamagrostis arenaria) an, der für die Befestigung der Stranddünen ungeheuer wertvoll ist; mit ihm stellt sich der Strandroggen (Hordeum arenarium) ein; beide sind sehr widerstandsfähig gegen den Sand und breiten sich besonders stark aus. Schließlich siedeln sich zwischen den Halmen Heidekraut und andere Kleinsträucher an, und damit ist ein gewisser Abschluß der Dünenbildung, die graue, bewachsene Düne, erreicht. Auf ihr treten nun große Sträucher (Sanddorn, Weiden, Krüppeleichen, sog. Kratt) und endlich, aber immer noch mit Übersandung kämpfend, der Wald auf. In dieser Reihenfolge der Besiedlung liegt eigentlich schon mehr oder weniger der Gang der künstlichen Festlegung von Dünen angedeutet.

Abb. 59. Festlegung einer Düne (Ostsee) durch Strandgräser. (Phot. LEININGEN.)

Nach SCHULZE zerfällt der Dünenbau in zwei Teile, nämlich in die Schaffung einer Vordüne und in die Befestigung der hohen Düne (Wanderdüne). Der Zweck des Dünenbaues ist, das Vordringen letzterer gegen das Binnenland zu verhindern, außerdem letzteres vor Überflutung zu bewahren. Erst vom 18. Jahrhundert ab kann man von einem eigentlichen Dünenbau sprechen. SÖREN BIÖRN hat in Danzig um 1800 bereits erkannt, daß das Endziel des Dünenbaus, d. h. die Aufforstung der hohen Dünen, nicht erreicht werden kann, wenn man den vom Strande immer neu zugewehten Sand nicht zurückhält. KRAUSE verwendete in erster Linie Sandgras bei den Befestigungsarbeiten[1]. Die Dünenfestlegung muß durch Beseitigung des Sandfluges eingeleitet werden. Hierzu dient die Bedeckung, und zwar liegende und stehende; beide Deckungsarten versprechen nur dann einen Dauererfolg, wenn sie aus lebenden Pflanzen sich fortentwickeln und selbst erhalten; die liegende Bedeckung stellt sich in Gestalt von Flechten, Moosen, Gräsern usw. meist von

[1] KRAUSE, G. C. A.: Dünenbau auf den Ostseeküsten Westpreußens. 1850. — WESSELY, J.: Der europäische Flugsand. Wien 1873. — GERHARDT, P.: Handbuch des deutschen Dünenbaues. Berlin 1900. — STINY, J.: Technische Geologie. Stuttgart 1922.

selbst ein. Wichtiger ist die stehende Bedeckung in Form durchbrochener, starrer oder nachgiebiger Zäune. Heute kommen ausschließlich erstere, bis 0,7 m hoch, in Verwendung, um Sandablagerungen (Vordüne) hervorzurufen. Dagegen werden Strauch- oder Fangzäune aus Kiefernreisig dort angebracht, wo der vorhandene Sand lediglich festgehalten werden soll; hier gebraucht man niedere Zäune, das Besteck; beide Arten von Zäunungen, aus toten Stoffen hergestellt, müssen später durch Anpflanzungen ersetzt werden, erstere durch Sandgras, letztere durch Holzpflanzen. Die Fangzäune werden hauptsächlich in der Nähe des Strandes aufgestellt, um dem Sande sofort entgegenzutreten. Das Besteck, das aus Kiefernreisig oder Rohrstengeln hergestellt ist und nur 0,3 m hoch ist, soll lediglich den Sand an Ort und Stelle zurückhalten; es überzieht netzartig den Boden und soll die jungen Kiefern, die dazwischen angepflanzt werden, schützen, bis sie, wenn sie erwachsen sind, selbst den Schutz des Bodens übernehmen können. Die Wirkung des Besteckes kann durch eine tote, liegende Bedeckung verstärkt werden (Seetang, Seegras, Heidekraut, Kiefernreisig). Es mutet im Zeitalter der Reisigdeckung sonderbar an, wenn man darauf hinweist, daß dieses Verfahren schon seit langem gebräuchlich ist (etwa seit 1800), allerdings, um Sandboden vor Verwehung zu bewahren. Diese Maßnahme wurde, ebenso wie die Deckung des Bodens mit Besenpfrieme und ausgerissenem Heidekraut in Deutschland getroffen. Wessely gibt der Reisigdeckung den Vorzug vor den Deckzäunen, die früher allerdings als undurchlässige und erst später in mehr zweckdienlicher Form als durchlässige Zäune angewendet wurden[1].

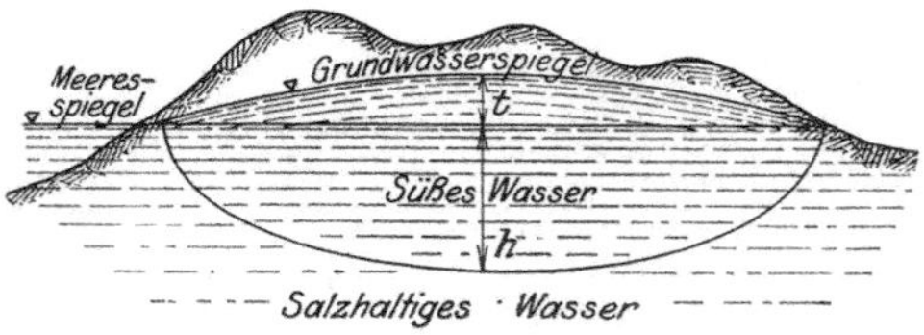

Abb. 60. Süßes Dünengrundwasser über salzhaltigem Wasser. (Nach B. Herzberg aus E. Prinz[2].)

Die endgültige Befestigung der Dünen wird durch lebende Deckungen bewerkstelligt, da die toten nur eine Zeitlang ausdauern; künstlich muß die stehende Deckung hergestellt werden, und zwar fast ausschließlich aus Sandgraspflanzen, von denen früher schon die Rede war. Diese brauchen glücklicherweise nur geringe Pflege und erfüllen sofort nach ihrer Herstellung ihre Aufgabe. Hört die Einsandung auf, so gehen die Sandgraspflanzen allmählich ein und müssen durch Besteck aus Kiefernreisig oder Rohr ersetzt werden. So könnte man die Festlegung der Dünen als beendet bezeichnen, wenn nicht manche Gefahren drohen würden, wie u. a. Verletzung der Schutzschicht durch Mensch und Vieh, Einwirkung von Sturm, Brand usw. Ein dauernder Erfolg ist nur von dem natürlichen Schlußgliede der Besiedelung des Bodens, vom Walde, zu erhoffen. Man kann annehmen, daß in früheren Zeiten die Ostseedünen größtenteils, die Nordseedünen wenigstens teilweise bewaldet waren. So ziehen sich z. B. bei Memel Flugsandebenen hin, die oft dürftigen Heidecharakter aufweisen und sich bis zu 3,2 km Breite ausdehnen; ihre Sandschicht hat stellenweise eine Mächtigkeit bis zu 8 m. Diese Flugsandbildungen, „Palwen" genannt, stellen eigentlich eine Dünenform dar, bei welcher der Sand flächenhaft ausgebreitet ist. Zum Teil stammen diese Sandverwehungen schon aus dem Mittelalter, andere Teile sind erst hundert Jahre alt. Früher war das Hinterland durch Wälder gegen Verwehungen geschützt, bis diese von den Russen im Jahre 1759 verwüstet wurden. Auf dem Wege gegen das Landinnere verschütteten die Sande die Wälder, die dann später wieder, vom Sand entblößt, als „Baumkirchhöfe" zutage traten. Der Grundwasserspiegel der Flugsandebenen ist in der Mitte uhrglasförmig aufgewölbt, und es ist oft schon in

[1] Wessely: a. a. O., S. 177ff. [2] Vgl. dieses Handbuch 5, 96.

0,5 m Tiefe Wasser anzutreffen, so daß die Wiederaufforstung mit gutem Erfolg ausgeführt werden kann; das reichliche Vorkommen von Grundwasser ist auf die flachmuldenförmige Ausbildung des Untergrundes (Diluvialmergel) zurückzuführen[1].

Auf den 18 km² bedeckenden Flugsandfeldern der Insel Farö (Nordspitze von Gotland) stocken Kiefern, in den Senkungen finden sich Birken- und Ellernmoore. Die dortigen Küstendünen, die bis 7 m hoch sind, wandern vom Lande gegen das Meer zu. Die hierdurch entstehende Deflationsfläche ist von Kiefern und Weiden (Salix repens) besiedelt worden. Die von Wald bedeckten Dünen sind nur locker gebunden, und wenn der Wald unvorsichtig behandelt wird, geraten sie in Bewegung, so daß er als Schutzwald behandelt wird[2]. RAMANN schildert die mit altem Wald bestockten Dünenzüge Südkurlands, sie geben ein Bild von den

Abb. 61. Wanderdüne (Ostsee) gegen Wald hin vordringend. (Phot. LEININGEN.)

Verhältnissen, die auf den Ostseedünen vor der Entwaldung geherrscht haben. Es handelt sich um Kiefern der fünften Ertragsklasse; hierbei sind alle Altersklassen bis zu 300jährigen Stämmen vertreten; in den Senken ist der Wuchs etwas besser, Cladonien und Astmoose bilden die Bodendecke. Die Verjüngung erfolgt mit auffallender Leichtigkeit und die Bestände bieten das Bild ausgesprochener Plenterwälder. An der Mündung der Düna wird der Kiefernwald stark übersandet; die jüngeren Bäume sterben ab, die älteren halten noch 10—15 Jahre aus[3].

Wenn im Anschluß an das Stadium der grauen, bewachsenen Düne, wie GRAEBNER[4] erwähnt, nur Eichenbüsche und kein Wald auftritt, so liegt das daran, daß die Sandaufschüttung noch zu sehr andauert und die Windwirkung auf den vordersten Dünenzügen eine viel zu heftige ist. Auch der mangelnde Humus

[1] WICHDORFF, H. HESS v.: Über Flugsandebenen an der Ostseeküste im nördlichen Ostpreußen. Jb. kgl. preuß. Geol. Landesanst. **1915**, Teil 1, H. 3.

[2] HESSELMAN, H.: Flugsandfelder auf Farö. Meddelanden **1908**, H. 5.

[3] RAMANN, E.: Wald und Moor in den russischen Ostseeprovinzen. Z. Forst- u. Jagdwesen **1895**.

[4] GRAEBNER, P.: Dünenbuch, S. 256ff. Stuttgart 1910. — Siehe auch F. SCHUCHT: Über Beziehungen zwischen Boden, Vegetation und Klima auf den Ostfriesischen Inseln. Internat. Mitt. Bodenkde. **2**, 485 (1912). — Vgl. dieses Handbuch **5**, 292ff.

läßt nur einen Kratt aufkommen. Diese Gebüschformation pflegt sich erfahrungsgemäß in Wald umzugestalten, sowie auf natürliche oder künstliche Weise Humus hinzukommt und hierdurch ein Bodenschutz gegeben ist, der die wasserhaltende Kraft des Bodens erhöht. An der Zusammensetzung des Dünenwaldes beteiligen sich zahlreiche einheimische Holzarten, jedoch mit dem Unterschiede, daß die Ostseeküste waldreicher als die Nordseeküste und infolgedessen auch artenreicher ist. Der Grund dafür dürfte in den andauernden und heftigeren Stürmen und im höheren Salzgehalt der Luft an der Nordsee liegen. Die wichtigsten Holzarten der Stranddünen sind im allgemeinen Kiefer und Eiche, meist Stieleiche, in feuchten Niederungen dagegen Erle, Birke, mitunter auch Buche. (Letztere kommt angeblich dann vor, wenn der Kalkgehalt des Sandes durch Beimischung von Muschelresten ein höherer ist.) Massenhaft findet sich Unterholz und eine sehr abwechslungsreiche, lebende Bodendecke mit Blütenpflanzen, Farnen und Moosen. Die Humusbildung kann bis zum Rohhumus führen, auf dem sich Sphagnum ansiedelt und Hochmoor entstehen läßt. Letzteres geschieht besonders dann, wenn sich das Regenwasser in den Tieflagen ansammelt und in dem mit Humus stark vermengten Sande gespeichert wird.

Abb. 62. Düne durch Aufforstung mit Bergkiefer festgelegt (Ostsee). (Phot. Leiningen.)

Die mannigfachen Versuche betreffend Aufforstung der Stranddünen haben zur Aufstellung folgender **Richtlinien** geführt: Die Aufforstung darf erst nach Beruhigung des Sandes beginnen, jedoch möglichst bald danach, damit der Boden noch locker und für die Feuchtigkeit aufnahmefähig ist. Die künftigen Pflanzstellen sollen im Herbst vor der Auspflanzung (Saat kommt nicht in Betracht) mit etwas Dünger versehen werden, der den jungen Pflanzen über die erste Zeit hinweghilft. Als Dünger wird Kompost (unter Zuhilfenahme von Haffschlick, Lehm, Humus usw. zubereitet) benützt. Die Pflänzchen der Bergkiefer und Erle werden zwei- bis dreijährig, die der gemeinen Kiefer einjährig genommen. Ballenpflanzung findet bei Fichte statt. Die Dünenwälder sind in der Hauptsache als Schutz- und nicht als Nutzwälder anzusprechen und demgemäß zu behandeln. Monroy empfiehlt zur Aufforstung bereits fest gelegter Dünen für südliche Gegenden (Südwestfrankreich) die Meerstrandkiefer, die aber Windschutz verlangt. In Dänemark und Ostpreußen hat sich weniger gut die gemeine Kiefer bewährt. Sie liefert zu wenig Streu, außerdem wird die zarte Rinde junger Bäume durch die vom Wind getriebenen Sandkörner abgescheuert. Besser hat sich in Dänemark und Ostpreußen die Hakenkiefer (einstämmige Form der Bergkiefer) und die Pechkiefer (Pinus rigida) bewährt. Die gewöhnliche

Kiefer gedeiht vorteilhafter in Gemeinschaft mit der Pechkiefer (Holland), ähnlich wie die Fichten durch dazwischen gepflanzte Bergkiefern im Wachstum gefördert werden. Für feuchte Stellen in Dünen rät MONROY die Anpflanzung der Schwarzerle und Birke an. Handelt es sich hinter Meeresdünen nur um versandete, bessere Böden mit höherem Grundwasserstand, so gedeiht dort die Buche und Douglasie (Luftfeuchtigkeit)[1]. Zur Aufforstung der Ostseedünen wurden seit langem die gemeine Kiefer und die Bergkiefer verwendet; sie nutzen den dort vorhandenen Humus aus und entwickeln sich besonders gut, wenn sie das Grundwasser erreichen können. Für Niederungen der Dünen eignen sich die Birke, Erle und Pappel[2]. Bei Dünenaufforstungen in Holland wird die Fläche gepflügt, dabei Heide-, Lupinen- oder Kartoffelkraut in die Furchen gelegt und mit den Schollen der nächsten Furche eingedeckt, worauf man unter Beigabe von Torfmull[3] pflanzt. Es kommt also in der Hauptsache auf eine Bereicherung mit Humus an. Behufs Aufforstung von Meeresdünen erscheint die kostspielige Tiefkultur aber nicht immer erforderlich, denn C. EMEIS sagt, daß sie für die Nordseedünen keine Anwendung findet; andererseits weist W. EMEIS darauf hin, daß Tiefkultur mittels Pflug oder Spaten besondere Erfolge zeitigte; er führt dies auf die Lockerung und Durchlüftung der ein sehr geringes Hohlraumvolumen aufweisenden Sande zurück. Unbedingt wertvoll ist ein nennenswerter Kalkgehalt der Sande, der auf die Schalen von Meerestieren zurückzuführen ist[4].

Was die Inlanddünen betrifft, so macht deren Aufforstung hauptsächlich nur in trockenen und warmen Gegenden mit ausgesprochen kontinentalem Klima, also z. B. im großen ungarischen Tiefland (Alföld), Schwierigkeiten; hiervon soll noch unter „Aufforstung von Flugsanden" die Rede sein. Die Inlanddünen Norddeutschlands oder Nordbayerns (Nürnberger Reichswald) bedürfen hingegen nur einer vorsichtigen Bewirtschaftung, damit der Rohhumus nach Möglichkeit zurückgehalten wird. Kahlschlag kann auf solchen Sandböden für die Verjüngung nachteilig sein. SOLGER[5] sagt vom norddeutschen Binnenlande, daß der Sandflug dort nur in nennenswertem Maße stattfände, wo Flugsand vorhanden ist und durch irgend welche Ursachen in Bewegung gerät. Alle alten Dünen sind ausnahmslos bewachsen gewesen, und wo sie heute unter Verwehungen leiden, ist daran menschlicher Einfluß schuld, vor allem — wie an der Küste — die rücksichtslose Abholzung. Im Heidegebiet kommen bekanntlich nicht selten Binnendünen vor, die unter Waldbedeckung des öfteren noch ihre typische Gestalt, nämlich geradlinige oder bogenförmige Reihen, bewahrt haben, also seit Urzeiten bewaldet gewesen sein müssen[6].

Aufforstung von Flugsanden. Eingehende Darlegungen über die Festlegung und Aufforstung von Flugsanden im allgemeinen und solcher im Binnenlande der früheren österreichisch-ungarischen Monarchie im besonderen verdanken wir WESSELY[7]. Dieser schildert jedoch auch die Strandgebiete im Norden Deutschlands. Hier soll aber nur auf erstere Bezug genommen werden. Vielfach

[1] MONROY, J. A. v.: Dünenaufforstung. Forstwiss. Zbl. **1921**, 470. — KIRCHNER, O., E. LÖW u. C. SCHRÖTER: a. a. O, S. 220. Stuttgart 1906.

[2] STEIJN, J. A. VAN: Dünen und Wälder der Kurischen und Frischen Nehrung. Nederl. Boschbouw Tijdschr. **1929**.

[3] MONROY, J. A. v: Reisebilder aus holländischen Forsten. Ref. Forstl. Jber. **1929**, 42.

[4] EMEIS, C.: Zur Pflanzung in den Nordseedünen. Vereinsbl. Heidekulturver. Schleswig-Holstein **1883**, 48. — EMEIS, W.: Beitrag zur Heidebeforstungsfrage. Ebenda **1903**; Silva **1927**.

[5] SOLGER, F.: a. a. O., S. 162. — GRAEBNER, P.: a. a. O., S. 271.

[6] SABBAN, P.: Die Dünen der südwestlichen Heide Mecklenburgs. Mitt. Mecklenb. Geol. Landesanst. **1897**, 1.

[7] WESSELY, J.: Der europäische Flugsand und seine Kultur. Wien 1873.

hat Wessely sich auf die Arbeiten des Pflanzengeographen Kerner von Marilaun gestützt. Dieser führt unter anderem folgendes aus: Durch die Entsumpfung der Theißgegenden war in den angrenzenden Gebieten eine Steigerung der ohnehin schon bedenklichen Temperaturextreme eingetreten. Die ganz außerordentliche Dürre des Jahres 1863 löste den Gedanken aus, durch Aufforstung (ebenso durch Bewässerung) des Alföldes diesen Mißständen zu begegnen. Kerner[1] hat schon im Jahre 1865 die Aufforstung des zentralen, waldlosen Gebietes und des teilweise geschädigten, sonst aber noch bewaldeten Randgebietes des ungarischen Tieflandes hauptsächlich vom pflanzengeographischen Gesichtspunkt aus beleuchtet. Während er hinsichtlich des zentralen Steppengebietes nicht nur wegen des Klimas, sondern auch wegen des Sodabodens große Schwierigkeiten befürchtet, glaubt er für das Randgebiet die besten Hoffnungen hegen zu dürfen. Bei der

Abb. 63. Hintergrund: Flugsandkehle; Vordergrund: Aufforstung mit Akazie, Großes Alföld, Ungarn. (Phot. Leiningen.)

eingehenden Beschreibung des Flugsandes führt Kerner an, daß er schon in verhältnismäßig geringer Tiefe sich feucht anfühlt (Sand in regenloser Zeit, Juli, aus nur 1 Schuh Tiefe entnommen, enthielt 4% Wasser). Der Genannte gibt Ratschläge zur Festigung des flüchtigen Bodens mit Bocksdorn und ausdauernden Gräsern und zur Aufforstung mit Hilfe von Weiden-, Pappel- und Akazienstecklingen.

Was den Boden betrifft, so darf man auf keinen Fall verallgemeinernd Flug- bzw. Dünensande, seien es nun Meeres- oder Inlandsdünen, als durchlässig und nährstoffarm, also unfruchtbar, bezeichnen. Flugsande des Marchfeldes (bei Wien) enthalten nach Schreckenthal von 4,79—28,65% $CaCO_3$[2], in Flugsanden des großen ungarischen Tieflandes fanden sich nach Wessely 6,35% $CaCO_3$ (bei einem nur rund 14% betragenden salzsäurelöslichen Anteil des Bodens), in Flug-

---

[1] Marilaun, F. Kerner von: Die Aufforstung des Flugsandes der ungarischen Tieflande. Österr. Mschr. Forstwes. 1865.

[2] Schreckenthal, G.: Bodenkundliche Untersuchungen im Aufforstungsgebiet des Marchfeldes. Zbl. Forstwes. 1928, 384 u. 386.

sanddünen des Banats 5,78—16,30% CaO [1]. Nach Analysen von SCHRECKENTHAL enthielt Flugsand aus der Umgegend von Adacz (Ungarn) 13,38% und eine unter Akazien entnommene Probe 14,38% $CaCO_3$. Es ist daher kein Wunder, wenn in ungarischen Inlanddünen ganze Lagen von Kalkkonkretionen auftreten, die das tiefere Eindringen der Wurzeln in tiefere und wasserreichere Lagen verhindern. Es wirkt das um so nachteiliger, als in solchen Sanden neben Stickstoff das Wasser im Minimum zu sein pflegt.

Über Aufforstungen im genannten Gebiete sei nur folgendes berichtet. Die Banater Sandwüste wurde auf Befehl des Erzherzogs Karl von Österreich von 1815 ab aufgeforstet und der dortige Flugsand mit Eiche, Birke, Schwarzkiefer und anderen Holzarten bestockt. WESSELY empfiehlt auch die Akazie [2]. Seit 1870 wird das Marchfeld bei Wien, in dem ausgewehte Kehlen, ferner Flugsanddünen keine Seltenheit sind, mit Schwarz- und Weißkiefer aufgeforstet, jedoch eignet sich erstere dort erfahrungsgemäß am besten. Von Laubhölzern haben sich Robinie, Birke, stellenweise auch Traubeneiche, Aspe und Weißerle bewährt, doch

Abb. 64. Reisigzäune zur Beruhigung des Flugsandes behufs Aufforstung, Großes Alföld, Ungarn. (Phot. LEININGEN.)

verlangt die Eiche lockeren Mineralboden, der keine Verdichtungen im Untergrund aufweisen darf [3]. Die Flugsande des Marchfeldes sind, wenn genügend Wasser vorhanden ist, fruchtbar; dies wird ohne weiteres begreiflich, wenn man berücksichtigt, daß sie aus Donausanden hervorgegangen sind und diesen gegenüber eine Anreicherung an Feinsand aufweisen [4]. WESSELY [5] gibt einen Bericht über die seit 1825 durch BECHTEL unternommenen Versuche, die Sande der Marchebene bei Bisenz aufzuforsten; diese trugen ursprünglich Eiche, aber durch unpflegliche Behandlung, wie Viehweide, Streunutzung usw., verschwand die Eiche, und große Flächen verwandelten sich in eine kahle, dürre Sandsteppe. Die Aufforstung mit Kiefer wurde dann durch den genannten Oberförster unter Anwendung von Waldfeldbau (Kartoffel, Roggen) vollzogen. Allerdings sind die Flugsande der Marchebene leichter als die des Banates zu bewältigen gewesen.

---

[1] WESSELY, J.: a. a. O., S. 307ff. [2] WESSELY, J.: a. a. O., S. 230.

[3] ROLLA, G. u. R. DOMANIA: Das Marchfeld und die Marchfeldwohlfahrtaufforstungen. 1914. — SCHRECKENTHAL, G.: Das Aufforstungsgebiet des Marchfeldes. Zbl. Forstwes. **1928**, H. 12.

[4] WIESENEDER, H.: Studien an Sanden des niederösterreichischen Marchfeldes. Min. u. petrogr. Mitt. **1930**, H. 5/6.

[5] WESSELY, J.: a. a. O., S. 345.

Was das große Alföld anbelangt, so ist über das Auftreten von natürlichen Wäldern im eigentlichen Aufforstungsgebiet nur zu sagen, daß auf den Nordlehnen von Binnendünen Zwergwälder vorkommen, die hauptsächlich aus Wacholder zusammengesetzt sind und sonst noch Pappel- und Weidewäldchen[1] führen. Hinsichtlich der zur Aufforstung benutzten Holzarten gilt folgendes: In den Flugsandgebieten Ungarns widersteht die Schwarzpappel besser als jede andere Holzart der Übersandung. Auf tonigem und sogar sodahaltigem Boden ist die halbblättrige Ulme der einzige wildwachsende Baum. Neben der Ulme bewährt sich noch Tamarix gallica und Ailanthus glandulosa auf Sodaboden, endlich verträgt die Esche etwas Soda, wenn zugleich viel Feuchtigkeit vorhanden ist[2]. Sehr häufig findet man im großen Alföld Inlanddünen, Anhäufungen des Flugsandes und andererseits Wirkungen der Deflation, wie ausgewehte Kehlen. Hier ist wegen der Frostgefahr in der Tieflage die Robinie zur Aufforstung unbrauchbar, eher die Schwarzkiefer und Juniperus

Abb. 65. Fertige Flugsandaufforstung mit Akazie, Großes Alföld, Ungarn. (Phot. Leiningen.)

virginiana. Die Kehlen sind stets weniger fruchtbar als die Dünen, und zwar infolge der hier zurückbleibenden, gröberen Sandkörner, die noch dazu häufig durch Kalk verkittet sind. In neuerer Zeit (rund 1900) werden zur Aufpflanzung der Kehlen auch die Esche, Schwarznuß und Stieleiche herangezogen[3]. Die Akazie hat sich bei der Aufforstung von Sanden der ungarischen Tiefebene noch besser als die kanadische Pappel bewährt; sie kommt noch auf ausgewehten Kehlen vor und hat ein sehr ausgedehntes und anpassungsfähiges Wurzelwerk; außerdem weist sie einen wohl unvergleichlichen Zuwachs auf. In neuerer Zeit benutzt man zur Befestigung des Sandes bei Akazienaufforstungen den Sandschwingel (Festuca vaginata), indem man ihn zwischen die Baumreihen sät; später verschwindet er ganz von selbst. Die kanadische Pappel übertrifft ihrerseits wiederum die anderen Pappelarten, die übrigens sämtlich den Boden stark mit Humus bereichern. Die Koniferen werden im Innern der ungarischen Tiefebene nur noch durch den Wacholder vertreten, und die Weißkiefer ist nur noch am Rande dieses Gebietes

[1] Wagner, J.: Vegetation der ärarischen Sandpußta Deliblát. Selmecbanya 1914.
[2] Berntsky, J.: Die Beschreibung der Bäume und Sträucher des ungarischen Tieflandes. Budapest 1914.
[3] Aitay, E. von: Ärarische Sandpußta Deliblát. Budapest 1914.

und in der Nähe von Strömen zu Aufforstungen zu gebrauchen; sie verbessert jedoch den Boden ganz bedeutend. WESSELY weist auch bei Besprechung des Einflusses der Kiefer auf den Umlauf der Nährstoffe hin und belegt ihn mit Zahlen. Sie gedeiht noch auf Sanden, die selbst der unempfindlichen Schwarzpappel und der Akazie nicht mehr zusagen. Die Kultur der Flugsande in den „Landes" der Gascogne wird nach vorausgegangener Entwässerung, die zugleich den Ortstein beseitigte, mit Seestrandkiefer und Eiche ausgeführt[1]. Für die Flugsandebenen, die in nahem Zusammenhang mit den Meeresdünen Ostpreußens stehen, empfiehlt HESS VON WICHDORF bei hoch anstehendem Grundwasser die Erle und Birke, für trockene Dünenhöhen die Kiefer[2] zur Aufforstung. Die klimatischen Verhältnisse sind hier natürlich grundverschieden von denen in den vorhin genannten Gebieten.

Aufforstung von Mooren. Was nun die Aufforstung von Mooren anbetrifft, so muß man sich zunächst mit den Eigenschaften des Moorbodens als Standort für die Waldvegetation, mit den eigenartigen klimatischen Verhält-

Abb. 66. Bergkiefer (Pinus montana) auf Hochmoorboden, Schongau, Oberbayern. (Phot. LEININGEN.

nissen der Moore und mit dem Verhalten der Waldvegetation auf Moorboden vertraut machen. Genaueren Anhalt geben dann noch gelungene und verunglückte Aufforstungsarbeiten auf Moorgründen, bezüglich derer schon genügend Erfahrung gesammelt werden konnte. Man muß grundsätzlich einen Unterschied zwischen dem nährstoffarmen, wenig Kalk enthaltenden Hochmoorboden und dem viel nährstoffreicheren, mehr Kalk enthaltenden Flachmoorboden machen. Entwässerter Moorboden, selbst Hochmoorboden, verhält sich ungleich günstiger als jungfräulicher Moorgrund, und zwar nicht nur hinsichtlich der Wasserführung und der damit gebesserten physikalischen Eigenschaften (Erwärmung, Durchlüftung, Krümelung usw.), sondern auch mit Rücksicht auf den Nährstoffgehalt, der sich in dem zusammengesackten Moorboden ganz von selbst erhöht hat und auch für die Vegetation zugänglicher geworden ist. Es ist nicht angängig, ohne weiteres aus der Oberfläche des Moores auf die Güte des Moorbodens schließen zu wollen. Man macht nämlich gerade in Waldbeständen, die auf Moor stocken, gar oft die Wahrnehmung, daß zwar eine oberflächliche, recht wenig mächtige Hochmoorschicht vorhanden ist, die reichlich Hochmoormoose aufweist, daß aber die Haupt-

[1] WESSELY, J.: a. a. O., S. 137ff., 172 u. 211.

[2] WICHDORF, H. HESS VON: Flugsandebenen an der Ostseeküste. Jb. preuß. Geol. Landesamt 1, H. 3 (1915).

verbreitung der Wurzeln aller Holzarten in der darunter liegenden Flachmoorschicht zu finden ist. Es wäre also in solchen Fällen ein Trugschluß, wenn man annehmen würde, daß sich schöne alte Fichtenbestände etwa auf Hochmoorboden als solchem so gut entwickelt hätten. Nachdem die Ansprüche des Waldes an den Boden aber gerade im Stangenholzalter recht erhebliche sind, kann man nicht annehmen, daß der äußerst nährstoffarme Hochmoorboden imstande wäre, diese zu befriedigen. Der Güte des Moorbodens entspricht auch das ganze Verhalten der einzelnen Holzarten, und man findet Waldbestände, die sich auf natürliche Weise in Moorgebieten angesiedelt haben, nur an den Rändern der Hochmoore, in der Flachmoorzone, ferner an den Ufern von Bächen, die das Hochmoor durchschneiden und gelegentlich bei Überschwemmungen (insbesondere im Frühjahr nach der Schneeschmelze) Nährstoffe, sei es in fester Form (Schlamm und Sand) oder gelöst in das Moor hineintragen. Sonst fliegt Wald auf entwässertem Hochmoor recht bald an. Können die Wurzeln der Holzarten durch wenig mächtigen Hochmoortorf noch in das Flachmoor oder gar in den mineralischen Untergrund dringen, so ist das ausschlaggebend für eine gute Entwicklung der Bestände, doch ist das nicht allzu häufig der Fall, da ja die Wurzeln aller Holzarten, selbst ausgesprochener Tiefwurzler, wie z. B. der Kiefer, im Moorboden überhaupt nur flach streichen; sie werden hierzu durch den Sauerstoffmangel, der in tieferen Schichten herrscht, geradezu gezwungen. Die Tiefe, das ist die Mächtigkeit einer Moorschicht, ist nicht entscheidend für das Gedeihen des Waldes, maßgebend hierfür sind einzig und allein die Güte, d. h. der Gehalt an Nährstoffen, der Zersetzungsgrad und eine mäßige Feuchtigkeit des Moorbodens. Ein Moorboden, der nicht hinreichend aufgeschlossen ist, wird auch bei einem hohen Gehalt an Stickstoff und Phosphorsäure unfruchtbar sein; selbst wenn die Torfschicht eine weniger mächtige ist, werden dort in solchen Fällen auch nur einigermaßen anspruchsvolle Holzarten ihr Auskommen nicht finden können. Glaubte man früher, daß die Moorböden mit steigender Mächtigkeit für den Wald ungeeignet wurden, so gilt dies zweifellos für Hochmoor, nicht aber für Flachmoor[1].

Die Zersetzung des Moorbodens und damit die Aufschließung der meist in organischer Bindung vorhandenen Phosphorsäure sowie des Stickstoffes unter Wald geht langsam vor sich. Diese ganz schrittweise erfolgende Aufschließung der Hauptnährstoffe bewahrt aber die Holzarten vor einer hinsichtlich des Stickstoffes gerade sehr schädlichen Überfütterung und schützt die Nährstoffe selbst vor Auswaschung. Wenn man berücksichtigt, daß im Bruchwaldtorf unter Erlen bis zu 7 kg Stickstoff im Kubikmeter enthalten sein können, erkennt man die Bedeutung dieses Umstandes ohne weiteres. Die Wurzeln der Bäume sind selbst an der Aufschließung des Moorbodens tätig, und zwar durch den Zug, den sie auf den Boden ausüben, wenn Krone und Stamm bei heftigem Winde bewegt werden. Dieses Rütteln an den Bodenteilchen fördert die Durchlüftung und damit die Zersetzung des Bodens außerordentlich stark. An der Verrottung und Aufschließung des Bodens im Moorwalde ist übrigens auch die Bodenfauna ganz bedeutend beteiligt. Maulwürfe sind dort im Gegensatz zum rohen, unbewaldeten Flach- oder gar zum Hochmoorboden durchaus nicht selten, denn sie finden reichlich Käferlarven, Regenwürmer usw., die natürlich ebenfalls an der Durchwühlung des Bodens mitarbeiten. Insbesondere Laubhölzer begünstigen durch ihre Blattstreu das Tierleben ganz bedeutend. Der Untergrund der Moore hat für die Ernährung der Holzarten nur dann Bedeutung, wenn er von den

[1] Männel: Moore des Erzgebirges. Forstl.-naturwiss. Z. 1896, 43ff. Dissert. München 1896.

Wurzeln erreicht werden kann; die Bäume treiben, wo die Moorschicht nicht gar zu mächtig ist, ihre Wurzeln sehr gern in die mineralische Unterlage der Moore hinein. Reich an Nährstoffen ist der Untergrund in der Regel nicht, da er durch das darüber lagernde Moor an Kali, Kalk und Phosphorsäure stark erschöpft ist. Als gefährlich für das Pflanzenleben müssen Abscheidungen von Ocker und noch mehr von Schwefelkies bezeichnet werden; in Berührung mit Luft entwickelt sich aus letzterem Eisenvitriol und freie Schwefelsäure, und ein schlechtes Gedeihen von Mooraufforstungen ist gegebenenfalls hierauf zurückzuführen. Das freudigste Gedeihen zeigen Waldbestände auf Moor jedoch dann, wenn eine Mischung von Moorsubstanz mit besserem Mineralboden auf natürlichem Wege zustande kommt, wie solches — abgesehen von zeitweiligen Überschwemmungen niedrig gelegener Moorgelände — an Berührungszonen der Moore mit Abhängen von Mineralboden, z. B. angrenzenden Hügeln, Moränen, Dämmen, sowie durch Einschwemmungen hervorgerufen wird.

Die nachstehend mitgeteilten Analysenbefunde beziehen sich auf südbayerische Moore, die sich in jeder Beziehung an die Salzburger Moore und ähnliche Vorkommen anschließen.

Laufende Zahl	In 100 Teilen wasserfreien Bodens sind enthalten								1 m³ wiegt kg	In 1 m³ des Bodens in seiner natürlichen Lagerung sind enthalten in kg						
	Verbrennliche Stoffe	Unverbrennliche Stoffe	Davon in Salzsäure loslich: Gesamt	Davon in Salzsäure loslich: Kalk	Davon in Salzsäure loslich: Phosphorsäure	In Salzsäure unlöslich	Stickstoff	Kali		Wasser	Wasserfreier Boden	Reinasche	Kalk	Phosphorsäure	Stickstoff	Kali
1	98,10	1,90	1,19	0,40	0,09	0,71	0,89	0,07	667	629	38	0,45	0,15	0,03	0,34	0,03
2	95,79	4,21	1,63	0,60	0,14	2,58	1,95	0,04	962	867	95	1,55	0,56	0,13	1,85	0,04
3	95,69	4,31	2,07	0,89	0,16	2,24	1,91	0,06	861	780	81	1,68	0,72	0,13	1,55	0,05
4	94,23	5,77	1,76	0,57	0,16	4,01	3,11	0,05	944	766	178	3,13	1,02	0,29	5,54	0,08
5	93,71	6,29	1,56	0,35	0,19	4,73	2,42	0,04	1005	814	191	2,98	0,66	0,37	4,62	0,08
6	94,36	5,64	2,76	1,12	0,17	2,88	2,17	0,07	947	840	107	2,95	1,20	0,18	2,32	0,07
7	95,90	4,10	1,12	0,13	0,18	2,98	2,30	0,05	958	807	151	1,69	0,19	0,28	3,47	0,07
8	91,96	8,04	2,24	0,18	0,25	5,80	3,02	0,06	850	687	163	3,65	0,30	0,41	4,92	0,10
9	94,92	5,08	1,44	0,19	0,19	3,64	2,84	0,05	906	682	224	3,26	0,29	0,43	6,36	0,12
10	95,78	4,22	2,04	0,50	0,10	2,18	1,99	0,03	528	328	200	4,08	1,00	0,20	3,98	0,06
11	74,83	25,17	8,12	0,13	0,17	17,05	2,01	0,14	590	297	293	23,79	0,39	0,51	5,98	0,42
12	86,57	13,43	9,87	1,70	0,33	3,56	3,73	0,03	938	751	187	18,46	3,18	0,62	5,89	0,06

Die Proben 1—6 wurden von der bayerischen Moorkulturanstalt, 7—12 vom Verfasser entnommen.

Die klimatischen Verhältnisse der Moore können nicht als förderlich für die Waldvegetation bezeichnet werden. Große Temperaturextreme, die langsame Erwärmung des stark wasserhaltigen Moorbodens im Frühjahr, andererseits das Erwachen des Lebens in den Nadelhölzern, während der Boden noch gefroren ist, Spätfröste bis in den Juni hinein, oberflächliches Austrocknen des Moorbodens im Sommer, alles das ruft ein ungünstiges Wachstum der Holzarten hervor.

Die Bergkiefer (Pinus montana) verträgt weitaus das nasseste Hochmoor; sie sinkt darin allerdings zu einem oft nur 30 cm hohen, ganz an den Boden angeschmiegten Strauchbusch herab; in den Randteilen der Hochmoore, wo die Wurzeln schon in das darunter liegende Flachmoor reichen, kommt die einstämmige, aufrechte Form vor, die dort die ansehnliche Höhe von 10 und mehr Metern erreicht. Man kann diese Wuchsleistung aber nur an den Rändern der Hochmoore, wo das Flachmoor erreichbar ist, erwarten, nicht auf Hochmoor, selbst wenn dies entwässert ist. Die Kiefer (Pinus silvestris) kümmert auch auf entwässertem Hochmoor, nimmt jedoch mit Annäherung an das Flachmoor eine bessere Form an. Sie erreicht hier ein hohes Alter, doch ist ihr Holz meist weitringig und schwammig.

Die Fichte (Picea excelsa) wagt sich kaum, höchstens entlang der Gräben, ins Hochmoor hinaus, sie kränkelt aber auch hier und stirbt ab. Sie hat ihre natürliche Verbreitung hinter den Kiefernstreifen im Flachmoor und im Anschluß an den

Abb. 67. Erlenbruch, nahe einem Bache im südlichen Chiemseemoor. (Phot. Leiningen.)

Mineralboden. Auf besserem Flachmoorboden lassen ihr Wuchs, die natürliche Verjüngung und ihre Standfestigkeit nichts zu wünschen übrig; die flach streichen-

Abb. 68. Kiefern-Birkenbestand auf Flachmoorboden, südliches Chiemseemoor. (Phot. Leiningen.)

den Wurzeln verankern sich gegenseitig sehr fest und, wie man in Südböhmen (Umgegend von Wittingau) sehen kann, ist sie dann gegen Windwurf gefeit. Die Fichte wird als die standortsgerechteste Holzart auf entwässertem Moorboden bezeichnet. Im fürstlich Schwarzenbergschen Revier St. Barbara wurde ein auf einem mehrere Meter mächtigen Moorboden stockender 120jähriger Fichtenbestand abgetrieben, der bei einer mittleren Höhe von 35 m 800 fm Holzmasse je Hektar ergab[1]. Die Fichte entwässert den Moorgrund sehr ausgiebig, dennoch kann man selbst in alten Beständen Entwässerungsgräben keineswegs entraten; ähnlich verhält sich die auf Moorboden viel seltenere Weißtanne (Abies pectinata). Die Lärche (Larix europaea) und die Zirbelkiefer (Pinus cembra) kommen häufig auf ziemlich nassen alpinen Mooren vor; diese sind infolge eingeschwemmter und hineingewehter Mineralstoffe meist recht nährstoffreich und somit kaum mit den Mooren der tieferen Lagen zu vergleichen. Hinsichtlich der fremdländischen Nadelholzarten kann man heute noch kein abschließendes Urteil fällen. Es liegen manche Versuche vor, wie z. B. solche mit der Bankskiefer, die auf entwässerten Teilen des Bernauer Hochmoores bisher in einem Alter von etwa 20 Jahren gut fortkommt. Im gräflich Schulenburgschen Forst (Danndorf bei Velpke) sah der Verfasser freudig wachsende Stechfichten (Picea pungens) auf entwässerten Moorflächen gedeihen. Eben dort entwickelte sich auch Thuja occid. sehr gut. Versuche mit dieser Holzart kennt man auch von Bernau und vom forstlichen Versuchsgarten Grafrath bei München, wo sie auf Flachmoor in einem sehr gefährlichen Frostloch schon vor längerer Zeit angepflanzt wurde.

Die Aufforstung von Moorboden mit manchen Nadelholzarten wäre nach den bisherigen Erfahrungen jedenfalls bis zu einem gewissen Grade durchführbar. Was aber die Wechselwirkungen zwischen Pflanzen und Boden anbelangt, muß allerdings gesagt werden, daß sämtliche Nadelholzarten, ausgenommen Zirbe und Lärche, den Moorboden, sei es Hoch- oder Flachmoor, recht unvorteilhaft beeinflussen, womit schon allein die Zukunft solcher Aufforstungen in der ersten Generation sehr in Frage gestellt wird. Die Streu der Nadelhölzer verwest nämlich auf dem Moorboden sehr schwer, es bildet sich massenhaft Rohhumus; auf ihm siedeln sich Torfmoose, und zwar vorzugsweise Sphagnum acutifolium und Graumoos (Leucobryum glaucum), ferner Heidekraut und Beersträucher an; durch diese Pflanzen wird dann eine Hochmoordecke unter Nadelholz ausgebildet, die allmählich zum Untergang der Bestände führt, da diese eine Überwucherung durch Hochmoorpflanzen nicht allzu lange vertragen. Die Waldvegetation unterliegt also im Kampfe gegen diese niedere Bodendecke. So wird in einer Aufforstung mit Nadelholzpflanzen schon der Keim zur Hochmoorbildung gelegt, selbst wenn es sich um Flachmoor, das vorher genügend entwässert wurde, handelt, da die Sphagneen im hohen Grade Wasser zu speichern vermögen und nun den Moorboden neuerdings vernässen. Von den Laubhölzern kommt die Birke (meist Betula pubescens) in besseren Stämmen nur auf entwässertem Hochmoor, viel häufiger jedoch auf Flachmoor vor; auf abgetorftem Hochmoor fliegt sie häufig in Massen an, sie entwässert den Standort sehr stark, düngt ihn mit ihrem Blattabfall, und der Moorboden wird unter ihr verrottet, wozu auch die Bodenfauna (Regenwürmer) beiträgt, die sich in den Birkenrandstreifen bald einfindet. Man könnte sie somit zweifellos zur Mooraufforstung verwenden. Die Schwarzerle (Alnus glutinosa) versagt auch auf schon länger entwässertem Hochmoor, ihr Standort ist von Gewässern durchflossenes Flachmoor, wo sie vor allem in Norddeutschland in ausgedehnten „Brüchen" vorkommt; sie verbessert den Boden, der unter ihr kohlschwarz und krümelig wird, durch ihren reichen Laubabfall und ihre Knöllchen (Stickstoffassimilation). An trockeneren Stellen und auf nährstoffreicherem Moorboden findet man auch Erlen-Eschen-Mischbestände. Wird der Moorboden nicht regelmäßig von mineralstoffreichen Gewässern über-

[1] Fischer, J. u. F.: Borkowitz: Aufforstung abgetorfter Moore. Z. Moorkultur u. Torfverwertung, **11**, H. 4 (1913). — Ferner F. Heske: Die Forste der Fürst Schwarzenbergschen Fideikommißherrschaft Wittingau. Prag 1909.

flutet, so kann sich die Schwarzerle nicht entsprechend entwickeln und unterliegt auch bald im Kampfe gegen das vordringende Hochmoor, dies ist besonders in dem regenreichen Voralpengebiet der Fall, wo durch die hohen Niederschlagsmengen die Auswaschung der Nährstoffe aus dem Moorboden nur zu schnell und gründlich vor sich geht[1]. Aus diesem Grunde erreichen in Südbayern die Erlenbrücher auch niemals jene Ausdehnung wie in dem viel regenärmeren norddeutschen Flachlande mit nur höchstens 800 mm Niederschlag. Die Grauerle (Alnus incana) kommt für Mooraufforstungen wohl nicht in Betracht. Die Esche (Fraxinus excelsior) gedeiht nur auf allerbestem Flachmoorboden, besonders wenn dieser mit Mineralboden gemischt ist oder doch nährstoffreiche Zuflüsse empfängt. Man findet sie in den Bruchwäldern Ostpreußens, Litauens und der baltischen Provinzen. Die Eiche (stets Quercus pedunculata) gehört im Moorgebiete regelmäßig dem mit Mineralboden gemischten Flachmoore an. Die Buche (Fagus silvatica) und Hainbuche (Carpinus betulus) lieben trockenes, nährstoffreiches Flachmoor, ebenso die Aspe (Populus tremula). Die Eberesche (Sorbus aucuparia), der Faulbaum (Rhamnus frangula) und die Traubenkirsche (Prunus padus) treten als Unterholz in den Moorwäldern, vorzugsweise in der Flachmoorzone auf.

In wie weit man die Laubholzarten zur Mooraufforstung benutzen kann, ist durch ihr natürliches Vorkommen ohne weiteres festgelegt; man hat von ihnen im Gegensatz zu den Nadelhölzern jedenfalls eher eine Verbesserung als eine Verschlechterung des Moorbodens zu gewärtigen, allein sie sind meist auch anspruchsvoller, so daß nur besserer Moorboden aufgeforstet werden könnte. Doch sind sie durch offene Gräben gegen das vordringende Hochmoor zu schützen. So käme also im wesentlichen überhaupt nur Flachmoor bei entsprechender Entwässerung für die Aufforstung in Frage. Hochmoor müßte vor der Begründung von Waldbeständen gründlich entwässert und erst mit Nährstoffen bereichert werden, um den Bäumen für das jungendliche Alter genügend davon zur Verfügung zu stellen. Erfahrungsgemäß stockt aber auch auf gedüngtem Hochmoor das Wachstum der meisten Holzarten sehr bald, so daß man für forstliche Kulturen keine besonders günstige Zukunft in Aussicht stellen kann. Wo Flachmoor unter Aufwendung größerer Kosten kultiviert werden soll, wird dies ohnehin gewöhnlich durch den Landwirt geschehen. Somit bliebe im allgemeinen die Mooraufforstung hauptsächlich nur auf solche Fälle beschränkt, wo man eine Lücke im Walde schließen will, die durch Moorflächen verursacht wird, um dem Winde Angriffsflächen auf benachbarte Waldbestände zu entziehen[2]. Sonst sollten die Moore der Landwirtschaft vorbehalten bleiben, und in der Hand des einsichtigen Landwirts wird aus ihnen stets mehr als durch Aufforstung herauszuwirtschaften sein, bei der mit zu großen Hindernissen zu kämpfen ist.

Nun sei noch auf verschiedene Bestrebungen hingewiesen, die hauptsächlich in früheren Zeiten auf diesem Gebiete zu verzeichnen sind.

Die Hoch- und Pangerfilze (bei Rosenheim) wurden im Jahre 1822 mit Hilfe eines Kanalsystems, das an der höchsten Stelle dieser Hochmoore einmündete, mit Wasser und Schlamm berieselt, so daß schließlich selbst auf den innersten Hochmoorteilen Schlamm von $^1/_2$ Fuß Mächtigkeit abgelagert wurde; so günstig sich anfangs angeflogene Birke und Fichte auf der mehr als 600 Tagewerk großen Fläche entwickelten, so kamen später Torfmoose (Sphagnumarten) wieder in großer Menge auf, zumal die Entwässerung stockte, was auf den Zerfall der Gräben zurückzuführen war. Kleinere Mooraufforstungen wurden auf bayrischem Gebiete auch

[1] Paul, H.: Die Schwarzerlenbestände des südlichen Chiemseemoores. Naturwiss. Z. Land- u. Forstwirtsch. **1906**, H. 9.

[2] Bersch, W.: Aufforstung von Hochmooren. Z. Moorkult. u. Torfverwertg. **10**, H. 6 (1912).

im Fichtelgebirge und im Bayrischen Walde ausgeführt, meist nur mit Hilfe von Entwässerung. Randteile von Hochmooren wurden im Forstamte Schongau (1850) durch gründliche Entwässerung vorbereitet und aufgeforstet, dasselbe gilt auch für abgetorftes Moor; heute stocken auf dem nur 1 m mächtigen, ziemlich nährstoffreichen Moorboden prächtige Fichtenbestände; für die Offenhaltung der Abzugsgräben wird allerdings auch gegenwärtig noch Sorge getragen. Ähnliches ist, wie erwähnt, von den schönen alten Mischbeständen, die aus Fichte und Kiefer bestehen, zu sagen, die man auf Moorboden in der Wittingauer Gegend sehen kann. Auch hier handelt es sich um Hochmoorboden, der in geringer Tiefe von Flachmoor unterlagert wird. Im Schwarzwalde (Baden) hat man schon um 1780 Anbauversuche mit Fichten, jedoch auch mit Exoten, ausgeführt. Etwa vor 50 Jahren ausgeführte Kiefernkulturen auf dem Bernauer Hochmoor, bei denen nur eine Entwässerung eingeleitet, jedoch wohl keine Düngung gegeben wurde, haben sich dürftig entwickelt; die Kiefern wiesen im Jahre 1907 eine Höhe von nur 5 m auf. Neuere Versuche in dieser Gegend zeigen, daß eine Düngung neben Entwässerung unerläßliche Voraussetzung für das Gedeihen der Kulturen auf Hochmoor ist.

Die forstliche Nutzung der Hochmoore vermittels des Brandfruchtbaus hat zu Mißerfolgen geführt; infolge eines sechsmaligen Brennens des Moores und der Ausnutzung der freigewordenen Nährstoffe durch Feldfrüchte ist der Moorboden natürlich nicht verbessert worden, und es mußten daher solche Versuche mißlingen. Ältere Waldbestände auf Flachmoor, die wohl durch Anflug entstanden sind, findet man in dem nahe bei München gelegenen Dachauer Moor. Kiefern, Fichte und Birke haben sich hier gleich gut entwickelt, aber auf dem Boden lagern sich mächtige Schichten von Rohhumus ab, die aus unverwester Streu hervorgegangen sind. Sphagnumarten finden sich in Menge ein, schließen sich bald zu ganzen Decken an einander und leiten so die Hochmoorbildung auf Flachmoorboden ein. Ähnliche Verhältnisse findet man in den schönen Fichtenbeständen auf der Insel Herrenchiemsee, wo es sich noch dazu um sehr gutes, nährstoffreiches Flachmoor handelt. Jedenfalls sind die Ergebnisse derartiger Unternehmungen nicht so ausgefallen, daß sie zu Mooraufforstungen in größerem Umfange anreizen könnten[1].

Auf den Mooren des Erzgebirges hängt das Wachstum der Fichte nicht ohne weiteres von der Stärke der Moorschicht ab, sondern von der Güte des Moorbodens[2]. Auch MÄNNEL[3] hatte früher schon festgestellt, daß z. B. auf Moorböden, die weniger als 1 m mächtig sind, nicht durchweg gute Bestände zu erzielen waren, da physikalische und chemische Eigenschaften, sogar der Untergrund mit ausschlaggebend sind; dennoch wird im allgemeinen geraten, nur Moor von 1 bis höchstens 1,5 m Mächtigkeit aufzuforsten. In neuerer Zeit ist LANG für die Mooraufforstung eingetreten, sagt jedoch, daß es geeigneter wirtschaftlicher Maßnahmen bedarf, um die Moosmoore zurückzudrängen[4]. Die Aufforstungsmöglichkeit für Hochmoore ist nach SPRINGER[5] in Schweden gegenüber Deutschland eine viel größere. Als Gründe hierfür werden der höhere Nährstoffgehalt der dortigen, zum Teil glazialen Böden erwähnt. Dieser wirkt sich für die Moore durch Vermittlung des Quellwassers usw. aus. Der nordische Moortorf ist nicht so schlammig wie der deutsche, verhältnismäßig nährstoffreicher und damit geeigneter zur Auf-

[1] Auszug aus W. Graf zu LEININGEN: Die Aufforstung von Mooren. Z. Moorkult. u. Torfverwertung **1917**, S. 53.

[2] WIEDEMANN, E.: Forstwirtschaft im sächsischen Erzgebirge. Thar. forstl. Jb. **1930**, 288.

[3] MÄNNEL: a. a. O., S. 43.

[4] LANG, R.: Moorwiese oder Moorwald? Forstwiss. Zbl. **1930**, 323.

[5] SPRINGER, G.: Aufforstungsmöglichkeit von Hochmooren. Z. Forst- u. Jagdwes. **1925**, 105.

forstung. Die Möglichkeit, nordische Moore in Anbetracht der gleichmäßig über das Jahr verteilten Niederschläge viel gründlicher entwässern zu können, führt den Torf im Laufe der Jahre einer Umwandlung in milden Humus entgegen und gestattet den Wurzeln ein Hinunterdringen bis in den Mineralboden. Die Frage, ob die schwedischen Hochmoore mit dauerndem Erfolge aufgeforstet werden können, ist nicht eindeutig zu beantworten; Kahlschlag kann zur Versumpfung, Mangel an beigemischtem Laubholz zur Anhäufung des Streuabfalls führen. Die Gefahren für die Hochmooraufforstung sind also denen in Deutschland ganz ähnlich[1].

Aufforstung verkarsteter Gebiete. Wenn von Aufforstung verkarsteter Gebiete die Rede ist, so meint man damit zunächst wohl den eigentlichen Karst, dann aber auch Kalkgebirge im allgemeinen, denen gewisse Kennzeichen mit dem Karste selbst gemeinsam sind. Dieser erstreckt sich im Süden

Abb. 69. Karrenfeld, dessen Spalten zur Aufnahme von Terra rossa dienen können. (Phot. Leiningen.)

Italiens von den Julischen Alpen über Kroatien, Bosnien, Montenegro bis Albanien[2]. Für den Karst selbst ist, wenigstens für die wärmeren und tieferen Lagen, die Armut oder das gänzliche Fehlen normaler Waldvegetation bezeichnend.

[1] Cajander, A. K.: Moore Finnlands. Acta forest. fennica **2** (1913). — Früh, J. u. C. Schröter: Moore der Schweiz. Bern 1904. — Gross, H.: Ostpreußens Moore. Schrift. physik.-ökonom. Ges. Königsberg **1912/13**. — Leiningen, W. Graf zu: Waldvegetation präalpiner bayerischer Moore. Stuttgart 1907; hier wird Brüning (Forstliche und landwirtschaftliche Nutzung der Hochmoore mittels des Brandfruchtbaues) besprochen. — Moore in der Gegend von Schongau. Naturwiss. Z. Land- u. Forstwirtsch. **1906**. — Schreiber, H.: Moore Vorarlbergs, Staab 1910, Salzburgs 1913, Sebastiansbergs 1913; außerdem die Jahresberichte der Moorkulturstation Sebastiansbergs. — Moorkunde. Berlin 1927. — Weber, C. A.: Hochmoor von Augstumal. Berlin 1902. — Backmann, A. L.: Mooruntersuchungen im mittleren Oesterbotten. Helsingfors 1920. — Multamäki, S. E.: Moore Finnlands und ihre Aufforstung., Acta forest. fennica **1920**. — Waldwachstum auf entwässerten Torfböden. Ebenda **1923**.

[2] Adamovič, L.: Pflanzenwelt Dalmatiens. Leipzig 1911. — Wälder Dalmatiens. Zbl. Forstwes. **1911**. — Krebs, N.: Halbinsel Istrien. Leipzig 1907. — Leiningen, W. Graf zu: Zur Oberflächengeologie und Bodenkunde Istriens. Naturwiss. Z. Forst- u. Landwirtsch. **1910**. — Stache, G.: Geognostische Verhältnisse der Küstenländer von Österreich-Ungarn. Wien 1889.

Man kann nun, wenn man den Begriff der Verkarstung sinngemäß auf ähnliche Gebirge anwendet, solche Gegenden auch noch an der französischen und italienischen Riviera, wohl auch in Griechenland und in den Kalkgebieten im Süden und Westen Kleinasiens[1], andererseits aber selbst noch in den nördlichen Kalkalpen beobachten.

Abb. 70. Roterdebildung im Kalk bei Opčina, die Karrenfurchen sind mit Terra rossa gefüllt. (Nach V. KREBS.)

Was die Aufforstung[2] verkarsteter Gebiete besonders erschwert, ist ihre Armut an Erde. Die herrschende Bodenart auf Kalkgestein ist die Roterde. Sie ist fast stets nur am Fuße der Gebirgshänge, sonst in Klüften und Löchern der kahlen Felsen oder in Dolinen anzutreffen und wird z. T. aber, vor allem in den letzteren, vom Landwirt mit Beschlag belegt, so daß für den Forstwirt eigentlich nur jene Karstflächen übrig bleiben, die infolge großen Mangels an Erdreich von vornherein recht ungünstige Bedingungen für die Aufforstung darbieten. Die Roterde selbst ist keineswegs unfruchtbar, wenn sie auch durch die hohen Niederschlagsmengen stark ausgewaschen und oft bis aufs äußerste an Kalk erschöpft ist. Ihre hochgradig kolloide Veranlagung bringt es mit sich, daß sie schwer zu bearbeiten und andererseits sehr undurchlässig ist, so daß Wasser, Luft, Wurzeln und Boden-

Abb. 71. Doline bei Buccari, deren Abhänge in Terrassen ausgebaut sind und ebenso wie der Dolinenboden landwirtschaftlich genutzt werden. (Phot. LEININGEN.)

[1] Vgl. F. GIESECKE: Bodenkundliche Beobachtungen auf Reisen in Anatolien und Ostthrazien. Chem. d. Erde 4, 551 (1930).

[2] GSCHWIND, A.: Blumeneschenkultur im Karst. Z. Forstwes. 1917. — LEININGEN, W. Graf ZU: Über Karstaufforstung. Forstwiss. Zbl. 1917. — PUCICH, J.: Karstbewaldung des österreichisch-illyrischen Küstenlandes. Triest 1900. Wien 1907. — RUBBIA, K.: Karstaufforstung in Krain. Laibach 1912; Zbl. Forstwes. 1913.

fauna nur mit großen Schwierigkeiten eindringen können. Die angeführten Umstände, die in verkarsteten Gebieten überhaupt anzutreffen sind, hindern eine erfolgreiche Aufforstung wesentlich. Hinsichtlich der Bodenfauna wären hauptsächlich nur die Regenwürmer anzuführen, die den Boden bis in größere Tiefe durchwühlen und dadurch die Durchlüftung und das Eindringen der Niederschläge etwas fördern. Da sich diese Tiere in den warmen Mittelmeerländern nicht nur im Laubwalde, sondern auch unter Nadelholz geradezu massenhaft einfinden, so wird durch ihre Tätigkeit die Streu rasch zersetzt und dem Mineralboden beigemengt. Da gerade die Schwarzkiefer mit ihrem reichen Nadelabfall bedeutende Mengen von Streu hervorbringt, so fällt dieser Umstand sehr ins Gewicht. Im Laufe der Jahre findet durch die Tätigkeit genannter Tiere eine völlige Umarbeitung der obersten Mineralbodenschicht statt, wobei sich diese dunkelbraun bis schwarz färbt. Im Oberboden aus Schwarzföhrenbeständen von St. Peter am

Abb. 72. Aufforstung verkarsteter Gebiete: Roterde mit tiefen Erosionsfurchen am Fuße der Höhen von Laurana. (Phot. Leiningen.)

Karst konnten denn auch 11,3 % Humus und in 30 cm Tiefe noch 6,3 % festgestellt werden. Auf Kahlflächen jedoch ist der Humus gänzlich aufgezehrt, und es ist eine der Hauptaufgaben der Aufforstung, dem Boden den Humus als Träger des Stickstoffs wieder zu geben. Natürlich ist der Humus für die Roterde auch sonst von allergrößter Wichtigkeit, da er diese krümelt und die Wasserführung günstiger gestaltet. Die Versorgung der Bäume mit Wasser ist insofern in verkarstetem Gelände einigermaßen gesichert, als ihre Wurzeln häufig stärker entwickelt sind als die Stämme und in bedeutende Tiefe streichen. Das hindert nicht, daß in trockenen Jahren schon Mitte August die Blätter der Laubbäume, auch im Buschwalde, vertrocknen. Was die Waldarmut des Karstes betrifft, muß festgestellt werden, daß dieser überhaupt nie ganz bewaldet war, so z. B. auf Südlagen von Steilhängen und auf vollkommen horizontal gelagerten Schichten des Kalkgesteines, da auf derartigem Gelände von jeher zu wenig Boden angehäuft und zudem die Trockenheit zu groß war.

Wo Hochwälder noch in historischen Zeiten vorhanden waren, heute aber an ihre Stelle Kahlflächen getreten sind, war es vorzugsweise ein unvernünftiges Walten der Menschen, das diese traurigen Zustände geschaffen hat. Man macht in der Regel die Römer, noch mehr die Venezianer für die Waldverwüstung im Karst verantwortlich, doch nicht mit Recht. Zur Zeit der Republik Venedig (schon Mitte des 15. Jahrhunderts) wurden aus dem Karstgebiet von Istrien, Triest und Görz allerdings viel Schiffsbauholz und Pfähle bezogen, allein Waldordnungen sorgten für eine pflegliche Behandlung des Waldes. Die Dalmatiner Gegenden scheinen allerdings weniger gut behandelt worden zu sein. Andererseits haben manche Gegenden im Karst, die zu den allerschlimmsten zählen, nie unter venezianischer Herrschaft gestanden, und es läßt sich kurz sagen, daß eigentlich von jeher vielmehr die einheimische Bevölkerung an der Vernichtung des Waldes gearbeitet hat. In früheren Zeiten brannten sich befehdende Stämme gegenseitig die Wälder nieder, mitunter zündeten die Karstbewohner selbst die Wälder an, um sich hierdurch die Besuche der Venezianer fern zu halten. Dann wurden im Karst stets sehr viel Ziegen gehalten, die der Waldkultur so lange gefährlich waren, bis deren Weidegang gesetzlich verboten wurde. Die Einwohner selbst

Abb. 73. Kahle Bergkuppe bei Bakar (Jugoslavien); in den Felsspalten wurzeln nur Kleinsträucher. (Phot. LEININGEN.)

führten dann schon zu Zeiten der venezianischen Herrschaft die sog. Kopfholzwirtschaft ein. Diese hatte sich bis in die neueste Zeit hinein erhalten, vor allem, um dem Weidegang große Waldflächen offen zu halten. Die Beweidung und die üble Gepflogenheit der Eingeborenen, die Stöcke der Laubhölzer samt der Wurzel auszugraben, so daß sich nun der Wald auch nicht mehr mit Hilfe des Stockausschlages verjüngen konnte, haben den Karstwaldungen den Rest gegeben. In Istrien und auf den quarnerischen Inseln werden heute noch neben Großvieh viele tausend Schafe gehalten, die sehr wenig Gras zu ihrer Nahrung vorfinden und so alle anderen Pflanzen, selbst den Wacholder, angehen. Durch alle diese Schädigungen mußte der Wald im Laufe der Zeit der Karstheide oder doch der Macchie weichen, und dennoch wäre es leicht, den Wald bei Verschonung durch Weidegang aus Stockausschlag allein zu erhalten und zu verjüngen, da hier die Ausschlagfähigkeit der Laubhölzer eine geradezu unglaublich starke genannt werden muß.

Abgesehen von den vorher gemachten Einschränkungen, die besonders ungeeignete Standorte betreffen, war früher selbst in den wärmeren Regionen des heute entwaldeten Karstes nachweislich Hochwald vorhanden. Die schönsten und umfangreichsten Hochwälder findet man heute noch in Bosnien, dann im kroatischen und krainischen Waldgebiet; das Küstenland, die Herzegowina und Montenegro besitzen wenig, Dalmatien nur ganz ausnahmsweise Hochwald. Auf dem Gebirgsplateau des Vellebit kommen sogar noch große Urwälder vor, wie das in den Höhenlagen unter dem Einfluß des guten Bodens sowie kühleren und feuchteren Klimas erklärlich ist, während das gegen das Meer hin abfallende Gehänge (Südlagen) vollkommen kahl ist und zu den unwirtlichsten Karstöden gehört. Im höher gelegenen Karstgebiete des Küstenlandes sind Hochwälder auch sonst häufig (Ternovanerwald, Staatswald Panowitz, unweit Görz, Gegend von Montona, Lippiza usw.). Die Hauptholzarten der Gebirgsregion sind Fichte, Buche, Tanne, daneben Stieleiche, Ulme, Edelkastanie und andere. Sonst findet man viel häufiger Mittel- und Niederwald (sommergrünen Eichenwald und Ornusmischwälder) im Mittelgebirge; in den wärmeren, niederen Lagen herrscht der

Abb. 74. Kahler Felsabhang bei Fiume. Vegetation nur aus Wacholderbüschen, Ginster usw. (Phot. Leiningen.)

Buschwald, die immergrüne Macchie vor, die einerseits in den Hochwald, andererseits in die Karstheide übergeht. Die Macchie ist an das milde und feuchte Meeresklima gebunden und findet sich nur auf Kalkboden. Man nimmt an, daß die immergrüne Macchie aus ehemaligen Eichenwäldern hervorgegangen ist. Begibt man sich nach Osten, nach Dalmatien, so wechselt der Charakter des Hochwaldes, und man findet als wichtigste Holzart die Aleppokiefer, seltener die Schwarzföhre (Pinus nigra var. Austriaca) und den Lorbeerbaum; als Unterholz gesellen sich diesen noch Elemente der Macchie bei.

Was die für die Aufforstung ausschlaggebenden klimatischen Verhältnisse im Karstgebiet anbetrifft, so gilt folgendes. Das kühlere Karstgebiet scheidet aus, denn dort trifft man ohnehin schöne Hochwälder (Fichte, Tanne, Buche usw.), die sowohl auf den vorzüglichen Böden der Sandsteine wie auch auf Kalk und Dolomit sehr gut fortkommen. Schwieriger zu arbeiten ist schon im gemäßigten Karstgebiete, wo der Winter kalt (durch Schneefälle und Borastürme), der Sommer im allgemeinen heiß und regenarm ist, sich aber noch viel Tau bildet, und nachts Abkühlung eintritt. Vollends erschweren sich alle Kulturmaßregeln im warmen Karstgebiet; hier ist der Winter mild, Schneefälle selten, der Sommer heiß und trocken, oft fällt 2—3 Monate kein Tropfen Wasser, die Taubildung ist sehr gering und nachts erfolgt auch keine Abkühlung. Weht jedoch die Bora, ein kalter, trockener Nord- bis Nordostfallwind, so wird die Pflanzenwelt mechanisch geschädigt, sie leidet aber auch durch Austrocknen und im Winter durch Erfrieren, zumal eine Schneedecke fehlt, und Streu wie selbst auch der Mineralboden weggefegt werden. Die Bora allein ist daran schuld, daß an wenig geschützten Punkten die Wälder zu Krüppelwäldern werden. Der warme und Regen bringende Scirrocco wirkt vorzugsweise günstig. Hinsichtlich der Regenmengen, denn Schnee fällt hier fast nie, ist zu sagen, daß diese an sich überreichlich für die Entfaltung selbst der üppigsten Pflanzendecke wären, daß sie sich aber hauptsächlich nur im Frühjahr

Abb. 75. Aufforstung oberhalb Triest (Opsina). Anpflanzung von Schwarzkiefer, nur streifenweise, da der Felsuntergrund stellenweise zur Aufforstung ungeeignet ist. (Phot. LEININGEN.)

und im Herbst, und zwar vielfach als sog. „Ruckregen" entladen; durch diese ungleichmäßige Verteilung, bei der die Hauptvegetationszeit stark unter Trockenheit leiden muß, ist das warme Karstgebiet wiederum im Nachteil. Im Oktober fallen die größten Regenmengen. In Triest wurden an einem Tage 154, in Hermsburg 145, im Ternomanerwald 316 mm Niederschlag gemessen[1].

Die Bodenverhältnisse wurden, was das Kalkgebiet betrifft, eingangs erwähnt. Böden, die aus Flyschsandstein hervorgehen und meist tiefgründig, wasserhaltend, z. T. auch mergelig sind, bleiben dem Landwirt vorbehalten. So bleibt für den Wald in den mittleren und tieferen Lagen des ganzen Karstes meist nur das Kalkgebiet übrig, das, wie erwähnt, arm an Boden, durchlässig für Wasser, steinig, zerrissen und zerklüftet ist. Hier findet man, wie früher dargelegt, nur eine einzige Bodenart vor, es ist die mehr oder weniger mit Kalkstücken vermengte Roterde. Unter Wald, insbesondere in Höhenlagen, und zwar sehr stark unter Heidekraut, das bis an die Küste der Adria hinuntersteigt (Umgegend von Abbazia), degeneriert

[1] HOPPE, E.: Forstmeteorologische Studien im Karstgebiete. Zbl. Forstwes. 1898. — MAZELLE, E.: Klimatographie des österreichischen Küstenlandes. A: Triest. Wien 1908.

die Roterde zu Braunerde[1]. Die höheren Teile des Karstes zeigen vielfach die für den Wald so ungünstigen Karstphänomene in geringerem Grade (gleichviel, um welche Art der Kalkgesteine es sich handelt) als die mittleren und tieferen Lagen, falls der Wald als schützende und bodenerhaltende Decke dort noch anzutreffen ist.

Die ersten Aufforstungsversuche wurden um 1840 durch die Stadt Triest eingeleitet; aus Mangel an Erfahrung versuchte man es mit Saat, ohne daß man den Boden vorher bearbeitet hätte; dann legte man Gräben an, trug in diese Erde aus der Umgebung herbei. Allein auch unter diesen verbesserten Standortsverhältnissen gingen, durch die Hitze, Trocknis und Mäusefraß beeinträchtigt, die Saaten nicht an, so daß man sich zur Pflanzung entschließen mußte. Anfangs wollte man die im Karst früher so verbreiteten Laubhölzer, wie Eiche, Ulme, Hopfen- und Weißbuche, Blumenesche, ohne weiteres wieder heranziehen, während es sich dann zeigte, daß die in jeder Beziehung anspruchsvollen Holzarten auf dem arg herunter-

Abb. 76. Älteste Karstaufforstung mit Schwarzkiefer oberhalb Triest. Im Vordergrund eine Trockenmauer. (Phot. Leiningen.)

gekommenen Boden ohne eine Vorbereitung durch die viel genügsamere Schwarzföhre (Pinus nigra var. Austriaca) nicht gedeihen konnten. So ist denn dieser Baum für die Aufforstung geradezu unersetzlich. Übrigens könnte man durch die bloße Schonung der zahlreichen Stock- und Wurzeltriebe allein den alten Karstwald wieder erstehen lassen. Während sonst bei den Bäumen in ihren Stämmen Reservestoffe angehäuft sind, dienen hier die Wurzeln als Nährstoffspeicher; hierzu befähigt sie ihr auffallend starkes Dickenwachstum. Die verhältnismäßig hohe Frühjahrswärme und die in dieser Zeit so reichlich niedergehenden warmen Regengüsse begünstigen natürlich den Antrieb ganz hervorragend. Hingegen greift man zu einer regelrechten Aufforstung durch Anpflanzung, wo sich Reste von Laubhölzern nicht mehr vorfinden oder, wie in der ausgeprägten Karstheide, nur noch zahlreiche Wacholderbüsche zwischen den Felsen stocken. Man schont natürlich auch diese, denn gerade im Schirm der Wacholderbüsche gehen die jungen Pflanzen erfahrungsgemäß recht gut an, was auf eine Bereicherung des Bodens durch den rasch verwesenden Nadelabfall und auf Windschutz zurückzuführen ist. Wie früher schon angedeutet, eignet sich die Schwarzföhre als Pionier weitaus am besten für den Karst; bei ihrer geringen Transpiration schont

[1] Vgl. dieses Handbuch 3, 194—257.

sie den Wasservorrat im Boden und holt sich mit Hilfe ihres tiefreichenden Wurzelsystems aus den Hohlräumen des Felsgesteins den notwendigen Bedarf zusammen. Ferner bereichert sie den Boden mit ihrem Nadelabfall an Stickstoff und den anderen Pflanzennährstoffen sowie an Humus, so daß die anspruchsvolleren Laubhölzer, die später auf diesen Flächen nachgezogen werden sollen, dort ihr Auskommen finden.

Die Mengen von Streu, welche sich unter einem 27jährigen Bestande bei St. Peter am Karst angesammelt hatten, betrugen nach des Verfassers Untersuchungen[1] an zwei Proben auf die Fläche von je 1 m^2 bezogen 1,382 bzw. 1,254 kg. Die Streu selbst enthielt 1,37% N. Der Stickstoffgehalt im aufgeforsteten Boden ist merklich höher als in solchem von Kahlflächen. In dem Boden einer Kahlfläche oberhalb Triest betrug der Gehalt an N 0,389%, wogegen sich für bewaldeten Boden, in einem etwa 30jährigen Schwarzkiefernbestande, 0,576% N ergaben.

Abb. 77. Die Aleppokiefer (Pinus halepensis) in den Trichtern und Spalten des Karstgebirges wurzelnd. (Aus DENGLER, Waldbau. Berlin: Julius Springer.) (Phot. A. DENGLER.)

In einer älteren Kultur bei St. Peter am Karst wies der Oberboden 0,460%, der Untergrund nur 0,390% N auf; in einer jüngeren Aufforstung wurden 0,360% N im Oberboden gegen 0,320% N im Untergrund festgestellt. Aus diesen Zahlen geht der günstige Einfluß der Schwarzkiefer auf ihren Standort unverkennbar hervor. Hieran anschließend sollen noch Holzarten besprochen werden, deren waldbauliches Verhalten man schon genügend kennt, um sie für die Karstaufforstung als wirklich geeignet bezeichnen zu können. Die Aleppokiefer, die wegen ihrer Schnellwüchsigkeit, Genügsamkeit und Widerstandsfähigkeit gegen Hitze für die heißen und trockenen Südabhänge des Seekarstes besonders wertvoll ist, ist an die Nähe des Meeres gebunden. Ähnlich soll sich die Sternkiefer (Pinus maritima Lam.) und die Parolinakiefer, endlich die viel seltener vorkommende Pinie verhalten; letztere beiden Holzarten kommen insbesondere für Süddalmatien in Frage. Zu Beginn der Karstaufforstung versuchte man auch die Weißkiefer (Pinus silvestris) anzubauen; sie eignet sich jedoch nur für schneefreie Lagen. Die Bankskiefer hat sich im Karst ganz und gar nicht bewährt, hingegen die Weymouthskiefer für höhere und kühlere Lagen. Letztere wurde schon im Jahre

[1] LEININGEN, W. Graf zu: Entstehung und Eigenschaften der Roterde. Forstwiss. Zbl. 1917, 14.

1826 in Krain eingeführt. Für höhere Gebirgslagen paßt die Panzerkiefer (Pinus leucodermis), die über 1500 m Höhe in den Gebirgen Dalmatiens neben Buche anzutreffen ist; die Lärche ist nur für die höheren Lagen, für Nordabhänge und besten Boden zu gebrauchen; ihr Höhenwachstum läßt rasch nach. Die Fichte wurde bis jetzt in geschützten Lagen des Krainer Karstes auf besseren Böden in einer Meereshöhe von über 600 m gruppen- und horstweise zwischen Schwarz- und Weißföhrenkulturen eingebracht. Wacholder als Schutzholz begünstigt das Gedeihen dieser Holzart. Die Weißtanne eignet sich als schattenertragende Holzart zum Unterbau ausgezeichnet. Anhaltende Dürre (Sommer 1911) und Spätfröste (1912) können allerdings dem Tannenunterbau sehr gefährlich werden. Was nun die Laubhölzer betrifft, so werden sie erst dann in Frage kommen, wenn der Standort durch Nadelholzkulturen einmal so weit verbessert ist, daß er — ein zusagendes Klima vorausgesetzt — ihren höheren Ansprüchen genügt. Es kommen Stiel- und Traubeneiche, für die warmen Karstlagen (Quercus pubescens), für die tieferen Lagen dagegen die immergrüne Eiche (Quercus Ilex) und die Korkeiche in Betracht. Sonst kämen von den Laubhölzern die Feldulme für die tieferen, die Bergulme für die höheren Lagen, die Blumenesche und Hopfenbuche für die mittleren und unteren Lagen in Frage. Die gemeine Esche ist an besseren Standorten mit der Schwarzföhre gruppenweise eingemischt worden. Bezüglich der anderen Laubhölzer hat man noch weniger Erfahrungen gesammelt. Der Lorbeer könnte am Seekarst, namentlich nahe der Meeresküste, mit großem Erfolg herangezogen werden; Walnuß und Edelkastanie eignen sich für wärmere geschützte Lagen ebenfalls sehr und auch nicht weniger die Olive, die in der Regel nur auf künstlich angelegten Terrassen zu finden ist.

Was die Methode der Aufforstung betrifft, so ist, wie früher schon angedeutet wurde, die Pflanzung der Saat vorzuziehen, ganz gleich, ob es sich nun um Laub- oder Nadelhölzer handelt. Die Pflanzung selbst wird im Frühjahr oder Herbst ausgeführt. Gegen das Ausfrieren im Winter hilft die Bedeckung des Bodens mit Steinen, die ohnehin der Bora halber vorgenommen werden muß. Die teuerste, aber vorteilhafteste Kulturmethode für Nadelhölzer ist die Grabenpflanzung, die in dem steinigen Gelände, und um solches handelt es sich fast einzig und allein, großen Aufwand an Arbeit und Mühe erfordert. In ganz felsigem Karstgrunde kann jedoch nur die Lochpflanzung Anwendung finden; hierbei werden, wo es der Felsboden eben gestattet, 1 Quadratschuh große, etwa 20 cm tiefe Pflanzlöcher hergestellt, nach Möglichkeit Erde aus der Umgebung zusammengeholt und in die Gruben eingefüllt. Wo man infolge der Ausformung des Felsgrundes die nötige Anzahl kleiner Gruben nicht herstellen kann, werden da und dort größere Löcher ausgebrochen, um in diese mehrere Pflanzen setzen zu können. Am günstigsten für die spätere Entwicklung der Holzarten sind jene Löcher, deren Felsuntergrund von mehreren tiefgehenden Spalten durchzogen ist, so daß die Wurzeln sich durch diese in tiefere Lagen hinunter senken können. Die Karstkulturen bedürfen natürlich einer Einfriedigung durch Trockenmauern zum Schutz gegen Weidevieh und Bora; auch gegen Insekten und Mäuse hat man da und dort anzukämpfen. Brände sind sowohl im warmen als auch im gemäßigten Karstgebiet infolge von Funkenflug der Lokomotiven, Unvorsichtigkeit und Mutwilligkeit nur allzu häufig. Trotz aller Sorgfalt beim Auspflanzen geht in trockenen Jahren oft ein erschreckend hoher Anteil der jungen Pflanzen durch Vertrocknen, sei es durch die Sommerhitze oder durch den Einfluß der winterlichen, austrocknenden Bora, verloren. Im Gebiet von Triest und auf der Insel Lussin haben Anpflanzungen durch den Einfluß des vom Winde zerstäubten salzigen Meerwassers schwer gelitten. Man darf an derartig gefährdeten Küstenstrichen nur ganz unempfindliche Pflanzenarten zu den Kulturen benutzen, und es haben sich Tamarixstecklinge selbst auf ungewöhnlich magerem und trockenem Boden recht gut bewährt.

Über den Nutzen der Wiederbewaldung des Karstes sei nur folgendes gesagt: Meteorologische Beobachtungen im Krainer Karst haben ergeben, daß längs der Waldstreifen die Niederschlagsmenge größer als auf dem freien Karst ist. Die Bora wird durch Aufforstung, selbst wenn diese auf den ganzen Karst ausgedehnt werden könnte, zwar niemals beseitigt, aber doch wesentlich gemildert werden können, denn die Reibung des Windes in den Baumkronen wird die Schnelligkeit dieses Fallwindes etwas vermindern. Der Bedarf an Faßdauben und -reifen, an Bau- und Nutz- sowie an Brennholz könnte mit fortschreitender Aufforstung auch gedeckt werden. Von großem Werte ist es auch, daß durch die Bewaldung der spärliche, noch vorhandene Boden vor gänzlicher Abschwemmung beschützt wird. Eines aber kann man von der Aufforstung nicht erwarten, nämlich daß sich etwa jene großen Mengen fruchtbarer Erde, wie sie im Laufe der Jahrtausende infolge der fortschreitenden Entwaldung verloren gegangen sind, unter der Einwirkung der neu begründeten Wälder durch eine verstärkte Verwitterung der Gesteine rasch wieder ergänzen würden, denn die meisten Gesteine dieser Gebirge sind doch viel zu arm an Verwitterungsrückstand, als daß aus ihnen schnell und ausgiebig Boden hervorgehen könnte.

In Griechenland warten der Aufforstung die kahlen Flächen der oberen (Berg-) und der unteren (mediterranen) Region; die Felsenheide und die Macchien müssen in Wald umgewandelt werden, endlich wäre die Dünen- und Küstenregion aufzuforsten. Schwierigkeiten bietet die Überwindung der Trockenzeiten. Die Aufforstung der verkarsteten Berg- und mediterranen Region wäre im allgemeinen nach Art der Karstaufforstung vorzunehmen, nur daß hier neben der Schwarzkiefer noch die Aleppokiefer, Sternkiefer, Zypressenarten, Robinie usw. zu gebrauchen wären[1].

Schließlich sei noch in aller Kürze die Aufforstung trockenen Kalködlandes in Mitteleuropa besprochen. Die meisten Kalkböden Mitteleuropas, die der Aufforstung harren, sind ziemlich flachgründig und trocken, wenn hier auch nicht so extreme Verhältnisse wie im Karst obwalten. DENGLER[2] empfiehlt für solche Fälle Laubhölzer, wie Akazie und Weißerle, im Schutze von Wacholder, der sich nicht selten auf solchen Ödflächen vorfindet, anzupflanzen und für deren baldigen Schluß zu sorgen. Man kann in günstigen Fällen später eine Umwandlung der früher besprochenen Schwarzkiefernbestände in Buchen-, Eschen- und Ahornwälder versuchen. SEEHOLZER[3] verdankt man eine Schilderung des Waldes auf Wellenkalkhügeln der fränkischen Platte, die meist lichte Kiefernwaldungen trägt und z. T. auch in Heide übergeht. Die dortigen Böden sind skelettreich und durchlässig. Hier kann nur dauernde Deckung des Bodens den Wasserhaushalt verbessern, und dazu ist Laubholz als Grundbestand notwendig. Wo noch geschlossener Laubwald vorhanden ist, besteht er aus Eiche, Buche, Hainbuche, Wacholder usw. Die Kiefer, wenigstens im reinen Bestande, verdankt wie Fichte, Lärche, Tanne und die in jüngerer Zeit angebaute Schwarzkiefer ihr Auftreten dem Menschen; letztgenannte Holzart wird für Ödlandaufforstung vorgeschlagen; sie wirkt hier günstig gegenüber den schädlichen Extremen des Bodenklimas der freien Fläche und ihren Folgen durch den Schutz, den die Krone der Schwarzkiefer und ihre reiche Streudecke dem Boden gewährt. Ähnliche Ver-

---

[1] WLISSIDIS, TH.: Aufforstung Griechenlands. Zbl. Forstwes. **1919**, H. 5/6.

[2] DENGLER, A.: Waldbau, S. 432ff. Berlin 1930. — GREBE, C.: Holzanbau auf Kalkflächen. Aus dem Walde, H. 6. — FRÜCHTENICHT: Ebenda **1927**, 496.

[3] SEEHOLZER: Wald auf den Wellenkalkhügeln der fränkischen Platte. Forstwiss. Zbl. **1930**, 1ff.

hältnisse herrschen auf dem weißen Jura im Altmühltale; die Schwarzkiefernaufforstung soll auch hier in Laubholzgrundbestand mit Nadelholzeinbringung überleiten. Es zeigt sich ferner, daß auf Kalködland, Wellen- und Schaumkalk, die tonige, z. T. sehr durchlässige Böden liefern, die stickstoffanreichernde Wirkung der Weißerle von ausschlaggebender Bedeutung ist[1]; sonst ist diese Holzart jedoch keineswegs zuverlässig.

Begrünung von Ödland im Gebirge. Die künstliche Begrünung des Ödlandes im Gebirge hat nach Stiny[2] den Zweck, öde Flächen in Weide und Wiese umzuwandeln, außerdem dort, wo man die Anzucht von Holzgewächsen im Auge hat, den Standort gegen widrige atmosphärische Einflüsse und Erdbewegungen leichterer Art zu schützen. Durch Grasvor- oder -zwischenbau werden die heranwachsenden Holzpflanzen gegen Frost und Hitze etwas geschützt und der Boden vorläufig rasch gebunden; die Berasung wird zweckmäßig durch Bebuschung ergänzt und so die Wirkung verstärkt; beides beruhigt den Boden und gestaltet auch die Wasserabflußverhältnisse günstiger. Die Berasung darf nicht mit landwirtschaftlichen Zielen verbunden werden, denn jene Pflanzen, die hohe Nutzungserträge abwerfen, sind fast sämtlich schlechte Bodenbinder; die sog. „Unkräuter" hingegen erfüllen diesen Zweck viel besser, sie sind als Futterpflanzen wertlos und dadurch auch vor weidenden Tieren geschützt. Solche Gewächse, die auch eine Verbesserung der Verhältnisse in Einzugsgebieten von Wildbächen herbeiführen sollen, müssen eine möglichst lange Lebensdauer und große Lebenszähigkeit, sowie außerdem große Reproduktions- und Vermehrungsfähigkeit besitzen. Sie sollen sich den äußeren Vegetationsbedingungen anpassen können, vor allem dem Rohboden, der meist sehr leicht bewegt und verändert werden kann. Schröter faßt die hierfür geeigneten Pflanzengruppen als Schuttwanderer, -überkriecher und -durchkriecher, endlich als Schuttstauer zusammen[3]. Die in Kultur zu nehmenden Flächen müssen, falls es sich um Rutschungen handelt, vorher so weit beruhigt sein, daß keine stärkeren Erdbewegungen mehr stattfinden. Kahle Stellen werden mit Rasenziegeln belegt, sonst findet Saat oder Anpflanzung statt; zu letzterer werden Stecklinge oder besser bewurzelte Pflanzen verwendet. Besonders Schmetterlingsblütler eignen sich wegen ihrer bekanntlich tiefgehenden Wurzeln für humusarmen und mageren Boden, denn diese vermögen doch auch den Stickstoff der Bodenluft auszunutzen. Von Holzpflanzen erwähnt Stiny als brauchbar Ailanthus glandulosa, Alnus incana und viridis, Cotoneaster integerrima, Juniperus nana, Prunus spinosa, Rhododendron hirsutum, Robinia pseudoacacia, Salixarten und andere.

Dem Bestreben, zu Rutschungen neigendes Gelände zu beruhigen und festzulegen, wirkt die Rodung der Wälder auf Steilhängen, die Umwandlung des Waldbodens in Wiesen und Weiden, die Lockerung des Bodens durch den Weidegang schweren Viehes (Rinder) und scharfklauiger Tiere (Schafe) entgegen. Alles das fördert die Murgänge, die man als „Massenbewegungen" im Sinne der Bodenlehre bezeichnet[4].

Nach R. Weber und H. Weber ist die Bedeutung des Waldes für die Befestigung des Bodens, zumal auf geneigten Flächen und in Hochlagen, in denen oft gewaltige Regenmengen in kurzer Frist niedergehen, sehr groß. Der

[1] Stassen u. W. Behrisch: Die Aufforstung von Kalködland mit Weißerle in der Klosteroberförsterei Göttingen. Z. Forst- u. Jagdwes. 1925.

[2] Stiny, J.: Berasung und Bebuschung des Ödlandes im Gebirge. Graz 1908. — Wang, F.: Grundriß der Wildbachverbauung. Leipzig.

[3] Schröter, C.: Pflanzenleben der Alpen. Zürich 1926.

[4] Stiny, J.: Die Muren. Innsbruck 1910. — Ramann, E.: Bodenkunde, S. 107. Berlin 1911. — Stiny, J.: Technische Geologie, S. 386—470. Stuttgart 1922. — Gayer, K. u. L. Fabricius: Die Forstbenutzung, S. 169. Berlin 1919. Vgl. dieses Handb. 1, 233, 240 (1929).

Wald wirkt demnach durch die Festhaltung der Bodenteilchen mit Hilfe seiner Wurzeln der Abschwemmung, Vermurung und Verkarstung entgegen[1]. Wenn man bedenkt, daß in Hermburg im Oktober 1892 allein 1450 mm, in Fiume binnen 48 Stunden (Oktober 1892) 515 mm Niederschlag gemessen wurden, dann kann man sich die abschwemmende Kraft des Regens, zumal während der herbstlichen Regenzeit im Süden, wohl vorstellen[2].

Daß ausgedehnter Almbetrieb gelegentlich zu völliger Verkarstung führen kann, zeigt HAUBER an einem Beispiel aus den Berchtesgadener Alpen, wo nach der Entfernung des Waldes der Boden weggeschwemmt worden war. Vor allem wirkt sich auch die stete Nutzung der Latschen sehr unvorteilhaft aus[3].

Wenn JUGOVIZ sagt: „Für schwere Böden sei der durch Kriegsnot eingeführte Waldfeldbau dauernd empfohlen und für immer ein Sinnbild des Treubundes zwischen Wald- und Feldwirtschaft"[4], so muß diese Äußerung, die für die Alpen Geltung haben soll, angesichts der Darlegungen ENGLERS[5] und BURGERS[6] doch mit großer Vorsicht aufgenommen werden. Besonders die Stockrodung erscheint gefährlich, und ENGLER sagt: „An schlimmen Erfahrungen fehlt es in unserem Lande wahrlich nicht. Vertorfung des Bodens und kümmerlicher Wuchs der Bestände geben noch heute auf Hunderten von Hektaren Zeugnis von der früheren Mißhandlung des Waldes." JUGOVIZ ist der Ansicht, daß der Wald die Schäden ausgleichen kann, die dem Boden durch Raubwirtschaft (Weide ohne Düngung) zugefügt wurden, so daß sich selbst bei mangelnder Pflege neuerdings für einige Jahre hinaus eine fruchtbare Weide einstellt. Diese Besserung soll hauptsächlich durch den (angeblichen) Stickstoffgewinn aus verwesender Streu erzielt werden, wobei auf HENRYS Forschungen verwiesen wird, die sich aber inzwischen als trügerisch erwiesen haben[7]. Man darf jedenfalls die Wirkung der Bestockung auf Weideböden nicht überschätzen. Das „Nomadenleben" des Waldes in allen Fällen wirtschaftlichen Tiefstandes in der Weidewirtschaft begrüßen und fördern zu wollen, wie der Genannte es wünscht, erscheint in Anbetracht von BURGERS Forschungen doch etwas bedenklich.

Aufforstung landwirtschaftlicher Grundstücke. Die Aufforstung von Grundstücken, die bisher landwirtschaftlich genutzt wurden, und zwar meist geringer Böden mit schlechtem Ertrag, wird mit anspruchslosen Holzarten (Kiefer, Fichte) vorgenommen. Nach DENGLER ist ein Voranbau von Lupine nach voraufgegangener Düngung mit Kali und Phosphorsäure empfehlenswert, auch Zwischenbau mit Dauerlupine. Erstaufforstung unter Deckfrucht (Hafer, Roggen) verspricht nur da guten Erfolg, wo der Boden noch nicht zu sehr erschöpft ist. Im Dickungs- und Stangenholzalter stellt sich jedoch meist die sog. „Ackersterbe" ein[8], deshalb rät ALBERT[9], die Aufforstung mit raschwüchsigen Laubhölzern (Birke, Aspe, Weißerle, Roteiche und Robinie) vorzunehmen. Die Ackertannenkrankheit erreicht ihren Höhepunkt im Stangenholzalter, kommt jedoch vom

[1] Vgl. T. LOREY u. H. WEBER: Handbuch der Forstwissenschaft **1**, 130. Tübingen 1926.

[2] LEININGEN, W. Graf zu: Die Standortsverhältnisse im Karst. Natur u. Kultur **1912**, H. 22.

[3] HAUBER: Klima- und Bodenverschlechterung usw. Forstwiss. Zbl. **1920**, H. 20. — Rückgang der Vegetationsgrenzen in den Alpen. Ebenda S. 436.

[4] JUGOVIZ, R.: Die Futternot und der Wald, S. 29. Bruck a. M. 1928.

[5] ENGLER, A.: Einfluß des Waldes usw. Mitt. Schweiz. Zentralanst. forstl. Versuchswes. **12**, 206 u. 622 (1919).

[6] BURGER, H.: Der Einfluß physikalischer Eigenschaften auf den Stand der Gewässer von Wald und Freilandboden. Mitt. Schweiz. Zentralanst. forstl. Versuchswes. **14**, 240.

[7] JUGOVIZ, R. A.: Wald und Weide in den Alpen, S. 23ff. Wien 1908.

[8] DENGLER, A.: Waldbau, S. 425. Berlin 1930.

[9] ALBERT, R.: Kiefer auf aufgeforstetem Ackerland. Z. Forst- u. Jagdwes. **1907**, 283 u. 353.

50.—60. Lebensjahre an zum Stillstand. Die Ursachen der Erkrankung glaubt der Genannte in den ungünstigen physikalischen Bodenverhältnissen der aufgeforsteten Ackerböden (geringes Hohlraumvolumen und Pflugsohle) suchen zu sollen[1]. In Kiefernbeständen auf altem Heideland vollzieht sich dieselbe Erkrankung; diese Tatsache allein führt Albert dafür ins Feld, daß die Ackerkultur als solche nicht für die Erkrankung verantwortlich gemacht werden kann, sondern die dem Heide- als auch dem Ackerland gemeinsamen physikalischen Eigenschaften. Im Gegensatz zu den Arbeiten Alberts, Burgers und anderer Forscher über die Feldaufforstung mit Nadelholz stehen die Ergebnisse der Untersuchungen von der Wenses über das Fichtenwachstum auf alten Feldböden in Sachsen (Ton-, Glimmerschiefer, Gneis, Geschiebelehm). Die landwirtschaftliche Nutzung setzt durch Streunutzung usw. die vollkommen herunter gewirtschafteten vogtländischen Schieferböden in den Stand, noch bessere Fichtenbestände hervor zu bringen, als es gute Fichtenstandorte in Sachsen (Muscovit- und Biotitgneise) vermögen. Weder auf diesen noch auf schwerem Geschiebelehm ist ein Zuwachsrückgang oder ein frühzeitiges Zusammenbrechen durch Wind- und Schneebruch der auf früherem Ackerlande stockenden Fichtenbestände zu beobachten. Eine besondere Durchwurzelung des Mineralbodens tritt dort gelegentlich bei Ackerfichten noch in der zweiten Generation in Erscheinung; die auf ehemaligen Feldböden sonst so gefürchtete Rotfäule hat nur bedeutungslose Schäden angerichtet. Man könnte demnach in solchen Fällen daran denken, herab gewirtschaftete Waldböden durch landwirtschaftliche Zwischennutzung zu verbessern[2]. Auch Schede berichtet über Aufforstung von Nichtwaldboden (Grauwacke, Kieselschiefer), und zwar im Harz, auf ehemaligen Wiesen und Weiden, die kalkarm sind und zu einer Vernässung neigen; stockende, bis 30 Jahre alte Fichten- und Roterlenbestände bedurften kaum der Nachbesserung; sie sind I. Standortsklasse, während gleichalterige Aufforstungsflächen der III. Bonität angehören[3].

Schließlich sei noch die Aufforstung von Kippen erwähnt. Die beim Baggern des Abraumes von Kohlenbergwerken sich bildenden „Kippen" enthalten mitunter Schwefelkies- und alaunführende Sande, Letten usw. Mit Rücksicht auf diese oder andere pflanzenschädliche Stoffe müssen vor der Aufforstung etwa 10 Jahre verstreichen, bis alle sulfidischen Erze vitriolisiert und dann von den Niederschlägen genügend ausgewaschen sind. Ist hingegen das Material, aus denen Kippen und Halden bestehen, einwandfrei, so soll mit der Aufforstung möglichst bald begonnen werden, damit die feinen und fruchtbaren Bodenteile nicht unnötig in die Tiefe wandern. Der Anbau von Lupine oder Ginster empfiehlt sich, da es auf den genannten Rohböden wohl stets an Stickstoff mangelt; aus dem gleichen Grunde soll man als erste Holzart die Weißerle wählen, zumal zuerst Laub- und dann erst Nadelhölzer (Kiefern, auch exotische) zur Aufforstung gebraucht werden sollen. Manchmal wird auch eine Kalkdüngung geboten sein[4].

---

[1] Dengler, A.: a. a. O., S. 425. — Kottmeier, H.: Aufforstung der Öd- und Ackerländereien. Neudamm 1913.

[2] Wense, H. von der: Fichtenwachstum auf alten Feld- und Waldböden. Z. Forst- u. Jagdwes. **1929**, 7.

[3] Schede: Zur Frage der Aufforstung von Nichtwaldboden im Mittelgebirge. Dtsch. Forstwirt **1929**, 483; ref. Forstarch. **1929**, 469.

[4] Heusohn, R.: Praktische Kulturvorschläge für Kippen, Bruchfelder, Dünen und Ödländereien. Neudamm 1929. — Aufforstung von Halden im Braunkohlengebiet. Dtsch. Forstwirt **1928**, 26 u. 519. — Stuemmer, von: Aufforstung von Tagbauhalden. Ebenda **1928**, 236.

D. Der Boden als Vegetationsfaktor (Pflanzenphysiologische Bodenkunde).

Von E. A. MITSCHERLICH, Königsberg i. Pr.

Mit 6 Abbildungen.

Allgemeines.

Während die bodenkundliche Praxis auf Erfahrungstatsachen fußt und auf Grund derselben die Erträge des Bodens zu steigern versucht, ist es die Aufgabe der wissenschaftlichen Bodenkunde, festzustellen, warum eine ganz bestimmte praktisch-bodenkundliche Maßnahme eine Steigerung des Pflanzenertrages herbeiführen und wie sich der Verlauf dieser Ertragssteigerung gestalten muß.

Man muß hierzu den Pflanzenertrag als eine Funktion von einer großen Anzahl von Faktoren auffassen, von Faktoren, welche vielleicht als solche noch heute zum großen Teil unbekannt sind, und sich alsdann die Aufgabe stellen, zu bestimmen, wie die Höhe des Ertrages von dem einzelnen Wachstumsfaktor bedingt wird.

Ist nun eine Größe eine Funktion von vielen Variablen, so kann man den Einfluß einer einzigen derselben nur dann sicher bestimmen, wenn man die eine Variable verändert, während dieses Versuches aber alle anderen konstant hält und nun sieht, welche Veränderung dieser Größe, des Pflanzenertrages, durch diese eine Variable herbeigeführt wird. Würde man nämlich gleichzeitig auch nur zwei der vielen Variablen anders gestalten und so eine Veränderung der Größe erzielen, so würde man nie sagen können, ob die eine der Variablen überhaupt einen Einfluß auf die Größe ausgeübt hat, geschweige denn, wie groß der Einfluß der einen und wie groß der Einfluß der anderen Variablen auf den Ertrag gewesen ist.

Um diese Untersuchung anstellen zu können, muß man nun zuerst die Variablen kennen oder doch wissen, wie sie konstant zu halten sind. Die Variablen, von denen der Pflanzenertrag abhängt, bezeichnet man als „Wachstumsfaktoren". Jeder dieser Wachstumsfaktoren ist somit dadurch charakterisiert, daß er von sich aus einen fördernden Einfluß auf die Höhe des Pflanzenertrages ausübt, daß er aber auch unbedingt zur Bildung eines Pflanzenertrages vorhanden sein muß. Fehlt somit nur ein einziger dieser Wachstumsfaktoren im System, so kann der Pflanzenertrag nicht zustande kommen, er muß gleich Null werden!

Die Wachstumsfaktoren kann man zunächst in zwei große Gruppen einteilen, in „innere" und „äußere" Wachstumsfaktoren. Von diesen sind zunächst die inneren Wachstumsfaktoren größtenteils unbekannt. Man weiß von ihnen, daß sie in der Pflanze selbst zu suchen sind; daß sie den ganzen Habitus einer Pflanzenart, einer Pflanzenzüchtung bedingen, und daß man sie wohl, und zwar durch Züchtung bis zu einem gewissen Grade verändern, verbessern kann, ohne sie doch von Grund auf anders zu gestalten. Man hält diese Wachstumsfaktoren beim Experiment konstant, indem man möglichst gleichwertige Individuen der gleichen Pflanzenart und der gleichen Züchtung, ja — wenn möglich — Nachkommen der gleichen hochgezüchteten Pflanze zu den Versuchen heranzieht.

Die äußeren Wachstumsfaktoren teilt man ein in klimatische und in bodenkundliche, von denen uns namentlich die letzteren hier beschäftigen sollen. Die klimatischen betreffen die Einflüsse des Klimas auf die Höhe der Erträge, die bodenkundlichen die des Bodens. Dabei treten häufig, wie man weiß, Klima und Boden in Wechselwirkung zueinander, so daß auch hierauf in den weiteren Ausführungen Rücksicht genommen werden muß. Beide Gruppen der äußeren Wachstumsfaktoren könnte man in physikalische und in chemische Wachstumsfaktoren zergliedern, von denen die letzteren in den Pflanzenkörper übergehen und so zu Bausteinen der Pflanze werden, während die ersteren die Aufnahme der chemischen Wachstumsfaktoren in mehr oder minder hohem Grade ermöglichen.

Die klimatischen Wachstumsfaktoren treten z. T. kaum als solche in Erscheinung, da den Pflanzen genügende Mengen davon für höchste Erträge zur Verfügung stehen. Manche von ihnen dürften auch heute noch nicht genügend erkannt sein, während andere in ihrem großem Einfluß auf den Ertrag von jedem Land- und Forstwirt zur Genüge erkannt sind. Man hält nun bei den Versuchen alle diese klimatischen Faktoren dadurch konstant, daß die Versuche unmittelbar nebeneinander ausgeführt werden, wo die gleiche Licht- und Wärmemenge den verschieden behandelten Pflanzen zur Verfügung steht, wo ihnen die gleichen Niederschläge geboten werden, und wo ihnen die gleichen Faktoren für die Wasserverdunstung zur Verfügung stehen. Man kann sie dabei aber nur dadurch konstant halten, daß man die verschieden behandelten Pflanzen zur gleichen Zeit zum Versuche ansetzt und zur gleichen Zeit auch wieder aus dem Versuch herausnimmt, d. h. aberntet. Würde man die einzelnen Versuchspflanzen, entsprechend ihrer evtl. zu verschiedener Zeit eintretenden Reife früher bzw. später ernten, so würden den später geernteten größere Wärmemengen, größere Lichtmengen und Wassermengen während ihrer Vegetationszeit zur Verfügung stehen, sie könnten längere Zeit assimilieren u. dgl., also kurz gesagt, die Konstanz der klimatischen Wachstumsfaktoren, welche als Bedingung für das Gelingen des Experimentes vorausgesetzt werden muß, wäre nicht gewährleistet.

Nur, wenn man durch gleichzeitige Aussaat und Ernte aller Pflanzen gleicher Züchtung den Einfluß der inneren Wachstumsfaktoren und den der klimatischen konstant setzt und hält, so daß sie ihrerseits den gleichen Einfluß ausübt, nur dann kann man den Einfluß der bodenkundlichen Wachstumsfaktoren studieren; hierzu muß man wiederum die einzelnen Faktoren kennen lernen; das ist nur dann möglich, wenn tatsächlich nur ein einziger Wachstumsfaktor verändert wird.

Auch die bodenkundlichen Wachstumsfaktoren teilt man in zwei Gruppen ein, in physikalische und in chemische Faktoren. Während hier nun zu den chemischen Wachstumsfaktoren sämtliche chemischen Elemente gehören, welche einen fördernden Einfluß auf den Pflanzenertrag ausüben können, bezeichnet man als „physikalisch-bodenkundliche Wachstumsfaktoren“ zunächst den Wachstumsfaktor Energie und den Wachstumsfaktor Wasser.

Stellt man nunmehr die Versuche in dem gleichen Boden an, nimmt von diesem ganz gleich große Mengen, so ist die Konstanz aller bodenkundlichen Wachstumsfaktoren gegeben, und man kann nunmehr dazu übergehen, den einen dieser Faktoren allein zu steigern, um zu untersuchen, wie mit ihm der Ertrag steigt.

Das Experiment kann in zweierlei Weise ausgeführt werden, einmal als Feldversuch und dann als Gefäßversuch; beide Versuchsmethoden weisen aber gerade in der grundlegenden Bedingung, nämlich in der Konstanthaltung sämtlicher anderen Wachstumsfaktoren, ihre eigenen Mängel auf, denen man nach Möglichkeit abhelfen muß. Beim Feldversuch lassen sich die klimatischen Wachstumsfaktoren sehr gut konstant halten, während die bodenkundlichen leider bereits auf nahe Entfernung große Unterschiede aufweisen können; beim Gefäßversuch lassen sich hingegen die bodenkundlichen Wachstumsfaktoren sehr gut konstant gestalten, während es hier besonders schwer ist, die klimatischen Wachstumsfaktoren, so insonderheit das Wasser, konstant zu halten. Es muß hier auf Einzelheiten noch zurückgekommen werden, nachdem die Abhängigkeit des Pflanzenertrages von einem Wachstumsfaktor behandelt worden ist. Für dieses Studium sei zunächst der Gefäßversuch herangezogen, da er ermöglicht, verhältnismäßig größere Gaben eines Wachstumsfaktors zu verabfolgen.

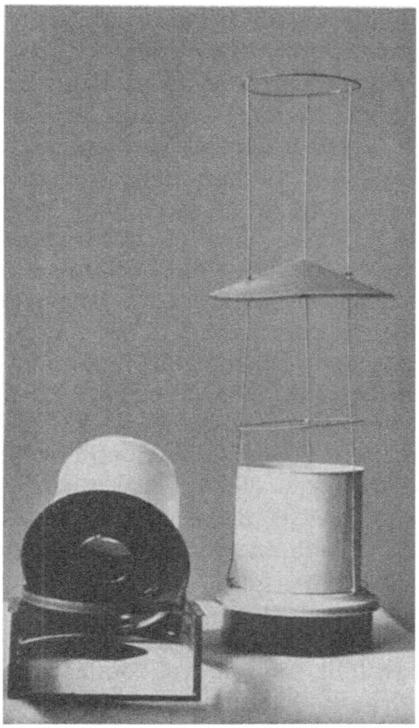

a b

Abb. 78. Vegetationsgefäße. (Nach MITSCHERLICH.)
a mit Gefäßhalter.
b mit Pflanzenhalter und Regenschirm.

a b

Abb. 79. Vegetationsgefäße. (Nach MITSCHERLICH.)
a vollständig mit Pflanzenkultur.
b mit Pflanzenhalter.

Die Vegetationsgefäße (s. Abb. 78 u. 79) für diese Versuche stehen zweckmäßig unter Regenschutz, und zwar derart, daß sie sich gegenseitig möglichst wenig, und wenn, dann wenigstens gleichmäßig beeinflussen. Sind sie unten offen, so müssen sie derart konstruiert sein, daß aus ihnen eventuell herauslaufendes Wasser quantitativ zurückgegeben werden kann, damit keine mit diesem ausgewaschene Nährstoffmengen verloren gehen. Dabei ist aber wiederum darauf zu achten, daß diese Wassermengen, welche durch den Boden hindurchkommen, möglichst geringe sind, so daß sie bereits am nächsten Tage bei allen Gefäßen zurückgegeben und von den gering- wie den starkwüchsigen Pflanzen aufgenommen werden können. Wäre das nicht der Fall, so würden die verabfolgten Nährstoffmengen den schwachwüchsigen Pflanzen zeitweilig nicht zur Verfügung stehen. Außerdem aber können im Untersatze des Gefäßes bakteriologische Umsetzungen der Nährstoffe eintreten, welche zu Stickstoffverlusten u. a. m. führen. Aus diesem Grunde muß es also unbedingt vermieden werden, daß bei vergleichenden Versuchen die Gefäße, welche geringeren Pflanzenbestand aufweisen, auf längere Zeit und in größeren Mengen Wasser im Untersatz haben als die, bei denen der Pflanzenbestand ein besserer ist und bei denen somit die aufgegebenen Wassermengen schneller durch Verdunstung verbraucht werden. Wird das nicht vermieden, so werden die Versuche, welche geringeren Pflanzenbestand aufweisen, auch hinsichtlich aller anderen Nährstoffe ungünstiger gestellt, d. h. es werden noch weitere Nährstoffe oder chemische Wachstumsfaktoren geändert. In solchen Fällen müssen gerade die Versuche im Ertrage zurückbleiben, welche größere Wassermengen im Untersatz während der Vegetationszeit hatten.

Als Gefäßmaterial eignet sich am besten emailliertes Eisenblech, da dieses einmal sehr leicht und ferner absolut undurchlässig für Pflanzennährstoffe ist: auch dürfte die Haltbarkeit dieser Gefäße kaum durch anderes Material erreicht werden. Man nimmt in der Regel eine zylindrische Form von 20 cm Durchmesser und 20 cm Höhe. Diese Größe dürfte für die meisten Versuche, die in Gefäßen auszuführen sind, ausreichen. Bei größeren Gefäßen liegt Gefahr vor, daß der Boden sich zu stark einschlämmt, die Wasserdurchlässigkeit verringert wird und hierdurch Ertragsschädigungen auftreten. Immerhin kann man wohl für Forst- und Obstkulturen auf Größenverhältnisse von 30 zu 30 cm hinaufgehen.

Da die Gefäße, welche zu ein und derselben Versuchsreihe benutzt werden, alle zweckmäßig gleiches Gewicht haben sollen, empfiehlt es sich bei größeren Anschaffungen, sämtliche Gefäße von vornherein dem Gewichte nach zu numerieren; benutzt man diese dann zu verschiedenen Versuchsreihen, so sind nur die Gefäße bei der ersten und der letzten Versuchsreihe, d. h. die mit den kleinsten bzw. größten Nummern, durch Einlegen von Quarzsteinen auf ein gleiches Gewicht zu bringen. Die Gefäße aller anderen Versuchsreihen unterscheiden sich dann wohl nur um 10 g, was für die Genauigkeit des Versuches indifferent ist. Es ist sicher einfacher und besser, wenn die Gefäße nicht alle Jahre von neuem tariert zu werden brauchen, da damit einmal eine verhältnismäßig große Arbeit verbunden ist und ferner durch Einlegen poröser Steine oder löslicher Steine (z. B. Kalksteine) leicht Fehler bedingt werden.

Der Boden, welcher zu den Gefäßversuchen benutzt werden soll, muß, sofern mit ihm vergleichende Versuche angestellt werden, vollkommen gleichmäßig durchgemischt werden; es empfiehlt sich, ihn hierzu durch ein 1 cm weites Maschensieb abzusieben. Für die Versuche, mit denen der Verfasser die Abhängigkeit des Ertrages von einem bestimmten Wachstumsfaktor studiert hat, nimmt man am zweckmäßigsten möglichst reinen Quarzsand, wie das seiner Zeit Hellriegel[1] lehrte. Während man nun in fast jedem Boden ausreichende Mengen von einer ganzen Reihe chemisch-bodenkundlicher Wachstumsfaktoren vorfindet, muß man diese zunächst dem Sande zuführen, damit die Ertragssteigerungen nicht allzu niedrig bleiben. Es empfiehlt sich aus dem gleichen Grunde, auch von den anderen Pflanzennährstoffen bis auf den einen, dessen Wirkung studiert werden soll, stets eine größere Menge zuzusetzen, damit die Erträge möglichst hohe werden, da dadurch das Ergebnis sicherer zu werden pflegt. Natürlich müssen dabei sämtliche zum Vergleich heranzuziehenden Vegetationsgefäße ganz gleich große Gaben der einzelnen Nährstoffe erhalten. Diese Nährstoffmengen, welche als „Grunddüngung" bezeichnet werden, gibt man am besten in gelöster Form, so z. B. Kali als schwefelsaueres Kali, Phosphorsäure als einbasisch-phos-

---

[1] Hellriegel, H. u. H. Wilfahrt: Untersuchungen über die Stickstoffnahrung der Gramineen und Leguminosen. Z. Ver. Rübenzuckerindustrie Dtsch R., Beilageh., S. 7. Berlin 1888.

phorsauren Kalk, Stickstoff als Ammonnitrat. Läßt sich eine Düngung in Pulverform nicht vermeiden, so wird man zuerst die abgewogene Menge dem trockenen Sande beimengen, wobei bei den vergleichenden Versuchen auf die gleiche Gewichtsmenge Sand die gleiche Menge dieser Grunddüngung kommt. Es ist das darum anzuraten, weil bei dem lufttrockenen oder auch weniger feuchten Bodenmaterial diese Vermischung inniger zu bewerkstelligen ist; erst hiernach gibt man die übrigen Nährstoffe in Form von Lösungen hinzu, führt noch so viel Wasser zu, daß der Boden ungefähr zu 40—50 Gewichtsprozenten damit gesättigt ist, und vermischt das Ganze auf das innigste.

Mischapparate sind hierzu nicht erforderlich, ebenso ist es keineswegs nötig, beim Einfüllen des mit der Hand gemischten Sandes oder Bodens in die Gefäße eine besondere Füllvorrichtung zu verwenden. Man hat lediglich darauf zu achten, daß der Boden nicht zu fest eingedrückt wird. Der Verfasser drückt in der Regel die untere Hälfte im Gefäße leidlich fest ein, während die obere Hälfte nur ganz leicht angedrückt wird. Füllt man Gefäße mit verschieden hohen Nährstoffgaben nacheinander, so muß man, um Versuchsfehler zu vermeiden, beim Übergehen zu geringeren Gaben vor dem Mischen die Mischwannen gut reinigen und die Hände waschen.

Ist so der Boden gleichmäßig in die verschiedenen Gefäße eingefüllt, und unterscheiden sich diese demnach nur durch die verschieden hohen Gaben, welche man von einem Nährstoff beim Mischen gab, um den Einfluß gerade dieses Wachstumsfaktors auf den Ertrag zu studieren, so werden sie zunächst noch alle ganz gleichmäßig eingesät. Man nimmt hierzu möglichst Elitesaatgut, wenigstens aber Originalsaat einer bewährten Züchtung. Es dürfte, wenn man von den Leguminosen wegen ihrer Stickstoffsammlung aus der Luft absieht, zunächst indifferent sein, welche Pflanze man zu diesen Versuchen heranzieht; doch empfiehlt es sich, auf alle Fälle eine Pflanze und eine Züchtung zu nehmen, welche möglichst wenig anfällig für Krankheiten sind. Als solche Pflanze hat sich der Hafer besonders bewährt, der darum auch im allgemeinen bevorzugt wird.

Die Anzahl der Körner, welche man aussät, ist zunächst zwar gleichgültig; Hellriegel nahm nur eine sehr geringe Zahl. Da aber der durch die Individualität der einzelnen Pflanze bedingte Fehler natürlich um so geringer wird, je mehr Individuen man auf ein Gefäß setzt, und da ferner mit der Anzahl der Individuen der Ertrag des Gefäßes bis zu einer bestimmten Grenze zunimmt, von welcher Grenze ab der Einfluß einer oder einiger Pflanzen auf den Ertrag nicht mehr in Erscheinung tritt, so legt man immer bei gleichem Abstande in fünf Reihen zu je fünf Stellen je zwei Körner aus. Die betreffenden Pflanzenstellen werden durch ein Pflanzbrett, welches mit entsprechenden Zäpfchen versehen ist, zuvor durch Eindrücken auf den Boden bezeichnet. Noch ist damit aber die Gleichheit der Anzahl der Pflanzen keineswegs gewährleistet, da auch bei der besten Saat einige Körner nicht aufzugehen pflegen. Aus diesem Grunde verzieht man die Pflänzchen, wenn sie alle aufgelaufen sind, bei möglichster Wahrung des gleichen gegenseitigen Abstandes auf 35 Stück.

Die Aufstellung der Gefäße geschieht nun zweckmäßig auf Bänken; man benutzt hierzu für die üblichen Vegetationsgefäße solche von 60 cm Breite und stellt hier die Gefäße in zwei Reihen derart auf, daß auf den laufenden Meter drei Gefäße kommen, und die der zweiten Reihe gegen die der ersten Reihe versetzt werden. Bei dieser Aufstellung empfiehlt es sich, die Gefäße, welche auf den Enden der Bänke zu stehen kommen, möglichst noch seitlich in gleicher Weise wie das sonst durch das Nachbargefäß geschieht, zu beschatten, da sie sonst dem Wachstumsfaktor Licht gegenüber besser gestellt würden.

Sobald die verschieden behandelten Gefäße einen verschieden hohen Pflanzenwuchs aufweisen, ist es zweckmäßig, die je vier Parallelversuche, welche wenigstens stets angestellt werden sollten, möglichst gleichmäßig über die ganze zum Vergleich kommende Versuchsreihe hin zu verteilen. Der Fehler, welcher infolge der Ungunst des Standortes vielleicht in nebeneinander stehende Gefäßversuche gelangt, darf nicht alle Gefäße der gleichen Behandlung gleichmäßig treffen; denn es würde dann durch die gute Übereinstimmung der Parallelversuche ein sicheres Resultat vorgetäuscht werden. In Wirklichkeit ist aber das Ergebnis mit einem großen systematischen Fehler behaftet, den man nachträglich nicht mehr erkennen und ausschalten kann. Stehen die Versuchsgefäße hingegen in Reihen, wie z. B. a-b-c-d-a-b-c-d-a-b-c-d-a-b-c-d, so werden alle nebeneinander stehenden Gefäße zwar auch von dem systematischen Fehler getroffen; da dieser Fehler aber die Gefäße, die verschieden behandelt wurden und jetzt nebeneinander stehen, trifft, so wird er einmal als solcher leichter erkannt, ferner aber auch bei der Ermittelung des zufälligen Fehlers aus den Parallelversuchen mit in Anrechnung gebracht werden.

Die frisch eingesäten Gefäße werden zunächst zweckmäßig mit den Untersätzen bedeckt, um die Wasserverdunstung ebenso wie — für den Fall, daß sie nicht unter Regenschutz stehen — eine weitere Wasserzufuhr durch Niederschläge zu verhindern. Sobald die Saat aufläuft, sind jedoch die Untersätze zu entfernen. Es ist jetzt besonders darauf zu achten, daß die Versuche nicht zu viel, aber auch nicht zu wenig Wasser erhalten. Im letzteren Falle werden die Pflanzen ungleich auflaufen, im ersteren Falle treten die zuvor besprochenen Fehler auf. Um den Wassergehalt des Bodens bei allen zu vergleichenden Versuchen konstant zu halten, werden alle Gefäße, die ja inklusive Boden und Düngung das gleiche Gewicht haben, alle zwei Tage, später täglich gewogen, und es wird ihnen dabei auf der Waage stets so viel Wasser zugeführt, bis sie den gewünschten Wassergehalt aufweisen. Dabei empfiehlt es sich, diesen Wassergehalt beim Ansetzen der Versuche auf 50% der wasserfassenden Kraft des Bodens zu normieren, und ihn alsdann wöchentlich um 10% zu steigern, so daß die Pflanzen nach fünf Wochen bei voller Wasserkapazität des Bodens gehalten werden. Man soll — namentlich bei Sandkulturen — nie zu frühzeitig größere Wassergaben auf den Boden geben und diesen auch gegen starke Niederschlagsmengen unbedingt schützen, da sonst der Boden frühzeitig zu stark einschlämmt und damit undurchlässig wird und zur Säurebildung neigen kann. Die allmähliche Steigerung der Wassergaben kann hingegen erfolgen mit zunehmendem Pflanzenwachstum; doch soll man den Boden erst bei voller Wasserkapazität halten, wenn die Pflanzenwurzeln die ganze Bodenschicht durchdrungen haben und somit selbst ein Zusammenschlämmen des Bodens verhindern. Fünf Wochen nach der Aussaat dürfte das der Fall sein, und dann ist ein Gießen bei voller Wasserkapazität des Bodens auch unbedingt erforderlich; denn jetzt zeigen sich bereits erhebliche Unterschiede in den einzelnen Erträgen infolge der Veränderung des einen zu studierenden Wachstumsfaktors, so daß man, wenn man noch weiter gewichtsmäßig gießen wollte, den Gefäßen, welche höhere Pflanzenmassen tragen und darum schwerer sind, verhältnismäßig zu geringe Wassermengen zuführen würde. Schätzt man aber diese Pflanzenmasse ein und gibt man danach verschieden große Wassermengen bzw. füllt man danach die verschiedenen Gefäße auf ein verschieden großes Gewicht auf, so wird man bei dieser Schätzung leicht einen systematischen Fehler in die Versuche hineinbekommen, den man niemals erkennen und später ausschließen oder berücksichtigen kann; auch dieser würde alle Parallelversuche gleichmäßig treffen. Das Gießen bei voller Wasserkapazität des Bodens gewährt dagegen eine große Sicherheit in der Konstanthaltung des Wachstumsfaktors Wasser; man muß dabei aber denjenigen Versuchen, welche größere Mengen an Wasser verbrauchen, in diesen Zeiten wenigstens zwei bis dreimal täglich so viel Wasser zuführen, bis dieses gerade anfängt, durch das Gefäß durchzulaufen.

Da die durchgeflossenen Wassermengen hier ständig, wie gezeigt, zurückgegeben werden müssen und andererseits nie zu große Wassermengen in die Untersätze gelangen dürfen, empfiehlt es sich zur Vereinfachung der Arbeit, die Gefäße auf Gefäßhalter zu stellen, die ein Hervorziehen der Untersätze gestatten, ohne daß die Gefäße selbst hierzu ständig angehoben zu werden brauchen, was auch im Interesse der Kulturen vermieden werden muß. Andererseits müssen auch diese Gefäßhalter ein Eindringen des Regenwassers direkt in die Untersätze verhindern, da hierdurch — falls keine Regenschutzmaßnahmen getroffen werden — zu große Wassermengen in diese gelangen würden. Auch Regenwasser kann hier im Übermaße durchaus zu Schädigungen der Kulturen führen, so daß ein Überdachen der Kulturen in Sonderheit bei Gefäßen, die nur einen geringen Pflanzenbestand aufweisen, angebracht ist. Man hilft sich gegen zu große Niederschlagsmengen entweder durch Überdachung des ganzen Gefäßschuppens oder durch Überdachung der Bänke im Gefäßschuppen oder endlich durch kleine Regenschirme über den einzelnen Gefäßen, welche als kleine Hauben von 30 cm Durchmesser aus Bizellaglas oben an den Pflanzenhaltern befestigt werden können (s. Abb. 78).

Wenn die Versuchsgefäße nunmehr zur gleichen Zeit besät, gleichmäßig aufgestellt, deren Pflanzen zur gleichen Zeit verzogen und auch sonst während der ganzen Vegetationszeit ganz gleichmäßig behandelt werden und wenn ihre Pflanzen endlich zur gleichen Zeit reifen und reif geerntet werden, so daß sich ihre Erträge nur infolge der Veränderung eines einzigen Wachstumsfaktors unterscheiden, so ergeben die Trockensubstanzerträge der oberirdischen Ernte mit der Steigerung des Wachstumsfaktors zunächst eine ganz bestimmte Steigerung, welche sich in erster Annäherung mathematisch formulieren läßt. Diese Gesetzmäßigkeit der Abhängigkeit des Pflanzenertrages von dem Wachstumsfaktor bezeichnet E. A. MITSCHERLICH als „Wirkungsgesetz der Wachstumsfaktoren“[1]. Das Gesetz oder besser die „Regel“ ist durch äußerst zahlreiche Versuchsreihen festgestellt worden. Sie besagt, daß der Pflanzenertrag mit der Steigerung eines einzelnen Wachstumsfaktors proportional dem an einem Höchstertrage fehlenden Ertrage steigt, also:

$$\frac{dy}{dx} = c_1 \cdot (A - y)\,. \tag{1}$$

Man sieht, daß hier der Ertrag y von der jeweiligen Menge x des Wachstumsfaktors gleich ist dem Proportionalitätsfaktor c_1, multipliziert mit dem an einem Höchstertrage A noch fehlenden Ertrage, also $(A-y)$.

Integriert geht diese Gleichung in die nachstehende Form über:

$$\ln(A - y) = C - c_1 \cdot x\,. \tag{2}$$

Da, wenn keine Mengen eines Wachstumsfaktors vorliegen, also bei $x = 0$, auch der Ertrag y gleich Null sein muß, da er nicht zustande kommen kann, so folgt in diesem Falle aus der Gleichung (2)

$$\ln(A - 0) = C - c_1 \cdot 0$$

oder

$$\ln A = C\,. \tag{3}$$

[1] MITSCHERLICH, E. A.: Das Wirkungsgesetz der Wachstumsfaktoren. Landw. Jb. **56**, 71 (1921). — Vgl. B. BAULE: Zu MITSCHERLICHS Gesetz der physiologischen Beziehungen. Ebenda **51**, 363 (1918).

Setzt man endlich diesen Wert in die Gleichung (2) ein, so folgt:

$$\ln(A-y) = \ln A - c_1 \cdot x$$

oder

$$\ln(A-y) - \ln A = -c_1 \cdot x. \quad (4)$$

Entlogarithmiert man diese Gleichung, so erhält man:

$$\frac{A-y}{A} = e^{-c_1 \cdot x}$$

oder

$$A - y = A \cdot e^{-c_1 \cdot x} \quad (5)$$

oder

$$y = A - A \cdot e^{-c_1 \cdot x}$$

oder endlich

$$y = A \cdot (1 - e^{-c_1 \cdot x}). \quad (6)$$

Nimmt man hier anstatt des natürlichen Logarithmus den BRIGGschen, so wird in dieser Gleichung nur der Ausdruck $e^{-c \cdot x}$ in $10^{-c \cdot x}$ verändert. Hierdurch wird der Wert des bisherigen Proportionalitätsfaktors „c_1" dann $c_1 \cdot 0{,}434 = c$. In Wirklichkeit ist also der Proportionalitätsfaktor 2,3026 mal so hoch, als man ihn mittels der BRIGGschen Logarithmen bestimmt.

Als Beispiel für diesen Verlauf der Ertragssteigerung mögen die Versuche von AUGUST RIPPEL[1] herangezogen werden, da diese mit je zehn Parallelversuchen ausgeführt wurden und somit einen hohen Grad von Genauigkeit beanspruchen dürfen, und da bei diesen außerdem sieben Punkte der Ertragssteigerung festgelegt wurden. Die Versuchspflanze war Hafer, Bodenmedium je 7 kg Sand, an Nährstoffen wurden gegeben: 3 g Dikalziumphosphat, 2 g Kalziumsulfat, 1 g Magnesiumsulfat, 0,2 g Magnesiumchlorid, 0,1 g Eisensulfat und 2 g Ammoniumnitrat. Die Trockensubstanzerträge y als Funktion der Kaligaben in x g Kaliumsulfat waren die folgenden[2]:

x g K_2SO_4	y Ertrag g Trockensubstanz Hafer		x g K_2SO_4	y Ertrag g Trockensubstanz Hafer	
	gefunden	berechnet		gefunden	berechnet
0,00	8,94 ± 0,26	8,91	0,80	53,96 ± 0,28	54,60
0,10	19,86 ± 0,60	20,50	1,20	58,16 ± 0,85	59,24
0,20	30,80 ± 0,61	29,57	2,40	62,70 ± 0,64	61,86
0,40	43,05 ± 0,33	42,18			

Die berechneten Werte folgen (vgl. Abb. 80) der Gleichung:

$$\log(62 - y) = \log 62 - 1{,}07 \cdot (x + 0{,}063).$$

In dem vorliegenden Falle wurde bereits ein Ertrag von 8,94 g erzielt, bevor dem Boden Kalimengen zugeführt wurden. Es muß dieser Ertrag demnach durch Mengen an Kali bedingt sein, die bereits vor der Düngung im Boden waren. Wenn man den Ertrag, den man ohne diese Düngung erhält, als „a" bezeichnet und in Gleichung (2) für $x = 0$ einsetzt, so erhält man:

$$\log(A-a) = C - c \cdot 0$$

oder

$$C = \log(A-a)$$

und, wenn man diesen Wert für b in Gleichung (2) einsetzt:

$$\log(A-y) = \log(A-a) - c \cdot x. \quad (7)$$

---

[1] RIPPEL, AUGUST: Zur experimentellen Widerlegung des MITSCHERLICH-BAULEschen Wirkungsgesetzes der Wachstumsfaktoren. Z. Pflanzenern. usw. A **8**, 65—80 (1927).

[2] Die Zahlen hinter ± bedeuten die wahrscheinliche Schwankung des Mittels, berechnet nach der Formel $0{,}845 \cdot \frac{\Sigma |v|}{n\sqrt{n-1}}$.

Die Gleichung für vorliegendes Beispiel kann demnach in folgender Weise gefaßt werden:

$$\log(62 - y) = \log(62 - 8{,}94) = 1{,}07 \cdot x$$

oder

$$\log(62 - y) = 1{,}725 - 1{,}07 \cdot x\,.$$

Das ist die einfachste Form, nach welcher die betreffenden Beobachtungswerte berechnet werden können. Da es aber in Sonderheit für die Bodenuntersuchung von Wichtigkeit ist, festzustellen, wie große Mengen des betreffenden Wachstumsfaktors bereits im Boden vorhanden sind, so wird man diese Mengen „b" zweckmäßig aus der Gleichung (4) ermitteln, indem man hier für diese Mengen $x = b$ den Ertrag $y = a$ einsetzt. Es ist alsdann:

$$\log(A - a) = \log A - c \cdot b\,.$$

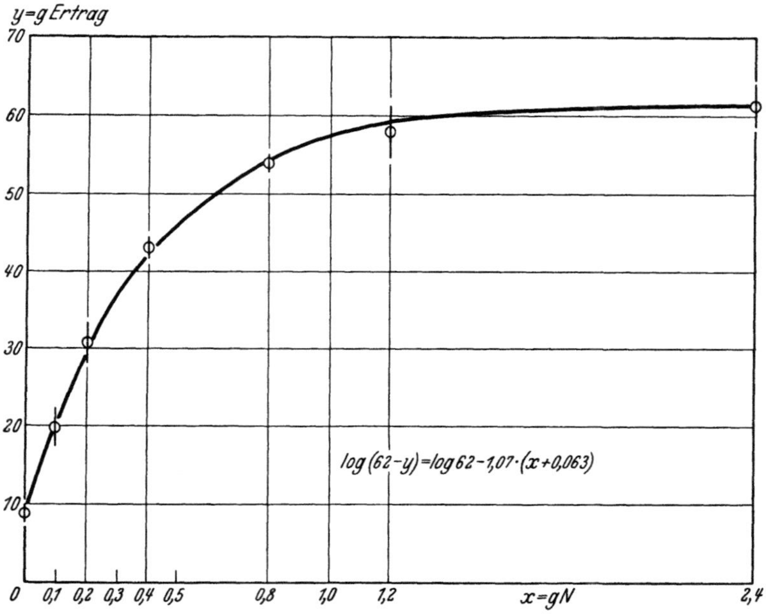

Abb. 80. Erträge bei steigenden K_2SO_4-Gaben.

Setzt man diesen Wert für $\log(A - a)$ wiederum in die Gleichung (7) ein, so folgt:

$$\log(A - y) = \log A - c \cdot b - c \cdot x$$

oder

$$\log(A - y) = \log A - c \cdot (x + b)\,. \qquad (8)$$

Das ist die Form, in die die Gleichung bei vorliegendem Beispiel eingekleidet worden ist.

Es ist nunmehr erforderlich, die Berechnung der Konstanten dieser Gleichung klarzulegen, nachdem gezeigt wurde, wie aus der Beobachtung $x = 0$, $y = a$, der Wert für „b" zu ermitteln ist, unter der Voraussetzung, daß die im Boden bereits vorhandenen Mengen des betreffenden Wachstumsfaktors den nachträglich zugeführten Mengen durchaus gleichartig sind. Wenn man z. B. die Erträge durch die Düngung mit einem bestimmten Thomasmehl ausführt, dann entsprechen die Mengen „b" auch Mengen dieses Thomasmehls. Berechnet man die Mengen x auf zitratlösliche Phosphorsäure, so werden auch die Mengen „b" hierin ihren Ausdruck finden. Sie sind nicht gleich der wasserlöslichen Phosphorsäure zu setzen.

Zur Berechnung des Höchstertrages „A“, dem ein Ertrag bei weiterer Zufuhr des betreffenden Wachstumsfaktors zustrebt, geht man zweckmäßig von drei Beobachtungen aus, welche bei gleichen Differenzen von x angestellt werden, so daß $x_2 - x_1 = x_3 - x_2$ ist.

Wenn man die drei Beobachtungen in die Gleichung (2) einführt, so erhält man folgende drei Gleichungen:

$$\log (A - y_1) = C - c \cdot x_1 \qquad \text{(I)}$$

$$\log (A - y_2) = C - c \cdot x_2 \qquad \text{(II)}$$

$$\log (A - y_3) = C - c \cdot x_3 \qquad \text{(III)}$$

Werden nun (II) — (I) und (III) — (II) durch Subtraktion gebildet, so ergibt sich:

$$\log (A - y_2) - \log (A - y_1) = c\,(x_2 - x_1)$$

und

$$\log (A - y_3) - \log (A - y_2) = c \cdot (x_3 - x_2)\,.$$

Da nun nach der Voraussetzung $(x_2 - x_1) = (x_3 - x_2)$ sein sollte, mithin die rechten Seiten der beiden Gleichungen gleich sind, so folgt:

$$\log (A - y_2) - \log (A - y_1) = \log (A - y_3) - \log (A - y_2)$$

oder entlogarithmiert:

$$\frac{A - y_2}{A - y_1} = \frac{A - y_3}{A - y_2}\,.$$

Hieraus errechnet sich endlich für A der folgende Wert:

$$A = \frac{y_2^2 - y_1 \cdot y_3}{2\,y_2 - y_1 - y_3}\,.$$

Leider weisen aber die für die Erträge „y“ gefundenen Werte große Ungenauigkeiten auf, welche bei der Berechnung der Größe zweiter Ordnung „A“ besonders ins Gewicht fallen müssen. Würde man z. B. an Stelle des immerhin unsicheren Mittelwertes für y_2, den innerhalb seiner Fehlergrenzen zulässigen höchsten y_2-Wert einsetzen, so würde man einen ganz wesentlich niedrigeren Wert für „A“, im entgegengesetzten Falle aber einen ganz wesentlich höheren Wert für „A“ erhalten.

Um nun aber zu vermeiden, daß die verschiedenen y-Werte innerhalb ihrer Fehler ineinander übergehen, wird man die Feststellung ihrer Höhe zweckmäßig derart zu erreichen suchen, daß sie sich stets um den gleich hohen Betrag voneinander unterscheiden. Das wird angenähert der Fall sein, wenn man entsprechend der logarithmischen Funktion die x-Werte so wählt, daß jeder nachfolgende x-Wert zweieinhalbmal so groß wie der vorhergehende ist. Dann ist es allerdings nicht mehr möglich, den Höchstertrag „A“ in der oben angegebenen Weise mathematisch zu errechnen. Diesen kann man alsdann aber auf andere Weise ermitteln, nämlich:

1. durch direkte experimentelle Bestimmung, was bei den Wachstumsfaktoren Kali und Phosphorsäure z. B. gut möglich ist.

2. durch zeichnerische Extrapolation des A-Wertes, d. h. man legt die Kurve durch eine Reihe von xy-Werten fest und zieht sie dann freihändig weiter bis zu dem y-Wert, über welchen hinaus keine weitere Steigerung erfolgen würde.

3. durch die graphischen Methoden von W. U. BEHRENS[1].

Hat man den Wert für „A“ gefunden, so kann man den Wert für „c“ aus jeder einzelnen Beobachtung berechnen, und aus diesen c-Werten das Mittel

[1] BEHRENS, W. U.: Graphische Methoden zur Bestimmung der Konstanten des Wirkungsgesetzes von MITSCHERLICH. Fortschr. Landw. 3, H. 9 (1928).

nehmen. Hierbei wird man wiederum dem c-Wert, welcher aus einer Beobachtung mit kleinerem Fehler errechnet wurde, höheren Wert beimessen müssen. Dieser Ausgleich läßt sich auch sehr gut graphisch ausführen. Hierzu formt man die Gleichung (4) in folgender Weise um:

$$c = \frac{\log \frac{A}{A - y}}{x};$$

trägt alsdann auf Millimeterpapier als Abszissen die Mengen x des betreffenden Wachstumsfaktors auf, als Ordinaten die Werte $\log \frac{A}{A - y}$. Die Verbindung der so aufgezeichneten Koordinatenpunkte ergibt eine Gerade, deren Anstieg dem Wirkungsfaktor „c" entspricht. Um auch hierbei den Fehlern der einzelnen Beobachtungen gerecht zu werden, berechnet man in jedem Falle die Werte $\log \frac{A}{A - y}$ nicht mit dem Mittelwert von y, sondern einmal mit diesem $+$ dem zugehörigen Fehler und einmal mit diesem abzüglich des zugehörigen Fehlers, trägt alsdann diese beiden Werte für die Ordinate ein. Die Verbindung dieser beiden Punkte bildet eine Strecke, welche die Größe des Beobachtungsfehlers von y angibt. Bei der nun auszuführenden Verbindung der gefundenen Ordinatenstrecken durch eine Gerade wird man vornehmlich diejenigen Beobachtungen berücksichtigen, welche eine kleine Fehlerstrecke aufweisen; doch muß diese Gerade naturgemäß die Fehlerstrecken von allen Beobachtungen schneiden (s. Abb. 81).

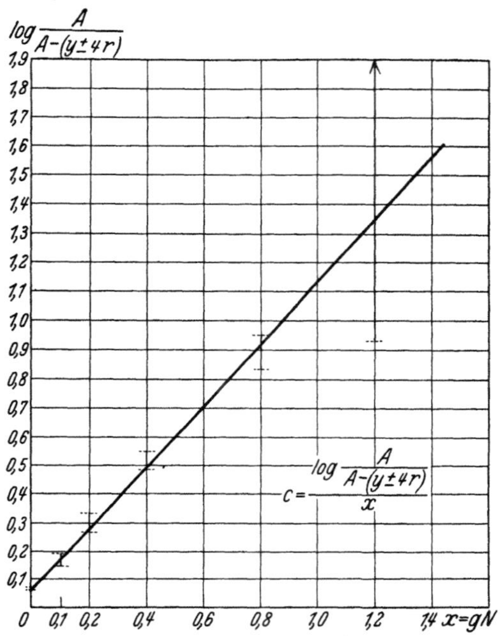

Abb. 81. Graphische Bestimmung des Wirkungsfaktors „c".

Es ist dargetan worden, daß in unserer Gleichung der Höchstertrag „A" nicht von dem gesteigerten Wachstumsfaktor bedingt wird, sondern daß er durch alle anderen Wachstumsfaktoren in seiner Höhe bestimmt wird, welche bei den vorliegenden Versuchen bislang konstant gehalten wurden. Da nun die Gleichung für jeden beliebigen Wachstumsfaktor gelten muß, so folgt daraus, daß man auch den Höchstertrag „A" in Gleichung (6)

$$y = A \cdot (1 - e^{-c \cdot x}) \tag{6}$$

als Variable von einem zweiten Wachstumsfaktor x_2 auffassen kann.

Es wird dann A, dem der Index 1 angefügt sein soll, also A_1 durch x_2 nach dem gleichen Gesetze gesteigert, bis hier wiederum ein neuer Höchstertrag A_2 erreicht wird, also:

$$y = A_1 \cdot (1 - e^{-c_1 \cdot x_1})$$
$$A_1 = A_2 \cdot (1 - e^{-c_2 \cdot x_2}).$$

Setzt man diesen Wert für A_1 aus der letzten Gleichung in die vorherige ein, so folgt:

$$y = A_2 \cdot (1 - e^{-c_1 \cdot x_1}) \cdot (1 - e^{-c_2 x_2}). \tag{9}$$

Und bringt man den Ertrag endlich von sämtlichen Wachstumsfaktoren in Abhängigkeit, so folgt die von BAULE[1] aufgestellte allgemeine Form des Gesetzes nach den gleichen Rechnungen:

$$y = A_n \cdot (1 - e^{-c_1 x_1}) \cdot (1 - e^{-c_2 x_2}) \cdot (1 - e^{-c_3 x_3}) \cdot (\ldots) \cdot (\ldots) \ldots \cdot (1 - e^{-c_n x_n}) . \quad (10)$$

Diese allgemeine Gleichung verlangt zunächst, daß jeder einzelne Wachstumsfaktor einen ganz bestimmten Proportionalitätsfaktor hat, der typisch für seine Wirkung auf die Höhe des Pflanzenertrages ist und darum als „Wirkungsfaktor" bezeichnet wird.

Das ist nun naturgemäß nur dann möglich, wenn der Wirkungsfaktor von einem Wachstumsfaktor konstant ist und somit völlig unabhängig davon ist, wie sich alle anderen Wachstumsfaktoren bei dem Experiment gestalten. Daß der Wirkungsfaktor aus mathematischen Gründen konstant sein muß, wenn das

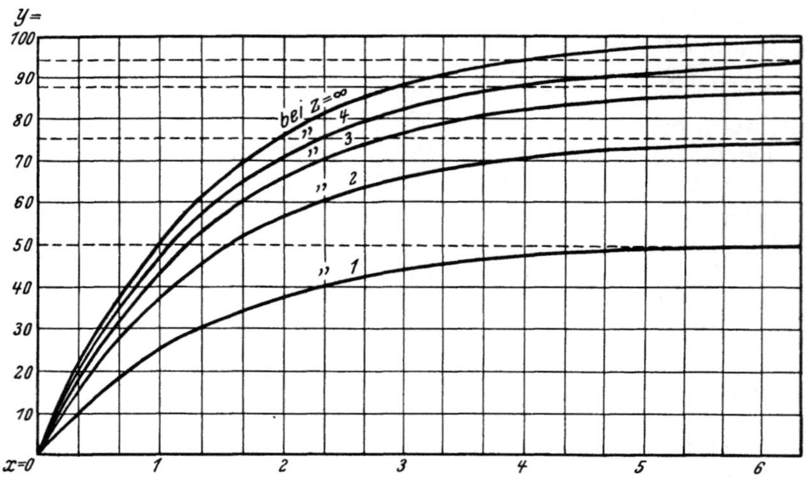

Abb. 82[2]. Die Steigerung der Pflanzenerträge bei Steigerung zweier Wachstumsfaktoren x und z.

logarithmische Gesetz für alle Wachstumsfaktoren Gültigkeit hat, hat REIDEMEISTER[3] bewiesen.

Wird dieses erweiterte Gesetz für nur zwei Wachstumsfaktoren graphisch dargestellt, so erhält man die in Abb. 82 wiedergegebenen Kurven. Jede dieser Kurven zeigt, wie der Ertrag y durch die Steigerung des Wachstumsfaktors x ansteigen muß; die unterste dieser Kurven, im Falle, daß auch von einem zweiten Wachstumsfaktor z nur eine bestimmte Menge vorhanden ist, die zweitunterste dann, wenn von diesem zweiten Wachstumsfaktor die doppelte Menge vorhanden ist, usf.

Man ersieht ferner aus den Kurven, daß z. B. bei den Mengen $x = 1$ stets 50% des betreffenden Höchstertrages geerntet werden, bei den Mengen $x = 2$ stets 75% usf., und ferner, daß man, wenn $x = 1$ bereits vorliegt und man alsdann die gleiche Menge x zuführt, daß dann jedesmal, unabhängig von dem anderen Wachstumsfaktor, der Ertrag von den jeweiligen 50% auf die jeweiligen 75%, also um 50% von 50 gesteigert werden muß. Allgemein heißt das, daß bei einer bestimmten Menge von x stets ein ganz bestimmter Anteil des be-

[1] BAULE, B.: Zu MITSCHERLICHS Gesetz der physiologischen Beziehungen. Landw. Jb. **51**, 373 (1917).

[2] Aus E. A. MITSCHERLICH: Pflanzenphysiologische Vorarbeiten zur chemischen Düngemittelanalyse. Landw. Jb. **49**, 343 (1916).

[3] REIDEMEISTER, KURT: Zur mathematischen Formulierung des Wirkungsgesetzes. Schr. Königsberg. Gelehrten Ges., Naturwiss. Kl. **3**, H. 1, 31—35 (1926).

treffenden Höchstertrages geerntet werden muß, und daß man dann ferner durch eine beliebige Gabe von x diesen Ertrag stets um ganz bestimmte Prozente von y steigert, d. s. also Prozente, welche als solche ganz die gleiche Höhe haben müssen, und zwar völlig unabhängig davon, wie sich in dem einzelnen Falle alle anderen Wachstumsfaktoren gestalten.

Experimentell war daher pflanzenphysiologisch zu untersuchen, ob das Gesetz in dieser mathematischen Formulierung zutraf, oder ob der Ertragsanstieg doch einen anderen Verlauf nimmt.

Das „Für und Wider", die Konstanz des Wirkungsfaktors, und damit das „Für und Wider", das Wirkungsgesetz, hat in letzter Zeit die landwirtschaftliche Literatur viel beschäftigt[1]. Geklärt ist die Frage auch heute noch

[1] BAULE, B.: Zu MITSCHERLICHS Gesetz der physiologischen Beziehungen. Landw. Jb. **51**, 363 (1918). — BLACKMANN, F.: Optima and limiting factors. Ann. of Bot. **19**, 281 (1905). — CHRISTIANSEN-WENIGER, F.: Mathematische Probleme der Biologie. Naturwiss. **13**, 574 (1925). — DENSCH, A. u. PFAFF: Versuche zur Bestimmung des Nährstoffbedürfnisses der Böden durch Gefäßversuche nach MITSCHERLICH nebst einigen Bemerkungen zur Methode NEUBAUER. Z. Pflanzern. usw. B **4**, 321 (1925). — Bericht der Preußischen Versuchs- und Forschungsanstalten in Landsberg (Warthe). Bericht über die Tätigkeit des Instituts für Bodenkunde und Pflanzenernährung. Landw. Jb. **64**, Erg.-Bd. 1, 15—17 (1926). —Versuche mit der Methode MITSCHERLICH. Z. Pflanzenern. usw. B **6**, 385 (1927). — GERLACH, M.: Die Bestimmungsmethoden des Düngerbedürfnisses des Bodens. Ebenda B **4**, 25 (1925). — Das MITSCHERLICHsche Verfahren zur Bestimmung des Düngerbedürfnisses der Böden. Ebenda B **4**, 273 (1925). — Die Bestimmung des Düngerbedürfnisses der Böden. Landw. Jb. **63**, 361 (1925). — Das MITSCHERLICHsche Verfahren zur Bestimmung des Düngerbedürfnisses der Böden. Z. Pflanzenern. usw. B **5**, 218 (1926). — Nochmals das Verfahren von MITSCHERLICH zur Bestimmung des Düngerbedürfnisses der Böden. Ebenda B **5**, 489 (1926). — Das Verfahren MITSCHERLICHS zur Bestimmung des Düngerbedürfnisses des Bodens. Mitt. Dtsch. Landw. Ges. **41**, 985 (1926). — GERLACH, M., E. GÜNTHER u. K. SEIDEL: Über die Prüfung des Verfahrens von MITSCHERLICH zur Bestimmung des Düngerbedürfnisses der Böden. Z. Pflanzenern. usw. A **11**, 1—29 (1928). — GERLACH, M., E. GÜNTHER u. K. SEIDEL: Das Verfahren MITSCHERLICHS. Mitt. Dtsch. Landw. Ges. **41**, 1069 (1926). — GERLACH, M. u. O. NOLTE: Zur Bestimmung des Nährstoffgehalts der Böden. Landw. Jb. **65**, 101 (1927). — GÜNTHER, E. u. K. SEIDEL: Düngungsversuche nach MITSCHERLICH an Schimmelpilzen und Sproßpilzen. Ebenda **65**, 109 (1927). — HARDER, R.: Kritische Versuche zu BLACKMANS Theorie der „begrenzenden Faktoren" bei der Kohlensäureassimilation. Pringsheims Jb. wiss. Bot. **60**, 531 (1921). — HOFFMANN, M.: Das Gesetz vom Minimum. Ber. über ein Preisausschreiben Dtsch. Landw. Ges. Berlin. — LEMMERMANN, O., P. HASSE u. W. JESSEN: Die Beziehungen zwischen Pflanzenernährung und Pflanzenwachstum und die Methode MITSCHERLICH zur Bestimmung des Düngerbedürfnisses des Bodens. Z. Pflanzenern. usw. B **7**, 49 (1928). — LEMMERMANN, O. u. P. HASSE: Für und wider das Wirkungsgesetz der Wachstumsfaktoren. Ebenda B **7**, 352 (1928). — MAYER, A.: Das Gesetz des Minimums. Eine logarithmische Funktion? Landw. Versuchsstat. **78**, 115 (1912). — MEYER, R.: Die Abhängigkeit der Wachstumsgröße von der Quantität der Ernährungsfaktoren bei Pilzen. Z. Pflanzenern. usw. A **8**, 121 (1926/27). — MITSCHERLICH, E. A.: Das Gesetz des Minimums und das Gesetz des abnehmenden Bodenertrages. Landw. Jb. **38**, 595 (1909). — Zum Gesetz von Minimum. Mitt. Dtsch. Landw. Ges. **28**, 595 (1913). — Über den Standort und den Standraum der einzelnen Pflanze bei der Pflanzenzüchtung. Z. Pflanzenzüchtung **1**, 278 (1913). — Pflanzenphysiologische Vorarbeiten zur chemischen Düngemittelanalyse. Landw. Jb. **49**, 335 (1916). — Versuch über den Einfluß zweier verschiedener Nährstoffe auf den Pflanzenertrag. Ebenda **52**, 279 (1919). — Das Wirkungsgesetz der Wachstumsfaktoren. Ebenda **56**, 71 (1921). — Das Wirkungsgesetz der Wachstumsfaktoren. Z. Pflanzenern. usw. B **1**, 49 (1922). — Der Düngungsversuch. Landw. Jb. **58**, 125 (1923). — Die pflanzenphysiologische Lösung der chemischen Bodenanalyse. Ebenda **58**, 601 (1923). — Über allgemeine Naturgesetze. Schr. Königsberg. Gelehrten Ges., Naturwiss. Kl., **1**, H. 3. Berlin: Deutsche Verlagsgesellschaft 1924. — Das Wirkungsgesetz der Wachstumsfaktoren und das Wachstumsgesetz der Pflanzen. Mitt. Dtsch. Landw. Ges. **39**, 216 (1924). — Die Bestimmung des Düngerbedürfnisses des Bodens, 3. Aufl. Berlin: Parey 1930. — Zur Bestimmungsmethode des Düngerbedürfnisses des Bodens. Z. Pflanzenern. usw. B **4**, 193 (1925). — Zur Bestimmung des Nährstoffgehalts des Bodens. Landw. Jb. **64**, 191 (1926). — Eine Ergänzung zu den GERLACHschen Ausführungen. Mitt. Dtsch. Landw. Ges. **41**, 1031 (1926). — Für oder wider das Wirkungsgesetz der Wachstumsfaktoren. Z. Pflanzenern. usw. B **7**, 345 (1928). —

nicht endgültig. Einige Gegner fanden bei ihren Beobachtungsreihen überhaupt keinen entsprechenden Anstieg, sondern eine S-förmige Kurve, und glaubten damit eine Widerlegung erbracht zu haben. Das braucht aber keineswegs der Fall zu sein; denn die Gleichung (9), wenn gleichzeitig auch nur zwei Wachstumsfaktoren variiert werden, ergibt bereits diesen S-förmigen Verlauf! — Es hat sich aber gezeigt, wie schwer es ist, hier einwandfreie physiologische Versuche durchzuführen; es kann so leicht vorkommen, daß ungewollt außer dem einen Wachstumsfaktor noch ein zweiter Wachstumsfaktor variiert wird, und alsbald findet sich die volle Übereinstimmung mit dem Gesetze. Schwerwiegender sind hier die Entgegnungen von AUGUST RIPPEL und R. MEYER[1], die fanden, daß der Wirkungsfaktor des Kalis sich änderte, wenn man vom Wachstumsfaktor Stickstoff geringere oder größere Gaben verabfolgt u. a. m. Der Verfasser sucht noch zur Zeit diese Erscheinungen wissenschaftlich zu verfolgen.

Für die ganze Düngermittelindustrie wie für die ganze landwirtschaftliche Praxis bzw. die ganze Technologie des Bodens ist nun aber die Konstanz des Wirkungsfaktors von ungeheurer Bedeutung; denn dann ist es in der Tat möglich, pflanzenphysiologisch den Wert irgendeines Düngemittels festzustellen, dann ist es möglich, auf Grund eines Feld- oder Gefäßversuches festzustellen, wie viele Nährstoffmengen bereits in einem Boden sind, ob, wann und wie große Mengen eines Düngemittels zur rentablen Steigerung unserer Erträge angewandt werden müssen. Sind hier keine festen Beziehungen vorhanden, so kann man in keiner Weise aus dem Versuche, der in einem Jahre ausgeführt wird, auf das Ergebnis

---

Die Bestimmung des Düngerbedürfnisses des Bodens mittels Feld- und Gefäßversuch. Landw. Jb. **71**, 445 (1930). — MITSCHERLICH, E. A. u. W. U. BEHRENS: Zur Formulierung des Ertragsgesetzes. Z. Pflanzenern. usw. A **15**, 94 (1930). — MITSCHERLICH, E. A. u. F. DÜHRING: Das LIEBIGsche Gesetz vom Minimum und das Wirkungsgesetz der Wachstumsfaktoren. Schr. Königsberg. Gelehrten Ges., Naturwiss. Kl., **3**, H. 1. Halle a. d. Saale: Max Niemeyer 1926. — Über die Konstanten im Wirkungsgesetz der Wachstumsfaktoren. Ebenda **5**, H. 2. 1928. — NIETHAMMER, A.: Über das Gesetz vom Minimum bei Pilzkulturen. Biochem. Z. **165**, 168 (1925). — NIKLAS, H. u. M. MÜLLER: Begründung unserer Stellungnahme zum Wirkungsgesetz von E. A. MITSCHERLICH. Forstw. Zbl. **48**, 698 (1926). — NOACK, M.: Untersuchungen über die Wirkungsfaktoren der drei Hauptnährstoffe unserer Kulturpflanzen und über die Bestimmung des Nährstoffgehalts des Bodens nach MITSCHERLICH. Kühn-Arch. **19** (1928). — NOLTE, O.: Das Wirkungsgesetz der Wachstumsfaktoren. Mitt. Dtsch. Landw. Ges. **39**, 593 (1924). — PFEIFFER, TH., E. BLANCK u. M. FLÜGEL: Wasser und Licht als Vegetationsfaktoren und ihre Beziehungen zum Gesetz vom Minimum. Landw. Versuchsstat. **76**, 169 (1912). — REIDEMEISTER, K.: Zur mathematischen Formulierung des Wirkungsgesetzes. Schr. Königsberg. Gelehrten Ges., Naturwiss. Kl. **3**, H. 1, 23. Halle a. d. S.: Max Niemeyer 1926. — REINHOLD, J.: MITSCHERLICHS Verfahren zur Bestimmung des Düngergehalts des Bodens. Landw. Jb. **65**, 876 (1927). — RIPPEL, A.: Die gesetzmäßige Erforschung von Reaktionsgleichheit (Produktionskurve) und Reaktionsgeschwindigkeit (Wachstumskurve) bei den höheren Pflanzen. J. Landw. **70**, 9 (1922). — Wachstumsgesetze bei höheren und niederen Pflanzen. Naturwiss. u. Landw., H. 3. Freising-München: F. Datterer & Cie. 1925. — SAPĚHIN, A.: Zum Gesetz des Ertrages. Ber. dtsch. bot. Ges. **41**, 386 (1923). — VATER, H.: Das Verhältnis zwischen MITSCHERLICHS Wirkungsgesetz der Wachstumsfaktoren und LIEBIGS Gesetz vom Minimum. Landw. Versuchsstat. **99**, 53 (1922). — WAGNER, H.: Das Wachstum der Pflanzen und Tiere. Landw. Jb. **60**, 89 (1924). — WALTER, H.: Theoretische Betrachtungen über die Beziehungen der MITSCHERLICHschen Produktionskurve und des WEBER-FECHNERschen Gesetzes zum Massenwirkungsgesetz. Naturwiss. **12**, 25 (1924).

[1] RIPPEL, A.: Zur Klarstellung einiger Fragen des Wirkungs- und Wachstumsgesetzes einiger Pflanzen. Z. Pflanzenern. usw. A **3**, 396, (1924). — Zur experimentellen Widerlegung des MITSCHERLICH-BAULEschen Wirkungsgesetzes der Wachstumsfaktoren. Ebenda A **8**, 65—80 (1926/27). — Die Regel der Konstantenverschiebung in der Ertragskurve und ihre Ursachen. Ebenda A **7**, 1 (1926). — Weitere Beiträge zur Kenntnis des Ertragsgesetzes. Ebenda A **12**, H. 1 (1928). — RIPPEL, A. u. R. MEYER: Ertragsgesetz gegen Wirkungsgesetz. Ebenda A **14**, 2—23 (1929). — MITSCHERLICH, E. A. u. W. U. BEHRENS: Zur Formulierung des Ertragsgesetzes. Ebenda A **15**, 94 (1929).

des nächsten Jahres Schlüsse ziehen; alle Beobachtungen, die in dieser Weise angestellt werden, besitzen dann nicht nur keinen quantitativen, sondern auch keinen qualitativen Wert!

Für das Wirkungsgesetz sprechen nun die zahlreichen von E. A. MITSCHERLICH u. a. ausgeführten Versuchsreichen, auf die später zurückzukommen sein wird.

Der Wirkungsfaktor wäre danach als konstant anzunehmen für einen bestimmten Pflanzennährstoff. Nun weiß man aber aus der landwirtschaftlichen Praxis, daß es keineswegs gleichgültig ist, in welcher Form der betreffende Nährstoff gegeben wird; der eine Boden will Phosphorsäure als Superphosphat, der andere als Thomasmehl erhalten, der eine Stickstoff in Form von Ammoniak, der andere als Salpeter.

Die Wirkungsunterschiede, welche sich dabei einstellen, sind auf die Wechselwirkungen zurückzuführen, welche zwischen Klima bzw. Boden einerseits und Düngemittel andererseits stattfinden. — Die Phosphorsäure einer Düngung kann in einem Boden z. B. in eine schwerer lösliche Form übergeführt werden. Diese andere Phosphorsäureverbindung hat natürlich einen anderen pflanzenphysiologischen Wirkungswert und somit Wirkungsfaktor als die des ursprünglichen Düngemittels. Während aber der Wirkungsfaktor für jede dieser Phosphorsäureformen konstant ist, wird er durch den Übergang der einen Phosphorsäureverbindung in die andere naturgemäß die Höhe des Wirkungsfaktors der anderen Phosphorsäureverbindung annehmen müssen. Das Bestehen des Wirkungsgesetzes wird durch diese Erscheinung nicht berührt; denn selbstverständlich kann ein Nährstoff, den man in Form irgend eines Düngemittels verabfolgt, stets nur den Wirkungswert haben, den es zur Zeit der Aufnahme durch die Pflanze als Bestandteil des Bodens besitzt. Wenn nun danach auch der Wirkungsfaktor für jede einzelne Phosphorsäureverbindung konstant ist, so hat er doch für die verschiedenen Phosphorsäureverbindungen und damit auch für den in diesen befindlichen Wachstumsfaktor Phosphorsäure eine verschiedene Höhe, die jedoch nur innerhalb enger Grenzen variiert, und darum für die praktische Nutzanwendung des Wirkungsgestzes belanglos ist. Das hat der Verfasser durch zahllose Versuche[1], die auch von anderer Seite bestätigt wurden, erweisen können.

Eine andere Beobachtung macht man bei der Stickstoffdüngung. Hier zeigt sich, daß ein Boden, der sehr stickstoffbedürftig ist, von dem einen Düngemittel größere Mengen verträgt als von einem anderen, und somit auch bei einer Überdüngung von dem einen größere Mengen gut zu verwerten vermag, ehe Ertragsdepressionen eintreten, die den ganzen Ertrag in Frage stellen können. Auf typisch sauren Böden werden natürlich physiologisch-alkalische, auf typisch alkalischen Böden dagegen physiologisch-saure Düngemittel höhere Erträge bedingen, d. h. mit anderen Worten, der Wirkungswert des Stickstoffs kann auf bestimmten Böden verändert werden durch die mehr oder weniger ungünstige Nebenwirkung, welche das betreffende Düngemittel auf die Bodenreaktion und somit auf die Pflanze ausübt.

Bei der Stickstoffdüngung kann man ferner, da diese im Boden wasserlöslich bleibt, nie so große Mengen verabfolgen, wie es zur Erzielung des erwünschten Höchstertrages notwendig wäre. Es treten viel eher Ertragsdepressionserscheinungen ein, die z. B. bei Getreide in Lagerfrucht sichtbar werden. Diese dürften meist die Folge von einer zu großen Konzentration der Nährstofflösung im Boden,

---

[1] MITSCHERLICH, E. A.: Die Bestimmung des Düngerbedürfnisses des Bodens mittelst Feld- und Gefäßversuch. Landw. Jb. 71, 445—467 (1930). — DENSCH, A. u. R. PFAFF: Versuche mit der Methode MITSCHERLICH. Z. Pflanzenern. usw. B. 6, 385—398.

sein, durch welche plasmolytische Erscheinungen in der Pflanze herbeigeführt werden. Je trockener nun ein Boden ist, d. h. je geringer seine Wasserkapazität je Volumeneinheit ist und je trockener ein Klima ist, d. h. je geringer die Zahl und Menge der Niederschläge und je geringer die relative Luftfeuchtigkeit des über einem Boden lagernden Klimas ist, um so eher wird diese Konzentrationsgrenze erreicht werden, um so eher werden die Ertragsdepressionen eintreten müssen. So wird hier die Grenze der Ertragssteigerung direkt vom Boden und vom Klima bedingt. Hierfür spricht auch, daß bei Gefäßversuchen, bei denen der Boden ständig mit Wasser gesättigt gehalten wird, die zehnfache Nährstoffmenge wie im freien Lande verabfolgt werden kann, ohne daß diese Ertragsdepressionen auftreten. Gerade diese Tatsache ermöglichte es ja auch, den Verlauf der Ertragssteigerung bei der Gefäßmethode viel genauer zu studieren als bei den Freilandversuchen und somit die Grundlagen für diese ganzen Erscheinungen zu finden.

Immerhin verlangten die Erscheinungen der Ertragsschädigungen auch ihrerseits ein weiteres Studium ihres Verlaufes. Während man bei den Ertragssteigerungen eine Zunahme der Erträge von Null bis zu einem gewissen Höchstertrage „A“ erwarten mußte, muß nunmehr die Kurve von „A“ ab wieder bis auf Null herabsinken. Dabei kann die Ertragsschädigung naturgemäß, wenn sie stark ist, auch die Veranlassung dazu sein, daß „A“ in Wirklichkeit nie vollkommen erreicht wird, ja daß, wie z. B. bei steigenden Stickstoffgaben im freien Lande die Ertragssteigerung bereits ganz wesentlich früher zum Stillstand kommt. Die Tatsache, daß der Ertrag auch bei Höchstgaben eines Nährstoffes nie unter Null herabsinken kann, spricht zunächst dafür, daß man es mit einer logarithmischen Funktion und nicht mit einem parabolischen oder hyperbolischen Verlaufe bei der Ertragssteigerung und Ertragsdepression zu tun haben kann, da in diesen Fällen unendlich große Düngergaben Erträge von „minus-unendlich“ erhalten werden, was naturgemäß unmöglich ist.

Da nun ferner aber eine Naturerscheinung nie plötzlich eintritt, weil ihre Ursachen, sobald keine neuen Erscheinungen an den Versuch herantreten, von Anfang an vorliegen müssen, so war anzunehmen, daß auch die Ertragsdepression von Anfang an vorliegt und daß sie im Anstiege nur derart latent ist, daß sie in den meisten Fällen noch nicht zur Erscheinung kommt; darum konnte der Verfasser bei der Beobachtung der Ertrags*steigerung* noch mit der bislang besprochenen ersten Annäherung des Wirkungsgesetzes arbeiten.

Wenn nun an die Ableitung der zweiten Annäherung des Wirkungsgesetzes[1] herangegangen werden soll, so sind hierzu zunächst die Gleichungen (5) und (6) zu benutzen, die bei Einsetzung der BRIGGschen Logarithmen wie folgt lauteten:

$$A - y = A \cdot 10^{-c \cdot x} \tag{5}$$

$$y = A \cdot (1 - 10^{-c \cdot x}) \,. \tag{6}$$

Die Differenzialgleichung (1) war:

$$\frac{dy}{dx} = c \cdot (A - y) \,. \tag{1}$$

Die relative Ertragssteigerung ist danach:

$$\frac{\frac{1}{y} \cdot dy}{dx} = c \cdot \frac{A - y}{y} \,. \tag{11}$$

[1] MITSCHERLICH, E. A.: Die zweite Annäherung des Wirkungsgesetzes der Wachstumsfaktoren. Z. Pflanzenern. usw. A **12**, 273—281 (1928).

Setzt man hier nunmehr die Werte aus den Gleichungen (5) und (6) ein, so ergibt sich für die relative Ertragssteigerung aus der alten Gleichung (1):

$$\frac{\frac{1}{y} \cdot dy}{dx} = c \cdot \frac{10^{-c \cdot x}}{1 - 10^{-c \cdot x}} \tag{12}$$

Man bringt jetzt das Glied für die Ertragssteigerung, welche ja proportional x sein soll, mit $(2 \cdot k) \cdot x$ in Abzug und erhält sodann die folgende Gleichung für die zweite Annäherung des Wirkungsgesetzes der Wachstumsfaktoren:

$$\frac{\frac{1}{y} \cdot dy}{dx} = c \cdot \frac{10^{-c \cdot x}}{1 - 10^{-c \cdot x}} - 2k \cdot x\,. \tag{13}$$

Integriert ergibt diese:

$$\int \frac{1}{y} \cdot dy = \int c \cdot \frac{10^{-c \cdot x}}{1 - 10^{-cx}} \cdot dx - \int 2\,kx \cdot dx \tag{14}$$

oder

$$\ln y = \ln (1 - 10^{-cx}) - kx^2 + C \tag{15}$$

und entlogarithmiert für die BRIGGschen Logarithmen:

$$y = (1 - 10^{-c \cdot x}) \cdot 10^{-kx^2} \cdot 10^C\,. \tag{16}$$

Da nun analog Gleichung (3) $10^C = A$ ist, so ergibt sich endlich für die zweite Annäherung des MITSCHERLICHschen Gesetzes die folgende Gleichung:

$$y = A \cdot (1 - 10^{-c \cdot x}) \cdot 10^{-kx^2}\,. \tag{17}$$

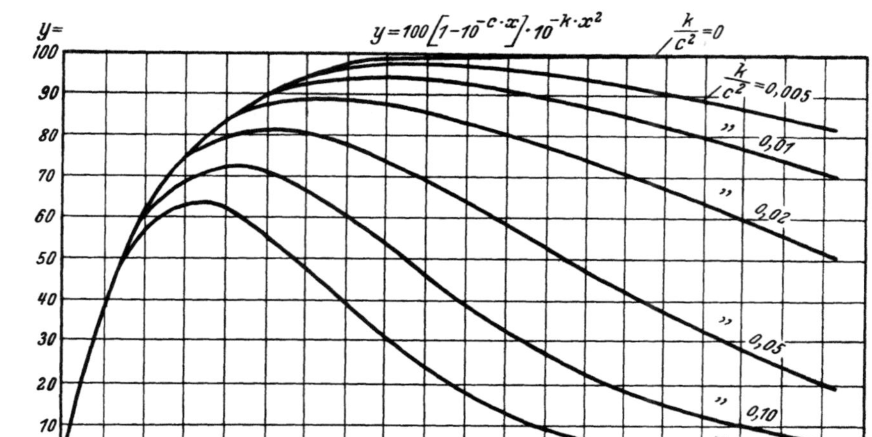

Abb. 83[1]. Der Abfall der Ertragskurve bei Überdüngung und bei verschiedener Höhe der Schädigungskonstanten „k“.

Den Einfluß des Schädigungsfaktors „k“ auf die Ertragskurve ersieht man aus Abb. 83.

Es liegen auch schon zur Bestätigung dieser zweiten Annäherung eine Reihe von Beobachtungen vor; doch mag hier — um fremdes Material heranzuziehen —

[1] Aus E. A. MITSCHERLICH: Die zweite Annäherung des Wirkungsgesetzes der Wachstumsfaktoren. Z. Pflanzenern. usw. A **12**, 278 (1928).

nur eine Versuchsreihe folgen, welche einer Arbeit von H. WIESSMANN[1] entnommen ist:

Stickstoffgabe x g N je Gefäß	Hafererträge gefunden	y g Trockensubstanz je Gefäß berechnet nach der ersten Annäherung d. W. G.	y g Trockensubstanz je Gefäß berechnet nach der zweiten Annäherung d. W. G.	Stickstoffgabe x g N je Gefäß	Hafererträge gefunden	y g Trockensubstanz je Gefäß berechnet nach der ersten Annäherung d. W. G.	y g Trockensubstanz je Gefäß berechnet nach der zweiten Annäherung d. W. G.
0,000	6,8 ± 0,38	3,5	3,5	1,50	116,2 ± 2,90	119,0	112,3
0,125	18,6 ± 0,45	20,3	20,3	2,00	118,2 ± 3,91	130,5	120,3
0,250	32,6 ± 1,05	35,1	35,1	3,00	116,1 ± 3,02	148,5	117,7
0,375	46,4 ± 1,01	48,4	48,4	4,00	108,4 ± 4,31	154,5	102,5
0,50	58,1 ± 0,65	60,3	59,9	6,00	71,2 ± 4,92	157,8	63,1
0,75	80,3 ± 1,25	80,3	79,1	8,00	18,2 ± 6,77	158,4	31,1
1,00	95,8 ± 2,03	96,2	93,8	10,00	5,6 ± 5,63	158,5	12,5

Es handelt sich hier um die Steigerung von Hafererträgen in Gramm Trockensubstanz. Die Versuche wurden in Sand in Kulturgefäßen ausgeführt und die Ertragssteigerung bzw. der Ertragsabfall durch steigende Gaben von Stickstoff in Form von schwefelsaurem Ammoniak herbeigeführt.

Die nach der ersten Annäherung des Wirkungsgesetzes berechneten Erträge folgen der Gleichung

$$y = 158{,}5 \cdot (1 - 10^{-0{,}396 \cdot (x + 0{,}025)})$$

die nach der zweiten Annäherung berechneten Erträge der Gleichung:

$$y = 158{,}5 \cdot (1 - 10^{-0{,}396 \cdot (x + 0{,}025)}) \cdot 10^{-0{,}011\,(x + 0{,}025)^2}\,.$$

Man erkennt deutlich, daß bei geringeren Stickstoffgaben die berechneten Erträge nach beiden Gleichungen gleich hohe sind; daß also die Ertragsschädigung hier noch latent ist und erst bei höheren Gaben ganz allmählich in Erscheinung tritt. Beschäftigt man sich so ausschließlich mit dem Ertragsanstieg (= erste Annäherung), so kann hier sehr wohl eine Konstanz des Wirkungsfaktors bestehen, ja diese Konstanz kann auch durchaus beibehalten werden, wenn man auch die Ertragsdepression gleichzeitig in der zweiten Annäherung in unsere Gleichung aufnimmt. Die oben zur Berechnung benutzten Gleichungen haben den gleichen Wirkungsfaktor für Stickstoff, der durch zahlreiche Versuchsreihen[2] festgestellt wurde; sie unterscheiden sich überhaupt ausschließlich dadurch, daß bei der Gleichung der zweiten Annäherung das Ertragsschädigungsglied $= 10^{-0{,}011 \cdot (x + 0{,}025)^2}$ an die Gleichung der ersten Annäherung angehängt wurde.

Typisch für die zweite Annäherung des Wirkungsgesetzes ist die Schädigungskonstante oder der Schädigungsfaktor „k“ in Gleichung (17), welche im obigen Beispiele gleich 0,011 war. Während der Wirkungsfaktor „c“ für jeden Wachstumsfaktor eine immer gleichbleibende Höhe hatte, ganz gleich, wie sich die anderen Wachstumsfaktoren bei einem Versuche stellten, muß sich die Schädigungskonstante ändern. Sie ist auch keineswegs unabhängig davon, in welcher Form z. B. ein Wachstumsfaktor, ein Nährstoff, den Pflanzen geboten wird, sie ist somit für Phosphorsäure eine andere, ob man diese als Superphosphat oder als Thomasmehl verabfolgt, sie ist bei Stickstoff eine andere, je nachdem dieser als

[1] WIESSMANN, H.: Untersuchungen über das Wirkungsgesetz der Wachstumsfaktoren in seiner Anwendung auf Stickstoff. Pflanzenbau 5, Nr. 5 u. 6 (1928/29).

[2] TODTENHÖFER: Die Konstanz des Wirkungsfaktors „c“. Inaug.-Dissert., Königsberg 1927. — GRAPENTIN, H.: Nährstoffstatik und Faktoren, welche sie beeinflussen. Inaug. Dissert., Königsberg 1928. — GRIGULL, K.: Untersuchungen über die Fehler der Konstanten im Wirkungsgesetz der Wachstumsfaktoren. Inaug.-Dissert., Königsberg 1928.

Ammonsulfat oder als Salpeter verabfolgt wird (s. unten). Sie ändert sich aber ebenso mit einer Änderung der physikalischen Wachstumsfaktoren. So ist sie z. B. bei Gefäßversuchen, wie gezeigt wurde, wesentlich geringer als bei Freilandversuchen, da bei den ersteren ständig der Wachstumsfaktor Wasser günstiger gestaltet wurde, indem der Boden bei voller Wasserkapazität erhalten blieb.

Es wurde ja gezeigt, daß dadurch Ertragsdepressionen durch plasmolytische Vorgänge erst sehr viel später, d. h. bei sehr viel höheren Gaben eines Nährstoffes, eintreten als bei Freilandversuchen; und daß gerade darum der Gefäßversuch eine größere Sicherheit für die Bestimmung des Wirkungsfaktors, für die Bestimmung des Nährstoffgehaltes des Bodens u. a. m. gewährleistet.

Die Schädigungskonstante ist aber ebenso wie der Wirkungsfaktor keineswegs unabhängig von den spezifischen Eigenschaften des einzelnen Wachstumsfaktors. Beim Stickstoff z. B. ist sie wegen seiner Wasserlöslichkeit derart groß, daß man in der Tat nie den in Rechnung zu stellenden Höchstertrag erreichen kann, wie das obiges Beispiel deutlich ersehen läßt, wo der Höchstertrag $A = 158,5$ in der Tat gar nicht erreicht wird; sie ist wesentlich niedriger bei Kali und bei Phosphorsäure, bei welchen der jeweilige Höchstertrag wenigstens nach den Versuchen des Verfassers[1] stets angenähert erreicht wurde.

Die Höhe des Schädigungsfaktors ist aber noch besonders abhängig von der Art des betreffenden Bodens, auf dem ein Düngemittel verwendet wird. Sie muß groß werden, wenn alkalische Düngemittel auf alkalischem Boden und wenn saure Düngemittel auf saurem Boden verwendet werden, und wird wieder niedriger, wenn saure Düngemittel auf alkalischem und alkalische auf saurem Boden ausgestreut werden.

Durch die zweite Annäherung des Wirkungsgesetzes lassen sich wohl auch die Entgegnungen erklären, welche Rippel und Mitarbeiter gebracht haben. Es zeigte sich nämlich, daß z. B. bei geringem Kaligehalte des Bodens durch steigende Stickstoffdüngung sehr viel eher Ertragsdespressionen auftreten, als wenn den Pflanzen im Boden größere Kalimengen zur Verfügung stehen. Kennt man nun, wie es bislang der Fall war, nur die erste Annäherung des Gesetzes, und bestimmt man danach den Wirkungsfaktor des Kalis bei geringem Stickstoffgehalt des Bodens, wo noch keine Ertragsdepressionen vorliegen, so wird man naturgemäß einen sehr viel größeren Wirkungsfaktor errechnen, als wenn man denselben aus denjenigen Versuchen, die mit größeren Stickstoffgaben angestellt wurden, ermitteln wollte. Letzteres ist aber, streng genommen, unzulässig, weil hierbei die Versuche, welche geringe Kalimengen erhielten, infolge der hohen Stickstoffgabe bereits Ertragsdepressionen aufweisen, mithin nicht mehr mittels der ersten Annäherung des Mitscherlichschen Gesetzes ausgeglichen werden dürften.

Ob man mit dieser zweiten Annäherung des Wirkungsgesetzes auskommen wird, steht noch dahin. Es ist auch ganz gut möglich, daß zur exakten Erfassung der Ertragssteigerungen noch eine dritte Annäherung benötigt wird oder gar zu einer anderen mathematischen Form übergegangen werden muß. Die hier zugrunde gelegte hat nur zunächst den Vorteil, daß sie so einfach wie nur irgend möglich ist; und, da die Natur im allgemeinen klar und einfach arbeitet, so steht zu erwarten, daß diese Form wenigstens zunächst zutreffen kann und so wenigstens eine gute Arbeitshypothese bietet, auf der weitere Forschungen aufgebaut werden können. Die land- und forstwirtschaftliche Forschung ist leider dazu

[1] Mitscherlich, E. A.: Das Wirkungsgesetz der Wachstumsfaktoren. Landw. Jb. 56, 71 (1921).

gezwungen, der Praxis eine derartige Berechnung der pflanzenphysiologischen Ergebnisse vorzulegen, da diese sonst, wenn hier keine festen Beziehungen bestehen, gar keinen wissenschaftlich begründeten Rückhalt haben und somit für die Praxis selbst wertlos sein müssen.

Der Boden als Wachstumsfaktor.

Aus vorigem Abschnitt ergibt sich, daß nicht der Boden als solcher einen Wachstumsfaktor bildet, sondern daß er unzählige Wachstumsfaktoren enthält, von denen jeder für sich dem MITSCHERLICHschen Gesetze folgen muß. Man erkennt aber ferner, daß man vielleicht einige von diesen verschiedenen Wachstumsfaktoren des Bodens, welche in chemische und in physikalische eingeteilt werden, noch gar nicht kennt und so auch noch gar nicht untersuchen kann, und endlich, daß alle diese Wachstumsfaktoren wieder in gegenseitiger Beziehung zu den klimatischen Wachstumsfaktoren stehen, wodurch jedwede diesbezügliche Untersuchung noch ganz besonders erschwert sein muß.

Betrachtet man nun zunächst einmal den Boden als ein gegebenes Ganzes, so sind hier rein äußerlich bereits zwei Wachstumsfaktoren zu erkennen bzw. solche zu unterscheiden: Das sind die Erdfläche, welche der einzelnen Pflanze zur Verfügung steht, und über die hin Boden und Klima in Austausch mit einander treten, und die Tiefe der für die Pflanze in Betracht kommenden Bodenschicht.

Beide Faktoren werden gleichzeitig durch die Art der Pflanze bedingt sein. Eine Pflanze, welche zu ihrem bestmöglichen Gedeihen einen größeren Standraum bedarf als eine andere, wird zunächst langsamer in ihrem Ertrage zunehmen, wenn man ihr sukzessive eine größere Erdfläche zur Verfügung stellt. Eine Pflanze, die ein größeres Wurzelsystem in der Bodentiefe entwickelt, muß langsamer in ihren Erträgen mit der Vertiefung des Kulturbodens ihrem Höchstertrag zustreben als eine flachwurzelnde Pflanze. Es mögen hierfür zunächst einige Beispiele angeführt werden:

Einfluß der Größe des Standraumes auf den Ertrag der Pflanze und Einfluß der Anzahl der Pflanzen auf den Ertrag der Flächeneinheit.

Da dem Verfasser andere Versuche nicht bekannt sind, mag hier eine geringe Auswahl von Versuchen folgen, welche vom Verfasser und seinen Mitarbeitern angestellt wurden.

In den nachfolgenden Tabellen, welche Beobachtungsmaterial von den verschiedensten Pflanzenerträgen wiedergeben, sind folgende Bezeichnungen gewählt:

y = Ertrag einer einzelnen Pflanze in Gramm.
y_1 = Erträge je Gefäß = 400 cm^2.
y_2 = Erträge in Doppelzentnern je Hektar.
x = Standraum der einzelnen Pflanze in Quadratzentimetern.
x_1 = Anzahl der Pflanzen je Gefäß.
z = Anzahl der Pflanzen je qm.
z_1 = Aussatmenge in Doppelzentnern je Hektar.
d = Drillreihenentfernung in Zentimetern.

Die Erträge wurden in Gramm Trockensubstanz oder lufttrockener Substanz, bei Kartoffeln als Frischgewicht festgestellt.

Die Versuche mit Senf wurden in Gefäßen ausgeführt, welche eine Erdoberfläche von 400 cm^2 hatten; alle anderen Versuche wurden im freien Lande durchgeführt.

Versuche mit weißem Senf (Sinapis alba)[1].

Betrifft die einzelne Pflanze			Betrifft 400 cm^2			1 qm
x	y gefunden	y berechnet	x_1	y_1 gefunden	y_1 berechnet	z
16,0	7,5 ± 0,3	7,9	1	73,8 ± 6,7	62	25
33,3	14,9 ± 0,3	14,6	3	120,9 ± 5,0	130	75
66,7	23,2 ± 1,2	25,7	6	139,0 ± 7,4	167	150
133,3	40,3 ± 1,7	42,1	12	178,9 ± 3,1	180,8	300
400,0	73,8 ± 6,7	68,5	25	187,6 ± 7,1	182	625

$y = 75 \cdot (1 - 10^{-0{,}00264 \cdot x})$

$y_1 = 182 \cdot (1 - 10^{-0{,}182 \cdot x_1})$

$y_1 = 182 \cdot (1 - 10^{-0{,}00728 \cdot z})$.

Versuche mit weißer Perlbohne (Phaseolus vulgaris)[2].

Betrifft die einzelne Pflanze			Betrifft dz/ha		
x	y gefunden	y berechnet	z	y_2 gefunden	y_2 berechnet
125	9,1 ± 0,5	8,7	16,7	42,9 ± 1,9	39,7
222	12,8 ± 0,6	13,8	26,7	54,6 ± 2,7	53,2
375	20,5 ± 1,0	19,6	45,0	57,4 ± 2,6	67,5
600	25,8 ± 1,2	25,0	80,0	72,8 + 4,1	77,6

$y = 32 \cdot (1 - 10^{-0{,}0011 \cdot x})$

$y_2 = 81 \cdot (1 - 10^{-0{,}0172 \cdot z})$

Versuche mit KÖSTLINS Probsteier Gerste[3].

Betrifft die einzelne Pflanze				Betrifft dz/ha			
d	x	y gefunden	y berechnet	z	z_1	y_2 gefunden	y_2 berechnet
10	50	49,9 ± 5,9	46,2	40,0	0,189	24,4 ± 1,5	24,1
15	75	63,1 ± 3,4	63,7	66,7	0,315	34,0 ± 3,0	33,0
20	100	73,7 ± 5,0	78,2	100,0	0,472	36,8 ± 2,5	39,6
30	150	102,0 ± 8,9	100,3	133,3	0,629	42,1 ± 2,3	43,3
50	250	121,8 ± 7,6	126,2	200,0	0,944	49,9 ± 5,9	46,5

$y = 150 \cdot (1 - 10^{-0{,}0032 \cdot x})$

$y = 150 \cdot (1 - 10^{-0{,}016 \cdot d})$

$y_2 = 48 \cdot (1 - 10^{-0{,}00755 \cdot z})$

$y_2 = 48 \cdot (1 - 10^{-1{,}6 \cdot z_1})$

Versuche mit Kartoffeln[4].

Betrifft die einzelne Pflanze				Betrifft dz/ha		
d	x	y gefunden	y berechnet	z	y_2 gefunden	y_2 berechnet
15	600	285 ± 10	282	3,21	158 ± 4	159
25	1000	350 ± 7	374	5,63	274 ± 18	245
40	1600	487 ± 33	457	10,00	350 ± 7	349
70	2800	492 ± 13	493	16,67	475 ± 16	432

$y = 500 \cdot (1 - 10^{-0{,}0006 \cdot x})$

$y = 500 \cdot (1 - 10^{-0{,}024 \cdot d})$

$y_2 = 500 \cdot (1 - 10^{-0{,}052 \cdot z})$

[1] MITSCHERLICH, E. A.: Ein Beitrag zur Standraumweite unserer landwirtschaftlichen Kulturpflanzen. Landw. Jb. **53**, 346 u. 347 (1919).

[2] MITSCHERLICH, E. A.: Ein Beitrag zur Standweite verschiedener Kulturpflanzen. Fühlings landw. Ztg. **68**, 124—126 (1919).

[3] MITSCHERLICH, E. A.: Ein Beitrag zur Technik des Sortenanbauversuches. Landw. Jb. **57**, 194—197 (1922).

[4] MITSCHERLICH, E. A.: Feldversuche mit Kartoffeln. Landw. Jb. **54**, 719 u. 720 (1920).

Versuche mit Hanf (Canabis sativus)[1].

Betrifft die einzelne Pflanze				Betrifft dz/ha		
d	x	y gefunden	y berechnet	z	y_2 gefunden	y_2 berechnet
8	64	71 ± 5	82	4,0	232 ± 6	232
15	120	150 ± 3	145	10,67	499 ± 27	462
30	240	244 ± 20	255	26,67	650 ± 53	743
75	600	465 ± 25	449	53,33	800 ± 16	791
100	800	581 ± 16	585	100,0	710 ± 50	800
$y = 600 \cdot (1 - 10^{-0{,}001 \cdot x})$ $y = 600 \cdot (1 - 10^{-0{,}008 \cdot d})$				$y_2 = 800 \cdot (1 - 10^{-0{,}037 \cdot z})$		

Die Erdfläche, also die Größe des Ackerstückes, Wiesen-, Weiden- oder Forstgeländes, welches direkt mit der Atmosphäre in Beziehung steht, ist danach als Wachstumsfaktor zu bezeichnen. Die Beobachtungen schließen sich innerhalb der allerdings zuweilen ziemlich großen Versuchsfehler gut an die berechneten Werte an.

Den Wert, welchen die Erdfläche für die einzelne Kulturpflanze hat, erkennt man am besten, wenn man die verschiedenen Wirkungsfaktoren mit einander vergleicht. Betrachtet man hier zunächst die Standraumansprüche der einzelnen Pflanzen, so ergeben sich aus den vorliegenden Gleichungen die in nachfolgender Tabelle stehenden Werte.

Wirkungsfaktoren betreffend die		
	Standraumansprüche einer Pflanze	Anzahl der Pflanzenstellen je qm
Gerste	0,0032	0,00728
Senf	0,0026	0,00755
Gartenbohne	0,0011	0,0172
Hanf	0,0010	0,037
Kartoffeln	0,0006	0,052

Je größer die Wirkungswerte sind, um so geringer sind die Ansprüche, welche die einzelne Pflanzenart an die Erdfläche stellt. Je kleiner hingegen der Wirkungsfaktor für die Anzahl der Pflanzenstellen auf den Hektar ist, um so mehr Pflanzen gehören dazu, um eine gleichwertige Ertragssteigerung herbeizuführen. — Beide Erscheinungen stehen in direkter Beziehung zu einander, was sich ja auch bereits daraus ergibt, daß man zu den vorstehenden Tabellen das gleiche Beobachtungsmaterial auf zwei verschiedene Weisen verarbeiten kann.

Dabei muß man sich darüber klar sein, daß die hier gefundenen Wirkungswerte keineswegs für alle Pflanzen der gleichen Art unter allen Bedingungen konstant bleiben können; sie werden in chemischer wie in physikalischer Hinsicht wesentlich beeinflußt werden durch die Beschaffenheit des Bodens selbst. Entwickelt sich doch die einzelne Pflanze auf gutem Boden in einem guten Klima sehr viel üppiger als unter anderen Verhältnissen. Dementsprechend wird sie unter günstigen Bedingungen auch größere Standraumansprüche stellen, bzw. wird man dann (aber auch nur dann) zu der in der landwirtschaftlichen Praxis so viel besprochenen „Dünnsaat", d. h. zu einem weiteren Stande der Kulturpflanzen übergehen können und müssen. Denn, wird der Standraum für die einzelne Pflanze zu eng, so daß sie sich nur unvollkommen entwickeln kann, dann bleibt sie — wie bei zu dichter Saat — in ihrem Längenwachstum, in ihrer

[1] Mitscherlich, E. A.: Ein Beitrag zur Standweite verschiedener Kulturpflanzen. Fühlings landw. Ztg. **68**, 125—127 (1919).

Entwicklung zurück und liefert dementsprechend auch nur minderwertige Frucht. Als Beispiel hierfür mag einmal der Rückgang der Länge der Hanfpflanzen bei dichterer Saat und ferner die Zunahme an kleinen Kartoffelknollen bei der Ernte bei geringerem Standraume der Pflanzen folgen:

Hanflängenwachstum.

Drillreihenabstand : $d =$	8 cm	15 cm	30 cm	75 cm	200 cm
Gefundene Längen $l =$ . .	186 ± 10	235 ± 10	268 ± 2	281 ± 4	275 ± 3
Berechnete Längen $l =$ . .	178	238	274	280	280

$$l = 280 \cdot (1 - 10^{-0,055 \cdot d}).$$

Kartoffelknollengrößen.

Anzahl der Pflanzenstellen $z =$	1,78	3,33	5,00	8,33
Knollenerträge = ...	100	158	172	194
Darunter Knollen unter 3 cm Durchmesser . .	3,2	6,9	9,4	12,2

Unter zu dichter Saat leidet also zunächst die Qualität des Produktes. Geht man mit der Aussaatmenge noch weiter, so erhält man beim Getreide z. B. Lagerfrucht, während andere Pflanzen sehr bald den erreichbaren Wasser- bzw. Nährstoffvorrat des Bodens verbrauchen und dann vergilben. Man gelangt dann also auch quantitativ zu starken Ertragsdepressionen, wie solches bei der zweiten Annäherung des Wirkungsgesetzes besprochen wurde.

Der Einfluß der für die Pflanzen in Betracht kommenden Bodenschicht.

Den Einfluß, welchen die Bodenschicht auf den Pflanzenertrag ausübt, kann man am besten in Kulturgefäßen studieren, da man hier die betreffende Bodenschicht vom darunter liegenden Boden, dem Untergrunde, loszulösen vermag. Es mögen hier zunächst eine Reihe von Versuchen folgen, bei denen die Bodenschicht dadurch in ihrer Mächtigkeit variiert wurde, daß der Rost der Gefäße verschieden hoch gehoben und damit den Pflanzen eine geringere oder höhere Bodenschicht zur Verfügung gestellt wurde.

Von den zahlreichen vom Verfasser[1] in dieser Richtung angestellten Versuchen mögen hier nur vier angeführt sein, welche mit verschiedenen Pflanzen bzw. in verschiedenen Bodenarten ausgeführt wurden. Sie zeigen die Abhängigkeit des Pflanzenertrages (= y in Gramm Trockensubstanz) von der Tiefe der Bodenschicht (= x in Zentimeter).

x	Gefäßversuche mit							
	Sandboden				Gartenboden			
	Versuchspflanze							
	Hafer		Saatwicken		Saatwicken		Möhren	
cm	y gefunden	y ber.	y gefunden	y ber.	y gefunden	y ber.	y gefunden	y ber.
4	54,1 ± 1,7	55,2	15,2 ± 1,2	14,9	38,6 ± 2,4	38,5	37,0 ± 1,6	39,0
6	85,5 ± 3,0	73,3	19,9 ± 1,4	19,7	49,5 ± 2,5	48,7	50,5 ± 2,1	49,4
9	92,6 ± 3,6	92,5	25,6 ± 2,7	24,9	57,1 ± 1,4	58,0	58,3 ± 2,7	58,8
14	106,7 ± 3,0	111,2	30,2 ± 2,9	29,9	64,5 ± 3,5	65,0	65,0 ± 0,7	66,0
20	121,8 ± 2,1	121,8	32,6 ± 2,3	32,3	74,5 ± 2,6	67,8	77,8 ± 3,3	68,8
$A =$		130		35		69		70

Die berechneten Werte für Sandboden folgen der Gleichung $y = A \cdot (1 - 10^{-0,06 \cdot x})$.
Die berechneten Werte für Gartenboden der Gleichung $y = A \cdot (1 - 10^{-0,0885 \cdot x})$.

[1] Mitscherlich, E. A. u. R. Floess: Über den Einfluß verschiedener Faktoren auf die Höhe des Pflanzenertrages. Landw. Jb. **43**, 664 (1912).

Man erkennt somit auch in der Tiefe der Bodenschicht unzweifelhaft einen Wachstumsfaktor. Betrachtet man die Pflanzen im freien Lande, so wird es dabei ohne weiteres klar, daß je tiefer man in einen Boden eindringt, um so weniger Wurzeln in diesem vorhanden sein müssen, daß also die Ertragssteigerung mit der Tiefe der Bodenschicht abnehmen muß. Im freien Lande sind Versuche darum schwieriger anzustellen, weil sich der Boden von den darunter gelagerten Bodenschichten nicht loslösen läßt. Als einzige Versuche, bei denen das noch gelungen ist, dürften die von E. WOLLNY[1] gelten, bei denen dem Boden sukzessive größere Mengen an Steinen zugeführt wurden, und zwar gelang es darum, weil die Pflanzen in reinen Steinen keinen Ertrag zu geben vermögen, sondern das Vorhandensein von Boden verlangen. Mit dem Volumen an Steinen, welches somit WOLLNY seinem Boden zumengte, fiel damit gleichzeitig die Höhe der für die Pflanzen ausnutzbaren Bodenschicht. Arbeitete WOLLNY so in einer Bodenschicht von 25 cm Höhe, so wurde diese durch eine Steinbeimengung von 50% zu 50% Boden zu einer Bodenschicht von 12,5 cm reduziert usw.

Das von WOLLNY für die verschiedensten Pflanzen in einer Reihe von Jahren ermittelte Beobachtungsmaterial hat der Verfasser[2], um es vergleichbar zu gestalten (Parallelversuche lagen leider nicht vor), in Prozentzahlen umgerechnet und so die Versuchsfehler ermittelt.

	Steinvolumen					
	50%	40%	30%	20%	10%	0%
	Tiefe der Bodenschicht x in cm					
	12,5	15	17,5	20	22,5	25
Erträge y in %	78 ± 2	90 ± 2	98 ± 1	105 ± 1	114 ± 2	115 ± 3
Desgleichen berechnet . .	81	90	98	105	110	115

$$y = 140 \cdot (1 - 10^{-0,03 \cdot x}) .$$

Der Wirkungsfaktor 0,03 ist hier nur halb so groß wie bei den Gefäßversuchen. Es wird später noch hierauf zurückzukommen sein.

Es gehören ferner noch hierher Versuche, welche WOLLNY[3] mit verschieden tiefer Krumenschicht ausführte, die er auf gleichmäßigem Untergrund von Glazialschotter anstellte. Sie wurden mit 29 verschiedenen Kulturpflanzen durchgeführt. Das Material hat der Verfasser in gleicher Weise wie das vorige in Prozentzahlen verrechnet, um auf diese Weise sicherere Werte zu erhalten. Er läßt diese Verarbeitung folgen:

	Krumentiefe x in cm							
	0	10	20	30	40	60	80	100
Gefundene Erträge in %	—	73 ± 2	91 ± 1	109 ± 1	127 ± 2	—	—	—
y berechnet . . .	50	72	91	109	124	150	171	187

$$y = 250 \cdot (1 - 10^{-0,005\,(x + 19,38)})$$

[1] WOLLNY, E.: Untersuchungen über den Einfluß der Steine auf die Fruchtbarkeit des Bodens. Forschgn. Geb. Agrikult.-Phys. **20**, 363ff. (1897).

[2] MITSCHERLICH, E. A.: Bodenkunde für Land- und Forstwirte, 4. Aufl., S. 166. Berlin: Paul Parey.

[3] WOLLNY, E.: Untersuchungen über den Einfluß der physikalischen Eigenschaften des Bodens auf das Produktionsvermögen der Nutzgewächse. Forschgn. Geb. Agrikult.-Phys. **20**, 306—314 (1897); MITSCHERLICH, E. A.: Bodenkunde, s. oben S. 255 u. 256.

Nach diesen Ergebnissen müßte bei den WOLLNYschen Versuchen bereits bei der Krumentiefe $x = 0$ ein Ertrag $y = 50$ erzielt werden. Dieser Ertrag wird durch den Untergrund und seine Tiefe bedingt. Würde man den Untergrund als der Krume gleichartig erachten können, so würde das einer weiteren Krumentiefe von 19,38 cm entsprechen. Noch ein weiteres Beispiel kann man für den Einfluß der Tiefe der Bodenschicht auf den Pflanzenertrag heranziehen, und zwar den Einfluß der Tiefe der Bodenbearbeitung auf den Pflanzenertrag. Auch hierfür liegen Beobachtungen von E. WOLLNY vor, die noch kurz wiedergegeben werden sollen:

	Tiefe der Bodenbearbeitung x in cm			
	12,5	17,5	22,5	27,5
Erträge { y = gefunden	944	996	1026	1036
Erträge { y berechnet	938	1001	1026	1035

$$y = 1042 \cdot (1 - 10^{-0,08 \cdot x})$$

Ohne Bodenbearbeitung[1] würde nach diesen Berechnungen der Boden den Ertrag $y = 0$ ergeben haben; er war also ohne sie für die Pflanzenwurzel unzugänglich. Man ersieht daraus, daß hinsichtlich der Tiefe der Bodenschicht, welche für die Kulturpflanzen in Betracht zu ziehen ist, jeder Boden anders reagiert. Das hängt notwendig mit seinen chemischen und physikalischen Wachstumsfaktoren zusammen, welche er der Pflanze zur Verfügung zu stellen vermag. Es wird sich darum mit diesen jetzt noch im Einzelnen zu beschäftigen sein.

Der Boden als Vegetationsfaktor in physikalischer Hinsicht.

Physikalisch hat der Boden die Aufgabe, der Pflanzenwurzel die Aufnahme der chemischen Wachstumsfaktoren zu vermitteln. Das geschieht einmal durch Zuführung von Energie und ferner dadurch, daß der Boden Wasser enthält, welches lösend auf die Pflanzennährstoffe einwirkt und mit den gelösten Stoffen in den Pflanzenkörper eindringt und damit selbst ein Bestandteil der lebenden Pflanze wird.

An Energieformen kann man Wärme- und elektrische Energie unterscheiden. Beide Formen werden dem Boden fast ausschließlich aus der Atmosphäre zugeführt. Hierbei wird die Wärmeenergie, sei es, daß sie in langen, unsichtbaren Wellen, sei es, daß sie in kurzen Wellen als „Lichtstrahlen" den Boden treffen, um so mehr unter sonst gleichen Umständen von dem Boden absorbiert, je dunkler die Farbe des betreffenden Bodens ist. Ein dunklerer Boden erwärmt sich somit schneller als ein hellerer. Die Wärmeenergie, welche ein Boden einer Pflanze zur Verfügung stellen kann, hängt, da die Masse der Pflanze zu der des Bodens außerordentlich gering ist, annähernd direkt von der jeweiligen Bodentemperatur ab. Wünscht man also den Pflanzen möglichst große Mengen an Wärmeenergie zur Verfügung zu stellen, so muß man darauf bedacht sein, die Bodentemperatur zu steigern, und zwar speziell in der Bodenschicht und Bodentiefe, in welcher sich die Wurzeln der Kulturpflanzen ausbreiten.

Hierfür dürfte die Eigenwärme unseres Planeten keine große Rolle spielen, wenngleich der Frost im strengsten Winter im gemäßigten Klima höchstens bis 90 cm in den Boden eindringt. Als weitere Wärmequelle des Bodens selbst kommen die chemischen Umsetzungen im Boden in Betracht, wie namentlich die Oxydierung der organischen Stoffe, die meist auf die Tätigkeit von Organismen

[1] Vgl. H. QUANTE: Die Grundlagen der Bodenbearbeitung, S. 27. Berlin 1910. — E. A. MITSCHERLICH: Bodenkunde 4. Aufl., S. 117.

zurückzuführen ist. Man nutzt diese Wärmequelle bei der Zersetzung des Stalldunges in Frühbeeten aus. Hier treten erhebliche Temperaturschwankungen des Bodens infolge der Oxydationsvorgänge ein. Diese sind allerdings dadurch bedingt, daß der Dünger in einer verhältnismäßig starken Schicht eingelagert wird, daß jedweder Regen, der den Boden zusammenschlämmen könnte, ferngehalten, dagegen der Boden locker und durch vorsichtige Wassergaben ständig feucht erhalten wird. Im freien Lande liegen die Verhältnisse hierfür selbst im frisch mit Stalldung versehenen Boden in jeder Beziehung sehr viel ungünstiger; ganz abgesehen davon, daß die Gaben, welche an organischem Dünger verabfolgt werden, gegenüber der Frühbeetanlage ganz außerordentlich geringe sind. Die Wärmezufuhr, welche somit hierdurch der Boden erfährt, dürfte ebenso wie die der Eigenwärme unseres Planeten nur äußerst gering sein. Dazu kommt, daß diese Oxydationsvorgänge an eine gewisse Höhe der Bodentemperatur gebunden sind, so daß sie erst in stärkerem Maße in Erscheinung treten dürften, wenn den Pflanzen bereits von anderer Seite aus Wärme im Boden zugeführt worden ist.

Die Hauptwärmequelle für die Erwärmung des Bodens bilden die von der Sonne ausgesandten Licht- und Wärmemengen. Während nun die Wärmemengen direkt vom Boden aufgenommen und weitergeleitet werden, muß die Lichtenergie erst in Wärmeenergie umgesetzt werden. Für die Licht- und Wärmeabsorption ist die Farbe des Bodens von ausschlaggebender Bedeutung, da weiße Farbe die Strahlen reflektiert, während die dunkle Farbe sie absorbiert. Im übrigen hängt aber die Erwärmung eines Bodens ebenfalls stark von seiner spezifischen Wärme und von seiner Wärmeleitungsfähigkeit ab. Je größer die spezifische Wärme oder Wärmekapazität eines Bodens ist, um so mehr Wärmeeinheiten gehören dazu, die Bodentemperatur um einen Grad Celsius zu steigern, und je schneller die Wärme in tiefere Bodenschichten, in denen sie nicht mehr für die Kulturpflanzen in Betracht kommt, weitergeleitet wird, um so langsamer wird sich die obere Bodenschicht erwärmen. Wärmekapazität und Wärmeleitung eines Bodens werden nun weit mehr durch das Hohlraumvolumen eines Bodens bedingt, sowie dadurch, ob dieses mit Wasser oder mit Luft angefüllt ist, als durch die verschiedene Art der festen Bodenteilchen. Je größer das Hohlraumvolumen ist und je mehr es mit Luft angefüllt ist, um so schneller erwärmt sich ein Boden, da die Wärmekapazität ebenso wie die Wärmeleitungsfähigkeit des Bodens alsdann äußerst gering sind. Je größer dagegen der Wassergehalt eines Bodens ist, um so schneller wird die Wärme weitergeleitet, und um so größer ist die Wärmekapazität je Kubikmaß Boden, um so langsamer muß er sich also in seinen oberen Schichten erwärmen. Nasse Bodenarten, d. h. solche, die unter Untergrundnässe leiden oder die das Wasser derart festhalten, daß sie zum Frühjahr fast voll mit Wasser gesättigt sind, sind „kalte Bodenarten". In ihnen erwacht die Vegetation häufig erst einen Monat später als in „warmen tätigen Bodenarten", während hier wie da der erste Nachtfrost die Vegetation zur gleichen Zeit zum Stillstand bringt. Kalte Bodenarten leiden somit unter kürzerer Vegetationszeit und bringen auf diese Weise geringere Pflanzenerträge. Aber auch die warmen, tätigen Bodenarten müssen über einen gewissen Wassergehalt verfügen, da ohne das erforderliche Wasser als Wachstumsfaktor eine Vegetation, wie später gezeigt werden wird, unmöglich ist und ohne dasselbe auch eine weitere Oxydation organischer Substanzen ausbleiben muß. Ist nun der Wärmegehalt des Bodens derart groß, daß das Wasser aus dem Boden zu stark verdunstet und die Pflanzen somit daran Mangel leiden, so tritt der nach der zweiten Annäherung des Wirkungsgesetzes verlangte Ertragsrückgang infolge zu großer Energiezufuhr ein. Kann jedoch das Wasser dabei künstlich zugeführt werden (durch Bewässerungsanlagen), so wird die Ertragssteigerung infolge der zugeführten Energiemengen noch ganz wesentlich höher sein (z. B. in den Tropen), ehe der Ertragsabfall deutlich in Erscheinung tritt.

Der Praktiker vermag zur Hebung der Pflanzenerträge durch Erhöhung der Bodentemperatur leider sehr wenig beizutragen. Höchstens, daß er durch Senkung eines zu hohen Grundwasserstandes eine frühere Erwärmung des Bodens im Frühjahr bewirkt; alle weiteren Maßnahmen beschränken sich auf gartenbautechnische Vorkehrungen, wo man bekanntlich hohen Wert darauf legt, den Pflanzen „einen warmen Fuß zu geben".

Dem Umstande, daß die Praxis im Land- und Forstbetriebe hier wenig Interesse zeigt, ist es wohl auch zuzuschreiben, daß die Wissenschaft bislang diese Ertragssteigerung als Funktion der Bodentemperatur nur wenig studiert hat, und daß nur außerordentlich sparsame quantitative Versuchsergebnisse hierüber vorliegen. Einige wenige mögen hier folgen[1]:

Vegetationsversuche, die mit einzelnen Pflanzen in Moorboden ausgeführt wurden. Die einzelnen Gefäße wurden auf verschiedene Temperatur gebracht; bei den nachfolgenden Senfversuchen wurde die Trockensubstanz, bei den Timotheeversuchen die Frischsubstanz festgestellt; die Erträge y beziehen sich auf die betreffende Bodentemperatur t in Graden Celsius.

Senfversuche			Timotheeversuche		
t	y gefunden	y berechnet	t	y gefunden	y berechnet
8,9	0,40 ± 0,03	0,34	5,4	0,15 ± 0,03	0,22
16,2	0,87 ± 0,09	0,91	10,9	3,04 ± 0,14	3,18
19,0	1,24 ± 0,06	1,10	18,2	6,32 ± 0,14	6,55
20,8	1,27 ± 0,12	1,22	21,7	9,07 ± 0,40	7,98
24,9	1,44 ± 0,19	1,47	25,5	9,34 ± 0,17	9,45
31,3	1,54 ± 0,13	1,82	32,1	(6,27 ± 0,35)	11,60
$y = 4 \cdot (1 - 10^{-0,01 \cdot (t-5)})$			$y = 25 \cdot (1 - 10^{-0,01 \cdot (t-5)})$		

Eine Ertragsbildung findet hiernach bei diesen Kulturpflanzen erst statt, wenn der Boden eine Temperatur von $+ 5^0$ C erreicht hat.

Während bei den vorstehenden Versuchen die Bodentemperatur durch künstliche Erwärmung gesteigert bzw. durch Eis erniedrigt wurde, sind bei den folgenden Versuchen[2] die Differenzen der Bodentemperaturen dadurch erreicht worden, daß die betreffenden Gefäße, in denen die Versuche ausgeführt wurden, verschieden schwarz bzw. weiß angestrichen waren, und zwar 1. rein weiß, 2. $^6/_8$ weiß, $^2/_8$ schwarz, 3. $^4/_8$ weiß und $^4/_8$ schwarz, 4. $^2/_8$ weiß und $^6/_8$ schwarz und 5. endlich $^8/_8$ schwarz.

In den mit der schwarzen Farbe steigenden Bodentemperaturen ersieht man gleichzeitig den immerhin nicht unbedeutenden Einfluß der Farbe des Bodens auf die Licht- und Wärmeabsorption (siehe Tabelle S. 524).

Auch bei diesen Versuchen scheint die Wirkung der Bodentemperatur auf die Erträge der verschiedenen Pflanzen die gleiche zu sein. Auch diese Pflanzen dürften danach erst bei einer Bodentemperatur von $+ 5^0$ C zur Ertragsbildung übergehen. Durch die verschiedene Farbe der Gefäße werden im Maximum die Erträge um ca. 20% gesteigert. Die vorstehenden Versuche wurden in Königsberg ausgeführt, also in einem Klima, wo noch verhältnismäßig geringe Licht- und Wärmemengen den Pflanzen geboten werden. Die so ganz wesentlich höheren

[1] MITSCHERLICH, E. A. u. R. FLOESS: Über den Einfluß verschiedener Vegetationsfaktoren auf die Höhe des Pflanzenertrages. Landw. Jb. **43**, 659—660 (1912).

[2] SCHATTNER, W.: Über den Einfluß der Farbe des Bodens auf das Produktionsvermögen unserer Kulturpflanzen. Inaug.-Dissert., Königsberg 1923.

Erträge, welche man dagegen in den Tropen erzielt, dürften nicht zum wenigsten auf die ganz besonders höhere Bodentemperatur, also auf die wesentlich bessere Gestaltung dieses Energiefaktors, zurückzuführen sein.

Versuchspflanze	Farbe				
	1	2	3	4	5
Zuckermoorhirse:					
t^0 C	18,3	18,8	19,7	20,7	21,5
y gefunden . .	82,5 ± 1,4	83,9 ± 1,3	87,9 ± 1,4	97,8 ± 1,5	105,4 ± 1,4
y berechnet . .	85,5	87,1	91,1	97,1	101,1
Buchweizen:					
t^0 C	17,7	18,2	19,1	20,2	21,4
y_1 gefunden . .	41,9 ± 0,3	43,2 ± 0,4	45,4 ± 0,6	47,8 ± 0,2	50,3 ± 0,1
y_1 berechnet . .	40,9	42,2	44,7	47,6	50,6
Gerste:					
t^0 C	20,0	21,3	21,9	22,7	23,4
y_2 gefunden . .	29,2 ± 2,5	30,3 ± 0,3	33,9 ± 1,3	36,4 ± 0,8	36,7 ± 2,0
y_2 berechnet . .	29,2	31,1	32,2	33,5	34,5

$$y = 320 \cdot (1 - 10^{-0{,}01\,(t-5)}) \qquad y_1 = 161 \cdot (1 - 10^{-0{,}01\,(t-5)})$$
$$y_2 = 100 \cdot (1 - 10^{-0{,}01\,(t-5)})$$

Auch die elektrische Energie vermag ertragssteigernd zu wirken. Exakte Versuche über die Erhöhung der Erträge mit steigender elektrischer Energie liegen aber bislang noch nicht vor; und da es wohl nie lohnend werden dürfte, die Erträge durch Zuführung von elektrischer Energie zu vermehren, mag hier dieser Hinweis genügen.

Abgesehen nun davon, daß den Pflanzen die verschiedenen Energiearten und -mengen durch den Boden zugeführt und so direkt nutzbar gemacht werden können, hat der Wachstumsfaktor Energie aber sicher auch erhebliche indirekte Wirkungen auf den Pflanzenertrag, indem z. B. durch die Wärme das Bakterienleben und so die Gare des Bodens gefördert wird und andererseits auch die Lösungsgeschwindigkeit der Pflanzennährstoffe im Boden wesentlich erhöht werden kann.

Immerhin sind die Veränderungen in der Zufuhr von Energiemengen an ein und demselben Orte nur geringfügiger Natur; sie variieren hauptsächlich mit der Jahreswitterung und sind dem Einflusse des Menschen größtenteils entzogen. Ganz bedeutend sind hingegen die Unterschiede, welche man in den Energiemengen beobachten muß, die an verschiedenen Orten den Pflanzen zur Verfügung stehen. Die Wärmesummen und die Zeit, in der sie der Erde zufallen, bedingen ganz verschiedenartige Kulturen und Kulturmethoden. Die Art der anzubauenden Kulturpflanze, die Erträge dieser Kulturpflanzen, die Art der Bodenbearbeitung, der Bestellung der Felder usw. wird wesentlich durch sie beeinflußt bzw. bedingt (arktisches, gemäßigtes, tropisches Klima).

Unter gegebenen lokalen Verhältnissen übt dagegen der Wachstumsfaktor Wasser einen ganz wesentlich größeren Einfluß auf die Höhe des Pflanzenertrages als der Wachstumsfaktor Energie aus. Das hängt sicher damit zusammen, daß er in viel weiteren Grenzen zu schwanken vermag als dieser letztere. Das Wasser hat die Aufgabe, die Pflanzennährstoffe im Boden zu lösen und so ihre Aufnahme durch den Pflanzenkörper zu vermitteln, dabei gleichzeitig die Pflanze selbst mit Wasser zu versorgen und so turgeszent zu erhalten. Damit ist von vornherein gegeben, daß das Wasser als Wachstumsfaktor mehr indirekte Wirkung hat, und daß es in seiner Wirkung um so höher zu veranschlagen ist, je mehr Nährstoffe es bereits aus dem Boden in Lösung gebracht hat. Andererseits muß das Wasser naturgemäß eine um so größere Wirkung auf den Pflanzenertrag ausüben, je näher es an die Pflanzenwurzel herankommt, d. h. in je höheren Bodenschichten es sich befindet; und hierin erkennt man wiederum den Einfluß der Tiefe des Bodenvolumens auf den Pflanzenertrag. Ein Beispiel mag das letztere zunächst zeigen[1]:

Hier wurden eine Reihe von Gefäßen bei vollem Bodenvolumen angesetzt und der Wassergehalt des Bodens bei den verschiedenen Versuchen in verschiedener Höhe normiert und alsdann in dieser Höhe während der ganzen Vegetationszeit erhalten. Bei einer anderen Reihe wurde stets nur so viel Boden eingefüllt, daß diese Bodenmengen bei voller Sättigung mit Wasser genau ebenso große Wassermengen enthielten wie bei der ersten Versuchsreihe. Es wurde das dadurch erreicht, daß die Roste auf dem Boden der Gefäße entsprechend höher eingesetzt wurden. Die Versuche wurden mit Hafer in reinem tertiären Quarzsande ausgeführt, das Wasser wurde als TOLLENSsche Nährlösung verabfolgt. Die Abhängigkeit der Erträge y in Gramm Trockensubstanz von der Wassermenge x in cm^3, die in den verschiedenen Gefäßen geboten wurde, ersieht man aus der nachstehenden Tabelle:

Wassergehalt der Gefäße x cm^3	Erträge y bei vollem Bodenvolumen und verringertem Wassergehalte		Erträge y_1 bei vermindertem Bodenvolumen und voller Wasserkapazität	
	y gefunden	y berechnet	y_1 gefunden	y_1 berechnet
500	32,2 ± 1,1	32,1	42,9 ± 1,1	42,3
750	38,5 ± 1,1	38,6	46,6 ± 1,4	45,5
1000	44,1 ± 2,4	42,3	46,4 ± 0,9	46,5
1500	45,2 ± 1,1	45,5	42,2 ± 2,2	46,9
2000	46,4 ± 2,1	46,5	46,8 ± 0,6	47,0
	$y = 47 \cdot (1 - 10^{-0,001 \cdot x})$		$y_1 = 47 \cdot (1 - 10^{-0,002 \cdot x})$	

Je mehr die Pflanzenwurzeln also dem Wasser und damit den Nährstoffen nachgehen müssen, desto geringer ist die ertragssteigernde Wirkung des Wassers.

Nunmehr wurde der Nährstoffgehalt des Wassers verändert, um zu zeigen, daß der Wirkungswert des Wassers geringer wird, je weniger Nährstoffe in diesem den Pflanzen zugeführt werden. Bei den folgenden Versuchen wurde zunächst eine Grunddüngung verabfolgt und dann der Boden einmal während der Vegetationszeit mit Nährlösung durchtränkt und ihm noch einmal eine Kopfdüngung von 0,56 g Kaliumnitrat und 2 g Ammoniumnitrat je Gefäß verabfolgt.

Die Trockensubstanzerträge y sind hier in Abhängigkeit von der Wassermenge x, welche der betreffende Boden enthielt[2], gebracht:

x cm^3	Versuche in einem Sandboden				x cm^3	Versuche in einem Gartenboden			
	Versuchspflanze					Versuchspflanze			
	Hafer		Wicken			Wicken		Möhren	
	y gefunden	ber.	y gefunden	ber.		y gefunden	ber.	y gefunden	ber.
466	54,1 ± 1,7	55,2	15,2 ± 1,2	14,9	683	38,6 ± 2,4	38,3	37,0 ± 1,6	38,9
699	85,5 ± 3,0	73,3	19,9 ± 1,4	19,7	1025	49,5 ± 2,5	48,5	50,5 ± 2,1	49,2
1049	92,6 ± 3,6	92,5	25,6 ± 2,7	24,9	1537	57,1 ± 1,4	57,9	58,3 ± 2,7	58,7
1631	106,7 ± 3,0	111,2	30,2 ± 2,9	29,9	2391	64,5 ± 3,5	65,0	65,0 ± 0,7	65,9
2330	121,8 ± 2,1	121,8	32,6 ± 2,3	32,8	3415	74,5 ± 2,6	67,8	77,8 ± 3,3	68,8
$A =$		130		35			69		70

$$y = A \cdot (1 - 10^{-0,000\,515 \cdot x}) .$$

[1] MITSCHERLICH, E. A. u. R. FLOESS: Über den Einfluß des Vegetationsfaktors Wasser auf den Pflanzenertrag. Landw. Jb. **43**, 661—662 (1913). — Siehe auch TH. PFEIFFER, E. BLANCK u. M. FLÜGEL: Wasser und Licht als Vegetationsfaktoren und ihre Beziehungen zum Gesetze vom Minimum. Landw. Vers. Stat. **76**, 169 (1912).

[2] MITSCHERLICH, E. A. u. R. FLOESS: a. a. O., S. 664.

Der Wirkungswert des Wassers ist hier der gleiche; er ist unabhängig von der Pflanzenart und unabhängig von der Art des Bodens. Das besagt, daß anscheinend von allen physikalischen Bodeneigenschaften pflanzenphysiologisch die wasserfassende Kraft von ausschlaggebender Bedeutung ist, und daß es nicht so darauf ankommt, wie ein Boden sonst beschaffen sein mag. Allerdings ist die wasserfassende Kraft ein und desselben Bodens durchaus nichts Konstantes; sie ändert sich mit der Bodenbearbeitung, mit der Bodengare, dem Frost ebenso wie durch die mechanische Wirkung der atmosphärischen Niederschläge, dem Schneedruck u. a. m. Aus diesem Grunde ist es für eine pflanzenphysiologische Bodenkunde unbedingt erforderlich, auch diese Grundlagen der wasserfassenden Kraft eingehend zu studieren. Da dieses aber in einem anderen Teile dieses Handbuches geschehen ist, mag hier der Hinweis darauf genügen[1].

Wurde nun das Wasser wiederum in günstigerer Form gegeben, so daß z. B. neben der Grunddüngung zweimal volle Nährlösungen bis zur Durchtränkung des Bodens verabfolgt wurden, so wird der Wirkungswert des Wassers wieder ein höherer, wie das aus den nachfolgenden Lupinenversuchen hervorgeht:

Wassergabe x in cm^3	466	699	1049	1631	2330
y gefunden . . .	62,3 ± 1,6	74,2 ± 2,6	87,7 ± 2,4	94,6 ± 1,1	104,2 ± 2,7
y berechnet . . .	60,2	74,9	87,4	96,0	99,0

$$y = 100 \cdot (1 - 10^{-0,000\,856 \cdot x}) .$$

Andererseits wird der Wirkungswert des Wassers wiederum niedriger als in den beiden letzten Tabellen, wenn man außer der Grunddüngung keine volle Nährstoffdurchtränkung, sondern zweimal eine Kopfdüngung von Kalium- und Ammoniumnitrat in der angegebenen Weise verabfolgt.

Dies zeigen denn auch die nächsten Versuche, welche mit Hafer ($= y_1$) und mit Erbsen (y_2) durchgeführt wurden[2]. Als Boden diente hier ein Gartenboden.

Wassergehalt des Bodens x in cm^3	470	690	1035	1610	2300
y_1 gefunden . . .	43,7 ± 1,0	61,1 ± 2,2	81,0 ± 1,0	104,0 ± 3,0	123,0 ± 1,6
y_1 berechnet . . .	43,4	60,2	80,7	105,1	123,7
y_2 gefunden . . .	22,4 ± 1,5	32,4 ± 0,6	(33,3 ± 1,5)	55,3 ± 1,8	71,0 ± 3,7
y_2 berechnet . . .	22,8	31,7	42,5	55,3	65,1

$$y_1 = 152 \cdot (1 - 10^{-0,000\,32 \cdot x}) \qquad y_2 = 80 \cdot (1 - 10^{-0,000\,32 \cdot x}) .$$

Die nun folgenden Versuche[3] wurden in der gleichen Weise behandelt, nur wurde der Boden selbst sukzessive vom Sand zu Niederungsmoor verändert und damit der Wassergehalt variiert, da die Gefäße ständig bei voller Wasserkapazität gehalten wurden; Versuchspflanze war weißer Senf:

Sand : Moor	Wasser $x =$	y gefunden	ber.	Sand : Moor	Wasser $x =$	y gefunden	ber.
1,0 : 0,0	1000	33,9 ± 1,1	33,9	0,4 : 0,6	2440	55,5 ± 0,7	54,2
0,9 : 0,1	1240	40,4 ± 0,9	38,9	0,3 : 0,7	2680	55,3 ± 0,4	56,0
0,8 : 0,2	1480	43,9 ± 0,7	43,2	0,2 : 0,8	2920	54,6 ± 1,5	57,4
0,7 : 0,3	1720	46,8 ± 0,8	46,7	0,1 : 0,9	3160	59,8 ± 0,8	58,7
0,6 : 0,4	1960	49,6 ± 0,6	49,7	0,0 : 1,0	3400	62,9 ± 3,6	59,7
0,5 : 0,5	2200	58,7 ± 1,7	52,1			A =	65

$$y = 65 \cdot (1 - 10^{-0,000\,32 \cdot x}) .$$

[1] Vgl. dieses Handbuch **6**, 66f.

[2] MITSCHERLICH, E. A.: Bodenkunde für Land- und Forstwirte, 4. Aufl., S. 168. 1923.

[3] Ebenda S. 170.

Alle diese Versuche der letzten beiden Tabellen zeigen, daß der Wirkungswert des Wassers wiederum ganz unabhängig von der Boden- wie von der Pflanzenart ist. Dieser Wirkungswert wird nun aber wesentlich geringer, wenn dem Boden im Wasser gar keine Nährstoffe zugeführt werden; alsdann wird er eine Funktion sowohl derjenigen Nährstoffmenge sein, welche sich bereits in einem Boden befindet, als auch eine Funktion der Löslichkeit dieser Nährstoffmenge.

Hierfür endlich noch einige Versuche, welche mit kleiner Gerste durchgeführt worden sind, und zwar einmal in einem Gartenboden (y_1) und ferner in einem Tieflandmoorboden (y_2)[1]:

x in cm^3 =	683	1025	1537	2391	3415
y_1 gefunden . . .	4,9 ± 0,4	9,7 ± 0,3	12,3 ± 0,4	18,0 ± 0,5	23,1 ± 0,2
y_1 berechnet . . .	6,5	9,3	13,0	18,1	22,6
x in cm^3 =	900	1358	2036	3168	4525
y_2 gefunden . . .	10,9 ± 0,5	11,4 ± 0,5	15,7 ± 0,2	21,6 ± 0,6	28,4 ± 0,9
y_2 berechnet . . .	8,4	11,9	16,2	21,7	26,2

$y_1 = 35 \cdot (1 - 10^{-0,000132 \cdot x})$ $y_2 = 35 \cdot (1 - 10^{-0,000133 \cdot x})$

Hier sieht man also, daß der Wirkungswert des Wassers, welcher je Kubikzentimeter Wasser bei Sandkulturen, wo das Wasser als TOLLENSsche Nährlösung den Pflanzen in möglichst hoher Bodenschicht zur Verfügung steht, 0,002 betrug, auf 0,00013 zurückgegangen ist. Dabei ist natürlich noch keineswegs gesagt, daß hier die extremsten Fälle für die Veränderlichkeit des Wirkungswertes getroffen sind.

Da nun aber der Boden in der Natur nicht immer mit Wasser gesättigt ist, sondern durch Verdunstung an die Atmosphäre wesentliche Mengen an Wasser ständig und namentlich durch die Pflanzenmasse selbst abgibt, so wird es bei der Beurteilung eines Bodens sehr wesentlich sein, zu erfahren, wie sich die Pflanzenerträge gestalten, wenn das Wasser in verschiedenen Intervallen, bezüglich Zeit und Menge dem Boden wieder ersetzt wird. Hier treten also die klimatischen mit den bodenkundlichen Wachstumsfaktoren in unmittelbare Wechselbeziehung.

Auch hierfür liegen einige Versuchsergebnisse vor, die zeigen, welchen Einfluß die Trockenheitsperioden auf den Ertrag eines Bodens ausüben. Die Versuche wurden stets bis zur vollen Wasserkapazität des betreffenden Bodens gegossen; doch erhielten sie erst diese Wassermengen, wenn die eine Versuchsreihe 200 cm^3, die nächste 400 cm^3, dann 600 cm^3, 800 cm^3 und endlich 1000 cm^3 an Wasser je Gefäß verdunstet hatten. Dadurch wurden Trockenheitsperioden hervorgerufen derart, daß die einen Gefäße an 65 Tagen, die nächsten an 53, dann an 40, an 21 und endlich die letzten an 5 Tagen Wasser erhielten. Bei einem zweiten Versuche wurden den Pflanzen jeden Tag, dann jeden 2., 3. usw. Tag Wasser bis zur vollen Sättigung des Bodens zugeführt. Wenn man hier die Hafererträge in Abhängigkeit von den Gießtagen (T) bringt, so findet man die Zahlenwerte[2] der Tabelle auf folgender Seite oben.

Da hier der gleiche Boden (reiner Sand) angewandt wurde, so ist der Wirkungswert der Niederschlagstage in beiden Fällen der gleiche. Er muß sofort anders werden, wenn Bodenarten vorliegen, welche größere Wassermengen in den Trockenheitsperioden zurückhalten und dann den Pflanzen zur Verfügung stellen können. Versuche hierüber fehlen jedoch leider noch.

---

[1] MITSCHERLICH, E. A.: Bodenkunde für Land- und Forstwirte, 4. Aufl., S. 168 u. 170. 1923.
[2] MITSCHERLICH, E. A.: Das Wirkungsgesetz der Wachstumsfaktoren. Z. Pflanzenern. usw. A 1, 67 (1922).

	Gegossen, wenn cm³ fehlten				
	1000	800	600	400	200
	Gießtage (T)				
	5 Tage	21 Tage	40 Tage	53 Tage	65 Tage
Erträge y_1	6,8 ± 0,8	43,7 ± 2,2	69,2 ± 3,0	82,7 ± 2,4	92,2 ± 0,6
berechnet	12,2	43,6	69,9	82,7	91,8

	Gegossen jeden						
	7. Tag	6. Tag	5. Tag	4. Tag	3. Tag	2. Tag	1. Tag
	Gießtage (T)						
	14	17	20	25	33	50	100
Erträge y_2 . .	88 ± 3	113 ± 4	112 ± 2	130 ± 8	165 ± 5	235 ± 1	284 ± 11
berechnet . . .	88	104	119	142	173	226	306

$y_1 = 124 \cdot (1 - 10^{-0,009 \cdot T})$ $y_2 = 350 \cdot (1 - 10^{-0,009 \cdot T})$.

Es ist im vorhergehenden gezeigt worden, daß der Boden einmal den Pflanzen große Wassermengen zur Verfügung stellen soll, und daß ferner diese Wassermengen auch möglichst ständig zur Verfügung stehen müssen. Soweit diese nun nicht durch atmosphärische Niederschläge ergänzt werden, kann die kapillare Wasserleitung aus dem Untergrunde bis zu einem gewissen Grade einen Ausgleich herbeiführen, doch sprechen die Sandversuche des Verfassers[1] deutlich dafür, daß eine größere Verteilung des Wassers in tiefere Bodenschichten nicht entsprechend ertragsfördernd wirkt, wenn sie auch dem Fehlen des Wassers sicher vorzuziehen ist.

Zu große Wassergaben können aber gleichfalls ertragsvermindernd wirken. Diese Depressionen treten im freien Lande eher als in Kulturgefäßen ein; sie sind darauf zurückzuführen, daß das Wasser im Boden stagniert, sauer wird und somit die Pflanzen vergiftet. Zur Verhütung dieser Erscheinung ist es erforderlich, daß auch der Boden, welcher möglichst große Wassermengen zurückzuhalten vermag, doch einen guten Wechsel des Wassers gestattet. Er muß also für Wasser gut durchlässig sein und darf nicht unter stagnierender Nässe leiden. Wo das der Fall ist, muß man zu allererst für eine genügende „Entwässerung" Sorge tragen, ehe man an eine Aufspeicherung des Wassers in dem Boden denken kann.

Auch bei Gefäßversuchen kann man die schädigende Wirkung dieser übergroßen bzw. stagnierenden Wassermengen beobachten, wenn man hierfür unten geschlossene Gefäße verwendet. Das zeigen die Versuche E. Wollnys[2], welcher derartig verschiedene Pflanzen bei verschieden hoher Wasserkapazität des Bodens kultivierte und hierbei zu folgenden Ergebnissen kam:

Bodenart	Kulturpflanze	Wassergehalt des Bodens in % der Wasserkapazität				
		20	40	60	80	100
Diluvialsand + 4% Humus + 2% Kalk	Sommerroggen	30,7	71,4	92,8	77,6	19,7
	Erbse	14,1	50,3	87,4	100,0	9,3
	Pferdebohne	16,0	48,4	63,9	100,0	33,8
	Sommerraps	30,2	74,0	92,3	64,2	11,2
	Kartoffel	15,8	48,2	89,0	100,0	62,5
Quarzsand . . .	Gerste	73,3	100,0	95,2	83,3	—
Torfboden . . .	Heu	1,3	11,3	100,0	83,0	50,9

Wollny hätte diese Ertragsdepression bei den höchsten Wassergaben nicht erhalten, wenn seine Gefäße unten offen gewesen wären.

[1] Mitscherlich, E. A:. Bodenkunde für Land- und Forstwirte, 4. Aufl., S. 114. 1923.
[2] Wollny, E.: Untersuchung über die Wasserverbrauchsmengen der landwirtschaftlichen Kulturpflanzen. Forschgn. Geb. Agrikult.-Phys. 4, 93ff. (1881).

Fassen wir noch einmal die physikalischen Wachstumsfaktoren in ihrem Einfluß auf den Pflanzenwuchs zusammen, so findet man, daß derjenige Boden am fruchtbarsten ist, welcher den Pflanzen auf längere Zeit hinaus die höchste Bodentemperatur und damit die größten Energiemengen zur Verfügung stellt; ferner der Boden, welcher den Pflanzen dauernd die größten Wassermengen auch in Trockenheitsperioden zur Verfügung stellt. Vorausgesetzt wird dabei, daß das Wasser, sofern es nicht durch die Verdunstung der Pflanzen verbraucht wird, ständig durch frisches Wasser ersetzt wird und nie stagniert. Die Wasserdurchlässigkeit eines Bodens ist somit, insonderheit bei den schwereren Bodenarten, von ebenso großer Bedeutung wie seine wasserfassende Kraft. Die erstere muß durch Entwässerungsanlagen (Dränungen usw.), die letztere durch geeignete Maßnahmen bei der Bodenbearbeitung geregelt werden.

Der Boden als Vegetationsfaktor in chemischer Hinsicht.

Die Anzahl der chemischen Wachstumsfaktoren, welche der Boden den Kulturpflanzen zur Verfügung stellt, ist sehr groß und wird wohl nie mit voller Sicherheit festzustellen sein. Wenn man auch die Pflanze als solche analysieren kann, um auf diese Weise zu ermitteln, welche Elemente sie aus dem Boden aufgenommen hat, so können bereits Spuren von Elementen, welche man bei einer derartigen Analyse kaum noch mit Sicherheit festzustellen vermag, für die Pflanzen ganz unentbehrliche Wachstumsfaktoren sein, denn hierzu gehören sicher nicht nur die bekannten, sogenannten Pflanzennährstoffe, sondern ebenso die sogenannten Reizstoffe und ebenfalls die sogenannten Stimulationsstoffe.

Auf letztere einzugehen, dürfte über den Rahmen vorliegender Ausführungen weit hinausgehen. Es mag nur genügen, die Tatsache zu erwähnen, daß man hier und da sicher erhöhte Erträge durch Behandlung der Saat mit diesen Stimulationsstoffen erzielte, daß aber in den meisten der Fälle eine Wirkung der Stimulation nicht mehr festzustellen war. Gehören nun nur ganz geringe Mengen dieser Stoffe dazu, um den mit ihnen erzielbaren Höchstertrag zu erreichen, so ist sehr wohl anzunehmen, daß eben diese Mengen bereits in den meisten Bodenarten zur Genüge vorhanden sind, und daß man alsdann eine weitere Wirkung der Düngung mit diesen Stoffen, d. h. der „Stimulation", nicht mehr beobachten kann. Daß die Stimulation zunächst offensichtlich — wenn sie eine ertragssteigernde Wirkung ausübt — bei den jungen Keimpflanzen einen besseren Auflauf und besseren Stand beobachten läßt, der sich nachher mehr und mehr verwischt, spricht nicht gegen die Annahme, daß man es hier mit Wachstumsfaktoren zu tun hat. Auch bei den sogenannten Reizstoffen hat man es unzweifelhaft mit Wachstumsfaktoren zu tun, die man hier jedoch als Düngung zuzugeben pflegt. Diese werden als solche aber, im Übermaß gegeben, leicht zu Ertragsdepressionen führen, und mithin durch die zweite Annäherung des MITSCHERLICHschen Gesetzes gefaßt. Geringe Gaben zeigen hingegen auf etlichen Bodenarten sichere Ertragssteigerungen. Eine wachstumssteigernde Wirkung der Reizstoffe wird man bereits häufiger beobachten, wenngleich auch diese Stoffe in den meisten Fällen in ausreichenden Mengen im Boden vorhanden sind. Die eigentlichen Nährstoffe, von denen die Pflanzen dagegen recht erhebliche Mengen für ihr bestmögliches Gedeihen benötigen, sind häufig in keineswegs ausreichenden Mengen in jedem Boden vorhanden, hier muß der Landwirt durch künstliche oder natürliche Düngung nachhelfen, sofern er rationell arbeiten will.

Will man feststellen, ob und welche Mengen der betreffenden Nährstoffe einem Boden fehlen, so muß man von dem betreffenden Wachstumsfaktor steigende Mengen im Freiland- oder im Gefäßversuch verabfolgen und aus der Kurve die Mengen bestimmen, welche bereits den Ertrag des ohne Düngung versehenen Teilstückes oder Gefäßes hervorgerufen haben müssen. Es ist zuvor gezeigt worden, daß man das aus den Gleichungen (7) und (8) errechnen kann; dabei muß jedoch eins bedacht werden, daß man durch diese Berechnungen keineswegs kennenlernt, in wie großen Mengen diese Nährstoffe bzw. in welcher Art und Verbindung sie im Boden bereits vorliegen, sondern daß die derartig errechneten Mengen „*b*" äquivalent der Art und der Verbindung des betreffenden Nährstoffes angenommen werden müssen, mit welchem man die Steigerung der Erträge herbeigeführt hat. Man kann also z. B. nur aussagen, daß die im Boden befindliche Phosphorsäure in ihrer Wirkung auf die Höhe des Pflanzenertrages so und soviel Doppelzentner je Hektar Thomasmehl-Phosphorsäure entspricht, wenn man diese Versuche mit Thomasmehl durchgeführt hatte, oder so und soviel Doppelzentner je Hektar Superphosphat-Phosphorsäure, wenn bei den gesteigerten Gaben Superphosphat als Düngemittel verwandt wurde.

In Wirklichkeit kann der einzelne Nährstoff durch den Boden weitgehende Umwandlungen erfahren; er kann löslicher werden, er kann auch teilweise festgelegt werden; denn das Düngemittel wird erst zu einem Wachstumsfaktor in bezug auf den in ihm enthaltenen Nährstoff, wenn gedüngt wurde, also wenn es „zu Boden geworden ist". Hierdurch wird die Wirkung einiger Düngemittel auf verschiedenartigen Böden in gewissen Grenzen variieren. Nach Ermittlungen des Verfassers[1] können so z. B. bei der Phosphorsäure Differenzen um das Doppelte auftreten, ja beim Kali sogar um das Dreifache. Durch welche speziellen Erscheinungen im Boden diese verschieden hohen Wirkungsfaktoren bedingt werden, harrt noch der weiteren Forschung. Es ist sehr wohl möglich, daß in die Ertragssteigerungen, aus denen diese Wirkungsfaktoren berechnet wurden, auch bereits Ertragsdepressionen hineinspielten.

Fehlt es an einem Nährstoff im Boden, und führt man diesen durch ganz verschiedenartige Düngemittel in ausreichender Menge zu, so müßte man nach der ersten Annäherung des Wirkungsgesetzes zu dem gleichen Höchstertrage gelangen, da ja nicht das Düngemittel, sondern der in diesem befindliche Nährstoff als „Wachstumsfaktor" zu betrachten ist. Hierfür sei ein Beispiel beigebracht[2].

Die Differenzdüngungen wurden als ein-, zwei- und dreibasischer phosphorsaurer Kalk verabfolgt; die betreffenden Düngemittel hatten einen Phosphorsäuregehalt von entsprechend 58,29 bzw. 43,29 bzw. 43,65 %. Die Versuchspflanze war Hafer. Die nachstehende Tabelle zeigt die mit den drei Düngemitteln I bzw. II bzw. III erzielten Erträge $y_1 - y_2 - y_3$ als Funktion der Phosphorsäuregabe x in g je Gefäß.

Einbasischer phosphorsaurer Kalk			Zweibasischer phosphorsaurer Kalk			Dreibasischer phosphorsaurer Kalk		
x	y_1 gefunden	ber.	x	y_2 gefunden	ber.	x	y_3 gefunden	ber.
0,000	9,8 ± 0,5	9,8	0,000	9,8 ± 0,5	9,8	0,000	9,8 ± 0,5	9,8
0,029	19,3 ± 0,5	18,8	0,0216	17,2 ± 1,7	16,6	0,218	36,4 ± 2,7	36,1
0,058	27,2 ± 2,0	26,3	0,0433	18,7 ± 1,6	20,5	0,437	48,7 ± 2,4	50,6
0,116	41,0 ± 0,9	38,1	0,0866	35,5 ± 2,2	32,6	0,873	52,6 ± 1,4	61,8
0,174	43,9 ± 1,1	46,6	0,130	39,3 ± 1,3	40,5	1,746	67,7 ± 4,1	67,6
0,291	54,9 ± 3,7	57,1	0,216	49,5 ± 1,5	51,2	3,492	67,2 ± 1,3	68,0
1,166	61,0 ± 2,2	68,0	0,866	65,2 ± 2,8	67,9	6,984	65,9 ± 0,7	68,0

$$y_1 = y_2 = 68 \cdot (1 - 10^{-2,5 \cdot (x + 0,027)}) \qquad y_3 = 68 \cdot (1 - 10^{-1,2 \cdot (x + 0,0563)}).$$

[1] MITSCHERLICH, E. A. u. F. DÜHRING: Über die Konstanten im Wirkungsgesetze der Wachstumsfaktoren. Schriften der Königsberger Gel. Ges., naturw. Kl. 5, H. 2.

[2] MITSCHERLICH, E. A. u. W. SIMMERMACHER: Zur Düngemittelanalyse. Landw. Jb. 53, 411 (1912).

Hier wird in jedem Falle der Höchstertrag 68 erreicht, obwohl der dreibasische phosphorsaure Kalk hinsichtlich seiner Phosphorsäurewirkung einen wesentlich geringeren Wirkungsfaktor aufweist. Der gleiche Höchstertrag kann mit verschiedenen Düngemitteln, welche den gleichen Nährstoff enthalten, nicht erreicht werden, wenn unter dem Einflusse des gesteigerten Düngemittels und des Bodens in einem Falle die Ertragsdepression wesentlich gesteigert wird, da dann bereits lange vor Erreichung des Höchstertrages die Ertragssteigerung aufhören wird.

Der Wirkungswert des einzelnen Nährstoffes und der des einzelnen Düngemittels kann in erster Annäherung als konstant angesehen werden. Damit ist jedoch nicht gesagt, daß er stets als der gleiche in Erscheinung treten muß. Die Differenzen der verschiedenen Wirkungswerte der verschiedenen Nährstoffe sind aber derart groß, daß Differenzen bei dem gleichen Wachstumsfaktor praktisch keine erhebliche Rolle spielen.

Ein Düngemittel wirkt erst, wenn es auf den Boden ausgestreut und auf diese Weise zu Boden geworden ist. Der Boden selbst kann das Düngemittel chemisch beeinflussen und damit seinen pflanzenphysiologischen Wert ändern. So kann z. B. Phosphorsäure im Boden festgelegt werden, und zwar wird das um so mehr der Fall sein, je schwerer löslich das Phosphat bereits in dem gegebenen Düngemittel war. Andererseits kann aber auch Phosphorsäure im Boden durch saure Reaktion desselben löslicher gemacht und dadurch pflanzenphysiologisch wertvoller werden. Man erzielt annähernd gleiches u. a. durch eine Beidüngung von schwefelsaurem Ammoniak zu Superphosphat, indem durch das physiologisch saure Salz die Löslichkeit der Phosphorsäure im Boden erhalten bleibt.

Um Anhaltspunkte über den Wirkungswert verschiedener Nährstoffe und Düngemittel zu geben, mögen die folgenden Zahlen wiedergegeben sein:

Wirkungswerte je Hektar in Doppelzentner.

Für Stickstoff	0,122	Für 20,5proz. schwefelsaures Ammoniak	0,025
„ Phosphorsäure	0,60	„ 16,6proz. Thomasmehl oder Superphosphat	0,10
„ Kali	0,3—0,9	„ 40proz. Kalisalz	0,1—0,36
„ Magnesium	2,0		
„ Natrium	12,0		
„ Schwefel	15,0		

Je größer diese Wirkungswerte sind, um so geringere Mengen der betreffenden Nährstoffe gehören dazu, um den mit ihnen erreichbaren Höchstertrag zu erzielen. Bei einer großen Reihe von Nährstoffen, wie in Sonderheit bei den Reizstoffen und den Stimulationsstoffen, sind die Wirkungsfaktoren ganz außerordentlich groß; da nun bei diesen demnach auch nur sehr geringe Mengen dazu gehören, um die Höchsterträge zu erhalten, und diese bereits in den meisten Bodenarten vorhanden sein dürften, so wird man eine Reaktion mittels einer diesbezüglichen Düngung in den seltensten Fällen beobachten können.

Aber auch bei den eigentlichen Nährstoffen der Pflanzen macht sich diese Erscheinung bereits bemerkbar; so ergaben die über 1800 Felddüngungsversuche, welche in den Jahren 1926 und 1927 in den bäuerlichen Versuchsringen Ostpreußens[1] ausgeführt wurden, daß zwar nur 2% aller Versuche nicht auf Stickstoff reagierten, d. h. auf den Nährstoff, welcher den geringsten Wirkungsfaktor besitzt; daß hingegen 39% aller Bodenarten nicht oder nur innerhalb der Versuchsfehler auf Phosphorsäure reagierten, und daß 50% aller Bodenarten nicht oder wenn, dann nur innerhalb der Versuchsfehler, auf Kali reagierten. — Wenn

[1] Arb. Landwirtschaftskam. Prov. Ostpreuß., Nr. 58. — Vageler, H.: Aus der Arbeit der bäuerlichen Versuchsringe 1926/27. Königsberg 1928.

somit also auch gerade leicht an den Nährstoffen, welche einen hohen Wirkungswert besitzen, ein Überschuß im Boden vorliegen kann, so ist doch andererseits wiederum zu berücksichtigen, daß diese geringen, für die Pflanze erforderlichen Mengen auch schneller von dieser verbraucht und somit abgebaut werden. Das gibt aber Veranlassung, hier nochmals auf die Bestimmung des Nährstoffgehaltes des Bodens einzugehen, da hiervon naturgemäß das Düngerbedürfnis abhängt.

Zur Bestimmung des Düngebedürfnisses des Bodens kommt außer dem Gefäßversuch vornehmlich der Freilanddüngungsversuch in Betracht. Dieser liefert aber nur dann einigermaßen einwandfreie quantitative Ergebnisse, wenn man den systematischen Fehler, welcher durch die physikalische und chemische Ungleichartigkeit des Bodens auf dem Versuchsfelde bedingt wird, nach Möglichkeit ausschaltet, wofür verschiedene Methoden angegeben sind.

Voraussetzung ist dabei, daß die Versuchsteilstücke so klein wie nur möglich sind, da dann die auf den neben einander liegenden Flächen angestellten Versuche möglichst gleichartigen Boden besitzen, und nur dann die Ertragsdifferenz lediglich auf die variierte Düngung zurückgeführt werden kann. Diese Kleinheit der Versuchsteilstücke wird begrenzt durch den Fehler der Individualität der Pflanzen. Man kann sie um so kleiner nehmen, je geringer die Anforderungen der betreffenden Kulturpflanze an den Standraum sind. Nach Untersuchungen des Verfassers[1] dürfte man damit für Versuche, die mit Getreide ausgeführt werden, mit Teilstückgrößen von $1\,m \times 5\,m = 5\,m^2$ gut auskommen können. Es empfiehlt sich durchaus, nach diesen Forschungen solche Felddüngungsversuche nur mit Getreide durchzuführen, einmal wegen der geringeren Teilstückgrößen, die hier erforderlich sind, und ferner darum, weil bei Kartoffeln leicht bei Kali- und Phosphorsäuremangel und hohen Stickstoffgaben Ertragsdepressionen eintreten, welche eine quantitative Auswertung der Düngungsversuche nicht zulassen.

Felddüngungs- und Gefäßdüngungsversuch können nur dann übereinstimmende Werte ergeben, wenn der Boden für den Gefäßdüngungsversuch aus dem Versuchsfelde des Felddüngungsversuches selbst entnommen wird; und auch dann können infolge der Probeentnahme verschiedene Ergebnisse erhalten werden. Diese beruhen darauf, daß für den Gefäßdüngungsversuch der Boden der Ackerkrume entnommen wird, und daß der Untergrund keine Berücksichtigung dabei finden kann, was als offenbarer Nachteil des Gefäßversuches zu buchen ist. Zahlreiche Versuche haben nun aber erwiesen, daß man für den Kali- wie für den Phosphorsäuregehalt des Bodens annehmen darf, daß in dem in die Gefäße eingefüllten Krumenboden von 15 cm Mächtigkeit gerade halb so große Nährstoffmengen vorhanden sind wie im gewachsenen Boden, wo unter der gleich hohen Krumenschicht noch der Nährstoffgehalt weiterer Bodenschichten für die Pflanzen in Betracht kommt. Dagegen war eine derartige Übertragung für die Stickstoffdüngung nicht möglich. Hier zeigte es sich, daß man bei Untersuchungen, für welche der Boden im Herbst entnommen wurde, höhere Stickstoffmengen feststellte, als wenn der Boden erst im Frühjahr entnommen wurde, da bei der leichten Beweglichkeit des Stickstoffs im Boden dieser durch die Winterfeuchtigkeit in tiefere Schichten übergeführt und dann bei der Probeentnahme nicht mehr mitgegriffen wurde. Es ist also gerade bei dem Stickstoffgehalt des Bodens damit zu rechnen, daß die Krume mehr und mehr daran verarmt, während sich hier der Untergrund mehr und mehr damit anreichert, vorausgesetzt, daß er nicht zu durchlässig ist, d. h. zu geringe Mengen an kolloidalen Substanzen enthält.

[1] MITSCHERLICH, E. A. u. F. DÜHRING: Über die Größe der Teilstücke bei Feldversuchen. Landw. Vers. Stat. **98**, 365 (1921). — PARIS, E.: Der Einfluß der Größe der Versuchsteilstücke auf die Sicherheit des Ergebnisses des Feldversuches. Botan. Arch. **20**, 116 (1927).

Aus diesem Grunde wurde[1] die Abhängigkeit des Umrechnungsfaktors „U" (für die Übertragung der Ergebnisse des Gefäßversuches auf das freie Land für Stickstoff) von der Hygroskopizität des Untergrundes bestimmt und dabei festgestellt, daß dieser gleich 1,5 zu setzen ist, wenn die Hygroskopizität des Untergrundes unter 1,5 war; daß $U = 2$ zu setzen ist, wenn die Hygroskopizität des Untergrundes zwischen 1,5 und 2,2 lag, und daß er gleich 4 gesetzt werden muß, sobald die Hygroskopizität eines Bodens 2,2 überschreitet. Voraussichtlich würde man von dieser Veränderung des Umrechnungsfaktors absehen können, wenn man ständig den Boden aus einer bestimmten Tiefe (Ackerkrume + Untergrund) entnähme; doch stehen dem wieder die großen Schwierigkeiten einer gleichmäßigen Probeentnahme entgegen.

Wenn nun auch große Schwierigkeiten anscheinend der Übertragung der Ergebnisse des Gefäßversuches auf das Feld entgegenstehen, so leistet doch andererseits der Gefäßversuch wiederum für die praktische Ausnutzung sehr viel mehr als der Feldversuch. Das ist dadurch begründet, daß jeder dieser beiden pflanzenphysiologischen Bodenuntersuchungen uns ausschließlich dann eine Auskunft über den momentanen Bodengehalt an einem Nährstoff zu geben vermag, wenn man durch die Düngung mit diesem Nährstoffe eine Ertragssteigerung erhält. Ist das nicht der Fall, so besagt der Versuch nur so viel, daß für die diesjährige Ernte ausreichende Mengen an Nährstoffen im Boden waren. Ob diese noch für das nächste Jahr oder auch noch für weitere Jahre ausreichen, das vermag der Feldversuch nicht zu ergeben.

Da man im freien Lande fast stets durch eine Stickstoffdüngung eine Ertragssteigerung erhält, so ist hier der Feldversuch in dieser Beziehung ebenso sicher wie der Gefäßversuch, wenn hier nicht im Felde — was selbst bei den geringeren Nährstoffgaben durch die Ungunst der jeweiligen Witterung so und so oft eintreten wird — bereits Ertragsdepressionen das Ergebnis trüben oder gar zunichte machen, so daß doch die „Ermittlung des Stickstoffgehaltes des Bodens" nicht möglich wird. Andererseits lehrt aber gerade der Feldversuch, wann durch eine zu hohe Stickstoffdüngung Ertragsdepressionen eintreten bzw. mit wie großen Stickstoffmengen praktisch nur gedüngt werden darf, auch wenn dem Boden große Mengen an Stickstoff fehlen.

Wann diese Ertragsdepressionen eintreten müssen, hängt von dem betreffenden Boden, seiner Absorptionskraft, seiner wasserfassenden Kraft, seinem Untergrunde und nicht zum wenigsten von der jeweiligen Jahreswitterung ab, d. h. von Momenten, welche man in Gefäßversuchen nie festzustellen vermag. Auch wird man auf diese Weise nie in Gefäßversuchen feststellen können, welche Mengen man an Stickstoff zweckmäßig gleich zur Saat und welche Mengen man zweckmäßig als „Kopfdüngung" verabfolgt. Alles dies sind Fragen, die nur der Feldversuch als solcher beantworten kann, da sie direkt lokal beantwortet werden müssen. Es genügt hier also nicht, den Stickstoffgehalt des Bodens festzustellen, wofür wohl der Gefäßversuch unter Berücksichigung der Hygroskopizität des Untergrundes die sichersten Anhaltspunkte geben würde. Es genügt hier nicht, die erste Annäherung des Wirkungsgesetzes zu verwerten, es muß auch die zweite Annäherung desselben, welche die Ertragsdepression einschließt, durchaus mit berücksichtigt werden. Hier versagt der Gefäßversuch.

Ganz anders liegen aber die Verhältnisse bei den anderen Nährstoffen, so bei Kali und Phosphorsäure, wo starke Düngergaben keine feststellbaren Ertragsschädigungen bewirken. Hier kommt es darum lediglich darauf an, den Nährstoff-

[1] Grapentin, H.: Nährstoffstatik und Faktoren, welche sie beeinflussen. Inaug.-Dissert. Königsberg 1928, S. 32—33. — Dahms, K.: Vergleich zwischen Feld- und Gefäßversuchen bei verschiedenen Feldfrüchten. Inaug.-Dissert. Königsberg 1928, S. 22—26.

gehalt des Bodens festzustellen, damit man dem Boden die fehlenden Mengen als künstliche Düngung nachzugeben vermag.

Der Feldversuch besagt hier — wenn keine Ertragssteigerung erhalten wird —, wie dargetan wurde, nur, daß in dem Versuchsjahre die Nährstoffmengen gerade ausgereicht hatten, um Höchsterträge zu geben. Er besagt nichts darüber, ob die Nährstoffmengen hierzu noch im nächsten Jahre ausreichen werden oder gar, ob noch ein Nährstoffvorrat für mehrere Jahre im Boden ist.

Liefert auch der Gefäßdüngungsversuch keine Ertragssteigerung infolge der Düngung, so besagt das, daß auch hier im Boden im Versuchsjahre genügende Nährstoffmengen vorhanden waren, um Höchsterträge zu erzielen. Da aber in den Gefäßen nur die Hälfte der Nährstoffmengen in Rechnung zu stellen ist, wie im freien Lande, so zeigt dieser Versuch, daß auch für ein weiteres Jahr noch genügende Nährstoffmengen im freien Lande vorhanden sein müssen; und wenn die Krume in den Gefäßversuchen noch weiter durch Beimengung von nährstoffreiem Sande verflacht wird, so kann alsdann noch ausgesagt werden, ob der Nährstoffvorrat im freien Lande noch für eine Reihe von Jahren ausreichend ist. Ein Beispiel mag diesen Unterschied zwischen den Ergebnissen von Feld- und Gefäßversuch erläutern:

Der Boden, mit dem die Gefäßversuche beschickt wurden[1], entstammte dem Versuchsfelde des Feldversuches. Letzterer wurde durch Kontrolle des Gefäßversuches ohne Wissen des Gefäßversuchsanstellers angelegt. Auf Grund des Gefäßversuches wurde dem Praktiker ein Gutachten zugestellt, welches angab, daß die Kalimengen im Boden gerade noch für diese Ernte ausgereicht hätten, so daß Kali somit durch eine Düngung ergänzt werden muß. Der Feldversuch hatte hingegen ohne Kalidüngung sogar ein innerhalb des Versuchsfehlers höheres Ernteergebnis als mit dieser geliefert. Kalidüngung schien überhaupt auf der dortigen Wirtschaft überflüssig zu sein. Zur Kontrolle des Gutachtens der Gefäßversuche wurden die Feldversuche im darauffolgenden Jahre wiederholt. Sie ergaben eine Ertragssteigerung durch die Kalidüngung, die weit außerhalb aller Versuchsfehler lag und im Mittel + 18% betrug. Hätte der betreffende Landwirt auf Grund des Ergebnisses seines Felddüngungsversuches weiter kein Kali angewandt, so wären seine Erträge bald auf die Hälfte und noch weniger der normalen Ernte zurückgegangen, ohne daß er sich hätte erklären können, worauf diese Erscheinung zurückzuführen sei.

Kali und Phosphorsäure wird im Boden rasch abgebaut, und darum ist eine Kenntnis des Vorrates an diesen Nährstoffen in einem Boden dringend erwünscht, ehe man diese Nährstoffe nicht mehr künstlich zuführt. Hierzu kann aber lediglich der Gefäßversuch herangezogen werden. Bereits aus dem Vorhergehenden ersieht man, daß es technisch von großer Wichtigkeit ist, sich über den Nährstoffgehalt und den Nährstoffabbau eines Bodens Rechenschaft abzulegen, d. h. den Nährstoffumsatz in einem Boden zu studieren. Hierzu steht landwirtschaftliches Material zu Gebote.

Hält man zunächst an der ersten Annäherung des Wirkungsgesetzes fest, und bezeichnet mit BAULE[2] als „Nährstoffeinheit" diejenige Menge eines Nährstoffes, bei welchem — sofern sie im Boden ist — gerade die Hälfte des mit diesem Nährstoffe erreichbaren Höchstertrages erzielt wird, so muß man mit der zweifachen Menge hiervon, also mit zwei Nährstoffeinheiten gerade $^3/_4$ des Höchstertrages, mit drei $^7/_8$, mit vier $^{15}/_{16}$ und mit fünf $^{31}/_{32}$ von diesem Höchstertrage erzielen usw. Erzielt man $^{31}/_{32}$ oder 97% des mit einem Nährstoff erreichbaren

[1] Aus den Akten der MITSCHERLICH-Gesellschaft 1925.

[2] BAULE, B.: Zu MITSCHERLICHS Gesetz der physiologischen Beziehungen. Landw. Jb. 51, 367ff. (1917).

Höchstertrages, so sind praktisch weitere Ertragssteigerungen nicht mehr zu beobachten, da sie bereits innerhalb der Versuchsfehler der exakten Felddüngungsversuche nach MITSCHERLICH liegen. Es soll nunmehr festgestellt werden, wie große Mengen diese fünf Nährstoffeinheiten bei den hauptsächlichen Pflanzennährstoffen, Stickstoff, Kali und Phosphorsäure ausmachen und es sollen diesen Mengen einmal die Nährstoffentnahme durch verschiedene Ernten und sodann die Nährstoffzufuhr durch verschiedene Düngemittel gegenübergestellt werden.

Aus einer Betrachtung der nachstehenden Zahlen wird sofort klar, daß der Stickstoffgehalt eines Bodens nur sehr langsam abgebaut werden kann, falls fünf Nährstoffeinheiten im Boden vorhanden sind, denn die Feldfrucht, welche dem Boden die größten Stickstoffmengen entzieht, die Zuckerrübe, entnimmt ihm erst 9% von fünf Nährstoffeinheiten. Andererseits gehören aber derart große Mengen an Stickstoff dazu, um innerhalb der Versuchsfehler den mit Stickstoff erreichbaren Höchstertrag zu erzielen, daß es wohl verständlich ist, wenn man derartige Mengen fast in keinem Boden vorfindet, und somit fast jeder gewachsene Boden auf eine Stickstoffdüngung reagieren wird. Im allgemeinen entzieht man bereits in einer Getreideernte derartige Mengen an Stickstoff, wie man durch eine Düngung von 2—3 dz/ha schwefelsaurem Ammoniak oder von entsprechenden Mengen anderer, stickstoffhaltiger künstlicher Düngemittel zuführt. Der Stickstoffentzug durch Hackfrüchte ist noch wesentlich größer, jedoch wird er in der Praxis meist durch eine Stalldüngergabe ergänzt, die überhaupt zur Erhaltung der Stickstoffbilanz während einer Fruchtfolge von größter Bedeutung ist. Auch im Wiesenheu werden dem Boden Stickstoffmengen entzogen, welche 5 dz/ha schwefelsaurem Ammoniak gleichkommen; hier wird es darauf ankommen, diese

Werte in Kilogramm je Hektar:

	Nährstoff		
	Stickstoff	Kali	Phosphorsäure
	Fünf Nährstoffeinheiten:		
	1250	160	250
Nährstoffentzug in:			
20 dz/ha Roggenkörnern +			
50 dz/ha Roggenstroh	51	62	30
20 dz/ha Weizenkörnern +			
40 dz/ha Weizenstroh	50	46	25
20 dz/ha Sommergerstenkörner +			
36 dz/ha Sommergerstenstroh	48	47	24
20 dz/ha Haferkörner +			
40 dz/ha Haferstroh	62	74	31
200 dz/ha Kartoffelknollen +			
60 dz/ha Kartoffelkraut	82	171	38
300 dz/ha Zuckerrübenwurzeln +			
180 dz/ha Zuckerrübenblätter	114	165	42
300 dz/ha Runkelrübenwurzeln +			
75 dz/ha Rübenblätter	80	145	27
60 dz/ha Wiesenheu	102	108	42
Nährstoffzufuhr in:			
300 dz/ha Stalldünger	255	362	207
2 dz/ha schwefelsaurem Ammoniak (20,5 proz.)	41	—	—
2 dz/ha Superphosphat (18 proz.)	—	—	36
2 dz/ha 40 proz. Kalisalze	—	80	—

Stickstoffverluste durch gleichzeitigen Anbau von stickstoffsammelnden Kleegewächsen gleich zu stellen; geschieht das nicht, so ist eine verstärkte Stickstoffdüngung unbedingt erforderlich, um den Stickstoffabbau im Boden zu verhindern.

An Kali werden dem Boden durch eine Halmfruchternte bereits 1—2 Nährstoffeinheiten entzogen, durch eine Hackfruchternte angenähert fünf, d. h. so viel, wie ein Boden noch enthalten muß, wenn er die mit Kali erreichbaren Höchsterträge noch sicherstellen kann. Zunächst verfügen noch eine ganze Reihe von Bodenarten in Deutschland über genügende Kalimengen; bei dem äußerst rapiden Abbau, welchen man aber in den Erträgen mit Kali treibt, kann es hier oder da ganz plötzlich eintreten, daß ein Boden nicht mehr genügenden Kalivorrat besitzt und dadurch, wie ausgeführt wurde, rapide in den Erträgen zurückgehen muß. Wenn man die Zahlen in der obigen Tabelle vergleicht, so wird diese Tatsache leicht verständlich. Es wird hier klar, warum heute noch ein Feldversuch Höchsterträge ergeben kann, während auf dem gleichen Boden, auf dem heute der Feldversuch angestellt wurde, bereits im nächsten Jahre ganz erhebliche Ertragsausfälle eintreten müssen. Der Kalientzug läßt sich nun aber bei Kalimangel sehr gut in jeder beliebigen Menge durch künstliche Düngung ersetzen, obwohl auch hier der Landwirt naturgemäß während der Fruchtfolge mit der Kalizufuhr durch die Stalldüngung, die ja über 10 Nährstoffeinheiten beträgt, rechnen wird.

Während man bei der Stickstoffdüngung von den künstlichen, leichtlöslichen Salzen nur verhältnismäßig geringe Gaben geben konnte, um nicht Ertragsdepressionen im Felde zu erleiden, ist es hier möglich, dem Boden jederzeit derartige Mengen zuzuführen, daß der mit Kali erreichbare Höchstertrag erzielt wird, ohne daß Ertragsdepressionen einen wesentlichen Einfluß ausüben können. Das Gleiche gilt auch von der Phosphorsäure, sofern nicht durch diese Düngung schädliche Bodenreaktionen hervorgerufen werden. Der Phosphorsäureentzug durch die Ernten geht längst nicht so plötzlich wie beim Kali vor sich, da durch alle Feldfrüchte ungefähr eine halbe bis eine Nährstoffeinheit Phosphorsäure dem Boden entzogen wird, und da durch eine Stalldüngung dem Boden vier Nährstoffeinheiten wieder zugeführt werden dürften. Trotzdem zeigt sich in immer steigendem Maße auch in Deutschland jetzt ein Phosphorsäuremangel, den man nun allerdings jederzeit durch entsprechend starke Gaben an künstlichen Düngemitteln in jedem einzelnen Falle beseitigen kann und muß, um alsdann die Wirtschaft derart einzustellen, daß man stets die durch Phosphorsäure erreichbaren Höchsterträge wirklich erntet.

Während aus den obigen Darlegungen hervorgeht, daß eine Stickstoffdüngung stets Ertragssteigerungen bringen wird, und man nur festzustellen hat, wie große Gaben man von diesem Nährstoffe dem Boden zuführen darf, ohne Ertragsdepressionen zu erleiden, erkennt man ebenso leicht, von wie großer Wichtigkeit es ist, den Kali- und Phosphorsäuregehalt eines Bodens zu kennen, und zwar nicht nur zu wissen, daß dieser Nährstoffgehalt im Versuchsjahre für die Pflanzen ausreichend war (was man aus den Ergebnissen der Feldversuche erfährt), sondern auch zu wissen, welcher Vorrat gerade an diesen Nährstoffen noch im Boden vorhanden ist, damit dieser rechtzeitig ergänzt werden kann, ohne erst „aus unbekannten Gründen“ Ertragsausfälle zu erleiden. (Hierzu hilft der Gefäßdüngungsversuch.)

Bei der Bestimmung des Nährstoffgehaltes des Bodens, sei es mittels des Gefäßversuches wie besonders mittels des Feldversuches, wird man häufig nicht diejenigen Nährstoffmengen zugeben, mit denen man den mit dem betreffenden Nährstoffe erzielbaren Höchstertrag wirklich erreicht. In Sonderheit wird das beim Feldversuch darum nicht möglich sein, weil man infolge von Trockenheitsperioden bei zu hohen Düngergaben nur allzu leicht Ertragsschädigungen erhalten kann. Unter diesen Umständen muß alsdann der Nährstoffgehalt des Bodens aus der Ertragssteigerung errechnet werden, welche man durch eine beliebige

Nährstoffgabe „x" erzielt. Um diesen Rechnungsgang zu zeigen und gleichzeitig auch die Größe der Fehler der Methoden darzutun, mögen die nachstehenden Ausführungen folgen:

Die Rechnungen schließen an die Gleichung (6) unter Annahme dessen an, daß „ungedüngt" (wenn also die gesuchten Nährstoffmengen „b" im Boden sind) den Ertrag y_0 erzielt und daß mittels der Düngung von x Nährstoffmengen unter sonst gleichen Bedingungen der Ertrag y erreicht wird. Es ist alsdann:

$$y_0 = A \cdot (1 - 10^{-c \cdot b}) \tag{18}$$

und

$$y = A \cdot (1 - 10^{-c \cdot (b + x)}) \,. \tag{19}$$

Durch die Division der beiden Gleichungen (18): (19) fällt alsdann der Höchstertrag „A" heraus und man erhält:

$$\frac{y_0}{y} = \frac{1 - 10^{-c \cdot b}}{1 - 10^{-c \cdot (b + x)}}$$

bezw.

$$y_0 - y \cdot 10^{-c \cdot b} \cdot 10^{-c \cdot x} = y - y \cdot 10^{-c \cdot b}$$

$$10^{-c \cdot b} \cdot (y - y_0 \cdot 10^{-c \cdot x}) = y - y_0$$

$$10^{-c \cdot b} = \frac{y - y_0}{y - y_0 \cdot 10^{-c \cdot x}}$$

$$c \cdot b = \log (y - y_0 \cdot 10^{-c \cdot x}) - \log (y - y_0)$$

oder endlich:

$$b = \frac{\log (y - y_0 \cdot 10^{-c \cdot x}) - \log (y - y_0)}{c} \,.$$

Auf diese Weise läßt sich die im Boden vorhandene Nährstoffmenge „b" aus der Ertragssteigerung (y—y_0), welche durch eine bestimmte Düngergabe „x" erzielt wurde, berechnen, wenn der Wirkungsfaktor des betreffenden Düngemittels „c" bekannt ist.

Als Beispiel seien vergleichende Gefäß- und Felddüngungsversuche ausgewählt, welche im Jahre 1928 auf Schlag VI des Versuchsfeldes Lawsken-Juditten mit Hafer ausgeführt wurden[1]. Der Boden für die Gefäßversuche war direkt dem Versuchsfelde entnommen worden und wurde mit dem gleichen Volumen Sand „verdünnt", so daß hier als Umrechnungsfaktor für das Feld[2] alsdann „4" zu benutzen ist. Der Gefäßversuch wurde mit vier, der Feldversuch mit sechs Wiederholungen angestellt, welche in einer langen Reihe angelegt waren, so daß das vom Verfasser ausgearbeitete Bodenausgleichsverfahren[3] Anwendung finden konnte.

Die Ergebnisse sind auf dz/ha umgerechnet, an Düngung wurden die folgenden Mengen verwendet:

	dz/ha reiner Nährstoff x		
	Kali	Phosphorsäure	Stickstoff
Beim Gefäßversuch	9,7	1,33	8,7
Beim Feldversuch	2,3	0,44	1,1
Wirkungsfaktor „c"	0,93	0,60	0,122

[1] DAHMS, K.: Vergleich zwischen Feld- und Gefäßversuchen bei verschiedenen Feldfrüchten, S. 3 u. 5. Inaug.-Dissert., Königsberg 1928. [2] Siehe S. 533.

[3] MITSCHERLICH, E. A. u. E. MÖLLER-ARNOLD: Über die Verminderung der Größe der Versuchsfehler bei Feldversuchen in linearer Anordnung durch die verschiedenen Methoden der Ausschaltung des Standortsfehlers. Landw. Jb. **67**, 741—761 (1928).

	Erträge in dz/ha bei einer Düngung			
	KPN	PN	KN	KP
Beim Gefäßversuch	233,0 ± 1,4	170,3 ± 2,2	144,6 ± 3,3	17,2 ± 0,1
Beim Feldversuch[1]	269,8 ± 3,7	250,2 ± 6,7	276,0 ± 2,7	138,2 ± 3,9

Die Erträge unter „KPN" sind stets für „y" einzusetzen, die anderen Erträge für die Bestimmung des darin nicht gedüngten Nährstoffs für „y_0".

Um endlich auch den Fehler von „b" zu berechnen, sind diese Berechnungen nicht mit dem Mittelwerte ausgeführt, sondern einmal derart, daß zu „y" dessen vierfacher wahrscheinlicher Fehler zugezählt wurde und gleichzeitig von „y_0" dessen vierfacher wahrscheinlicher Fehler abgezogen worden ist, und das andere Mal, indem hier umgekehrt verfahren wurde.

Wie man dabei aus den Ergebnissen der Feldversuche leicht ersehen kann, fällt bei der Kali- und der Phosphorsäuredüngung die Berechnung des Höchstwertes für „b" aus, da $250{,}2 + 4 \cdot 6{,}7 = 277$ größer ist als $269{,}8 - 4 \cdot 3{,}7 = 255{,}0$, und da $276{,}0 + 4 \cdot 2{,}7$ gleichfalls bereits ein größeres Resultat als 255,0 ergeben muß. Diese Erscheinung wird beim Feldversuche bei der Kali- und Phosphorsäuredüngung, wie dargetan wurde, recht häufig eintreten, wobei man dann nur berechtigt ist festzustellen, daß wenigstens derart große Mengen an „b" in dem betreffenden Boden vorhanden sind, als man aus den Mittelwerten abzüglich der vierfachen wahrscheinlichen Schwankung errechnen kann. Aus den obigen Ergebnissen berechnen sich für „b" die folgenden Werte:

Für den Nährstoff:	Beim Gefäßversuch	Beim Feldversuch
Kali	0,51 bis 0,73 dz/ha	über 0,72 dz/ha
bzw. mal 4 = ...	2,04 bis 2,92 dz/ha	
Phosphorsäure	0,53 bis 0,74 dz/ha	
bzw. mal 4 = ...	2,12 bis 2,96 dz/ha	über 1,43 dz/ha
Stickstoff	0,24 bis 0,26 dz/ha	
bzw. mal 4 = ...	0,96 bis 1,04 dz/ha	0,65 bis 1,23 dz/ha

Obwohl Feld- wie Gefäßversuchsergebnisse hier die üblichen Fehler aufweisen, erkennt man unschwer, daß den Werten „b" gröbere Fehler anhaften, und daß namentlich die Feldversuche, da bei diesen nicht so hohe Nährstoffgaben verabfolgt werden können, solche aufweisen müssen. Man erkennt auch deutlich den Wert dieser Feldversuche, wenn man in diesen nur festzustellen vermag, daß ein Boden wenigstens 0,72 dz/ha an Kali und wenigstens 1,43 dz/ha an Phosphorsäure enthält, das sind, wie gezeigt wurde, Mengen, welche nur ungefähr der Hälfte derjenigen Nährstoffmengen entsprechen, mit denen man im nächsten Jahre mit Sicherheit den Höchstertrag ernten würde. Hier ergibt der Gefäßversuch ein weit sichereres Resultat. Dieses soll demnächst noch an einem sehr umfangreichen Beobachtungsmaterial von vergleichenden Gefäß- und Feldversuchen dargelegt werden, welche am besten die große Bedeutung des Wirkungsgesetzes für die landwirtschaftliche Praxis dartun werden, und gleichzeitig den Beweis dafür ergeben, daß die erste Annäherung dieses Gesetzes für alle praktischen Zwecke vollkommen ausreichend ist.

Noch einen weiteren Vorteil bietet der Gefäßdüngungsversuch vor dem Felddüngungsversuch dadurch, daß man sicher mit einer Durchschnittsbodenprobe vom ganzen Schlage arbeitet, während man das Ergebnis des an einer kleinen Stelle des ganzen Schlages angestellten Felddüngungsversuches notgedrungen auf den ganzen Schlag — mit Recht oder Unrecht — übertragen muß.

[1] Frischgewicht gleich nach dem Schnitt.

Ertragsdepressionen treten nun aber auch auf einem Boden auf, wenn z. B. saure Düngemittel auf saurem Boden, alkalische auf alkalischem Boden verwendet werden und wenn so durch die künstliche Düngung eine die Pflanzen schädigende Bodenreaktion auf diese Weise verstärkt wird. Auch bei großem Nährstoffmangel kann unter diesen Umständen die ertragssteigernde Wirkung einer Düngung durch die dann eintretenden Ertragsdepressionen wesentlich vermindert bzw. zunichte gemacht werden.

Die chemischen bzw. chemisch-physikalischen Methoden zur Bestimmung der Azidität des Bodens, der Bodenreaktion und des Pufferungsvermögens eines Bodens sind an anderer Stelle[1] ausführlich behandelt worden, hier interessiert uns nur die Frage, wie sich die Pflanzen selbst zu diesen Bodeneigenschaften verhalten. Leider hat man trotz jahrelanger Arbeiten einen Zusammenhang zwischen allen diesen chemischen und chemisch-physikalischen Untersuchungen bislang nicht feststellen können. Doch soll damit keineswegs gesagt sein, daß es nicht möglich sei, dieses Problem in Zukunft zu lösen. Dagegen sind sowohl der Gefäß- wie der Freilandversuch durchaus dazu geeignet, eine nicht zusagende Bodenreaktion pflanzenphysiologisch festzustellen; sie geben hier sehr gut übereinstimmende Resultate. Die Durchführung der Versuche geschieht dabei zweckmäßig in der folgenden Weise:

Der Feldversuch: Es werden sechs Teilstücke zu je einem Quadratmeter auf einem Versuchsstück von zwei mal drei Meter ausgeworfen. Je zwei von diesen, die unter einander liegen, werden in gleicher Weise gedüngt, und zwar die ersten stark alkalisch (6 dz/ha Thomasmehl + 2 dz/ha Chilesalpeter bzw. Natronsalpeter), die nächsten zwei Quadratmeter erhalten eine stark saure Düngung (6 dz/ha Superphosphat + 2 dz/ha schwefelsaures Ammoniak), und die letzten zwei Quadratmeter eine stark alkalische Düngung mit einem Zusatz von 20 dz/ha kohlensaurem Kalk. Die oberen drei neben einander liegenden Quadratmeter werden alsdann mit dem gegen Säure sehr empfindlichen weißen Senf, die unteren drei Quadratmeter mit dem gegen Alkali sehr empfindlichen Weißhafer besät.

Der Gefäßversuch: Je vier Gefäße werden stark sauer (je 1 g Stickstoff als Ammoniumsulfat und 1,5 g Phosphorsäure als Superphosphat), je vier stark alkalisch (je 1 g Stickstoff als Salpeter und je 1,5 g Phosphorsäure als Thomasmehl) gedüngt; je zwei in gleicher Weise gedüngte Gefäße werden wiederum mit weißem Senf, die anderen mit Weißhafer besät.

Meist ergibt sich das Resultat bereits lange vor der Reife. Je nachdem, welche Pflanze bei der betreffenden Düngung ausbleibt bzw. im Ertrage zurückbleibt oder geschädigt wird, je nachdem ist der Boden pflanzenphysiologisch anzusprechen. Bleibt eine jede der Pflanzen bei saurer Düngung zurück, so bedarf der Boden einer Kalkdüngung, ist dies bei alkalischer Düngung der Fall, so muß eine solche ebenso wie jedwede Kalkdüngung unbedingt vermieden werden. Versagt der Senf bei saurer, der Hafer bei alkalischer Düngung, so darf nicht gekalkt werden; doch wird man zweckmäßig säureliebende Pflanzen sauer und alkaliliebende Pflanzen alkalisch düngen usw.

Der Gefäßversuch hat hier vor dem Freilandversuch wiederum den großen Vorteil, daß man den Durchschnittsboden des ganzen Schlages zur Untersuchung heranziehen kann; er reagiert wesentlich schärfer als der Freilandversuch, da man, sofern man den Boden in den Gefäßen bei voller Wasserkapazität hält, Düngergaben zu geben vermag, die wenigstens fünfmal so hoch sind, als die, welche man im freien Lande verwenden kann, ohne durch plasmolytische Reak-

[1] Dieses Handbuch 8, 317ff.

tionen Ertragsschädigungen zu erhalten, welche das Bild naturgemäß trüben würden. Hinsichtlich der alkalischen Düngung kann man sich beim Feldversuch noch, wie angegeben, durch die Einschaltung einer besonderen Kalkparzelle helfen, hinsichtlich der sauren Düngung ist eine gleiche Möglichkeit leider nicht gegeben.

Natürlich kann man auch hinsichtlich der Bodenreaktion, wenn das die wirtschaftlichen Verhältnisse zulassen, die geeigneten Kulturpflanzen aussuchen bzw. auch die Züchtungen von Kulturpflanzen wählen, welche in der einen oder anderen Richtung weniger empfindlich sind. Es dürfte somit wohl kein Zufall sein, daß auf den mehr sauer reagierenden Sandbodenarten mehr Roggen, Hafer, Kartoffeln, gelbe Lupinen und Serradella gebaut werden, während man auf den besseren oder schwereren Bodenarten, die meist mehr alkalisch reagieren, mehr Weizen, Gerste, Runkelrüben, Klee oder Bohnen anzubauen pflegt.

Der Boden als Vegetationsfaktor in biologischer Hinsicht.

Unstreitig bildet auch der Boden die Lebensmöglichkeiten für eine große Reihe tierischer und pflanzlicher Kleinlebewesen; doch es kann hier nicht die Aufgabe sein, die Lebensbedingungen dieser im einzelnen zu verfolgen[1], sondern vielmehr die Wirkung der Kleinlebewesen auf den Boden selbst und damit auf unsere Kulturpflanzen zu betrachten. Diese Wirkung ist einmal eine physikalische und ferner eine chemische. Beide wollen getrennt behandelt sein:

Physikalisch bewirkt die Tätigkeit der niederen Organismen eine Lockerung des Bodens, welche als „Gare" bezeichnet wird. Mit der Gare wird der Boden mürbe. Er leistet den Pflanzenwurzeln geringeren Widerstand bei ihrem Dickenwachstum; größere Krümel zerbröckeln leicht und machen dadurch den Pflanzenwurzeln Platz, daß sie in die weiteren Hohlräume, die sich in einem solchen Boden befinden, hineinbröckeln. In diesem mürben Zustande, in welchem sich somit nicht nur der Boden als solcher, sondern auch die einzelnen Bodenkrümel befinden, vermag der Boden im gleichen Volumen größere Wassermengen zurückzuhalten und auf diese Weise die Pflanzen mit diesem wichtigsten Wachstumsfaktor in der Zeit von Trockenheitsperioden zu versorgen. Da die Nährstofflösungen hierdurch in größerer Verdünnung gehalten werden, können auch derartige Ertragsschädigungen, wie sie durch plasmolytische Erscheinungen hervorgerufen werden, eher hinten angehalten werden.

Es kann hier nicht Aufgabe sein, die Theorie der Garebildung im Boden zu erörtern[2], wohl aber müssen die Umstände erörtert werden, unter denen die Kleinlebewelt möglichst günstig arbeitet, also eine möglichst gute Gare produziert, damit man diese im Boden herstellen kann.

Die Gareorganismen bewirken eine Lockerung der Gesamtstruktur des Bodens. Diese kann naturgemäß nicht eintreten, wenn ein Boden in sich auf das engste gelagert ist. Er muß zuvor derart gelockert sein, daß sich zwischen den Bodenkrümeln größere Hohlräume befinden; er muß also zuvor bearbeitet worden sein. Durch eine derartige Bodenbearbeitung tritt Luft in den Boden, und der Sauerstoff der Luft ist eine Ernährungsquelle und damit eins der Haupterfordernisse für die Kleinlebewelt. Diese bedarf aber noch dringend weiterer Faktoren wie Wasser und organischer Substanzen.

Die organischen Substanzen benötigen die Garepilze als Nährboden, und nur bei einem gewissen Wassergehalt vermögen sie ihre Tätigkeit auszuüben. Diese besteht sicher darin, daß das ganze Bodengefüge in sich gelockert wird, daß die

[1] Vgl. dieses Handb. 7, 239ff. u. 381ff.
[2] Vgl. auch S. 95, 96, 131ff. u. 287 dieses Bandes.

engsten Hohlräume erweitert, die weiten Hohlräume verengt werden, und daß hiermit sowohl das Eindringen der Pflanzenwurzel in den Boden wesentlich erleichtert wird, als auch die wasserhaltende Kraft je Volumeinheit Boden wesentlich vergrößert wird. Leider hat man noch kein Maß, diese durch die Kleinorganismen erzeugte Gare quantitativ zu messen und auf diese Weise den Pflanzenertrag in direkter Abhängigkeit von dieser Erscheinung zu studieren.

Wenn nun die Gareorganismen in Sonderheit die physikalische Beschaffenheit des Bodens verändern und günstiger gestalten, so leben im Boden andererseits auch eine große Reihe von Kleinlebewesen, welche einen Einfluß auf die chemische Beschaffenheit des Bodens ausüben.

Schon die Gareerreger können durch Abspaltung von Kohlensäure u. a. Phosphorsäure in leichter lösliche Verbindungen überführen und sie auf diese Weise für die Pflanzen aufnehmbarer gestalten; von anderen Bakterien ist bekannt, daß sie den freien Luftstickstoff zu binden vermögen, von noch anderen, daß sie den Stickstoff in diese oder jene Verbindung überführen, und endlich von noch anderen, daß sie auch gebundenen Bodenstickstoff wieder frei machen. Wie groß der Erfolg der Tätigkeit dieser verschiedenen Arten von Organismen im Boden ist, konnte bislang noch nicht festgestellt werden; man weiß zunächst auch noch nicht einmal, ob in einem bestimmten Boden die stickstoffbindenden oder die stickstoffentbindenden Bakterien virulenter sind, und ob somit ein Boden an Stickstoff angereichert wird oder verarmt. Noch weniger lassen sich natürlich hier Beziehungen zwischen diesen Bakterien und dem Pflanzenertrag aufstellen. Lediglich von einer Bakterienart weiß man, daß sie auf die Höhe unseres Pflanzenertrages einen ganz erheblichen Einfluß auszuüben vermag, und das ist das Bacterium radicicola Leguminosarum, welches infolge der Symbiose mit den Leguminosen nicht nur deren Erträge ganz wesentlich zu erhöhen vermag, sondern auch in diesen Erträgen bei einer Gründüngung den Boden wesentlich an Stickstoff anreichert und damit den folgenden Kulturpflanzen einen günstigeren Standort bietet. Auch hierüber sind die Forschungen vom pflanzenphysiologischen Gesichtspunkt aus noch keineswegs zu einem Abschluß gelangt.

Namenverzeichnis.

Sachverzeichnis.

GPSR Compliance

The European Union's (EU) General Product Safety Regulation (GPSR) is a set of rules that requires consumer products to be safe and our obligations to ensure this.

If you have any concerns about our products, you can contact us on ProductSafety@springernature.com

In case Publisher is established outside the EU, the EU authorized representative is:

Springer Nature Customer Service Center GmbH
Europaplatz 3
69115 Heidelberg, Germany

Batch number: 10683525

Printed by Printforce, the Netherlands